CÁLCULO

volume **2**

CÁLCULO

volume 2

12ª edição

GEORGE B. THOMAS

MAURICE D. WEIR
NAVAL POSTGRADUATE SCHOOL

JOEL HASS
UNIVERSITY OF CALIFORNIA, DAVIS

TRADUÇÃO
CARLOS SCALICI

REVISÃO TÉCNICA
CLAUDIO HIROFUME ASANO
INSTITUTO DE MATEMÁTICA E ESTATÍSTICA DA UNIVERSIDADE DE SÃO PAULO

Pearson

Tradução autorizada a partir da edição original em inglês, Thomas' Calculus Early Transcendentals, 12. ed., publicada pela Pearson Education, Inc., sob o selo Addison-Wesley

Diretor editorial e de conteúdo	Roger Trimer
Gerente geral de projetos editoriais	Sabrina Cairo
Gerente de desenvolvimento editorial	Kelly Tavares
Gerente da central de conteúdos	Thaïs Falcão
Supervisora de produção editorial	Silvana Afonso
Supervisor de arte e produção gráfica	Sidnei Moura
Coordenador de produção editorial	Sérgio Nascimento
Editor de aquisições	Vinícius Souza
Editoras de desenvolvimento	Cibele Cesario e Ana Antonio
Editor assistente	Luiz Salla
Preparação	Raul Coachmann
Revisão	Norma Gusukuma, Maria Cecília Madarás, Juliana Rochetto e Raura Ikeda
Índice remissivo	Silvana Gouveia, Adriane Schirmer e Luiz Salla
Capa	Solange Rennó
Diagramação	Globaltec Editorial & Marketing

Créditos das imagens: Prefácio – Cozyta / Shutterstock; Cap. 10 – Triff / Shutterstock; Cap. 11 – Urciser / Shutterstock; Cap. 12 – Sergey Lukyanov / iStockphoto / Getty Images; Cap. 13 – Anne Kitzman / Shutterstock; Cap. 14 – Lu linsheng / iStockphoto / Getty Images; Cap. 15 – Chan Yee Kee / iStockphoto / Getty Images; Cap. 16 - Saintho / iStockphoto / Getty Images; Apêndice – Tammy Venable / iStockphoto / Getty Images.

Dados Internacionais de Catalogação na Publicação na Publicação (CIP)
(Câmara Brasileira do Livro, SP, Brasil)

Cálculo, volume 2 / George B. Thomas...[et al.]; tradução Carlos Scalici; revisão técnica Claudio Hirofume Asano. – 12. ed. – São Paulo: Pearson Education do Brasil, 2012.

Outros autores: Maurice D. Weir, Joel Hass

Título original: Calculus.
ISBN: 978-85-8143-087-4

1. Cálculo I. Thomas, George B. II. Weir, Maurice D. III. Hass, Joel.

12-11214 CDD-515

Índice para catálogo sistemático:
1. Cálculo : Matemática 515

Printed in Brazil by Reproset RPPA 224012

Direitos exclusivos para a língua portuguesa cedidos à
Pearson Education do Brasil Ltda.,
uma empresa do grupo Pearson Education
Avenida Santa Marina, 1193
CEP 05036-001 - São Paulo - SP - Brasil
Fone: 11 3821-3542
vendas@pearson.com

Distribuição
Grupo A Educação
www.grupoa.com.br
Fone: 0800 703 3444

SUMÁRIO

Prefácio

Com o propósito de atender às necessidades atuais de alunos e professores, revisamos cuidadosamente esta edição de *Cálculo*. O resultado é um livro com uma variedade maior de exemplos, mais exercícios de nível médio, mais figuras e melhor fluxo conceitual, bem como mais clareza e precisão. Como nas edições anteriores, esta nova edição apresenta uma introdução moderna ao cálculo que apoia a compreensão conceitual e mantém os elementos essenciais de um curso tradicional.

Nesta décima segunda edição, apresentamos as funções transcendentes básicas no Capítulo 1. Após revisar as funções trigonométricas básicas, apresentamos a família de funções exponenciais, utilizando abordagem algébrica e gráfica, com a exponencial natural descrita como membro específico dessa família. Os logaritmos foram então definidos como funções inversas das exponenciais, e as funções trigonométricas inversas também foram discutidas. Essas funções foram plenamente incorporadas ao nosso desenvolvimento de limites, derivadas e integrais nos cinco capítulos seguintes do livro, incluindo exemplos e exercícios. Essa abordagem oferece aos alunos a oportunidade de trabalhar o quanto antes com funções exponenciais e logarítmicas juntamente com funções polinomiais, racionais e algébricas e funções trigonométricas, à medida que conceitos, operações e aplicações do cálculo de variáveis únicas são aprendidos. Mais adiante, no Capítulo 7, revisitamos a definição de funções transcendentes, agora com uma apresentação mais acurada. Definimos a função logaritmo natural como uma integral que tem exponencial natural como sua inversa.

Muitos de nossos alunos estiveram em contato com a terminologia e com os aspectos computacionais do cálculo durante o ensino médio. Apesar dessa familiaridade, a destreza do estudante em álgebra e trigonometria muitas vezes o impede de ser bem-sucedido na sequência de cálculo na faculdade. Nesta edição, procuramos equilibrar a experiência prévia dos alunos em cálculo com o desenvolvimento da habilidade algébrica que ainda pode ser necessária, sem prejudicar ou arruinar a autoconfiança de cada um. Tomamos o cuidado de fornecer material de revisão suficiente, acrescido de soluções completas e exercícios que oferecessem suporte ao entendimento completo de alunos de todos os níveis.

Incentivamos os alunos a raciocinar, em vez de memorizar fórmulas, e a generalizar conceitos à medida que eles são apresentados. Esperamos que, depois de aprenderem cálculo, eles se sintam confiantes em resolver problemas e em sua habilidade de raciocínio. A recompensa é o domínio de um belo assunto, com aplicações práticas no mundo real, mas o verdadeiro presente são as capacidades de pensar e generalizar. Esperamos que este livro forneça apoio e incentivo a ambas.

Inovações da décima segunda edição

CONTEÚDO Ao preparar esta edição, mantivemos a estrutura básica do conteúdo da décima primeira edição. Levamos em conta as solicitações dos leitores atuais e dos revisores em adiar a introdução de equações paramétricas até que as coordenadas polares fossem apresentadas. Efetuamos várias revisões na maioria dos capítulos, detalhadas a seguir:

- **Funções** Resumimos o Capítulo 1, Volume 1, para que ele tivesse como foco a revisão dos conceitos de função e a apresentação das funções transcendentes. Nos Apêndices 1 a 3, apresentamos os pré-requisitos materiais que abrangem números reais, intervalos, incrementos, retas, distâncias, círculos e parábolas.
- **Limites** Para melhorar o fluxo do capítulo, combinamos as ideias de limites que envolvem infinitude e as associações das assíntotas com gráficos de funções, dispondo-os juntos na seção final do Capítulo 3, Volume 1.
- **Derivadas** Ao usar taxas de variação e tangentes às curvas como motivação ao estudo do conceito de limite, fundimos o conceito de derivada em um único capítulo. Reorganizamos e aumentamos o número de exemplos relacionados a taxas e acrescentamos outros exemplos e exercícios sobre gráficos de funções racionais. A regra de L'Hôpital é apresentada como uma seção de aplicação, coerente com a abrangência anterior sobre funções transcendentes.
- **Primitivas e integração** Mantivemos a organização da décima primeira edição ao colocarmos as primitivas como o tópico final do Capítulo 4, Volume 1, passando pelas aplicações de derivadas. Nosso foco é a "recuperação de uma função a partir de sua derivada" como solução para o tipo mais simples de equação diferencial de primeira ordem. Um tema novo que compõe a essência do Capítulo 5, Volume 1, são as integrais como "somas dos limites de Riemann", motivado a princípio pelo problema de determinar as áreas de regiões gerais com limites curvos. Após o desenvolvimento cuidadoso do conceito de integral, voltamos nossa atenção ao cálculo dela e à sua ligação com as primitivas provenientes do teorema fundamental do cálculo. Assim, as aplicações seguintes definem as várias ideias geométricas de área, volume, comprimento de caminhos e centroides como limites das somas de Riemann que geram integrais definidas que podem ser calculadas por meio da determinação da primitiva do integrando. Mais adiante, retornamos ao assunto de como solucionar equações diferenciais de primeira ordem mais complexas.
- **Equações diferenciais** Algumas universidades preferem que esse assunto seja tratado em um curso à parte. Embora tenhamos abrangido soluções para equações diferenciais separáveis no Capítulo 7, Volume 1, ao tratarmos as aplicações de crescimento e decaimento exponencial de funções integrais e transcendentes, a maior parte de nosso material foi organizada em dois capítulos (passíveis de serem omitidos na sequência de cálculo). No Capítulo 9, Volume 1, introduzimos as equações diferenciais de primeira ordem, incluindo uma nova seção sobre sistemas e planos de fase com aplicações relativas aos modelos caçador competitivo e predador-presa.
- **Séries** Quanto à sequência e séries, mantivemos a mesma estrutura organizacional e o mesmo conteúdo da décima primeira edição. Adicionamos novas figuras e exercícios às várias seções, e, para tornar o material mais acessível aos alunos, revisamos algumas das provas relacionadas à convergência de séries de potência. Uma das solicitações de um de nossos leitores, "qualquer tentativa de tornar esse material mais fácil de ser compreendido por nossos alunos será bem recebido por nosso corpo docente", guiou nosso pensamento nas revisões do Capítulo 10, Volume 2.
- **Equações paramétricas** Vários leitores solicitaram que passássemos esse tópico para o Capítulo 11, Volume 2, em que incluímos também coordenadas polares e seções cônicas. Fizemos isso ao perceber que muitos departamentos escolhem abordar esses tópicos no início de Cálculo III, ao se prepararem para o assunto vetores e cálculo com multivariáveis.
- **Funções vetoriais** Simplificamos os assuntos do Capítulo 13, Volume 2, para enfatizar as ideias conceituais que apoiam o material posterior sobre derivadas parciais, vetores gradientes e integrais de linha. Condensamos as discussões do plano de Frenet e as três leis do movimento planetário de Kepler.
- **Cálculo com multivariável** Nos capítulos que tratam desse assunto, reforçamos ainda mais o projeto gráfico e adicionamos figuras novas, exemplos e exercícios. Reorganizamos o material de abertura em integrais duplas, e com-

binamos as aplicações de integrais duplas e triplas para massas e momentos em uma única seção, abrangendo casos bidimensionais e tridimensionais. Essa reorganização permitiu um melhor fluxo dos conceitos básicos da matemática, em conjunto com suas propriedades e aspectos computacionais. Assim como na décima primeira edição, continuamos a fazer a conexão da ideia de multivariáveis com a ideia análoga de variáveis únicas abordada no início do livro.

- **Campos vetoriais** Devotamos um esforço considerável para aumentar a clareza e a precisão matemática no tratamento de cálculo vetorial integral, incluindo muitos exemplos adicionais, figuras e exercícios. Os teoremas e os resultados importantes são apresentados de forma mais clara e completa, juntamente com explicações avançadas de suas hipóteses e consequências matemáticas. Agora, a área da superfície está organizada em uma única seção, e as superfícies definidas implícita ou explicitamente são tratadas como casos especiais de uma representação paramétrica mais geral. Em uma seção separada, são apresentadas as integrais de superfície e suas aplicações. O teorema de Stokes e o teorema da divergência continuam sendo apresentados como generalizações do teorema de Green para três dimensões.

EXERCÍCIOS E EXEMPLOS Sabemos que exercícios e exemplos são componentes críticos para a aprendizagem de cálculo. Devido a essa importância, atualizamos, melhoramos e aumentamos o número de exercícios em quase todas as seções do livro. Nesta edição, há mais de 700 exercícios novos. Como nas edições anteriores, continuamos a organizar e agrupar os exercícios por temas, progredindo de problemas computacionais para problemas aplicados e teóricos. Os exercícios que requerem a utilização de sistemas de software de computador (como o *Maple®* ou *Mathematica®*) foram colocados ao final de cada seção de exercícios, sob o título "**Uso do computador**". A maioria dos exercícios aplicados têm um subtítulo para indicar o tipo de aplicação ao qual o problema se refere.

Muitas seções incluem novos exemplos para esclarecer ou aprofundar o significado do tema que está sendo discutido e para ajudar os alunos a compreender suas consequências matemáticas ou aplicações em ciência e engenharia. Ao mesmo tempo, foram excluídos os exemplos que repetiam o material já apresentado.

PROJETO GRÁFICO Percebendo sua importância na aprendizagem do cálculo, continuamos a aprimorar as figuras atuais nesta nova edição, e criamos um número significativo de novas figuras. Verificamos também as legendas, prestando muita atenção à clareza e à precisão em frases curtas.

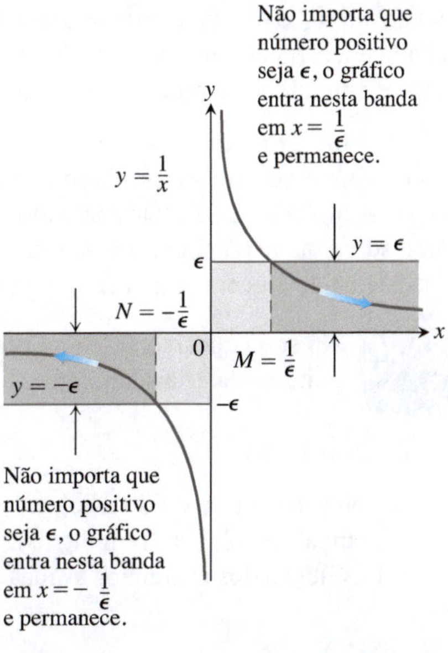

FIGURA 2.50 Geometria por trás do argumento no Exemplo 1.

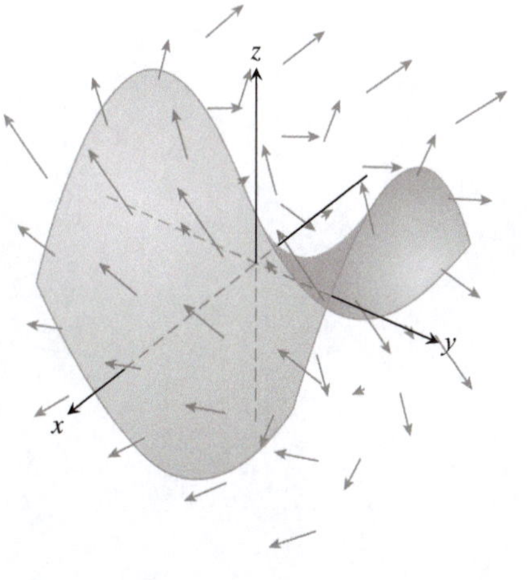

FIGURA 16.9 Superfície em um espaço ocupado por um fluído móvel.

Características preservadas

RIGOR O nível de rigor é consistente com o de edições anteriores. Continuamos a distinguir entre as discussões formais e informais e apontar suas diferenças. Entendemos que a adesão a uma abordagem mais intuitiva e menos formal ajuda os alunos a compreender um conceito novo ou difícil para que possam, então, apreciar a precisão matemática e seus resultados de forma completa. Tivemos cuidado ao definir ideias e demonstrar os teoremas de forma adequada aos alunos de cálculo, mencionando que questões mais profundas ou sutis devem ser estudadas em um curso mais avançado. A organização e a distinção entre as discussões formais e informais oferecem ao professor um grau de flexibilidade em quantidade e profundidade na abrangência dos diversos tópicos. Por exemplo, enquanto não provamos o teorema do valor intermediário ou o teorema do valor extremo para funções contínuas no intervalo entre $a \leq x \leq b$, explicamos esses teoremas de forma precisa, ilustrando seus significados em inúmeros exemplos e utilizando cada um deles para provar outros resultados importantes. Além disso, para os professores que desejam uma abordagem ainda mais profunda, discutimos no Apêndice 6 a dependência da validade desses teoremas em relação à completude dos números reais.

EXERCÍCIOS ESCRITOS O objetivo dos exercícios escritos encontrados ao longo do texto é estimular os alunos a explorar e explicar uma variedade de conceitos de cálculo e aplicações. Além disso, ao final de cada capítulo há uma lista de perguntas que ajudam os alunos a analisar e resumir o que aprenderam.

REVISÕES E PROJETOS NO FINAL DE CAPÍTULO Além dos exercícios ao final de cada seção, cada capítulo é encerrado com questões de revisão, exercícios práticos que abrangem todo o capítulo e uma série de exercícios adicionais e avançados que servem para incluir problemas mais desafiadores e abrangentes. A maioria dos capítulos também inclui descrições de diversos **projetos de aplicações de tecnologia** que podem ser trabalhados individualmente ou em grupos durante um longo período de tempo. Esses projetos requerem o uso de um computador que execute *Mathematica* ou *Maple*.

REDAÇÃO E APLICAÇÕES Como sempre, este livro continua fácil de ser lido, coloquial e matematicamente rico. Cada tópico novo é motivado por exemplos claros e de fácil compreensão, e são reforçados por sua aplicação a problemas do mundo real de interesse imediato para os alunos. O que distingue este livro é a aplicação do cálculo em ciência e engenharia. Os problemas aplicados foram atualizados, melhorados e estendidos continuamente ao longo das últimas edições.

TECNOLOGIA Em um curso que utilize texto, a tecnologia pode ser incorporada de acordo com a vontade do professor. Cada seção contém exercícios que requerem o uso de tecnologia; eles estão marcados com um **T** se forem adequados ao uso de calculadora ou de computador, ou estão na seção "Uso do computador" se exigirem um sistema de álgebra computacional (SAC, tal como *Maple* ou *Mathematica*).

No site sv.pearson.com.br, professores e estudantes podem acessar os seguintes materiais adicionais:

Para professores:

- Apresentações em PowerPoint.
- Manual de soluções (em inglês).
- Resolução dos exercícios avançados.

Para estudantes:

- Exercícios de múltipla escolha.
- Biografias e ensaios históricos.

- Capítulo adicional, exclusivamente on-line, sobre equações diferenciais de segunda ordem.
- Exercícios avançados.

Agradecimentos

Agradecemos às pessoas que fizeram inúmeras contribuições valiosas a esta edição em suas muitas etapas de desenvolvimento:

Revisores técnicos

Blaise DeSesa
Paul Lorczak
Kathleen Pellissier
Lauri Semarne
Sarah Streett
Holly Zullo

Revisores da décima segunda edição

Meighan Dillon, Southern Polytechnic State University
Anne Dougherty, University of Colorado
Said Fariabi, San Antonio College
Klaus Fischer, George Mason University
Tim Flood, Pittsburg State University
Rick Ford, California State University – Chico
Robert Gardner, East Tennessee State University
Christopher Heil, Georgia Institute of Technology
Joshua Brandon Holden, Rose-Hulman Institute of Technology
Alexander Hulpke, Colorado State University
Jacqueline Jensen, Sam Houston State University
Jennifer M. Johnson, Princeton University
Hideaki Kaneko, Old Dominion University
Przemo Kranz, University of Mississippi
Xin Li, University of Central Florida
Maura Mast, University of Massachusetts – Boston
Val Mohanakumar, Hillsborough Community College – Dale Mabry Campus
Aaron Montgomery, Central Washington University
Christopher M. Pavone, California State University at Chico
Cynthia Piez, University of Idaho
Brooke Quinlan, Hillsborough Community College – Dale Mabry Campus
Rebecca A. Segal, Virginia Commonwealth University
Andrew V. Sills, Georgia Southern University
Alex Smith, University of Wisconsin – Eau Claire
Mark A. Smith, Miami University
Donald Solomon, University of Wisconsin – Milwaukee
John Sullivan, Black Hawk College
Maria Terrell, Cornell University
Blake Thornton, Washington University in St. Louis
David Walnut, George Mason University
Adrian Wilson, University of Montevallo
Bobby Winters, Pittsburg State University
Dennis Wortman, University of Massachusetts – Boston

Agradecimentos dos editores brasileiros

Agradecemos às professoras Helena Maria Ávila de Castro e Sônia Regina Leite Garcia, pelos exercícios avançados contidos na Sala Virtual; ao professor Marivaldo Pereira Matos, pelo apêndice sobre sistemas bidimensionais com coeficientes constantes, também contido na Sala Virtual; e ao professor Claudio Hirofume Asano, pelas suas ricas contribuições, sábias observações e explicações.

10 Sequências e Séries Infinitas

VISÃO GERAL Todos sabem como somar dois números, ou mesmo vários. Mas como se somam infinitos números? Neste capítulo, respondemos a essa questão, que é parte da teoria de sequências e séries infinitas.

Uma importante aplicação dessa teoria é um método para representar uma função derivável conhecida $f(x)$ como uma soma infinita de potências de x, de forma que se parece com um "polinômio com infinitos termos". Além disso, o método estende nosso conhecimento de como avaliar, derivar e integrar polinômios, de forma que podemos trabalhar com funções ainda mais gerais do que aquelas encontradas até aqui. Essas novas funções são frequentes soluções para importantes problemas na ciência e na engenharia.

10.1 Sequências

Ensaio histórico

Sequências e séries

As sequências são fundamentais para o estudo de séries infinitas e muitas aplicações da matemática. Já vimos anteriormente um exemplo de uma sequência quando estudamos o método de Newton na Seção 4.7. Produzimos ali uma sequência de aproximações x_n que se tornou cada vez mais próxima da raiz de uma função derivável. Iremos agora explorar sequências de números gerais e as condições sob as quais elas convergem.

Representando sequências

Uma sequência é uma lista de números

$$a_1, a_2, a_3, \ldots, a_n, \ldots$$

em uma ordem determinada. Cada a_1, a_2, a_3, e assim por diante, representa um número. Esses são os **termos** da sequência. Por exemplo, a sequência

$$2, 4, 6, 8, 10, 12, \ldots, 2n, \ldots$$

tem o primeiro termo $a_1 = 2$, o segundo termo $a_2 = 4$, e o n-ésimo termo $a_n = 2n$. O número inteiro n é chamado de **índice** de a_n e indica em que posição a_n ocorre na lista. A ordem é importante. A sequência 2, 4, 6, 8... não é igual à sequência 4, 2, 6, 8...

Podemos pensar na sequência

$$a_1, a_2, a_3, \ldots, a_n, \ldots$$

como uma função que envia 1 para a_1, 2 para a_2, 3 para a_3, e, em geral, associa o número inteiro positivo n ao n-ésimo termo a_n. Mais precisamente, uma **sequência infinita** de números é uma função cujo domínio é o conjunto de números inteiros positivos.

A função associada com a sequência

$$2, 4, 6, 8, 10, 12, \ldots, 2n, \ldots$$

atribui 1 para $a_1 = 2$; 2 para $a_2 = 4$, e assim por diante. O comportamento geral dessa sequência é descrito pela fórmula $a_n = 2n$.

Da mesma forma, podemos fazer com que o domínio seja os números inteiros maiores do que um determinado número n_0, e permitimos sequências desse tipo também. Por exemplo, a sequência

$$12, 14, 16, 18, 20, 22...$$

é descrita pela fórmula $a_n = 10 + 2n$. Essa sequência também pode ser descrita pela fórmula mais simples $b_n = 2n$, onde o índice n começa em 6 e aumenta. Para permitir fórmulas mais simples, deixamos o primeiro índice da sequência ser qualquer número inteiro. Na sequência acima, $\{a_n\}$ começa com a_1, enquanto $\{b_n\}$ começa com b_6.

As sequências podem ser descritas pelas regras que especificam seus termos, como

$$a_n = \sqrt{n}, \qquad b_n = (-1)^{n+1}\frac{1}{n}, \qquad c_n = \frac{n-1}{n}, \qquad d_n = (-1)^{n+1},$$

ou listando os termos:

$$\{a_n\} = \left\{\sqrt{1}, \sqrt{2}, \sqrt{3}, \ldots, \sqrt{n}, \ldots\right\}$$

$$\{b_n\} = \left\{1, -\frac{1}{2}, \frac{1}{3}, -\frac{1}{4}, \ldots, (-1)^{n+1}\frac{1}{n}, \ldots\right\}$$

$$\{c_n\} = \left\{0, \frac{1}{2}, \frac{2}{3}, \frac{3}{4}, \frac{4}{5}, \ldots, \frac{n-1}{n}, \ldots\right\}$$

$$\{d_n\} = \{1, -1, 1, -1, 1, -1, \ldots, (-1)^{n+1}, \ldots\}.$$

Escrevemos ainda, às vezes,

$$\{a_n\} = \left\{\sqrt{n}\right\}_{n=1}^{\infty}.$$

A Figura 10.1 demonstra duas maneiras de representar sequências graficamente. A primeira marca os primeiros pontos a partir de $a_1, a_2, a_3, \ldots, a_n, \ldots$ no eixo real. O segundo método demonstra o gráfico da função definindo a sequência. A função é definida somente nos números inteiros, e o gráfico consiste de alguns pontos no plano xy localizados em $(1, a_1), (2, a_2), \ldots, (n, a_n), \ldots$.

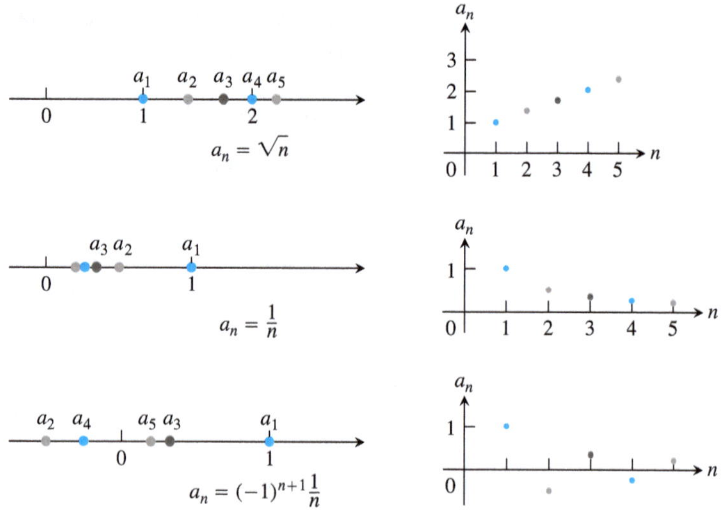

FIGURA 10.1 As sequências podem ser representadas como pontos na reta real ou como pontos no plano onde o eixo horizontal n é o índice do termo e o eixo vertical a_n é o seu valor.

Convergência e divergência

Algumas vezes os números em uma sequência se aproximam de um único valor, conforme o índice n aumenta. Isso acontece na sequência

$$\left\{1, \frac{1}{2}, \frac{1}{3}, \frac{1}{4}, \ldots, \frac{1}{n}, \ldots\right\}$$

cujos termos se aproximam de 0 conforme n cresce, e na sequência

$$\left\{0, \frac{1}{2}, \frac{2}{3}, \frac{3}{4}, \frac{4}{5}, \ldots, 1 - \frac{1}{n}, \ldots\right\}$$

cujos termos se aproximam de 1. Por outro lado, sequências como

$$\{\sqrt{1}, \sqrt{2}, \sqrt{3}, \ldots, \sqrt{n}, \ldots\}$$

possuem termos que ficam maiores do que qualquer número conforme n aumenta, e sequências como

$$\{1, -1, 1, -1, 1, -1, ..., (-1)^{n+1}, ...\}$$

alternam entre 1 e -1, nunca convergindo para um valor único. A seguinte definição representa o significado de uma sequência convergir a um valor limite. Ela estabelece que se formos longe o bastante na sequência, fazendo o índice n maior do que algum valor N, a diferença entre a_n e o limite da sequência torna-se menor que qualquer número pré-selecionado $\epsilon > 0$.

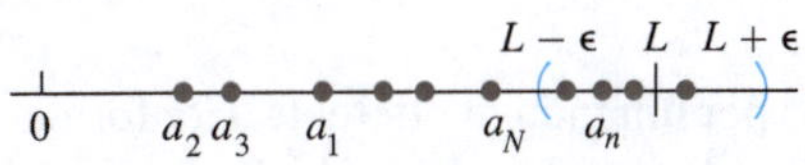

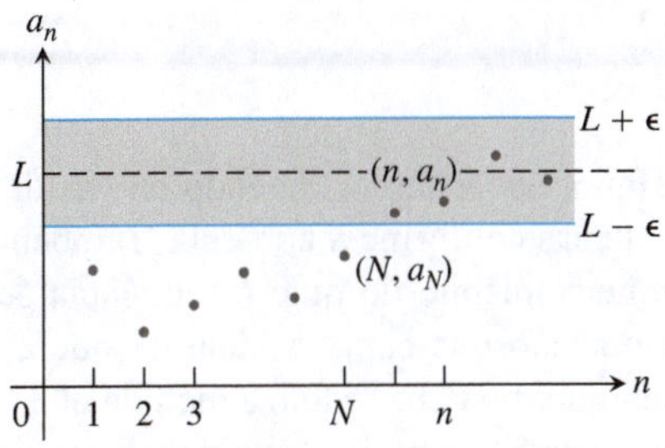

FIGURA 10.2 Na representação de uma sequência como pontos no plano, $a_n \to L$ se $y = L$ for uma assíntota horizontal da sequência de pontos $\{(n, a_n)\}$. Nesta figura, todos os a_n depois de a_N localizam-se a menos de ϵ de L.

DEFINIÇÕES A sequência $\{a_n\}$ **converge** para o número L se para todo número positivo ϵ corresponder um número inteiro N, de forma que para todo n,

$$n > N \quad \Rightarrow \quad |a_n - L| < \epsilon.$$

Se nenhum número L existir, dizemos que $\{a_n\}$ **diverge**.

Se $\{a_n\}$ converge para L, escrevemos $\lim_{n\to\infty} a_n = L$, ou simplesmente $a_n \to L$, e chamamos L o **limite** da sequência (Figura 10.2).

A definição é muito semelhante à definição do limite de uma função $f(x)$, quando x tende a ∞ ($\lim_{x\to\infty} f(x)$ na Seção 2.6). Iremos explorar essa conexão para calcular limites das sequências.

BIOGRAFIA HISTÓRICA

Nicole Oresme
(1320-1382)

EXEMPLO 1 Mostre que

(a) $\lim_{n\to\infty} \frac{1}{n} = 0$ **(b)** $\lim_{n\to\infty} k = k$ (qualquer constante k)

Solução

(a) Seja $\epsilon > 0$ dado. Devemos mostrar que existe um N inteiro de forma que, para todo n,

$$n > N \quad \Rightarrow \quad \left|\frac{1}{n} - 0\right| < \epsilon.$$

Essa implicação valerá se $(1/n) < \epsilon$ ou $n > 1/\epsilon$. Se N for qualquer número inteiro maior que $1/\epsilon$, a implicação valerá para todo $n > N$. Isso prova que $\lim_{n\to\infty} (1/n) = 0$.

(b) Seja $\epsilon > 0$ dado. Devemos mostrar que existe um N inteiro de forma que, para todo n,

$$n > N \quad \Rightarrow \quad |k - k| < \epsilon.$$

Uma vez que $k - k = 0$, podemos utilizar qualquer número inteiro positivo para N e a implicação será verdadeira. Isso prova que $\lim_{n\to\infty} k = k$ para qualquer constante k.

EXEMPLO 2 Mostre que a sequência $\{1, -1, 1, -1, 1, -1, ..., (-1)^{n+1}, ...\}$ diverge.

Solução Suponhamos que a sequência convirja para algum número L. Escolhendo $\epsilon = 1/2$ na definição do limite, todos os termos a_n da sequência com índice n maior que um N devem se localizar a menos de $\epsilon = 1/2$ de L. Uma vez que o número 1 aparece repetidamente como termo sim, termo não da sequência, devemos ter o número 1 localizado a uma distância a menos de $\epsilon = 1/2$ de L.

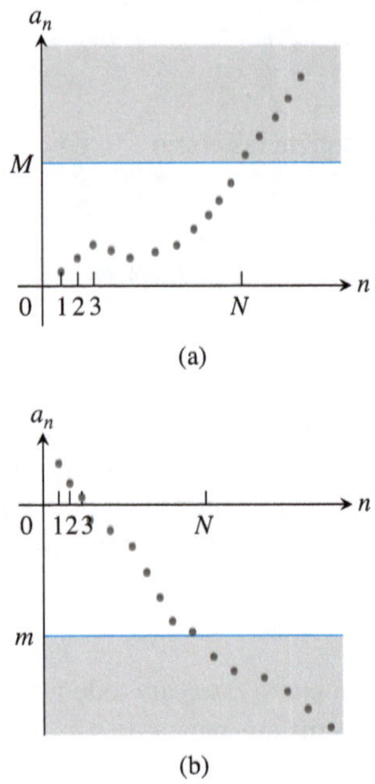

FIGURA 10.3 (a) A sequência diverge a ∞ porque não importa qual número M é escolhido, os termos da sequência após algum índice N estão todos na faixa cinza acima de M. (b) A sequência diverge a $-\infty$ porque todos os termos após algum índice N estão abaixo de qualquer número m escolhido.

Segue que $|L-1|< 1/2$ ou, de forma equivalente, $1/2 < L < 3/2$. Da mesma forma, o número -1 aparece repetidamente na sequência com índice arbitrariamente alto. Dessa forma, devemos ainda ter que $|L-(-1)|< 1/2$ ou, de forma equivalente, $-3/2 < L < -1/2$. Entretanto, o número L não pode estar em ambos os intervalos $(1/2, 3/2)$ e $(-3/2, -1/2)$, uma vez que eles não possuem uma superposição. Dessa forma, não existe tal limite L e portanto a sequência diverge.

Observe que o mesmo argumento funciona para qualquer número positivo ϵ menor que 1, não somente 1/2.

A sequência $\{\sqrt{n}\}$ também diverge, mas por um motivo diferente. Conforme n aumenta, seus termos se tornam maiores que qualquer número fixado. Descrevemos o comportamento dessa sequência escrevendo

$$\lim_{n\to\infty} \sqrt{n} = \infty .$$

Ao escrever que o limite da função é infinito, não estamos dizendo que as diferenças entre os termos a_n e ∞ se tornam pequenas conforme n aumenta. Também não estamos afirmando que existe algum número infinito do qual a sequência se aproxime. Estamos somente utilizando uma notação que capta a ideia de que a_n finalmente se torna e permanece maior que qualquer número fixado à medida que n cresce (veja a Figura 10.3a). Os termos de uma sequência poderiam ainda diminuir para menos infinito, conforme na Figura 10.3b.

DEFINIÇÃO A sequência $\{a_n\}$ **diverge ao infinito** se para cada número M houver um número inteiro N, tal que para todo n maior do que N, $a_n > M$. Se essa condição for verdadeira, escrevemos

$$\lim_{n\to\infty} a_n = \infty \qquad \text{ou} \qquad a_n \to \infty .$$

De maneira semelhante, se para cada número m existir um número inteiro N, de forma que, para todo $n > N$ tenhamos $a_n < m$, então dizemos que $\{a_n\}$ **diverge ao menos infinito** e escrevemos

$$\lim_{n\to\infty} a_n = -\infty \qquad \text{ou} \qquad a_n \to -\infty .$$

Uma sequência pode divergir sem divergir ao infinito ou menos infinito, conforme vimos no Exemplo 2. As sequências $\{1, -2, 3, -4, 5, -6, 7, -8, \ldots\}$ e $\{1, 0, 2, 0, 3, 0, \ldots\}$ são também exemplos de tal divergência.

Calculando limites de sequências

Uma vez que sequências são funções com domínio restrito aos números inteiros positivos, não é surpresa que os teoremas sobre limites de funções dados no Capítulo 2 tenham versões para sequências.

TEOREMA 1 Sejam $\{a_n\}$ e $\{b_n\}$ sequências de números reais, e sejam A e B números reais. As seguintes regras se aplicam se $\lim_{n\to\infty} a_n = A$ e $\lim_{n\to\infty} b_n = B$.

1. *Regra da soma:* $\lim_{n\to\infty} (a_n + b_n) = A + B$
2. *Regra da diferença:* $\lim_{n\to\infty} (a_n - b_n) = A - B$
3. *Regra da multiplicação por constante:* $\lim_{n\to\infty} (k \cdot b_n) = k \cdot B$ (número k qualquer)
4. *Regra do produto:* $\lim_{n\to\infty} (a_n \cdot b_n) = A \cdot B$
5. *Regra do quociente:* $\lim_{n\to\infty} \dfrac{a_n}{b_n} = \dfrac{A}{B}$ se $B \neq 0$

A prova é semelhante àquela do Teorema 1 da Seção 2.2 e é omitida.

EXEMPLO 3 Combinando o Teorema 1 com os limites do Exemplo 1, teremos:

(a) $\lim_{n\to\infty}\left(-\frac{1}{n}\right) = -1 \cdot \lim_{n\to\infty}\frac{1}{n} = -1 \cdot 0 = 0$ Regra da multiplicação por constante e Exemplo 1a

(b) $\lim_{n\to\infty}\left(\frac{n-1}{n}\right) = \lim_{n\to\infty}\left(1 - \frac{1}{n}\right)$

$= \lim_{n\to\infty} 1 - \lim_{n\to\infty}\frac{1}{n} = 1 - 0 = 1$ Regra da diferença e Exemplo 1a

(c) $\lim_{n\to\infty}\frac{5}{n^2} = 5 \cdot \lim_{n\to\infty}\frac{1}{n} \cdot \lim_{n\to\infty}\frac{1}{n} = 5 \cdot 0 \cdot 0 = 0$ Regra do produto

(d) $\lim_{n\to\infty}\frac{4 - 7n^6}{n^6 + 3} = \lim_{n\to\infty}\frac{(4/n^6) - 7}{1 + (3/n^6)} = \frac{0 - 7}{1 + 0} = -7.$ Regras da soma e do quociente

Tenha cuidado ao aplicar o Teorema 1. Ele não diz, por exemplo, que cada uma das sequências $\{a_n\}$ e $\{b_n\}$ tem limites se sua soma $\{a_n + b_n\}$ tiver um limite. Por exemplo, $\{a_n\} = \{1, 2, 3, ...\}$ e $\{b_n\} = \{-1, -2, -3, ...\}$, ambas divergem, mas sua soma $\{a_n + b_n\} = \{0, 0, 0, ...\}$ claramente converge para 0.

Uma consequência do Teorema 1 é que todo múltiplo diferente de zero de uma sequência divergente $\{a_n\}$ diverge. Suponha, pelo contrário, que $\{ca_n\}$ converge para algum número $c \neq 0$. Sendo assim, tomando $k = 1/c$ na regra da multiplicação por constante no Teorema 1, vemos que a sequência

$$\left\{\frac{1}{c}\cdot ca_n\right\} = \{a_n\}$$

converge. Dessa forma, $\{ca_n\}$ não converge, a menos que $\{a_n\}$ também convirja. Se $\{a_n\}$ não converge, então $\{ca_n\}$ não converge.

O próximo teorema é a versão de sequência do teorema do confronto na Seção 2.2. Você será solicitado a provar o teorema no Exercício 109. (Veja a Figura 10.4.)

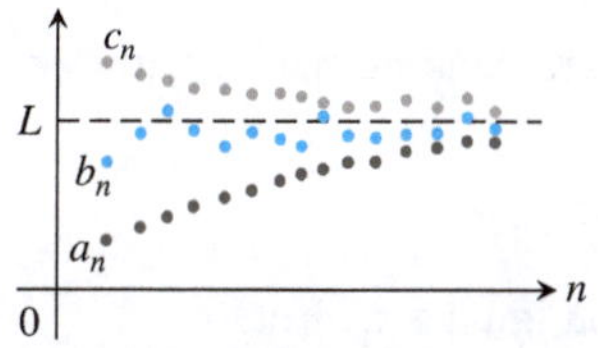

FIGURA 10.4 Os termos da sequência $\{b_n\}$ ficam "sanduichados entre" aqueles de $\{a_n\}$ e $\{c_n\}$, forçando-os ao mesmo limite comum L.

TEOREMA 2 — Teorema do confronto para as sequências Sejam $\{a_n\}$, $\{b_n\}$ e $\{c_n\}$ sequências de números reais. Se $a_n \leq b_n \leq c_n$ for verdadeira para todo n além de algum índice N, e se $\lim_{n\to\infty} a_n = \lim_{n\to\infty} c_n = L$, então $\lim_{n\to\infty} b_n = L$ também.

Uma consequência imediata do Teorema 2 é que, se $|b_n| \leq c_n$ e $c_n \to 0$, então $b_n \to 0$ porque $-c_n \leq b_n \leq c_n$. Usamos esse fato no próximo exemplo.

EXEMPLO 4 Uma vez que $1/n \to 0$, sabemos que

(a) $\frac{\cos n}{n} \to 0$ porque $-\frac{1}{n} \leq \frac{\cos n}{n} \leq \frac{1}{n}$;

(b) $\frac{1}{2^n} \to 0$ porque $0 \leq \frac{1}{2^n} \leq \frac{1}{n}$;

(c) $(-1)^n \frac{1}{n} \to 0$ porque $-\frac{1}{n} \leq (-1)^n \frac{1}{n} \leq \frac{1}{n}$.

A aplicação dos Teoremas 1 e 2 é ampliada por um teorema que enuncia que, ao se aplicar uma função contínua a uma sequência convergente, é produzida uma sequência convergente. Enunciamos o teorema, deixando a prova como um exercício (Exercício 110).

TEOREMA 3 — Teorema da função contínua para sequências Seja $\{a_n\}$ uma sequência de números reais. Se $a_n \to L$ e se f for uma função que é contínua em L e definida em todo a_n, então $f(a_n) \to f(L)$.

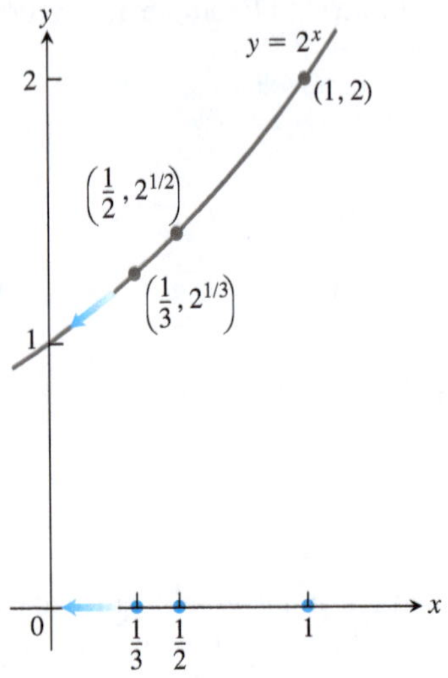

FIGURA 10.5 Como $n \to \infty$, $1/n \to 0$ e $2^{1/n} \to 2^0$ (Exemplo 6). Os termos de $\{1/n\}$ são exibidos sobre o eixo x; os termos de $\{2^{1/n}\}$ são exibidos como os valores de y no gráfico de $f(x) = 2^x$.

EXEMPLO 5 Mostre que $\sqrt{(n+1)/n} \to 1$.

Solução Sabemos que $(n+1)/n \to 1$. Tomando $f(x) = \sqrt{x}$ e $L = 1$ no Teorema 3 proporcionará $\sqrt{(n+1)/n} \to \sqrt{1} = 1$.

EXEMPLO 6 A sequência $\{1/n\}$ converge para 0. Tomando $a_n = 1/n$, $f(x) = 2^x$ e $L = 0$ no Teorema 3, vemos que $2^{1/n} = f(1/n) \to f(L) = 2^0 = 1$. A sequência $\{2^{1/n}\}$ converge para 1 (Figura 10.5).

Utilizando a regra de L'Hôpital

O próximo teorema formaliza a conexão entre $\lim_{n\to\infty} a_n$ e $\lim_{n\to\infty} f(x)$. Ele nos permite utilizar a regra de L'Hôpital para encontrar os limites de algumas sequências.

TEOREMA 4 Suponha que $f(x)$ seja uma função definida para todo $x \geq n_0$ e que $\{a_n\}$ seja uma sequência de números reais tal que $a_n = f(n)$ para $n \geq n_0$. Então

$$\lim_{x\to\infty} f(x) = L \qquad \Rightarrow \qquad \lim_{n\to\infty} a_n = L.$$

Prova Suponha que $\lim_{x\to\infty} f(x) = L$. Então, para cada número positivo ϵ existe um número M, tal que para todo x,

$$x > M \qquad \Rightarrow \qquad |f(x) - L| < \epsilon.$$

Seja N um número inteiro maior que M e maior ou igual a n_0. Então

$$n > N \qquad \Rightarrow \qquad a_n = f(n) \quad \text{e} \quad |a_n - L| = |f(n) - L| < \epsilon.$$

EXEMPLO 7 Mostre que

$$\lim_{n\to\infty} \frac{\ln n}{n} = 0.$$

Solução A função $(\ln x)/x$ é definida para todo $x \geq 1$ e concorda com a sequência dada em números inteiros positivos. Portanto, pelo Teorema 4, $\lim_{n\to\infty} (\ln n)/n$ será igual a $\lim_{x\to\infty} (\ln x)/x$ se o último existir. Uma única aplicação da regra de L'Hôpital mostra que

$$\lim_{x\to\infty} \frac{\ln x}{x} = \lim_{x\to\infty} \frac{1/x}{1} = \frac{0}{1} = 0.$$

Concluímos que $\lim_{n\to\infty} (\ln n)/n = 0$.

Quando utilizamos a regra de L'Hôpital para encontrar o limite da sequência, frequentemente tratamos n como uma variável real contínua e derivamos diretamente com respeito a n. Isso nos salva de ter de reescrever a fórmula para a_n, conforme fizemos no Exemplo 7.

EXEMPLO 8 A sequência cujo n-ésimo termo é

$$a_n = \left(\frac{n+1}{n-1}\right)^n$$

converge? Em caso positivo, encontre $\lim_{n\to\infty} a_n$.

Solução O limite leva à forma indeterminada 1^∞. Podemos aplicar a regra de L'Hôpital se primeiro alterarmos a forma para $\infty \cdot 0$ tomando o logaritmo natural de a_n:

$$\ln a_n = \ln\left(\frac{n+1}{n-1}\right)^n = n\ln\left(\frac{n+1}{n-1}\right).$$

Então,

$$\begin{aligned}\lim_{n\to\infty} \ln a_n &= \lim_{n\to\infty} n\ln\left(\frac{n+1}{n-1}\right) && \text{forma } \infty\cdot 0\\ &= \lim_{n\to\infty} \frac{\ln\left(\frac{n+1}{n-1}\right)}{1/n} && \text{forma } \tfrac{0}{0}\\ &= \lim_{n\to\infty} \frac{-2/(n^2-1)}{-1/n^2} && \text{Regra de L'Hôpital: diferenciar numerador e denominador.}\\ &= \lim_{n\to\infty} \frac{2n^2}{n^2-1} = 2.\end{aligned}$$

Uma vez que $\ln a_n \to 2$ e $f(x) = e^x$ é contínua, o Teorema 4 nos diz que

$$a_n = e^{\ln a_n} \to e^2.$$

A sequência $\{a_n\}$ converge para e^2.

Limites que ocorrem frequentemente

O próximo teorema nos dá alguns limites que surgem frequentemente.

TEOREMA 5 As seis sequências a seguir convergem aos limites listados abaixo:

1. $\lim_{n\to\infty} \frac{\ln n}{n} = 0$
2. $\lim_{n\to\infty} \sqrt[n]{n} = 1$
3. $\lim_{n\to\infty} x^{1/n} = 1 \quad (x > 0)$
4. $\lim_{n\to\infty} x^n = 0 \quad (|x| < 1)$
5. $\lim_{n\to\infty} \left(1 + \frac{x}{n}\right)^n = e^x$ (x qualquer)
6. $\lim_{n\to\infty} \frac{x^n}{n!} = 0$ (x qualquer)

Nas Fórmulas 3 até 6, x permanece fixado quando $n \to \infty$.

Prova O primeiro limite foi computado no Exemplo 7. Os dois próximos podem ser provados tomando logaritmos e aplicando o Teorema 4 (Exercícios 107 e 108). As provas remanescentes são fornecidas no Apêndice 5.

EXEMPLO 9 Estes são exemplos dos limites no Teorema 5.

(a) $\frac{\ln(n^2)}{n} = \frac{2\ln n}{n} \to 2\cdot 0 = 0$ — Fórmula 1

(b) $\sqrt[n]{n^2} = n^{2/n} = (n^{1/n})^2 \to (1)^2 = 1$ — Fórmula 2

(c) $\sqrt[n]{3n} = 3^{1/n}(n^{1/n}) \to 1\cdot 1 = 1$ — Fórmula 3 com $x = 3$ e Fórmula 2

(d) $\left(-\frac{1}{2}\right)^n \to 0$ — Fórmula 4 com $x = -\frac{1}{2}$

Notação fatorial
A notação $n!$ ("n fatorial") significa o produto $1 \cdot 2 \cdot 3 \cdots n$ dos inteiros de 1 a n. Note que $(n+1)! = (n+1) \cdot n!$. Então, $4! = 1 \cdot 2 \cdot 3 \cdot 4 = 24$ e $5! = 1 \cdot 2 \cdot 3 \cdot 4 \cdot 5 = 5 \cdot 4! = 120$. Definimos $0!$ como 1. Os fatoriais crescem ainda mais rapidamente que as exponenciais, como a tabela sugere. Os valores na tabela estão arredondados.

n	e^n	$n!$
1	3	1
5	148	120
10	22.026	3.628.800
20	$4{,}9 \times 10^8$	$2{,}4 \times 10^{18}$

(e) $\left(\dfrac{n-2}{n}\right)^n = \left(1 + \dfrac{-2}{n}\right)^n \to e^{-2}$ Fórmula 5 com $x = -2$

(f) $\dfrac{100^n}{n!} \to 0$ Fórmula 6 com $x = 100$

Definições recursivas

Até aqui, calculamos cada a_n diretamente a partir do valor de n. No entanto, as sequências são frequentemente definidas **recursivamente**, fornecendo

1. O(s) valor(es) do termo inicial ou termos iniciais, e
2. Uma regra, chamada **fórmula de recursão**, para o cálculo de qualquer termo posterior a partir dos termos que o precederem.

EXEMPLO 10

(a) As sentenças $a_1 = 1$ e $a_n = a_{n-1} + 1$ para $n > 1$ definem a sequência $1, 2, 3, \ldots, n, \ldots$ de inteiros positivos. Com $a_1 = 1$, temos $a_2 = a_1 + 1 = 2$, $a_3 = a_2 + 1 = 3$, e assim por diante.

(b) As sentenças $a_1 = 1$ e $a_n = n \cdot a_{n-1}$ para $n > 1$ definem a sequência $1, 2, 6, 24, \ldots, n!, \ldots$ de fatoriais. Com $a_1 = 1$, temos $a_2 = 2 \cdot a_1 = 2$, $a_3 = 3 \cdot a_2 = 6$, $a_4 = 4 \cdot a_3 = 24$, e assim por diante.

(c) As sentenças $a_1 = 1$, $a_2 = 1$ e $a_{n+1} = a_n + a_{n-1}$ para $n > 2$ definem a sequência $1, 1, 2, 3, 5, \ldots$ dos **números de Fibonacci**. Com $a_1 = 1$ e $a_2 = 1$, temos $a_3 = 1 + 1 = 2$, $a_4 = 2 + 1 = 3$, $a_5 = 3 + 2 = 5$, e assim por diante.

(d) Como podemos ver na aplicação do método de Newton (veja o Exercício 133), as sentenças $x_0 = 1$ e $x_{n+1} = x_n - [(\text{sen}\, x_n - x_n^2)/(\cos x_n - 2x_n)]$ para $n > 0$ definem uma sequência que, quando converge, fornece uma solução para a equação $\text{sen}\, x - x^2 = 0$.

Sequências monotônicas limitadas

Dois conceitos que desempenham um papel fundamental na determinação da convergência de uma sequência são os de sequência *limitada* e sequência *monotônica*.

DEFINIÇÕES Uma sequência $\{a_n\}$ é **limitada superiormente** se existe um número M tal que $a_n \leq M$ para todo n. O número M é um **limitante superior** para $\{a_n\}$. Se M é um limitante superior para $\{a_n\}$, mas nenhum número menor que M é um limitante superior para $\{a_n\}$, então M é o **menor limitante superior** para $\{a_n\}$.

Uma sequência $\{a_n\}$ é **limitada inferiormente** se existe um número m tal que $a_n \geq m$ para todo n. O número m é um **limitante inferior** para $\{a_n\}$. Se m é um limitante inferior para $\{a_n\}$, mas nenhum número maior que m é um limitante superior para $\{a_n\}$, então m é o **maior limitante inferior** para $\{a_n\}$.

Se $\{a_n\}$ é limitada superior e inferiormente, então $\{a_n\}$ é **limitada**. Se $\{a_n\}$ não é limitada, então dizemos que $\{a_n\}$ é uma sequência **ilimitada**.

EXEMPLO 11

(a) A sequência $1, 2, 3, \ldots, n, \ldots$ não tem limitante superior, uma vez que finalmente ultrapassa todo número M. No entanto, ela é limitada inferiormente por todo número real menor ou igual a 1. O número $m = 1$ é o maior limitante inferior da sequência.

(b) A sequência $\dfrac{1}{2}, \dfrac{2}{3}, \dfrac{3}{4}, \ldots, \dfrac{n}{n+1}, \ldots$ é limitada superiormente por todo número real menor ou igual a 1. O limitante superior $M = 1$ é o menor limitante superior (Exercício 125). A sequência também é limitada inferiormente por todo número menor ou igual a $\dfrac{1}{2}$, que é o maior limitante inferior.

Sequências convergentes são limitadas

Se uma sequência $\{a_n\}$ converge para o número L, então, por definição, existe um número N tal que $|a_n - L| < 1$ se $n > N$. Ou seja,

$$L - 1 < a_n < L + 1 \text{ para } n > N.$$

Se M é um número maior que $L + 1$ e todos os (finitos) números $a_1, a_2, ..., a_N$, então para cada índice n temos $a_n \leq M$ de forma que $\{a_n\}$ é limitado superiormente. De maneira semelhante, se m é um número menor que $L - 1$ e todos os números $a_1, a_2, ..., a_N$, então m é um limitante inferior da sequência. Portanto, todas as sequências convergentes são limitadas.

Embora seja verdade que toda sequência convergente seja limitada, existem sequências limitadas que deixam de convergir. Um exemplo é a sequência limitada $\{(-1)^{n+1}\}$ discutida no Exemplo 2. O problema aqui é que algumas sequências limitadas saltitam na faixa determinada por qualquer limitante inferior m e qualquer limitante superior M (Figura 10.6). Um tipo de sequência importante que não se comporta dessa forma é uma para a qual cada termo é ao menos tão grande, ou tão pequeno, quanto seu predecessor.

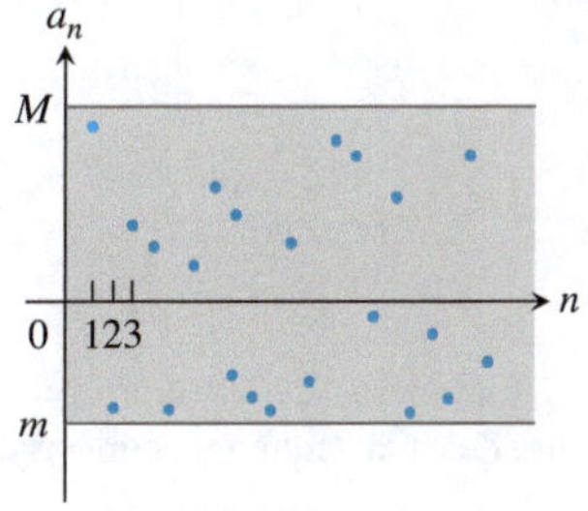

FIGURA 10.6 Algumas sequências limitadas saltitam entre seus limitantes e deixam de convergir para qualquer valor limite.

DEFINIÇÃO Uma sequência $\{a_n\}$ é **crescente** se $a_n \leq a_{n+1}$ para todo n. Ou seja, $a_1 \leq a_2 \leq a_3 \leq ...$. A sequência é **decrescente** se $a_n \geq a_{n+1}$ para todo n. A sequência $\{a_n\}$ é **monotônica** se ela for crescente ou decrescente.

EXEMPLO 12

(a) A sequência 1, 2, 3, ..., n, ... é crescente.

(b) A sequência $\frac{1}{2}, \frac{2}{3}, \frac{3}{4}, \ldots, \frac{n}{n+1}, \ldots$ é crescente.

(c) A sequência $1, \frac{1}{2}, \frac{1}{4}, \frac{1}{8}, \ldots, \frac{1}{2^n}, \ldots$ é decrescente.

(d) A sequência constante 3, 3, 3, ..., 3, ... é tanto crescente quanto decrescente.

(e) A sequência $1, -1, 1, -1, 1, -1, ...$ não é monotônica.

Uma sequência crescente que é limitada superiormente sempre tem um menor limitante superior. Da mesma forma, uma sequência decrescente limitada superiormente sempre tem um maior limitante inferior. Esses resultados são baseados na *propriedade da completude* dos números reais, discutida no Apêndice 6. Provamos agora que se L é o menor limitante superior de uma sequência crescente, então a sequência converge para L, e que se L é o maior limitante inferior de uma sequência decrescente, então a sequência converge para L.

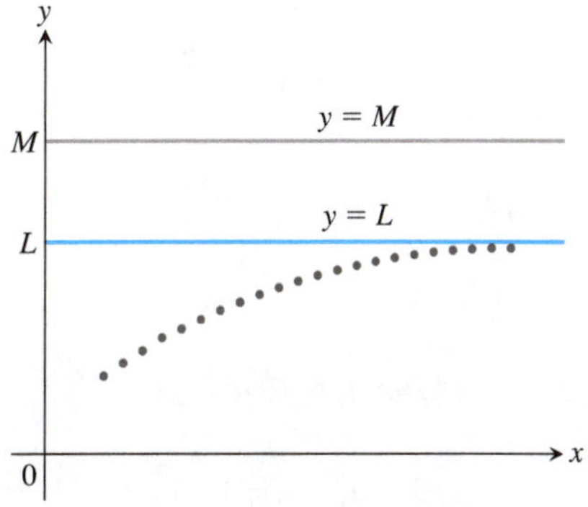

FIGURA 10.7 Se os termos de uma sequência crescente têm um limitante superior M, eles têm um limite $L \leq M$.

TEOREMA 6 — Teorema da sequência monotônica Se uma sequência $\{a_n\}$ é limitada e monotônica, então a sequência converge.

Prova Suponhamos que $\{a_n\}$ seja crescente, L é o menor limitante superior, e desenhamos os pontos $(1, a_1), (2, a_2), ..., (n, a_n), ...$ no plano xy. Se M é um limitante superior da sequência, todos esses pontos estarão sobre ou abaixo da reta $y = M$ (Figura 10.7). A reta $y = L$ é a reta mais inferior. Nenhum dos pontos (n, a_n) estará acima de $y = L$, mas alguns estarão acima de qualquer reta inferior $y = L - \epsilon$, se ϵ for um número positivo. A sequência converge para L porque

(a) $a_n \leq L$ para *todos* os valores de n, e

(b) dado qualquer $\epsilon > 0$, existe ao menos um inteiro N para o qual $a_N > L - \epsilon$.
O fato de $\{a_n\}$ ser crescente nos diz adicionalmente que

$$a_n \geq a_N > L - \epsilon \quad \text{para todo } n \geq N.$$

Sendo assim, *todos* os números a_n além do N-ésimo número estão a menos de ϵ de L. Essa é precisamente a condição para L ser o limite da sequência $\{a_n\}$.

A prova para as sequências decrescentes limitadas inferiormente é semelhante.

É importante perceber que o Teorema 6 não diz que sequências convergentes são monotônicas. A sequência $\{(-1)^{n+1}/n\}$ converge e é limitada, mas não é monotônica, uma vez que ela alterna entre valores positivos e negativos, à medida que tende a zero. O que o teorema afirma é que uma sequência crescente converge quando é limitada superiormente, mas diverge ao infinito, caso contrário.

Exercícios 10.1

Encontrando termos de uma sequência

Cada um dos Exercícios 1-6 dá uma fórmula para o n-ésimo termo a_n de uma sequência $\{a_n\}$. Encontre os valores de a_1, a_2, a_3 e a_4.

1. $a_n = \dfrac{1-n}{n^2}$

2. $a_n = \dfrac{1}{n!}$

3. $a_n = \dfrac{(-1)^{n+1}}{2n-1}$

4. $a_n = 2 + (-1)^n$

5. $a_n = \dfrac{2^n}{2^{n+1}}$

6. $a_n = \dfrac{2^n - 1}{2^n}$

Cada um dos Exercícios 7-12 dá um ou dois termos iniciais de uma sequência, bem como uma fórmula de recursão para os termos remanescentes. Escreva os dez termos iniciais da sequência.

7. $a_1 = 1,\ a_{n+1} = a_n + (1/2^n)$

8. $a_1 = 1,\ a_{n+1} = a_n/(n+1)$

9. $a_1 = 2,\ a_{n+1} = (-1)^{n+1} a_n/2$

10. $a_1 = -2,\ a_{n+1} = na_n/(n+1)$

11. $a_1 = a_2 = 1,\ a_{n+2} = a_{n+1} + a_n$

12. $a_1 = 2,\ a_2 = -1,\ a_{n+2} = a_{n+1}/a_n$

Encontrando uma fórmula para a sequência

Nos Exercícios 13-26, encontre uma fórmula para o n-ésimo termo da sequência.

13. A sequência $1, -1, 1, -1, 1, \ldots$ — Números 1 com os sinais alternados.

14. A sequência $-1, 1, -1, 1, -1, \ldots$ — Números 1 com os sinais alternados.

15. A sequência $1, -4, 9, -16, 25, \ldots$ — Quadrados dos inteiros positivos, com os sinais alternados.

16. A sequência $1, -\dfrac{1}{4}, \dfrac{1}{9}, -\dfrac{1}{16}, \dfrac{1}{25}, \ldots$ — Recíprocos dos quadrados dos inteiros positivos, com os sinais alternados.

17. $\dfrac{1}{9}, \dfrac{2}{12}, \dfrac{2^2}{15}, \dfrac{2^3}{18}, \dfrac{2^4}{21}, \ldots$ — Potências de 2 divididas por múltiplos de 3.

18. $-\dfrac{3}{2}, -\dfrac{1}{6}, \dfrac{1}{12}, \dfrac{3}{20}, \dfrac{5}{30}, \ldots$ — Inteiros diferindo por 2 divididos por produtos de inteiros consecutivos.

19. A sequência $0, 3, 8, 15, 24, \ldots$ — Quadrados dos inteiros positivos menos 1.

20. A sequência $-3, -2, -1, 0, 1, \ldots$ — Inteiros, começando com -3.

21. A sequência $1, 5, 9, 13, 17, \ldots$ — Um inteiro positivo ímpar sim, um inteiro positivo ímpar não.

22. A sequência $2, 6, 10, 14, 18, \ldots$ — Um inteiro positivo par sim, um inteiro positivo par não.

23. $\dfrac{5}{1}, \dfrac{8}{2}, \dfrac{11}{6}, \dfrac{14}{24}, \dfrac{17}{120}, \ldots$ — Inteiros diferindo por 3 divididos por fatoriais.

24. $\dfrac{1}{25}, \dfrac{8}{125}, \dfrac{27}{625}, \dfrac{64}{3125}, \dfrac{125}{15.625}, \ldots$ — Cubos dos inteiros positivos divididos por potências de 5.

25. A sequência $1, 0, 1, 0, 1, \ldots$ — Alternando números 1 e números 0.

26. A sequência $0, 1, 1, 2, 2, 3, 3, 4, \ldots$ — Cada inteiro positivo repetido.

Convergência e divergência

Quais das sequências $\{a_n\}$ nos Exercícios 27-90 convergem? E quais divergem? Encontre o limite de cada sequência convergente.

27. $a_n = 2 + (0{,}1)^n$

28. $a_n = \dfrac{n + (-1)^n}{n}$

29. $a_n = \dfrac{1-2n}{1+2n}$

30. $a_n = \dfrac{2n+1}{1 - 3\sqrt{n}}$

31. $a_n = \dfrac{1-5n^4}{n^4 + 8n^3}$

32. $a_n = \dfrac{n+3}{n^2 + 5n + 6}$

33. $a_n = \dfrac{n^2 - 2n + 1}{n-1}$

34. $a_n = \dfrac{1-n^3}{70 - 4n^2}$

35. $a_n = 1 + (-1)^n$

36. $a_n = (-1)^n\left(1 - \dfrac{1}{n}\right)$

37. $a_n = \left(\dfrac{n+1}{2n}\right)\left(1 - \dfrac{1}{n}\right)$

38. $a_n = \left(2 - \dfrac{1}{2^n}\right)\left(3 + \dfrac{1}{2^n}\right)$

39. $a_n = \dfrac{(-1)^{n+1}}{2n-1}$

40. $a_n = \left(-\dfrac{1}{2}\right)^n$

41. $a_n = \sqrt{\dfrac{2n}{n+1}}$

42. $a_n = \dfrac{1}{(0{,}9)^n}$

43. $a_n = \operatorname{sen}\left(\dfrac{\pi}{2} + \dfrac{1}{n}\right)$

44. $a_n = n\pi \cos(n\pi)$

45. $a_n = \dfrac{\operatorname{sen} n}{n}$

46. $a_n = \dfrac{\operatorname{sen}^2 n}{2^n}$

47. $a_n = \dfrac{n}{2^n}$

48. $a_n = \dfrac{3^n}{n^3}$

49. $a_n = \dfrac{\ln(n+1)}{\sqrt{n}}$

50. $a_n = \dfrac{\ln n}{\ln 2n}$

51. $a_n = 8^{1/n}$

52. $a_n = (0{,}03)^{1/n}$

53. $a_n = \left(1 + \dfrac{7}{n}\right)^n$

54. $a_n = \left(1 - \dfrac{1}{n}\right)^n$

55. $a_n = \sqrt[n]{10n}$

56. $a_n = \sqrt[n]{n^2}$

57. $a_n = \left(\dfrac{3}{n}\right)^{1/n}$

58. $a_n = (n+4)^{1/(n+4)}$

59. $a_n = \dfrac{\ln n}{n^{1/n}}$

60. $a_n = \ln n - \ln(n+1)$

61. $a_n = \sqrt[n]{4^n n}$

62. $a_n = \sqrt[n]{3^{2n+1}}$

63. $a_n = \dfrac{n!}{n^n}$ (Sugestão: compare com $1/n$.)

64. $a_n = \dfrac{(-4)^n}{n!}$

65. $a_n = \dfrac{n!}{10^{6n}}$

66. $a_n = \dfrac{n!}{2^n \cdot 3^n}$

67. $a_n = \left(\dfrac{1}{n}\right)^{1/(\ln n)}$

68. $a_n = \ln\left(1 + \dfrac{1}{n}\right)^n$

69. $a_n = \left(\dfrac{3n+1}{3n-1}\right)^n$

70. $a_n = \left(\dfrac{n}{n+1}\right)^n$

71. $a_n = \left(\dfrac{x^n}{2n+1}\right)^{1/n}, \quad x > 0$

72. $a_n = \left(1 - \dfrac{1}{n^2}\right)^n$

73. $a_n = \dfrac{3^n \cdot 6^n}{2^{-n} \cdot n!}$

74. $a_n = \dfrac{(10/11)^n}{(9/10)^n + (11/12)^n}$

75. $a_n = \text{tgh } n$

76. $a_n = \text{senh}(\ln n)$

77. $a_n = \dfrac{n^2}{2n-1} \text{ sen } \dfrac{1}{n}$

78. $a_n = n\left(1 - \cos\dfrac{1}{n}\right)$

79. $a_n = \sqrt{n} \text{ sen } \dfrac{1}{\sqrt{n}}$

80. $a_n = (3^n + 5^n)^{1/n}$

81. $a_n = \text{tg}^{-1} n$

82. $a_n = \dfrac{1}{\sqrt{n}} \text{tg}^{-1} n$

83. $a_n = \left(\dfrac{1}{3}\right)^n + \dfrac{1}{\sqrt{2^n}}$

84. $a_n = \sqrt[n]{n^2 + n}$

85. $a_n = \dfrac{(\ln n)^{200}}{n}$

86. $a_n = \dfrac{(\ln n)^5}{\sqrt{n}}$

87. $a_n = n - \sqrt{n^2 - n}$

88. $a_n = \dfrac{1}{\sqrt{n^2 - 1} - \sqrt{n^2 + n}}$

89. $a_n = \dfrac{1}{n}\displaystyle\int_1^n \dfrac{1}{x}\,dx$

90. $a_n = \displaystyle\int_1^n \dfrac{1}{x^p}\,dx, \quad p > 1$

Sequências definidas recursivamente

Nos Exercícios 91-98, assuma que cada sequência convirja e encontre o limite.

91. $a_1 = 2, \quad a_{n+1} = \dfrac{72}{1 + a_n}$

92. $a_1 = -1, \quad a_{n+1} = \dfrac{a_n + 6}{a_n + 2}$

93. $a_1 = -4, \quad a_{n+1} = \sqrt{8 + 2a_n}$

94. $a_1 = 0, \quad a_{n+1} = \sqrt{8 + 2a_n}$

95. $a_1 = 5, \quad a_{n+1} = \sqrt{5a_n}$

96. $a_1 = 3, \quad a_{n+1} = 12 - \sqrt{a_n}$

97. $2, 2 + \dfrac{1}{2}, 2 + \dfrac{1}{2 + \frac{1}{2}}, 2 + \dfrac{1}{2 + \frac{1}{2 + \frac{1}{2}}}, \ldots$

98. $\sqrt{1}, \sqrt{1 + \sqrt{1}}, \sqrt{1 + \sqrt{1 + \sqrt{1}}}, \sqrt{1 + \sqrt{1 + \sqrt{1 + \sqrt{1}}}}, \ldots$

Teoria e exemplos

99. O primeiro termo de uma sequência é $x_1 = 1$. Cada um dos termos seguintes é a soma de todos os seus antecedentes:

$$x_{n+1} = x_1 + x_2 + \ldots + x_n.$$

Escreva os primeiros termos da sequência suficientes para deduzir uma fórmula geral para x, que seja verdadeira para $n \geq 2$.

100. Uma sequência de números racionais é descrita a seguir:

$$\frac{1}{1}, \frac{3}{2}, \frac{7}{5}, \frac{17}{12}, \ldots, \frac{a}{b}, \frac{a+2b}{a+b}, \ldots.$$

Aqui os numeradores formam uma sequência, os denominadores formam uma segunda sequência e suas razões formam uma terceira sequência. Sejam x_n e y_n, respectivamente, o numerador e o denominador da n-ésima fração $r_n = x_n / y_n$.

a. Verifique que $x_1^2 - 2y_1^2 = -1$, $x_2^2 - 2y_2^2 = +1$ e, mais genericamente, que $a^2 - 2b^2 = -1$ ou $+1$, então

$$(a + 2b)^2 - 2(a + b)^2 = +1 \text{ ou } -1,$$

respectivamente.

b. As frações $r_n = x_n / y_n$ se aproximam de um limite à medida que n aumenta. Qual é esse limite? (Sugestão: use o item (a) para mostrar que $r_n^2 - 2 = \pm(1/y_n)^2$ e que y_n não é menor que n.)

101. Método de Newton As seguintes sequências vêm da fórmula recursiva para o método de Newton,

$$x_{n+1} = x_n - \frac{f(x_n)}{f'(x_n)}.$$

As sequências convergem? Em caso afirmativo, para qual valor? Em cada caso, comece identificando a função f que gera a sequência.

a. $x_0 = 1, \quad x_{n+1} = x_n - \dfrac{x_n^2 - 2}{2x_n} = \dfrac{x_n}{2} + \dfrac{1}{x_n}$

b. $x_0 = 1, \quad x_{n+1} = x_n - \dfrac{\text{tg } x_n - 1}{\sec^2 x_n}$

c. $x_0 = 1, x_{n+1} = x_n - 1$

102. a. Suponha que $f(x)$ seja derivável para todo x em $[0, 1]$ e que $f(0) = 0$. Defina a sequência $\{a_n\}$ pela regra $a_n = nf(1/n)$. Mostre que $\lim_{n\to\infty} a_n = f'(0)$. Utilize o resultado do item (a) para encontrar os limites das seguintes sequências $\{a_n\}$.

b. $a_n = n \text{ tg}^{-1} \dfrac{1}{n}$

c. $a_n = n(e^{1/n} - 1)$

d. $a_n = n \ln\left(1 + \dfrac{2}{n}\right)$

103. Ternas pitagóricas Uma terna de inteiros positivos a, b e c é chamada **terna pitagórica** se $a^2 + b^2 = c^2$. Seja a um inteiro positivo ímpar e sejam

$$b = \left\lfloor \frac{a^2}{2} \right\rfloor \quad \text{e} \quad c = \left\lceil \frac{a^2}{2} \right\rceil$$

respectivamente, o piso inteiro e o teto inteiro para $a^2/2$.

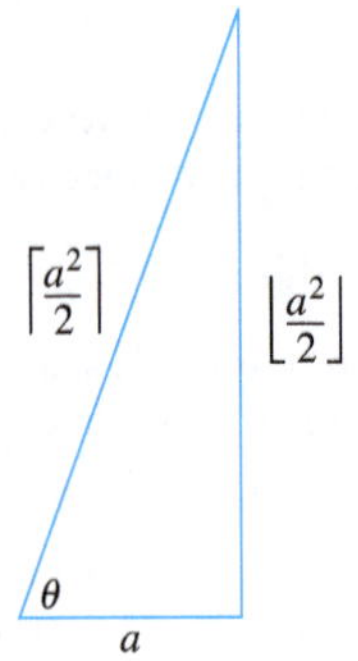

a. Mostre que $a^2 + b^2 = c^2$. (Sugestão: considere que $a = 2n + 1$ e expresse b e c em termos de n.)

b. Por cálculo direto, ou com auxílio da figura, encontre

$$\lim_{a\to\infty} \frac{\left\lfloor \frac{a^2}{2} \right\rfloor}{\left\lceil \frac{a^2}{2} \right\rceil}.$$

104. Raiz *n*-ésima de *n*!

a. Mostre que $\lim_{n\to\infty} (2n\pi)^{1/(2n)} = 1$ e, portanto, usando a aproximação de Stirling (Capítulo 8, Exercício Adicional 32a), que

$$\sqrt[n]{n!} \approx \frac{n}{e} \quad \text{para valores grandes de } n.$$

T **b.** Teste a aproximação no item (a) para $n = 40, 50, 60, \ldots$, até onde sua calculadora permitir.

105. a. Presumindo que $\lim_{n\to\infty} (1/n^c) = 0$ se c for qualquer constante positiva, mostre que

$$\lim_{n\to\infty} \frac{\ln n}{n^c} = 0$$

se c for qualquer constante positiva.

b. Prove que $\lim_{n\to\infty} (1/n^c) = 0$ se c for qualquer constante positiva. (Sugestão: se $\epsilon = 0{,}001$ e $c = 0{,}04$, quão grande deve ser N para assegurar que $|1/n^c - 0| < \epsilon$ se $n > N$?)

106. Teorema da sequência intercalada Prove o "teorema da sequência intercalada" para as sequências: Se $\{a_n\}$ e $\{b_n\}$ convergem para L, então a sequência

$$a_1, b_1, a_2, b_2, \ldots, a_n, b_n, \ldots$$

converge para L.

107. Prove que $\lim_{n\to\infty} \sqrt[n]{n} = 1$.

108. Prove que $\lim_{n\to\infty} x^{1/n} = 1$, $(x > 0)$.

109. Prove o Teorema 2.

110. Prove o Teorema 3.

Nos Exercícios 111-114, determine se a sequência é monotônica e se é limitada.

111. $a_n = \dfrac{3n + 1}{n + 1}$

112. $a_n = \dfrac{(2n + 3)!}{(n + 1)!}$

113. $a_n = \dfrac{2^n 3^n}{n!}$

114. $a_n = 2 - \dfrac{2}{n} - \dfrac{1}{2^n}$

Quais das sequências nos Exercícios 115-124 convergem, e quais divergem? Justifique suas respostas.

115. $a_n = 1 - \dfrac{1}{n}$

116. $a_n = n - \dfrac{1}{n}$

117. $a_n = \dfrac{2^n - 1}{2^n}$

118. $a_n = \dfrac{2^n - 1}{3^n}$

119. $a_n = ((-1)^n + 1)\left(\dfrac{n + 1}{n}\right)$

120. O primeiro termo de uma sequência é $x_1 = \cos(1)$. Os próximos termos são $x_2 = x_1$ ou $\cos(2)$, o que for maior; e $x_3 = x_2$ ou $\cos(3)$, o que for maior (mais à direita). Em geral,

$$x_{n+1} = \max\{x_n, \cos(n + 1)\}.$$

121. $a_n = \dfrac{1 + \sqrt{2n}}{\sqrt{n}}$

122. $a_n = \dfrac{n + 1}{n}$

123. $a_n = \dfrac{4^{n+1} + 3^n}{4^n}$

124. $a_1 = 1$, $a_{n+1} = 2a_n - 3$

125. A sequência $\{n/(n + 1)\}$ tem um menor limitante superior igual a 1 Mostre que se M é um número menor que 1, então os termos de $\{n/(n + 1)\}$ finalmente excedem M. Sendo assim, se $M < 1$, existe um inteiro N tal que $n/(n + 1) > M$ sempre que $n > N$. Como $n/(n + 1) < 1$ para cada n, isso prova que 1 é um menor limitante superior para $\{n/(n + 1)\}$.

126. Unicidade dos menores limitantes superiores Mostre que se M_1 e M_2 são os menores limitantes superiores para a sequência $\{a_n\}$, então $M_1 = M_2$. Sendo assim, uma sequência não pode ter dois menores limitantes superiores diferentes.

127. É verdade que uma sequência $\{a_n\}$ de números positivos deve convergir se for limitada superiormente? Justifique sua resposta.

128. Prove que se $\{a_n\}$ é uma sequência convergente, então para cada número positivo ϵ corresponde um inteiro N, tal que, para todo m e n,

$$m > N \quad \text{e} \quad n > N \quad \Rightarrow \quad |a_m - a_n| < \epsilon.$$

129. Unicidade de limites Prove que os limites das sequências são únicos. Ou seja, mostre que se L_1 e L_2 são números tais que $a_n \to L_1$ e $a_n \to L_2$, então $L_1 = L_2$.

130. Limites e subsequências Se os termos de uma sequência aparecem em outra sequência na ordem dada, chamamos a primeira sequência de **subsequência** da segunda. Prove que se duas subsequências de uma sequência $\{a_n\}$ têm limites diferentes $L_1 \neq L_2$, então $\{a_n\}$ diverge.

131. Para uma sequência $\{a_n\}$ os termos de índice par são denotados por a_{2k} e os termos de índice ímpar por a_{2k+1}. Prove que se $a_{2k} \to L$ e $a_{2k+1} \to L$, então $a_n \to L$.

132. Prove que a sequência $\{a_n\}$ converge para 0 se, e somente se, a sequência de valores absolutos $\{|a_n|\}$ converge para 0.

133. Sequências geradas pelo método de Newton O método de Newton, aplicado a uma função derivável $f(x)$, começa com um valor inicial x_0 e constrói a partir daí uma sequência de números $\{x_n\}$ que, sob condições favoráveis, converge para um zero de f. A fórmula recursiva para a sequência é

$$x_{n+1} = x_n - \frac{f(x_n)}{f'(x_n)}.$$

a. Mostre que a fórmula recursiva para $f(x) = x^2 - a$, $a > 0$, pode ser escrita como $x_{n+1} = (x_n + a/x_n)/2$.

T **b.** Começando com $x_0 = 1$ e $a = 3$, calcule termos sucessivos da sequência até o resultado no visor começar a se repetir. Qual número está sendo aproximado? Explique.

T **134. Definição recursiva de $\pi/2$** Se você começar com $x_1 = 1$ e definir os termos subsequentes de $\{x_n\}$ pela regra $x_n = x_{n-1} + \cos x_{n-1}$, você gerará uma sequência que converge rapidamente para $\pi/2$. **(a)** Tente isso. **(b)** Use a figura a seguir para explicar por que a convergência é tão rápida.

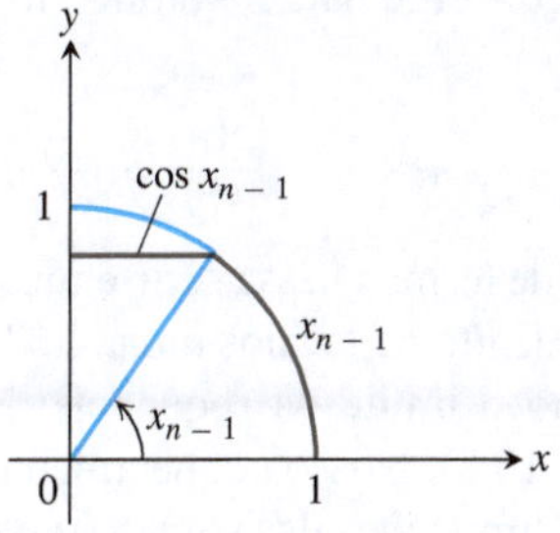

USO DO COMPUTADOR

Use um SAC (sistema algébrico computacional) para seguir os passos indicados para as sequências nos Exercícios 135-146.

a. Calcule e então represente graficamente os 25 primeiros termos da sequência. A sequência parece ser limitada superior ou inferiormente? Parece convergir ou divergir? Se ela convergir, qual será o limite L?

b. Se a sequência convergir, encontre um inteiro N tal que $|a_n - L| \le 0{,}01$ para $n \ge N$. Quão longe na sequência você deve chegar para que os termos estejam a menos de 0,0001 de L?

135. $a_n = \sqrt[n]{n}$

136. $a_n = \left(1 + \dfrac{0{,}5}{n}\right)^n$

137. $a_1 = 1, \quad a_{n+1} = a_n + \dfrac{1}{5^n}$

138. $a_1 = 1, a_{n+1} = a_n + (-2)^n$

139. $a_n = \operatorname{sen} n$

140. $a_n = n \operatorname{sen} \dfrac{1}{n}$

141. $a_n = \dfrac{\operatorname{sen} n}{n}$

142. $a_n = \dfrac{\ln n}{n}$

143. $a_n = (0{,}9999)^n$

144. $a_n = (123456)^{1/n}$

145. $a_n = \dfrac{8^n}{n!}$

146. $a_n = \dfrac{n^{41}}{19^n}$

10.2 Séries infinitas

Uma *série infinita* é a soma de uma sequência infinita de números.

$$a_1 + a_2 + a_3 + \cdots + a_n + \cdots$$

O objetivo desta seção é compreender o significado de tal soma infinita e desenvolver métodos para calculá-la. Como há um número infinito de termos a serem somados em sequências infinitas, não podemos simplesmente somar repetidamente para ver o que acontece. Em vez disso, observamos o resultado da soma dos n primeiros termos da sequência e paramos. A soma dos n primeiros termos de

$$s_n = a_1 + a_2 + a_3 + \cdots + a_n$$

é uma soma finita ordinária e pode ser calculada por adição normal. É chamada de n-ésima soma parcial. À medida que n aumenta, esperamos que a soma parcial se aproxime cada vez mais de um valor limite, da mesma maneira que os termos de uma sequência se aproximam de um limite, conforme discutido na Seção 10.1.

Por exemplo, para atribuirmos significado a uma expressão como

$$1 + \frac{1}{2} + \frac{1}{4} + \frac{1}{8} + \frac{1}{16} + \cdots$$

adicionamos os termos um a um a partir do início e buscamos um padrão para o crescimento dessas somas parciais.

Soma parcial		Valor	Expressão sugerida para soma parcial
Primeira	$s_1 = 1$	1	$2 - 1$
Segunda	$s_2 = 1 + \frac{1}{2}$	$\frac{3}{2}$	$2 - \frac{1}{2}$
Terceira	$s_3 = 1 + \frac{1}{2} + \frac{1}{4}$	$\frac{7}{4}$	$2 - \frac{1}{4}$
⋮	⋮	⋮	⋮
n-ésima	$s_n = 1 + \frac{1}{2} + \frac{1}{4} + \cdots + \frac{1}{2^{n-1}}$	$\frac{2^n - 1}{2^{n-1}}$	$2 - \frac{1}{2^{n-1}}$

Realmente existe um padrão. As somas parciais formam uma sequência cujo n-ésimo termo é

$$s_n = 2 - \frac{1}{2^{n-1}}.$$

Essa sequência de somas parciais converge para 2 porque $\lim_{n\to\infty}(1/2^{n-1}) = 0$. Dizemos

$$\text{“a soma da série infinita } 1 + \frac{1}{2} + \frac{1}{4} + \cdots + \frac{1}{2^{n-1}} + \cdots \text{ é igual a 2”.}$$

A soma de qualquer número finito de termos nessa série é igual a 2? Não. Podemos realmente adicionar um número infinito de termos um a um? Não. Entretanto, podemos ainda definir sua soma como o limite da sequência de somas parciais conforme $n \to \infty$, neste caso 2 (Figura 10.8). Nosso conhecimento de sequências e limites permite que nos libertemos das limitações das somas finitas.

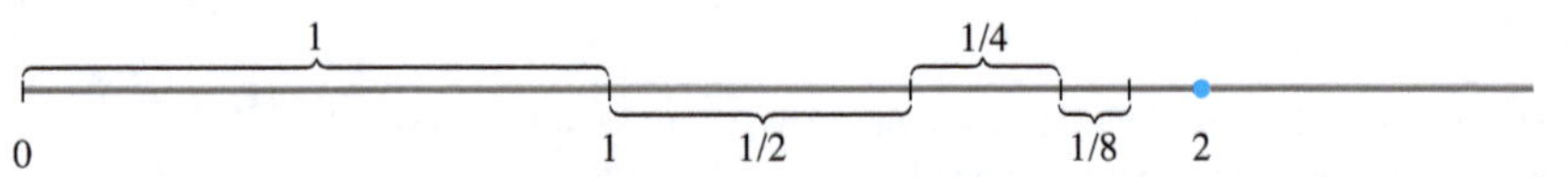

FIGURA 10.8 Conforme os comprimentos 1, 1/2, 1/4, 1/8, ... são adicionados um a um, a soma se aproxima de 2.

BIOGRAFIA HISTÓRICA

Blaise Pascal
(1623-1662)

DEFINIÇÕES Dada a sequência de números $\{a_n\}$, uma expressão da forma

$$a_1 + a_2 + a_3 + \cdots + a_n + \cdots$$

é uma **série infinita**. O número a_n é o ***n*-ésimo** termo da série. A sequência $\{s_n\}$ definida por

$$\begin{aligned} s_1 &= a_1 \\ s_2 &= a_1 + a_2 \\ &\vdots \\ s_n &= a_1 + a_2 + \cdots + a_n = \sum_{k=1}^{n} a_k \\ &\vdots \end{aligned}$$

é a **sequência de somas parciais** da série, o número s_n sendo a ***n*-ésima soma parcial**. Se a sequência de somas parciais convergir para um limite L, dizemos que a série **converge** e que a **soma** é L. Nesse caso, também escrevemos

$$a_1 + a_2 + \cdots + a_n + \cdots = \sum_{n=1}^{\infty} a_n = L.$$

Se a sequência de somas parciais da série não converge, dizemos que a série **diverge**.

Quando começamos a estudar uma determinada série $a_1 + a_2 + \cdots + a_n + \cdots$, talvez não saibamos se ela converge ou diverge. Em ambos os casos, é conveniente usar a notação sigma para escrever a série como

$$\sum_{n=1}^{\infty} a_n, \qquad \sum_{k=1}^{\infty} a_k \qquad \text{ou} \qquad \sum a_n$$

Uma notação útil quando o somatório de 1 a ∞ está subentendido.

Séries geométricas

Séries geométricas são séries da forma

$$a + ar + ar^2 + \cdots + ar^{n-1} + \cdots = \sum_{n=1}^{\infty} ar^{n-1}$$

onde a e r são números reais fixos e $a \neq 0$. A série pode ainda ser escrita como $\sum_{n=0}^{\infty} ar^n$. A **razão** r pode ser positiva, como em

$$1 + \frac{1}{2} + \frac{1}{4} + \cdots + \left(\frac{1}{2}\right)^{n-1} + \cdots, \qquad r = 1/2,\ a = 1$$

ou negativa, como em

$$1 - \frac{1}{3} + \frac{1}{9} - \cdots + \left(-\frac{1}{3}\right)^{n-1} + \cdots. \qquad r = -1/3,\ a = 1$$

Se $r = 1$, a n-ésima soma parcial da série geométrica é

$$s_n = a + a(1) + a(1)^2 + \cdots + a(1)^{n-1} = na,$$

e a série diverge porque $\lim_{n\to\infty} s_n = \pm\infty$, dependendo do sinal de a. Se $r = -1$, a série diverge porque a n-ésima soma parcial oscila entre a e 0. Se $|r| \neq 1$, podemos determinar a convergência ou divergência da série da seguinte maneira:

$$\begin{aligned} s_n &= a + ar + ar^2 + \cdots + ar^{n-1} \\ rs_n &= ar + ar^2 + \cdots + ar^{n-1} + ar^n && \text{Multiplique } s_n \text{ por } r. \\ s_n - rs_n &= a - ar^n && \text{Subtraia } rs_n \text{ de } s_n. \text{ A maioria dos termos à direita é cancelada.} \\ s_n(1 - r) &= a(1 - r^n) && \text{Fatore.} \\ s_n &= \frac{a(1 - r^n)}{1 - r}, \quad (r \neq 1). && \text{Podemos resolver } s_n \text{ se } r \neq 1. \end{aligned}$$

Se $|r| < 1$, então $r^n \to 0$ quando $n \to \infty$ (conforme visto na Seção 10.1) e $s_n \to a/(1 - r)$. Se $|r| > 1$, então $|r^n| \to \infty$ e as séries divergem.

> Se $|r| < 1$, a série geométrica $a + ar + ar^2 + \cdots + ar^{n-1} + \cdots$ converge para $a/(1 - r)$:
>
> $$\sum_{n=1}^{\infty} ar^{n-1} = \frac{a}{1 - r}, \qquad |r| < 1.$$
>
> Se $|r| \geq 1$, a série diverge.

Já determinamos quando uma série geométrica converge ou diverge, e para qual valor. Geralmente podemos determinar que uma série converge sem saber o valor para o qual ela converge, conforme veremos nas próximas seções. A fórmula $a/(1 - r)$ para a soma de uma série geométrica se aplica *somente* quando o índice da somatória começa com $n = 1$ na expressão $\sum_{n=1}^{\infty} ar^{n-1}$ (ou o índice $n = 0$ se escrevermos a série como $\sum_{n=0}^{\infty} ar^n$).

EXEMPLO 1 A série geométrica com $a = 1/9$ e $r = 1/3$ é

$$\frac{1}{9} + \frac{1}{27} + \frac{1}{81} + \cdots = \sum_{n=1}^{\infty} \frac{1}{9}\left(\frac{1}{3}\right)^{n-1} = \frac{1/9}{1 - (1/3)} = \frac{1}{6}.$$

EXEMPLO 2 A série

$$\sum_{n=0}^{\infty} \frac{(-1)^n 5}{4^n} = 5 - \frac{5}{4} + \frac{5}{16} - \frac{5}{64} + \cdots$$

é uma série geométrica com $a = 5$ e $r = -1/4$. Ela converge para

$$\frac{a}{1 - r} = \frac{5}{1 + (1/4)} = 4.$$

EXEMPLO 3 Você solta uma bola de uma altura de a metros acima de uma superfície plana. Cada vez que a bola atinge a superfície depois de cair de uma distância h,

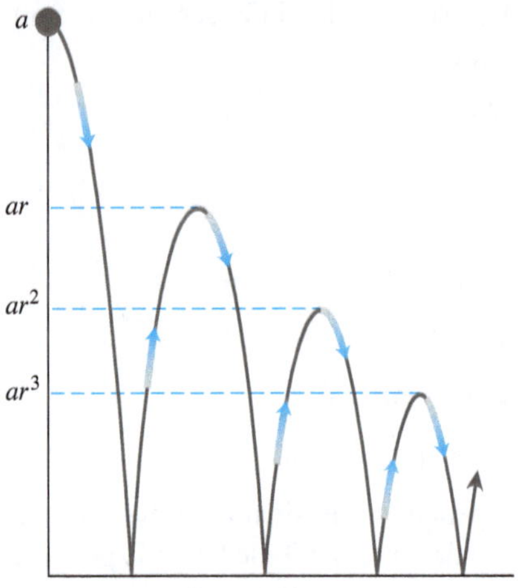

(a)

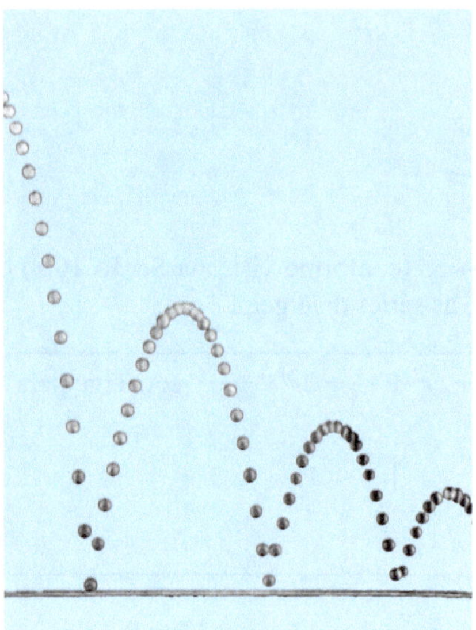

(b)

FIGURA 10.9 (a) O Exemplo 3 mostra como usar uma série geométrica para calcular a distância vertical total percorrida por uma bola quicando se a altura de cada rebatida for reduzida pelo fator r. (b) Uma fotografia estroboscópica de uma bola quicando.

ela rebate a uma distância rh, onde r é positivo, mas menor que 1. Encontre a distância total percorrida pela bola quicando para cima e para baixo (Figura 10.9).

Solução A distância total é

$$s = a + \underbrace{2ar + 2ar^2 + 2ar^3 + \cdots}_{\text{Esta soma é } 2ar/(1-r).} = a + \frac{2ar}{1-r} = a\frac{1+r}{1-r}.$$

Se $a = 6$ m e $r = 2/3$, por exemplo, a distância é

$$s = 6\frac{1 + (2/3)}{1 - (2/3)} = 6\left(\frac{5/3}{1/3}\right) = 30\text{ m}.$$

EXEMPLO 4 Expresse a dízima periódica 5,232323... com a razão de dois inteiros.

Solução A partir da definição de um número decimal, temos uma série geométrica

$$\begin{aligned}5{,}232323\ldots &= 5 + \frac{23}{100} + \frac{23}{(100)^2} + \frac{23}{(100)^3} + \cdots \\ &= 5 + \frac{23}{100}\underbrace{\left(1 + \frac{1}{100} + \left(\frac{1}{100}\right)^2 + \cdots\right)}_{1/(1-0{,}01)} \qquad a = 1,\ r = 1/100 \\ &= 5 + \frac{23}{100}\left(\frac{1}{0{,}99}\right) = 5 + \frac{23}{99} = \frac{518}{99}\end{aligned}$$

Infelizmente, fórmulas como essa para a soma de uma série geométrica convergente são raras e, de modo geral, temos de nos contentar com uma estimativa da soma de uma série (falaremos mais sobre isso posteriormente). O próximo exemplo, no entanto, é um outro caso no qual podemos encontrar a soma exata.

EXEMPLO 5 Encontre a soma da série "telescópica" $\displaystyle\sum_{n=1}^{\infty} \frac{1}{n(n+1)}$.

Solução Procuramos um padrão na sequência de somas parciais que possa levar a uma fórmula para s_k. A observação chave é a decomposição em frações parciais

$$\frac{1}{n(n+1)} = \frac{1}{n} - \frac{1}{n+1},$$

de forma que

$$\sum_{n=1}^{k} \frac{1}{n(n+1)} = \sum_{n=1}^{k} \left(\frac{1}{n} - \frac{1}{n+1}\right)$$

e

$$s_k = \left(\frac{1}{1} - \frac{1}{2}\right) + \left(\frac{1}{2} - \frac{1}{3}\right) + \left(\frac{1}{3} - \frac{1}{4}\right) + \cdots + \left(\frac{1}{k} - \frac{1}{k+1}\right).$$

Removendo os parênteses e cancelando os termos adjacentes de sinais opostos, reduzimos a soma para

$$s_k = 1 - \frac{1}{k+1}.$$

Agora, vemos que $s_k \to 1$ quando $k \to \infty$. A série converge, e sua soma é 1:

$$\sum_{n=1}^{\infty} \frac{1}{n(n+1)} = 1.$$

Teste do n-ésimo termo para uma série divergente

Um motivo que pode levar a série a deixar de convergir é que seus termos não se tornam pequenos.

EXEMPLO 6 A série

$$\sum_{n=1}^{\infty} \frac{n+1}{n} = \frac{2}{1} + \frac{3}{2} + \frac{4}{3} + \cdots + \frac{n+1}{n} + \cdots$$

diverge porque as somas parciais finalmente ultrapassam cada número predeterminado. Cada um dos termos é maior que 1 e, portanto, a soma de n termos é maior que n.

Observe que $\lim_{n\to\infty} a_n$ deve ser igual a zero se a série $\sum_{n=1}^{\infty} a_n$ convergir. Para saber por quê, faça S representar a soma da série e $s_n = a_1 + a_2 + \cdots + a_n$ representar a n-ésima soma parcial. Quando n é grande, tanto s_n quanto s_{n-1} estão próximas de S, assim a diferença delas, a_n, está próxima de zero. Mais formalmente,

$$a_n = s_n - s_{n-1} \to S - S = 0. \quad \text{Regra da diferença para sequências}$$

Isso estabelece o seguinte teorema.

Atenção
O Teorema 7 *não diz* que $\sum_{n=1}^{\infty} a_n$ converge se $a_n \to 0$. É possível para uma série divergir quando $a_n \to 0$.

TEOREMA 7 Se $\sum_{n=1}^{\infty} a_n$ converge, então $a_n \to 0$.

O Teorema 7 nos leva a um teste para a detecção do tipo de divergência ocorrida no Exemplo 6.

Teste do n-ésimo termo para divergência

$\sum_{n=1}^{\infty} a_n$ diverge se $\lim_{n\to\infty} a_n$ não existe ou é diferente de zero.

EXEMPLO 7 Os exemplos seguintes são todos de séries divergentes.

(a) $\sum_{n=1}^{\infty} n^2$ diverge porque $n^2 \to \infty$.

(b) $\sum_{n=1}^{\infty} \frac{n+1}{n}$ diverge porque $\frac{n+1}{n} \to 1$. $\lim_{n\to\infty} a_n \neq 0$

(c) $\sum_{n=1}^{\infty} (-1)^{n+1}$ diverge porque $\lim_{n\to\infty}(-1)^{n+1}$ não existe.

(d) $\sum_{n=1}^{\infty} \frac{-n}{2n+5}$ diverge porque $\lim_{n\to\infty} \frac{-n}{2n+5} = -\frac{1}{2} \neq 0$.

EXEMPLO 8 A série

$$1 + \underbrace{\frac{1}{2} + \frac{1}{2}}_{\text{2 termos}} + \underbrace{\frac{1}{4} + \frac{1}{4} + \frac{1}{4} + \frac{1}{4}}_{\text{4 termos}} + \cdots + \underbrace{\frac{1}{2^n} + \frac{1}{2^n} + \cdots + \frac{1}{2^n}}_{2^n \text{ termos}} + \cdots$$

diverge porque seus termos podem ser agrupados em infinitos blocos que somam 1 e, por isso, as somas parciais aumentam sem limitações. No entanto, os termos das séries formam uma sequência que converge para 0. O Exemplo 1 da Seção 10.3 mostra que a série harmônica também se comporta dessa maneira.

Combinando séries

Sempre que tivermos duas séries convergentes, podemos adicioná-las termo a termo, subtraí-las termo a termo ou multiplicá-las por constantes para obtermos novas séries convergentes.

TEOREMA 8 Se $\Sigma a_n = A$ e $\Sigma b_n = B$ são séries convergentes, então

1. *Regra da soma*: $\Sigma(a_n + b_n) = \Sigma a_n + \Sigma b_n = A + B$
2. *Regra da diferença*: $\Sigma(a_n - b_n) = \Sigma a_n - \Sigma b_n = A - B$
3. *Regra da multiplicação por constante*: $\Sigma k a_n = k\Sigma a_n = kA$ (qualquer número k).

Prova As três regras para séries seguem as regras análogas para sequências no Teorema 1, Seção 10.1. Para provar a regra da soma para séries, faça

$$A_n = a_1 + a_2 + \cdots + a_n, \quad B_n = b_1 + b_2 + \cdots + b_n.$$

Então, as somas parciais de $\Sigma(a_n + b_n)$ são

$$\begin{aligned} s_n &= (a_1 + b_1) + (a_2 + b_2) + \cdots + (a_n + b_n) \\ &= (a_1 + \cdots + a_n) + (b_1 + \cdots + b_n) \\ &= A_n + B_n. \end{aligned}$$

Como $A_n \to A$ e $B_n \to B$, temos $s_n \to A + B$ pela regra da soma para sequências. A prova da regra da diferença é semelhante.

Para provar a regra da multiplicação por constante, observe que as somas parciais de $\Sigma k a_n$ formam a sequência

$$s_n = ka_1 + ka_2 + \cdots + ka_n = k(a_1 + a_2 + \cdots + a_n) = kA_n,$$

que converge para kA pela regra da multiplicação por constante para sequências.

Como corolários do Teorema 8, temos os seguintes resultados. Omitimos as provas.

1. Todo múltiplo constante diferente de zero de uma série divergente diverge.
2. Se Σa_n converge e Σb_n diverge, então tanto $\Sigma(a_n + b_n)$ quanto $\Sigma(a_n - b_n)$ divergem.

Cuidado Lembre-se de que $\Sigma\,(a_n + b_n)$ pode convergir quando tanto Σa_n quanto Σb_n divergem. Por exemplo, $\Sigma a_n = 1 + 1 + 1 + \cdots$ e $\Sigma b_n = (-1) + (-1) + (-1) + \cdots$ divergem, enquanto $\Sigma(a_n + b_n) = 0 + 0 + 0 + \cdots$ converge para 0.

EXEMPLO 9 Encontre as somas das seguintes séries.

(a)
$$\begin{aligned} \sum_{n=1}^{\infty} \frac{3^{n-1} - 1}{6^{n-1}} &= \sum_{n=1}^{\infty} \left(\frac{1}{2^{n-1}} - \frac{1}{6^{n-1}} \right) \\ &= \sum_{n=1}^{\infty} \frac{1}{2^{n-1}} - \sum_{n=1}^{\infty} \frac{1}{6^{n-1}} && \text{Regra da diferença} \\ &= \frac{1}{1 - (1/2)} - \frac{1}{1 - (1/6)} && \text{Série geométrica com } a = 1 \text{ e } r = 1/2,\ 1/6 \\ &= 2 - \frac{6}{5} = \frac{4}{5} \end{aligned}$$

(b) $\displaystyle\sum_{n=0}^{\infty} \frac{4}{2^n} = 4\sum_{n=0}^{\infty} \frac{1}{2^n}$ Regra da multiplicação por constante

$\displaystyle = 4\left(\frac{1}{1-(1/2)}\right)$ Série geométrica com $a = 1$, $r = 1/2$

$= 8$

Adicionando ou retirando termos

Podemos sempre adicionar um número finito de termos a uma série ou remover um número finito de termos sem alterar a convergência ou a divergência da série, ainda que, em caso de convergência, isso geralmente altere a soma. Se $\sum_{n=1}^{\infty} a_n$ converge, então $\sum_{n=k}^{\infty} a_n$ converge para cada $k > 1$ e

$$\sum_{n=1}^{\infty} a_n = a_1 + a_2 + \cdots + a_{k-1} + \sum_{n=k}^{\infty} a_n.$$

Reciprocamente, se $\sum_{n=k}^{\infty} a_n$ converge para qualquer $k > 1$, então $\sum_{n=1}^{\infty} a_n$ converge. Dessa forma,

$$\sum_{n=1}^{\infty} \frac{1}{5^n} = \frac{1}{5} + \frac{1}{25} + \frac{1}{125} + \sum_{n=4}^{\infty} \frac{1}{5^n}$$

e

$$\sum_{n=4}^{\infty} \frac{1}{5^n} = \left(\sum_{n=1}^{\infty} \frac{1}{5^n}\right) - \frac{1}{5} - \frac{1}{25} - \frac{1}{125}.$$

Biografia histórica

Richard Dedekind
(1831-1916)

Reindexação

Desde que preservemos a ordem de seus termos, podemos reindexar qualquer série sem alterar sua convergência. Para aumentar o valor inicial do índice em h unidades, substitua o n na fórmula para a_n por $n - h$:

$$\sum_{n=1}^{\infty} a_n = \sum_{n=1+h}^{\infty} a_{n-h} = a_1 + a_2 + a_3 + \cdots.$$

Para diminuir o valor inicial do índice em h unidades, substitua o n na fórmula para a_n por $n + h$:

$$\sum_{n=1}^{\infty} a_n = \sum_{n=1-h}^{\infty} a_{n+h} = a_1 + a_2 + a_3 + \cdots.$$

Vimos essa reindexação quando iniciamos uma série geométrica com o índice $n = 0$ em vez do índice $n = 1$, mas podemos usar qualquer outro valor inicial como índice. Geralmente damos preferência às indexações que levam a expressões simples.

EXEMPLO 10 Podemos escrever a série geométrica

$$\sum_{n=1}^{\infty} \frac{1}{2^{n-1}} = 1 + \frac{1}{2} + \frac{1}{4} + \cdots$$

como

$$\sum_{n=0}^{\infty} \frac{1}{2^n}, \quad \sum_{n=5}^{\infty} \frac{1}{2^{n-5}} \quad \text{ou até mesmo} \quad \sum_{n=-4}^{\infty} \frac{1}{2^{n+4}}.$$

As somas parciais permanecem as mesmas, não importando qual índice escolhamos.

Exercícios 10.2

Encontrando as n-ésimas somas parciais

Nos Exercícios 1-6, encontre a fórmula para a n-ésima soma parcial de cada série e use-a para encontrar a soma da série se ela convergir.

1. $2 + \frac{2}{3} + \frac{2}{9} + \frac{2}{27} + \cdots + \frac{2}{3^{n-1}} + \cdots$

2. $\frac{9}{100} + \frac{9}{100^2} + \frac{9}{100^3} + \cdots + \frac{9}{100^n} + \cdots$

3. $1 - \frac{1}{2} + \frac{1}{4} - \frac{1}{8} + \cdots + (-1)^{n-1}\frac{1}{2^{n-1}} + \cdots$

4. $1 - 2 + 4 - 8 + \cdots + (-1)^{n-1}2^{n-1} + \cdots$

5. $\frac{1}{2 \cdot 3} + \frac{1}{3 \cdot 4} + \frac{1}{4 \cdot 5} + \cdots + \frac{1}{(n+1)(n+2)} + \cdots$

6. $\frac{5}{1 \cdot 2} + \frac{5}{2 \cdot 3} + \frac{5}{3 \cdot 4} + \cdots + \frac{5}{n(n+1)} + \cdots$

Séries com termos geométricos

Nos Exercícios 7-14, escreva os primeiros termos de cada série para mostrar como a série começa. Então, calcule a soma da série.

7. $\sum_{n=0}^{\infty} \frac{(-1)^n}{4^n}$

8. $\sum_{n=2}^{\infty} \frac{1}{4^n}$

9. $\sum_{n=1}^{\infty} \frac{7}{4^n}$

10. $\sum_{n=0}^{\infty} (-1)^n \frac{5}{4^n}$

11. $\sum_{n=0}^{\infty} \left(\frac{5}{2^n} + \frac{1}{3^n}\right)$

12. $\sum_{n=0}^{\infty} \left(\frac{5}{2^n} - \frac{1}{3^n}\right)$

13. $\sum_{n=0}^{\infty} \left(\frac{1}{2^n} + \frac{(-1)^n}{5^n}\right)$

14. $\sum_{n=0}^{\infty} \left(\frac{2^{n+1}}{5^n}\right)$

Nos Exercícios 15-18, determine se a série geométrica converge ou diverge. Se a série converge, encontre sua soma.

15. $1 + \left(\frac{2}{5}\right) + \left(\frac{2}{5}\right)^2 + \left(\frac{2}{5}\right)^3 + \left(\frac{2}{5}\right)^4 + \cdots$

16. $1 + (-3) + (-3)^2 + (-3)^3 + (-3)^4 + \cdots$

17. $\left(\frac{1}{8}\right) + \left(\frac{1}{8}\right)^2 + \left(\frac{1}{8}\right)^3 + \left(\frac{1}{8}\right)^4 + \left(\frac{1}{8}\right)^5 + \cdots$

18. $\left(\frac{-2}{3}\right)^2 + \left(\frac{-2}{3}\right)^3 + \left(\frac{-2}{3}\right)^4 + \left(\frac{-2}{3}\right)^5 + \left(\frac{-2}{3}\right)^6 + \cdots$

Dízimas periódicas

Expresse cada um dos números nos Exercícios 19-26 como a razão de dois inteiros.

19. $0,\overline{23} = 0,23\ 23\ 23...$

20. $0,\overline{234} = 0,234\ 234\ 234...$

21. $0,\overline{7} = 0,7777...$

22. $0,\overline{d} = 0,dddd...$, onde d é um dígito

23. $0,0\overline{6} = 0,06666...$

24. $1,\overline{414} = 1,414\ 414\ 414...$

25. $1,24\overline{123} = 1,24\ 123\ 123\ 123...$

26. $3,\overline{142857} = 3,142857\ 142857...$

Utilizando o teste do n-ésimo termo

Nos Exercícios 27-34, use o teste do n-ésimo termo para divergência para mostrar que a série é divergente ou afirmar que o teste não é conclusivo.

27. $\sum_{n=1}^{\infty} \frac{n}{n+10}$

28. $\sum_{n=1}^{\infty} \frac{n(n+1)}{(n+2)(n+3)}$

29. $\sum_{n=0}^{\infty} \frac{1}{n+4}$

30. $\sum_{n=1}^{\infty} \frac{n}{n^2+3}$

31. $\sum_{n=1}^{\infty} \cos\frac{1}{n}$

32. $\sum_{n=0}^{\infty} \frac{e^n}{e^n+n}$

33. $\sum_{n=1}^{\infty} \ln\frac{1}{n}$

34. $\sum_{n=0}^{\infty} \cos n\pi$

Séries telescópicas

Nos Exercícios 35-40, encontre uma fórmula para a n-ésima soma parcial da série e use-a para determinar se a série converge ou diverge. Se a série converge, encontre a soma.

35. $\sum_{n=1}^{\infty} \left(\frac{1}{n} - \frac{1}{n+1}\right)$

36. $\sum_{n=1}^{\infty} \left(\frac{3}{n^2} - \frac{3}{(n+1)^2}\right)$

37. $\sum_{n=1}^{\infty} \left(\ln\sqrt{n+1} - \ln\sqrt{n}\right)$

38. $\sum_{n=1}^{\infty} (\text{tg}\,(n) - \text{tg}\,(n-1))$

39. $\sum_{n=1}^{\infty} \left(\cos^{-1}\left(\frac{1}{n+1}\right) - \cos^{-1}\left(\frac{1}{n+2}\right)\right)$

40. $\sum_{n=1}^{\infty} \left(\sqrt{n+4} - \sqrt{n+3}\right)$

Encontre a soma de cada série nos Exercícios 41-48.

41. $\sum_{n=1}^{\infty} \frac{4}{(4n-3)(4n+1)}$

42. $\sum_{n=1}^{\infty} \frac{6}{(2n-1)(2n+1)}$

43. $\sum_{n=1}^{\infty} \frac{40n}{(2n-1)^2(2n+1)^2}$

44. $\sum_{n=1}^{\infty} \frac{2n+1}{n^2(n+1)^2}$

45. $\sum_{n=1}^{\infty} \left(\frac{1}{\sqrt{n}} - \frac{1}{\sqrt{n+1}}\right)$

46. $\sum_{n=1}^{\infty} \left(\frac{1}{2^{1/n}} - \frac{1}{2^{1/(n+1)}}\right)$

47. $\sum_{n=1}^{\infty} \left(\frac{1}{\ln(n+2)} - \frac{1}{\ln(n+1)}\right)$

48. $\sum_{n=1}^{\infty} (\text{tg}^{-1}(n) - \text{tg}^{-1}(n+1))$

Convergência ou divergência

Quais séries nos Exercícios 49-68 convergem? E quais divergem? Justifique suas respostas. Se a série converge, calcule sua soma.

49. $\sum_{n=0}^{\infty} \left(\frac{1}{\sqrt{2}}\right)^n$

50. $\sum_{n=0}^{\infty} \left(\sqrt{2}\right)^n$

51. $\sum_{n=1}^{\infty} (-1)^{n+1}\frac{3}{2^n}$

52. $\sum_{n=1}^{\infty} (-1)^{n+1} n$

53. $\sum_{n=0}^{\infty} \cos n\pi$

54. $\sum_{n=0}^{\infty} \frac{\cos n\pi}{5^n}$

55. $\sum_{n=0}^{\infty} e^{-2n}$

56. $\sum_{n=1}^{\infty} \ln \frac{1}{3^n}$

57. $\sum_{n=1}^{\infty} \frac{2}{10^n}$

58. $\sum_{n=0}^{\infty} \frac{1}{x^n}, \quad |x| > 1$

59. $\sum_{n=0}^{\infty} \frac{2^n - 1}{3^n}$

60. $\sum_{n=1}^{\infty} \left(1 - \frac{1}{n}\right)^n$

61. $\sum_{n=0}^{\infty} \frac{n!}{1000^n}$

62. $\sum_{n=1}^{\infty} \frac{n^n}{n!}$

63. $\sum_{n=1}^{\infty} \frac{2^n + 3^n}{4^n}$

64. $\sum_{n=1}^{\infty} \frac{2^n + 4^n}{3^n + 4^n}$

65. $\sum_{n=1}^{\infty} \ln\left(\frac{n}{n+1}\right)$

66. $\sum_{n=1}^{\infty} \ln\left(\frac{n}{2n+1}\right)$

67. $\sum_{n=0}^{\infty} \left(\frac{e}{\pi}\right)^n$

68. $\sum_{n=0}^{\infty} \frac{e^{n\pi}}{\pi^{ne}}$

Séries geométricas com uma variável *x*

Em cada uma das séries geométricas nos Exercícios 69-72, escreva os primeiros termos das séries para encontrar a e r e calcule a soma das séries. A seguir, expresse a desigualdade $|r| < 1$ em termos de x e encontre os valores de x para os quais a desigualdade é válida e a série converge.

69. $\sum_{n=0}^{\infty} (-1)^n x^n$

70. $\sum_{n=0}^{\infty} (-1)^n x^{2n}$

71. $\sum_{n=0}^{\infty} 3\left(\frac{x-1}{2}\right)^n$

72. $\sum_{n=0}^{\infty} \frac{(-1)^n}{2}\left(\frac{1}{3 + \operatorname{sen} x}\right)^n$

Nos Exercícios 73-78, encontre os valores de x para os quais a série geométrica dada converge. Encontre também a soma da série (como uma função de x) para esses valores de x.

73. $\sum_{n=0}^{\infty} 2^n x^n$

74. $\sum_{n=0}^{\infty} (-1)^n x^{-2n}$

75. $\sum_{n=0}^{\infty} (-1)^n (x+1)^n$

76. $\sum_{n=0}^{\infty} \left(-\frac{1}{2}\right)^n (x-3)^n$

77. $\sum_{n=0}^{\infty} \operatorname{sen}^n x$

78. $\sum_{n=0}^{\infty} (\ln x)^n$

Teoria e exemplos

79. A série no Exercício 5 também pode ser escrita como

$$\sum_{n=1}^{\infty} \frac{1}{(n+1)(n+2)} \quad \text{e} \quad \sum_{n=-1}^{\infty} \frac{1}{(n+3)(n+4)}.$$

Escreva-a como uma soma começando com **(a)** $n = -2$, **(b)** $n = 0$, **(c)** $n = 5$.

80. A série no Exercício 6 também pode ser escrita como

$$\sum_{n=1}^{\infty} \frac{5}{n(n+1)} \quad \text{e} \quad \sum_{n=0}^{\infty} \frac{5}{(n+1)(n+2)}.$$

Escreva-a como uma soma começando com **(a)** $n = -1$, **(b)** $n = 3$, **(c)** $n = 20$.

81. Componha uma série infinita de termos diferentes de zero cuja soma seja

a. 1 **b.** −3 **c.** 0.

82. (*Continuação do Exercício 81.*) Você é capaz de fazer uma série infinita de termos diferentes de zero que convirja para qualquer número que quiser? Explique.

83. Mostre com um exemplo que $\Sigma(a_n/b_n)$ pode divergir mesmo quando Σa_n e Σb_n convergem e nenhum b_n se iguala a 0.

84. Encontre séries geométricas $A = \Sigma a_n$ e $B = \Sigma b_n$ que ilustrem o fato de que $\Sigma a_n b_n$ pode convergir sem que seja igual a AB.

85. Mostre com um exemplo que $\Sigma(a_n/b_n)$ pode convergir para algum número diferente de A/B mesmo quando $A = \Sigma a_n$, $B = \Sigma b_n \neq 0$ e nenhum b_n se iguala a 0.

86. Se Σa_n converge e $a_n > 0$ para todo n, pode-se dizer algo sobre $\Sigma(1/a_n)$? Justifique sua resposta.

87. O que acontece se você adicionar um número finito de termos a uma série divergente ou retirar um número finito de termos de uma série divergente? Justifique sua resposta.

88. Se Σa_n converge e Σb_n diverge, pode-se dizer algo sobre sua soma termo a termo $\Sigma(a_n + b_n)$? Justifique sua resposta.

89. Crie uma série geométrica Σar^{n-1} que convirja ao número 5 se

a. $a = 2$

b. $a = 13/2$.

90. Encontre o valor de b para o qual

$$1 + e^b + e^{2b} + e^{3b} + \cdots = 9.$$

91. Para quais valores de r a série infinita

$$1 + 2r + r^2 + 2r^3 + r^4 + 2r^5 + r^6 + \cdots$$

converge? Encontre a soma da série quando ela converge.

92. Mostre que o erro $(L - s_n)$ obtido substituindo-se uma série geométrica convergente com uma das somas parciais s_n é $ar^n/(1 - r)$.

93. A figura abaixo mostra os primeiros cinco quadrados de uma sequência. O quadrado externo tem uma área de 4 m². Cada um dos outros quadrados é obtido ligando-se os pontos médios dos lados do quadrado anterior. Calcule a soma das áreas de todos os quadrados.

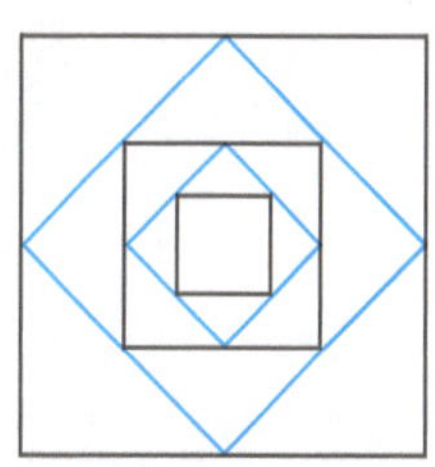

94. Curva do floco de neve de Helga von Koch A curva do floco de neve de Helga von Koch é uma curva de comprimento infinito que engloba uma região de área finita. Para entender a razão disso, imagine que a curva é gerada a partir de um triângulo equilátero cujos lados têm comprimento igual a 1.

a. Encontre o comprimento L_n da n-ésima curva C_n e mostre que $\lim_{n\to\infty} L_n = \infty$.

b. Encontre a área A_n da região circundada por C_n e mostre que $\lim_{n\to\infty} A_n = (8/5)\, A_1$.

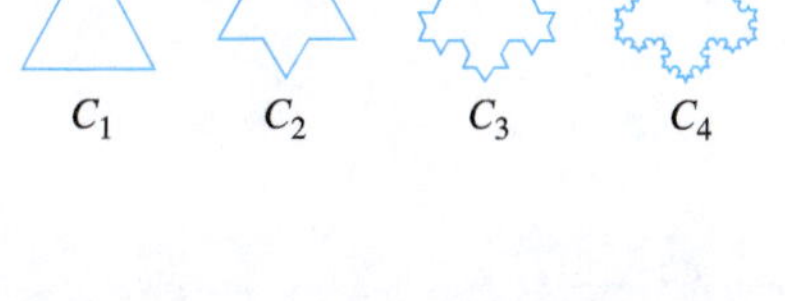

10.3 Teste da integral

Dada uma série, queremos saber se ela converge ou não. Nesta seção e nas próximas duas, estudaremos séries que não possuem termos negativos. Tal série converge se sua sequência de somas parciais é limitada. Se estabelecermos que uma determinada série converge, geralmente não teremos uma fórmula disponível para sua soma, de forma que investigamos métodos para, em vez disso, aproximar a soma.

Somas parciais crescentes

Imagine que $\sum_{n=1}^{\infty} a_n$ é uma série infinita com $a_n \geq 0$ para todo n. Então, cada uma das somas parciais é maior ou igual a seu predecessor porque $s_{n+1} = s_n + a_n$:

$$s_1 \leq s_2 \leq s_3 \leq \cdots \leq s_n \leq s_{n+1} \leq \cdots.$$

Como as somas parciais formam uma sequência crescente, o teorema da sequência monotônica (Teorema 6, Seção 10.1) nos dá o seguinte resultado.

COROLÁRIO DO TEOREMA 6 Uma série $\sum_{n=1}^{\infty} a_n$ de termos não negativos converge se, e somente se, suas somas parciais são limitadas superiormente.

EXEMPLO 1 A série

$$\sum_{n=1}^{\infty} \frac{1}{n} = 1 + \frac{1}{2} + \frac{1}{3} + \cdots + \frac{1}{n} + \cdots$$

é chamada **série harmônica**. A série harmônica é divergente, mas isso não segue o teste do n-ésimo termo. O n-ésimo termo $1/n$ tende a zero, mas, ainda assim, a série diverge. O motivo pelo qual isso ocorre é porque não há limitante superior para suas somas parciais. Para compreender a razão disso, agrupe os termos da série da seguinte maneira:

$$1 + \frac{1}{2} + \underbrace{\left(\frac{1}{3} + \frac{1}{4}\right)}_{> \frac{2}{4} = \frac{1}{2}} + \underbrace{\left(\frac{1}{5} + \frac{1}{6} + \frac{1}{7} + \frac{1}{8}\right)}_{> \frac{4}{8} = \frac{1}{2}} + \underbrace{\left(\frac{1}{9} + \frac{1}{10} + \cdots + \frac{1}{16}\right)}_{> \frac{8}{16} = \frac{1}{2}} + \cdots.$$

A soma dos dois primeiros termos é 1,5. A soma dos dois termos seguintes é $1/3 + 1/4$, que é maior que $1/4 + 1/4 = 1/2$. A soma dos próximos quatro termos é $1/5 + 1/6 + 1/7 + 1/8$, que é maior que $1/8 + 1/8 + 1/8 + 1/8 = 1/2$. A soma dos oito termos seguintes é $1/9 + 1/10 + 1/11 + 1/12 + 1/13 + 1/14 + 1/15 + 1/16$, que é maior que $8/16 = 1/2$. A soma dos próximos 16 termos é maior que $16/32 = 1/2$, e assim por diante. De maneira geral, a soma dos 2^n termos terminados em $1/2^{n+1}$ é maior que $2^n/2^{n+1} = 1/2$. A sequência de somas parciais não é limitada superiormente: Se $n = 2^k$, a soma parcial s_n é maior que $k/2$. A série harmônica diverge.

Teste da integral

Introduzimos agora o teste da integral com uma série que está relacionada à série harmônica, mas cujo n-ésimo termo é $1/n^2$ em vez de $1/n$.

EXEMPLO 2 A série a seguir converge?

$$\sum_{n=1}^{\infty} \frac{1}{n^2} = 1 + \frac{1}{4} + \frac{1}{9} + \frac{1}{16} + \cdots + \frac{1}{n^2} + \cdots$$

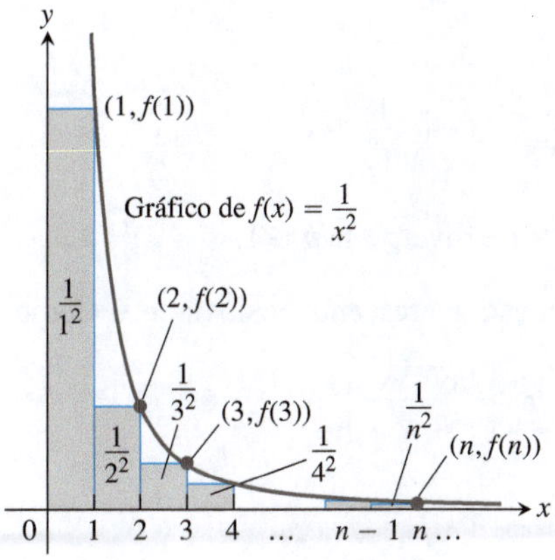

FIGURA 10.10 A soma das áreas dos retângulos abaixo do gráfico de $f(x) = 1/x^2$ é menor que a área abaixo do gráfico (Exemplo 2).

Solução Determinamos a convergência de $\sum_{n=1}^{\infty}(1/n^2)$ através da comparação com $\int_1^{\infty}(1/x^2)\,dx$. Para efetuar a comparação, pensamos nos termos da série como valores da função $f(x) = 1/x^2$ e interpretamos esses valores como as áreas de retângulos sob a curva $y = 1/x^2$.

Como mostra a Figura 10.10,

$$\begin{aligned} s_n &= \frac{1}{1^2} + \frac{1}{2^2} + \frac{1}{3^2} + \cdots + \frac{1}{n^2} \\ &= f(1) + f(2) + f(3) + \cdots + f(n) \\ &< f(1) + \int_1^n \frac{1}{x^2}\,dx \\ &< 1 + \int_1^{\infty} \frac{1}{x^2}\,dx \\ &< 1 + 1 = 2. \end{aligned}$$

Soma das áreas do retângulo menor que a área sob o gráfico.

$\int_1^n (1/x^2)\,dx < \int_1^{\infty}(1/x^2)\,dx$

Como na Seção 8.7, Exemplo 3, $\int_1^{\infty}(1/x^2)\,dx = 1$.

Então, as somas parciais de $\sum_{n=1}^{\infty}(1/n^2)$ são limitadas superiormente (por 2) e a série converge. A soma da série é conhecida por ser $\pi^2/6 \approx 1{,}64493$.

Atenção
A série e a integral não precisam ter o mesmo valor no caso convergente. Conforme observamos no Exemplo 2, $\sum_{n=1}^{\infty}(1/n^2) = \frac{\pi^2}{6}$, enquanto $\int_1^{\infty}(1/x^2)\,dx = 1$.

TEOREMA 9 — Teste da integral Seja $\{a_n\}$ uma sequência de termos positivos. Suponha que $a_n = f(n)$, onde f é uma função contínua, positiva e decrescente de x para todo $x \geq N$ (sendo N um inteiro positivo). Então, tanto a série $\sum_{n=N}^{\infty} a_n$ quanto a integral $\int_N^{\infty} f(x)\,dx$ simultaneamente convergem ou divergem.

Prova Estabelecemos o teste para o caso de $N = 1$. A prova para N geral é similar.

Começamos com a premissa de que f seja uma função decrescente com $f(n) = a_n$ para todo n. Isso nos leva a observar que os retângulos na Figura 10.11a, que têm áreas $a_1, a_2, ..., a_n$, coletivamente englobam mais área do que aquela sob a curva $y = f(x)$ de $x = 1$ a $x = n + 1$. Isto é,

$$\int_1^{n+1} f(x)\,dx \leq a_1 + a_2 + \cdots + a_n.$$

Na Figura 10.11b, os retângulos foram virados para a esquerda em vez de para a direita. Se por um momento desconsiderarmos o primeiro retângulo, de área a_1, veremos que

$$a_2 + a_3 + \cdots + a_n \leq \int_1^n f(x)\,dx.$$

Se incluímos a_1, temos

$$a_1 + a_2 + \cdots + a_n \leq a_1 + \int_1^n f(x)\,dx.$$

Combinando esses resultados, temos

$$\int_1^{n+1} f(x)\,dx \leq a_1 + a_2 + \cdots + a_n \leq a_1 + \int_1^n f(x)\,dx.$$

Essas desigualdades são verdadeiras para todo n e se mantêm verdadeiras à medida que $n \to \infty$.

Se $\int_1^{\infty} f(x)\,dx$ é infinita, o lado direito da desigualdade mostra que Σa_n é finita. Se $\int_1^{\infty} f(x)\,dx$ é infinita, o lado esquerdo da desigualdade mostra que Σa_n é infinita. Consequentemente, a série e a integral são ambas finitas ou ambas infinitas.

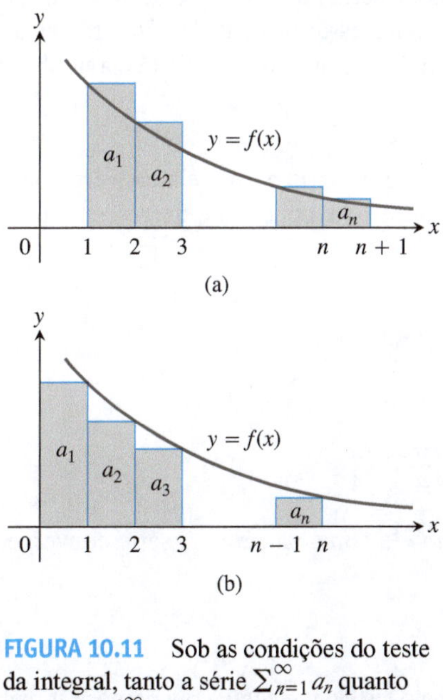

FIGURA 10.11 Sob as condições do teste da integral, tanto a série $\sum_{n=1}^{\infty} a_n$ quanto a integral $\int_1^{\infty}(x)\,dx$ simultaneamente convergem ou divergem.

EXEMPLO 3 Mostre que a **série *p***

$$\sum_{n=1}^{\infty} \frac{1}{n^p} = \frac{1}{1^p} + \frac{1}{2^p} + \frac{1}{3^p} + \cdots + \frac{1}{n^p} + \cdots$$

(sendo p uma constante real) converge se $p > 1$ e diverge se $p \leq 1$.

Solução Se $p > 1$, então $f(x) = 1/x^p$ é uma função decrescente positiva de x. Como

$$\int_1^{\infty} \frac{1}{x^p}\,dx = \int_1^{\infty} x^{-p}\,dx = \lim_{b\to\infty} \left[\frac{x^{-p+1}}{-p+1}\right]_1^b$$

$$= \frac{1}{1-p} \lim_{b\to\infty} \left(\frac{1}{b^{p-1}} - 1\right)$$

$$= \frac{1}{1-p}(0-1) = \frac{1}{p-1},$$

$b^{p-1} \to \infty$ quando $b \to \infty$ porque $p - 1 > 0$.

a série converge pelo teste da integral. Enfatizamos que a soma da série p *não* é $1/(p-1)$. A série converge, mas não sabemos para qual valor.

A série p $\sum_{n=1}^{\infty} \frac{1}{n^p}$ converge se $p > 1$, diverge se $p \leq 1$.

Se $p < 1$, então $1 - p > 0$ e

$$\int_1^{\infty} \frac{1}{x^p}\,dx = \frac{1}{1-p} \lim_{b\to\infty} (b^{1-p} - 1) = \infty.$$

A série diverge pelo teste da integral.

Se $p = 1$, temos a série harmônica (divergente)

$$1 + \frac{1}{2} + \frac{1}{3} + \cdots + \frac{1}{n} + \cdots.$$

Temos convergência para $p > 1$, mas divergência para todos os outros valores de p.

A série p com $p = 1$ é a **série harmônica** (Exemplo 1). O teste da série p mostra que a série harmônica é divergente *por um triz*; se aumentamos p para 1,000000001, por exemplo, a série converge!

A lentidão com a qual as somas parciais da série harmônica se aproximam do infinito é impressionante. Por exemplo, seriam necessários mais de 178 milhões de termos da série harmônica para mover as somas parciais além de 20. (Veja também o Exercício 43b.)

EXEMPLO 4 A série $\sum_{n=1}^{\infty} (1/(n^2+1))$ não é uma série p, mas ela converge pelo teste da integral. A função $f(x) = 1/(x^2+1)$ é positiva, contínua e decrescente para $x \geq 1$, e

$$\int_1^{\infty} \frac{1}{x^2+1}\,dx = \lim_{b\to\infty} \left[\operatorname{arctg} x\right]_1^b$$

$$= \lim_{b\to\infty} [\operatorname{arctg} b - \operatorname{arctg} 1]$$

$$= \frac{\pi}{2} - \frac{\pi}{4} = \frac{\pi}{4}.$$

Mais uma vez, enfatizamos que $\pi/4$ *não* é a soma da série. A série converge, mas não sabemos o valor de sua soma.

Estimativa de erro

Se uma série Σa_n se mostra convergente pelo teste da integral, poderíamos estimar o tamanho do **resto** R_n entre a soma total S da série e sua n-ésima soma parcial s_n. Ou seja, desejamos estimar

$$R_n = S - s_n = a_{n+1} + a_{n+2} + a_{n+3} + \cdots$$

Para obtermos um limitante inferior para o resto, comparamos a soma das áreas dos retângulos com a área sob a curva $y = f(x)$ para $x \geq n$ (veja a Figura 10.11a). Vemos que

$$R_n = a_{n+1} + a_{n+2} + a_{n+3} + \cdots \geq \int_{n+1}^{\infty} f(x)\,dx.$$

De maneira semelhante, a partir da Figura 10.11b, encontramos um limitante superior com

$$R_n = a_{n+1} + a_{n+2} + a_{n+3} + \cdots \leq \int_{n}^{\infty} f(x)\,dx.$$

Essas comparações provam o resultado a seguir fornecendo limitantes para o tamanho do resto.

Limitantes para o resto no teste da integral

Vamos supor que $\{a_k\}$ seja uma sequência de termos positivos com $a_k = f(k)$, onde f é uma função contínua, positiva e decrescente de x para todo $x \geq n$, e que Σa_n converge para S. Então, o resto $R_n = S - s_n$ satisfaz as desigualdades

$$\int_{n+1}^{\infty} f(x)\,dx \leq R_n \leq \int_{n}^{\infty} f(x)\,dx. \qquad (1)$$

Se adicionarmos a soma parcial s_n para cada lado das desigualdades em (1), teremos

$$s_n + \int_{n+1}^{\infty} f(x)\,dx \leq S \leq s_n + \int_{n}^{\infty} f(x)\,dx \qquad (2)$$

pois $s_n + R_n = S$. As desigualdades em (2) são úteis para estimar o erro na aproximação da soma de uma série convergente. O erro não pode ser maior que o comprimento do intervalo contendo S, conforme dado por (2).

EXEMPLO 5 Calcule a soma da série $\Sigma(1/n^2)$ utilizando as desigualdades em (2) e $n = 10$.

Solução Temos que

$$\int_{n}^{\infty} \frac{1}{x^2}\,dx = \lim_{b\to\infty}\left[-\frac{1}{x}\right]_n^b = \lim_{b\to\infty}\left(-\frac{1}{b} + \frac{1}{n}\right) = \frac{1}{n}.$$

Utilizando esse resultado com as desigualdades em (2), teremos

$$s_{10} + \frac{1}{11} \leq S \leq s_{10} + \frac{1}{10}.$$

Tomando $s_{10} = 1 + (1/4) + (1/9) + (1/16) + \cdots + (1/100) \approx 1{,}54977$, essas últimas desigualdades fornecem

$$1{,}64068 \leq S \leq 1{,}64997.$$

Se aproximarmos a soma S pelo ponto médio desse intervalo, descobrimos que

$$\sum_{n=1}^{\infty} \frac{1}{n^2} \approx 1{,}6453.$$

O erro nessa aproximação é menor que a metade do comprimento do intervalo, portanto o erro é menor que 0,005.

Exercícios 10.3

Aplicando o teste da integral

Use o teste da integral para determinar se as séries nos Exercícios 1-10 convergem ou divergem. Certifique-se de que as condições do teste da integral sejam satisfeitas.

1. $\sum_{n=1}^{\infty} \frac{1}{n^2}$

2. $\sum_{n=1}^{\infty} \frac{1}{n^{0,2}}$

3. $\sum_{n=1}^{\infty} \frac{1}{n^2 + 4}$

4. $\sum_{n=1}^{\infty} \frac{1}{n + 4}$

5. $\sum_{n=1}^{\infty} e^{-2n}$

6. $\sum_{n=2}^{\infty} \frac{1}{n(\ln n)^2}$

7. $\sum_{n=1}^{\infty} \frac{n}{n^2 + 4}$

8. $\sum_{n=2}^{\infty} \frac{\ln (n^2)}{n}$

9. $\sum_{n=1}^{\infty} \frac{n^2}{e^{n/3}}$

10. $\sum_{n=2}^{\infty} \frac{n - 4}{n^2 - 2n + 1}$

Determinando convergência ou divergência

Quais das séries nos Exercícios 11-40 convergem? E quais divergem? Justifique suas respostas. (Quando estiver checando uma resposta, lembre-se de que pode existir mais de uma forma para determinar a convergência ou divergência da série.)

11. $\sum_{n=1}^{\infty} \frac{1}{10^n}$

12. $\sum_{n=1}^{\infty} e^{-n}$

13. $\sum_{n=1}^{\infty} \frac{n}{n + 1}$

14. $\sum_{n=1}^{\infty} \frac{5}{n + 1}$

15. $\sum_{n=1}^{\infty} \frac{3}{\sqrt{n}}$

16. $\sum_{n=1}^{\infty} \frac{-2}{n\sqrt{n}}$

17. $\sum_{n=1}^{\infty} -\frac{1}{8^n}$

18. $\sum_{n=1}^{\infty} \frac{-8}{n}$

19. $\sum_{n=2}^{\infty} \frac{\ln n}{n}$

20. $\sum_{n=2}^{\infty} \frac{\ln n}{\sqrt{n}}$

21. $\sum_{n=1}^{\infty} \frac{2^n}{3^n}$

22. $\sum_{n=1}^{\infty} \frac{5^n}{4^n + 3}$

23. $\sum_{n=0}^{\infty} \frac{-2}{n + 1}$

24. $\sum_{n=1}^{\infty} \frac{1}{2n - 1}$

25. $\sum_{n=1}^{\infty} \frac{2^n}{n + 1}$

26. $\sum_{n=1}^{\infty} \frac{1}{\sqrt{n}(\sqrt{n} + 1)}$

27. $\sum_{n=2}^{\infty} \frac{\sqrt{n}}{\ln n}$

28. $\sum_{n=1}^{\infty} \left(1 + \frac{1}{n}\right)^n$

29. $\sum_{n=1}^{\infty} \frac{1}{(\ln 2)^n}$

30. $\sum_{n=1}^{\infty} \frac{1}{(\ln 3)^n}$

31. $\sum_{n=3}^{\infty} \frac{(1/n)}{(\ln n)\sqrt{\ln^2 n - 1}}$

32. $\sum_{n=1}^{\infty} \frac{1}{n(1 + \ln^2 n)}$

33. $\sum_{n=1}^{\infty} n \operatorname{sen} \frac{1}{n}$

34. $\sum_{n=1}^{\infty} n \operatorname{tg} \frac{1}{n}$

35. $\sum_{n=1}^{\infty} \frac{e^n}{1 + e^{2n}}$

36. $\sum_{n=1}^{\infty} \frac{2}{1 + e^n}$

37. $\sum_{n=1}^{\infty} \frac{8 \operatorname{tg}^{-1} n}{1 + n^2}$

38. $\sum_{n=1}^{\infty} \frac{n}{n^2 + 1}$

39. $\sum_{n=1}^{\infty} \operatorname{sech} n$

40. $\sum_{n=1}^{\infty} \operatorname{sech}^2 n$

Teoria e exemplos

Para quais valores de a, se houver algum, as séries nos Exercícios 41 e 42 convergem?

41. $\sum_{n=1}^{\infty} \left(\frac{a}{n + 2} - \frac{1}{n + 4}\right)$

42. $\sum_{n=3}^{\infty} \left(\frac{1}{n - 1} - \frac{2a}{n + 1}\right)$

43. **a.** Desenhe ilustrações como as das Figuras 10.7 e 10.8 para mostrar que as somas parciais da série harmônica satisfaz as desigualdades

$$\ln (n + 1) = \int_1^{n+1} \frac{1}{x} dx \le 1 + \frac{1}{2} + \cdots + \frac{1}{n}$$
$$\le 1 + \int_1^n \frac{1}{x} dx = 1 + \ln n.$$

T **b.** Não existe absolutamente nenhuma evidência empírica para a divergência da série harmônica, mesmo que saibamos que ela diverge. As somas parciais simplesmente aumentam muito lentamente. Para compreender o que estamos dizendo, suponha que você tenha começado com $s_1 = 1$ no dia em que o universo foi criado, 13 bilhões de anos atrás, e adicionado um novo termo a cada *segundo*. Quão grande aproximadamente a soma parcial s_n seria hoje, considerando um ano com 365 dias?

44. Existe algum valor de x para o qual $\sum_{n=1}^{\infty} (1/(nx))$ converge? Justifique sua resposta.

45. É verdade que, se $\sum_{n=1}^{\infty} a_n$ é uma série divergente de números positivos, também existe uma série divergente $\sum_{n=1}^{\infty} b_n$ de números positivos com $b_n < a_n$ para cada n? Existe uma "menor" série divergente de números positivos? Justifique suas respostas.

46. (*Continuação do Exercício 45.*) Existe uma "maior" série convergente de números positivos? Explique.

47. **$\sum_{n=1}^{\infty} \left(1/(\sqrt{n + 1})\right)$ diverge**

a. Use o gráfico a seguir para mostrar que a soma parcial

$$s_{50} = \sum_{n=1}^{50} \left(1/\left(\sqrt{n + 1}\right)\right) \text{ satisfaz}$$
$$\int_1^{51} \frac{1}{\sqrt{x + 1}}\, dx < s_{50} < \int_0^{50} \frac{1}{\sqrt{x + 1}}\, dx.$$

Conclua que $11,5 < s_{50} < 12,3$.

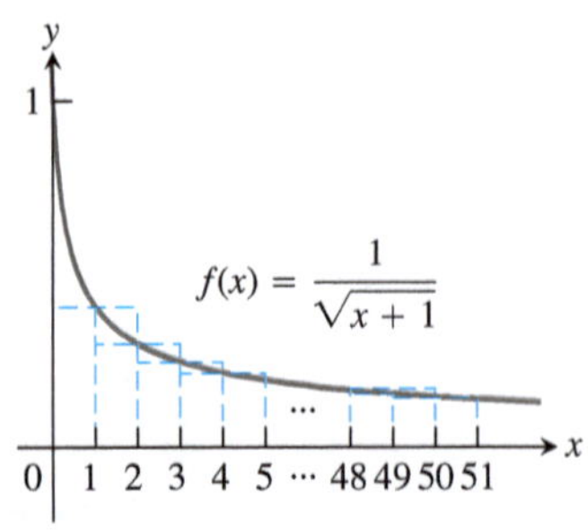

b. Qual deveria ser n para que a soma parcial $s_n = \sum_{i=1}^{n} \left(1/\left(\sqrt{i + 1}\right)\right)$ satisfaça $s_n > 1000$?

48. $\sum_{n=1}^{\infty}(1/n^4)$ **converge**

a. Use o gráfico a seguir para determinar o erro se $s_{30} = \sum_{n=1}^{30}(1/n^4)$ é utilizado para estimar o valor de $\sum_{n=1}^{\infty}(1/n^4)$.

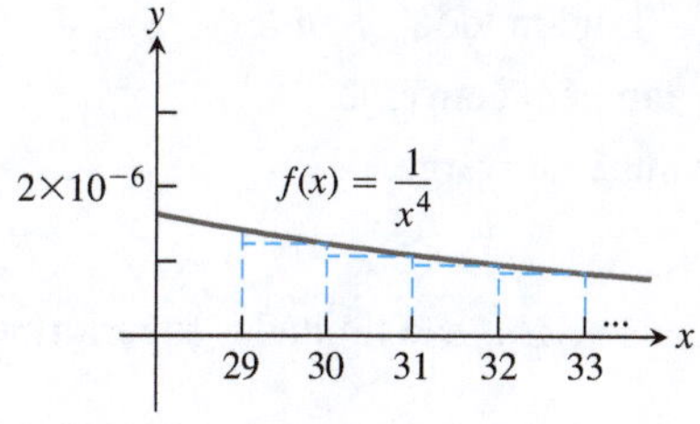

b. Encontre n de forma que a soma parcial $s_n = \sum_{i=1}^{n}(1/i^4)$ estime o valor de $\sum_{n=1}^{\infty}(1/n^4)$ com um erro de no máximo 0,000001.

49. Calcule o valor de $\sum_{n=1}^{\infty}(1/n^3)$ com precisão de 0,01 de seu valor exato.

50. Calcule o valor de $\sum_{n=2}^{\infty}(1/(n^4+4))$ com precisão de 0,1 de seu valor exato.

51. Quantos termos da série convergente $\sum_{n=1}^{\infty}(1/n^{1,1})$ devem ser utilizados para estimar seu valor com erro de no máximo 0,00001?

52. Quantos termos da série convergente $\sum_{n=4}^{\infty}(1/n(\ln n)^3)$ devem ser utilizados para estimar seu valor com erro de no máximo 0,01?

53. Teste de condensação de Cauchy O teste de condensação de Cauchy diz: seja $\{a_n\}$ uma sequência decrescente ($a_n \geq a_{n+1}$ para todo n) de termos positivos que converge para 0. Então Σa_n converge se, e somente se, $\Sigma 2^n a_{2^n}$ converge. Por exemplo, $\Sigma(1/n)$ diverge porque $\Sigma 2^n \cdot (1/2^n) = \Sigma 1$ diverge. Mostre por que esse teste funciona.

54. Use o teste de condensação de Cauchy do Exercício 53 para mostrar que

a. $\sum_{n=2}^{\infty}\frac{1}{n\ln n}$ diverge;

b. $\sum_{n=1}^{\infty}\frac{1}{n^p}$ converge se $p > 1$ e diverge se $p \leq 1$.

55. Série *p* logarítmica

a. Mostre que a integral imprópria

$$\int_2^{\infty}\frac{dx}{x(\ln x)^p} \quad \text{(sendo } p \text{ uma constante positiva)}$$

converge se, e somente se, $p > 1$.

b. Que implicação o fato do item (a) tem sobre a convergência da série

$$\sum_{n=2}^{\infty}\frac{1}{n(\ln n)^p}\ ?$$

Justifique sua resposta.

56. (*Continuação do Exercício 55.*) Use o resultado do Exercício 55 para determinar quais das séries a seguir convergem e quais divergem. Justifique a sua resposta em cada caso.

a. $\sum_{n=2}^{\infty}\frac{1}{n(\ln n)}$

b. $\sum_{n=2}^{\infty}\frac{1}{n(\ln n)^{1,01}}$

c. $\sum_{n=2}^{\infty}\frac{1}{n\ln(n^3)}$

d. $\sum_{n=2}^{\infty}\frac{1}{n(\ln n)^3}$

57. Constante de Euler Gráficos como aqueles na Figura 10.11 sugerem que, conforme n aumenta, existe uma pequena alteração na diferença entre a soma

$$1 + \frac{1}{2} + \cdots + \frac{1}{n}$$

e a integral

$$\ln n = \int_1^n \frac{1}{x}\,dx.$$

Para explorar essa ideia, siga os passos a seguir.

a. Tomando $f(x) = 1/x$ na prova do Teorema 9, mostre que

$$\ln(n+1) \leq 1 + \frac{1}{2} + \cdots + \frac{1}{n} \leq 1 + \ln n$$

ou

$$0 < \ln(n+1) - \ln n \leq 1 + \frac{1}{2} + \cdots + \frac{1}{n} - \ln n \leq 1.$$

Portanto, a sequência

$$a_n = 1 + \frac{1}{2} + \cdots + \frac{1}{n} - \ln n$$

é limitada inferior e superiormente.

b. Mostre que

$$\frac{1}{n+1} < \int_n^{n+1}\frac{1}{x}\,dx = \ln(n+1) - \ln n,$$

e use esse resultado para mostrar que a sequência $\{a_n\}$ no item (a) é decrescente.

Como uma sequência decrescente limitada inferiormente converge, os números a_n definidos no item (a) convergem:

$$1 + \frac{1}{2} + \cdots + \frac{1}{n} - \ln n \to \gamma.$$

O número γ, cujo valor é 0,5772..., é chamado de *constante de Euler*.

58. Use o teste da integral para mostrar que a série

$$\sum_{n=0}^{\infty} e^{-n^2}$$

converge.

59. a. Para a série $\Sigma(1/n^3)$, use as desigualdades na Equação 2 com $n = 10$ para encontrar um intervalo contendo a soma S.

b. Como no Exemplo 5, use o ponto médio do intervalo encontrado no item (a) para aproximar a soma da série. Qual é o erro máximo para sua aproximação?

60. Repita o Exercício 59 utilizando a série $\Sigma(1/n^4)$.

10.4 Testes de comparação

Vimos como determinar a convergência de séries geométricas, p séries e algumas outras séries. Podemos testar a convergência de muitas outras séries comparando seus termos àqueles de uma série cuja convergência seja conhecida.

TEOREMA 10 — Teste da comparação Sejam Σa_n, Σc_n e Σd_n séries com termos não negativos. Suponha que para algum inteiro N

$$d_n \leq a_n \leq c_n \qquad \text{para todo} \qquad n > N.$$

(a) Se Σc_n converge, então Σa_n também converge.

(b) Se Σd_n diverge, então Σa_n também diverge.

Prova No item (a), as somas parciais de Σa_n são limitadas superiormente por

$$M = a_1 + a_2 + \cdots + a_N + \sum_{n=N+1}^{\infty} c_n.$$

Portanto, elas formam uma sequência crescente com um limite $L \leq M$. Ou seja, se Σc_n converge, então Σa_n também converge. A Figura 10.12 retrata esse resultado, onde cada termo de cada série é interpretado como a área de um retângulo (da mesma forma que fizemos para o teste da integral na Figura 10.11).

No item (b), as somas parciais de Σa_n não são limitadas superiormente. Se elas fossem, as somas parciais para Σd_n seriam limitadas por

$$M^* = d_1 + d_2 + \cdots + d_N + \sum_{n=N+1}^{\infty} a_n$$

e Σd_n teria de convergir em vez de divergir.

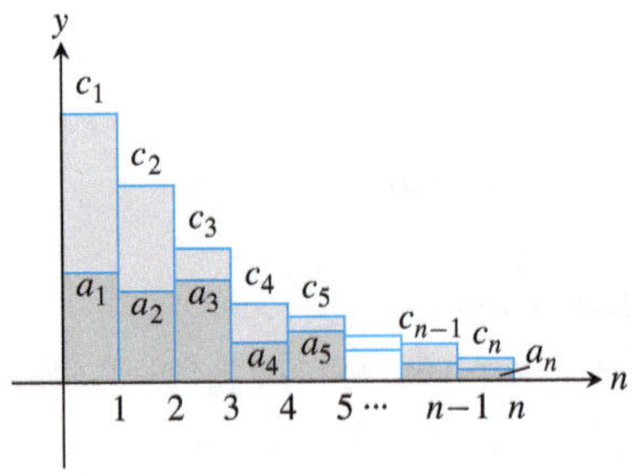

FIGURA 10.12 Se a área total Σc_n dos retângulos mais altos c_n for finita, então da mesma forma é a área total Σa_n dos retângulos mais baixos a_n.

EXEMPLO 1 Aplicamos o Teorema 10 para diversas séries.

(a) A série

$$\sum_{n=1}^{\infty} \frac{5}{5n-1}$$

diverge porque seu n-ésimo termo

$$\frac{5}{5n-1} = \frac{1}{n - \frac{1}{5}} > \frac{1}{n}$$

é maior que o n-ésimo termo da série harmônica divergente.

(b) A série

$$\sum_{n=0}^{\infty} \frac{1}{n!} = 1 + \frac{1}{1!} + \frac{1}{2!} + \frac{1}{3!} + \cdots$$

converge porque seus termos são todos positivos e menores ou iguais aos termos correspondentes de

$$1 + \sum_{n=0}^{\infty} \frac{1}{2^n} = 1 + 1 + \frac{1}{2} + \frac{1}{2^2} + \cdots.$$

A série geométrica à esquerda converge e temos

$$1 + \sum_{n=0}^{\infty} \frac{1}{2^n} = 1 + \frac{1}{1-(1/2)} = 3.$$

O fato de 3 ser um limitante superior para as somas parciais de $\sum_{n=0}^{\infty} (1/n!)$ não significa que a série convirja para 3. Conforme veremos na Seção 10.9, a série converge para e.

(c) A série

$$5 + \frac{2}{3} + \frac{1}{7} + 1 + \frac{1}{2+\sqrt{1}} + \frac{1}{4+\sqrt{2}} + \frac{1}{8+\sqrt{3}} + \cdots + \frac{1}{2^n+\sqrt{n}} + \cdots$$

converge. Para vermos isso, ignoramos os três primeiros termos e comparamos os termos remanescentes com aqueles da série geométrica convergente $\sum_{n=0}^{\infty} (1/2^n)$.

Biografia histórica

Alberto da Saxônia (1316-1390)

O termo $1/\left(2^n + \sqrt{n}\right)$ da sequência truncada é menor que o termo correspondente $1/2^n$ da série geométrica. Vemos que, termo a termo, temos a comparação

$$1 + \frac{1}{2 + \sqrt{1}} + \frac{1}{4 + \sqrt{2}} + \frac{1}{8 + \sqrt{3}} + \cdots \leq 1 + \frac{1}{2} + \frac{1}{4} + \frac{1}{8} + \cdots.$$

Assim, a série truncada e a série original convergem por uma aplicação do teste da comparação.

Teste de comparação no limite

Introduziremos agora um teste de comparação que é particularmente útil para as séries nas quais a_n é uma função racional de n.

TEOREMA 11 — Teste de comparação no limite Suponha que $a_n > 0$ e $b_n > 0$ para todo $n \geq N$ (sendo N um inteiro positivo).

1. Se $\lim_{n\to\infty} \frac{a_n}{b_n} = c > 0$, então tanto Σa_n quanto Σb_n convergem ou divergem.

2. Se $\lim_{n\to\infty} \frac{a_n}{b_n} = 0$ e Σb_n converge, então Σa_n converge.

3. Se $\lim_{n\to\infty} \frac{a_n}{b_n} = \infty$ e Σb_n diverge, então Σa_n diverge.

Prova Provaremos a parte 1. As partes 2 e 3 foram deixadas para os Exercícios 55a e b.

Como $c/2 > 0$, existe um inteiro N tal que, para todo n,

$$n > N \Rightarrow \left|\frac{a_n}{b_n} - c\right| < \frac{c}{2}.$$

Definição de limite com $\epsilon = c/2$, $L = c$, e a_n substituído por a_n/b_n

Então, para $n > N$,

$$-\frac{c}{2} < \frac{a_n}{b_n} - c < \frac{c}{2},$$

$$\frac{c}{2} < \frac{a_n}{b_n} < \frac{3c}{2},$$

$$\left(\frac{c}{2}\right)b_n < a_n < \left(\frac{3c}{2}\right)b_n.$$

Se Σb_n converge, então $\Sigma(3c/2)b_n$ converge e Σa_n converge pelo teste da comparação direta. Se Σb_n diverge, então $\Sigma(c/2)b_n$ diverge e Σa_n diverge pelo teste da comparação direta.

EXEMPLO 2 Quais das séries a seguir convergem? E quais divergem?

(a) $\frac{3}{4} + \frac{5}{9} + \frac{7}{16} + \frac{9}{25} + \cdots = \sum_{n=1}^{\infty} \frac{2n+1}{(n+1)^2} = \sum_{n=1}^{\infty} \frac{2n+1}{n^2 + 2n + 1}$

(b) $\frac{1}{1} + \frac{1}{3} + \frac{1}{7} + \frac{1}{15} + \cdots = \sum_{n=1}^{\infty} \frac{1}{2^n - 1}$

(c) $\frac{1 + 2\ln 2}{9} + \frac{1 + 3\ln 3}{14} + \frac{1 + 4\ln 4}{21} + \cdots = \sum_{n=2}^{\infty} \frac{1 + n\ln n}{n^2 + 5}$

Solução Aplicamos o teste de comparação no limite para cada série.

(a) Seja $a_n = (2n + 1)/(n^2 + 2n + 1)$. Para n grande, esperamos que a_n se comporte como $2n/n^2 = 2/n$, já que os termos principais dominam para n grande, assim tomamos $b_n = 1/n$. Como

$$\sum_{n=1}^{\infty} b_n = \sum_{n=1}^{\infty} \frac{1}{n} \text{ diverge}$$

e

$$\lim_{n\to\infty} \frac{a_n}{b_n} = \lim_{n\to\infty} \frac{2n^2 + n}{n^2 + 2n + 1} = 2,$$

Σa_n diverge pela parte 1 do teste de comparação no limite. Poderíamos também ter tomado $b_n = 2/n$, mas $1/n$ é mais simples.

(b) Seja $a_n = 1/(2^n - 1)$. Para n grande, esperamos que a_n se comporte como $1/2^n$, assim tomamos $b_n = 1/2^n$. Como

$$\sum_{n=1}^{\infty} b_n = \sum_{n=1}^{\infty} \frac{1}{2^n} \text{ converge}$$

e

$$\begin{aligned} \lim_{n\to\infty} \frac{a_n}{b_n} &= \lim_{n\to\infty} \frac{2^n}{2^n - 1} \\ &= \lim_{n\to\infty} \frac{1}{1 - (1/2^n)} \\ &= 1, \end{aligned}$$

Σa_n converge pela parte 1 do teste de comparação no limite.

(c) Seja $a_n = (1 + n \ln n)/(n^2 + 5)$. Para n grande, esperamos que a_n se comporte como $(n \ln n)/n^2 = (\ln n)/n$, que é maior que $1/n$ para $n \geq 3$, portanto definimos que $b_n = 1/n$. Como

$$\sum_{n=2}^{\infty} b_n = \sum_{n=2}^{\infty} \frac{1}{n} \text{ diverge}$$

e

$$\begin{aligned} \lim_{n\to\infty} \frac{a_n}{b_n} &= \lim_{n\to\infty} \frac{n + n^2 \ln n}{n^2 + 5} \\ &= \infty, \end{aligned}$$

Σa_n diverge pela parte 3 do teste de comparação no limite.

EXEMPLO 3 $\displaystyle\sum_{n=1}^{\infty} \frac{\ln n}{n^{3/2}}$ converge?

Solução Como $\ln n$ cresce mais lentamente que n^c para qualquer constante positiva c (Seção 10.1, Exercício 105), podemos comparar a série a uma série p convergente. Para tomarmos a série p, vemos que

$$\frac{\ln n}{n^{3/2}} < \frac{n^{1/4}}{n^{3/2}} = \frac{1}{n^{5/4}}$$

para n suficientemente grande. Então, tomando $a_n = (\ln n)/n^{3/2}$ e $b_n = 1/n^{5/4}$, temos

$$\begin{aligned} \lim_{n\to\infty} \frac{a_n}{b_n} &= \lim_{n\to\infty} \frac{\ln n}{n^{1/4}} \\ &= \lim_{n\to\infty} \frac{1/n}{(1/4)n^{-3/4}} && \text{Regra de L'Hôpital} \\ &= \lim_{n\to\infty} \frac{4}{n^{1/4}} = 0. \end{aligned}$$

Como $\Sigma b_n = \Sigma(1/n^{5/4})$ é uma série p com $p > 1$, ela converge, de forma que Σa_n converge pela parte 2 do teste de comparação no limite.

Exercícios 10.4

Teste da comparação

Nos Exercícios 1-8, utilize o teste da comparação para determinar se cada uma das séries converge ou diverge.

1. $\sum_{n=1}^{\infty} \frac{1}{n^2+30}$

2. $\sum_{n=1}^{\infty} \frac{n-1}{n^4+2}$

3. $\sum_{n=2}^{\infty} \frac{1}{\sqrt{n}-1}$

4. $\sum_{n=2}^{\infty} \frac{n+2}{n^2-n}$

5. $\sum_{n=1}^{\infty} \frac{\cos^2 n}{n^{3/2}}$

6. $\sum_{n=1}^{\infty} \frac{1}{n3^n}$

7. $\sum_{n=1}^{\infty} \sqrt{\frac{n+4}{n^4+4}}$

8. $\sum_{n=1}^{\infty} \frac{\sqrt{n}+1}{\sqrt{n^2+3}}$

Teste de comparação no limite

Nos Exercícios 9-16, utilize o teste de comparação no limite para determinar se cada uma das séries converge ou diverge.

9. $\sum_{n=1}^{\infty} \frac{n-2}{n^3-n^2+3}$
(Sugestão: comparação no limite com $\sum_{n=1}^{\infty} (1/n^2)$.)

10. $\sum_{n=1}^{\infty} \sqrt{\frac{n+1}{n^2+2}}$
(Sugestão: comparação no limite com $\sum_{n=1}^{\infty} (1/\sqrt{n})$.)

11. $\sum_{n=2}^{\infty} \frac{n(n+1)}{(n^2+1)(n-1)}$

12. $\sum_{n=1}^{\infty} \frac{2^n}{3+4^n}$

13. $\sum_{n=1}^{\infty} \frac{5^n}{\sqrt{n}\,4^n}$

14. $\sum_{n=1}^{\infty} \left(\frac{2n+3}{5n+4}\right)^n$

15. $\sum_{n=2}^{\infty} \frac{1}{\ln n}$
(Sugestão: comparação no limite com $\sum_{n=2}^{\infty} (1/n)$.)

16. $\sum_{n=1}^{\infty} \ln\left(1+\frac{1}{n^2}\right)$
(Sugestão: comparação no limite com $\sum_{n=1}^{\infty} (1/n^2)$.)

Determinando convergência ou divergência

Quais das séries nos Exercícios 17-54 convergem? E quais divergem? Utilize qualquer método e justifique suas respostas.

17. $\sum_{n=1}^{\infty} \frac{1}{2\sqrt{n}+\sqrt[3]{n}}$

18. $\sum_{n=1}^{\infty} \frac{3}{n+\sqrt{n}}$

19. $\sum_{n=1}^{\infty} \frac{\text{sen}^2 n}{2^n}$

20. $\sum_{n=1}^{\infty} \frac{1+\cos n}{n^2}$

21. $\sum_{n=1}^{\infty} \frac{2n}{3n-1}$

22. $\sum_{n=1}^{\infty} \frac{n+1}{n^2\sqrt{n}}$

23. $\sum_{n=1}^{\infty} \frac{10n+1}{n(n+1)(n+2)}$

24. $\sum_{n=3}^{\infty} \frac{5n^3-3n}{n^2(n-2)(n^2+5)}$

25. $\sum_{n=1}^{\infty} \left(\frac{n}{3n+1}\right)^n$

26. $\sum_{n=1}^{\infty} \frac{1}{\sqrt{n^3+2}}$

27. $\sum_{n=3}^{\infty} \frac{1}{\ln(\ln n)}$

28. $\sum_{n=1}^{\infty} \frac{(\ln n)^2}{n^3}$

29. $\sum_{n=2}^{\infty} \frac{1}{\sqrt{n}\ln n}$

30. $\sum_{n=1}^{\infty} \frac{(\ln n)^2}{n^{3/2}}$

31. $\sum_{n=1}^{\infty} \frac{1}{1+\ln n}$

32. $\sum_{n=2}^{\infty} \frac{\ln(n+1)}{n+1}$

33. $\sum_{n=2}^{\infty} \frac{1}{n\sqrt{n^2-1}}$

34. $\sum_{n=1}^{\infty} \frac{\sqrt{n}}{n^2+1}$

35. $\sum_{n=1}^{\infty} \frac{1-n}{n2^n}$

36. $\sum_{n=1}^{\infty} \frac{n+2^n}{n^2 2^n}$

37. $\sum_{n=1}^{\infty} \frac{1}{3^{n-1}+1}$

38. $\sum_{n=1}^{\infty} \frac{3^{n-1}+1}{3^n}$

39. $\sum_{n=1}^{\infty} \frac{n+1}{n^2+3n} \cdot \frac{1}{5n}$

40. $\sum_{n=1}^{\infty} \frac{2^n+3^n}{3^n+4^n}$

41. $\sum_{n=1}^{\infty} \frac{2^n-n}{n2^n}$

42. $\sum_{n=1}^{\infty} \ln\left(\frac{n}{n+1}\right)$

43. $\sum_{n=2}^{\infty} \frac{1}{n!}$
(Sugestão: mostre primeiro que $(1/n!) \leq (1/n(n-1))$ para $n \geq 2$.)

44. $\sum_{n=1}^{\infty} \frac{(n-1)!}{(n+2)!}$

45. $\sum_{n=1}^{\infty} \text{sen}\,\frac{1}{n}$

46. $\sum_{n=1}^{\infty} \text{tg}\,\frac{1}{n}$

47. $\sum_{n=1}^{\infty} \frac{\text{tg}^{-1} n}{n^{1,1}}$

48. $\sum_{n=1}^{\infty} \frac{\sec^{-1} n}{n^{1,3}}$

49. $\sum_{n=1}^{\infty} \frac{\text{cotgh}\, n}{n^2}$

50. $\sum_{n=1}^{\infty} \frac{\text{tgh}\, n}{n^2}$

51. $\sum_{n=1}^{\infty} \frac{1}{n\sqrt[n]{n}}$

52. $\sum_{n=1}^{\infty} \frac{\sqrt[n]{n}}{n^2}$

53. $\sum_{n=1}^{\infty} \frac{1}{1+2+3+\cdots+n}$

54. $\sum_{n=1}^{\infty} \frac{1}{1+2^2+3^2+\cdots+n^2}$

Teoria e exemplos

55. Prove **(a)** a parte 2 e **(b)** a parte 3 do teste de comparação no limite.

56. Se $\sum_{n=1}^{\infty} a_n$ é uma série convergente de números não negativos, algo pode ser dito sobre $\sum_{n=1}^{\infty} (a_n/n)$? Explique.

57. Suponha que $a_n > 0$ e $b_n > 0$ para $n \geq N$ (N um inteiro). Se $\lim_{n\to\infty} (a_n/b_n) = \infty$ e Σa_n convergem, algo pode ser dito sobre Σb_n? Justifique sua resposta.

58. Prove que, se Σa_n é uma série convergente de termos não negativos, então Σa_n^2 converge.

59. Suponha que $a_n > 0$ e $\lim_{n\to\infty} a_n = \infty$. Prove que Σa_n diverge.

60. Suponha que $a_n > 0$ e $\lim_{n\to\infty} n^2 a_n = 0$. Prove que Σa_n converge.

61. Mostre que $\sum_{n=2}^{\infty} ((\ln n)^q/n^p)$ converge para $-\infty < q < \infty$ e $p > 1$. (Sugestão: comparação no limite com $\sum_{n=2}^{\infty} 1/n^r$ para $1 < r < p$.)

62. (*Continuação do Exercício 61.*) Mostre que $\sum_{n=2}^{\infty} ((\ln n)^q/n^p)$ diverge para $-\infty < q < \infty$ e $0 < p \leq 1$. (Sugestão: comparação no limite com uma série p apropriada.)

Nos Exercícios 63-68, use os resultados dos Exercícios 61 e 62 para determinar se cada uma das séries converge ou diverge.

63. $\sum_{n=2}^{\infty} \frac{(\ln n)^3}{n^4}$

64. $\sum_{n=2}^{\infty} \sqrt{\frac{\ln n}{n}}$

65. $\sum_{n=2}^{\infty} \frac{(\ln n)^{1000}}{n^{1,001}}$

66. $\sum_{n=2}^{\infty} \frac{(\ln n)^{1/5}}{n^{0,99}}$

67. $\sum_{n=2}^{\infty} \frac{1}{n^{1,1}(\ln n)^3}$

68. $\sum_{n=2}^{\infty} \frac{1}{\sqrt{n \cdot \ln n}}$

USO DO COMPUTADOR

69. Não se sabe ainda se a série

$$\sum_{n=1}^{\infty} \frac{1}{n^3 \operatorname{sen}^2 n}$$

converge ou diverge. Use um SAC (sistema algébrico computacional) para explorar o comportamento da série seguindo as etapas a seguir.

a. Defina a sequência de somas parciais

$$s_k = \sum_{n=1}^{k} \frac{1}{n^3 \operatorname{sen}^2 n}.$$

O que acontece quando você tenta encontrar o limite de s_k quando $k \to \infty$? Seu SAC encontra uma resposta na forma fechada para esse limite?

b. Represente graficamente os 100 primeiros pontos (k, s_k) para a sequência de somas parciais. Eles parecem convergir? Qual seria a estimativa do limite?

c. Em seguida, represente os 200 primeiros pontos (k, s_k). Discuta o comportamento com suas próprias palavras.

d. Represente graficamente os 400 primeiros pontos (k, s_k). O que acontece quando $k = 355$? Calcule o número 355/113. Explique a partir de seu cálculo o que aconteceu quando $k = 355$. Para quais valores de k você acha que esse comportamento poderia ocorrer novamente?

70. a. Use o Teorema 8 para mostrar que

$$S = \sum_{n=1}^{\infty} \frac{1}{n(n+1)} + \sum_{n=1}^{\infty} \left(\frac{1}{n^2} - \frac{1}{n(n+1)} \right)$$

onde $S = \sum_{n=1}^{\infty} (1/n^2)$, a soma de uma série p convergente.

b. A partir do Exemplo 5, Seção 10.2, mostre que

$$S = 1 + \sum_{n=1}^{\infty} \frac{1}{n^2(n+1)}.$$

c. Explique por que tomar os primeiros M termos na série no item (b) nos dá uma melhor aproximação de S do que tomar os primeiros M termos na série original $\sum_{n=1}^{\infty} (1/n^2)$.

d. O valor exato de S é conhecido como sendo $\pi^2/6$. Qual das somas

$$\sum_{n=1}^{1000000} \frac{1}{n^2} \quad \text{ou} \quad 1 + \sum_{n=1}^{1000} \frac{1}{n^2(n+1)}$$

nos dá uma melhor aproximação de S?

10.5 Testes da razão e da raiz

O teste da razão mede a taxa de crescimento (ou decrescimento) de uma série examinando a razão a_{n+1}/a_n. Para a série geométrica Σar^n, essa taxa é uma constante $((ar^{n+1})/(ar^n) = r)$, e a série converge se, e somente se, sua razão é menor que 1 em valor absoluto. O teste da razão é uma regra poderosa que estende esse resultado.

> **TEOREMA 12 — Teste da razão** Seja Σa_n uma série com termos positivos e suponha que
>
> $$\lim_{n \to \infty} \frac{a_{n+1}}{a_n} = \rho.$$
>
> Então, **(a)** a série *converge* se $\rho < 1$, **(b)** a série *diverge* se $\rho > 1$ ou ρ é infinito, **(c)** o teste é *inconcludente* se $\rho = 1$.

Prova

(a) $\rho < 1$. Seja r um número entre ρ e 1. Então o número $\epsilon = r - \rho$ é positivo. Como

$$\frac{a_{n+1}}{a_n} \to \rho,$$

a_{n+1}/a_n deve estar a menos de ϵ de ρ quando n é grande o suficiente, digamos para todo $n \geq N$. Em particular,

$$\frac{a_{n+1}}{a_n} < \rho + \epsilon = r, \quad \text{quando } n \geq N.$$

Ou seja,

$$\begin{aligned} a_{N+1} &< ra_N, \\ a_{N+2} &< ra_{N+1} < r^2 a_N, \\ a_{N+3} &< ra_{N+2} < r^3 a_N, \\ &\vdots \\ a_{N+m} &< ra_{N+m-1} < r^m a_N. \end{aligned}$$

Essas desigualdades mostram que os termos de nossa série, depois do N-ésimo termo, se aproximam de zero mais rapidamente que os termos em uma série geométrica com razão $r < 1$. Mais precisamente, considere a série Σc_n, onde $c_n = a_n$ para $n = 1, 2, \ldots, N$ e $c_{N+1} = ra_N$, $c_{N+2} = r^2 a_N$, ..., $c_{N+m} = r^m a_N$, ... Agora $a_n \leq c_n$ para todo n e

$$\begin{aligned} \sum_{n=1}^{\infty} c_n &= a_1 + a_2 + \cdots + a_{N-1} + a_N + ra_N + r^2 a_N + \cdots \\ &= a_1 + a_2 + \cdots + a_{N-1} + a_N(1 + r + r^2 + \cdots). \end{aligned}$$

A série geométrica $1 + r + r^2 + \cdots$ converge porque $|r| < 1$, de forma que Σc_n converge. Como $a_n \leq c_n$, Σa_n também converge.

(b) $\mathbf{1 < \rho \leq \infty}$. A partir de algum índice M,

$$\frac{a_{n+1}}{a_n} > 1 \quad \text{e} \quad a_M < a_{M+1} < a_{M+2} < \cdots.$$

Os termos da série não se aproximam de zero quando n tende a infinito, e a série diverge pelo teste do n-ésimo termo.

(c) $\boldsymbol{\rho = 1}$. As duas séries

$$\sum_{n=1}^{\infty} \frac{1}{n} \quad \text{e} \quad \sum_{n=1}^{\infty} \frac{1}{n^2}$$

mostram que algum outro teste para convergência deve ser utilizado quando $\rho = 1$.

$$\text{Para } \sum_{n=1}^{\infty} \frac{1}{n}\text{:} \quad \frac{a_{n+1}}{a_n} = \frac{1/(n+1)}{1/n} = \frac{n}{n+1} \to 1.$$

$$\text{Para } \sum_{n=1}^{\infty} \frac{1}{n^2}\text{:} \quad \frac{a_{n+1}}{a_n} = \frac{1/(n+1)^2}{1/n^2} = \left(\frac{n}{n+1}\right)^2 \to 1^2 = 1.$$

Em ambos os casos, $\rho = 1$, mas a primeira série diverge, enquanto a segunda converge.

O teste da razão é frequentemente eficaz quando os termos de uma série contêm fatoriais de expressões envolvendo n ou expressões elevadas a uma potência envolvendo n.

EXEMPLO 1 Investigue a convergência das séries a seguir.

$$\text{(a)} \sum_{n=0}^{\infty} \frac{2^n + 5}{3^n} \qquad \text{(b)} \sum_{n=1}^{\infty} \frac{(2n)!}{n!n!} \qquad \text{(c)} \sum_{n=1}^{\infty} \frac{4^n n! n!}{(2n)!}$$

Solução Aplicamos o teste da razão para cada uma das séries.

(a) Para a série $\sum_{n=0}^{\infty} (2^n + 5)/3^n$,

$$\frac{a_{n+1}}{a_n} = \frac{(2^{n+1} + 5)/3^{n+1}}{(2^n + 5)/3^n} = \frac{1}{3} \cdot \frac{2^{n+1} + 5}{2^n + 5} = \frac{1}{3} \cdot \left(\frac{2 + 5 \cdot 2^{-n}}{1 + 5 \cdot 2^{-n}}\right) \to \frac{1}{3} \cdot \frac{2}{1} = \frac{2}{3}.$$

A série converge porque $\rho = 2/3$ é menor que 1. Isso *não* significa que 2/3 seja a soma da série. Na verdade,

$$\sum_{n=0}^{\infty} \frac{2^n + 5}{3^n} = \sum_{n=0}^{\infty} \left(\frac{2}{3}\right)^n + \sum_{n=0}^{\infty} \frac{5}{3^n} = \frac{1}{1 - (2/3)} + \frac{5}{1 - (1/3)} = \frac{21}{2}.$$

(b) Se $a_n = \dfrac{(2n)!}{n!n!}$, então $a_{n+1} = \dfrac{(2n+2)!}{(n+1)!(n+1)!}$ e

$$\frac{a_{n+1}}{a_n} = \frac{n!n!(2n+2)(2n+1)(2n)!}{(n+1)!(n+1)!(2n)!}$$

$$= \frac{(2n+2)(2n+1)}{(n+1)(n+1)} = \frac{4n+2}{n+1} \longrightarrow 4.$$

A série diverge porque $\rho = 4$ é maior que 1.

(c) Se $a_n = 4^n n!n!/(2n)!$, então

$$\frac{a_{n+1}}{a_n} = \frac{4^{n+1}(n+1)!(n+1)!}{(2n+2)(2n+1)(2n)!} \cdot \frac{(2n)!}{4^n n!n!}$$

$$= \frac{4(n+1)(n+1)}{(2n+2)(2n+1)} = \frac{2(n+1)}{2n+1} \longrightarrow 1.$$

Como o limite é $\rho = 1$, não podemos decidir a partir do teste da razão se a série converge. Quando notamos que $a_{n+1}/a_n = (2n+2)/(2n+1)$, concluímos que a_{n+1} é sempre maior que a_n porque $(2n+2)/(2n+1)$ é sempre maior que 1. Portanto, todos os termos são maiores ou iguais a $a_1 = 2$, e o n-ésimo termo não se aproxima de zero quando $n \longrightarrow \infty$. A série diverge.

Teste da raiz

Os testes de convergência vistos até agora para Σa_n funcionam melhor quando a fórmula para a_n é relativamente simples. No entanto, considere a série com os termos

$$a_n = \begin{cases} n/2^n, & n \text{ ímpar} \\ 1/2^n, & n \text{ par.} \end{cases}$$

Para investigar a convergência escrevemos diversos termos da série:

$$\sum_{n=1}^{\infty} a_n = \frac{1}{2^1} + \frac{1}{2^2} + \frac{3}{2^3} + \frac{1}{2^4} + \frac{5}{2^5} + \frac{1}{2^6} + \frac{7}{2^7} + \cdots$$

$$= \frac{1}{2} + \frac{1}{4} + \frac{3}{8} + \frac{1}{16} + \frac{5}{32} + \frac{1}{64} + \frac{7}{128} + \cdots.$$

Claramente, não se trata de uma série geométrica. O n-ésimo termo se aproxima de zero à medida que $n \longrightarrow \infty$, de forma que o teste do n-ésimo termo não nos diz se a série diverge. O teste da integral não parece muito promissor. O teste da raiz produz

$$\frac{a_{n+1}}{a_n} = \begin{cases} \dfrac{1}{2n}, & n \text{ ímpar} \\[2ex] \dfrac{n+1}{2}, & n \text{ par.} \end{cases}$$

À medida que $n \longrightarrow \infty$, a razão é alternativamente pequena e grande, e não possui limite. No entanto, veremos que o teste a seguir estabelece que a série converge.

TEOREMA 13 — Teste da raiz Seja Σa_n uma série com $a_n \geq 0$ para $n \geq N$, e suponha que

$$\lim_{n\to\infty} \sqrt[n]{a_n} = \rho.$$

Então **(a)** a série *converge* se $\rho < 1$, **(b)** a série *diverge* se $\rho > 1$ ou ρ é infinito, **(c)** o teste é *inconcludente* se $\rho = 1$.

Prova

(a) $\boldsymbol{\rho < 1}$**.** Selecione um $\epsilon > 0$ pequeno o suficiente para que $\rho + \epsilon < 1$. Como $\sqrt[n]{a_n} \to \rho$, os termos $\sqrt[n]{a_n}$ finalmente se aproximam de ρ a menos de ϵ. Em outras palavras, existe um índice $M \geq N$ tal que

$$\sqrt[n]{a_n} < \rho + \epsilon \qquad \text{quando } n \geq M.$$

Portanto, também é verdade que

$$a_n < (\rho + \epsilon)^n \qquad \text{para } n \geq M.$$

Agora, $\sum_{n=M}^{\infty} (\rho + \epsilon)^n$, uma série geométrica com razão $(\rho + \epsilon) < 1$, converge. Por comparação, $\sum_{n=M}^{\infty} a_n$ converge, o que nos leva a concluir que

$$\sum_{n=1}^{\infty} a_n = a_1 + \cdots + a_{M-1} + \sum_{n=M}^{\infty} a_n$$

converge.

(b) $\boldsymbol{1 < \rho \leq \infty}$**.** Para todos os índices além de algum inteiro M, temos $\sqrt[n]{a_n} > 1$, de forma que $a_n > 1$ para $n > M$. Os termos da série não convergem para zero. A série diverge pelo teste do n-ésimo termo.

(c) $\boldsymbol{\rho = 1}$**.** As séries $\sum_{n=1}^{\infty} (1/n)$ e $\sum_{n=1}^{\infty} (1/n^2)$ mostram que o teste é inconcludente quando $\rho = 1$. A primeira série diverge e a segunda converge, mas em ambos os casos $\sqrt[n]{a_n} \to 1$.

EXEMPLO 2 Considere novamente a série com os termos $a_n = \begin{cases} n/2^n, & n \text{ ímpar} \\ 1/2^n, & n \text{ par.} \end{cases}$

Σa_n converge?

Solução Aplicamos o teste da raiz e descobrimos que

$$\sqrt[n]{a_n} = \begin{cases} \sqrt[n]{n}/2, & n \text{ ímpar} \\ 1/2, & n \text{ par.} \end{cases}$$

Portanto,

$$\frac{1}{2} \leq \sqrt[n]{a_n} \leq \frac{\sqrt[n]{n}}{2}.$$

Como $\sqrt[n]{n} \to 1$ (Seção 10.1, Teorema 5), temos $\lim_{n\to\infty} \sqrt[n]{a_n} = 1/2$ pelo teorema do confronto. O limite é menor que 1, portanto a série converge pelo teste da raiz.

EXEMPLO 3 Quais das seguintes séries convergem? E quais divergem?

(a) $\displaystyle\sum_{n=1}^{\infty} \frac{n^2}{2^n}$ **(b)** $\displaystyle\sum_{n=1}^{\infty} \frac{2^n}{n^3}$ **(c)** $\displaystyle\sum_{n=1}^{\infty} \left(\frac{1}{1+n}\right)^n$

Solução Aplicamos o teste da raiz em cada uma das séries.

(a) $\displaystyle\sum_{n=1}^{\infty} \frac{n^2}{2^n}$ converge porque $\displaystyle\sqrt[n]{\frac{n^2}{2^n}} = \frac{\sqrt[n]{n^2}}{\sqrt[n]{2^n}} = \frac{\left(\sqrt[n]{n}\right)^2}{2} \to \frac{1^2}{2} < 1.$

(b) $\displaystyle\sum_{n=1}^{\infty} \frac{2^n}{n^3}$ diverge porque $\displaystyle\sqrt[n]{\frac{2^n}{n^3}} = \frac{2}{\left(\sqrt[n]{n}\right)^3} \to \frac{2}{1^3} > 1.$

(c) $\displaystyle\sum_{n=1}^{\infty} \left(\frac{1}{1+n}\right)^n$ converge porque $\displaystyle\sqrt[n]{\left(\frac{1}{1+n}\right)^n} = \frac{1}{1+n} \to 0 < 1.$

Exercícios 10.5

Utilizando o teste da razão

Nos Exercícios 1-8, utilize o teste da razão para determinar se cada uma das séries converge ou diverge.

1. $\sum_{n=1}^{\infty} \frac{2^n}{n!}$

2. $\sum_{n=1}^{\infty} \frac{n+2}{3^n}$

3. $\sum_{n=1}^{\infty} \frac{(n-1)!}{(n+1)^2}$

4. $\sum_{n=1}^{\infty} \frac{2^{n+1}}{n3^{n-1}}$

5. $\sum_{n=1}^{\infty} \frac{n^4}{4^n}$

6. $\sum_{n=2}^{\infty} \frac{3^{n+2}}{\ln n}$

7. $\sum_{n=1}^{\infty} \frac{n^2(n+2)!}{n!\, 3^{2n}}$

8. $\sum_{n=1}^{\infty} \frac{n5^n}{(2n+3)\ln(n+1)}$

Utilizando o teste da raiz

Nos Exercícios 9-16, utilize o teste da raiz para determinar se cada uma das séries converge ou diverge.

9. $\sum_{n=1}^{\infty} \frac{7}{(2n+5)^n}$

10. $\sum_{n=1}^{\infty} \frac{4^n}{(3n)^n}$

11. $\sum_{n=1}^{\infty} \left(\frac{4n+3}{3n-5}\right)^n$

12. $\sum_{n=1}^{\infty} \left(\ln\left(e^2 + \frac{1}{n}\right)\right)^{n+1}$

13. $\sum_{n=1}^{\infty} \frac{8}{(3+(1/n))^{2n}}$

14. $\sum_{n=1}^{\infty} \operatorname{sen}^n\left(\frac{1}{\sqrt{n}}\right)$

15. $\sum_{n=1}^{\infty} \left(1 - \frac{1}{n}\right)^{n^2}$

(Sugestão: $\lim_{n\to\infty}(1 + x/n)^n = e^x$.)

16. $\sum_{n=2}^{\infty} \frac{1}{n^{1+n}}$

Determinando convergência ou divergência

Nos Exercícios 17-44, utilize qualquer método para determinar se a série converge ou diverge. Justifique suas respostas.

17. $\sum_{n=1}^{\infty} \frac{n^{\sqrt{2}}}{2^n}$

18. $\sum_{n=1}^{\infty} n^2e^{-n}$

19. $\sum_{n=1}^{\infty} n!e^{-n}$

20. $\sum_{n=1}^{\infty} \frac{n!}{10^n}$

21. $\sum_{n=1}^{\infty} \frac{n^{10}}{10^n}$

22. $\sum_{n=1}^{\infty} \left(\frac{n-2}{n}\right)^n$

23. $\sum_{n=1}^{\infty} \frac{2+(-1)^n}{1{,}25^n}$

24. $\sum_{n=1}^{\infty} \frac{(-2)^n}{3^n}$

25. $\sum_{n=1}^{\infty} \left(1 - \frac{3}{n}\right)^n$

26. $\sum_{n=1}^{\infty} \left(1 - \frac{1}{3n}\right)^n$

27. $\sum_{n=1}^{\infty} \frac{\ln n}{n^3}$

28. $\sum_{n=1}^{\infty} \frac{(\ln n)^n}{n^n}$

29. $\sum_{n=1}^{\infty} \left(\frac{1}{n} - \frac{1}{n^2}\right)$

30. $\sum_{n=1}^{\infty} \left(\frac{1}{n} - \frac{1}{n^2}\right)^n$

31. $\sum_{n=1}^{\infty} \frac{\ln n}{n}$

32. $\sum_{n=1}^{\infty} \frac{n\ln n}{2^n}$

33. $\sum_{n=1}^{\infty} \frac{(n+1)(n+2)}{n!}$

34. $\sum_{n=1}^{\infty} e^{-n}(n^3)$

35. $\sum_{n=1}^{\infty} \frac{(n+3)!}{3!n!3^n}$

36. $\sum_{n=1}^{\infty} \frac{n2^n(n+1)!}{3^nn!}$

37. $\sum_{n=1}^{\infty} \frac{n!}{(2n+1)!}$

38. $\sum_{n=1}^{\infty} \frac{n!}{n^n}$

39. $\sum_{n=2}^{\infty} \frac{n}{(\ln n)^n}$

40. $\sum_{n=2}^{\infty} \frac{n}{(\ln n)^{(n/2)}}$

41. $\sum_{n=1}^{\infty} \frac{n!\ln n}{n(n+2)!}$

42. $\sum_{n=1}^{\infty} \frac{3^n}{n^3 2^n}$

43. $\sum_{n=1}^{\infty} \frac{(n!)^2}{(2n)!}$

44. $\sum_{n=1}^{\infty} \frac{(2n+3)(2^n+3)}{3^n+2}$

Termos definidos recursivamente

Quais das séries $\sum_{n=1}^{\infty} a_n$ definidas pelas fórmulas nos Exercícios 45-54 convergem? E quais divergem? Justifique suas respostas.

45. $a_1 = 2, \quad a_{n+1} = \frac{1 + \operatorname{sen} n}{n} a_n$

46. $a_1 = 1, \quad a_{n+1} = \frac{1 + \operatorname{tg}^{-1} n}{n} a_n$

47. $a_1 = \frac{1}{3}, \quad a_{n+1} = \frac{3n-1}{2n+5} a_n$

48. $a_1 = 3, \quad a_{n+1} = \frac{n}{n+1} a_n$

49. $a_1 = 2, \quad a_{n+1} = \frac{2}{n} a_n$

50. $a_1 = 5, \quad a_{n+1} = \frac{\sqrt[n]{n}}{2} a_n$

51. $a_1 = 1, \quad a_{n+1} = \frac{1 + \ln n}{n} a_n$

52. $a_1 = \frac{1}{2}, \quad a_{n+1} = \frac{n + \ln n}{n + 10} a_n$

53. $a_1 = \frac{1}{3}, \quad a_{n+1} = \sqrt[n]{a_n}$

54. $a_1 = \frac{1}{2}, \quad a_{n+1} = (a_n)^{n+1}$

Convergência ou divergência

Quais das séries nos Exercícios 55-62 convergem? E quais divergem? Justifique suas respostas.

55. $\sum_{n=1}^{\infty} \frac{2^nn!n!}{(2n)!}$

56. $\sum_{n=1}^{\infty} \frac{(3n)!}{n!(n+1)!(n+2)!}$

57. $\sum_{n=1}^{\infty} \frac{(n!)^n}{(n^n)^2}$

58. $\sum_{n=1}^{\infty} \frac{(n!)^n}{n^{(n^2)}}$

59. $\sum_{n=1}^{\infty} \frac{n^n}{2^{(n^2)}}$

60. $\sum_{n=1}^{\infty} \frac{n^n}{(2^n)^2}$

61. $\sum_{n=1}^{\infty} \frac{1\cdot 3\cdot \cdots \cdot (2n-1)}{4^n2^nn!}$

62. $\sum_{n=1}^{\infty} \frac{1\cdot 3\cdot \cdots \cdot (2n-1)}{[2\cdot 4\cdot \cdots \cdot (2n)](3^n+1)}$

Teoria e exemplos

63. Nem o teste da razão nem o teste da raiz ajudam quando lidamos com séries p. Experimente-os em

$$\sum_{n=1}^{\infty} \frac{1}{n^p}$$

e mostre que nenhum dos dois testes nos dá informações sobre a convergência da série.

64. Mostre que nem o teste da razão nem o teste da raiz fornecem informações a respeito da convergência de

$$\sum_{n=2}^{\infty} \frac{1}{(\ln n)^p} \qquad (p \text{ constante})$$

65. Seja $a_n = \begin{cases} n/2^n, & \text{se } n \text{ é um número primo} \\ 1/2^n, & \text{caso contrário.} \end{cases}$

Σa_n converge? Justifique sua resposta.

66. Mostre que $\sum_{n=1}^{\infty} 2^{(n^2)}/n!$ diverge. Lembre-se das leis dos expoentes que $2^{(n^2)} = (2^n)^n$.

10.6 Séries alternadas, convergência absoluta e condicional

Uma série na qual os termos são alternadamente positivos e negativos é uma **série alternada**. Aqui estão três exemplos:

$$1 - \frac{1}{2} + \frac{1}{3} - \frac{1}{4} + \frac{1}{5} - \cdots + \frac{(-1)^{n+1}}{n} + \cdots \tag{1}$$

$$-2 + 1 - \frac{1}{2} + \frac{1}{4} - \frac{1}{8} + \cdots + \frac{(-1)^n 4}{2^n} + \cdots \tag{2}$$

$$1 - 2 + 3 - 4 + 5 - 6 + \cdots + (-1)^{n+1} n + \cdots \tag{3}$$

Veremos a partir desses exemplos que o n-ésimo termo de uma série alternada é da forma

$$a_n = (-1)^{n+1} u_n \qquad \text{ou} \qquad a_n = (-1)^n u_n$$

onde $u_n = |a_n|$ é um número positivo.

A Série 1, chamada **série harmônica alternada**, converge, como veremos em breve. A Série 2, uma série geométrica com razão $r = -1/2$, converge para $-2/[1 + (1/2)] = -4/3$. A Série 3 diverge porque o n-ésimo termo não se aproxima de zero.

Provamos a convergência da série harmônica alternada aplicando o teste da série alternada. O teste é para convergência de uma série alternada e não pode ser utilizado para concluir que tal série diverge.

TEOREMA 14 — Teste da série alternada (teste de Leibniz) A série

$$\sum_{n=1}^{\infty} (-1)^{n+1} u_n = u_1 - u_2 + u_3 - u_4 + \cdots$$

converge se todas as três condições a seguir forem satisfeitas:

1. Os u_n forem todos positivos.
2. Os u_n forem (finalmente) decrescentes: $u_n \geq u_{n+1}$ para todo $n \geq N$, para algum inteiro N.
3. $u_n \to 0$.

Prova Assuma que $N = 1$. Se n for um inteiro par, considere $n = 2m$, então a soma dos primeiros n termos é

$$\begin{aligned} s_{2m} &= (u_1 - u_2) + (u_3 - u_4) + \cdots + (u_{2m-1} - u_{2m}) \\ &= u_1 - (u_2 - u_3) - (u_4 - u_5) - \cdots - (u_{2m-2} - u_{2m-1}) - u_{2m}. \end{aligned}$$

A primeira igualdade mostra que s_{2m} é a soma de m termos não negativos, uma vez que cada termo entre parênteses é positivo ou zero. Consequentemente, $s_{2m+2} \geq s_{2m}$, e a sequência $\{s_{2m}\}$ é crescente. A segunda igualdade mostra que $s_{2m} \leq u_1$. Uma vez que $\{s_{2m}\}$ é crescente e limitada superiormente, ela tem um limite,

$$\lim_{m\to\infty} s_{2m} = L. \tag{4}$$

Se n é um inteiro ímpar, digamos $n = 2m + 1$, então a soma dos primeiros n termos é $s_{2m+1} = s_{2m} + u_{2m+1}$. Como $u_n \to 0$,

$$\lim_{m\to\infty} u_{2m+1} = 0$$

e, como $m \to \infty$,

$$s_{2m+1} = s_{2m} + u_{2m+1} \to L + 0 = L. \tag{5}$$

Combinando os resultados das Equações 4 e 5, temos $\lim_{n\to\infty} s_n = L$ (Seção 10.1, Exercício 131).

EXEMPLO 1 A série harmônica alternada

$$\sum_{n=1}^{\infty} (-1)^{n+1} \frac{1}{n} = 1 - \frac{1}{2} + \frac{1}{3} - \frac{1}{4} + \cdots$$

satisfaz claramente os três requisitos do Teorema 14 com $N = 1$; ela, portanto, converge.

Em vez de verificar diretamente a definição $u_n \geq u_{n+1}$, uma segunda forma de mostrar que a sequência $\{u_n\}$ é decrescente é definir uma função derivável $f(x)$ satisfazendo $f(n) = u_n$. Isto é, os valores de f correspondem aos valores da sequência em todo inteiro positivo n. Se $f'(x) \leq 0$ para todo x maior ou igual a algum inteiro positivo N, então $f(x)$ é decrescente para $x \geq N$. Segue que $f(n) \geq f(n + 1)$ ou $u_n \geq u_{n+1}$, para $n \geq N$.

EXEMPLO 2 Considere a sequência onde $u_n = 10n/(n^2 + 16)$. Defina $f(x) = 10x/(x^2 + 16)$. Então, a partir da regra derivativa do quociente,

$$f'(x) = \frac{10(16 - x^2)}{(x^2 + 16)^2} \leq 0 \qquad \text{sempre que } x \geq 4.$$

Segue que $u_n \geq u_{n+1}$ para $n \geq 4$. Ou seja, a sequência $\{u_n\}$ é decrescente para $n \geq 4$.

Uma interpretação gráfica das somas parciais (Figura 10.13) mostra como uma série alternada converge para seu limite L quando as três condições do Teorema 14 são satisfeitas com $N = 1$. Iniciando a partir da origem do eixo x, assinalamos a distância positiva $s_1 = u_1$. Para encontrar o ponto correspondente a $s_2 = u_1 - u_2$, recuamos a uma distância igual a u_2. Uma vez que $u_2 \leq u_1$, não recuamos além da origem. Continuamos nesse mesmo processo, recuando ou avançando conforme os sinais dos termos da série. Mas, para $n \geq N$, cada avanço ou recuo é mais curto (ou pelo menos do mesmo comprimento) que o passo anterior, porque $u_{n+1} \leq u_n$. E, uma vez que o n-ésimo termo se aproxima de zero conforme n aumenta, o tamanho do passo que avançamos ou recuamos fica cada vez menor. Oscilamos em torno do limite L, e a amplitude dessa oscilação se aproxima de zero. O limite L está entre quaisquer duas somas sucessivas s_n e s_{n+1} e, portanto, difere de s_n por um valor menor que u_{n+1}.

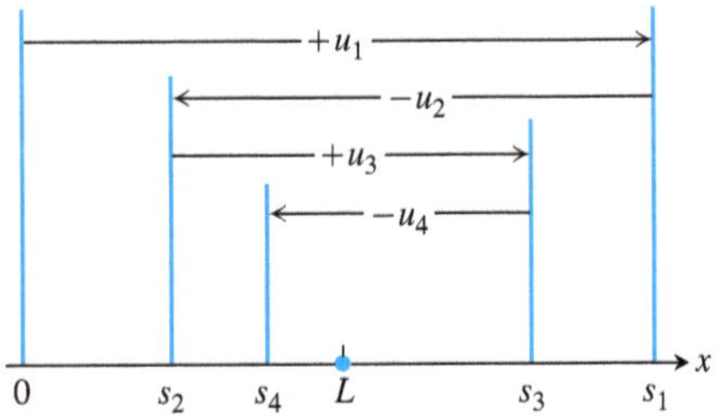

FIGURA 10.13 As somas parciais de uma série alternada que satisfaz as hipóteses do Teorema 14 para $N = 1$ cercam o limite desde o início.

Dado que

$$|L - s_n| < u_{n+1} \qquad \text{para } n \geq N,$$

podemos fazer estimativas úteis das somas de séries alternadas convergentes.

TEOREMA 15 — Teorema da estimativa de séries alternadas Se a série alternada $\sum_{n=1}^{\infty} (-1)^{n+1}u_n$ satisfaz as três condições do Teorema 14, então, para $n \geq N$,

$$s_n = u_1 - u_2 + \cdots + (-1)^{n+1}u_n$$

se aproxima da soma L da série com um erro cujo valor absoluto é menor que u_{n+1}, o valor absoluto do primeiro termo não utilizado. Além disso, a soma L está entre quaisquer duas somas parciais sucessivas s_n e s_{n+1}, e o resto, $L - s_n$, tem o mesmo sinal do primeiro termo não utilizado.

Deixamos a verificação do sinal do resto para o Exercício 61.

EXEMPLO 3 Testaremos o Teorema 15 em uma série cuja soma conhecemos:

$$\sum_{n=0}^{\infty}(-1)^n \frac{1}{2^n} = 1 - \frac{1}{2} + \frac{1}{4} - \frac{1}{8} + \frac{1}{16} - \frac{1}{32} + \frac{1}{64} - \frac{1}{128} \;\vdots\; + \frac{1}{256} - \cdots.$$

O teorema nos diz que se truncarmos a série depois do oitavo termo, jogaremos fora um total que é positivo e menor que 1/256. A soma dos oito primeiros termos é $s_8 =$ 0,6640625 e a soma dos nove primeiros termos é $s_9 = 0{,}66796875$. A soma da série geométrica é

$$\frac{1}{1 - (-1/2)} = \frac{1}{3/2} = \frac{2}{3},$$

e observamos que $0{,}6640625 < (2/3) < 0{,}66796875$. A diferença, $(2/3) - 0{,}6640625 = 0{,}0026041666...$, é positiva e menor que $(1/256) = 0{,}00390625$.

Convergência absoluta e condicional

Podemos aplicar os testes para convergência estudados antes à série de valores absolutos de uma série com termos tanto positivos quanto negativos.

DEFINIÇÃO Uma série Σa_n **converge absolutamente** (é **absolutamente convergente**) se a série correspondente de valores absolutos, $\Sigma|a_n|$, converge.

A série geométrica no Exemplo 3 converge absolutamente porque a série correspondente de valores absolutos

$$\sum_{n=0}^{\infty} \frac{1}{2^n} = 1 + \frac{1}{2} + \frac{1}{4} + \frac{1}{8} + \cdots$$

converge. A série harmônica alternada não converge absolutamente porque a série correspondente de valores absolutos é a série harmônica (divergente).

DEFINIÇÃO Uma série que converge, mas não converge absolutamente, **converge condicionalmente**.

A série harmônica alternada converge condicionalmente.

A convergência absoluta é importante por dois motivos. Primeiro, temos bons testes para convergência de séries de termos positivos. Segundo, se uma série converge absolutamente, então ela converge, conforme provaremos agora.

TEOREMA 16 — Teste da convergência absoluta Se $\sum_{n=1}^{\infty} |a_n|$ converge, então $\sum_{n=1}^{\infty} a_n$ converge.

Prova Para cada n,

$$-|a_n| \leq a_n \leq |a_n|, \qquad \text{assim} \qquad 0 \leq a_n + |a_n| \leq 2|a_n|.$$

Se $\sum_{n=1}^{\infty} |a_n|$ converge, então $\sum_{n=1}^{\infty} 2|a_n|$ converge e, pelo teste da comparação direta, a série não negativa $\sum_{n=1}^{\infty} (a_n + |a_n|)$ converge. A igualdade $a_n = (a_n + |a_n|) - |a_n|$ agora nos deixa expressar $\sum_{n=1}^{\infty} a_n$ como a diferença de duas séries convergentes.

$$\sum_{n=1}^{\infty} a_n = \sum_{n=1}^{\infty} (a_n + |a_n| - |a_n|) = \sum_{n=1}^{\infty} (a_n + |a_n|) - \sum_{n=1}^{\infty} |a_n|.$$

Portanto, $\sum_{n=1}^{\infty} a_n$ converge.

Cuidado Podemos reescrever o Teorema 16 para dizer que toda série absolutamente convergente é convergente. No entanto, a afirmação recíproca é falsa: muitas séries convergentes não convergem absolutamente (como a série harmônica alternada no Exemplo 1).

EXEMPLO 4 Este exemplo nos dá duas séries que convergem absolutamente.

(a) Para $\sum_{n=1}^{\infty} (-1)^{n+1} \frac{1}{n^2} = 1 - \frac{1}{4} + \frac{1}{9} - \frac{1}{16} + \cdots$, a série correspondente de valores absolutos é a série convergente

$$\sum_{n=1}^{\infty} \frac{1}{n^2} = 1 + \frac{1}{4} + \frac{1}{9} + \frac{1}{16} + \cdots.$$

A série original converge porque ela converge absolutamente.

(b) Para $\sum_{n=1}^{\infty} \frac{\operatorname{sen} n}{n^2} = \frac{\operatorname{sen} 1}{1} + \frac{\operatorname{sen} 2}{4} + \frac{\operatorname{sen} 3}{9} + \cdots$, que contém termos tanto positivos quanto negativos, a série correspondente de valores absolutos é

$$\sum_{n=1}^{\infty} \left| \frac{\operatorname{sen} n}{n^2} \right| = \frac{|\operatorname{sen} 1|}{1} + \frac{|\operatorname{sen} 2|}{4} + \cdots,$$

que converge por comparação com $\sum_{n=1}^{\infty} (1/n^2)$ porque $|\operatorname{sen} n| \leq 1$ para todo n. A série original converge absolutamente; portanto, ela converge.

EXEMPLO 5 Se p é uma constante positiva, a sequência $\{1/n^p\}$ é uma sequência decrescente com limite zero. Sendo assim, a série p alternada

$$\sum_{n=1}^{\infty} \frac{(-1)^{n-1}}{n^p} = 1 - \frac{1}{2^p} + \frac{1}{3^p} - \frac{1}{4^p} + \cdots, \qquad p > 0$$

converge.

Se $p > 1$, a série converge absolutamente. Se $0 < p \leq 1$, a série converge condicionalmente.

$$\text{Convergência condicional:} \qquad 1 - \frac{1}{\sqrt{2}} + \frac{1}{\sqrt{3}} - \frac{1}{\sqrt{4}} + \cdots$$

$$\text{Convergência absoluta:} \qquad 1 - \frac{1}{2^{3/2}} + \frac{1}{3^{3/2}} - \frac{1}{4^{3/2}} + \cdots$$

Séries rearranjadas

Podemos sempre rearranjar os termos de uma soma *finita*. O mesmo resultado é verdadeiro para uma série infinita que é absolutamente convergente (veja o Exercício 68 para um esboço da prova).

TEOREMA 17 — Teorema do rearranjo para séries absolutamente convergentes Se $\sum_{n=1}^{\infty} a_n$ converge absolutamente, e $b_1, b_2, \ldots, b_n, \ldots$ é qualquer rearranjo da sequência $\{a_n\}$, então Σb_n converge absolutamente e

$$\sum_{n=1}^{\infty} b_n = \sum_{n=1}^{\infty} a_n.$$

Se rearranjarmos os termos de uma série condicionalmente convergente, teremos resultados diferentes. De fato, pode ser comprovado que, para qualquer número real r, uma determinada série condicionalmente convergente pode ser rearranjada de forma que sua soma seja igual a r. (Omitimos a prova desse fato.) Segue um exemplo da soma dos termos de uma série condicionalmente convergente com ordens diferentes, com cada ordem proporcionando um valor diferente para a soma.

EXEMPLO 6 Sabemos que a série harmônica alternada $\sum_{n=1}^{\infty} (-1)^{n+1}/n$ converge para algum número L. Além disso, pelo Teorema 15, L está entre as somas parciais sucessivas $s_2 = 1/2$ e $s_3 = 5/6$, portanto $L \neq 0$. Se multiplicarmos a série por 2, obteremos

$$\begin{aligned} 2L &= 2\sum_{n=1}^{\infty} \frac{(-1)^{n+1}}{n} \\ &= 2\left(1 - \frac{1}{2} + \frac{1}{3} - \frac{1}{4} + \frac{1}{5} - \frac{1}{6} + \frac{1}{7} - \frac{1}{8} + \frac{1}{9} - \frac{1}{10} + \frac{1}{11} - \cdots\right) \\ &= 2 - 1 + \frac{2}{3} - \frac{1}{2} + \frac{2}{5} - \frac{1}{3} + \frac{2}{7} - \frac{1}{4} + \frac{2}{9} - \frac{1}{5} + \frac{2}{11} - \cdots. \end{aligned}$$

Agora alteramos a ordem dessa última soma agrupando cada par de termos com o mesmo denominador ímpar, mas deixando os termos negativos com os denominadores pares, conforme são posicionados (assim os denominadores são os inteiros positivos em sua ordem natural). Esse rearranjo nos dá

$$\begin{aligned} &(2 - 1) - \frac{1}{2} + \left(\frac{2}{3} - \frac{1}{3}\right) - \frac{1}{4} + \left(\frac{2}{5} - \frac{1}{5}\right) - \frac{1}{6} + \left(\frac{2}{7} - \frac{1}{7}\right) - \frac{1}{8} + \cdots \\ &\qquad = \left(1 - \frac{1}{2} + \frac{1}{3} - \frac{1}{4} + \frac{1}{5} - \frac{1}{6} + \frac{1}{7} - \frac{1}{8} + \frac{1}{9} - \frac{1}{10} + \frac{1}{11} - \cdots\right) \\ &\qquad = \sum_{n=1}^{\infty} \frac{(-1)^{n+1}}{n} = L. \end{aligned}$$

Sendo assim, rearranjando os termos da série condicionalmente convergente $\sum_{n=1}^{\infty} 2(-1)^{n+1}/n$, a série se torna $\sum_{n=1}^{\infty} (-1)^{n+1}/n$, que é a série harmônica alternada por si só. Se as duas séries forem a mesma, implicaria $2L = L$, o que é certamente falso, uma vez que $L \neq 0$.

O Exemplo 6 mostra que não podemos rearranjar os termos de uma série condicionalmente convergente e esperar que a nova série seja a mesma que a original. Quando estamos utilizando uma série condicionalmente convergente, os termos devem ser adicionados na ordem em que são dados para obtermos um resultado correto. Por outro lado, o Teorema 17 garante que os termos de uma série absolutamente convergente podem ser somados em qualquer ordem, sem afetar o resultado.

Resumo dos testes

Desenvolvemos uma variedade de testes para determinar a convergência ou a divergência para uma série infinita de constantes. Existem outros testes que não apresentamos, os quais são, às vezes, dados em cursos mais avançados. Aqui está um resumo dos testes que consideramos.

1. **Teste do n-ésimo termo**: a menos que $a_n \to 0$, a série diverge.
2. **Séries geométricas**: Σar^n converge se $|r| < 1$; caso contrário, diverge.
3. **Série p**: $\Sigma 1/n^p$ converge se $p > 1$; caso contrário, diverge.
4. **Séries com termos não negativos**: experimente o teste da integral, o teste da razão ou o teste da raiz. Tente comparar a uma série conhecida por meio do teste da comparação.
5. **Série com alguns termos negativos**: $\Sigma|a_n|$ converge? Em caso afirmativo, Σa_n também converge, uma vez que a convergência absoluta implica a convergência.
6. **Séries alternadas**: Σa_n converge se a série satisfaz as condições do teste da série alternada.

Exercícios 10.6

Determinando convergência ou divergência

Nos Exercícios 1-14, determine se as séries alternadas convergem ou divergem. Algumas das séries não satisfazem as condições do teste da série alternada.

1. $\sum_{n=1}^{\infty}(-1)^{n+1}\frac{1}{\sqrt{n}}$
2. $\sum_{n=1}^{\infty}(-1)^{n+1}\frac{1}{n^{3/2}}$
3. $\sum_{n=1}^{\infty}(-1)^{n+1}\frac{1}{n3^n}$
4. $\sum_{n=2}^{\infty}(-1)^{n}\frac{4}{(\ln n)^2}$
5. $\sum_{n=1}^{\infty}(-1)^{n}\frac{n}{n^2+1}$
6. $\sum_{n=1}^{\infty}(-1)^{n+1}\frac{n^2+5}{n^2+4}$
7. $\sum_{n=1}^{\infty}(-1)^{n+1}\frac{2^n}{n^2}$
8. $\sum_{n=1}^{\infty}(-1)^{n}\frac{10^n}{(n+1)!}$
9. $\sum_{n=1}^{\infty}(-1)^{n+1}\left(\frac{n}{10}\right)^n$
10. $\sum_{n=2}^{\infty}(-1)^{n+1}\frac{1}{\ln n}$
11. $\sum_{n=1}^{\infty}(-1)^{n+1}\frac{\ln n}{n}$
12. $\sum_{n=1}^{\infty}(-1)^{n}\ln\left(1+\frac{1}{n}\right)$
13. $\sum_{n=1}^{\infty}(-1)^{n+1}\frac{\sqrt{n}+1}{n+1}$
14. $\sum_{n=1}^{\infty}(-1)^{n+1}\frac{3\sqrt{n+1}}{\sqrt{n}+1}$

Convergências absoluta e condicional

Nos Exercícios 15-48, determine se as séries convergem absolutamente, convergem ou divergem. Justifique suas respostas.

15. $\sum_{n=1}^{\infty}(-1)^{n+1}(0,1)^n$
16. $\sum_{n=1}^{\infty}(-1)^{n+1}\frac{(0,1)^n}{n}$
17. $\sum_{n=1}^{\infty}(-1)^{n}\frac{1}{\sqrt{n}}$
18. $\sum_{n=1}^{\infty}\frac{(-1)^n}{1+\sqrt{n}}$
19. $\sum_{n=1}^{\infty}(-1)^{n+1}\frac{n}{n^3+1}$
20. $\sum_{n=1}^{\infty}(-1)^{n+1}\frac{n!}{2^n}$
21. $\sum_{n=1}^{\infty}(-1)^{n}\frac{1}{n+3}$
22. $\sum_{n=1}^{\infty}(-1)^{n}\frac{\operatorname{sen} n}{n^2}$
23. $\sum_{n=1}^{\infty}(-1)^{n+1}\frac{3+n}{5+n}$
24. $\sum_{n=1}^{\infty}\frac{(-2)^{n+1}}{n+5^n}$
25. $\sum_{n=1}^{\infty}(-1)^{n+1}\frac{1+n}{n^2}$
26. $\sum_{n=1}^{\infty}(-1)^{n+1}\left(\sqrt[n]{10}\right)$
27. $\sum_{n=1}^{\infty}(-1)^{n}n^2(2/3)^n$
28. $\sum_{n=2}^{\infty}(-1)^{n+1}\frac{1}{n\ln n}$
29. $\sum_{n=1}^{\infty}(-1)^{n}\frac{\operatorname{tg}^{-1} n}{n^2+1}$
30. $\sum_{n=1}^{\infty}(-1)^{n}\frac{\ln n}{n-\ln n}$
31. $\sum_{n=1}^{\infty}(-1)^{n}\frac{n}{n+1}$
32. $\sum_{n=1}^{\infty}(-5)^{-n}$
33. $\sum_{n=1}^{\infty}\frac{(-100)^n}{n!}$
34. $\sum_{n=1}^{\infty}\frac{(-1)^{n-1}}{n^2+2n+1}$
35. $\sum_{n=1}^{\infty}\frac{\cos n\pi}{n\sqrt{n}}$
36. $\sum_{n=1}^{\infty}\frac{\cos n\pi}{n}$
37. $\sum_{n=1}^{\infty}\frac{(-1)^n(n+1)^n}{(2n)^n}$
38. $\sum_{n=1}^{\infty}\frac{(-1)^{n+1}(n!)^2}{(2n)!}$
39. $\sum_{n=1}^{\infty}(-1)^{n}\frac{(2n)!}{2^n n! n}$
40. $\sum_{n=1}^{\infty}(-1)^{n}\frac{(n!)^2 3^n}{(2n+1)!}$
41. $\sum_{n=1}^{\infty}(-1)^{n}\left(\sqrt{n+1}-\sqrt{n}\right)$
42. $\sum_{n=1}^{\infty}(-1)^{n}\left(\sqrt{n^2+n}-n\right)$
43. $\sum_{n=1}^{\infty}(-1)^{n}\left(\sqrt{n+\sqrt{n}}-\sqrt{n}\right)$
44. $\sum_{n=1}^{\infty}\frac{(-1)^n}{\sqrt{n}+\sqrt{n+1}}$
45. $\sum_{n=1}^{\infty}(-1)^{n}\operatorname{sech} n$
46. $\sum_{n=1}^{\infty}(-1)^{n}\operatorname{cossech} n$
47. $\frac{1}{4}-\frac{1}{6}+\frac{1}{8}-\frac{1}{10}+\frac{1}{12}-\frac{1}{14}+\cdots$
48. $1+\frac{1}{4}-\frac{1}{9}-\frac{1}{16}+\frac{1}{25}+\frac{1}{36}-\frac{1}{49}-\frac{1}{64}+\cdots$

Estimativa do erro

Nos Exercícios 49-52, estime a magnitude do erro envolvido no uso da soma dos quatro primeiros termos para aproximar a soma da série inteira.

49. $\sum_{n=1}^{\infty}(-1)^{n+1}\frac{1}{n}$
50. $\sum_{n=1}^{\infty}(-1)^{n+1}\frac{1}{10^n}$

51. $\sum_{n=1}^{\infty}(-1)^{n+1}\frac{(0,01)^n}{n}$ Conforme veremos na Seção 10.7, a soma é ln (1,01)

52. $\frac{1}{1+t}=\sum_{n=0}^{\infty}(-1)^n t^n, \quad 0<t<1$

Nos Exercícios 53-56, determine quantos termos devem ser utilizados para calcular a soma da série inteira com um erro de menos de 0,001.

53. $\sum_{n=1}^{\infty}(-1)^n\frac{1}{n^2+3}$

54. $\sum_{n=1}^{\infty}(-1)^{n+1}\frac{n}{n^2+1}$

55. $\sum_{n=1}^{\infty}(-1)^{n+1}\frac{1}{\left(n+3\sqrt{n}\right)^3}$

56. $\sum_{n=1}^{\infty}(-1)^n\frac{1}{\ln(\ln(n+2))}$

T Aproxime as somas nos Exercícios 57 e 58 com um erro de magnitude menor que 5×10^{-6}.

57. $\sum_{n=0}^{\infty}(-1)^n\frac{1}{(2n)!}$ Conforme veremos na Seção 10.9, a soma é cos 1, o cosseno de 1 radiano.

58. $\sum_{n=0}^{\infty}(-1)^n\frac{1}{n!}$ Conforme veremos na Seção 10.9, a soma é e^{-1}.

Teoria e exemplos

59. a. A série

$$\frac{1}{3}-\frac{1}{2}+\frac{1}{9}-\frac{1}{4}+\frac{1}{27}-\frac{1}{8}+\cdots+\frac{1}{3^n}-\frac{1}{2^n}+\cdots$$

não satisfaz uma das condições do Teorema 14. Qual delas?

b. Use o Teorema 17 para encontrar a soma da série no item (a).

T **60.** O limite L de uma série alternada que satisfaz as condições do Teorema 14 está entre os valores de quaisquer duas somas parciais consecutivas. Isso sugere o uso da média

$$\frac{s_n+s_{n+1}}{2}=s_n+\frac{1}{2}(-1)^{n+2}a_{n+1}$$

para estimar L. Calcule

$$s_{20}+\frac{1}{2}\cdot\frac{1}{21}$$

como uma aproximação da soma da série harmônica alternada. A soma exata é ln 2 = 0,69314718... .

61. Sinal do resto de uma série alternada que satisfaz as condições do Teorema 14 Prove a afirmação do Teorema 15 de que sempre que uma série alternada que satisfaça as condições do Teorema 14 for aproximada por uma das suas somas parciais, então o resto (soma dos termos não utilizados) tem o mesmo sinal que o primeiro termo não utilizado. (Sugestão: agrupe os termos do resto em pares consecutivos.)

62. Mostre que a soma dos primeiros $2n$ termos da série

$$1-\frac{1}{2}+\frac{1}{2}-\frac{1}{3}+\frac{1}{3}-\frac{1}{4}+\frac{1}{4}-\frac{1}{5}+\frac{1}{5}-\frac{1}{6}+\cdots$$

é a mesma dos primeiros n termos da série

$$\frac{1}{1\cdot2}+\frac{1}{2\cdot3}+\frac{1}{3\cdot4}+\frac{1}{4\cdot5}+\frac{1}{5\cdot6}+\cdots.$$

Essas séries convergem? Qual é a soma dos primeiros $2n+1$ termos da primeira série? Se as séries convergem, qual é sua soma?

63. Mostre que se $\sum_{n=1}^{\infty}a_n$ diverge, então $\sum_{n=1}^{\infty}|a_n|$ diverge.

64. Mostre que se $\sum_{n=1}^{\infty}a_n$ converge absolutamente, então

$$\left|\sum_{n=1}^{\infty}a_n\right|\le\sum_{n=1}^{\infty}|a_n|.$$

65. Mostre que se tanto $\sum_{n=1}^{\infty}a_n$ quanto $\sum_{n=1}^{\infty}b_n$ convergem absolutamente, então isso também acontece com as séries a seguir.

a. $\sum_{n=1}^{\infty}(a_n+b_n)$ **b.** $\sum_{n=1}^{\infty}(a_n-b_n)$

c. $\sum_{n=1}^{\infty}ka_n$ (qualquer número k)

66. Mostre com exemplo que $\sum_{n=1}^{\infty}a_nb_n$ pode divergir, mesmo se $\sum_{n=1}^{\infty}a_n$ e $\sum_{n=1}^{\infty}b_n$ convergirem.

T **67.** Na série harmônica alternada, suponha que o objetivo seja rearranjar os termos para conseguir uma nova série que convirja para $-1/2$. Inicie o novo rearranjo com o primeiro termo negativo, que é $-1/2$. Sempre que você tiver uma soma que seja menor ou igual a $-1/2$, comece a introduzir termos positivos, tomados em ordem, até que o novo total seja maior que $-1/2$. Em seguida, adicione termos negativos até que o total seja menor ou igual a $-1/2$ novamente. Continue esse processo até que suas somas parciais estejam acima do objetivo ao menos três vezes e finalize aí ou abaixo dele. Se s_n for a soma dos primeiros n termos de sua nova série, marque os pontos (n, s_n) para ilustrar como as somas estão se comportando.

68. Resumo da prova do teorema do rearranjo (Teorema 17)

a. Seja ϵ um número real positivo, seja $L=\sum_{n=1}^{\infty}a_n$ e seja $s_k=\sum_{n=1}^{k}a_n$. Mostre que para algum índice N_1 e para algum índice $N_2\ge N_1$,

$$\sum_{n=N_1}^{\infty}|a_n|<\frac{\epsilon}{2}\quad\text{e}\quad|s_{N_2}-L|<\frac{\epsilon}{2}.$$

Uma vez que todos os termos $a_1, a_2, ..., a_{N_2}$, aparecem em algum lugar na sequência $\{b_n\}$, existe um índice $N_3\ge N_2$ tal que, se $n\ge N_3$, então $\left(\sum_{k=1}^{n}b_k\right)-s_{N_2}$ é no máximo uma soma dos termos a_m com $m\ge N_1$. Portanto, se $n\ge N_3$,

$$\left|\sum_{k=1}^{n}b_k-L\right|\le\left|\sum_{k=1}^{n}b_k-s_{N_2}\right|+|s_{N_2}-L|$$
$$\le\sum_{k=N_1}^{\infty}|a_k|+|s_{N_2}-L|<\epsilon.$$

b. O argumento no item (a) mostra que se $\sum_{n=1}^{\infty}a_n$ converge absolutamente, então $\sum_{n=1}^{\infty}b_n$ converge e $\sum_{n=1}^{\infty}b_n=\sum_{n=1}^{\infty}a_n$. Agora, mostre que $\sum_{n=1}^{\infty}|b_n|$ converge para $\sum_{n=1}^{\infty}|a_n|$, porque $\sum_{n=1}^{\infty}|a_n|$ converge.

10.7 Séries de potências

Agora que podemos testar a convergência de muitas séries infinitas, podemos estudar somas que se parecem com "polinômios infinitos". Chamamos essas somas de *séries de potências*, porque elas são definidas como séries infinitas de potências de alguma variável, em nosso caso x. Assim como os polinômios, séries de potências podem ser somadas, subtraídas, multiplicadas, derivadas e integradas de forma a resultar em novas séries de potências.

Séries de potências e convergência

Começamos com a definição formal, que especifica a notação e termos utilizados para a série de potências.

DEFINIÇÕES Uma **série de potências centrada em $x = 0$** é uma série da forma

$$\sum_{n=0}^{\infty} c_n x^n = c_0 + c_1 x + c_2 x^2 + \cdots + c_n x^n + \cdots. \tag{1}$$

Uma **série de potências centrada em $x = a$** é uma série da forma

$$\sum_{n=0}^{\infty} c_n (x-a)^n = c_0 + c_1(x-a) + c_2(x-a)^2 + \cdots + c_n(x-a)^n + \cdots \tag{2}$$

na qual o **centro** a e os **coeficientes** $c_0, c_1, c_2, \ldots, c_n, \ldots$ são constantes.

A Equação 1 é o caso especial obtido tomando-se $a = 0$ na Equação 2. Veremos que uma série de potências define uma função $f(x)$ em um certo intervalo onde ela converge. Além disso, essa função será provada contínua e derivável sobre o interior desse intervalo.

EXEMPLO 1 Tomar todos os coeficientes como sendo 1 na Equação 1 nos dá a série de potências geométrica

$$\sum_{n=0}^{\infty} x^n = 1 + x + x^2 + \cdots + x^n + \cdots.$$

Essa é a série geométrica com o primeiro termo 1 e a razão x. Ela converge para $1/(1-x)$ para $|x| < 1$. Expressamos esse fato escrevendo

$$\frac{1}{1-x} = 1 + x + x^2 + \cdots + x^n + \cdots, \qquad -1 < x < 1. \tag{3}$$

Série de potências recíprocas

$$\frac{1}{1-x} = \sum_{n=0}^{\infty} x^n, \quad |x| < 1$$

Até agora, utilizamos a Equação 3 como uma fórmula para a soma da série à direita. Podemos agora mudar o foco: pensemos nas somas parciais da série à direita como polinômios $P_n(x)$ que se aproximam da função à esquerda. Para valores de x próximos a 0, precisamos tomar somente alguns termos da série para conseguir uma boa aproximação. Conforme movemos em direção a $x = 1$, ou -1, devemos tomar mais termos. A Figura 10.14 exibe os gráficos de $f(x) = 1/(1-x)$ e os polinômios aproximadores $y_n = P_n(x)$ para $n = 0, 1, 2$ e 8. A função $f(x) = 1/(1-x)$ não é contínua em intervalos contendo $x = 1$, onde existe uma assíntota vertical. As aproximações não se aplicam quando $x \geq 1$.

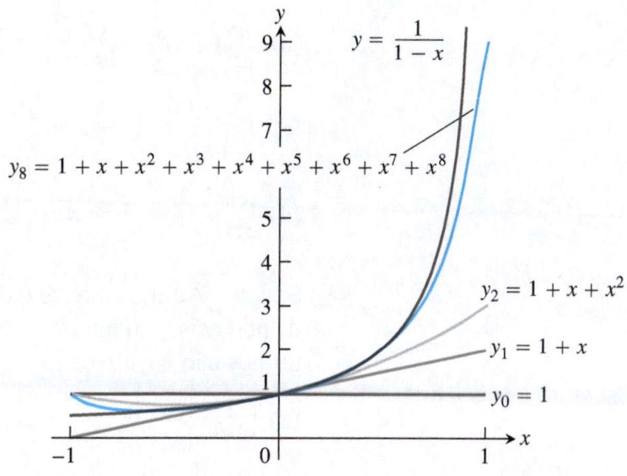

FIGURA 10.14 Gráficos de $f(x) = 1/(1 - x)$ no Exemplo 1 e quatro de suas aproximações polinomiais.

EXEMPLO 2 A série de potências

$$1 - \frac{1}{2}(x-2) + \frac{1}{4}(x-2)^2 + \cdots + \left(-\frac{1}{2}\right)^n (x-2)^n + \cdots \quad (4)$$

combina com a Equação 2 com $a = 2$, $c_0 = 1$, $c_1 = -1/2$, $c_2 = 1/4$, ..., $c_n = (-1/2)^n$. Essa é uma série geométrica com o primeiro termo 1 e razão $r = -\frac{x-2}{2}$. A série converge para $\left|\frac{x-2}{2}\right| < 1$ou $0 < x < 4$. A soma é

$$\frac{1}{1-r} = \frac{1}{1 + \frac{x-2}{2}} = \frac{2}{x},$$

assim

$$\frac{2}{x} = 1 - \frac{(x-2)}{2} + \frac{(x-2)^2}{4} - \cdots + \left(-\frac{1}{2}\right)^n (x-2)^n + \cdots, \qquad 0 < x < 4.$$

A Série 4 gera aproximações polinomiais úteis de $f(x) = 2/x$ para valores de x próximos de 2:

$$P_0(x) = 1$$

$$P_1(x) = 1 - \frac{1}{2}(x-2) = 2 - \frac{x}{2}$$

$$P_2(x) = 1 - \frac{1}{2}(x-2) + \frac{1}{4}(x-2)^2 = 3 - \frac{3x}{2} + \frac{x^2}{4},$$

e assim por diante (Figura 10.15).

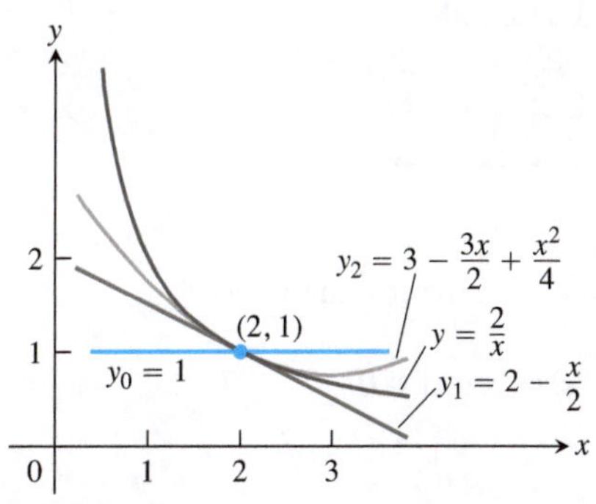

FIGURA 10.15 Gráficos de $f(x) = 2/x$ e suas três primeiras aproximações polinomiais (Exemplo 2).

O exemplo a seguir ilustra como testamos a convergência de uma série de potências utilizando o teste da razão para vermos onde ela converge e onde ela diverge.

EXEMPLO 3 Para quais valores de x as séries de potências a seguir convergem?

(a) $\sum_{n=1}^{\infty} (-1)^{n-1} \frac{x^n}{n} = x - \frac{x^2}{2} + \frac{x^3}{3} - \cdots$

(b) $\sum_{n=1}^{\infty}(-1)^{n-1}\frac{x^{2n-1}}{2n-1} = x - \frac{x^3}{3} + \frac{x^5}{5} - \cdots$

(c) $\sum_{n=0}^{\infty}\frac{x^n}{n!} = 1 + x + \frac{x^2}{2!} + \frac{x^3}{3!} + \cdots$

(d) $\sum_{n=0}^{\infty} n!x^n = 1 + x + 2!x^2 + 3!x^3 + \cdots$

Solução Aplique o teste da razão à série $\Sigma\,|u_n|$, onde u_n é o n-ésimo termo da série de potências em questão. (Lembre-se de que o teste da razão se aplica a séries com termos não negativos.)

(a) $\left|\frac{u_{n+1}}{u_n}\right| = \left|\frac{x^{n+1}}{n+1}\cdot\frac{n}{x}\right| = \frac{n}{n+1}|x| \rightarrow |x|.$

A série converge absolutamente para $|x| < 1$. Ela diverge se $|x| > 1$ porque o n-ésimo termo não converge para zero. Em $x = 1$, obtemos a série harmônica alternada $1 - 1/2 + 1/3 - 1/4 + \cdots$, que converge. Em $x = -1$, temos $-1 - 1/2 - 1/3 - 1/4 - \cdots$, o negativo da série harmônica, ela diverge. A série (a) converge para $-1 < x \leq 1$ e diverge em qualquer outro lugar.

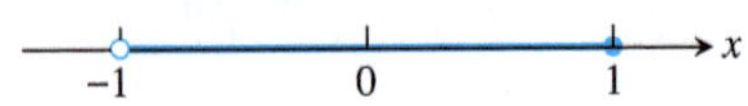

(b) $\left|\frac{u_{n+1}}{u_n}\right| = \left|\frac{x^{2n+1}}{2n+1}\cdot\frac{2n-1}{x^{2n-1}}\right| = \frac{2n-1}{2n+1}x^2 \rightarrow x^2.$ $2(n+1) - 1 = 2n + 1$

A série converge absolutamente para $x^2 < 1$. Ela diverge para $x^2 > 1$ porque o n-ésimo termo não converge para 0. Em $x = 1$ a série se torna $1 - 1/3 + 1/5 - 1/7 + \cdots$, que converge pelo teorema da série alternada. Ela também converge em $x = -1$ porque é novamente uma série alternada que satisfaz as condições para convergência. O valor em $x = -1$ é o negativo do valor em $x = 1$. A série (b) converge para $-1 \leq x \leq 1$ e diverge em qualquer outro lugar.

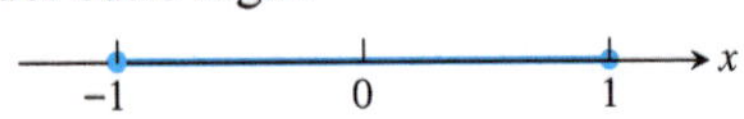

(c) $\left|\frac{u_{n+1}}{u_n}\right| = \left|\frac{x^{n+1}}{(n+1)!}\cdot\frac{n!}{x^n}\right| = \frac{|x|}{n+1} \rightarrow 0$ para todo x. $\frac{n!}{(n+1)!} = \frac{1\cdot 2\cdot 3\cdots n}{1\cdot 2\cdot 3\cdots n\cdot(n+1)}$

A série converge absolutamente para todo x.

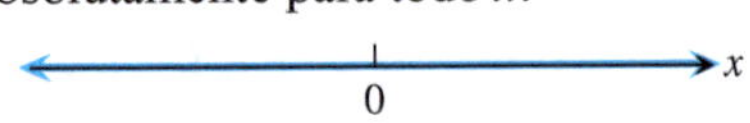

(d) $\left|\frac{u_{n+1}}{u_n}\right| = \left|\frac{(n+1)!x^{n+1}}{n!x^n}\right| = (n+1)|x| \rightarrow \infty$, a menos que $x = 0$.

A série diverge para todos os valores de x, exceto $x = 0$.

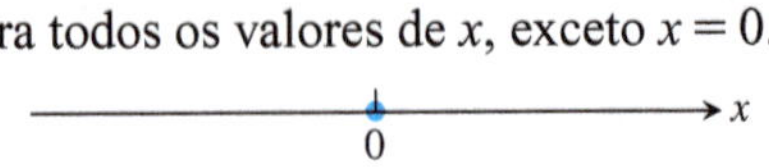

O exemplo anterior ilustrou como uma série de potências pode convergir. O próximo resultado mostra que se uma série de potências converge em mais do que um valor, então ela converge sobre um intervalo inteiro de valores. O intervalo pode ser finito ou infinito e conter uma, ambas, ou nenhuma das extremidades. Veremos que cada extremidade de um intervalo finito deve ser testada independentemente para convergência ou divergência.

TEOREMA 18 — Teorema de convergência para séries de potências Se a série de potências $\sum_{n=0}^{\infty} a_n x^n = a_0 + a_1 x + a_2 x^2 + \cdots$ converge em $x = c \neq 0$, então ela converge absolutamente para todo x com $|x| < |c|$. Se a série diverge em $x = d$, então ela diverge para todo x com $|x| > |d|$.

Prova A prova usa o teste da comparação com a série dada comparada a uma série geométrica convergente.

Suponha que a série $\sum_{n=0}^{\infty} a_n c^n$ converge. Então $\lim_{n\to\infty} a_n c^n = 0$ pelo teste do n-ésimo termo. Assim, existe um inteiro N tal que $|a_n c^n| < 1$ para todo $n > N$, portanto

$$|a_n| < \frac{1}{|c|^n} \qquad \text{para } n > N. \tag{5}$$

Agora tome qualquer x tal que $|x| < |c|$, de modo que $|x| / |c| < 1$. Multiplicar ambos os lados da Equação 5 por $|x|^n$ nos dá

$$|a_n||x|^n < \frac{|x|^n}{|c|^n} \qquad \text{para } n > N.$$

Como $|x/c| < 1$, segue que a série geométrica $\sum_{n=0}^{\infty} |x/c|^n$ converge. Pelo teste da comparação (Teorema 10), a série $\sum_{n=0}^{\infty} |a_n||x^n|$ converge, de forma que a série de potências original $\sum_{n=0}^{\infty} a_n x^n$ converge absolutamente para $-|c| < x < |c|$ conforme afirmado pelo teorema. (Veja a Figura 10.16.)

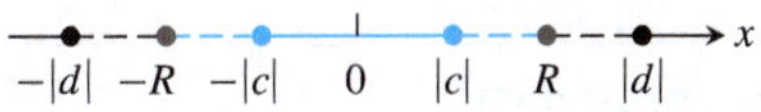

FIGURA 10.16 Convergência de $\Sigma a_n x^n$ em $x = c$ implica convergência absoluta no intervalo $-|c| < x < |c|$; a divergência em $x = d$ implica divergência para $|x| > |d|$. O corolário do Teorema 18 declara a existência de um raio de convergência $R \geq 0$.

Agora suponha que a série $\sum_{n=0}^{\infty} a_n x^n$ diverge em $x = d$. Se x é um número com $|x| > |d|$ e a série converge em x, então a primeira metade do teorema mostra que a série também converge em d, contrário à nossa suposição. Sendo assim, a série diverge para todo x com $|x| > |d|$.

Para simplificar a notação, o Teorema 18 lida com a convergência da série da forma $\Sigma a_n x^n$. Para as séries da forma $\Sigma a_n (x - a)^n$, podemos substituir $x - a$ por x' e aplicar os resultados à série $\Sigma a_n (x')^n$.

Raio da convergência de uma série de potências

O teorema que acabamos de provar e os exemplos que estudamos nos levam a concluir que uma série de potências $\Sigma c_n (x - a)^n$ se comporta de uma dentre três maneiras possíveis. Ela pode convergir somente em $x = a$, convergir em toda parte ou convergir em algum intervalo do raio R centrado em $x = a$. Provamos isso no corolário do Teorema 18.

COROLÁRIO DO TEOREMA 18 A convergência da série $\Sigma c_n (x - a)^n$ é descrita por um dos três casos a seguir:

1. Existe um número positivo R tal que a série diverge para x com $|x - a| > R$, mas converge absolutamente para x com $|x - a| < R$. A série pode ou não convergir em uma das extremidades $x = a - R$ e $x = a + R$.
2. A série converge absolutamente para todo x ($R = \infty$).
3. A série converge em $x = a$ e diverge em todos os outros pontos ($R = 0$).

Prova Consideramos primeiro o caso em que $a = 0$, de forma que temos uma série de potências $\sum_{n=0}^{\infty} c_n x^n$ centrada em 0. Se a série converge em toda parte, estamos no Caso 2. Se ela convergir somente em $x = 0$, então estamos no Caso 3. Em outras situações, existe um número d diferente de zero tal que $\sum_{n=0}^{\infty} c_n d^n$ diverge. Seja S o conjunto de valores de x para os quais $\sum_{n=0}^{\infty} c_n x^n$ converge. O conjunto S não inclui nenhum x com $|x| > |d|$, uma vez que o Teorema 18 implica que a série diverge em todos esses valores. Assim, o conjunto S é limitado. Pela propriedade de completude dos números reais (Apêndice 7), S tem um menor limitante superior R. (Este é o menor número com a propriedade de que todos os elementos de S são menores ou iguais a R.) Uma vez que não estamos no Caso 3, a série converge em algum número $b \neq 0$ e, pelo Teorema 18, também no intervalo aberto $(-|b|, |b|)$. Portanto, $R > 0$.

Se $|x| < R$, então existe um número c em S com $|x| < c < R$, uma vez que de outra forma R não seria o menor limitante superior para S. A série converge em c, uma vez que $c \in S$, portanto pelo Teorema 18 a série converge absolutamente em x.

Agora suponha que $|x| > R$. Se a série converge em x, então o Teorema 18 implica que ela converge absolutamente no intervalo aberto $(-|x|, |x|)$, de forma que S contém esse intervalo. Como R é um limitante superior para S, segue que $|x| \leq R$, o que é uma contradição. Portanto, se $|x| > R$, então a série diverge. Isso prova o teorema para séries de potências centradas em $a = 0$.

Para uma série de potências centrada em um ponto arbitrário $x = a$, definimos $x' = x - a$ e repetimos o argumento acima substituindo x por x'. Uma vez que $x' = 0$, quando $x = a$, a convergência da série $\sum_{n=0}^{\infty} |c_n(x')^n|$ em um intervalo aberto de raio R centrado em $x' = 0$ corresponde à convergência da série $\sum_{n=0}^{\infty} |c_n(x-a)^n|$ em um intervalo aberto de raio R centrado em $x = a$.

R é denominado **raio de convergência** da série de potências, e o intervalo de raio R centrado em $x = a$ é denominado **intervalo de convergência**. O intervalo de convergência pode ser aberto, fechado ou semiaberto, dependendo da série em particular. Nos pontos x com $|x - a| < R$, a série converge absolutamente. Se a série converge para todos os valores de x, dizemos que seu raio de convergência é infinito. Se ela converge somente em $x = a$, dizemos que seu raio de convergência é zero.

Teste cada extremidade do intervalo (finito) de convergência.

Como testar uma série de potências para convergência

1. *Utilize o teste da razão (ou teste da raiz) para encontrar o intervalo onde a série converge absolutamente.* Geralmente, esse é um intervalo aberto
$$|x - a| < R \qquad \text{ou} \qquad a - R < x < a + R.$$
2. *Se o intervalo de convergência absoluta é finito, teste para convergência ou divergência de cada extremidade*, conforme os Exemplos 3a e 3b. Utilize um teste de comparação, o teste da integral ou o teste da série alternada.
3. *Se o intervalo de convergência absoluta é $a - R < x < a + R$, a série diverge para $|x - a| > R$* (ela nem mesmo converge condicionalmente) porque o n-ésimo termo não se aproxima de zero para esses valores de x.

Operações em séries de potências

Na intersecção de seus intervalos de convergência, duas séries de potências podem ser adicionadas e subtraídas termo a termo, da mesma forma que as séries de constantes (Teorema 8). Elas podem ser multiplicadas da mesma forma que multiplicamos polinômios, mas geralmente limitamos a computação do produto aos primeiros termos, que são os mais importantes. O resultado a seguir nos dá uma fórmula para os coeficientes no produto, mas omitimos a prova.

TEOREMA 19 — Teorema da multiplicação de séries para séries de potências

Se $A(x) = \sum_{n=0}^{\infty} a_n x^n$ e $B(x) = \sum_{n=0}^{\infty} b_n x^n$ convergem absolutamente para $|x| < R$, e
$$c_n = a_0 b_n + a_1 b_{n-1} + a_2 b_{n-2} + \cdots + a_{n-1} b_1 + a_n b_0 = \sum_{k=0}^{n} a_k b_{n-k},$$
então $\sum_{n=0}^{\infty} c_n x^n$ converge absolutamente para $A(x)B(x)$ para $|x| < R$:
$$\left(\sum_{n=0}^{\infty} a_n x^n\right) \cdot \left(\sum_{n=0}^{\infty} b_n x^n\right) = \sum_{n=0}^{\infty} c_n x^n.$$

Encontrar o coeficiente geral c_n no produto de duas séries de potências pode ser muito tedioso e o termo pode ser volumoso. A seguinte computação fornece uma ilustração de um produto onde encontramos os primeiros termos através da multiplicação dos termos da segunda série por cada termo da primeira série:

$$\left(\sum_{n=0}^{\infty} x^n\right)\cdot\left(\sum_{n=0}^{\infty}(-1)^n\frac{x^{n+1}}{n+1}\right)$$

$$= (1 + x + x^2 + \cdots)\left(x - \frac{x^2}{2} + \frac{x^3}{3} - \cdots\right) \quad \text{Multiplique a segunda série...}$$

$$= \underbrace{\left(x - \frac{x^2}{2} + \frac{x^3}{3} - \cdots\right)}_{\text{por } 1} + \underbrace{\left(x^2 - \frac{x^3}{2} + \frac{x^4}{3} - \cdots\right)}_{\text{por } x} + \underbrace{\left(x^3 - \frac{x^4}{2} + \frac{x^5}{3} - \cdots\right)}_{\text{por } x^2} + \cdots$$

$$= x + \frac{x^2}{2} + \frac{5x^3}{6} - \frac{x^4}{6}\cdots. \quad \text{e junte as quatro primeiras potências.}$$

Podemos ainda substituir uma função $f(x)$ por x em uma série de potências convergente.

> **TEOREMA 20** Se $\sum_{n=0}^{\infty} a_n x^n$ converge absolutamente para $|x| < R$, então $\sum_{n=0}^{\infty} a_n(f(x))^n$ converge absolutamente para qualquer função contínua f em $|f(x)| < R$.

Como $1/(1-x) = \sum_{n=0}^{\infty} x^n$ converge absolutamente para $|x| < 1$, segue do Teorema 20 que $1/(1-4x^2) = \sum_{n=0}^{\infty}(4x^2)^n$ converge absolutamente para $|4x^2| < 1$ ou $|x| < 1/2$.

Um teorema do cálculo avançado diz que uma série de potências pode ser derivada termo a termo em cada ponto interior de seu intervalo de convergência.

> **TEOREMA 21 — Teorema da derivação termo a termo** Se $\sum c_n(x-a)^n$ possui um raio de convergência $R > 0$, isso define uma função
>
> $$f(x) = \sum_{n=0}^{\infty} c_n(x-a)^n \qquad \text{no intervalo} \qquad a - R < x < a + R.$$
>
> Essa função f possui derivadas de todas as ordens dentro do intervalo, e obtemos as derivadas através da derivação da série original termo a termo:
>
> $$f'(x) = \sum_{n=1}^{\infty} nc_n(x-a)^{n-1},$$
>
> $$f''(x) = \sum_{n=2}^{\infty} n(n-1)c_n(x-a)^{n-2},$$
>
> e assim por diante. Cada uma dessas séries derivadas converge em todo ponto do intervalo $a - R < x < a + R$.

EXEMPLO 4 Encontre a série para $f'(x)$ e $f''(x)$ se

$$f(x) = \frac{1}{1-x} = 1 + x + x^2 + x^3 + x^4 + \cdots + x^n + \cdots$$

$$= \sum_{n=0}^{\infty} x^n, \qquad -1 < x < 1$$

Solução Derivamos a série de potências à direita termo a termo:

$$f'(x) = \frac{1}{(1-x)^2} = 1 + 2x + 3x^2 + 4x^3 + \cdots + nx^{n-1} + \cdots$$

$$= \sum_{n=1}^{\infty} nx^{n-1}, \qquad -1 < x < 1;$$

$$f''(x) = \frac{2}{(1-x)^3} = 2 + 6x + 12x^2 + \cdots + n(n-1)x^{n-2} + \cdots$$

$$= \sum_{n=2}^{\infty} n(n-1)x^{n-2}, \qquad -1 < x < 1$$

Cuidado A derivação termo a termo pode não funcionar para outros tipos de séries. Por exemplo, a série trigonométrica

$$\sum_{n=1}^{\infty} \frac{\operatorname{sen}(n!x)}{n^2}$$

converge para todo x. Mas se derivarmos termo a termo chegamos à série

$$\sum_{n=1}^{\infty} \frac{n!\cos(n!x)}{n^2},$$

que diverge para todo x. Essa não é uma série de potências, já que não é a soma das potências positivas inteiras de x.

É também verdade que uma série de potências pode ser integrada termo a termo ao longo de todo o seu intervalo de convergência. Esse resultado é provado em um curso mais avançado.

TEOREMA 22 — Teorema da integração termo a termo Suponha que

$$f(x) = \sum_{n=0}^{\infty} c_n(x-a)^n$$

converge para $a - R < x < a + R$ ($R > 0$). Então

$$\sum_{n=0}^{\infty} c_n \frac{(x-a)^{n+1}}{n+1}$$

converge para $a - R < x < a + R$ e

$$\int f(x)\,dx = \sum_{n=0}^{\infty} c_n \frac{(x-a)^{n+1}}{n+1} + C$$

para $a - R < x < a + R$.

EXEMPLO 5 Identifique a função

$$f(x) = \sum_{n=0}^{\infty} \frac{(-1)^n x^{2n+1}}{2n+1} = x - \frac{x^3}{3} + \frac{x^5}{5} - \cdots, \qquad -1 \le x \le 1.$$

Solução Derivamos a série original termo a termo e obtemos

$$f'(x) = 1 - x^2 + x^4 - x^6 + \ldots, \qquad -1 < x < 1. \quad \text{Teorema 21}$$

Essa é uma série geométrica com o primeiro termo 1 e razão $-x^2$, portanto

$$f'(x) = \frac{1}{1-(-x^2)} = \frac{1}{1+x^2}.$$

Podemos agora integrar $f'(x) = 1/(1 + x^2)$ para obtermos

$$\int f'(x)\,dx = \int \frac{dx}{1+x^2} = \operatorname{tg}^{-1} x + C.$$

A série para $f(x)$ é zero quando $x = 0$, portanto $C = 0$. Consequentemente,

$$f(x) = x - \frac{x^3}{3} + \frac{x^5}{5} - \frac{x^7}{7} + \cdots = \operatorname{tg}^{-1} x, \qquad -1 < x < 1. \tag{6}$$

$$\frac{\pi}{4} = \operatorname{tg}^{-1} 1 = \sum_{n=0}^{\infty} \frac{(-1)^n}{2n+1}$$

Pode ser demonstrado que a série também converge para $\operatorname{tg}^{-1} x$ nas extremidades $x = \pm 1$, mas omitimos a prova.

Note que a série original no Exemplo 5 converge nas duas extremidades do intervalo de convergência original, mas o Teorema 22 pode garantir a convergência da série derivada somente dentro do intervalo.

EXEMPLO 6 A série

$$\frac{1}{1+t} = 1 - t + t^2 - t^3 + \cdots$$

converge no intervalo aberto $-1 < t < 1$. Sendo assim,

$$\ln(1+x) = \int_0^x \frac{1}{1+t}dt = t - \frac{t^2}{2} + \frac{t^3}{3} - \frac{t^4}{4} + \cdots \Big]_0^x \quad \text{Teorema 22}$$

$$= x - \frac{x^2}{2} + \frac{x^3}{3} - \frac{x^4}{4} + \cdots$$

ou

$$\ln 2 = \sum_{n=1}^{\infty} \frac{(-1)^{n-1}}{n}$$

$$\ln(1+x) = \sum_{n=1}^{\infty} \frac{(-1)^{n-1}x^n}{n}, \qquad -1 < x < 1.$$

Pode ser também demonstrado que a série converge em $x = 1$ ao número ln 2, mas isso não é garantido pelo teorema.

Exercícios 10.7

Intervalos de convergência

Nos Exercícios 1-36, **(a)** encontre o raio e o intervalo de convergência da série. Para quais valores de x a série converge **(b)** absolutamente? E **(c)** condicionalmente?

1. $\sum_{n=0}^{\infty} x^n$
2. $\sum_{n=0}^{\infty} (x+5)^n$
3. $\sum_{n=0}^{\infty} (-1)^n(4x+1)^n$
4. $\sum_{n=1}^{\infty} \frac{(3x-2)^n}{n}$
5. $\sum_{n=0}^{\infty} \frac{(x-2)^n}{10^n}$
6. $\sum_{n=0}^{\infty} (2x)^n$
7. $\sum_{n=0}^{\infty} \frac{nx^n}{n+2}$
8. $\sum_{n=1}^{\infty} \frac{(-1)^n(x+2)^n}{n}$
9. $\sum_{n=1}^{\infty} \frac{x^n}{n\sqrt{n}\,3^n}$
10. $\sum_{n=1}^{\infty} \frac{(x-1)^n}{\sqrt{n}}$
11. $\sum_{n=0}^{\infty} \frac{(-1)^n x^n}{n!}$
12. $\sum_{n=0}^{\infty} \frac{3^n x^n}{n!}$
13. $\sum_{n=1}^{\infty} \frac{4^n x^{2n}}{n}$
14. $\sum_{n=1}^{\infty} \frac{(x-1)^n}{n^3 3^n}$
15. $\sum_{n=0}^{\infty} \frac{x^n}{\sqrt{n^2+3}}$
16. $\sum_{n=0}^{\infty} \frac{(-1)^n x^{n+1}}{\sqrt{n+3}}$
17. $\sum_{n=0}^{\infty} \frac{n(x+3)^n}{5^n}$
18. $\sum_{n=0}^{\infty} \frac{nx^n}{4^n(n^2+1)}$
19. $\sum_{n=0}^{\infty} \frac{\sqrt{n}x^n}{3^n}$
20. $\sum_{n=1}^{\infty} \sqrt[n]{n}(2x+5)^n$
21. $\sum_{n=1}^{\infty} (2+(-1)^n)\cdot(x+1)^{n-1}$
22. $\sum_{n=1}^{\infty} \frac{(-1)^n 3^{2n}(x-2)^n}{3n}$
23. $\sum_{n=1}^{\infty} \left(1+\frac{1}{n}\right)^n x^n$
24. $\sum_{n=1}^{\infty} (\ln n)x^n$
25. $\sum_{n=1}^{\infty} n^n x^n$
26. $\sum_{n=0}^{\infty} n!(x-4)^n$
27. $\sum_{n=1}^{\infty} \frac{(-1)^{n+1}(x+2)^n}{n2^n}$
28. $\sum_{n=0}^{\infty} (-2)^n(n+1)(x-1)^n$
29. $\sum_{n=2}^{\infty} \frac{x^n}{n(\ln n)^2}$ Pegue as informações necessárias sobre $\sum 1/(n(\ln n)^2)$ da Seção 10.3, Exercício 55.
30. $\sum_{n=2}^{\infty} \frac{x^n}{n\ln n}$ Pegue as informações necessárias sobre $\sum 1/(n \ln n)$ da Seção 10.3, Exercício 54.
31. $\sum_{n=1}^{\infty} \frac{(4x-5)^{2n+1}}{n^{3/2}}$
32. $\sum_{n=1}^{\infty} \frac{(3x+1)^{n+1}}{2n+2}$
33. $\sum_{n=1}^{\infty} \frac{1}{2\cdot4\cdot8\cdots(2n)}x^n$
34. $\sum_{n=1}^{\infty} \frac{3\cdot5\cdot7\cdots(2n+1)}{n^2\cdot2^n}x^{n+1}$
35. $\sum_{n=1}^{\infty} \frac{1+2+3+\cdots+n}{1^2+2^2+3^2+\cdots+n^2}x^n$
36. $\sum_{n=1}^{\infty} \left(\sqrt{n+1}-\sqrt{n}\right)(x-3)^n$

Nos Exercícios 37-40, encontre o raio de convergência da série.

37. $\sum_{n=1}^{\infty} \frac{n!}{3\cdot6\cdot9\cdots3n}x^n$
38. $\sum_{n=1}^{\infty} \left(\frac{2\cdot4\cdot6\cdots(2n)}{2\cdot5\cdot8\cdots(3n-1)}\right)^2 x^n$
39. $\sum_{n=1}^{\infty} \frac{(n!)^2}{2^n(2n)!}x^n$
40. $\sum_{n=1}^{\infty} \left(\frac{n}{n+1}\right)^{n^2} x^n$

(Sugestão: aplique o teste da raiz.)

Nos Exercícios 41-48, utilize o Teorema 20 para encontrar o intervalo de convergência da série e, dentro desse intervalo, a soma da série como uma função de x.

41. $\sum_{n=0}^{\infty} 3^n x^n$

42. $\sum_{n=0}^{\infty} (e^x - 4)^n$

43. $\sum_{n=0}^{\infty} \frac{(x-1)^{2n}}{4^n}$

44. $\sum_{n=0}^{\infty} \frac{(x+1)^{2n}}{9^n}$

45. $\sum_{n=0}^{\infty} \left(\frac{\sqrt{x}}{2} - 1\right)^n$

46. $\sum_{n=0}^{\infty} (\ln x)^n$

47. $\sum_{n=0}^{\infty} \left(\frac{x^2+1}{3}\right)^n$

48. $\sum_{n=0}^{\infty} \left(\frac{x^2-1}{2}\right)^n$

Teoria e exemplos

49. Para quais valores de x a série

$$1 - \frac{1}{2}(x-3) + \frac{1}{4}(x-3)^2 + \cdots + \left(-\frac{1}{2}\right)^n (x-3)^n + \cdots$$

converge? Qual é sua soma? Qual série você obtém se derivar a série dada termo a termo? Para quais valores de x a nova série converge? Qual é sua soma?

50. Se você integrar termo a termo a série do Exercício 49, qual nova série você obtém? Para quais valores de x a nova série converge? E qual é o outro nome para sua soma?

51. A série

$$\operatorname{sen} x = x - \frac{x^3}{3!} + \frac{x^5}{5!} - \frac{x^7}{7!} + \frac{x^9}{9!} - \frac{x^{11}}{11!} + \cdots$$

converge para sen x para todo x.

a. Encontre os seis primeiros termos de uma série para cos x. Para quais valores de x a série deve convergir?

b. Substituindo x por $2x$ na série para sen x, encontre uma série que convirja para sen $2x$ para todo x.

c. Utilizando o resultado no item (a) e a multiplicação de séries, calcule os seis primeiros termos de uma série para 2 sen x cos x. Compare sua resposta com a resposta no item (b).

52. A série

$$e^x = 1 + x + \frac{x^2}{2!} + \frac{x^3}{3!} + \frac{x^4}{4!} + \frac{x^5}{5!} + \cdots$$

converge para e^x para todo x.

a. Encontre a série para $(d/dx)\, e^x$. Você obtém a série para e^x? Explique sua resposta.

b. Encontre uma série para $\int e^x\, dx$. Você obtém a série para e^x? Explique sua resposta.

c. Substitua x por $-x$ na série para e^x para encontrar uma série que convirja para e^{-x} para todo x. Em seguida, multiplique a série para e^x e e^{-x} para encontrar os seis primeiros termos de uma série para $e^{-x} \cdot e^x$.

53. A série

$$\operatorname{tg} x = x + \frac{x^3}{3} + \frac{2x^5}{15} + \frac{17x^7}{315} + \frac{62x^9}{2835} + \cdots$$

converge para tg x para $-\pi/2 < x < \pi/2$.

a. Encontre os cinco primeiros termos da série para ln |sec x|. Para quais valores de x a série deve convergir?

b. Encontre os cinco primeiros termos da série para $\sec^2 x$. Para quais valores de x a série deve convergir?

c. Confira seu resultado no item (b) elevando ao quadrado a série dada para sec x no Exercício 54.

54. A série

$$\sec x = 1 + \frac{x^2}{2} + \frac{5}{24}x^4 + \frac{61}{720}x^6 + \frac{277}{8064}x^8 + \cdots$$

converge para sec x para $-\pi/2 < x < \pi/2$.

a. Encontre os cinco primeiros termos de uma série de potências para a função ln |sec x + tg x|. Para quais valores de x a série deve convergir?

b. Encontre os quatro primeiros termos de uma série para sec x tg x. Para quais valores de x a série deve convergir?

c. Confira seu resultado no item (b) multiplicando a série para sec x pela série dada para tg x no Exercício 53.

55. Unicidade da série de potências convergente

a. Mostre que se duas séries de potências $\sum_{n=0}^{\infty} a_n x^n$ e $\sum_{n=0}^{\infty} b_n x^n$ são convergentes e iguais para todos os valores de x em um intervalo aberto $(-c, c)$, então $a_n = b_n$ para todo n. (Sugestão: seja $f(x) = \sum_{n=0}^{\infty} a_n x^n = \sum_{n=0}^{\infty} b_n x^n$. Derive termo a termo para mostrar que tanto a_n quanto b_n são iguais a $f^{(n)}(0)/(n!)$.)

b. Mostre que se $\sum_{n=0}^{\infty} a_n x^n = 0$ para todo x em um intervalo aberto $(-c, c)$, então $a_n = 0$ para todo n.

56. Soma da série $\sum_{n=0}^{\infty} (n^2/2^n)$ Para encontrar a soma dessa série, expresse $1/(1-x)$ como uma série geométrica, derive ambos os lados da equação resultante em relação a x, multiplique ambos os lados do resultado por x, derive novamente, multiplique por x novamente e faça x igual a 1/2. O que você obtém?

10.8 Séries de Taylor e de Maclaurin

Esta seção mostra como as funções que são infinitamente deriváveis geram séries de potências chamadas de séries de Taylor. Em muitos casos, essas séries podem fornecer aproximações polinomiais das funções geradoras. Por serem usualmente utilizadas por matemáticos e cientistas, as séries de Taylor são consideradas como um dos mais importantes tópicos deste capítulo.

Representações das séries

Sabemos a partir do Teorema 21 que, dentro de seu intervalo de convergência, a soma de uma série de potências é uma função contínua com derivadas de todas as ordens. Mas e quanto ao oposto? Se uma função $f(x)$ tem derivadas de todas as ordens em um intervalo I, ela poderá ser expressa como uma série de potências em I? Se puder, quais serão seus coeficientes?

Podemos responder à última questão prontamente se assumirmos que $f(x)$ é a soma de uma série de potências

$$\begin{aligned} f(x) &= \sum_{n=0}^{\infty} a_n(x-a)^n \\ &= a_0 + a_1(x-a) + a_2(x-a)^2 + \cdots + a_n(x-a)^n + \cdots \end{aligned}$$

com um raio de convergência positivo. Repetindo a derivação termo a termo dentro do intervalo de convergência I, obtemos

$$\begin{aligned} f'(x) &= a_1 + 2a_2(x-a) + 3a_3(x-a)^2 + \cdots + na_n(x-a)^{n-1} + \cdots, \\ f''(x) &= 1\cdot 2a_2 + 2\cdot 3a_3(x-a) + 3\cdot 4a_4(x-a)^2 + \cdots, \\ f'''(x) &= 1\cdot 2\cdot 3a_3 + 2\cdot 3\cdot 4a_4(x-a) + 3\cdot 4\cdot 5a_5(x-a)^2 + \cdots, \end{aligned}$$

com a n-ésima derivada, para todo n, sendo

$$f^{(n)}(x) = n!a_n + \text{a soma de termos com } (x-a) \text{ como um fator.}$$

Uma vez que essas equações são todas válidas em $x = a$, temos

$$f'(a) = a_1, \qquad f''(a) = 1\cdot 2a_2, \qquad f'''(a) = 1\cdot 2\cdot 3a_3,$$

e, em geral,

$$f^{(n)}(a) = n!a_n.$$

Essas fórmulas revelam um padrão nos coeficientes de qualquer série de potências $\sum_{n=0}^{\infty} a_n(x-a)^n$ que converge aos valores de f em I ("representa f em I"). Se existir essa série (ainda uma questão em aberto), então haverá somente uma série desse tipo, e seu n-ésimo coeficiente será

$$a_n = \frac{f^{(n)}(a)}{n!}.$$

Se f tiver uma representação em série, então a série deverá ser

$$\begin{aligned} f(x) &= f(a) + f'(a)(x-a) + \frac{f''(a)}{2!}(x-a)^2 \\ &\quad + \cdots + \frac{f^{(n)}(a)}{n!}(x-a)^n + \cdots. \end{aligned} \tag{1}$$

Mas se começarmos com uma função arbitrária f que é infinitamente derivável em um intervalo I centrado em $x = a$ e usarmos para gerar a série na Equação 1, será que a série então irá convergir para $f(x)$ para cada x no interior de I? A resposta é talvez – para algumas funções, isso ocorrerá, mas para outras funções, não, conforme veremos.

Séries de Taylor e de Maclaurin

A série à direita da Equação 1 é a mais importante e útil que iremos estudar neste capítulo.

BIOGRAFIAS HISTÓRICAS

Brook Taylor
(1685-1731)

Colin Maclaurin
(1698-1746)

DEFINIÇÕES Seja f uma função com derivadas de todas as ordens em algum intervalo contendo a como um ponto interior. Então, a **série de Taylor gerada por f em $x = a$** é

$$\begin{aligned} \sum_{k=0}^{\infty} \frac{f^{(k)}(a)}{k!}(x-a)^k &= f(a) + f'(a)(x-a) + \frac{f''(a)}{2!}(x-a)^2 \\ &\quad + \cdots + \frac{f^{(n)}(a)}{n!}(x-a)^n + \cdots. \end{aligned}$$

A **série de Maclaurin gerada por f** é

$$\sum_{k=0}^{\infty} \frac{f^{(k)}(0)}{k!}x^k = f(0) + f'(0)x + \frac{f''(0)}{2!}x^2 + \cdots + \frac{f^{(n)}(0)}{n!}x^n + \cdots,$$

a série de Taylor gerada por f em $x = 0$.

A série de Maclaurin gerada por f costuma ser simplesmente chamada de série de Taylor de f.

EXEMPLO 1 Encontre a série de Taylor gerada por $f(x) = 1/x$ em $a = 2$. Onde, se em algum lugar, a série converge para $1/x$?

Solução Precisamos encontrar $f(2), f'(2), f''(2), \ldots$ Tomando as derivadas, temos

$$f(x) = x^{-1},\ f'(x) = -x^{-2},\ f''(x) = 2!x^{-3},\ \ldots,\ f^{(n)}(x) = (-1)^n n! x^{-(n+1)},$$

de forma que

$$f(2) = 2^{-1} = \frac{1}{2},\quad f'(2) = -\frac{1}{2^2},\quad \frac{f''(2)}{2!} = 2^{-3} = \frac{1}{2^3},\quad \ldots,\quad \frac{f^{(n)}(2)}{n!} = \frac{(-1)^n}{2^{n+1}}.$$

A série de Taylor é

$$f(2) + f'(2)(x-2) + \frac{f''(2)}{2!}(x-2)^2 + \cdots + \frac{f^{(n)}(2)}{n!}(x-2)^n + \cdots$$

$$= \frac{1}{2} - \frac{(x-2)}{2^2} + \frac{(x-2)^2}{2^3} - \cdots + (-1)^n \frac{(x-2)^n}{2^{n+1}} + \cdots.$$

Essa é uma série geométrica com o primeiro termo 1/2 e razão $r = -(x-2)/2$. Ela converge absolutamente para $|x-2| < 2$ e sua soma é

$$\frac{1/2}{1 + (x-2)/2} = \frac{1}{2 + (x-2)} = \frac{1}{x}.$$

Nesse exemplo, a série de Taylor gerada por $f(x) = 1/x$ em $a = 2$ converge para $1/x$ para $|x-2| < 2$ ou $0 < x < 4$.

Polinômios de Taylor

A linearização de uma função derivável f em um ponto a é o polinômio de grau um dado por

$$P_1(x) = f(a) + f'(a)(x-a).$$

Na Seção 3.11 utilizamos essa linearização para aproximar $f(x)$ em valores de x próximos de a. Se f tem derivadas de ordem superior em a, então ela terá também aproximações polinomiais, uma para cada derivada disponível. Esses polinômios são denominados polinômios de Taylor de f.

DEFINIÇÃO Seja f uma função com derivadas de ordem k para $k = 1, 2, \ldots, N$ em algum intervalo contendo a como um ponto interior. Então, para qualquer inteiro n de 0 a N, o **polinômio de Taylor de ordem *n*** gerado por f em $x = a$ é o polinômio

$$P_n(x) = f(a) + f'(a)(x-a) + \frac{f''(a)}{2!}(x-a)^2 + \cdots + \frac{f^{(k)}(a)}{k!}(x-a)^k + \cdots + \frac{f^{(n)}(a)}{n!}(x-a)^n.$$

Falamos de um polinômio de Taylor de *ordem n* em vez de *grau n* porque $f^{(n)}(a)$ pode ser zero. Os dois primeiros polinômios de Taylor de $f(x) = \cos x$ em $x = 0$, por exemplo, são $P_0(x) = 1$ e $P_1(x) = 1$. O polinômio de Taylor de primeira ordem tem grau zero, não um.

Assim como a linearização de f em $x = a$ fornece a melhor aproximação linear de f ao redor de a, os polinômios de Taylor de maior ordem fornecem as "melhores" aproximações de polinômios de seus respectivos graus. (Veja o Exercício 40.)

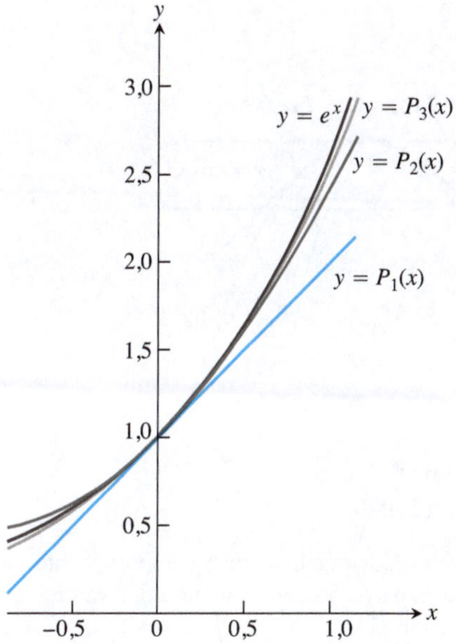

FIGURA 10.17 Gráfico de $f(x) = e^x$ e seus polinômios de Taylor

$P_1(x) = 1 + x$

$P_2(x) = 1 + x + (x^2/2!)$

$P_3(x) = 1 + x + (x^2/2!) + (x^3/3!)$

Note a proximidade dos gráficos perto do centro $x = 0$ (Exemplo 2).

EXEMPLO 2 Encontre a série de Taylor e os polinômios de Taylor gerados por $f(x) = e^x$ em $x = 0$.

Solução Como $f^{(n)}(x) = e^x$ e $f^{(n)}(0) = 1$ para todo $n = 0, 1, 2, \ldots$, a série de Taylor gerada por f em $x = 0$ (veja a Figura 10.17) é

$$\begin{aligned} f(0) + f'(0)x + \frac{f''(0)}{2!}x^2 + \cdots + \frac{f^{(n)}(0)}{n!}x^n + \cdots \\ = 1 + x + \frac{x^2}{2} + \cdots + \frac{x^n}{n!} + \cdots \\ = \sum_{k=0}^{\infty} \frac{x^k}{k!}. \end{aligned}$$

Essa é também a série de Maclaurin para e^x. Na próxima seção, veremos que a série converge para e^x em todo x.

O polinômio de Taylor de ordem n em $x = 0$ é

$$P_n(x) = 1 + x + \frac{x^2}{2} + \cdots + \frac{x^n}{n!}.$$

EXEMPLO 3 Encontre a série de Taylor e os polinômios de Taylor gerados por $f(x) = \cos x$ em $x = 0$.

Solução O cosseno e suas derivadas são

$$\begin{aligned} f(x) &= \cos x, & f'(x) &= -\operatorname{sen} x, \\ f''(x) &= -\cos x, & f^{(3)}(x) &= \operatorname{sen} x, \\ &\vdots & &\vdots \\ f^{(2n)}(x) &= (-1)^n \cos x, & f^{(2n+1)}(x) &= (-1)^{n+1} \operatorname{sen} x. \end{aligned}$$

Em $x = 0$, os cossenos são 1 e os senos são 0, portanto

$$f^{(2n)}(0) = (-1)^n, \qquad f^{(2n+1)}(0) = 0.$$

A série de Taylor gerada por f em 0 é

$$\begin{aligned} f(0) + f'(0)x + \frac{f''(0)}{2!}x^2 + \frac{f'''(0)}{3!}x^3 + \cdots + \frac{f^{(n)}(0)}{n!}x^n + \cdots \\ = 1 + 0 \cdot x - \frac{x^2}{2!} + 0 \cdot x^3 + \frac{x^4}{4!} + \cdots + (-1)^n \frac{x^{2n}}{(2n)!} + \cdots \\ = \sum_{k=0}^{\infty} \frac{(-1)^k x^{2k}}{(2k)!}. \end{aligned}$$

Trata-se também da série de Maclaurin para $\cos x$. Observe que somente potências pares de x ocorrem na série de Taylor gerada pela função de cosseno, o que é consistente com o fato de que se trata de uma função par. Na Seção 10.9, veremos que a série converge para $\cos x$ em todo x.

Como $f^{(2n+1)}(0) = 0$, os polinômios de Taylor de ordens $2n$ e $2n + 1$ são idênticos:

$$P_{2n}(x) = P_{2n+1}(x) = 1 - \frac{x^2}{2!} + \frac{x^4}{4!} - \cdots + (-1)^n \frac{x^{2n}}{(2n)!}.$$

A Figura 10.18 mostra o quão bem esses polinômios aproximam $f(x) = \cos x$ perto de $x = 0$. Somente as partes à direita do gráfico são dadas, uma vez que os gráficos são simétricos em relação ao eixo y.

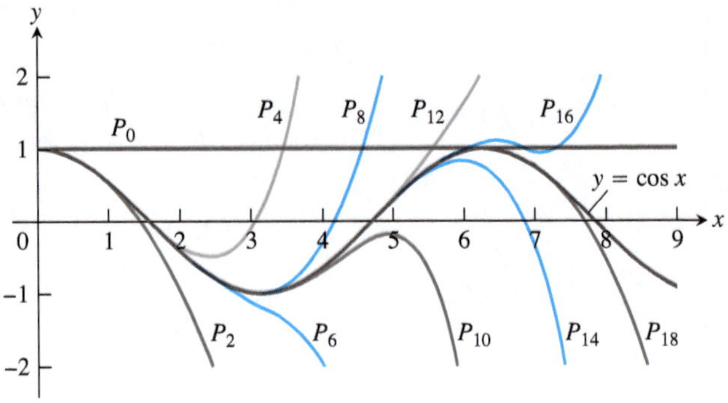

FIGURA 10.18 Os polinômios

$$P_{2n}(x) = \sum_{k=0}^{n} \frac{(-1)^k x^{2k}}{(2k)!}$$

convergem a cos x conforme $n \to \infty$. Podemos deduzir o comportamento de cos x arbitrariamente longe somente a partir do conhecimento dos valores do cosseno e suas derivadas em $x = 0$ (Exemplo 3).

EXEMPLO 4 Pode-se mostrar (embora não facilmente) que

$$f(x) = \begin{cases} 0, & x = 0 \\ e^{-1/x^2}, & x \neq 0 \end{cases}$$

(Figura 10.19) tem derivadas de todas as ordens em $x = 0$ e $f^{(n)}(0) = 0$ para todo n. Isso significa que a série de Taylor gerada por f em $x = 0$ é

$$\begin{aligned} f(0) + f'(0)x + \frac{f''(0)}{2!}x^2 + \cdots + \frac{f^{(n)}(0)}{n!}x^n + \cdots \\ = 0 + 0 \cdot x + 0 \cdot x^2 + \cdots + 0 \cdot x^n + \cdots \\ = 0 + 0 + \cdots + 0 + \cdots. \end{aligned}$$

A série converge para todo x (sua soma é 0), mas converge para $f(x)$ somente em $x = 0$. Isto é, a série de Taylor gerada por $f(x)$ neste exemplo *não* é igual à própria função $f(x)$.

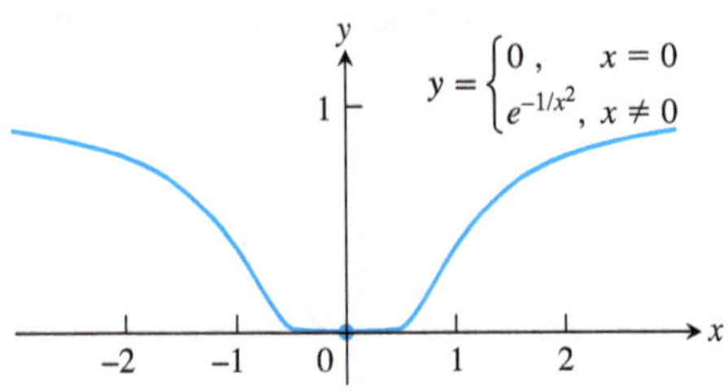

FIGURA 10.19 O gráfico da extensão contínua de $y = e^{-1/x^2}$ é tão plano na origem que todas as suas derivadas nesse ponto são zero (Exemplo 4). Sendo assim, sua série de Taylor não é a própria função.

Duas questões ainda permanecem.

1. Para quais valores de x podemos normalmente esperar que uma série de Taylor convirja para sua função geradora?
2. Com que precisão os polinômios de Taylor de uma função se aproximam da função em dado intervalo?

As respostas são fornecidas pelo teorema de Taylor na próxima seção.

Exercícios 10.8

Encontrando polinômios de Taylor

Nos Exercícios 1-10, encontre os polinômios de Taylor de ordens 0, 1, 2 e 3 gerados por f em a.

1. $f(x) = e^{2x}$, $a = 0$
2. $f(x) = \operatorname{sen} x$, $a = 0$
3. $f(x) = \ln x$, $a = 1$
4. $f(x) = \ln(1 + x)$, $a = 0$
5. $f(x) = 1/x$, $a = 2$
6. $f(x) = 1/(x + 2)$, $a = 0$
7. $f(x) = \operatorname{sen} x$, $a = \pi/4$
8. $f(x) = \operatorname{tg} x$, $a = \pi/4$
9. $f(x) = \sqrt{x}$, $a = 4$
10. $f(x) = \sqrt{1 - x}$, $a = 0$

Encontrando séries de Taylor em $x = 0$ (séries de Maclaurin)

Encontre a série de Maclaurin para as funções nos Exercícios 11-22.

11. e^{-x}
12. xe^x
13. $\dfrac{1}{1 + x}$
14. $\dfrac{2 + x}{1 - x}$
15. sen $3x$
16. sen $\dfrac{x}{2}$
17. $7 \cos(-x)$
18. $5 \cos \pi x$

19. $\cosh x = \dfrac{e^x + e^{-x}}{2}$

20. $\operatorname{senh} x = \dfrac{e^x - e^{-x}}{2}$

21. $x^4 - 2x^3 - 5x + 4$

22. $\dfrac{x^2}{x+1}$

Encontrando séries de Taylor e de Maclaurin

Nos Exercícios 23-32, encontre a série de Taylor gerada por f em $x = a$.

23. $f(x) = x^3 - 2x + 4$, $a = 2$
24. $f(x) = 2x^3 + x^2 + 3x - 8$, $a = 1$
25. $f(x) = x^4 + x^2 + 1$, $a = -2$
26. $f(x) = 3x^5 - x^4 + 2x^3 + x^2 - 2$, $a = -1$
27. $f(x) = 1/x^2$, $a = 1$
28. $f(x) = 1/(1-x)^3$, $a = 0$
29. $f(x) = e^x$, $a = 2$
30. $f(x) = 2^x$, $a = 1$
31. $f(x) = \cos(2x + (\pi/2))$, $a = \pi/4$
32. $f(x) = \sqrt{x+1}$, $a = 0$

Nos Exercícios 33-36, encontre os três primeiros termos diferentes de zero da série de Maclaurin para cada função e os valores de x para os quais a série converge absolutamente.

33. $f(x) = \cos x - (2/(1-x))$
34. $f(x) = (1 - x + x^2)e^x$
35. $f(x) = (\operatorname{sen} x)\ln(1+x)$
36. $f(x) = x \operatorname{sen}^2 x$

Teoria e exemplos

37. Utilize a série de Taylor gerada por e^x em $x = a$ para mostrar que

$$e^x = e^a\left[1 + (x-a) + \frac{(x-a)^2}{2!} + \cdots\right].$$

38. (*Continuação do Exercício 37.*) Encontre a série de Taylor gerada por e^x em $x = 1$. Compare sua resposta com a fórmula no Exercício 37.

39. Suponha que $f(x)$ tenha derivadas até ordem n em $x = a$. Mostre que o polinômio de Taylor de ordem n e suas n primeiras derivadas têm os mesmos valores que f e suas n primeiras derivadas têm em $x = a$.

40. **Propriedades de aproximação dos polinômios de Taylor** Suponha que $f(x)$ seja derivável em um intervalo centrado em $x = a$ e que $g(x) = b_0 + b_1(x-a) + \cdots + b_n(x-a)^n$ seja um polinômio de grau n com coeficientes constantes $b_0, \ldots, b_n$. Seja $E(x) = f(x) - g(x)$. Mostre que se impusermos em g as condições

i) $E(a) = 0$ — O erro de aproximação é zero em $x = a$.

ii) $\displaystyle\lim_{x\to a}\frac{E(x)}{(x-a)^n} = 0,$ — O erro é insignificante quando comparado a $(x-a)^n$.

então

$$g(x) = f(a) + f'(a)(x-a) + \frac{f''(a)}{2!}(x-a)^2 + \cdots + \frac{f^{(n)}(a)}{n!}(x-a)^n.$$

Dessa forma, o polinômio de Taylor $P_n(x)$ é o único polinômio de grau menor ou igual a n cujo erro é zero em $x = a$ e insignificante quando comparado com $(x-a)^n$.

Aproximações quadráticas O polinômio de Taylor de ordem 2 gerado por uma função duas vezes derivável $f(x)$ em $x = a$ é chamado de *aproximação quadrática* de f em $x = a$. Nos Exercícios 41-46, encontre **(a)** a linearização (polinômio de Taylor de ordem 1) e **(b)** a aproximação quadrática de f em $x = 0$.

41. $f(x) = \ln(\cos x)$
42. $f(x) = e^{\operatorname{sen} x}$
43. $f(x) = 1/\sqrt{1-x^2}$
44. $f(x) = \cosh x$
45. $f(x) = \operatorname{sen} x$
46. $f(x) = \operatorname{tg} x$

10.9 Convergência de séries de Taylor

Na última seção, perguntamos quando podemos esperar que uma série de Taylor para uma função convirja para aquela função (geradora). Responderemos a essa questão nesta seção, com o seguinte teorema.

TEOREMA 23 — Teorema de Taylor Se f e suas primeiras n derivadas $f', f'', \ldots, f^{(n)}$ forem contínuas no intervalo fechado entre a e b, e $f^{(n)}$ for derivável no intervalo aberto entre a e b, então existe um número c entre a e b, tal que

$$f(b) = f(a) + f'(a)(b-a) + \frac{f''(a)}{2!}(b-a)^2 + \cdots + \frac{f^{(n)}(a)}{n!}(b-a)^n + \frac{f^{(n+1)}(c)}{(n+1)!}(b-a)^{n+1}.$$

O teorema de Taylor é uma generalização do teorema do valor médio (Exercício 45). Há uma prova para o teorema de Taylor ao término desta seção.

Quando aplicamos esse teorema, geralmente desejamos manter o valor de a fixo e tratar b como uma variável independente. A fórmula de Taylor é mais fácil de ser utilizada em circunstâncias como essa se substituirmos b por x. Aqui está uma versão do teorema com essa alteração.

Fórmula de Taylor

Se f tem derivadas de todas as ordens em um intervalo aberto I contendo a, então para cada inteiro positivo n e para cada x em I,

$$f(x) = f(a) + f'(a)(x-a) + \frac{f''(a)}{2!}(x-a)^2 + \cdots + \frac{f^{(n)}(a)}{n!}(x-a)^n + R_n(x), \quad (1)$$

onde

$$R_n(x) = \frac{f^{(n+1)}(c)}{(n+1)!}(x-a)^{n+1} \quad \text{para algum } c \text{ entre } a \text{ e } x. \quad (2)$$

Quando enunciamos o teorema de Taylor dessa forma, ele nos diz que para cada $x \in I$,

$$f(x) = P_n(x) + R_n(x).$$

A função $R_n(x)$ é determinada pelo valor da $(n+1)$-ésima derivada $f^{(n+1)}$ no ponto c que depende tanto de a quanto de x e que está em algum ponto entre eles. Para qualquer valor de n que desejarmos, a equação nos dá tanto uma aproximação polinomial de f daquela ordem, quanto uma fórmula para o erro envolvido no uso daquela aproximação sobre o intervalo I.

A Equação 1 é chamada **fórmula de Taylor**. A função $R_n(x)$ é denominada **resto de ordem n** ou **termo do erro** para a aproximação de f por $P_n(x)$ sobre I.

Se $R_n(x) \to 0$ conforme $n \to \infty$ para todo $x \in I$, dizemos que a série de Taylor gerada por f em $x = a$ **converge** para f em I, e escrevemos

$$f(x) = \sum_{k=0}^{\infty} \frac{f^{(k)}(a)}{k!}(x-a)^k.$$

Sempre podemos estimar o valor de R_n sem saber o valor de c, conforme ilustra o exemplo a seguir.

EXEMPLO 1 Mostre que a série de Taylor gerada por $f(x) = e^x$ em $x = 0$ converge para $f(x)$ para todo valor real de x.

Solução A função tem derivadas de todas as ordens no intervalo $I = (-\infty, \infty)$. As Equações 1 e 2 com $f(x) = e^x$ e $a = 0$ resultam em

$$e^x = 1 + x + \frac{x^2}{2!} + \cdots + \frac{x^n}{n!} + R_n(x)$$

Polinômio da Seção 10.8, Exemplo 2.

e

$$R_n(x) = \frac{e^c}{(n+1)!}x^{n+1} \quad \text{para algum } c \text{ entre } 0 \text{ e } x.$$

Como e^x é uma função crescente de x, e^c está entre $e^0 = 1$ e e^x. Quando x é negativo, c também é, e $e^c < 1$. Quando x é zero, $e^x = 1$ e $R_n(x) = 0$. Quando x é positivo, c também é, e $e^c < e^x$. Desse modo, para $R_n(x)$ dado acima,

$$|R_n(x)| \le \frac{|x|^{n+1}}{(n+1)!} \quad \text{quando } x \le 0, \qquad e^c < 1$$

e

$$|R_n(x)| < e^x \frac{x^{n+1}}{(n+1)!} \quad \text{quando } x > 0, \qquad e^c < e^x$$

Por fim, uma vez que

$$\lim_{n\to\infty} \frac{x^{n+1}}{(n+1)!} = 0 \quad \text{para todo } x, \qquad \text{Seção 10.1, Teorema 5}$$

$\lim_{n\to\infty} R_n(x) = 0$, e a série converge para e^x para todo x. Assim,

$$e^x = \sum_{k=0}^{\infty} \frac{x^k}{k!} = 1 + x + \frac{x^2}{2!} + \cdots + \frac{x^k}{k!} + \cdots. \quad (3)$$

Podemos utilizar o resultado do Exemplo 1 com $x = 1$ para escrever

$$e = 1 + 1 + \frac{1}{2!} + \cdots + \frac{1}{n!} + R_n(1),$$

onde, para algum c entre 0 e 1,

$$R_n(1) = e^c \frac{1}{(n+1)!} < \frac{3}{(n+1)!}. \qquad e^c < e^1 < 3$$

O número e como uma série

$$e = \sum_{n=0}^{\infty} \frac{1}{n!}$$

Estimando o resto

Frequentemente é possível estimar $R_n(x)$ como fizemos no Exemplo 1. Esse método de estimativa é tão conveniente que o consideramos um teorema para referência futura.

> **TEOREMA 24 — Teorema da estimativa do resto** Se existir uma constante positiva M tal que $|f^{(n+1)}(t)| \le M$ para todo t entre x e a, inclusive, então o termo do resto $R_n(x)$ no teorema de Taylor satisfaz a desigualdade
>
> $$|R_n(x)| \le M \frac{|x - a|^{n+1}}{(n+1)!}.$$
>
> Se essa desigualdade for válida para todo n e as outras condições do teorema de Taylor forem satisfeitas por f, então a série converge para $f(x)$.

Os dois próximos exemplos utilizam o Teorema 24 para mostrar que as séries de Taylor geradas pelas funções de seno e cosseno, na verdade, convergem às próprias funções.

EXEMPLO 2 Mostre que a série de Taylor para sen x em $x = 0$ converge para todo x.

Solução A função e suas derivadas são

$$\begin{aligned} f(x) &= \operatorname{sen} x, & f'(x) &= \cos x, \\ f''(x) &= -\operatorname{sen} x, & f'''(x) &= -\cos x, \\ &\vdots & &\vdots \\ f^{(2k)}(x) &= (-1)^k \operatorname{sen} x, & f^{(2k+1)}(x) &= (-1)^k \cos x, \end{aligned}$$

portanto

$$f^{(2k)}(0) = 0 \text{ e } f^{(2k+1)}(0) = (-1)^k.$$

A série tem somente termos de ordem ímpar e, para $n = 2k + 1$, o teorema de Taylor dá

$$\operatorname{sen} x = x - \frac{x^3}{3!} + \frac{x^5}{5!} - \cdots + \frac{(-1)^k x^{2k+1}}{(2k+1)!} + R_{2k+1}(x).$$

Todas as derivadas de sen x possuem valores absolutos menores ou iguais a 1, de forma que podemos aplicar o teorema da estimativa do resto com $M = 1$ para obter

$$|R_{2k+1}(x)| \le 1 \cdot \frac{|x|^{2k+2}}{(2k+2)!}.$$

A partir do Teorema 5, Regra 6, temos $(|x|^{2k+2}/(2k+2)!) \to 0$ quando $k \to \infty$, qualquer que seja o valor de x, de forma que $R_{2k+1}(x) \to 0$ e a série de Maclaurin para sen x converge para sen x para todo x. Portanto,

$$\operatorname{sen} x = \sum_{k=0}^{\infty} \frac{(-1)^k x^{2k+1}}{(2k+1)!} = x - \frac{x^3}{3!} + \frac{x^5}{5!} - \frac{x^7}{7!} + \cdots. \tag{4}$$

EXEMPLO 3 Mostre que a série de Taylor para cos x em $x = 0$ converge para cos x para todo valor de x.

Solução Adicionamos o resto ao polinômio de Taylor para cos x (Seção 10.8, Exemplo 3) para obtermos a fórmula de Taylor para cos x com $n = 2k$:

$$\cos x = 1 - \frac{x^2}{2!} + \frac{x^4}{4!} - \cdots + (-1)^k \frac{x^{2k}}{(2k)!} + R_{2k}(x).$$

Como as derivadas do cosseno têm valores absolutos menores ou iguais a 1, o teorema da estimativa do resto com $M = 1$ dá

$$|R_{2k}(x)| \leq 1 \cdot \frac{|x|^{2k+1}}{(2k+1)!}.$$

Para todo valor de x, $R_{2k}(x) \to 0$ conforme $k \to \infty$. Portanto, a série converge para $\cos x$ para todo valor de x. Assim,

$$\cos x = \sum_{k=0}^{\infty} \frac{(-1)^k x^{2k}}{(2k)!} = 1 - \frac{x^2}{2!} + \frac{x^4}{4!} - \frac{x^6}{6!} + \cdots. \quad (5)$$

Utilizando a série de Taylor

Como toda série de Taylor é uma série de potências, as operações de adição, subtração e multiplicação das séries de Taylor são todas válidas na intersecção de seus intervalos de convergência.

EXEMPLO 4 Utilizando séries conhecidas, encontre os primeiros termos da série de Taylor para a função determinada, utilizando operações de séries de potências.

(a) $\frac{1}{3}(2x + x\cos x)$ **(b)** $e^x \cos x$

Solução

(a)
$$\frac{1}{3}(2x + x\cos x) = \frac{2}{3}x + \frac{1}{3}x\left(1 - \frac{x^2}{2!} + \frac{x^4}{4!} - \cdots + (-1)^k \frac{x^{2k}}{(2k)!} + \cdots\right)$$
$$= \frac{2}{3}x + \frac{1}{3}x - \frac{x^3}{3!} + \frac{x^5}{3 \cdot 4!} - \cdots$$
$$= x - \frac{x^3}{6} + \frac{x^5}{72} - \cdots$$

(b)
$$e^x \cos x = \left(1 + x + \frac{x^2}{2!} + \frac{x^3}{3!} + \frac{x^4}{4!} + \cdots\right) \cdot \left(1 - \frac{x^2}{2!} + \frac{x^4}{4!} - \cdots\right)$$

Multiplique a primeira série por cada termo da segunda série

$$= \left(1 + x + \frac{x^2}{2!} + \frac{x^3}{3!} + \frac{x^4}{4!} + \cdots\right)$$
$$- \left(\frac{x^2}{2!} + \frac{x^3}{2!} + \frac{x^4}{2!2!} + \frac{x^5}{2!3!} + \cdots\right) + \left(\frac{x^4}{4!} + \frac{x^5}{4!} + \frac{x^6}{2!4!} + \cdots\right) + \cdots$$
$$= 1 + x - \frac{x^3}{3} - \frac{x^4}{6} + \cdots$$

Pelo Teorema 20, podemos utilizar a série de Taylor da função f para encontrar a série de Taylor de $f(u(x))$ onde $u(x)$ é qualquer função contínua. A série de Taylor resultante dessa substituição irá convergir para todo x tal que $u(x)$ fica dentro do intervalo de convergência da série de Taylor de f. Por exemplo, podemos utilizar a série de Taylor para $\cos 2x$ substituindo $2x$ por x na série de Taylor para $\cos x$:

$$\cos 2x = \sum_{k=0}^{\infty} \frac{(-1)^k (2x)^{2k}}{(2k)!} = 1 - \frac{(2x)^2}{2!} + \frac{(2x)^4}{4!} - \frac{(2x)^6}{6!} + \cdots$$

Equação 5 com $2x$ para x

$$= 1 - \frac{2^2x^2}{2!} + \frac{2^4x^4}{4!} - \frac{2^6x^6}{6!} + \cdots$$
$$= \sum_{k=0}^{\infty} (-1)^k \frac{2^{2k}x^{2k}}{(2k)!}.$$

EXEMPLO 5 Para quais valores de x podemos substituir sen x por $x - (x^3/3!)$ com um erro de magnitude inferior a 3×10^{-4}?

Solução Aqui podemos tirar vantagem do fato de que a série de Taylor para sen x é uma série alternada para todo valor de x diferente de zero. De acordo com o teorema da estimativa de séries alternadas (Seção 10.6), o erro no truncamento

$$\text{sen}\, x = x - \frac{x^3}{3!} \;\Big|\; + \frac{x^5}{5!} - \cdots$$

depois de $(x^3/3!)$ não é maior que

$$\left|\frac{x^5}{5!}\right| = \frac{|x|^5}{120}.$$

Portanto o erro será menor ou igual a 3×10^{-4} se

$$\frac{|x|^5}{120} < 3 \times 10^{-4} \quad \text{ou} \quad |x| < \sqrt[5]{360 \times 10^{-4}} \approx 0{,}514.$$

Arrendondado para menos, por segurança

O teorema da estimativa de séries alternadas nos diz algo que o teorema da estimativa não diz: que a estimativa $x - (x^3/3!)$ para sen x é uma subestimativa quando x é positivo, porque então $x^5/120$ é positivo.

A Figura 10.20 mostra o gráfico de sen x, junto com os gráficos de um número de seus polinômios aproximadores de Taylor. O gráfico de $P_3(x) = x - (x^3/3!)$ é quase indistinguível do gráfico da curva seno quando $0 \le x \le 1$.

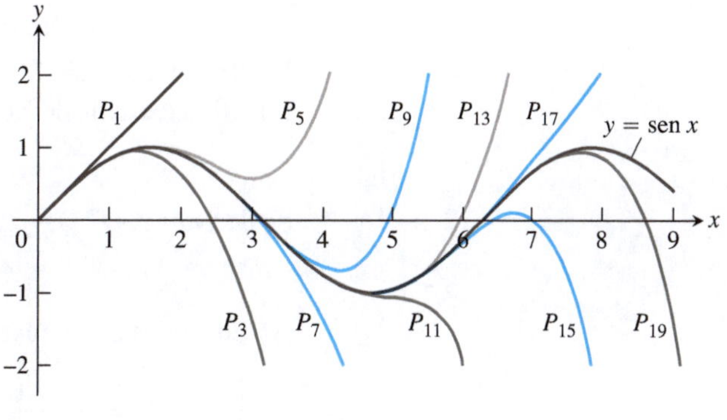

FIGURA 10.20 Os polinômios

$$P_{2n+1}(x) = \sum_{k=0}^{n} \frac{(-1)^k x^{2k+1}}{(2k+1)!}$$

convergem para sen x conforme $n \to \infty$. Observe o quão próximo $P_3(x)$ chega da curva seno para $x \le 1$ (Exemplo 5).

Uma prova do teorema de Taylor

Provamos o teorema de Taylor assumindo $a < b$. A prova para $a > b$ é quase a mesma. O polinômio de Taylor

$$P_n(x) = f(a) + f'(a)(x-a) + \frac{f''(a)}{2!}(x-a)^2 + \cdots + \frac{f^{(n)}(a)}{n!}(x-a)^n$$

e suas primeiras n derivadas combinam com a função f e suas n primeiras derivadas em $x = a$. Não alteramos essa combinação se acrescentarmos outro termo na forma $K(x-a)^{n+1}$, onde K é alguma constante, porque tanto esse termo quanto suas n primeiras derivadas são todos iguais a zero em $x = a$. A nova função

$$\phi_n(x) = P_n(x) + K(x-a)^{n+1}$$

e suas n primeiras derivadas ainda concordam com f e suas n primeiras derivadas em $x = a$.

Escolhemos agora o valor em particular de K que faz a curva $y = \phi_n(x)$ concordar com a curva original $y = f(x)$ em $x = b$. Em símbolos,

$$f(b) = P_n(b) + K(b - a)^{n+1} \qquad \text{ou} \qquad K = \frac{f(b) - P_n(b)}{(b - a)^{n+1}}. \tag{7}$$

Com K definido pela Equação 7, a função

$$F(x) = f(x) - \phi_n(x)$$

mede a diferença entre a função original f e a função aproximativa ϕ_n para todo x em $[a, b]$.

Utilizamos agora o teorema de Rolle (Seção 4.2). Primeiro, dado que $F(a) = F(b) = 0$ e tanto F quanto F' são contínuas em $[a, b]$, sabemos que

$$F'(c_1) = 0 \qquad \text{para algum } c_1 \text{ em } (a, b).$$

Depois, uma vez que $F'(a) = F'(c_1) = 0$ e tanto F' quanto F'' são contínuas em $[a, c_1]$, sabemos que

$$F''(c_2) = 0 \qquad \text{para algum } c_2 \text{ em } (a, c_1)$$

O teorema de Rolle, aplicado sucessivamente a F'', F''', ..., $F^{(n-1)}$, implica a existência de

$$\begin{aligned}
&c_3 \text{ em } (a, c_2) && \text{tal que } F'''(c_3) = 0,\\
&c_4 \text{ em } (a, c_3) && \text{tal que } F^{(4)}(c_4) = 0,\\
&\quad\vdots\\
&c_n \text{ em } (a, c_{n-1}) && \text{tal que } F^{(n)}(c_n) = 0.
\end{aligned}$$

Finalmente, sendo $F^{(n)}$ contínua em $[a, c_n]$ e derivável em (a, c_n), e $F^{(n)}(a) = F^{(n)}(c_n) = 0$, o teorema de Rolle implica que existe um número c_{n+1} em (a, c_n) tal que

$$F^{(n+1)}(c_{n+1}) = 0. \tag{8}$$

Se derivarmos $F(x) = f(x) - P_n(x) - K(x - a)^{n+1}$ um total de $n + 1$ vezes, teremos

$$F^{(n+1)}(x) = f^{(n+1)}(x) - 0 - (n + 1)!K. \tag{9}$$

As Equações 8 e 9, juntas, dão

$$K = \frac{f^{(n+1)}(c)}{(n + 1)!} \quad \text{para algum número } c = c_{n+1} \text{ em } (a, b). \tag{10}$$

As Equações 7 e 10 dão

$$f(b) = P_n(b) + \frac{f^{(n+1)}(c)}{(n + 1)!}(b - a)^{n+1}.$$

Isso conclui a prova.

Exercícios 10.9

Encontrando a série de Taylor

Utilize a substituição (como no Exemplo 4) para encontrar a série de Taylor em $x = 0$ das funções nos Exercícios 1-10.

1. e^{-5x}

2. $e^{-x/2}$

3. $5 \operatorname{sen}(-x)$

4. $\operatorname{sen}\left(\dfrac{\pi x}{2}\right)$

5. $\cos 5x^2$

6. $\cos\left(x^{2/3}/\sqrt{2}\right)$

7. $\ln(1 + x^2)$

8. $\operatorname{tg}^{-1}(3x^4)$

9. $\dfrac{1}{1 + \frac{3}{4}x^3}$

10. $\dfrac{1}{2 - x}$

Utilize operações de séries de potências para encontrar a série de Taylor em $x = 0$ para as funções nos Exercícios 11-28.

11. xe^x

12. $x^2 \operatorname{sen} x$

13. $\dfrac{x^2}{2} - 1 + \cos x$

14. $\operatorname{sen} x - x + \dfrac{x^3}{3!}$

15. $x \cos \pi x$

16. $x^2 \cos(x^2)$

17. $\cos^2 x$ (Sugestão: $\cos^2 x = (1 + \cos 2x)/2$.)

18. $\text{sen}^2 x$

19. $\dfrac{x^2}{1-2x}$

20. $x \ln(1+2x)$

21. $\dfrac{1}{(1-x)^2}$

22. $\dfrac{2}{(1-x)^3}$

23. $x\,\text{tg}^{-1}x^2$

24. $\text{sen}\, x \cdot \cos x$

25. $e^x + \dfrac{1}{1+x}$

26. $\cos x - \text{sen}\, x$

27. $\dfrac{x}{3}\ln(1+x^2)$

28. $\ln(1+x) - \ln(1-x)$

Encontre os quatro primeiros termos diferentes de zero na série de Maclaurin para as funções nos Exercícios 29-34.

29. $e^x\,\text{sen}\, x$

30. $\dfrac{\ln(1+x)}{1-x}$

31. $(\text{tg}^{-1}x)^2$

32. $\cos^2 x \cdot \text{sen}\, x$

33. $e^{\text{sen}\, x}$

34. $\text{sen}(\text{tg}^{-1}x)$

Estimativas de erros

35. Calcule o erro se $P_3(x) = x - (x^3/6)$ é utilizado para estimar o valor de sen x em $x = 0{,}1$.

36. Calcule o erro se $P_4(x) = 1 + x + (x^2/2) + (x^3/6) + (x^4/24)$ é utilizado para estimar o valor de e^x em $x = 1/2$.

37. Por aproximadamente quais valores de x você pode substituir sen x por $x - (x^3/6)$ com um erro de magnitude não superior a 5×10^{-4}? Justifique sua resposta.

38. Se cos x é substituído por $1 - (x^2/2)$ e $|x| < 0{,}5$, qual estimativa de erro pode ser feita? $1 - (x^2/2)$ tende a ser muito grande ou muito pequeno? Justifique sua resposta.

39. Quão próxima é a aproximação sen $x = x$ quando $|x| < 10^{-3}$? Para quais desses valores de x é $x < \text{sen}\, x$?

40. A estimativa $\sqrt{1+x} = 1 + (x/2)$ é utilizada quando x é pequeno. Calcule o erro quando $|x| < 0{,}01$.

41. A aproximação $e^x = 1 + x + (x^2/2)$ é utilizada quando x é pequeno. Utilize o teorema da estimativa do resto para estimar o erro quando $|x| < 0{,}1$.

42. (*Continuação do Exercício 41.*) Quando $x < 0$, a série para e^x é uma série alternada. Utilize o teorema da estimativa de séries alternadas para estimar o erro que resulta da substituição de e^x por $1 + x + (x^2/2)$ quando $-0{,}1 < x < 0$. Compare sua estimativa com aquela obtida no Exercício 41.

Teoria e exemplos

43. Utilize a identidade $\text{sen}^2 x = (1 - \cos 2x)/2$ para obter a série de Maclaurin para $\text{sen}^2 x$. Então derive essa série para obter a série de Maclaurin para 2 sen x cos x. Verifique que se trata de uma série para sen $2x$.

44. (*Continuação do Exercício 43.*) Utilize a identidade $\cos^2 x = \cos 2x + \text{sen}^2 x$ para obter uma série de potências para $\cos^2 x$.

45. Teorema de Taylor e o teorema do valor médio Explique como o teorema do valor médio (Seção 4.2, Teorema 4) é um caso especial do teorema de Taylor.

46. Linearizações nos pontos de inflexão Mostre que, se o gráfico de uma função $f(x)$ duas vezes derivável possui um ponto de inflexão $x = a$, então a linearização de f em $x = a$ é também a aproximação quadrática de f em $x = a$. Isso explica por que as retas tangentes se ajustam tão bem aos pontos de inflexão.

47. (Segundo) teste da derivada segunda Utilize a equação

$$f(x) = f(a) + f'(a)(x-a) + \frac{f''(c_2)}{2}(x-a)^2$$

para estabelecer o teste a seguir.

Seja f com primeira e segunda derivadas contínuas e suponha que $f'(a) = 0$. Então

a. f tem um máximo local em a se $f'' \le 0$ em um intervalo cujo interior contenha a;

b. f tem um mínimo local em a se $f'' \ge 0$ em um intervalo cujo interior contenha a.

48. Aproximação cúbica Utilize a fórmula de Taylor com $a = 0$ e $n = 3$ para encontrar a aproximação cúbica padrão de $f(x) = 1/(1-x)$ em $x = 0$. Dê um limitante superior para a magnitude do erro na aproximação quando $|x| \le 0{,}1$.

49. a. Utilize a fórmula de Taylor com $n = 2$ para encontrar a aproximação quadrática de $f(x) = (1+x)^k$ em $x = 0$ (k sendo uma constante).

b. Se $k = 3$, para aproximadamente quais valores de x no intervalo [0, 1] o erro na aproximação quadrática será menor que 1/100?

50. Aperfeiçoando aproximações para π

a. Seja P uma aproximação de π precisa até n casas decimais. Mostre que $P + \text{sen}\, P$ dá uma aproximação correta para $3n$ casas decimais. (Sugestão: considere $P = \pi + x$.)

T **b.** Tente fazer isso com uma calculadora.

51. Série de Taylor gerada por $f(x) = \sum_{n=0}^{\infty} a_n x^n$ é $\sum_{n=0}^{\infty} a_n x^n$ Uma função definida por uma série de potências $\sum_{n=0}^{\infty} a_n x^n$ com um raio de convergência $R > 0$ tem uma série de Taylor que converge para a função em todos os pontos de $(-R, R)$. Mostre que isso é verdade demonstrando que a série de Taylor gerada por $f(x) = \sum_{n=0}^{\infty} a_n x^n$ é a própria série $\sum_{n=0}^{\infty} a_n x^n$.

Uma consequência imediata disso é que séries como

$$x\,\text{sen}\, x = x^2 - \frac{x^4}{3!} + \frac{x^6}{5!} - \frac{x^8}{7!} + \cdots$$

e

$$x^2 e^x = x^2 + x^3 + \frac{x^4}{2!} + \frac{x^5}{3!} + \cdots,$$

obtidas pela multiplicação de séries de Taylor por potências de x, bem como séries obtidas pela integração e derivação de séries de potências convergentes, são as próprias séries de Taylor geradas pelas funções que elas representam.

52. Séries de Taylor para funções pares e funções ímpares (*Continuação da Seção 10.7, Exercício 55.*) Suponha que $f(x) = \sum_{n=0}^{\infty} a_n x^n$ converge para todo x em um intervalo aberto $(-R, R)$. Mostre que

a. Se f é par, então $a_1 = a_3 = a_5 = \cdots = 0$, isto é, a série de Taylor para f em $x = 0$ contém somente potências pares de x.

b. Se f é ímpar, então $a_0 = a_2 = a_4 = \cdots = 0$, isto é, a série de Taylor para f em $x = 0$ contém somente potências ímpares de x.

USO DO COMPUTADOR

A fórmula de Taylor com $n = 1$ e $a = 0$ fornece a linearização de uma função em $x = 0$. Com $n = 2$ e $n = 3$ obtemos as aproximações quadráticas e cúbicas padrão. Nestes exercícios, iremos explorar os erros associados com essas aproximações. Buscamos respostas para duas questões:

a. Para quais valores de x a função pode ser substituída por cada aproximação com um erro menor que 10^{-2}?

b. Qual é o erro máximo que poderemos esperar se trocarmos a função por cada aproximação no intervalo especificado?

Utilizando um SAC, execute os passos a seguir para ajudar nas respostas dos itens (a) e (b) para as funções e intervalos nos Exercícios 53-58.

Passo 1: Faça o gráfico da função no intervalo especificado.

Passo 2: Encontre os polinômios de Taylor $P_1(x)$, $P_2(x)$ e $P_3(x)$ em $x = 0$.

Passo 3: Calcule a derivada $f^{(n+1)}(c)$ de ordem $(n + 1)$ associada ao resto para cada polinômio de Taylor. Faça o gráfico da derivada como uma função de c no intervalo especificado e estime seu máximo valor absoluto, M.

Passo 4: Calcule o resto $R_n(x)$ para cada polinômio. Utilizando o M estimado do Passo 3 no lugar de $f^{(n+1)}(c)$, represente graficamente $R_n(x)$ no intervalo especificado. Em seguida, calcule os valores de x que respondem à questão (a).

Passo 5: Compare seu erro estimado com o erro real $E_n(x) = |f(x) - P_n(x)|$ representando graficamente $E_n(x)$ no intervalo especificado. Isso irá ajudar a responder ao item (b).

Passo 6: Faça o gráfico da função e suas três aproximações de Taylor juntas. Discuta os gráficos em relação às informações descobertas nos Passos 4 e 5.

53. $f(x) = \dfrac{1}{\sqrt{1 + x}}, \quad |x| \leq \dfrac{3}{4}$

54. $f(x) = (1 + x)^{3/2}, \quad -\dfrac{1}{2} \leq x \leq 2$

55. $f(x) = \dfrac{x}{x^2 + 1}, \quad |x| \leq 2$

56. $f(x) = (\cos x)(\text{sen } 2x)$, $|x| \leq 2$

57. $f(x) = e^{-x} \cos 2x$, $|x| \leq 1$

58. $f(x) = e^{x/3} \text{ sen } 2x$, $|x| \leq 2$

10.10 Séries binomiais e aplicações das séries de Taylor

Nesta seção, introduziremos a série binomial para a estimativa de potências e raízes de expressões binomiais $(1 + x)^m$. Mostraremos também como as séries podem ser utilizadas para avaliar integrais não elementares e limites que levam a formas indeterminadas e forneceremos uma dedução da série de Taylor para $\text{tg}^{-1} x$. Esta seção conclui com uma tabela de referência de séries frequentemente utilizadas.

Séries binomiais para potências e raízes

A série de Taylor gerada por $f(x) = (1 + x)^m$, quando m é constante, é

$$1 + mx + \frac{m(m-1)}{2!}x^2 + \frac{m(m-1)(m-2)}{3!}x^3 + \cdots + \frac{m(m-1)(m-2)\cdots(m-k+1)}{k!}x^k + \cdots. \quad (1)$$

Essa série, chamada de **série binomial**, converge absolutamente para $|x| < 1$. Para deduzir a série, primeiro listamos a função e suas derivadas:

$$\begin{aligned}
f(x) &= (1 + x)^m \\
f'(x) &= m(1 + x)^{m-1} \\
f''(x) &= m(m-1)(1 + x)^{m-2} \\
f'''(x) &= m(m-1)(m-2)(1 + x)^{m-3} \\
&\vdots \\
f^{(k)}(x) &= m(m-1)(m-2)\cdots(m-k+1)(1 + x)^{m-k}.
\end{aligned}$$

Em seguida, as avaliamos em $x = 0$ e substituímos esses valores na fórmula da série de Taylor para obtermos a Série 1.

Se m é um inteiro maior ou igual a zero, a série para depois de $(m + 1)$ termos, porque os coeficientes a partir de $k = m + 1$ são zero.

Se m não é um inteiro positivo ou zero, a série é infinita e converge para $|x| < 1$. Para saber por quê, considere u_k o termo envolvendo x^k. Em seguida, aplique o teste da razão para convergência absoluta para ver que

$$\left|\frac{u_{k+1}}{u_k}\right| = \left|\frac{m-k}{k+1}x\right| \to |x| \quad \text{conforme } k \to \infty.$$

Nossa dedução da série binomial mostra apenas que ela é gerada por $(1 + x)^m$ e converge para $|x| < 1$. A dedução não mostra que a série converge para $(1 + x)^m$. Ela o faz, mas omitimos a prova. (Veja o Exercício 64.)

Série binomial

Para $-1 < x < 1$,

$$(1 + x)^m = 1 + \sum_{k=1}^{\infty} \binom{m}{k} x^k,$$

onde definimos

$$\binom{m}{1} = m, \qquad \binom{m}{2} = \frac{m(m-1)}{2!}$$

e

$$\binom{m}{k} = \frac{m(m-1)(m-2)\cdots(m-k+1)}{k!} \quad \text{para } k \geq 3.$$

EXEMPLO 1 Se $m = -1$,

$$\binom{-1}{1} = -1, \qquad \binom{-1}{2} = \frac{-1(-2)}{2!} = 1$$

e

$$\binom{-1}{k} = \frac{-1(-2)(-3)\cdots(-1-k+1)}{k!} = (-1)^k \left(\frac{k!}{k!}\right) = (-1)^k.$$

Com esses valores de coeficientes e com x substituído por $-x$, a fórmula da série binomial fornece a série geométrica familiar

$$(1 + x)^{-1} = 1 + \sum_{k=1}^{\infty} (-1)^k x^k = 1 - x + x^2 - x^3 + \cdots + (-1)^k x^k + \cdots.$$

EXEMPLO 2 Sabemos a partir da Seção 3.11, Exemplo 1, que $\sqrt{1+x} \approx 1 + (x/2)$ para $|x|$ pequeno. Com $m = 1/2$, a série binomial também fornece aproximações quadráticas e de ordem maior, juntamente com estimativas de erro obtidas a partir do teorema da estimativa de séries alternadas:

$$(1 + x)^{1/2} = 1 + \frac{x}{2} + \frac{\left(\frac{1}{2}\right)\left(-\frac{1}{2}\right)}{2!}x^2 + \frac{\left(\frac{1}{2}\right)\left(-\frac{1}{2}\right)\left(-\frac{3}{2}\right)}{3!}x^3$$

$$+ \frac{\left(\frac{1}{2}\right)\left(-\frac{1}{2}\right)\left(-\frac{3}{2}\right)\left(-\frac{5}{2}\right)}{4!}x^4 + \cdots$$

$$= 1 + \frac{x}{2} - \frac{x^2}{8} + \frac{x^3}{16} - \frac{5x^4}{128} + \cdots.$$

A substituição de x ainda dá outras aproximações. Por exemplo,

$$\sqrt{1 - x^2} \approx 1 - \frac{x^2}{2} - \frac{x^4}{8} \quad \text{para } |x^2| \text{ pequeno}$$

$$\sqrt{1 - \frac{1}{x}} \approx 1 - \frac{1}{2x} - \frac{1}{8x^2} \quad \text{para } \left|\frac{1}{x}\right| \text{ pequeno, ou seja, } |x| \text{ grande.}$$

Às vezes, podemos utilizar as séries binomiais para encontrar a soma de uma determinada série de potências em termos de uma função conhecida. Por exemplo,

$$x^2 - \frac{x^6}{3!} + \frac{x^{10}}{5!} - \frac{x^{14}}{7!} + \cdots = (x^2) - \frac{(x^2)^3}{3!} + \frac{(x^2)^5}{5!} - \frac{(x^2)^7}{7!} + \cdots = \operatorname{sen} x^2.$$

Exemplos adicionais são fornecidos nos Exercícios 59-62.

Avaliando integrais não elementares

As séries de Taylor podem ser utilizadas para expressar integrais não elementares em termos de séries. Integrais como $\int \operatorname{sen} x^2\,dx$ aparecem no estudo de difração da luz.

EXEMPLO 3 Expresse $\int \operatorname{sen} x^2\,dx$ como uma série de potências.

Solução A partir da série para sen x substituímos x^2 por x para obtermos

$$\operatorname{sen} x^2 = x^2 - \frac{x^6}{3!} + \frac{x^{10}}{5!} - \frac{x^{14}}{7!} + \frac{x^{18}}{9!} - \cdots.$$

Portanto,

$$\int \operatorname{sen} x^2\,dx = C + \frac{x^3}{3} - \frac{x^7}{7\cdot 3!} + \frac{x^{11}}{11\cdot 5!} - \frac{x^{15}}{15\cdot 7!} + \frac{x^{10}}{19\cdot 9!} - \cdots.$$

EXEMPLO 4 Calcule $\int_0^1 \operatorname{sen} x^2\,dx$ com um erro menor que 0,001.

Solução A partir da integral indefinida do Exemplo 3,

$$\int_0^1 \operatorname{sen} x^2\,dx = \frac{1}{3} - \frac{1}{7\cdot 3!} + \frac{1}{11\cdot 5!} - \frac{1}{15\cdot 7!} + \frac{1}{19\cdot 9!} - \cdots.$$

A série se alterna, e encontramos por experimentação que

$$\frac{1}{11\cdot 5!} \approx 0{,}00076$$

é o primeiro termo a ser numericamente menor que 0,001. A soma dos dois termos precedentes dá

$$\int_0^1 \operatorname{sen} x^2\,dx \approx \frac{1}{3} - \frac{1}{42} \approx 0{,}310.$$

Com mais dois termos, podemos estimar

$$\int_0^1 \operatorname{sen} x^2\,dx \approx 0{,}310268$$

com um erro menor que 10^{-6}. Com somente um termo além, temos

$$\int_0^1 \operatorname{sen} x^2\,dx \approx \frac{1}{3} - \frac{1}{42} + \frac{1}{1320} - \frac{1}{75600} + \frac{1}{6894720} \approx 0{,}310268303,$$

com um erro de cerca de $1{,}08 \times 10^{-9}$. Garantir essa precisão com a fórmula de erro para a regra dos trapézios exigiria que cerca de 8.000 subintervalos fossem utilizados.

Arco tangentes

Na Seção 10.7, Exemplo 5, encontramos uma série para $\operatorname{tg}^{-1} x$ através da derivação para chegarmos a

$$\frac{d}{dx}\operatorname{tg}^{-1} x = \frac{1}{1+x^2} = 1 - x^2 + x^4 - x^6 + \cdots$$

e em seguida, através da integração, obtermos

$$\operatorname{tg}^{-1} x = x - \frac{x^3}{3} + \frac{x^5}{5} - \frac{x^7}{7} + \cdots.$$

No entanto, não provamos o teorema da integração termo a termo, do qual depende essa conclusão. Agora, deduzimos a série novamente integrando ambos os lados da fórmula finita

$$\frac{1}{1+t^2} = 1 - t^2 + t^4 - t^6 + \cdots + (-1)^n t^{2n} + \frac{(-1)^{n+1} t^{2n+2}}{1+t^2}, \qquad (2)$$

na qual o último termo surge da adição dos termos restantes como uma série geométrica com o primeiro termo $a = (-1)^{n+1} t^{2n+2}$ e razão $r = -t^2$. Integrando ambos os lados da Equação 2 a partir de $t = 0$ a $t = x$ nos dá

$$\text{tg}^{-1} x = x - \frac{x^3}{3} + \frac{x^5}{5} - \frac{x^7}{7} + \cdots + (-1)^n \frac{x^{2n+1}}{2n+1} + R_n(x),$$

onde

$$R_n(x) = \int_0^x \frac{(-1)^{n+1} t^{2n+2}}{1+t^2}\, dt.$$

O denominador do integrando é maior ou igual a 1; consequentemente,

$$|R_n(x)| \leq \int_0^{|x|} t^{2n+2}\, dt = \frac{|x|^{2n+3}}{2n+3}.$$

Se $|x| \leq 1$, o lado direito dessa desigualdade se aproxima de zero conforme $n \to \infty$. Portanto, $\lim_{n\to\infty} R_n(x) = 0$ se $|x| \leq 1$ e

$$\text{tg}^{-1} x = \sum_{n=0}^{\infty} \frac{(-1)^n x^{2n+1}}{2n+1}, \qquad |x| \leq 1.$$

$$\text{tg}^{-1} x = x - \frac{x^3}{3} + \frac{x^5}{5} - \frac{x^7}{7} + \cdots, \qquad |x| \leq 1. \qquad (3)$$

Tomamos esse caminho em vez de encontrarmos a série de Taylor diretamente porque as fórmulas para as derivadas de ordem mais alta de $\text{tg}^{-1} x$ são intratáveis. Quando colocamos $x = 1$ na Equação 3, chegamos à **fórmula de Leibniz**:

$$\frac{\pi}{4} = 1 - \frac{1}{3} + \frac{1}{5} - \frac{1}{7} + \frac{1}{9} - \cdots + \frac{(-1)^n}{2n+1} + \cdots.$$

Como essa série converge muito lentamente, ela não é utilizada na aproximação de π para muitas casas decimais. A série para $\text{tg}^{-1} x$ converge mais rapidamente quando x está próximo de zero. Por esse motivo, as pessoas que utilizam a série para $\text{tg}^{-1} x$ para computar π usam várias identidades trigonométricas.

Por exemplo, se

$$\alpha = \text{tg}^{-1}\frac{1}{2} \qquad \text{e} \qquad \beta = \text{tg}^{-1}\frac{1}{3},$$

então

$$\text{tg}(\alpha + \beta) = \frac{\text{tg}\,\alpha + \text{tg}\,\beta}{1 - \text{tg}\,\alpha\ \text{tg}\,\beta} = \frac{\frac{1}{2} + \frac{1}{3}}{1 - \frac{1}{6}} = 1 = \text{tg}\,\frac{\pi}{4}$$

e

$$\frac{\pi}{4} = \alpha + \beta = \text{tg}^{-1}\frac{1}{2} + \text{tg}^{-1}\frac{1}{3}.$$

Agora a Equação 3 pode ser utilizada com $x = 1/2$ para avaliar $\text{tg}^{-1}(1/2)$ e com $x = 1/3$ para chegar a $\text{tg}^{-1}(1/3)$. A soma desses resultados, multiplicada por 4, nos dá π.

Avaliando formas indeterminadas

Podemos algumas vezes avaliar formas indeterminadas expressando as funções envolvidas como séries de Taylor.

EXEMPLO 5 Avalie

$$\lim_{x \to 1} \frac{\ln x}{x - 1}.$$

Solução Representamos $\ln x$ como uma série de Taylor em potências de $x - 1$. Podemos conseguir isso calculando a série de Taylor gerada por $\ln x$ em $x = 1$ diretamente ou substituindo x por $x - 1$ na série para $\ln(1 + x)$ na Seção 10.7, Exemplo 6. Com qualquer das duas fórmulas obtemos

$$\ln x = (x - 1) - \frac{1}{2}(x - 1)^2 + \cdots,$$

a partir do qual concluímos que

$$\lim_{x \to 1} \frac{\ln x}{x - 1} = \lim_{x \to 1} \left(1 - \frac{1}{2}(x - 1) + \cdots\right) = 1.$$

EXEMPLO 6 Avalie

$$\lim_{x \to 0} \frac{\operatorname{sen} x - \operatorname{tg} x}{x^3}.$$

Solução As séries de Taylor para $\operatorname{sen} x$ e $\operatorname{tg} x$, até termos em x^5, são

$$\operatorname{sen} x = x - \frac{x^3}{3!} + \frac{x^5}{5!} - \cdots, \qquad \operatorname{tg} x = x + \frac{x^3}{3} + \frac{2x^5}{15} + \cdots.$$

Portanto,

$$\operatorname{sen} x - \operatorname{tg} x = -\frac{x^3}{2} - \frac{x^5}{8} - \cdots = x^3\left(-\frac{1}{2} - \frac{x^2}{8} - \cdots\right)$$

e

$$\lim_{x \to 0} \frac{\operatorname{sen} x - \operatorname{tg} x}{x^3} = \lim_{x \to 0}\left(-\frac{1}{2} - \frac{x^2}{8} - \cdots\right)$$

$$= -\frac{1}{2}.$$

Se aplicarmos séries para calcular $\lim_{x \to 0}((1/\operatorname{sen} x) - (1/x))$, não apenas encontraremos o limite com sucesso, mas também descobriremos uma fórmula de aproximação para cossec x.

EXEMPLO 7 Encontre $\lim_{x \to 0}\left(\frac{1}{\operatorname{sen} x} - \frac{1}{x}\right)$.

Solução

$$\frac{1}{\operatorname{sen} x} - \frac{1}{x} = \frac{x - \operatorname{sen} x}{x \operatorname{sen} x} = \frac{x - \left(x - \frac{x^3}{3!} + \frac{x^5}{5!} - \cdots\right)}{x \cdot \left(x - \frac{x^3}{3!} + \frac{x^5}{5!} - \cdots\right)}$$

$$= \frac{x^3\left(\frac{1}{3!} - \frac{x^2}{5!} + \cdots\right)}{x^2\left(1 - \frac{x^2}{3!} + \cdots\right)} = x\frac{\frac{1}{3!} - \frac{x^2}{5!} + \cdots}{1 - \frac{x^2}{3!} + \cdots}$$

Portanto,

$$\lim_{x \to 0}\left(\frac{1}{\operatorname{sen} x} - \frac{1}{x}\right) = \lim_{x \to 0}\left(x\frac{\frac{1}{3!} - \frac{x^2}{5!} + \cdots}{1 - \frac{x^2}{3!} + \cdots}\right) = 0.$$

A partir do quociente à direita, podemos ver que, se $|x|$ é pequeno, então

$$\frac{1}{\operatorname{sen} x} - \frac{1}{x} \approx x \cdot \frac{1}{3!} = \frac{x}{6} \qquad \text{ou} \qquad \operatorname{cossec} x \approx \frac{1}{x} + \frac{x}{6}.$$

Identidade de Euler

Como você pode se lembrar, um número complexo é um número da forma $a + bi$, onde a e b são números reais e $i = \sqrt{-1}$. Se substituirmos $x = i\theta$ (θ real) na série de Taylor para e^x e utilizarmos as relações

$$i^2 = -1, \quad i^3 = i^2 i = -i, \quad i^4 = i^2 i^2 = 1, \quad i^5 = i^4 i = i,$$

e assim por diante, para simplificar o resultado, obtemos

$$e^{i\theta} = 1 + \frac{i\theta}{1!} + \frac{i^2\theta^2}{2!} + \frac{i^3\theta^3}{3!} + \frac{i^4\theta^4}{4!} + \frac{i^5\theta^5}{5!} + \frac{i^6\theta^6}{6!} + \cdots$$

$$= \left(1 - \frac{\theta^2}{2!} + \frac{\theta^4}{4!} - \frac{\theta^6}{6!} + \cdots\right) + i\left(\theta - \frac{\theta^3}{3!} + \frac{\theta^5}{5!} - \cdots\right) = \cos\theta + i\operatorname{sen}\theta.$$

Isso não *prova* que $e^{i\theta} = \cos\theta + i \operatorname{sen}\theta$ porque ainda não identificamos o que significa elevar e a uma potência imaginária. Em vez disso, ela diz como definir $e^{i\theta}$ como sendo consistente com outras coisas que sabemos.

DEFINIÇÃO

Para qualquer número real θ, $e^{i\theta} = \cos\theta + i \operatorname{sen}\theta$. (4)

A Equação 4, chamada de **identidade de Euler**, nos permite definir e^{a+bi} como sendo $e^a \cdot e^{bi}$ para qualquer número complexo $a + bi$. Uma consequência da identidade é a equação

$$e^{i\pi} = -1.$$

Quando escrevemos a forma $e^{i\pi} + 1 = 0$, essa equação combina cinco das constantes mais importantes da matemática.

TABELA 10.1 Séries de Taylor frequentemente utilizadas

$$\frac{1}{1-x} = 1 + x + x^2 + \cdots + x^n + \cdots = \sum_{n=0}^{\infty} x^n, \qquad |x| < 1$$

$$\frac{1}{1+x} = 1 - x + x^2 - \cdots + (-x)^n + \cdots = \sum_{n=0}^{\infty} (-1)^n x^n, \qquad |x| < 1$$

$$e^x = 1 + x + \frac{x^2}{2!} + \cdots + \frac{x^n}{n!} + \cdots = \sum_{n=0}^{\infty} \frac{x^n}{n!}, \qquad |x| < \infty$$

$$\operatorname{sen} x = x - \frac{x^3}{3!} + \frac{x^5}{5!} - \cdots + (-1)^n \frac{x^{2n+1}}{(2n+1)!} + \cdots = \sum_{n=0}^{\infty} \frac{(-1)^n x^{2n+1}}{(2n+1)!}, \qquad |x| < \infty$$

$$\cos x = 1 - \frac{x^2}{2!} + \frac{x^4}{4!} - \cdots + (-1)^n \frac{x^{2n}}{(2n)!} + \cdots = \sum_{n=0}^{\infty} \frac{(-1)^n x^{2n}}{(2n)!}, \qquad |x| < \infty$$

$$\ln(1+x) = x - \frac{x^2}{2} + \frac{x^3}{3} - \cdots + (-1)^{n-1} \frac{x^n}{n} + \cdots = \sum_{n=1}^{\infty} \frac{(-1)^{n-1} x^n}{n}, \qquad -1 < x \le 1$$

$$\operatorname{tg}^{-1} x = x - \frac{x^3}{3} + \frac{x^5}{5} - \cdots + (-1)^n \frac{x^{2n+1}}{2n+1} + \cdots = \sum_{n=0}^{\infty} \frac{(-1)^n x^{2n+1}}{2n+1}, \qquad |x| \le 1$$

Exercícios 10.10

Séries binomiais

Encontre os quatro primeiros termos da série binomial para as funções nos Exercícios 1-10.

1. $(1+x)^{1/2}$
2. $(1+x)^{1/3}$
3. $(1-x)^{-1/2}$
4. $(1-2x)^{1/2}$
5. $\left(1+\frac{x}{2}\right)^{-2}$
6. $\left(1-\frac{x}{3}\right)^{4}$
7. $(1+x^3)^{-1/2}$
8. $(1+x^2)^{-1/3}$
9. $\left(1+\frac{1}{x}\right)^{1/2}$
10. $\dfrac{x}{\sqrt[3]{1+x}}$

Encontre a série binomial para as funções nos Exercícios 11-14.

11. $(1+x)^4$
12. $(1+x^2)^3$
13. $(1-2x)^3$
14. $\left(1-\frac{x}{2}\right)^4$

Aproximações e integrais não elementares

T Nos Exercícios 15-18, utilize séries para estimar os valores das integrais com um erro de magnitude menor que 10^{-3}. (A seção de respostas apresenta os valores das integrais arredondados para cinco casas decimais.)

15. $\displaystyle\int_0^{0,2} \operatorname{sen} x^2\, dx$
16. $\displaystyle\int_0^{0,2} \frac{e^{-x}-1}{x}\, dx$
17. $\displaystyle\int_0^{0,1} \frac{1}{\sqrt{1+x^4}}\, dx$
18. $\displaystyle\int_0^{0,25} \sqrt[3]{1+x^2}\, dx$

T Utilize séries para aproximar os valores das integrais nos Exercícios 19-22 com um erro de magnitude menor que 10^{-8}.

19. $\displaystyle\int_0^{0,1} \frac{\operatorname{sen} x}{x}\, dx$
20. $\displaystyle\int_0^{0,1} e^{-x^2}\, dx$
21. $\displaystyle\int_0^{0,1} \sqrt{1+x^4}\, dx$
22. $\displaystyle\int_0^{1} \frac{1-\cos x}{x^2}\, dx$

23. Estime o erro se $\cos t^2$ é aproximado por $1-\dfrac{t^4}{2}+\dfrac{t^8}{4!}$ na integral $\int_0^1 \cos t^2\, dt$.

24. Estime o erro se $\cos\sqrt{t}$ é aproximado por $1-\dfrac{t}{2}+\dfrac{t^2}{4!}-\dfrac{t^3}{6!}$ na integral $\int_0^1 \cos\sqrt{t}\, dt$.

Nos Exercícios 25-28, encontre o polinômio que irá aproximar $F(x)$ ao longo do intervalo dado com um erro de magnitude menor que 10^{-3}.

25. $F(x)=\displaystyle\int_0^x \operatorname{sen} t^2\, dt,\quad [0, 1]$
26. $F(x)=\displaystyle\int_0^x t^2 e^{-t^2}\, dt,\quad [0, 1]$
27. $F(x)=\displaystyle\int_0^x \operatorname{tg}^{-1} t\, dt,\quad$ **(a)** $[0; 0{,}5]$ **(b)** $[0, 1]$
28. $F(x)=\displaystyle\int_0^x \frac{\ln(1+t)}{t}\, dt,\quad$ **(a)** $[0; 0{,}5]$ **(b)** $[0, 1]$

Formas indeterminadas

Utilize séries para avaliar os limites nos Exercícios 29-40.

29. $\displaystyle\lim_{x\to 0} \frac{e^x-(1+x)}{x^2}$
30. $\displaystyle\lim_{x\to 0} \frac{e^x-e^{-x}}{x}$
31. $\displaystyle\lim_{t\to 0} \frac{1-\cos t-(t^2/2)}{t^4}$
32. $\displaystyle\lim_{\theta\to 0} \frac{\operatorname{sen}\theta-\theta+(\theta^3/6)}{\theta^5}$
33. $\displaystyle\lim_{y\to 0} \frac{y-\operatorname{tg}^{-1} y}{y^3}$
34. $\displaystyle\lim_{y\to 0} \frac{\operatorname{tg}^{-1} y-\operatorname{sen} y}{y^3\cos y}$
35. $\displaystyle\lim_{x\to\infty} x^2(e^{-1/x^2}-1)$
36. $\displaystyle\lim_{x\to\infty} (x+1)\operatorname{sen}\frac{1}{x+1}$
37. $\displaystyle\lim_{x\to 0} \frac{\ln(1+x^2)}{1-\cos x}$
38. $\displaystyle\lim_{x\to 2} \frac{x^2-4}{\ln(x-1)}$
39. $\displaystyle\lim_{x\to 0} \frac{\operatorname{sen} 3x^2}{1-\cos 2x}$
40. $\displaystyle\lim_{x\to 0} \frac{\ln(1+x^3)}{x\cdot\operatorname{sen} x^2}$

Utilizando a Tabela 10.1

Nos Exercícios 41-52, utilize a Tabela 10.1 para encontrar a soma de cada uma das séries.

41. $1+1+\dfrac{1}{2!}+\dfrac{1}{3!}+\dfrac{1}{4!}+\cdots$
42. $\left(\dfrac{1}{4}\right)^3+\left(\dfrac{1}{4}\right)^4+\left(\dfrac{1}{4}\right)^5+\left(\dfrac{1}{4}\right)^6+\cdots$
43. $1-\dfrac{3^2}{4^2\cdot 2!}+\dfrac{3^4}{4^4\cdot 4!}-\dfrac{3^6}{4^6\cdot 6!}+\cdots$
44. $\dfrac{1}{2}-\dfrac{1}{2\cdot 2^2}+\dfrac{1}{3\cdot 2^3}-\dfrac{1}{4\cdot 2^4}+\cdots$
45. $\dfrac{\pi}{3}-\dfrac{\pi^3}{3^3\cdot 3!}+\dfrac{\pi^5}{3^5\cdot 5!}-\dfrac{\pi^7}{3^7\cdot 7!}+\cdots$
46. $\dfrac{2}{3}-\dfrac{2^3}{3^3\cdot 3}+\dfrac{2^5}{3^5\cdot 5}-\dfrac{2^7}{3^7\cdot 7}+\cdots$
47. $x^3+x^4+x^5+x^6+\ldots$
48. $1-\dfrac{3^2x^2}{2!}+\dfrac{3^4x^4}{4!}-\dfrac{3^6x^6}{6!}+\cdots$
49. $x^3-x^5+x^7-x^9+x^{11}-\ldots$
50. $x^2-2x^3+\dfrac{2^2x^4}{2!}-\dfrac{2^3x^5}{3!}+\dfrac{2^4x^6}{4!}-\cdots$
51. $-1+2x-3x^2+4x^3-5x^4+\ldots$
52. $1+\dfrac{x}{2}+\dfrac{x^2}{3}+\dfrac{x^3}{4}+\dfrac{x^4}{5}+\cdots$

Teoria e exemplos

53. Substitua x por $-x$ na série de Taylor para $\ln(1+x)$ para obter uma série para $\ln(1-x)$. Em seguida, subtraia da série de Taylor para $\ln(1+x)$ para mostrar que, para $|x|<1$,
$$\ln\frac{1+x}{1-x}=2\left(x+\frac{x^3}{3}+\frac{x^5}{5}+\cdots\right).$$

54. Quantos termos da série de Taylor para $\ln(1+x)$ devem ser adicionados para se ter certeza de que se está calculando $\ln(1{,}1)$ com um erro de magnitude menor que 10^{-8}? Justifique sua resposta.

55. De acordo com o teorema da estimativa de séries alternadas, quantos termos da série de Taylor para $\operatorname{tg}^{-1} 1$ teriam de ser adicionados para se ter certeza de encontrar $\pi/4$ com um erro de magnitude menor que 10^{-3}? Justifique sua resposta.

56. Mostre que a série de Taylor para $f(x)=\operatorname{tg}^{-1} x$ diverge para $|x|>1$.

T **57. Estimando Pi** Cerca de quantos termos da série de Taylor para $\operatorname{tg}^{-1} x$ teriam de ser utilizados para avaliar cada termo do lado direito da equação

$$\pi = 48 \operatorname{tg}^{-1} \frac{1}{18} + 32 \operatorname{tg}^{-1} \frac{1}{57} - 20 \operatorname{tg}^{-1} \frac{1}{239}$$

com um erro de magnitude menor que 10^{-6}? Em contrapartida, a convergência de $\sum_{n=1}^{\infty}(1/n^2)$ a $\pi^2/6$ é tão lenta que nem mesmo 50 termos conseguirão nos dar a precisão de duas casas.

58. Integre os três primeiros termos diferentes de zero da série de Taylor para tg t de 0 a x para obter os três primeiros termos diferentes de zero da série de Taylor para ln sec x.

59. a. Utilize a série binomial e o fato de que

$$\frac{d}{dx} \operatorname{sen}^{-1} x = (1 - x^2)^{-1/2}$$

para gerar os quatro primeiros termos diferentes de zero da série de Taylor para $\operatorname{sen}^{-1} x$. Qual é o raio de convergência?

b. Série para $\cos^{-1} x$ Utilize seu resultado no item (a) para encontrar os cinco primeiros termos diferentes de zero da série de Taylor para $\cos^{-1} x$.

60. a. Série para $\operatorname{senh}^{-1} x$ Encontre os quatro primeiros termos diferentes de zero da série de Taylor para

$$\operatorname{senh}^{-1} x = \int_0^x \frac{dt}{\sqrt{1 + t^2}}.$$

T **b.** Utilize os *três* primeiros termos da série no item (a) para estimar $\operatorname{senh}^{-1} 0{,}25$. Dê um limitante superior para a magnitude da estimativa do erro.

61. Obtenha a série de Taylor para $1/(1 + x)^2$ a partir da série para $-1/(1 + x)$.

62. Utilize a série de Taylor para $1/(1 - x^2)$ para obter uma série para $2x/(1 - x^2)^2$.

T **63. Estimando Pi** O matemático inglês Wallis descobriu a fórmula

$$\frac{\pi}{4} = \frac{2 \cdot 4 \cdot 4 \cdot 6 \cdot 6 \cdot 8 \cdot \cdots}{3 \cdot 3 \cdot 5 \cdot 5 \cdot 7 \cdot 7 \cdot \cdots}.$$

Encontre o valor de π com duas casas decimais a partir dessa fórmula.

64. Utilize as etapas a seguir para provar a Equação 1.

a. Derive a série

$$f(x) = 1 + \sum_{k=1}^{\infty} \binom{m}{k} x^k$$

para mostrar que

$$f'(x) = \frac{mf(x)}{1 + x}, \quad -1 < x < 1.$$

b. Defina $g(x) = (1 + x)^{-m} f(x)$ e mostre que $g'(x) = 0$.

c. A partir do item (b), mostre que

$$f(x) = (1 + x)^m.$$

65. Série para $\operatorname{sen}^{-1} x$ Integre a série binomial para $(1 - x^2)^{-1/2}$ para mostrar que, para $|x| < 1$,

$$\operatorname{sen}^{-1} x = x + \sum_{n=1}^{\infty} \frac{1 \cdot 3 \cdot 5 \cdot \cdots \cdot (2n - 1)}{2 \cdot 4 \cdot 6 \cdot \cdots \cdot (2n)} \frac{x^{2n+1}}{2n + 1}.$$

66. Série para $\operatorname{tg}^{-1} x$ para $|x| > 1$ Deduza as séries

$$\operatorname{tg}^{-1} x = \frac{\pi}{2} - \frac{1}{x} + \frac{1}{3x^3} - \frac{1}{5x^5} + \cdots, \quad x > 1$$

$$\operatorname{tg}^{-1} x = -\frac{\pi}{2} - \frac{1}{x} + \frac{1}{3x^3} - \frac{1}{5x^5} + \cdots, \quad x < -1,$$

integrando a série

$$\frac{1}{1 + t^2} = \frac{1}{t^2} \cdot \frac{1}{1 + (1/t^2)} = \frac{1}{t^2} - \frac{1}{t^4} + \frac{1}{t^6} - \frac{1}{t^8} + \cdots$$

no primeiro caso, de x a ∞ e, no segundo caso, de $-\infty$ a x.

Identidade de Euler

67. Utilize a Equação 4 para escrever as potências de e a seguir na forma $a + bi$.

a. $e^{-i\pi}$ **b.** $e^{i\pi/4}$ **c.** $e^{-i\pi/2}$

68. Utilize a Equação 4 para mostrar que

$$\cos\theta = \frac{e^{i\theta} + e^{-i\theta}}{2} \quad \text{e} \quad \operatorname{sen}\theta = \frac{e^{i\theta} - e^{-i\theta}}{2i}.$$

69. Estabeleça as equações no Exercício 68 combinando a série de Taylor formal para $e^{i\theta}$ e $e^{-i\theta}$.

70. Mostre que

a. $\cosh i\theta = \cos\theta$, **b.** $\operatorname{senh} i\theta = i \operatorname{sen}\theta$

71. Multiplicando a série de Taylor por e^x e sen x, encontre os termos até x^5 da série de Taylor para e^x sen x. Essa série é a parte imaginária da série para

$$e^x \cdot e^{ix} = e^{(1+i)x}.$$

Utilize esse fato para conferir sua resposta. Para quais valores de x deve a série para e^x sen x convergir?

72. Quando a e b são reais, definimos $e^{(a+ib)x}$ com a equação

$$e^{(a+ib)x} = e^{ax} \cdot e^{ibx} = e^{ax}(\cos bx + i \operatorname{sen} bx).$$

Derive o lado direito dessa equação para mostrar que

$$\frac{d}{dx} e^{(a+ib)x} = (a + ib)e^{(a+ib)x}.$$

Dessa forma, a regra familiar $(d/dx)e^{kx} = ke^{kx}$ valerá para k complexo, bem como real.

73. Utilize a definição de $e^{i\theta}$ para mostrar que, para quaisquer números reais θ, θ_1 e θ_2,

a. $e^{i\theta_1} e^{i\theta_2} = e^{i(\theta_1 + \theta_2)}$, **b.** $e^{-i\theta} = 1/e^{i\theta}$.

74. Dois números complexos $a + ib$ e $c + id$ são iguais se, e somente se, $a = c$ e $b = d$. Utilize esse fato para avaliar

$$\int e^{ax} \cos bx \, dx \quad \text{e} \quad \int e^{ax} \operatorname{sen} bx \, dx$$

a partir de

$$\int e^{(a+ib)x} \, dx = \frac{a - ib}{a^2 + b^2} e^{(a+ib)x} + C,$$

onde $C = C_1 + iC_2$ é uma constante complexa de integração.

Capítulo 10 Questões para guiar sua revisão

1. O que é uma sequência infinita? O que significa a convergência dessa sequência? E a divergência? Dê exemplos.
2. O que é uma sequência monotônica? Sob quais circunstâncias esse tipo de sequência tem um limite? Dê exemplos.
3. Quais teoremas estão disponíveis para calcular limites de sequência? Dê exemplos.
4. Qual teorema às vezes nos permite usar a regra de L'Hôpital para calcular o limite da sequência? Dê um exemplo.
5. Quais são os seis limites que ocorrem comumente no Teorema 5 que surgem frequentemente quando você trabalha com sequências e séries?
6. O que é uma série infinita? O que significa a convergência dessa série? E a divergência? Dê exemplos.
7. O que é uma série geométrica? Quando esse tipo de série converge? Quando diverge? Quando ela converge, qual é a soma? Dê exemplos.
8. Além das séries geométricas, que outra série convergente e divergente você conhece?
9. O que é o teste do n-ésimo termo para divergência? Qual é a ideia por trás desse teste?
10. O que pode ser dito sobre somas e diferenças termo a termo de séries convergentes? E sobre múltiplos constantes de séries convergentes e divergentes?
11. O que acontece se você adiciona um número finito de termos a uma série convergente? E a uma série divergente? O que acontece se você remover um número finito de termos de uma série convergente? E de uma série divergente?
12. Como se reindexa uma série? Por que você pode querer fazer isso?
13. Sob quais circunstâncias uma série infinita de termos não negativos convergirá? E sob quais circunstâncias divergirá? Por que estudar séries de termos não negativos?
14. O que é o teste da integral? Qual é o raciocínio que ele contém? Dê um exemplo de sua aplicação.
15. Quando uma série p converge? E quando diverge? Como você sabe? Dê exemplos de série p convergentes e divergentes.
16. O que são teste da comparação direta e teste de comparação no limite? Qual é o raciocínio que esses testes contêm? Dê exemplos de seu uso.
17. Quais são os testes da razão e da raiz? Eles sempre fornecem as informações de que você precisa para determinar a convergência ou a divergência? Dê exemplos.
18. O que é uma série alternada? Qual teorema está disponível para determinar a convergência de tal série?
19. Como você pode estimar o erro envolvido na aproximação da soma de uma série alternada com uma das somas parciais da série? Qual é o raciocínio por trás da estimativa?
20. O que é convergência absoluta? E convergência condicional? Como as duas estão relacionadas?
21. O que você sabe sobre rearranjo de termos de uma sequência absolutamente convergente? E de uma série condicionalmente convergente?
22. O que é uma série de potências? Como você testa uma série de potências para convergência? Quais são os possíveis resultados?
23. Quais são os fatos básicos sobre:
    a. somas, diferenças e produtos de séries de potências?
    b. substituição de uma função por x em uma série de potências?
    c. derivação termo a termo de séries de potências?
    d. integração termo a termo de séries de potências?

    Dê exemplos.
24. O que é a série de Taylor gerada por uma função $f(x)$ em um ponto $x = a$? Quais informações você precisa saber sobre f para construir a série? Dê um exemplo.
25. O que é uma série de Maclaurin?
26. Uma série de Taylor sempre converge para sua função geradora? Explique.
27. O que são polinômios de Taylor? Qual é a aplicação deles?
28. O que é a fórmula de Taylor? O que ela diz sobre os erros envolvidos na utilização dos polinômios de Taylor para aproximar as funções? Em particular, o que a fórmula de Taylor diz sobre o erro em uma linearização? E uma aproximação quadrática?
29. O que é uma série binomial? Em que intervalo essa série converge? Como ela é utilizada?
30. Como é possível utilizar eventualmente séries de potências para estimar os valores de integrais definidas não elementares?
31. Quais são as séries de Taylor para $1/(1 - x)$, $1/(1 + x)$, e^x, $\operatorname{sen} x$, $\cos x$, $\ln(1 + x)$ e $\operatorname{tg}^{-1} x$? Como você estima os erros envolvidos na substituição dessas séries com suas somas parciais?

Capítulo 10 Exercícios práticos

Determinando a convergência de sequências

Quais das sequências cujos n-ésimos termos aparecem nos Exercícios 1-18 convergem? E quais divergem? Encontre o limite de cada uma das sequências convergentes.

1. $a_n = 1 + \dfrac{(-1)^n}{n}$
2. $a_n = \dfrac{1 - (-1)^n}{\sqrt{n}}$
3. $a_n = \dfrac{1 - 2^n}{2^n}$
4. $a_n = 1 + (0{,}9)^n$
5. $a_n = \operatorname{sen} \dfrac{n\pi}{2}$
6. $a_n = \operatorname{sen} n\pi$
7. $a_n = \dfrac{\ln(n^2)}{n}$
8. $a_n = \dfrac{\ln(2n + 1)}{n}$
9. $a_n = \dfrac{n + \ln n}{n}$
10. $a_n = \dfrac{\ln(2n^3 + 1)}{n}$
11. $a_n = \left(\dfrac{n - 5}{n}\right)^n$
12. $a_n = \left(1 + \dfrac{1}{n}\right)^{-n}$

13. $a_n = \sqrt[n]{\dfrac{3^n}{n}}$

14. $a_n = \left(\dfrac{3}{n}\right)^{1/n}$

15. $a_n = n(2^{1/n} - 1)$

16. $a_n = \sqrt[n]{2n + 1}$

17. $a_n = \dfrac{(n + 1)!}{n!}$

18. $a_n = \dfrac{(-4)^n}{n!}$

Séries convergentes

Encontre as somas das séries nos Exercícios 19-24.

19. $\displaystyle\sum_{n=3}^{\infty} \frac{1}{(2n - 3)(2n - 1)}$

20. $\displaystyle\sum_{n=2}^{\infty} \frac{-2}{n(n + 1)}$

21. $\displaystyle\sum_{n=1}^{\infty} \frac{9}{(3n - 1)(3n + 2)}$

22. $\displaystyle\sum_{n=3}^{\infty} \frac{-8}{(4n - 3)(4n + 1)}$

23. $\displaystyle\sum_{n=0}^{\infty} e^{-n}$

24. $\displaystyle\sum_{n=1}^{\infty} (-1)^n \frac{3}{4^n}$

Determinando a convergência de séries

Nos Exercícios 25-40, determine se as séries convergem absolutamente, convergem condicionalmente ou divergem. Justifique suas respostas.

25. $\displaystyle\sum_{n=1}^{\infty} \frac{1}{\sqrt{n}}$

26. $\displaystyle\sum_{n=1}^{\infty} \frac{-5}{n}$

27. $\displaystyle\sum_{n=1}^{\infty} \frac{(-1)^n}{\sqrt{n}}$

28. $\displaystyle\sum_{n=1}^{\infty} \frac{1}{2n^3}$

29. $\displaystyle\sum_{n=1}^{\infty} \frac{(-1)^n}{\ln(n + 1)}$

30. $\displaystyle\sum_{n=2}^{\infty} \frac{1}{n(\ln n)^2}$

31. $\displaystyle\sum_{n=1}^{\infty} \frac{\ln n}{n^3}$

32. $\displaystyle\sum_{n=3}^{\infty} \frac{\ln n}{\ln(\ln n)}$

33. $\displaystyle\sum_{n=1}^{\infty} \frac{(-1)^n}{n\sqrt{n^2 + 1}}$

34. $\displaystyle\sum_{n=1}^{\infty} \frac{(-1)^n 3n^2}{n^3 + 1}$

35. $\displaystyle\sum_{n=1}^{\infty} \frac{n + 1}{n!}$

36. $\displaystyle\sum_{n=1}^{\infty} \frac{(-1)^n(n^2 + 1)}{2n^2 + n - 1}$

37. $\displaystyle\sum_{n=1}^{\infty} \frac{(-3)^n}{n!}$

38. $\displaystyle\sum_{n=1}^{\infty} \frac{2^n 3^n}{n^n}$

39. $\displaystyle\sum_{n=1}^{\infty} \frac{1}{\sqrt{n(n + 1)(n + 2)}}$

40. $\displaystyle\sum_{n=2}^{\infty} \frac{1}{n\sqrt{n^2 - 1}}$

Séries de potências

Nos Exercícios 41-50, **(a)** encontre o raio e o intervalo de convergência da série. Em seguida, identifique os valores de x para os quais a série converge **(b)** absolutamente e **(c)** condicionalmente.

41. $\displaystyle\sum_{n=1}^{\infty} \frac{(x + 4)^n}{n3^n}$

42. $\displaystyle\sum_{n=1}^{\infty} \frac{(x - 1)^{2n-2}}{(2n - 1)!}$

43. $\displaystyle\sum_{n=1}^{\infty} \frac{(-1)^{n-1}(3x - 1)^n}{n^2}$

44. $\displaystyle\sum_{n=0}^{\infty} \frac{(n + 1)(2x + 1)^n}{(2n + 1)2^n}$

45. $\displaystyle\sum_{n=1}^{\infty} \frac{x^n}{n^n}$

46. $\displaystyle\sum_{n=1}^{\infty} \frac{x^n}{\sqrt{n}}$

47. $\displaystyle\sum_{n=0}^{\infty} \frac{(n + 1)x^{2n-1}}{3^n}$

48. $\displaystyle\sum_{n=0}^{\infty} \frac{(-1)^n(x - 1)^{2n+1}}{2n + 1}$

49. $\displaystyle\sum_{n=1}^{\infty} (\text{cossech}\, n)x^n$

50. $\displaystyle\sum_{n=1}^{\infty} (\text{cotgh}\, n)x^n$

Séries de Maclaurin

Cada uma das séries nos Exercícios 51-56 é o valor da série de Taylor em $x = 0$ de uma função $f(x)$ em um ponto em particular. Qual função e qual ponto? Qual é a soma da série?

51. $1 - \dfrac{1}{4} + \dfrac{1}{16} - \cdots + (-1)^n \dfrac{1}{4^n} + \cdots$

52. $\dfrac{2}{3} - \dfrac{4}{18} + \dfrac{8}{81} - \cdots + (-1)^{n-1} \dfrac{2^n}{n3^n} + \cdots$

53. $\pi - \dfrac{\pi^3}{3!} + \dfrac{\pi^5}{5!} - \cdots + (-1)^n \dfrac{\pi^{2n+1}}{(2n + 1)!} + \cdots$

54. $1 - \dfrac{\pi^2}{9 \cdot 2!} + \dfrac{\pi^4}{81 \cdot 4!} - \cdots + (-1)^n \dfrac{\pi^{2n}}{3^{2n}(2n)!} + \cdots$

55. $1 + \ln 2 + \dfrac{(\ln 2)^2}{2!} + \cdots + \dfrac{(\ln 2)^n}{n!} + \cdots$

56. $\dfrac{1}{\sqrt{3}} - \dfrac{1}{9\sqrt{3}} + \dfrac{1}{45\sqrt{3}} - \cdots + (-1)^{n-1} \dfrac{1}{(2n - 1)\left(\sqrt{3}\right)^{2n-1}} + \cdots$

Encontre a série de Taylor em $x = 0$ para as funções nos Exercícios 57-64.

57. $\dfrac{1}{1 - 2x}$

58. $\dfrac{1}{1 + x^3}$

59. $\operatorname{sen} \pi x$

60. $\operatorname{sen} \dfrac{2x}{3}$

61. $\cos(x^{5/3})$

62. $\cos \dfrac{x^3}{\sqrt{5}}$

63. $e^{(\pi x/2)}$

64. e^{-x^2}

Séries de Taylor

Nos Exercícios 65-68, encontre os quatro primeiros termos diferentes de zero da série de Taylor gerada por f em $x = a$.

65. $f(x) = \sqrt{3 + x^2}$ em $x = -1$

66. $f(x) = 1/(1 - x)$ em $x = 2$

67. $f(x) = 1/(x + 1)$ em $x = 3$

68. $f(x) = 1/x$ em $x = a > 0$

Integrais não elementares

Utilize séries para aproximar os valores das integrais nos Exercícios 69-72 com um erro de magnitude menor que 10^{-8}. (A seção de respostas fornece os valores das integrais arredondados para 10 casas decimais.)

69. $\displaystyle\int_0^{1/2} e^{-x^3}\, dx$

70. $\displaystyle\int_0^{1} x \operatorname{sen}(x^3)\, dx$

71. $\displaystyle\int_0^{1/2} \frac{\operatorname{tg}^{-1} x}{x}\, dx$

72. $\displaystyle\int_0^{1/64} \frac{\operatorname{tg}^{-1} x}{\sqrt{x}}\, dx$

Utilizando séries para encontrar limites

Nos Exercícios 73-78:

a. Utilize séries de potências para avaliar o limite.

T **b.** Em seguida, utilize um gráfico para provar seus cálculos.

73. $\displaystyle\lim_{x \to 0} \frac{7 \operatorname{sen} x}{e^{2x} - 1}$

74. $\displaystyle\lim_{\theta \to 0} \frac{e^{\theta} - e^{-\theta} - 2\theta}{\theta - \operatorname{sen} \theta}$

75. $\displaystyle\lim_{t \to 0} \left(\frac{1}{2 - 2\cos t} - \frac{1}{t^2}\right)$

76. $\displaystyle\lim_{h \to 0} \frac{(\operatorname{sen} h)/h - \cos h}{h^2}$

77. $\lim_{z\to 0}\dfrac{1-\cos^2 z}{\ln(1-z)+\operatorname{sen} z}$

78. $\lim_{y\to 0}\dfrac{y^2}{\cos y-\cosh y}$

Teoria e exemplos

79. Utilize uma representação em série de sen $3x$ para encontrar valores de r e s para os quais

$$\lim_{x\to 0}\left(\frac{\operatorname{sen} 3x}{x^3}+\frac{r}{x^2}+s\right)=0.$$

T 80. Compare as precisões das aproximações sen $x \approx x$ e sen $x \approx 6x/(6+x^2)$ comparando os gráficos de $f(x) = \operatorname{sen} x - x$ e $g(x) = \operatorname{sen} x - (6x/(6+x^2))$. Descreva o que você encontrar.

81. Encontre o raio de convergência da série

$$\sum_{n=1}^{\infty}\frac{2\cdot 5\cdot 8\cdot\cdots\cdot(3n-1)}{2\cdot 4\cdot 6\cdot\cdots\cdot(2n)}x^n.$$

82. Encontre o raio de convergência da série

$$\sum_{n=1}^{\infty}\frac{3\cdot 5\cdot 7\cdot\cdots\cdot(2n+1)}{4\cdot 9\cdot 14\cdot\cdots\cdot(5n-1)}(x-1)^n.$$

83. Encontre uma fórmula fechada para a n-ésima soma parcial da série $\sum_{n=2}^{\infty}\ln(1-(1/n^2))$ e utilize-a para determinar a convergência ou divergência da série.

84. Avalie $\sum_{k=2}^{\infty}(1/(k^2-1))$ encontrando os limites conforme $n\to\infty$ da n-ésima soma parcial da série.

85. **a.** Encontre o intervalo de convergência da série

$$y = 1+\frac{1}{6}x^3+\frac{1}{180}x^6+\cdots+\frac{1\cdot 4\cdot 7\cdot\cdots\cdot(3n-2)}{(3n)!}x^{3n}+\cdots.$$

b. Mostre que a função definida pela série satisfaz a equação diferencial da forma

$$\frac{d^2y}{dx^2} = x^a y + b$$

e encontre os valores das constantes a e b.

86. **a.** Encontre a série de Maclaurin para a função $x^2/(1+x)$.

b. A série converge em $x = 1$? Explique.

87. Se $\sum_{n=1}^{\infty} a_n$ e $\sum_{n=1}^{\infty} b_n$ são séries convergentes de números não negativos, algo pode ser dito sobre $\sum_{n=1}^{\infty} a_n b_n$? Justifique sua resposta.

88. Se $\sum_{n=1}^{\infty} a_n$ e $\sum_{n=1}^{\infty} b_n$ são séries divergentes de números não negativos, algo pode ser dito sobre $\sum_{n=1}^{\infty} a_n b_n$? Justifique sua resposta.

89. Prove que tanto a sequência $\{x_n\}$ quanto a série $\sum_{k=1}^{\infty}(x_{k+1}-x_k)$ convergem ou divergem, simultaneamente.

90. Prove que $\sum_{n=1}^{\infty}(a_n/(1+a_n))$ converge se $a_n > 0$ para todo n e $\sum_{n=1}^{\infty} a_n$ converge.

91. Suponha que $a_1, a_2, a_3, \ldots, a_n$ são números positivos satisfazendo as seguintes condições:

i) $a_1 \geq a_2 \geq a_3 \geq \ldots;$

ii) a série $a_2 + a_4 + a_8 + a_{16} + \cdots$ diverge.

Mostre que a série

$$\frac{a_1}{1}+\frac{a_2}{2}+\frac{a_3}{3}+\cdots$$

diverge.

92. Utilize o resultado do Exercício 91 para mostrar que

$$1+\sum_{n=2}^{\infty}\frac{1}{n\ln n}$$

diverge.

Capítulo 10 Exercícios adicionais e avançados

Determinando a convergência da série

Quais das séries $\sum_{n=1}^{\infty} a_n$ definidas pelas fórmulas nos Exercícios 1-4 convergem? E quais divergem? Justifique suas respostas.

1. $\displaystyle\sum_{n=1}^{\infty}\frac{1}{(3n-2)^{n+(1/2)}}$

2. $\displaystyle\sum_{n=1}^{\infty}\frac{(\operatorname{tg}^{-1} n)^2}{n^2+1}$

3. $\displaystyle\sum_{n=1}^{\infty}(-1)^n \operatorname{tgh} n$

4. $\displaystyle\sum_{n=2}^{\infty}\frac{\log_n(n!)}{n^3}$

Quais das séries $\sum_{n=1}^{\infty} a_n$ definidas pelas fórmulas nos Exercícios 5-8 convergem? E quais divergem? Justifique suas respostas.

5. $a_1 = 1,\quad a_{n+1} = \dfrac{n(n+1)}{(n+2)(n+3)}a_n$

(Sugestão: escreva vários termos, veja quais fatores cancelam, e então generalize.)

6. $a_1 = a_2 = 7,\quad a_{n+1} = \dfrac{n}{(n-1)(n+1)}a_n \quad$ se $n \geq 2$

7. $a_1 = a_2 = 1,\quad a_{n+1} = \dfrac{1}{1+a_n} \quad$ se $n \geq 2$

8. $a_n = 1/3^n$ se n é ímpar, $\quad a_n = n/3^n$ se n é par

Escolhendo centros para a série de Taylor

A fórmula de Taylor

$$f(x) = f(a)+f'(a)(x-a)+\frac{f''(a)}{2!}(x-a)^2+\cdots+\frac{f^{(n)}(a)}{n!}(x-a)^n+\frac{f^{(n+1)}(c)}{(n+1)!}(x-a)^{n+1}$$

expressa o valor de f em x em termos dos valores de f e suas derivadas em $x = a$. Em computações numéricas, precisamos, portanto, que a seja um ponto onde conheçamos os valores de f e suas derivadas. Precisamos também que a esteja próximo o bastante dos valores de f em que estamos interessados para que $(x-a)^{n+1}$ seja tão pequeno que possamos desprezar o resto.

Nos Exercícios 9-14, quais séries de Taylor você escolheria para representar a função próxima do valor dado de x? (Pode haver mais de uma boa resposta.) Escreva os quatro primeiros termos diferentes de zero da série que você escolher.

9. $\cos x$ próximo de $x = 1$

10. sen x próximo de $x = 6{,}3$

11. e^x próximo de $x = 0{,}4$

12. $\ln x$ próximo de $x = 1{,}3$

13. $\cos x$ próximo de $x = 69$

14. $\operatorname{tg}^{-1} x$ próximo de $x = 2$

Teoria e exemplos

15. Sejam a e b constantes com $0 < a < b$. A sequência $\{(a^n + b^n)^{1/n}\}$ converge? Se ela convergir, qual é o limite?

16. Encontre a soma da série infinita

$$1 + \frac{2}{10} + \frac{3}{10^2} + \frac{7}{10^3} + \frac{2}{10^4} + \frac{3}{10^5} + \frac{7}{10^6} + \frac{2}{10^7} + \frac{3}{10^8} + \frac{7}{10^9} + \cdots.$$

17. Avalie

$$\sum_{n=0}^{\infty} \int_n^{n+1} \frac{1}{1+x^2}\,dx.$$

18. Encontre todos os valores de x para os quais

$$\sum_{n=1}^{\infty} \frac{nx^n}{(n+1)(2x+1)^n}$$

converge absolutamente

T **19. a.** O valor de

$$\lim_{n\to\infty}\left(1 - \frac{\cos(a/n)}{n}\right)^n, \ a \text{ constante},$$

parece depender do valor de a? Em caso positivo, como?

b. O valor de

$$\lim_{n\to\infty}\left(1 - \frac{\cos(a/n)}{bn}\right)^n, \ a \text{ e } b \text{ constantes}, \ b \neq 0,$$

parece depender do valor de b? Em caso positivo, como?

c. Utilize cálculo para confirmar seus achados nos itens (a) e (b).

20. Mostre que se $\sum_{n=1}^{\infty} a_n$ converge, então

$$\sum_{n=1}^{\infty}\left(\frac{1+\operatorname{sen}(a_n)}{2}\right)^n$$

converge.

21. Encontre o valor para a constante b que fará com que o raio de convergência da série de potências

$$\sum_{n=2}^{\infty} \frac{b^n x^n}{\ln n}$$

seja igual a 5.

22. Como você sabe que as funções sen x, ln x e e^x não são polinômios? Justifique sua resposta.

23. Encontre o valor de a para o qual o limite

$$\lim_{x\to 0} \frac{\operatorname{sen}(ax) - \operatorname{sen} x - x}{x^3}$$

é finito e avalie o limite.

24. Encontre os valores de a e b para os quais

$$\lim_{x\to 0} \frac{\cos(ax) - b}{2x^2} = -1.$$

25. Teste de Raabe (ou Gauss) O seguinte teste, que apresentamos sem prova, é uma extensão do teste da razão.

Teste de Raabe: Se $\sum_{n=1}^{\infty} u_n$ é uma série de constantes positivas e existirem constantes C, K e N tais que

$$\frac{u_n}{u_{n+1}} = 1 + \frac{C}{n} + \frac{f(n)}{n^2},$$

onde $|f(n)| < K$ para $n \geq N$, então $\sum_{n=1}^{\infty} u_n$ converge se $C > 1$ e diverge se $C \leq 1$.

Mostre que os resultados do teste de Raabe concordam com o que você sabe sobre as séries $\sum_{n=1}^{\infty} (1/n^2)$ e $\sum_{n=1}^{\infty} (1/n)$.

26. (*Continuação do Exercício 25.*) Suponha que os termos de $\sum_{n=1}^{\infty} u_n$ sejam definidos recursivamente pelas fórmulas

$$u_1 = 1, \quad u_{n+1} = \frac{(2n-1)^2}{(2n)(2n+1)} u_n.$$

Aplique o teste de Raabe para determinar se a série converge.

27. Se $\sum_{n=1}^{\infty} a_n$ converge, e se $a_n \neq 1$ e $a_n > 0$ para todo n,

a. Mostre que $\sum_{n=1}^{\infty} a_n^2$ converge

b. $\sum_{n=1}^{\infty} a_n/(1 - a_n)$ converge? Explique.

28. (*Continuação do Exercício 27.*) Se $\sum_{n=1}^{\infty} a_n$ converge, e se $1 > a_n > 0$ para todo n, mostre que $\sum_{n=1}^{\infty} \ln(1 - a_n)$ converge. (Sugestão: mostre primeiro que $|\ln(1 - a_n)| \leq a_n/(1 - a_n)$.)

29. Teorema de Nicole Oresme Prove o teorema de Nicole Oresme, que diz

$$1 + \frac{1}{2}\cdot 2 + \frac{1}{4}\cdot 3 + \cdots + \frac{n}{2^{n-1}} + \cdots = 4.$$

(Sugestão: derive ambos os lados da equação $1/(1 - x) = 1 + \sum_{n=1}^{\infty} x^n$.)

30. a. Mostre que

$$\sum_{n=1}^{\infty} \frac{n(n+1)}{x^n} = \frac{2x^2}{(x-1)^3}$$

para $|x| > 1$ derivando a identidade

$$\sum_{n=1}^{\infty} x^{n+1} = \frac{x^2}{1-x}$$

duas vezes, multiplicando o resultado por x e em seguida substituindo x por $1/x$.

b. Utilize o item (a) para encontrar a solução real maior que 1 da equação

$$x = \sum_{n=1}^{\infty} \frac{n(n+1)}{x^n}.$$

31. Controle de qualidade

a. Derive a série

$$\frac{1}{1-x} = 1 + x + x^2 + \cdots + x^n + \cdots$$

para obter uma série para $1/(1 - x)^2$.

b. Jogando-se dois dados de uma vez, a probabilidade de se obter 7 é $p = 1/6$. Se você jogar os dados repetidamente, a probabilidade de que um 7 apareça na primeira vez na n-ésima jogada é $q^{n-1}p$, onde $q = 1 - p = 5/6$. O número esperado de jogadas até que um 7 apareça pela primeira vez é $\sum_{n=1}^{\infty} nq^{n-1}p$. Encontre a soma dessa série.

c. Como um engenheiro aplicando controle estatístico a uma operação industrial, você inspeciona itens tomados aleatoriamente a partir da linha de montagem. Você classifica cada item da amostra como "bom" ou "ruim". Se a probabilidade de um item ser bom é p e de um item ser ruim é $q = 1 - p$, a probabilidade de que o primeiro item ruim seja o n-ésimo inspecionado é $p^{n-1}q$. O número médio de itens inspecionados incluindo o primeiro item ruim encontrado, é $\sum_{n=1}^{\infty} nq^{n-1}p$. Avalie essa soma, assumindo que $0 < p < 1$.

32. Valor esperado Suponha que uma variável aleatória X possa assumir os valores 1, 2, 3, ..., com probabilidades $p_1, p_2, p_3, \ldots$, onde p_k é a probabilidade de que X seja igual a k ($k = 1, 2, 3, \ldots$). Suponha ainda que $p_k \geq 0$ e que $\sum_{k=1}^{\infty} p_k = 1$. O **valor esperado** de X, denotado por $E(X)$, é o número $\sum_{k=1}^{\infty} kp_k$, contanto que a série convirja. Em cada um dos casos a seguir, mostre que $\sum_{k=1}^{\infty} p_k = 1$ e encontre $E(X)$ se ele existir. (Sugestão: veja o Exercício 31.)

a. $p_k = 2^{-k}$

b. $p_k = \dfrac{5^{k-1}}{6^k}$

c. $p_k = \dfrac{1}{k(k+1)} = \dfrac{1}{k} - \dfrac{1}{k+1}$

T **33. Dosagem segura e eficaz** A concentração no sangue resultante de uma dose única de um medicamento normalmente diminui com o tempo à medida que o medicamento é eliminado do corpo. As doses podem, portanto, precisar ser repetidas periodicamente para evitar que a concentração fique abaixo de um nível em particular. Um modelo para o efeito de repetidas doses fornece a concentração residual imediatamente antes da dose de ordem $(n + 1)$ como

$$R_n = C_0e^{-kt_0} + C_0e^{-2kt_0} + \cdots + C_0e^{-nkt_0},$$

onde C_0 = alteração na concentração provocada por uma dose única (mg/mL), k = *constante de eliminação* (h^{-1}) e t_0 = tempo entre as doses (h). Veja a figura a seguir.

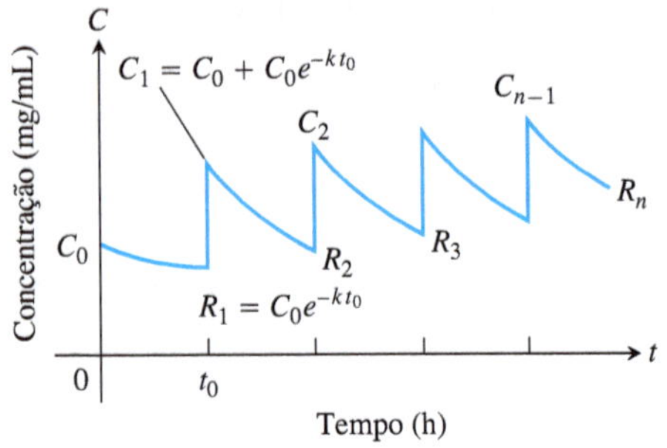

a. Escreva R_n na forma fechada como uma única fração e encontre $R = \lim_{n\to\infty} R_n$.

b. Calcule R_1 e R_{10} para $C_0 = 1$ mg/mL, $k = 0{,}1$ h^{-1} e $t_0 = 10$ h. Até que ponto R_{10} é uma estimativa boa de R?

c. Se $k = 0{,}01$ h^{-1} e $t_0 = 10$ h, encontre o menor n tal que $R_n > (1/2)R$.

(Fonte: HORELICK, B.; KOONT, S. *Prescribing Safe and Effective Dosage*, COMAP, Inc., Lexington, MA.)

34. Tempo entre doses de medicamentos (*Continuação do Exercício 33.*) Se um medicamento é conhecido por ser ineficaz abaixo de uma concentração C_L e perigoso acima de certa concentração mais alta C_H, é preciso encontrar valores de C_0 e t_0 que produzirão uma concentração que seja segura (não acima de C_H) mas eficaz (não abaixo de C_L). Veja a figura a seguir. Portanto, queremos encontrar os valores para C_0 e t_0 para os quais

$$R = C_L \quad \text{e} \quad C_0 + R = C_H.$$

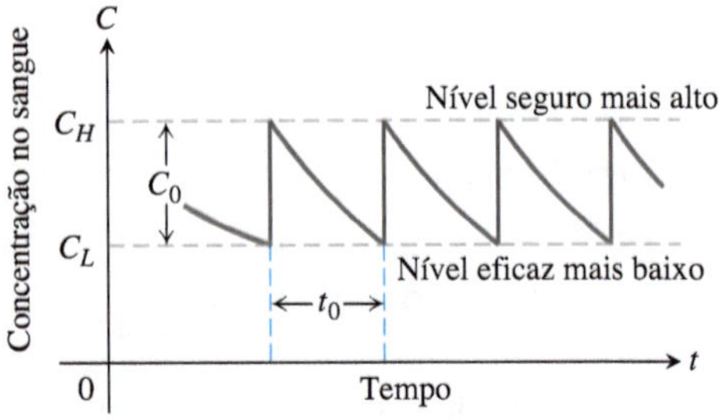

Assim, $C_0 = C_H - C_L$. Quando esses valores são substituídos na equação para R obtida no item (a) do Exercício 33, a equação resultante fica simplificada para

$$t_0 = \frac{1}{k}\ln\frac{C_H}{C_L}.$$

Para encontrar um nível eficaz rapidamente, pode-se ministrar uma dose alta que iria produzir uma concentração de C_H mg/mL. Isso poderia ser seguido a cada t_0 horas por uma dose que eleve a concentração por $C_0 = C_H - C_L$ mg/mL.

a. Verifique a equação anterior para t_0.

b. Se $k = 0{,}05$ h^{-1} e a concentração segura é e vezes a concentração eficaz mais baixa, encontre o período de tempo entre as doses que irá assegurar concentrações seguras e eficazes.

c. Dados $C_H = 2$ mg/mL, $C_L = 0{,}5$ mg/mL e $k = 0{,}02$ h^{-1}, determine um esquema para a administração do medicamento.

d. Suponha que $k = 0{,}2$ h^{-1} e que a mais baixa concentração eficaz seja 0,03 mg/mL. Uma dose única que produz uma concentração de 0,1 mg/mL é administrada. Por quanto tempo o medicamento permanecerá eficaz?

Capítulo 10 Projetos de aplicação de tecnologia

Módulos Mathematica/Maple

Bola quicando

O modelo prevê a altura de uma bola quicando e o tempo que ela levará para parar de quicar.

Aproximações de uma função por polinômios de Taylor

Uma animação gráfica mostra a convergência dos polinômios de Taylor para funções com derivadas de todas as ordens ao longo de um intervalo em seus domínios.

11

EQUAÇÕES PARAMÉTRICAS E COORDENADAS POLARES

VISÃO GERAL Neste capítulo, estudaremos novas maneiras de definir curvas no plano. Em vez de pensar em uma curva como um gráfico de uma função ou equação, consideramos uma forma mais geral de pensar em uma curva como a trajetória de uma partícula em movimento, cuja posição está mudando ao longo do tempo. Então, cada uma das coordenadas de x e y da posição da partícula se torna uma função de uma terceira variável t. Podemos ainda alterar a forma na qual os pontos no plano são descritos utilizando *coordenadas polares* em vez das retangulares ou cartesianas. Essas duas novas ferramentas são úteis para a descrição de movimentos, como os dos planetas e satélites, ou projéteis se deslocando no plano ou espaço. Além disso, revisaremos as definições geométricas e equações padrão de parábolas, elipses e hipérboles. Essas curvas são denominadas *seções cônicas,* ou *cônicas*, e modelam as trajetórias percorridas por projéteis, planetas ou qualquer outro objeto se movendo sob a influência exclusiva de uma força gravitacional ou eletromagnética.

11.1 Parametrizações de curvas planas

Nos capítulos anteriores, estudamos as curvas como gráficos de funções ou equações envolvendo as duas variáveis x e y. Agora, introduziremos outra forma de descrever uma curva expressando ambas as coordenadas como funções de uma terceira variável t.

Equações paramétricas

A Figura 11.1 mostra a trajetória de uma partícula em movimento no plano xy. Observe que a trajetória falha no teste da reta vertical, de forma que ela não pode ser descrita como o gráfico de uma função da variável x. No entanto, podemos às vezes descrever a trajetória por meio de um par de equações, $x = f(t)$ e $y = g(t)$, em que f e g são funções contínuas. Quando estudamos movimentos, t geralmente denota o tempo. Equações como essas descrevem curvas mais gerais do que aquelas como $y = f(x)$ e fornecem não somente o gráfico da trajetória delineada, mas também a localização da partícula $(x, y) = (f(t), g(t))$ em qualquer tempo t.

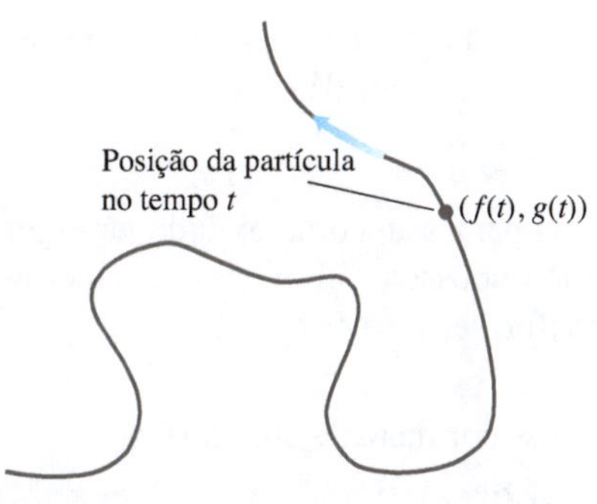

FIGURA 11.1 A curva ou trajetória traçada por uma partícula se movendo no plano xy não é sempre o gráfico de uma única função ou equação.

DEFINIÇÃO Se x e y são dados como funções

$$x = f(t), \qquad y = g(t)$$

sobre um intervalo I de valores de t, então o conjunto de pontos $(x, y) = (f(t), g(t))$ definido por essas equações forma uma **curva paramétrica**. As equações são equações **paramétricas** para a curva.

A variável t é um **parâmetro** para a curva, e seu domínio I é o **intervalo do parâmetro**. Se I é um intervalo fechado, $a \leq t \leq b$, o ponto $(f(a), g(a))$ é o **ponto inicial** da curva e $(f(b), g(b))$ é o **ponto final**. Quando fornecemos equações paramétricas e um intervalo para uma curva, dizemos que **parametrizamos** a curva. As equações com o respectivo intervalo constituem uma **parametrização** da curva. Uma determinada curva pode ser representada por diferentes conjuntos de equações paramétricas. (Veja os Exercícios 19 e 20.)

EXEMPLO 1 Trace a curva definida pelas equações paramétricas

$$x = t^2, \qquad y = t + 1, \qquad -\infty < t < \infty.$$

Solução Fazemos uma breve tabela de valores (Tabela 11.1), representamos graficamente os pontos (x, y) e desenhamos uma curva suave por eles (Figura 11.2). Cada valor de t fornece um ponto (x, y) na curva, como $t = 1$ fornece o ponto $(1, 2)$ registrado na Tabela 11.1. Se pensarmos na curva como a trajetória de uma partícula em movimento, então a partícula se move pela curva na direção das setas exibidas na Figura 11.2. Ainda que os intervalos de tempo na tabela sejam iguais, os pontos consecutivos representados graficamente ao longo da curva não estão a distâncias de comprimento de arco equivalentes. O motivo pelo qual isso ocorre é que a partícula diminui a sua velocidade à medida que se aproxima do eixo y ao longo do ramo inferior da curva conforme t aumenta, e então acelera depois de alcançar o eixo y em $(0, 1)$ e se mover ao longo do ramo superior. Como o intervalo de valores para t é o conjunto de todos os números reais, não existe nenhum ponto inicial e nenhum ponto terminal para a curva.

TABELA 11.1 Valores de $x = t^2$ e $y = t + 1$ para valores selecionados de t.

t	x	y
−3	9	−2
−2	4	−1
−1	1	0
0	0	1
1	1	2
2	4	3
3	9	4

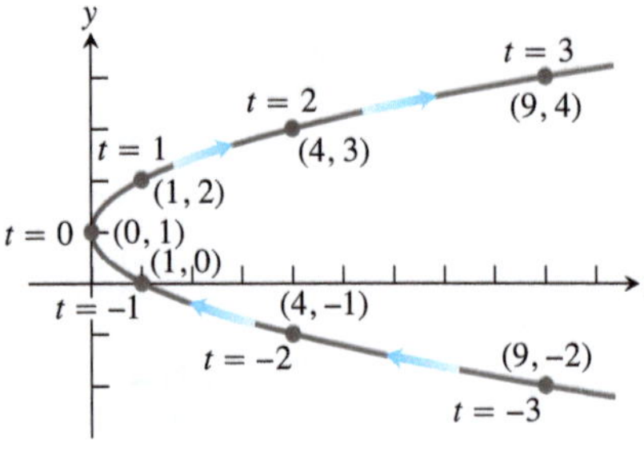

FIGURA 11.2 Curva dada pelas equações paramétricas $x = t^2$ e $y = t + 1$ (Exemplo 1).

EXEMPLO 2 Identifique geometricamente a curva no Exemplo 1 (Figura 11.2) eliminando o parâmetro t e obtendo uma equação algébrica em x e y.

Solução Resolvemos a equação $y = t + 1$ para o parâmetro t e substituímos o resultado na equação paramétrica para x. Esse procedimento nos dá $t = y - 1$ e:

$$x = t^2 = (y - 1)^2 = y^2 - 2y + 1.$$

A equação $x = y^2 - 2y + 1$ representa uma parábola, como exibido na Figura 11.2. Algumas vezes é muito difícil, ou mesmo impossível, eliminar o parâmetro a partir de um par de equações paramétricas, conforme fizemos aqui.

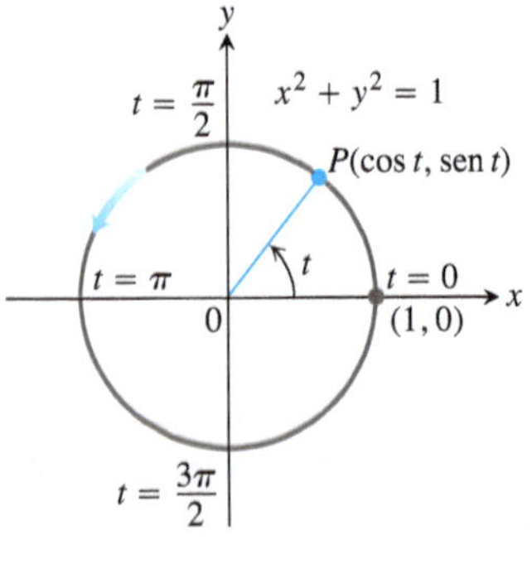

FIGURA 11.3 As equações $x = \cos t$ e $y = \operatorname{sen} t$ descrevem o movimento no círculo $x^2 + y^2 = 1$. A seta mostra a direção do aumento de t (Exemplo 3).

EXEMPLO 3 Represente as curvas paramétricas por meio de um gráfico:

(a) $x = \cos t, \qquad y = \operatorname{sen} t, \qquad 0 \le t \le 2\pi.$

(b) $x = a \cos t, \qquad y = a \operatorname{sen} t, \qquad 0 \le t \le 2\pi.$

Solução

(a) Como $x^2 + y^2 = \cos^2 t + \operatorname{sen}^2 t = 1$, a curva paramétrica está ao longo do círculo unitário $x^2 + y^2 = 1$. Conforme t aumenta de 0 a 2π, o ponto $(x, y) = (\cos t, \operatorname{sen} t)$ começa em $(1, 0)$ e traça o círculo inteiro uma vez em sentido anti-horário (Figura 11.3).

(b) Para $x = a \cos t, y = a \operatorname{sen} t, 0 \leq t \leq 2\pi$, temos $x^2 + y^2 = a^2 \cos^2 t + a^2 \operatorname{sen}^2 t = a^2$. A parametrização descreve um movimento que começa no ponto $(a, 0)$ e percorre o círculo $x^2 + y^2 = a^2$ uma vez em sentido anti-horário, retornando a $(a, 0)$ em $t = 2\pi$. O gráfico é um círculo centrado na origem com raio $r = a$ e pontos de coordenadas $(a \cos t, a \operatorname{sen} t)$.

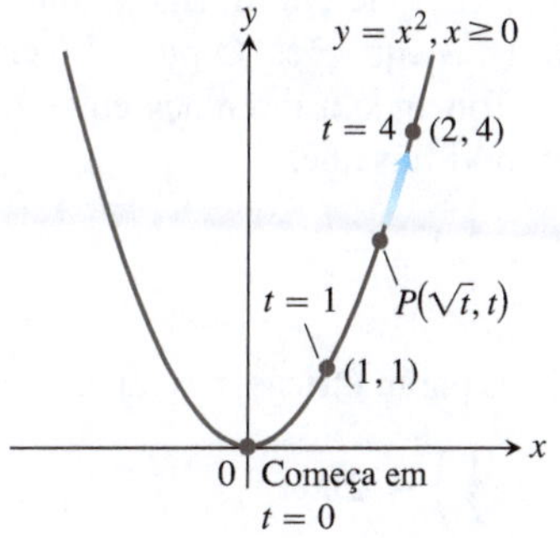

FIGURA 11.4 As equações $x = \sqrt{t}$ e $y = t$ e o intervalo $t \geq 0$ descrevem a trajetória de uma partícula que traça a metade direita da parábola $y = x^2$ (Exemplo 4).

EXEMPLO 4 A posição $P(x, y)$ de uma partícula se movendo no plano xy é dada pelas equações e respectivo intervalo de parâmetro:

$$x = \sqrt{t}, \qquad y = t, \qquad t \geq 0.$$

Identifique a trajetória traçada pela partícula e descreva o movimento.

Solução Tentamos identificar a trajetória eliminando t entre as equações $x = \sqrt{t}$ e $y = t$. Com alguma sorte, isso irá produzir uma relação algébrica reconhecível entre x e y. Descobrimos que:

$$y = t = \left(\sqrt{t}\right)^2 = x^2.$$

Assim, as coordenadas de posição da partícula satisfazem a equação $y = x^2$, de forma que a partícula se move ao longo da parábola $y = x^2$.

Seria um erro, no entanto, concluir que a trajetória da partícula é a parábola inteira $y = x^2$; ela é somente a metade da parábola. A coordenada x da partícula nunca é negativa. A partícula começa em (0, 0), quando $t = 0$ e sobe para o primeiro quadrante conforme t aumenta (Figura 11.4). O intervalo de parâmetro é $[0, \infty)$ e não existe um ponto final.

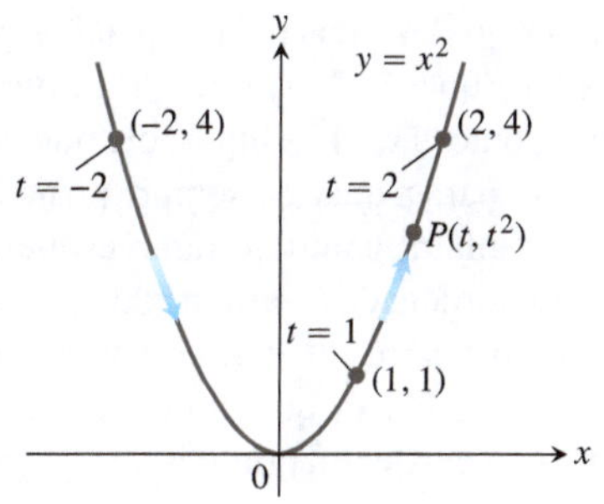

FIGURA 11.5 A trajetória definida por $x = t, y = t^2, -\infty < t < \infty$ é a parábola inteira $y = x^2$ (Exemplo 5).

O gráfico de qualquer função $y = f(x)$ pode sempre ter uma parametrização natural $x = t$ e $y = f(t)$. O domínio do parâmetro nesse caso é o mesmo domínio da função f.

EXEMPLO 5 A parametrização do gráfico da função $f(x) = x^2$ é dada por:

$$x = t, \qquad y = f(t) = t^2, \qquad -\infty < t < \infty.$$

Quando $t \geq 0$, essa parametrização fornece a mesma trajetória no plano xy que tivemos no Exemplo 4. No entanto, uma vez que o parâmetro t aqui pode agora ser também negativo, obtemos a parte esquerda da parábola; ou seja, temos a curva parabólica inteira. Para essa parametrização, não existe um ponto inicial ou um ponto final (Figura 11.5).

Observe que a parametrização também especifica *quando* (o valor do parâmetro) uma partícula se movendo está *localizada* em um ponto específico ao longo da curva. No Exemplo 4, o ponto (2, 4) é alcançado quando $t = 4$; no Exemplo 5, ele é alcançado "mais cedo", quando $t = 2$. Você pode ver as implicações desse aspecto das parametrizações ao considerar a colisão de dois objetos: eles devem estar no mesmo exato ponto de localização $P(x, y)$ para alguns (possivelmente diferentes) valores de seus respectivos parâmetros. Falaremos mais sobre esse aspecto das parametrizações quando estudarmos movimento no Capítulo 13.

EXEMPLO 6 Encontre uma parametrização para a reta que passa pelo ponto (a, b), com inclinação m.

Solução Uma equação cartesiana da reta é $y - b = m(x - a)$. Se fizermos o parâmetro $t = x - a$, descobrimos que $x = a + t$ e $y - b = mt$. Isto é:

$$x = a + t, \qquad y = b + mt, \qquad -\infty < t < \infty$$

parametriza a reta. Essa parametrização difere daquela que obteríamos por meio da técnica utilizada no Exemplo 5, quando $t = x$. No entanto, ambas as parametrizações dão a mesma reta.

TABELA 11.2 Valores de $x = t + (1/t)$ e $y = t - (1/t)$ para valores selecionados de t.

t	$1/t$	x	y
0,1	10,0	10,1	−9,9
0,2	5,0	5,2	−4,8
0,4	2,5	2,9	−2,1
1,0	1,0	2,0	0,0
2,0	0,5	2,5	1,5
5,0	0,2	5,2	4,8
10,0	0,1	10,1	9,9

EXEMPLO 7 Esboce e identifique a trajetória traçada pelo ponto $P(x, y)$ se:

$$x = t + \frac{1}{t}, \qquad y = t - \frac{1}{t}, \qquad t > 0.$$

Solução Fazemos uma breve tabela de valores na Tabela 11.2, representamos graficamente os pontos e desenhamos uma curva suave por eles, conforme fizemos no Exemplo 1. Em seguida, eliminamos o parâmetro t das equações. O procedimento é mais complicado que o envolvido no Exemplo 2. Tomando a diferença entre x e y, conforme dada pelas equações paramétricas, descobrimos que:

$$x - y = \left(t + \frac{1}{t}\right) - \left(t - \frac{1}{t}\right) = \frac{2}{t}.$$

Se adicionarmos ambos os lados das duas equações paramétricas, teremos:

$$x + y = \left(t + \frac{1}{t}\right) + \left(t - \frac{1}{t}\right) = 2t.$$

Podemos, então, eliminar o parâmetro t multiplicando os dois lados destas últimas equações:

$$(x - y)(x + y) = \left(\frac{2}{t}\right)(2t) = 4,$$

ou, multiplicando os termos do lado esquerdo, obtemos uma equação padrão para uma hipérbole (revisado na Seção 11.6):

$$x^2 - y^2 = 4. \tag{1}$$

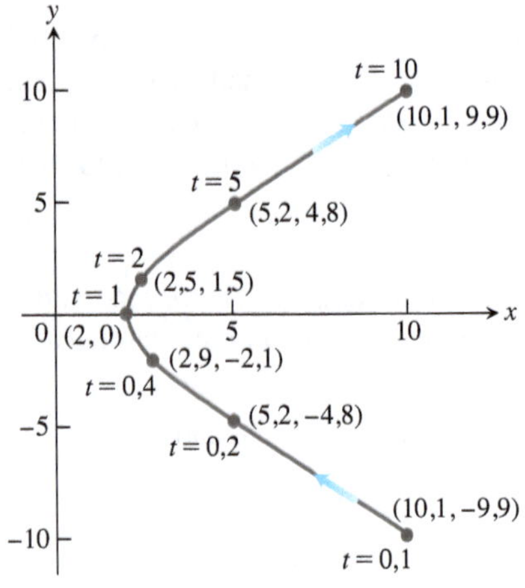

FIGURA 11.6 Curva para $x = t + (1/t)$, $y = t - (1/t)$, $t > 0$ no Exemplo 7. (A parte mostrada é para $0{,}1 \leq t \leq 10$.)

Assim, as coordenadas de todos os pontos $P(x, y)$ descritas pelas equações paramétricas satisfazem a Equação 1. No entanto, a Equação 1 não necessita que a coordenada x seja positiva. Sendo assim, existem pontos (x, y) na hipérbole que não satisfazem a equação paramétrica $x = t + (1/t)$, $t > 0$, para a qual x é sempre positivo. Ou seja, as equações paramétricas não fornecem nenhum ponto no ramo esquerdo da hipérbole dada pela Equação 1, pontos onde a coordenada x seria negativa. Para pequenos valores positivos de t, a trajetória está no quarto quadrante e sobe para o primeiro quadrante conforme t aumenta, cruzando o eixo x quando $t = 1$ (veja a Figura 11.6). O domínio do parâmetro é $(0, \infty)$ e não existe um ponto inicial ou um ponto final para a trajetória.

Os Exemplos 4, 5 e 6 ilustram que uma determinada curva, ou parte dela, pode ser representada por diferentes parametrizações. No caso do Exemplo 7, podemos ainda representar o ramo direito da hipérbole por meio da parametrização

$$x = \sqrt{4 + t^2}, \qquad y = t, \qquad -\infty < t < \infty,$$

que é obtida solucionando a Equação 1 para $x \geq 0$ e sendo y o parâmetro. Ainda, outra parametrização para o ramo direito da hipérbole dada pela Equação 1 é:

$$x = 2 \sec t, \qquad y = 2 \operatorname{tg} t, \qquad -\frac{\pi}{2} < t < \frac{\pi}{2}.$$

Essa parametrização segue da identidade trigonométrica $\sec^2 t - \operatorname{tg}^2 t = 1$, portanto:

$$x^2 - y^2 = 4 \sec^2 t - 4 \operatorname{tg}^2 t = 4(\sec^2 t - \operatorname{tg}^2 t) = 4.$$

Conforme t varia entre $-\pi/2$ e $\pi/2$, $x = \sec t$ permanece positivo e $y = \operatorname{tg} t$ varia entre $-\infty$ e ∞, de forma que P percorre o ramo direito da hipérbole. Ele chega pelo ramo inferior conforme $t \to 0^-$, alcança $(2, 0)$ em $t = 0$ e se distancia para o primeiro quadrante à medida que t aumenta em direção a $\pi/2$. Esse é o mesmo ramo da hipérbole da qual uma parte é mostrada na Figura 11.6.

BIOGRAFIA HISTÓRICA

Christian Huygens
(1629-1695)

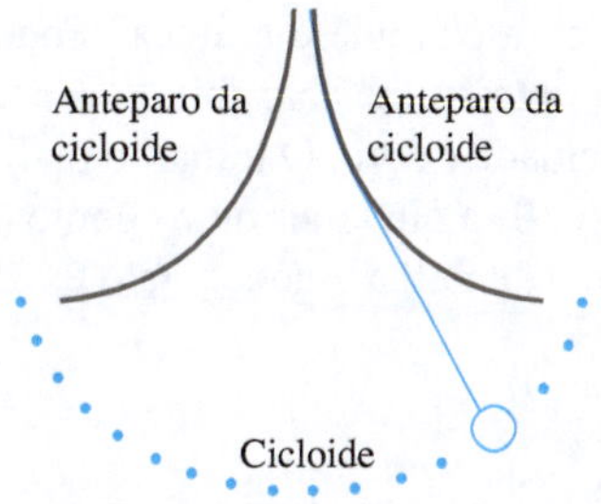

FIGURA 11.7 No relógio de pêndulo de Huygens, o prumo oscila em uma cicloide, de forma que a frequência é independente da amplitude.

Cicloides

O problema de um relógio cujo pêndulo se move em um arco circular é que a frequência do balanço depende da amplitude da oscilação. Quanto maior essa oscilação, mais tempo o pêndulo leva para retornar ao centro (sua posição mais baixa).

Isso não aconteceria se o pêndulo pudesse oscilar em uma *cicloide*. Em 1673, Christian Huygens projetou um relógio cujo pêndulo podia oscilar em uma cicloide, uma curva que definiremos no Exemplo 8. Ele pendurou o pêndulo em um fio restrito por anteparos que o faziam descrever a cicloide, conforme ele oscilava a partir do centro (Figura 11.7).

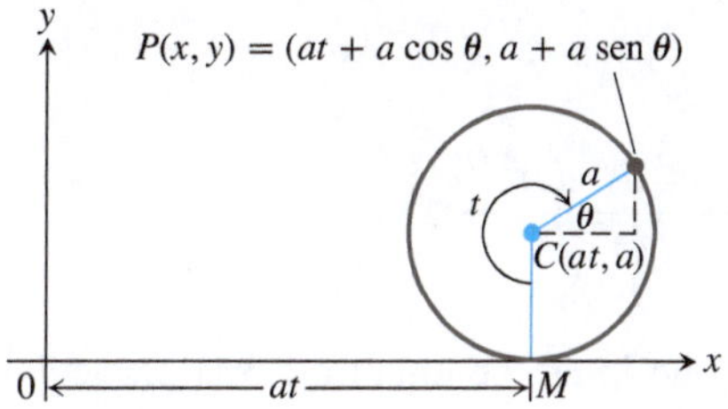

FIGURA 11.8 Posição de $P(x, y)$ na roda girada em um ângulo t (Exemplo 8).

EXEMPLO 8 Uma roda de raio a rola ao longo de uma reta horizontal. Encontre equações paramétricas para a trajetória traçada por um ponto P na circunferência da roda. A trajetória é chamada de **cicloide.**

Solução Fazemos que a reta seja o eixo x e marcamos um ponto P na roda; iniciamos com o P da roda na origem e a rolamos para a direita. Como parâmetro, utilizamos o ângulo t pelo qual a roda gira, medido em radianos. A Figura 11.8 mostra a roda um pouco mais tarde, quando sua base está a at unidades da origem. O centro da roda C está em (at, a) e as coordenadas de P são:

$$x = at + a\cos\theta, \qquad y = a + a\,\text{sen}\,\theta.$$

Para expressarmos θ em termos de t, observamos que $t + \theta = 3\pi/2$ na figura, de forma que:

$$\theta = \frac{3\pi}{2} - t.$$

Isso faz que:

$$\cos\theta = \cos\left(\frac{3\pi}{2} - t\right) = -\text{sen}\,t, \qquad \text{sen}\,\theta = \text{sen}\left(\frac{3\pi}{2} - t\right) = -\cos t.$$

As equações que buscamos são:

$$x = at - a\,\text{sen}\,t, \qquad y = a - a\cos t.$$

Elas geralmente são escritas com o a fatorado:

$$x = a(t - \text{sen}\,t), \qquad y = a(1 - \cos t). \tag{2}$$

A Figura 11.9 mostra o primeiro arco da cicloide e parte do seguinte.

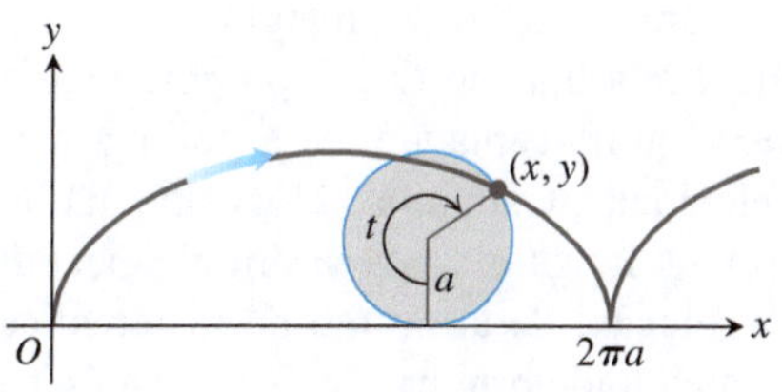

FIGURA 11.9 Curva cicloide $x = a(t - \text{sen}\,t)$, $y = a(1 - \cos t)$, para $t \geq 0$.

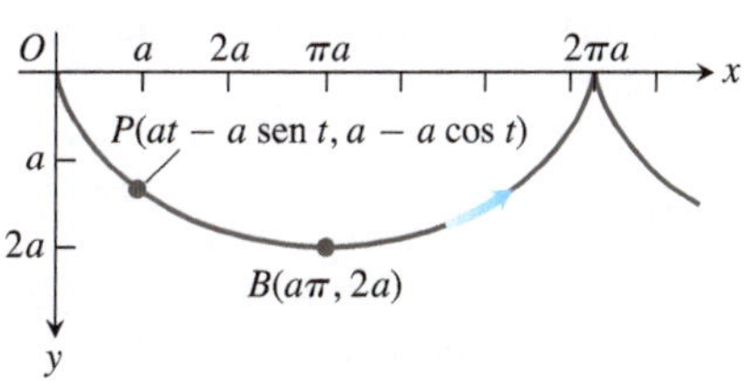

FIGURA 11.10 Para estudarmos o movimento ao longo de uma cicloide de cabeça para baixo sob a influência da gravidade, viramos a Figura 11.9 de cabeça para baixo. Isso faz o eixo y ficar voltado para a direção da força gravitacional e as coordenadas y para baixo serem positivas. As equações e o intervalo de parâmetro para a cicloide são ainda

$$x = a(t - \text{sen}\,t),$$
$$y = a(1 - \cos t), \qquad t \geq 0.$$

A seta indica a direção de aumento de t.

Braquistócronas e tautócronas

Quando viramos a Figura 11.9 de cabeça para baixo, as Equações 2 ainda se aplicam e a curva resultante (Figura 11.10) tem duas propriedades físicas interessantes. A primeira é relativa à origem O e ao ponto B na parte mais baixa do primeiro arco. Entre todas as curvas suaves que ligam esses pontos, a cicloide é aquela ao longo da qual uma bolinha sem atrito, sujeita apenas à força da gravidade, irá deslizar de O até B o mais rapidamente possível. Isso faz da cicloide uma **braquistócrona**, ou a curva de tempo mais curto para esses pontos. A segunda propriedade é que mesmo se você começar com a bolinha em parte da trajetória abaixo da curva, em direção a B, ela ainda assim levará o mesmo tempo para alcançar B. Essa propriedade faz da cicloide uma **tautócrona**, ou a curva de mesmo tempo para O e B.

Existem outras braquistócronas de O até B ou a cicloide é a única? Podemos formular essa questão matematicamente da seguinte forma. No início, a energia cinética da bolinha é zero, uma vez que sua velocidade é zero. O trabalho realizado pela gravidade na movimentação da bolinha de (0, 0) a qualquer outro ponto (x, y) no plano é mgy, e isso deve ser igual à a variação de energia cinética. Isto é:

$$mgy = \frac{1}{2}mv^2 - \frac{1}{2}m(0)^2.$$

Assim, a velocidade da bolinha, quando ela atinge (x, y), tem de ser:

$$v = \sqrt{2gy}.$$

Ou seja,

$$\frac{ds}{dt} = \sqrt{2gy}$$

ds é a diferencial do comprimento de arco ao longo da trajetória da bolinha

ou

$$dt = \frac{ds}{\sqrt{2gy}} = \frac{\sqrt{1 + (dy/dx)^2}\,dx}{\sqrt{2gy}}.$$

O tempo T_f que a bolinha leva para deslizar ao longo de uma trajetória particular $y = f(x)$ de O até $B(a\pi, 2a)$ é:

$$T_f = \int_{x=0}^{x=a\pi} \sqrt{\frac{1 + (dy/dx)^2}{2gy}}\,dx. \tag{3}$$

Que curvas $y = f(x)$, se existir alguma, minimizam o valor dessa integral?

À primeira vista, poderíamos pensar que a reta ligando O e B proporcionaria o menor tempo, mas talvez não. Pode haver alguma vantagem se a bolinha cair verticalmente no início para adquirir mais velocidade. Com uma velocidade maior, a bolinha poderia viajar por uma trajetória mais longa e ainda assim alcançar B primeiro. De fato, essa é a ideia correta. A solução, de um ramo da matemática conhecido como *cálculo de variações*, é que a cicloide original de O a B é a única braquistócrona entre O e B.

Enquanto a solução do problema braquistócrono está além de nosso alcance atual, podemos ainda mostrar por que a cicloide é uma tautócrona. Na próxima seção iremos mostrar que a derivada dy/dx é simplesmente a derivada dy/dt dividida pela derivada dx/dt. Fazendo os cálculos da derivada e substituindo na Equação 3 (omitimos os detalhes dos cálculos aqui) temos:

$$\begin{aligned} T_{\text{cicloide}} &= \int_{x=0}^{x=a\pi} \sqrt{\frac{1 + (dy/dx)^2}{2gy}}\,dx \\ &= \int_{t=0}^{t=\pi} \sqrt{\frac{a^2(2 - 2\cos t)}{2ga(1 - \cos t)}}\,dt \\ &= \int_0^{\pi} \sqrt{\frac{a}{g}}\,dt = \pi\sqrt{\frac{a}{g}}. \end{aligned}$$

Das Equações 2, $dx/dt = a(1 - \cos t)$, $dy/dt = a \operatorname{sen} t$ e $y = a(1 - \cos t)$

Assim, a quantidade de tempo que uma bolinha sem atrito leva para deslizar na cicloide até B, depois de ter sido liberada do repouso em O, é $\pi\sqrt{a/g}$.

Suponha que, em vez de começar com a bolinha em O, a iniciamos em algum ponto inferior na cicloide, um ponto (x_0, y_0) que corresponde ao valor de parâmetro $t_0 > 0$. A velocidade da bolinha em qualquer ponto posterior (x, y) na cicloide é:

$$v = \sqrt{2g(y - y_0)} = \sqrt{2ga(\cos t_0 - \cos t)}.$$

$y = a(1 - \cos t)$

De forma correspondente, o tempo necessário para que a bolinha deslize de (x_0, y_0) até B é:

$$T = \int_{t_0}^{\pi} \sqrt{\frac{a^2(2 - 2\cos t)}{2ga(\cos t_0 - \cos t)}}\,dt = \sqrt{\frac{a}{g}} \int_{t_0}^{\pi} \sqrt{\frac{1 - \cos t}{\cos t_0 - \cos t}}\,dt$$

$$= \sqrt{\frac{a}{g}} \int_{t_0}^{\pi} \sqrt{\frac{2\,\text{sen}^2(t/2)}{(2\cos^2(t_0/2) - 1) - (2\cos^2(t/2) - 1)}}\,dt$$

$$= \sqrt{\frac{a}{g}} \int_{t_0}^{\pi} \frac{\text{sen}(t/2)\,dt}{\sqrt{\cos^2(t_0/2) - \cos^2(t/2)}}$$

$$= \sqrt{\frac{a}{g}} \int_{t=t_0}^{t=\pi} \frac{-2\,du}{\sqrt{c^2 - u^2}}$$

$u = \cos(t/2)$
$-2\,du = \text{sen}(t/2)\,dt$
$c = \cos(t_0/2)$

$$= 2\sqrt{\frac{a}{g}} \left[-\text{sen}^{-1}\frac{u}{c}\right]_{t=t_0}^{t=\pi}$$

$$= 2\sqrt{\frac{a}{g}} \left[-\text{sen}^{-1}\frac{\cos(t/2)}{\cos(t_0/2)}\right]_{t_0}^{\pi}$$

$$= 2\sqrt{\frac{a}{g}}(-\text{sen}^{-1} 0 + \text{sen}^{-1} 1) = \pi\sqrt{\frac{a}{g}}.$$

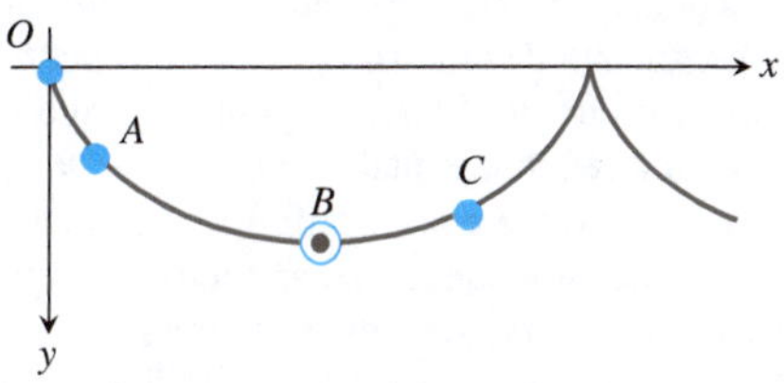

FIGURA 11.11 Bolinhas liberadas simultaneamente na cicloide de cabeça para baixo em O, A e C alcançarão B ao mesmo tempo.

Esse é precisamente o tempo que a bolinha leva para deslizar de B para O. Ela leva a mesma quantidade de tempo para alcançar B de qualquer lugar que ela parta. Bolinhas partindo simultaneamente de O, A e C na Figura 11.11, por exemplo, chegarão a B ao mesmo tempo. Esse é o motivo pelo qual o relógio de pêndulo de Huygens é independente da amplitude da oscilação.

Exercícios 11.1

Encontrando equações cartesianas a partir de equações paramétricas

Os Exercícios 1-18 fornecem equações paramétricas e intervalos de parâmetro para o movimento de uma partícula no plano xy. Identifique a trajetória da partícula encontrando a equação cartesiana para ela. Desenhe o gráfico de cartesiana (os gráficos irão variar conforme a equação utilizada). Indique a parte do gráfico percorrida pela partícula e a direção do movimento.

1. $x = 3t, \quad y = 9t^2, \quad -\infty < t < \infty$

2. $x = -\sqrt{t}, \quad y = t, \quad t \ge 0$

3. $x = 2t - 5, \quad y = 4t - 7, \quad -\infty < t < \infty$

4. $x = 3 - 3t, \quad y = 2t, \quad 0 \le t \le 1$

5. $x = \cos 2t, \quad y = \text{sen}\, 2t, \quad 0 \le t \le \pi$

6. $x = \cos(\pi - t), \quad y = \text{sen}(\pi - t), \quad 0 \le t \le \pi$

7. $x = 4\cos t, \quad y = 2\,\text{sen}\, t, \quad 0 \le t \le 2\pi$

8. $x = 4\,\text{sen}\, t, \quad y = 5\cos t, \quad 0 \le t \le 2\pi$

9. $x = \text{sen}\, t, \quad y = \cos 2t, \quad -\frac{\pi}{2} \le t \le \frac{\pi}{2}$

10. $x = 1 + \text{sen}\, t, \quad y = \cos t - 2, \quad 0 \le t \le \pi$

11. $x = t^2, \quad y = t^6 - 2t^4, \quad -\infty < t < \infty$

12. $x = \frac{t}{t-1}, \quad y = \frac{t-2}{t+1}, \quad -1 < t < 1$

13. $x = t, \quad y = \sqrt{1 - t^2}, \quad -1 \le t \le 0$

14. $x = \sqrt{t+1}, \quad y = \sqrt{t}, \quad t \ge 0$

15. $x = \sec^2 t - 1, \quad y = \text{tg}\, t, \quad -\pi/2 < t < \pi/2$

16. $x = -\sec t, \quad y = \text{tg}\, t, \quad -\pi/2 < t < \pi/2$

17. $x = -\cosh t, \quad y = \text{senh}\, t, \quad -\infty < t < \infty$

18. $x = 2\,\text{senh}\, t, \quad y = 2\cosh t, \quad -\infty < t < \infty$

Encontrando equações paramétricas

19. Encontre equações paramétricas e um intervalo de parâmetro para o movimento de uma partícula que parte em $(a, 0)$ e traça o círculo $x^2 + y^2 = a^2$:

a. uma vez em sentido horário.

b. uma vez em sentido anti-horário.

c. duas vezes em sentido horário.

d. duas vezes em sentido anti-horário.

(Pode haver muitas formas de resolver este exercício, de forma que suas respostas podem não ser as mesmas que estão no final do livro.)

20. Encontre equações paramétricas e um intervalo de parâmetro para o movimento de uma partícula que parte em $(a, 0)$ e traça a elipse $(x^2/a^2) + (y^2/b^2) = 1$:

a. uma vez em sentido horário.

b. uma vez em sentido anti-horário.

c. duas vezes em sentido horário.

d. duas vezes em sentido anti-horário.

(Assim como no Exercício 19, pode haver muitas respostas corretas.)

Nos Exercícios 21-26, encontre uma parametrização para a curva:

21. o segmento de reta com extremidades $(-1, -3)$ e $(4, 1)$.

22. o segmento de reta com extremidades $(-1, 3)$ e $(3, -2)$.

23. a metade inferior da parábola $x - 1 = y^2$.

24. a metade esquerda da parábola $y = x^2 + 2x$.

25. o raio (semirreta) com ponto inicial (2, 3) que passa pelo ponto $(-1, -1)$.

26. o raio (semirreta) com ponto inicial $(-1, 2)$ que passa pelo ponto (0, 0).

27. Encontre equações paramétricas e um intervalo de parâmetro para o movimento de uma partícula que começa no ponto (2, 0) e traça a metade superior do círculo $x^2 + y^2 = 4$ quatro vezes.

28. Encontre equações paramétricas e um intervalo de parâmetro para o movimento de uma partícula que se move ao longo do gráfico de $y = x^2$ da seguinte forma: começa em (0, 0), move-se para (3, 9) e em seguida se desloca para frente para trás de (3, 9) para $(-3, 9)$ infinitamente.

29. Encontre equações paramétricas para o semicírculo

$$x^2 + y^2 = a^2, \quad y > 0,$$

utilizando como parâmetro o coeficiente angular $t = dy/dx$ da tangente da curva em (x, y).

30. Encontre equações paramétricas para o círculo

$$x^2 + y^2 = a^2,$$

utilizando como parâmetro o comprimento de arco s medido em sentido anti-horário a partir do ponto $(a, 0)$ até o ponto (x, y).

31. Encontre uma parametrização para o segmento de reta que une os pontos (0, 2) e (4, 0) utilizando o ângulo θ na figura a seguir como parâmetro.

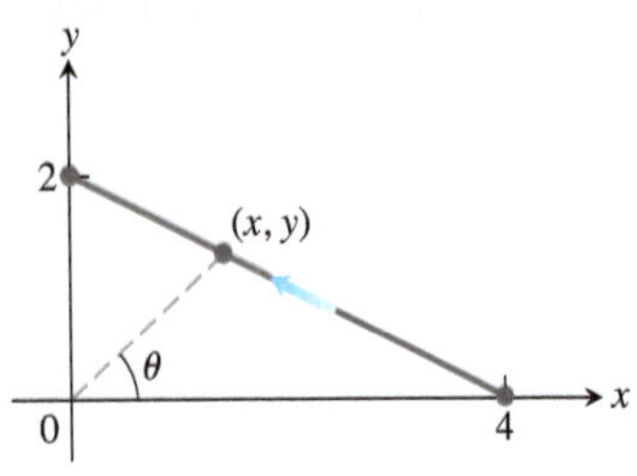

32. Encontre uma parametrização para a curva $y = \sqrt{x}$ com ponto final (0, 0) utilizando o ângulo θ na figura a seguir como parâmetro.

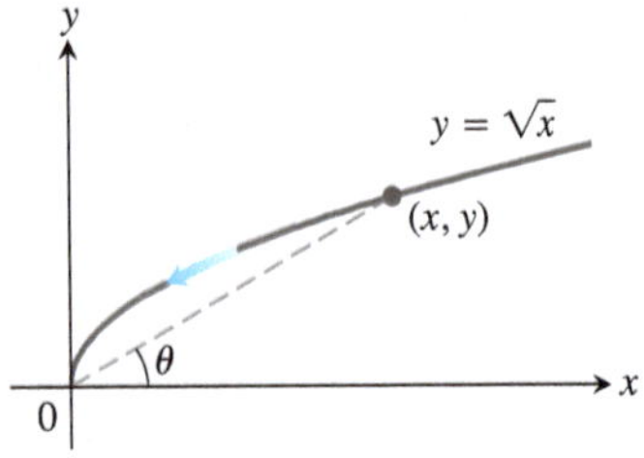

33. Encontre uma parametrização para o círculo $(x - 2)^2 + y^2 = 1$ iniciando em (1, 0) e se movendo em sentido horário uma vez ao redor do círculo, com o ângulo central θ na figura a seguir como parâmetro.

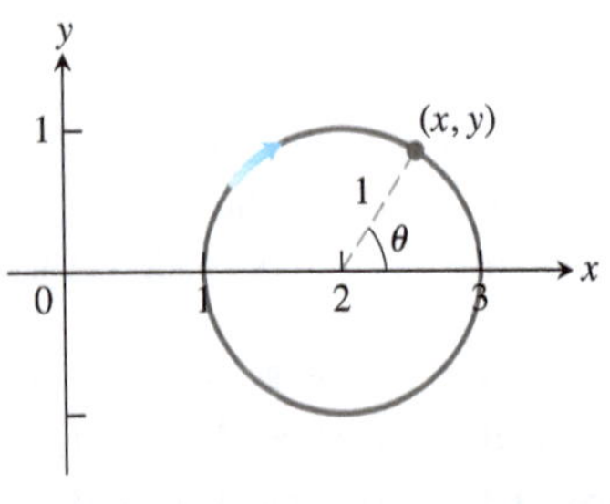

34. Encontre uma parametrização para o círculo $x^2 + y^2 = 1$ iniciando em (1, 0) e se movendo em sentido anti-horário até o ponto final (0, 1), com o ângulo θ na figura a seguir como parâmetro.

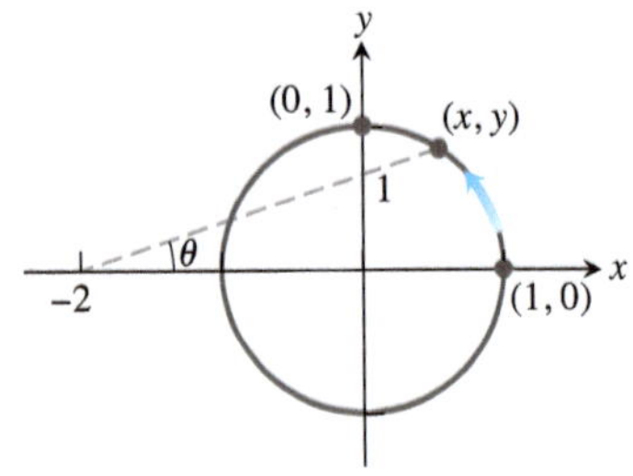

35. Curva de Maria Agnesi A curva em formato de sino de Maria Agnesi pode ser feita da seguinte forma: inicie com um círculo de raio 1, centrado no ponto (0, 1), conforme exibido na figura a seguir. Escolha um ponto A na reta $y = 2$ e conecte-o à origem com um segmento de reta. Designe por B o ponto onde o segmento cruza o círculo. Seja P o ponto em que a reta vertical por A cruza a reta horizontal que passa por B. A curva de Agnesi é a curva traçada por P conforme A se move ao longo da reta $y = 2$. Encontre equações paramétricas e um intervalo paramétrico para a curva de Agnesi expressando as coordenadas de P em termos de t, a medida em radianos do ângulo que o segmento OA faz com o eixo x positivo. As seguintes igualdades (que você pode assumir) irão ajudar.

a. $x = AQ$ **b.** $y = 2 - AB \operatorname{sen} t$

c. $AB \cdot OA = (AQ)^2$

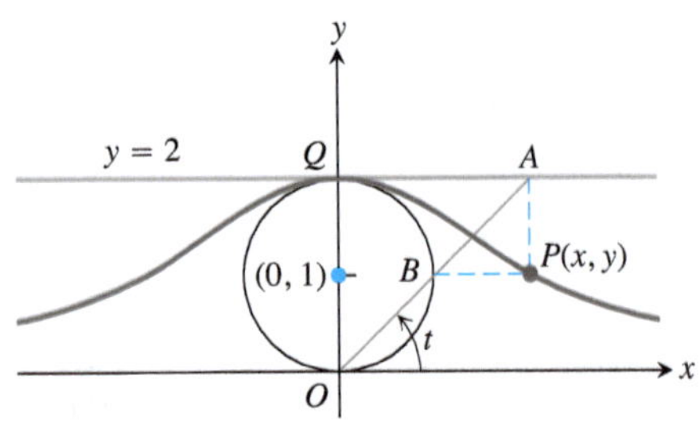

36. Hipocicloide Quando um círculo rola dentro de um círculo fixo, qualquer ponto P na circunferência do círculo que rola descreve uma *hipocicloide*. Seja $x^2 + y^2 = a^2$ o círculo fixo, seja b o raio do círculo que rola, e seja $A\ (a, 0)$ a posição inicial do ponto P traçado. Encontre equações paramétricas para a hipocicloide, utilizando como parâmetro o ângulo θ a partir do eixo x positivo até a reta que une os centros dos círculos. Em particular, se $b = a/4$, assim como na figura a seguir, mostre que a hipocicloide é a astroide

$$x = a \cos^3 \theta, \qquad y = a \operatorname{sen}^3 \theta.$$

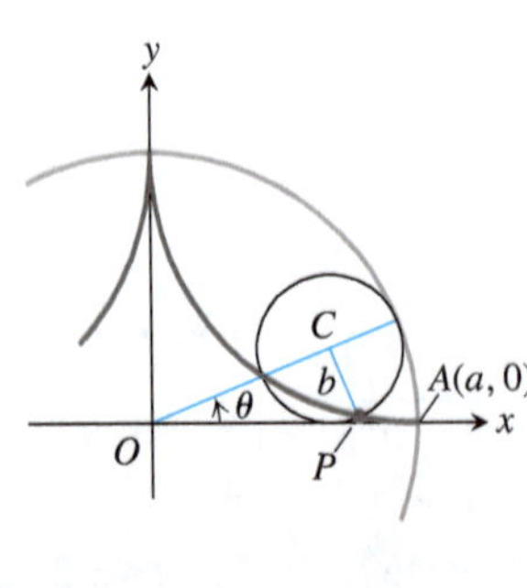

37. Conforme o ponto N se move ao longo da reta $y = a$ na figura a seguir, P se move de forma que $OP = MN$. Encontre equações paramétricas para as coordenadas de P como funções do ângulo t que a reta ON faz com o eixo y positivo.

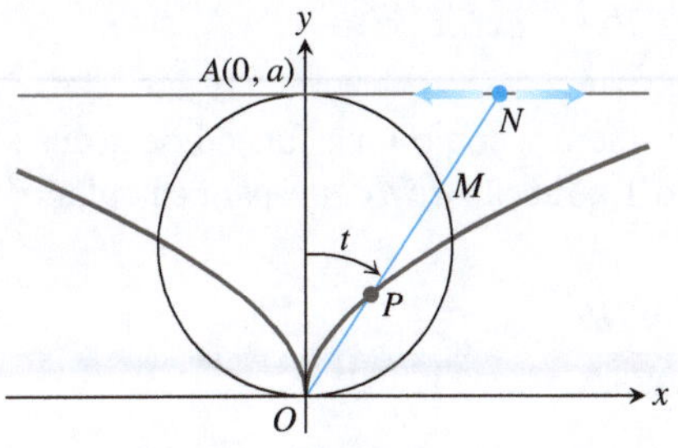

38. Trocoides Uma roda de raio a rola ao longo de uma reta horizontal sem deslizar. Encontre equações paramétricas para a curva traçada por um ponto P em um raio da roda a b unidades de seu centro. Como parâmetro, utilize o ângulo θ através do qual a roda gira. A curva é chamada de *trocoide*, que é uma cicloide quando $b = a$.

Distância utilizando equações paramétricas

39. Encontre o ponto sobre a parábola $x = t$, $y = t^2$, $-\infty < t < \infty$, o mais próximo do ponto (2, 1/2). (Sugestão: minimize o quadrado da distância como uma função de t.)

40. Encontre o ponto da elipse $x = 2 \cos t$, $y = \operatorname{sen} t$, $0 \le t \le 2\pi$, o mais próximo do ponto (3/4, 0). (Sugestão: minimize o quadrado da distância como uma função de t.)

T USO DE FERRAMENTAS GRÁFICAS

Se você possui uma ferramenta que esboça gráficos de equações paramétricas, desenhe os gráficos das equações sobre os intervalos determinados nos Exercícios 41-48.

41. Elipse $x = 4 \cos t$, $y = 2 \operatorname{sen} t$, no intervalo:

a. $0 \le t \le 2\pi$ **b.** $0 \le t \le \pi$

c. $-\pi/2 \le t \le \pi/2$

42. Ramo de hipérbole $x = \sec t$ (entre como $1/\cos(t)$), $y = \operatorname{tg} t$ (entre como $\operatorname{sen}(t)/\cos(t)$), no intervalo:

a. $-1{,}5 \le t \le 1{,}5$ **b.** $-0{,}5 \le t \le 0{,}5$

c. $-0{,}1 \le t \le 0{,}1$.

43. Parábola $x = 2t + 3$, $y = t^2 - 1$, $-2 \le t \le 2$

44. Cicloide $x = t - \operatorname{sen} t$, $y = 1 - \cos t$, no intervalo:

a. $0 \le t \le 2\pi$ **b.** $0 \le t \le 4\pi$

c. $\pi \le t \le 3\pi$

45. Deltoide

$$x = 2\cos t + \cos 2t, \quad y = 2 \operatorname{sen} t - \operatorname{sen} 2t; \quad 0 \le t \le 2\pi$$

O que acontece se você substituir 2 por -2 nas equações para x e y? Desenhe os gráficos das novas equações e descubra.

46. Uma curva interessante

$$x = 3\cos t + \cos 3t, \quad y = 3 \operatorname{sen} t - \operatorname{sen} 3t; \quad 0 \le t \le 2\pi$$

O que acontece se você substituir 3 por -3 nas equações para x e y? Desenhe os gráficos das novas equações e descubra.

47. a. Epicicloide

$$x = 9\cos t - \cos 9t, \quad y = 9 \operatorname{sen} t - \operatorname{sen} 9t; \quad 0 \le t \le 2\pi$$

b. Hipocicloide

$$x = 8\cos t + 2\cos 4t, \quad y = 8 \operatorname{sen} t - 2 \operatorname{sen} 4t; \quad 0 \le t \le 2\pi$$

c. Hipotrocoide

$$x = \cos t + 5\cos 3t, \quad y = 6\cos t - 5 \operatorname{sen} 3t; \quad 0 \le t \le 2\pi$$

48. a. $x = 6\cos t + 5\cos 3t$, $y = 6 \operatorname{sen} t - 5 \operatorname{sen} 3t$; $0 \le t \le 2\pi$

b. $x = 6\cos 2t + 5\cos 6t$, $y = 6 \operatorname{sen} 2t - 5 \operatorname{sen} 6t$; $0 \le t \le \pi$

c. $x = 6\cos t + 5\cos 3t$, $y = 6 \operatorname{sen} 2t - 5 \operatorname{sen} 3t$; $0 \le t \le 2\pi$

d. $x = 6\cos 2t + 5\cos 6t$, $y = 6 \operatorname{sen} 4t - 5 \operatorname{sen} 6t$; $0 \le t \le \pi$

11.2 Cálculo com curvas paramétricas

Nesta seção, aplicaremos cálculo às curvas paramétricas. Especificamente, encontraremos coeficientes angulares, comprimentos e áreas associadas com curvas parametrizadas.

Tangentes e áreas

Uma curva parametrizada $x = f(t)$ e $y = g(t)$ é **derivável** em t se f e g forem deriváveis em t. Em um ponto em uma curva parametrizada derivável em que y é também uma função derivável de x, as derivadas dy/dt, dx/dt e dy/dx estão relacionadas pela regra da cadeia:

$$\frac{dy}{dt} = \frac{dy}{dx} \cdot \frac{dx}{dt}.$$

Se $dx/dt \neq 0$, podemos dividir ambos os lados dessa equação por dx/dt para solucionar para dy/dx.

Fórmula paramétrica para dy/dx

Se todas as três derivadas existem e $dx/dt \neq 0$,

$$\frac{dy}{dx} = \frac{dy/dt}{dx/dt}. \tag{1}$$

Se equações paramétricas definem y como uma função de x duas vezes derivável, podemos aplicar a Equação 1 à função $dy/dx = y'$ para calcular d^2y/dx^2 como uma função de t:

$$\frac{d^2y}{dx^2} = \frac{d}{dx}(y') = \frac{dy'/dt}{dx/dt}.$$ Equação 1 com y' no lugar de y

Fórmula paramétrica para d^2y/dx^2

Se as equações $x = f(t)$, $y = g(t)$ definem y como uma função de x duas vezes diferenciável, então em qualquer ponto onde $dx/dt \neq 0$ e $y' = dy/dx$,

$$\frac{d^2y}{dx^2} = \frac{dy'/dt}{dx/dt}. \tag{2}$$

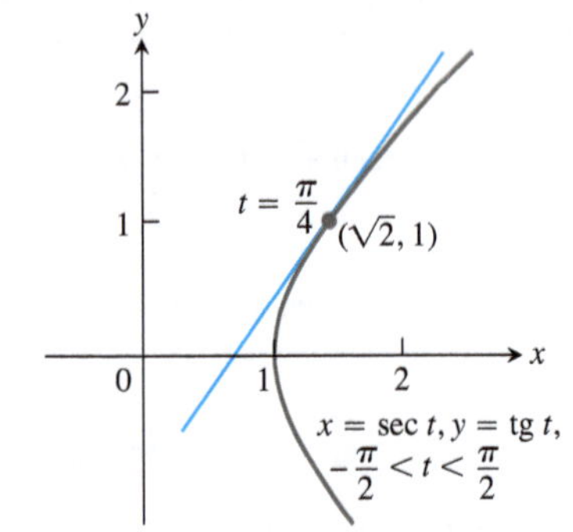

FIGURA 11.12 A curva no Exemplo 1 é o ramo direito da hipérbole $x^2 - y^2 = 1$.

EXEMPLO 1 Encontre a tangente à curva

$$x = \sec t, \qquad y = \text{tg } t, \qquad -\frac{\pi}{2} < t < \frac{\pi}{2},$$

no ponto $(\sqrt{2}, 1)$, em que $t = \pi/4$ (Figura 11.12).

Solução O coeficiente angular da curva em t é

$$\frac{dy}{dx} = \frac{dy/dt}{dx/dt} = \frac{\sec^2 t}{\sec t \,\text{tg } t} = \frac{\sec t}{\text{tg } t}.$$ Equação 1

Fazendo t igual a $\pi/4$, temos:

$$\left.\frac{dy}{dx}\right|_{t=\pi/4} = \frac{\sec(\pi/4)}{\text{tg}(\pi/4)} = \frac{\sqrt{2}}{1} = \sqrt{2}.$$

A reta tangente é:

$$\begin{aligned} y - 1 &= \sqrt{2}(x - \sqrt{2}) \\ y &= \sqrt{2}x - 2 + 1 \\ y &= \sqrt{2}x - 1. \end{aligned}$$

EXEMPLO 2 Encontre d^2y/dx^2 como uma função de t se $x = t - t^2$, $y = t - t^3$.

Solução

1. Expresse $y' = dy/dx$ em termos de t.

$$y' = \frac{dy}{dx} = \frac{dy/dt}{dx/dt} = \frac{1 - 3t^2}{1 - 2t}$$

2. Diferencie y' em relação a t.

$$\frac{dy'}{dt} = \frac{d}{dt}\left(\frac{1 - 3t^2}{1 - 2t}\right) = \frac{2 - 6t + 6t^2}{(1 - 2t)^2}$$ Regra da derivada do quociente

Encontrando d^2y/dx^2 em termos de t

1. Expresse $y' = dy/dx$ em termos de t.
2. Encontre y'/dt.
3. Divida dy'/dt por dx/dt.

3. Divida dy'/dt por dx/dt.

$$\frac{d^2y}{dx^2} = \frac{dy'/dt}{dx/dt} = \frac{(2 - 6t + 6t^2)/(1 - 2t)^2}{1 - 2t} = \frac{2 - 6t + 6t^2}{(1 - 2t)^3} \qquad \text{Equação 2}$$

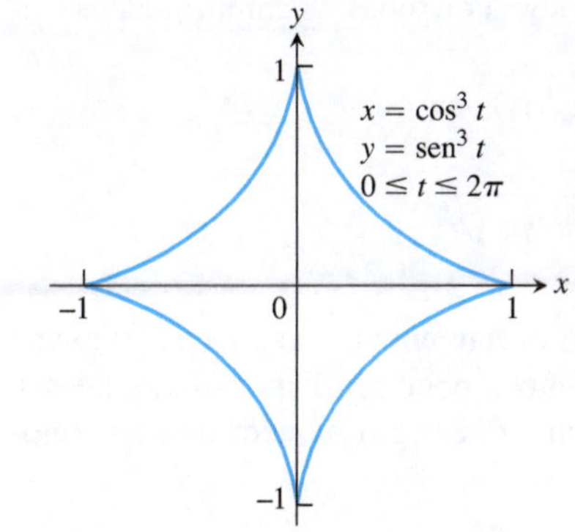

FIGURA 11.13 Astroide no Exemplo 3.

EXEMPLO 3 Encontre a área delimitada pela astroide (Figura 11.13)

$$x = \cos^3 t, \qquad y = \text{sen}^3 t, \qquad 0 \leq t \leq 2\pi.$$

Solução Por simetria, a área delimitada é quatro vezes a área sob a curva no primeiro quadrante, em que $0 \leq t \leq \pi/2$. Podemos aplicar a fórmula da integral definida para a área estudada no Capítulo 5, utilizando substituição para expressar a curva e a diferencial dx em termos do parâmetro t. Portanto:

$$A = 4\int_0^1 y\,dx$$

$$= 4\int_0^{\pi/2} \text{sen}^3 t \cdot 3\cos^2 t\,\text{sen}\,t\,dt \qquad \text{Substituição para } y \text{ e } dx$$

$$= 12\int_0^{\pi/2} \left(\frac{1 - \cos 2t}{2}\right)^2 \left(\frac{1 + \cos 2t}{2}\right) dt \qquad \text{sen}^4 t = \left(\frac{1 - \cos 2t}{2}\right)^2$$

$$= \frac{3}{2}\int_0^{\pi/2} (1 - 2\cos 2t + \cos^2 2t)(1 + \cos 2t)\,dt \qquad \text{Expandir}$$

$$= \frac{3}{2}\int_0^{\pi/2} (1 - \cos 2t - \cos^2 2t + \cos^3 2t)\,dt \qquad \text{Multiplicar termos}$$

$$= \frac{3}{2}\left[\int_0^{\pi/2} (1 - \cos 2t)\,dt - \int_0^{\pi/2} \cos^2 2t\,dt + \int_0^{\pi/2} \cos^3 2t\,dt\right]$$

$$= \frac{3}{2}\left[\left(t - \frac{1}{2}\text{sen}\,2t\right) - \frac{1}{2}\left(t + \frac{1}{4}\text{sen}\,2t\right) + \frac{1}{2}\left(\text{sen}\,2t - \frac{1}{3}\text{sen}^3\,2t\right)\right]_0^{\pi/2} \qquad \text{Seção 8.2, Exemplo 3}$$

$$= \frac{3}{2}\left[\left(\frac{\pi}{2} - 0 - 0 - 0\right) - \frac{1}{2}\left(\frac{\pi}{2} + 0 - 0 - 0\right) + \frac{1}{2}(0 - 0 - 0 + 0)\right] \qquad \text{Avaliar}$$

$$= \frac{3\pi}{8}.$$

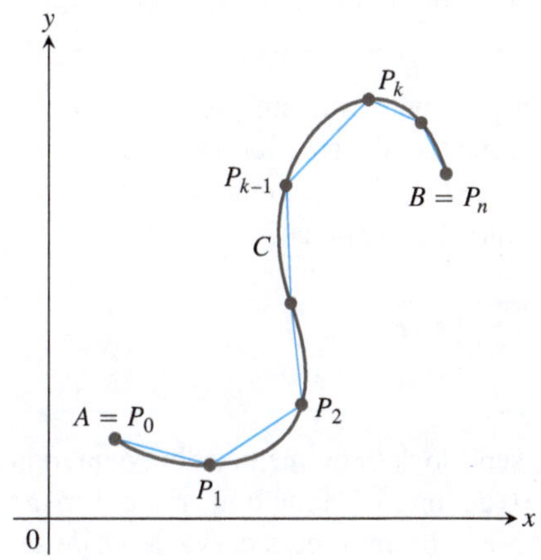

FIGURA 11.14 Curva suave C definida parametricamente pelas equações $x = f(t)$ e $y = g(t)$, $a \leq t \leq b$. O comprimento da curva de A a B é aproximado pela soma dos comprimentos da trajetória poligonal (segmentos de reta), iniciando em $A = P_0$, seguindo para P_1, e assim por diante, terminando em $B = P_n$.

Comprimento de uma curva definida parametricamente

Seja C uma curva dada parametricamente pelas equações

$$x = f(t) \quad \text{e} \quad y = g(t), \qquad a \leq t \leq b.$$

Assumimos que as funções f e g são **continuamente deriváveis** (o que significa que elas possuem primeiras derivadas contínuas) no intervalo $[a, b]$. Assumimos também que as derivadas $f'(t)$ e $g'(t)$ não são simultaneamente zero, o que previne que a curva C tenha quaisquer cantos ou cúspides. Essa curva é chamada de **curva lisa**. Subdividimos a trajetória (ou arco) AB em n partes nos pontos $A = P_0, P_1, P_2, \ldots, P_n = B$ (Figura 11.14). Esses pontos correspondem a uma partição do intervalo $[a, b]$ por $a = t_0 < t_1 < t_2 < \cdots < t_n = b$, em que $P_k = (f(t_k), g(t_k))$. Una pontos sucessivos dessa subdivisão através de segmentos de reta (Figura 11.14). Um segmento de reta representativo tem comprimento:

$$L_k = \sqrt{(\Delta x_k)^2 + (\Delta y_k)^2}$$

$$= \sqrt{[f(t_k) - f(t_{k-1})]^2 + [g(t_k) - g(t_{k-1})]^2}$$

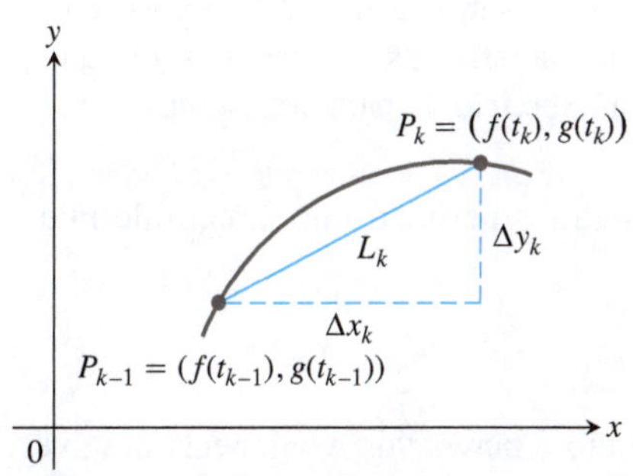

FIGURA 11.15 O arco $P_{k-1}P_k$ é aproximado pelo segmento de reta exibido aqui, que tem comprimento $L_k = \sqrt{(\Delta x_k)^2 + (\Delta y_k)^2}$.

(veja a Figura 11.15). Se Δt_k é pequeno, o comprimento L_k é aproximadamente o comprimento do arco $P_{k-1}P_k$. Pelo teorema do valor médio, existem números t_k^* e t_k^{**} em $[t_{k-1}, t_k]$, tal que:

$$\Delta x_k = f(t_k) - f(t_{k-1}) = f'(t_k^*)\,\Delta t_k,$$
$$\Delta y_k = g(t_k) - g(t_{k-1}) = g'(t_k^{**})\,\Delta t_k.$$

Assumindo que a trajetória entre A e B é percorrida exatamente uma vez conforme t aumenta de $t = a$ para $t = b$, sem voltar ou retraçar, uma aproximação para o (ainda não definido) "comprimento" da curva AB é a soma de todos os comprimentos L_k:

$$\sum_{k=1}^{n} L_k = \sum_{k=1}^{n} \sqrt{(\Delta x_k)^2 + (\Delta y_k)^2}$$
$$= \sum_{k=1}^{n} \sqrt{[f'(t_k^*)]^2 + [g'(t_k^{**})]^2}\,\Delta t_k.$$

Ainda que essa última soma à direita não seja exatamente uma soma de Riemann (porque f' e g' são avaliados em pontos diferentes), pode ser demonstrado que seu limite, à medida que a norma da partição tende a zero e o número de segmentos $n \to \infty$, é a integral definida:

$$\lim_{\|P\| \to 0} \sum_{k=1}^{n} \sqrt{[f'(t_k^*)]^2 + [g'(t_k^{**})]^2}\,\Delta t_k = \int_a^b \sqrt{[f'(t)]^2 + [g'(t)]^2}\,dt.$$

Portanto, é razoável definir o comprimento da curva de A até B como essa integral.

DEFINIÇÃO Se uma curva C é definida parametricamente por $x = f(t)$ e $y = g(t)$, $a \le t \le b$, em que f' e g' são contínuas e não simultaneamente zero em $[a, b]$, e C é percorrida exatamente uma vez conforme t aumenta de $t = a$ para $t = b$, então **o comprimento de *C*** é a integral definida:

$$L = \int_a^b \sqrt{[f'(t)]^2 + [g'(t)]^2}\,dt.$$

Uma curva suave C não volta ou muda o sentido do movimento sobre o intervalo de tempo $[a, b]$, uma vez que $(f')^2 + (g')^2 > 0$ ao longo de todo o intervalo. Em um ponto em que uma curva começa a voltar sobre si própria, ou a curva deixa de ser derivável ou ambas as derivadas devem ser simultaneamente iguais a zero. Iremos examinar esse fenômeno no Capítulo 13, em que estudaremos vetores tangentes às curvas.

Se $x = f(t)$ e $y = g(t)$, então, utilizando a notação de Leibniz, teremos o seguinte resultado para o comprimento do arco:

$$L = \int_a^b \sqrt{\left(\frac{dx}{dt}\right)^2 + \left(\frac{dy}{dt}\right)^2}\,dt. \tag{3}$$

E se existirem duas parametrizações diferentes para uma curva C cujo comprimento queremos encontrar – faz diferença qual delas utilizaremos? A resposta é não, contanto que a parametrização que escolhermos satisfaça as condições estabelecidas na definição para o comprimento de C (veja o Exercício 41 para um exemplo).

EXEMPLO 4 Utilizando a definição, encontre o perímetro do círculo de raio r definido parametricamente por

$$x = r\cos t \quad \text{e} \quad y = r\,\text{sen}\,t, \qquad 0 \le t \le 2\pi.$$

Solução Conforme t varia de 0 a 2π, o círculo é percorrido exatamente uma vez, portanto a circunferência é

$$L = \int_0^{2\pi} \sqrt{\left(\frac{dx}{dt}\right)^2 + \left(\frac{dy}{dt}\right)^2}\,dt.$$

Encontramos:

$$\frac{dx}{dt} = -r \operatorname{sen} t, \qquad \frac{dy}{dt} = r \cos t$$

e

$$\left(\frac{dx}{dt}\right)^2 + \left(\frac{dy}{dt}\right)^2 = r^2(\operatorname{sen}^2 t + \cos^2 t) = r^2.$$

Portanto:

$$L = \int_0^{2\pi} \sqrt{r^2}\, dt = r\Big[t\Big]_0^{2\pi} = 2\pi r.$$

EXEMPLO 5 Encontre o comprimento da astroide (Figura 11.13)

$$x = \cos^3 t \qquad \text{e} \qquad y = \operatorname{sen}^3 t, \qquad 0 \leq t \leq 2\pi.$$

Solução Por causa da simetria da curva com relação aos eixos coordenados, seu comprimento é quatro vezes o comprimento da porção do primeiro quadrante. Temos:

$$x = \cos^3 t, \qquad y = \operatorname{sen}^3 t$$

$$\left(\frac{dx}{dt}\right)^2 = [3\cos^2 t(-\operatorname{sen} t)]^2 = 9\cos^4 t \operatorname{sen}^2 t$$

$$\left(\frac{dy}{dt}\right)^2 = [3\operatorname{sen}^2 t(\cos t)]^2 = 9\operatorname{sen}^4 t \cos^2 t$$

$$\begin{aligned}\sqrt{\left(\frac{dx}{dt}\right)^2 + \left(\frac{dy}{dt}\right)^2} &= \sqrt{9\cos^2 t \operatorname{sen}^2 t\underbrace{(\cos^2 t + \operatorname{sen}^2 t)}_{1}} \\ &= \sqrt{9\cos^2 t \operatorname{sen}^2 t} \\ &= 3|\cos t \operatorname{sen} t| \\ &= 3\cos t \operatorname{sen} t.\end{aligned}$$

$\cos t \operatorname{sen} t \geq 0$ para $0 \leq t \leq \pi/2$

Portanto:

$$\begin{aligned}\text{Comprimento da porção do primeiro quadrante} &= \int_0^{\pi/2} 3\cos t \operatorname{sen} t\, dt \\ &= \frac{3}{2}\int_0^{\pi/2} \operatorname{sen} 2t\, dt \\ &= -\frac{3}{4}\cos 2t\Big]_0^{\pi/2} = \frac{3}{2}.\end{aligned}$$

$\cos t \operatorname{sen} t = (1/2) \operatorname{sen} 2t$

O comprimento da astroide é quatro vezes isto: $4(3/2) = 6$.

Comprimento de uma curva $y = f(x)$

A fórmula de comprimento na Seção 6.3 é um caso especial da Equação 3. Dada uma função continuamente derivável $y = f(x)$, $a \leq x \leq b$, podemos determinar $x = t$ como um parâmetro. O gráfico da função f é então a curva C definida parametricamente por:

$$x = t \qquad \text{e} \qquad y = f(t), \qquad a \leq t \leq b,$$

um caso especial que consideramos antes. Então:

$$\frac{dx}{dt} = 1 \qquad \text{e} \qquad \frac{dy}{dt} = f'(t).$$

BIOGRAFIA HISTÓRICA

Gregory St. Vincent
(1584-1667)

A partir da Equação 1, temos

$$\frac{dy}{dx} = \frac{dy/dt}{dx/dt} = f'(t),$$

resultando em

$$\left(\frac{dx}{dt}\right)^2 + \left(\frac{dy}{dt}\right)^2 = 1 + [f'(t)]^2$$

$$= 1 + [f'(x)]^2. \qquad t = x$$

Uma substituição na Equação 3 nos dá a fórmula do comprimento de arco para o gráfico de $y = f(x)$, consistente com a Equação 3 na Seção 6.3.

Diferencial do comprimento de arco

Consistente com nossa discussão na Seção 6.3, podemos definir a função de comprimento de arco para uma curva definida parametricamente $x = f(t)$ e $y = g(t)$, $a \leq t \leq b$, por:

$$s(t) = \int_a^t \sqrt{[f'(z)]^2 + [g'(z)]^2}\, dz.$$

Então, pelo teorema fundamental do cálculo:

$$\frac{ds}{dt} = \sqrt{[f'(t)]^2 + [g'(t)]^2} = \sqrt{\left(\frac{dx}{dt}\right)^2 + \left(\frac{dy}{dt}\right)^2}.$$

A diferencial do comprimento de arco é:

$$ds = \sqrt{\left(\frac{dx}{dt}\right)^2 + \left(\frac{dy}{dt}\right)^2}\, dt. \tag{4}$$

A Equação 4 é frequentemente abreviada para:

$$ds = \sqrt{dx^2 + dy^2}.$$

Da mesma forma que na Seção 6.3, podemos integrar a diferencial ds entre limites apropriados para encontrar o comprimento total de uma curva.

Segue um exemplo de onde utilizamos a fórmula de comprimento do arco para encontrar o centroide de um arco.

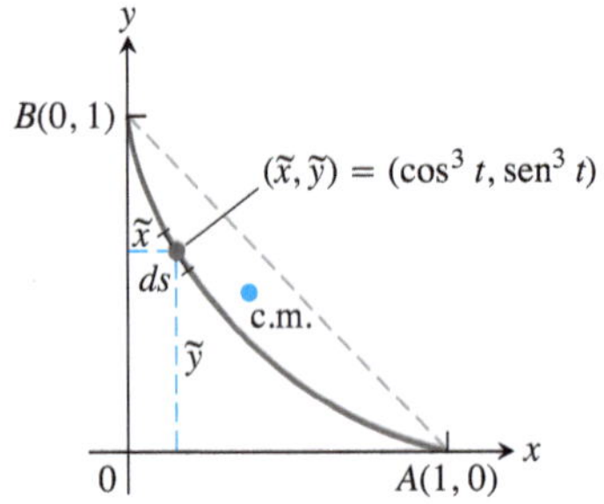

FIGURA 11.16 Centroide (c.m.) do arco da astroide no Exemplo 6.

EXEMPLO 6 Encontre o centroide do arco do primeiro quadrante da astroide no Exemplo 5.

Solução Tomamos a densidade da curva como sendo $\delta = 1$ e calculamos a massa e os movimentos da curva em relação aos eixos coordenados, conforme fizemos na Seção 6.6.

A distribuição de massa é simétrica em torno da reta $y = x$, portanto $\bar{x} = \bar{y}$. Um segmento típico da curva (Figura 11.16) possui massa:

$$dm = 1 \cdot ds = \sqrt{\left(\frac{dx}{dt}\right)^2 + \left(\frac{dy}{dt}\right)^2}\, dt = 3 \cos t \operatorname{sen} t\, dt. \qquad \text{Do Exemplo 5}$$

A massa da curva é:

$$M = \int_0^{\pi/2} dm = \int_0^{\pi/2} 3 \cos t \operatorname{sen} t\, dt = \frac{3}{2}. \qquad \text{Novamente do Exemplo 5}$$

O momento da curva em relação ao eixo x é:

$$M_x = \int \tilde{y}\, dm = \int_0^{\pi/2} \operatorname{sen}^3 t \cdot 3 \cos t \operatorname{sen} t\, dt$$

$$= 3 \int_0^{\pi/2} \operatorname{sen}^4 t \cos t\, dt = 3 \cdot \frac{\operatorname{sen}^5 t}{5}\bigg]_0^{\pi/2} = \frac{3}{5}.$$

Segue que:

$$\bar{y} = \frac{M_x}{M} = \frac{3/5}{3/2} = \frac{2}{5}.$$

O centroide é o ponto (2/5, 2/5).

Áreas de superfícies de revolução

Na Seção 6.4, encontramos fórmulas integrais para a área de uma superfície em que uma curva é girada em torno de um eixo coordenado. Especificamente, descobrimos que a área da superfície é $S = \int 2\pi y\, ds$ para rotação em torno do eixo x e $S = \int 2\pi x\, ds$ para rotação em torno do eixo y. Se a curva é parametrizada pelas equações $x = f(t)$ e $y = g(t)$, $a \leq t \leq b$, em que f e g são continuamente deriváveis e $(f')^2 + (g')^2 > 0$ em $[a, b]$, então a diferencial do comprimento de arco ds é dada pela Equação 4. Essa observação nos leva às seguintes fórmulas para a área das superfícies de revolução das curvas parametrizadas suaves.

Área de superfície de revolução para curvas parametrizadas

Se uma curva suave $x = f(t)$, $y = g(t)$, $a \leq t \leq b$, é percorrida exatamente uma vez conforme t aumenta de a para b, então as áreas das superfícies obtidas girando-se a curva em torno dos eixos coordenados são conforme segue:

1. **Revolução em torno do eixo x ($y \geq 0$):**

$$S = \int_a^b 2\pi y \sqrt{\left(\frac{dx}{dt}\right)^2 + \left(\frac{dy}{dt}\right)^2}\, dt \qquad (5)$$

2. **Revolução em torno do eixo y ($x \geq 0$):**

$$S = \int_a^b 2\pi x \sqrt{\left(\frac{dx}{dt}\right)^2 + \left(\frac{dy}{dt}\right)^2}\, dt \qquad (6)$$

Assim como com o comprimento, podemos calcular a área da superfície a partir de qualquer parametrização conveniente que satisfaça os critérios estabelecidos.

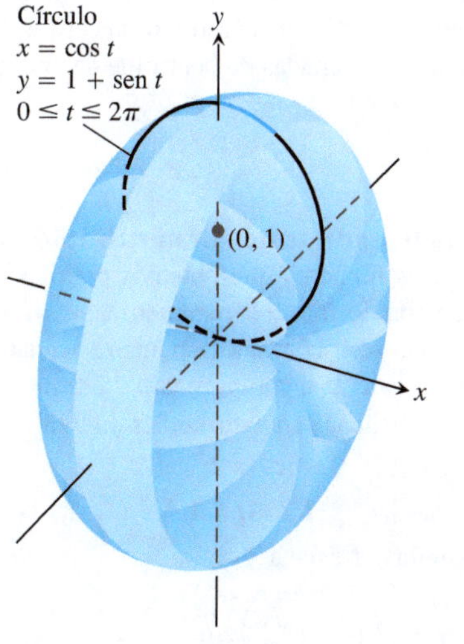

FIGURA 11.17 No Exemplo 7 calculamos a área da superfície de revolução varrida por essa curva parametrizada.

EXEMPLO 7 A parametrização padrão do círculo de raio 1 centrado no ponto (0, 1) no plano xy é:

$$x = \cos t, \qquad y = 1 + \operatorname{sen} t, \qquad 0 \leq t \leq 2\pi.$$

Utilize essa parametrização para encontrar a área da superfície varrida pelo giro do círculo em torno do eixo x (Figura 11.17).

Solução Avaliamos a fórmula

$$S = \int_a^b 2\pi y \sqrt{\left(\frac{dx}{dt}\right)^2 + \left(\frac{dy}{dt}\right)^2}\, dt$$

Equação 5 para revolução em torno do eixo x; $y = 1 + \operatorname{sen} t \geq 0$

$$= \int_0^{2\pi} 2\pi(1 + \operatorname{sen} t)\underbrace{\sqrt{(-\operatorname{sen} t)^2 + (\cos t)^2}}_{1}\, dt$$

$$= 2\pi \int_0^{2\pi} (1 + \operatorname{sen} t)\, dt$$

$$= 2\pi\big[t - \cos t\big]_0^{2\pi} = 4\pi^2.$$

Exercícios 11.2

Tangentes às curvas parametrizadas

Nos Exercícios 1-14, encontre uma equação para a reta tangente à curva no ponto definido pelo valor dado de t. Encontre também o valor de d^2y/dx^2 nesse ponto.

1. $x = 2\cos t, \quad y = 2\,\text{sen}\,t, \quad t = \pi/4$
2. $x = \text{sen}\,2\pi t, \quad y = \cos 2\pi t, \quad t = -1/6$
3. $x = 4\,\text{sen}\,t, \quad y = 2\cos t, \quad t = \pi/4$
4. $x = \cos t, \quad y = \sqrt{3}\cos t, \quad t = 2\pi/3$
5. $x = t, \quad y = \sqrt{t}, \quad t = 1/4$
6. $x = \sec^2 t - 1, \quad y = \text{tg}\,t, \quad t = -\pi/4$
7. $x = \sec t, \quad y = \text{tg}\,t, \quad t = \pi/6$
8. $x = -\sqrt{t+1}, \quad y = \sqrt{3t}, \quad t = 3$
9. $x = 2t^2 + 3, \quad y = t^4, \quad t = -1$
10. $x = 1/t, \quad y = -2 + \ln t, \quad t = 1$
11. $x = t - \text{sen}\,t, \quad y = 1 - \cos t, \quad t = \pi/3$
12. $x = \cos t, \quad y = 1 + \text{sen}\,t, \quad t = \pi/2$
13. $x = \dfrac{1}{t+1}, \quad y = \dfrac{t}{t-1}, \quad t = 2$
14. $x = t + e^t, \quad y = 1 - e^t, \quad t = 0$

Parametrizações definidas implicitamente

Assumindo que as equações nos Exercícios 15-20 definem x e y implicitamente como funções deriváveis $x = f(t)$, $y = g(t)$, encontre o coeficiente angular da curva $x = f(t)$, $y = g(t)$ no valor determinado de t.

15. $x^3 + 2t^2 = 9, \quad 2y^3 - 3t^2 = 4, \quad t = 2$
16. $x = \sqrt{5 - \sqrt{t}}, \quad y(t-1) = \sqrt{t}, \quad t = 4$
17. $x + 2x^{3/2} = t^2 + t, \quad y\sqrt{t+1} + 2t\sqrt{y} = 4, \quad t = 0$
18. $x\,\text{sen}\,t + 2x = t, \quad t\,\text{sen}\,t - 2t = y, \quad t = \pi$
19. $x = t^3 + t, \quad y + 2t^3 = 2x + t^2, \quad t = 1$
20. $t = \ln(x - t), \quad y = te^t, \quad t = 0$

Área

21. Encontre a área sob um arco da cicloide:
$$x = a(t - \text{sen}\,t), \quad y = a(1 - \cos t).$$
22. Encontre a área delimitada pelo eixo y e a curva:
$$x = t - t^2, \quad y = 1 + e^{-t}.$$
23. Encontre a área delimitada pela elipse:
$$x = a\cos t, \quad y = b\,\text{sen}\,t, \quad 0 \le t \le 2\pi.$$
24. Encontre a área sob $y = x^3$ sobre [0, 1] utilizando as seguintes parametrizações.
   a. $x = t^2, \quad y = t^6$ **b.** $x = t^3, \quad y = t^9$

Comprimentos das curvas

Encontre os comprimentos das curvas nos Exercícios 25-30.

25. $x = \cos t, \quad y = t + \text{sen}\,t, \quad 0 \le t \le \pi$
26. $x = t^3, \quad y = 3t^2/2, \quad 0 \le t \le \sqrt{3}$
27. $x = t^2/2, \quad y = (2t+1)^{3/2}/3, \quad 0 \le t \le 4$
28. $x = (2t+3)^{3/2}/3, \quad y = t + t^2/2, \quad 0 \le t \le 3$
29. $x = 8\cos t + 8t\,\text{sen}\,t, \quad y = 8\,\text{sen}\,t - 8t\cos t, \quad 0 \le t \le \pi/2$
30. $x = \ln(\sec t + \text{tg}\,t) - \text{sen}\,t, \quad y = \cos t, \quad 0 \le t \le \pi/3$

Área da superfície

Encontre as áreas das superfícies geradas girando as curvas nos Exercícios 31-34 em torno dos eixos indicados.

31. $x = \cos t, \quad y = 2 + \text{sen}\,t, \quad 0 \le t \le 2\pi;$ eixo x
32. $x = (2/3)t^{3/2}, \quad y = 2\sqrt{t}, \quad 0 \le t \le \sqrt{3};$ eixo y
33. $x = t + \sqrt{2}, \quad y = (t^2/2) + \sqrt{2}t, \quad -\sqrt{2} \le t \le \sqrt{2};$ eixo y
34. $x = \ln(\sec t + \text{tg}\,t) - \text{sen}\,t, \quad y = \cos t, \quad 0 \le t \le \pi/3;$ eixo x
35. **Tronco de cone** O segmento de reta unindo os pontos (0, 1) e (2, 2) é girado em torno do eixo x para gerar um tronco de cone. Encontre a área de superfície do tronco de cone utilizando a parametrização $x = 2t, y = t + 1, 0 \le t \le 1$. Verifique seu resultado com a fórmula geométrica: Área $= \pi(r_1 + r_2)$ (altura de inclinação).
36. **Cone** O segmento de reta que une a origem ao ponto (h, r) é girado sobre o eixo x para gerar um cone de altura h e base de raio r. Encontre a área de superfície do cone com as equações paramétricas $x = ht, y = rt, 0 \le t \le 1$. Confira seu resultado com a fórmula geométrica: Área $= \pi r$ (geratriz).

Centroides

37. Encontre as coordenadas do centroide da curva:
$$x = \cos t + t\,\text{sen}\,t, \quad y = \text{sen}\,t - t\cos t, \quad 0 \le t \le \pi/2.$$
38. Encontre as coordenadas do centroide da curva:
$$x = e^t\cos t, y = e^t\,\text{sen}\,t, 0 \le t \le \pi.$$
39. Encontre as coordenadas do centroide da curva:
$$x = \cos t, \quad y = t + \text{sen}\,t, \quad 0 \le t \le \pi.$$
40. [T] A maioria dos cálculos de centroide para curvas é feita com uma calculadora ou computador que possua um programa de avaliação de integrais. Como aplicação disso, encontre, com precisão centesimal, as coordenadas do centroide da curva
$$x = t^3, \quad y = 3t^2/2, \quad 0 \le t \le \sqrt{3}.$$

Teoria e exemplos

41. **O comprimento é independente da parametrização** Para ilustrar o fato de que os números que obtemos para comprimento não dependem da forma que parametrizamos nossas curvas (exceto pelas leves restrições que previnem a volta mencionada anteriormente), calcule o comprimento do semicírculo $y = \sqrt{1 - x^2}$ com essas duas parametrizações diferentes:
   a. $x = \cos 2t, \quad y = \text{sen}\,2t, \quad 0 \le t \le \pi/2.$
   b. $x = \text{sen}\,\pi t, \quad y = \cos \pi t, \quad -1/2 \le t \le 1/2.$
42. **a.** Mostre que a fórmula cartesiana
$$L = \int_c^d \sqrt{1 + \left(\frac{dx}{dy}\right)^2}\,dy$$
para o comprimento da curva $x = g(y)$, $c \le y \le d$ (Seção 6.3, Equação 4), é um caso especial da fórmula paramétrica para comprimento
$$L = \int_a^b \sqrt{\left(\frac{dx}{dt}\right)^2 + \left(\frac{dy}{dt}\right)^2}\,dt.$$

Utilize esse resultado para encontrar o comprimento de cada curva.

b. $x = y^{3/2}, \quad 0 \le y \le 4/3$

c. $x = \frac{3}{2}y^{2/3}, \quad 0 \le y \le 1$

43. A curva com equações paramétricas

$$x = (1 + 2 \text{ sen } \theta) \cos \theta, \quad y = (1 + 2 \text{ sen } \theta) \text{ sen } \theta$$

é chamada de *limaçon* e é exibida na figura a seguir. Encontre os pontos (x, y) e os coeficientes angulares das retas tangentes a esses pontos para:

a. $\theta = 0$. **b.** $\theta = \pi/2$. **c.** $\theta = 4\pi/3$.

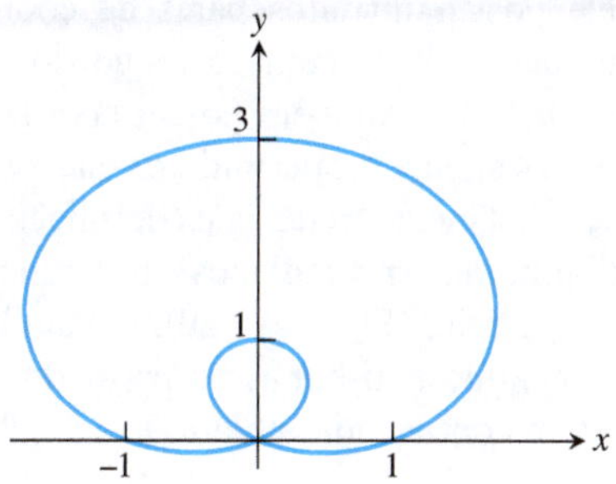

44. A curva com equações paramétricas:

$$x = t, \quad y = 1 - \cos t, \quad 0 \le t \le 2\pi$$

é denominada *senoide* e é exibida na figura a seguir. Encontre o ponto (x, y) em que o coeficiente angular da reta tangente é:

a. o maior **b.** o menor.

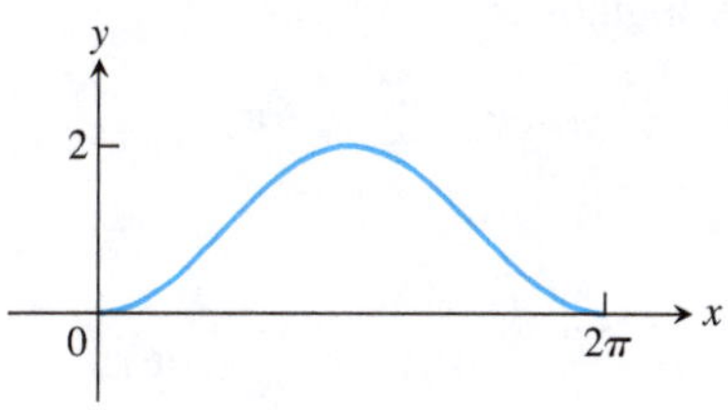

T As curvas nos Exercícios 45 e 46 são denominadas *curvas de Bowditch* ou *figuras de Lissajous*. Em cada um dos casos, encontre o ponto no interior do primeiro quadrante em que a tangente à curva é horizontal, e encontre as equações das duas tangentes na origem.

45.

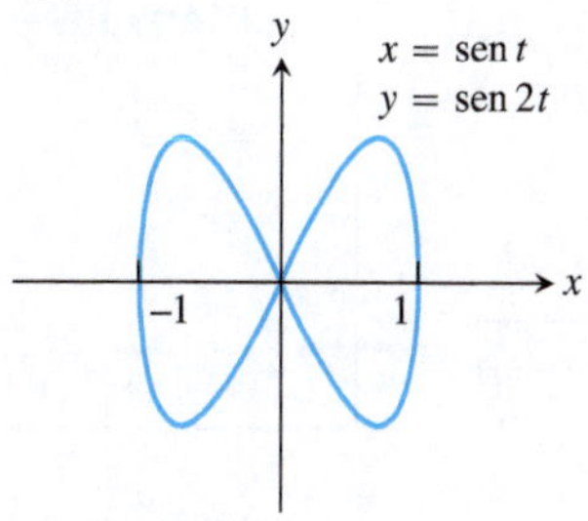

46.

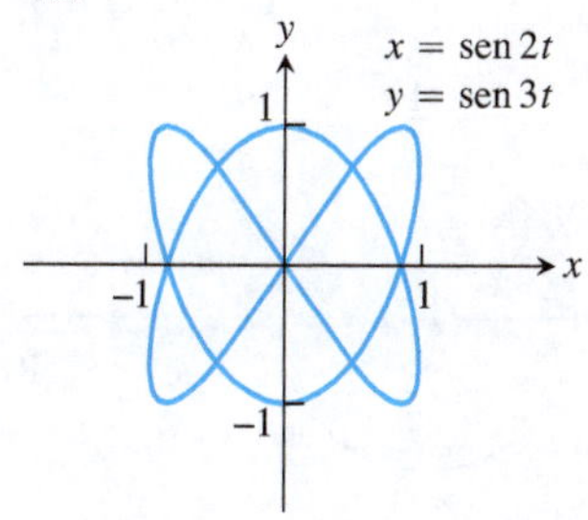

47. Cicloide

a. Encontre o comprimento de um arco da cicloide

$$x = a(t - \text{sen } t), y = a(1 - \cos t).$$

b. Encontre a área da superfície gerada ao girar um arco da cicloide no item (a) em torno do eixo x para $a = 1$.

48. Volume Encontre o volume percorrido pelo giro da região limitada pelo eixo x e um arco da cicloide:

$$x = t - \text{sen } t, \quad y = 1 - \cos t$$

em torno do eixo x.

USO DO COMPUTADOR

Nos Exercícios 49-52, utilize um SAC para realizar os seguintes passos para a curva determinada sobre o intervalo fechado.

a. Represente graficamente a curva com as aproximações do trajeto poligonal para $n = 2, 4, 8$ pontos de partição sobre o intervalo. (Veja a Figura 11.14.)

b. Encontre a aproximação correspondente ao comprimento da curva por meio da soma dos comprimentos dos segmentos de reta.

c. Avalie o comprimento da curva utilizando uma integral. Compare suas aproximações para $n = 2, 4, 8$ com o comprimento real dado pela integral. Como o comprimento real se compara com as aproximações conforme n aumenta? Explique sua resposta.

49. $x = \frac{1}{3}t^3, \quad y = \frac{1}{2}t^2, \quad 0 \le t \le 1$

50. $x = 2t^3 - 16t^2 + 25t + 5, \quad y = t^2 + t - 3, \quad 0 \le t \le 6$

51. $x = t - \cos t, \quad y = 1 + \text{sen } t, \quad -\pi \le t \le \pi$

52. $x = e^t \cos t, \quad y = e^t \text{ sen } t, \quad 0 \le t \le \pi$

11.3 Coordenadas polares

Nesta seção, estudaremos as coordenadas polares e sua relação com coordenadas cartesianas. Você verá que as coordenadas polares são muito úteis para calcular muitas integrais múltiplas estudadas no Capítulo 15.

Definição de coordenadas polares

Para definirmos coordenadas polares, primeiro fixamos uma **origem** O (chamada de **polo**) e um **raio inicial** a partir de O (Figura 11.18). Então, cada ponto P pode ser localizado associando a ele um **par de coordenadas polares** (r, θ), no qual r fornece a distância orientada de O a P e θ dá o ângulo orientado a partir do raio inicial até o raio OP.

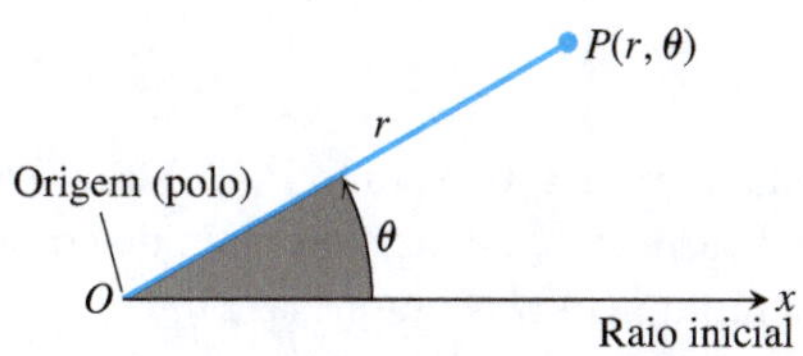

FIGURA 11.18 Para definir coordenadas polares para o plano, iniciamos com uma origem, chamada de polo, e um raio inicial.

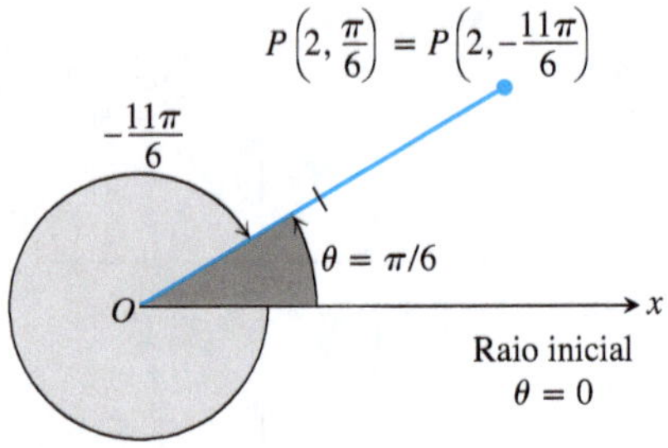

FIGURA 11.19 As coordenadas polares não são únicas.

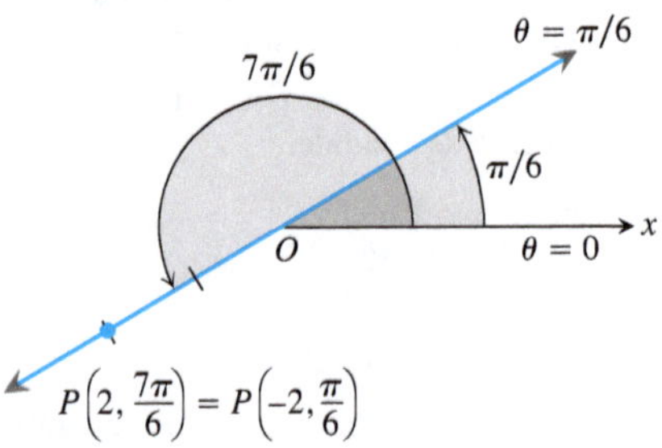

FIGURA 11.20 As coordenadas polares podem ter valores de r negativos.

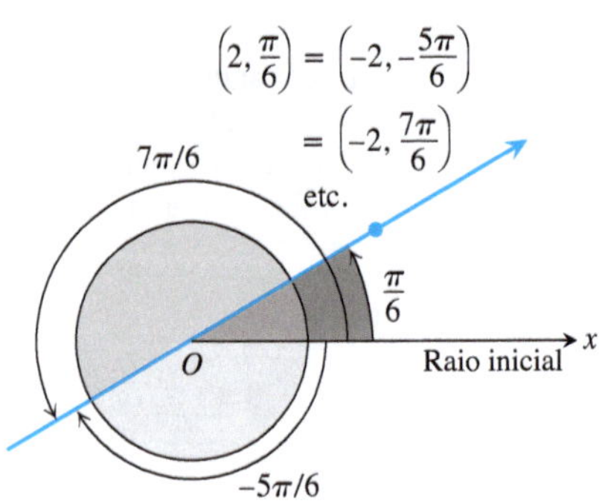

FIGURA 11.21 O ponto $P(2, \pi/6)$ tem infinitos pares de coordenadas polares (Exemplo 1).

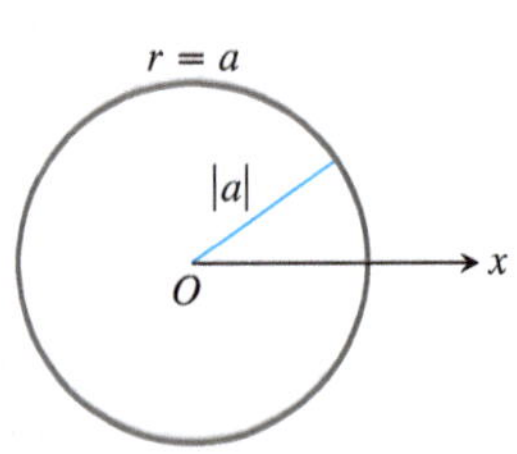

FIGURA 11.22 A equação polar para um círculo é $r = a$.

Coordenadas polares

$P(r, \theta)$

- r: Distância orientada entre O e P
- θ: Ângulo orientado do raio inicial para OP

Assim como na trigonometria, θ é positivo quando medido em sentido anti-horário e negativo quando medido em sentido horário. O ângulo associado a um determinado ponto não é único. Embora um ponto no plano só possua um par de coordenadas cartesianas, ele possui infinitos pares de coordenadas polares. Por exemplo, o ponto a 2 unidades da origem ao longo do raio $\theta = \pi/6$ tem coordenadas polares $r = 2$, $\theta = \pi/6$. Ele também possui coordenadas $r = 2$, $\theta = -11\pi/6$ (Figura 11.19). Em algumas situações, permitimos que r seja negativo. Esse é o motivo pelo qual utilizamos a distância orientada na definição de $P(r, \theta)$. O ponto $P(2, 7\pi/6)$ pode ser alcançado girando $7\pi/6$ radianos em sentido anti-horário a partir do raio inicial e avançando 2 unidades (Figura 11.20). Ele também pode ser alcançado girando $\pi/6$ radianos em sentido anti-horário a partir do raio inicial e *voltando* 2 unidades. Então o ponto tem coordenadas polares $r = -2$, $\theta = \pi/6$.

EXEMPLO 1 Encontre todas as coordenadas polares do ponto $P(2, \pi/6)$.

Solução Esboçamos o raio inicial do sistema de coordenadas, desenhamos o raio a partir da origem que forma um ângulo de $\pi/6$ radianos com o raio inicial e marcamos o ponto $(2, \pi/6)$ (Figura 11.21). Determinamos então os ângulos para os outros pares de coordenadas de P, nos quais $r = 2$ e $r = -2$.

Para $r = 2$, a lista completa dos ângulos é:

$$\frac{\pi}{6}, \quad \frac{\pi}{6} \pm 2\pi, \quad \frac{\pi}{6} \pm 4\pi, \quad \frac{\pi}{6} \pm 6\pi, \ldots$$

Para $r = -2$, os ângulos são:

$$-\frac{5\pi}{6}, \quad -\frac{5\pi}{6} \pm 2\pi, \quad -\frac{5\pi}{6} \pm 4\pi, \quad -\frac{5\pi}{6} \pm 6\pi, \ldots$$

Os pares correspondentes de coordenadas de P são:

$$\left(2, \frac{\pi}{6} + 2n\pi\right), \qquad n = 0, \pm 1, \pm 2, \ldots$$

e

$$\left(-2, -\frac{5\pi}{6} + 2n\pi\right), \qquad n = 0, \pm 1, \pm 2, \ldots.$$

Quando $n = 0$, as fórmulas fornecem $(2, \pi/6)$ e $(-2, -5\pi/6)$. Quando $n = 1$, eles fornecem $(2, 13\pi/6)$ e $(-2, 7\pi/6)$, e assim por diante.

Equações e gráficos polares

Se mantivermos r fixo em um valor constante $r = a \neq 0$, o ponto $P(r, \theta)$ estará a $|a|$ unidades a partir da origem O. Conforme θ varia em qualquer intervalo de comprimento 2π, P traça um círculo de raio $|a|$ centrado em O (Figura 11.22).

Se mantivermos θ fixo em um valor constante $\theta = \theta_0$ e fizermos r variar entre $-\infty$ e ∞, o ponto $P(r, \theta)$ traça a reta que passa por O, que forma um ângulo de medida θ_0 com o raio inicial.

Equação	**Gráfico**
$r = a$	Círculo de raio $\lvert a \rvert$ centrado em O.
$\theta = \theta_0$	Reta através de O formando um ângulo de medida θ_0 com o raio inicial.

EXEMPLO 2

(a) $r = 1$ e $r = -1$ são equações para o círculo de raio 1 centrado em O.

(b) $\theta = \pi/6$, $\theta = 7\pi/6$ e $\theta = -5\pi/6$ são equações para a reta na Figura 11.21.

Equações da forma $r = a$ e $\theta = \theta_0$ podem ser combinadas para definir regiões, segmentos e raios.

EXEMPLO 3 Represente graficamente os conjuntos de pontos cujas coordenadas polares satisfaçam as seguintes condições.

(a) $1 \le r \le 2$ e $0 \le \theta \le \dfrac{\pi}{2}$

(b) $-3 \le r \le 2$ e $\theta = \dfrac{\pi}{4}$

(c) $\dfrac{2\pi}{3} \le \theta \le \dfrac{5\pi}{6}$ (sem restrição em r)

Solução Os gráficos são exibidos na Figura 11.23.

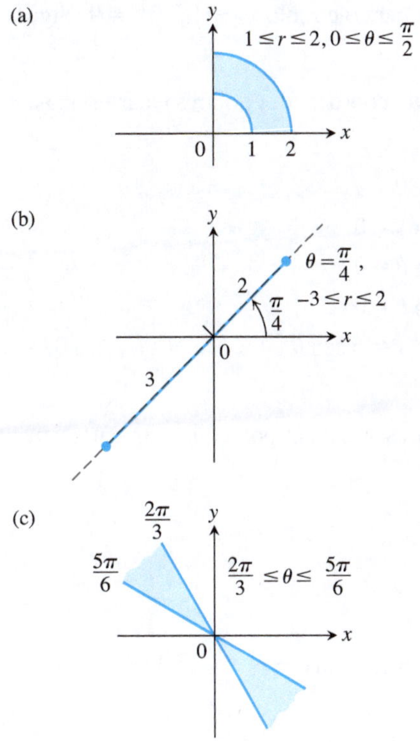

FIGURA 11.23 Gráficos de desigualdades típicas em r e θ (Exemplo 3).

Relacionando coordenadas polares e cartesianas

Quando utilizamos coordenadas polares e cartesianas em um plano, posicionamos as duas origens juntas e tomamos o raio polar inicial como o eixo x positivo. O raio $\theta = \pi/2$, $r > 0$, torna-se o eixo y positivo (Figura 11.24). Os dois sistemas de coordenadas estão, portanto, relacionados pelas equações a seguir.

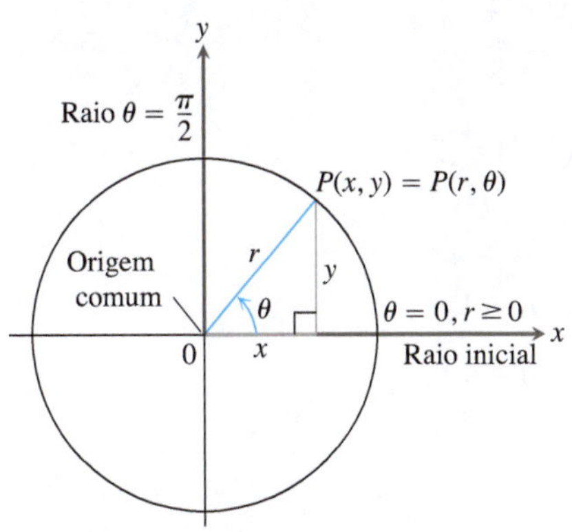

FIGURA 11.24 Maneira usual para relacionar as coordenadas polares e cartesianas.

Equações relacionando coordenadas polares e cartesianas

$$x = r\cos\theta, \qquad y = r\,\text{sen}\,\theta, \qquad r^2 = x^2 + y^2, \qquad \text{tg}\,\theta = \frac{y}{x}$$

As duas primeiras equações determinam unicamente as coordenadas cartesianas x e y, dadas as coordenadas polares r e θ. Por outro lado, se x e y são dadas, a terceira equação fornece duas possíveis escolhas para r (um valor positivo e um valor negativo). Para cada $(x, y) \neq (0, 0)$, existe um único $\theta \in [0, 2\pi)$ satisfazendo as duas primeiras equações, cada uma delas então fornecendo uma representação em coordenadas polares do ponto cartesiano (x, y). As outras representações do ponto em coordenadas polares podem ser determinadas a partir dessas duas, como no Exemplo 1.

EXEMPLO 4 Aqui temos algumas equações equivalentes expressas em termos de coordenadas polares e coordenadas cartesianas.

Equação polar	**Equação cartesiana equivalente**
$r\cos\theta = 2$	$x = 2$
$r^2\cos\theta\,\text{sen}\,\theta = 4$	$xy = 4$
$r^2\cos^2\theta - r^2\,\text{sen}^2\,\theta = 1$	$x^2 - y^2 = 1$
$r = 1 + 2r\cos\theta$	$y^2 - 3x^2 - 4x - 1 = 0$
$r = 1 - \cos\theta$	$x^4 + y^4 + 2x^2y^2 + 2x^3 + 2xy^2 - y^2 = 0$

Algumas curvas são expressas de forma mais simples com coordenadas polares, outras não.

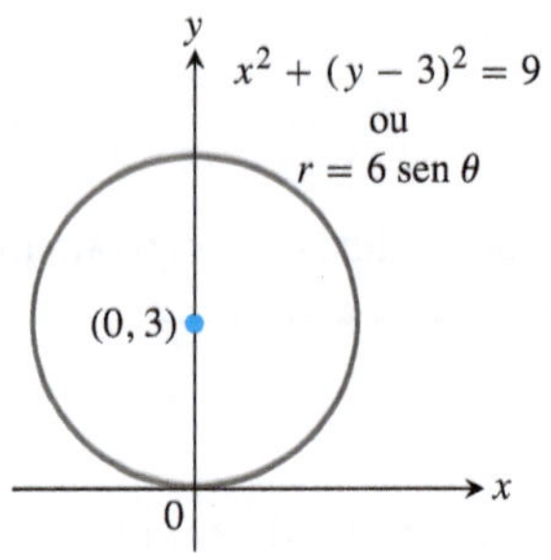

FIGURA 11.25 Círculo no Exemplo 5.

EXEMPLO 5 Encontre uma equação polar para o círculo $x^2 + (y-3)^2 = 9$ (Figura 11.25).

Solução Aplicamos as equações relacionando coordenadas polares e cartesianas:

$$x^2 + (y-3)^2 = 9$$

$$x^2 + y^2 - 6y + 9 = 9 \qquad \text{Expandir } (y-3)^2.$$

$$x^2 + y^2 - 6y = 0 \qquad \text{Cancelamento}$$

$$r^2 - 6r \text{ sen } \theta = 0 \qquad x^2 + y^2 = r^2$$

$$r = 0 \quad \text{ou} \quad r - 6 \text{ sen } \theta = 0$$

$$r = 6 \text{ sen } \theta \qquad \text{Inclui as duas possibilidades}$$

EXEMPLO 6 Substitua as equações polares a seguir por equações cartesianas equivalentes e identifique seus gráficos.

(a) $r \cos \theta = -4$

(b) $r^2 = 4r \cos \theta$

(c) $r = \dfrac{4}{2 \cos \theta - \text{sen } \theta}$

Solução Utilizamos as substituições $r \cos \theta = x$, r sen $\theta = y$, $r^2 = x^2 + y^2$.

(a) $r \cos \theta = -4$

A equação cartesiana: $r \cos \theta = -4$

$x = -4$

O gráfico: Reta vertical passando por $x = -4$ no eixo x.

(b) $r^2 = 4r \cos \theta$

A equação cartesiana: $r^2 = 4r \cos \theta$

$$x^2 + y^2 = 4x$$

$$x^2 - 4x + y^2 = 0$$

$$x^2 - 4x + 4 + y^2 = 4 \qquad \text{Completando o quadrado}$$

$$(x-2)^2 + y^2 = 4$$

O gráfico: Círculo, raio 2, centro $(h, k) = (2, 0)$

(c) $r = \dfrac{4}{2 \cos \theta - \text{sen } \theta}$

A equação cartesiana: $r(2 \cos \theta - \text{sen } \theta) = 4$

$$2r \cos \theta - r \text{ sen } \theta = 4$$

$$2x - y = 4$$

$$y = 2x - 4$$

O gráfico: Reta, coeficiente angular $m = 2$, intercepto do eixo y em $b = -4$

Exercícios 11.3

Coordenadas polares

1. Quais pares de coordenadas polares representam o mesmo ponto?
   a. (3, 0)
   b. (−3, 0)
   c. $(2, 2\pi/3)$
   d. $(2, 7\pi/3)$
   e. $(-3, \pi)$
   f. $(2, \pi/3)$
   g. $(-3, 2\pi)$
   h. $(-2, -\pi/3)$

2. Quais pares de coordenadas polares representam o mesmo ponto?
   a. $(-2, \pi/3)$
   b. $(2, -\pi/3)$
   c. (r, θ)
   d. $(r, \theta + \pi)$
   e. $(-r, \theta)$
   f. $(2, -2\pi/3)$
   g. $(-r, \theta + \pi)$
   h. $(-2, 2\pi/3)$

3. Represente graficamente os pontos (dados em coordenadas polares). Em seguida, encontre todas as coordenadas polares de cada um dos pontos.
   a. $(2, \pi/2)$ c. $(-2, \pi/2)$
   b. $(2, 0)$ d. $(-2, 0)$

4. Represente graficamente os pontos (dados em coordenadas polares). Em seguida, encontre todas as coordenadas polares de cada um dos pontos.
   a. $(3, \pi/4)$ c. $(3, -\pi/4)$
   b. $(-3, \pi/4)$ d. $(-3, -\pi/4)$

Coordenadas polares para cartesianas

5. Encontre as coordenadas cartesianas dos pontos do Exercício 1.

6. Encontre as coordenadas cartesianas dos seguintes pontos (dados em coordenadas polares).
   a. $\left(\sqrt{2}, \pi/4\right)$ e. $(-3, 5\pi/6)$
   b. $(1, 0)$ f. $(5, \text{tg}^{-1}(4/3))$
   c. $(0, \pi/2)$ g. $(-1, 7\pi)$
   d. $\left(-\sqrt{2}, \pi/4\right)$ h. $\left(2\sqrt{3}, 2\pi/3\right)$

Coordenadas cartesianas para polares

7. Encontre as coordenadas polares, $0 \le \theta < 2\pi$ e $r \ge 0$, dos pontos a seguir dados em coordenadas cartesianas.
   a. $(1, 1)$ c. $(\sqrt{3}, -1)$
   b. $(-3, 0)$ d. $(-3, 4)$

8. Encontre as coordenadas polares, $-\pi \le \theta < \pi$ e $r \ge 0$, dos pontos a seguir dados em coordenadas cartesianas.
   a. $(-2, -2)$ c. $(-\sqrt{3}, 1)$
   b. $(0, 3)$ d. $(5, -12)$

9. Encontre as coordenadas polares, $0 \le \theta < 2\pi$ e $r \le 0$, dos pontos a seguir dados em coordenadas cartesianas.
   a. $(3, 3)$ c. $(-1, \sqrt{3})$
   b. $(-1, 0)$ d. $(4, -3)$

10. Encontre as coordenadas polares, $-\pi \le \theta < 2\pi$ e $r \le 0$, dos pontos a seguir dados em coordenadas cartesianas.
   a. $(-2, 0)$ c. $(0, -3)$
   b. $(1, 0)$ d. $\left(\frac{\sqrt{3}}{2}, \frac{1}{2}\right)$

Desenhando gráficos em coordenadas polares

Desenhe os gráficos dos conjuntos de pontos cujas coordenadas polares satisfaçam as equações e desigualdades nos Exercícios 11-26.

11. $r = 2$
12. $0 \le r \le 2$
13. $r \ge 1$
14. $1 \le r \le 2$
15. $0 \le \theta \le \pi/6, \quad r \ge 0$
16. $\theta = 2\pi/3, \quad r \le -2$
17. $\theta = \pi/3, \quad -1 \le r \le 3$
18. $\theta = 11\pi/4, \quad r \le -1$
19. $\theta = \pi/2, \quad r \ge 0$
20. $\theta = \pi/2, \quad r \le 0$
21. $0 \le \theta \le \pi, \quad r = 1$
22. $0 \le \theta \le \pi, \quad r = -1$
23. $\pi/4 \le \theta \le 3\pi/4, \quad 0 \le r \le 1$
24. $-\pi/4 \le \theta \le \pi/4, \quad -1 \le r \le 1$
25. $-\pi/2 \le \theta \le \pi/2, \quad 1 \le r \le 2$
26. $0 \le \theta \le \pi/2, \quad 1 \le |r| \le 2$

Equações polares para cartesianas

Substitua as equações polares nos Exercícios 27-52 por equações cartesianas equivalentes. Em seguida, descreva ou identifique o gráfico.

27. $r \cos\theta = 2$
28. $r \text{ sen } \theta = -1$
29. $r \text{ sen } \theta = 0$
30. $r \cos\theta = 0$
31. $r = 4 \text{ cossec } \theta$
32. $r = -3 \sec\theta$
33. $r\cos\theta + r \text{ sen } \theta = 1$
34. $r \text{ sen } \theta = r\cos\theta$
35. $r^2 = 1$
36. $r^2 = 4r \text{ sen } \theta$
37. $r = \dfrac{5}{\text{sen}\,\theta - 2\cos\theta}$
38. $r^2 \text{ sen } 2\theta = 2$
39. $r = \text{cotg } \theta \text{ cossec } \theta$
40. $r = 4 \text{ tg } \theta \sec\theta$
41. $r = \text{cossec } \theta\, e^{r\cos\theta}$
42. $r \text{ sen } \theta = \ln r + \ln\cos\theta$
43. $r^2 + 2r^2 \cos\theta \text{ sen } \theta = 1$
44. $\cos^2\theta = \text{sen}^2\,\theta$
45. $r^2 = -4r\cos\theta$
46. $r^2 = -6r \text{ sen } \theta$
47. $r = 8 \text{ sen } \theta$
48. $r = 3\cos\theta$
49. $r = 2\cos\theta + 2 \text{ sen } \theta$
50. $r = 2\cos\theta - \text{sen } \theta$
51. $r \text{ sen}\left(\theta + \frac{\pi}{6}\right) = 2$
52. $r \text{ sen}\left(\frac{2\pi}{3} - \theta\right) = 5$

Equações cartesianas para polares

Substitua as equações cartesianas nos Exercícios 53-66 por equações polares equivalentes.

53. $x = 7$
54. $y = 1$
55. $x = y$
56. $x - y = 3$
57. $x^2 + y^2 = 4$
58. $x^2 - y^2 = 1$
59. $\dfrac{x^2}{9} + \dfrac{y^2}{4} = 1$
60. $xy = 2$
61. $y^2 = 4x$
62. $x^2 + xy + y^2 = 1$
63. $x^2 + (y-2)^2 = 4$
64. $(x-5)^2 + y^2 = 25$
65. $(x-3)^2 + (y+1)^2 = 4$
66. $(x+2)^2 + (y-5)^2 = 16$

67. Encontre todas as coordenadas polares da origem.

68. **Retas verticais e horizontais**
   a. Mostre que toda reta vertical no plano xy tem uma equação polar da forma $r = a \sec\theta$.
   b. Encontre a equação polar análoga para retas horizontais no plano xy.

11.4 Desenhando gráficos em coordenadas polares

Geralmente é de grande auxílio ter o gráfico de uma equação em coordenadas polares. Esta seção descreve técnicas para desenhar gráficos dessas equações utilizando simetrias e tangentes ao gráfico.

Simetria

A Figura 11.26 ilustra os testes de simetria padrão em coordenadas polares. O resumo a seguir nos diz como os pontos simétricos estão relacionados.

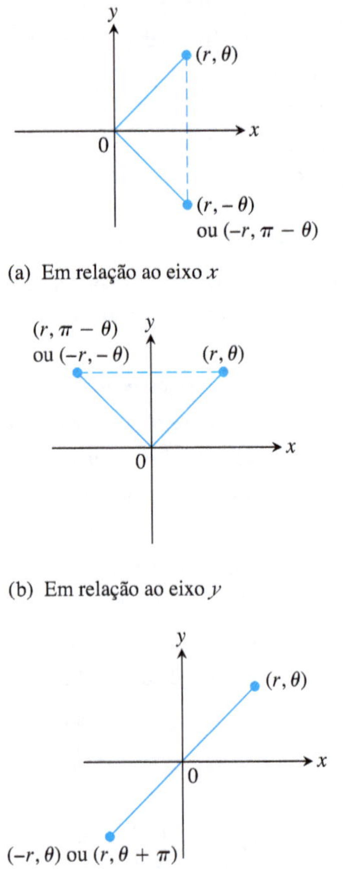

(a) Em relação ao eixo x

(b) Em relação ao eixo y

(c) Em relação à origem

FIGURA 11.26 Três testes para simetria em coordenadas polares.

Testes de simetria para gráficos polares

1. *Simetria em relação ao eixo x*: se o ponto (r, θ) está no gráfico, então o ponto $(r, -\theta)$ ou $(-r, \pi - \theta)$ está no gráfico (Figura 11.26a).
2. *Simetria em relação ao eixo y*: se o ponto (r, θ) está no gráfico, então o ponto $(r, \pi - \theta)$ ou $(-r, -\theta)$ está no gráfico (Figura 11.26b).
3. *Simetria em relação à origem*: se o ponto (r, θ) está no gráfico, então o ponto $(-r, \theta)$ ou $(r, \theta + \pi)$ está no gráfico (Figura 11.26c).

Coeficiente angular

O coeficiente angular de uma curva polar $r = f(\theta)$ no plano xy é dado ainda por dy/dx, que não é $r' = df/d\theta$. Para saber por quê, pense no gráfico de f como o das equações paramétricas:

$$x = r\cos\theta = f(\theta)\cos\theta, \qquad y = r \operatorname{sen}\theta = f(\theta)\operatorname{sen}\theta.$$

Se f é uma função derivável de θ, então x e y também o são e, quando $dx/d\theta \neq 0$, podemos calcular dy/dx a partir da fórmula paramétrica:

$$\frac{dy}{dx} = \frac{dy/d\theta}{dx/d\theta}$$

Seção 11.2, Equação 1 com $t = \theta$

$$= \frac{\dfrac{d}{d\theta}(f(\theta)\cdot \operatorname{sen}\theta)}{\dfrac{d}{d\theta}(f(\theta)\cdot\cos\theta)}$$

$$= \frac{\dfrac{df}{d\theta}\operatorname{sen}\theta + f(\theta)\cos\theta}{\dfrac{df}{d\theta}\cos\theta - f(\theta)\operatorname{sen}\theta}$$

Regra do produto para derivadas

Portanto, podemos observar que dy/dx não é o mesmo que $df/d\theta$.

Coeficiente angular da curva $r = f(\theta)$

$$\left.\frac{dy}{dx}\right|_{(r,\theta)} = \frac{f'(\theta)\operatorname{sen}\theta + f(\theta)\cos\theta}{f'(\theta)\cos\theta - f(\theta)\operatorname{sen}\theta},$$

contanto que $dx/d\theta \neq 0$ em (r, θ).

Se a curva $r = f(\theta)$ passa pela origem em $\theta = \theta_0$, então $f(\theta_0) = 0$, e a equação do coeficiente angular nos dá:

$$\left.\frac{dy}{dx}\right|_{(0,\theta_0)} = \frac{f'(\theta_0)\operatorname{sen}\theta_0}{f'(\theta_0)\cos\theta_0} = \operatorname{tg}\theta_0.$$

Se o gráfico de $r = f(\theta)$ passa pela origem no valor $\theta = \theta_0$, o coeficiente angular da curva nesse ponto é tg θ_0. O motivo pelo qual dizemos "coeficiente angular em $(0, \theta_0)$", e não somente "coeficiente angular na origem", é que uma curva polar pode passar pela origem (ou qualquer ponto) mais de uma vez, com diferentes coeficientes angulares em diferentes valores de θ. Contudo, esse não é o caso em nosso primeiro exemplo.

EXEMPLO 1 Desenhe a curva $r = 1 - \cos\theta$.

Solução A curva é simétrica em relação ao eixo x, porque:

$$(r, \theta) \text{ no gráfico} \Rightarrow r = 1 - \cos\theta$$

$$\Rightarrow r = 1 - \cos(-\theta)$$

$\cos\theta = \cos(-\theta)$

$$\Rightarrow (r, -\theta) \text{ no gráfico.}$$

θ	$r = 1 - \cos\theta$
0	0
$\frac{\pi}{3}$	$\frac{1}{2}$
$\frac{\pi}{2}$	1
$\frac{2\pi}{3}$	$\frac{3}{2}$
π	2

(a)

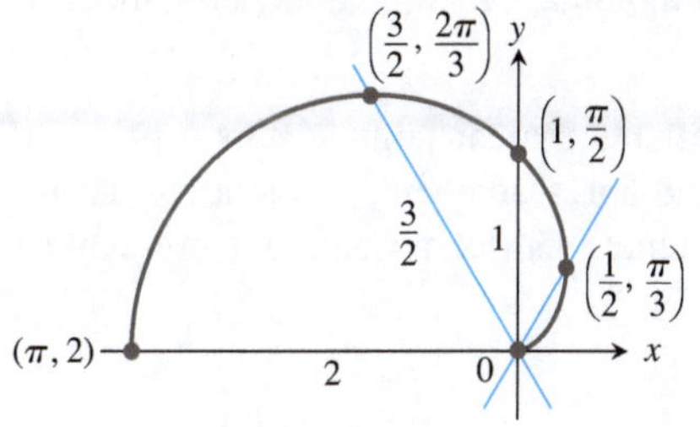

(b)

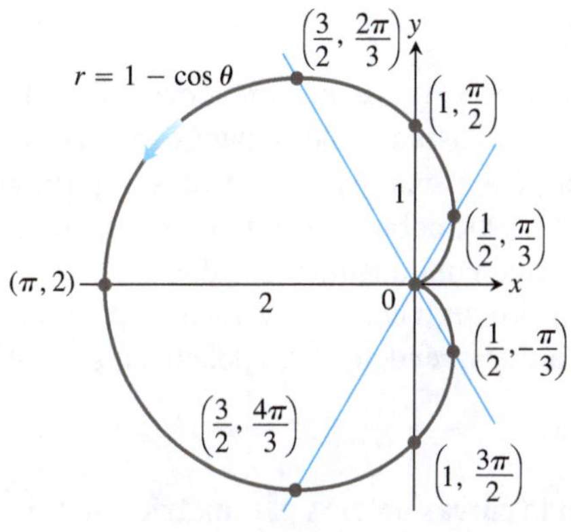

(c)

FIGURA 11.27 Passos para desenhar a cardioide $r = 1 - \cos\theta$ (Exemplo 1). A seta mostra a direção de crescimento de θ.

Conforme θ aumenta de 0 a π, $\cos\theta$ diminui de 1 para -1, e $r = 1 - \cos\theta$ aumenta de um valor mínimo de 0 para um valor máximo de 2. Conforme θ continua de π para 2π, $\cos\theta$ aumenta de -1 de volta para 1 e r diminui de 2 de volta para 0. A curva começa a repetir quando $\theta = 2\pi$ porque o cosseno tem período 2π.

A curva parte da origem com coeficiente angular $\operatorname{tg}(0) = 0$ e retorna à origem com coeficiente angular $\operatorname{tg}(2\pi) = 0$.

Fazemos uma tabela de valores de $\theta = 0$ a $\theta = \pi$, representamos graficamente os pontos, desenhamos uma curva suave que passa por eles com uma tangente horizontal na origem e refletimos a curva em relação ao eixo x para completar o gráfico (Figura 11.27). A curva é chamada *cardioide* porque tem a forma de um coração.

EXEMPLO 2 Desenhe a curva $r^2 = 4\cos\theta$.

Solução A equação $r^2 = 4\cos\theta$ requer $\cos\theta \geq 0$, de modo que obtemos todo o gráfico variando θ de $-\pi/2$ para $\pi/2$. A curva é simétrica em relação ao eixo x porque:

$$\begin{aligned}(r, \theta) \text{ no gráfico} &\Rightarrow r^2 = 4\cos\theta \\ &\Rightarrow r^2 = 4\cos(-\theta) \qquad \cos\theta = \cos(-\theta) \\ &\Rightarrow (r, -\theta) \text{ no gráfico.}\end{aligned}$$

A curva é também simétrica em relação à origem porque:

$$\begin{aligned}(r, \theta) \text{ no gráfico} &\Rightarrow r^2 = 4\cos\theta \\ &\Rightarrow (-r^2) = 4\cos\theta \\ &\Rightarrow (-r, \theta) \text{ no gráfico.}\end{aligned}$$

Juntas, essas duas simetrias implicam a simetria em relação ao eixo y.

A curva passa pela origem quando $\theta = -\pi/2$ e $\theta = \pi/2$. Ela tem uma tangente vertical nas duas passagens, pois $\operatorname{tg}\theta$ é infinito.

Para cada valor de θ no intervalo entre $-\pi/2$ e $\pi/2$, a fórmula $r^2 = 4\cos\theta$ fornece dois valores de r:

$$r = \pm 2\sqrt{\cos\theta}.$$

Fazemos uma breve tabela de valores, marcamos os pontos correspondentes e utilizamos as informações a respeito da simetria e tangentes para nos guiar na conexão dos pontos com uma curva suave (Figura 11.28).

θ	$\cos\theta$	$r = \pm 2\sqrt{\cos\theta}$
0	1	± 2
$\pm\frac{\pi}{6}$	$\frac{\sqrt{3}}{2}$	$\approx \pm 1{,}9$
$\pm\frac{\pi}{4}$	$\frac{1}{\sqrt{2}}$	$\approx \pm 1{,}7$
$\pm\frac{\pi}{3}$	$\frac{1}{2}$	$\approx \pm 1{,}4$
$\pm\frac{\pi}{2}$	0	0

(a)

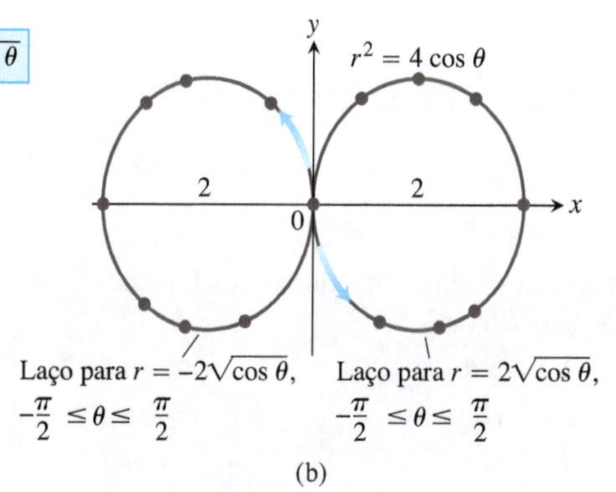

(b)

FIGURA 11.28 Gráfico de $r^2 = 4\cos\theta$. As setas mostram a direção de crescimento de θ. Os valores de r na tabela são arredondados (Exemplo 2).

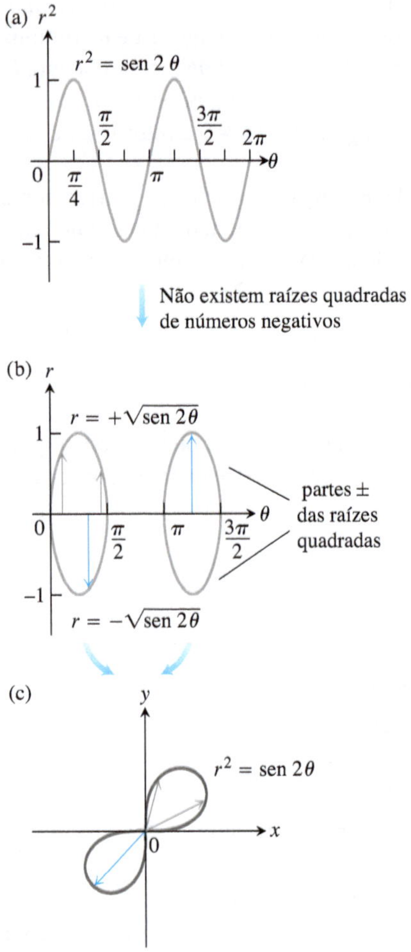

FIGURA 11.29 Para esboçar o gráfico de $r = f(\theta)$ no plano cartesiano $r\theta$ em (b), primeiro esboçamos o gráfico de $r^2 = \text{sen } 2\theta$ no plano $r^2\theta$ em (a) e em seguida ignoramos os valores de θ para os quais sen 2θ é negativo. Os raios do esboço em (b) cobrem o gráfico polar da lemniscata em (c) duas vezes (Exemplo 3).

Técnica para desenhar gráficos

Uma maneira de desenhar o gráfico de uma equação polar $r = f(\theta)$ é fazer uma tabela de valores (r, θ), marcar os pontos correspondentes e em seguida conectá-los na ordem de crescimento de θ. Isso pode funcionar bem se forem marcados pontos suficientes para revelar todos os laços e reentrâncias do gráfico. Outro método de desenhar o gráfico, geralmente mais rápido e confiável, é:

1. primeiro esboce o gráfico $r = f(\theta)$ no plano *cartesiano* $r\theta$,
2. em seguida utilize o gráfico cartesiano como uma "tabela" e guia para esboçar o gráfico em coordenadas polares.

Esse método é melhor do que simplesmente marcar pontos, pois o primeiro gráfico cartesiano, mesmo quando desenhado apressadamente, mostra em um relance onde r é positivo, negativo e não existente, bem como onde r é crescente e decrescente. Aqui está um exemplo.

EXEMPLO 3 Desenhe a curva *lemniscata*

$$r^2 = \text{sen } 2\theta.$$

Solução Aqui começamos esboçando o gráfico de r^2 (e não r) como uma função de θ no plano cartesiano $r^2\theta$. Veja a Figura 11.29a. Passamos deste para o gráfico de $r = \pm\sqrt{\text{sen } 2\theta}$ no plano $r\theta$ (Figura 11.29b), e em seguida desenhamos o gráfico polar (Figura 11.29c). O gráfico na Figura 11.29b "cobre" o gráfico polar final na Figura 11.29c duas vezes. Poderíamos ter lidado com qualquer um dos laços sozinho, com as duas metades superiores ou com as duas metades inferiores. A cobertura dupla não traz nenhum prejuízo, e dessa forma aprendemos um pouco mais sobre o comportamento da função.

UTILIZANDO A TECNOLOGIA **Desenhando curvas polares parametricamente**

Para fazer curvas polares complicadas, podemos precisar de uma calculadora gráfica ou computador. Se o dispositivo não representa gráficos polares diretamente, podemos converter $r = f(\theta)$ para a forma paramétrica utilizando as equações:

$$x = r\cos\theta = f(\theta)\cos\theta, \quad y = r\,\text{sen}\,\theta = f(\theta)\,\text{sen}\,\theta.$$

Em seguida, utilizamos o dispositivo para desenhar uma curva parametrizada no plano cartesiano xy. Pode ser necessário utilizarmos o parâmetro t em vez de θ para o dispositivo de representação gráfica.

Exercícios 11.4

Simetrias e gráficos polares

Identifique as simetrias das curvas nos Exercícios 1-12. Em seguida, esboce as curvas.

1. $r = 1 + \cos\theta$
2. $r = 2 - 2\cos\theta$
3. $r = 1 - \text{sen}\,\theta$
4. $r = 1 + \text{sen}\,\theta$
5. $r = 2 + \text{sen}\,\theta$
6. $r = 1 + 2\,\text{sen}\,\theta$
7. $r = \text{sen}\,(\theta/2)$
8. $r = \cos\,(\theta/2)$
9. $r^2 = \cos\,\theta$
10. $r^2 = \text{sen}\,\theta$
11. $r^2 = -\text{sen}\,\theta$
12. $r^2 = -\cos\,\theta$

Desenhe as lemniscatas nos Exercícios 13-16. Quais simetrias essas curvas têm?

13. $r^2 = 4\cos 2\theta$
14. $r^2 = 4\,\text{sen}\,2\theta$
15. $r^2 = -\text{sen}\,2\theta$
16. $r^2 = -\cos 2\theta$

Coeficientes angulares de curvas polares

Encontre os coeficientes angulares das curvas nos Exercícios 17-20 nos pontos determinados. Esboce as curvas com suas tangentes nesses pontos.

17. **Cardioide** $r = -1 + \cos\theta$; $\theta = \pm\pi/2$
18. **Cardioide** $r = -1 + \text{sen}\,\theta$; $\theta = 0, \pi$
19. **Rosa de quatro pétalas** $r = \text{sen}\,2\theta$; $\theta = \pm\pi/4, \pm 3\pi/4$
20. **Rosa de quatro pétalas** $r = \cos 2\theta$; $\theta = 0, \pm\pi/2, \pi$

Desenhando limaçons

Desenhe os limaçons nos Exercícios 21-24. Limaçon é uma palavra francesa antiga para "caracol". Você entenderá o nome quando desenhar os limaçons no Exercício 21. As equações para limaçons têm a forma $r = a \pm b\cos\theta$ ou $r = a \pm b\,\text{sen}\,\theta$. Existem quatro formas básicas.

21. Limaçons com um laço interno

a. $r = \frac{1}{2} + \cos\theta$ **b.** $r = \frac{1}{2} + \operatorname{sen}\theta$

22. Cardioides

a. $r = 1 - \cos\theta$ **b.** $r = -1 + \operatorname{sen}\theta$

23. Limaçons com reentrâncias

a. $r = \frac{3}{2} + \cos\theta$ **b.** $r = \frac{3}{2} - \operatorname{sen}\theta$

24. Limaçons ovais

a. $r = 2 + \cos\theta$ **b.** $r = -2 + \operatorname{sen}\theta$

Desenhando curvas e regiões polares

25. Esboce a região definida pelas desigualdades $-1 \leq r \leq 2$ e $-\pi/2 \leq \theta \leq \pi/2$.

26. Esboce a região definida pelas desigualdades $0 \leq r \leq 2 \sec\theta$ e $-\pi/4 \leq \theta \leq \pi/4$.

Nos Exercícios 27 e 28, esboce a região definida pela desigualdade.

27. $0 \leq r \leq 2 - 2\cos\theta$ **28.** $0 \leq r^2 \leq \cos\theta$

T **29.** Qual das opções a seguir tem o mesmo gráfico que $r = 1 - \cos\theta$?

a. $r = -1 - \cos\theta$

b. $r = 1 + \cos\theta$

Confira sua resposta com cálculos algébricos.

T **30.** Qual das opções a seguir tem o mesmo gráfico que $r = \cos 2\theta$?

a. $r = -\operatorname{sen}(2\theta + \pi/2)$

b. $r = -\cos(\theta/2)$

Confira sua resposta com cálculos algébricos.

T **31. Uma rosa em uma rosa** Desenhe o gráfico da equação $r = 1 - 2\operatorname{sen} 3\theta$.

T **32. Nefroide de Freeth** Desenhe o gráfico da nefroide de Freeth:

$$r = 1 + 2\operatorname{sen}\frac{\theta}{2}.$$

T **33. Rosas** Desenhe o gráfico das rosas $r = \cos m\theta$, para $m = 1/3, 2, 3$ e 7.

T **34. Espirais** As coordenadas polares são perfeitas para definir espirais. Desenhe as espirais a seguir.

a. $r = \theta$

b. $r = -\theta$

c. *Uma espiral logarítmica*: $r = e^{\theta/10}$

d. *Uma espiral hiperbólica*: $r = 8/\theta$

e. *Uma hipérbole equilátera*: $r = \pm 10/\sqrt{\theta}$

(Utilize cores diferentes para cada um dos dois ramos.)

11.5 Áreas e comprimentos em coordenadas polares

Esta seção mostra como calcular áreas de regiões planas e comprimentos de curvas em coordenadas polares. As ideias de definição são as mesmas de antes, mas as fórmulas são diferentes em coordenadas polares e cartesianas.

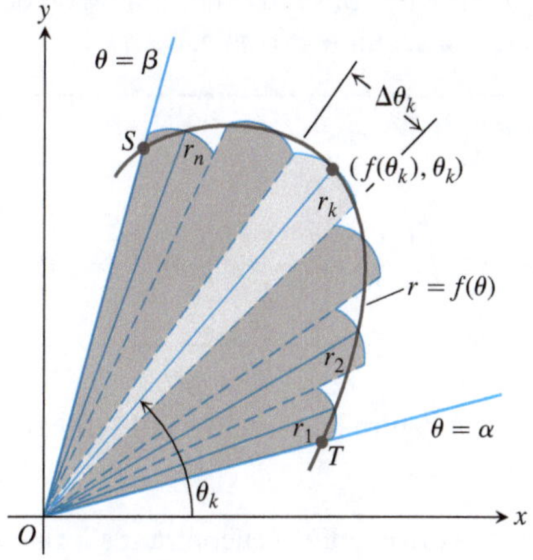

FIGURA 11.30 Para derivar uma fórmula para a área da região *OTS*, aproximamos a região com setores circulares em forma de leque.

Área no plano

A região *OTS* na Figura 11.30 é delimitada pelos raios $\theta = \alpha$ e $\theta = \beta$ e a curva $r = f(\theta)$. Aproximamos a região com n setores circulares em forma de leque que não se sobrepõem, com base em uma partição P do ângulo *TOS*. O setor típico tem raio $r_k = f(\theta_k)$ e o ângulo central mede $\Delta\theta_k$ radianos. Sua área é $\Delta\theta_k/2\pi$ vezes a área de um círculo de raio r_k, ou:

$$A_k = \frac{1}{2} r_k^2 \, \Delta\theta_k = \frac{1}{2}\left(f(\theta_k)\right)^2 \Delta\theta_k.$$

A área da região *OTS* é aproximadamente:

$$\sum_{k=1}^{n} A_k = \sum_{k=1}^{n} \frac{1}{2}\left(f(\theta_k)\right)^2 \Delta\theta_k.$$

Se f é contínua, esperamos que as aproximações melhorem conforme a norma da partição P tende a 0, onde a norma de P é o maior valor de $\Delta\theta_k$. Somos então levados à seguinte fórmula que define a área da região:

$$\begin{aligned} A &= \lim_{\|P\| \to 0} \sum_{k=1}^{n} \frac{1}{2}\left(f(\theta_k)\right)^2 \Delta\theta_k \\ &= \int_{\alpha}^{\beta} \frac{1}{2}\left(f(\theta)\right)^2 d\theta. \end{aligned}$$

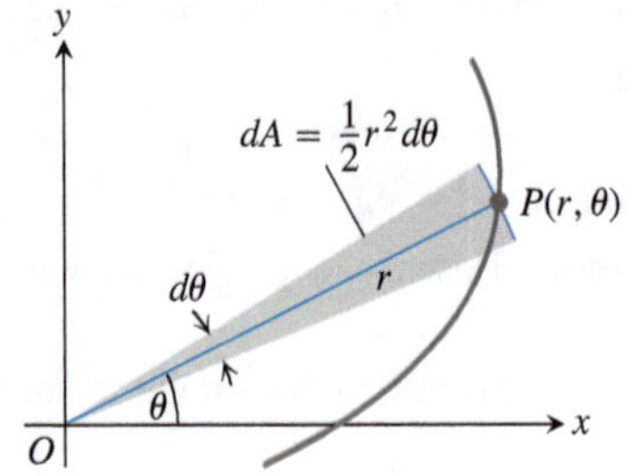

FIGURA 11.31 Diferencial da área dA para a curva $r = f(\theta)$.

Área da região em formato de leque entre a origem e a curva $r = f(\theta)$, $\alpha \le \theta \le \beta$

$$A = \int_{\alpha}^{\beta} \frac{1}{2} r^2 \, d\theta.$$

Esta é a integral da **diferencial da área** (Figura 11.31):

$$dA = \frac{1}{2} r^2 \, d\theta = \frac{1}{2}\left(f(\theta)\right)^2 d\theta.$$

EXEMPLO 1 Encontre a área da região no plano delimitada pela cardioide $r = 2(1 + \cos\theta)$.

Solução Desenhamos o gráfico da cardioide (Figura 11.32) e determinamos que o raio OP percorre a região exatamente uma vez, conforme θ vai de 0 a 2π. A área é, portanto:

$$\begin{aligned}
\int_{\theta=0}^{\theta=2\pi} \frac{1}{2} r^2 \, d\theta &= \int_0^{2\pi} \frac{1}{2} \cdot 4(1 + \cos\theta)^2 \, d\theta \\
&= \int_0^{2\pi} 2(1 + 2\cos\theta + \cos^2\theta) \, d\theta \\
&= \int_0^{2\pi} \left(2 + 4\cos\theta + 2\,\frac{1 + \cos 2\theta}{2}\right) d\theta \\
&= \int_0^{2\pi} (3 + 4\cos\theta + \cos 2\theta) \, d\theta \\
&= \left[3\theta + 4\operatorname{sen}\theta + \frac{\operatorname{sen} 2\theta}{2}\right]_0^{2\pi} = 6\pi - 0 = 6\pi.
\end{aligned}$$

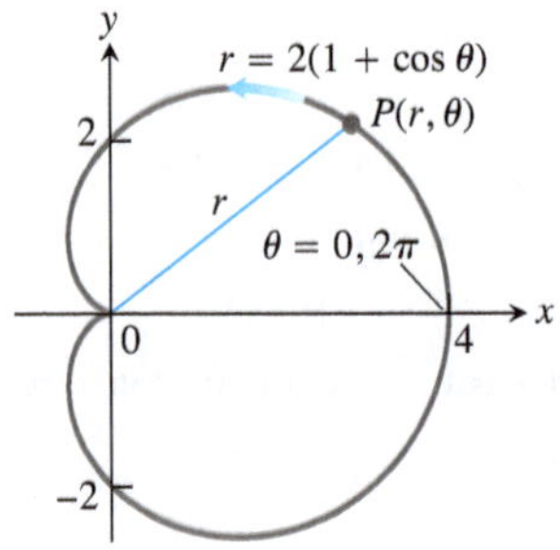

FIGURA 11.32 Cardioide no Exemplo 1.

Para encontrarmos a área de uma região como a da Figura 11.33, que está entre duas curvas polares $r_1 = r_1(\theta)$ e $r_2 = r_2(\theta)$ de $\theta = \alpha$ e $\theta = \beta$, subtraímos a integral de $(1/2)r_1^2 d\theta$ da integral de $(1/2)r_2^2 d\theta$. Isso nos leva à seguinte fórmula:

Área da região $0 \le r_1(\theta) \le r \le r_2(\theta)$, $\alpha \le \theta \le \beta$

$$A = \int_{\alpha}^{\beta} \frac{1}{2} r_2^2 \, d\theta - \int_{\alpha}^{\beta} \frac{1}{2} r_1^2 \, d\theta = \int_{\alpha}^{\beta} \frac{1}{2}\left(r_2^2 - r_1^2\right) d\theta \qquad (1)$$

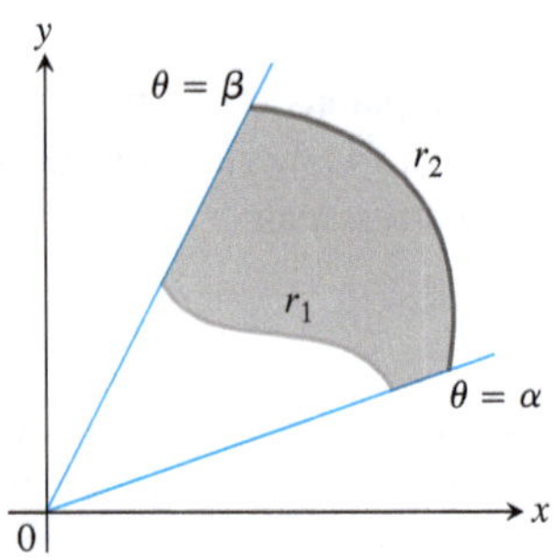

FIGURA 11.33 A área da região sombreada é calculada subtraindo-se a área da região entre r_1 e a origem da área da região entre r_2 e a origem.

EXEMPLO 2 Encontre a área da região que está dentro do círculo $r = 1$ e fora da cardioide $r = 1 - \cos\theta$.

Solução Esboçamos a região para determinar suas fronteiras e encontrar os limites da integração (Figura 11.34). A curva externa é $r_2 = 1$, a curva interna é $r_1 = 1 - \cos\theta$ e θ vai de $-\pi/2$ a $\pi/2$. A área, da Equação 1, é:

$$\begin{aligned}
A &= \int_{-\pi/2}^{\pi/2} \frac{1}{2}\left(r_2^2 - r_1^2\right) d\theta \\
&= 2\int_0^{\pi/2} \frac{1}{2}\left(r_2^2 - r_1^2\right) d\theta && \text{Simetria} \\
&= \int_0^{\pi/2} (1 - (1 - 2\cos\theta + \cos^2\theta)) \, d\theta && \text{Quadrado } r_1. \\
&= \int_0^{\pi/2} (2\cos\theta - \cos^2\theta) \, d\theta = \int_0^{\pi/2} \left(2\cos\theta - \frac{1 + \cos 2\theta}{2}\right) d\theta \\
&= \left[2\operatorname{sen}\theta - \frac{\theta}{2} - \frac{\operatorname{sen} 2\theta}{4}\right]_0^{\pi/2} = 2 - \frac{\pi}{4}.
\end{aligned}$$

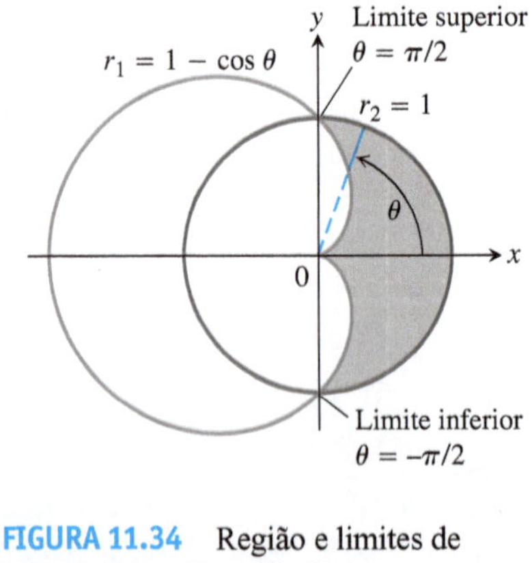

FIGURA 11.34 Região e limites de integração no Exemplo 2.

O fato de que podemos representar um ponto de diferentes maneiras em coordenadas polares requer um cuidado adicional na decisão de quando um ponto está no gráfico de uma equação polar e na determinação dos pontos nos quais os gráficos polares têm uma intersecção. (Precisamos de pontos de intersecção no Exemplo 2.) Em coordenadas cartesianas, podemos sempre encontrar os pontos em que duas curvas se cruzam resolvendo suas equações simultaneamente. Em coordenadas polares, a história é diferente. Uma resolução simultânea pode revelar alguns pontos de intersecção sem revelar outros, de forma que algumas vezes é difícil encontrar todos os pontos de intersecção de duas curvas polares. Uma forma de identificar todos os pontos de intersecção é esboçar um gráfico das equações.

Comprimento de uma curva polar

Podemos obter uma fórmula de coordenadas polares para o comprimento de uma curva $r = f(\theta)$, $\alpha \leq \theta \leq \beta$, parametrizando a curva como:

$$x = r\cos\theta = f(\theta)\cos\theta, \quad y = r\,\text{sen}\,\theta = f(\theta)\,\text{sen}\,\theta, \quad \alpha \leq \theta \leq \beta. \tag{2}$$

A fórmula paramétrica para comprimento, Equação 3 da Seção 11.2, então nos dá o comprimento como:

$$L = \int_{\alpha}^{\beta} \sqrt{\left(\frac{dx}{d\theta}\right)^2 + \left(\frac{dy}{d\theta}\right)^2}\, d\theta.$$

Essa equação fica:

$$L = \int_{\alpha}^{\beta} \sqrt{r^2 + \left(\frac{dr}{d\theta}\right)^2}\, d\theta$$

quando as Equações 2 são substituídas por x e y (Exercício 29).

> **Comprimento de uma curva polar**
>
> Se $r = f(\theta)$ tem uma primeira derivada contínua para $\alpha \leq \theta \leq \beta$ e se o ponto $P(r, \theta)$ traça a curva $r = f(\theta)$ exatamente uma vez conforme θ vai de α a β, então o comprimento da curva é:
>
> $$L = \int_{\alpha}^{\beta} \sqrt{r^2 + \left(\frac{dr}{d\theta}\right)^2}\, d\theta. \tag{3}$$

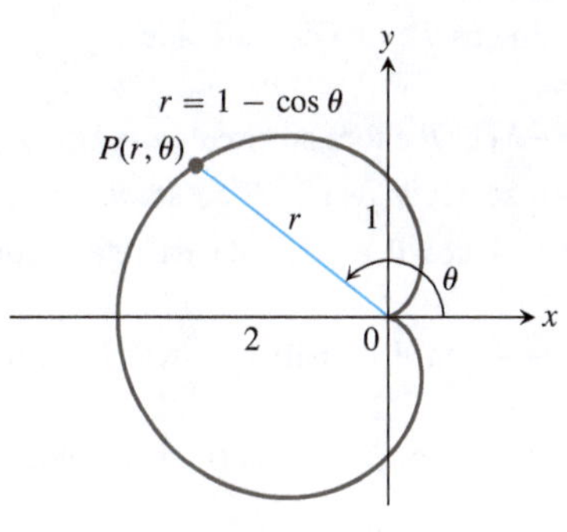

FIGURA 11.35 Calculando o comprimento de uma cardioide (Exemplo 3).

EXEMPLO 3 Encontre o comprimento da cardioide $r = 1 - \cos\theta$.

Solução Esboçamos a cardioide para determinar os limites da integração (Figura 11.35). O ponto $P(r, \theta)$ traça a curva uma vez, em sentido anti-horário conforme θ vai de 0 a 2π, de forma que esses são os valores que tomamos para α e β.

Com

$$r = 1 - \cos\theta, \qquad \frac{dr}{d\theta} = \text{sen}\,\theta,$$

temos

$$\begin{aligned} r^2 + \left(\frac{dr}{d\theta}\right)^2 &= (1 - \cos\theta)^2 + (\text{sen}\,\theta)^2 \\ &= 1 - 2\cos\theta + \underbrace{\cos^2\theta + \text{sen}^2\,\theta}_{1} = 2 - 2\cos\theta \end{aligned}$$

e

$$L = \int_{\alpha}^{\beta} \sqrt{r^2 + \left(\frac{dr}{d\theta}\right)^2}\, d\theta = \int_0^{2\pi} \sqrt{2 - 2\cos\theta}\, d\theta$$

$$= \int_0^{2\pi} \sqrt{4\,\text{sen}^2\frac{\theta}{2}}\, d\theta \qquad 1 - \cos\theta = 2\,\text{sen}^2(\theta/2)$$

$$= \int_0^{2\pi} 2\left|\text{sen}\frac{\theta}{2}\right| d\theta$$

$$= \int_0^{2\pi} 2\,\text{sen}\frac{\theta}{2}\, d\theta \qquad \text{sen}(\theta/2) \geq 0 \text{ para } 0 \leq \theta \leq 2\pi$$

$$= \left[-4\cos\frac{\theta}{2}\right]_0^{2\pi} = 4 + 4 = 8.$$

Exercícios 11.5

Encontrando áreas polares

Encontre as áreas das regiões nos Exercícios 1-8.

1. Delimitada pela espiral $r = \theta$ para $0 \leq \theta \leq \pi$.

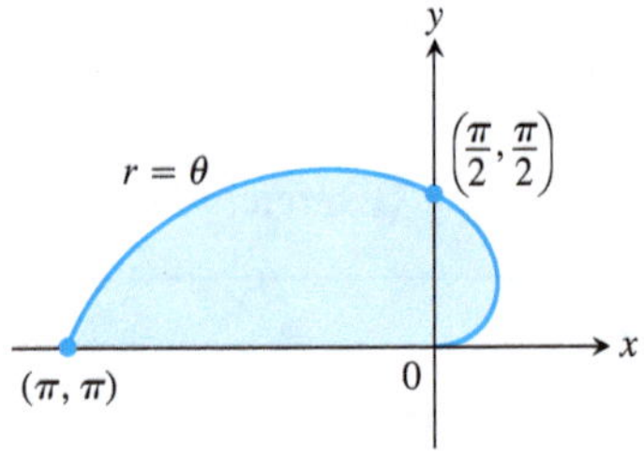

2. Delimitada pelo círculo $r = 2\,\text{sen}\,\theta$ para $\pi/4 \leq \theta \leq \pi/2$.

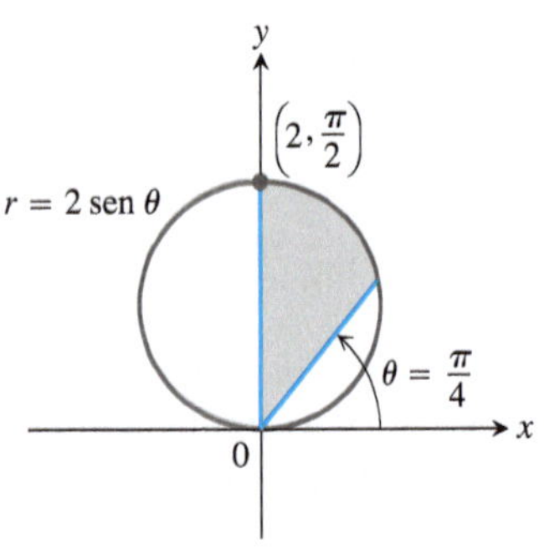

3. Dentro do limaçon oval $r = 4 + 2\cos\theta$.
4. Dentro da cardioide $r = a(1 + \cos\theta)$, $a > 0$.
5. Dentro de uma folha da rosa de quatro pétalas $r = \cos 2\theta$.
6. Dentro de uma folha da rosa de três pétalas $r = \cos 3\theta$.

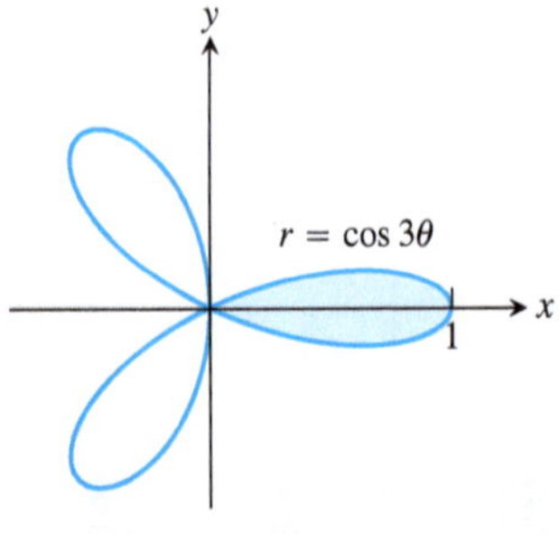

7. Dentro de uma alça da lemniscata $r^2 = 4\,\text{sen}\,2\theta$.
8. Dentro de uma rosa de seis pétalas $r^2 = 2\,\text{sen}\,3\theta$.

Encontre a área das regiões nos Exercícios 9-18.

9. Dividida pelos círculos $r = 2\cos\theta$ e $r = 2\,\text{sen}\,\theta$.
10. Dividida pelos círculos $r = 1$ e $r = 2\,\text{sen}\,\theta$.
11. Dividida pelo círculo $r = 2$ e pela cardioide $r = 2(1 - \cos\theta)$.
12. Dividida pelas cardioides $r = 2(1 + \cos\theta)$ e $r = 2(1 - \cos\theta)$.
13. Dentro da lemniscata $r^2 = 6\cos 2\theta$ e fora do círculo $r = \sqrt{3}$.
14. Dentro do círculo $r = 3a\cos\theta$ e fora da cardioide $r = a(1 + \cos\theta)$, $a > 0$.
15. Dentro do círculo $r = -2\cos\theta$ e fora do círculo $r = 1$.
16. Dentro do círculo $r = 6$ acima da reta $r = 3\,\text{cossec}\,\theta$.
17. Dentro do círculo $r = 4\cos\theta$ e à direita da reta vertical $r = \sec\theta$.
18. Dentro do círculo $r = 4\,\text{sen}\,\theta$ e abaixo da reta horizontal $r = 3\,\text{cossec}\,\theta$.
19. **a.** Encontre a área da região sombreada na figura a seguir.

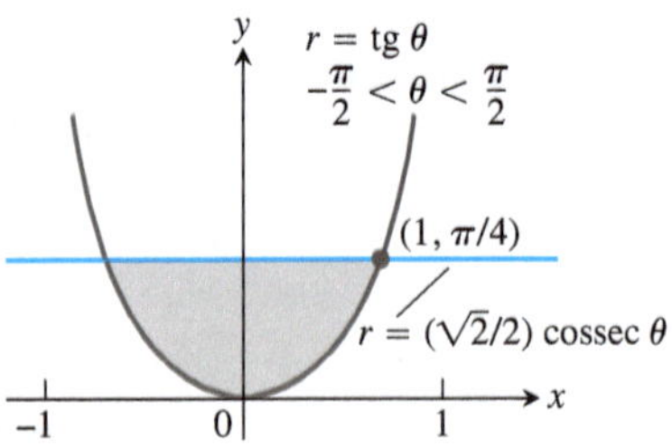

b. Parece que, se o gráfico de $r = \text{tg}\,\theta$, $-\pi/2 < \theta < \pi/2$, poderia ser assintótico às retas $x = 1$ e $x = -1$. Sim ou não? Justifique sua resposta.

20. A área da região que está dentro da curva cardioide $r = \cos\theta + 1$ e fora do círculo $r = \cos\theta$ não é

$$\frac{1}{2}\int_0^{2\pi} [(\cos\theta + 1)^2 - \cos^2\theta]\, d\theta = \pi.$$

Por que não? Qual é a área? Justifique suas respostas.

Encontrando comprimentos de curvas polares

Encontre os comprimentos das curvas nos Exercícios 21-28.

21. A espiral $r = \theta^2, \quad 0 \leq \theta \leq \sqrt{5}$.

22. A espiral $r = e^{\theta}/\sqrt{2}, \quad 0 \leq \theta \leq \pi$.

23. A cardioide $r = 1 + \cos\theta$.

24. A curva $r = a\,\text{sen}^2(\theta/2), \quad 0 \leq \theta \leq \pi, \quad a > 0$.

25. O segmento parabólico $r = 6/(1 + \cos\theta), \quad 0 \leq \theta \leq \pi/2$.

26. O segmento parabólico $r = 2/(1 - \cos\theta), \quad \pi/2 \leq \theta \leq \pi$.

27. A curva $r = \cos^3(\theta/3), \quad 0 \leq \theta \leq \pi/4$.

28. A curva $r = \sqrt{1 + \text{sen}\,2\theta}, \quad 0 \leq \theta \leq \pi\sqrt{2}$.

29. Comprimento da curva $r = f(\theta)$, $\alpha \leq \theta \leq \beta$ Assumindo que as derivadas necessárias são contínuas, mostre como as substituições

$$x = f(\theta)\cos\theta, \quad y = f(\theta)\,\text{sen}\,\theta$$

(Equações 2 no texto) transformam

$$L = \int_{\alpha}^{\beta} \sqrt{\left(\frac{dx}{d\theta}\right)^2 + \left(\frac{dy}{d\theta}\right)^2}\, d\theta$$

em

$$L = \int_{\alpha}^{\beta} \sqrt{r^2 + \left(\frac{dr}{d\theta}\right)^2}\, d\theta.$$

30. Circunferências dos círculos Como é usual diante de uma nova fórmula, é uma boa ideia testá-la em objetos familiares para ter a certeza de que ela fornece resultados consistentes com a experiência passada. Utilize a fórmula para comprimento na Equação 3 para calcular as circunferências dos círculos a seguir ($a > 0$).

a. $r = a$ **b.** $r = a\cos\theta$ **c.** $r = a\,\text{sen}\,\theta$

Teoria e exemplos

31. Valor médio Se f é contínua, o valor médio da coordenada polar r sobre a curva $r = f(\theta)$, $\alpha \leq \theta \leq \beta$, com relação a θ é dado pela fórmula:

$$r_m = \frac{1}{\beta - \alpha}\int_{\alpha}^{\beta} f(\theta)\, d\theta.$$

Utilize essa fórmula para encontrar o valor médio de r com relação a θ sobre as curvas a seguir ($a > 0$).

a. A cardioide $r = a(1 - \cos\theta)$.

b. O círculo $r = a$.

c. O círculo $r = a\cos\theta, \quad -\pi/2 \leq \theta \leq \pi/2$.

32. $r = f(\theta)$ contra $r = 2f(\theta)$ Alguma coisa pode ser dita sobre os comprimentos relativos das curvas $r = f(\theta)$, $\alpha \leq \theta \leq \beta$, e $r = 2f(\theta)$, $\alpha \leq \theta \leq \beta$? Justifique sua resposta.

11.6 Seções cônicas

Nesta seção, definimos e revisamos parábolas, elipses e hipérboles geometricamente e derivamos suas equações cartesianas padrão. Essas curvas são chamadas de *seções cônicas* ou *cônicas*, porque elas são formadas pela secção de um cone duplo com um plano (Figura 11.36). Esse método geométrico foi a única forma que os matemáticos gregos encontraram para descrevê-las, pois eles não dispunham de nossas ferramentas de coordenadas cartesianas ou polares. Na próxima seção, expressaremos as cônicas em coordenadas polares.

Parábolas

DEFINIÇÕES Um conjunto que consiste de todos os pontos em um plano equidistantes de um ponto fixo e de uma dada reta fixa no plano é uma **parábola**. O ponto fixo é o **foco** da parábola. A reta fixa é a **diretriz**.

Se o foco F está na diretriz L, a parábola é a reta que passa por F perpendicular a L. Consideramos isso como um caso degenerado e assumimos de agora em diante que F não está em L.

Uma parábola tem sua equação mais simples quando seu foco e a diretriz estão transpostos a um dos eixos coordenados. Por exemplo, suponha que o foco está no ponto $F(0, p)$ no eixo y positivo e que a diretriz é a reta $y = -p$ (Figura 11.37). Na notação da figura, um ponto $P(x, y)$ está na parábola se, e somente se, $PF = PQ$. A partir da fórmula de distância:

$$PF = \sqrt{(x - 0)^2 + (y - p)^2} = \sqrt{x^2 + (y - p)^2}$$

$$PQ = \sqrt{(x - x)^2 + (y - (-p))^2} = \sqrt{(y + p)^2}.$$

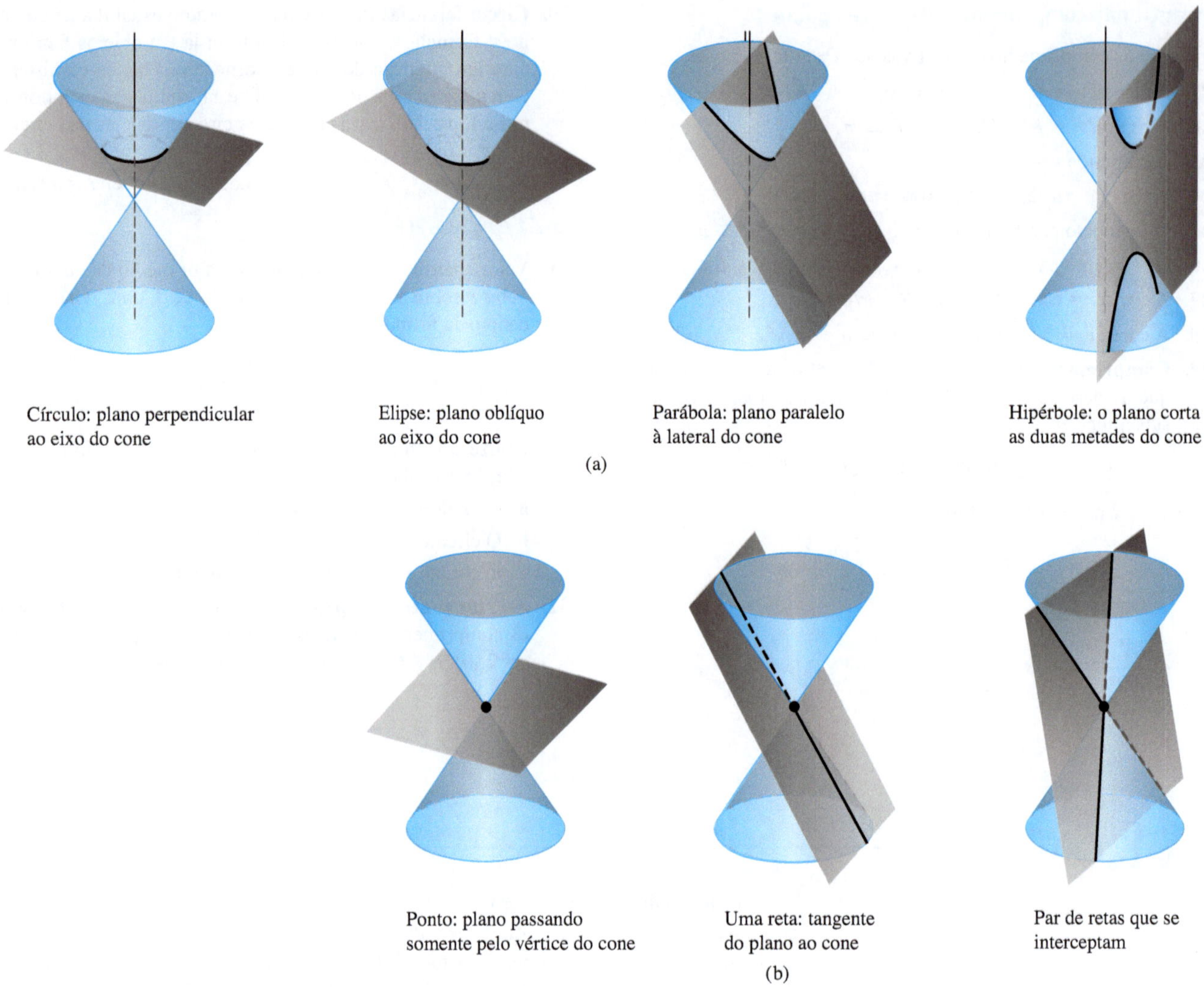

FIGURA 11.36 As seções cônicas padrão (a) são as curvas nas quais um plano corta um cone *duplo*. As hipérboles vêm em duas partes, chamadas de *ramos*. O ponto e as retas obtidas passando-se o plano pelo vértice do cone (b) são seções cônicas *degeneradas*.

Quando igualamos essas expressões, elevamos ao quadrado e simplificamos, temos:

$$y = \frac{x^2}{4p} \quad \text{ou} \quad x^2 = 4py. \qquad \text{Forma padrão} \qquad (1)$$

Essas equações revelam a simetria da parábola em relação ao eixo y. Chamamos o eixo y de **eixo** da parábola (forma curta para “eixo de simetria”).

O ponto em que uma parábola cruza seu eixo é o **vértice**. O vértice da parábola $x^2 = 4py$ está na origem (Figura 11.37). O número positivo p é o **comprimento focal** da parábola.

Se a parábola se abre para baixo, com seu foco em $(0, -p)$ e sua diretriz como a reta $y = p$, então as Equações 1 se tornam:

$$y = -\frac{x^2}{4p} \quad \text{e} \quad x^2 = -4py.$$

Trocando as variáveis x e y, obtemos equações semelhantes para parábolas se abrindo à direita ou à esquerda (Figura 11.38).

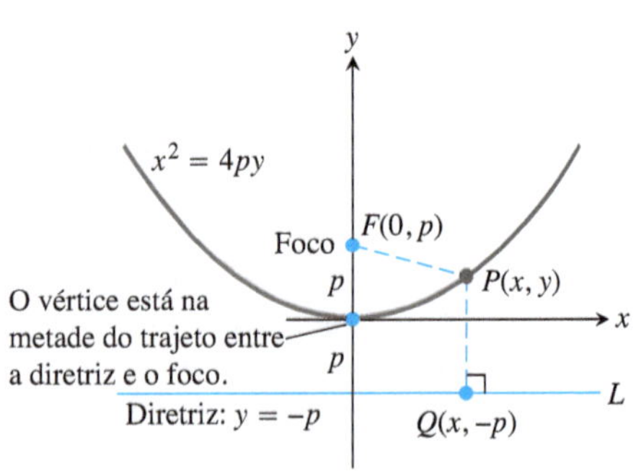

FIGURA 11.37 Forma padrão da parábola $x^2 = 4py, p > 0$.

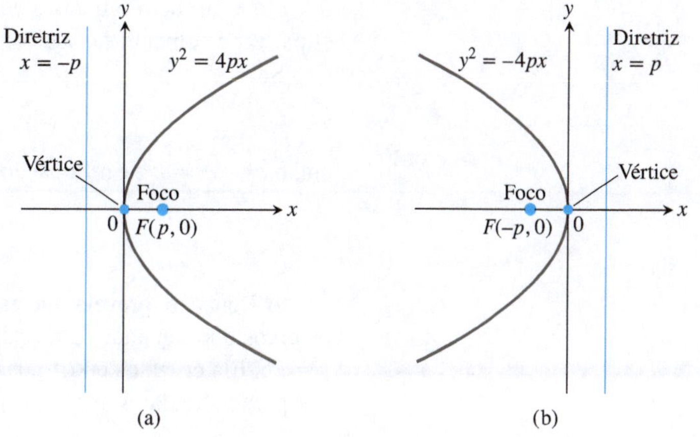

FIGURA 11.38 (a) Parábola $y^2 = 4px$. (b) Parábola $y^2 = -4px$.

EXEMPLO 1 Encontre o foco e a diretriz da parábola $y^2 = 10x$.

Solução Encontramos o valor de p na equação padrão $y^2 = 4px$:

$$4p = 10, \qquad \text{portanto} \qquad p = \frac{10}{4} = \frac{5}{2}.$$

Em seguida, encontramos o foco e a diretriz para esse valor de p:

$$\text{Foco:} \qquad (p, 0) = \left(\frac{5}{2}, 0\right)$$

$$\text{Diretriz:} \qquad x = -p \qquad \text{ou} \qquad x = -\frac{5}{2}.$$

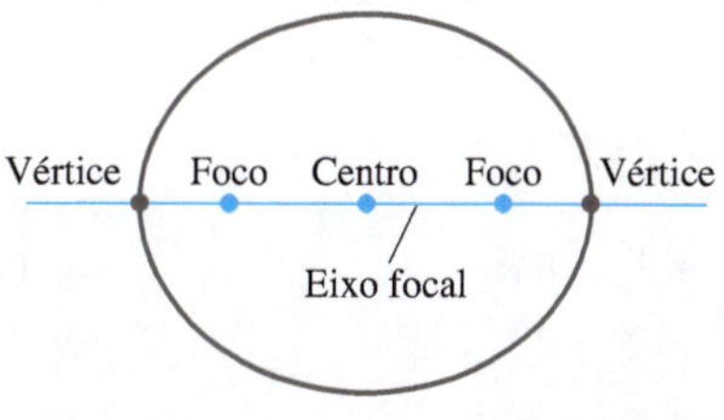

FIGURA 11.39 Pontos no eixo focal de uma elipse.

Elipses

> **DEFINIÇÕES** **Elipse** é um conjunto de pontos em um plano cujas distâncias a partir de dois pontos fixos nesse plano têm uma soma constante. Os dois pontos fixos são os **focos** da elipse.
>
> A reta que passa pelos focos de uma elipse é o **eixo focal** da elipse. O ponto no eixo na metade do trajeto entre os focos é o **centro**. Os pontos onde o eixo focal e a elipse se cruzam são os **vértices** da elipse (Figura 11.39).

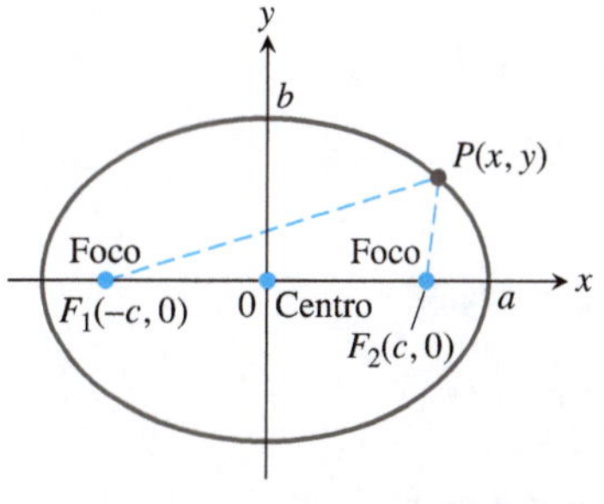

FIGURA 11.40 A elipse definida pela equação $PF_1 + PF_2 = 2a$ é o gráfico da equação $(x^2/a^2) + (y^2/b^2) = 1$, em que $b^2 = a^2 - c^2$.

Se os focos são $F_1(-c, 0)$ e $F_2(c, 0)$ (Figura 11.40), e $PF_1 + PF_2$ é denotado por $2a$, então as coordenadas de um ponto P na elipse satisfazem a equação:

$$\sqrt{(x+c)^2 + y^2} + \sqrt{(x-c)^2 + y^2} = 2a.$$

Para simplificar essa equação, movemos o segundo radical para o lado direito, elevamos ao quadrado, isolamos o radical restante e elevamos ao quadrado novamente, obtendo:

$$\frac{x^2}{a^2} + \frac{y^2}{a^2 - c^2} = 1. \tag{2}$$

Uma vez que $PF_1 + PF_2$ é maior que o comprimento $F_1 F_2$ (pela desigualdade do triângulo PF_1F_2), o número $2a$ é maior que $2c$. Consequentemente, $a > c$ e o número $a^2 - c^2$ na Equação 2 é positivo.

Os passos algébricos que levam à Equação 2 podem ser invertidos para mostrar que todo ponto P cujas coordenadas satisfazem uma equação dessa forma com

$0 < c < a$ também satisfaz a equação $PF_1 + PF_2 = 2a$. Um ponto, portanto, está na elipse se, e somente se, suas coordenadas satisfazem a Equação 2.

Se

$$b = \sqrt{a^2 - c^2}, \tag{3}$$

então $a^2 - c^2 = b^2$, e a Equação 2 toma a forma:

$$\frac{x^2}{a^2} + \frac{y^2}{b^2} = 1. \tag{4}$$

A Equação 4 revela que essa elipse é simétrica em relação à origem e a ambos os eixos coordenados. Ela está dentro do retângulo delineado pelas retas $x = \pm a$ e $y = \pm b$. Ela cruza os eixos nos pontos $(\pm a, 0)$ e $(0, \pm b)$. As tangentes nesses pontos são perpendiculares aos eixos porque:

$$\frac{dy}{dx} = -\frac{b^2 x}{a^2 y}$$ Obtido a partir da Equação 4 por derivação implícita

é zero se $x = 0$ e infinita se $y = 0$.

O **eixo maior** da elipse na Equação 4 é o segmento de reta de comprimento $2a$ que une os pontos $(\pm a, 0)$. O **eixo menor** é o segmento de reta de comprimento $2b$ que une os pontos $(0, \pm b)$. O número a é o **semieixo maior**, o número b é o **semieixo menor.** O número c, encontrado na Equação 3 como:

$$c = \sqrt{a^2 - b^2},$$

é a **distância entre o centro e o foco** da elipse. Se $a = b$, a elipse é um círculo.

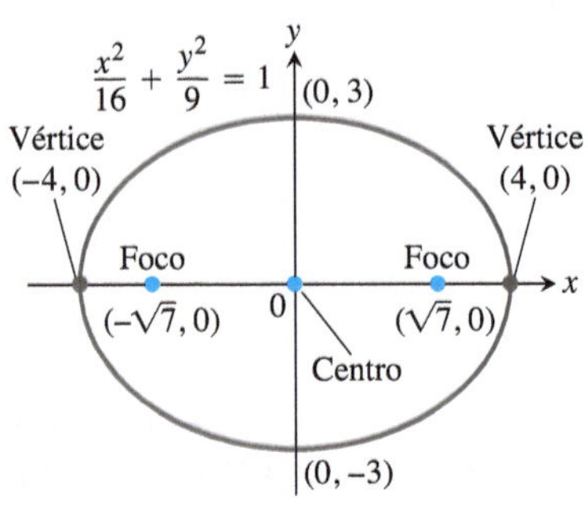

FIGURA 11.41 Elipse com seu eixo maior horizontal (Exemplo 2).

EXEMPLO 2 A elipse

$$\frac{x^2}{16} + \frac{y^2}{9} = 1 \tag{5}$$

(Figura 11.41) tem:

Semieixo maior: $a = \sqrt{16} = 4$, Semieixo menor: $b = \sqrt{9} = 3$

Distância entre centro e foco: $c = \sqrt{16 - 9} = \sqrt{7}$

Focos: $(\pm c, 0) = \left(\pm\sqrt{7}, 0\right)$

Vértices: $(\pm a, 0) = (\pm 4, 0)$

Centro: $(0, 0)$.

Se trocarmos x e y na Equação 5, teremos a equação

$$\frac{x^2}{9} + \frac{y^2}{16} = 1. \tag{6}$$

O eixo maior da elipse é agora vertical, em vez de horizontal, com os focos e vértices no eixo y. Não existe confusão ao analisarmos as Equações 5 e 6. Se encontrarmos os interceptos nos eixos coordenados, saberemos qual é o eixo maior, porque é o mais longo dos dois eixos.

Equações de forma padrão para elipses centradas na origem

Focos no eixo x: $\frac{x^2}{a^2} + \frac{y^2}{b^2} = 1 \quad (a > b)$

Distância entre centro e foco: $c = \sqrt{a^2 - b^2}$

Focos: $(\pm c, 0)$

Vértices: $(\pm a, 0)$

Focos no eixo y: $\frac{x^2}{b^2} + \frac{y^2}{a^2} = 1 \ (a > b)$

Distância entre centro e foco: $c = \sqrt{a^2 - b^2}$

Focos: $(0, \pm c)$

Vértices $(0, \pm a)$

Nos dois casos, a é o semieixo maior e b é o semieixo menor.

Hipérboles

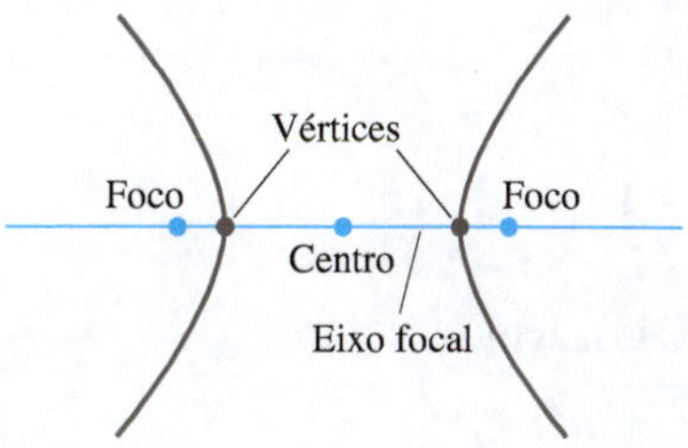

FIGURA 11.42 Pontos no eixo focal de uma hipérbole.

DEFINIÇÕES Uma **hipérbole** é o conjunto de pontos em um plano cujas distâncias a partir de dois pontos fixos nesse plano têm uma diferença constante. Os dois pontos fixos são os **focos** da hipérbole.

A reta que passa pelos focos de uma hipérbole é o **eixo focal**. O ponto no eixo na metade do trajeto entre os focos é o **centro** da hipérbole. Os pontos onde o eixo focal e a hipérbole se cruzam são os **vértices** (Figura 11.42).

Se os focos são $F_1(-c, 0)$ e $F_2(c, 0)$ (Figura 11.43) e a diferença constante é $2a$, então um ponto (x, y) está na hipérbole se, e somente se:

$$\sqrt{(x+c)^2+y^2}-\sqrt{(x-c)^2+y^2}=\pm 2a. \tag{7}$$

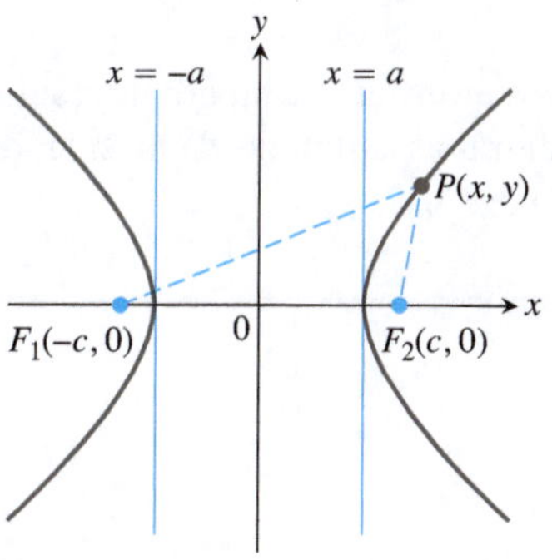

FIGURA 11.43 As hipérboles têm dois ramos. Para pontos no ramo direito da hipérbole mostrados aqui, $PF_1 - PF_2 = 2a$. Para pontos no ramo esquerdo da hipérbole, $PF_2 - PF_1 = 2a$. Seja, então, $b = \sqrt{c^2 - a^2}$.

Para simplificar essa equação, movemos o segundo radical para o lado direito, elevamos ao quadrado, isolamos o radical restante e elevamos ao quadrado novamente, obtendo:

$$\frac{x^2}{a^2}+\frac{y^2}{a^2-c^2}=1. \tag{8}$$

Até agora, isso parece ser igual à equação para uma elipse. Mas agora $a^2 - c^2$ é negativo porque $2a$, sendo a diferença de dois lados do triângulo PF_1F_2, é menor que $2c$, o terceiro lado.

Os passos algébricos que levam à Equação 8 podem ser invertidos para mostrar que todo ponto P cujas coordenadas satisfazem uma equação dessa forma com $0 < a < c$ também satisfaz a Equação 7. Um ponto, portanto, está na hipérbole se, e somente se, suas coordenadas satisfazem a Equação 8.

Se denotarmos por b a raiz quadrada positiva de $c^2 - a^2$:

$$b=\sqrt{c^2-a^2}, \tag{9}$$

então, $a^2 - c^2 = -b^2$ e a Equação 8 toma a forma mais compacta

$$\frac{x^2}{a^2}-\frac{y^2}{b^2}=1. \tag{10}$$

As diferenças entre a Equação 10 e a equação para uma elipse (Equação 4) são o sinal negativo e a nova relação:

$$c^2=a^2+b^2. \quad \text{Da Equação 9}$$

Como a elipse, a hipérbole é simétrica em relação à origem e aos eixos coordenados. Ela cruza o eixo x nos pontos $(\pm a, 0)$. As tangentes nesses pontos são verticais porque

$$\frac{dy}{dx}=\frac{b^2x}{a^2y} \quad \text{Obtido a partir da Equação 10 por derivação implícita}$$

é infinito quando $y = 0$. A hipérbole não tem interceptações no eixo y; de fato, nenhuma parte da curva está entre as retas $x = -a$ e $x = a$.

As retas:

$$y=\pm\frac{b}{a}x$$

são as duas **assíntotas** da hipérbole definidas pela Equação 10. A maneira mais rápida de descobrir as equações das assíntotas é substituir o 1 na Equação 10 por 0 e resolver a nova equação para y:

$$\underbrace{\frac{x^2}{a^2}-\frac{y^2}{b^2}=1}_{\text{hipérbole}} \rightarrow \underbrace{\frac{x^2}{a^2}-\frac{y^2}{b^2}=0}_{\text{0 por 1}} \rightarrow \underbrace{y=\pm\frac{b}{a}x.}_{\text{assíntotas}}$$

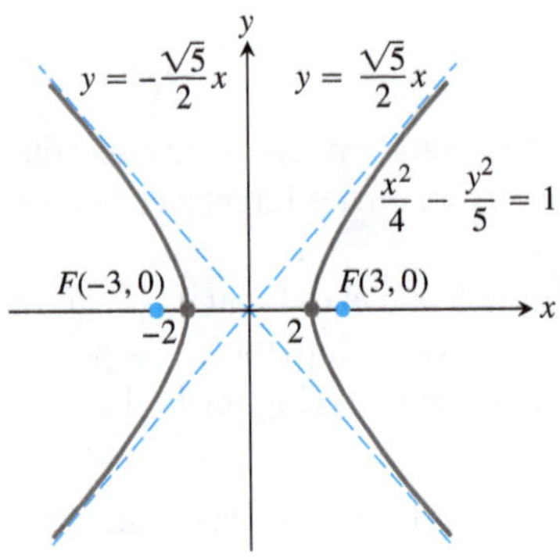

FIGURA 11.44 Hipérbole e suas assíntotas no Exemplo 3.

EXEMPLO 3 A equação

$$\frac{x^2}{4} - \frac{y^2}{5} = 1 \tag{11}$$

é a Equação 10 com $a^2 = 4$ e $b^2 = 5$ (Figura 11.44). Temos:

Distância entre centro e foco: $c = \sqrt{a^2 + b^2} = \sqrt{4 + 5} = 3$

Focos: $(\pm c, 0) = (\pm 3, 0)$, Vértices: $(\pm a, 0) = (\pm 2, 0)$

Centro: $(0, 0)$

Assíntotas: $\frac{x^2}{4} - \frac{y^2}{5} = 0$ ou $y = \pm \frac{\sqrt{5}}{2}x$.

Se permutarmos x e y na Equação 11, os focos e vértices da hipérbole resultante estarão ao longo do eixo y. Ainda podemos encontrar as assíntotas da mesma forma que antes, mas agora suas equações serão $y = \pm 2x/\sqrt{5}$.

Equações de forma padrão para hipérboles centradas na origem

Focos no eixo x: $\frac{x^2}{a^2} - \frac{y^2}{b^2} = 1$

Distância entre centro e foco: $c = \sqrt{a^2 + b^2}$

Focos: $(\pm c, 0)$

Vértices: $(\pm a, 0)$

Assíntotas: $\frac{x^2}{a^2} - \frac{y^2}{b^2} = 0$ ou $y = \pm \frac{b}{a}x$

Focos no eixo y: $\frac{y^2}{a^2} - \frac{x^2}{b^2} = 1$

Distância entre centro e foco: $c = \sqrt{a^2 + b^2}$

Focos: $(0, \pm c)$

Vértices: $(0, \pm a)$

Assíntotas: $\frac{y^2}{a^2} - \frac{x^2}{b^2} = 0$ ou $y = \pm \frac{a}{b}x$

Observe a diferença nas equações das assíntotas (b/a na primeira, a/b na segunda).

Transladamos as cônicas utilizando os princípios analisados na Seção 1.2, substituindo x por $x + h$ e y por $y + k$.

EXEMPLO 4 Mostre que a equação $x^2 - 4y^2 + 2x + 8y - 7 = 0$ representa uma hipérbole. Encontre seu centro, assíntotas e focos.

Solução Reduzimos a equação para a forma padrão completando o quadrado em x e y conforme segue:

$$(x^2 + 2x) - 4(y^2 - 2y) = 7$$

$$(x^2 + 2x + 1) - 4(y^2 - 2y + 1) = 7 + 1 - 4$$

$$\frac{(x + 1)^2}{4} - (y - 1)^2 = 1.$$

Essa é a Equação 10 na forma padrão de uma hipérbole, com x substituído por $x + 1$ e y substituído por $y - 1$. A hipérbole é deslocada uma unidade para a esquerda e uma unidade para cima, e tem seu centro $x + 1 = 0$ e $y - 1 = 0$, ou $x = -1$ e $y = 1$. Além disso:

$$a^2 = 4, \qquad b^2 = 1, \qquad c^2 = a^2 + b^2 = 5,$$

assim, as assíntotas são as duas retas:

$$\frac{x + 1}{2} - (y - 1) = 0 \qquad \text{e} \qquad \frac{x + 1}{2} + (y - 1) = 0.$$

Os focos deslocados têm coordenadas $\left(-1 \pm \sqrt{5}, 1\right)$.

Exercícios 11.6

Identificando gráficos

Associe as parábolas nos Exercícios 1-4 com as seguintes equações:

$$x^2 = 2y, \quad x^2 = -6y, \quad y^2 = 8x, \quad y^2 = -4x.$$

Em seguida, encontre o foco e a diretriz de cada parábola.

1.

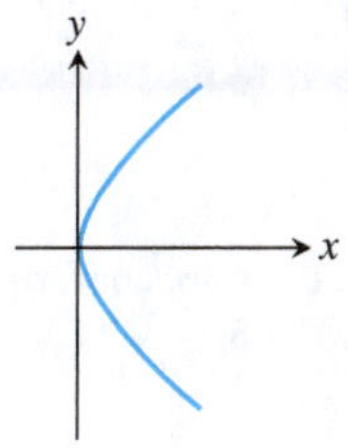

3.

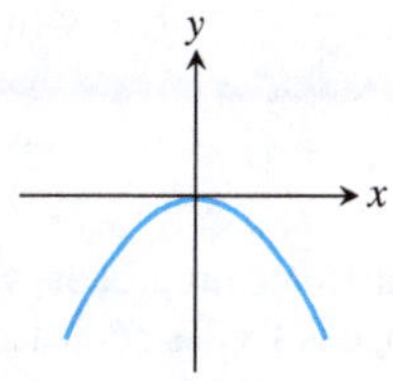

2.

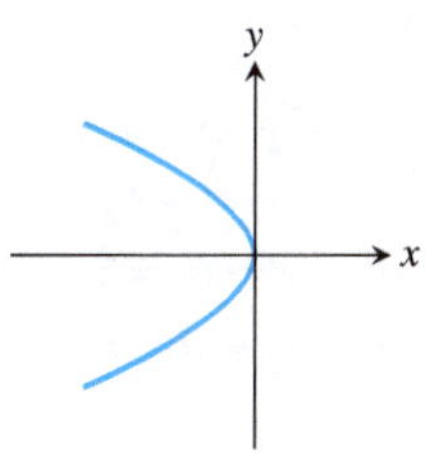

4.

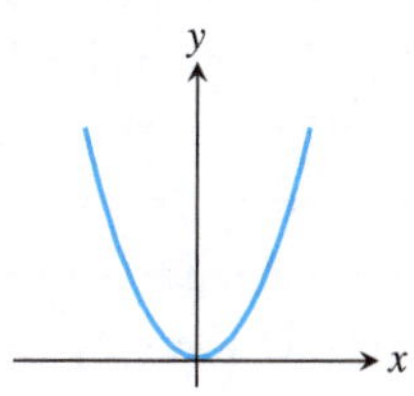

Associe cada uma das seções cônicas nos Exercícios 5-8 com estas equações:

$$\frac{x^2}{4} + \frac{y^2}{9} = 1, \quad \frac{x^2}{2} + y^2 = 1,$$

$$\frac{y^2}{4} - x^2 = 1, \quad \frac{x^2}{4} - \frac{y^2}{9} = 1.$$

Em seguida, encontre os focos e vértices da seção cônica. Se a seção cônica for uma hipérbole, encontre também suas assíntotas.

5.

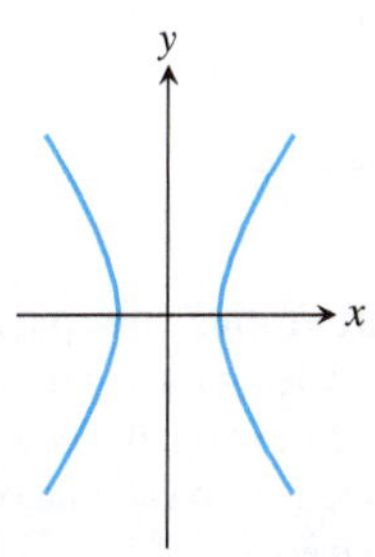

7.

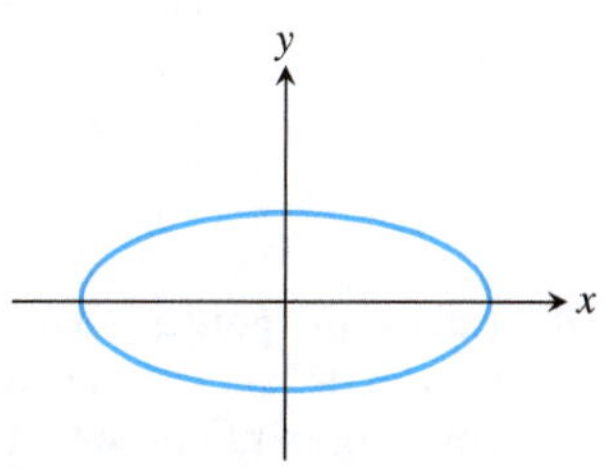

6.

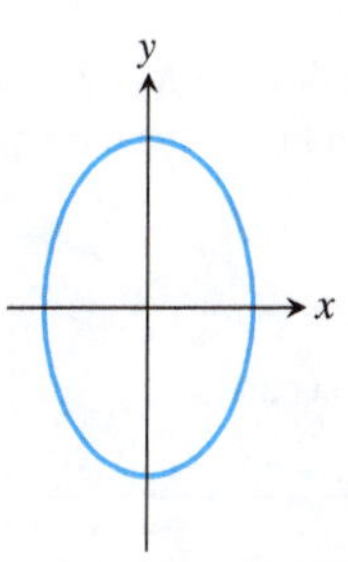

8.

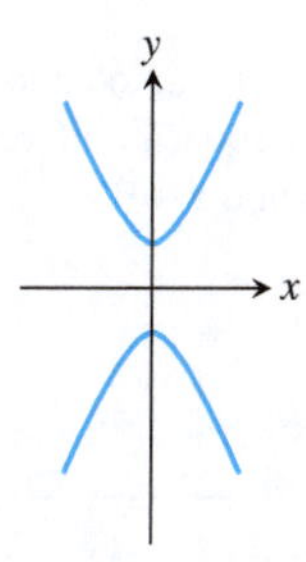

Parábolas

Os Exercícios 9-16 dão equações de parábolas. Encontre o foco e a diretriz de cada uma das parábolas. Em seguida, esboce a parábola. Inclua o foco e a diretriz em seu esboço.

9. $y^2 = 12x$
10. $x^2 = 6y$
11. $x^2 = -8y$
12. $y^2 = -2x$
13. $y = 4x^2$
14. $y = -8x^2$
15. $x = -3y^2$
16. $x = 2y^2$

Elipses

Os Exercícios 17-24 nos dão equações para elipses. Coloque cada uma das equações na forma padrão. Em seguida, esboce a elipse. Inclua os focos em seu esboço.

17. $16x^2 + 25y^2 = 400$
18. $7x^2 + 16y^2 = 112$
19. $2x^2 + y^2 = 2$
20. $2x^2 + y^2 = 4$
21. $3x^2 + 2y^2 = 6$
22. $9x^2 + 10y^2 = 90$
23. $6x^2 + 9y^2 = 54$
24. $169x^2 + 25y^2 = 4225$

Os Exercícios 25 e 26 nos dão informações sobre os focos e vértices das elipses centradas na origem do plano xy. Em cada um dos casos, encontre a equação na forma padrão da elipse a partir das informações dadas.

25. Focos: $\left(\pm\sqrt{2}, 0\right)$ Vértices: $(\pm 2, 0)$
26. Focos: $(0, \pm 4)$ Vértices: $(0, \pm 5)$

Hipérboles

Os Exercícios 27-34 fornecem equações para hipérboles. Coloque cada equação na forma padrão e encontre as assíntotas da hipérbole. Em seguida, esboce a hipérbole. Inclua as assíntotas e focos no seu esboço.

27. $x^2 - y^2 = 1$
28. $9x^2 - 16y^2 = 144$
29. $y^2 - x^2 = 8$
30. $y^2 - x^2 = 4$
31. $8x^2 - 2y^2 = 16$
32. $y^2 - 3x^2 = 3$
33. $8y^2 - 2x^2 = 16$
34. $64x^2 - 36y^2 = 2304$

Os Exercícios 35-38 fornecem informações sobre os focos, vértices e assíntotas de hipérboles centradas na origem do plano xy. Em cada um dos casos, encontre a equação na forma padrão da hipérbole a partir das informações fornecidas.

35. Focos: $\left(0, \pm\sqrt{2}\right)$
Assíntotas: $y = \pm x$

36. Focos: $(\pm 2, 0)$
Assíntotas: $y = \pm \dfrac{1}{\sqrt{3}}x$

37. Vértices: $(\pm 3, 0)$
Assíntotas: $y = \pm \dfrac{4}{3}x$

38. Vértices: $(0, \pm 2)$
Assíntotas: $y = \pm \dfrac{1}{2}x$

Transladando seções cônicas

Você pode querer revisar a Seção 1.2 antes de resolver os Exercícios 39-56.

39. A parábola $y^2 = 8x$ é deslocada 2 unidades para baixo e 1 unidade para a direita para gerar a parábola $(y + 2)^2 = 8(x - 1)$.

a. Encontre o vértice, foco e diretriz da nova parábola.

b. Represente graficamente os novos vértice, foco e diretriz e esboce na parábola.

40. A parábola $x^2 = -4y$ é deslocada 1 unidade para a esquerda e 3 unidades para cima para gerar a parábola $(x + 1)^2 = -4(y - 3)$.

a. Encontre o vértice, foco e diretriz da nova parábola.

b. Represente graficamente os novos vértice, foco e diretriz e esboce na parábola.

41. A elipse $(x^2/16) + (y^2/9) = 1$ é deslocada 4 unidades para a direita e 3 unidades para cima para gerar a elipse:

$$\frac{(x-4)^2}{16} + \frac{(y-3)^2}{9} = 1.$$

a. Encontre os focos, vértices e centro da nova elipse.

b. Represente graficamente os novos focos, vértices e centro e esboce na nova elipse.

42. A elipse $(x^2/9) + (y^2/25) = 1$ é deslocada 3 unidades para a esquerda e 2 unidades para baixo para gerar a elipse:

$$\frac{(x+3)^2}{9} + \frac{(y+2)^2}{25} = 1.$$

a. Encontre os focos, vértices e centro da nova elipse.

b. Represente graficamente os novos focos, vértices e centro e esboce na nova elipse.

43. A hipérbole $(x^2/16) - (y^2/9) = 1$ é deslocada 2 unidades para a direita para gerar a hipérbole:

$$\frac{(x-2)^2}{16} - \frac{y^2}{9} = 1.$$

a. Encontre o centro, focos, vértices e assíntotas da nova hipérbole.

b. Represente graficamente os novos centro, focos, vértices e assíntotas e esboce na nova hipérbole.

44. A hipérbole $(y^2/4) - (x^2/5) = 1$ é deslocada 2 unidades para baixo para gerar a hipérbole:

$$\frac{(y+2)^2}{4} - \frac{x^2}{5} = 1.$$

a. Encontre o centro, focos, vértices e assíntotas da nova hipérbole.

b. Represente graficamente os novos centro, focos, vértices e assíntotas e esboce na nova hipérbole.

Os Exercícios 45-48 fornecem equações para parábolas e nos dizem quantas unidades para cima ou para baixo e para direita ou para esquerda cada parábola deve ser deslocada. Encontre uma equação para a nova parábola e determine os novos vértices, focos e diretrizes.

45. $y^2 = 4x$, esquerda 2, baixo 3

46. $y^2 = -12x$, direita 4, cima 3

47. $x^2 = 8y$, direita 1, baixo 7

48. $x^2 = 6y$, esquerda 3, baixo 2

Os Exercícios 49-52 fornecem equações para elipses e nos dizem quantas unidades para cima ou para baixo e para a direita ou para a esquerda cada elipse deve ser deslocada. Encontre uma equação para a nova elipse e determine os novos focos, vértices e centro.

49. $\frac{x^2}{6} + \frac{y^2}{9} = 1$, esquerda 2, baixo 1

50. $\frac{x^2}{2} + y^2 = 1$, direita 3, cima 4

51. $\frac{x^2}{3} + \frac{y^2}{2} = 1$, direita 2, cima 3

52. $\frac{x^2}{16} + \frac{y^2}{25} = 1$, esquerda 4, baixo 5

Os Exercícios 53-56 fornecem equações para hipérboles e nos dizem quantas unidades para cima ou para baixo e para a direita ou para a esquerda cada hipérbole deve ser deslocada. Encontre uma equação para a nova hipérbole e determine os novos centro, focos, vértices e assíntotas.

53. $\frac{x^2}{4} - \frac{y^2}{5} = 1$, direita 2, cima 2

54. $\frac{x^2}{16} - \frac{y^2}{9} = 1$, esquerda 2, baixo 1

55. $y^2 - x^2 = 1$, esquerda 1, baixo 1

56. $\frac{y^2}{3} - x^2 = 1$, direita 1, cima 3

Encontre o centro, focos, vértices, assíntotas e raio, conforme apropriado, das seções cônicas nos Exercícios 57-68.

57. $x^2 + 4x + y^2 = 12$

58. $2x^2 + 2y^2 - 28x + 12y + 114 = 0$

59. $x^2 + 2x + 4y - 3 = 0$

60. $y^2 - 4y - 8x - 12 = 0$

61. $x^2 + 5y^2 + 4x = 1$

62. $9x^2 + 6y^2 + 36y = 0$

63. $x^2 + 2y^2 - 2x - 4y = -1$

64. $4x^2 + y^2 + 8x - 2y = -1$

65. $x^2 - y^2 - 2x + 4y = 4$

66. $x^2 - y^2 + 4x - 6y = 6$

67. $2x^2 - y^2 + 6y = 3$

68. $y^2 - 4x^2 + 16x = 24$

Teoria e exemplos

69. Se retas são traçadas paralelas aos eixos coordenados passando por um ponto P na parábola $y^2 = kx$, $k > 0$, a parábola divide a região retangular delimitada por essas retas e os eixos coordenados em duas regiões menores, A e B.

a. Se as duas regiões menores são giradas em torno do eixo y, mostre que elas geram sólidos cujos volumes têm a razão 4:1.

b. Qual é a razão dos volumes gerados pelo giro das regiões em torno do eixo x?

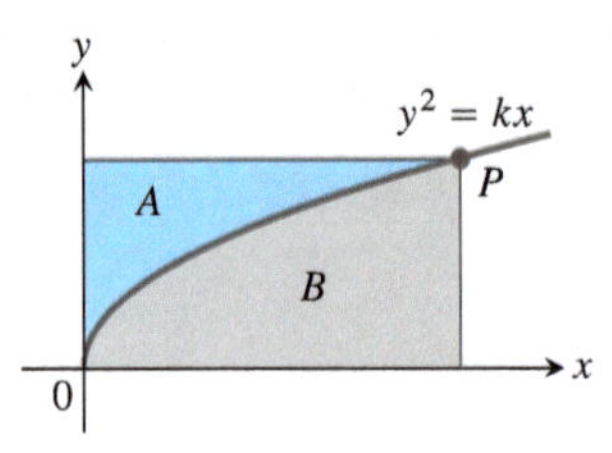

70. Cabos de pontes suspensas pendurados em parábolas O cabo de ponte suspensa exibido na figura a seguir suporta uma carga uniforme de w libras por pé horizontal. Pode ser demonstrado que, se H é a tensão horizontal do cabo na origem, então a curva do cabo satisfaz a equação:

$$\frac{dy}{dx} = \frac{w}{H}x.$$

Mostre que o cabo é pendurado em uma parábola resolvendo essa equação diferencial sujeita à condição inicial de que $y = 0$ quando $x = 0$.

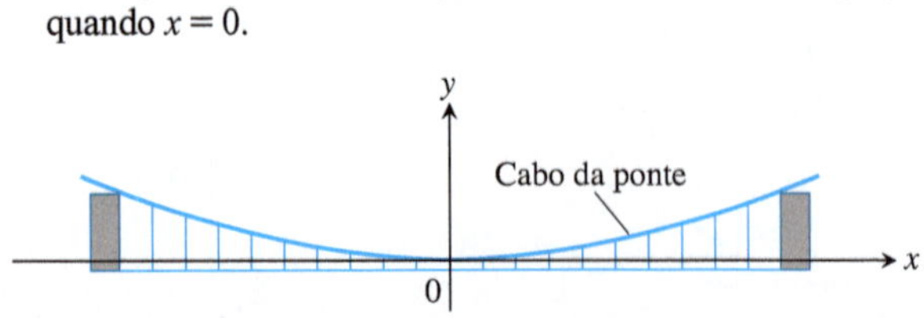

71. Largura da parábola no foco Mostre que o número $4p$ é a *largura* da parábola $x^2 = 4py$ $(p > 0)$ no foco, mostrando que a reta $y = p$ corta a parábola em pontos separados por $4p$ unidades.

72. Assíntotas de $(x^2/a^2) - (y^2/b^2) = 1$ Mostre que a distância vertical entre a reta $y = (b/a)x$ e a metade superior do ramo direito $y = (b/a)\sqrt{x^2 - a^2}$ da hipérbole $(x^2/a^2) - (y^2/b^2) = 1$ se aproxima de 0, demonstrando que:

$$\lim_{x\to\infty}\left(\frac{b}{a}x - \frac{b}{a}\sqrt{x^2 - a^2}\right) = \frac{b}{a}\lim_{x\to\infty}\left(x - \sqrt{x^2 - a^2}\right) = 0.$$

Resultados semelhantes valem para as porções remanescentes da hipérbole e as retas $y = \pm(b/a)x$.

73. Área Encontre as dimensões do retângulo de maior área que podem ser inscritos na elipse $x^2 + 4y^2 = 4$ com seus lados paralelos aos eixos coordenados. Qual é a área do retângulo?

74. Volume Encontre o volume do sólido gerado pelo giro da região delimitada pela elipse $9x^2 + 4y^2 = 36$ em torno do **(a)** eixo x, **(b)** eixo y.

75. Volume A região "triangular" no primeiro quadrante delimitado pelo eixo x, a reta $x = 4$ e a hipérbole $9x^2 - 4y^2 = 36$ é girada em torno do eixo x para gerar um sólido. Encontre o volume do sólido.

76. Tangentes Mostre que as tangentes à curva $y^2 = 4px$ a partir de qualquer ponto na reta $x = -p$ são perpendiculares.

77. Tangentes Encontre equações para as tangentes do círculo $(x - 2)^2 + (y - 1)^2 = 5$ nos pontos em que o círculo cruza os eixos coordenados.

78. Volume A região delimitada à esquerda pelo eixo y, à direita pela hipérbole $x^2 - y^2 = 1$ e acima e abaixo pelas retas $y = \pm3$, é girada em torno do eixo y para gerar um sólido. Encontre o volume do sólido.

79. Centroide Encontre o centroide da região que é delimitado abaixo pelo eixo x e acima pela elipse $(x^2/9) + (y^2/16) = 1$.

80. Área da superfície A curva $y = \sqrt{x^2 + 1}, 0 \le x \le \sqrt{2}$, que é parte do ramo superior da hipérbole $y^2 - x^2 = 1$, é girada em torno do eixo x para gerar uma superfície. Encontre a área da superfície.

81. Propriedade refletiva das parábolas A figura a seguir mostra um ponto típico $P(x_0, y_0)$ na parábola $y^2 = 4px$. A reta L é tangente à parábola em P. O foco da parábola está em $F(p, 0)$. O raio L' que se estende de P à direita é paralelo ao eixo x. Mostramos que a luz de F a P será refletida ao longo de L', mostrando que β é igual a α. Estabeleça essa igualdade realizando os seguintes passos.

a. Mostre que $\text{tg}\,\beta = 2p/y_0$.

b. Mostre que $\text{tg}\,\phi = y_0/(x_0 - p)$.

c. Utilize a identidade:

$$\text{tg}\,\alpha = \frac{\text{tg}\,\phi - \text{tg}\,\beta}{1 + \text{tg}\,\phi\,\text{tg}\,\beta}$$

para demonstrar que $\text{tg}\,\alpha = 2p/y_0$.

Uma vez que α e β são agudos, $\text{tg}\,\beta = \text{tg}\,\alpha$ implica que $\beta = \alpha$.

Essa propriedade refletiva das parábolas é utilizada em aplicações como faróis de automóveis, radiotelescópios e antenas de TV via satélite.

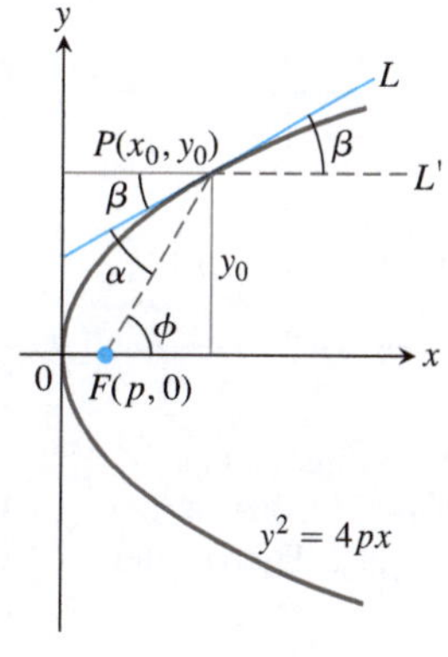

11.7 Cônicas em coordenadas polares

As coordenadas polares são especialmente importantes na astronomia e na engenharia astronáutica, porque os satélites, luas, planetas e cometas movem-se todos aproximadamente ao longo de elipses, parábolas e hipérboles que podem ser descritas com uma única e relativamente simples equação em coordenadas polares. Desenvolvemos essa equação aqui depois de primeiro introduzirmos a ideia de *excentricidade* de uma seção cônica. A excentricidade revela o tipo da seção cônica (círculo, elipse, parábola ou hipérbole) e o grau ao qual está "achatada" ou aplanada.

Excentricidade

Ainda que a distância entre centro e foco c não apareça na equação

$$\frac{x^2}{a^2} + \frac{y^2}{b^2} = 1, \qquad (a > b)$$

para uma elipse, podemos ainda determinar c a partir da equação $c = \sqrt{a^2 - b^2}$. Se fixarmos a e alterarmos c sobre o intervalo $0 \le c \le a$, as elipses resultantes irão variar de formato. Eles são círculos se $c = 0$ (de forma que $a = b$) e ficam aplanados conforme c aumenta. Se $c = a$, os focos e vértices se sobrepõem e a elipse se degenera para um segmento de reta. Assim, somos levados a considerar a razão

$e = c/a$. Utilizamos essa razão também para hipérboles; apenas nesse caso c é igual a $\sqrt{a^2 + b^2}$ em vez de $\sqrt{a^2 - b^2}$, e definimos essas razões com um termo de alguma forma familiar – *excentricidade*.

DEFINIÇÃO

A **excentricidade** da elipse $(x^2/a^2) + (y^2/b^2) = 1$ $(a > b)$ é:

$$e = \frac{c}{a} = \frac{\sqrt{a^2 - b^2}}{a}.$$

A **excentricidade** da hipérbole $(x^2/a^2) - (y^2/b^2) = 1$ é:

$$e = \frac{c}{a} = \frac{\sqrt{a^2 + b^2}}{a}.$$

A **excentricidade** de uma parábola é $e = 1$.

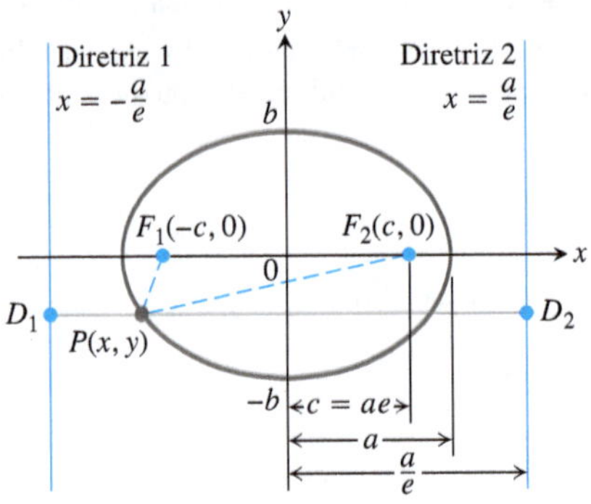

FIGURA 11.45 Focos e diretrizes da elipse $(x^2/a^2) + (y^2/b^2) = 1$. A diretriz 1 corresponde ao foco F_1, e a diretriz 2, ao foco F_2.

Enquanto uma parábola tem um foco e uma diretriz, cada **elipse** tem dois focos e duas **diretrizes**. Estas são as retas perpendiculares ao eixo maior nas distâncias $\pm a/e$ a partir do centro. A parábola tem a propriedade de que:

$$PF = 1 \cdot PD \qquad (1)$$

para qualquer ponto P nela, em que F é o foco e D é o ponto mais próximo de P na diretriz. Para uma elipse, pode ser mostrado que as equações que substituem a Equação 1 são:

$$PF_1 = e \cdot PD_1, \qquad PF_2 = e \cdot PD_2. \qquad (2)$$

Aqui, e é a excentricidade, P é qualquer ponto na elipse, F_1 e F_2 são os focos e D_1 e D_2 são os pontos nas diretrizes mais próximos de P (Figura 11.45).

Em ambas as Equações 2, a diretriz e o foco devem corresponder; isto é, se utilizarmos a distância entre P e F_1, devemos usar também a distância entre P e a diretriz na mesma extremidade da elipse. A diretriz $x = -a/e$ corresponde a $F_1(-c, 0)$, e a diretriz $x = a/e$ corresponde a $F_2(c, 0)$.

Assim como na elipse, pode ser mostrado que as retas $x = \pm a/e$ atuam como **diretrizes** para a **hipérbole** e que:

$$PF_1 = e \cdot PD_1 \quad \text{e} \quad PF_2 = e \cdot PD_2. \qquad (3)$$

Aqui, P é qualquer ponto na hipérbole, F_1 e F_2 são os focos e D_1 e D_2 são os pontos nas diretrizes mais próximos de P (Figura 11.46).

Tanto na elipse quanto na hipérbole, a excentricidade é a razão da distância entre os focos e a distância entre os vértices (porque $c/a = 2c/2a$).

$$\text{Excentricidade} = \frac{\text{distância entre os focos}}{\text{distância entre os vértices}}$$

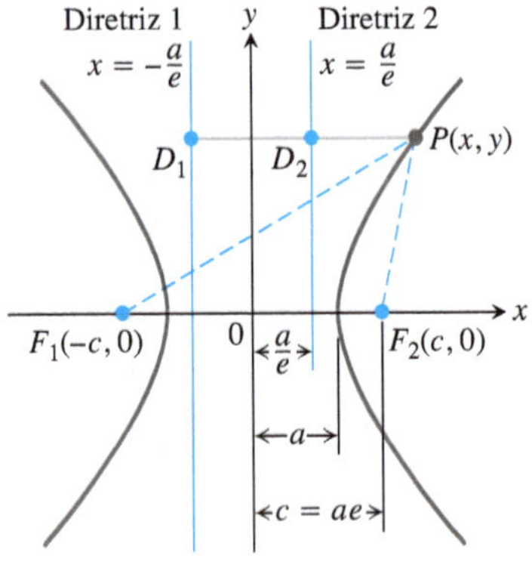

FIGURA 11.46 Focos e diretrizes da hipérbole $(x^2/a^2) - (y^2/b^2) = 1$. Não importa onde P esteja na hipérbole, $PF_1 = e \cdot PD_1$ e $PF_2 = e \cdot PD_2$.

Em uma elipse, os focos estão mais próximos um do outro que os vértices, e a razão é menor que 1. Em uma hipérbole, os focos estão mais distantes entre si que os vértices, e a razão é maior que 1.

A equação "foco-diretriz" $PF = e \cdot PD$ une a parábola, a elipse e a hipérbole da seguinte maneira. Suponha que a distância PF de um ponto P a partir de um ponto fixo F (o foco) é um múltiplo constante de sua distância a partir de uma reta fixa (a diretriz). Ou seja, suponha que:

$$PF = e \cdot PD \qquad (4)$$

em que e é a constante de proporcionalidade. Então a trajetória traçada por P é:

(a) uma *parábola* se $e = 1$,

(b) uma *elipse* de excentricidade e se $e < 1$ e

(c) uma *hipérbole* de excentricidade e se $e > 1$.

Não existem coordenadas na Equação 4 e, quando tentamos traduzi-la em forma de coordenada, ela o faz em diferentes formas, dependendo do tamanho de e. Pelo menos, isso é o que acontece nas coordenadas cartesianas. Entretanto, conforme veremos, em coordenadas polares a equação $PF = e \cdot PD$ se traduz em uma única equação, independente do valor de e.

Dados o foco e a diretriz correspondente de uma hipérbole centrada na origem e com os focos no eixo x, podemos utilizar as dimensões exibidas na Figura 11.46 para encontrar e. Sabendo o valor de e, podemos derivar uma equação cartesiana para a hipérbole da equação $PF = e \cdot PD$, como no próximo exemplo. Podemos encontrar equações para elipses centradas na origem e com focos no eixo x de maneira semelhante, utilizando as dimensões mostradas na Figura 11.45.

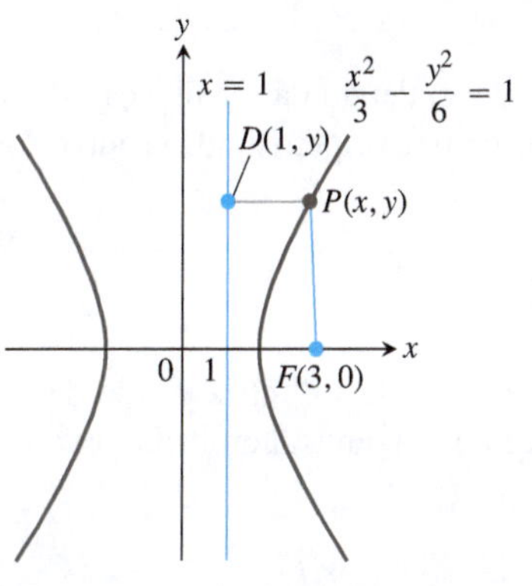

FIGURA 11.47 Hipérbole e diretriz no Exemplo 1.

EXEMPLO 1 Encontre uma equação cartesiana para a hipérbole centrada na origem que tem um foco em (3, 0) e a reta $x = 1$ como a diretriz correspondente.

Solução Primeiro utilizamos as dimensões mostradas na Figura 11.46 para encontrar a excentricidade da hipérbole. O foco é:

$$(c, 0) = (3, 0), \qquad \text{portanto} \qquad c = 3.$$

A diretriz é a reta:

$$x = \frac{a}{e} = 1, \qquad \text{portanto} \qquad a = e.$$

Quando combinados com a equação $e = c/a$ que define a excentricidade, esses resultados nos dão:

$$e = \frac{c}{a} = \frac{3}{e}, \qquad \text{portanto} \qquad e^2 = 3 \qquad \text{e} \qquad e = \sqrt{3}.$$

Sabendo o valor de e, podemos agora derivar a equação que desejamos a partir da equação $PF = e \cdot PD$. Na notação da Figura 11.47, temos:

$$PF = e \cdot PD \qquad \text{Equação 4}$$

$$\sqrt{(x-3)^2 + (y-0)^2} = \sqrt{3}\,|x-1| \qquad e = \sqrt{3}$$

$$x^2 - 6x + 9 + y^2 = 3(x^2 - 2x + 1)$$

$$2x^2 - y^2 = 6$$

$$\frac{x^2}{3} - \frac{y^2}{6} = 1.$$

Equações polares

Para encontrar equações polares para elipses, parábolas e hipérboles, colocamos um foco na origem e a diretriz correspondente à direita da origem ao longo da reta vertical $x = k$ (Figura 11.48). Em coordenadas polares, isso faz com que:

$$PF = r$$

e

$$PD = k - FB = k - r\cos\theta.$$

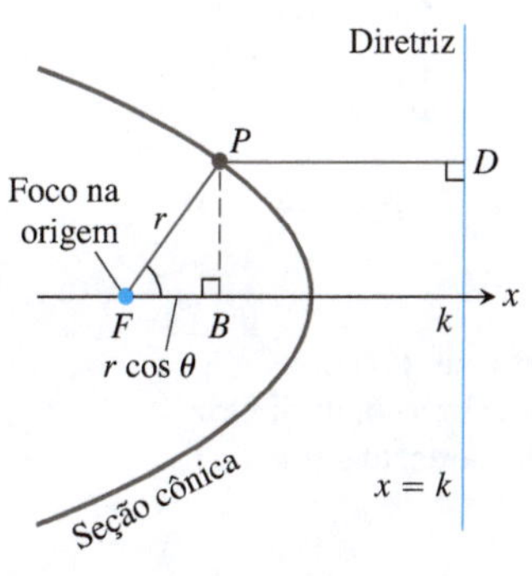

FIGURA 11.48 Se uma seção cônica é colocada na posição com seu foco posicionado na origem e uma diretriz perpendicular ao raio inicial e à direita da origem, podemos encontrar sua equação polar a partir da equação foco-diretriz da cônica.

A equação foco-diretriz da seção cônica $PF = e \cdot PD$ então se torna:

$$r = e(k - r\cos\theta),$$

que pode ser resolvida para r a fim de obter a expressão a seguir.

Equação polar para uma seção cônica com excentricidade e

$$r = \frac{ke}{1 + e\cos\theta}, \tag{5}$$

em que $x = k > 0$ é a diretriz vertical.

EXEMPLO 2 Aqui estão equações polares para três cônicas. Os valores de excentricidade identificando a cônica são os mesmos para as coordenadas polares e cartesianas.

$$e = \frac{1}{2}: \quad \text{elipse} \quad r = \frac{k}{2 + \cos\theta}$$

$$e = 1: \quad \text{parábola} \quad r = \frac{k}{1 + \cos\theta}$$

$$e = 2: \quad \text{hipérbole} \quad r = \frac{2k}{1 + 2\cos\theta}$$

Você pode ver as variações da Equação 5, dependendo da localização da diretriz. Se a diretriz é a reta $x = -k$ à esquerda da origem (a origem ainda sendo o foco), substituímos a Equação 5 por:

$$r = \frac{ke}{1 - e\cos\theta}.$$

O denominador agora tem um (−) em vez de um (+). Se a diretriz é uma das retas $y = k$ ou $y = -k$, as equações têm senos em vez de cossenos, conforme exibido na Figura 11.49.

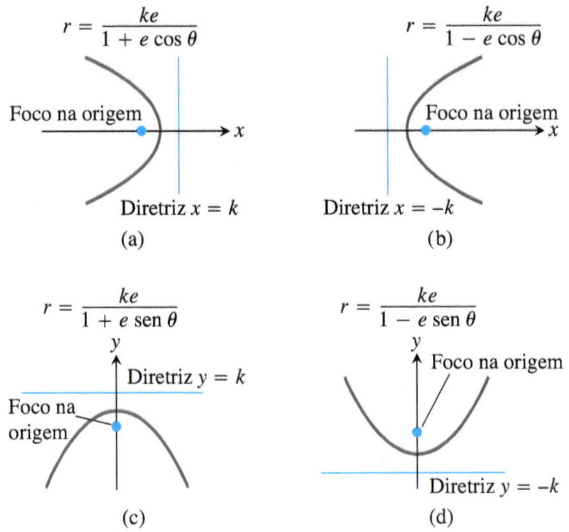

FIGURA 11.49 Equações para seções cônicas com excentricidade $e > 0$, mas diferentes localizações da diretriz. Os gráficos aqui exibem uma parábola, portanto $e = 1$.

EXEMPLO 3 Encontre uma equação para a hipérbole com excentricidade 3/2 e diretriz $x = 2$.

Solução Utilize a Equação 5 com $k = 2$ e $e = 3/2$:

$$r = \frac{2(3/2)}{1 + (3/2)\cos\theta} \quad \text{ou} \quad r = \frac{6}{2 + 3\cos\theta}.$$

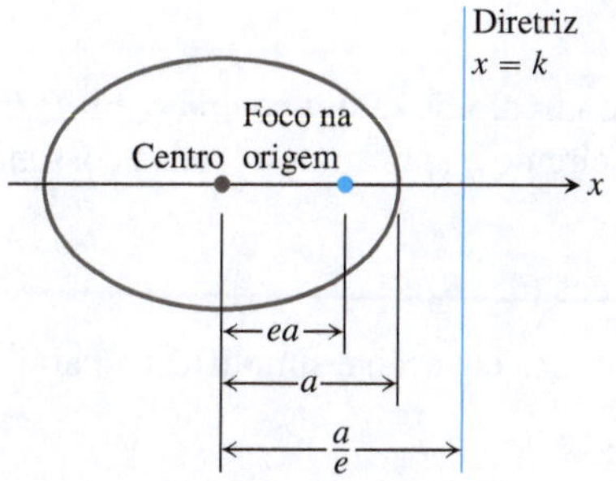

FIGURA 11.50 Em uma elipse com semieixo maior a, a distância foco-diretriz é $k = (a/e) - ea$, portanto $ke = a(1 - e^2)$.

EXEMPLO 4 Encontre a diretriz da parábola:

$$r = \frac{25}{10 + 10\cos\theta}.$$

Solução Dividimos o numerador e o denominador por 10 para colocar a equação em forma polar padrão:

$$r = \frac{5/2}{1 + \cos\theta}.$$

Esta é a equação:

$$r = \frac{ke}{1 + e\cos\theta}$$

com $k = 5/2$ e $e = 1$. A equação da diretriz é $x = 5/2$.

A partir do diagrama da elipse na Figura 11.50, vemos que k está relacionado à excentricidade e e o semieixo maior a pela equação:

$$k = \frac{a}{e} - ea.$$

A partir disso, descobrimos que $ke = a(1 - e^2)$. Substituir ke na Equação 5 por $a(1 - e^2)$ nos dá a equação polar padrão para uma elipse.

Equação polar para a elipse com excentricidade e e semieixo maior a

$$r = \frac{a(1 - e^2)}{1 + e\cos\theta} \qquad (6)$$

Observe que, quando $e = 0$, a Equação 6 se torna $r = a$, o que representa um círculo.

Retas

Suponha que a perpendicular a partir da origem para a reta L encontra L no ponto $P_0(r_0, \theta_0)$, com $r_0 \geq 0$ (Figura 11.51). Então, se $P(r, \theta)$ é qualquer outro ponto em L, os pontos P, P_0 e O são os vértices de um triângulo retângulo, a partir do qual podemos ler a relação:

$$r_0 = r\cos(\theta - \theta_0).$$

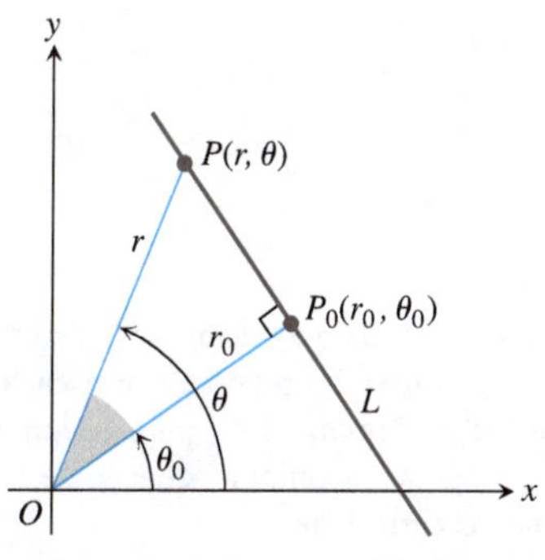

FIGURA 11.51 Podemos obter uma equação polar para a reta L lendo a relação $r_0 = r\cos(\theta - \theta_0)$ a partir do triângulo retângulo OP_0P.

Equação polar padrão para retas

Se o ponto $P_0(r_0, \theta_0)$ é a base da perpendicular a partir da origem para a reta L, e $r_0 \geq 0$, então uma equação para L é:

$$r\cos(\theta - \theta_0) = r_0. \qquad (7)$$

Por exemplo, se $\theta_0 = \pi/3$ e $r_0 = 2$, descobrimos que:

$$r\cos\left(\theta - \frac{\pi}{3}\right) = 2$$

$$r\left(\cos\theta\cos\frac{\pi}{3} + \operatorname{sen}\theta\operatorname{sen}\frac{\pi}{3}\right) = 2$$

$$\frac{1}{2}r\cos\theta + \frac{\sqrt{3}}{2}r\operatorname{sen}\theta = 2 \qquad \text{ou} \qquad x + \sqrt{3}y = 4.$$

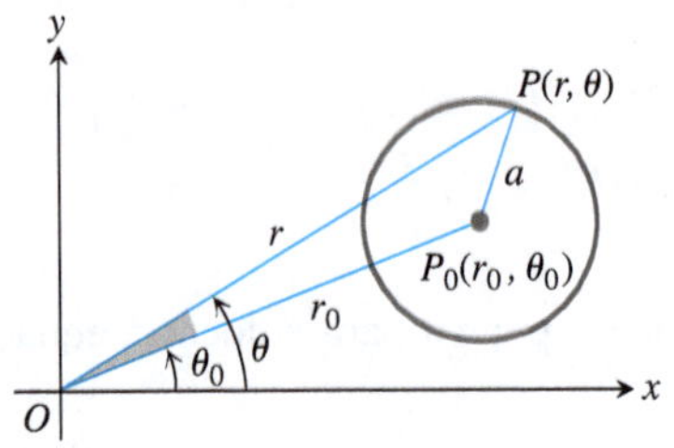

FIGURA 11.52 Podemos obter uma equação polar para esse círculo aplicando a lei dos cossenos ao triângulo OP_0P.

Círculos

Para encontrar uma equação polar para o círculo de raio a centrado em $P_0(r_0, \theta_0)$, determinamos que $P(r, \theta)$ é um ponto no círculo e aplicamos a lei dos cossenos ao triângulo OP_0P (Figura 11.52). Isso dá:

$$a^2 = r_0{}^2 + r^2 - 2r_0r\cos(\theta - \theta_0).$$

Se o círculo passa pela origem, então $r_0 = a$, e essa equação é simplificada para:

$$a^2 = a^2 + r^2 - 2ar\cos(\theta - \theta_0)$$
$$r^2 = 2ar\cos(\theta - \theta_0)$$
$$r = 2a\cos(\theta - \theta_0).$$

Se o centro do círculo está no eixo x positivo, $\theta_0 = 0$ e temos ainda a simplificação:

$$r = 2a\cos\theta. \qquad \textbf{(8)}$$

Se o centro está no eixo y positivo, $\theta = \pi/2$, $\cos(\theta - \pi/2) = \operatorname{sen}\theta$, e a equação $r = 2a\cos(\theta - \theta_0)$ se torna:

$$r = 2a\operatorname{sen}\theta. \qquad \textbf{(9)}$$

As equações para círculos através da origem centrados nos eixos x e y negativos podem ser obtidas substituindo r por $-r$ nas equações anteriores.

EXEMPLO 5 Aqui estão diversas equações polares fornecidas pelas Equações 8 e 9 para os círculos através da origem e tendo centros que estão no eixo x ou y.

Raio	Centro (coordenadas polares)	Equação polar
3	$(3, 0)$	$r = 6\cos\theta$
2	$(2, \pi/2)$	$r = 4\operatorname{sen}\theta$
1/2	$(-1/2, 0)$	$r = -\cos\theta$
1	$(-1, \pi/2)$	$r = -2\operatorname{sen}\theta$

Exercícios 11.7

Elipses e excentricidade

Nos Exercícios 1-8, encontre a excentricidade da elipse. Em seguida, encontre e desenhe os focos e diretrizes da elipse.

1. $16x^2 + 25y^2 = 400$
2. $7x^2 + 16y^2 = 112$
3. $2x^2 + y^2 = 2$
4. $2x^2 + y^2 = 4$
5. $3x^2 + 2y^2 = 6$
6. $9x^2 + 10y^2 = 90$
7. $6x^2 + 9y^2 = 54$
8. $169x^2 + 25y^2 = 4225$

Os Exercícios 9-12 fornecem os focos ou vértices e as excentricidades das elipses centradas na origem do plano xy. Em cada um dos casos, encontre a equação de forma padrão da elipse nas coordenadas cartesianas.

9. Focos: $(0, \pm 3)$
   Excentricidade: 0,5
10. Focos: $(\pm 8, 0)$
   Excentricidade: 0,2
11. Vértices: $(0, \pm 70)$
   Excentricidade: 0,1
12. Vértices: $(\pm 10, 0)$
   Excentricidade: 0,24

Os Exercícios 13-16 fornecem os focos e as diretrizes correspondentes das elipses centradas na origem do plano xy. Em cada um dos casos, utilize as dimensões na Figura 11.45 para encontrar a excentricidade da elipse. Em seguida, encontre a equação de forma padrão da elipse nas coordenadas cartesianas.

13. Foco: $\left(\sqrt{5}, 0\right)$
   Diretriz: $x = \dfrac{9}{\sqrt{5}}$
14. Foco: $(4, 0)$
   Diretriz: $x = \dfrac{16}{3}$
15. Foco: $(-4, 0)$
   Diretriz: $x = -16$
16. Foco: $\left(-\sqrt{2}, 0\right)$
   Diretriz: $x = -2\sqrt{2}$

Hipérboles e excentricidade

Nos Exercícios 17-24, encontre a excentricidade da hipérbole. Em seguida, encontre e desenhe os focos e diretrizes da hipérbole.

17. $x^2 - y^2 = 1$
18. $9x^2 - 16y^2 = 144$
19. $y^2 - x^2 = 8$
20. $y^2 - x^2 = 4$

21. $8x^2 - 2y^2 = 16$

22. $y^2 - 3x^2 = 3$

23. $8y^2 - 2x^2 = 16$

24. $64x^2 - 36y^2 = 2304$

Os Exercícios 25-28 fornecem as excentricidades e os vértices ou focos das hipérboles centradas na origem do plano xy. Em cada um dos casos, encontre a equação de forma padrão da hipérbole nas coordenadas cartesianas.

25. Excentricidade: 3
Vértices: $(0, \pm 1)$

26. Excentricidade: 2
Vértices: $(\pm 2, 0)$

27. Excentricidade: 3
Focos: $(\pm 3, 0)$

28. Excentricidade: 1,25
Focos: $(0, \pm 5)$

Excentricidades e diretrizes

Os Exercícios 29-36 fornecem as excentricidades das seções cônicas com um foco na origem, com a diretriz correspondente àquele foco. Encontre uma equação polar para cada seção cônica.

29. $e = 1, \quad x = 2$

30. $e = 1, \quad y = 2$

31. $e = 5, \quad y = -6$

32. $e = 2, \quad x = 4$

33. $e = 1/2, \quad x = 1$

34. $e = 1/4, \quad x = -2$

35. $e = 1/5, \quad y = -10$

36. $e = 1/3, \quad y = 6$

Parábolas e elipses

Esboce as parábolas e elipses nos Exercícios 37-44. Inclua a diretriz correspondente ao foco na origem. Rotule os vértices com coordenadas polares apropriadas. Rotule também os centros das elipses.

37. $r = \dfrac{1}{1 + \cos\theta}$

38. $r = \dfrac{6}{2 + \cos\theta}$

39. $r = \dfrac{25}{10 - 5\cos\theta}$

40. $r = \dfrac{4}{2 - 2\cos\theta}$

41. $r = \dfrac{400}{16 + 8\,\text{sen}\,\theta}$

42. $r = \dfrac{12}{3 + 3\,\text{sen}\,\theta}$

43. $r = \dfrac{8}{2 - 2\,\text{sen}\,\theta}$

44. $r = \dfrac{4}{2 - \text{sen}\,\theta}$

Retas

Esboce as retas nos Exercícios 45-48 e encontre equações cartesianas para elas.

45. $r\cos\left(\theta - \dfrac{\pi}{4}\right) = \sqrt{2}$

46. $r\cos\left(\theta + \dfrac{3\pi}{4}\right) = 1$

47. $r\cos\left(\theta - \dfrac{2\pi}{3}\right) = 3$

48. $r\cos\left(\theta + \dfrac{\pi}{3}\right) = 2$

Encontre uma equação polar na forma $r\cos(\theta - \theta_0) = r_0$ para cada uma das retas nos Exercícios 49-52.

49. $\sqrt{2}x + \sqrt{2}y = 6$

50. $\sqrt{3}x - y = 1$

51. $y = -5$

52. $x = -4$

Círculos

Esboce os círculos nos Exercícios 53-56. Dê coordenadas polares para seus centros e identifique seus raios.

53. $r = 4\cos\theta$

54. $r = 6\,\text{sen}\,\theta$

55. $r = -2\cos\theta$

56. $r = -8\,\text{sen}\,\theta$

Encontre equações polares para os círculos nos Exercícios 57-64. Esboce cada círculo no plano coordenado e classifique-o com suas equações cartesianas e polares.

57. $(x - 6)^2 + y^2 = 36$

58. $(x + 2)^2 + y^2 = 4$

59. $x^2 + (y - 5)^2 = 25$

60. $x^2 + (y + 7)^2 = 49$

61. $x^2 + 2x + y^2 = 0$

62. $x^2 - 16x + y^2 = 0$

63. $x^2 + y^2 + y = 0$

64. $x^2 + y^2 - \dfrac{4}{3}y = 0$

Exemplos de equações polares

T Desenhe as retas e seções cônicas nos Exercícios 65-74.

65. $r = 3\sec(\theta - \pi/3)$

66. $r = 4\sec(\theta + \pi/6)$

67. $r = 4\,\text{sen}\,\theta$

68. $r = -2\cos\theta$

69. $r = 8/(4 + \cos\theta)$

70. $r = 8/(4 + \text{sen}\,\theta)$

71. $r = 1/(1 - \text{sen}\,\theta)$

72. $r = 1/(1 + \cos\theta)$

73. $r = 1/(1 + 2\,\text{sen}\,\theta)$

74. $r = 1/(1 + 2\cos\theta)$

75. Periélio e afélio Um planeta dá uma volta em torno do Sol em uma elipse cujo semieixo maior tem comprimento a. (Veja a figura a seguir.)

a. Mostre que $r = a(1 - e)$ quando o planeta está mais próximo do Sol e que $r = a(1 + e)$ quando o planeta está mais distante do Sol.

b. Utilize os dados da tabela no Exercício 76 para determinar o quão próximo cada um dos planetas em nosso sistema solar chega do Sol e o quão distante cada planeta chega do Sol.

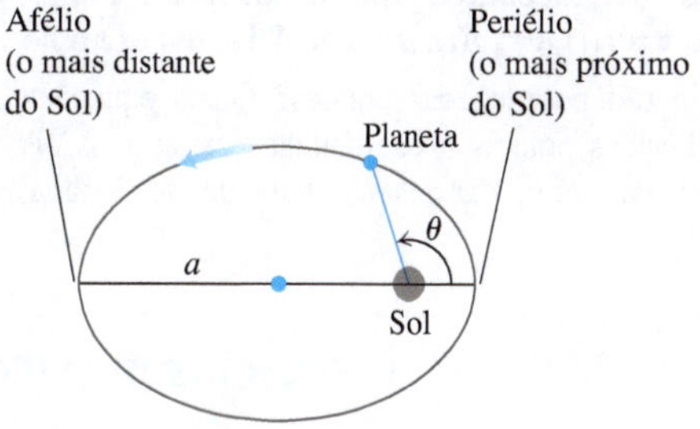

76. Órbitas planetárias Utilize os dados da tabela a seguir e a Equação 6 para encontrar equações polares para as órbitas dos planetas.

Planeta	Semieixo maior (unidades astronômicas)	Excentricidade
Mercúrio	0,3871	0,2056
Vênus	0,7233	0,0068
Terra	1,000	0,0167
Marte	1,524	0,0934
Júpiter	5,203	0,0484
Saturno	9,539	0,0543
Urano	19,18	0,0460
Netuno	30,06	0,0082

Capítulo 11 Questões para guiar sua revisão

1. O que é uma parametrização de uma curva no plano xy? Uma função $y = f(x)$ sempre tem uma parametrização? São parametrizações de uma curva única? Dê exemplos.
2. Dê algumas parametrizações típicas para retas, círculos, parábolas, elipses e hipérboles. Quanto uma curva parametrizada poderia ser diferente do gráfico de sua equação cartesiana?
3. O que é uma cicloide? Quais são as equações paramétricas típicas para cicloides? Quais propriedades físicas contam para a importância das cicloides?
4. Qual é a fórmula para o coeficiente angular dy/dx de uma curva parametrizada $x = f(t)$, $y = g(t)$? Quando a fórmula é aplicada? Quando você pode esperar conseguir encontrar d^2y/dx^2 também? Dê exemplos.
5. Como você pode algumas vezes encontrar a área delimitada por uma curva parametrizada e um dos eixos coordenados?
6. Como você encontra o comprimento de uma curva parametrizada suave $x = f(t)$, $y = g(t)$, $a \leq t \leq b$? O que a sua característica de ser suave tem a ver com o comprimento? O que mais você precisa saber sobre a parametrização para poder encontrar o comprimento da curva? Dê exemplos.
7. Qual é a função de comprimento de arco para uma curva parametrizada suave? Qual é a diferencial de comprimento de arco?
8. Sob quais condições você pode encontrar a área da superfície gerada por meio do giro de uma curva $x = f(t)$, $y = g(t)$, $a \leq t \leq b$ em torno do eixo x? E do eixo y? Dê exemplos.
9. Como você encontra o centroide de uma curva parametrizada suave $x = f(t)$, $y = g(t)$, $a \leq t \leq b$? Dê um exemplo.
10. O que são coordenadas polares? Quais equações relacionam coordenadas polares a coordenadas cartesianas? Por que você poderia desejar mudar de um sistema de coordenadas para outro?
11. Quais consequências a falta de unicidade de coordenadas polares tem para o esboço de gráficos? Dê um exemplo.
12. Como você desenha equações em coordenadas polares? Inclua em sua discussão: simetria, coeficiente angular, comportamento na origem e o uso de gráficos cartesianos. Dê exemplos.
13. Como você determina a área da região $0 \leq r_1(\theta) \leq r \leq r_2(\theta)$, $\alpha \leq \theta \leq \beta$, no plano de coordenadas polares? Dê exemplos.
14. Sob que condições você pode encontrar o comprimento de uma curva $r = f(\theta)$, $\alpha \leq \theta \leq \beta$, no plano de coordenadas polares? Dê um exemplo de cálculo típico.
15. O que é uma parábola? Quais são as equações cartesianas para parábolas cujos vértices estão na origem e cujos focos estão nos eixos coordenados? Como você pode determinar o foco e a diretriz de tal parábola a partir de sua equação?
16. O que é uma elipse? Quais são as equações cartesianas para elipses centradas na origem com focos em um dos eixos coordenados? Como você pode determinar os focos, vértices e diretrizes de tal elipse a partir de sua equação?
17. O que é uma hipérbole? Quais são as equações cartesianas para hipérboles centradas na origem com focos em um dos eixos coordenados? Como você pode determinar os focos, vértices e diretrizes de tal elipse a partir de sua equação?
18. O que é excentricidade de uma seção cônica? Como você pode classificar as seções cônicas pela excentricidade? Como a forma de uma elipse e sua excentricidade estão relacionadas?
19. Explique a equação $PF = e \cdot PD$.
20. Quais são as equações padrão para as retas e seções cônicas em coordenadas polares? Dê exemplos.

Capítulo 11 Exercícios práticos

Identificando equações paramétricas no plano

Os Exercícios 1-6 fornecem equações paramétricas e intervalos paramétricos para o movimento de uma partícula no plano xy. Identifique a trajetória da partícula encontrando uma equação cartesiana para ela. Desenhe a equação cartesiana e indique a direção do movimento e a porção traçada pela partícula.

1. $x = t/2, \quad y = t + 1; \quad -\infty < t < \infty$
2. $x = \sqrt{t}, \quad y = 1 - \sqrt{t}; \quad t \geq 0$
3. $x = (1/2)\ \text{tg}\ t, \quad y = (1/2) \sec t; \quad -\pi/2 < t < \pi/2$
4. $x = -2 \cos t, \quad y = 2\ \text{sen}\ t; \quad 0 \leq t \leq \pi$
5. $x = -\cos t, \quad y = \cos^2 t; \quad 0 \leq t \leq \pi$
6. $x = 4 \cos t, \quad y = 9\ \text{sen}\ t; \quad 0 \leq t \leq 2\pi$

Encontrando equações paramétricas e retas tangentes

7. Encontre equações paramétricas e um intervalo de parâmetro para o movimento de uma partícula no plano xy que trace a elipse $16x^2 + 9y^2 = 144$ uma vez em sentido anti-horário. (Existem muitas formas de fazer isso.)
8. Encontre equações paramétricas e um intervalo de parâmetro para o movimento de uma partícula que parta no ponto $(-2, 0)$ no plano xy e trace o círculo $x^2 + y^2 = 4$ três vezes em sentido horário. (Existem muitas formas de fazer isso.)

Nos Exercícios 9 e 10, encontre uma equação para a reta no plano xy que seja tangente à curva no ponto correspondente ao valor determinado de t. Encontre também o valor de d^2y/dx^2 nesse ponto.

9. $x = (1/2)\ \text{tg}\ t, \quad y = (1/2) \sec t; \quad t = \pi/3$
10. $x = 1 + 1/t^2, \quad y = 1 - 3/t; \quad t = 2$
11. Elimine o parâmetro para expressar a curva na forma $y = f(x)$.
    a. $x = 4t^2, \quad y = t^3 - 1$ **b.** $x = \cos t, \quad y = \text{tg}\ t$
12. Encontre equações paramétricas para a curva dada.
    a. Reta passando por $(1, -2)$ com coeficiente angular 3
    b. $(x - 1)^2 + (y + 2)^2 = 9$
    c. $y = 4x^2 - x$
    d. $9x^2 + 4y^2 = 36$

Comprimentos das curvas

Encontre os comprimentos das curvas nos Exercícios 13-19.

13. $y = x^{1/2} - (1/3)x^{3/2}, \quad 1 \le x \le 4$

14. $x = y^{2/3}, \quad 1 \le y \le 8$

15. $y = (5/12)x^{6/5} - (5/8)x^{4/5}, \quad 1 \le x \le 32$

16. $x = (y^3/12) + (1/y), \quad 1 \le y \le 2$

17. $x = 5 \cos t - \cos 5t, \quad y = 5 \operatorname{sen} t - \operatorname{sen} 5t, \quad 0 \le t \le \pi/2$

18. $x = t^3 - 6t^2, \quad y = t^3 + 6t^2, \quad 0 \le t \le 1$

19. $x = 3 \cos \theta, \quad y = 3 \operatorname{sen} \theta, \quad 0 \le \theta \le \dfrac{3\pi}{2}$

20. Determine o comprimento do laço delimitado $x = t^2, y = (t^3/3) - t$ mostrado aqui. O laço começa em $t = -\sqrt{3}$ e termina em $t = \sqrt{3}$.

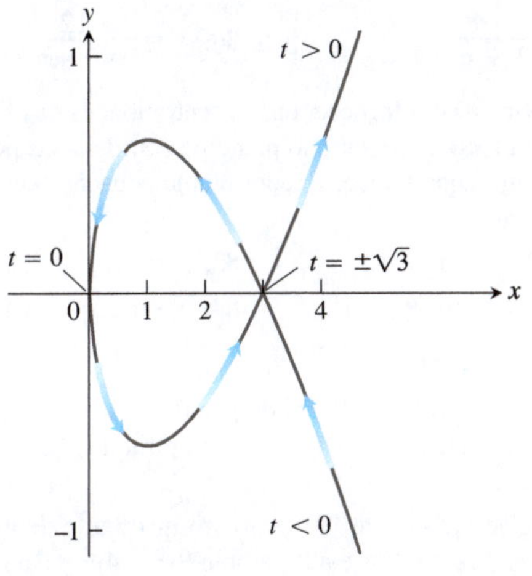

Áreas de superfície

Determine as áreas das superfícies geradas girando as curvas nos Exercícios 21 e 22 em torno dos eixos indicados.

21. $x = t^2/2, \quad y = 2t, \quad 0 \le t \le \sqrt{5}$; eixo x

22. $x = t^2 + 1/(2t), \quad y = 4\sqrt{t}, \quad 1/\sqrt{2} \le t \le 1$; eixo y

Equações polares para equações cartesianas

Esboce as retas nos Exercícios 23-28. Determine também uma equação cartesiana para cada reta.

23. $r \cos\left(\theta + \dfrac{\pi}{3}\right) = 2\sqrt{3}$

24. $r \cos\left(\theta - \dfrac{3\pi}{4}\right) = \dfrac{\sqrt{2}}{2}$

25. $r = 2 \sec \theta$

26. $r = -\sqrt{2} \sec \theta$

27. $r = -(3/2) \operatorname{cossec} \theta$

28. $r = \left(3\sqrt{3}\right) \operatorname{cossec} \theta$

Encontre equações cartesianas para os círculos nos Exercícios 29-32. Esboce cada círculo no plano coordenado e rotule-o com as equações cartesianas e polares.

29. $r = -4 \operatorname{sen} \theta$

30. $r = 3\sqrt{3} \operatorname{sen} \theta$

31. $r = 2\sqrt{2} \cos \theta$

32. $r = -6 \cos \theta$

Equações cartesianas para equações polares

Encontre equações polares para os círculos nos Exercícios 33-36. Esboce cada círculo no plano coordenado e rotule-o com suas equações cartesianas e polares.

33. $x^2 + y^2 + 5y = 0$

34. $x^2 + y^2 - 2y = 0$

35. $x^2 + y^2 - 3x = 0$

36. $x^2 + y^2 + 4x = 0$

Gráficos em coordenadas polares

Esboce as regiões definidas pelas desigualdades de coordenadas polares nos Exercícios 37 e 38.

37. $0 \le r \le 6 \cos \theta$

38. $-4 \operatorname{sen} \theta \le r \le 0$

Relacione cada um dos gráficos nos Exercícios 39-46 com a equação apropriada (a)-(l). Há mais equações do que gráficos, portanto algumas equações não serão relacionadas.

a. $r = \cos 2\theta$

b. $r \cos \theta = 1$

c. $r = \dfrac{6}{1 - 2\cos\theta}$

d. $r = \operatorname{sen} 2\theta$

e. $r = \theta$

f. $r^2 = \cos 2\theta$

g. $r = 1 + \cos \theta$

h. $r = 1 - \operatorname{sen} \theta$

i. $r = \dfrac{2}{1 - \cos\theta}$

j. $r^2 = \operatorname{sen} 2\theta$

k. $r = -\operatorname{sen} \theta$

l. $r = 2 \cos \theta + 1$

39. Rosa de quatro pétalas

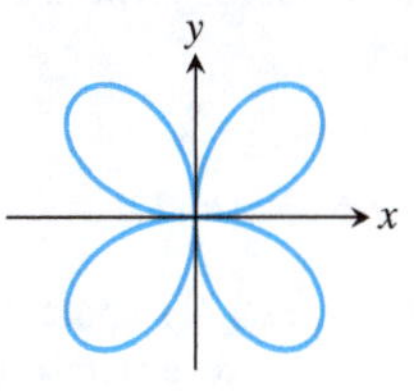

40. Espiral

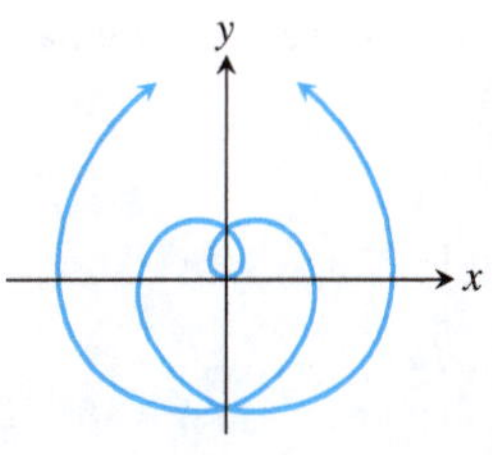

41. Limaçon

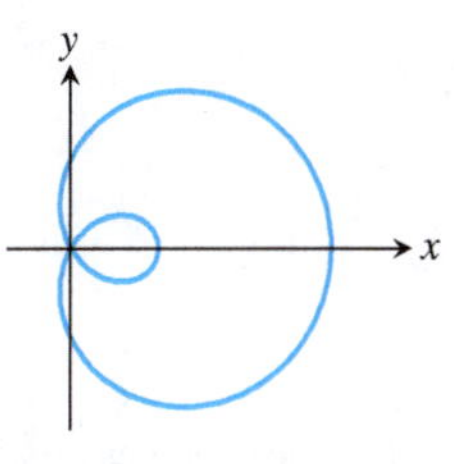

42. Lemniscata

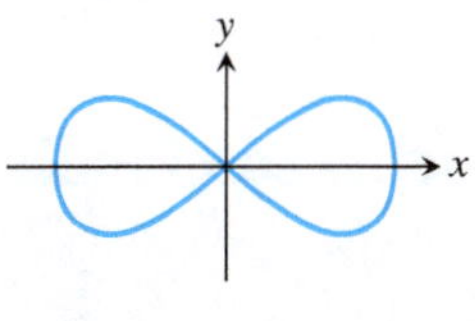

43. Círculo

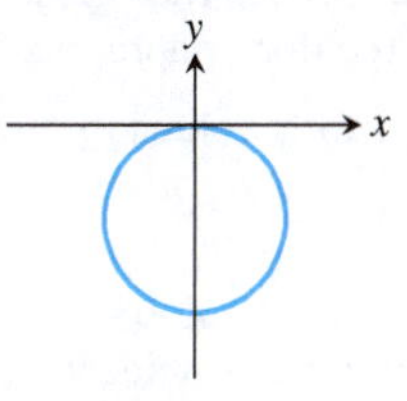

44. Cardioide

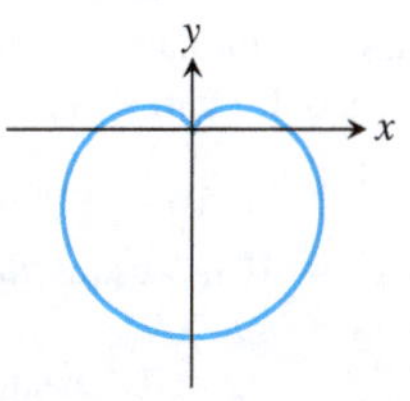

45. Parábola

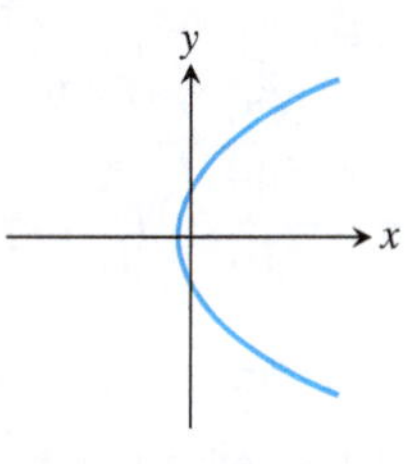

46. Lemniscata

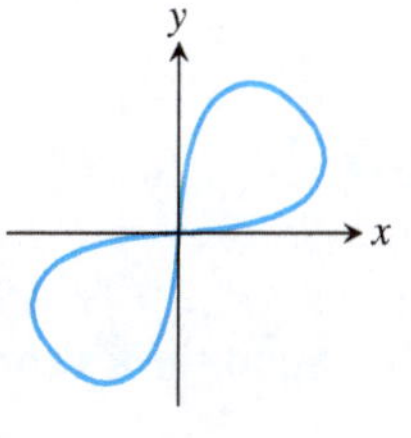

Área em coordenadas polares

Encontre as áreas das regiões no plano de coordenadas polares descritas nos Exercícios 47-50.

47. Delimitada pelo limaçon $r = 2 - \cos \theta$.

48. Delimitada por uma pétala da rosa de três pétalas $r = \operatorname{sen} 3\theta$.

49. Dentro da "figura oito" $r = 1 + \cos 2\theta$ e fora do círculo $r = 1$.

50. Dentro da cardioide $r = 2(1 + \operatorname{sen} \theta)$ e fora do círculo $r = 2 \operatorname{sen} \theta$.

Comprimento em coordenadas polares

Encontre os comprimentos das curvas dadas pelas equações de coordenadas polares nos Exercícios 51-54.

51. $r = -1 + \cos\theta$

52. $r = 2 \operatorname{sen}\theta + 2\cos\theta, \quad 0 \leq \theta \leq \pi/2$

53. $r = 8 \operatorname{sen}^3(\theta/3), \quad 0 \leq \theta \leq \pi/4$

54. $r = \sqrt{1 + \cos 2\theta}, \quad -\pi/2 \leq \theta \leq \pi/2$

Desenhando seções cônicas

Esboce as parábolas nos Exercícios 55-58. Inclua o foco e a diretriz em cada esboço.

55. $x^2 = -4y$

56. $x^2 = 2y$

57. $y^2 = 3x$

58. $y^2 = -(8/3)x$

Encontre as excentricidades das elipses e hipérboles nos Exercícios 59-62. Esboce cada seção cônica. Inclua os focos, vértices e assíntotas (conforme apropriado) em seu esboço.

59. $16x^2 + 7y^2 = 112$

60. $x^2 + 2y^2 = 4$

61. $3x^2 - y^2 = 3$

62. $5y^2 - 4x^2 = 20$

Os Exercícios 63-68 fornecem equações para seções cônicas e nos dizem quantas unidades para cima ou para baixo e para a direita ou para a esquerda cada curva será deslocada. Encontre uma equação para a nova seção cônica e descubra os novos focos, vértices, centros e assíntotas, conforme apropriado. Se a curva for uma parábola, encontre também a nova diretriz.

63. $x^2 = -12y$, direita 2, cima 3

64. $y^2 = 10x$, esquerda 1/2, baixo 1

65. $\dfrac{x^2}{9} + \dfrac{y^2}{25} = 1$, esquerda 3, baixo 5

66. $\dfrac{x^2}{169} + \dfrac{y^2}{144} = 1$, direita 5, cima 12

67. $\dfrac{y^2}{8} - \dfrac{x^2}{2} = 1$, direita 2, cima $2\sqrt{2}$

68. $\dfrac{x^2}{36} - \dfrac{y^2}{64} = 1$, esquerda 10, baixo 3

Identificando seções cônicas

Complete os quadrados para identificar as seções cônicas nos Exercícios 69-76. Encontre seus focos, vértices, centros e assíntotas (conforme apropriado). Se a curva for uma parábola, encontre também sua diretriz.

69. $x^2 - 4x - 4y^2 = 0$

70. $4x^2 - y^2 + 4y = 8$

71. $y^2 - 2y + 16x = -49$

72. $x^2 - 2x + 8y = -17$

73. $9x^2 + 16y^2 + 54x - 64y = -1$

74. $25x^2 + 9y^2 - 100x + 54y = 44$

75. $x^2 + y^2 - 2x - 2y = 0$

76. $x^2 + y^2 + 4x + 2y = 1$

Cônicas em coordenadas polares

Esboce as seções cônicas cujas equações de coordenadas polares são fornecidas nos Exercícios 77-80. Forneça coordenadas polares para os vértices e, no caso de elipses, para os centros também.

77. $r = \dfrac{2}{1 + \cos\theta}$

78. $r = \dfrac{8}{2 + \cos\theta}$

79. $r = \dfrac{6}{1 - 2\cos\theta}$

80. $r = \dfrac{12}{3 + \operatorname{sen}\theta}$

Os Exercícios 81-84 fornecem as excentricidades das seções cônicas com um foco na origem do plano de coordenadas polares, com a diretriz para aquele foco. Encontre uma equação polar para cada seção cônica.

81. $e = 2, \quad r\cos\theta = 2$

82. $e = 1, \quad r\cos\theta = -4$

83. $e = 1/2, \quad r \operatorname{sen}\theta = 2$

84. $e = 1/3, \quad r \operatorname{sen}\theta = -6$

Teoria e exemplos

85. Encontre o volume do sólido gerado girando a região delimitada pela elipse $9x^2 + 4y^2 = 36$ em torno **(a)** do eixo x, **(b)** do eixo y.

86. A região "triangular" no primeiro quadrante delimitado pelo eixo x, a reta $x = 4$ e a hipérbole $9x^2 - 4y^2 = 36$ é girada em relação ao eixo x para gerar um sólido. Encontre o volume do sólido.

87. Mostre que as equações $x = r\cos\theta$, $y = r\operatorname{sen}\theta$ transformam a equação polar:

$$r = \frac{k}{1 + e\cos\theta}$$

na equação cartesiana

$$(1 - e^2)x^2 + y^2 + 2kex - k^2 = 0.$$

88. Espirais de Arquimedes O gráfico de uma equação da forma $r = a\theta$, em que a é uma constante diferente de zero, é chamado de *espiral de Arquimedes*. Existe algo de especial sobre as larguras entre as voltas sucessivas de tal espiral?

Capítulo 11 Exercícios adicionais e avançados

Encontrando seções cônicas

1. Encontre uma equação para a parábola com foco (4, 0) e diretriz $x = 3$. Esboce a parábola com seu vértice, seu foco e sua diretriz.

2. Encontre o vértice, o foco e a diretriz da parábola:

$$x^2 - 6x - 12y + 9 = 0$$

3. Encontre uma equação para a curva traçada pelo ponto $P(x, y)$ se a distância entre P e o vértice da parábola $x^2 = 4y$ for duas vezes a distância entre P e o foco. Identifique a curva.

4. Um segmento de reta de comprimento $a + b$ vai do eixo x ao eixo y. O ponto P no segmento está a unidades a partir de uma extremidade e b unidades a partir da outra extremidade. Mostre que P traça uma elipse conforme as extremidades do segmento deslizam ao longo dos eixos.

5. Os vértices de uma elipse de excentricidade 0,5 estão nos pontos $(0, \pm 2)$. Onde os focos estão?

6. Encontre uma equação para a elipse de excentricidade 2/3 que tenha a reta $x = 2$ como uma diretriz e o ponto (4, 0) como o foco correspondente.

7. Um foco de uma hipérbole está no ponto $(0, -7)$ e a diretriz correspondente é a reta $y = -1$. Encontre uma equação para a hipérbole se sua excentricidade for **(a)** 2, **(b)** 5.

8. Encontre uma equação para a hipérbole com focos $(0, -2)$ e $(0, 2)$ que passa pelo ponto $(12, 7)$.

9. Mostre que a reta:

$$b^2xx_1 + a^2yy_1 - a^2b^2 = 0$$

é tangente à elipse $b^2x^2 + a^2y^2 - a^2b^2 = 0$ no ponto (x_1, y_1) na elipse.

10. Mostre que a reta:

$$b^2xx_1 - a^2yy_1 - a^2b^2 = 0$$

é tangente à hipérbole $b^2x^2 - a^2y^2 - a^2b^2 = 0$ no ponto (x_1, y_1) na hipérbole.

Equações e desigualdades

Quais pontos no plano xy satisfazem as equações e desigualdades nos Exercícios 11-16? Desenhe uma figura para cada exercício.

11. $(x^2 - y^2 - 1)(x^2 + y^2 - 25)(x^2 + 4y^2 - 4) = 0$

12. $(x + y)(x^2 + y^2 - 1) = 0$

13. $(x^2/9) + (y^2/16) \leq 1$

14. $(x^2/9) - (y^2/16) \leq 1$

15. $(9x^2 + 4y^2 - 36)(4x^2 + 9y^2 - 16) \leq 0$

16. $(9x^2 + 4y^2 - 36)(4x^2 + 9y^2 - 16) > 0$

Coordenadas polares

17. a. Encontre uma equação em coordenadas polares para a curva:

$$x = e^{2t}\cos t, \quad y = e^{2t}\,\text{sen}\, t; \quad -\infty < t < \infty.$$

b. Encontre o comprimento da curva de $t = 0$ a $t = 2\pi$.

18. Encontre o comprimento da curva $r = 2\,\text{sen}^3(\theta/3)$, $0 \leq \theta \leq 3\pi$, no plano de coordenadas polares.

Os Exercícios 19-22 fornecem as excentricidades das seções cônicas com um foco na origem do plano de coordenadas polares, com a diretriz para aquele foco. Encontre uma equação polar para cada seção cônica.

19. $e = 2, \quad r\cos\theta = 2$

20. $e = 1, \quad r\cos\theta = -4$

21. $e = 1/2, \quad r\,\text{sen}\,\theta = 2$

22. $e = 1/3, \quad r\,\text{sen}\,\theta = -6$

Teoria e exemplos

23. Epicicloides Quando um círculo gira externamente ao longo da circunferência de um segundo círculo fixo, qualquer ponto P na circunferência do círculo que gira descreve uma *epicicloide*, conforme mostrado aqui. Suponha que o círculo fixo tenha seu centro na origem O e raio a.

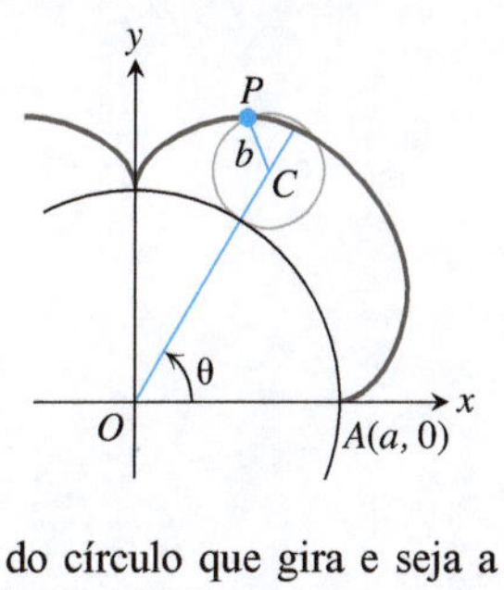

Seja b o raio do círculo que gira e seja a posição inicial do ponto P traçado $A(a, 0)$. Encontre equações paramétricas para a epicicloide, utilizando como parâmetro o ângulo θ a partir do eixo x positivo até a reta que passa pelos centros dos círculos.

24. Encontre a centroide da região delimitada pelo eixo x e o arco da cicloide

$$x = a(t - \text{sen}\, t), \quad y = a(1 - \cos t); \quad 0 \leq t \leq 2\pi.$$

Ângulo entre o raio vetor e a reta tangente a uma curva de coordenadas polares Em coordenadas cartesianas, quando desejamos discutir a direção de uma curva em um ponto, utilizamos o ângulo ϕ medido em sentido anti-horário a partir do eixo x positivo até a reta tangente. Em coordenadas polares, é mais conveniente calcular o ângulo ψ a partir do *raio vetor* até a reta tangente (veja a figura a seguir). O ângulo ϕ pode então ser calculado a partir da relação:

$$\phi = \theta + \psi, \tag{1}$$

que vem da aplicação do teorema de ângulo externo ao triângulo na figura a seguir.

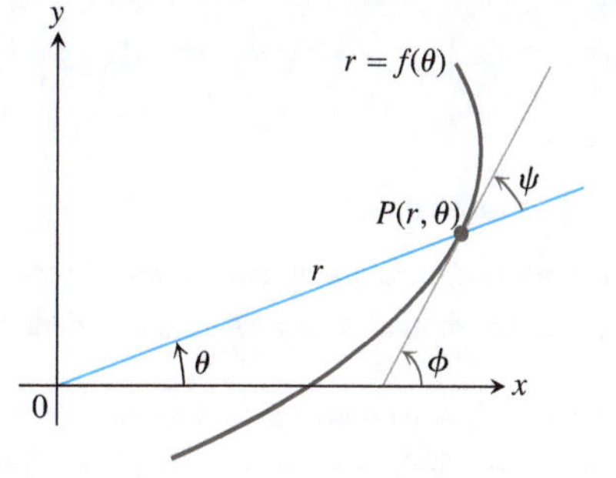

Suponha que a equação da curva seja dada na forma $r = f(\theta)$, em que $f(\theta)$ é uma função derivável de θ. Então:

$$x = r\cos\theta \quad \text{e} \quad y = r\,\text{sen}\,\theta \tag{2}$$

são funções deriváveis de θ com

$$\frac{dx}{d\theta} = -r\,\text{sen}\,\theta + \cos\theta\frac{dr}{d\theta},$$
$$\frac{dy}{d\theta} = r\cos\theta + \text{sen}\,\theta\frac{dr}{d\theta}. \tag{3}$$

Uma vez que $\psi = \phi - \theta$, da Equação 1,

$$\text{tg}\,\psi = \text{tg}\,(\phi - \theta) = \frac{\text{tg}\,\phi - \text{tg}\,\theta}{1 + \text{tg}\,\phi\,\text{tg}\,\theta}.$$

Além disso,

$$\text{tg}\,\phi = \frac{dy}{dx} = \frac{dy/d\theta}{dx/d\theta}$$

porque tg ϕ é o coeficiente angular da curva em P. Ainda:

$$\text{tg}\,\theta = \frac{y}{x}.$$

Consequentemente

$$\text{tg}\,\psi = \frac{\dfrac{dy/d\theta}{dx/d\theta} - \dfrac{y}{x}}{1 + \dfrac{y}{x}\dfrac{dy/d\theta}{dx/d\theta}} = \frac{x\dfrac{dy}{d\theta} - y\dfrac{dx}{d\theta}}{x\dfrac{dx}{d\theta} + y\dfrac{dy}{d\theta}}. \tag{4}$$

O numerador na última expressão na Equação 4 é encontrado a partir das Equações 2 e 3 como sendo:

$$x\frac{dy}{d\theta} - y\frac{dx}{d\theta} = r^2.$$

De maneira semelhante, o denominador é:

$$x\frac{dx}{d\theta} + y\frac{dy}{d\theta} = r\frac{dr}{d\theta}.$$

Quando substituímos esses valores na Equação 4, obtemos:

$$\text{tg}\,\psi = \frac{r}{dr/d\theta}. \quad (5)$$

Essa é uma equação que utilizamos para determinar ψ como uma função de θ.

25. Mostre, por referência a uma figura, que o ângulo β entre as tangentes a duas curvas em um ponto de intersecção pode ser encontrado a partir da fórmula:

$$\text{tg}\,\beta = \frac{\text{tg}\,\psi_2 - \text{tg}\,\psi_1}{1 + \text{tg}\,\psi_2\,\text{tg}\,\psi_1}. \quad (6)$$

Quando ocorrerá a intersecção das duas curvas em ângulos retos?

26. Encontre o valor de tg ψ para a curva $r = \text{sen}^4\,(\theta/4)$.

27. Encontre o ângulo entre o raio vetor da curva $r = 2a$ sen 3θ e sua tangente quando $\theta = \pi/6$.

T **28.** **a.** Desenhe a espiral hiperbólica $r\theta = 1$. O que parece acontecer a ψ conforme a espiral gira ao redor da origem?

b. Confirme seu achado no item (a) analiticamente.

29. Os círculos $r = \sqrt{3}\cos\theta$ e $r = \text{sen}\,\theta$ se intersectam no ponto $(\sqrt{3}/2, \pi/3)$. Mostre que suas tangentes são perpendiculares ali.

30. Encontre o ângulo no qual a cardioide $r = a(1 - \cos\theta)$ cruza o raio $\theta = \pi/2$.

Capítulo 11 Projetos de aplicação de tecnologia

Módulos Mathematica/Maple

Rastreamento por radar de um objeto em movimento

Parte I: converta coordenadas polares para coordenadas cartesianas.

Equações paramétricas e polares de uma patinação artística

Parte I: visualize posição, velocidade e aceleração para analisar o movimento definido por equações paramétricas.

Parte II: determine e analise as equações de movimento para um patinador descrevendo uma trajetória polar.

12

VETORES E A GEOMETRIA DO ESPAÇO

VISÃO GERAL Para aplicar o cálculo em muitas situações do mundo real e na matemática avançada, precisamos de uma descrição matemática de espaços tridimensionais. Neste capítulo, introduzimos os vetores e sistemas de coordenadas tridimensionais. Com base no que já sabemos sobre coordenadas no plano xy, estabelecemos as coordenadas no espaço adicionando um terceiro eixo que mede a distância acima e abaixo do plano xy. Os vetores são utilizados para estudar a geometria analítica do espaço, na qual eles fornecem formas simples de descrever retas, planos, superfícies e curvas no espaço. Utilizaremos essas ideias geométricas posteriormente no livro para estudar o movimento no espaço e o cálculo de funções de várias variáveis, com suas aplicações importantes na ciência, engenharia, economia e na matemática avançada.

12.1 Sistema de coordenadas tridimensional

Para localizar um ponto no espaço, utilizamos três eixos coordenados perpendiculares entre si, organizados como na Figura 12.1. Os eixos exibidos na imagem formam um sistema de coordenadas *positivo*. Se você posicionar sua mão direita de forma que seus dedos se dobrem a partir do eixo positivo x em direção ao eixo positivo y, o seu polegar apontará na direção do eixo positivo z. Dessa maneira, quando, a partir da posição positiva do eixo z, você olha para baixo no plano xy, os ângulos positivos no plano são medidos em sentido anti-horário a partir do eixo x positivo e ao redor do eixo z. (Em um sistema de coordenadas *negativo*, o eixo z apontaria para baixo na Figura 12.1 e os ângulos no plano seriam positivos quando medidos no sentido horário a partir do eixo x. Sistemas de coordenadas positivos e negativos não são equivalentes.)

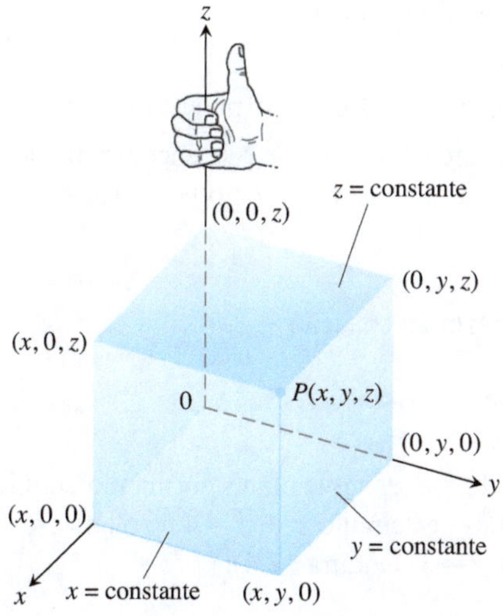

FIGURA 12.1 O sistema de coordenadas cartesianas é positivo.

As coordenadas cartesianas (x, y, z) de um ponto P no espaço são os valores nos quais os planos através de P perpendiculares aos eixos cortam os eixos. As coordenadas cartesianas também são denominadas **coordenadas retangulares**, uma vez que os eixos que as definem se encontram em ângulos retos. Os pontos no eixo x têm coordenadas y e z iguais a zero. Ou seja, eles possuem coordenadas no formato $(x, 0, 0)$. De maneira semelhante, os pontos no eixo y possuem coordenadas no formato $(0, y, 0)$ e os pontos no eixo z possuem coordenadas no formato $(0, 0, z)$.

Os planos determinados pelos eixos coordenados são o **plano xy**, cuja equação padrão é $z = 0$; o **plano yz**, cuja equação padrão é $x = 0$; e o **plano xz**, cuja equação padrão é $y = 0$. Eles se encontram na **origem** $(0, 0, 0)$ (Figura 12.2). A origem também é identificada simplesmente por 0 ou, algumas vezes, pela letra O.

Os três **planos coordenados** $x = 0$, $y = 0$ e $z = 0$ dividem o espaço em oito células chamadas **octantes**. O octante no qual todos os pontos coordenados são positivos é denominado **primeiro octante**; não há convenção para numeração dos outros sete octantes.

Os pontos em um plano perpendicular ao eixo x têm a mesma coordenada x, sendo este o valor no qual o plano corta o eixo x. As coordenadas y e z podem ser quaisquer números. De maneira semelhante, os pontos em um plano perpendicular ao eixo y possuem uma coordenada y comum, e os pontos em um plano perpendi-

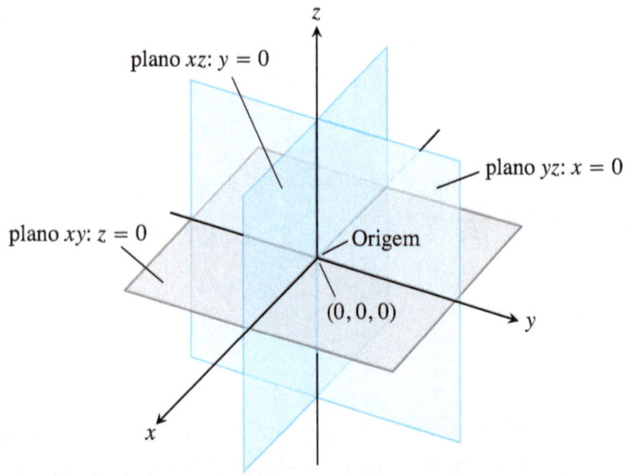

FIGURA 12.2 Os planos $x = 0$, $y = 0$ e $z = 0$ dividem o espaço em oito octantes.

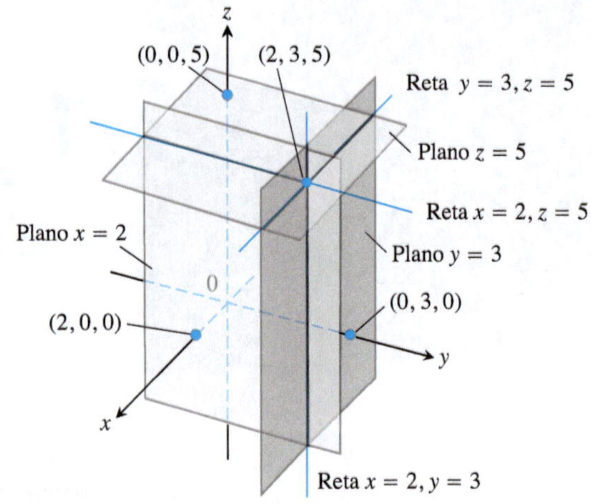

FIGURA 12.3 Os planos $x = 2$, $y = 3$ e $z = 5$ determinam três retas através do ponto (2, 3, 5).

cular ao eixo z possuem uma coordenada z comum. Para escrever equações para esses planos, nomeamos o valor comum das coordenadas. O plano $x = 2$ é o plano perpendicular ao eixo x em $x = 2$. O plano $y = 3$ é o plano perpendicular ao eixo y em $y = 3$. O plano $z = 5$ é o plano perpendicular ao eixo z em $z = 5$. A Figura 12.3 mostra os planos $x = 2$, $y = 3$ e $z = 5$, com seu ponto de interseção (2, 3, 5).

Os planos $x = 2$ e $y = 3$ na Figura 12.3 se encontram em uma reta paralela ao eixo z. Essa reta é descrita pelo *par* de equações $x = 2$ e $y = 3$. Um ponto (x, y, z) está na reta se, e somente se, $x = 2$ e $y = 3$. De maneira semelhante, a reta de interseção dos planos $y = 3$ e $z = 5$ é descrita pelo par de equações $y = 3$, $z = 5$. Essa reta corre paralela ao eixo x. A reta de interseção dos planos $x = 2$ e $z = 5$, paralela ao eixo y, é descrita pelo par de equações $x = 2$, $z = 5$.

Nos exemplos a seguir, associamos equações coordenadas e desigualdades com os conjuntos de pontos que elas definem no espaço.

EXEMPLO 1 Interpretamos essas equações e desigualdades geometricamente.

(a) $z \geq 0$	O semiespaço que consiste dos pontos sobre e acima do plano xy.
(b) $x = -3$	O plano perpendicular ao eixo x em $x = -3$. Esse plano corre paralelo ao plano yz e está 3 unidades atrás dele.
(c) $z = 0, x \leq 0, y \geq 0$	O segundo quadrante do plano xy.
(d) $x \geq 0, y \geq 0, z \geq 0$	O primeiro octante.
(e) $-1 \leq y \leq 1$	A fatia entre os planos $y = -1$ e $y = 1$ (planos incluídos).
(f) $y = -2, z = 2$	A reta na qual os planos $y = -2$ e $z = 2$ se encontram. De maneira alternativa, a reta que passa pelo ponto (0, –2, 2) paralela ao eixo x.

EXEMPLO 2 Quais pontos $P(x, y, z)$ satisfazem a equação

$$x^2 + y^2 = 4 \qquad \text{e} \qquad z = 3?$$

Solução Os pontos estão no plano horizontal $z = 3$ e, nesse plano, formam o círculo $x^2 + y^2 = 4$. Chamamos esse conjunto de pontos de "círculo $x^2 + y^2 = 4$ no plano $z = 3$" ou, mais simplesmente, "círculo $x + y^2 = 4$, $z = 3$" (Figura 12.4).

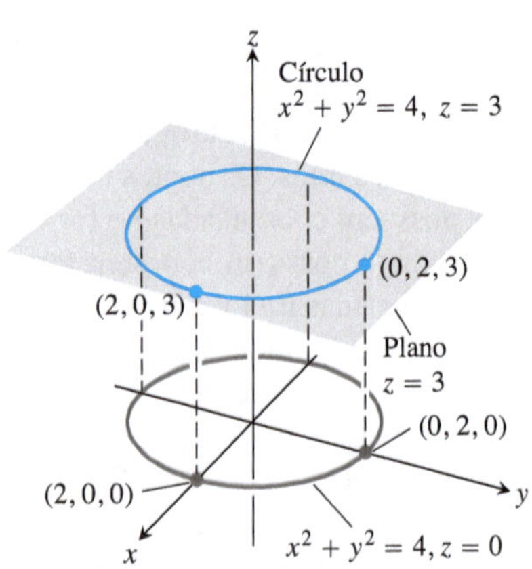

FIGURA 12.4 Círculo $x^2 + y^2 = 4$ no plano $z = 3$ (Exemplo 2).

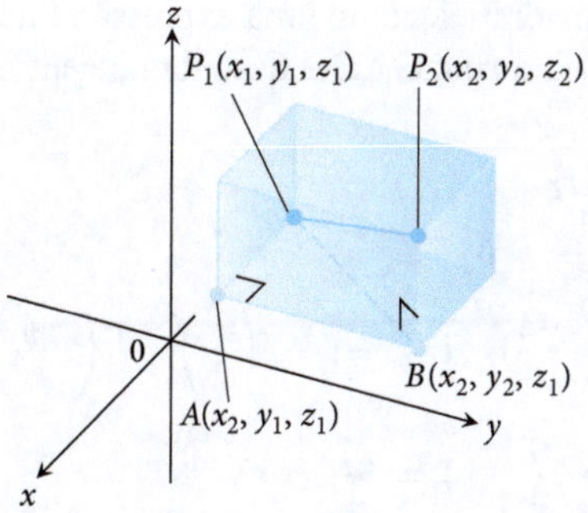

FIGURA 12.5 Encontramos a distância entre P_1 e P_2 aplicando o teorema de Pitágoras aos triângulos retângulos P_1AB e P_1BP_2.

Distância e esferas no espaço

A fórmula para a distância entre dois pontos no plano *xy* vale também para pontos no espaço.

A distância entre $P_1(x_1, y_1, z_1)$ e $P_2(x_2, y_2, z_2)$ é

$$|P_1P_2| = \sqrt{(x_2 - x_1)^2 + (y_2 - y_1)^2 + (z_2 - z_1)^2}$$

Prova Construímos uma caixa retangular com faces paralelas aos planos coordenados e os pontos P_1 e P_2 nos cantos opostos da caixa (Figura 12.5). Se $A(x_2, y_1, z_1)$ e $B(x_2, y_2, z_1)$ são os vértices da caixa indicada na figura, então as três arestas da caixa P_1A, AB e BP_2 têm comprimentos:

$$|P_1A| = |x_2 - x_1|, \qquad |AB| = |y_2 - y_1|, \qquad |BP_2| = |z_2 - z_1|.$$

Uma vez que os triângulos P_1BP_2 e P_1AB são retângulos, duas aplicações do teorema de Pitágoras nos dão:

$$|P_1P_2|^2 = |P_1B|^2\,2 + |BP_2|^2 \qquad \text{e} \qquad |P_1B|^2 = |P_1A|^2 + |AB|^2$$

(veja a Figura 12.5).
Sendo assim,

$$\begin{aligned} |P_1P_2|^2 &= |P_1B|^2 + |BP_2|^2 \\ &= |P_1A|^2 + |AB|^2 + |BP_2|^2 \\ &= |x_2 - x_1|^2 + |y_2 - y_1|^2 + |z_2 - z_1|^2 \\ &= (x_2 - x_1)^2 + (y_2 - y_1)^2 + (z_2 - z_1)^2 \end{aligned}$$

Substituir $|P_1B|^2 = |P_1A|^2 + |AB|^2$.

Portanto,

$$|P_1P_2| = \sqrt{(x_2 - x_1)^2 + (y_2 - y_1)^2 + (z_2 - z_1)^2}$$

EXEMPLO 3 A distância entre $P_1(2, 1, 5)$ e $P_2(-2, 3, 0)$ é

$$\begin{aligned} |P_1P_2| &= \sqrt{(-2-2)^2 + (3-1)^2 + (0-5)^2} \\ &= \sqrt{16 + 4 + 25} \\ &= \sqrt{45} \approx 6{,}708. \end{aligned}$$

Podemos utilizar a fórmula da distância para escrever equações para esferas no espaço (Figura 12.6). Um ponto $P(x, y, z)$ está sobre a esfera de raio *a* centrada em $P_0(x_0, y_0, z_0)$ precisamente quando $|P_0P| = a$ ou

$$(x - x_0)^2 + (y - y_0)^2 + (z - z_0)^2 = a^2.$$

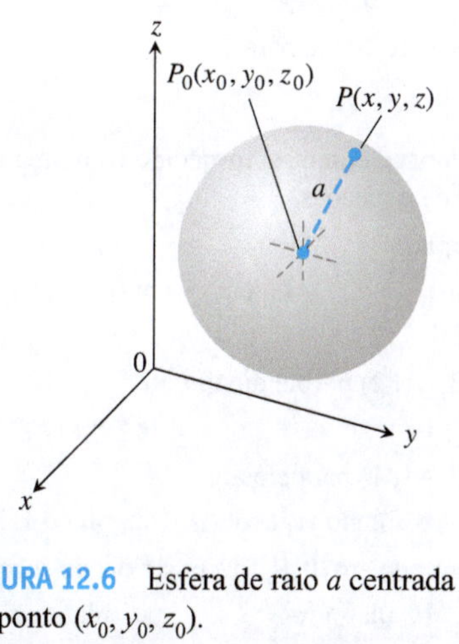

FIGURA 12.6 Esfera de raio *a* centrada no ponto (x_0, y_0, z_0).

Equação padrão para a esfera de raio *a* e centro (x_0, y_0, z_0)

$$(x - x_0)^2 + (y - y_0)^2 + (z - z_0)^2 = a^2$$

EXEMPLO 4 Encontre o centro do raio da esfera

$$x^2 + y^2 + z^2 + 3x - 4z + 1 = 0.$$

Solução Encontramos o centro e o raio de uma esfera da mesma maneira que encontramos o centro e o raio de um círculo: complete os quadrados nos termos *x*, *y* e *z* conforme necessário e escreva cada equação quadrática como uma expressão linear ao quadrado. Em seguida, a partir da equação na forma padrão, descubra o centro e o raio. Para a esfera, temos:

$$x^2 + y^2 + z^2 + 3x - 4z + 1 = 0$$
$$(x^2 + 3x) + y^2 + (z^2 - 4z) = -1$$
$$\left(x^2 + 3x + \left(\frac{3}{2}\right)^2\right) + y^2 + \left(z^2 - 4z + \left(\frac{-4}{2}\right)^2\right) = -1 + \left(\frac{3}{2}\right)^2 + \left(\frac{-4}{2}\right)^2$$
$$\left(x + \frac{3}{2}\right)^2 + y^2 + (z - 2)^2 = -1 + \frac{9}{4} + 4 = \frac{21}{4}.$$

A partir dessa forma padrão, vemos que $x_0 = -3/2$, $y_0 = 0$, $z_0 = 2$ e $a = \sqrt{21}/2$. O centro é $(-3/2, 0, 2)$. O raio é $\sqrt{21}/2$.

EXEMPLO 5 A seguir temos algumas interpretações geométricas de desigualdades e equações envolvendo esferas.

(a) $x^2 + y^2 + z^2 < 4$	O interior da esfera $x^2 + y^2 + z^2 = 4$
(b) $x^2 + y^2 + z^2 \leq 4$	A bola sólida delimitada pela esfera $x^2 + y^2 + z^2 = 4$. Alternativamente, a esfera $x^2 + y^2 + z^2 = 4$ com seu interior.
(c) $x^2 + y^2 + z^2 > 4$	O exterior da esfera $x^2 + y^2 + z^2 = 4$.
(d) $x^2 + y^2 + z^2 = 4$, $z \leq 0$	O hemisfério inferior da esfera $x^2 + y^2 + z^2 = 4$ cortado pelo plano xy (o plano $z = 0$).

Assim como as coordenadas polares nos oferecem outra forma de localizar pontos no plano xy (Seção 11.3), existem sistemas de coordenadas alternativos para o espaço tridimensional diferentes do sistema de coordenadas cartesianas que desenvolvemos aqui. Examinamos dois desses sistemas na Seção 15.7.

Exercícios 12.1

Interpretações geométricas de equações

Nos Exercícios 1-16, forneça uma descrição geométrica do conjunto de pontos do espaço cujas coordenadas satisfazem os pares de equações fornecidos.

1. $x = 2, \quad y = 3$
2. $x = -1, \quad z = 0$
3. $y = 0, \quad z = 0$
4. $x = 1, \quad y = 0$
5. $x^2 + y^2 = 4, \quad z = 0$
6. $x^2 + y^2 = 4, \quad z = -2$
7. $x^2 + z^2 = 4, \quad y = 0$
8. $y^2 + z^2 = 1, \quad x = 0$
9. $x^2 + y^2 + z^2 = 1, \quad x = 0$
10. $x^2 + y^2 + z^2 = 25, \quad z = -4$
11. $x^2 + y^2 + (z + 3)^2 = 25, \quad z = 0$
12. $x^2 + (y - 1)^2 + z^2 = 4, \quad y = 0$
13. $x^2 + y^2 = 4, \quad z = y$
14. $x^2 + y^2 + z^2 = 4, \quad y = x$
15. $y = x^2, \quad z = 0$
16. $z = y^2, \quad x = 1$

Interpretações geométricas de desigualdades e equações

Nos Exercícios 17-24, descreva os conjuntos de pontos no espaço cujas coordenadas satisfazem as desigualdades ou combinações de equações e desigualdades fornecidas.

17. **a.** $x \geq 0, \quad y \geq 0, \quad z = 0$ **b.** $x \geq 0, \quad y \leq 0, \quad z = 0$
18. **a.** $0 \leq x \leq 1$ **b.** $0 \leq x \leq 1, \quad 0 \leq y \leq 1$
    c. $0 \leq x \leq 1, \quad 0 \leq y \leq 1, \quad 0 \leq z \leq 1$
19. **a.** $x^2 + y^2 + z^2 \leq 1$ **b.** $x^2 + y^2 + z^2 > 1$
20. **a.** $x^2 + y^2 \leq 1, \quad z = 0$ **b.** $x^2 + y^2 \leq 1, \quad z = 3$
    c. $x^2 + y^2 \leq 1$, nenhuma restrição para z
21. **a.** $1 \leq x^2 + y^2 + z^2 \leq 4$ **b.** $x^2 + y^2 + z^2 \leq 1, \quad z \geq 0$
22. **a.** $x = y, \quad z = 0$ **b.** $x = y$, nenhuma restrição para z
23. **a.** $y \geq x^2, \quad z \geq 0$ **b.** $x \leq y^2, \quad 0 \leq z \leq 2$
24. **a.** $z = 1 - y$, nenhuma restrição para z
    b. $z = y^3, \quad x = 2$

Nos Exercícios 25-34, descreva o conjunto fornecido com uma única equação ou com um par de equações.

25. O plano perpendicular ao:
    a. eixo x em $(3, 0, 0)$ **b.** eixo y em $(0, -1, 0)$
    c. eixo z em $(0, 0, -2)$
26. O plano pelo ponto $(3, -1, 2)$ perpendicular ao:
    a. eixo x **b.** eixo y **c.** eixo z
27. O plano pelo ponto $(3, -1, 1)$ paralelo ao:
    a. plano xy **b.** plano yz **c.** plano xz
28. O círculo de raio 2 centrado em $(0, 0, 0)$ e posicionado sobre o:
    a. plano xy **b.** plano yz **c.** plano xz

29. O círculo de raio 2 centrado em (0, 2, 0) e posicionado sobre o:
a. plano xy **b.** plano yz **c.** plano $y = 2$

30. O círculo de raio 1 centrado em (–3, 4, 1) e posicionado sobre um plano paralelo ao:
a. plano xy **b.** plano yz **c.** plano xz

31. A reta pelo ponto (1, 3, –1) paralela ao:
a. eixo x **b.** eixo y **c.** eixo z

32. O conjunto de pontos no espaço equidistante da origem e do ponto (0, 2, 0).

33. O círculo no qual o plano que passa pelo ponto (1, 1, 3) perpendicular ao eixo z encontra a esfera de raio 5 centrada na origem.

34. O conjunto de pontos no espaço que está a 2 unidades do ponto (0, 0, 1) e, ao mesmo tempo, a 2 unidades do ponto (0, 0, –1).

Desigualdades para descrever conjuntos de pontos

Escreva desigualdades que descrevam os conjuntos nos Exercícios 35-40.

35. A fatia limitada pelos planos $z = 0$ e $z = 1$ (planos incluídos).

36. O cubo sólido no primeiro octante definido pelos planos coordenados e pelos planos $x = 2$, $y = 2$ e $z = 2$.

37. O semiespaço que consiste nos pontos sobre o plano xy e abaixo dele.

38. O hemisfério superior da esfera de raio 1 centrada na origem.

39. **(a)** O interior e **(b)** o exterior da esfera de raio 1 centrada no ponto (1, 1, 1).

40. A região fechada delimitada pelas esferas de raios 1 e 2 centradas na origem. (*Fechada* significa que as esferas devem ser incluídas. Se quiséssemos deixá-las de fora, teríamos pedido a região *aberta* delimitada pelas esferas. Essa maneira é análoga à que usamos *aberto* e *fechado* para descrever intervalos: *fechado* significa extremidades incluídas, *aberto* significa extremidades deixadas de fora. Os conjuntos fechados incluem fronteiras; os abertos as deixam de fora.)

Distância

Nos Exercícios 41-46, encontre a distância entre os pontos P_1 e P_2.

41. $P_1(1, 1, 1)$, $P_2(3, 3, 0)$

42. $P_1(-1, 1, 5)$, $P_2(2, 5, 0)$

43. $P_1(1, 4, 5)$, $P_2(4, -2, 7)$

44. $P_1(3, 4, 5)$, $P_2(2, 3, 4)$

45. $P_1(0, 0, 0)$, $P_2(2, -2, -2)$

46. $P_1(5, 3, -2)$, $P_2(0, 0, 0)$

Esferas

Encontre os centros e os raios das esferas nos Exercícios 47-50.

47. $(x + 2)^2 + y^2 + (z - 2)^2 = 8$

48. $(x - 1)^2 + \left(y + \frac{1}{2}\right)^2 + (z + 3)^2 = 25$

49. $\left(x - \sqrt{2}\right)^2 + \left(y - \sqrt{2}\right)^2 + \left(z + \sqrt{2}\right)^2 = 2$

50. $x^2 + \left(y + \frac{1}{3}\right)^2 + \left(z - \frac{1}{3}\right)^2 = \frac{16}{9}$

Encontre as equações para as esferas cujos centros e raios são fornecidos nos Exercícios 51-54.

	Centro	Raio
51.	(1, 2, 3)	$\sqrt{14}$
52.	(0, −1, 5)	2
53.	$\left(-1, \frac{1}{2}, -\frac{2}{3}\right)$	$\frac{4}{9}$
54.	(0, −7, 0)	7

Encontre os centros e os raios das esferas nos Exercícios 55-58.

55. $x^2 + y^2 + z^2 + 4x - 4z = 0$

56. $x^2 + y^2 + z^2 - 6y + 8z = 0$

57. $2x^2 + 2y^2 + 2z^2 + x + y + z = 9$

58. $3x^2 + 3y^2 + 3z^2 + 2y - 2z = 9$

Teoria e exemplos

59. Encontre uma fórmula para a distância do ponto $P(x, y, z)$ ao:
a. eixo x **b.** eixo y **c.** eixo z

60. Encontre uma fórmula para a distância do ponto $P(x, y, z)$ ao:
a. plano xy **b.** plano yz **c.** plano xz

61. Encontre o perímetro do triângulo com vértices $A(-1, 2, 1)$, $B(1, -1, 3)$ e $C(3, 4, 5)$.

62. Mostre que o ponto $P(3, 1, 2)$ é equidistante dos pontos $A(2, -1, 3)$ e $B(4, 3, 1)$.

63. Encontre uma equação para o conjunto de todos os pontos equidistantes dos planos $y = 3$ e $y = -1$.

64. Encontre uma equação para o conjunto de todos os pontos equidistantes do ponto (0, 0, 2) e o plano xy.

65. Encontre o ponto na esfera $x^2 + (y - 3)^2 + (z + 5)^2 = 4$ mais próximo do
a. plano xy. **b.** ponto (0, 7, –5).

66. Encontre o ponto equidistante dos pontos (0, 0, 0), (0, 4, 0), (3, 0, 0) e (2, 2, –3).

12.2 Vetores

Alguns dos objetos que medimos são determinados simplesmente por sua magnitude. Para registrar a massa, o comprimento ou o tempo, por exemplo, precisamos apenas escrever um número e especificar uma unidade de medida apropriada. Precisamos de mais informações para descrever uma força, um deslocamento ou uma velocidade. Para descrever uma força, precisamos registrar a direção e o sentido na qual ela atua, bem como seu tamanho. Para descrever o deslocamento de um corpo, temos que dizer em qual direção e sentido ele se moveu, assim como a distância percorrida. Para descrever a velocidade de um corpo, temos que saber aonde o corpo está indo, bem como em qual rapidez. Nesta seção, mostraremos como representar objetos que têm tanto magnitude quanto direção e sentido no plano ou espaço.

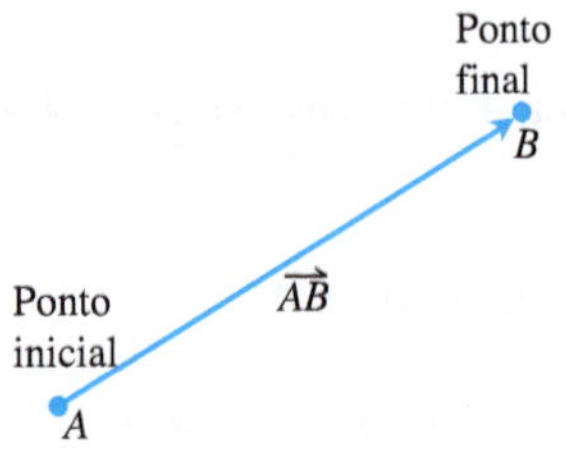

FIGURA 12.7 O segmento de reta orientado $\overrightarrow{AB}$ representa um vetor.

Forma de componente

Uma quantidade como a força, o deslocamento ou a velocidade é denominada um **vetor** e é representada por um **segmento de reta orientado** (Figura 12.7). A seta aponta na direção e no sentido da ação, e seu comprimento fornece a magnitude da ação em termos de uma unidade adequada escolhida. Por exemplo, um vetor força aponta na direção e no sentido em que a força atua, e seu comprimento é uma medida da sua intensidade; um vetor velocidade aponta na direção e sentido do movimento e seu comprimento é a rapidez do objeto que se move. A Figura 12.8 mostra o vetor velocidade **v** em determinada posição para uma partícula movendo-se por um percurso no plano ou no espaço. (A aplicação desses vetores será estudada no Capítulo 13.)

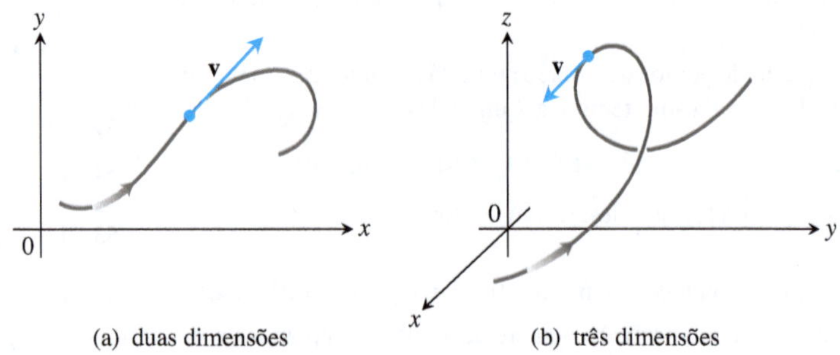

FIGURA 12.8 O vetor velocidade de uma partícula movendo-se por um percurso **(a)** no plano **(b)** no espaço. A ponta da seta no percurso indica o sentido do movimento da partícula.

DEFINIÇÕES O vetor representado pelo segmento de reta orientado $\overrightarrow{AB}$ tem **ponto inicial** A e **ponto final** B, e seu **comprimento** é denotado por $|\overrightarrow{AB}|$. Dois vetores são **iguais** se têm o mesmo comprimento e a mesma direção e sentido.

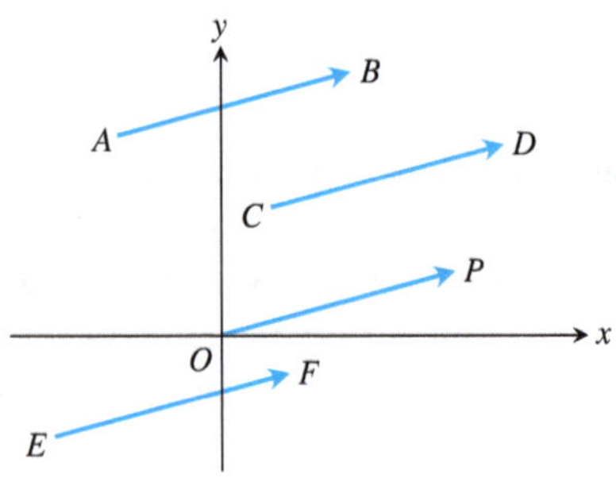

FIGURA 12.9 As quatro setas no plano (segmentos de reta orientados) mostradas aqui possuem o mesmo comprimento e a mesma direção e sentido. Dessa forma, elas representam o mesmo vetor, e escrevemos $\overrightarrow{AB} = \overrightarrow{CD} = \overrightarrow{OP} = \overrightarrow{EF}$.

As setas que utilizamos quando desenhamos vetores são compreendidas como representando o mesmo vetor se têm o mesmo comprimento, são paralelas e apontam para o mesmo sentido (Figura 12.9), independentemente do ponto inicial.

Nos livros, os vetores são geralmente escritos com letras minúsculas e em negrito, por exemplo, **u**, **v** e **w**. Algumas vezes utilizamos letras maiúsculas em negrito, como **F**, para denotar o vetor força. Na forma manuscrita, é costume desenhar pequenas setas sobre as letras, por exemplo, $\vec{u}$, $\vec{v}$, $\vec{w}$ e $\vec{F}$.

Precisamos de uma maneira para representar vetores algebricamente, para que possamos ser mais precisos com relação à sua direção e sentido. Seja $\mathbf{v} = \overrightarrow{PQ}$. Existe um segmento de reta orientado equivalente a $\overrightarrow{PQ}$, cujo ponto inicial é a origem (Figura 12.10). Ele representa **v** na **posição padrão** e é o vetor que normalmente utilizamos para representar **v**. Podemos especificá-lo escrevendo as coordenadas de seu ponto final (v_1, v_2, v_3) quando **v** está na posição padrão. Se **v** é um vetor no plano, seu ponto final (v_1, v_2) tem duas coordenadas.

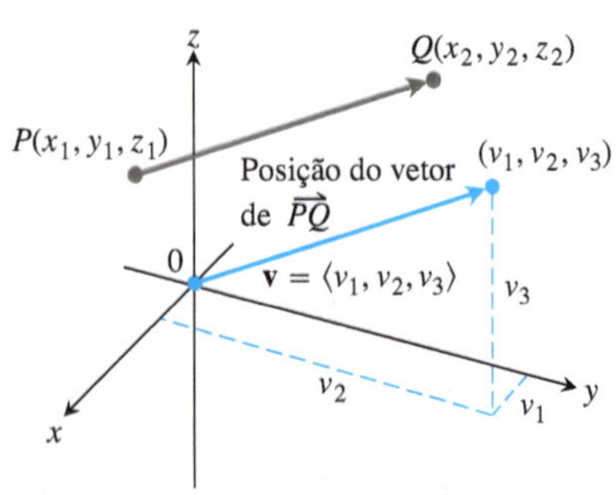

FIGURA 12.10 Um vetor $\overrightarrow{PQ}$ em posição padrão tem seu ponto inicial na origem. Os segmentos de reta orientados $\overrightarrow{PQ}$ e **v** são paralelos e possuem o mesmo comprimento.

DEFINIÇÃO Se **v** é um vetor **bidimensional** no plano igual ao vetor com ponto inicial na origem e ponto final (v_1, v_2), então a **forma componente** de **v** é:

$$\mathbf{v} = \langle v_1, v_2 \rangle.$$

Se **v** é um vetor **tridimensional** igual ao vetor com ponto inicial na origem e ponto final (v_1, v_2, v_3), então a **forma componente** de **v** é:

$$\mathbf{v} = \langle v_1, v_2, v_3 \rangle.$$

Assim, um vetor bidimensional é um par ordenado $\mathbf{v} = \langle v_1, v_2 \rangle$ de números reais, e um vetor tridimensional é uma tripla ordenada $\mathbf{v} = \langle v_1, v_2, v_3 \rangle$ de números reais. Os números v_1, v_2 e v_3 são os **componentes** de **v**.

Se $\mathbf{v} = \langle v_1, v_2, v_3 \rangle$ é representado pelo segmento de reta orientado $\overrightarrow{PQ}$, em que o ponto inicial é $P(x_1, y_1, z_1)$ e o ponto final é $Q(x_2, y_2, z_2)$, então $x_1 + v_1 = x_2$, $y_1 + v_2 = y_2$ e $z_1 + v_3 = z_2$ (veja a Figura 12.10). Assim, $v_1 = x_2 - x_1$, $v_2 = y_2 - y_1$ e $v_3 = z_2 - z_1$ são os componentes de $\overrightarrow{PQ}$.

Em resumo, dados os pontos $P(x_1, y_1, z_1)$ e $Q(x_2, y_2, z_2)$, o vetor de posição padrão $\mathbf{v} = \langle v_1, v_2, v_3 \rangle$ igual a $\overrightarrow{PQ}$ é:

$$\mathbf{v} = \langle x_2 - x_1, y_2 - y_1, z_2 - z_1 \rangle.$$

Se $\mathbf{v}$ é bidimensional com $P(x_1, y_1)$ e $Q(x_2, y_2)$ como pontos no plano, então $\mathbf{v} = \langle x_2 - x_1, y_2 - y_1 \rangle$. Não existe um terceiro componente para vetores planos. Com essa compreensão, iremos desenvolver a álgebra de vetores tridimensionais e simplesmente excluir o terceiro componente quando o vetor for bidimensional (um vetor plano).

Dois vetores são iguais se, e somente se, seus vetores de posição padrão forem idênticos. Assim sendo, $\langle u_1, u_2, u_3 \rangle$ e $\langle v_1, v_2, v_3 \rangle$ são **iguais** se, e somente se, $u_1 = v_1$, $u_2 = v_2$ e $u_3 = v_3$.

A **magnitude** ou **comprimento** do vetor $\overrightarrow{PQ}$ é o comprimento de qualquer uma das suas representações em segmentos de reta orientados equivalentes. Em particular, se $\mathbf{v} = \langle x_2 - x_1, y_2 - y_1, z_2 - z_1 \rangle$ é o vetor de posição padrão para $\overrightarrow{PQ}$, então a fórmula da distância fornece a magnitude ou comprimento de $\mathbf{v}$, denotada pelo símbolo $|\mathbf{v}|$ ou $||\mathbf{v}||$.

> A **magnitude** ou **comprimento** do vetor $\mathbf{v} = \overrightarrow{PQ}$ é o número não negativo
>
> $$|\mathbf{v}| = \sqrt{v_1^2 + v_2^2 + v_3^2} = \sqrt{(x_2 - x_1)^2 + (y_2 - y_1)^2 + (z_2 - z_1)^2}$$
>
> (veja a Figura 12.10).

O único vetor com comprimento 0 é o **vetor nulo** $\mathbf{0} = \langle 0,0 \rangle$ ou $\mathbf{0} = \langle 0, 0, 0 \rangle$. Esse vetor também é o único sem direção específica.

EXEMPLO 1 Encontre **(a)** os componentes e **(b)** o comprimento do vetor com ponto inicial $P(-3, 4, 1)$ e ponto final $Q(-5, 2, 2)$.

Solução

(a) O vetor de posição padrão $\mathbf{v}$ que representa $\overrightarrow{PQ}$ tem componentes:

$$v_1 = x_2 - x_1 = -5 - (-3) = -2, \qquad v_2 = y_2 - y_1 = 2 - 4 = -2$$

e

$$v_3 = z_2 - z_1 = 2 - 1 = 1.$$

A forma de componente de $\overrightarrow{PQ}$ é:

$$\mathbf{v} = \langle -2, -2, 1 \rangle.$$

(b) O comprimento ou magnitude de $\mathbf{v} = \overrightarrow{PQ}$ é:

$$|\mathbf{v}| = \sqrt{(-2)^2 + (-2)^2 + (1)^2} = \sqrt{9} = 3.$$

EXEMPLO 2 Um carrinho está sendo puxado ao longo de uma superfície horizontal lisa com uma força $\mathbf{F}$ de 20 lb que forma um ângulo de 45° com a superfície (Figura 12.11). Qual é a força *efetiva* que move o carrinho para a frente?

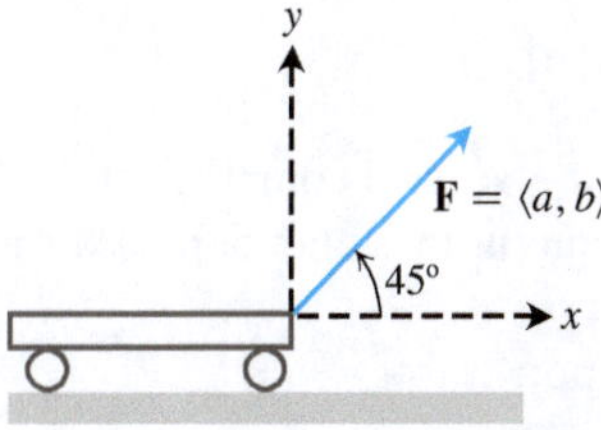

FIGURA 12.11 A força que puxa o carrinho para a frente é representada pelo vetor **F**, cujo componente horizontal é a força efetiva (Exemplo 2).

Solução A força efetiva é o componente horizontal de $\mathbf{F} = \langle a, b \rangle$ fornecido por:

$$a = |\mathbf{F}| \cos 45° = (20)\left(\frac{\sqrt{2}}{2}\right) \approx 14{,}14 \text{ lb}.$$

Observe que $\mathbf{F}$ é um vetor bidimensional.

Operações algébricas com vetores

Duas operações principais que envolvem vetores são a *adição de vetores* e a *multiplicação por escalar*. Um **escalar** é simplesmente um número real, e tem esse nome porque queremos chamar a atenção para suas diferenças em relação aos vetores. Os escalares podem ser positivos, negativos ou nulos e são utilizados para "escalar" um vetor por meio da multiplicação.

> **DEFINIÇÕES** Sejam $\mathbf{u} = \langle u_1, u_2, u_3\rangle$ e $\mathbf{v} = \langle v_1, v_2, v_3\rangle$ vetores com k um escalar.
>
> **Adição:** $\mathbf{u} + \mathbf{v} = \langle u_1 + v_1, u_2 + v_2, u_3 + v_3\rangle$
>
> **Multiplicação por escalar:** $k\mathbf{u} = \langle ku_1, ku_2, ku_3\rangle$

Somamos vetores por meio da adição dos seus componentes correspondentes. Multiplicamos um vetor por um escalar obtendo o produto de cada um de seus componentes pelo escalar. As definições se aplicam a vetores planos, e a exceção surge quando há somente dois componentes, $\langle u_1, u_2\rangle$ e $\langle v_1, v_2\rangle$.

A definição de adição de vetores é ilustrada geometricamente para vetores planos na Figura 12.12a, em que o ponto inicial de um vetor é colocado no ponto final do outro. Outra interpretação é exibida na Figura 12.12b (chamada de **lei do paralelogramo** da adição), em que a soma, denominada **vetor resultante**, é a diagonal do paralelogramo. Na física, as forças são somadas vetorialmente, assim como as velocidades, as acelerações etc. Portanto, a força que atua sobre uma partícula sujeita a duas forças gravitacionais, por exemplo, é obtida por meio da soma dos dois vetores de força.

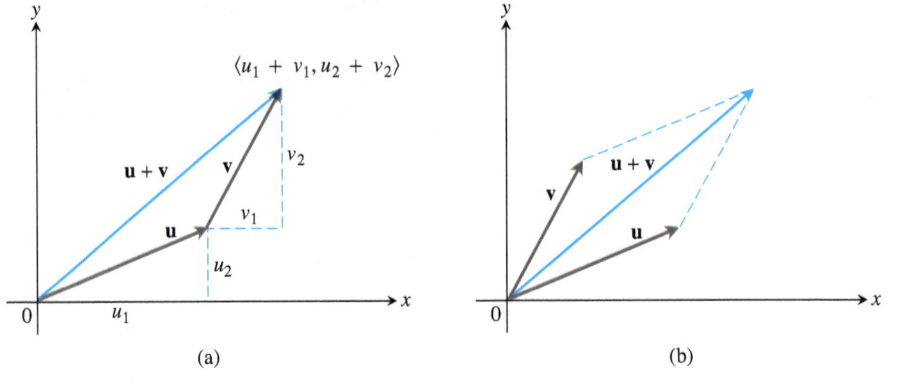

FIGURA 12.12 (a) Interpretação geométrica da soma de vetores. (b) Regra do paralelogramo de adição de vetores.

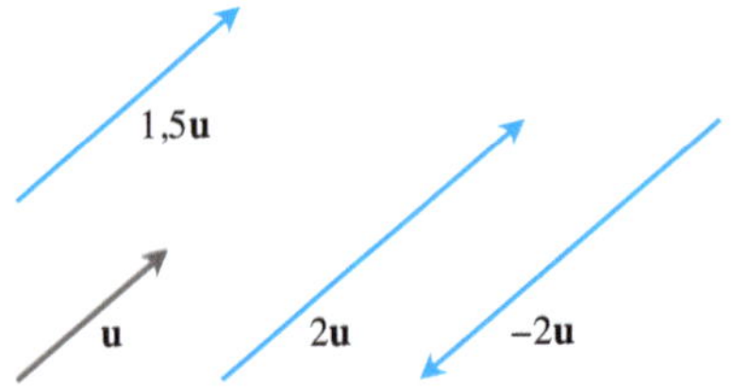

FIGURA 12.13 Múltiplos escalares de **u**.

A Figura 12.13 apresenta uma interpretação geométrica do produto $k\mathbf{u}$ do escalar k e do vetor **u**. Se $k > 0$, então $k\mathbf{u}$ tem o mesmo sentido de **u**; se $k < 0$, então o sentido de $k\mathbf{u}$ é oposto ao sentido de **u**. Comparando os comprimentos de **u** e $k\mathbf{u}$, vemos que:

$$\begin{aligned}|k\mathbf{u}| &= \sqrt{(ku_1)^2 + (ku_2)^2 + (ku_3)^2} = \sqrt{k^2(u_1^2 + u_2^2 + u_3^2)} \\ &= \sqrt{k^2}\sqrt{u_1^2 + u_2^2 + u_3^2} = |k|\,|\mathbf{u}|.\end{aligned}$$

O comprimento de $k\mathbf{u}$ é o valor absoluto do escalar k vezes o comprimento de **u**. O vetor $(-1)\mathbf{u} = -\mathbf{u}$ possui o mesmo comprimento que **u**, mas aponta para o sentido oposto.

A **diferença u − v** de dois vetores é definida por:

$$\mathbf{u} - \mathbf{v} = \mathbf{u} + (-\mathbf{v}).$$

Se $\mathbf{u} = \langle u_1, u_2, u_3\rangle$ e $\mathbf{v} = \langle v_1, v_2, v_3\rangle$, então:

$$\mathbf{u} - \mathbf{v} = \langle u_1 - v_1, u_2 - v_2, u_3 - v_3\rangle.$$

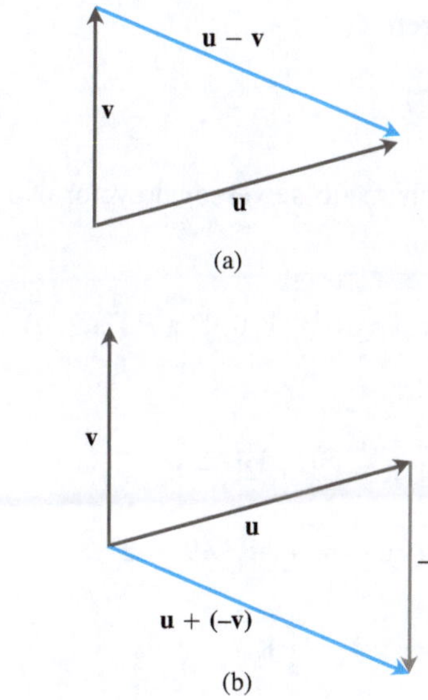

FIGURA 12.14 (a) O vetor **u** − **v**, quando somado a **v**, fornece **u**. (b) **u** − **v** = **u** + (−**v**).

Observe que $(\mathbf{u} - \mathbf{v}) + \mathbf{v} = \mathbf{u}$, então a soma do vetor $(\mathbf{u} - \mathbf{v})$ e $\mathbf{v}$ dá $\mathbf{u}$ (Figura 12.14a). A Figura 12.14b mostra a diferença $\mathbf{u} - \mathbf{v}$ como a soma $\mathbf{u} + (-\mathbf{v})$.

EXEMPLO 3 Sejam $\mathbf{u} = \langle -1, 3, 1\rangle$ e $\mathbf{v} = \langle 4, 7, 0\rangle$. Encontre os componentes de:

(a) $2\mathbf{u} + 3\mathbf{v}$ **(b)** $\mathbf{u} - \mathbf{v}$ **(c)** $\left|\frac{1}{2}\mathbf{u}\right|$.

Solução

(a) $2\mathbf{u} + 3\mathbf{v} = 2\langle -1, 3, 1\rangle + 3\langle 4, 7, 0\rangle = \langle -2, 6, 2\rangle + \langle 12, 21, 0\rangle = \langle 10, 27, 2\rangle$

(b) $\mathbf{u} - \mathbf{v} = \langle -1, 3, 1\rangle - \langle 4, 7, 0\rangle = \langle -1 - 4, 3 - 7, 1 - 0\rangle = \langle -5, -4, 1\rangle$

(c) $\left|\frac{1}{2}\mathbf{u}\right| = \left|\left\langle -\frac{1}{2}, \frac{3}{2}, \frac{1}{2}\right\rangle\right| = \sqrt{\left(-\frac{1}{2}\right)^2 + \left(\frac{3}{2}\right)^2 + \left(\frac{1}{2}\right)^2} = \frac{1}{2}\sqrt{11}.$

As operações com vetores têm muitas das propriedades da aritmética comum.

Propriedades de operações com vetores

Sejam **u**, **v**, **w** vetores e a e b escalares.

1. $\mathbf{u} + \mathbf{v} = \mathbf{v} + \mathbf{u}$
2. $(\mathbf{u} + \mathbf{v}) + \mathbf{w} = \mathbf{u} + (\mathbf{v} + \mathbf{w})$
3. $\mathbf{u} + \mathbf{0} = \mathbf{u}$
4. $\mathbf{u} + (-\mathbf{u}) = \mathbf{0}$
5. $0\mathbf{u} = \mathbf{0}$
6. $1\mathbf{u} = \mathbf{u}$
7. $a(b\mathbf{u}) = (ab)\mathbf{u}$
8. $a(\mathbf{u} + \mathbf{v}) = a\mathbf{u} + a\mathbf{v}$
9. $(a + b)\mathbf{u} = a\mathbf{u} + b\mathbf{u}$

Essas propriedades podem ser prontamente verificadas utilizando as definições de adição de vetores e multiplicação por um escalar. Por exemplo, para estabelecermos a Propriedade 1, temos:

$$\begin{aligned}\mathbf{u} + \mathbf{v} &= \langle u_1, u_2, u_3\rangle + \langle v_1, v_2, v_3\rangle \\ &= \langle u_1 + v_1, u_2 + v_2, u_3 + v_3\rangle \\ &= \langle v_1 + u_1, v_2 + u_2, v_3 + u_3\rangle \\ &= \langle v_1, v_2, v_3\rangle + \langle u_1, u_2, u_3\rangle \\ &= \mathbf{v} + \mathbf{u}.\end{aligned}$$

Quando três ou mais vetores no espaço estão no mesmo plano, dizemos que se trata de vetores **coplanares**. Por exemplo, os vetores **u**, **v** e **u** + **v** são sempre coplanares.

Vetores unitários

Um vetor **v** de comprimento 1 é chamado de um **vetor unitário**. Os **vetores unitários padrão** são:

$$\mathbf{i} = \langle 1, 0, 0\rangle, \qquad \mathbf{j} = \langle 0, 1, 0\rangle \qquad \text{e} \qquad \mathbf{k} = \langle 0, 0, 1\rangle.$$

Qualquer vetor $\mathbf{v} = \langle v_1, v_2, v_3\rangle$ pode ser escrito como uma *combinação linear* dos vetores unitários padrão, conforme segue:

$$\begin{aligned}\mathbf{v} = \langle v_1, v_2, v_3\rangle &= \langle v_1, 0, 0\rangle + \langle 0, v_2, 0\rangle + \langle 0, 0, v_3\rangle \\ &= v_1\langle 1, 0, 0\rangle + v_2\langle 0, 1, 0\rangle + v_3\langle 0, 0, 1\rangle \\ &= v_1\mathbf{i} + v_2\mathbf{j} + v_3\mathbf{k}.\end{aligned}$$

Chamamos o escalar (ou número) v_1 de **componente i** do vetor **v**; v_2 é o **componente j**; e v_3 é o **componente k**. Na forma componente, o vetor $P_1(x_1, y_1, z_1)$ a $P_2(x_2, y_2, z_2)$ é:

$$\overrightarrow{P_1P_2} = (x_2 - x_1)\mathbf{i} + (y_2 - y_1)\mathbf{j} + (z_2 - z_1)\mathbf{k}$$

(Figura 12.15).

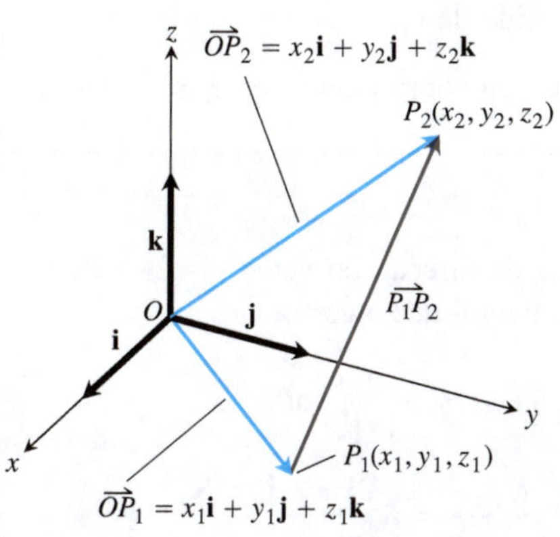

FIGURA 12.15 O vetor de P_1 a P_2 é $\overrightarrow{P_1P_2} = (x_2 - x_1)\mathbf{i} + (y_2 - y_1)\mathbf{j} + (z_2 - z_1)\mathbf{k}$.

Sempre que $\mathbf{v} \neq \mathbf{0}$, seu comprimento $|\mathbf{v}|$ não é zero e:

$$\left|\frac{1}{|\mathbf{v}|}\mathbf{v}\right| = \frac{1}{|\mathbf{v}|}|\mathbf{v}| = 1.$$

Ou seja, $\mathbf{v}/|\mathbf{v}|$ é um vetor unitário na direção de $\mathbf{v}$, chamado de **versor** do vetor não nulo $\mathbf{v}$.

EXEMPLO 4 Encontre um vetor unitário $\mathbf{u}$ na direção de $P_1(1, 0, 1)$ a $P_2(3, 2, 0)$.

Solução Dividimos $\overrightarrow{P_1P_2}$ por seu comprimento:

$$\overrightarrow{P_1P_2} = (3 - 1)\mathbf{i} + (2 - 0)\mathbf{j} + (0 - 1)\mathbf{k} = 2\mathbf{i} + 2\mathbf{j} - \mathbf{k}$$

$$|\overrightarrow{P_1P_2}| = \sqrt{(2)^2 + (2)^2 + (-1)^2} = \sqrt{4 + 4 + 1} = \sqrt{9} = 3$$

$$\mathbf{u} = \frac{\overrightarrow{P_1P_2}}{|\overrightarrow{P_1P_2}|} = \frac{2\mathbf{i} + 2\mathbf{j} - \mathbf{k}}{3} = \frac{2}{3}\mathbf{i} + \frac{2}{3}\mathbf{j} - \frac{1}{3}\mathbf{k}.$$

O vetor unitário $\mathbf{u}$ é o versor de $\overrightarrow{P_1P_2}$.

EXEMPLO 5 Se $\mathbf{v} = 3\mathbf{i} - 4\mathbf{j}$ é um vetor de velocidade, expresse $\mathbf{v}$ como um produto de sua rapidez vezes um vetor unitário no sentido do movimento.

Solução A rapidez é a magnitude (comprimento) de $\mathbf{v}$:

$$|\mathbf{v}| = \sqrt{(3)^2 + (-4)^2} = \sqrt{9 + 16} = 5.$$

BIOGRAFIA HISTÓRICA

Hermann Grassmann (1809-1877)

O vetor unitário $\mathbf{v}/|\mathbf{v}|$ tem o mesmo sentido de $\mathbf{v}$:

$$\frac{\mathbf{v}}{|\mathbf{v}|} = \frac{3\mathbf{i} - 4\mathbf{j}}{5} = \frac{3}{5}\mathbf{i} - \frac{4}{5}\mathbf{j}.$$

Portanto,

$$\mathbf{v} = 3\mathbf{i} - 4\mathbf{j} = \underbrace{5}_{\text{Comprimento (velocidade)}}\underbrace{\left(\frac{3}{5}\mathbf{i} - \frac{4}{5}\mathbf{j}\right)}_{\text{Sentido do movimento}}.$$

Em resumo, podemos expressar qualquer vetor $\mathbf{v}$ que não seja nulo em termos de duas características importantes, comprimento e versor, escrevendo $\mathbf{v} = |\mathbf{v}|\frac{\mathbf{v}}{|\mathbf{v}|}$.

Se $\mathbf{v} \neq \mathbf{0}$, então:

1. $\frac{\mathbf{v}}{|\mathbf{v}|}$ é um vetor unitário na direção e sentido de $\mathbf{v}$;
2. a equação $\mathbf{v} = |\mathbf{v}|\frac{\mathbf{v}}{|\mathbf{v}|}$ expressa $\mathbf{v}$ como seu comprimento vezes seu versor.

EXEMPLO 6 Uma força de 6 N é aplicada na direção do vetor $\mathbf{v} = 2\mathbf{i} + 2\mathbf{j} - \mathbf{k}$. Expresse a força $\mathbf{F}$ como um produto de sua magnitude e versor.

Solução O vetor de força possui magnitude 6 e versor $\frac{\mathbf{v}}{|\mathbf{v}|}$, portanto:

$$\mathbf{F} = 6\frac{\mathbf{v}}{|\mathbf{v}|} = 6\frac{2\mathbf{i} + 2\mathbf{j} - \mathbf{k}}{\sqrt{2^2 + 2^2 + (-1)^2}} = 6\frac{2\mathbf{i} + 2\mathbf{j} - \mathbf{k}}{3}$$

$$= 6\left(\frac{2}{3}\mathbf{i} + \frac{2}{3}\mathbf{j} - \frac{1}{3}\mathbf{k}\right).$$

Ponto médio de um segmento de reta

Os vetores são frequentemente úteis na geometria. Por exemplo, as coordenadas do ponto médio de um segmento de reta são encontradas tirando-se a média.

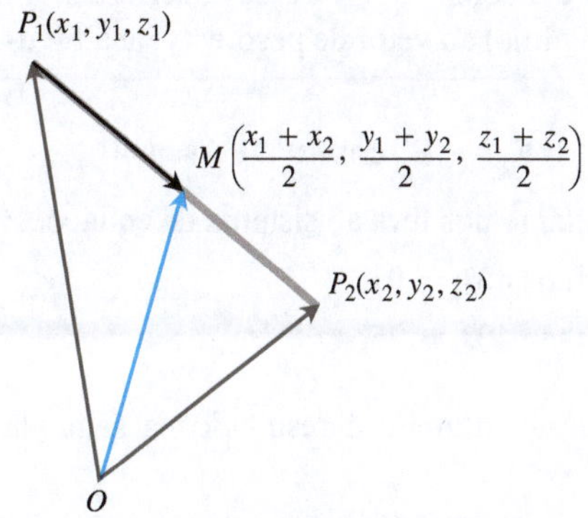

FIGURA 12.16 As coordenadas do ponto médio são as médias das coordenadas de P_1 e P_2.

> O **ponto médio** M do segmento de reta que une os pontos $P_1(x_1, y_1, z_1)$ e $P_2(x_2, y_2, z_2)$ é o ponto:
> $$\left(\frac{x_1+x_2}{2}, \frac{y_1+y_2}{2}, \frac{z_1+z_2}{2}\right).$$

Para saber por quê, observe (Figura 12.16) que:

$$\begin{aligned}\overrightarrow{OM} &= \overrightarrow{OP_1} + \frac{1}{2}(\overrightarrow{P_1P_2}) = \overrightarrow{OP_1} + \frac{1}{2}(\overrightarrow{OP_2} - \overrightarrow{OP_1})\\ &= \frac{1}{2}(\overrightarrow{OP_1} + \overrightarrow{OP_2})\\ &= \frac{x_1+x_2}{2}\mathbf{i} + \frac{y_1+y_2}{2}\mathbf{j} + \frac{z_1+z_2}{2}\mathbf{k}.\end{aligned}$$

EXEMPLO 7 O ponto médio do segmento que une $P_1(3, -2, 0)$ e $P_2(7, 4, 4)$ é:

$$\left(\frac{3+7}{2}, \frac{-2+4}{2}, \frac{0+4}{2}\right) = (5, 1, 2).$$

Aplicações

Uma aplicação de vetores importante ocorre na navegação.

EXEMPLO 8 Um avião de passageiros, voando para leste a 500 mi/h sem vento, encontra um vento de popa de 70 mi/h atuando no sentido 60° norte de leste. O avião mantém-se seguindo rumo a leste, mas, por causa do vento, adquire uma rapidez em relação ao solo e uma direção novas. Quais são elas?

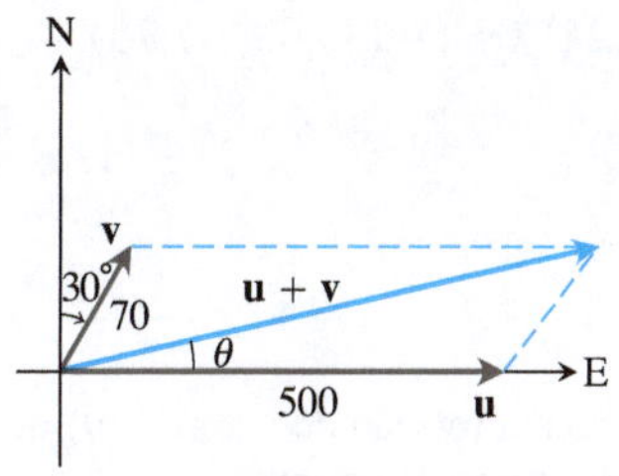

NÃO APRESENTADO EM ESCALA

FIGURA 12.17 Vetores que representam as velocidades do avião **u** e o vento de cauda **v** no Exemplo 8.

Solução Se $\mathbf{u}$ = a velocidade do avião sozinho e $\mathbf{v}$ = a velocidade do vento de popa, então $|\mathbf{u}| = 500$ e $|\mathbf{v}| = 70$ (Figura 12.17). A velocidade do avião em relação ao solo é fornecida pela magnitude e pela direção e sentido do vetor resultante $\mathbf{u} + \mathbf{v}$. Se o eixo x positivo representar o leste e o eixo y positivo representar o norte, então os componentes de $\mathbf{u}$ e $\mathbf{v}$ serão:

$$\mathbf{u} = \langle 500, 0\rangle \quad \text{e} \quad \mathbf{v} = \langle 70\cos 60°, 70\,\text{sen}\,60°\rangle = \langle 35, 35\sqrt{3}\rangle.$$

Portanto,

$$\begin{aligned}\mathbf{u} + \mathbf{v} &= \langle 535, 35\sqrt{3}\rangle = 535\mathbf{i} + 35\sqrt{3}\,\mathbf{j}\\ |\mathbf{u} + \mathbf{v}| &= \sqrt{535^2 + (35\sqrt{3})^2} \approx 538{,}4\end{aligned}$$

e

$$\theta = \text{tg}^{-1}\frac{35\sqrt{3}}{535} \approx 6{,}5°. \qquad \text{Figura 12.17}$$

A nova rapidez do avião em relação ao solo é de aproximadamente 538,4 mi/h, e sua nova direção é 6,5° norte de leste.

Outra aplicação importante ocorre na física e na engenharia, quando diversas forças estão atuando sobre um único objeto.

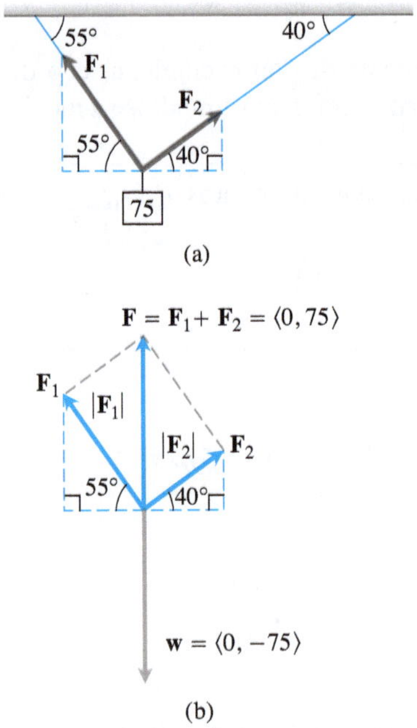

FIGURA 12.18 Peso suspenso no Exemplo 9.

EXEMPLO 9 Um peso de 75 N é suspenso por dois fios, conforme demonstrado na Figura 12.18a. Encontre as forças $\mathbf{F}_1$ e $\mathbf{F}_2$ que agem em ambos os fios.

Solução Os vetores de força $\mathbf{F}_1$ e $\mathbf{F}_2$ possuem magnitudes $|\mathbf{F}_1|$ e $|\mathbf{F}_2|$ e componentes mensurados em newtons. A força resultante é a soma $\mathbf{F}_1 + \mathbf{F}_2$ e deve ser igual em magnitude e atuar no sentido oposto (ou para cima) ao vetor de peso $\mathbf{w}$ (veja a Figura 12.18b). Segue, a partir da figura, que:

$$\mathbf{F}_1 = \langle -|\mathbf{F}_1| \cos 55°, |\mathbf{F}_1| \operatorname{sen} 55° \rangle \qquad \text{e} \qquad \mathbf{F}_2 = \langle |\mathbf{F}_2| \cos 40°, |\mathbf{F}_2| \operatorname{sen} 40° \rangle.$$

Uma vez que $\mathbf{F}_1 + \mathbf{F}_2 = \langle 0, 75 \rangle$, o vetor resultante nos leva ao sistema de equações:

$$-|\mathbf{F}_1|\cos 55° + |\mathbf{F}_2|\cos 40° = 0$$
$$|\mathbf{F}_1|\operatorname{sen} 55° + |\mathbf{F}_2|\operatorname{sen} 40° = 75.$$

Resolvendo para $|\mathbf{F}_2|$ a primeira equação e substituindo o resultado na segunda equação, temos:

$$|\mathbf{F}_2| = \frac{|\mathbf{F}_1|\cos 55°}{\cos 40°} \qquad \text{e} \qquad |\mathbf{F}_1|\operatorname{sen} 55° + \frac{|\mathbf{F}_1|\cos 55°}{\cos 40°}\operatorname{sen} 40° = 75.$$

Segue que:

$$|\mathbf{F}_1| = \frac{75}{\operatorname{sen} 55° + \cos 55° \operatorname{tg} 40°} \approx 57{,}67 \text{ N}$$

e

$$|\mathbf{F}_2| = \frac{75 \cos 55°}{\operatorname{sen} 55° \cos 40° + \cos 55° \operatorname{sen} 40°}$$
$$= \frac{75 \cos 55°}{\operatorname{sen}(55° + 40°)} \approx 43{,}18 \text{ N}.$$

Os vetores de força são, então, $\mathbf{F}_1 = \langle -33{,}08; 47{,}24 \rangle$ e $\mathbf{F}_2 = \langle 33{,}08; 27{,}76 \rangle$.

Exercícios 12.2

Vetores no plano

Nos Exercícios 1-8, sejam $\mathbf{u} = \langle 3, -2 \rangle$ e $\mathbf{v} = \langle -2, 5 \rangle$. Encontre **(a)** a forma de componente e **(b)** a magnitude (comprimento) do vetor.

1. $3\mathbf{u}$

2. $-2\mathbf{v}$

3. $\mathbf{u} + \mathbf{v}$

4. $\mathbf{u} - \mathbf{v}$

5. $2\mathbf{u} - 3\mathbf{v}$

6. $-2\mathbf{u} + 5\mathbf{v}$

7. $\frac{3}{5}\mathbf{u} + \frac{4}{5}\mathbf{v}$

8. $-\frac{5}{13}\mathbf{u} + \frac{12}{13}\mathbf{v}$

Nos Exercícios 9-16, encontre a forma componente do vetor.

9. O vetor $\overrightarrow{PQ}$, em que $P = (1, 3)$ e $Q = (2, -1)$.

10. O vetor $\overrightarrow{OP}$, em que O é a origem e P é o ponto médio do segmento RS, com $R = (2, -1)$ e $S = (-4, 3)$.

11. O vetor a partir do ponto $A = (2, 3)$ até a origem.

12. A soma de $\overrightarrow{AB}$ e $\overrightarrow{CD}$, em que $A = (1, -1)$, $B = (2, 0)$, $C = (-1, 3)$ e $D = (-2, 2)$.

13. O vetor unitário que forma um ângulo $\theta = 2\pi/3$ com o eixo x positivo.

14. O vetor unitário que forma um ângulo $\theta = -3\pi/4$ com o eixo x positivo.

15. O vetor unitário obtido com a rotação do vetor $\langle 0, 1 \rangle$ de 120° no sentido anti-horário em torno da origem.

16. O vetor unitário obtido com a rotação do vetor $\langle 1, 0 \rangle$ de 135° no sentido anti-horário em torno da origem.

Vetores no espaço

Nos Exercícios 17-22, expresse cada vetor na forma $\mathbf{v} = v_1\mathbf{i} + v_2\mathbf{j} + v_3\mathbf{k}$.

17. $\overrightarrow{P_1P_2}$, se P_1 for o ponto $(5, 7, -1)$ e P_2 o ponto $(2, 9, -2)$.

18. $\overrightarrow{P_1P_2}$, se P_1 for o ponto $(1, 2, 0)$ e P_2 o ponto $(-3, 0, 5)$.

19. $\overrightarrow{AB}$, se A for o ponto $(-7, -8, 1)$ e B o ponto $(-10, 8, 1)$.

20. $\overrightarrow{AB}$, se A for o ponto $(1, 0, 3)$ e B o ponto $(-1, 4, 5)$.

21. $5\mathbf{u} - \mathbf{v}$, se $\mathbf{u} = \langle 1, 1, -1 \rangle$ e $\mathbf{v} = \langle 2, 0, 3 \rangle$.

22. $-2\mathbf{u} + 3\mathbf{v}$, se $\mathbf{u} = \langle -1, 0, 2 \rangle$ e $\mathbf{v} = \langle 1, 1, 1 \rangle$.

Representações geométricas

Nos Exercícios 23 e 24, concatene os vetores $\mathbf{u}$, $\mathbf{v}$ e $\mathbf{w}$ conforme necessário para esboçar o vetor indicado.

23.

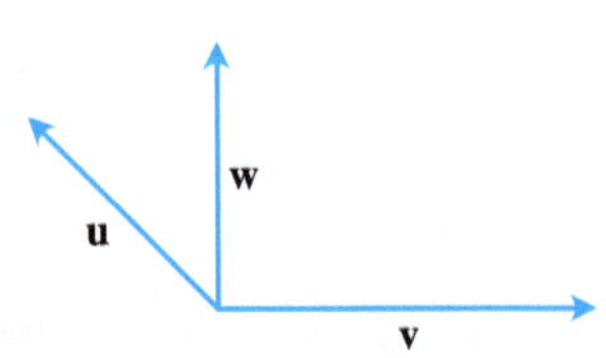

a. $\mathbf{u} + \mathbf{v}$

b. $\mathbf{u} + \mathbf{v} + \mathbf{w}$

c. $\mathbf{u} - \mathbf{v}$

d. $\mathbf{u} - \mathbf{w}$

24.

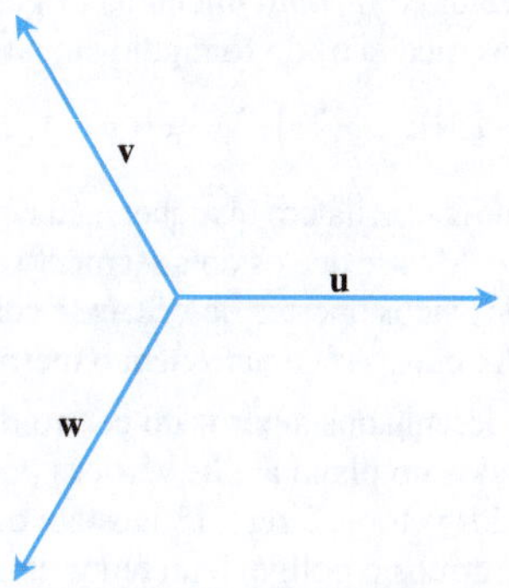

a. $\mathbf{u} - \mathbf{v}$ **c.** $2\mathbf{u} - \mathbf{v}$

b. $\mathbf{u} - \mathbf{v} + \mathbf{w}$ **d.** $\mathbf{u} + \mathbf{v} + \mathbf{w}$

Comprimento e versor

Nos Exercícios 25-30, expresse cada vetor como um produto de seu comprimento e versor.

25. $2\mathbf{i} + \mathbf{j} - 2\mathbf{k}$

26. $9\mathbf{i} - 2\mathbf{j} + 6\mathbf{k}$

27. $5\mathbf{k}$

28. $\frac{3}{5}\mathbf{i} + \frac{4}{5}\mathbf{k}$

29. $\frac{1}{\sqrt{6}}\mathbf{i} - \frac{1}{\sqrt{6}}\mathbf{j} - \frac{1}{\sqrt{6}}\mathbf{k}$

30. $\frac{\mathbf{i}}{\sqrt{3}} + \frac{\mathbf{j}}{\sqrt{3}} + \frac{\mathbf{k}}{\sqrt{3}}$

31. Encontre os vetores cujos comprimentos e versores são fornecidos. Tente fazer o cálculo sem escrever.

Comprimento	Versor
a. 2	$\mathbf{i}$
b. $\sqrt{3}$	$-\mathbf{k}$
c. $\frac{1}{2}$	$\frac{3}{5}\mathbf{j} + \frac{4}{5}\mathbf{k}$
d. 7	$\frac{6}{7}\mathbf{i} - \frac{2}{7}\mathbf{j} + \frac{3}{7}\mathbf{k}$

32. Encontre os vetores cujos comprimentos e versores são fornecidos. Tente fazer o cálculo sem escrever.

Comprimento	Versor
a. 7	$-\mathbf{j}$
b. $\sqrt{2}$	$-\frac{3}{5}\mathbf{i} - \frac{4}{5}\mathbf{k}$
c. $\frac{13}{12}$	$\frac{3}{13}\mathbf{i} - \frac{4}{13}\mathbf{j} - \frac{12}{13}\mathbf{k}$
d. $a > 0$	$\frac{1}{\sqrt{2}}\mathbf{i} + \frac{1}{\sqrt{3}}\mathbf{j} - \frac{1}{\sqrt{6}}\mathbf{k}$

33. Encontre um vetor de magnitude 7 na direção e no sentido de $\mathbf{v} = 12\mathbf{i} - 5\mathbf{k}$.

34. Encontre um vetor de magnitude 3 no sentido oposto ao de $\mathbf{v} = (1/2)\mathbf{i} - (1/2)\mathbf{j} - (1/2)\mathbf{k}$.

Versor e pontos médios

Nos Exercícios 35-38 encontre:

a. o versor de $\overrightarrow{P_1P_2}$ e

b. o ponto médio do segmento de reta $P_1 P_2$.

35. $P_1\,(-1, 1, 5)$ $P_2\,(2, 5, 0)$

36. $P_1\,(1, 4, 5)$ $P_2\,(4, -2, 7)$

37. $P_1\,(3, 4, 5)$ $P_2\,(2, 3, 4)$

38. $P_1\,(0, 0, 0)$ $P_2\,(2, -2, -2)$

39. Se $\overrightarrow{AB} = \mathbf{i} + 4\mathbf{j} - 2\mathbf{k}$ e B é o ponto (5, 1, 3), encontre A.

40. Se $\overrightarrow{AB} = -7\mathbf{i} + 3\mathbf{j} + 8\mathbf{k}$ e A é o ponto (–2, –3, 6), encontre B.

Teoria e aplicações

41. Combinação linear Sejam $\mathbf{u} = 2\mathbf{i} + \mathbf{j}$, $\mathbf{v} = \mathbf{i} + \mathbf{j}$ e $\mathbf{w} = \mathbf{i} - \mathbf{j}$. Encontre escalares a e b, tais que $\mathbf{u} = a\mathbf{v} + b\mathbf{w}$.

42. Combinação linear Sejam $\mathbf{u} = \mathbf{i} - 2\mathbf{j}$, $\mathbf{v} = 2\mathbf{i} + 3\mathbf{j}$ e $\mathbf{w} = \mathbf{i} + \mathbf{j}$. Escreva $\mathbf{u} = \mathbf{u}_1 + \mathbf{u}_2$, em que $\mathbf{u}_1$ é paralelo a $\mathbf{v}$ e $\mathbf{u}_2$ é paralelo a $\mathbf{w}$. (Veja o Exercício 41.)

43. Velocidade Um avião está voando na direção 25° oeste de norte a 800 km/h. Encontre a forma componente da velocidade do avião, considerando que o eixo x positivo representa o sentido leste e o eixo y positivo representa o sentido norte.

44. (*Continuação do Exemplo 8.*) Qual velocidade e direção o avião no Exemplo 8 deve ter para que o vetor resultante seja 500 mi/h sentido leste?

45. Considere um peso de 100 N suspenso por dois fios, conforme mostrado na figura a seguir. Encontre as magnitudes e componentes dos vetores de força $\mathbf{F}_1$ e $\mathbf{F}_2$.

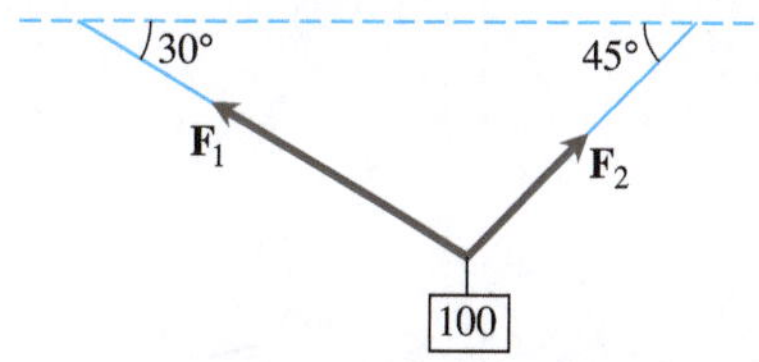

46. Considere um peso de 50 N suspenso por dois fios, conforme mostra a figura a seguir. Se a magnitude do vetor $\mathbf{F}_1$ é 35 N, encontre o ângulo α e a magnitude do vetor $\mathbf{F}_2$.

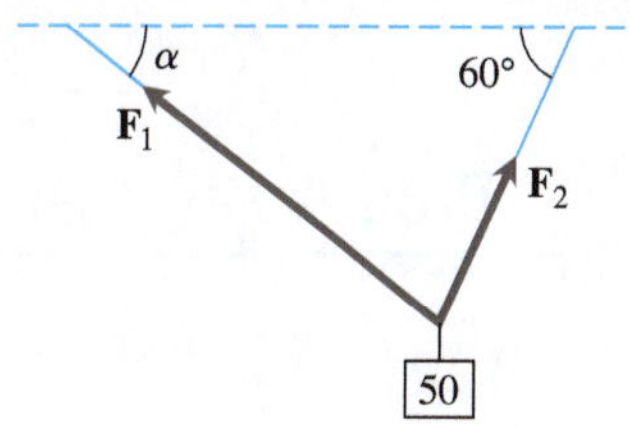

47. Considere um peso de w N suspenso por dois fios, conforme mostra a figura a seguir. Se a magnitude do vetor $\mathbf{F}_2$ é 100 N, encontre o ângulo w e a magnitude do vetor $\mathbf{F}_1$.

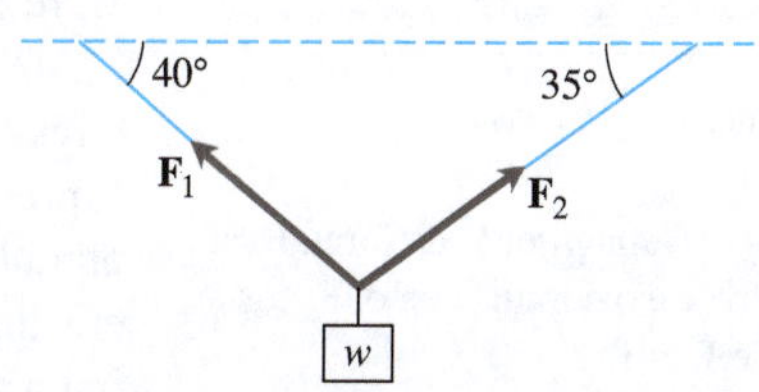

48. Considere um peso de 25 N suspenso por dois fios, conforme mostra a figura a seguir. Se as magnitudes dos vetores $\mathbf{F}_1$ e $\mathbf{F}_2$ são ambas 75 N, então os ângulos α e β são iguais. Encontre α.

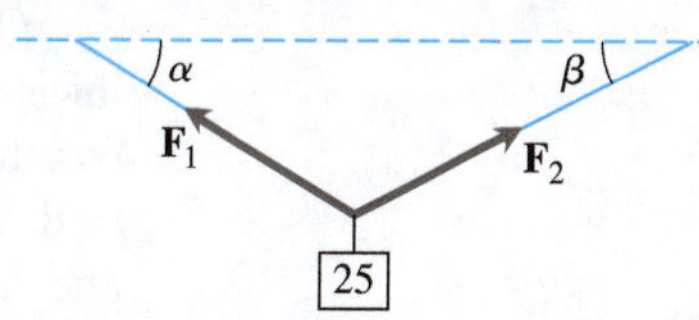

49. Localização Um pássaro voa do seu ninho 5 km na direção 60° norte de leste, e pousa em uma árvore para descansar. Em seguida, ele voa 10 km na direção sudeste e pousa em um poste telefônico. Estabeleça um sistema de coordenadas xy de tal maneira que a origem seja o ninho do pássaro, o eixo x aponte para o leste e o eixo y aponte para o norte.

a. Em que ponto está localizada a árvore?

b. Em que ponto está localizado o poste telefônico?

50. Utilize triângulos semelhantes para encontrar as coordenadas do ponto Q que divide o segmento de $P_1(x_1, y_1, z_1)$ a $P_2(x_2, y_2, z_2)$ em dois comprimentos cuja razão seja $p/q = r$.

51. Medianas de um triângulo Suponha que A, B e C sejam os vértices da placa triangular fina de densidade constante mostrada a seguir.

a. Encontre o vetor de C ao ponto médio M do lado AB.

b. Encontre o vetor de C ao ponto que está localizado a dois terços do caminho entre C e M na mediana CM.

c. Encontre as coordenadas do ponto no qual as medianas do ΔABC se cruzam. De acordo com o Exercício 17, Seção 6.6, esse ponto é o centro de massa da placa.

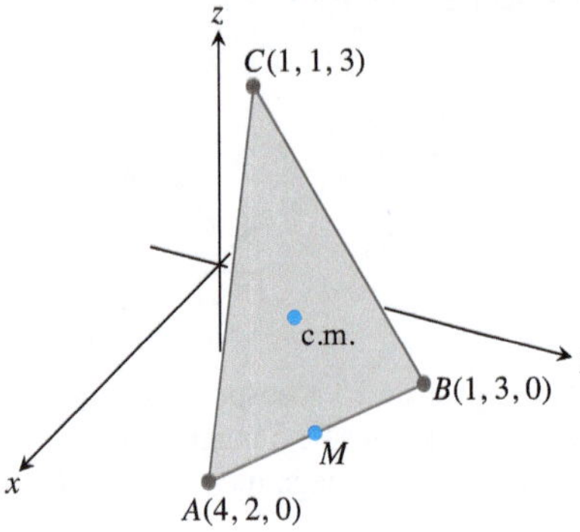

52. Encontre o vetor com ponto inicial na origem e ponto final na interseção das medianas do triângulo cujos vértices são:

$$A(1, -1, 2), \quad B(2, 1, 3) \quad \text{e} \quad C(-1, 2, -1).$$

53. Seja $ABCD$ um quadrilátero qualquer, não necessariamente plano, no espaço. Mostre que os dois segmentos que ligam os pontos médios dos lados opostos de $ABCD$ se cortam ao meio. (Sugestão: mostre que os segmentos têm o mesmo ponto médio.)

54. Vetores são desenhados a partir do centro de um polígono regular de n lados no plano até os vértices do polígono. Mostre que a soma dos vetores é zero. (Sugestão: o que acontece com a soma se girarmos o polígono ao redor de seu centro?)

55. Suponha que A, B e C sejam os vértices de um triângulo e que a, b e c sejam, respectivamente, os pontos médios dos lados opostos. Mostre que $\overrightarrow{Aa} + \overrightarrow{Bb} + \overrightarrow{Cc} = \mathbf{0}$.

56. Vetores unitários no plano Mostre que um vetor unitário no plano pode ser representado por $\mathbf{u} = (\cos\theta)\mathbf{i} + (\text{sen}\,\theta)\mathbf{j}$, obtido com a rotação de $\mathbf{i}$ de um ângulo θ no sentido anti-horário. Explique por que essa forma nos fornece *todos os* vetores unitários no plano.

12.3 Produto escalar

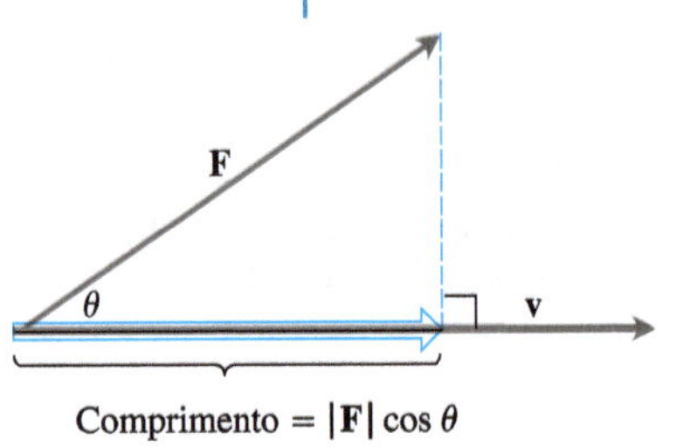

FIGURA 12.19 A magnitude da força **F** na direção do vetor **v** é o comprimento $|\mathbf{F}|\cos\theta$ da projeção de **F** em **v**.

Se uma força **F** é aplicada a uma partícula que se move ao longo de uma trajetória, precisamos frequentemente conhecer a magnitude da força na direção do movimento. Se **v** é paralelo à reta tangente à trajetória no ponto em que **F** é aplicada, então queremos a magnitude de **F** na direção de **v**. A Figura 12.19 mostra que a quantidade escalar que procuramos é o comprimento $|\mathbf{F}|\cos\theta$, em que θ é o ângulo entre os dois vetores **F** e **v**.

Nesta seção, mostraremos como calcular de maneira fácil o ângulo entre dois vetores diretamente a partir de seus componentes. Uma parte importante do cálculo é a expressão chamada de *produto escalar*. Os produtos escalares também denominados produtos *internos* são assim chamados porque o produto resulta em um escalar, e não em um vetor. Depois de investigarmos o produto escalar, nós o aplicaremos para encontrar a projeção de um vetor em outro (conforme exibido na Figura 12.19) e para descobrir o trabalho realizado por uma força constante que atua durante um deslocamento.

Ângulo entre vetores

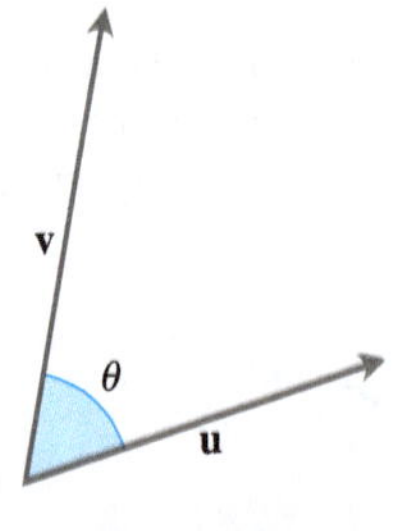

FIGURA 12.20 Ângulo entre **u** e **v**.

Quando dois vetores não nulos **u** e **v** são colocados de tal modo que seus pontos iniciais coincidam, eles formam um ângulo θ de medida $0 \leq \theta \leq \pi$ (Figura 12.20). Se os vetores não estão ao longo da mesma reta, o ângulo θ é medido no plano que contém os dois. Se eles estiverem sobre a mesma reta, o ângulo entre eles é 0 no caso de ambos apontarem no mesmo sentido, e π se apontarem em sentidos opostos. O ângulo θ é o **ângulo entre u** e **v**. O Teorema 1 fornece uma fórmula para determinar esse ângulo.

TEOREMA 1 — Ângulo entre dois vetores O ângulo θ entre dois vetores não nulos $\mathbf{u} = \langle u_1, u_2, u_3 \rangle$ e $\mathbf{v} = \langle v_1, v_2, v_3 \rangle$ é fornecido por:

$$\theta = \cos^{-1}\left(\frac{u_1v_1 + u_2v_2 + u_3v_3}{|\mathbf{u}|\,|\mathbf{v}|}\right).$$

Antes de provar o Teorema 1, focalizamos nossa atenção na expressão $u_1v_1 + u_2v_2 + u_3v_3$ no cálculo de θ. Essa expressão é a soma dos produtos dos componentes correspondentes para os vetores **u** e **v**.

DEFINIÇÃO O **produto escalar** $\mathbf{u} \cdot \mathbf{v}$ (“**u** escalar **v**”) dos vetores $\mathbf{u} = \langle u_1, u_2, u_3 \rangle$ e $\mathbf{v} = \langle v_1, v_2, v_3 \rangle$ é:

$$\mathbf{u} \cdot \mathbf{v} = u_1v_1 + u_2v_2 + u_3v_3.$$

EXEMPLO 1

(a) $$\langle 1, -2, -1 \rangle \cdot \langle -6, 2, -3 \rangle = (1)(-6) + (-2)(2) + (-1)(-3) = -6 - 4 + 3 = -7$$

(b) $$\left(\frac{1}{2}\mathbf{i} + 3\mathbf{j} + \mathbf{k}\right) \cdot (4\mathbf{i} - \mathbf{j} + 2\mathbf{k}) = \left(\frac{1}{2}\right)(4) + (3)(-1) + (1)(2) = 1$$

O produto escalar de um par de vetores bidimensionais é definido de maneira semelhante:

$$\langle u_1, u_2 \rangle \,.\, \langle v_1, v_2 \rangle = u_1v_1 + u_2v_2.$$

Veremos no restante do livro que o produto escalar é uma ferramenta-chave para muitos cálculos físicos e geométricos importantes no espaço (e no plano), e não somente para encontrar o ângulo entre dois vetores.

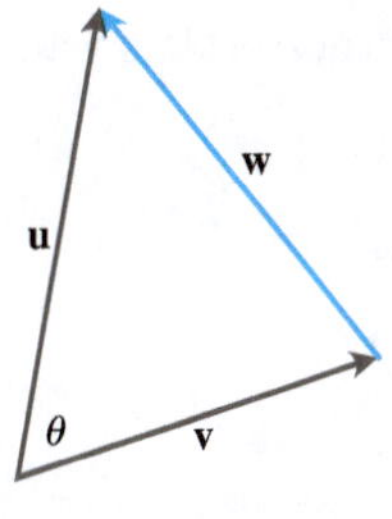

FIGURA 12.21 Lei do paralelogramo de adição de vetores nos dá $\mathbf{w} = \mathbf{u} - \mathbf{v}$.

Prova do Teorema 1 Aplicando a lei dos cossenos (Equação 8, Seção 1.3) ao triângulo da Figura 12.21, encontramos:

$$|\mathbf{w}|^2 = |\mathbf{u}|^2 + |\mathbf{v}|^2 - 2|\mathbf{u}|\,|\mathbf{v}|\cos\theta \qquad \text{Lei dos cossenos}$$

$$2|\mathbf{u}|\,|\mathbf{v}|\cos\theta = |\mathbf{u}|^2 + |\mathbf{v}|^2 - |\mathbf{w}|^2.$$

Uma vez que $\mathbf{w} = \mathbf{u} - \mathbf{v}$, a forma componente de **w** é $\langle u_1 - v_1, u_2 - v_2, u_3 - v_3 \rangle$. Portanto:

$$\begin{aligned}
|\mathbf{u}|^2 &= \left(\sqrt{u_1^2 + u_2^2 + u_3^2}\right)^2 = u_1^2 + u_2^2 + u_3^2 \\
|\mathbf{v}|^2 &= \left(\sqrt{v_1^2 + v_2^2 + v_3^2}\right)^2 = v_1^2 + v_2^2 + v_3^2 \\
|\mathbf{w}|^2 &= \left(\sqrt{(u_1 - v_1)^2 + (u_2 - v_2)^2 + (u_3 - v_3)^2}\right)^2 \\
&= (u_1 - v_1)^2 + (u_2 - v_2)^2 + (u_3 - v_3)^2 \\
&= u_1^2 - 2u_1v_1 + v_1^2 + u_2^2 - 2u_2v_2 + v_2^2 + u_3^2 - 2u_3v_3 + v_3^2
\end{aligned}$$

e

$$|\mathbf{u}|^2 + |\mathbf{v}|^2 - |\mathbf{w}|^2 = 2(u_1v_1 + u_2v_2 + u_3v_3).$$

Então:

$$\begin{aligned}
2|\mathbf{u}|\,|\mathbf{v}|\cos\theta &= |\mathbf{u}|^2 + |\mathbf{v}|^2 - |\mathbf{w}|^2 = 2(u_1v_1 + u_2v_2 + u_3v_3) \\
|\mathbf{u}|\,|\mathbf{v}|\cos\theta &= u_1v_1 + u_2v_2 + u_3v_3 \\
\cos\theta &= \frac{u_1v_1 + u_2v_2 + u_3v_3}{|\mathbf{u}|\,|\mathbf{v}|}.
\end{aligned}$$

Uma vez que $0 \leq \theta < \pi$, temos:

$$\theta = \cos^{-1}\left(\frac{u_1v_1 + u_2v_2 + u_3v_3}{|\mathbf{u}|\,|\mathbf{v}|}\right).$$

Na notação do produto escalar, o ângulo entre dois vetores **u** e **v** é:

$$\theta = \cos^{-1}\left(\frac{\mathbf{u}\cdot\mathbf{v}}{|\mathbf{u}|\,|\mathbf{v}|}\right).$$

EXEMPLO 2 Encontre o ângulo entre $\mathbf{u} = \mathbf{i} - 2\mathbf{j} - 2\mathbf{k}$ e $\mathbf{v} = 6\mathbf{i} + 3\mathbf{j} + 2\mathbf{k}$.

Solução Utilizamos a fórmula acima:

$$\mathbf{u}\cdot\mathbf{v} = (1)(6) + (-2)(3) + (-2)(2) = 6 - 6 - 4 = -4$$

$$|\mathbf{u}| = \sqrt{(1)^2 + (-2)^2 + (-2)^2} = \sqrt{9} = 3$$

$$|\mathbf{v}| = \sqrt{(6)^2 + (3)^2 + (2)^2} = \sqrt{49} = 7$$

$$\theta = \cos^{-1}\left(\frac{\mathbf{u}\cdot\mathbf{v}}{|\mathbf{u}|\,|\mathbf{v}|}\right) = \cos^{-1}\left(\frac{-4}{(3)(7)}\right) \approx 1{,}76 \text{ radiano.}$$

A fórmula do ângulo também se aplica a vetores bidimensionais.

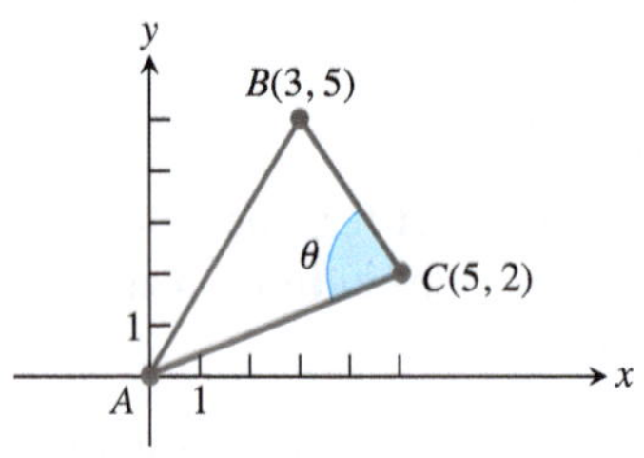

FIGURA 12.22 Triângulo no Exemplo 3.

EXEMPLO 3 Encontre o ângulo θ no triângulo ABC determinado pelos vértices $A = (0, 0)$, $B = (3, 5)$ e $C = (5, 2)$ (Figura 12.22).

Solução O ângulo θ é o ângulo entre os vetores $\overrightarrow{CA}$ e $\overrightarrow{CB}$. As formas componentes desses dois vetores são:

$$\overrightarrow{CA} = \langle -5, -2 \rangle \qquad \text{e} \qquad \overrightarrow{CB} = \langle -2, 3 \rangle.$$

Primeiro calculamos o produto escalar e as magnitudes desses dois vetores.

$$\overrightarrow{CA}\cdot\overrightarrow{CB} = (-5)(-2) + (-2)(3) = 4$$

$$|\overrightarrow{CA}| = \sqrt{(-5)^2 + (-2)^2} = \sqrt{29}$$

$$|\overrightarrow{CB}| = \sqrt{(-2)^2 + (3)^2} = \sqrt{13}$$

Então, aplicando a fórmula do ângulo, temos:

$$\theta = \cos^{-1}\left(\frac{\overrightarrow{CA}\cdot\overrightarrow{CB}}{|\overrightarrow{CA}|\,|\overrightarrow{CB}|}\right)$$

$$= \cos^{-1}\left(\frac{4}{\left(\sqrt{29}\right)\left(\sqrt{13}\right)}\right)$$

$$\approx 78{,}1^\circ \qquad \text{ou} \qquad 1{,}36 \text{ radiano.}$$

Vetores perpendiculares (ortogonais)

Dois vetores não nulos **u** e **v** são perpendiculares ou **ortogonais** se o ângulo entre eles é $\pi/2$. Para tais vetores, temos $\mathbf{u}\cdot\mathbf{v} = 0$ porque $\cos(\pi/2) = 0$. A recíproca também é verdadeira. Se **u** e **v** são vetores não nulos com $\mathbf{u}\cdot\mathbf{v} = |\mathbf{u}|\,|\mathbf{v}|\cos\theta = 0$, então $\cos\theta = 0$ e $\theta = \cos^{-1} 0 = \pi/2$.

> **DEFINIÇÃO** Os vetores **u** e **v** são **ortogonais** (ou **perpendiculares**) se, e somente se, $\mathbf{u} \cdot \mathbf{v} = 0$.

EXEMPLO 4 Para determinar se dois vetores são ortogonais, calcule seu produto escalar.

(a) $\mathbf{u} = \langle 3, -2 \rangle$ e $\mathbf{v} = \langle 4, 6 \rangle$ são ortogonais porque $\mathbf{u} \cdot \mathbf{v} = (3)(4) + (-2)(6) = 0$.

(b) $\mathbf{u} = 3\mathbf{i} - 2\mathbf{j} + \mathbf{k}$ e $\mathbf{v} = 2\mathbf{j} + 4\mathbf{k}$ são ortogonais porque $\mathbf{u} \cdot \mathbf{v} = (3)(0) + (-2)(2) + (1)(4) = 0$.

(c) $\mathbf{0}$ é ortogonal para todo vetor **u**, uma vez que:

$$\begin{aligned} \mathbf{0} \cdot \mathbf{u} &= \langle 0, 0, 0 \rangle \cdot \langle u_1, u_2, u_3 \rangle \\ &= (0)(u_1) + (0)(u_2) + (0)(u_3) \\ &= 0. \end{aligned}$$

Propriedades do produto escalar e projeções ortogonais

O produto escalar obedece a muitas das leis que valem para os produtos comuns de números reais (escalares).

> **Propriedades do produto escalar**
>
> Se **u**, **v** e **w** forem quaisquer vetores e c for um escalar, então:
>
> 1. $\mathbf{u} \cdot \mathbf{v} = \mathbf{v} \cdot \mathbf{u}$
> 2. $(c\mathbf{u}) \cdot \mathbf{v} = \mathbf{u} \cdot (c\mathbf{v}) = c(\mathbf{u} \cdot \mathbf{v})$
> 3. $\mathbf{u} \cdot (\mathbf{v} + \mathbf{w}) = \mathbf{u} \cdot \mathbf{v} + \mathbf{u} \cdot \mathbf{w}$
> 4. $\mathbf{u} \cdot \mathbf{u} = |\mathbf{u}|^2$
> 5. $\mathbf{0} \cdot \mathbf{u} = 0$

BIOGRAFIA HISTÓRICA

Carl Friedrich Gauss
(1777-1855)

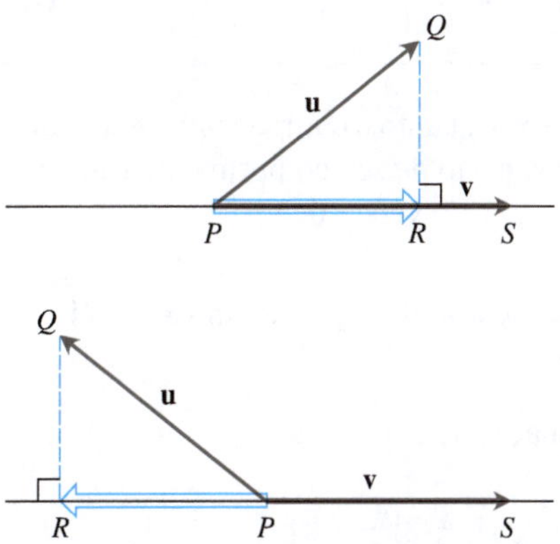

FIGURA 12.23 Projeção ortogonal de **u** em **v**.

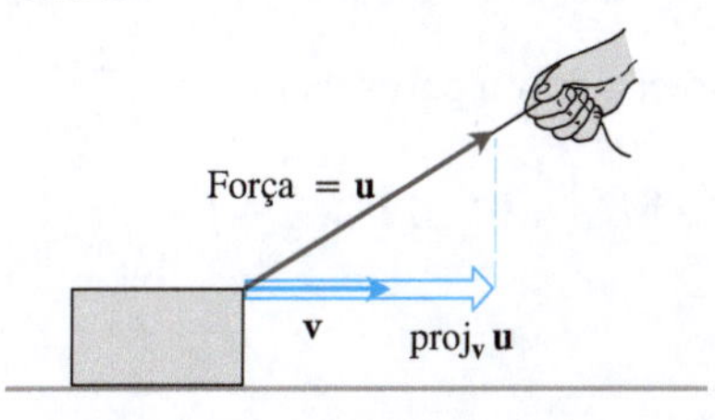

FIGURA 12.24 Se puxarmos a caixa com força **u**, a força eficaz que move a caixa para a frente na direção **v** é a projeção de **u** em **v**.

Provas das Propriedades 1 e 3 As propriedades são facilmente provadas ao se utilizar a definição. Por exemplo, aqui estão as provas das Propriedades 1 e 3.

1. $\mathbf{u} \cdot \mathbf{v} = u_1v_1 + u_2v_2 + u_3v_3 = v_1u_1 + v_2u_2 + v_3u_3 = \mathbf{v} \cdot \mathbf{u}$

3. $$\begin{aligned} \mathbf{u} \cdot (\mathbf{v} + \mathbf{w}) &= \langle u_1, u_2, u_3 \rangle \cdot \langle v_1 + w_1, v_2 + w_2, v_3 + w_3 \rangle \\ &= u_1(v_1 + w_1) + u_2(v_2 + w_2) + u_3(v_3 + w_3) \\ &= u_1v_1 + u_1w_1 + u_2v_2 + u_2w_2 + u_3v_3 + u_3w_3 \\ &= (u_1v_1 + u_2v_2 + u_3v_3) + (u_1w_1 + u_2w_2 + u_3w_3) \\ &= \mathbf{u} \cdot \mathbf{v} + \mathbf{u} \cdot \mathbf{w} \end{aligned}$$

Agora retornaremos ao problema da projeção de um vetor em outro, proposto no início desta seção. A **projeção ortogonal** de $\mathbf{u} = \overrightarrow{PQ}$ em um vetor não nulo $\mathbf{v} = \overrightarrow{PS}$ (Figura 12.23) é o vetor $\overrightarrow{PR}$, determinado ao se baixar uma perpendicular de Q até a reta PS. A notação para esse vetor é:

$$\text{proj}_\mathbf{v}\mathbf{u} \quad (\text{“a projeção ortogonal do vetor } \mathbf{u} \text{ em } \mathbf{v}\text{”}).$$

Se **u** representa uma força, então $\text{proj}_\mathbf{v}\,\mathbf{u}$ representa a força eficaz na direção de **v** (Figura 12.24).

Se o ângulo θ entre **u** e **v** é agudo, $\text{proj}_\mathbf{v}\,\mathbf{u}$ tem comprimento $|\mathbf{u}| \cos \theta$ e versor $\mathbf{v}/|\mathbf{v}|$ (Figura 12.25). Se θ é obtuso, $\cos \theta < 0$ e $\text{proj}_\mathbf{v}\,\mathbf{u}$ tem comprimento $-|\mathbf{u}| \cos \theta$ e versor $-\mathbf{v}/|\mathbf{v}|$. Em ambos os casos:

$$\begin{aligned}\text{proj}_{\mathbf{v}}\,\mathbf{u} &= (|\mathbf{u}|\cos\theta)\frac{\mathbf{v}}{|\mathbf{v}|}\\ &= \left(\frac{\mathbf{u}\cdot\mathbf{v}}{|\mathbf{v}|}\right)\frac{\mathbf{v}}{|\mathbf{v}|}\\ &= \left(\frac{\mathbf{u}\cdot\mathbf{v}}{|\mathbf{v}|^2}\right)\mathbf{v}.\end{aligned}$$

$$|\mathbf{u}|\cos\theta = \frac{|\mathbf{u}|\,|\mathbf{v}|\cos\theta}{|\mathbf{v}|} = \frac{\mathbf{u}\cdot\mathbf{v}}{|\mathbf{v}|}$$

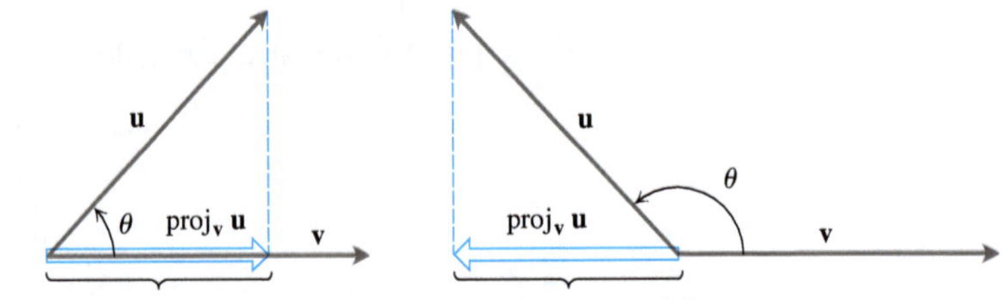

FIGURA 12.25 O comprimento de $\text{proj}_{\mathbf{v}}\,\mathbf{u}$ é (a) $|\mathbf{u}|\cos\theta$ se $\cos\theta \geq 0$ e (b) $-|\mathbf{u}|\cos\theta$ se $\cos\theta < 0$.

O número $|\mathbf{u}|\cos\theta$ é chamado de **componente escalar de u na direção de v** (ou de **u em v**). Em resumo:

A projeção ortogonal de **u** em **v** é o vetor

$$\text{proj}_{\mathbf{v}}\,\mathbf{u} = \left(\frac{\mathbf{u}\cdot\mathbf{v}}{|\mathbf{v}|^2}\right)\mathbf{v}. \quad (1)$$

O componente escalar de **u** na direção **v** é o escalar:

$$|\mathbf{u}|\cos\theta = \frac{\mathbf{u}\cdot\mathbf{v}}{|\mathbf{v}|} = \mathbf{u}\cdot\frac{\mathbf{v}}{|\mathbf{v}|}. \quad (2)$$

Observe que tanto a projeção ortogonal de **u** em **v** quanto o componente escalar de **u** em **v** dependem somente do versor do vetor **v**, e não de seu comprimento (uma vez que multiplicamos escalarmente **u** com $\mathbf{v}/|\mathbf{v}|$, que é o versor de **v**).

EXEMPLO 5 Encontre a projeção ortogonal de $\mathbf{u} = 6\mathbf{i} + 3\mathbf{j} + 2\mathbf{k}$ em $v = \mathbf{i} - 2\mathbf{j} - 2\mathbf{k}$ e o componente escalar de **u** na direção de **v**.

Solução Encontramos $\text{proj}_{\mathbf{v}}\,\mathbf{u}$ a partir da Equação 1:

$$\begin{aligned}\text{proj}_{\mathbf{v}}\,\mathbf{u} &= \frac{\mathbf{u}\cdot\mathbf{v}}{\mathbf{v}\cdot\mathbf{v}}\mathbf{v} = \frac{6-6-4}{1+4+4}(\mathbf{i}-2\mathbf{j}-2\mathbf{k})\\ &= -\frac{4}{9}(\mathbf{i}-2\mathbf{j}-2\mathbf{k}) = -\frac{4}{9}\mathbf{i}+\frac{8}{9}\mathbf{j}+\frac{8}{9}\mathbf{k}.\end{aligned}$$

Encontramos o componente escalar de **u** na direção de **v** a partir da Equação 2:

$$\begin{aligned}|\mathbf{u}|\cos\theta &= \mathbf{u}\cdot\frac{\mathbf{v}}{|\mathbf{v}|} = (6\mathbf{i}+3\mathbf{j}+2\mathbf{k})\cdot\left(\frac{1}{3}\mathbf{i}-\frac{2}{3}\mathbf{j}-\frac{2}{3}\mathbf{k}\right)\\ &= 2-2-\frac{4}{3} = -\frac{4}{3}.\end{aligned}$$

As Equações 1 e 2 também se aplicam a vetores bidimensionais. Demonstraremos essa afirmação no próximo exemplo.

EXEMPLO 6 Encontre a projeção ortogonal de uma força $\mathbf{F} = 5\mathbf{i} + 2\mathbf{j}$ em $\mathbf{v} = \mathbf{i} - 3\mathbf{j}$ e o componente escalar de **F** na direção de **v**.

Solução A projeção ortogonal é

$$\begin{aligned}\text{proj}_{\mathbf{v}}\,\mathbf{F} &= \left(\frac{\mathbf{F}\cdot\mathbf{v}}{|\mathbf{v}|^2}\right)\mathbf{v}\\ &= \frac{5-6}{1+9}(\mathbf{i}-3\mathbf{j}) = -\frac{1}{10}(\mathbf{i}-3\mathbf{j})\\ &= -\frac{1}{10}\mathbf{i} + \frac{3}{10}\mathbf{j}.\end{aligned}$$

O componente escalar de **F** na direção de **v** é:

$$|\mathbf{F}|\cos\theta = \frac{\mathbf{F}\cdot\mathbf{v}}{|\mathbf{v}|} = \frac{5-6}{\sqrt{1+9}} = -\frac{1}{\sqrt{10}}.$$

Um cálculo de rotina (veja o Exercício 29) verifica que o vetor $\mathbf{u} - \text{proj}_{\mathbf{v}}\,\mathbf{u}$ é ortogonal à projeção $\text{proj}_{\mathbf{v}}\,\mathbf{u}$ (que possui a mesma direção de **v**). Portanto, a equação:

$$\mathbf{u} = \text{proj}_{\mathbf{v}}\,\mathbf{u} + (\mathbf{u} - \text{proj}_{\mathbf{v}}\,\mathbf{u}) = \underbrace{\left(\frac{\mathbf{u}\cdot\mathbf{v}}{|\mathbf{v}|^2}\right)\mathbf{v}}_{\text{Paralelo a } \mathbf{v}} + \underbrace{\left(\mathbf{u} - \left(\frac{\mathbf{u}\cdot\mathbf{v}}{|\mathbf{v}|^2}\right)\mathbf{v}\right)}_{\text{Ortogonal a } \mathbf{v}}$$

expressa **u** como uma soma de vetores ortogonais.

Trabalho

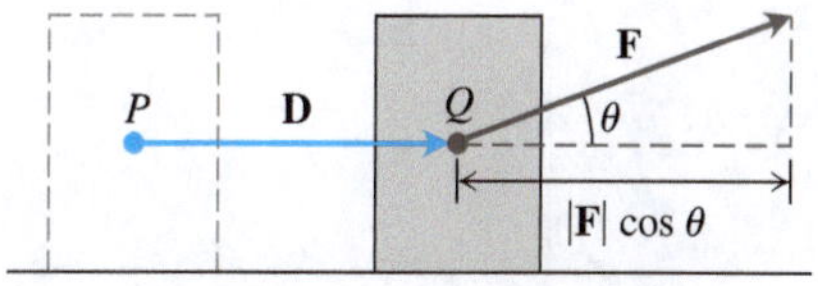

FIGURA 12.26 Trabalho realizado por uma força constante **F** durante um deslocamento **D** é $(|\mathbf{F}|\cos\theta)|\mathbf{D}|$, que é o produto escalar $\mathbf{F}\cdot\mathbf{D}$.

No Capítulo 6, calculamos o trabalho realizado por uma força constante de magnitude F ao mover um objeto ao longo de uma distância d como $W = Fd$. Essa fórmula é verdadeira somente se a força for direcionada ao longo da reta de movimento. Se uma força **F** movendo um objeto ao longo de um deslocamento $\mathbf{D} = \overrightarrow{PQ}$ tem alguma outra direção, o trabalho é realizado pelo componente de **F** na direção de **D**. Se θ é o ângulo entre **F** e **D** (Figura 12.26), então:

$$\begin{aligned}\text{Trabalho} &= \begin{pmatrix}\text{componente escalar de } \mathbf{F}\\ \text{na direção de } \mathbf{D}\end{pmatrix}(\text{comprimento de } \mathbf{D})\\ &= (|\mathbf{F}|\cos\theta)|\mathbf{D}|\\ &= \mathbf{F}\cdot\mathbf{D}.\end{aligned}$$

DEFINIÇÃO O **trabalho** realizado por uma força constante **F** agindo através de um deslocamento $\mathbf{D} = \overrightarrow{PQ}$ é:

$$W = \mathbf{F}\cdot\mathbf{D}.$$

EXEMPLO 7 Se $|\mathbf{F}| = 40$ N (newtons), $|\mathbf{D}| = 3$ m e $\theta = 60°$, o trabalho realizado por **F** atuando de P a Q é:

$$\begin{aligned}\text{Trabalho} &= \mathbf{F}\cdot\mathbf{D} && \text{Definição}\\ &= |\mathbf{F}||\mathbf{D}|\cos\theta\\ &= (40)(3)\cos 60° && \text{Valores fornecidos}\\ &= (120)(1/2) = 60\text{ J (joules)}.\end{aligned}$$

Encontraremos problemas mais desafiadores sobre trabalho no Capítulo 16, quando aprenderemos a encontrar o trabalho realizado por uma força variável ao longo de uma *trajetória* no espaço.

Exercícios 12.3

Produtos escalares e projeções ortogonais

Nos Exercícios 1-8, encontre:

a. $\mathbf{v} \cdot \mathbf{u}$, $|\mathbf{v}|$, $|\mathbf{u}|$;

b. o cosseno do ângulo entre **v** e **u**;

c. o componente escalar de **u** na direção de **v**;

d. o vetor $\text{proj}_{\mathbf{v}}\,\mathbf{u}$.

1. $\mathbf{v} = 2\mathbf{i} - 4\mathbf{j} + \sqrt{5}\mathbf{k}, \quad \mathbf{u} = -2\mathbf{i} + 4\mathbf{j} - \sqrt{5}\mathbf{k}$

2. $\mathbf{v} = (3/5)\mathbf{i} + (4/5)\mathbf{k}, \quad \mathbf{u} = 5\mathbf{i} + 12\mathbf{j}$

3. $\mathbf{v} = 10\mathbf{i} + 11\mathbf{j} - 2\mathbf{k}, \quad \mathbf{u} = 3\mathbf{j} + 4\mathbf{k}$

4. $\mathbf{v} = 2\mathbf{i} + 10\mathbf{j} - 11\mathbf{k}, \quad \mathbf{u} = 2\mathbf{i} + 2\mathbf{j} + \mathbf{k}$

5. $\mathbf{v} = 5\mathbf{j} - 3\mathbf{k}, \quad \mathbf{u} = \mathbf{i} + \mathbf{j} + \mathbf{k}$

6. $\mathbf{v} = -\mathbf{i} + \mathbf{j}, \quad \mathbf{u} = \sqrt{2}\mathbf{i} + \sqrt{3}\mathbf{j} + 2\mathbf{k}$

7. $\mathbf{v} = 5\mathbf{i} + \mathbf{j}, \quad \mathbf{u} = 2\mathbf{i} + \sqrt{17}\mathbf{j}$

8. $\mathbf{v} = \left\langle \frac{1}{\sqrt{2}}, \frac{1}{\sqrt{3}} \right\rangle, \quad \mathbf{u} = \left\langle \frac{1}{\sqrt{2}}, -\frac{1}{\sqrt{3}} \right\rangle$

Ângulos entre vetores

T Encontre os ângulos entre os vetores nos Exercícios 9-12 com precisão de centésimo de radiano.

9. $\mathbf{u} = 2\mathbf{i} + \mathbf{j}, \quad \mathbf{v} = \mathbf{i} + 2\mathbf{j} - \mathbf{k}$

10. $\mathbf{u} = 2\mathbf{i} - 2\mathbf{j} + \mathbf{k}, \quad \mathbf{v} = 3\mathbf{i} + 4\mathbf{k}$

11. $\mathbf{u} = \sqrt{3}\mathbf{i} - 7\mathbf{j}, \quad \mathbf{v} = \sqrt{3}\mathbf{i} + \mathbf{j} - 2\mathbf{k}$

12. $\mathbf{u} = \mathbf{i} + \sqrt{2}\mathbf{j} - \sqrt{2}\mathbf{k}, \quad \mathbf{v} = -\mathbf{i} + \mathbf{j} + \mathbf{k}$

13. Triângulo Encontre as medidas dos ângulos do triângulo cujos vértices são $A = (-1, 0)$, $B = (2, 1)$ e $C = (1, -2)$.

14. Retângulo Encontre as medidas dos ângulos entre as diagonais do retângulo cujos vértices são $A = (1, 0)$, $B = (0, 3)$, $C = (3, 4)$ e $D = (4, 1)$.

15. Ângulos diretores e cossenos diretores Os *ângulos diretores* α, β e γ de um vetor $\mathbf{v} = a\mathbf{i} + b\mathbf{j} + c\mathbf{k}$ são definidos da seguinte forma:

α é o ângulo entre **v** e o eixo x positivo $(0 \le \alpha \le \pi)$

β é o ângulo entre **v** e o eixo y positivo $(0 \le \beta \le \pi)$.

γ é o ângulo entre **v** e o eixo z positivo $(0 \le \gamma \le \pi)$.

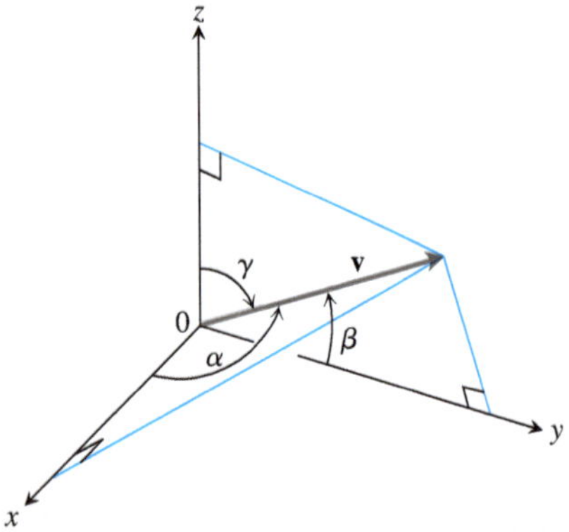

a. Mostre que

$$\cos\alpha = \frac{a}{|\mathbf{v}|}, \qquad \cos\beta = \frac{b}{|\mathbf{v}|}, \qquad \cos\gamma = \frac{c}{|\mathbf{v}|}$$

e $\cos^2\alpha + \cos^2\beta + \cos^2\gamma = 1$. Esses cossenos são chamados *cossenos diretores* de **v**.

b. Os vetores unitários são construídos a partir de cossenos diretores Mostre que, se $\mathbf{v} = a\mathbf{i} + b\mathbf{j} + c\mathbf{k}$ é um vetor unitário, então a, b e c são os cossenos diretores de **v**.

16. Construção de tubulação de água Uma tubulação de água será construída com um desnível de 20% na direção norte e um desnível de 10% na direção leste. Determine o ângulo θ necessário na tubulação de água para o cotovelo de norte para leste.

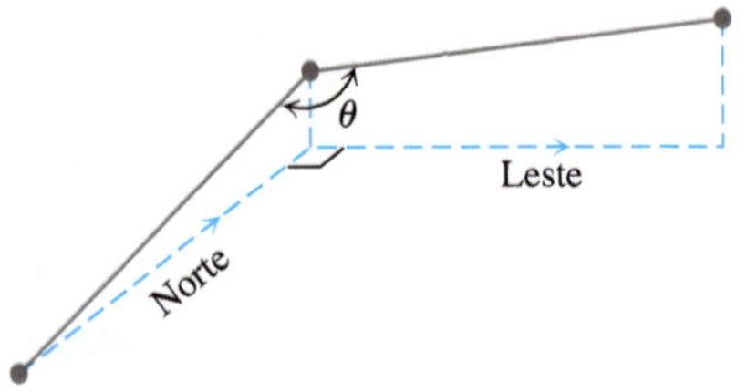

Teoria e exemplos

17. Somas e diferenças Na figura a seguir parece que $\mathbf{v}_1 + \mathbf{v}_2$ e $\mathbf{v}_1 - \mathbf{v}_2$ são ortogonais. É mera coincidência ou existem circunstâncias nas quais podemos esperar que a soma de dois vetores seja ortogonal à sua diferença? Justifique sua resposta.

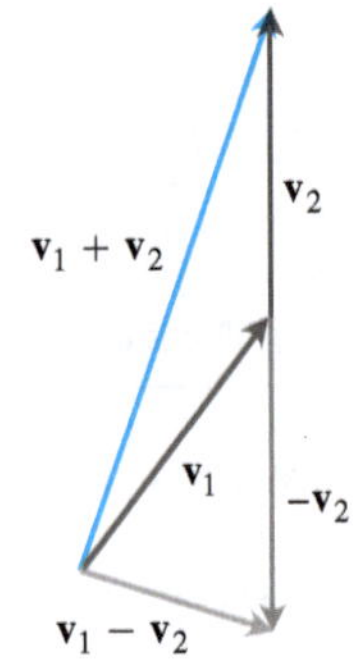

18. Ortogonalidade em um círculo Suponha que AB seja o diâmetro de um círculo com centro O e que C seja um ponto sobre um dos dois arcos que unem A e B. Mostre que $\overrightarrow{CA}$ e $\overrightarrow{CB}$ são ortogonais.

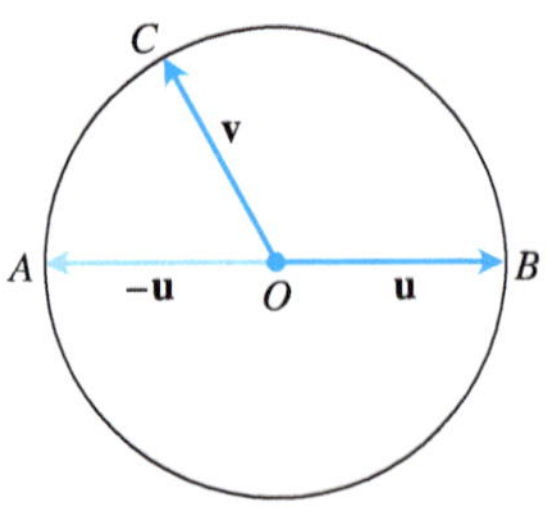

19. Diagonais de um losango Mostre que as diagonais de um losango (paralelogramo com lados de comprimento igual) são perpendiculares.

20. Diagonais perpendiculares Mostre que os quadrados são os únicos retângulos com diagonais perpendiculares.

21. Quando paralelogramos são retângulos Prove que um paralelogramo é um retângulo se, e somente se, suas diagonais são iguais em comprimento. (Esse fato é explorado com frequência por carpinteiros.)

22. Diagonal do paralelogramo Mostre que a diagonal indicada no paralelogramo determinado pelos vetores **u** e **v** é a bissetriz do ângulo entre **u** e **v** se $|\mathbf{u}| = |\mathbf{v}|$.

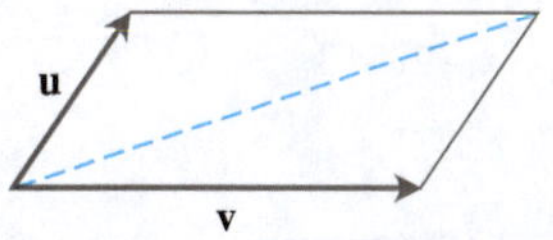

23. Movimento de um projétil Uma arma com velocidade de saída de 1.200 pés/s é disparada a um ângulo de 8° acima da horizontal. Encontre os componentes horizontal e vertical da velocidade.

24. Plano inclinado Suponha que uma caixa esteja sendo carregada sobre um plano inclinado, conforme mostra a figura. Encontre a força **w** necessária para fazer que o componente da força paralela ao plano inclinado seja igual a 2,5 lb.

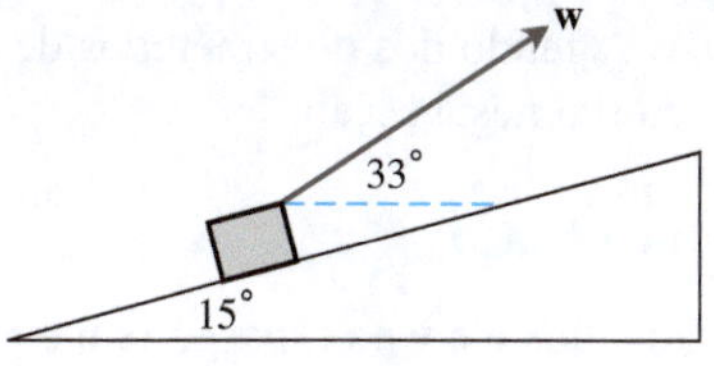

25. a. Desigualdade de Cauchy-Schwartz Uma vez que $\mathbf{u} \cdot \mathbf{v} = |\mathbf{u}|\,|\mathbf{v}| \cos\theta$, mostre que a desigualdade $|\mathbf{u} \cdot \mathbf{v}| \leq |\mathbf{u}|\,|\mathbf{v}|$ é verdadeira para quaisquer vetores **u** e **v**.

b. Sob quais circunstâncias, se existirem, $|\mathbf{u} \cdot \mathbf{v}|$ é igual a $|\mathbf{u}|\,|\mathbf{v}|$? Justifique sua resposta.

26. Copie os eixos e o vetor mostrados aqui. Em seguida, sombreie os pontos (x, y) para os quais $(x\mathbf{i} + y\mathbf{j}) \cdot \mathbf{v} \leq 0$. Justifique sua resposta.

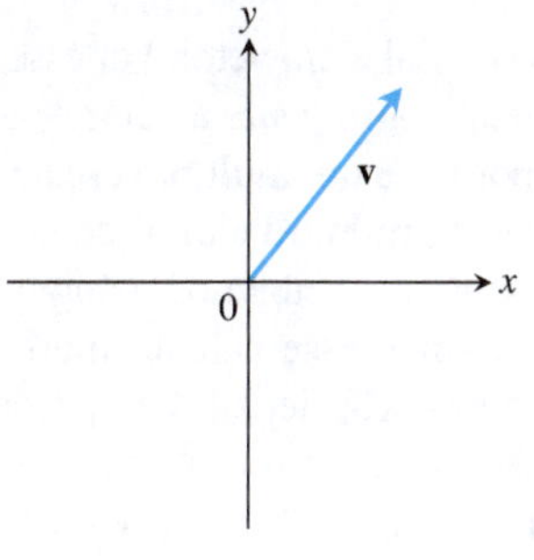

27. Vetores unitários ortogonais Se $\mathbf{u}_1$ e $\mathbf{u}_2$ são vetores unitários ortogonais e $\mathbf{v} = a\mathbf{u}_1 + b\mathbf{u}_2$, encontre $\mathbf{v} \cdot \mathbf{u}_1$.

28. Cancelamento em produtos escalares Na multiplicação de números reais, se $uv_1 = uv_2$ e $u \neq 0$, podemos cancelar u e concluir que $v_1 = v_2$. A mesma regra se aplica ao produto escalar? Isto é, se $\mathbf{u} \cdot \mathbf{v}_1 = \mathbf{u} \cdot \mathbf{v}_2$ e $\mathbf{u} \neq 0$, podemos concluir que $\mathbf{v}_1 = \mathbf{v}_2$? Justifique sua resposta.

29. Utilizando a definição da projeção ortogonal de **u** em **v**, mostre por meio de cálculo direto que $(\mathbf{u} - \text{proj}_{\mathbf{v}}\,\mathbf{u}) \cdot \text{proj}_{\mathbf{v}}\,\mathbf{u} = 0$.

30. Uma força $\mathbf{F} = 2\mathbf{i} + \mathbf{j} - 3\mathbf{k}$ é aplicada a uma espaçonave com vetor velocidade $\mathbf{v} = 3\mathbf{i} - \mathbf{j}$. Expresse **F** como a soma de um vetor paralelo a **v** e um vetor ortogonal a **v**.

Equações para retas no plano

31. Reta perpendicular a um vetor Mostre que o vetor $\mathbf{v} = a\mathbf{i} + b\mathbf{j}$ é perpendicular à reta $ax + by = c$, estabelecendo que o coeficiente angular do vetor **v** é o recíproco negativo do coeficiente angular da reta dada.

32. Reta paralela a um vetor Mostre que o vetor $\mathbf{v} = a\mathbf{i} + b\mathbf{j}$ é paralelo à reta $bx - ay = c$, estabelecendo que o coeficiente angular do segmento de reta representando **v** é o mesmo que o coeficiente angular da reta dada.

Nos Exercícios 33-36, utilize o resultado do Exercício 31 para encontrar uma equação para a reta que passa por P perpendicularmente a **v**. Em seguida, esboce a reta. Inclua **v** em seu esboço *como um vetor iniciando na origem.*

33. $P(2, 1)$, $\mathbf{v} = \mathbf{i} + 2\mathbf{j}$

34. $P(-1, 2)$, $\mathbf{v} = -2\mathbf{i} - \mathbf{j}$

35. $P(-2, -7)$, $\mathbf{v} = -2\mathbf{i} + \mathbf{j}$

36. $P(11, 10)$, $\mathbf{v} = 2\mathbf{i} - 3\mathbf{j}$

Nos Exercícios 37-40, utilize o resultado do Exercício 32 para encontrar uma equação para a reta que passa por P paralelamente a **v**. Em seguida, esboce a reta. Inclua **v** em seu esboço *como um vetor iniciando na origem.*

37. $P(-2, 1)$, $\mathbf{v} = \mathbf{i} - \mathbf{j}$

38. $P(0, -2)$, $\mathbf{v} = 2\mathbf{i} + 3\mathbf{j}$

39. $P(1, 2)$, $\mathbf{v} = -\mathbf{i} - 2\mathbf{j}$

40. $P(1, 3)$, $\mathbf{v} = 3\mathbf{i} - 2\mathbf{j}$

Trabalho

41. Trabalho ao longo de uma reta Encontre o trabalho realizado por uma força $\mathbf{F} = 5\mathbf{i}$ (magnitude 5 N) ao mover um objeto ao longo da reta a partir da origem até o ponto (1, 1) (distância em metros).

42. Locomotiva A locomotiva *Big Boy* da Union Pacific podia puxar trens de 6.000 toneladas com um esforço de tração de 602.148 N (135.375 lb). Nesse nível de força, aproximadamente quanto trabalho a *Big Boy* realizou na jornada de 605 km (em linha reta) de São Francisco a Los Angeles?

43. Plano inclinado Quanto trabalho é necessário para deslizar um engradado 20 m ao longo de um cais, puxando-o com uma força de 200 N em um ângulo de 30° a partir da horizontal?

44. Barco a vela O vento passando sobre a vela de um barco exerce uma força **F** de magnitude de 1.000 lb, conforme mostrado aqui. Quanto trabalho é realizado pelo vento para mover o barco para a frente 1 milha? Dê a resposta em pés-libras.

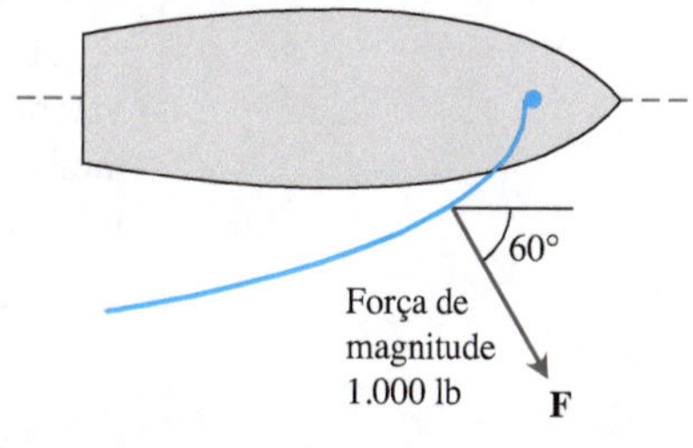

Ângulos entre retas no plano

O **ângulo agudo entre retas que se intersectam** e que não cruzam em ângulos retos é o mesmo que o ângulo determinado por vetores normais às retas ou por vetores paralelos às retas.

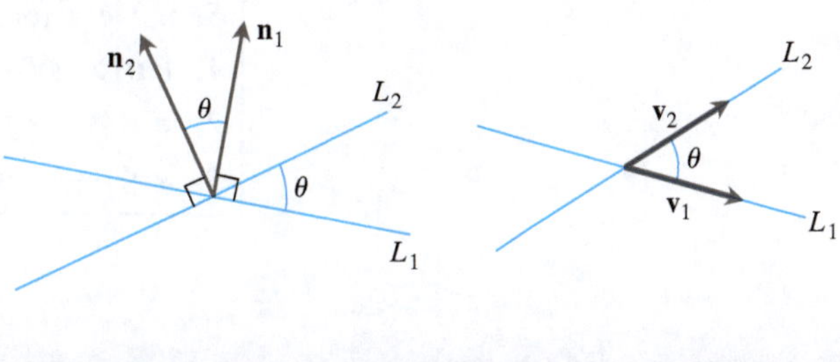

Utilize esse fato e os resultados do Exercício 31 ou 32 para encontrar os ângulos agudos entre as retas nos Exercícios 45-50.

45. $3x + y = 5,\ 2x - y = 4$

46. $y = \sqrt{3}x - 1,\quad y = -\sqrt{3}x + 2$

47. $\sqrt{3}x - y = -2,\quad x - \sqrt{3}y = 1$

48. $x + \sqrt{3}y = 1,\quad \left(1 - \sqrt{3}\right)x + \left(1 + \sqrt{3}\right)y = 8$

49. $3x - 4y = 3,\ x - y = 7$

50. $12x + 5y = 1,\ 2x - 2y = 3$

12.4 Produto vetorial

No estudo de retas no plano, quando precisávamos descrever como uma reta estava inclinada, utilizávamos as noções de coeficiente angular e ângulo de inclinação. No espaço, queremos uma maneira de descrever como um *plano* está inclinado. Conseguimos tal descrição por meio da multiplicação de dois vetores no plano para chegar a um terceiro vetor perpendicular ao plano. A direção desse terceiro vetor nos diz a "inclinação" do plano. O produto que utilizamos para multiplicar os vetores é o *produto vetorial* ou *cruzado*, o segundo dos dois métodos de multiplicação de vetores. Estudaremos o produto vetorial nesta seção.

Produto vetorial de dois vetores no espaço

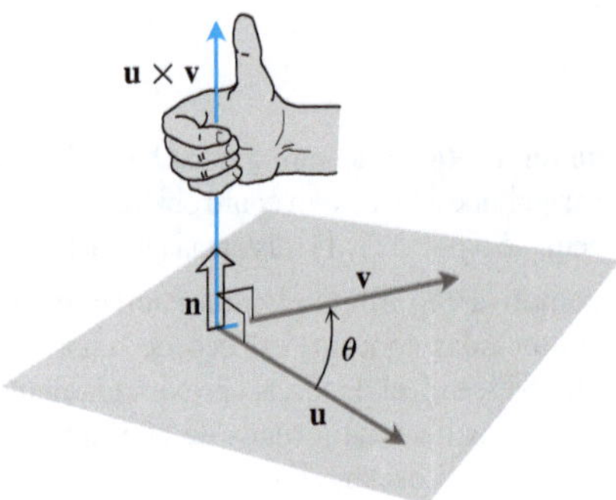

FIGURA 12.27 Construção de $\mathbf{u} \times \mathbf{v}$.

Começamos com dois vetores não nulos **u** e **v** no espaço. Se **u** e **v** não são paralelos, eles determinam um plano. Selecionamos um vetor unitário **n** perpendicular ao plano pela **regra da mão direita**. Isso significa que escolhemos **n** como sendo o vetor unitário (normal) que aponta no mesmo sentido que nosso polegar direito quando os dedos se fecham através do ângulo θ de **u** a **v** (Figura 12.27). Então o **produto vetorial u × v** ("**u** vetorial **v**") é o *vetor* definido a seguir.

DEFINIÇÃO $\quad \mathbf{u} \times \mathbf{v} = (|\mathbf{u}|\ |\mathbf{v}| \operatorname{sen} \theta)\ \mathbf{n}$

Diferente do produto escalar, o produto vetorial é um vetor. Por esse motivo ele é chamado de **produto vetorial** de **u** e **v** e se aplica *somente* a vetores no espaço. O vetor $\mathbf{u} \times \mathbf{v}$ é ortogonal tanto a **u** quanto a **v**, porque é um múltiplo escalar de **n**.

Existe uma forma direta de calcular o produto vetorial de dois vetores a partir de seus componentes. O método não exige que saibamos o ângulo entre eles (conforme sugerido pela definição), mas adiamos esse cálculo momentaneamente, de forma que possamos nos focar primeiro nas propriedades do produto vetorial.

Uma vez que os senos de 0 e π são ambos zero, faz sentido definir o produto vetorial de dois vetores paralelos não nulos como **0**. Se **u**, **v** ou ambos forem zero, também definimos $\mathbf{u} \times \mathbf{v}$ como zero. Dessa maneira, o produto vetorial de dois vetores **u** e **v** será zero se, e somente se, **u** e **v** forem paralelos ou um deles ou ambos forem zero.

Vetores paralelos

Os vetores não nulos **u** e **v** são paralelos se, e somente se, $\mathbf{u} \times \mathbf{v} = \mathbf{0}$.

O produto vetorial obedece às regras a seguir.

Propriedades do produto vetorial

Se **u**, **v** e **w** forem quaisquer vetores e r e s forem escalares, então:

1. $(r\mathbf{u}) \times (s\mathbf{v}) = (rs)\,(\mathbf{u} \times \mathbf{v})$
2. $\mathbf{u} \times (\mathbf{v} + \mathbf{w}) = \mathbf{u} \times \mathbf{v} + \mathbf{u} \times \mathbf{w}$
3. $\mathbf{v} \times \mathbf{u} = -(\mathbf{u} \times \mathbf{v})$
4. $(\mathbf{v} + \mathbf{w}) \times \mathbf{u} = \mathbf{v} \times \mathbf{u} + \mathbf{w} \times \mathbf{u}$
5. $\mathbf{0} \times \mathbf{u} = \mathbf{0}$
6. $\mathbf{u} \times (\mathbf{v} \times \mathbf{w}) = (\mathbf{u} \cdot \mathbf{w})\mathbf{v} - (\mathbf{u} \cdot \mathbf{v})\mathbf{w}$

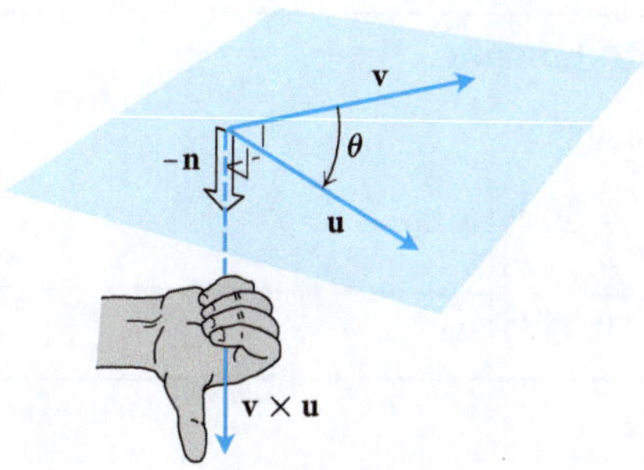

FIGURA 12.28 Construção de $\mathbf{v} \times \mathbf{u}$.

Para visualizarmos a Propriedade 3, por exemplo, notamos que, quando os dedos da nossa mão direita se fecham através do ângulo θ de $\mathbf{v}$ a $\mathbf{u}$, nosso polegar aponta para o sentido oposto; o vetor unitário que escolhemos ao formar $\mathbf{v} \times \mathbf{u}$ é o negativo daquele que escolhemos ao formar $\mathbf{u} \times \mathbf{v}$ (Figura 12.28).

A Propriedade 1 pode ser verificada aplicando-se a definição de produto vetorial a ambos os lados da equação e comparando-se os resultados. A Propriedade 2 é provada no Apêndice 8. A Propriedade 4 segue pela multiplicação de ambos os lados da equação na Propriedade 2 por −1 e inversão da ordem dos produtos, utilizando a Propriedade 3. A Propriedade 5 é uma definição. Como regra, a multiplicação do produto vetorial *não é associativa*, porque $(\mathbf{u} \times \mathbf{v}) \times \mathbf{w}$ geralmente não é igual a $\mathbf{u} \times (\mathbf{v} \times \mathbf{w})$. (Veja o Exercício Adicional 17.)

Quando aplicamos a definição para calcular os produtos vetoriais de **i**, **j** e **k** dois a dois, encontramos (Figura 12.29):

$$\mathbf{i} \times \mathbf{j} = -(\mathbf{j} \times \mathbf{i}) = \mathbf{k}$$

$$\mathbf{j} \times \mathbf{k} = -(\mathbf{k} \times \mathbf{j}) = \mathbf{i}$$

$$\mathbf{k} \times \mathbf{i} = -(\mathbf{i} \times \mathbf{k}) = \mathbf{j}$$

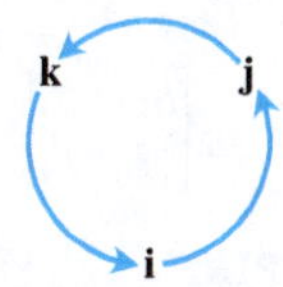

Diagrama para lembrar desses produtos

e

$$\mathbf{i} \times \mathbf{i} = \mathbf{j} \times \mathbf{j} = \mathbf{k} \times \mathbf{k} = 0$$

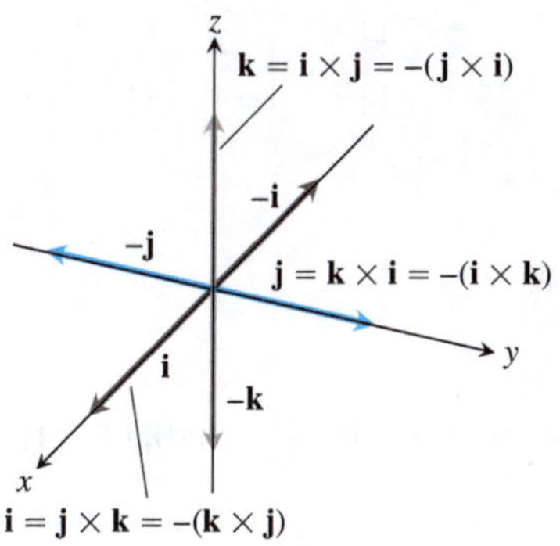

FIGURA 12.29 Produtos vetoriais de **i**, **j** e **k** dois a dois.

$|\mathbf{u} \times \mathbf{v}|$ é a área de um paralelogramo

Como **n** é um vetor unitário, a magnitude de $\mathbf{u} \times \mathbf{v}$ é:

$$|\mathbf{u} \times \mathbf{v}| = |\mathbf{u}||\mathbf{v}||\text{sen}\,\theta||\mathbf{n}| = |\mathbf{u}||\mathbf{v}|\,\text{sen}\,\theta.$$

Essa é a área do paralelogramo determinado por **u** e **v** (Figura 12.30), sendo $|\mathbf{u}|$ a base do paralelogramo e $|\mathbf{v}|\,|\text{sen}\,\theta|$ a altura.

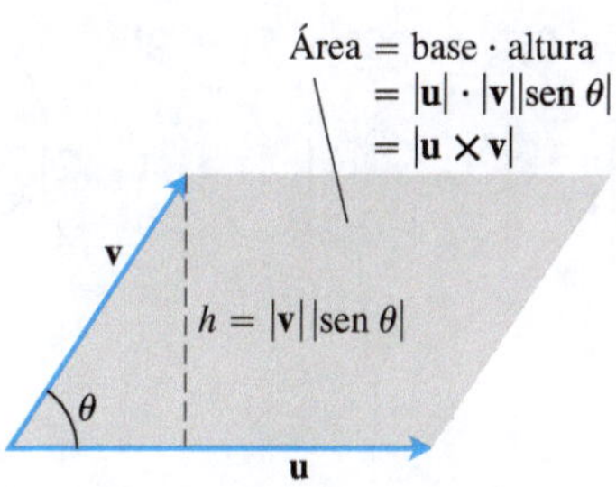

FIGURA 12.30 Paralelogramo determinado por **u** e **v**.

Fórmula do determinante para $\mathbf{u} \times \mathbf{v}$

Nosso próximo objetivo é calcular $\mathbf{u} \times \mathbf{v}$ a partir dos componentes de **u** e **v** relativos ao sistema de coordenadas cartesianas.

Suponha que:

$$\mathbf{u} = u_1\mathbf{i} + u_2\mathbf{j} + u_3\mathbf{k} \qquad \text{e} \qquad \mathbf{v} = v_1\mathbf{i} + v_2\mathbf{j} + v_3\mathbf{k}.$$

Então as leis distributivas e as regras para multiplicação de **i**, **j** e **k** nos dizem que:

$$\begin{aligned} \mathbf{u} \times \mathbf{v} &= (u_1\mathbf{i} + u_2\mathbf{j} + u_3\mathbf{k}) \times (v_1\mathbf{i} + v_2\mathbf{j} + v_3\mathbf{k}) \\ &= u_1v_1\mathbf{i} \times \mathbf{i} + u_1v_2\mathbf{i} \times \mathbf{j} + u_1v_3\mathbf{i} \times \mathbf{k} \\ &\quad + u_2v_1\mathbf{j} \times \mathbf{i} + u_2v_2\mathbf{j} \times \mathbf{j} + u_2v_3\mathbf{j} \times \mathbf{k} \\ &\quad + u_3v_1\mathbf{k} \times \mathbf{i} + u_3v_2\mathbf{k} \times \mathbf{j} + u_3v_3\mathbf{k} \times \mathbf{k} \\ &= (u_2v_3 - u_3v_2)\mathbf{i} - (u_1v_3 - u_3v_1)\mathbf{j} + (u_1v_2 - u_2v_1)\mathbf{k}. \end{aligned}$$

Os termos componentes na última linha são difíceis de ser lembrados, mas eles são os mesmos que os termos na expansão do determinante simbólico:

$$\begin{vmatrix} \mathbf{i} & \mathbf{j} & \mathbf{k} \\ u_1 & u_2 & u_3 \\ v_1 & v_2 & v_3 \end{vmatrix}.$$

Portanto, reescrevemos o cálculo nessa forma fácil de ser lembrada.

Determinantes

Os determinantes 2×2 e 3×3 são avaliados conforme segue:

$$\begin{vmatrix} a & b \\ c & d \end{vmatrix} = ad - bc$$

EXEMPLO

$$\begin{vmatrix} 2 & 1 \\ -4 & 3 \end{vmatrix} = (2)(3) - (1)(-4) = 6 + 4 = 10$$

$$\begin{vmatrix} a_1 & a_2 & a_3 \\ b_1 & b_2 & b_3 \\ c_1 & c_2 & c_3 \end{vmatrix} = a_1\begin{vmatrix} b_2 & b_3 \\ c_2 & c_3 \end{vmatrix} - a_2\begin{vmatrix} b_1 & b_3 \\ c_1 & c_3 \end{vmatrix} + a_3\begin{vmatrix} b_1 & b_2 \\ c_1 & c_2 \end{vmatrix}$$

EXEMPLO

$$\begin{vmatrix} -5 & 3 & 1 \\ 2 & 1 & 1 \\ -4 & 3 & 1 \end{vmatrix} = (-5)\begin{vmatrix} 1 & 1 \\ 3 & 1 \end{vmatrix} - (3)\begin{vmatrix} 2 & 1 \\ -4 & 1 \end{vmatrix} + (1)\begin{vmatrix} 2 & 1 \\ -4 & 3 \end{vmatrix}$$
$$= -5(1-3) - 3(2+4) + 1(6+4) = 10 - 18 + 10 = 2$$

(Para mais informações, consulte o endereço na web, em inglês: www.aw.com/thomas.)

Cálculo do produto vetorial como um determinante

Se $\mathbf{u} = u_1\mathbf{i} + u_2\mathbf{j} + u_3\mathbf{k}$ e $\mathbf{v} = v_1\mathbf{i} + v_2\mathbf{j} + v_3\mathbf{k}$, então:

$$\mathbf{u} \times \mathbf{v} = \begin{vmatrix} \mathbf{i} & \mathbf{j} & \mathbf{k} \\ u_1 & u_2 & u_3 \\ v_1 & v_2 & v_3 \end{vmatrix}.$$

EXEMPLO 1 Encontre $\mathbf{u} \times \mathbf{v}$ e $\mathbf{v} \times \mathbf{u}$ se $\mathbf{u} = 2\mathbf{i} + \mathbf{j} + \mathbf{k}$ e $\mathbf{v} = -4\mathbf{i} + 3\mathbf{j} + \mathbf{k}$.

Solução

$$\mathbf{u} \times \mathbf{v} = \begin{vmatrix} \mathbf{i} & \mathbf{j} & \mathbf{k} \\ 2 & 1 & 1 \\ -4 & 3 & 1 \end{vmatrix} = \begin{vmatrix} 1 & 1 \\ 3 & 1 \end{vmatrix}\mathbf{i} - \begin{vmatrix} 2 & 1 \\ -4 & 1 \end{vmatrix}\mathbf{j} + \begin{vmatrix} 2 & 1 \\ -4 & 3 \end{vmatrix}\mathbf{k}$$
$$= -2\mathbf{i} - 6\mathbf{j} + 10\mathbf{k}$$
$$\mathbf{v} \times \mathbf{u} = -(\mathbf{u} \times \mathbf{v}) = 2\mathbf{i} + 6\mathbf{j} - 10\mathbf{k}$$

EXEMPLO 2 Encontre um vetor perpendicular ao plano de $P(1, -1, 0)$, $Q(2, 1, -1)$ e $R(-1, 1, 2)$ (Figura 12.31).

Solução O vetor $\overrightarrow{PQ} \times \overrightarrow{PR}$ é perpendicular ao plano porque é perpendicular a ambos os vetores. Em termos de componentes:

$$\overrightarrow{PQ} = (2-1)\mathbf{i} + (1+1)\mathbf{j} + (-1-0)\mathbf{k} = \mathbf{i} + 2\mathbf{j} - \mathbf{k}$$
$$\overrightarrow{PR} = (-1-1)\mathbf{i} + (1+1)\mathbf{j} + (2-0)\mathbf{k} = -2\mathbf{i} + 2\mathbf{j} + 2\mathbf{k}$$
$$\overrightarrow{PQ} \times \overrightarrow{PR} = \begin{vmatrix} \mathbf{i} & \mathbf{j} & \mathbf{k} \\ 1 & 2 & -1 \\ -2 & 2 & 2 \end{vmatrix} = \begin{vmatrix} 2 & -1 \\ 2 & 2 \end{vmatrix}\mathbf{i} - \begin{vmatrix} 1 & -1 \\ -2 & 2 \end{vmatrix}\mathbf{j} + \begin{vmatrix} 1 & 2 \\ -2 & 2 \end{vmatrix}\mathbf{k}$$
$$= 6\mathbf{i} + 6\mathbf{k}.$$

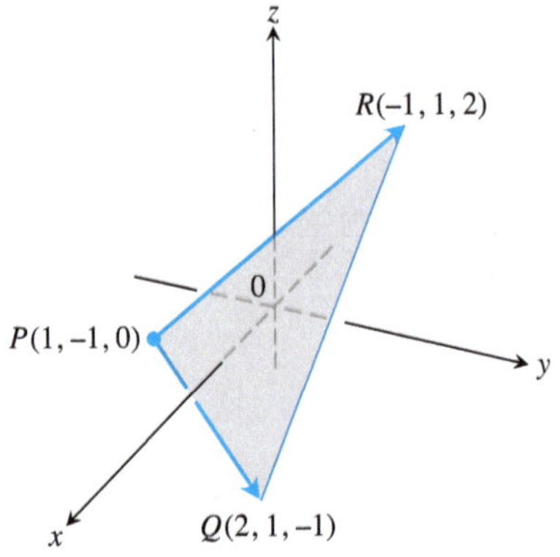

FIGURA 12.31 O vetor $\overrightarrow{PQ} \times \overrightarrow{PR}$ é perpendicular ao plano do triângulo PQR (Exemplo 2). A área do triângulo PQR é metade de $|\overrightarrow{PQ} \times \overrightarrow{PR}|$ (Exemplo 3).

EXEMPLO 3 Encontre a área do triângulo com vértices $P(1, -1, 0)$, $Q(2, 1, -1)$ e $R(-1, 1, 2)$ (Figura 12.31).

Solução A área do paralelogramo determinado por P, Q e R é:

$$|\overrightarrow{PQ} \times \overrightarrow{PR}| = |6\mathbf{i} + 6\mathbf{k}| \qquad \text{Valores do Exemplo 2}$$
$$= \sqrt{(6)^2 + (6)^2} = \sqrt{2 \cdot 36} = 6\sqrt{2}.$$

A área do triângulo é a metade desta, ou $3\sqrt{2}$.

EXEMPLO 4 Encontre um vetor unitário perpendicular ao plano de $P(1, -1, 0)$, $Q(2, 1, -1)$ e $R(-1, 1, 2)$.

Solução Uma vez que $\overrightarrow{PQ} \times \overrightarrow{PR}$ é perpendicular ao plano, sua direção $\mathbf{n}$ é um vetor unitário perpendicular ao plano. Tomando os valores dos Exemplos 2 e 3, temos:

$$\mathbf{n} = \frac{\overrightarrow{PQ} \times \overrightarrow{PR}}{|\overrightarrow{PQ} \times \overrightarrow{PR}|} = \frac{6\mathbf{i} + 6\mathbf{k}}{6\sqrt{2}} = \frac{1}{\sqrt{2}}\mathbf{i} + \frac{1}{\sqrt{2}}\mathbf{k}.$$

Para facilitar o cálculo do produto vetorial utilizando determinantes, normalmente escrevemos os vetores no formato $\mathbf{v} = v_1\mathbf{i} + v_2\mathbf{j} + v_3\mathbf{k}$ em vez de escrevê-los como triplas ordenadas $\mathbf{v} = \langle v_1, v_2, v_3 \rangle$.

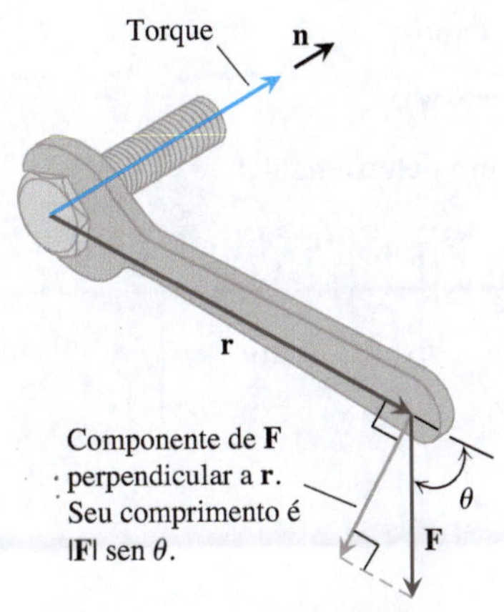

FIGURA 12.32 O vetor torque descreve a tendência da força **F** para conduzir o parafuso para a frente.

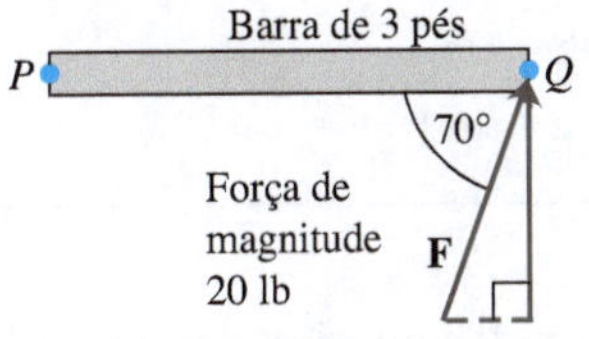

FIGURA 12.33 A magnitude do torque exercido por **F** em P é de cerca de 56,4 pés-lb (Exemplo 5). A barra gira em sentido anti-horário ao redor de P.

Torque

Quando giramos um parafuso aplicando uma força **F** a uma chave inglesa (Figura 12.32), produzimos um torque que faz o parafuso girar. O **vetor torque** aponta na direção do eixo do parafuso, de acordo com a regra da mão direita (de forma que a rotação acontece em sentido anti-horário quando visualizada a partir da ponta do vetor). A magnitude do torque depende da distância na chave inglesa em que a força é aplicada e do quanto de força é perpendicular à chave no ponto de aplicação. O número que utilizamos para medir a magnitude do torque é o produto do comprimento do braço da alavanca **r** e do componente escalar **F** perpendicular a **r**. Na notação da Figura 12.32:

$$\text{Magnitude do vetor torque} = |\mathbf{r}|\,|\mathbf{F}|\,\text{sen}\,\theta,$$

ou $|\mathbf{r} \times \mathbf{F}|$. Se **n** é um vetor unitário ao longo do eixo do parafuso na direção do torque, então uma descrição completa do vetor torque é $\mathbf{r} \times \mathbf{F}$, ou:

$$\text{Vetor torque} = (|\mathbf{r}|\,|\mathbf{F}|\,\text{sen}\,\theta)\,\mathbf{n}.$$

Lembre-se de que definimos $\mathbf{u} \times \mathbf{v}$ como **0** quando **u** e **v** são paralelos. Isso também é consistente com a interpretação do torque. Se a força **F** na Figura 12.32 é paralela à chave inglesa, o que significa que estamos tentando girar o parafuso empurrando ou puxando ao longo da reta do cabo da chave inglesa, o torque produzido é zero.

EXEMPLO 5 A magnitude do torque gerado pela força **F** no ponto pivô P na Figura 12.33 é:

$$\begin{aligned}|\overrightarrow{PQ} \times \mathbf{F}| &= |\overrightarrow{PQ}|\,|\mathbf{F}|\,\text{sen}\,70^\circ \\ &\approx (3)(20)(0{,}94) \\ &\approx 56{,}4\ \text{pés-lb}.\end{aligned}$$

Nesse exemplo, o vetor torque está apontando para fora da página em sua direção.

Produto escalar triplo ou produto misto

O produto $(\mathbf{u} \times \mathbf{v}) \cdot \mathbf{w}$ é chamado de **produto escalar triplo** ou **produto misto** de **u**, **v** e **w** (nessa ordem). Como pode ser visto com a fórmula:

$$|(\mathbf{u} \times \mathbf{v}) \cdot \mathbf{w}| = |\mathbf{u} \times \mathbf{v}|\,|\mathbf{w}|\,|\cos\theta|,$$

o valor absoluto desse produto é o volume do paralelepípedo (caixa com lados em forma de paralelogramos) determinado por **u**, **v** e **w** (Figura 12.34). O número $|\mathbf{u} \times \mathbf{v}|$ é a área da base do paralelogramo. O número $|\mathbf{w}|\,|\cos\theta|$ é a altura do paralelepípedo.

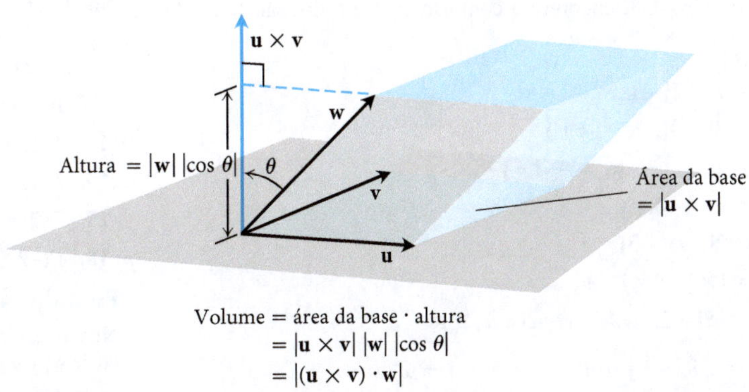

FIGURA 12.34 O número $|(\mathbf{u} \times \mathbf{v}) \cdot \mathbf{w}|$ é o volume de um paralelepípedo.

Tratando os planos de **v** e **w** e de **w** e **u** como os planos da base do paralelepípedo determinado por **u**, **v** e **w**, vemos que:

$$(\mathbf{u} \times \mathbf{v}) \cdot \mathbf{w} = (\mathbf{v} \times \mathbf{w}) \cdot \mathbf{u} = (\mathbf{w} \times \mathbf{u}) \cdot \mathbf{v}.$$

O escalar e o vetorial podem ser trocados para um produto misto sem alterar seu valor.

Como o produto escalar é comutativo, também temos:

$$(\mathbf{u} \times \mathbf{v}) \cdot \mathbf{w} = \mathbf{u} \cdot (\mathbf{v} \times \mathbf{w}).$$

O produto misto pode ser calculado como um determinante:

$$\begin{aligned}(\mathbf{u} \times \mathbf{v}) \cdot \mathbf{w} &= \left[\begin{vmatrix} u_2 & u_3 \\ v_2 & v_3 \end{vmatrix}\mathbf{i} - \begin{vmatrix} u_1 & u_3 \\ v_1 & v_3 \end{vmatrix}\mathbf{j} + \begin{vmatrix} u_1 & u_2 \\ v_1 & v_2 \end{vmatrix}\mathbf{k}\right] \cdot \mathbf{w} \\ &= w_1\begin{vmatrix} u_2 & u_3 \\ v_2 & v_3 \end{vmatrix} - w_2\begin{vmatrix} u_1 & u_3 \\ v_1 & v_3 \end{vmatrix} + w_3\begin{vmatrix} u_1 & u_2 \\ v_1 & v_2 \end{vmatrix} \\ &= \begin{vmatrix} u_1 & u_2 & u_3 \\ v_1 & v_2 & v_3 \\ w_1 & w_2 & w_3 \end{vmatrix}.\end{aligned}$$

Cálculo do produto misto como um determinante

$$(\mathbf{u} \times \mathbf{v}) \cdot \mathbf{w} = \begin{vmatrix} u_1 & u_2 & u_3 \\ v_1 & v_2 & v_3 \\ w_1 & w_2 & w_3 \end{vmatrix}$$

EXEMPLO 6 Encontre o volume da caixa (paralelepípedo) determinado por $\mathbf{u} = \mathbf{i} + 2\mathbf{j} - \mathbf{k}$, $\mathbf{v} = -2\mathbf{i} + 3\mathbf{k}$ e $\mathbf{w} = 7\mathbf{j} - 4\mathbf{k}$.

Solução Utilizando a regra para o cálculo de determinantes, encontramos:

$$(\mathbf{u} \times \mathbf{v}) \cdot \mathbf{w} = \begin{vmatrix} 1 & 2 & -1 \\ -2 & 0 & 3 \\ 0 & 7 & -4 \end{vmatrix} = -23.$$

O volume é $|(\mathbf{u} \times \mathbf{v}) \cdot \mathbf{w}| = 23$ unidades cúbicas.

Exercícios 12.4

Cálculos de produto vetorial

Nos Exercícios 1-8, encontre o comprimento e a direção (quando definida) de $\mathbf{u} \times \mathbf{v}$ e $\mathbf{v} \times \mathbf{u}$.

1. $\mathbf{u} = 2\mathbf{i} - 2\mathbf{j} - \mathbf{k}$, $\mathbf{v} = \mathbf{i} - \mathbf{k}$
2. $\mathbf{u} = 2\mathbf{i} + 3\mathbf{j}$, $\mathbf{v} = -\mathbf{i} + \mathbf{j}$
3. $\mathbf{u} = 2\mathbf{i} - 2\mathbf{j} + 4\mathbf{k}$, $\mathbf{v} = -\mathbf{i} + \mathbf{j} - 2\mathbf{k}$
4. $\mathbf{u} = \mathbf{i} + \mathbf{j} - \mathbf{k}$, $\mathbf{v} = \mathbf{0}$
5. $\mathbf{u} = 2\mathbf{i}$, $\mathbf{v} = -3\mathbf{j}$
6. $\mathbf{u} = \mathbf{i} \times \mathbf{j}$, $\mathbf{v} = \mathbf{j} \times \mathbf{k}$
7. $\mathbf{u} = -8\mathbf{i} - 2\mathbf{j} - 4\mathbf{k}$, $\mathbf{v} = 2\mathbf{i} + 2\mathbf{j} + \mathbf{k}$
8. $\mathbf{u} = \frac{3}{2}\mathbf{i} - \frac{1}{2}\mathbf{j} + \mathbf{k}$, $\mathbf{v} = \mathbf{i} + \mathbf{j} + 2\mathbf{k}$

Nos Exercícios 9-14, esboce os eixos das coordenadas e inclua os vetores $\mathbf{u}$, $\mathbf{v}$ e $\mathbf{u} \times \mathbf{v}$ como vetores com início na origem.

9. $\mathbf{u} = \mathbf{i}$, $\mathbf{v} = \mathbf{j}$
10. $\mathbf{u} = \mathbf{i} - \mathbf{k}$, $\mathbf{v} = \mathbf{j}$
11. $\mathbf{u} = \mathbf{i} - \mathbf{k}$, $\mathbf{v} = \mathbf{j} + \mathbf{k}$
12. $\mathbf{u} = 2\mathbf{i} - \mathbf{j}$, $\mathbf{v} = \mathbf{i} + 2\mathbf{j}$
13. $\mathbf{u} = \mathbf{i} + \mathbf{j}$, $\mathbf{v} = \mathbf{i} - \mathbf{j}$
14. $\mathbf{u} = \mathbf{j} + 2\mathbf{k}$, $\mathbf{v} = \mathbf{i}$

Triângulos no espaço

Nos Exercícios 15-18:

a. Encontre a área do triângulo determinado pelos pontos P, Q e R.

b. Encontre um vetor unitário perpendicular ao plano PQR.

15. $P(1, -1, 2)$, $Q(2, 0, -1)$, $R(0, 2, 1)$
16. $P(1, 1, 1)$, $Q(2, 1, 3)$, $R(3, -1, 1)$
17. $P(2, -2, 1)$, $Q(3, -1, 2)$, $R(3, -1, 1)$
18. $P(-2, 2, 0)$, $Q(0, 1, -1)$, $R(-1, 2, -2)$

Produtos mistos

Nos Exercícios 19-22, verifique que $(\mathbf{u} \times \mathbf{v}) \cdot \mathbf{w} = (\mathbf{v} \times \mathbf{w}) \cdot \mathbf{u} = (\mathbf{w} \times \mathbf{u}) \cdot \mathbf{v}$ e encontre o volume do paralelepípedo (caixa) determinado por $\mathbf{u}$, $\mathbf{v}$ e $\mathbf{w}$.

	u	**v**	**w**
19.	$2\mathbf{i}$	$2\mathbf{j}$	$2\mathbf{k}$
20.	$\mathbf{i} - \mathbf{j} + \mathbf{k}$	$2\mathbf{i} + \mathbf{j} - 2\mathbf{k}$	$-\mathbf{i} + 2\mathbf{j} - \mathbf{k}$
21.	$2\mathbf{i} + \mathbf{j}$	$2\mathbf{i} - \mathbf{j} + \mathbf{k}$	$\mathbf{i} + 2\mathbf{k}$
22.	$\mathbf{i} + \mathbf{j} - 2\mathbf{k}$	$-\mathbf{i} - \mathbf{k}$	$2\mathbf{i} + 4\mathbf{j} - 2\mathbf{k}$

Teoria e exemplos

23. **Vetores paralelos e perpendiculares** Sejam $\mathbf{u} = 5\mathbf{i} - \mathbf{j} + \mathbf{k}$, $\mathbf{v} = \mathbf{j} - 5\mathbf{k}$, $\mathbf{w} = -15\mathbf{i} + 3\mathbf{j} - 3\mathbf{k}$. Quais vetores, se é que existem, são **(a)** perpendiculares? **(b)** Paralelos? Justifique suas respostas.

24. **Vetores paralelos e perpendiculares** Sejam $\mathbf{u} = \mathbf{i} + 2\mathbf{j} - \mathbf{k}$, $\mathbf{v} = -\mathbf{i} + \mathbf{j} + \mathbf{k}$, $\mathbf{w} = \mathbf{i} + \mathbf{k}$, $\mathbf{r} = -(\pi/2)\mathbf{i} - \pi\mathbf{j} + (\pi/2)\mathbf{k}$. Quais vetores, se é que existem, são **(a)** perpendiculares? **(b)** Paralelos? Justifique suas respostas.

Nos Exercícios 25 e 26, encontre a magnitude do torque exercido por **F** sobre o parafuso em P se $|\overrightarrow{PQ}| = 8$ pol. e $|\mathbf{F}| = 30$ libras. Resposta em pés/libras.

25.

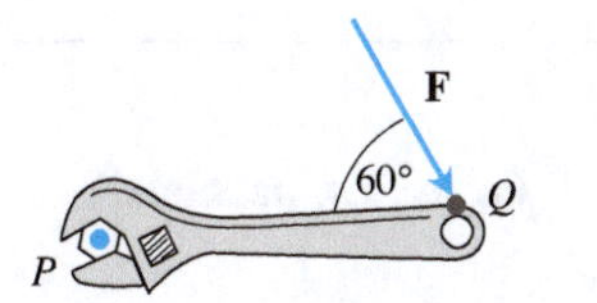

26.

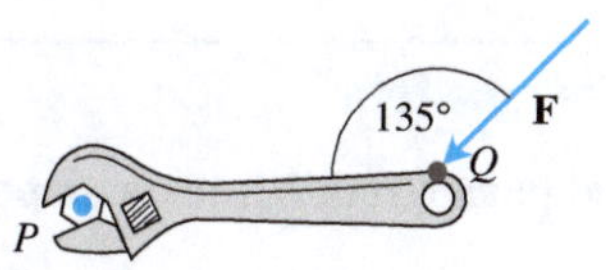

27. Quais das igualdades a seguir são *sempre verdadeiras*, e quais *nem sempre são verdadeiras*? Justifique sua resposta.
    a. $|\mathbf{u}| = \sqrt{\mathbf{u} \cdot \mathbf{u}}$
    b. $\mathbf{u} \cdot \mathbf{u} = |\mathbf{u}|$
    c. $\mathbf{u} \times \mathbf{0} = \mathbf{0} \times \mathbf{u} = \mathbf{0}$
    d. $\mathbf{u} \times (-\mathbf{u}) = \mathbf{0}$
    e. $\mathbf{u} \times \mathbf{v} = \mathbf{v} \times \mathbf{u}$
    f. $\mathbf{u} \times (\mathbf{v} + \mathbf{w}) = \mathbf{u} \times \mathbf{v} + \mathbf{u} \times \mathbf{w}$
    g. $(\mathbf{u} \times \mathbf{v}) \cdot \mathbf{v} = 0$
    h. $(\mathbf{u} \times \mathbf{v}) \cdot \mathbf{w} = \mathbf{u} \cdot (\mathbf{v} \times \mathbf{w})$

28. Quais das igualdades a seguir são *sempre verdadeiras*? Quais *nem sempre são verdadeiras*? Justifique sua resposta.
    a. $\mathbf{u} \cdot \mathbf{v} = \mathbf{v} \cdot \mathbf{u}$
    b. $\mathbf{u} \times \mathbf{v} = -(\mathbf{v} \times \mathbf{u})$
    c. $(-\mathbf{u}) \times \mathbf{v} = -(\mathbf{u} \times \mathbf{v})$
    d. $(c\mathbf{u}) \cdot \mathbf{v} = \mathbf{u} \cdot (c\mathbf{v}) = c(\mathbf{u} \cdot \mathbf{v})$ (qualquer número c)
    e. $c(\mathbf{u} \times \mathbf{v}) = (c\mathbf{u}) \times \mathbf{v} = \mathbf{u} \times (c\mathbf{v})$ (qualquer número c)
    f. $\mathbf{u} \cdot \mathbf{u} = |\mathbf{u}|^2$
    g. $(\mathbf{u} \times \mathbf{u}) \cdot \mathbf{u} = 0$
    h. $(\mathbf{u} \times \mathbf{v}) \cdot \mathbf{u} = \mathbf{v} \cdot (\mathbf{u} \times \mathbf{v})$

29. Dados os vetores não nulos **u**, **v** e **w**, utilize as notações do produto escalar e do produto vetorial, conforme apropriado, para descrever o seguinte:
    a. A projeção ortogonal de **u** em **v**.
    b. Um vetor ortogonal a **u** e **v**.
    c. Um vetor ortogonal a $\mathbf{u} \times \mathbf{v}$ e **w**.
    d. O volume do paralelepípedo determinado por **u**, **v** e **w**.
    e. Um vetor ortogonal a $\mathbf{u} \times \mathbf{v}$ e $\mathbf{u} \times \mathbf{w}$.
    f. Um vetor de comprimento $|\mathbf{u}|$ na direção de **v**.

30. Compute $(\mathbf{i} \times \mathbf{j}) \times \mathbf{j}$ e $\mathbf{i} \times (\mathbf{j} \times \mathbf{j})$. O que se pode concluir sobre a associatividade do produto vetorial?

31. Sejam **u**, **v** e **w** vetores. Quais dos itens a seguir fazem sentido e quais não fazem? Justifique suas respostas.
    a. $(\mathbf{u} \times \mathbf{v}) \cdot \mathbf{w}$
    b. $\mathbf{u} \times (\mathbf{v} \cdot \mathbf{w})$
    c. $\mathbf{u} \times (\mathbf{v} \times \mathbf{w})$
    d. $\mathbf{u} \cdot (\mathbf{v} \cdot \mathbf{w})$

32. **Produto vetorial de três vetores** Mostre que, exceto em casos degenerados, $(\mathbf{u} \times \mathbf{v}) \times \mathbf{w}$ está no plano de **u** e **v**, enquanto $\mathbf{u} \times (\mathbf{v} \times \mathbf{w})$ está no plano de **v** e **w**. Quais *são* os casos degenerados?

33. **Cancelamento em produtos vetoriais** Se $\mathbf{u} \times \mathbf{v} = \mathbf{u} \times \mathbf{w}$ e $\mathbf{u} \neq \mathbf{0}$, então $\mathbf{v} = \mathbf{w}$? Justifique sua resposta.

34. **Cancelamento duplo** Se $\mathbf{u} \neq \mathbf{0}$ e $\mathbf{u} \times \mathbf{v} = \mathbf{u} \times \mathbf{w}$ e $\mathbf{u} \cdot \mathbf{v} = \mathbf{u} \cdot \mathbf{w}$, então $\mathbf{v} = \mathbf{w}$? Justifique sua resposta.

Área de um paralelogramo

Encontre a área dos paralelogramos cujos vértices são dados nos Exercícios 35-40.

35. $A(1, 0)$, $B(0, 1)$, $C(-1, 0)$, $D(0, -1)$
36. $A(0, 0)$, $B(7, 3)$, $C(9, 8)$, $D(2, 5)$
37. $A(-1, 2)$, $B(2, 0)$, $C(7, 1)$, $D(4, 3)$
38. $A(-6, 0)$, $B(1, -4)$, $C(3, 1)$, $D(-4, 5)$
39. $A(0, 0, 0)$, $B(3, 2, 4)$, $C(5, 1, 4)$, $D(2, -1, 0)$
40. $A(1, 0, -1)$, $B(1, 7, 2)$, $C(2, 4, -1)$, $D(0, 3, 2)$

Área de um triângulo

Encontre a área dos triângulos cujos vértices são dados nos Exercícios 41-47.

41. $A(0, 0)$, $B(-2, 3)$, $C(3, 1)$
42. $A(-1, -1)$, $B(3, 3)$, $C(2, 1)$
43. $A(-5, 3)$, $B(1, -2)$, $C(6, -2)$
44. $A(-6, 0)$, $B(10, -5)$, $C(-2, 4)$
45. $A(1, 0, 0)$, $B(0, 2, 0)$, $C(0, 0, -1)$
46. $A(0, 0, 0)$, $B(-1, 1, -1)$, $C(3, 0, 3)$
47. $A(1, -1, 1)$, $B(0, 1, 1)$, $C(1, 0, -1)$
48. Encontre o volume de um paralelepípedo se quatro dentre seus oito vértices são $A(0, 0, 0)$, $B(1, 2, 0)$, $C(0, -3, 2)$ e $D(3, -4, 5)$.
49. **Área do triângulo** Encontre uma fórmula para a área do triângulo no plano xy com vértices em $(0, 0)$, (a_1, a_2) e (b_1, b_2). Explique seu trabalho.
50. **Área do triângulo** Encontre uma fórmula concisa para a área de um triângulo no plano xy com vértices (a_1, a_2), (b_1, b_2) e (c_1, c_2).

12.5 Retas e planos no espaço

Esta seção nos mostra como utilizar produtos escalares e vetoriais para escrever equações para retas, segmentos de reta e planos no espaço. Iremos utilizar essas representações ao longo de todo o restante do livro.

Retas e segmentos de reta no espaço

No plano, uma reta é determinada por um ponto e um número que fornece o coeficiente angular da reta. No espaço, uma reta é determinada por um ponto e um *vetor* que fornece a direção da reta.

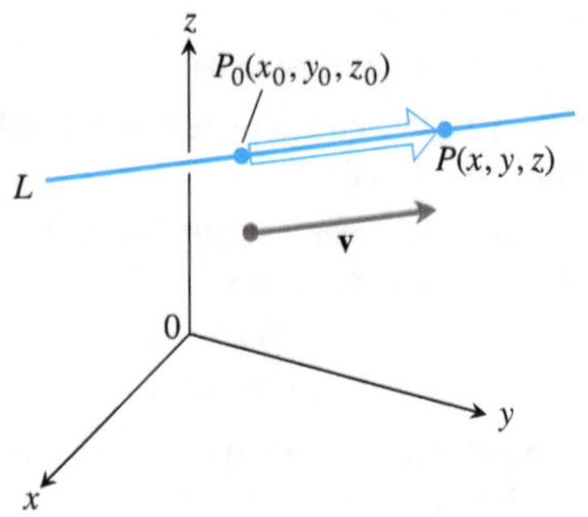

FIGURA 12.35 Um ponto P está em L passando por P_0 paralelo a $\mathbf{v}$ se, e somente se, $\overrightarrow{P_0P}$ é um múltiplo escalar de $\mathbf{v}$.

Suponha que L seja uma reta no espaço que passa por um ponto $P_0(x_0, y_0, z_0)$ paralelo a um vetor $\mathbf{v} = v_1\mathbf{i} + v_2\mathbf{j} + v_3\mathbf{k}$. Então L é o conjunto de todos os pontos $P(x, y, z)$ para os quais $\overrightarrow{P_0P}$ é paralelo a $\mathbf{v}$ (Figura 12.35). Sendo assim, $\overrightarrow{P_0P} = t\mathbf{v}$ para algum parâmetro escalar t. O valor de t depende da localização do ponto P ao longo da reta, e o domínio de t é $(-\infty, \infty)$. A forma expandida da equação $\overrightarrow{P_0P} = t\mathbf{v}$ é:

$$(x - x_0)\mathbf{i} + (y - y_0)\mathbf{j} + (z - z_0)\mathbf{k} = t(v_1\mathbf{i} + v_2\mathbf{j} + v_3\mathbf{k}),$$

que pode ser reescrita como

$$x\mathbf{i} + y\mathbf{j} + z\mathbf{k} = x_0\mathbf{i} + y_0\mathbf{j} + z_0\mathbf{k} + t(v_1\mathbf{i} + v_2\mathbf{j} + v_3\mathbf{k}). \quad (1)$$

Se $\mathbf{r}(t)$ é o vetor de posição de um ponto $P(x, y, z)$ na reta e $\mathbf{r}_0$ é o vetor posição do ponto $P_0(x_0, y_0, z_0)$, então a Equação 1 fornece a seguinte forma vetorial para a equação de uma reta no espaço.

Equação vetorial para uma reta

Uma equação vetorial para a reta L que passa por $P_0(x_0, y_0, z_0)$, paralela a $\mathbf{v}$, é:

$$\mathbf{r}(t) = \mathbf{r}_0 + t\mathbf{v}, \qquad -\infty < t < \infty, \quad (2)$$

em que $\mathbf{r}$ é o vetor posição de um ponto $P(x, y, z)$ sobre L e $\mathbf{r}_0$ é o vetor posição de $P_0(x_0, y_0, z_0)$.

Ao igualarmos os componentes correspondentes dos dois lados da Equação 1, teremos três equações escalares que envolvem o parâmetro t:

$$x = x_0 + tv_1, \qquad y = y_0 + tv_2, \qquad z = z_0 + tv_3.$$

Essas equações fornecem a parametrização padrão da reta para o intervalo de parâmetro $-\infty < t < \infty$.

Equações paramétricas para uma reta

A parametrização padrão da reta que passa por $P_0(x_0, y_0, z_0)$, paralela a $\mathbf{v} = v_1\mathbf{i} + v_2\mathbf{j} + v_3\mathbf{k}$, é:

$$x = x_0 + tv_1, \qquad y = y_0 + tv_2, \qquad z = z_0 + tv_3, \qquad -\infty < t < \infty \quad (3)$$

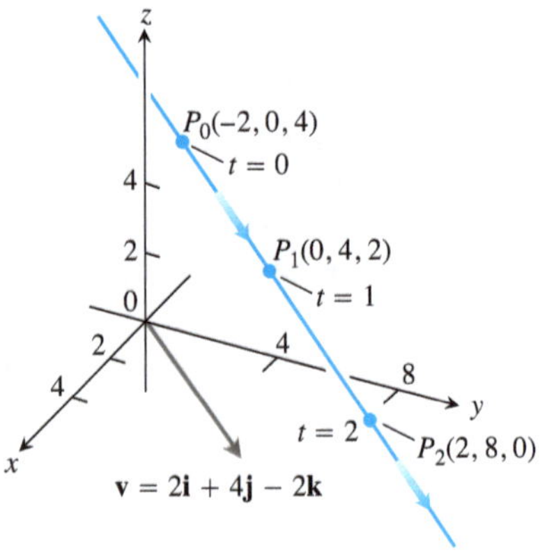

FIGURA 12.36 Pontos selecionados e valores de parâmetro na reta no Exemplo 1. As setas mostram a direção de t crescente.

EXEMPLO 1 Encontre equações paramétricas para a reta que passa por $(-2, 0, 4)$, paralela a $\mathbf{v} = 2\mathbf{i} + 4\mathbf{j} - 2\mathbf{k}$ (Figura 12.36).

Solução Com $P_0(x_0, y_0, z_0)$ igual a $(-2, 0, 4)$ e $v_1\mathbf{i} + v_2\mathbf{j} + v_3\mathbf{k}$ igual a $2\mathbf{i} + 4\mathbf{j} - 2\mathbf{k}$, as Equações 3 tornam-se:

$$x = -2 + 2t, \qquad y = 4t, \qquad z = 4 - 2t.$$

EXEMPLO 2 Encontre equações paramétricas para a reta que passa por $P(-3, 2, -3)$ e $Q(1, -1, 4)$.

Solução O vetor:

$$\overrightarrow{PQ} = (1 - (-3))\mathbf{i} + (-1 - 2)\mathbf{j} + (4 - (-3))\mathbf{k}$$
$$= 4\mathbf{i} - 3\mathbf{j} + 7\mathbf{k}$$

é paralelo à reta, e as Equações 3 com $(x_0, y_0, z_0) = (-3, 2, -3)$ fornecem:

$$x = -3 + 4t, \qquad y = 2 - 3t, \qquad z = -3 + 7t.$$

Poderíamos ter escolhido $Q(1, -1, -4)$ como o "ponto base" e escrito:

$$x = 1 + 4t, \qquad y = -1 - 3t, \qquad z = 4 + 7t.$$

Essas equações nos servem tão bem quanto a primeira; elas simplesmente nos posicionam em um ponto diferente da reta para determinado valor de t.

Note que as parametrizações não são únicas. Não somente o "ponto base" pode mudar, mas também o parâmetro. As equações $x = -3 + 4t^3$, $y = 2 - 3t^3$ e $z = -3 + 7t^3$ também parametrizam a reta do Exemplo 2.

Para parametrizar um segmento de reta que une dois pontos, primeiro parametrizamos a reta que passa pelos pontos. Em seguida, encontramos valores de t para as extremidades e restringimos t ao intervalo fechado limitado por esses valores. As equações da reta com essa restrição adicional parametrizam o segmento.

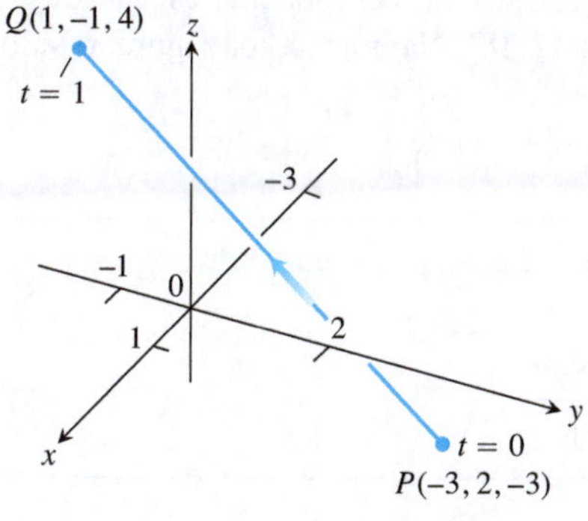

FIGURA 12.37 O Exemplo 3 deriva uma parametrização do segmento de reta PQ. A seta mostra a direção de t crescente.

EXEMPLO 3 Parametrize o segmento de reta que liga os pontos $P(-3, 2, -3)$ e $Q(1, -1, 4)$ (Figura 12.37).

Solução Começamos com equações para a reta que passam por P e Q, tomando-as, nesse caso, do Exemplo 2:

$$x = -3 + 4t, \qquad y = 2 - 3t, \qquad z = -3 + 7t.$$

Observamos que o ponto:

$$(x, y, z) = (-3 + 4t, 2 - 3t, -3 + 7t)$$

na reta passa por $P(-3, 2, -3)$ em $t = 0$ e $Q(1, -1, 4)$ em $t = 1$. Adicionamos a restrição $0 \leq t \leq 1$ para parametrizar o segmento:

$$x = -3 + 4t, \qquad y = 2 - 3t, \qquad z = -3 + 7t, \qquad 0 \leq t \leq 1.$$

A forma vetorial (Equação 2) para uma reta no espaço é mais reveladora se pensarmos em uma reta como a trajetória de uma partícula partindo da posição $P_0(x_0, y_0, z_0)$ e movendo-se na direção e no sentido do vetor $\mathbf{v}$. Reescrevendo a Equação 2, temos:

$$\begin{aligned} \mathbf{r}(t) &= \mathbf{r}_0 + t\mathbf{v} \\ &= \underbrace{\mathbf{r}_0}_{\text{Posição inicial}} + \underbrace{t}_{\text{Tempo}}\underbrace{|\mathbf{v}|}_{\text{Rapidez}}\underbrace{\frac{\mathbf{v}}{|\mathbf{v}|}}_{\text{Direção}} \end{aligned} \tag{4}$$

Em outras palavras, a posição de uma partícula no instante t é sua posição inicial mais sua distância percorrida (rapidez × tempo) na direção $\mathbf{v}/|\mathbf{v}|$ de seu movimento em linha reta.

EXEMPLO 4 Um helicóptero voará diretamente de um heliponto na origem em direção ao ponto (1, 1, 1) a uma velocidade de 60 pés/segundo. Qual é a posição do helicóptero depois de 10 segundos?

Solução Colocamos a origem na posição inicial (heliponto) do helicóptero. Então, o vetor unitário:

$$\mathbf{u} = \frac{1}{\sqrt{3}}\mathbf{i} + \frac{1}{\sqrt{3}}\mathbf{j} + \frac{1}{\sqrt{3}}\mathbf{k}$$

fornece a direção de voo do helicóptero. A partir da Equação 4, a posição do helicóptero em qualquer instante t é:

$$\begin{aligned} \mathbf{r}(t) &= \mathbf{r}_0 + t(\text{rapidez})\mathbf{u} \\ &= \mathbf{0} + t(60)\left(\frac{1}{\sqrt{3}}\mathbf{i} + \frac{1}{\sqrt{3}}\mathbf{j} + \frac{1}{\sqrt{3}}\mathbf{k}\right) \\ &= 20\sqrt{3}t(\mathbf{i} + \mathbf{j} + \mathbf{k}). \end{aligned}$$

Quando $t = 10$ segundos,

$$\begin{aligned} \mathbf{r}(10) &= 200\sqrt{3}\,(\mathbf{i} + \mathbf{j} + \mathbf{k}) \\ &= \left\langle 200\sqrt{3}, 200\sqrt{3}, 200\sqrt{3} \right\rangle. \end{aligned}$$

Depois de 10 segundos de voo a partir da origem em direção a (1, 1, 1), o helicóptero está localizado no ponto $(200\sqrt{3}, 200\sqrt{3}, 200\sqrt{3})$ no espaço. Ele percorreu uma distância de (60 pés/segundo)(10 segundos) = 600 pés, que é o comprimento do vetor $\mathbf{r}(10)$.

Distância entre um ponto e uma reta no espaço

Para encontrar a distância entre um ponto S e uma reta que passa por um ponto P paralelo ao vetor $\mathbf{v}$, encontramos o valor absoluto do componente escalar de $\overrightarrow{PS}$ na direção de um vetor normal à reta (Figura 12.38). Na notação da figura, o valor absoluto do componente escalar é $|\overrightarrow{PS}|$ sen θ, que é $\dfrac{|\overrightarrow{PS} \times \mathbf{v}|}{|\mathbf{v}|}$.

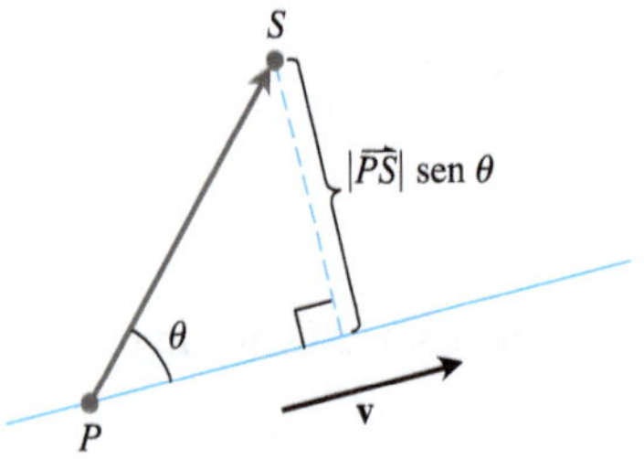

FIGURA 12.38 A distância entre S e a reta que passa por P paralela a $\mathbf{v}$ é $|\overrightarrow{PS}|$ sen θ, em que θ é o ângulo entre $\overrightarrow{PS}$ e $\mathbf{v}$.

Distância entre um ponto *S* e uma reta que passa por *P* paralela a v

$$d = \frac{|\overrightarrow{PS} \times \mathbf{v}|}{|\mathbf{v}|} \qquad (5)$$

EXEMPLO 5 Encontre a distância entre o ponto $S(1, 1, 5)$ e a reta:

$$L: \quad x = 1 + t, \qquad y = 3 - t, \qquad z = 2t.$$

Solução A partir das equações, vemos que L passa pelo ponto $P(1, 3, 0)$, paralela a $\mathbf{v} = \mathbf{i} - \mathbf{j} + 2\mathbf{k}$. Com:

$$\overrightarrow{PS} = (1-1)\mathbf{i} + (1-3)\mathbf{j} + (5-0)\mathbf{k} = -2\mathbf{j} + 5\mathbf{k}$$

e

$$\overrightarrow{PS} \times \mathbf{v} = \begin{vmatrix} \mathbf{i} & \mathbf{j} & \mathbf{k} \\ 0 & -2 & 5 \\ 1 & -1 & 2 \end{vmatrix} = \mathbf{i} + 5\mathbf{j} + 2\mathbf{k},$$

a Equação 5 fornece:

$$d = \frac{|\overrightarrow{PS} \times \mathbf{v}|}{|\mathbf{v}|} = \frac{\sqrt{1 + 25 + 4}}{\sqrt{1 + 1 + 4}} = \frac{\sqrt{30}}{\sqrt{6}} = \sqrt{5}.$$

Equação para um plano no espaço

Um plano no espaço é determinado conhecendo-se um ponto sobre o plano e sua "inclinação" ou orientação. Essa "inclinação" é definida especificando-se um vetor que seja perpendicular ou normal ao plano.

Suponha que o plano M passe por meio de um ponto $P_0(x_0, y_0, z_0)$ e seja normal ao vetor não nulo $\mathbf{n} = A\mathbf{i} + B\mathbf{j} + C\mathbf{k}$. Então M é o conjunto de todos os pontos $P(x, y, z)$ para os quais $\overrightarrow{P_0P}$ é ortogonal a $\mathbf{n}$ (Figura 12.39). Sendo assim, o produto escalar $\mathbf{n} \cdot \overrightarrow{P_0P} = 0$. Essa equação é equivalente a:

$$(A\mathbf{i} + B\mathbf{j} + C\mathbf{k}) \cdot [(x - x_0)\mathbf{i} + (y - y_0)\mathbf{j} + (z - z_0)\mathbf{k}] = 0$$

ou

$$A(x - x_0) + B(y - y_0) + C(z - z_0) = 0.$$

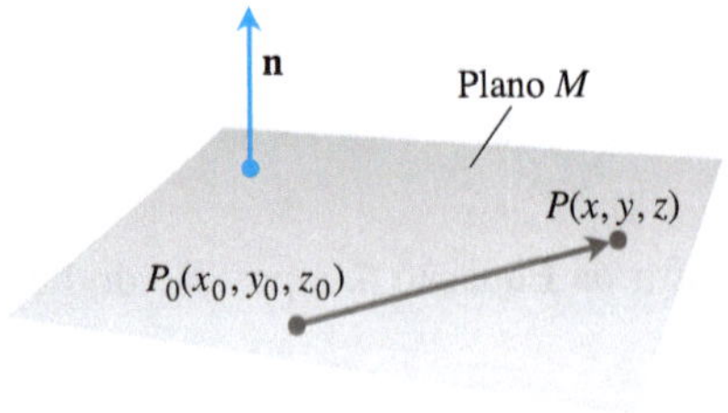

FIGURA 12.39 A equação geral para um plano no espaço é definida em termos de um vetor normal ao plano: um ponto P está no plano que passa por P_0 normal a $\mathbf{n}$ se, e somente se, $\mathbf{n} \cdot \overrightarrow{P_0P} = 0$.

Equação para um plano

O plano que passa por $P_0(x_0, y_0, z_0)$, normal a $\mathbf{n} = A\mathbf{i} + B\mathbf{j} + C\mathbf{k}$, tem:

Equação vetorial: $\mathbf{n} \cdot \overrightarrow{P_0P} = 0$

Equação geral: $A(x - x_0) + B(y - y_0) + C(z - z_0) = 0$

Equação geral simplificada: $Ax + By + Cz = D$, em que $D = Ax_0 + By_0 + Cz_0$

EXEMPLO 6 Encontre uma equação para o plano que passa por $P_0(-3, 0, 7)$ perpendicular a $\mathbf{n} = 5\mathbf{i} + 2\mathbf{j} - \mathbf{k}$.

Solução A equação geral é:

$$5(x - (-3)) + 2(y - 0) + (-1)(z - 7) = 0.$$

Simplificando, obtemos:

$$5x + 15 + 2y - z + 7 = 0$$
$$5x + 2y - z = -22.$$

Observe no Exemplo 6 como os componentes de $\mathbf{n} = 5\mathbf{i} + 2\mathbf{j} - \mathbf{k}$ tornaram-se os coeficientes de x, y e z na equação $5x + 2y - z = -22$. O vetor $\mathbf{n} = A\mathbf{i} + B\mathbf{j} + C\mathbf{k}$ é normal ao plano $Ax + By + Cz = D$.

EXEMPLO 7 Encontre uma equação para o plano que passa por $A(0, 0, 1)$, $B(2, 0, 0)$ e $C(0, 3, 0)$.

Solução Encontramos um vetor normal ao plano e o utilizamos com um dos pontos (não importa qual) para escrever uma equação para o plano.

O produto vetorial:

$$\overrightarrow{AB} \times \overrightarrow{AC} = \begin{vmatrix} \mathbf{i} & \mathbf{j} & \mathbf{k} \\ 2 & 0 & -1 \\ 0 & 3 & -1 \end{vmatrix} = 3\mathbf{i} + 2\mathbf{j} + 6\mathbf{k}$$

é normal ao plano. Substituímos os componentes desse vetor e as coordenadas de $A(0, 0, 1)$ pela forma componente da equação para obter:

$$3(x - 0) + 2(y - 0) + 6(z - 1) = 0$$
$$3x + 2y + 6z = 6.$$

Retas de interseção

Da mesma forma que retas são paralelas se, e somente se, tiverem a mesma direção, dois planos são **paralelos** se, e somente se, suas normais forem paralelas, ou $\mathbf{n}_1 = k\mathbf{n}_2$ para algum escalar k. Dois planos que não são paralelos se cruzam em uma reta.

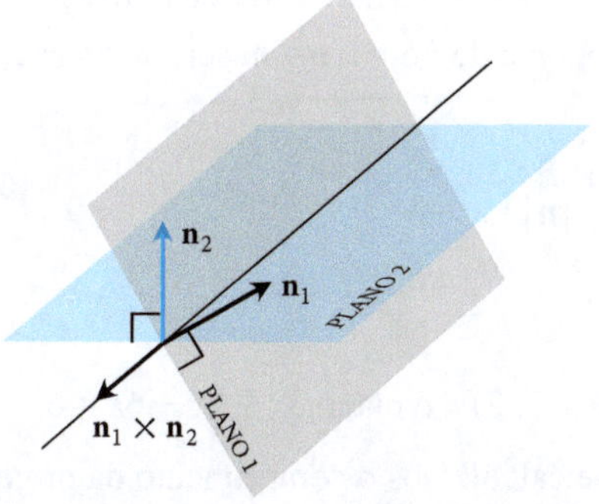

FIGURA 12.40 Como a linha de interseção de dois planos está relacionada aos vetores normais dos planos (Exemplo 8).

EXEMPLO 8 Encontre um vetor paralelo à reta de interseção dos planos $3x - 6y - 2z = 15$ e $2x + y - 2z = 5$.

Solução A reta de interseção de dois planos é perpendicular aos vetores $\mathbf{n}_1$ e $\mathbf{n}_2$ normais a ambos os planos (Figura 12.40) e, portanto, paralela a $\mathbf{n}_1 \times \mathbf{n}_2$. Reciprocamente, $\mathbf{n}_1 \times \mathbf{n}_2$ é um vetor paralelo à reta de interseção dos planos. Em nosso caso:

$$\mathbf{n}_1 \times \mathbf{n}_2 = \begin{vmatrix} \mathbf{i} & \mathbf{j} & \mathbf{k} \\ 3 & -6 & -2 \\ 2 & 1 & -2 \end{vmatrix} = 14\mathbf{i} + 2\mathbf{j} + 15\mathbf{k}.$$

Qualquer múltiplo escalar de $\mathbf{n}_1 \times \mathbf{n}_2$ não nulo também servirá.

EXEMPLO 9 Encontre equações paramétricas para a reta na qual os planos $3x - 6y - 2z = 15$ e $2x + y - 2z = 5$ se cruzam.

Solução Encontramos um vetor paralelo à reta e um ponto sobre a reta e utilizamos as Equações 3.

O Exemplo 8 identifica $\mathbf{v} = 14\mathbf{i} + 2\mathbf{j} + 15\mathbf{k}$ como um vetor paralelo à reta. Para encontrarmos um ponto sobre a reta, podemos tomar qualquer ponto comum aos dois planos. Substituindo $z = 0$ nas equações do plano e resolvendo-as simultaneamente para x e y, identificamos um desses pontos como $(3, -1, 0)$. A reta é:

$$x = 3 + 14t, \qquad y = -1 + 2t, \qquad z = 15t.$$

A escolha de $z = 0$ é arbitrária e também poderíamos ter escolhido $z = 1$ ou $z = -1$. Poderíamos ainda ter deixado $x = 0$ e resolvido para y e z. As diferentes escolhas forneceriam simplesmente parametrizações diferentes da mesma reta.

Algumas vezes desejamos saber onde uma reta e um plano se cruzam. Por exemplo, se estamos observando uma placa plana e um segmento de reta que passa por ela, podemos nos interessar em saber qual parte do segmento de reta está escondida da nossa visão pela placa. Essa aplicação é usada em computação gráfica (Exercício 74).

EXEMPLO 10 Encontre o ponto em que a reta

$$x = \frac{8}{3} + 2t, \qquad y = -2t, \qquad z = 1 + t$$

cruza o plano $3x + 2y + 6z = 6$.

Solução O ponto

$$\left(\frac{8}{3} + 2t, -2t, 1 + t\right)$$

encontra-se no plano caso suas coordenadas satisfaçam a equação do plano, ou seja, se:

$$\begin{aligned} 3\left(\frac{8}{3} + 2t\right) + 2(-2t) + 6(1 + t) &= 6 \\ 8 + 6t - 4t + 6 + 6t &= 6 \\ 8t &= -8 \\ t &= -1. \end{aligned}$$

O ponto de interseção é:

$$(x, y, z)|_{t=-1} = \left(\frac{8}{3} - 2, 2, 1 - 1\right) = \left(\frac{2}{3}, 2, 0\right).$$

Distância entre um ponto e um plano

Se P é um ponto no plano com normal $\mathbf{n}$, então a distância entre qualquer ponto S e o plano é o comprimento da projeção ortogonal de $\overrightarrow{PS}$ em $\mathbf{n}$. Ou seja, a distância de S até o plano é:

$$d = \left|\overrightarrow{PS} \cdot \frac{\mathbf{n}}{|\mathbf{n}|}\right| \tag{6}$$

em que $\mathbf{n} = A\mathbf{i} + B\mathbf{j} + C\mathbf{k}$ é normal ao plano.

EXEMPLO 11 Encontre a distância entre $S(1, 1, 3)$ e o plano $3x + 2y + 6z = 6$.

Solução Encontramos um ponto P no plano e calculamos o comprimento da projeção ortogonal de $\overrightarrow{PS}$ no vetor $\mathbf{n}$ normal ao plano (Figura 12.41). Os coeficientes na equação $3x + 2y + 6z = 6$ fornecem:

$$\mathbf{n} = 3\mathbf{i} + 2\mathbf{j} + 6\mathbf{k}.$$

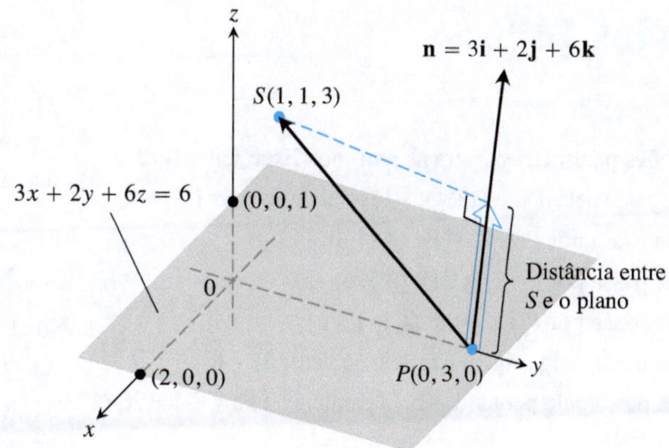

FIGURA 12.41 A distância entre S e o plano é o comprimento da projeção ortogonal de $\overrightarrow{PS}$ em $\mathbf{n}$ (Exemplo 11).

Os pontos no plano mais fáceis de ser localizados a partir de uma equação do plano são os interceptos. Se tomarmos P como o interceptor do eixo y (0, 3, 0), então:

$$\begin{aligned}\overrightarrow{PS} &= (1-0)\mathbf{i} + (1-3)\mathbf{j} + (3-0)\mathbf{k} \\ &= \mathbf{i} - 2\mathbf{j} + 3\mathbf{k}, \\ |\mathbf{n}| &= \sqrt{(3)^2 + (2)^2 + (6)^2} = \sqrt{49} = 7.\end{aligned}$$

A distância entre S e o plano é:

$$\begin{aligned}d &= \left|\overrightarrow{PS}\cdot\frac{\mathbf{n}}{|\mathbf{n}|}\right| \qquad \text{Comprimento de } \operatorname{proj}_{\mathbf{n}}\overrightarrow{PS} \\ &= \left|(\mathbf{i} - 2\mathbf{j} + 3\mathbf{k})\cdot\left(\frac{3}{7}\mathbf{i} + \frac{2}{7}\mathbf{j} + \frac{6}{7}\mathbf{k}\right)\right| \\ &= \left|\frac{3}{7} - \frac{4}{7} + \frac{18}{7}\right| = \frac{17}{7}.\end{aligned}$$

Ângulos entre planos

O ângulo entre dois planos que se cruzam é definido como o ângulo agudo entre seus vetores normais (Figura 12.42).

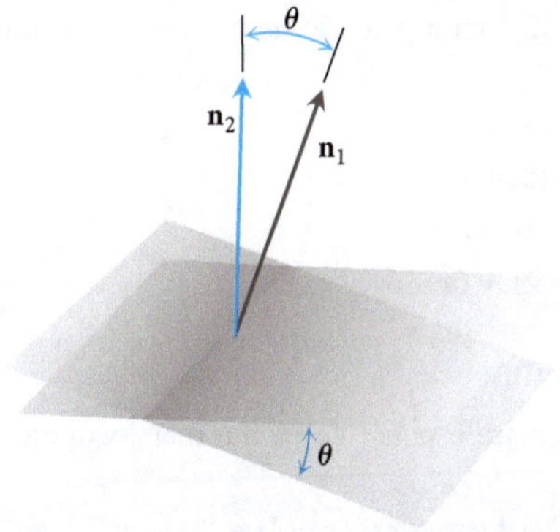

FIGURA 12.42 O ângulo entre dois planos é obtido a partir do ângulo entre suas normais.

EXEMPLO 12 Encontre o ângulo entre os planos $3x - 6y - 2z = 15$ e $2x + y - 2z = 5$.

Solução Os vetores

$$\mathbf{n}_1 = 3\mathbf{i} - 6\mathbf{j} - 2\mathbf{k} \qquad \text{e} \qquad \mathbf{n}_2 = 2\mathbf{i} + \mathbf{j} - 2\mathbf{k}$$

são normais aos planos. O ângulo entre eles é:

$$\begin{aligned}\theta &= \cos^{-1}\left(\frac{\mathbf{n}_1\cdot\mathbf{n}_2}{|\mathbf{n}_1||\mathbf{n}_2|}\right) \\ &= \cos^{-1}\left(\frac{4}{21}\right) \\ &\approx 1{,}38 \text{ radiano.} \qquad \text{Cerca de 79 graus.}\end{aligned}$$

Exercícios 12.5

Retas e segmentos de reta

Encontre equações paramétricas para as retas nos Exercícios 1-12.

1. A reta que passa pelo ponto $P(3, -4, -1)$ paralela ao vetor $\mathbf{i}+\mathbf{j}+\mathbf{k}$.
2. A reta que passa por $P(1, 2, -1)$ e $Q(-1, 0, 1)$.
3. A reta que passa por $P(-2, 0, 3)$ e $Q(3, 5, -2)$.
4. A reta que passa por $P(1, 2, 0)$ e $Q(1, 1, -1)$.
5. A reta que passa pela origem paralela ao vetor $2\mathbf{j}+\mathbf{k}$.
6. A reta que passa pelo ponto $(3, -2, 1)$ paralela à reta $x = 1 + 2t$, $y = 2 - t$, $z = 3t$.
7. A reta que passa por $(1, 1, 1)$ paralela ao eixo z.
8. A reta que passa por $(2, 4, 5)$ perpendicular ao plano $3x + 7y - 5z = 21$.
9. A reta que passa por $(0, -7, 0)$ perpendicular ao plano $x + 2y + 2z = 13$.
10. A reta que passa por $(2, 3, 0)$ perpendicular aos vetores $\mathbf{u} = \mathbf{i} + 2\mathbf{j} + 3\mathbf{k}$ e $\mathbf{v} = 3\mathbf{i} + 4\mathbf{j} + 5\mathbf{k}$.
11. O eixo x.
12. O eixo z.

Encontre parametrizações para os segmentos de reta que unem os pontos nos Exercícios 13-20. Desenhe eixos coordenados e esboce cada segmento, indicando a direção de t crescente para a sua parametrização.

13. $(0, 0, 0)$, $(1, 1, 3/2)$
14. $(0, 0, 0)$, $(1, 0, 0)$
15. $(1, 0, 0)$, $(1, 1, 0)$
16. $(1, 1, 0)$, $(1, 1, 1)$
17. $(0, 1, 1)$, $(0, -1, 1)$
18. $(0, 2, 0)$, $(3, 0, 0)$
19. $(2, 0, 2)$, $(0, 2, 0)$
20. $(1, 0, -1)$, $(0, 3, 0)$

Planos

Encontre equações para os planos nos Exercícios 21-26.

21. O plano que passa por $P_0(0, 2, -1)$ normal a $\mathbf{n} = 3\mathbf{i} - 2\mathbf{j} - \mathbf{k}$.
22. O plano que passa por $(1, -1, 3)$ paralelo ao plano
$$3x + y + z = 7.$$
23. O plano que passa por $(1, 1, -1)$, $(2, 0, 2)$ e $(0, -2, 1)$.
24. O plano que passa por $(2, 4, 5)$, $(1, 5, 7)$ e $(-1, 6, 8)$.
25. O plano que passa por $P_0(2, 4, 5)$ perpendicular à reta:
$$x = 5 + t, \quad y = 1 + 3t, \quad z = 4t.$$
26. O plano que passa por $A(1, -2, 1)$ perpendicular ao vetor da origem até A.
27. Encontre o ponto de interseção das retas $x = 2t + 1$, $y = 3t + 2$, $z = 4t + 3$ e $x = s + 2$, $y = 2s + 4$, $z = -4s - 1$ e, em seguida, defina o plano determinado por essas retas.
28. Encontre o ponto de interseção das retas $x = t$, $y = -t + 2$, $z = t + 1$ e $x = 2s + 2$, $y = s + 3$, $z = 5s + 6$ e, em seguida, defina o plano determinado por essas retas.

Nos Exercícios 29 e 30, encontre o plano determinado pelas retas em interseção.

29. $L1\colon x = -1 + t, \quad y = 2 + t, \quad z = 1 - t; \quad -\infty < t < \infty$
$L2\colon x = 1 - 4s, \quad y = 1 + 2s, \quad z = 2 - 2s; \quad -\infty < s < \infty$
30. $L1\colon x = t, \quad y = 3 - 3t, \quad z = -2 - t; \quad -\infty < t < \infty$
$L2\colon x = 1 + s, \quad y = 4 + s, \quad z = -1 + s; \quad -\infty < s < \infty$
31. Encontre um plano que passa por $P_0(2, 1, -1)$ perpendicular à reta da interseção dos planos $2x + y - z = 3$, $x + 2y + z = 2$.
32. Encontre um plano que passa pelos pontos $P_1(1, 2, 3)$, $P_2(3, 2, 1)$ e perpendicular ao plano $4x - y + 2z = 7$.

Distâncias

Nos Exercícios 33-38, encontre a distância entre o ponto e a reta.

33. $(0, 0, 12)$; $x = 4t, \quad y = -2t, \quad z = 2t$
34. $(0, 0, 0)$; $x = 5 + 3t, \quad y = 5 + 4t, \quad z = -3 - 5t$
35. $(2, 1, 3)$; $x = 2 + 2t, \quad y = 1 + 6t, \quad z = 3$
36. $(2, 1, -1)$; $x = 2t, \quad y = 1 + 2t, \quad z = 2t$
37. $(3, -1, 4)$; $x = 4 - t, \quad y = 3 + 2t, \quad z = -5 + 3t$
38. $(-1, 4, 3)$; $x = 10 + 4t, \quad y = -3, \quad z = 4t$

Nos Exercícios 39-44, encontre a distância entre o ponto e o plano.

39. $(2, -3, 4)$, $x + 2y + 2z = 13$
40. $(0, 0, 0)$, $3x + 2y + 6z = 6$
41. $(0, 1, 1)$, $4y + 3z = -12$
42. $(2, 2, 3)$, $2x + y + 2z = 4$
43. $(0, -1, 0)$, $2x + y + 2z = 4$
44. $(1, 0, -1)$, $-4x + y + z = 4$
45. Encontre a distância entre o plano $x + 2y + 6z = 1$ e o plano $x + 2y + 6z = 10$.
46. Encontre a distância entre a reta $x = 2 + t$, $y = 1 + t$, $z = -(1/2) - (1/2)t$ e o plano $x + 2y + 6z = 10$.

Ângulos

Encontre os ângulos entre os planos nos Exercícios 47 e 48.

47. $x + y = 1, \quad 2x + y - 2z = 2$
48. $5x + y - z = 10, \quad x - 2y + 3z = -1$

T Utilize uma calculadora para encontrar os ângulos agudos entre os planos nos Exercícios 49-52 com a precisão de centésimos de um radiano.

49. $2x + 2y + 2z = 3, \quad 2x - 2y - z = 5$
50. $x + y + z = 1, \quad z = 0$ (plano xy)
51. $2x + 2y - z = 3, \quad x + 2y + z = 2$
52. $4y + 3z = -12, \quad 3x + 2y + 6z = 6$

Interseção de retas e planos

Nos Exercícios 53-56, encontre o ponto no qual a reta encontra o plano.

53. $x = 1 - t, \quad y = 3t, \quad z = 1 + t; \quad 2x - y + 3z = 6$
54. $x = 2, \quad y = 3 + 2t, \quad z = -2 - 2t; \quad 6x + 3y - 4z = -12$
55. $x = 1 + 2t, \quad y = 1 + 5t, \quad z = 3t; \quad x + y + z = 2$
56. $x = -1 + 3t, \quad y = -2, \quad z = 5t; \quad 2x - 3z = 7$

Encontre parametrizações para as retas nas quais os planos nos Exercícios 57-60 se cruzam.

57. $x + y + z = 1, \quad x + y = 2$
58. $3x - 6y - 2z = 3, \quad 2x + y - 2z = 2$
59. $x - 2y + 4z = 2, \quad x + y - 2z = 5$
60. $5x - 2y = 11, \quad 4y - 5z = -17$

Dadas duas retas no espaço, ou elas são paralelas, ou se cruzam ou são reversas (imagine, por exemplo, a trajetória de voo de dois aviões no céu). Os Exercícios 61 e 62 fornecem três retas cada um. Em cada exercício, determine se as retas, tomadas duas a duas, são paralelas, se cruzam ou são reversas. No caso de se cruzarem, encontre o ponto de interseção.

61. $L1: x = 3 + 2t, \quad y = -1 + 4t, \quad z = 2 - t; \quad -\infty < t < \infty$
$L2: x = 1 + 4s, \quad y = 1 + 2s, \quad z = -3 + 4s; \quad -\infty < s < \infty$
$L3: x = 3 + 2r, \quad y = 2 + r, \quad z = -2 + 2r; \quad -\infty < r < \infty$

62. $L1: x = 1 + 2t, \quad y = -1 - t, \quad z = 3t; \quad -\infty < t < \infty$
$L2: x = 2 - s, \quad y = 3s, \quad z = 1 + s; \quad -\infty < s < \infty$
$L3: x = 5 + 2r, \quad y = 1 - r, \quad z = 8 + 3r; \quad -\infty < r < \infty$

Teoria e exemplos

63. Utilize as Equações 3 para gerar uma parametrização da reta que passa por $P(2, -4, 7)$ paralela a $\mathbf{v}_1 = 2\mathbf{i} - \mathbf{j} + 3\mathbf{k}$. Em seguida, gere outra parametrização da reta utilizando o ponto $P_2(-2, -2, 1)$ e o vetor $\mathbf{v}_2 = -\mathbf{i} + (1/2)\mathbf{j} - (3/2)\mathbf{k}$.

64. Utilize a forma componente para gerar uma equação para o plano que passa por $P_1(4, 1, 5)$ normal a $\mathbf{n}_1 = \mathbf{i} - 2\mathbf{j} + \mathbf{k}$. Em seguida, gere outra equação para o mesmo plano utilizando o ponto $P_2(3, -2, 0)$ e o vetor normal $\mathbf{n}_2 = -\sqrt{2}\mathbf{i} + 2\sqrt{2}\mathbf{j} - \sqrt{2}\mathbf{k}$.

65. Ache os pontos nos quais a reta $x = 1 + 2t, y = -1 - t, z = 3t$ encontra os planos coordenados. Descreva o raciocínio para a sua resposta.

66. Encontre equações para a reta no plano $z = 3$ que forma um ângulo de $\pi/6$ rad com **i** e um ângulo de $\pi/3$ rad com **j**. Descreva o raciocínio para a sua resposta.

67. A reta $x = 1 - 2t, y = 2 + 5t, z = -3t$ é paralela ao plano $2x + y - z = 8$? Justifique sua resposta.

68. Como se pode dizer que os dois planos $A_1x + B_1y + C_1z = D_1$ e $A_2x + B_2y + C_2z = D_2$ são paralelos? E perpendiculares? Justifique sua resposta.

69. Encontre dois planos diferentes cuja interseção seja a reta $x = 1 + t, y = 2 - t, z = 3 + 2t$. Escreva equações para cada plano na forma $Ax + By + Cz = D$.

70. Encontre um plano que passa pela origem que seja perpendicular ao plano M: $2x + 3y + z = 12$. Como você sabe que o plano é perpendicular a M?

71. O gráfico de $(x/a) + (y/b) + (z/c) = 1$ é um plano para quaisquer números não nulos a, b e c. Quais planos têm uma equação dessa forma?

72. Suponha que L_1 e L_2 sejam retas não paralelas disjuntas (que não se cruzam). É possível para um vetor não nulo ser perpendicular tanto a L_1 quanto a L_2? Justifique sua resposta.

73. Perspectiva em computação gráfica Em computação gráfica e desenho em perspectiva, precisamos representar objetos vistos pelo olho no espaço como imagens em um plano bidimensional. Suponha que o olho esteja em $E(x_0, 0, 0)$, conforme mostrado aqui, e que desejamos representar um ponto $P_1(x_1, y_1, z_1)$ como um ponto no plano yz. Fazemos isso projetando P_1 no plano com um raio a partir de E. O ponto P_1 será representado como o ponto $P(0, y, z)$. O problema para nós, como designers gráficos, será encontrar y e z, dados E e P_1.

a. Escreva uma equação vetorial entre $\overrightarrow{EP}$ e $\overrightarrow{EP_1}$ que seja verdadeira. Utilize a equação para expressar y e z em termos de x_0, x_1, y_1 e z_1.

b. Teste as fórmulas obtidas para y e z no item (a) investigando seu comportamento em $x_1 = 0$ e $x_1 = x_0$ e vendo o que acontece quando $x_0 \to \infty$. O que você encontra?

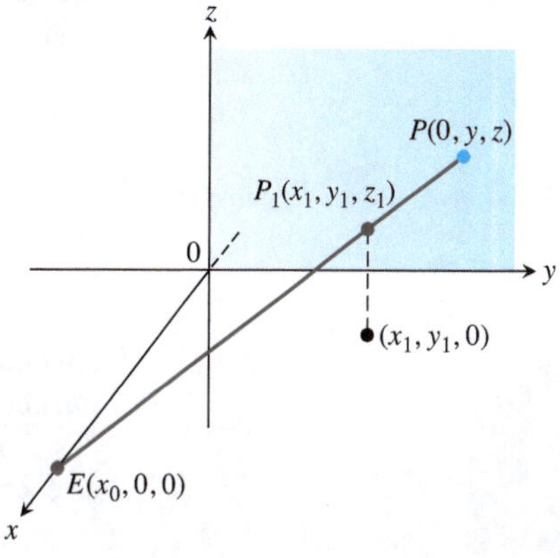

74. Retas escondidas em computação gráfica Temos aqui outro problema típico de computação gráfica. Seu olho está em (4, 0, 0). Você está olhando para uma placa triangular cujos vértices estão em (1, 0, 1), (1, 1, 0) e (–2, 2, 2). O segmento de reta de (1, 0, 0) até (0, 2, 2) passa pela placa. Que parte do segmento de reta está escondida da sua visão, encoberta pela placa? (Este é um exercício para encontrar interseções de retas e planos.)

12.6 Cilindros e superfícies quádricas

Até agora, estudamos dois tipos especiais de superfícies: esferas e planos. Nesta seção, ampliaremos nossa lista para incluir uma variedade de cilindros e superfícies quádricas. Superfícies quádricas são definidas por equações de segundo grau em x, y e z. Esferas são superfícies quádricas, mas existem outras de igual interesse, que serão necessárias nos Capítulos 14-16.

Cilindros

O **cilindro** é uma superfície gerada por meio do movimento de uma linha reta ao longo de uma curva plana dada enquanto mantida paralela a uma reta fixada. A curva é denominada **curva geradora** para o cilindro (Figura 12.43). Em geometria sólida, em que *cilindro* significa *cilindro circular*, as curvas geradoras são círculos, mas agora permitiremos curvas geradoras de qualquer tipo. O cilindro do nosso primeiro exemplo é gerado por uma parábola.

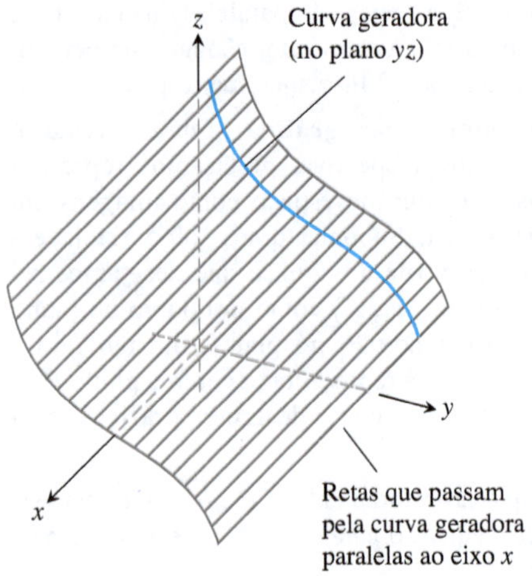

FIGURA 12.43 Um cilindro e uma curva geradora.

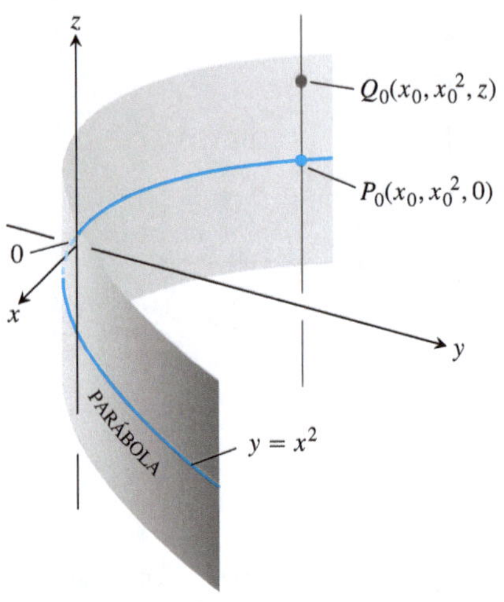

FIGURA 12.44 Todos os pontos do cilindro no Exemplo 1 possuem coordenadas da forma (x_0, x_0^2, z). Chamamos o conjunto de "cilindro $y = x^2$".

EXEMPLO 1 Encontre uma equação para o cilindro formado pelas retas paralelas ao eixo z que passam pela parábola $y = x^2$, $z = 0$ (Figura 12.44).

Solução O ponto $P_0(x_0, x_0^2, 0)$ está localizado na parábola $y = x^2$ no plano xy. Então, para qualquer valor de z, o ponto $Q(x_0, x_0^2, z)$ estará localizado no cilindro porque está sobre a reta $x = x_0$, $y = x_0^2$ que passa por P_0 paralela ao eixo z. Reciprocamente, qualquer ponto $Q(x_0, x_0^2, z)$, cuja coordenada y é o quadrado de sua coordenada x, está localizado sobre o cilindro porque está sobre a reta $x = x_0$, $y = x_0^2$ que passa por P_0 paralela ao eixo z (Figura 12.44).

Independentemente do valor de z, portanto, os pontos sobre a superfície são aqueles cujas coordenadas satisfazem a equação $y = x^2$. Isso faz de $y = x^2$ uma equação para o cilindro. Por esse motivo, chamamos o cilindro de "cilindro $y = x^2$".

Conforme sugerido pelo Exemplo 1, qualquer curva $f(x, y) = c$ no plano xy define um cilindro paralelo ao eixo z cuja equação também é $f(x, y) = c$. Por exemplo, a equação $x^2 + y^2 = 1$ define o cilindro circular formado pelas retas paralelas ao eixo z que passam pelo círculo $x^2 + y^2 = 1$ no plano xy.

De maneira semelhante, qualquer curva $g(x, z) = c$ no plano xz define um cilindro paralelo ao eixo y cuja equação espacial é também $g(x, z) = c$. Qualquer curva $h(y, z) = c$ define um cilindro paralelo ao eixo x cuja equação espacial também é $h(y, z) = c$. Entretanto, o eixo de um cilindro não precisa ser paralelo a um eixo coordenado.

Superfícies quádricas

Superfície quádrica é o gráfico no espaço de uma equação de segundo grau em x, y e z. Focamos a equação especial:

$$Ax^2 + By^2 + Cz^2 + Dz = E,$$

em que A, B, C, D e E são constantes. As superfícies quádricas básicas são **elipsoides**, **paraboloides**, **cones elípticos** e **hiperboloides**. Esferas são casos especiais de elipsoides. Apresentamos alguns exemplos que ilustram como esboçar uma superfície quádrica e, em seguida, fornecemos uma tabela com os gráficos dos tipos básicos.

EXEMPLO 2 O **elipsoide**

$$\frac{x^2}{a^2} + \frac{y^2}{b^2} + \frac{z^2}{c^2} = 1$$

(Figura 12.45) corta os eixos coordenados em $(\pm a, 0, 0)$, $(0, \pm b, 0)$ e $(0, 0, \pm c)$. Ele está dentro da caixa retangular definida pelas desigualdades $|x| \leq a$, $|y| \leq b$ e $|z| \leq c$.

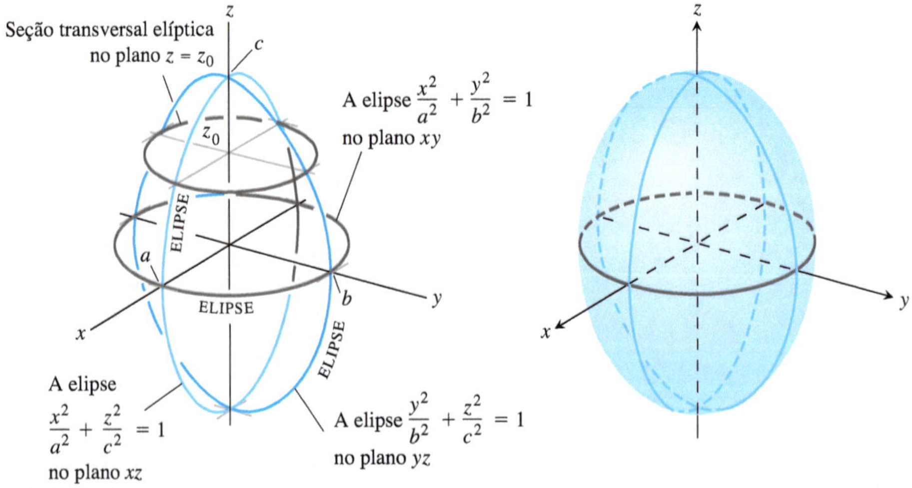

FIGURA 12.45 O elipsoide

$$\frac{x^2}{a^2} + \frac{y^2}{b^2} + \frac{z^2}{c^2} = 1$$

no Exemplo 2 possui seções transversais elípticas em cada um dos três planos coordenados.

A superfície é simétrica em relação a cada um dos planos coordenados, porque cada variável na equação de definição está elevada ao quadrado.

As curvas nas quais os três planos coordenados cortam a superfície são elipses. Por exemplo:

$$\frac{x^2}{a^2} + \frac{y^2}{b^2} = 1 \qquad \text{quando} \qquad z = 0.$$

A curva cortada da superfície pelo plano $z = z_0$, $|z_0| < c$, é a elipse:

$$\frac{x^2}{a^2(1 - (z_0/c)^2)} + \frac{y^2}{b^2(1 - (z_0/c)^2)} = 1.$$

Se dois dos semieixos a, b e c são iguais, a superfície é um **elipsoide de revolução**. Se todos os três são iguais, a superfície é uma esfera.

EXEMPLO 3 O **paraboloide hiperbólico**

$$\frac{y^2}{b^2} - \frac{x^2}{a^2} = \frac{z}{c}, \qquad c > 0$$

possui simetria em relação aos planos $x = 0$ e $y = 0$ (Figura 12.46). As seções transversais nesses planos são:

$$x = 0: \quad \text{a parábola } z = \frac{c}{b^2}y^2. \tag{1}$$

$$y = 0: \quad \text{a parábola } z = -\frac{c}{a^2}x^2. \tag{2}$$

No plano $x = 0$, a parábola se abre para cima em relação à origem. A parábola no plano $y = 0$ se abre para baixo.

Se cortarmos a superfície por um plano $z = z_0 > 0$, a seção transversal será uma hipérbole:

$$\frac{y^2}{b^2} - \frac{x^2}{a^2} = \frac{z_0}{c},$$

com seu eixo focal paralelo ao eixo y e seus vértices na parábola na Equação 1. Se z_0 é negativo, o eixo focal é paralelo ao eixo x e os vértices estão na parábola na Equação 2.

Perto da origem, a superfície tem o formato de uma sela ou de uma passagem entre montanhas. Para uma pessoa que percorre a superfície no plano yz, a origem parece ser um mínimo. Para uma pessoa que percorre o plano xz, a origem parece ser um máximo. Tal ponto é chamado de **ponto de sela** de uma superfície. Falaremos mais sobre os pontos de sela na Seção 14.7.

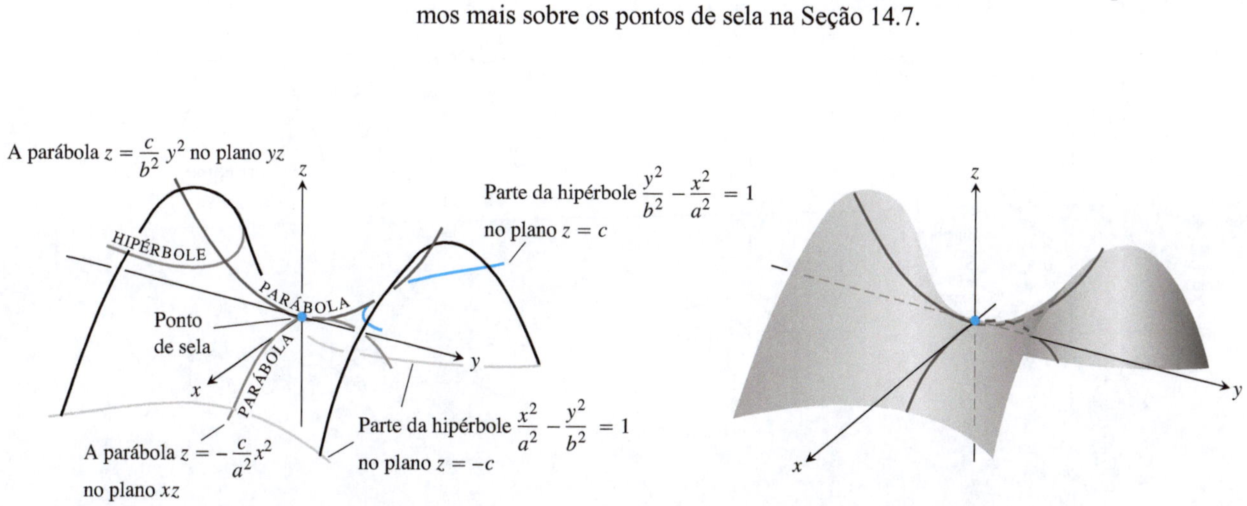

FIGURA 12.46 Paraboloide hiperbólico $(y^2/b^2) - (x^2/a^2) = z/c$, $c > 0$. As seções transversais nos planos perpendiculares ao eixo z acima e abaixo do plano xy são hipérboles. As seções transversais nos planos perpendiculares aos outros eixos são parábolas.

A Tabela 12.1 exibe gráficos dos seis tipos básicos de superfícies quádricas. Cada superfície mostra sua simetria em relação ao eixo z, mas outros eixos coordenados também podem servir (com alterações apropriadas conforme a equação).

TABELA 12.1 Gráficos de superfícies quádricas

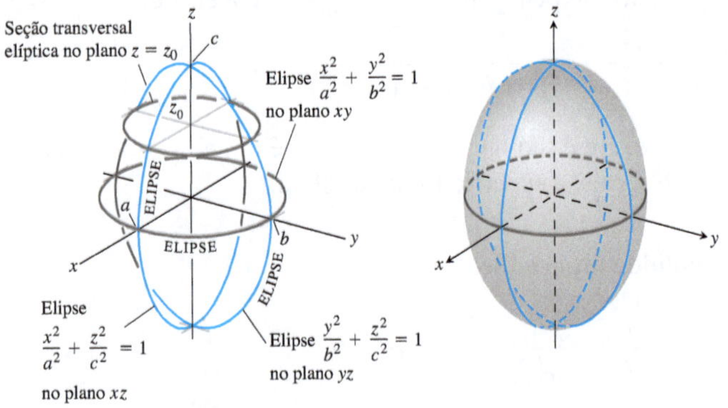

ELIPSOIDE $\frac{x^2}{a^2} + \frac{y^2}{b^2} + \frac{z^2}{c^2} = 1$

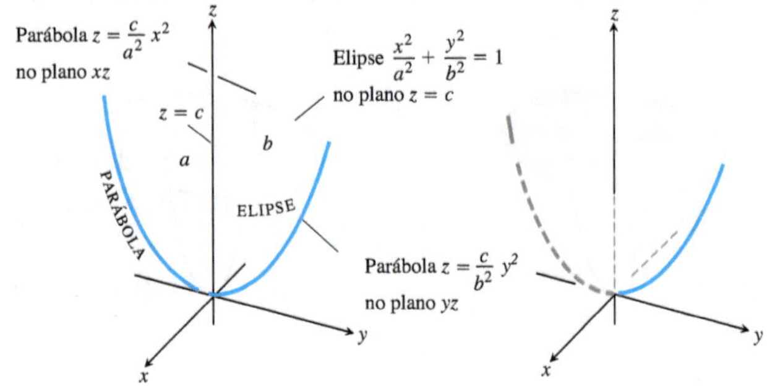

PARABOLOIDE ELÍPTICO $\frac{x^2}{a^2} + \frac{y^2}{b^2} = \frac{z}{c}$

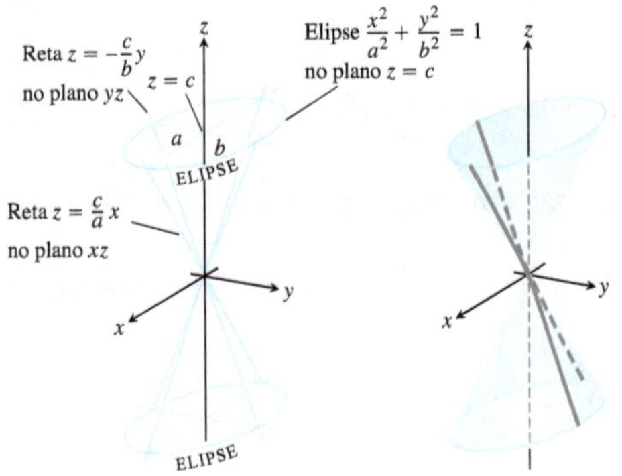

CONE ELÍPTICO $\frac{x^2}{a^2} + \frac{y^2}{b^2} = \frac{z^2}{c^2}$

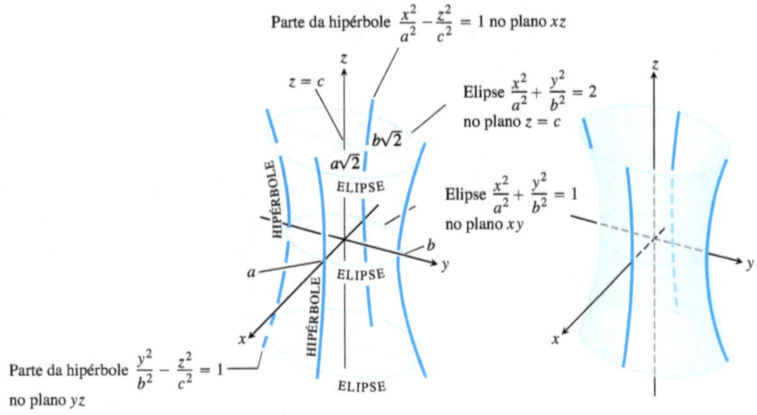

HIPERBOLOIDE DE UMA FOLHA

$$\frac{x^2}{a^2} + \frac{y^2}{b^2} - \frac{z^2}{c^2} = 1$$

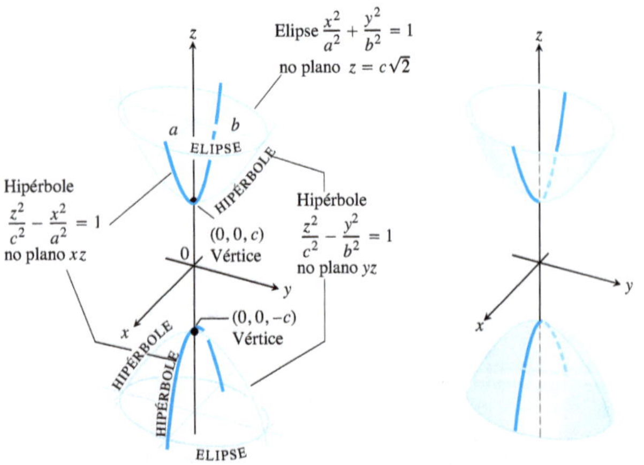

HIPERBOLOIDE DE DUAS FOLHAS

$$\frac{z^2}{c^2} - \frac{x^2}{a^2} - \frac{y^2}{b^2} = 1$$

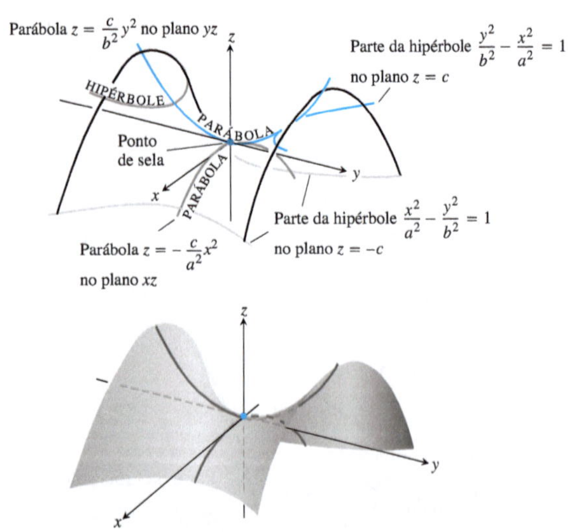

PARABOLOIDE HIPERBÓLICO

$$\frac{y^2}{b^2} - \frac{x^2}{a^2} = \frac{z}{c}, \quad c > 0$$

Exercícios 12.6

Associando equações com superfícies

Nos Exercícios 1-12, associe a equação com a superfície que ela define. Além disso, identifique cada superfície pelo tipo (paraboloide, elipsoide etc.) As superfícies vão de **a-l**.

1. $x^2 + y^2 + 4z^2 = 10$

2. $z^2 + 4y^2 - 4x^2 = 4$

3. $9y^2 + z^2 = 16$

4. $y^2 + z^2 = x^2$

5. $x = y^2 - z^2$

6. $x = -y^2 - z^2$

7. $x^2 + 2z^2 = 8$

8. $z^2 + x^2 - y^2 = 1$

9. $x = z^2 - y^2$

10. $z = -4x^2 - y^2$

11. $x^2 + 4z^2 = y^2$

12. $9x^2 + 4y^2 + 2z^2 = 36$

a.

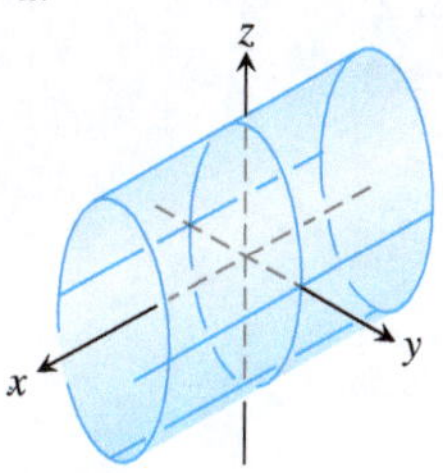

b.

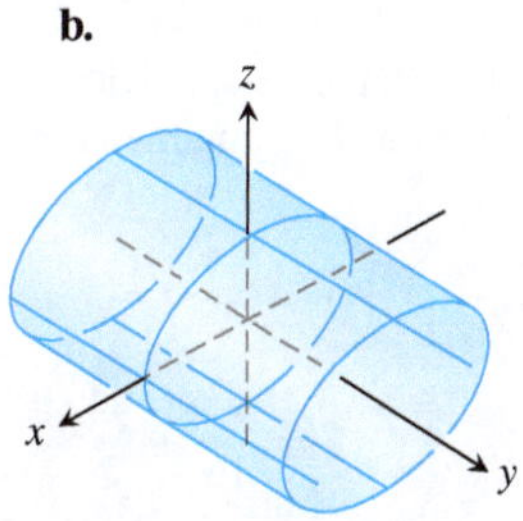

c.

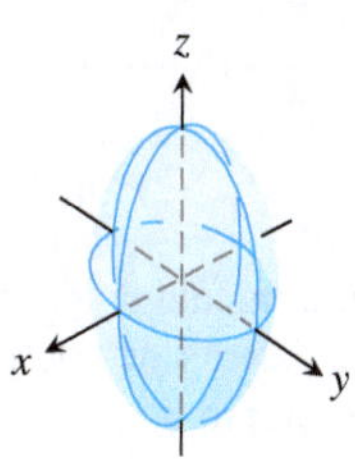

d.

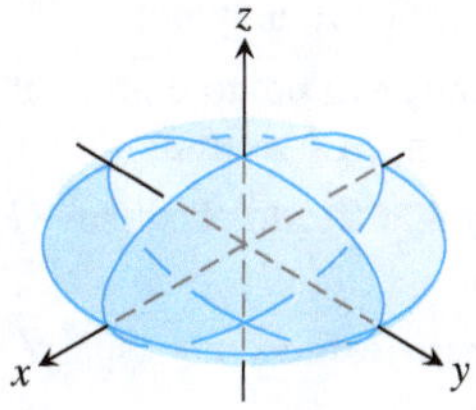

e.

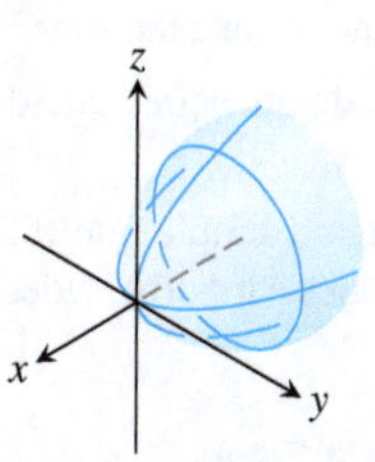

f.

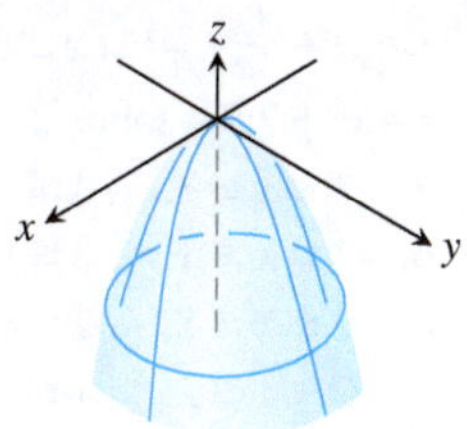

g.

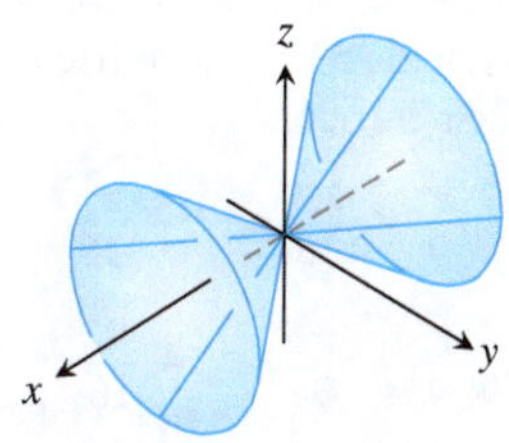

h.

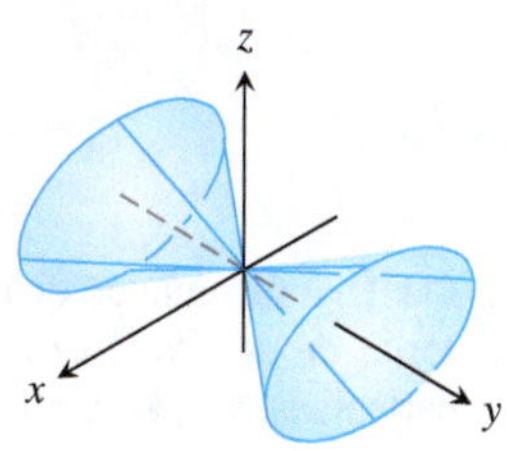

i.

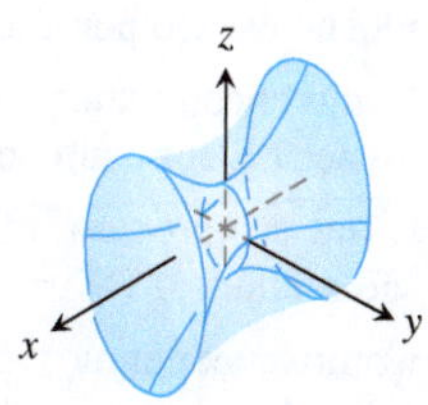

j.

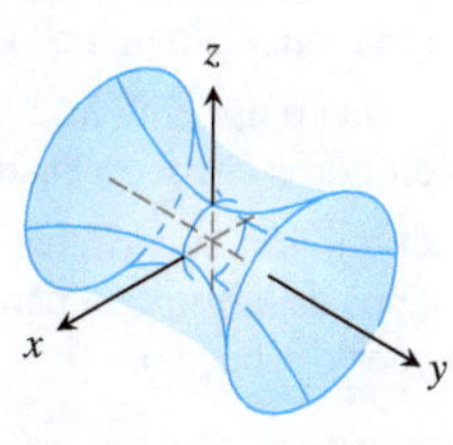

k.

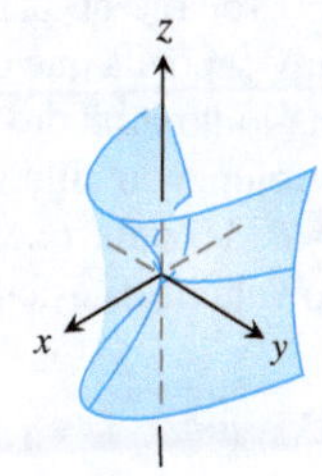

l.

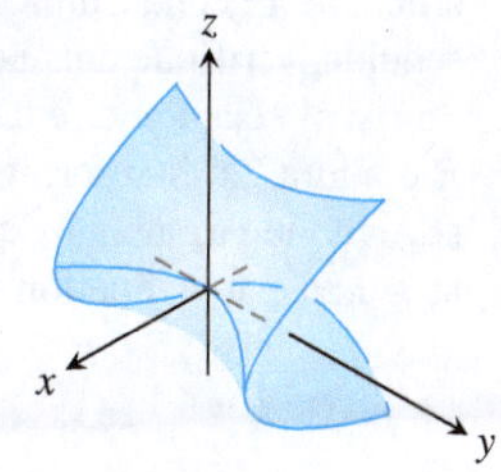

Desenhando

Desenhe as superfícies nos Exercícios 13-44.

CILINDROS

13. $x^2 + y^2 = 4$

14. $z = y^2 - 1$

15. $x^2 + 4z^2 = 16$

16. $4x^2 + y^2 = 36$

ELIPSOIDES

17. $9x^2 + y^2 + z^2 = 9$

18. $4x^2 + 4y^2 + z^2 = 16$

19. $4x^2 + 9y^2 + 4z^2 = 36$

20. $9x^2 + 4y^2 + 36z^2 = 36$

PARABOLOIDES E CONES

21. $z = x^2 + 4y^2$

22. $z = 8 - x^2 - y^2$

23. $x = 4 - 4y^2 - z^2$

24. $y = 1 - x^2 - z^2$

25. $x^2 + y^2 = z^2$

26. $4x^2 + 9z^2 = 9y^2$

HIPERBOLOIDES

27. $x^2 + y^2 - z^2 = 1$

28. $y^2 + z^2 - x^2 = 1$

29. $z^2 - x^2 - y^2 = 1$

30. $(y^2/4) - (x^2/4) - z^2 = 1$

PARABOLOIDES HIPERBÓLICOS

31. $y^2 - x^2 = z$

32. $x^2 - y^2 = z$

FIGURAS VARIADAS

33. $z = 1 + y^2 - x^2$

34. $4x^2 + 4y^2 = z^2$

35. $y = -(x^2 + z^2)$

36. $16x^2 + 4y^2 = 1$

37. $x^2 + y^2 - z^2 = 4$

38. $x^2 + z^2 = y$

39. $x^2 + z^2 = 1$

40. $16y^2 + 9z^2 = 4x^2$

41. $z = -(x^2 + y^2)$

42. $y^2 - x^2 - z^2 = 1$

43. $4y^2 + z^2 - 4x^2 = 4$

44. $x^2 + y^2 = z$

Teoria e exemplos

45. a. Expresse a área A da seção transversal cortada a partir do elipsoide:

$$x^2 + \frac{y^2}{4} + \frac{z^2}{9} = 1$$

pelo plano $z = c$ como uma função de c. (A área de uma elipse com semieixos a e b é πab.)

b. Utilize cortes perpendiculares ao eixo z para encontrar o volume do elipsoide no item (a).

c. Encontre o volume do elipsoide

$$\frac{x^2}{a^2} + \frac{y^2}{b^2} + \frac{z^2}{c^2} = 1.$$

Sua fórmula dá o volume de uma esfera de raio a se $a = b = c$?

46. O barril mostrado aqui tem o formato de um elipsoide com partes iguais cortadas a partir das extremidades por planos perpendiculares ao eixo z. As seções transversais perpendiculares ao eixo z são circulares. O barril tem $2h$ unidades de altura, o raio de sua seção média é R e os raios de suas extremidades são ambos r. Encontre uma fórmula para o volume do barril. Em seguida, verifique dois pontos. Primeiro, suponha que os lados do barril sejam endireitados para torná-lo um cilindro de raio R e altura $2h$. Sua fórmula fornece o volume do cilindro? Em segundo lugar, suponha que $r = 0$ e $h = R$, de forma que o barril seja uma esfera. Sua fórmula fornece o volume da esfera?

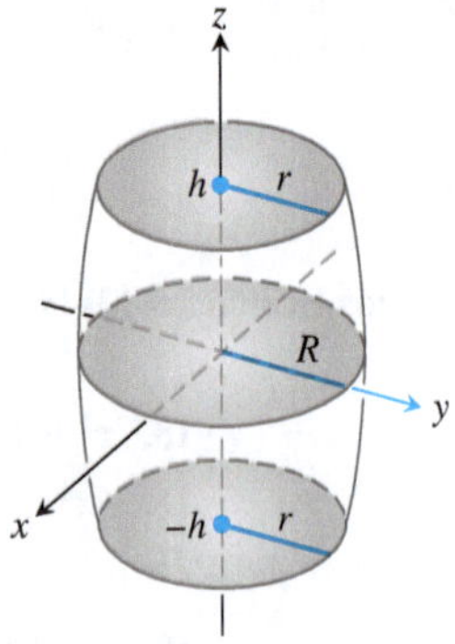

47. Mostre que o volume do segmento cortado do paraboloide

$$\frac{x^2}{a^2} + \frac{y^2}{b^2} = \frac{z}{c}$$

pelo plano $z = h$ é igual à metade da base do segmento multiplicada por sua altura.

48. a. Encontre o volume do sólido limitado pelo hiperboloide

$$\frac{x^2}{a^2} + \frac{y^2}{b^2} - \frac{z^2}{c^2} = 1$$

e pelos planos $z = 0$ e $z = h$, $h > 0$.

b. Expresse a sua resposta no item (a) em termos de h e as áreas A_0 e A_h das regiões cortadas pelo hiperboloide dos planos $z = 0$ e $z = h$.

c. Mostre que o volume no item (a) também é fornecido pela fórmula

$$V = \frac{h}{6}(A_0 + 4A_m + A_h),$$

em que A_m é a área da região cortada pelo hiperboloide do plano $z = h/2$.

Visualizando superfícies

T Represente graficamente as superfícies nos Exercícios 49-52 sobre os domínios indicados. Se puder, gire a superfície para obter diferentes posições de visualização.

49. $z = y^2, \quad -2 \le x \le 2, \quad -0{,}5 \le y \le 2$

50. $z = 1 - y^2, \quad -2 \le x \le 2, \quad -2 \le y \le 2$

51. $z = x^2 + y^2, \quad -3 \le x \le 3, \quad -3 \le y \le 3$

52. $z = x^2 + 2y^2$ sobre

a. $-3 \le x \le 3, \quad -3 \le y \le 3$

b. $-1 \le x \le 1, \quad -2 \le y \le 3$

c. $-2 \le x \le 2, \quad -2 \le y \le 2$

d. $-2 \le x \le 2, \quad -1 \le y \le 1$

USO DO COMPUTADOR

Utilize um SAC para representar graficamente as superfícies nos Exercícios 53-58. Identifique o tipo de superfície quádrica a partir do seu gráfico.

53. $\frac{x^2}{9} + \frac{y^2}{36} = 1 - \frac{z^2}{25}$

54. $\frac{x^2}{9} - \frac{z^2}{9} = 1 - \frac{y^2}{16}$

55. $5x^2 = z^2 - 3y^2$

56. $\frac{y^2}{16} = 1 - \frac{x^2}{9} + z$

57. $\frac{x^2}{9} - 1 = \frac{y^2}{16} + \frac{z^2}{2}$

58. $y - \sqrt{4 - z^2} = 0$

Capítulo 12 Questões para guiar sua revisão

1. Quando segmentos de reta orientados no plano representam o mesmo vetor?
2. Como os vetores são somados e subtraídos geometricamente? E algebricamente?
3. Como são encontradas a magnitude e o versor de um vetor?
4. Se um vetor é multiplicado por um escalar positivo, como o resultado estará relacionado ao vetor original? E se o escalar for zero? E negativo?
5. Defina o *produto escalar* de dois vetores. Quais leis algébricas são satisfeitas pelos produtos escalares? Dê exemplos. Quando o produto escalar de dois vetores é igual a 0?
6. Qual interpretação geométrica o produto escalar possui? Dê exemplos.
7. O que é a projeção ortogonal de um vetor **u** em um vetor **v**? Dê exemplo de uma aplicação útil de projeção ortogonal.
8. Defina o *produto vetorial* (*produto cruzado*) de dois vetores. Quais leis algébricas são satisfeitas pelos produtos vetoriais e quais não são? Dê exemplos. Quando o produto vetorial de dois vetores é igual a zero?
9. Quais interpretações geométricas ou físicas têm os produtos vetoriais? Dê exemplos.
10. Qual é a fórmula do determinante para cálculo do produto vetorial de dois vetores em relação ao sistema de coordenadas cartesianas **i**, **j**, **k**? Utilize-a em um exemplo.
11. Como encontramos equações para retas, segmentos de reta e planos no espaço? Dê exemplos. Podemos representar uma reta no espaço por uma única equação? E um plano?
12. Como encontramos a distância entre um ponto e uma reta no espaço? E entre um ponto e um plano? Dê exemplos.
13. O que são produtos mistos? Que significado eles têm? Como são avaliados? Dê um exemplo.
14. Como encontramos equações para esferas no espaço? Dê exemplos.
15. Como encontramos a interseção de duas retas no espaço? E de uma reta e um plano? E de dois planos? Dê exemplos.
16. O que é um cilindro? Dê exemplos de equações que definem cilindros em coordenadas cartesianas.
17. O que são superfícies quádricas? Dê exemplos de diferentes tipos de elipsoides, paraboloides, cones e hiperboloides (equações e esboços).

Capítulo 12 Exercícios práticos

Cálculos vetoriais em duas dimensões

Nos Exercícios 1-4, sejam $\mathbf{u} = \langle -3, 4 \rangle$ e $\mathbf{v} = \langle 2, -5 \rangle$. Encontre **(a)** a forma componente do vetor e **(b)** sua magnitude.

1. $3\mathbf{u} - 4\mathbf{v}$

2. $\mathbf{u} + \mathbf{v}$

3. $-2\mathbf{u}$

4. $5\mathbf{v}$

Nos Exercícios 5-8, encontre a forma componente do vetor.

5. O vetor obtido por meio da rotação de $\langle 0, 1 \rangle$ por um ângulo de $2\pi/3$ radianos.

6. O vetor unitário que forma um ângulo de $\pi/6$ radianos com o eixo x positivo.

7. O vetor com 2 unidades de comprimento na direção $4\mathbf{i} - \mathbf{j}$.

8. O vetor com 5 unidades de comprimento com sentido oposto ao do vetor $(3/5)\mathbf{i} + (4/5)\mathbf{j}$.

Expresse os vetores nos Exercícios 9-12 em termos de seus comprimentos e versores.

9. $\sqrt{2}\mathbf{i} + \sqrt{2}\mathbf{j}$

10. $-\mathbf{i} - \mathbf{j}$

11. O vetor velocidade de $\mathbf{v} = (-2 \text{ sen } t)\mathbf{i} + (2 \cos t)\mathbf{j}$, quando $t = \pi/2$.

12. O vetor velocidade de $\mathbf{v} = (e^t \cos t - e^t \text{ sen } t)\mathbf{i} + (e^t \text{ sen } t + e^t \cos t)\mathbf{j}$, quando $t = \ln 2$.

Cálculos vetoriais em três dimensões

Expresse os vetores nos Exercícios 13 e 14 em termos de seus comprimentos e versores.

13. $2\mathbf{i} - 3\mathbf{j} + 6\mathbf{k}$

14. $\mathbf{i} + 2\mathbf{j} - \mathbf{k}$

15. Encontre um vetor com 2 unidades de comprimento na direção de $\mathbf{v} = 4\mathbf{i} - \mathbf{j} + 4\mathbf{k}$.

16. Encontre um vetor com 5 unidades de comprimento no sentido oposto ao sentido de $\mathbf{v} = (3/5)\mathbf{i} + (4/5)\mathbf{k}$.

Nos Exercícios 17 e 18, encontre $|\mathbf{v}|$, $|\mathbf{u}|$, $\mathbf{v} \cdot \mathbf{u}$, $\mathbf{u} \cdot \mathbf{v}$, $\mathbf{v} \times \mathbf{u}$, $\mathbf{u} \times \mathbf{v}$, $|\mathbf{v} \times \mathbf{u}|$, o ângulo entre **v** e **u**, o componente escalar de **u** na direção de **v** e a projeção ortogonal de **u** sobre **v**.

17. $\mathbf{v} = \mathbf{i} + \mathbf{j}$
$\mathbf{u} = 2\mathbf{i} + \mathbf{j} - 2\mathbf{k}$

18. $\mathbf{v} = \mathbf{i} + \mathbf{j} + 2\mathbf{k}$
$\mathbf{u} = -\mathbf{i} - \mathbf{k}$

Nos Exercícios 19 e 20, encontre $\text{proj}_{\mathbf{v}}\,\mathbf{u}$.

19. $\mathbf{v} = 2\mathbf{i} + \mathbf{j} - \mathbf{k}$
$\mathbf{u} = \mathbf{i} + \mathbf{j} - 5\mathbf{k}$

20. $\mathbf{u} = \mathbf{i} - 2\mathbf{j}$
$\mathbf{v} = \mathbf{i} + \mathbf{j} + \mathbf{k}$

Nos Exercícios 21 e 22, desenhe eixos coordenados e, em seguida, esboce **u**, **v** e $\mathbf{u} \times \mathbf{v}$ como vetores na origem.

21. $\mathbf{u} = \mathbf{i}, \quad \mathbf{v} = \mathbf{i} + \mathbf{j}$

22. $\mathbf{u} = \mathbf{i} - \mathbf{j}, \quad \mathbf{v} = \mathbf{i} + \mathbf{j}$

23. Se $|\mathbf{v}| = 2$, $|\mathbf{w}| = 3$ e o ângulo entre **v** e **w** é $\pi/3$, encontre $|\mathbf{v} - 2\mathbf{w}|$.

24. Para qual valor ou valores de a os vetores $\mathbf{u} = 2\mathbf{i} + 4\mathbf{j} - 5\mathbf{k}$ e $\mathbf{v} = -4\mathbf{j} - 8\mathbf{j} + a\mathbf{k}$ serão paralelos?

Nos Exercícios 25 e 26, encontre **(a)** a área do paralelogramo determinado pelos vetores **u** e **v** e **(b)** o volume do paralelepípedo determinado pelos vetores **u**, **v** e **w**.

25. $\mathbf{u} = \mathbf{i} + \mathbf{j} - \mathbf{k}, \quad \mathbf{v} = 2\mathbf{i} + \mathbf{j} + \mathbf{k}, \quad \mathbf{w} = -\mathbf{i} - 2\mathbf{j} + 3\mathbf{k}$

26. $\mathbf{u} = \mathbf{i} + \mathbf{j}, \quad \mathbf{v} = \mathbf{j}, \quad \mathbf{w} = \mathbf{i} + \mathbf{j} + \mathbf{k}$

Retas, planos e distâncias

27. Suponha que **n** seja normal a um plano e **v** seja paralelo ao plano. Descreva como encontrar um vetor **n** que seja tanto perpendicular a **v** quanto paralelo ao plano.

28. Encontre um vetor no plano paralelo à reta $ax + by = c$.

Nos Exercícios 29 e 30, encontre a distância entre o ponto e a reta.

29. $(2, 2, 0); \quad x = -t, \quad y = t, \quad z = -1 + t$

30. $(0, 4, 1); \quad x = 2 + t, \quad y = 2 + t, \quad z = t$

31. Parametrize a reta que passa pelo ponto (1, 2, 3) paralela ao vetor $\mathbf{v} = -3\mathbf{i} + 7\mathbf{k}$.

32. Parametrize o segmento de reta que liga os pontos $P(1, 2, 0)$ e $Q(1, 3, -1)$.

Nos Exercícios 33 e 34, encontre a distância entre o ponto e o plano.

33. $(6, 0, -6), \quad x - y = 4$

34. $(3, 0, 10), \quad 2x + 3y + z = 2$

35. Encontre uma equação para o plano que passa pelo ponto $(3, -2, 1)$ normal ao vetor $\mathbf{n} = 2\mathbf{i} + \mathbf{j} + \mathbf{k}$.

36. Encontre uma equação para o plano que passa pelo ponto $(-1, 6, 0)$ perpendicular à reta $x = -1 + t$, $y = 6 - 2t$, $z = 3t$.

Nos Exercícios 37 e 38, encontre uma equação para o plano que passa pelos pontos P, Q e R.

37. $P(1, -1, 2), \quad Q(2, 1, 3), \quad R(-1, 2, -1)$

38. $P(1, 0, 0), \quad Q(0, 1, 0), \quad R(0, 0, 1)$

39. Encontre os pontos nos quais a reta $x = 1 + 2t$, $y = -1 - t$, $z = 3t$ encontra os três planos coordenados.

40. Encontre o ponto no qual a reta que passa pela origem perpendicular ao plano $2x - y - z = 4$ encontra o plano $3x - 5y + 2z = 6$.

41. Encontre o ângulo agudo entre os planos $x = 7$ e $x + y + \sqrt{2}z = -3$.

42. Encontre o ângulo agudo entre os planos $x + y = 1$ e $y + z = 1$.

43. Encontre equações paramétricas para a reta na qual há interseção dos planos $x + 2y + z = 1$ e $x - y + 2z = -8$.

44. Mostre que a reta na qual os planos

$$x + 2y - 2z = 5 \quad \text{e} \quad 5x - 2y - z = 0$$

se cruzam é paralela à reta

$$x = -3 + 2t, \quad y = 3t, \quad z = 1 + 4t.$$

45. Os planos $3x + 6z = 1$ e $2x + 2y - z = 3$ se cruzam em uma reta.

a. Mostre que os planos são ortogonais.

b. Encontre equações para a reta de interseção.

46. Encontre uma equação para o plano que passa pelo ponto (1, 2, 3) paralela a $\mathbf{u} = 2\mathbf{i} + 3\mathbf{j} + \mathbf{k}$ e $\mathbf{v} = \mathbf{i} - \mathbf{j} + 2\mathbf{k}$.

47. Existe alguma relação especial entre $\mathbf{v} = 2\mathbf{i} - 4\mathbf{j} + \mathbf{k}$ e o plano $2x + y = 5$? Justifique sua resposta.

48. A equação $\mathbf{n} \cdot \overrightarrow{P_0P} = 0$ representa o plano que passa por P_0 normal a **n**. Qual conjunto a desigualdade $\mathbf{n} \cdot \overrightarrow{P_0P} > 0$ representa?

49. Encontre a distância entre o ponto $P(1, 4, 0)$ e o plano que passa por $A(0, 0, 0)$, $B(2, 0, -1)$ e $C(2, -1, 0)$.

50. Encontre a distância entre o ponto (2, 2, 3) e o plano $2x + 3y + 5z = 0$.

51. Encontre um vetor paralelo ao plano $2x - y - z = 4$ e ortogonal a $\mathbf{i} + \mathbf{j} + \mathbf{k}$.

52. Encontre um vetor unitário ortogonal a **A** no plano de **B** e **C** se $\mathbf{A} = 2\mathbf{i} - \mathbf{j} + \mathbf{k}$, $\mathbf{B} = \mathbf{i} + 2\mathbf{j} + \mathbf{k}$ e $\mathbf{C} = \mathbf{i} + \mathbf{j} - 2\mathbf{k}$.

53. Encontre um vetor de magnitude 2 paralelo à reta de interseção dos planos $x + 2y + z - 1 = 0$ e $x - y + 2z + 7 = 0$.

54. Encontre o ponto no qual a reta que passa pela origem perpendicular ao plano $2x - y - z = 4$ encontra o plano $3x - 5y + 2z = 6$.

55. Encontre o ponto no qual a reta que passa por $P(3, 2, 1)$ normal ao plano $2x - y + 2z = -2$ encontra o plano.

56. Que ângulo a reta de interseção dos planos $2x + y - z = 0$ e $x + y + 2z = 0$ forma com o eixo x positivo?

57. A reta

$$L: \quad x = 3 + 2t, \quad y = 2t, \quad z = t$$

cruza o plano $x + 3y - z = -4$ em um ponto P. Encontre as coordenadas de P e as equações para a reta no plano que passa por P perpendicular a L.

58. Mostre que, para todo número real k, o plano

$$x - 2y + z + 3 + k(2x - y - z + 1) = 0$$

contém a reta de interseção dos planos

$$x - 2y + z + 3 = 0 \text{ e } 2x - y - z + 1 = 0.$$

59. Encontre uma equação para o plano que passa por $A(-2, 0, -3)$ e $B(1, -2, 1)$, que é paralelo à reta que passa pelos pontos $C(-2, -13/5, 26/5)$ e $D(16/5, -13/5, 0)$.

60. A reta $x = 1 + 2t$, $y = -2 + 3t$, $z = -5t$ está relacionada de alguma forma ao plano $-4x - 6y + 10z = 9$? Justifique sua resposta.

61. Quais das opções a seguir são equações para o plano que passa pelos pontos $P(1, 1, -1)$, $Q(3, 0, 2)$ e $R(-2, 1, 0)$?

a. $(2\mathbf{i} - 3\mathbf{j} + 3\mathbf{k}) \cdot ((x + 2)\mathbf{i} + (y - 1)\mathbf{j} + z\mathbf{k}) = 0$

b. $x = 3 - t, \quad y = -11t, \; z = 2 - 3t$

c. $(x + 2) + 11(y - 1) = 3z$

d. $(2\mathbf{i} - 3\mathbf{j} + 3\mathbf{k}) \times ((x + 2)\mathbf{i} + (y - 1)\mathbf{j} + z\mathbf{k}) = 0$

e. $(2\mathbf{i} - \mathbf{j} + 3\mathbf{k}) \times (-3\mathbf{i} + \mathbf{k}) \cdot ((x + 2)\mathbf{i} + (y - 1)\mathbf{j} + z\mathbf{k}) = 0$

62. O paralelogramo mostrado a seguir tem vértices em $A(2, -1, 4)$, $B(1, 0, -1)$, $C(1, 2, 3)$ e D. Encontre:

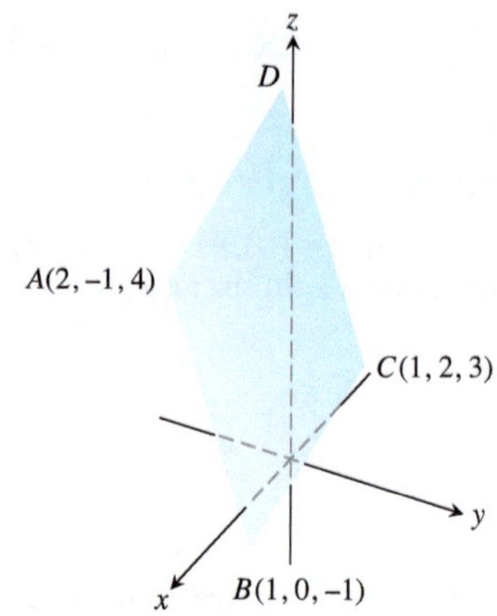

a. as coordenadas de D;

b. o cosseno do ângulo interno de B;

c. a projeção ortogonal de $\overrightarrow{BA}$ em $\overrightarrow{BC}$;

d. a área do paralelogramo;

e. uma equação para o plano do paralelogramo;

f. as áreas das projeções ortogonais do paralelogramo sobre os três planos coordenados.

63. Distância entre retas Encontre a distância entre a reta L_1 que passa pelos pontos $A(1, 0, -1)$ e $B(-1, 1, 0)$ e a reta L_2 que passa pelos pontos $C(3, 1, -1)$ e $D(4, 5, -2)$. A distância deve ser medida ao longo da reta perpendicular às duas retas. Primeiro encontre um vetor **n** perpendicular a ambas as retas. Em seguida, projete $\overrightarrow{AC}$ sobre **n**.

64. (*Continuação do Exercício 63.*) Encontre a distância entre a reta que passa por $A(4, 0, 2)$ e $B(2, 4, 1)$ e a reta que passa por $C(1, 3, 2)$ e $D(2, 2, 4)$.

Superfícies quádricas

Identifique e esboce as superfícies nos Exercícios 65-76.

65. $x^2 + y^2 + z^2 = 4$

66. $x^2 + (y - 1)^2 + z^2 = 1$

67. $4x^2 + 4y^2 + z^2 = 4$

68. $36x^2 + 9y^2 + 4z^2 = 36$

69. $z = -(x^2 + y^2)$

70. $y = -(x^2 + z^2)$

71. $x^2 + y^2 = z^2$

72. $x^2 + z^2 = y^2$

73. $x^2 + y^2 - z^2 = 4$

74. $4y^2 + z^2 - 4x^2 = 4$

75. $y^2 - x^2 - z^2 = 1$

76. $z^2 - x^2 - y^2 = 1$

Capítulo 12 Exercícios adicionais e avançados

1. Caça ao submarino Dois navios em manobras estão tentando determinar o curso e a velocidade de um submarino para preparar uma interceptação aérea. Como mostrado aqui, o navio A está localizado em (4, 0, 0), enquanto o navio B está localizado em (0, 5, 0). Todas as coordenadas são fornecidas em milhares de pés. O navio A localiza o submarino na direção do vetor $2\mathbf{i} + 3\mathbf{j} - (1/3)\mathbf{k}$, e o navio B o localiza na direção do vetor $18\mathbf{i} - 6\mathbf{j} - \mathbf{k}$. Quatro minutos antes, o submarino estava localizado em $(2, -1, -1/3)$. A aeronave deve chegar em 20 minutos. Presumindo que o submarino se mova em linha reta em uma velocidade constante, para qual posição os navios deveriam direcionar a aeronave?

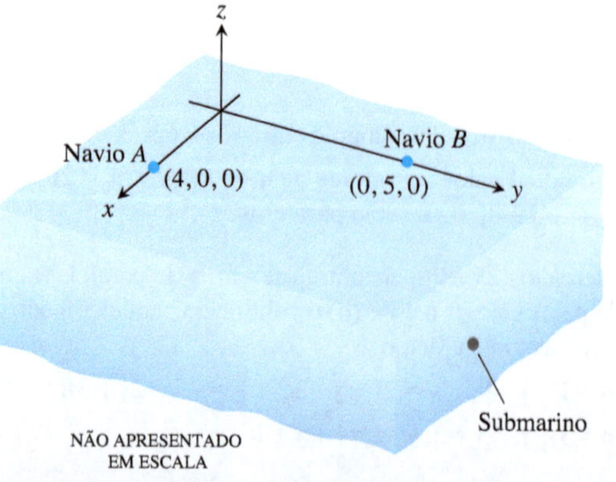

2. **Resgate com helicóptero** Dois helicópteros, H_1 e H_2, estão voando juntos. No instante $t = 0$, eles se separam e seguem trajetórias diferentes em linha reta, dadas por:

$$H_1: \quad x = 6 + 40t, \quad y = -3 + 10t, \quad z = -3 + 2t$$

$$H_2: \quad x = 6 + 110t, \quad y = -3 + 4t, \quad z = -3 + t$$

O instante t é medido em horas e todas as coordenadas são medidas em milhas. Por causa de uma pane, H_2 cessa seu voo em (446, 13, 1) e, em uma quantidade de tempo desprezível, aterrissa em (446, 13, 0). Duas horas depois, H_1 é avisado sobre esse fato e vai em direção a H_2 a 150 mi/h. Quanto tempo H_1 levará para alcançar H_2?

3. **Torque** O manual de operação do cortador de grama Toro® 21 pol. diz "aperte a vela de ignição a 15 pés-lb (20,4 N · m)". Se você estiver instalando a vela com uma chave de encaixe de 10,5 pol. que coloca o centro da sua mão a 9 pol. do eixo da vela, quanto deverá apertar? Responda em libras.

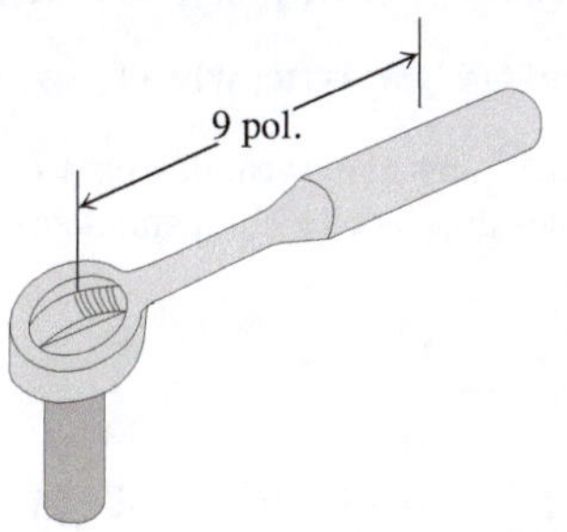

4. **Corpo girando** A reta que passa pela origem e pelo ponto $A(1, 1, 1)$ é o eixo de rotação de um corpo rígido que gira com uma velocidade angular constante de 3/2 rad/s. A rotação parece ser em sentido horário quando olhamos para a origem a partir de A. Encontre a velocidade $\mathbf{v}$ do ponto do corpo que está na posição $B(1, 3, 2)$.

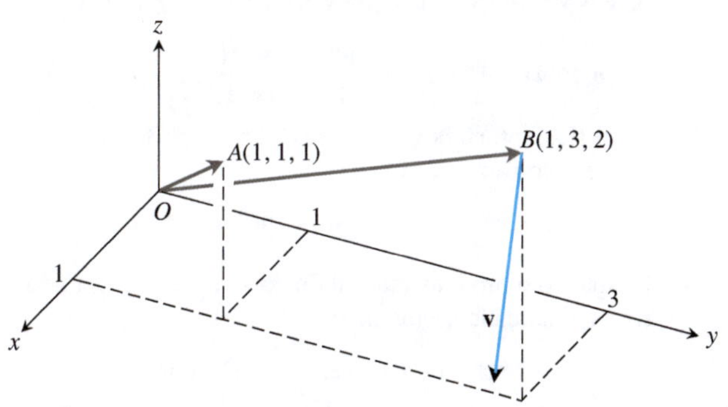

5. Considere o peso suspenso por dois fios em cada diagrama. Encontre as magnitudes e os componentes dos vetores $\mathbf{F}_1$ e $\mathbf{F}_2$, além dos ângulos α e β.

a.

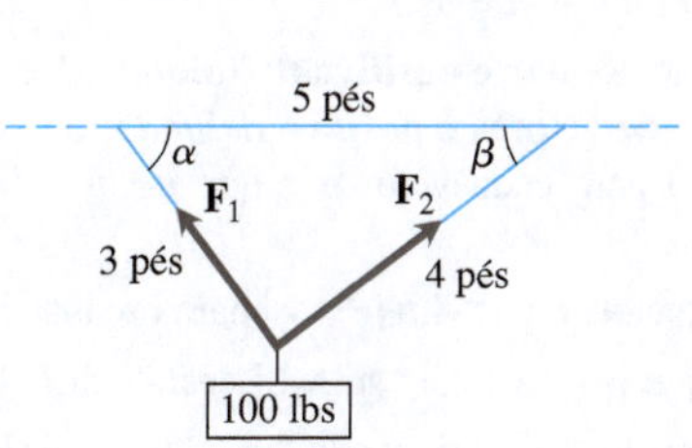

b.

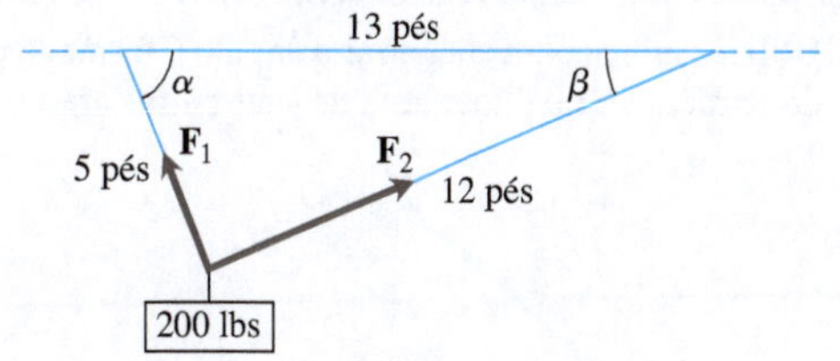

(Sugestão: esse é um triângulo retângulo.)

6. Considere um peso de w N suspenso por dois fios no diagrama, em que $\mathbf{T}_1$ e $\mathbf{T}_2$ são vetores de força direcionados ao longo dos fios.

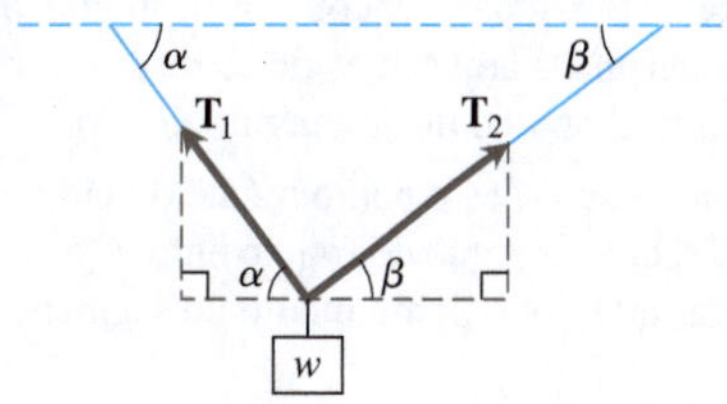

a. Encontre os vetores $\mathbf{T}_1$ e $\mathbf{T}_2$ e demonstre que suas magnitudes são:

$$|\mathbf{T}_1| = \frac{w \cos \beta}{\operatorname{sen}(\alpha + \beta)}$$

e

$$|\mathbf{T}_2| = \frac{w \cos \alpha}{\operatorname{sen}(\alpha + \beta)}$$

b. Para um β fixo, determine o valor de α que minimiza a magnitude $|\mathbf{T}_1|$.

c. Para um α fixo, determine o valor de β que minimiza a magnitude $|\mathbf{T}_2|$.

7. **Determinantes e planos**

a. Mostre que

$$\begin{vmatrix} x_1 - x & y_1 - y & z_1 - z \\ x_2 - x & y_2 - y & z_2 - z \\ x_3 - x & y_3 - y & z_3 - z \end{vmatrix} = 0$$

é uma equação para o plano que passa por três pontos não colineares $P_1(x_1, y_1, z_1)$, $P_2(x_2, y_2, z_2)$ e $P_3(x_3, y_3, z_3)$.

b. Qual conjunto de pontos no espaço é descrito por meio da equação

$$\begin{vmatrix} x & y & z & 1 \\ x_1 & y_1 & z_1 & 1 \\ x_2 & y_2 & z_2 & 1 \\ x_3 & y_3 & z_3 & 1 \end{vmatrix} = 0?$$

8. **Determinantes e retas** Mostre que as retas

$$x = a_1 s + b_1, \quad y = a_2 s + b_2, \quad z = a_3 s + b_3, \quad -\infty < s < \infty$$

e

$$x = c_1 t + d_1, \quad y = c_2 t + d_2, \quad z = c_3 t + d_3, \quad -\infty < t < \infty$$

se cruzam ou são paralelas se, e somente se,

$$\begin{vmatrix} a_1 & c_1 & b_1 - d_1 \\ a_2 & c_2 & b_2 - d_2 \\ a_3 & c_3 & b_3 - d_3 \end{vmatrix} = 0.$$

9. Considere um tetraedro regular com arestas de comprimento 2.

a. Utilize vetores para encontrar o ângulo θ formado pela base do tetraedro e qualquer uma de suas outras arestas.

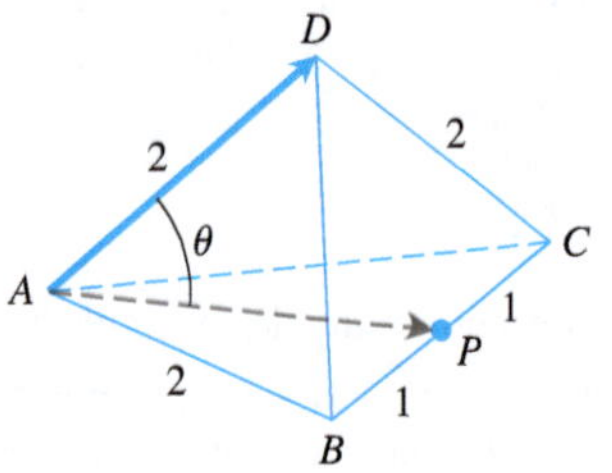

b. Utilize vetores para encontrar o ângulo θ formado por quaisquer faces adjacentes do tetraedro. Esse ângulo é comumente chamado de um ângulo diedro.

10. Na figura a seguir, D é o ponto médio do lado AB do triângulo ABC, e E está a um terço do trajeto entre C e B. Utilize vetores para provar que F é o ponto médio do segmento de reta CD.

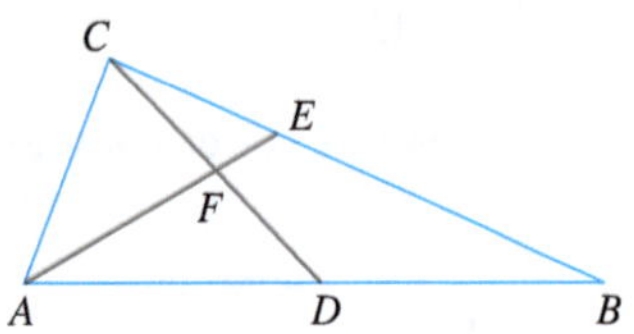

11. Utilize vetores para mostrar que a distância entre $P_1(x_1, y_1)$ e a reta $ax + by = c$ é

$$d = \frac{|ax_1 + by_1 - c|}{\sqrt{a^2 + b^2}}.$$

12. a. Utilize vetores para mostrar que a distância entre $P_1(x_1, y_1, z_1)$ e o plano $Ax + By + Cz = D$ é

$$d = \frac{|Ax_1 + By_1 + Cz_1 - D|}{\sqrt{A^2 + B^2 + C^2}}.$$

b. Encontre uma equação para a esfera que seja tangente aos planos $x + y + z = 3$ e $x + y + z = 9$ se os planos $2x - y = 0$ e $3x - z = 0$ passarem pelo centro da esfera.

13. a. Mostre que a distância entre os planos paralelos $Ax + By + Cz = D_1$ e $Ax + By + Cz = D_2$ é

$$d = \frac{|D_1 - D_2|}{|A\mathbf{i} + B\mathbf{j} + C\mathbf{k}|}.$$

b. Encontre a distância entre os planos $2x + 3y - z = 6$ e $2x + 3y - z = 12$.

c. Encontre uma equação para o plano paralelo ao plano $2x - y + 2z = -4$ se o ponto $(3, 2, -1)$ for equidistante dos dois planos.

d. Escreva equações para os planos que são paralelos a e estão a 5 unidades de distância do plano $x - 2y + z = 3$.

14. Prove que quatro pontos, A, B, C e D, são coplanares (estão em um plano em comum) se, e somente se, $\overrightarrow{AD} \cdot (\overrightarrow{AB} \times \overrightarrow{BC}) = 0$.

15. Projeção de um vetor em um plano Seja P um plano no espaço e seja $\mathbf{v}$ um vetor. A projeção ortogonal de $\mathbf{v}$ no plano P, $\text{proj}_P\, \mathbf{v}$, pode ser definida conforme segue. Suponha que o Sol esteja brilhando de forma que seus raios sejam normais ao plano P. Então $\text{proj}_P\, \mathbf{v}$ é a "sombra" de $\mathbf{v}$ sobre P. Se P é o plano $x + 2y + 6z = 6$ e $\mathbf{v} = \mathbf{i} + \mathbf{j} + \mathbf{k}$, encontre $\text{proj}_P\, \mathbf{v}$.

16. A figura a seguir mostra os vetores não nulos $\mathbf{v}$, $\mathbf{w}$ e $\mathbf{z}$, com $\mathbf{z}$ ortogonal à reta L, e $\mathbf{v}$ e $\mathbf{w}$ formando ângulos iguais a β com L. Assumindo que $|\mathbf{v}| = |\mathbf{w}|$, encontre $\mathbf{w}$ em termos de $\mathbf{v}$ e $\mathbf{z}$.

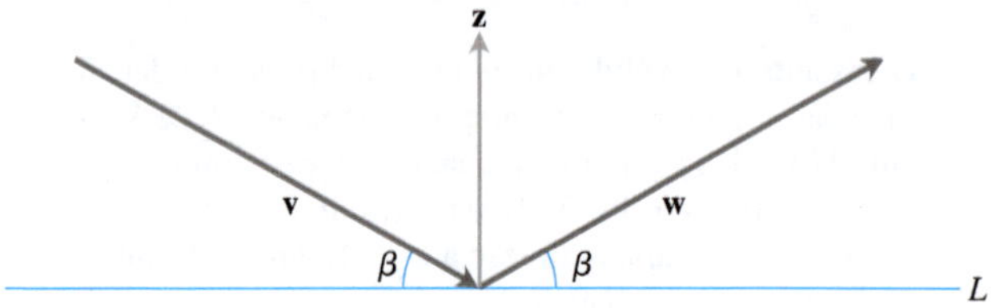

17. Produtos vetoriais triplos Os *produtos vetoriais triplos* $(\mathbf{u} \times \mathbf{v}) \times \mathbf{w}$ e $\mathbf{u} \times (\mathbf{v} \times \mathbf{w})$ geralmente não são iguais, ainda que as fórmulas para avaliá-los a partir dos componentes sejam semelhantes:

$$(\mathbf{u} \times \mathbf{v}) \times \mathbf{w} = (\mathbf{u} \cdot \mathbf{w})\mathbf{v} - (\mathbf{v} \cdot \mathbf{w})\mathbf{u}.$$

$$\mathbf{u} \times (\mathbf{v} \times \mathbf{w}) = (\mathbf{u} \cdot \mathbf{w})\mathbf{v} - (\mathbf{u} \cdot \mathbf{v})\mathbf{w}.$$

Verifique cada uma das fórmulas para os seguintes vetores avaliando seus dois lados e comparando os resultados.

	u	v	w
a.	$2\mathbf{i}$	$2\mathbf{j}$	$2\mathbf{k}$
b.	$\mathbf{i} - \mathbf{j} + \mathbf{k}$	$2\mathbf{i} + \mathbf{j} - 2\mathbf{k}$	$-\mathbf{i} + 2\mathbf{j} - \mathbf{k}$
c.	$2\mathbf{i} + \mathbf{j}$	$2\mathbf{i} - \mathbf{j} + 2\mathbf{k}$	$\mathbf{i} + 2\mathbf{k}$
d.	$\mathbf{i} + \mathbf{j} - 2\mathbf{k}$	$-\mathbf{i} - \mathbf{k}$	$2\mathbf{i} + 4\mathbf{j} - 2\mathbf{k}$

18. Produtos vetoriais e escalares Mostre que, se $\mathbf{u}$, $\mathbf{v}$, $\mathbf{w}$ e $\mathbf{r}$ são vetores quaisquer, então:

a. $\mathbf{u} \times (\mathbf{v} \times \mathbf{w}) + \mathbf{v} \times (\mathbf{w} \times \mathbf{u}) + \mathbf{w} \times (\mathbf{u} \times \mathbf{v}) = 0$

b. $\mathbf{u} \times \mathbf{v} = (\mathbf{u} \cdot \mathbf{v} \times \mathbf{i})\mathbf{i} + (\mathbf{u} \cdot \mathbf{v} \times \mathbf{j})\mathbf{j} + (\mathbf{u} \cdot \mathbf{v} \times \mathbf{k})\mathbf{k}$

c. $(\mathbf{u} \times \mathbf{v}) \cdot (\mathbf{w} \times \mathbf{r}) = \begin{vmatrix} \mathbf{u} \cdot \mathbf{w} & \mathbf{v} \cdot \mathbf{w} \\ \mathbf{u} \cdot \mathbf{r} & \mathbf{v} \cdot \mathbf{r} \end{vmatrix}.$

19. Produtos vetoriais e escalares Prove ou forneça um contraexemplo para a fórmula:

$$\mathbf{u} \times (\mathbf{u} \times (\mathbf{u} \times \mathbf{v})) \cdot \mathbf{w} = -|\mathbf{u}|^2\, \mathbf{u} \cdot \mathbf{v} \times \mathbf{w}.$$

20. Formando o produto vetorial de dois vetores apropriados, derive a identidade trigonométrica:

$$\text{sen}\,(A - B) = \text{sen}\, A \cos B - \cos A\, \text{sen}\, B.$$

21. Utilize vetores para provar que:

$$(a^2 + b^2)(c^2 + d^2) \geq (ac + bd)^2$$

para quaisquer quatro números a, b, c e d. (Sugestão: sejam $\mathbf{u} = a\mathbf{i} + b\mathbf{j}$ e $\mathbf{v} = c\mathbf{i} + d\mathbf{j}$.)

22. O produto escalar é positivo definido Mostre que o produto escalar de vetores é *positivo definido*; ou seja, mostre que $\mathbf{u} \cdot \mathbf{u} \geq 0$ para cada vetor $\mathbf{u}$ e que $\mathbf{u} \cdot \mathbf{u} = 0$ se, e somente se, $\mathbf{u} = \mathbf{0}$.

23. Mostre que $|\mathbf{u} + \mathbf{v}| \leq |\mathbf{u}| + |\mathbf{v}|$ para quaisquer vetores $\mathbf{u}$ e $\mathbf{v}$.

24. Mostre que $\mathbf{w} = |\mathbf{v}|\mathbf{u} + |\mathbf{u}|\mathbf{v}$ bissecta o ângulo entre $\mathbf{u}$ e $\mathbf{v}$.

25. Mostre que $|\mathbf{v}|\mathbf{u} + |\mathbf{u}|\mathbf{v}$ e $|\mathbf{v}|\mathbf{u} - |\mathbf{u}|\mathbf{v}$ são ortogonais.

Capítulo 12 Projetos de aplicação de tecnologia

Módulos Mathematica/Maple

Utilizando vetores para representar retas e encontrar distâncias

Partes I e II: aprenda as vantagens de interpretar retas como vetores.

Parte III: utilize vetores para encontrar a distância entre um ponto e uma reta.

Colocando uma cena tridimensional em uma tela bidimensional

Utilize o conceito de planos no espaço para obter uma imagem bidimensional.

Iniciando a plotagem tridimensional

Parte I: utilize a definição vetorial de retas e planos para gerar gráficos e equações, e para comparar diferentes formas para as equações de uma só reta.

Parte II: esboce funções que são definidas implicitamente.

13

FUNÇÕES VETORIAIS E MOVIMENTOS NO ESPAÇO

VISÃO GERAL Agora que aprendemos sobre vetores e geometria do espaço, podemos combinar essas ideias com nosso estudo anterior de funções. Neste capítulo, iremos introduzir o cálculo de funções vetoriais. Os domínios dessas funções são números reais, como antes, mas suas imagens são vetoriais, não escalares. Utilizamos esse cálculo para descrever as trajetórias e movimentos de objetos que se deslocam em um plano ou no espaço, e veremos que as velocidades e acelerações desses objetos ao longo de suas trajetórias são vetores. Iremos também introduzir novas quantidades que descrevem como a trajetória de um objeto pode virar e torcer no espaço.

13.1 Curvas no espaço e suas tangentes

Quando uma partícula se move pelo espaço durante um intervalo de tempo I, pensamos nas coordenadas da partícula como funções definidas em I:

$$x = f(t), \quad y = g(t), \quad z = h(t), \quad t \in I. \tag{1}$$

Os pontos $(x, y, z) = (f(t), g(t), h(t))$, $t \in I$, formam a **curva** no espaço, a qual chamamos de **trajetória** da partícula. As equações e o intervalo na Equação 1 **parametrizam** a curva.

A curva no espaço também pode ser representada na forma vetorial. O vetor

$$\mathbf{r}(t) = \overrightarrow{OP} = f(t)\mathbf{i} + g(t)\mathbf{j} + h(t)\mathbf{k} \tag{2}$$

a partir da origem até a **posição** da partícula $P(f(t), g(t), h(t))$ no instante t é o **vetor posição** da partícula (Figura 13.1). As funções f, g e h são as **funções componentes** (**componentes**) do vetor posição. Pensamos na trajetória da partícula como a **curva traçada por r** durante o intervalo de tempo I. A Figura 13.2 exibe diversas curvas espaciais geradas por um programa gráfico computacional. Não seria fácil desenhar essas curvas manualmente.

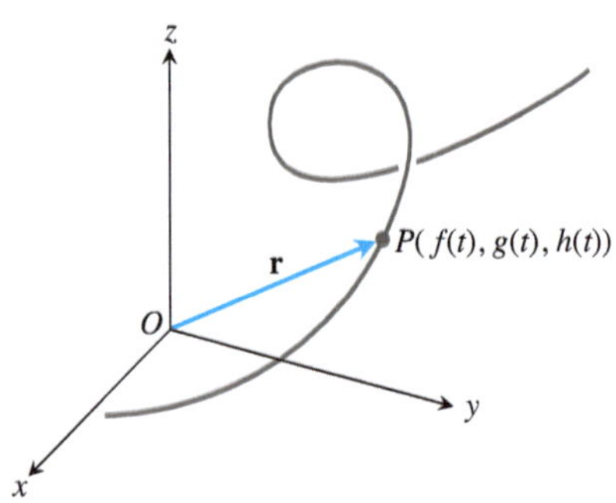

FIGURA 13.1 O vetor posição $\mathbf{r} = \overrightarrow{OP}$ de uma partícula em movimento no espaço é uma função do tempo.

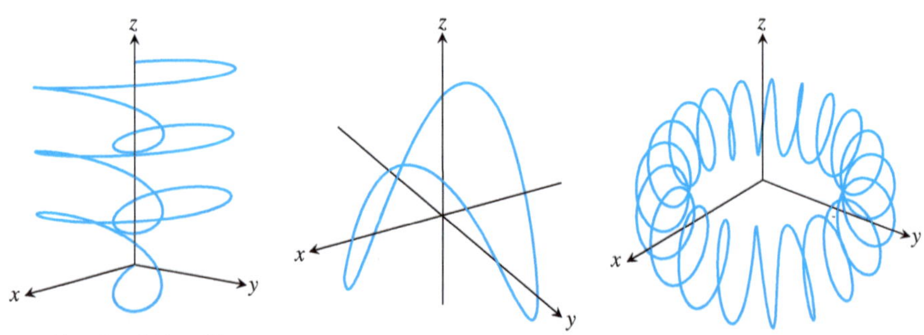

$\mathbf{r}(t) = (\text{sen}\,3t)(\cos t)\mathbf{i} + (\text{sen}\,3t)(\text{sen}\,t)\mathbf{j} + t\mathbf{k}$

(a)

$\mathbf{r}(t) = (\cos t)\mathbf{i} + (\text{sen}\,t)\mathbf{j} + (\text{sen}\,2t)\mathbf{k}$

(b)

$\mathbf{r}(t) = (4 + \text{sen}\,20t)(\cos t)\mathbf{i} + (4 + \text{sen}\,20t)(\text{sen}\,t)\mathbf{j} + (\cos 20t)\mathbf{k}$

(c)

FIGURA 13.2 As curvas no espaço são definidas pelos vetores posição $\mathbf{r}(t)$.

A Equação 2 define **r** como uma função vetorial da variável real t no intervalo I. De maneira mais geral, uma **função vetorial** ou **função a valores vetoriais** sobre um domínio D é uma regra que associa um vetor no espaço a cada elemento em D. Por enquanto, consideraremos os domínios como os intervalos de números reais que resultam em uma curva espacial. Posteriormente, no Capítulo 16, os domínios serão regiões no plano. As funções vetoriais, então, representarão superfícies no plano. Funções vetoriais sobre um domínio no plano ou no espaço também dão origem a "campos vetoriais", que são importantes para estudar o escoamento de um fluido, campos gravitacionais e fenômenos eletromagnéticos. Estudaremos campos vetoriais e suas aplicações no Capítulo 16.

As funções a valores reais são chamadas **funções escalares** para distingui-las das funções vetoriais. Os componentes de **r** na Equação 2 são funções escalares de t. O domínio de uma função a valores vetoriais é o domínio comum de seus componentes.

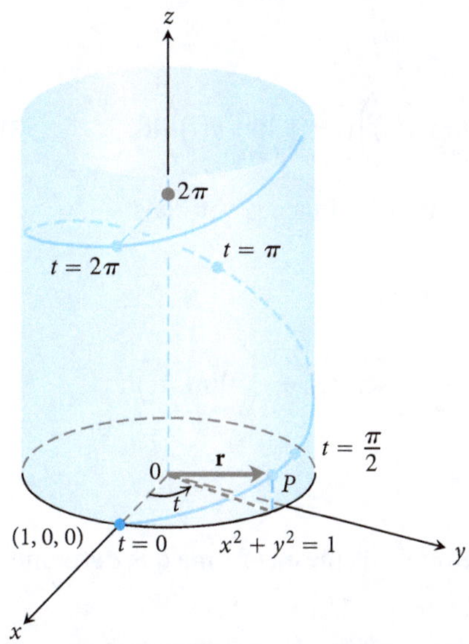

FIGURA 13.3 Metade superior da hélice $\mathbf{r}(t) = (\cos t)\mathbf{i} + (\operatorname{sen} t)\mathbf{j} + t\mathbf{k}$ (Exemplo 1).

EXEMPLO 1 Represente graficamente a função vetorial

$$\mathbf{r}(t) = (\cos t)\mathbf{i} + (\operatorname{sen} t)\mathbf{j} + t\mathbf{k}.$$

Solução A função vetorial

$$\mathbf{r}(t) = (\cos t)\mathbf{i} + (\operatorname{sen} t)\mathbf{j} + t\mathbf{k}$$

é definida para todos os valores reais de t. A curva traçada por **r** gira ao redor do cilindro circular $x^2 + y^2 = 1$ (Figura 13.3). A curva está localizada sobre o cilindro porque os componentes **i** e **j** de **r**, sendo as coordenadas x e y da extremidade de **r**, satisfazem a equação do cilindro:

$$x^2 + y^2 = (\cos t)^2 + (\operatorname{sen} t)^2 = 1.$$

A curva sobe à medida que o componente em **k**, $z = t$, aumenta. Cada vez que t aumenta 2π, a curva completa uma volta ao redor do cilindro. A curva é chamada de **hélice** (a partir de uma palavra grega antiga para "espiral"). As equações

$$x = \cos t, \quad y = \operatorname{sen} t, \quad z = t$$

parametrizam a hélice, com o intervalo $-\infty < t < \infty$ sendo subentendido. A Figura 13.4 exibe mais hélices. Observe como múltiplos constantes do parâmetro t podem alterar o número de voltas por unidade de tempo.

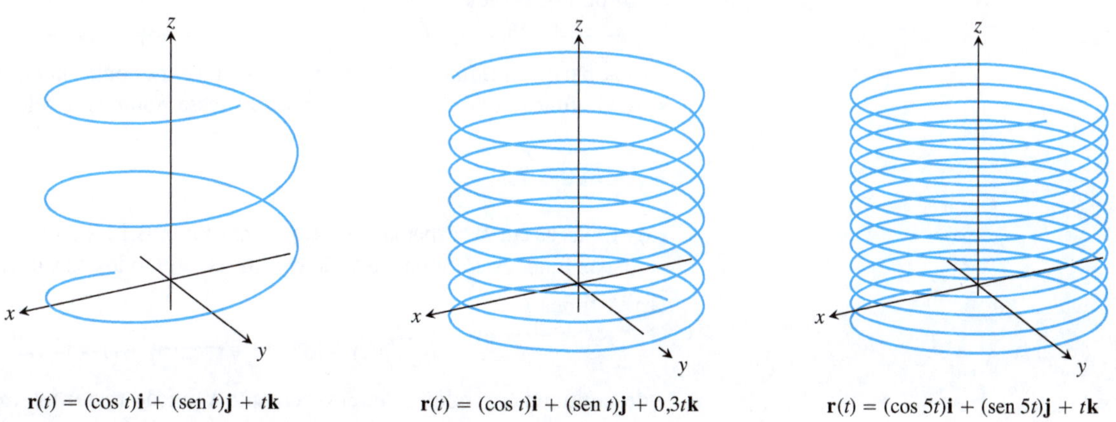

FIGURA 13.4 Hélices espiralam subindo ao redor de um cilindro, como molas helicoidais.

Limites e continuidade

A maneira como definimos os limites de funções a valores vetoriais é semelhante à forma como definimos limites de funções a valores reais.

DEFINIÇÃO Sejam $\mathbf{r}(t) = f(t)\mathbf{i} + g(t)\mathbf{j} + h(t)\mathbf{k}$ uma função vetorial com domínio D e $\mathbf{L}$ um vetor. Dizemos que $\mathbf{r}$ possui **limite L** à medida que t se aproxima de t_0 e escrevemos

$$\lim_{t \to t_0} \mathbf{r}(t) = \mathbf{L}$$

se, para todo número $\epsilon > 0$, existir um número correspondente $\delta > 0$, tal que para todo $t \in D$

$$|\mathbf{r}(t) - \mathbf{L}| < \epsilon \qquad \text{sempre que} \qquad 0 < |t - t_0| < \delta.$$

Se $\mathbf{L} = L_1\mathbf{i} + L_2\mathbf{j} + L_3\mathbf{k}$, então pode ser demonstrado que $\lim_{t \to t_0} \mathbf{r}(t) = \mathbf{L}$, precisamente quando

$$\lim_{t \to t_0} f(t) = L_1, \qquad \lim_{t \to t_0} g(t) = L_2 \qquad \text{e} \qquad \lim_{t \to t_0} h(t) = L_3.$$

Omitimos a prova. A equação

$$\lim_{t \to t_0} \mathbf{r}(t) = \left(\lim_{t \to t_0} f(t)\right)\mathbf{i} + \left(\lim_{t \to t_0} g(t)\right)\mathbf{j} + \left(\lim_{t \to t_0} h(t)\right)\mathbf{k} \tag{3}$$

oferece uma maneira prática de calcular os limites das funções vetoriais.

EXEMPLO 2 Se $\mathbf{r}(t) = (\cos t)\mathbf{i} + (\operatorname{sen} t)\mathbf{j} + t\mathbf{k}$, então

$$\begin{aligned} \lim_{t \to \pi/4} \mathbf{r}(t) &= \left(\lim_{t \to \pi/4} \cos t\right)\mathbf{i} + \left(\lim_{t \to \pi/4} \operatorname{sen} t\right)\mathbf{j} + \left(\lim_{t \to \pi/4} t\right)\mathbf{k} \\ &= \frac{\sqrt{2}}{2}\mathbf{i} + \frac{\sqrt{2}}{2}\mathbf{j} + \frac{\pi}{4}\mathbf{k}. \end{aligned}$$

Definimos continuidade para funções vetoriais da mesma forma que definimos continuidade para funções escalares.

DEFINIÇÃO Uma função vetorial $\mathbf{r}(t)$ é **contínua em um ponto** $t = t_0$ no seu domínio se $\lim_{t \to t_0} \mathbf{r}(t) = \mathbf{r}(t_0)$. A função é **contínua** se for contínua em todos os pontos do seu domínio.

A partir da Equação 3, veremos que $\mathbf{r}(t)$ será contínua em $t = t_0$ se, e somente se, cada função componente for contínua nesse ponto (Exercício 31).

EXEMPLO 3

(a) Todas as curvas espaciais mostradas nas Figuras 13.2 e 13.4 são contínuas porque suas funções componentes são contínuas para todos os valores de t em $(-\infty, \infty)$.

(b) A função

$$\mathbf{g}(t) = (\cos t)\mathbf{i} + (\operatorname{sen} t)\mathbf{j} + \lfloor t \rfloor\mathbf{k}$$

é descontínua em todos os inteiros em que a função maior inteiro $\lfloor t \rfloor$ é descontínua.

Derivadas e movimento

Suponha que $\mathbf{r}(t) = f(t)\mathbf{i} + g(t)\mathbf{j} + h(t)\mathbf{k}$ seja o vetor posição de uma partícula que se move ao longo de uma curva no espaço e que f, g e h sejam funções deriváveis de t. Então, a diferença entre as posições da partícula no instante t e no instante $t + \Delta t$ é

$$\Delta\mathbf{r} = \mathbf{r}(t + \Delta t) - \mathbf{r}(t).$$

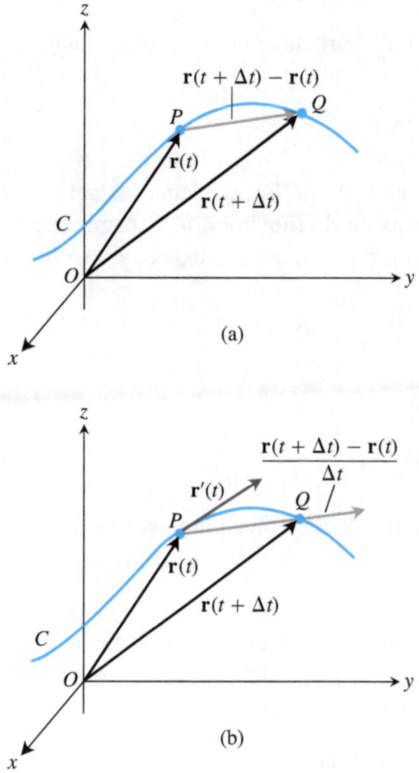

FIGURA 13.5 Conforme $\Delta t \to 0$, o ponto Q se aproxima de P ao longo da curva C. No limite, o vetor $\overrightarrow{PQ}/\Delta t$ se transforma no vetor tangente $\mathbf{r}'(t)$.

(Figura 13.5a). Em termos de componentes,

$$\begin{aligned}\Delta\mathbf{r} &= \mathbf{r}(t+\Delta t) - \mathbf{r}(t)\\ &= [f(t+\Delta t)\mathbf{i} + g(t+\Delta t)\mathbf{j} + h(t+\Delta t)\mathbf{k}]\\ &\quad - [f(t)\mathbf{i} + g(t)\mathbf{j} + h(t)\mathbf{k}]\\ &= [f(t+\Delta t) - f(t)]\mathbf{i} + [g(t+\Delta t) - g(t)]\mathbf{j} + [h(t+\Delta t) - h(t)]\mathbf{k}.\end{aligned}$$

À medida que Δt se aproxima de zero, três coisas parecem acontecer simultaneamente. Primeiro, Q se aproxima de P ao longo da curva. Depois, a reta secante PQ parece se aproximar de uma posição limite tangente à curva em P. Em seguida, o quociente $\Delta\mathbf{r}/\Delta t$ (Figura 13.5b) se aproxima do limite

$$\begin{aligned}\lim_{\Delta t\to 0}\frac{\Delta\mathbf{r}}{\Delta t} &= \left[\lim_{\Delta t\to 0}\frac{f(t+\Delta t)-f(t)}{\Delta t}\right]\mathbf{i} + \left[\lim_{\Delta t\to 0}\frac{g(t+\Delta t)-g(t)}{\Delta t}\right]\mathbf{j}\\ &\quad + \left[\lim_{\Delta t\to 0}\frac{h(t+\Delta t)-h(t)}{\Delta t}\right]\mathbf{k}\\ &= \left[\frac{df}{dt}\right]\mathbf{i} + \left[\frac{dg}{dt}\right]\mathbf{j} + \left[\frac{dh}{dt}\right]\mathbf{k}.\end{aligned}$$

Portanto, somos levados à definição a seguir.

DEFINIÇÃO A função vetorial $\mathbf{r}(t) = f(t)\mathbf{i} + g(t)\mathbf{j} + h(t)\mathbf{k}$ possui uma **derivada (é derivável) em t** se f, g e h possuem derivadas em t. A derivada é a função vetorial

$$\mathbf{r}'(t) = \frac{d\mathbf{r}}{dt} = \lim_{\Delta t\to 0}\frac{\mathbf{r}(t+\Delta t)-\mathbf{r}(t)}{\Delta t} = \frac{df}{dt}\mathbf{i} + \frac{dg}{dt}\mathbf{j} + \frac{dh}{dt}\mathbf{k}.$$

Uma função vetorial $\mathbf{r}$ é **derivável** se for derivável em todos os pontos de seu domínio. A curva traçada por $\mathbf{r}$ é **suave** se $d\mathbf{r}/dt$ for contínua e nunca $\mathbf{0}$, ou seja, se f, g e h tiverem primeiras derivadas contínuas que não sejam simultaneamente 0.

A significância geométrica da definição da derivada é exibida na Figura 13.5. Os pontos P e Q possuem vetores posição $\mathbf{r}(t)$ e $\mathbf{r}(t+\Delta t)$, e o vetor $\overrightarrow{PQ}$ é representado por $\mathbf{r}(t+\Delta t) - \mathbf{r}(t)$. Para $\Delta t > 0$, o múltiplo escalar $(1/\Delta t)(\mathbf{r}(t+\Delta t) - \mathbf{r}(t))$ aponta na mesma direção do vetor $\overrightarrow{PQ}$. Quando $\Delta t \to 0$, esse vetor se aproxima de um vetor que é tangente à curva em P (Figura 13.5b). O vetor $\mathbf{r}'(t)$, quando diferente de $\mathbf{0}$, é definido como sendo o vetor **tangente** à curva em P. A **reta tangente** à curva em um ponto $(f(t_0), g(t_0), h(t_0))$ é definida como sendo a reta que passa pelo ponto paralelo a $\mathbf{r}'(t_0)$. Necessitamos de $d\mathbf{r}/dt \neq \mathbf{0}$ para uma curva suave, de forma a nos certificarmos de que a curva tenha uma tangente em cada ponto. Em uma curva lisa, não existem cantos ou extremidades agudas.

Uma curva que é feita de um número finito de curvas suaves ligadas continuamente é denominada **suave (lisa) por partes** (Figura 13.6).

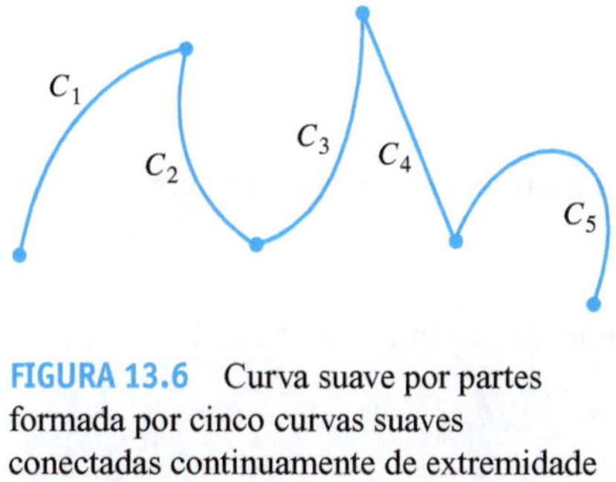

FIGURA 13.6 Curva suave por partes formada por cinco curvas suaves conectadas continuamente de extremidade a extremidade. A curva aqui não é suave nos pontos de conexão entre as cinco curvas suaves.

Observe mais uma vez a Figura 13.5. Desenhamos a figura para Δt positivo, de forma que $\Delta\mathbf{r}$ aponta para a frente, na direção do movimento. O vetor $\Delta\mathbf{r}/\Delta t$, tendo a mesma direção de $\Delta\mathbf{r}$, também aponta para a frente. Sendo Δt negativo, $\Delta\mathbf{r}$ estaria apontando para trás, contra a direção do movimento. O quociente $\Delta\mathbf{r}/\Delta t$, no entanto, sendo um múltiplo escalar negativo de $\Delta\mathbf{r}$, estaria apontando novamente para a frente. Não importa como $\Delta\mathbf{r}$ aponta, $\Delta\mathbf{r}/\Delta t$ aponta para a frente, e esperamos que o vetor $d\mathbf{r}/dt = \lim_{\Delta t\to 0}\Delta\mathbf{r}/\Delta t$, quando diferente de $\mathbf{0}$, faça o mesmo. Isso significa que a derivada $d\mathbf{r}/dt$, que é a taxa de variação da posição em relação ao tempo, sempre aponta na direção do movimento. Para cada curva suave, $d\mathbf{r}/dt$ nunca é zero; a partícula não para nem inverte o seu sentido.

DEFINIÇÕES Se **r** é o vetor posição de uma partícula que se move ao longo de uma curva suave no espaço, então

$$\mathbf{v}(t) = \frac{d\mathbf{r}}{dt}$$

é o **vetor velocidade** da partícula, tangente à curva. Em qualquer instante t, a direção e sentido de **v** é a **direção e sentido de movimento**, a magnitude de **v** é a **rapidez** da partícula e a derivada $\mathbf{a} = d\mathbf{v}/dt$, quando existe, é o **vetor aceleração** da partícula. Em resumo,

1. A velocidade é a derivada de posição: $\mathbf{v} = \dfrac{d\mathbf{r}}{dt}$.
2. A rapidez é a magnitude da velocidade: Rapidez $= |\mathbf{v}|$.
3. Aceleração é a derivada da velocidade: $\mathbf{a} = \dfrac{d\mathbf{v}}{dt} = \dfrac{d^2\mathbf{r}}{dt^2}$.
4. O vetor unitário $\mathbf{v}/|\mathbf{v}|$ é a direção e sentido de movimento no instante t.

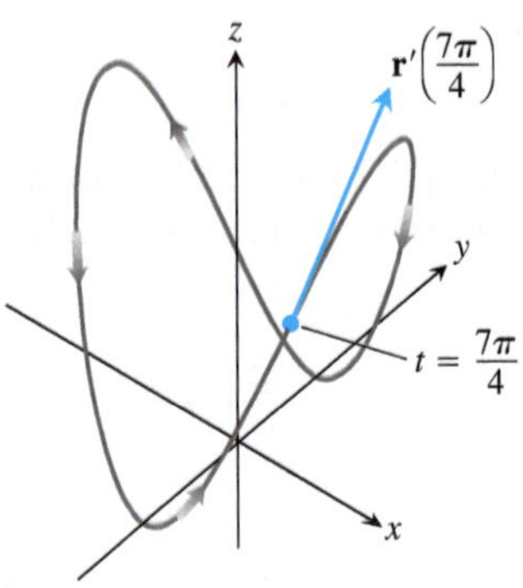

FIGURA 13.7 Curva e vetor velocidade quando $t = 7\pi/4$ para o movimento dado no Exemplo 4.

EXEMPLO 4 Encontre a velocidade, o módulo de velocidade e a aceleração de uma partícula cujo movimento no espaço seja dado pelo vetor posição $\mathbf{r}(t) = 2\cos t\,\mathbf{i} + 2\,\text{sen}\,t\,\mathbf{j} + 5\cos^2 t\,\mathbf{k}$. Esboce o vetor velocidade $\mathbf{v}(7\pi/4)$.

Solução Os vetores velocidade e aceleração no instante t são

$$\begin{aligned}\mathbf{v}(t) = \mathbf{r}'(t) &= -2\,\text{sen}\,t\,\mathbf{i} + 2\cos t\,\mathbf{j} - 10\cos t\,\text{sen}\,t\,\mathbf{k}\\ &= -2\,\text{sen}\,t\,\mathbf{i} + 2\cos t\,\mathbf{j} - 5\,\text{sen}\,2t\,\mathbf{k},\\ \mathbf{a}(t) = \mathbf{r}''(t) &= -2\cos t\,\mathbf{i} - 2\,\text{sen}\,t\,\mathbf{j} - 10\cos 2t\,\mathbf{k},\end{aligned}$$

e o módulo de velocidade é

$$|\mathbf{v}(t)| = \sqrt{(-2\,\text{sen}\,t)^2 + (2\cos t)^2 + (-5\,\text{sen}\,2t)^2} = \sqrt{4 + 25\,\text{sen}^2\,2t}.$$

Quando $t = 7\pi/4$, temos

$$\mathbf{v}\left(\frac{7\pi}{4}\right) = \sqrt{2}\,\mathbf{i} + \sqrt{2}\,\mathbf{j} + 5\,\mathbf{k}, \qquad \mathbf{a}\left(\frac{7\pi}{4}\right) = -\sqrt{2}\,\mathbf{i} + \sqrt{2}\,\mathbf{j}, \qquad \left|\mathbf{v}\left(\frac{7\pi}{4}\right)\right| = \sqrt{29}.$$

Um esboço da curva de movimento e o vetor velocidade quando $t = 7\pi/4$ podem ser vistos na Figura 13.7.

Podemos expressar a velocidade de uma partícula em movimento como o produto do seu módulo da velocidade e versor:

$$\text{Velocidade} = |\mathbf{v}|\left(\frac{\mathbf{v}}{|\mathbf{v}|}\right) = (\text{módulo de velocidade})\ (\text{versor}).$$

Regras de derivação

Uma vez que as derivadas de funções vetoriais podem ser computadas componente por componente, as regras para derivar funções vetoriais têm a mesma forma das regras para derivação de funções escalares.

Regras de derivação para funções vetoriais

Sejam **u** e **v** funções vetoriais deriváveis de t, **C** um vetor constante, c qualquer escalar e f qualquer função escalar derivável.

1. *Regra da função constante:* $\frac{d}{dt}\mathbf{C} = \mathbf{0}$
2. *Regras da multiplicação por escalar:* $\frac{d}{dt}[c\mathbf{u}(t)] = c\mathbf{u}'(t)$

   $\frac{d}{dt}[f(t)\mathbf{u}(t)] = f'(t)\mathbf{u}(t) + f(t)\mathbf{u}'(t)$
3. *Regra da soma:* $\frac{d}{dt}[\mathbf{u}(t) + \mathbf{v}(t)] = \mathbf{u}'(t) + \mathbf{v}'(t)$
4. *Regra da diferença:* $\frac{d}{dt}[\mathbf{u}(t) - \mathbf{v}(t)] = \mathbf{u}'(t) - \mathbf{v}'(t)$
5. *Regra do produto escalar:* $\frac{d}{dt}[\mathbf{u}(t) \cdot \mathbf{v}(t)] = \mathbf{u}'(t) \cdot \mathbf{v}(t) + \mathbf{u}(t) \cdot \mathbf{v}'(t)$
6. *Regra do produto vetorial:* $\frac{d}{dt}[\mathbf{u}(t) \times \mathbf{v}(t)] = \mathbf{u}'(t) \times \mathbf{v}(t) + \mathbf{u}(t) \times \mathbf{v}'(t)$
7. *Regra da cadeia:* $\frac{d}{dt}[\mathbf{u}(f(t))] = f'(t)\mathbf{u}'(f(t))$

Quando utilizar a regra do produto vetorial, lembre-se de preservar a ordem dos fatores. Se **u** vem primeiro do lado esquerdo da equação, ele também deve vir primeiro do lado direito, ou os sinais estarão errados.

Iremos provar as regras do produto e a regra da cadeia, mas deixaremos as regras para constantes, múltiplos escalares, somas e diferenças como exercícios.

Prova da regra do produto escalar Suponha que

$$\mathbf{u} = u_1(t)\mathbf{i} + u_2(t)\mathbf{j} + u_3(t)\mathbf{k}$$

e

$$\mathbf{v} = v_1(t)\mathbf{i} + v_2(t)\mathbf{j} + v_3(t)\mathbf{k}.$$

Então

$$\begin{aligned}\frac{d}{dt}(\mathbf{u}\cdot\mathbf{v}) &= \frac{d}{dt}(u_1v_1 + u_2v_2 + u_3v_3)\\ &= \underbrace{u_1'v_1 + u_2'v_2 + u_3'v_3}_{\mathbf{u}'\cdot\mathbf{v}} + \underbrace{u_1v_1' + u_2v_2' + u_3v_3'}_{\mathbf{u}\cdot\mathbf{v}'}.\end{aligned}$$

Prova da regra do produto vetorial Modelamos a prova segundo a demonstração da regra do produto para funções escalares. De acordo com a definição de derivada,

$$\frac{d}{dt}(\mathbf{u}\times\mathbf{v}) = \lim_{h\to 0}\frac{\mathbf{u}(t+h)\times\mathbf{v}(t+h) - \mathbf{u}(t)\times\mathbf{v}(t)}{h}.$$

Para substituir essa fração por uma equivalente que contenha os quocientes da diferença para as derivadas de **u** e **v**, subtraímos e adicionamos $\mathbf{u}(t)\times\mathbf{v}(t+h)$ no numerador. Então

$$\begin{aligned}&\frac{d}{dt}(\mathbf{u}\times\mathbf{v})\\ &= \lim_{h\to 0}\frac{\mathbf{u}(t+h)\times\mathbf{v}(t+h) - \mathbf{u}(t)\times\mathbf{v}(t+h) + \mathbf{u}(t)\times\mathbf{v}(t+h) - \mathbf{u}(t)\times\mathbf{v}(t)}{h}\\ &= \lim_{h\to 0}\left[\frac{\mathbf{u}(t+h)-\mathbf{u}(t)}{h}\times\mathbf{v}(t+h) + \mathbf{u}(t)\times\frac{\mathbf{v}(t+h)-\mathbf{v}(t)}{h}\right]\\ &= \lim_{h\to 0}\frac{\mathbf{u}(t+h)-\mathbf{u}(t)}{h}\times\lim_{h\to 0}\mathbf{v}(t+h) + \lim_{h\to 0}\mathbf{u}(t)\times\lim_{h\to 0}\frac{\mathbf{v}(t+h)-\mathbf{v}(t)}{h}.\end{aligned}$$

A última dessas igualdades se aplica porque o limite do produto vetorial de duas funções vetoriais é o produto vetorial de seus limites se o último existir (Exercício 32). Conforme h se aproxima de zero, $\mathbf{v}(t+h)$ se aproxima de $\mathbf{v}(t)$ porque **v**, sendo derivável em t, é contínua em t (Exercício 33). As duas frações se aproximam dos valores de $d\mathbf{u}/dt$ e $d\mathbf{v}/dt$ em t. Em resumo,

$$\frac{d}{dt}(\mathbf{u} \times \mathbf{v}) = \frac{d\mathbf{u}}{dt} \times \mathbf{v} + \mathbf{u} \times \frac{d\mathbf{v}}{dt}.$$

Como uma conveniência algébrica, algumas vezes escrevemos o produto de um escalar c e um vetor $\mathbf{v}$ como $\mathbf{v}c$, em vez de $c\mathbf{v}$. Isso nos permite, por exemplo, escrever a regra da cadeia em um formato familiar:

$$\frac{d\mathbf{u}}{dt} = \frac{d\mathbf{u}}{ds}\frac{ds}{dt},$$

em que $s = f(t)$.

Prova da regra da cadeia Suponha que $\mathbf{u}(s) = a(s)\mathbf{i} + b(s)\mathbf{j} + c(s)\mathbf{k}$ seja uma função vetorial derivável de s e que $s = f(t)$ seja uma função escalar derivável de t. Então a, b e c são funções deriváveis de t, e a regra da cadeia para funções deriváveis a valores reais fornece

$$\begin{aligned}\frac{d}{dt}[\mathbf{u}(s)] &= \frac{da}{dt}\mathbf{i} + \frac{db}{dt}\mathbf{j} + \frac{dc}{dt}\mathbf{k} \\ &= \frac{da}{ds}\frac{ds}{dt}\mathbf{i} + \frac{db}{ds}\frac{ds}{dt}\mathbf{j} + \frac{dc}{ds}\frac{ds}{dt}\mathbf{k} \\ &= \frac{ds}{dt}\left(\frac{da}{ds}\mathbf{i} + \frac{db}{ds}\mathbf{j} + \frac{dc}{ds}\mathbf{k}\right) \\ &= \frac{ds}{dt}\frac{d\mathbf{u}}{ds} \\ &= f'(t)\mathbf{u}'(f(t)). \qquad s = f(t)\end{aligned}$$

Funções vetoriais de comprimento constante

Quando rastreamos uma partícula em movimento em uma esfera centrada na origem (Figura 13.8), o vetor posição tem um comprimento constante igual ao raio da esfera. O vetor velocidade $d\mathbf{r}/dt$, tangente à trajetória do movimento, é tangente à esfera e, consequentemente, perpendicular a $\mathbf{r}$. Esse é sempre o caso para uma função vetorial derivável de comprimento constante: o vetor e sua primeira derivada são ortogonais. Por cálculo direto,

$$\begin{aligned}\mathbf{r}(t)\cdot\mathbf{r}(t) &= c^2 && |\mathbf{r}(t)| = c \text{ é constante.} \\ \frac{d}{dt}[\mathbf{r}(t)\cdot\mathbf{r}(t)] &= 0 && \text{Ambos os lados deriváveis.} \\ \mathbf{r}'(t)\cdot\mathbf{r}(t) + \mathbf{r}(t)\cdot\mathbf{r}'(t) &= 0 && \text{Regra 5 com } \mathbf{r}(t) = \mathbf{u}(t) = \mathbf{v}(t) \\ 2\mathbf{r}'(t)\cdot\mathbf{r}(t) &= 0.\end{aligned}$$

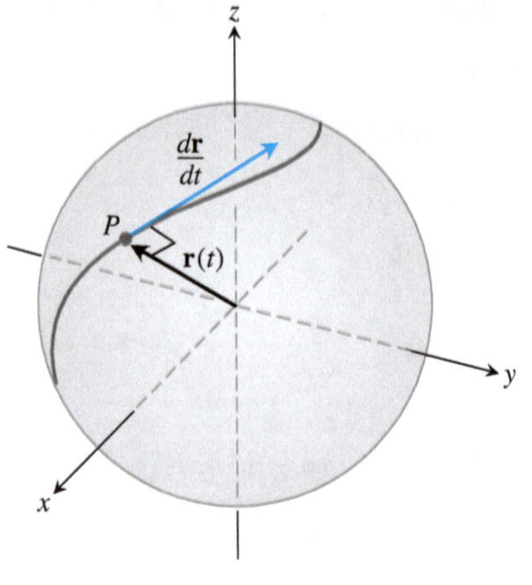

FIGURA 13.8 Se uma partícula se move sobre uma esfera, de modo que sua posição $\mathbf{r}$ seja uma função derivável de tempo, então $\mathbf{r} \cdot (d\mathbf{r}/dt) = 0$.

Os vetores $\mathbf{r}'(t)$ e $\mathbf{r}(t)$ são ortogonais, porque seu produto escalar é 0. Em resumo,

> Se $\mathbf{r}$ é uma função vetorial derivável de t de comprimento constante, então
> $$\mathbf{r}\cdot\frac{d\mathbf{r}}{dt} = 0. \qquad (4)$$

Utilizaremos essa observação repetidamente na Seção 13.4. O inverso também é verdadeiro (veja o Exercício 27).

Exercícios 13.1

Movimento no plano

Nos Exercícios 1-4, $\mathbf{r}(t)$ é a posição de uma partícula no plano xy no instante t. Encontre uma equação em x e y cujo gráfico seja a trajetória da partícula. Em seguida, encontre os vetores velocidade e aceleração da partícula no valor determinado de t.

1. $\mathbf{r}(t) = (t + 1)\mathbf{i} + (t^2 - 1)\mathbf{j}, \quad t = 1$
2. $\mathbf{r}(t) = \frac{t}{t+1}\mathbf{i} + \frac{1}{t}\mathbf{j}, \quad t = -1/2$
3. $\mathbf{r}(t) = e^t\mathbf{i} + \frac{2}{9}e^{2t}\mathbf{j}, \quad t = \ln 3$
4. $\mathbf{r}(t) = (\cos 2t)\mathbf{i} + (3 \text{ sen } 2t)\mathbf{j}, \quad t = 0$

Os Exercícios 5-8 fornecem os vetores posição de partículas que se movem ao longo de diversas curvas no plano xy. Em cada caso, encontre os vetores velocidade e aceleração da partícula nos instantes indicados e esboce-os como vetores na curva.

5. Movimento no círculo $x^2 + y^2 = 1$

$$\mathbf{r}(t) = (\text{sen } t)\mathbf{i} + (\cos t)\mathbf{j}; \quad t = \pi/4 \text{ e } \pi/2$$

6. Movimento no círculo $x^2 + y^2 = 16$

$$\mathbf{r}(t) = \left(4\cos\frac{t}{2}\right)\mathbf{i} + \left(4\,\text{sen}\,\frac{t}{2}\right)\mathbf{j}; \quad t = \pi \text{ e } 3\pi/2$$

7. Movimento na cicloide $x = t - \text{sen } t$, $y = 1 - \cos t$

$$\mathbf{r}(t) = (t - \text{sen } t)\mathbf{i} + (1 - \cos t)\mathbf{j}; \quad t = \pi \text{ e } 3\pi/2$$

8. Movimento na parábola $y = x^2 + 1$

$$\mathbf{r}(t) = t\mathbf{i} + (t^2 + 1)\mathbf{j}; \quad t = -1, 0 \text{ e } 1$$

Movimento no espaço

Nos Exercícios 9-14, $\mathbf{r}(t)$ é a posição de uma partícula no espaço no instante t. Encontre os vetores velocidade e aceleração da partícula. Em seguida, encontre o módulo da velocidade e a direção do movimento da partícula no valor determinado de t. Escreva a velocidade da partícula naquele instante como o produto de sua velocidade e versor.

9. $\mathbf{r}(t) = (t + 1)\mathbf{i} + (t^2 - 1)\mathbf{j} + 2t\mathbf{k}, \quad t = 1$

10. $\mathbf{r}(t) = (1 + t)\mathbf{i} + \dfrac{t^2}{\sqrt{2}}\mathbf{j} + \dfrac{t^3}{3}\mathbf{k}, \quad t = 1$

11. $\mathbf{r}(t) = (2\cos t)\mathbf{i} + (3\,\text{sen } t)\mathbf{j} + 4t\mathbf{k}, \quad t = \pi/2$

12. $\mathbf{r}(t) = (\sec t)\mathbf{i} + (\text{tg } t)\mathbf{j} + \dfrac{4}{3}t\mathbf{k}, \quad t = \pi/6$

13. $\mathbf{r}(t) = (2\ln(t + 1))\mathbf{i} + t^2\mathbf{j} + \dfrac{t^2}{2}\mathbf{k}, \quad t = 1$

14. $\mathbf{r}(t) = (e^{-t})\mathbf{i} + (2\cos 3t)\mathbf{j} + (2\,\text{sen } 3t)\mathbf{k}, \quad t = 0$

Nos Exercícios 15-18, $\mathbf{r}(t)$ é a posição de uma partícula no espaço no instante t. Encontre o ângulo entre os vetores velocidade e aceleração no instante $t = 0$.

15. $\mathbf{r}(t) = (3t + 1)\mathbf{i} + \sqrt{3}t\mathbf{j} + t^2\mathbf{k}$

16. $\mathbf{r}(t) = \left(\dfrac{\sqrt{2}}{2}t\right)\mathbf{i} + \left(\dfrac{\sqrt{2}}{2}t - 16t^2\right)\mathbf{j}$

17. $\mathbf{r}(t) = (\ln(t^2 + 1))\mathbf{i} + (\text{tg}^{-1} t)\mathbf{j} + \sqrt{t^2 + 1}\,\mathbf{k}$

18. $\mathbf{r}(t) = \dfrac{4}{9}(1 + t)^{3/2}\mathbf{i} + \dfrac{4}{9}(1 - t)^{3/2}\mathbf{j} + \dfrac{1}{3}t\mathbf{k}$

Tangentes a curvas

Conforme mencionado no texto, a **reta tangente** a uma curva suave $\mathbf{r}(t) = f(t)\mathbf{i} + g(t)\mathbf{j} + h(t)\mathbf{k}$ em $t = t_0$ é a reta que passa pelo ponto $(f(t_0), g(t_0), h(t_0))$ paralela a $\mathbf{v}(t_0)$, o vetor velocidade da curva em t_0. Nos Exercícios 19-22, encontre equações paramétricas para a reta que é tangente à curva determinada no valor dado do parâmetro $t = t_0$.

19. $\mathbf{r}(t) = (\text{sen } t)\mathbf{i} + (t^2 - \cos t)\mathbf{j} + e^t\mathbf{k}, \quad t_0 = 0$

20. $\mathbf{r}(t) = t^2\mathbf{i} + (2t - 1)\mathbf{j} + t^3\mathbf{k}, \quad t_0 = 2$

21. $\mathbf{r}(t) = \ln t\,\mathbf{i} + \dfrac{t - 1}{t + 2}\mathbf{j} + t\ln t\,\mathbf{k}, \quad t_0 = 1$

22. $\mathbf{r}(t) = (\cos t)\mathbf{i} + (\text{sen } t)\mathbf{j} + (\text{sen } 2t)\mathbf{k}, \quad t_0 = \dfrac{\pi}{2}$

Teoria e exemplos

23. **Movimento ao longo de um círculo** Cada uma das seguintes equações nos itens (a) a (e) descreve o movimento de uma partícula que tem a mesma trajetória, a saber, o círculo unitário $x^2 + y^2 = 1$. Ainda que a trajetória de cada partícula nos itens (a) a (e) seja a mesma, o comportamento, ou "dinâmica", de cada partícula é diferente. Para cada partícula, responda às seguintes questões.
   - **i)** A partícula tem módulo de velocidade constante? Em caso positivo, qual é sua velocidade constante?
   - **ii)** O vetor aceleração da partícula é sempre ortogonal a seu vetor velocidade?
   - **iii)** A partícula se move em sentido horário ou anti-horário ao redor do círculo?
   - **iv)** A partícula parte do ponto (1, 0)?

   a. $\mathbf{r}(t) = (\cos t)\mathbf{i} + (\text{sen } t)\mathbf{j}, \quad t \geq 0$
   b. $\mathbf{r}(t) = \cos(2t)\mathbf{i} + \text{sen}(2t)\mathbf{j}, \quad t \geq 0$
   c. $\mathbf{r}(t) = \cos(t - \pi/2)\mathbf{i} + \text{sen}(t - \pi/2)\mathbf{j}, \quad t \geq 0$
   d. $\mathbf{r}(t) = (\cos t)\mathbf{i} - (\text{sen } t)\mathbf{j}, \quad t \geq 0$
   e. $\mathbf{r}(t) = \cos(t^2)\mathbf{i} + \text{sen}(t^2)\mathbf{j}, \quad t \geq 0$

24. **Movimento ao longo de um círculo** Mostre que a função a valores vetoriais

$$\mathbf{r}(t) = (2\mathbf{i} + 2\mathbf{j} + \mathbf{k}) + \cos t\left(\frac{1}{\sqrt{2}}\mathbf{i} - \frac{1}{\sqrt{2}}\mathbf{j}\right) + \text{sen } t\left(\frac{1}{\sqrt{3}}\mathbf{i} + \frac{1}{\sqrt{3}}\mathbf{j} + \frac{1}{\sqrt{3}}\mathbf{k}\right)$$

descreve o movimento de uma partícula que se move no círculo de raio 1 centrado no ponto (2, 2, 1) e permanece no plano $x + y - 2z = 2$.

25. **Movimento ao longo de uma parábola** Uma partícula se move ao longo do topo da parábola $y^2 = 2x$ da esquerda para a direita com módulo de velocidade constante de 5 unidades por segundo. Encontre a velocidade da partícula quando ela passa pelo ponto (2, 2).

26. **Movimento ao longo de uma cicloide** Uma partícula se move no plano xy, de tal forma que sua posição no tempo t seja

$$\mathbf{r}(t) = (t - \text{sen } t)\mathbf{i} + (1 - \cos t)\mathbf{j}.$$

   T **a.** Desenhe $\mathbf{r}(t)$. A curva resultante é uma cicloide.
   b. Encontre os valores máximo e mínimo de $|\mathbf{v}|$ e $|\mathbf{a}|$. (Dica: encontre primeiro os valores extremos de $|\mathbf{v}|^2$ e $|\mathbf{a}|^2$ e tire as raízes quadradas depois.)

27. Seja $\mathbf{r}$ uma função vetorial derivável de t. Mostre que se $\mathbf{r} \cdot (d\mathbf{r}/dt) = 0$ para todo t, então $|\mathbf{r}|$ é constante.

28. **Derivadas dos produtos mistos**
   a. Mostre que, se $\mathbf{u}$, $\mathbf{v}$ e $\mathbf{w}$ são funções vetoriais deriváveis de t, então

$$\frac{d}{dt}(\mathbf{u} \cdot \mathbf{v} \times \mathbf{w}) = \frac{d\mathbf{u}}{dt} \cdot \mathbf{v} \times \mathbf{w} + \mathbf{u} \cdot \frac{d\mathbf{v}}{dt} \times \mathbf{w} + \mathbf{u} \cdot \mathbf{v} \times \frac{d\mathbf{w}}{dt}.$$

   b. Mostre que

$$\frac{d}{dt}\left(\mathbf{r} \cdot \frac{d\mathbf{r}}{dt} \times \frac{d^2\mathbf{r}}{dt^2}\right) = \mathbf{r} \cdot \left(\frac{d\mathbf{r}}{dt} \times \frac{d^3\mathbf{r}}{dt^3}\right).$$

   (Dica: derive à esquerda e procure por vetores cujos produtos sejam zero.)

29. Prove as duas regras da multiplicação por escalar para funções vetoriais.

30. Prove as regras da soma e da diferença para funções vetoriais.

31. **Teste de componente para continuidade em um ponto** Mostre que a função vetorial **r**, definida por $\mathbf{r}(t) = f(t)\mathbf{i} + g(t)\mathbf{j} + h(t)\mathbf{k}$, é contínua em $t = t_0$ se, e somente se, f, g e h são contínuas em t_0.

32. **Limites de produtos vetoriais de funções vetoriais** Suponha que $\mathbf{r}_1(t) = f_1(t)\mathbf{i} + f_2(t)\mathbf{j} + f_3(t)\mathbf{k}$, $\mathbf{r}_2(t) = g_1(t)\mathbf{i} + g_2(t)\mathbf{j} + g_3(t)\mathbf{k}$, $\lim_{t\to t_0} \mathbf{r}_1(t) = \mathbf{A}$, e $\lim_{t\to t_0} \mathbf{r}_2(t) = \mathbf{B}$. Utilize a fórmula do determinante para produtos vetoriais e a regra do produto do limite para funções escalares para mostrar que

$$\lim_{t\to t_0}(\mathbf{r}_1(t) \times \mathbf{r}_2(t)) = \mathbf{A} \times \mathbf{B}.$$

33. **As funções vetoriais deriváveis são contínuas** Mostre que, se $\mathbf{r}(t) = f(t)\mathbf{i} + g(t)\mathbf{j} + h(t)\mathbf{k}$ é derivável em $t = t_0$, então é contínua em t_0 também.

34. **Regra da função constante** Prove que, se **u** é a função vetorial com valor constante **C**, então $d\mathbf{u}/dt = \mathbf{0}$.

USO DO COMPUTADOR

Utilize um SAC para realizar as seguintes etapas nos Exercícios 35-38.

a. Represente graficamente a curva espacial traçada pelo vetor posição **r**.

b. Encontre os componentes do vetor velocidade $d\mathbf{r}/dt$.

c. Avalie $d\mathbf{r}/dt$ no ponto determinado t_0 e defina a equação da reta tangente à curva em $\mathbf{r}(t_0)$.

d. Represente graficamente a reta tangente com a curva ao longo do intervalo dado.

35. $\mathbf{r}(t) = (\text{sen } t - t\cos t)\mathbf{i} + (\cos t + t\,\text{sen } t)\mathbf{j} + t^2\mathbf{k}$, $0 \le t \le 6\pi$, $t_0 = 3\pi/2$

36. $\mathbf{r}(t) = \sqrt{2}t\mathbf{i} + e^t\mathbf{j} + e^{-t}\mathbf{k}$, $-2 \le t \le 3$, $t_0 = 1$

37. $\mathbf{r}(t) = (\text{sen } 2t)\mathbf{i} + (\ln(1 + t))\mathbf{j} + t\mathbf{k}$, $0 \le t \le 4\pi$, $t_0 = \pi/4$

38. $\mathbf{r}(t) = (\ln(t^2 + 2))\mathbf{i} + (\text{tg}^{-1} 3t)\mathbf{j} + \sqrt{t^2 + 1}\,\mathbf{k}$, $-3 \le t \le 5$, $t_0 = 3$

Nos Exercícios 39 e 40, você irá explorar graficamente o comportamento da hélice

$$\mathbf{r}(t) = (\cos at)\mathbf{i} + (\text{sen } at)\mathbf{j} + bt\mathbf{k}$$

conforme você altera os valores das constantes a e b. Utilize um SAC para realizar as etapas em cada um dos exercícios.

39. Defina $b = 1$. Represente graficamente a hélice $\mathbf{r}(t)$ com a reta tangente à curva em $t = 3\pi/2$ para $a = 1, 2, 4$ e 6 sobre o intervalo $0 \le t \le 4\pi$. Descreva com suas próprias palavras o que acontece ao gráfico da hélice e à posição da reta tangente conforme a aumenta passando por esses valores positivos.

40. Defina $a = 1$. Represente graficamente a hélice $\mathbf{r}(t)$ com a reta tangente à curva em $t = 3\pi/2$ para $b = 1/4, 1/2, 2$ e 4 durante o intervalo $0 \le t \le 4\pi$. Descreva com suas próprias palavras o que acontece ao gráfico da hélice e à posição da reta tangente conforme b aumenta passando por esses valores positivos.

13.2 Integrais de funções vetoriais; movimento de projétil

Nesta seção iremos investigar integrais de funções vetoriais e sua aplicação ao movimento ao longo de uma trajetória no espaço ou no plano.

Integrais de funções vetoriais

Uma função vetorial derivável $\mathbf{R}(t)$ é uma **primitiva** ou **antiderivada** de uma função vetorial $\mathbf{r}(t)$ em um intervalo I, se $d\mathbf{R}/dt = \mathbf{r}$ em cada ponto de I. Se **R** é uma antiderivada de **r** em I, pode ser demonstrado, trabalhando um componente de cada vez, que toda antiderivada de **r** em I possui a forma $\mathbf{R} + \mathbf{C}$ para algum vetor constante **C** (Exercício 41). O conjunto de todas as antiderivadas de **r** em I é a **integral indefinida** de **r** em I.

DEFINIÇÃO A **integral indefinida** de **r** com relação a t é o conjunto de todas as antiderivadas de **r**, denotado por $\int \mathbf{r}(t)\,dt$. Se **R** é qualquer antiderivada de **r**, então

$$\int \mathbf{r}(t)\,dt = \mathbf{R}(t) + \mathbf{C}.$$

As regras aritméticas usuais para integrais indefinidas se aplicam.

EXEMPLO 1 Para integrar uma função vetorial, integramos cada um de seus componentes.

$$\int ((\cos t)\mathbf{i} + \mathbf{j} - 2t\mathbf{k})\,dt = \left(\int \cos t\,dt\right)\mathbf{i} + \left(\int dt\right)\mathbf{j} - \left(\int 2t\,dt\right)\mathbf{k} \quad (1)$$

$$= (\operatorname{sen} t + C_1)\mathbf{i} + (t + C_2)\mathbf{j} - (t^2 + C_3)\mathbf{k} \quad (2)$$

$$= (\operatorname{sen} t)\mathbf{i} + t\mathbf{j} - t^2\mathbf{k} + \mathbf{C} \qquad \mathbf{C} = C_1\mathbf{i} + C_2\mathbf{j} - C_3\mathbf{k}$$

Assim como na integração de funções escalares, recomendamos que você ignore as etapas nas Equações 1 e 2 e vá diretamente à forma final. Encontre uma antiderivada para cada componente e adicione um *vetor constante* no final.

Integrais definidas de funções vetoriais são melhor definidas em termos de componentes. A definição é consistente com a forma como computamos limites e derivadas de funções vetoriais.

DEFINIÇÃO Se os componentes de $\mathbf{r}(t) = f(t)\mathbf{i} + g(t)\mathbf{j} + h(t)\mathbf{k}$ são integráveis sobre $[a, b]$, então $\mathbf{r}$ também é, e a **integral definida** de $\mathbf{r}$ de a até b é

$$\int_a^b \mathbf{r}(t)\,dt = \left(\int_a^b f(t)\,dt\right)\mathbf{i} + \left(\int_a^b g(t)\,dt\right)\mathbf{j} + \left(\int_a^b h(t)\,dt\right)\mathbf{k}.$$

EXEMPLO 2 Assim como no Exemplo 1, integramos cada componente.

$$\int_0^{\pi} ((\cos t)\mathbf{i} + \mathbf{j} - 2t\mathbf{k})\,dt = \left(\int_0^{\pi} \cos t\,dt\right)\mathbf{i} + \left(\int_0^{\pi} dt\right)\mathbf{j} - \left(\int_0^{\pi} 2t\,dt\right)\mathbf{k}$$

$$= \Big[\operatorname{sen} t\Big]_0^{\pi}\,\mathbf{i} + \Big[t\Big]_0^{\pi}\,\mathbf{j} - \Big[t^2\Big]_0^{\pi}\,\mathbf{k}$$

$$= [0 - 0]\mathbf{i} + [\pi - 0]\mathbf{j} - [\pi^2 - 0^2]\mathbf{k}$$

$$= \pi\mathbf{j} - \pi^2\mathbf{k}$$

O teorema fundamental de cálculo para funções vetoriais contínuas diz que

$$\int_a^b \mathbf{r}(t)\,dt = \mathbf{R}(t)\Big]_a^b = \mathbf{R}(b) - \mathbf{R}(a)$$

em que $\mathbf{R}$ é qualquer antiderivada de $\mathbf{r}$, de forma que $\mathbf{R}'(t) = \mathbf{r}(t)$ (Exercício 42).

EXEMPLO 3 Suponha que não conheçamos a trajetória de uma asa-delta, mas somente seu vetor aceleração $\mathbf{a}(t) = -(3\cos t)\mathbf{i} - (3\operatorname{sen} t)\mathbf{j} + 2\mathbf{k}$. Sabemos ainda que inicialmente (no instante $t = 0$) a asa-delta partiu do ponto (3, 0, 0) com velocidade $\mathbf{v}(0) = 3\mathbf{j}$. Encontre a posição da asa-delta como uma função de t.

Solução Nosso objetivo é encontrar $\mathbf{r}(t)$, sabendo

A equação diferencial: $\mathbf{a} = \dfrac{d^2\mathbf{r}}{dt^2} = -(3\cos t)\mathbf{i} - (3\operatorname{sen} t)\mathbf{j} + 2\mathbf{k}$

As condições iniciais: $\mathbf{v}(0) = 3\mathbf{j}$ e $\mathbf{r}(0) = 3\mathbf{i} + 0\mathbf{j} + 0\mathbf{k}$.

Integrando os dois lados da equação diferencial com relação a t, temos

$$\mathbf{v}(t) = -(3\operatorname{sen} t)\mathbf{i} + (3\cos t)\mathbf{j} + 2t\mathbf{k} + \mathbf{C}_1.$$

Utilizamos $\mathbf{v}(0) = 3\mathbf{j}$ para encontrar $\mathbf{C}_1$:

$$3\mathbf{j} = -(3\operatorname{sen} 0)\mathbf{i} + (3\cos 0)\mathbf{j} + (0)\mathbf{k} + \mathbf{C}_1$$

$$3\mathbf{j} = 3\mathbf{j} + \mathbf{C}_1$$

$$\mathbf{C}_1 = \mathbf{0}.$$

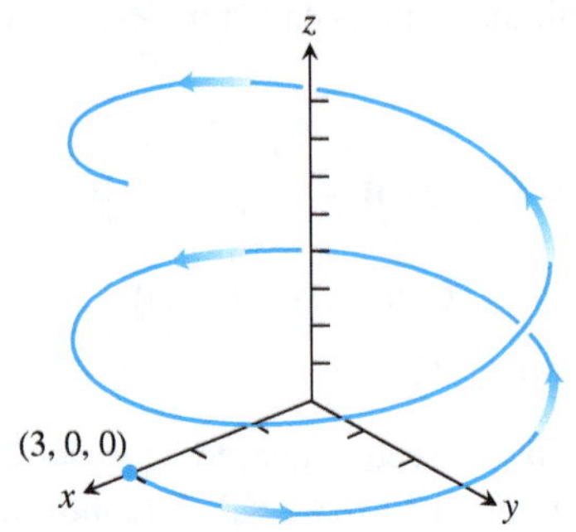

FIGURA 13.9 Trajetória da asa-delta no Exemplo 3. Ainda que a trajetória realize um movimento de espiral ao redor do eixo z, não se trata de uma hélice.

A velocidade da asa-delta como uma função do tempo é

$$\frac{d\mathbf{r}}{dt} = \mathbf{v}(t) = -(3\,\text{sen}\,t)\mathbf{i} + (3\cos t)\mathbf{j} + 2t\mathbf{k}.$$

A integração de ambos os lados dessa última equação diferencial fornece

$$\mathbf{r}(t) = (3\cos t)\mathbf{i} + (3\,\text{sen}\,t)\mathbf{j} + t^2\mathbf{k} + \mathbf{C}_2.$$

Então utilizamos a condição inicial $\mathbf{r}(0) = 3\mathbf{i}$ para encontrar $\mathbf{C}_2$:

$$3\mathbf{i} = (3\cos 0)\mathbf{i} + (3\,\text{sen}\,0)\mathbf{j} + (0^2)\mathbf{k} + \mathbf{C}_2$$
$$3\mathbf{i} = 3\mathbf{i} + (0)\mathbf{j} + (0)\mathbf{k} + \mathbf{C}_2$$
$$\mathbf{C}_2 = \mathbf{0}.$$

A posição da asa-delta como uma função de t é

$$\mathbf{r}(t) = (3\cos t)\mathbf{i} + (3\,\text{sen}\,t)\mathbf{j} + t^2\mathbf{k}.$$

Essa é a trajetória da asa-delta exibida na Figura 13.9. Ainda que a trajetória se pareça com aquela da hélice por espiralar ao redor do eixo z, não se trata de uma hélice, por causa da maneira como ela está subindo. (Comentaremos mais sobre isso na Seção 13.5.)

Nota: foi revelado neste exemplo que ambos os vetores constantes de integração, $\mathbf{C}_1$ e $\mathbf{C}_2$, são $\mathbf{0}$. Os Exercícios 15 e 16 fornecem exemplos para os quais os vetores constantes de integração não são $\mathbf{0}$.

Equações vetoriais e paramétricas para movimento de projétil ideal

Um exemplo clássico de integração de funções vetoriais é a dedução das equações para o movimento de um projétil. Na física, o movimento de projétil descreve como um objeto disparado em determinado ângulo a partir de uma posição inicial, e influenciado somente pela força da gravidade, move-se em um plano de coordenada vertical. No exemplo clássico, ignoramos os efeitos de qualquer resistência sobre o objeto, que pode variar com seu módulo de velocidade e altitude, e também o fato de que a força da gravidade muda ligeiramente conforme a altura do projétil. Além disso, ignoramos os efeitos de longa distância da Terra girando abaixo do projétil, como em um lançamento de foguete ou um disparo do projétil de um canhão. Ignorar esses efeitos nos fornece uma aproximação razoável do movimento na maioria dos casos.

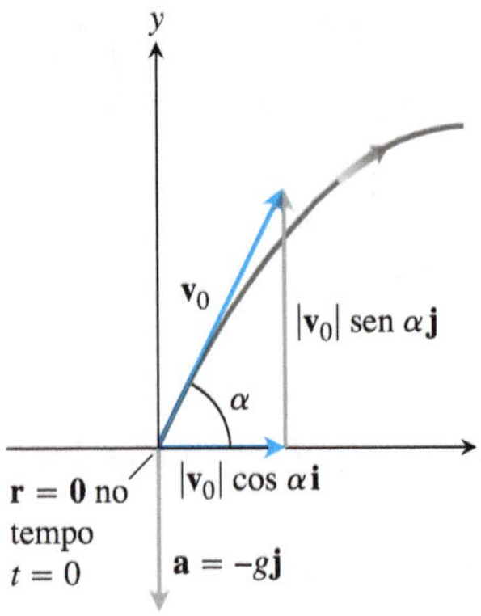

(a)

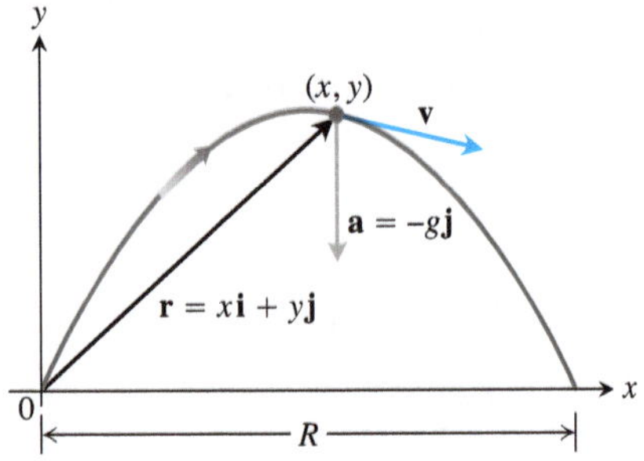

(b)

FIGURA 13.10 (a) Posição, velocidade, aceleração e ângulo de lançamento em $t = 0$. (b) Posição, velocidade e aceleração em um instante t posterior.

Para produzir equações para movimento de projétil, assumimos que este se comporta como uma partícula que se desloca em um plano de coordenada vertical e que a única força agindo sobre o projétil durante seu voo é a força constante da gravidade, que sempre aponta diretamente para baixo. Assumimos que o projétil é lançado a partir da origem no instante $t = 0$ para o primeiro quadrante com uma velocidade inicial $\mathbf{v}_0$ (Figura 13.10). Se $\mathbf{v}_0$ forma um ângulo α com a horizontal, então

$$\mathbf{v}_0 = (|\mathbf{v}_0|\cos\alpha)\mathbf{i} + (|\mathbf{v}_0|\,\text{sen}\,\alpha)\mathbf{j}.$$

Se utilizarmos a notação mais simples v_0 para o módulo de velocidade inicial $|\mathbf{v}_0|$, então

$$\mathbf{v}_0 = (v_0\cos\alpha)\mathbf{i} + (v_0\,\text{sen}\,\alpha)\mathbf{j}. \tag{3}$$

A posição inicial do projétil é

$$\mathbf{r}_0 = 0\mathbf{i} + 0\mathbf{j} = \mathbf{0}. \tag{4}$$

A segunda lei de movimento de Newton diz que a força que age sobre o projétil é igual à massa m do projétil vezes sua aceleração, ou $m(d^2\mathbf{r}/dt^2)$ se $\mathbf{r}$ for o vetor posição do projétil e t for o tempo. Se a força for exclusivamente a força gravitacional $-mg\mathbf{j}$, então

$$m\frac{d^2\mathbf{r}}{dt^2} = -mg\mathbf{j} \qquad \text{e} \qquad \frac{d^2\mathbf{r}}{dt^2} = -g\mathbf{j}$$

em que g é a aceleração da gravidade. Encontramos **r** como uma função de t resolvendo o seguinte problema de valor inicial.

Equação diferencial: $\frac{d^2\mathbf{r}}{dt^2} = -g\mathbf{j}$

Condições iniciais: $\mathbf{r} = \mathbf{r}_0$ e $\frac{d\mathbf{r}}{dt} = \mathbf{v}_0$ quando $t = 0$

A primeira integração fornece

$$\frac{d\mathbf{r}}{dt} = -(gt)\mathbf{j} + \mathbf{v}_0.$$

A segunda integração fornece

$$\mathbf{r} = -\frac{1}{2}gt^2\mathbf{j} + \mathbf{v}_0 t + \mathbf{r}_0.$$

Substituir os valores de $\mathbf{v}_0$ e $\mathbf{r}_0$ nas Equações 3 e 4 fornece

$$\mathbf{r} = -\frac{1}{2}gt^2\mathbf{j} + \underbrace{(v_0\cos\alpha)t\mathbf{i} + (v_0\,\mathrm{sen}\,\alpha)t\mathbf{j}}_{\mathbf{v}_0 t} + \mathbf{0}.$$

Agrupando os termos, temos

Equação de movimento de projétil ideal

$$\mathbf{r} = (v_0\cos\alpha)t\mathbf{i} + \left((v_0\,\mathrm{sen}\,\alpha)t - \frac{1}{2}gt^2\right)\mathbf{j}. \tag{5}$$

A Equação 5 é a *equação vetorial* para movimento de projétil ideal. O ângulo α é o **ângulo de lançamento** do projétil (**ângulo de disparo**, **ângulo de elevação**) e v_0, conforme dito anteriormente, é o **módulo de velocidade inicial** do projétil. Os componentes de **r** fornecem as equações paramétricas

$$x = (v_0\cos\alpha)t \quad \text{e} \quad y = (v_0\,\mathrm{sen}\,\alpha)t - \frac{1}{2}gt^2, \tag{6}$$

em que x é a distância ao longo da trajetória e y é a altura do projétil no instante $t \geq 0$.

EXEMPLO 4 Um projétil é disparado da origem sobre um plano horizontal com um módulo de velocidade inicial de 500 m/s e um ângulo de lançamento de 60º. Onde o projétil estará 10 segundos depois?

Solução Utilizamos a Equação 5 com $v_0 = 500$, $\alpha = 60º$, $g = 9{,}8$ e $t = 10$ para encontrar os componentes do projétil 10 segundos após o disparo.

$$\begin{aligned}\mathbf{r} &= (v_0\cos\alpha)t\mathbf{i} + \left((v_0\,\mathrm{sen}\,\alpha)t - \frac{1}{2}gt^2\right)\mathbf{j}\\ &= (500)\left(\frac{1}{2}\right)(10)\mathbf{i} + \left((500)\left(\frac{\sqrt{3}}{2}\right)10 - \left(\frac{1}{2}\right)(9{,}8)(100)\right)\mathbf{j}\\ &\approx 2500\mathbf{i} + 3840\mathbf{j}\end{aligned}$$

Dez segundos após o disparo, o projétil estará cerca de 3.840 m acima do solo e terá percorrido a distância de 2.500 m desde o local de origem.

Projéteis ideais se movem ao longo de parábolas, como podemos agora deduzir das Equações 6. Se substituirmos $t = x/(v_0\cos\alpha)$ da primeira equação para a segunda, obtemos a equação de coordenadas cartesianas

$$y = -\left(\frac{g}{2v_0^2\cos^2\alpha}\right)x^2 + (\mathrm{tg}\,\alpha)x.$$

Essa equação tem a forma $y = ax^2 + bx$, portanto seu gráfico é uma parábola.

Um projétil alcança seu ponto mais alto quando seu componente de velocidade vertical é zero. Quando disparado sobre um plano horizontal, o projétil atinge o solo no instante em que seu componente vertical é igual a zero na Equação 5, e o **alcance** R é a distância entre a origem e o ponto de impacto. Resumimos os resultados aqui, os quais você é solicitado a verificar no Exercício 27.

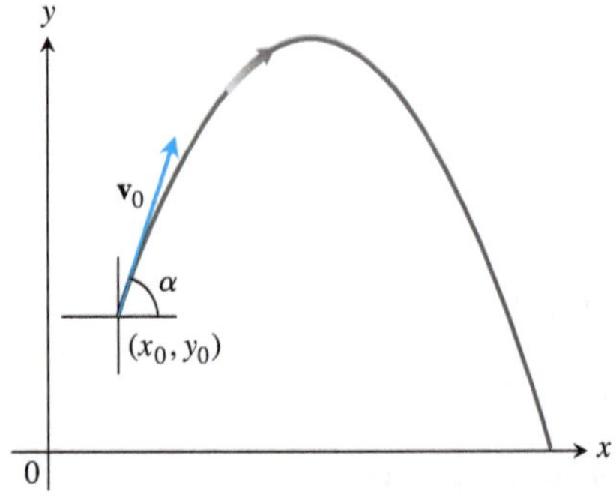

FIGURA 13.11 Trajetória de um projétil disparado de (x_0, y_0) com uma velocidade inicial $\mathbf{v}_0$ em um ângulo de α graus com a horizontal.

Altura, tempo de voo e alcance para movimento de projétil ideal

Para movimento de projétil ideal quando um objeto é lançado a partir da origem sobre uma superfície horizontal com módulo de velocidade inicial v_0 e ângulo de lançamento α:

Altura máxima: $$y_{\max} = \frac{(v_0 \operatorname{sen} \alpha)^2}{2g}$$

Tempo de voo: $$t = \frac{2v_0 \operatorname{sen} \alpha}{g}$$

Alcance: $$R = \frac{v_0^2}{g} \operatorname{sen} 2\alpha.$$

Se dispararmos nosso projétil ideal a partir do ponto (x_0, y_0) em vez da origem (Figura 13.11), o vetor posição para a trajetória do movimento é

$$\mathbf{r} = (x_0 + (v_0 \cos \alpha)t)\mathbf{i} + \left(y_0 + (v_0 \operatorname{sen} \alpha)t - \frac{1}{2}gt^2\right)\mathbf{j}, \tag{7}$$

conforme você será solicitado a mostrar no Exercício 29.

Movimento de projétil com rajadas de vento

O próximo exemplo mostra como levamos em consideração outra força agindo sobre um projétil, por causa de uma rajada de vento. Também assumimos que a trajetória de uma bola de beisebol no Exemplo 5 está em um plano vertical.

EXEMPLO 5 Uma bola de beisebol é atingida quando está 3 pés acima do solo. Ela deixa o taco com módulo de velocidade inicial de 152 pés/s, formando um ângulo de 20° com a horizontal. No instante em que a bola é atingida, uma rajada de vento instantânea sopra na direção horizontal diretamente oposta à que a bola está tomando ao campo externo, adicionando um componente de –8,8**i** (pés/s) à velocidade inicial da bola (8,8 pés/s = 6 milhas/hora).

(a) Encontre uma equação vetorial (vetor posição) para a trajetória da bola de beisebol.

(b) Qual a altura máxima atingida pela bola e quando ela atinge essa altura?

(c) Assumindo que a bola não é pega, encontre seu alcance e tempo de voo.

Solução

(a) Utilizando a Equação 3 e levando em conta a rajada de vento, a velocidade inicial da bola de beisebol é

$$\begin{aligned}\mathbf{v}_0 &= (v_0 \cos \alpha)\mathbf{i} + (v_0 \operatorname{sen} \alpha)\mathbf{j} - 8{,}8\mathbf{i} \\ &= (152 \cos 20°)\mathbf{i} + (152 \operatorname{sen} 20°)\mathbf{j} - (8{,}8)\mathbf{i} \\ &= (152 \cos 20° - 8{,}8)\mathbf{i} + (152 \operatorname{sen} 20°)\mathbf{j}.\end{aligned}$$

A posição inicial é $\mathbf{r}_0 = 0\mathbf{i} + 3\mathbf{j}$. A integração de $d^2\mathbf{r}/dt^2 = -g\mathbf{j}$ fornece

$$\frac{d\mathbf{r}}{dt} = -(gt)\mathbf{j} + \mathbf{v}_0.$$

Uma segunda integração fornece

$$\mathbf{r} = -\frac{1}{2}gt^2\mathbf{j} + \mathbf{v}_0 t + \mathbf{r}_0.$$

Substituir os valores de $\mathbf{v}_0$ e $\mathbf{r}_0$ na última equação fornece o vetor posição da bola de beisebol.

$$\begin{aligned}\mathbf{r} &= -\frac{1}{2}gt^2\mathbf{j} + \mathbf{v}_0 t + \mathbf{r}_0 \\ &= -16t^2\mathbf{j} + (152\cos 20° - 8{,}8)t\mathbf{i} + (152\,\text{sen}\,20°)t\mathbf{j} + 3\mathbf{j} \\ &= (152\cos 20° - 8{,}8)t\mathbf{i} + \left(3 + (152\,\text{sen}\,20°)t - 16t^2\right)\mathbf{j}.\end{aligned}$$

(b) A bola de beisebol atinge seu ponto mais alto quando o componente vertical da velocidade é zero ou

$$\frac{dy}{dt} = 152\,\text{sen}\,20° - 32t = 0.$$

Solucionando para t, encontramos

$$t = \frac{152\,\text{sen}\,20°}{32} \approx 1{,}62\text{ s}.$$

Substituir esse tempo pelo componente vertical para $\mathbf{r}$ fornece a altura máxima

$$\begin{aligned}y_{\max} &= 3 + (152\,\text{sen}\,20°)(1{,}62) - 16(1{,}62)^2 \\ &\approx 45{,}2\text{ pés}\end{aligned}$$

Ou seja, a altura máxima da bola de beisebol é de cerca de 45,2 pés, atingida cerca de 1,6 segundo após ter deixado o taco.

(c) Para descobrir quando a bola atinge o solo, definimos o componente vertical para $\mathbf{r}$ igual a 0 e solucionamos para t:

$$\begin{aligned}3 + (152\,\text{sen}\,20°)t - 16t^2 &= 0 \\ 3 + (51{,}99)t - 16t^2 &= 0.\end{aligned}$$

Os valores da solução são de cerca de $t = 3{,}3$ s e $t = -0{,}06$ s. Substituindo o tempo positivo no componente horizontal para $\mathbf{r}$, encontramos o alcance

$$\begin{aligned}R &= (152\cos 20° - 8{,}8)(3{,}3) \\ &\approx 442\text{ pés}.\end{aligned}$$

Assim, o alcance horizontal é de cerca de 442 pés e o tempo de voo é de cerca de 3,3 segundos.

Nos Exercícios 37 e 38, consideramos o movimento do projétil quando existe resistência do ar desacelerando o voo.

Exercícios 13.2

Integrando funções a valores vetoriais

Avalie as integrais nos Exercícios 1-10.

1. $\displaystyle\int_0^1 [t^3\mathbf{i} + 7\mathbf{j} + (t+1)\mathbf{k}]\,dt$

2. $\displaystyle\int_1^2 \left[(6 - 6t)\mathbf{i} + 3\sqrt{t}\mathbf{j} + \left(\frac{4}{t^2}\right)\mathbf{k}\right]dt$

3. $\displaystyle\int_{-\pi/4}^{\pi/4} [(\text{sen}\,t)\mathbf{i} + (1 + \cos t)\mathbf{j} + (\sec^2 t)\mathbf{k}]\,dt$

4. $\displaystyle\int_0^{\pi/3} [(\sec t\,\text{tg}\,t)\mathbf{i} + (\text{tg}\,t)\mathbf{j} + (2\,\text{sen}\,t\cos t)\mathbf{k}]\,dt$

5. $\displaystyle\int_1^4 \left[\frac{1}{t}\mathbf{i} + \frac{1}{5-t}\mathbf{j} + \frac{1}{2t}\mathbf{k}\right]dt$

6. $\displaystyle\int_0^1 \left[\frac{2}{\sqrt{1-t^2}}\mathbf{i} + \frac{\sqrt{3}}{1+t^2}\mathbf{k}\right]dt$

7. $\displaystyle\int_0^1 [te^{t^2}\mathbf{i} + e^{-t}\mathbf{j} + \mathbf{k}]\,dt$

8. $\int_1^{\ln 3} [te^t\,\mathbf{i} + e^t\,\mathbf{j} + \ln t\,\mathbf{k}]\,dt$

9. $\int_0^{\pi/2} [\cos t\,\mathbf{i} - \text{sen}\,2t\,\mathbf{j} + \text{sen}^2\,t\,\mathbf{k}]\,dt$

10. $\int_0^{\pi/4} [\sec t\,\mathbf{i} + \text{tg}^2\,t\,\mathbf{j} - t\,\text{sen}\,t\,\mathbf{k}]\,dt$

Problemas de valor inicial

Resolva os problemas de valor inicial nos Exercícios 11-16 para **r** como uma função vetorial de t.

11. Equação diferencial: $\dfrac{d\mathbf{r}}{dt} = -t\mathbf{i} - t\mathbf{j} - t\mathbf{k}$

    Condição inicial: $\mathbf{r}(0) = \mathbf{i} + 2\mathbf{j} + 3\mathbf{k}$

12. Equação diferencial: $\dfrac{d\mathbf{r}}{dt} = (180t)\mathbf{i} + (180t - 16t^2)\mathbf{j}$

    Condição inicial: $\mathbf{r}(0) = 100\mathbf{j}$

13. Equação diferencial: $\dfrac{d\mathbf{r}}{dt} = \dfrac{3}{2}(t+1)^{1/2}\mathbf{i} + e^{-t}\mathbf{j} + \dfrac{1}{t+1}\mathbf{k}$

    Condição inicial: $\mathbf{r}(0) = \mathbf{k}$

14. Equação diferencial: $\dfrac{d\mathbf{r}}{dt} = (t^3 + 4t)\mathbf{i} + t\mathbf{j} + 2t^2\mathbf{k}$

    Condição inicial: $\mathbf{r}(0) = \mathbf{i} + \mathbf{j}$

15. Equação diferencial: $\dfrac{d^2\mathbf{r}}{dt^2} = -32\mathbf{k}$

    Condições iniciais: $\mathbf{r}(0) = 100\mathbf{k}$ e

    $\left.\dfrac{d\mathbf{r}}{dt}\right|_{t=0} = 8\mathbf{i} + 8\mathbf{j}$

16. Equação diferencial: $\dfrac{d^2\mathbf{r}}{dt^2} = -(\mathbf{i} + \mathbf{j} + \mathbf{k})$

    Condições iniciais: $\mathbf{r}(0) = 10\mathbf{i} + 10\mathbf{j} + 10\mathbf{k}$ e

    $\left.\dfrac{d\mathbf{r}}{dt}\right|_{t=0} = \mathbf{0}$

Movimento ao longo de uma reta

17. No instante $t = 0$, uma partícula está localizada no ponto (1, 2, 3). Ela se desloca em linha reta até o ponto (4, 1, 4), tem módulo de velocidade 2 em (1, 2, 3) e aceleração constante $3\mathbf{i} - \mathbf{j} + \mathbf{k}$. Encontre uma equação para o vetor posição $\mathbf{r}(t)$ da partícula no instante t.

18. Uma partícula que se desloca em linha reta está localizada no ponto (1, –1, 2) e tem módulo de velocidade 2 no instante $t = 0$. A partícula se move em direção ao ponto (3, 0, 3) com aceleração constante $2\mathbf{i} + \mathbf{j} + \mathbf{k}$. Encontre seu vetor posição $\mathbf{r}(t)$ no instante t.

Movimento de projétil

Os voos de projéteis nos exercícios a seguir devem ser tratados como ideais, a menos que de outra forma orientado. Todos os ângulos de lançamento são medidos a partir da horizontal. Todos os projéteis são lançados a partir da origem sobre uma superfície horizontal, a menos que de outra forma orientado.

19. **Tempo de percurso** Um projétil é disparado a uma velocidade de 840 m/s com um ângulo de 60°. Quanto tempo ele irá levar para atingir 21 km de distância do local de disparo?

20. **Encontrando o módulo da velocidade de saída** Encontre a velocidade de saída de um canhão cujo alcance máximo seja de 24,5 km.

21. **Altura e tempo de voo** Um projétil é disparado com uma velocidade inicial de 500 m/s com um ângulo de elevação de 45°.
    a. Quando e a que distância o projétil irá atingir o solo?
    b. Que altura a partir da superfície o projétil terá alcançado quando tiver percorrido 5 km na horizontal do ponto de lançamento?
    c. Qual é a altura do ponto mais alto alcançado pelo projétil?

22. **Arremessando uma bola de beisebol** Uma bola de beisebol é lançada da arquibancada, 32 pés acima do campo, em um ângulo de 30° a partir da horizontal. Quando e quão longe a bola irá atingir o solo se seu módulo de velocidade inicial for de 32 pés/s?

23. **Lançando bolas de golfe** Uma máquina no nível do solo dispara uma bola de golfe com um ângulo de 45°. A bola atinge o solo a 10 m de distância.
    a. Qual o módulo de velocidade inicial da bola?
    b. Para o mesmo módulo de velocidade inicial, encontre dois ângulos de disparo que formem um alcance de 6 m.

24. **Emissão de elétrons** Um elétron em um tubo de TV é emitido horizontalmente com um módulo de velocidade de 5×10^6 m/s em direção à frente do tubo, a 40 cm de distância. Quanto o elétron cairá antes de atingir a face do tubo?

25. **Ângulos de tiro de alcances iguais** Quais dois ângulos de elevação permitirão a um projétil atingir um alvo a 16 km de distância no mesmo nível que o canhão se o módulo de velocidade inicial do projétil for de 400 m/s?

26. **Alcance e altura *versus* módulo de velocidade**
    a. Mostre que dobrar o módulo de velocidade inicial de um projétil em um determinado ângulo de lançamento multiplica seu alcance por 4.
    b. Aproximadamente em que porcentagem você deveria aumentar o módulo de velocidade inicial para dobrar sua altura e seu alcance?

27. Verifique os resultados fornecidos no texto (após o Exemplo 4) para a altura máxima, tempo de voo e alcance para um movimento de projétil ideal.

28. **Bolinhas de gude em colisão** A figura a seguir mostra um experimento com duas bolas de gude. A bola A foi lançada em direção à bola B com ângulo de lançamento α e módulo de velocidade inicial v_0. No mesmo instante, a bola B foi derrubada a partir do repouso em R tg α unidades diretamente acima de um ponto a uma distância de R unidades de A. As bolas colidiriam independentemente do valor de v_0. Isso foi mera coincidência ou deveria mesmo ter acontecido? Justifique sua resposta.

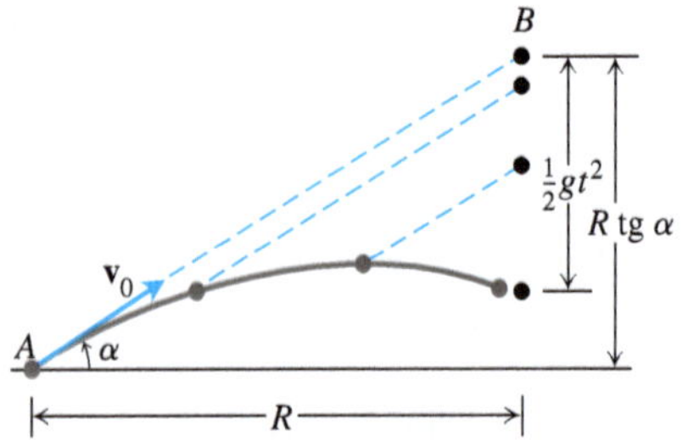

29. **Atirando de (x_0, y_0)** Deduza as equações

$$x = x_0 + (v_0 \cos \alpha)t,$$

$$y = y_0 + (v_0\,\text{sen}\,\alpha)t - \frac{1}{2}gt^2$$

(veja a Equação 7 no texto), resolvendo o seguinte problema de valor inicial para um vetor **r** no plano.

Equação diferencial: $\dfrac{d^2\mathbf{r}}{dt^2} = -g\mathbf{j}$

Condições iniciais: $\mathbf{r}(0) = x_0\mathbf{i} + y_0\mathbf{j}$

$$\frac{d\mathbf{r}}{dt}(0) = (v_0 \cos \alpha)\mathbf{i} + (v_0 \operatorname{sen} \alpha)\mathbf{j}$$

30. Onde trajetórias atingem o ápice Para um projétil disparado do solo com um ângulo de lançamento α com módulo de velocidade inicial v_0, considere α como uma variável e v_0 como uma constante fixa. Para cada α, $0 < \alpha < \pi/2$, obtemos uma trajetória parabólica conforme mostrado na figura a seguir. Mostre que todos os pontos no plano que fornecem as alturas máximas dessas trajetórias parabólicas estão na elipse

$$x^2 + 4\left(y - \frac{v_0^2}{4g}\right)^2 = \frac{v_0^4}{4g^2},$$

em que $x \geq 0$.

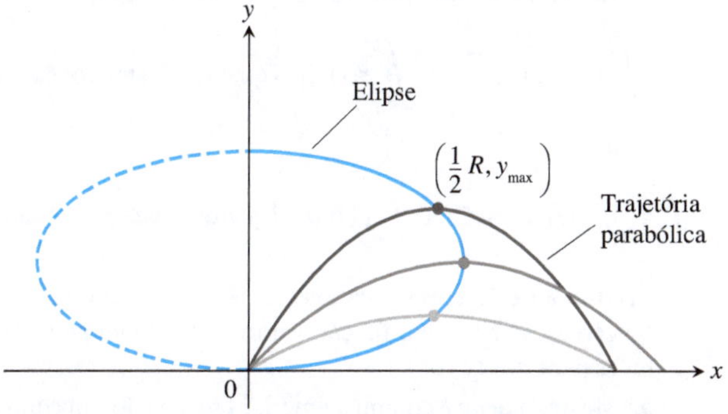

31. Atirando um projétil em um declive Um projétil ideal é lançado diretamente ao longo de um plano inclinado, conforme mostrado na figura a seguir.

a. Mostre que o maior alcance no declive é atingido quando o vetor velocidade inicial bissecta o ângulo *AOR*.

b. Se o projétil fosse atirado em um aclive em vez de um declive, que ângulo maximizaria seu alcance? Justifique sua resposta.

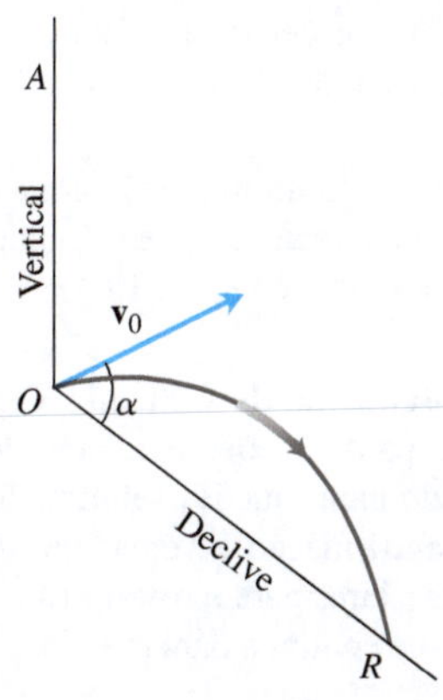

32. *Green* elevado Uma bola de golfe é atingida com um módulo de velocidade inicial de 116 pés/s em um ângulo de elevação de 45° a partir do *tee* para um *green* (área onde fica o buraco), que está elevado 45 pés acima do *tee*, conforme mostrado no diagrama. Assumindo que a bandeira, localizada a 369 pés de distância, não esteja no caminho, onde a bola aterrissará em relação à bandeira?

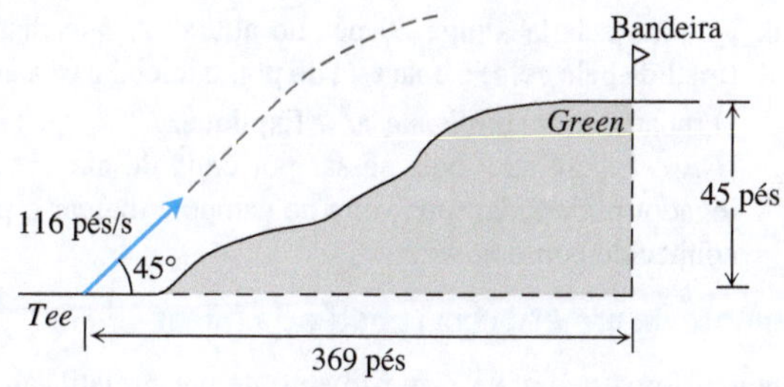

FORA DE ESCALA

33. Voleibol Uma bola de voleibol é golpeada quando está 4 pés acima do solo e 12 pés da rede, de 6 pés de altura. A bola deixa o ponto de impacto com velocidade inicial de 35 pés/s com um ângulo de 27° e passa pelo time adversário sem ser tocada.

a. Encontre uma equação vetorial para a trajetória da bola.

b. Qual a altura alcançada pela bola e quando ela atinge sua altura máxima?

c. Encontre seu alcance e tempo de trajetória no ar.

d. Quando a bola está 7 pés acima do solo? A que distância (no solo) a bola está do ponto onde atingirá o solo?

e. Suponha que a rede seja elevada para 8 pés. Isso muda as coisas? Explique.

34. Lançamento de peso Em Moscou, 1987, Natalya Lisovskaya bateu o recorde mundial feminino lançando um peso de 8 lb 13 oz a 73 pés e 10 pol. Considerando que ela tenha lançado o peso a um ângulo de 40° com a horizontal 6,5 pés acima do solo, qual era o módulo de velocidade inicial do peso?

35. Trem em miniatura A fotografia *multiflash* a seguir mostra uma miniatura de locomotiva que se move com um módulo de velocidade constante em um trilho reto e horizontal. Enquanto a locomotiva se movia, uma bola de gude foi lançada no ar por uma mola na chaminé da locomotiva. A bola, que continuou se movendo com a mesma velocidade para a frente com a locomotiva, reuniu-se com esta 1 s depois de ter sido atirada. Meça o ângulo da trajetória da bola com a horizontal e utilize as informações para descobrir a altura atingida pela bola e a velocidade em que a locomotiva estava se movendo.

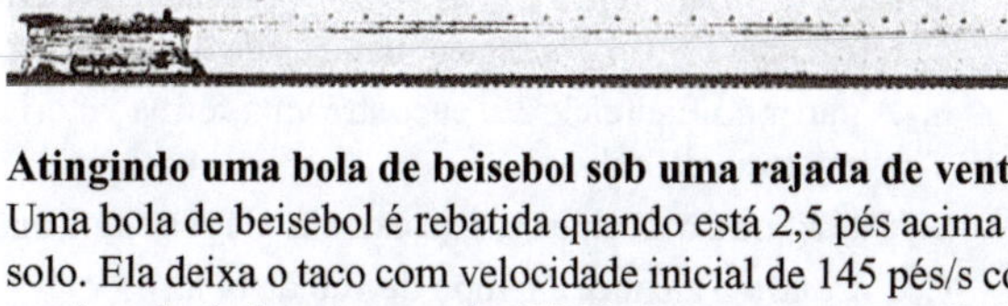

36. Atingindo uma bola de beisebol sob uma rajada de vento Uma bola de beisebol é rebatida quando está 2,5 pés acima do solo. Ela deixa o taco com velocidade inicial de 145 pés/s com um ângulo de lançamento de 23°. No instante em que a bola é atingida, uma rajada de vento instantânea sopra contra a bola, adicionando um componente de $-14\mathbf{i}$ (pés/s) à sua velocidade inicial. Um alambrado de 15 pés de altura está a 300 pés do ponto inicial da trajetória da bola no ar na direção do voo.

a. Encontre uma equação vetorial para a trajetória da bola.

b. Que altura a bola atinge e quando alcança sua altura máxima?

c. Encontre o alcance e o tempo de voo da bola, considerando que a bola não é pega.

d. Quando a bola atinge 20 pés de altura? A que distância (medida pelo solo) a bola está do ponto inicial nessa altura?

e. O rebatedor fez um *home run*? Explique.
(*Observação*: se a bola passar por cima do alambrado, o jogador poderá dar uma volta no campo e marcar o ponto, conhecido como *home run*.)

Movimento de projétil com resistência linear

A principal força que afeta o movimento de um projétil, além da gravidade, é a resistência do ar. Essa força retardadora é a **força de resistência**, e atua em sentido *oposto* à da velocidade do projétil (veja a figura a seguir). Para projéteis se movendo pelo ar com módulos de velocidade relativamente baixos, no entanto, a força de resistência é (aproximadamente) proporcional ao módulo de velocidade (na primeira potência), e assim é chamada **linear**.

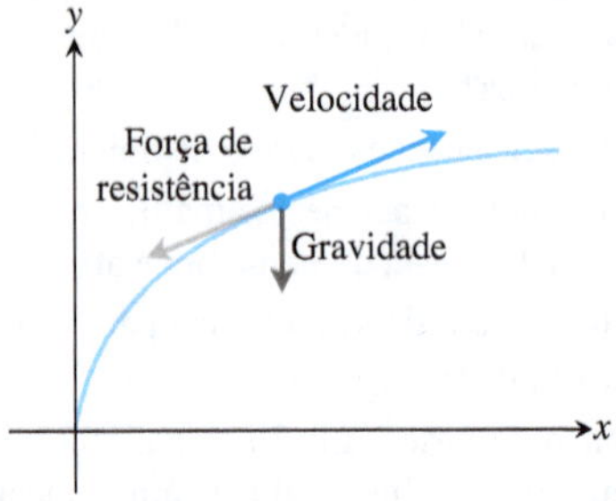

37. Força de resistência linear Deduza as equações

$$x = \frac{v_0}{k}(1 - e^{-kt})\cos\alpha$$

$$y = \frac{v_0}{k}(1 - e^{-kt})(\text{sen}\,\alpha) + \frac{g}{k^2}(1 - kt - e^{-kt})$$

resolvendo o problema de valor inicial a seguir para um vetor $\mathbf{r}$ no plano.

Equação diferencial: $\dfrac{d^2\mathbf{r}}{dt^2} = -g\mathbf{j} - k\mathbf{v} = -g\mathbf{j} - k\dfrac{d\mathbf{r}}{dt}$

Condições iniciais: $\mathbf{r}(0) = \mathbf{0}$

$$\left.\frac{d\mathbf{r}}{dt}\right|_{t=0} = \mathbf{v}_0 = (v_0\cos\alpha)\mathbf{i} + (v_0\,\text{sen}\,\alpha)\mathbf{j}$$

O **coeficiente de resistência** k é uma constante positiva que representa a resistência decorrente da densidade do ar, v_0 e α são o módulo de velocidade inicial e o ângulo de lançamento do projétil, e g é a aceleração da gravidade.

38. Atingindo uma bola de beisebol com resistência linear Considere o problema de beisebol no Exemplo 5, em que existe uma resistência linear (veja o Exercício 37). Assuma um coeficiente de resistência $k = 0{,}12$, mas nenhuma rajada de vento.

a. A partir do Exercício 37, encontre uma forma vetorial para a trajetória da bola.

b. Que altura a bola alcança, e quando ela atinge a altura máxima?

c. Encontre o alcance e tempo de voo da bola.

d. Quando a bola está a 30 pés de altura? A que distância (medida pelo solo) a bola de beisebol está do rebatedor nessa altura?

e. Um alambrado de 10 pés de altura está a 340 pés do rebatedor na direção do voo da bola. O jogador do outro time pode pular e apanhar qualquer bola a uma altura de até 11 pés acima do solo para impedir que ela ultrapasse o alambrado. O rebatedor fez um *home run*?
(*Observação*: se a bola passar por cima do alambrado, o jogador poderá dar uma volta no campo e marcar o ponto, conhecido como *home run*.)

Teoria e exemplos

39. Estabeleça as seguintes propriedades das funções vetoriais integráveis.

a. A *regra da multiplicação por escalar constante*:

$$\int_a^b k\mathbf{r}(t)\,dt = k\int_a^b \mathbf{r}(t)\,dt \quad (k \text{ qualquer escala})$$

A *regra para negativos*,

$$\int_a^b (-\mathbf{r}(t))\,dt = -\int_a^b \mathbf{r}(t)\,dt,$$

é obtida tomando $k = -1$.

b. As *regras da soma e da diferença*:

$$\int_a^b (\mathbf{r}_1(t) \pm \mathbf{r}_2(t))\,dt = \int_a^b \mathbf{r}_1(t)\,dt \pm \int_a^b \mathbf{r}_2(t)\,dt$$

c. As *regras de multiplicação por vetor constante*:

$$\int_a^b \mathbf{C}\cdot\mathbf{r}(t)\,dt = \mathbf{C}\cdot\int_a^b \mathbf{r}(t)\,dt \quad (\text{qualquer vetor constante } \mathbf{C})$$

e

$$\int_a^b \mathbf{C}\times\mathbf{r}(t)\,dt = \mathbf{C}\times\int_a^b \mathbf{r}(t)\,dt \quad (\text{qualquer vetor constante } \mathbf{C})$$

40. Produtos de funções escalares e vetoriais Suponha que a função escalar $u(t)$ e a função vetorial $\mathbf{r}(t)$ sejam ambas definidas para $a \le t \le b$.

a. Mostre que $u\mathbf{r}$ é contínua em $[a, b]$ se u e $\mathbf{r}$ forem contínuas em $[a, b]$.

b. Se u e $\mathbf{r}$ forem ambos diferenciáveis em $[a, b]$, mostre que $u\mathbf{r}$ é diferenciável em $[a, b]$ e que

$$\frac{d}{dt}(u\mathbf{r}) = u\frac{d\mathbf{r}}{dt} + \mathbf{r}\frac{du}{dt}.$$

41. Antiderivadas de funções vetoriais

a. Utilize o corolário 2 do teorema de valor médio para funções escalares para mostrar que, se duas funções vetoriais $\mathbf{R}_1(t)$ e $\mathbf{R}_2(t)$ têm derivadas idênticas em um intervalo I, então as funções diferem por um valor vetorial constante por todo I.

b. Utilize o resultado no item (a) para mostrar que se $\mathbf{R}(t)$ é qualquer antiderivada de $\mathbf{r}(t)$ em I, então qualquer outra antiderivada de $\mathbf{r}$ em I é igual a $\mathbf{R}(t) + \mathbf{C}$ para qualquer vetor constante $\mathbf{C}$.

42. Teorema Fundamental do Cálculo O Teorema Fundamental do Cálculo para funções escalares de uma variável real também é válido para funções vetoriais de uma variável real. Prove que essa afirmação é verdadeira utilizando o teorema para funções escalares para mostrar primeiro que, se uma função vetorial $\mathbf{r}(t)$ é contínua para $a \le t \le b$, então

$$\frac{d}{dt}\int_a^t \mathbf{r}(\tau)\,d\tau = \mathbf{r}(t)$$

em todo ponto t de (a, b). Em seguida, utilize a conclusão no item (b) do Exercício 41 para mostrar que, se $\mathbf{R}$ é qualquer antiderivada de $\mathbf{r}$ em $[a, b]$, então

$$\int_a^b \mathbf{r}(t)\,dt = \mathbf{R}(b) - \mathbf{R}(a).$$

43. Atingindo uma bola de beisebol com resistência linear sob uma rajada de vento Considere novamente o problema sobre beisebol no Exemplo 5. Desta vez, considere um coeficiente de resistência de 0,08 *e* uma rajada de vento instantânea que adicione um componente de –17,6**i** (pés/s) à velocidade inicial no instante em que a bola é atingida.

a. Encontre uma equação vetorial para a trajetória da bola.

b. Que altura a bola alcança e quando atinge sua altura máxima?

c. Encontre o alcance e o tempo de voo da bola.

d. Quando a bola está a 35 pés de altura? A que distância (medida pelo solo) a bola está do rebatedor a essa altura?

e. Um alambrado de 20 pés de altura está a 380 pés do rebatedor na direção do voo da bola. O rebatedor fez um *home run*? Em caso afirmativo, qual alteração no componente horizontal da velocidade inicial faria a bola se manter no campo? Em caso negativo, qual alteração permitiria que fosse um *home run*? (*Observação*: se a bola passar por cima do alambrado, o jogador poderá dar uma volta no campo e marcar o ponto, conhecido como *home run.*)

44. Altura *versus* tempo Mostre que um projétil alcança três quartos de sua altura máxima na metade do tempo em que alcança sua altura máxima.

13.3 Comprimento de arco no espaço

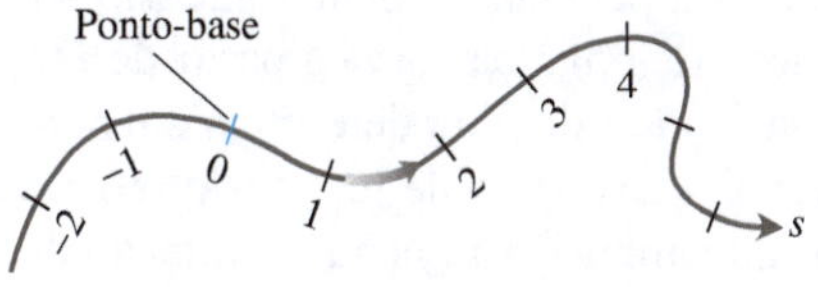

FIGURA 13.12 Curvas suaves podem ser marcadas como retas numéricas, a coordenada de cada ponto sendo sua distância orientada ao longo da curva a partir de um ponto-base pré-selecionado.

Nesta e nas duas próximas seções, estudaremos as características matemáticas do formato de uma curva e descreveremos a precisão de suas voltas e torções.

Comprimento de arco ao longo de uma curva espacial

Uma das características de curvas planas e espaciais suaves é que elas têm um comprimento mensurável. Isso nos permite localizar pontos ao longo dessas curvas fornecendo sua distância orientada s ao longo da curva a partir de algum ponto-base, da forma como localizamos pontos em eixos coordenados fornecendo sua distância orientada a partir da origem (Figura 13.12). Isso é o que fizemos para curvas planas na Seção 11.2.

Para medir a distância ao longo de uma curva suave no espaço, adicionamos um termo z à fórmula que utilizamos para curvas no plano.

DEFINIÇÃO O **comprimento** de uma curva suave $\mathbf{r}(t) = x(t)\mathbf{i} + y(t)\mathbf{j} + z(t)\mathbf{k}$, $a \le t \le b$, que é traçada exatamente uma vez conforme t aumenta de $t = a$ para $t = b$, é

$$L = \int_a^b \sqrt{\left(\frac{dx}{dt}\right)^2 + \left(\frac{dy}{dt}\right)^2 + \left(\frac{dz}{dt}\right)^2}\, dt. \tag{1}$$

Da mesma forma que para curvas planas, podemos calcular o comprimento de uma curva no espaço a partir de qualquer parametrização conveniente que satisfaça as condições declaradas. Omitimos a prova.

A raiz quadrada na Equação 1 é $|\mathbf{v}|$, o comprimento de um vetor velocidade $d\mathbf{r}/dt$. Isso nos permite escrever a fórmula para comprimento de uma forma mais curta.

Fórmula de comprimento de arco

$$L = \int_a^b |\mathbf{v}|\, dt \tag{2}$$

EXEMPLO 1 Uma asa-delta está levantando voo ao longo da hélice $\mathbf{r}(t) = (\cos t)\mathbf{i} + (\operatorname{sen} t)\mathbf{j} + t\mathbf{k}$. Qual o comprimento da trajetória do planador entre $t = 0$ e $t = 2\pi$?

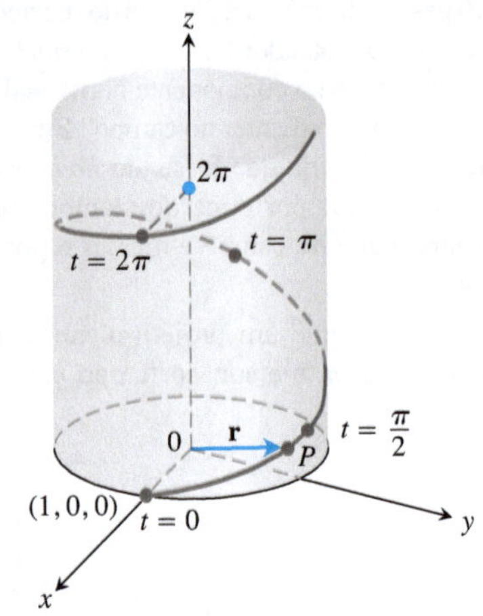

FIGURA 13.13 Hélice no Exemplo 1, $\mathbf{r}(t) = (\cos t)\mathbf{i} + (\text{sen } t)\mathbf{j} + t\mathbf{k}$.

Solução A trajetória durante esse tempo corresponde a uma volta completa da hélice (Figura 13.13). O comprimento dessa parte da curva é

$$L = \int_a^b |\mathbf{v}|\, dt = \int_0^{2\pi} \sqrt{(-\text{sen } t)^2 + (\cos t)^2 + (1)^2}\, dt$$

$$= \int_0^{2\pi} \sqrt{2}\, dt = 2\pi\sqrt{2} \text{ unidades de comprimento.}$$

Esse valor é $\sqrt{2}$ vezes a circunferência do círculo no plano xy sobre o qual a hélice está.

Se escolhermos o ponto-base $P(t_0)$ em uma curva suave C parametrizada por t, cada valor de t determina um ponto $P(t) = (x(t), y(t), z(t))$ em C e uma "distância orientada"

$$s(t) = \int_{t_0}^{t} |\mathbf{v}(\tau)|\, d\tau,$$

medida ao longo de C a partir do ponto-base (Figura 13.14). Essa é a função de comprimento de arco que definimos na Seção 11.2 para curvas planas que não possuem componente z. Se $t > t_0$, $s(t)$ é a distância ao longo da curva a partir de $P(t_0)$ até $P(t)$. Se $t < t_0$, $s(t)$ é o negativo da distância. Cada valor de s determina um ponto em C, e este parametriza C com relação a s. Chamamos s de um **parâmetro de comprimento de arco** para a curva. O valor do parâmetro aumenta na direção de t crescente. Veremos que o parâmetro comprimento de arco é particularmente eficaz para investigarmos a natureza das voltas e torções de uma curva espacial.

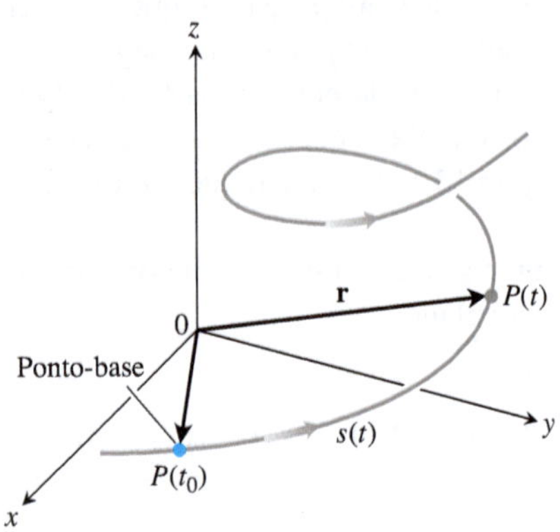

FIGURA 13.14 Distância orientada ao longo da curva entre $P(t_0)$ e qualquer ponto $P(t)$ é

$$s(t) = \int_{t_0}^{t} |\mathbf{v}(\tau)|\, d\tau.$$

Parâmetro de comprimento de arco com ponto-base $P(t_0)$

$$s(t) = \int_{t_0}^{t} \sqrt{[x'(\tau)]^2 + [y'(\tau)]^2 + [z'(\tau)]^2}\, d\tau = \int_{t_0}^{t} |\mathbf{v}(\tau)|\, d\tau \qquad (3)$$

Utilizamos a letra grega τ ("tau") como a variável de integração na Equação 3 porque a letra t já é utilizada como o limite superior.

Se uma curva $\mathbf{r}(t)$ já é dada em termos de algum parâmetro t e $s(t)$ é a função de comprimento de arco dada pela Equação 3, então poderemos solucionar para t como uma função de s: $t = t(s)$. Então a curva pode ser reparametrizada em termos de s substituindo por t: $\mathbf{r} = \mathbf{r}(t(s))$. A nova parametrização identifica um ponto na curva com sua distância orientada ao longo da curva a partir do ponto-base.

EXEMPLO 2 Este é um exemplo para o qual podemos encontrar realmente a parametrização por comprimento de arco de uma curva. Se $t_0 = 0$, o parâmetro de comprimento de arco ao longo da hélice

$$\mathbf{r}(t) = (\cos t)\mathbf{i} + (\text{sen } t)\mathbf{j} + t\mathbf{k}$$

de t_0 a t é

$$s(t) = \int_{t_0}^{t} |\mathbf{v}(\tau)|\, d\tau \qquad \text{Equação 3}$$

$$= \int_0^{t} \sqrt{2}\, d\tau \qquad \text{Valor do Exemplo 1}$$

$$= \sqrt{2}\, t.$$

A resolução dessa equação para t dá $t = s/\sqrt{2}$. A substituição no vetor posição $\mathbf{r}$ fornece a seguinte parametrização por comprimento de arco para a hélice:

$$\mathbf{r}(t(s)) = \left(\cos \frac{s}{\sqrt{2}}\right)\mathbf{i} + \left(\text{sen } \frac{s}{\sqrt{2}}\right)\mathbf{j} + \frac{s}{\sqrt{2}}\mathbf{k}.$$

Diferentemente do Exemplo 2, a parametrização por comprimento de arco é geralmente difícil de ser encontrada na forma analítica para uma curva já dada em termos de algum outro parâmetro t. Por sorte, no entanto, raramente precisamos de uma fórmula exata para $s(t)$ ou seu inverso $t(s)$.

BIOGRAFIA HISTÓRICA

Josiah Willard Gibbs (1839-1903)

Rapidez em uma curva suave

Uma vez que as derivadas dentro do radical na Equação 3 são contínuas (a curva é suave), o Teorema Fundamental do Cálculo nos diz que s é uma função diferenciável de t com derivada

$$\frac{ds}{dt} = |\mathbf{v}(t)|. \tag{4}$$

A Equação 4 diz que o módulo de velocidade com o qual uma partícula se move ao longo de sua trajetória é a magnitude de **v**, consistente com o que sabemos.

Embora o ponto-base $P(t_0)$ desempenhe um papel na definição de s na Equação 3, ele não desempenha nenhum papel na Equação 4. A taxa na qual uma partícula em movimento cobre uma distância ao longo de sua trajetória é independente da distância que ela está do ponto-base.

Observe que $ds/dt > 0$ uma vez que, por definição, $|\mathbf{v}|$ nunca é zero para uma curva suave. Vemos novamente que s é uma função crescente de t.

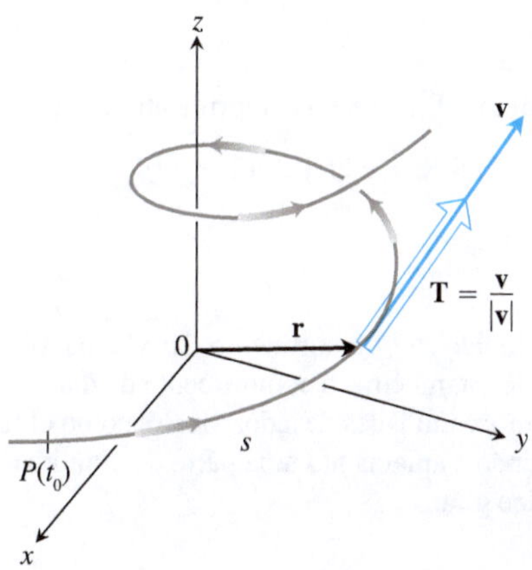

FIGURA 13.15 Encontramos o vetor tangente unitário **T** dividindo **v** por $|\mathbf{v}|$.

Vetor tangente unitário

Já sabemos que o vetor velocidade $\mathbf{v} = d\mathbf{r}/dt$ é tangente à curva $\mathbf{r}(t)$ e que o vetor

$$\mathbf{T} = \frac{\mathbf{v}}{|\mathbf{v}|}$$

é, portanto, um vetor tangente unitário à curva (suave), chamada de **vetor tangente unitário** (Figura 13.15). O vetor tangente unitário **T** é uma função diferenciável de t sempre que **v** é uma função diferenciável de t. Conforme veremos na Seção 13.5, **T** é um dentre três vetores unitários em um referencial móvel que é utilizado para descrever o movimento de objetos deslocando-se em três dimensões.

EXEMPLO 3 Encontre o vetor tangente unitário da curva

$$\mathbf{r}(t) = (3\cos t)\mathbf{i} + (3\,\mathrm{sen}\, t)\mathbf{j} + t^2\mathbf{k}.$$

representando a trajetória da asa-delta no Exemplo 3, Seção 13.2.

Solução Naquele exemplo, encontramos

$$\mathbf{v} = \frac{d\mathbf{r}}{dt} = -(3\,\mathrm{sen}\, t)\mathbf{i} + (3\cos t)\mathbf{j} + 2t\mathbf{k}$$

e

$$|\mathbf{v}| = \sqrt{9 + 4t^2}.$$

Sendo assim,

$$\mathbf{T} = \frac{\mathbf{v}}{|\mathbf{v}|} = -\frac{3\,\mathrm{sen}\, t}{\sqrt{9 + 4t^2}}\mathbf{i} + \frac{3\cos t}{\sqrt{9 + 4t^2}}\mathbf{j} + \frac{2t}{\sqrt{9 + 4t^2}}\mathbf{k}.$$

Para o movimento em sentido anti-horário

$$\mathbf{r}(t) = (\cos t)\,\mathbf{i} + (\mathrm{sen}\, t)\mathbf{j}$$

ao redor do círculo unitário, vemos que

$$\mathbf{v} = (-\mathrm{sen}\, t)\mathbf{i} + (\cos t)\mathbf{j}$$

já é um vetor unitário, portanto $\mathbf{T} = \mathbf{v}$ (Figura 13.16).

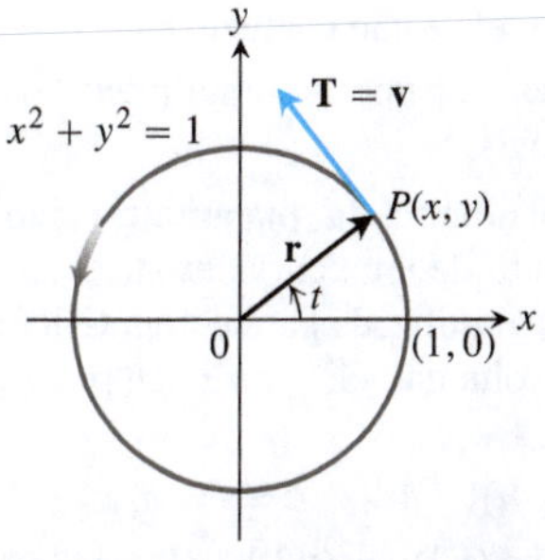

FIGURA 13.16 Movimento em sentido anti-horário ao redor do círculo unitário.

O vetor velocidade é a variação no vetor posição **r** com relação ao tempo t, mas como o vetor posição muda em relação ao comprimento de arco? Mais precisamente, qual é a derivada $d\mathbf{r}/ds$? Uma vez que $ds/dt > 0$ para as curvas que estamos considerando, s é injetora e possui um inverso que fornece t como uma função diferenciável de s (Seção 3.8). A derivada da inversa é

$$\frac{dt}{ds} = \frac{1}{ds/dt} = \frac{1}{|\mathbf{v}|}.$$

Isso faz com que **r** seja uma função diferenciável de s, cuja derivada pode ser calculada com a regra da cadeia, como sendo

$$\frac{d\mathbf{r}}{ds} = \frac{d\mathbf{r}}{dt}\frac{dt}{ds} = \mathbf{v}\frac{1}{|\mathbf{v}|} = \frac{\mathbf{v}}{|\mathbf{v}|} = \mathbf{T}. \tag{5}$$

Essa equação nos dá $d\mathbf{r}/ds$ como o vetor tangente unitário na direção do vetor velocidade **v** (Figura 13.15).

Exercícios 13.3

Encontrando vetores tangentes e comprimentos

Nos Exercícios 1-8, encontre o vetor tangente unitário da curva. Encontre também o comprimento da parte indicada da curva.

1. $\mathbf{r}(t) = (2\cos t)\mathbf{i} + (2\,\text{sen}\,t)\mathbf{j} + \sqrt{5}t\mathbf{k}, \quad 0 \le t \le \pi$
2. $\mathbf{r}(t) = (6\,\text{sen}\,2t)\mathbf{i} + (6\cos 2t)\mathbf{j} + 5t\mathbf{k}, \quad 0 \le t \le \pi$
3. $\mathbf{r}(t) = t\mathbf{i} + (2/3)t^{3/2}\mathbf{k}, \quad 0 \le t \le 8$
4. $\mathbf{r}(t) = (2 + t)\mathbf{i} - (t + 1)\mathbf{j} + t\mathbf{k}, \quad 0 \le t \le 3$
5. $\mathbf{r}(t) = (\cos^3 t)\mathbf{j} + (\text{sen}^3\,t)\mathbf{k}, \quad 0 \le t \le \pi/2$
6. $\mathbf{r}(t) = 6t^3\mathbf{i} - 2t^3\mathbf{j} - 3t^3\mathbf{k}, \quad 1 \le t \le 2$
7. $\mathbf{r}(t) = (t\cos t)\mathbf{i} + (t\,\text{sen}\,t)\mathbf{j} + \left(2\sqrt{2}/3\right)t^{3/2}\mathbf{k}, \quad 0 \le t \le \pi$
8. $\mathbf{r}(t) = (t\,\text{sen}\,t + \cos t)\mathbf{i} + (t\cos t - \text{sen}\,t)\mathbf{j}, \quad \sqrt{2} \le t \le 2$
9. Encontre o ponto na curva

$$\mathbf{r}(t) = (5\,\text{sen}\,t)\mathbf{i} + (5\cos t)\mathbf{j} + 12t\mathbf{k}$$

a uma distância de 26π unidades ao longo da curva a partir do ponto (0, 5, 0) na direção do comprimento de arco crescente.

10. Encontre o ponto na curva

$$\mathbf{r}(t) = (12\,\text{sen}\,t)\mathbf{i} - (12\cos t)\mathbf{j} + 5t\mathbf{k}$$

a uma distância de 13π unidades ao longo da curva a partir do ponto (0, –12, 0) na direção oposta à do comprimento de arco crescente.

Parâmetro de comprimento de arco

Nos Exercícios 11-14, encontre o parâmetro de comprimento de arco ao longo da curva a partir do ponto em que $t = 0$, avaliando a integral

$$s = \int_0^t |\mathbf{v}(\tau)|\,d\tau$$

da Equação 3. Em seguida, encontre o comprimento da parte indicada da curva.

11. $\mathbf{r}(t) = (4\cos t)\mathbf{i} + (4\,\text{sen}\,t)\mathbf{j} + 3t\mathbf{k}, \quad 0 \le t \le \pi/2$
12. $\mathbf{r}(t) = (\cos t + t\,\text{sen}\,t)\mathbf{i} + (\text{sen}\,t - t\cos t)\mathbf{j}, \quad \pi/2 \le t \le \pi$
13. $\mathbf{r}(t) = (e^t\cos t)\mathbf{i} + (e^t\,\text{sen}\,t)\mathbf{j} + e^t\mathbf{k}, \quad -\ln 4 \le t \le 0$
14. $\mathbf{r}(t) = (1 + 2t)\mathbf{i} + (1 + 3t)\mathbf{j} + (6 - 6t)\mathbf{k}, \quad -1 \le t \le 0$

Teoria e exemplos

15. **Comprimento de arco** Encontre o comprimento da curva

$$\mathbf{r}(t) = \left(\sqrt{2}t\right)\mathbf{i} + \left(\sqrt{2}t\right)\mathbf{j} + (1 - t^2)\mathbf{k}$$

de (0, 0, 1) a $\left(\sqrt{2}, \sqrt{2}, 0\right)$.

16. **Comprimento da hélice** O comprimento $2\pi\sqrt{2}$ da volta da hélice no Exemplo 1 também é o comprimento da diagonal de um quadrado com 2π unidades de lado. Mostre como obter esse quadrado cortando e aplainando uma parte do cilindro ao redor do qual a hélice gira.
17. **Elipse**
    a. Mostre que a curva $\mathbf{r}(t) = (\cos t)\mathbf{i} + (\text{sen}\,t)\mathbf{j} + (1 - \cos t)\mathbf{k}$, $0 \le t \le 2\pi$, é uma elipse, mostrando que é a interseção de um cilindro circular reto e um plano. Encontre equações para o cilindro e o plano.
    b. Esboce a elipse sobre o cilindro. Adicione os vetores tangentes unitários em $t = 0$, $\pi/2$, π e $3\pi/2$ ao seu esboço.
    c. Mostre que o vetor aceleração sempre está paralelo ao plano (ortogonal a um vetor normal ao plano). Assim, se você desenhar a aceleração como um vetor pregado na elipse, ela estará no plano da elipse. Adicione os vetores aceleração para $t = 0$, $\pi/2$, π e $3\pi/2$ ao seu esboço.
    d. Escreva uma integral para o comprimento da elipse. Não tente avaliar a integral; ela é não elementar.
    T e. **Integrador numérico** Estime o comprimento da elipse com duas casas decimais.
18. **Comprimento é independente da parametrização** Para ilustrar que o comprimento de uma curva espacial suave não depende da parametrização utilizada para computá-lo, calcule o comprimento de uma volta da hélice no Exemplo 1 com as seguintes parametrizações.
    a. $\mathbf{r}(t) = (\cos 4t)\mathbf{i} + (\text{sen}\,4t)\mathbf{j} + 4t\mathbf{k}, \quad 0 \le t \le \pi/2$
    b. $\mathbf{r}(t) = [\cos(t/2)]\mathbf{i} + [\text{sen}\,(t/2)]\mathbf{j} + (t/2)\mathbf{k}, \quad 0 \le t \le 4\pi$
    c. $\mathbf{r}(t) = (\cos t)\mathbf{i} - (\text{sen}\,t)\mathbf{j} - t\mathbf{k}, \quad -2\pi \le t \le 0$

19. Involuta de um círculo Se uma linha enrolada ao redor de um círculo fixo for desenrolada enquanto é mantida esticada no plano do círculo, sua extremidade P traça uma *involuta* do círculo. Na figura a seguir, o círculo em questão é o círculo $x^2 + y^2 = 1$, e o ponto do traçado inicia em $(1, 0)$. A parte desenrolada da linha é tangente ao círculo em Q, e t é a medida em radianos do ângulo a partir do eixo x positivo ao segmento OQ. Deduza as equações paramétricas

$$x = \cos t + t \operatorname{sen} t, \quad y = \operatorname{sen} t - t \cos t, \quad t > 0$$

do ponto $P(x, y)$ para a involuta.

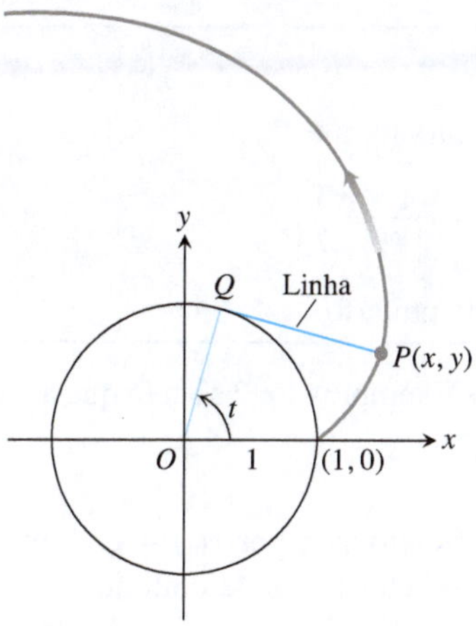

20. (*Continuação do Exercício 19.*) Encontre o vetor tangente unitário à involuta do círculo no ponto $P(x, y)$.

21. Distância ao longo de uma reta Mostre que, se $\mathbf{u}$ é um vetor unitário, então o parâmetro de comprimento de arco ao longo da reta $\mathbf{r}(t) = P_0 + t\mathbf{u}$ a partir do ponto $P_0(x_0, y_0, z_0)$, em que $t = 0$, é o próprio t.

22. Utilize a regra de Simpson com $n = 10$ para aproximar o comprimento do arco de $\mathbf{r}(t) = t\mathbf{i} + t^2\mathbf{j} + t^3\mathbf{k}$ a partir da origem ao ponto $(2, 4, 8)$.

13.4 Curvatura e vetores normais de uma curva

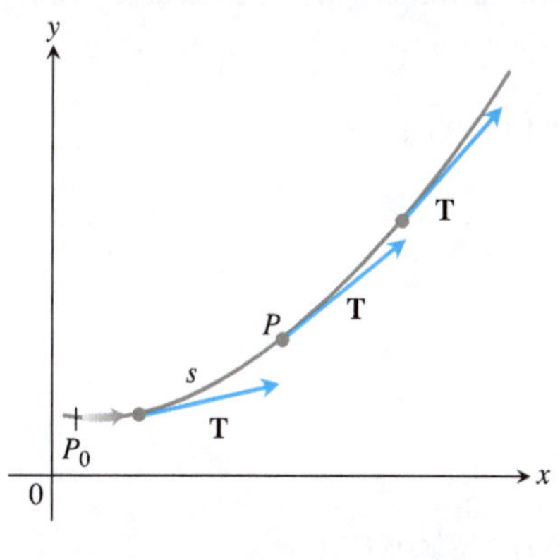

FIGURA 13.17 Conforme P se move ao longo da curva na direção do comprimento de arco crescente, o vetor tangente unitário vira. O valor de $|d\mathbf{T}/ds|$ em P é chamado de *curvatura* da curva em P.

Nesta seção, estudaremos como uma curva gira ou dobra. Observamos primeiro as curvas no plano coordenado e, em seguida, as curvas no espaço.

Curvatura de uma curva plana

Conforme uma partícula se move ao longo de uma curva suave no plano, $\mathbf{T} = d\mathbf{r}/ds$ vira conforme a curva dobra. Uma vez que $\mathbf{T}$ é um vetor unitário, seu comprimento permanece constante e somente sua direção muda, conforme a partícula se move ao longo da curva. A taxa na qual $\mathbf{T}$ vira por unidade de comprimento ao longo da curva é chamada de *curvatura* (Figura 13.17). O símbolo tradicional para a função curvatura é a letra grega κ ("kappa").

DEFINIÇÃO Se $\mathbf{T}$ é o vetor unitário de uma curva suave, a função **curvatura** da curva é

$$\kappa = \left| \frac{d\mathbf{T}}{ds} \right|.$$

Se $|d\mathbf{T}/ds|$ é grande, $\mathbf{T}$ vira agudamente conforme a partícula passa por P, e a curvatura em P é grande. Se $|d\mathbf{T}/ds|$ é próximo de zero, $\mathbf{T}$ vira mais lentamente e a curvatura em P é menor.

Se uma curva suave $\mathbf{r}(t)$ já é dada em termos de algum parâmetro t exceto o parâmetro de comprimento de arco s, podemos calcular a curvatura como

$$\begin{aligned}\kappa &= \left|\frac{d\mathbf{T}}{ds}\right| = \left|\frac{d\mathbf{T}}{dt}\frac{dt}{ds}\right| \qquad \text{Regra da cadeia}\\ &= \frac{1}{|ds/dt|}\left|\frac{d\mathbf{T}}{dt}\right|\\ &= \frac{1}{|\mathbf{v}|}\left|\frac{d\mathbf{T}}{dt}\right|. \qquad \frac{ds}{dt} = |\mathbf{v}|\end{aligned}$$

Fórmula para o cálculo da curvatura

Se $\mathbf{r}(t)$ é uma curva suave, então a curvatura é

$$\kappa = \frac{1}{|\mathbf{v}|}\left|\frac{d\mathbf{T}}{dt}\right|, \tag{1}$$

em que $\mathbf{T} = \mathbf{v}/|\,\mathbf{v}\,|$ é o vetor tangente unitário.

Testando a definição, vemos nos Exemplos 1 e 2 abaixo que a curvatura é constante para linhas retas e círculos.

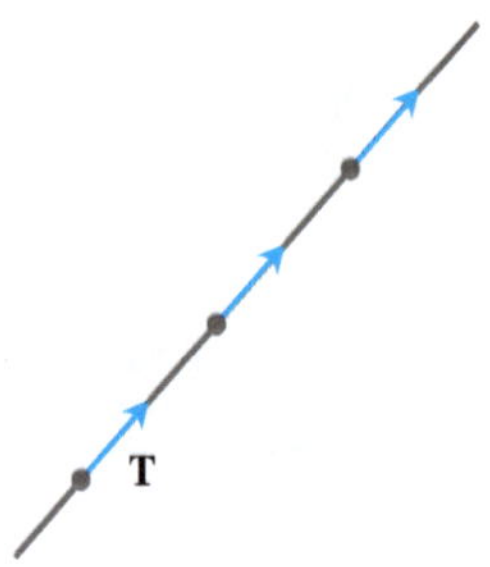

FIGURA 13.18 Ao longo de uma linha reta, **T** sempre aponta na mesma direção. A curvatura $|d\mathbf{T}/ds|$ é zero (Exemplo 1).

EXEMPLO 1 Uma linha reta é parametrizada por $\mathbf{r}(t) = \mathbf{C} + t\mathbf{v}$ para os vetores constantes **C** e **v**. Assim, $\mathbf{r}'(t) = \mathbf{v}$ e o vetor tangente unitário $\mathbf{T} = \mathbf{v}/|\mathbf{v}|$ é um vetor constante que sempre aponta na mesma direção e possui derivada **0** (Figura 13.18). Segue que, para qualquer valor do parâmetro t, a curvatura da linha reta é

$$\kappa = \frac{1}{|\mathbf{v}|}\left|\frac{d\mathbf{T}}{dt}\right| = \frac{1}{|\mathbf{v}|}\,|\mathbf{0}| = 0.$$

EXEMPLO 2 Aqui, encontramos a curvatura de um círculo. Começamos com a parametrização

$$\mathbf{r}(t) = (a\cos t)\mathbf{i} + (a \operatorname{sen} t)\mathbf{j}$$

de um círculo de raio a. Então,

$$\begin{aligned}\mathbf{v} &= \frac{d\mathbf{r}}{dt} = -(a \operatorname{sen} t)\mathbf{i} + (a\cos t)\mathbf{j}\\ |\mathbf{v}| &= \sqrt{(-a \operatorname{sen} t)^2 + (a\cos t)^2} = \sqrt{a^2} = |a| = a. \qquad \text{Uma vez que } a > 0,\ |a| = a.\end{aligned}$$

A partir disso, descobrimos que

$$\begin{aligned}\mathbf{T} &= \frac{\mathbf{v}}{|\mathbf{v}|} = -(\operatorname{sen} t)\mathbf{i} + (\cos t)\mathbf{j}\\ \frac{d\mathbf{T}}{dt} &= -(\cos t)\mathbf{i} - (\operatorname{sen} t)\mathbf{j}\\ \left|\frac{d\mathbf{T}}{dt}\right| &= \sqrt{\cos^2 t + \operatorname{sen}^2 t} = 1.\end{aligned}$$

Consequentemente, para qualquer valor do parâmetro t, a curvatura do círculo é

$$\kappa = \frac{1}{|\mathbf{v}|}\left|\frac{d\mathbf{T}}{dt}\right| = \frac{1}{a}(1) = \frac{1}{a} = \frac{1}{\text{raio}}.$$

Ainda que a fórmula para o cálculo de κ na Equação 1 também seja válida para curvas espaciais, na próxima seção encontraremos uma fórmula computacional que é geralmente mais conveniente de ser aplicada.

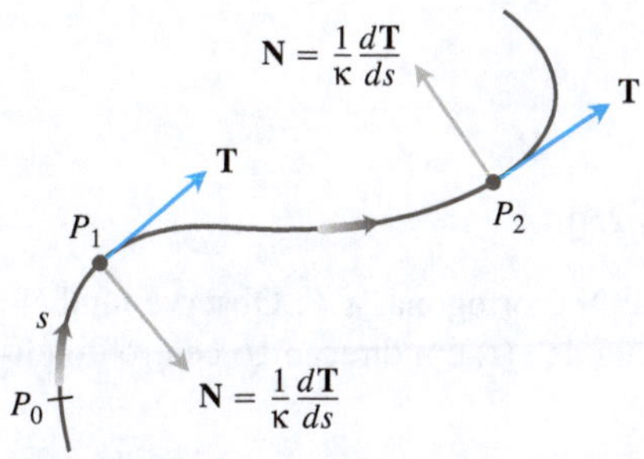

FIGURA 13.19 O vetor $d\mathbf{T}/ds$, normal à curva, sempre aponta na direção na qual **T** está virando. O vetor normal unitário **N** é o versor de $d\mathbf{T}/ds$.

Entre os vetores ortogonais ao vetor tangente unitário, **T** é um de significância particular, porque aponta na direção na qual a curva está virando. Uma vez que **T** possui comprimento constante (ou seja, 1), a derivada $d\mathbf{T}/ds$ é ortogonal a **T** (Equação 4, Seção 13.1). Portanto, se dividirmos $d\mathbf{T}/ds$ por seu comprimento κ, obtemos um vetor *unitário* **N** ortogonal a **T** (Figura 13.19).

DEFINIÇÃO Em um ponto em que $\kappa \neq 0$, o vetor **normal unitário principal** para uma curva suave no plano é

$$\mathbf{N} = \frac{1}{\kappa}\frac{d\mathbf{T}}{ds}.$$

O vetor $d\mathbf{T}/ds$ aponta na direção na qual **T** vira conforme a curva dobra. Portanto, se olharmos na direção do comprimento de arco crescente, o vetor $d\mathbf{T}/ds$ aponta para a direita, se **T** virar em sentido horário, e para a esquerda, se **T** virar em sentido anti-horário. Em outras palavras, o vetor normal principal **N** irá apontar na direção do lado côncavo da curva (Figura 13.19).

Se uma curva lisa $\mathbf{r}(t)$ é sempre dada em termos de algum parâmetro t exceto o parâmetro de comprimento de arco s, podemos utilizar a regra da cadeia para calcular **N** diretamente:

$$\begin{aligned}\mathbf{N} &= \frac{d\mathbf{T}/ds}{|d\mathbf{T}/ds|}\\ &= \frac{(d\mathbf{T}/dt)(dt/ds)}{|d\mathbf{T}/dt||dt/ds|}\\ &= \frac{d\mathbf{T}/dt}{|d\mathbf{T}/dt|}. \qquad \frac{dt}{ds} = \frac{1}{ds/dt} > 0 \text{ cancela.}\end{aligned}$$

Essa fórmula nos permite encontrar **N** sem precisarmos encontrar κ e s primeiro.

Fórmula para o cálculo de N

Se $\mathbf{r}(t)$ é uma curva suave, então o vetor normal unitário principal é

$$\mathbf{N} = \frac{d\mathbf{T}/dt}{|d\mathbf{T}/dt|}, \tag{2}$$

em que $\mathbf{T} = \mathbf{v}/|\mathbf{v}|$ é o vetor tangente unitário.

EXEMPLO 3 Encontre **T** e **N** para o movimento circular

$$\mathbf{r}(t) = (\cos 2t)\mathbf{i} + (\operatorname{sen} 2t)\mathbf{j}.$$

Solução Primeiro encontramos **T**:

$$\begin{aligned}\mathbf{v} &= -(2\operatorname{sen} 2t)\mathbf{i} + (2\cos 2t)\mathbf{j}\\ |\mathbf{v}| &= \sqrt{4\operatorname{sen}^2 2t + 4\cos^2 2t} = 2\\ \mathbf{T} &= \frac{\mathbf{v}}{|\mathbf{v}|} = -(\operatorname{sen} 2t)\mathbf{i} + (\cos 2t)\mathbf{j}.\end{aligned}$$

A partir disso, descobrimos que

$$\begin{aligned}\frac{d\mathbf{T}}{dt} &= -(2\cos 2t)\mathbf{i} - (2\operatorname{sen} 2t)\mathbf{j}\\ \left|\frac{d\mathbf{T}}{dt}\right| &= \sqrt{4\cos^2 2t + 4\operatorname{sen}^2 2t} = 2\end{aligned}$$

e

$$\mathbf{N} = \frac{d\mathbf{T}/dt}{|d\mathbf{T}/dt|}$$

$$= -(\cos 2t)\mathbf{i} - (\operatorname{sen} 2t)\mathbf{j}. \quad \text{Equação 2}$$

Observe que $\mathbf{T} \cdot \mathbf{N} = 0$, verificando que $\mathbf{N}$ é ortogonal a $\mathbf{T}$. Observe também que, para o movimento circular aqui, $\mathbf{N}$ aponta de $\mathbf{r}(t)$ em direção ao centro do círculo na origem.

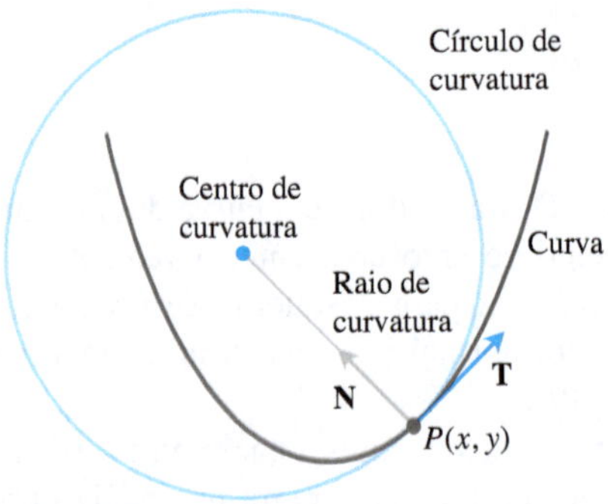

FIGURA 13.20 O círculo osculador em $P(x, y)$ está no lado interno da curva.

Círculo de curvatura para curvas planas

O **círculo de curvatura**, ou **círculo osculador**, em um ponto P em uma curva plana em que $\kappa \neq 0$ é o círculo no plano da curva que

1. é tangente à curva em P (possui a mesma reta tangente que a curva possui);
2. possui a mesma curvatura que a curva possui em P;
3. está na direção do lado côncavo ou interno da curva (como na Figura 13.20).

O **raio de curvatura** da curva em P é o raio do círculo de curvatura, o qual, de acordo com o Exemplo 2, é

$$\text{Raio de curvatura} = \rho = \frac{1}{\kappa}.$$

Para encontrarmos ρ, determinamos κ e calculamos a recíproca. O **centro de curvatura** da curva em P é o centro do círculo de curvatura.

EXEMPLO 4 Encontre e desenhe o círculo osculador da parábola $y = x^2$ na origem.

Solução Parametrizamos a parábola utilizando o parâmetro $t = x$ (Seção 11.1, Exemplo 5)

$$\mathbf{r}(t) = t\mathbf{i} + t^2\mathbf{j}.$$

Primeiro encontramos a curvatura da parábola na origem, utilizando a Equação 1:

$$\mathbf{v} = \frac{d\mathbf{r}}{dt} = \mathbf{i} + 2t\mathbf{j}$$

$$|\mathbf{v}| = \sqrt{1 + 4t^2}$$

de forma que

$$\mathbf{T} = \frac{\mathbf{v}}{|\mathbf{v}|} = (1 + 4t^2)^{-1/2}\mathbf{i} + 2t(1 + 4t^2)^{-1/2}\mathbf{j}.$$

A partir disso, descobrimos que

$$\frac{d\mathbf{T}}{dt} = -4t(1 + 4t^2)^{-3/2}\mathbf{i} + [2(1 + 4t^2)^{-1/2} - 8t^2(1 + 4t^2)^{-3/2}]\,\mathbf{j}.$$

Na origem, $t = 0$, portanto a curvatura é

$$\kappa(0) = \frac{1}{|\mathbf{v}(0)|}\left|\frac{d\mathbf{T}}{dt}(0)\right| \quad \text{Equação 1}$$

$$= \frac{1}{\sqrt{1}}|0\mathbf{i} + 2\mathbf{j}|$$

$$= (1)\sqrt{0^2 + 2^2} = 2.$$

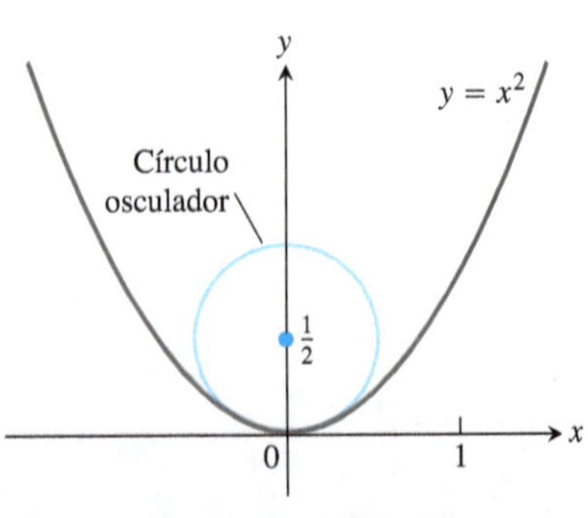

FIGURA 13.21 Círculo osculador para a parábola $y = x^2$ na origem (Exemplo 4).

Portanto, o raio de curvatura é $1/\kappa = 1/2$. Na origem, temos $t = 0$ e $\mathbf{T} = \mathbf{i}$, logo $\mathbf{N} = \mathbf{j}$. Sendo assim, o centro do círculo é $(0, 1/2)$. A equação do círculo osculador é, então,

$$(x - 0)^2 + \left(y - \frac{1}{2}\right)^2 = \left(\frac{1}{2}\right)^2.$$

Podemos ver a partir da Figura 13.21 que o círculo osculador é uma melhor aproximação para a parábola na origem que a aproximação da reta tangente $y = 0$.

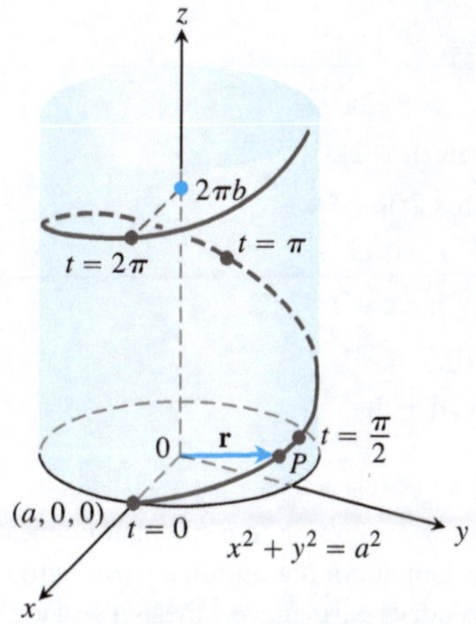

FIGURA 13.22 Hélice $\mathbf{r}(t) = (a \cos t)\mathbf{i} + (a \operatorname{sen} t)\mathbf{j} + bt\mathbf{k}$, desenhada com a e b positivos e $t \geq 0$ (Exemplo 5).

Curvatura e vetores normais para curvas espaciais

Se uma curva suave no espaço é especificada pelo vetor posição $\mathbf{r}(t)$ como uma função de algum parâmetro t, e se s é o parâmetro de comprimento de arco da curva, então o vetor tangente unitário $\mathbf{T}$ é $d\mathbf{r}/ds = \mathbf{v}/|\mathbf{v}|$. A **curvatura** no espaço é, portanto, definida como sendo

$$\kappa = \left|\frac{d\mathbf{T}}{ds}\right| = \frac{1}{|\mathbf{v}|}\left|\frac{d\mathbf{T}}{dt}\right| \tag{3}$$

da mesma forma que para curvas planas. O vetor $d\mathbf{T}/ds$ é ortogonal a $\mathbf{T}$ e definimos o **vetor normal unitário principal** como sendo

$$\mathbf{N} = \frac{1}{\kappa}\frac{d\mathbf{T}}{ds} = \frac{d\mathbf{T}/dt}{|d\mathbf{T}/dt|}. \tag{4}$$

EXEMPLO 5 Encontre a curvatura para a hélice (Figura 13.22)

$$\mathbf{r}(t) = (a \cos t)\mathbf{i} + (a \operatorname{sen} t)\mathbf{j} + bt\mathbf{k}, \quad a, b \geq 0, \quad a^2 + b^2 \neq 0.$$

Solução Calculamos $\mathbf{T}$ a partir do vetor velocidade $\mathbf{v}$:

$$\mathbf{v} = -(a \operatorname{sen} t)\mathbf{i} + (a \cos t)\mathbf{j} + b\mathbf{k}$$

$$|\mathbf{v}| = \sqrt{a^2 \operatorname{sen}^2 t + a^2 \cos^2 t + b^2} = \sqrt{a^2 + b^2}$$

$$\mathbf{T} = \frac{\mathbf{v}}{|\mathbf{v}|} = \frac{1}{\sqrt{a^2 + b^2}}[-(a \operatorname{sen} t)\mathbf{i} + (a \cos t)\mathbf{j} + b\mathbf{k}].$$

Então, utilizando a Equação 3,

$$\begin{aligned}
\kappa &= \frac{1}{|\mathbf{v}|}\left|\frac{d\mathbf{T}}{dt}\right| \\
&= \frac{1}{\sqrt{a^2 + b^2}}\left|\frac{1}{\sqrt{a^2 + b^2}}[-(a \cos t)\mathbf{i} - (a \operatorname{sen} t)\mathbf{j}]\right| \\
&= \frac{a}{a^2 + b^2}\left|-(\cos t)\mathbf{i} - (\operatorname{sen} t)\mathbf{j}\right| \\
&= \frac{a}{a^2 + b^2}\sqrt{(\cos t)^2 + (\operatorname{sen} t)^2} = \frac{a}{a^2 + b^2}.
\end{aligned}$$

A partir dessa equação, vemos que um aumento de b para um a fixo diminui a curvatura. Diminuir a para um b fixo acaba diminuindo a curvatura também.

Se $b = 0$, a hélice se reduz para um círculo de raio a, e sua curvatura se reduz para $1/a$, como deve ser. Se $a = 0$, a hélice se torna o eixo z, e sua curvatura se reduz para 0, novamente como deve ser.

EXEMPLO 6 Encontre $\mathbf{N}$ para a hélice no Exemplo 5 e descreva como o vetor está apontando.

Solução Temos

$$\frac{d\mathbf{T}}{dt} = -\frac{1}{\sqrt{a^2 + b^2}}[(a \cos t)\mathbf{i} + (a \operatorname{sen} t)\mathbf{j}] \qquad \text{Exemplo 5}$$

$$\left|\frac{d\mathbf{T}}{dt}\right| = \frac{1}{\sqrt{a^2 + b^2}}\sqrt{a^2 \cos^2 t + a^2 \operatorname{sen}^2 t} = \frac{a}{\sqrt{a^2 + b^2}}$$

$$\begin{aligned}
\mathbf{N} &= \frac{d\mathbf{T}/dt}{|d\mathbf{T}/dt|} \qquad \text{Equação 4} \\
&= -\frac{\sqrt{a^2 + b^2}}{a} \cdot \frac{1}{\sqrt{a^2 + b^2}}[(a \cos t)\mathbf{i} + (a \operatorname{sen} t)\mathbf{j}] \\
&= -(\cos t)\mathbf{i} - (\operatorname{sen} t)\mathbf{j}.
\end{aligned}$$

Assim, $\mathbf{N}$ é paralelo ao plano xy e sempre aponta na direção do eixo z.

Exercícios 13.4

Curvas planas

Encontre **T**, **N** e κ para as curvas planas nos Exercícios 1-4.

1. $\mathbf{r}(t) = t\mathbf{i} + (\ln \cos t)\mathbf{j}, \quad -\pi/2 < t < \pi/2$
2. $\mathbf{r}(t) = (\ln \sec t)\mathbf{i} + t\mathbf{j}, \quad -\pi/2 < t < \pi/2$
3. $\mathbf{r}(t) = (2t + 3)\mathbf{i} + (5 - t^2)\mathbf{j}$
4. $\mathbf{r}(t) = (\cos t + \text{t sen } t)\mathbf{i} + (\text{sen } t - t \cos t)\mathbf{j}, \quad t > 0$
5. **Fórmula para a curvatura do gráfico de uma função no plano** ***xy***
   a. O gráfico $y = f(x)$ no plano xy automaticamente possui a parametrização $x = x$, $y = f(x)$, e a fórmula vetorial $\mathbf{r}(x) = x\mathbf{i} + f(x)\mathbf{j}$. Utilize essa fórmula para mostrar que se f é uma função duas vezes diferenciável de x, então
   $$\kappa(x) = \frac{|f''(x)|}{\left[1 + (f'(x))^2\right]^{3/2}}.$$
   b. Utilize a fórmula para κ no item (a) para encontrar a curvatura de $y = \ln(\cos x)$, $-\pi/2 < x < \pi/2$. Compare sua resposta com a do Exercício 1.
   c. Mostre que a curvatura é zero em um ponto de inflexão.
6. **Fórmula para a curvatura de uma curva plana parametrizada**
   a. Mostre que a curvatura de uma curva suave $\mathbf{r}(t) = f(t)\mathbf{i} + g(t)\mathbf{j}$ definida pelas funções duas vezes diferenciáveis $x = f(t)$ e $y = g(t)$ é dada pela fórmula
   $$\kappa = \frac{|\dot{x}\ddot{y} - \dot{y}\ddot{x}|}{(\dot{x}^2 + \dot{y}^2)^{3/2}}.$$
   Os pontos na fórmula denotam diferenciação com relação a t, uma derivada para cada ponto. Aplique a fórmula para encontrar as curvaturas das seguintes curvas.
   b. $\mathbf{r}(t) = t\mathbf{i} + (\ln \text{sen } t)\mathbf{j}, \quad 0 < t < \pi$
   c. $\mathbf{r}(t) = [\text{tg}^{-1}(\text{senh } t)]\mathbf{i} + (\ln \cosh t)\mathbf{j}$.
7. **Normais a curvas planas**
   a. Mostre que $\mathbf{n}(t) = -g'(t)\mathbf{i} + f'(t)\mathbf{j}$ e $-\mathbf{n}(t) = g'(t)\mathbf{i} - f'(t)\mathbf{j}$ são ambos normais à curva $\mathbf{r}(t) = f(t)\mathbf{i} + g(t)\mathbf{j}$ no ponto $(f(t), g(t))$.
   Para obtermos **N** para uma curva plana em particular, podemos escolher **n** ou **–n** do item (a), que aponta na direção do lado côncavo da curva, e torná-lo um vetor unitário. (Veja a Figura 13.19.) Aplique esse método para encontrar **N** para as curvas a seguir.
   b. $\mathbf{r}(t) = t\mathbf{i} + e^{2t}\mathbf{j}$
   c. $\mathbf{r}(t) = \sqrt{4 - t^2}\,\mathbf{i} + t\mathbf{j}, \quad -2 \le t \le 2$
8. (*Continuação do Exercício 7.*)
   a. Utilize o método do Exercício 7 para encontrar **N** para a curva $\mathbf{r}(t) = t\mathbf{i} + (1/3)t^3\mathbf{j}$ quando $t < 0$; idem, quando $t > 0$.
   b. Calcule **N** para $t \ne 0$ diretamente de **T** utilizando a Equação 4 para a curva no item (a). **N** existe em $t = 0$? Desenhe a curva e explique o que está acontecendo a **N** conforme t passa de valores negativos para positivos.

Curvas espaciais

Encontre **T**, **N** e κ para as curvas espaciais nos Exercícios 9-16.

9. $\mathbf{r}(t) = (3 \text{ sen } t)\mathbf{i} + (3 \cos t)\mathbf{j} + 4t\mathbf{k}$
10. $\mathbf{r}(t) = (\cos t + t \text{ sen } t)\mathbf{i} + (\text{sen } t - t \cos t)\mathbf{j} + 3\mathbf{k}$
11. $\mathbf{r}(t) = (e^t \cos t)\mathbf{i} + (e^t \text{ sen } t)\mathbf{j} + 2\mathbf{k}$
12. $\mathbf{r}(t) = (6 \text{ sen } 2t)\mathbf{i} + (6 \cos 2t)\mathbf{j} + 5t\mathbf{k}$
13. $\mathbf{r}(t) = (t^3/3)\mathbf{i} + (t^2/2)\mathbf{j}, \quad t > 0$
14. $\mathbf{r}(t) = (\cos^3 t)\mathbf{i} + (\text{sen}^3\, t)\mathbf{j}, \quad 0 < t < \pi/2$
15. $\mathbf{r}(t) = t\mathbf{i} + (a \cosh(t/a))\mathbf{j}, \quad a > 0$
16. $\mathbf{r}(t) = (\cosh t)\mathbf{i} - (\text{senh } t)\mathbf{j} + t\mathbf{k}$

Mais sobre curvatura

17. Mostre que a parábola $y = ax^2$, $a \ne 0$, tem sua maior curvatura em seu vértice e não possui curvatura mínima. (*Nota*: uma vez que a curvatura de uma curva permanece a mesma se a curva é trasladada ou girada, esse resultado é verdadeiro para qualquer parábola.)
18. Mostre que a elipse $x = a \cos t$, $y = b \text{ sen } t$, $a > b > 0$, tem sua curvatura maior em seu eixo maior e sua curvatura menor em seu eixo menor. (Como no Exercício 17, o mesmo é verdadeiro para qualquer elipse.)
19. **Maximizando a curvatura de uma hélice** No Exemplo 5, encontramos a curvatura da hélice $\mathbf{r}(t) = (a \cos t)\mathbf{i} + (a \text{ sen } t)\mathbf{j} + bt\mathbf{k}$ $(a, b \ge 0)$ como sendo $\kappa = a/(a^2 + b^2)$. Qual é o maior valor κ que podemos ter para um valor determinado de b? Justifique sua resposta.
20. **Curvatura total** Encontramos a **curvatura total** da parte de uma curva suave que vai de $s = s_0$ a $s = s_1 > s_0$ integrando κ de s_0 a s_1. Se a curva possui outro parâmetro, digamos t, então a curvatura total é
    $$K = \int_{s_0}^{s_1} \kappa\, ds = \int_{t_0}^{t_1} \kappa \frac{ds}{dt}\, dt = \int_{t_0}^{t_1} \kappa |\mathbf{v}|\, dt,$$
    em que t_0 e t_1 correspondem a s_0 e s_1. Encontre as curvaturas totais da
    a. parte da hélice $\mathbf{r}(t) = (3 \cos t)\mathbf{i} + (3 \text{ sen } t)\mathbf{j} + t\mathbf{k}$, $0 \le t \le 4\pi$.
    b. parábola $y = x^2$, $-\infty < x < \infty$.
21. Encontre uma equação para o círculo de curvatura da curva $\mathbf{r}(t) = t\mathbf{i} + (\text{sen } t)\mathbf{j}$ no ponto $(\pi/2, 1)$. (A curva parametriza o gráfico de $y = \text{sen } x$ no plano xy.)
22. Encontre uma equação para o círculo de curvatura da curva $\mathbf{r}(t) = (2 \ln t)\mathbf{i} - [t + (1/t)]\mathbf{j}$, $e^{-2} \le t \le e^2$, no ponto $(0, -2)$, em que $t = 1$.

T A fórmula
$$\kappa(x) = \frac{|f''(x)|}{\left[1 + (f'(x))^2\right]^{3/2}},$$
deduzida do Exercício 5, expressa a curvatura $\kappa(x)$ de uma curva plana duas vezes diferenciável $y = f(x)$ como uma função de x. Encontre a função de curvatura de cada uma das curvas nos Exercícios 23-26. Em seguida, desenhe $f(x)$ com $\kappa(x)$ sobre o intervalo dado. Você encontrará algumas surpresas.

23. $y = x^2, \quad -2 \le x \le 2$
24. $y = x^4/4, \quad -2 \le x \le 2$
25. $y = \text{sen } x, \quad 0 \le x \le 2\pi$
26. $y = e^x, \quad -1 \le x \le 2$

USO DO COMPUTADOR

Nos Exercícios 27-34 você utilizará um SAC para explorar o círculo osculador no ponto P em uma curva plana em que $\kappa \ne 0$. Utilize um SAC para realizar as etapas a seguir:

a. Represente graficamente a curva dada em forma paramétrica ou de função sobre o intervalo especificado para ver como ela se parece.

b. Calcule a curvatura κ da curva no valor dado t_0 utilizando a fórmula apropriada do Exercício 5 ou 6. Utilize a parametrização $x = t$ e $y = f(t)$ se a curva é dada como uma função $y = f(x)$.

c. Encontre o vetor normal unitário **N** em t_0. Observe que os sinais dos componentes de **N** dependem do vetor tangente unitário **T** virar em sentido horário ou anti-horário em $t = t_0$. (Veja o Exercício 7.)

d. Se $\mathbf{C} = a\mathbf{i} + b\mathbf{j}$ é o vetor da origem ao centro (a, b) do círculo osculador, encontre o centro **C** a partir da equação vetorial

$$\mathbf{C} = \mathbf{r}(t_0) + \frac{1}{\kappa(t_0)}\mathbf{N}(t_0).$$

O ponto $P(x_0, y_0)$ sobre a curva é dado pelo vetor posição $\mathbf{r}(t_0)$.

e. Represente graficamente a equação implícita $(x - a)^2 + (y - b)^2 = 1/\kappa^2$ do círculo osculador. Em seguida, represente graficamente a curva e o círculo osculador juntos. Você pode precisar experimentar com o tamanho da janela de visualização, mas se certifique de que ela seja um quadrado.

27. $\mathbf{r}(t) = (3 \cos t)\mathbf{i} + (5 \operatorname{sen} t)\mathbf{j}, \quad 0 \le t \le 2\pi, \quad t_0 = \pi/4$

28. $\mathbf{r}(t) = (\cos^3 t)\mathbf{i} + (\operatorname{sen}^3 t)\mathbf{j}, \quad 0 \le t \le 2\pi, \quad t_0 = \pi/4$

29. $\mathbf{r}(t) = t^2\mathbf{i} + (t^3 - 3t)\mathbf{j}, \quad -4 \le t \le 4, \quad t_0 = 3/5$

30. $\mathbf{r}(t) = (t^3 - 2t^2 - t)\mathbf{i} + \dfrac{3t}{\sqrt{1 + t^2}}\mathbf{j}, \quad -2 \le t \le 5, \quad t_0 = 1$

31. $\mathbf{r}(t) = (2t - \operatorname{sen} t)\mathbf{i} + (2 - 2 \cos t)\mathbf{j}, \quad 0 \le t \le 3\pi, \quad t_0 = 3\pi/2$

32. $\mathbf{r}(t) = (e^{-t} \cos t)\mathbf{i} + (e^{-t} \operatorname{sen} t)\mathbf{j}, \quad 0 \le t \le 6\pi, \quad t_0 = \pi/4$

33. $y = x^2 - x, \quad -2 \le x \le 5, \quad x_0 = 1$

34. $y = x(1 - x)^{2/5}, \quad -1 \le x \le 2, \quad x_0 = 1/2$

13.5 Componentes normal e tangencial da aceleração

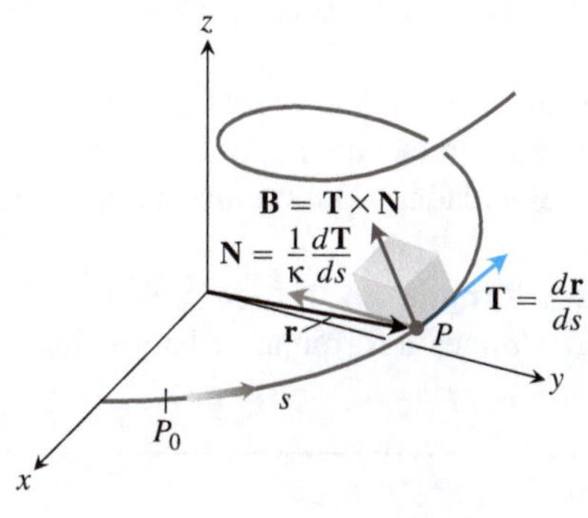

FIGURA 13.23 Triedro **TNB** de vetores unitários mutuamente ortogonais deslocando-se ao longo de uma curva no espaço.

Se você está se movendo ao longo de uma curva espacial, o sistema de coordenadas cartesianas **i**, **j** e **k** usado para representar os vetores descrevendo seu movimento não é verdadeiramente relevante para você. O que é significativo, por outro lado, são os vetores que representam a direção para a frente (o vetor tangente unitário **T**), a direção na qual sua trajetória está virando (o vetor normal unitário **N**) e a tendência do seu movimento de "torcer" para fora do plano criado por esses vetores na direção perpendicular a esse plano (definido pelo *vetor binormal unitário* $\mathbf{B} = \mathbf{T} \times \mathbf{N}$). Expressar o vetor aceleração ao longo da curva como uma combinação linear desse triedro **TNB** de vetores unitários mutuamente ortogonais deslocando-se com o movimento (Figura 13.23) é particularmente revelador da natureza da trajetória e do movimento ao longo da curva.

Triedro TNB

O **vetor binormal** de uma curva no espaço é $\mathbf{B} = \mathbf{T} \times \mathbf{N}$, um vetor unitário ortogonal tanto a **T** quanto a **N** (Figura 13.24). Juntos, **T**, **N** e **B** definem um sistema de coordenadas positivo em movimento que desempenha uma função significativa no cálculo das trajetórias de partículas que se movem pelo espaço. É chamado **triedro de Frenet** (Jean-Frédéric Frenet, 1816-1900), ou o **triedro TNB**.

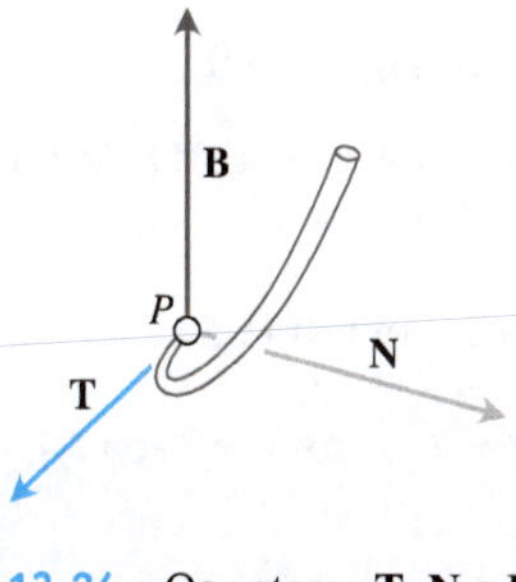

FIGURA 13.24 Os vetores **T**, **N** e **B** (nessa ordem) formam um sistema positivo de vetores unitários mutuamente ortogonais no espaço.

Componentes normal e tangencial da aceleração

Quando um objeto é acelerado pela gravidade, freios ou uma combinação de motores de foguete, geralmente desejamos saber quanto da aceleração atua na direção do movimento, na direção tangencial **T**. Podemos calcular esse valor utilizando a regra da cadeia para reescrevermos **v** como

$$\mathbf{v} = \frac{d\mathbf{r}}{dt} = \frac{d\mathbf{r}}{ds}\frac{ds}{dt} = \mathbf{T}\frac{ds}{dt}.$$

Então diferenciamos as extremidades dessa sequência de igualdades para obtermos

$$\mathbf{a} = \frac{d\mathbf{v}}{dt} = \frac{d}{dt}\left(\mathbf{T}\frac{ds}{dt}\right) = \frac{d^2s}{dt^2}\mathbf{T} + \frac{ds}{dt}\frac{d\mathbf{T}}{dt}$$

$$= \frac{d^2s}{dt^2}\mathbf{T} + \frac{ds}{dt}\left(\frac{d\mathbf{T}}{ds}\frac{ds}{dt}\right) = \frac{d^2s}{dt^2}\mathbf{T} + \frac{ds}{dt}\left(\kappa\mathbf{N}\frac{ds}{dt}\right) \qquad \frac{d\mathbf{T}}{ds} = \kappa\mathbf{N}$$

$$= \frac{d^2s}{dt^2}\mathbf{T} + \kappa\left(\frac{ds}{dt}\right)^2\mathbf{N}.$$

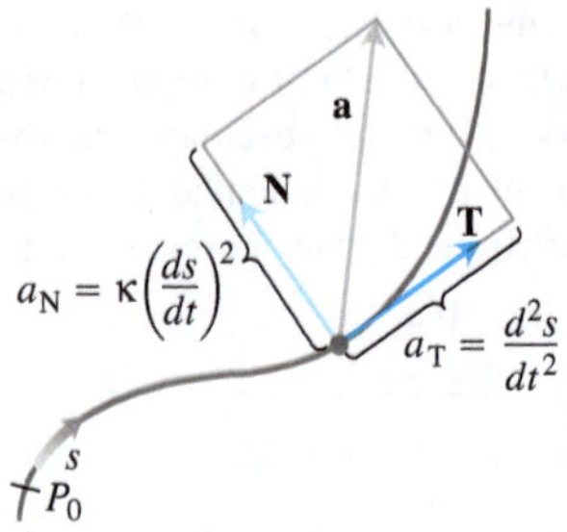

FIGURA 13.25 Componentes tangencial e normal de aceleração. A aceleração **a** sempre está no plano de **T** e **N**, ortogonal a **B**.

DEFINIÇÃO Se o vetor aceleração é escrito como

$$\mathbf{a} = a_T\mathbf{T} + a_N\mathbf{N}, \tag{1}$$

então

$$a_T = \frac{d^2s}{dt^2} = \frac{d}{dt}|\mathbf{v}| \quad \text{e} \quad a_N = \kappa\left(\frac{ds}{dt}\right)^2 = \kappa|\mathbf{v}|^2 \tag{2}$$

são os componentes escalares **tangencial** e **normal** da aceleração.

Observe que o vetor binormal **B** não aparece na Equação 1. Não importa como a trajetória do objeto em movimento que estamos observando pode parecer torcer e virar no espaço, a aceleração **a** *sempre está no plano de* **T** e **N** ortogonal a **B**. A equação também nos diz exatamente quanto da aceleração ocorre tangente ao movimento (d^2s/dt^2) e quanto ocorre normal ao movimento [$\kappa(ds/dt)^2$] (Figura 13.25).

Quais informações podemos descobrir a partir das Equações 2? Por definição, a aceleração **a** é a taxa de variação da velocidade **v**, e, em geral, tanto o comprimento quanto a direção de **v** variam conforme um objeto se move ao longo de sua trajetória. O componente tangencial da aceleração a_T mede a taxa de variação do *comprimento* de **v** (ou seja, a variação no módulo da velocidade). O componente normal de aceleração a_N mede a taxa de variação do *versor* de **v**.

Observe que o componente escalar normal da aceleração é a curvatura vezes o *quadrado* do módulo da velocidade. Isso explica por que devemos nos segurar quando o carro faz uma curva acentuada (κ grande) em alta velocidade ($|\mathbf{v}|$ grande). Se você dobrar a velocidade do seu carro, terá quatro vezes o componente normal de aceleração para a mesma curvatura.

Se um objeto se move em um círculo a uma velocidade constante, d^2s/dt^2 é zero e toda a aceleração aponta ao longo de **N** em direção ao centro do círculo. Se um objeto está acelerando ou reduzindo sua velocidade, **a** possui um componente tangencial diferente de zero (Figura 13.26).

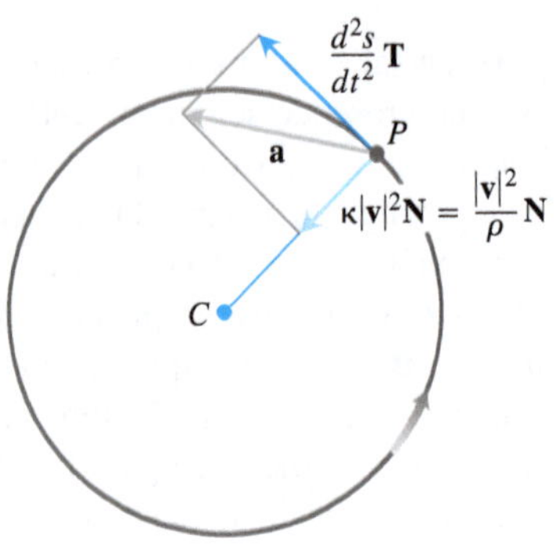

FIGURA 13.26 Componentes tangencial e normal da aceleração de um objeto que está aumentando sua velocidade conforme se move em sentido anti-horário ao redor de um círculo de raio ρ.

Para calcular a_N, geralmente utilizamos a fórmula $a_N = \sqrt{|\mathbf{a}|^2 - a_T^2}$, que vem da equação $|\mathbf{a}|^2 = \mathbf{a}\cdot\mathbf{a} = a_T^2 + a_N^2$ para a_N. Com essa fórmula, podemos encontrar a_N sem termos de calcular κ primeiro.

Fórmula para calcular o componente normal da aceleração

$$a_N = \sqrt{|\mathbf{a}|^2 - a_T^2} \tag{3}$$

EXEMPLO 1 Sem encontrar **T** e **N**, escreva a aceleração do movimento

$$\mathbf{r}(t) = (\cos t + t \operatorname{sen} t)\mathbf{i} + (\operatorname{sen} t - t\cos t)\mathbf{j}, \quad t > 0$$

na forma $\mathbf{a} = a_T\mathbf{T} + a_N\mathbf{N}$. (A trajetória do movimento é a involuta do círculo na Figura 13.27. Veja também a Seção 13.3, Exercício 19.)

Solução Utilizamos a primeira das Equações 2 para encontrar a_T:

$$\begin{aligned}\mathbf{v} &= \frac{d\mathbf{r}}{dt} = (-\operatorname{sen} t + \operatorname{sen} t + t\cos t)\mathbf{i} + (\cos t - \cos t + t\operatorname{sen} t)\mathbf{j}\\ &= (t\cos t)\mathbf{i} + (t\operatorname{sen} t)\mathbf{j}\end{aligned}$$

$$|\mathbf{v}| = \sqrt{t^2\cos^2 t + t^2\operatorname{sen}^2 t} = \sqrt{t^2} = |t| = t \qquad t > 0$$

$$a_T = \frac{d}{dt}|\mathbf{v}| = \frac{d}{dt}(t) = 1. \qquad \text{Equação 2}$$

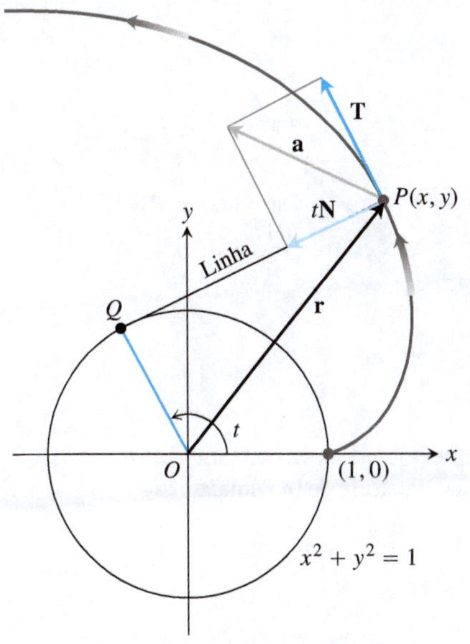

FIGURA 13.27 Componentes tangencial e normal da aceleração do movimento $\mathbf{r}(t) = (\cos t + t \operatorname{sen} t)\mathbf{i} + (\operatorname{sen} t - t\cos t)\mathbf{j}$, para $t > 0$. Se uma linha enrolada ao redor de um círculo fixo é desenrolada enquanto é mantida esticada no plano do círculo, sua extremidade P traça uma involuta do círculo (Exemplo 1).

Conhecendo a_T, utilizamos a Equação 3 para encontrar a_N:

$$\mathbf{a} = (\cos t - t \operatorname{sen} t)\mathbf{i} + (\operatorname{sen} t + t\cos t)\mathbf{j}$$

$$|\mathbf{a}|^2 = t^2 + 1 \qquad \text{Depois de alguns cálculos algébricos}$$

$$a_N = \sqrt{|\mathbf{a}|^2 - a_T{}^2}$$

$$= \sqrt{(t^2 + 1) - (1)} = \sqrt{t^2} = t.$$

Em seguida, utilizamos a Equação 1 para encontrar **a**:

$$\mathbf{a} = a_T\mathbf{T} + a_N\mathbf{N} = (1)\mathbf{T} + (t)\mathbf{N} = \mathbf{T} + t\mathbf{N}.$$

Torção

Como $d\mathbf{B}/ds$ se comporta em relação a **T**, **N** e **B**? A partir da regra para diferenciação do produto vetorial, temos

$$\frac{d\mathbf{B}}{ds} = \frac{d(\mathbf{T} \times \mathbf{N})}{ds} = \frac{d\mathbf{T}}{ds} \times \mathbf{N} + \mathbf{T} \times \frac{d\mathbf{N}}{ds}.$$

Uma vez que **N** é a direção de $d\mathbf{T}/ds$, $(d\mathbf{T}/ds) \times \mathbf{N} = \mathbf{0}$ e

$$\frac{d\mathbf{B}}{ds} = \mathbf{0} + \mathbf{T} \times \frac{d\mathbf{N}}{ds} = \mathbf{T} \times \frac{d\mathbf{N}}{ds}.$$

A partir disso, vemos que $d\mathbf{B}/ds$ é ortogonal a **T**, uma vez que o produto vetorial é ortogonal a seus fatores.

Como $d\mathbf{B}/ds$ também é ortogonal a **B** (este último tem comprimento constante), segue que $d\mathbf{B}/ds$ é ortogonal ao plano de **B** e **T**. Em outras palavras, $d\mathbf{B}/ds$ é paralelo a **N**, de forma que $d\mathbf{B}/ds$ é um múltiplo escalar de **N**. Em símbolos,

$$\frac{d\mathbf{B}}{ds} = -\tau\mathbf{N}.$$

O sinal negativo nessa equação é tradicional. O τ escalar é denominado *torção* ao longo da curva. Observe que

$$\frac{d\mathbf{B}}{ds} \cdot \mathbf{N} = -\tau\mathbf{N} \cdot \mathbf{N} = -\tau(1) = -\tau.$$

Utilizamos essa equação para nossa próxima definição.

DEFINIÇÃO Seja $\mathbf{B} = \mathbf{T} \times \mathbf{N}$. A função **torção** de uma curva suave é

$$\tau = -\frac{d\mathbf{B}}{ds} \cdot \mathbf{N}. \qquad (4)$$

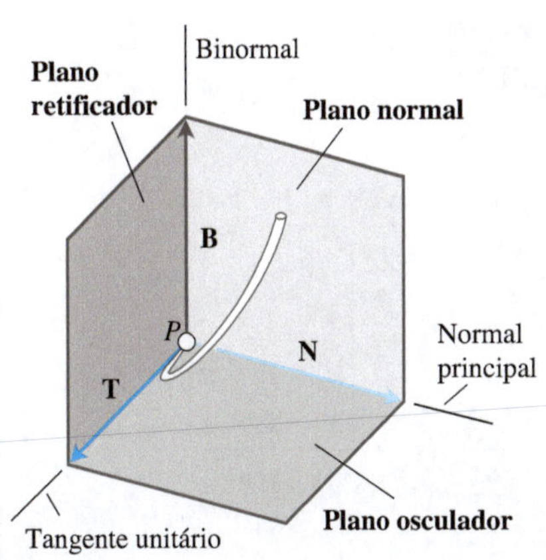

FIGURA 13.28 Nomes dos três planos determinados por **T**, **N** e **B**.

Diferentemente da curvatura κ, que nunca é negativa, a torção τ pode ser positiva, negativa ou zero.

Os três planos determinados por **T**, **N** e **B** são denominados e exibidos na Figura 13.28. A curvatura $\kappa = |d\mathbf{T}/ds|$ pode ser considerada a taxa na qual o plano normal vira conforme o ponto P se move ao longo de sua trajetória. De maneira semelhante, a torção $\tau = -(d\mathbf{B}/ds) \cdot \mathbf{N}$ é a taxa na qual o plano osculador vira em torno de **T** conforme P se move ao longo da curva. A torção mede o quanto a curva se torce.

Observe a Figura 13.29. Se P é um trem subindo um percurso sinuoso, a taxa na qual o farol dianteiro vira de um lado para o outro por unidade de distância é a curvatura do percurso. A taxa na qual a locomotiva tende a torcer para fora do plano formado por **T** e **N** é a torção. Em um curso mais avançado pode ser mostrado que uma curva espacial é uma hélice se, e somente se, ela tiver curvatura não nula constante e torção não nula constante.

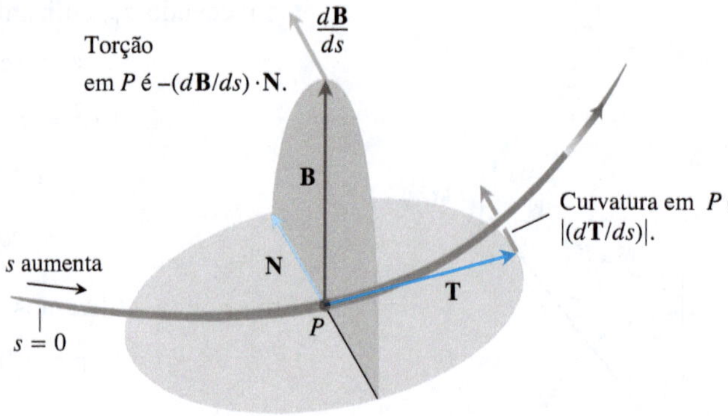

FIGURA 13.29 Todo corpo em movimento se desloca com um triedro **TNB** que caracteriza a geometria de sua trajetória de movimento.

Fórmulas computacionais

A fórmula mais amplamente utilizada para torção, derivada em textos mais avançados, é

$$\tau = \frac{\begin{vmatrix} \dot{x} & \dot{y} & \dot{z} \\ \ddot{x} & \ddot{y} & \ddot{z} \\ \dddot{x} & \dddot{y} & \dddot{z} \end{vmatrix}}{|\mathbf{v} \times \mathbf{a}|^2} \qquad (\text{se } \mathbf{v} \times \mathbf{a} \neq \mathbf{0}). \tag{5}$$

Os pontos na Equação 5 denotam diferenciação com relação a t, uma derivada para cada ponto. Assim, $\dot{x}$ ("x ponto") significa dx/dt; $\ddot{x}$ ("x dois pontos") significa d^2x/dt^2; e $\dddot{x}$ ("x três pontos") significa d^3x/dt^3. De maneira semelhante, $\dot{y} = dy/dt$, e assim por diante.

Existe também uma fórmula fácil de ser utilizada para curvatura, conforme dado no resumo a seguir (veja o Exercício 21).

Fórmulas de computação para curvas no espaço

Vetor tangente unitário: $\mathbf{T} = \dfrac{\mathbf{v}}{|\mathbf{v}|}$

Vetor normal unitário principal: $\mathbf{N} = \dfrac{d\mathbf{T}/dt}{|d\mathbf{T}/dt|}$

Vetor binormal: $\mathbf{B} = \mathbf{T} \times \mathbf{N}$

Curvatura: $\kappa = \left|\dfrac{d\mathbf{T}}{ds}\right| = \dfrac{|\mathbf{v} \times \mathbf{a}|}{|\mathbf{v}|^3}$

Torção: $\tau = -\dfrac{d\mathbf{B}}{ds} \cdot \mathbf{N} = \dfrac{\begin{vmatrix} \dot{x} & \dot{y} & \dot{z} \\ \ddot{x} & \ddot{y} & \ddot{z} \\ \dddot{x} & \dddot{y} & \dddot{z} \end{vmatrix}}{|\mathbf{v} \times \mathbf{a}|^2}$

Componentes escalares tangencial e normal da aceleração:

$\mathbf{a} = a_{\mathrm{T}}\mathbf{T} + a_{\mathrm{N}}\mathbf{N}$

$a_{\mathrm{T}} = \dfrac{d}{dt}|\mathbf{v}|$

$a_{\mathrm{N}} = \kappa|\mathbf{v}|^2 = \sqrt{|\mathbf{a}|^2 - a_{\mathrm{T}}^2}$

Exercícios 13.5

Encontrando componentes tangenciais e normais

Nos Exercícios 1 e 2, escreva **a** na forma $\mathbf{a} = a_T\mathbf{T} + a_N\mathbf{N}$ sem encontrar **T** e **N**.

1. $\mathbf{r}(t) = (a\cos t)\mathbf{i} + (a \text{ sen } t)\mathbf{j} + bt\mathbf{k}$
2. $\mathbf{r}(t) = (1 + 3t)\mathbf{i} + (t - 2)\mathbf{j} - 3t\mathbf{k}$

Nos Exercícios 3-6, escreva **a** na forma $\mathbf{a} = a_T\mathbf{T} + a_N\mathbf{N}$ no valor dado de t sem encontrar **T** e **N**.

3. $\mathbf{r}(t) = (t + 1)\mathbf{i} + 2t\mathbf{j} + t^2\mathbf{k}, \quad t = 1$
4. $\mathbf{r}(t) = (t\cos t)\mathbf{i} + (t \text{ sen } t)\mathbf{j} + t^2\mathbf{k}, \quad t = 0$
5. $\mathbf{r}(t) = t^2\mathbf{i} + (t + (1/3)t^3)\mathbf{j} + (t - (1/3)t^3)\mathbf{k}, \quad t = 0$
6. $\mathbf{r}(t) = (e^t\cos t)\mathbf{i} + (e^t \text{ sen } t)\mathbf{j} + \sqrt{2}e^t\mathbf{k}, \quad t = 0$

Encontrando o triedro TNB

Nos Exercícios 7 e 8, encontre **r**, **T**, **N** e **B** no valor dado de t. Em seguida, encontre equações para os planos osculador, normal e retificador naquele valor de t.

7. $\mathbf{r}(t) = (\cos t)\mathbf{i} + (\text{sen } t)\mathbf{j} - \mathbf{k}, \quad t = \pi/4$
8. $\mathbf{r}(t) = (\cos t)\mathbf{i} + (\text{sen } t)\mathbf{j} + t\mathbf{k}, \quad t = 0$

Nos Exercícios 9-16 da Seção 13.4, você encontrou **T**, **N** e κ. Agora, nos Exercícios 9-16 a seguir, encontre **B** e τ para essas curvas espaciais.

9. $\mathbf{r}(t) = (3 \text{ sen } t)\mathbf{i} + (3\cos t)\mathbf{j} + 4t\mathbf{k}$
10. $\mathbf{r}(t) = (\cos t + t \text{ sen } t)\mathbf{i} + (\text{sen } t - t\cos t)\mathbf{j} + 3\mathbf{k}$
11. $\mathbf{r}(t) = (e^t\cos t)\mathbf{i} + (e^t \text{ sen } t)\mathbf{j} + 2\mathbf{k}$
12. $\mathbf{r}(t) = (6 \text{ sen } 2t)\mathbf{i} + (6\cos 2t)\mathbf{j} + 5t\mathbf{k}$
13. $\mathbf{r}(t) = (t^3/3)\mathbf{i} + (t^2/2)\mathbf{j}, \quad t > 0$
14. $\mathbf{r}(t) = (\cos^3 t)\mathbf{i} + (\text{sen}^3 t)\mathbf{j}, \quad 0 < t < \pi/2$
15. $\mathbf{r}(t) = t\mathbf{i} + (a\cosh(t/a))\mathbf{j}, \quad a > 0$
16. $\mathbf{r}(t) = (\cosh t)\mathbf{i} - (\text{senh } t)\mathbf{j} + t\mathbf{k}$

Aplicações físicas

17. O velocímetro do seu carro lê uma velocidade de 35 milhas/h estável. Você poderia estar acelerando? Explique.
18. Algo pode ser dito sobre a aceleração de uma partícula que está se movendo a uma velocidade constante? Justifique sua resposta.
19. Algo pode ser dito sobre a velocidade de uma partícula cuja aceleração é sempre ortogonal à sua velocidade? Justifique sua resposta.
20. Um objeto de massa m se move ao longo da parábola $y = x^2$ com um módulo de velocidade constante de 10 unidades/s. Qual é a força sobre o objeto decorrente de sua aceleração em (0, 0)? E em $(2^{1/2}, 2)$? Escreva suas respostas em termos de **i** e **j**. (Lembre-se da lei de Newton, $\mathbf{F} = m\mathbf{a}$.)

Teoria e exemplos

21. **Fórmula vetorial para curvatura** Para uma curva suave, utilize a Equação 1 para deduzir a fórmula da curvatura
$$\kappa = \frac{|\mathbf{v} \times \mathbf{a}|}{|\mathbf{v}|^3}.$$
22. Mostre que uma partícula em movimento irá se mover em uma linha reta se o componente normal de sua aceleração for zero.
23. **Atalho eventual para curvatura** Se você já conhece $|a_N|$ e $|\mathbf{v}|$, então a fórmula $a_N = \kappa|\mathbf{v}|^2$ fornece uma maneira conveniente de encontrar a curvatura. Utilize-a para encontrar a curvatura e o raio de curvatura da curva
$$\mathbf{r}(t) = (\cos t + t \text{ sen } t)\mathbf{i} + (\text{sen } t - t\cos t)\mathbf{j}, \quad t > 0.$$
(Tome a_N e $|\mathbf{v}|$ do Exemplo 1.)
24. Mostre que κ e τ são ambos zero para a reta
$$\mathbf{r}(t) = (x_0 + At)\mathbf{i} + (y_0 + Bt)\mathbf{j} + (z_0 + Ct)\mathbf{k}.$$
25. O que podemos dizer sobre a torção de uma curva plana suave $\mathbf{r}(t) = f(t)\mathbf{i} + g(t)\mathbf{j}$? Justifique sua resposta.
26. **Torção de uma hélice** Mostre que a torção de uma hélice
$$\mathbf{r}(t) = (a\cos t)\mathbf{i} + (a \text{ sen } t)\mathbf{j} + bt\mathbf{k}, \quad a, b \geq 0$$
é $\tau = b/(a^2 + b^2)$. Qual é o maior valor que τ pode ter para um determinado valor de a? Justifique sua resposta.
27. **Curvas diferenciáveis com torção zero estão em planos** Uma curva suficientemente diferenciável com torção zero estar em um plano é um caso especial do fato de que uma partícula cuja velocidade permanece perpendicular a um vetor fixo **C** se move em um plano perpendicular a **C**. Isso, por sua vez, pode ser visualizado como o resultado a seguir.

    Suponha que $\mathbf{r}(t) = f(t)\mathbf{i} + g(t)\mathbf{j} + h(t)\mathbf{k}$ é duas vezes diferenciável para todo t em um intervalo $[a, b]$, que $\mathbf{r} = 0$ quando $t = a$ e que $\mathbf{v} \cdot \mathbf{k} = 0$ para todo t em $[a, b]$. Mostre que $h(t) = 0$ para todo t em $[a, b]$. (Sugestão: comece com $\mathbf{a} = d^2\mathbf{r}/dt^2$ e aplique as condições iniciais em ordem inversa.)
28. **Fórmula que calcula τ a partir de B e v** Se começarmos com a definição $\tau = -(d\mathbf{B}/ds) \cdot \mathbf{N}$ e aplicarmos a regra da cadeia para reescrever $d\mathbf{B}/ds$ como
$$\frac{d\mathbf{B}}{ds} = \frac{d\mathbf{B}}{dt}\frac{dt}{ds} = \frac{d\mathbf{B}}{dt}\frac{1}{|\mathbf{v}|},$$
chegaremos à fórmula
$$\tau = -\frac{1}{|\mathbf{v}|}\left(\frac{d\mathbf{B}}{dt} \cdot \mathbf{N}\right).$$
A vantagem dessa fórmula sobre a Equação 5 é que ela é mais fácil de ser deduzida e escrita. A desvantagem é que pode dar bastante trabalho avaliá-la sem um computador. Utilize a nova fórmula para encontrar a torção da hélice no Exercício 26.

USO DO COMPUTADOR

Arredondando as respostas para quatro casas decimais, utilize um SAC para encontrar **v**, **a**, módulo da velocidade, **T**, **N**, **B**, κ, τ e os componentes tangencial e normal de aceleração para as curvas nos Exercícios 29-32, nos valores dados de t.

29. $\mathbf{r}(t) = (t\cos t)\mathbf{i} + (t \text{ sen } t)\mathbf{j} + t\mathbf{k}, \quad t = \sqrt{3}$
30. $\mathbf{r}(t) = (e^t\cos t)\mathbf{i} + (e^t \text{ sen } t)\mathbf{j} + e^t\mathbf{k}, \quad t = \ln 2$
31. $\mathbf{r}(t) = (t - \text{sen } t)\mathbf{i} + (1 - \cos t)\mathbf{j} + \sqrt{-t}\mathbf{k}, \quad t = -3\pi$
32. $\mathbf{r}(t) = (3t - t^2)\mathbf{i} + (3t^2)\mathbf{j} + (3t + t^3)\mathbf{k}, \quad t = 1$

13.6 Velocidade e aceleração em coordenadas polares

Nesta seção, forneceremos equações para velocidade e aceleração em coordenadas polares. Essas equações são úteis para calcular as trajetórias de planetas e satélites no espaço, e as utilizamos para examinar as três leis de Kepler do movimento planetário.

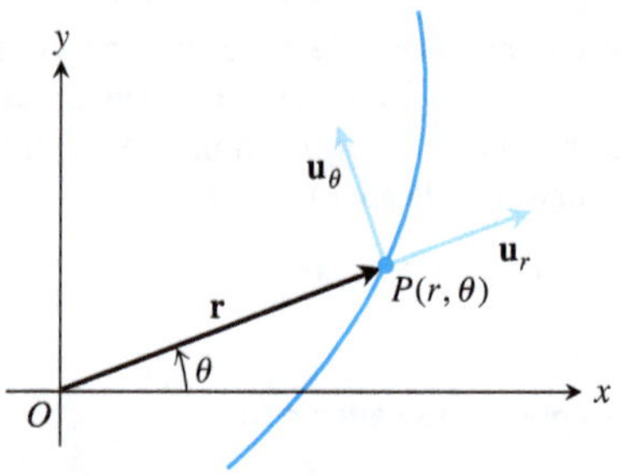

FIGURA 13.30 O comprimento de $\mathbf{r}$ é a coordenada polar positiva r do ponto P. Dessa forma, $\mathbf{u}_r$, que é $\mathbf{r}/|\mathbf{r}|$, é também $\mathbf{r}/r$. As Equações 1 expressam $\mathbf{u}_r$ e $\mathbf{u}_\theta$ em termos de $\mathbf{i}$ e $\mathbf{j}$.

Movimento em coordenadas polares e cilíndricas

Quando uma partícula em $P(r, \theta)$ se move ao longo de uma curva no plano de coordenadas polares, expressamos sua posição, velocidade e aceleração em termos dos vetores unitários em movimento

$$\mathbf{u}_r = (\cos\theta)\mathbf{i} + (\operatorname{sen}\theta)\mathbf{j}, \quad \mathbf{u}_\theta = -(\operatorname{sen}\theta)\mathbf{i} + (\cos\theta)\mathbf{j}, \tag{1}$$

mostrados na Figura 13.30. O vetor $\mathbf{u}_r$ aponta ao longo do vetor posição $\overrightarrow{OP}$, portanto $\mathbf{r} = r\mathbf{u}_r$. O vetor $\mathbf{u}_\theta$, ortogonal a $\mathbf{u}_r$, aponta na direção de θ em crescimento.

Descobrimos a partir das Equações 1 que

$$\frac{d\mathbf{u}_r}{d\theta} = -(\operatorname{sen}\theta)\mathbf{i} + (\cos\theta)\mathbf{j} = \mathbf{u}_\theta$$

$$\frac{d\mathbf{u}_\theta}{d\theta} = -(\cos\theta)\mathbf{i} - (\operatorname{sen}\theta)\mathbf{j} = -\mathbf{u}_r.$$

Quando derivamos $\mathbf{u}_r$ e $\mathbf{u}_\theta$ com relação a t para descobrir como eles variam com o tempo, a regra da cadeia nos dá

$$\dot{\mathbf{u}}_r = \frac{d\mathbf{u}_r}{d\theta}\dot{\theta} = \dot{\theta}\mathbf{u}_\theta, \qquad \dot{\mathbf{u}}_\theta = \frac{d\mathbf{u}_\theta}{d\theta}\dot{\theta} = -\dot{\theta}\mathbf{u}_r. \tag{2}$$

Consequentemente, podemos expressar o vetor velocidade em termos de $\mathbf{u}_r$ e $\mathbf{u}_\theta$ como

$$\mathbf{v} = \dot{\mathbf{r}} = \frac{d}{dt}\left(r\mathbf{u}_r\right) = \dot{r}\mathbf{u}_r + r\dot{\mathbf{u}}_r = \dot{r}\mathbf{u}_r + r\dot{\theta}\mathbf{u}_\theta.$$

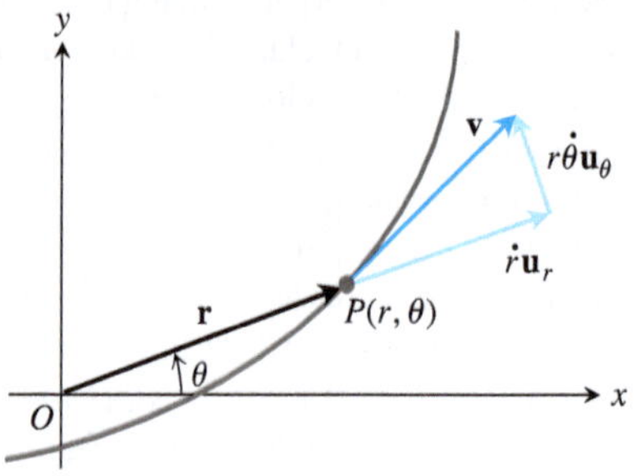

FIGURA 13.31 Em coordenadas polares, o vetor velocidade é

$$\mathbf{v} = \dot{r}\mathbf{u}_r + r\dot{\theta}\mathbf{u}_\theta.$$

Veja a Figura 13.31. Como na seção anterior, podemos utilizar a notação com pontos de Newton para derivadas em relação ao tempo a fim de manter as fórmulas mais simples possível: $\dot{\mathbf{u}}_r$ significa $d\mathbf{u}_r/dt$, $\dot{\theta}$ significa $d\theta/dt$, e assim por diante.

A aceleração é

$$\mathbf{a} = \dot{\mathbf{v}} = (\ddot{r}\mathbf{u}_r + \dot{r}\dot{\mathbf{u}}_r) + (\dot{r}\dot{\theta}\mathbf{u}_\theta + r\ddot{\theta}\mathbf{u}_\theta + r\dot{\theta}\dot{\mathbf{u}}_\theta).$$

Quando as Equações 2 são utilizadas para avaliar $\dot{\mathbf{u}}_r$ e $\dot{\mathbf{u}}_\theta$ e os componentes são separados, a equação para aceleração em termos de $\mathbf{u}_r$ e $\mathbf{u}_\theta$ se torna

$$\mathbf{a} = (\ddot{r} - r\dot{\theta}^2)\mathbf{u}_r + (r\ddot{\theta} + 2\dot{r}\dot{\theta})\mathbf{u}_\theta.$$

Para estendermos essas equações de movimento no espaço, adicionamos $z\mathbf{k}$ ao lado direito da equação $\mathbf{r} = r\mathbf{u}_r$. Então, nessas *coordenadas cilíndricas*, temos

$$\begin{aligned}
\mathbf{r} &= r\mathbf{u}_r + z\mathbf{k} \\
\mathbf{v} &= \dot{r}\mathbf{u}_r + r\dot{\theta}\mathbf{u}_\theta + \dot{z}\mathbf{k} \\
\mathbf{a} &= (\ddot{r} - r\dot{\theta}^2)\mathbf{u}_r + (r\ddot{\theta} + 2\dot{r}\dot{\theta})\mathbf{u}_\theta + \ddot{z}\mathbf{k}.
\end{aligned} \tag{3}$$

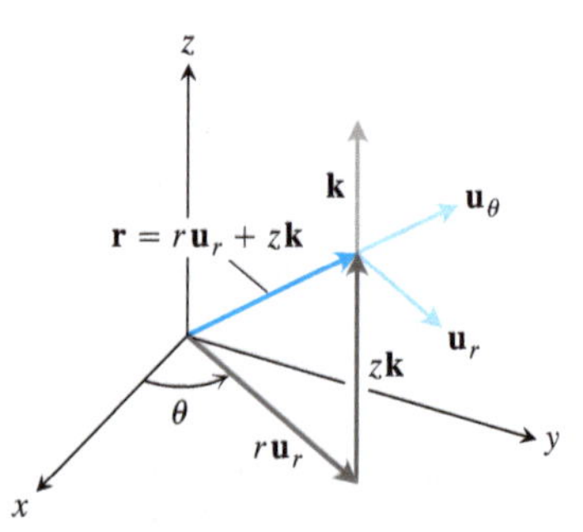

FIGURA 13.32 Vetor posição e vetores unitários básicos em coordenadas cilíndricas. Observe que $|\mathbf{r}| \neq r$, se $z \neq 0$.

Os vetores $\mathbf{u}_r$, $\mathbf{u}_\theta$ e $\mathbf{k}$ formam uma tripla positiva de vetores unitários (Figura 13.32), no qual

$$\mathbf{u}_r \times \mathbf{u}_\theta = \mathbf{k}, \quad \mathbf{u}_\theta \times \mathbf{k} = \mathbf{u}_r, \quad \mathbf{k} \times \mathbf{u}_r = \mathbf{u}_\theta.$$

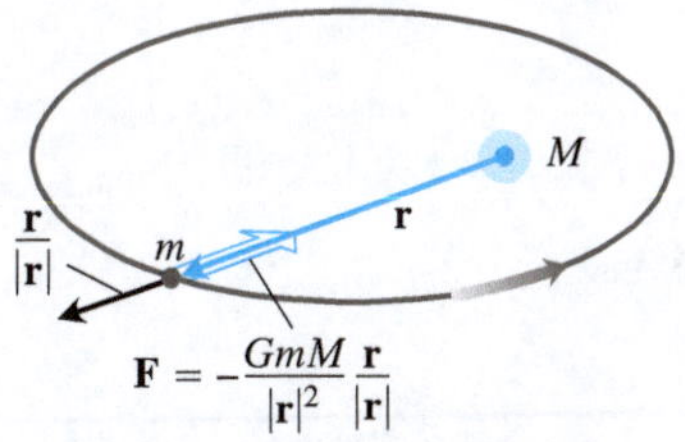

FIGURA 13.33 A força de gravidade é direcionada ao longo da reta que une os centros de massa.

Planetas se movem em planos

A lei da gravidade de Newton diz que, se **r** é o raio vetor do centro de um sol de massa M ao centro de um planeta de massa m, então a força **F** da atração gravitacional entre o planeta e o sol é

$$\mathbf{F} = -\frac{GmM}{|\mathbf{r}|^2}\frac{\mathbf{r}}{|\mathbf{r}|}$$

(Figura 13.33). O número G é a **constante gravitacional universal**. Se medirmos a massa em quilogramas, a força em newtons e a distância em metros, G é cerca de $6{,}6726 \times 10^{-11}\ \mathrm{Nm^2\ kg^{-2}}$.

Combinando a lei da gravidade com a segunda lei de Newton, $\mathbf{F} = m\ddot{\mathbf{r}}$, para a força que atua sobre o planeta, temos

$$m\ddot{\mathbf{r}} = -\frac{GmM}{|\mathbf{r}|^2}\frac{\mathbf{r}}{|\mathbf{r}|},$$

$$\ddot{\mathbf{r}} = -\frac{GM}{|\mathbf{r}|^2}\frac{\mathbf{r}}{|\mathbf{r}|}.$$

O planeta é acelerado em direção ao centro de massa do sol em todos os instantes. Uma vez que $\ddot{\mathbf{r}}$ é um múltiplo escalar de **r**, temos

$$\mathbf{r} \times \ddot{\mathbf{r}} = \mathbf{0}.$$

A partir dessa última equação,

$$\frac{d}{dt}(\mathbf{r} \times \dot{\mathbf{r}}) = \underbrace{\dot{\mathbf{r}} \times \dot{\mathbf{r}}}_{0} + \mathbf{r} \times \ddot{\mathbf{r}} = \mathbf{r} \times \ddot{\mathbf{r}} = \mathbf{0}.$$

Segue que

$$\mathbf{r} \times \dot{\mathbf{r}} = \mathbf{C} \tag{4}$$

para algum vetor constante **C**.

A Equação 4 nos diz que **r** e $\dot{\mathbf{r}}$ estão sempre em um plano perpendicular a **C**. Consequentemente, o planeta se move em um plano fixo pelo centro de seu sol (Figura 13.34). Veremos a seguir como as leis de Kepler descrevem o movimento de uma forma precisa.

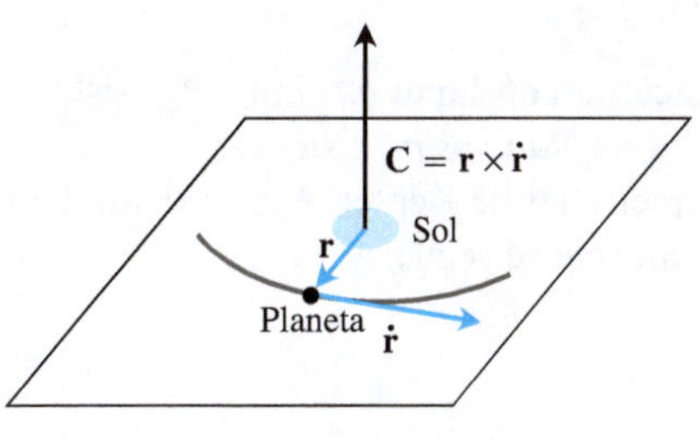

FIGURA 13.34 Planeta que obedece à lei da gravidade e movimento de Newton viaja no plano que passa pelo centro de massa do sol e perpendicular a $\mathbf{C} = \mathbf{r} \times \dot{\mathbf{r}}$.

Primeira lei de Kepler (lei da elipse)

A *primeira lei de Kepler* diz que a trajetória de um planeta é uma elipse com o sol em um foco. A excentricidade da elipse é

$$e = \frac{r_0 v_0^2}{GM} - 1 \tag{5}$$

e a equação polar (veja a Seção 11.7, Equação 5) é

$$r = \frac{(1 + e)r_0}{1 + e\cos\theta}. \tag{6}$$

Aqui, v_0 é o módulo de velocidade quando o planeta está posicionado à sua distância mínima r_0 com relação ao sol. Omitimos a prova, que é muito longa. A massa M do sol é $1{,}99 \times 10^{30}$ kg.

BIOGRAFIA HISTÓRICA

Johannes Kepler
(1571-1630)

Segunda lei de Kepler (lei das áreas iguais)

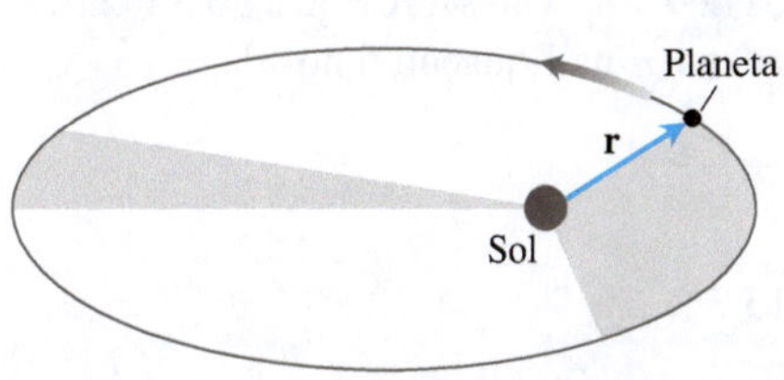

FIGURA 13.35 A reta que une um planeta ao seu sol varre áreas iguais em tempos iguais.

A *segunda lei de Kepler* afirma que o raio vetor do sol até um planeta (o vetor **r** em nosso modelo) varre áreas iguais em tempos iguais (Figura 13.35). Para deduzir a lei, utilizamos a Equação 3 para avaliar o produto vetorial $\mathbf{C} = \mathbf{r} \times \dot{\mathbf{r}}$ a partir da Equação 4:

$$\begin{aligned}
\mathbf{C} &= \mathbf{r} \times \dot{\mathbf{r}} = \mathbf{r} \times \mathbf{v} \\
&= r\mathbf{u}_r \times (\dot{r}\mathbf{u}_r + r\dot{\theta}\mathbf{u}_\theta) && \text{Equação 3, } \dot{z} = 0 \\
&= r\dot{r}\underbrace{(\mathbf{u}_r \times \mathbf{u}_r)}_{0} + r(r\dot{\theta})\underbrace{(\mathbf{u}_r \times \mathbf{u}_\theta)}_{\mathbf{k}} \\
&= r(r\dot{\theta})\mathbf{k}. && (7)
\end{aligned}$$

Fazendo t igual a zero nos mostra que

$$\mathbf{C} = [r(r\dot{\theta})]_{t=0}\,\mathbf{k} = r_0 v_0 \mathbf{k}.$$

Substituir esse valor por **C** na Equação 7 nos dá

$$r_0 v_0 \mathbf{k} = r^2\dot{\theta}\mathbf{k} \qquad \text{ou} \qquad r^2\dot{\theta} = r_0 v_0.$$

É nesse ponto que a área entra. A diferencial da área em coordenadas polares é

$$dA = \frac{1}{2} r^2\, d\theta$$

(Seção 11.5). Consequentemente, dA/dt possui o valor constante

$$\frac{dA}{dt} = \frac{1}{2} r^2 \dot{\theta} = \frac{1}{2} r_0 v_0. \qquad (8)$$

Portanto, dA/dt é constante, fornecendo a segunda lei de Kepler.

Terceira lei de Kepler (lei do tempo-distância)

O tempo T que leva um planeta para dar uma volta em torno de seu sol é o **período orbital** do planeta. A *terceira lei de Kepler* diz que T e o semieixo maior a da órbita estão relacionados pela equação

$$\frac{T^2}{a^3} = \frac{4\pi^2}{GM}.$$

Uma vez que o lado direito dessa equação é constante em um dado sistema solar, a razão de T^2 a a^3 *é a mesma para todos os planetas no sistema.*

Aqui, temos uma dedução parcial da terceira lei de Kepler. A área delimitada pela órbita elíptica do planeta é calculada conforme se segue:

$$\begin{aligned}
\text{Área} &= \int_0^T dA \\
&= \int_0^T \frac{1}{2} r_0 v_0\, dt && \text{Equação 8} \\
&= \frac{1}{2} T r_0 v_0.
\end{aligned}$$

Se b é o semieixo menor, a área da elipse é πab, portanto

$$T = \frac{2\pi ab}{r_0 v_0} = \frac{2\pi a^2}{r_0 v_0}\sqrt{1 - e^2}. \qquad \text{Para qualquer elipse, } b = a\sqrt{1-e^2} \qquad (9)$$

Resta somente expressar a e e em termos de r_0, v_0, G e M. A Equação 5 faz isso para e. Para a, observamos que fazendo θ igual a π na Equação 6 nos dá

$$r_{\max} = r_0 \frac{1 + e}{1 - e}.$$

Consequentemente, a partir da Figura 13.36,

$$2a = r_0 + r_{\max} = \frac{2r_0}{1 - e} = \frac{2r_0 GM}{2GM - r_0 v_0^2}. \qquad (10)$$

Elevar ambos os lados da Equação 9 ao quadrado e substituir os resultados das Equações 5 e 10 produz a terceira lei de Kepler (Exercício 9).

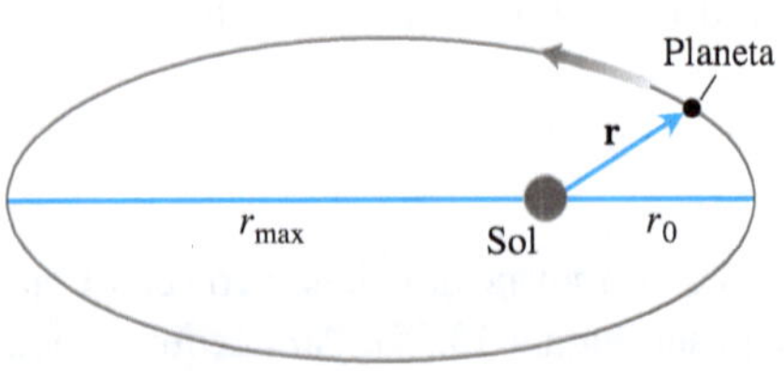

FIGURA 13.36 O comprimento do eixo maior da elipse é $2a = r_0 + r_{max}$.

Exercícios 13.6

Nos Exercícios 1-5, encontre os vetores velocidade e aceleração em termos de $\mathbf{u}_r$ e $\mathbf{u}_\theta$.

1. $r = a(1 - \cos\theta)$ e $\dfrac{d\theta}{dt} = 3$
2. $r = a \operatorname{sen} 2\theta$ e $\dfrac{d\theta}{dt} = 2t$
3. $r = e^{a\theta}$ e $\dfrac{d\theta}{dt} = 2$
4. $r = a(1 + \operatorname{sen} t)$ e $\theta = 1 - e^{-t}$
5. $r = 2\cos 4t$ e $\theta = 2t$
6. **Tipo de órbita** Para quais valores de v_0 na Equação 5 a órbita na Equação 6 é um círculo? Uma elipse? Uma parábola? Uma hipérbole?
7. **Órbitas circulares** Mostre que um planeta em uma órbita circular se move com módulo de velocidade constante. (Sugestão: essa é uma consequência de uma das leis de Kepler.)
8. Suponha que **r** seja o vetor posição de uma partícula que se move ao longo de uma curva plana e dA/dt seja a taxa na qual o vetor varre a área. Sem introduzir coordenadas e assumindo que as derivadas necessárias existem, dê um argumento geométrico com base nos incrementos e limites para a validade da equação
$$\frac{dA}{dt} = \frac{1}{2}|\mathbf{r} \times \dot{\mathbf{r}}|.$$
9. **Terceira lei de Kepler** Complete a dedução da terceira lei de Kepler (a parte seguinte à Equação 10).
10. Determine o comprimento do eixo maior da órbita da Terra utilizando a terceira lei de Kepler e o fato de que o período orbital da Terra é de 365,256 dias.

Capítulo 13 Questões para guiar sua revisão

1. Escreva as regras para derivação e integração de funções vetoriais. Dê exemplos.
2. Como você define e calcula a velocidade, o módulo de velocidade, a direção de movimento e a aceleração de um corpo que se move ao longo de uma curva no espaço suficientemente derivável? Dê um exemplo.
3. O que há de especial sobre as derivadas de funções vetoriais de comprimento constante? Dê um exemplo.
4. Quais são as equações vetorial e paramétrica para um movimento de projétil ideal? Como você encontra a altura máxima, o tempo de trajetória no ar e o alcance de um projétil? Dê exemplos.
5. Como você define e calcula o comprimento de um segmento de curva suave no espaço? Dê um exemplo. Que suposições matemáticas estão envolvidas na definição?
6. Como você mede a distância ao longo de uma curva lisa no espaço a partir de um ponto-base pré-selecionado? Dê um exemplo.
7. O que é um vetor tangente unitário de uma curva derivável? Dê um exemplo.
8. Defina curvatura, círculo de curvatura (círculo osculador), centro de curvatura e raio de curvatura para curvas duas vezes deriváveis no plano. Dê exemplos. Quais curvas têm curvatura zero? E curvatura constante?
9. O que é um vetor normal principal de uma curva plana? Quando ele é definido? Para qual direção ele aponta? Dê um exemplo.
10. Como definimos **N** e κ para curvas no espaço? Como essas quantidades estão relacionadas? Dê exemplos.
11. O que é o vetor binormal de uma curva? Dê um exemplo. Como esse vetor está relacionado à torção de uma curva? Dê um exemplo.
12. Quais fórmulas estão disponíveis para escrever a aceleração de um corpo em movimento como uma soma de seus componentes tangencial e normal? Dê um exemplo. Por que alguém poderia desejar escrever a aceleração dessa maneira? E se o corpo se move em uma rapidez constante? E em uma rapidez constante ao redor de um círculo?
13. Enuncie as leis de Kepler.

Capítulo 13 Exercícios práticos

Movimento no plano

Nos Exercícios 1 e 2, desenhe as curvas e esboce seus vetores velocidade e aceleração nos valores fornecidos de t. Em seguida, escreva **a** na forma $\mathbf{a} = a_T\mathbf{T} + a_N\mathbf{N}$ sem determinar **T** e **N** e encontre o valor de κ nos valores determinados de t.

1. $\mathbf{r}(t) = (4\cos t)\mathbf{i} + \left(\sqrt{2}\operatorname{sen} t\right)\mathbf{j}, \quad t = 0$ e $\pi/4$
2. $\mathbf{r}(t) = \left(\sqrt{3}\sec t\right)\mathbf{i} + \left(\sqrt{3}\operatorname{tg} t\right)\mathbf{j}, \quad t = 0$
3. A posição de uma partícula no plano no tempo t é
$$\mathbf{r} = \frac{1}{\sqrt{1 + t^2}}\mathbf{i} + \frac{t}{\sqrt{1 + t^2}}\mathbf{j}.$$
Encontre o módulo de velocidade mais alto da partícula.
4. Suponha que $\mathbf{r}(t) = (e^t \cos t)\mathbf{i} + (e^t \operatorname{sen} t)\mathbf{j}$. Mostre que o ângulo entre **r** e **a** nunca muda. Qual é o ângulo?
5. **Encontrando a curvatura** No ponto P, a velocidade e aceleração de uma partícula que se move no plano são $\mathbf{v} = 3\mathbf{i} + 4\mathbf{j}$ e $\mathbf{a} = 5\mathbf{i} + 15\mathbf{j}$. Encontre a curvatura da trajetória da partícula em P.
6. Encontre o ponto na curva $y = e^x$, em que a curvatura máxima é alcançada.
7. Uma partícula se move ao redor de um círculo unitário no plano xy. Sua posição no tempo t é $\mathbf{r} = x\mathbf{i} + y\mathbf{j}$, em que x e y são funções deriváveis de t. Encontre dy/dt se $\mathbf{v} \cdot \mathbf{i} = y$. O movimento é em sentido horário ou anti-horário?
8. Você envia uma mensagem através de um tubo pneumático que segue a curva $9y = x^3$ (distância em metros). No ponto $(3, 3)$, $\mathbf{v} \cdot \mathbf{i} = 4$ e $\mathbf{a} \cdot \mathbf{i} = -2$. Encontre os valores de $\mathbf{v} \cdot \mathbf{j}$ e $\mathbf{a} \cdot \mathbf{j}$ em $(3, 3)$.

9. Caracterizando o movimento circular Uma partícula se move no plano de forma que seus vetores de velocidade e posição são sempre ortogonais. Mostre que a partícula se move em um círculo centrado na origem.

10. Módulo de velocidade ao longo de uma cicloide Uma roda circular com raio de 1 pé e centro C gira para a direita ao longo do eixo x a meia-volta por segundo. (Veja a figura a seguir.) No tempo t segundos, o vetor posição do ponto P na circunferência da roda é

$$\mathbf{r} = (\pi t - \operatorname{sen} \pi t)\mathbf{i} + (1 - \cos \pi t)\mathbf{j}.$$

a. Esboce a curva traçada por P durante o intervalo $0 \le t \le 3$.

b. Encontre **v** e **a** em $t = 0, 1, 2$ e 3 e adicione esses vetores ao seu esboço.

c. Em qualquer instante determinado, qual é o módulo de velocidade de avanço do ponto mais alto da roda? E de C?

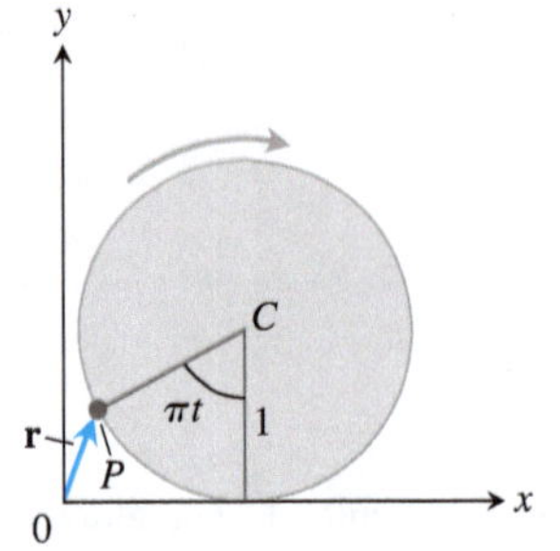

Movimento de projétil

11. Lançamento de peso Um peso sai da mão do arremessador a 6,5 pés acima do solo a um ângulo de 45° e a 44 pés/s. Onde o peso estará 3 segundos depois?

12. Dardo Um dardo sai da mão do arremessador a 7 pés acima do solo a um ângulo de 45° e a 80 pés/s. Qual é a sua altura máxima alcançada?

13. Uma bola de golfe é atingida com uma velocidade inicial v_0 a um ângulo α em relação à horizontal a partir de um ponto localizado na base de um morro inclinado a um ângulo ϕ com a horizontal, em que

$$0 < \phi < \alpha < \frac{\pi}{2}.$$

Mostre que a bola toca o solo a uma distância

$$\frac{2v_0^2 \cos \alpha}{g \cos^2 \phi} \operatorname{sen}(\alpha - \phi),$$

medida da base do morro. Consequentemente, mostre que a maior distância que pode ser alcançada para determinado valor de v_0 ocorre quando $\alpha = (\phi/2) + (\pi/4)$, ou seja, quando o vetor velocidade inicial bissecta o ângulo entre a vertical e o morro.

T **14. Dardo** Em Postdam, em 1988, Petra Felke da (então) Alemanha Oriental, quebrou o recorde mundial feminino arremessando um dardo a 262 pés e 5 pol.

a. Considerando que Felke lançou o dardo a um ângulo de 40° com a horizontal, 6,5 pés acima do solo, qual foi a velocidade inicial do dardo?

b. Qual a altura atingida pelo dardo?

Movimento no espaço

Encontre os comprimentos das curvas nos Exercícios 15 e 16.

15. $\mathbf{r}(t) = (2 \cos t)\mathbf{i} + (2 \operatorname{sen} t)\mathbf{j} + t^2\mathbf{k}, \quad 0 \le t \le \pi/4$

16. $\mathbf{r}(t) = (3 \cos t)\mathbf{i} + (3 \operatorname{sen} t)\mathbf{j} + 2t^{3/2}\mathbf{k}, \quad 0 \le t \le 3$

Nos Exercícios 17-20, encontre **T**, **N**, **B**, κ e τ no valor determinado de t.

17. $\mathbf{r}(t) = \frac{4}{9}(1 + t)^{3/2}\mathbf{i} + \frac{4}{9}(1 - t)^{3/2}\mathbf{j} + \frac{1}{3}t\mathbf{k}, \quad t = 0$

18. $\mathbf{r}(t) = (e^t \operatorname{sen} 2t)\mathbf{i} + (e^t \cos 2t)\mathbf{j} + 2e^t\mathbf{k}, \quad t = 0$

19. $\mathbf{r}(t) = t\mathbf{i} + \frac{1}{2}e^{2t}\mathbf{j}, \quad t = \ln 2$

20. $\mathbf{r}(t) = (3 \cosh 2t)\mathbf{i} + (3 \operatorname{senh} 2t)\mathbf{j} + 6t\mathbf{k}, \quad t = \ln 2$

Nos Exercícios 21 e 22, escreva **a** na forma $\mathbf{a} = a_T\mathbf{T} + a_N\mathbf{N}$ em $t = 0$ sem encontrar **T** e **N**.

21. $\mathbf{r}(t) = (2 + 3t + 3t^2)\mathbf{i} + (4t + 4t^2)\mathbf{j} - (6 \cos t)\mathbf{k}$

22. $\mathbf{r}(t) = (2 + t)\mathbf{i} + (t + 2t^2)\mathbf{j} + (1 + t^2)\mathbf{k}$

23. Encontre **T**, **N**, **B**, κ e τ como funções de t se

$$\mathbf{r}(t) = (\operatorname{sen} t)\mathbf{i} + \left(\sqrt{2} \cos t\right)\mathbf{j} + (\operatorname{sen} t)\mathbf{k}.$$

24. Em quais instantes no intervalo $0 \le t \le \pi$ os vetores velocidade e aceleração do movimento $\mathbf{r}(t) = \mathbf{i} + (5 \cos t)\mathbf{j} + (3 \operatorname{sen} t)\mathbf{k}$ são ortogonais?

25. A posição de uma partícula que se move no espaço em $t \ge 0$ é

$$\mathbf{r}(t) = 2\mathbf{i} + \left(4 \operatorname{sen}\frac{t}{2}\right)\mathbf{j} + \left(3 - \frac{t}{\pi}\right)\mathbf{k}.$$

Encontre o primeiro instante em que **r** é ortogonal ao vetor $\mathbf{i} - \mathbf{j}$.

26. Encontre equações para os planos osculador, normal e retificador da curva $\mathbf{r}(t) = t\mathbf{i} + t^2\mathbf{j} + t^3\mathbf{k}$ no ponto (1, 1, 1).

27. Encontre equações paramétricas para a reta tangente à curva $\mathbf{r}(t) = e^t\mathbf{i} + (\operatorname{sen} t)\mathbf{j} + \ln(1 - t)\mathbf{k}$ em $t = 0$.

28. Encontre equações paramétricas para a reta tangente à hélice $\mathbf{r}(t) = \left(\sqrt{2} \cos t\right)\mathbf{i} + \left(\sqrt{2} \operatorname{sen} t\right)\mathbf{j} + t\mathbf{k}$ no ponto em que $t = \pi/4$.

Teoria e exemplos

29. Curvas simultâneas Eliminando α das equações de projétil ideal

$$x = (v_0 \cos \alpha)t, \quad y = (v_0 \operatorname{sen} \alpha)t - \frac{1}{2}gt^2,$$

mostre que $x^2 + (y + gt^2/2)^2 = v_0^2 t^2$. Essa fórmula mostra que projéteis lançados simultaneamente a partir da origem na mesma velocidade inicial irão, em qualquer dado instante, estar no círculo de raio $v_0 t$ centrado em $(0, -gt^2/2)$, independentemente de seu ângulo de lançamento. Esses círculos são as *curvas simultâneas* do lançamento.

30. Raio de curvatura Mostre que o raio de curvatura de uma curva plana duas vezes derivável $\mathbf{r}(t) = f(t)\mathbf{i} + g(t)\mathbf{j}$ é fornecido pela fórmula

$$\rho = \frac{\dot{x}^2 + \dot{y}^2}{\sqrt{\ddot{x}^2 + \ddot{y}^2 - \ddot{s}^2}}, \quad \text{onde} \quad \ddot{s} = \frac{d}{dt}\sqrt{\dot{x}^2 + \dot{y}^2}.$$

31. Definição alternativa de curvatura no plano Uma definição alternativa fornece a curvatura de uma curva plana suficientemente derivável como sendo $|d\phi/ds|$, em que ϕ é o ângulo entre **T** e **i** (Figura 13.37a). A Figura 13.37b mostra a distância s medida em sentido anti-horário ao redor do círculo $x^2 + y^2 = a^2$ a partir de um ponto $(a, 0)$ a um ponto P, com o ângulo ϕ em P. Calcule a curvatura do círculo utilizando a definição alternativa. (Sugestão: $\phi = \theta + \pi/2$.)

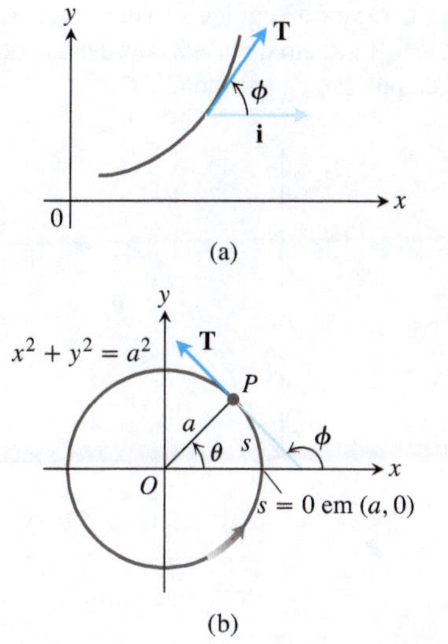

FIGURA 13.37 Figuras para o Exercício 31.

32. Vista do *Skylab 4* Qual porcentagem da área da superfície terrestre os astronautas puderam ver quando o *Skylab 4* estava na sua altura máxima, 437 km acima da superfície? Para descobrir, modele a superfície visível como a superfície gerada ao girar o arco circular GT, mostrado aqui, em torno do eixo y. Em seguida, execute as seguintes etapas:

1. Utilize triângulos semelhantes na figura para mostrar que $y_0/6.380 = 6.380/(6.380 + 437)$. Resolva para y_0.

2. Com quatro dígitos significativos, calcule a área visível como

$$VA = \int_{y_0}^{6.380} 2\pi x \sqrt{1 + \left(\frac{dx}{dy}\right)^2}\, dy.$$

3. Expresse o resultado como uma porcentagem da área da superfície da Terra.

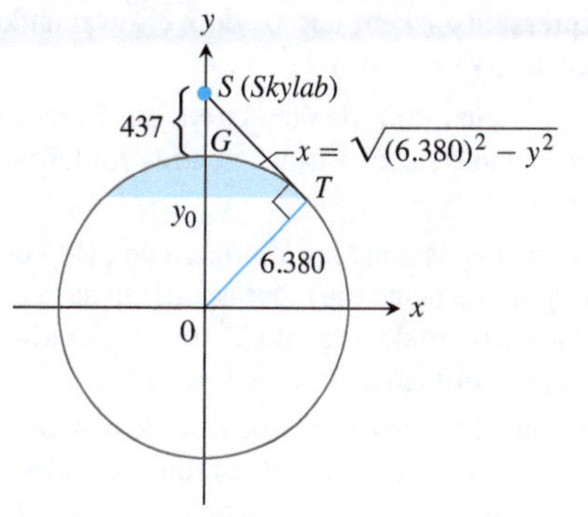

Capítulo 13 Exercícios adicionais e avançados

Aplicações

1. Uma partícula sem atrito P, partindo do repouso no instante $t = 0$ no ponto $(a, 0, 0)$, desce pela hélice

$$\mathbf{r}(\theta) = (a\cos\theta)\mathbf{i} + (a\,\text{sen}\,\theta)\mathbf{j} + b\theta\mathbf{k} \quad (a, b > 0)$$

sob influência da gravidade, conforme a figura a seguir. O θ nessa equação é a coordenada cilíndrica θ e a hélice é a curva $r = a$, $z = b\theta$, $\theta \geq 0$, em coordenadas cilíndricas. Assumimos θ como sendo uma função derivável de t para o movimento. A lei de conservação de energia nos diz que o módulo da velocidade da partícula depois de ter caído em linha reta a uma distância z é $\sqrt{2gz}$, em que g é a aceleração constante da gravidade.

a. Encontre a velocidade angular de $d\phi/dt$ quando $\theta = 2\pi$.

b. Expresse as coordenadas θ e z da partícula como funções de t.

c. Expresse os componentes normal e tangencial da velocidade $d\mathbf{r}/dt$ e aceleração $d^2\mathbf{r}/dt^2$ como funções de t. A aceleração possui componente não nula na direção do vetor binormal $\mathbf{B}$?

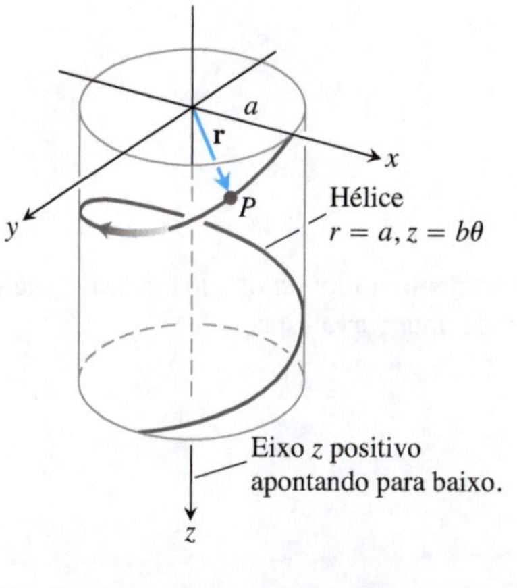

2. Suponha que a curva no Exercício 1 seja substituída pela hélice cônica $r = a\theta$, $z = b\theta$ mostrada na figura a seguir.

a. Expresse a velocidade angular $d\theta/dt$ como uma função de θ.

b. Expresse a distância que a partícula percorre ao longo da hélice como uma função de θ.

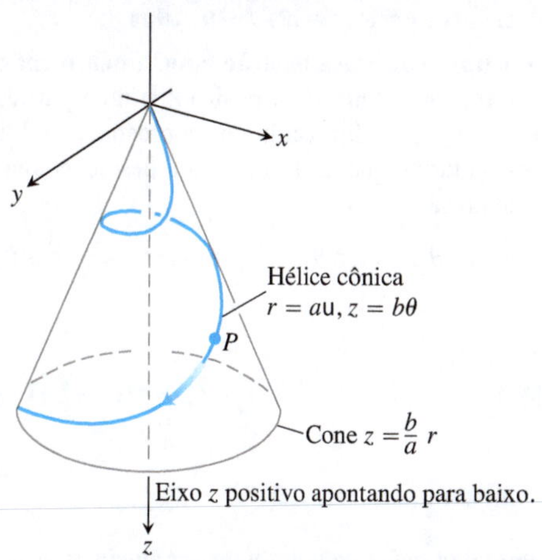

Movimento em coordenadas polares e cilíndricas

3. Deduza a partir da equação de órbita

$$r = \frac{(1 + e)r_0}{1 + e\cos\theta}$$

que um planeta está mais próximo do sol quando $\theta = 0$ e mostre que $r = r_0$ naquele instante.

T **4. Equação de Kepler** O problema de localizar um planeta em sua órbita em determinado momento e data acaba levando à resolução de "equações de Kepler" da forma

$$f(x) = x - 1 - \frac{1}{2}\,\text{sen}\,x = 0.$$

a. Mostre que essa equação em particular possui uma solução entre $x = 0$ e $x = 2$.

b. Com seu computador ou calculadora no modo radiano, utilize o método de Newton para encontrar a solução com quantas casas decimais puder.

5. Na Seção 13.6, encontramos a velocidade de uma partícula que se move no plano como sendo

$$\mathbf{v} = \dot{x}\mathbf{i} + \dot{y}\mathbf{j} = \dot{r}\mathbf{u}_r + r\dot{\theta}\mathbf{u}_\theta.$$

a. Expresse $\dot{x}$ e $\dot{y}$ em termos de $\dot{r}$ e $r\dot{\theta}$ avaliando os produtos escalares $\mathbf{v}\cdot\mathbf{i}$ e $\mathbf{v}\cdot\mathbf{j}$.

b. Expresse $\dot{r}$ e $r\dot{\theta}$ em termos de $\dot{x}$ e $\dot{y}$ avaliando os produtos escalares $\mathbf{v}\cdot\mathbf{u}_r$ e $\mathbf{v}\cdot\mathbf{u}_\theta$.

6. Expresse a curvatura de uma curva duas vezes derivável $r = f(\theta)$ no plano de coordenadas polares em termos de f e suas derivadas.

7. Uma vara fina passando pela origem do plano de coordenadas polares gira (no plano) ao redor da origem na taxa de 3 rad/min. Um besouro partindo do ponto (2, 0) se desloca ao longo da vara em direção à origem na taxa de 1 pol./min.

a. Encontre a aceleração e velocidade do besouro na forma polar quando estiver na metade do caminho (1 pol.) para a origem.

T b. Com a precisão de um décimo de polegada, qual será o comprimento do caminho percorrido pelo besouro no momento em que ele chega à origem?

8. **Comprimento do arco em coordenadas cilíndricas**

a. Mostre que, quando você expressa $ds^2 = dx^2 + dy^2 + dz^2$ em termos de coordenadas cilíndricas, você obtém $ds^2 = dr^2 + r^2\,d\theta^2 + dz^2$.

b. Interprete esse resultado geometricamente em termos das arestas e uma diagonal de uma caixa. Esboce a caixa.

c. Utilize o resultado do item (a) para encontrar o comprimento da curva $r = e^\theta$, $z = e^\theta$, $0 \le \theta \le \ln 8$.

9. **Vetores unitários para posição e movimento em coordenadas cilíndricas** Quando a posição de uma partícula que se move no espaço é fornecida em coordenadas cilíndricas, os vetores unitários que utilizamos para descrever sua posição e movimento são

$$\mathbf{u}_r = (\cos\theta)\mathbf{i} + (\operatorname{sen}\theta)\mathbf{j}, \quad \mathbf{u}_\theta = -(\operatorname{sen}\theta)\mathbf{i} + (\cos\theta)\mathbf{j}$$

e $\mathbf{k}$ (veja a figura a seguir). O vetor posição da partícula é então $\mathbf{r} = r\mathbf{u}_r + z\mathbf{k}$, em que r é a coordenada de distância polar positiva da posição da partícula.

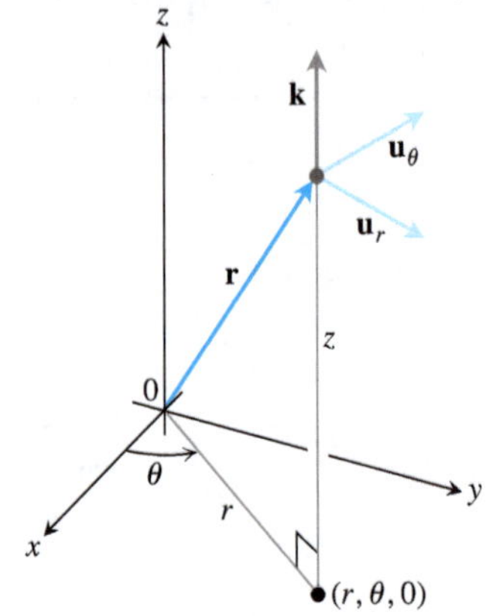

a. Mostre que $\mathbf{u}_r$, $\mathbf{u}_\theta$ e $\mathbf{k}$, nessa ordem, formam um conjunto positivo de vetores unitários.

b. Mostre que

$$\frac{d\mathbf{u}_r}{d\theta} = \mathbf{u}_\theta \quad \text{e} \quad \frac{d\mathbf{u}_\theta}{d\theta} = -\mathbf{u}_r.$$

c. Assumindo que as derivadas necessárias com relação a t existem, expresse $\mathbf{v} = \dot{\mathbf{r}}$ e $\mathbf{a} = \ddot{\mathbf{r}}$ em termos de $\mathbf{u}_r$, $\mathbf{u}_\theta$, $\mathbf{k}$, $\dot{r}$ e $\dot{\theta}$.

10. **Conservação de momento angular** Seja $\mathbf{r}(t)$ a posição no espaço de um objeto em movimento no instante t. Suponha que a força agindo no objeto no instante t seja

$$\mathbf{F}(t) = -\frac{c}{|\mathbf{r}(t)|^3}\mathbf{r}(t),$$

em que c é uma constante. Na física, o **momento angular** de um objeto no tempo t é definido como sendo $\mathbf{L}(t) = \mathbf{r}(t) \times m\mathbf{v}(t)$, em que m é a massa do objeto e $\mathbf{v}(t)$ é a velocidade. Prove que o momento angular é uma quantidade conservada; isto é, prove que $\mathbf{L}(t)$ é um vetor constante, independente do tempo. Lembre-se da lei de Newton $\mathbf{F} = m\mathbf{a}$. (Este é um problema de cálculo, não um problema de física.)

Capítulo 13 Projetos de aplicação de tecnologia

Módulos Mathematica/Maple

Rastreamento por radar de um objeto em movimento

Visualize os vetores posição, velocidade e aceleração para analisar o movimento.

Equações paramétricas e polares com um patinador artístico

Visualize os vetores posição, velocidade e aceleração para analisar o movimento.

Movimento em três dimensões

Calcule a distância percorrida, módulo de velocidade, curvatura e torção para um movimento ao longo de uma curva espacial. Visualize e calcule os vetores tangente, normal e binormal associados com o movimento ao longo de uma curva espacial.

14

Derivadas parciais

VISÃO GERAL Muitas funções dependem de mais do que uma variável independente. Por exemplo, o volume de um cilindro circular reto é a função $V = \pi r^2 h$ de seu raio e sua altura, portanto é uma função $V(r, h)$ de duas variáveis r e h. Neste capítulo, estendemos as ideias básicas do cálculo de uma variável a funções de várias variáveis. Suas derivadas são mais variadas e interessantes, devido às maneiras diferentes com que as variáveis podem interagir. As aplicações dessas derivadas são também mais variadas do que para o cálculo de uma variável. No próximo capítulo, veremos que o mesmo é verdadeiro para integrais envolvendo várias variáveis.

14.1 Funções de várias variáveis

Nesta seção, definiremos funções de mais de uma variável independente e discutiremos formas de desenhar seus gráficos.

As funções reais de várias variáveis reais independentes são definidas da mesma forma que as funções no caso de uma variável. Os pontos no domínio são pares ordenados (triplas, quádruplas, n-uplas) de números reais, e os valores na imagem são números reais como trabalhamos até agora.

> **DEFINIÇÕES** Suponha que D seja um conjunto de n-uplas de números reais $(x_1, x_2, ..., x_n)$. Uma **função a valores reais** f em D é uma regra que associa um único número real
>
> $$w = f(x_1, x_2, ..., x_n)$$
>
> a cada elemento em D. O conjunto D é o **domínio** da função. O conjunto de valores de w assumidos por f é a **imagem** da função. O símbolo w é a **variável dependente** de f, e dizemos que f é uma função de n **variáveis independentes** x_1 a x_n. Também chamamos os x_j de **variáveis de entrada** da função, e denominamos w a **variável de saída** da função.

Se f é uma função de duas variáveis independentes, normalmente denominamos essas variáveis independentes x e y, e a variável dependente z, e representamos o domínio de f como uma região no plano xy (Figura 14.1). Se f é uma função de três variáveis independentes, denominamos as variáveis independentes x, y e z, e a variável dependente w, e representamos o domínio como uma região no espaço.

Em aplicações, tendemos a utilizar letras que nos lembram o que as variáveis significam. Para dizer que o volume de um cilindro circular reto é uma função de seu raio e altura, poderíamos escrever $V = f(r, h)$. Para sermos mais específicos, poderíamos trocar a notação $f(r, h)$ pela fórmula que calcula o valor de V a partir dos valores de r e h, e escrever $V = \pi r^2 h$. Em ambos os casos, r e h seriam as variáveis independentes e V seria a variável dependente da função.

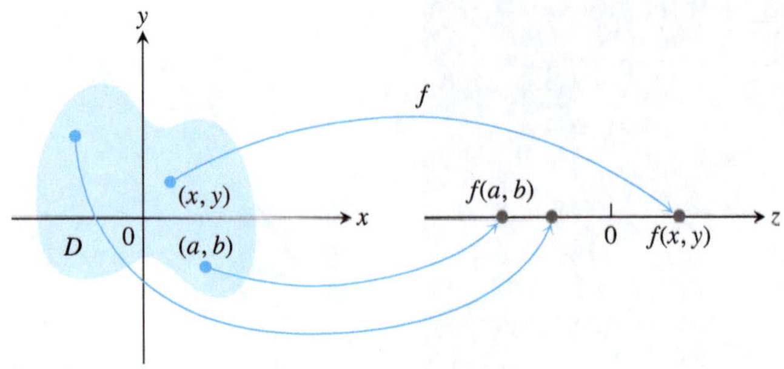

FIGURA 14.1 Diagrama de setas para a função $z = f(x, y)$.

Como de costume, calculamos funções definidas por fórmulas substituindo os valores das variáveis independentes na fórmula e calculando o valor correspondente da variável dependente. Por exemplo, o valor de $f(x, y, z) = \sqrt{x^2 + y^2 + z^2}$ no ponto (3, 0, 4) é

$$f(3, 0, 4) = \sqrt{(3)^2 + (0)^2 + (4)^2} = \sqrt{25} = 5.$$

Domínios e imagens

Ao definir funções de mais de uma variável, seguimos a prática habitual de excluir entradas que levem a números complexos ou à divisão por zero. Se $f(x, y) = \sqrt{y - x^2}$, y não pode ser menor que x^2. Se $f(x, y) = 1/(x, y)$, xy não pode ser zero. Consideramos que o domínio de uma função seja o maior conjunto para o qual a regra de definição gera números reais, a menos que esses domínios sejam especificados de outra forma explicitamente. A imagem consiste no conjunto de valores de saída para a variável dependente.

EXEMPLO 1 **(a)** Estas são funções de duas variáveis. Observe as restrições que podem ser aplicadas a seus domínios para que seja obtido um valor real para a variável dependente z.

Função	Domínio	Imagem
$z = \sqrt{y - x^2}$	$y \geq x^2$	$[0, \infty)$
$z = \dfrac{1}{xy}$	$xy \neq 0$	$(-\infty, 0) \cup (0, \infty)$
$z = \operatorname{sen} xy$	Todo o plano	$[-1, 1]$

(b) Estas são funções de três variáveis com restrições em alguns de seus domínios.

Função	Domínio	Imagem
$w = \sqrt{x^2 + y^2 + z^2}$	Todo o espaço	$[0, \infty)$
$w = \dfrac{1}{x^2 + y^2 + z^2}$	$(x, y, z) \neq (0, 0, 0)$	$(0, \infty)$
$w = xy \ln z$	Semiespaço $z > 0$	$(-\infty, \infty)$

Funções de duas variáveis

As regiões no plano podem ter pontos interiores e pontos de fronteira, da mesma forma que intervalos na reta real. Os intervalos fechados $[a, b]$ incluem seus

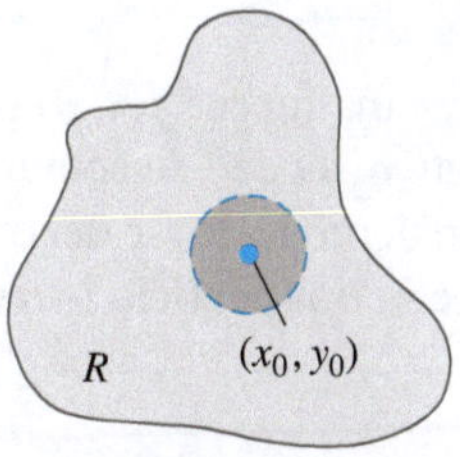

(a) Ponto interior

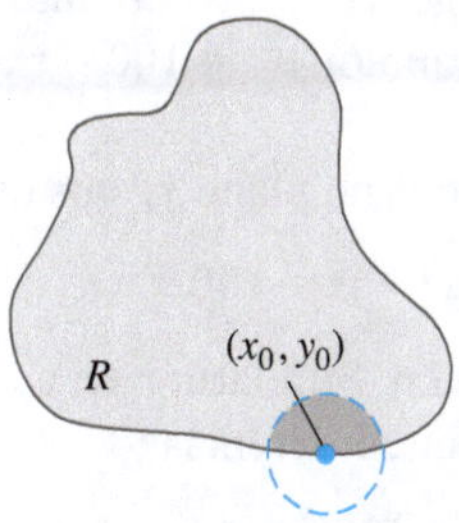

(b) Ponto de fronteira

FIGURA 14.2 Pontos interiores e pontos de fronteira de uma região plana R. Um ponto interior é necessariamente um ponto de R. Um ponto de fronteira de R não precisa pertencer a R.

pontos de fronteira, os intervalos abertos (a, b) não incluem seus pontos de fronteira e os intervalos como $[a, b)$ não são nem fechados nem abertos.

DEFINIÇÕES Um ponto (x_0, y_0) em uma região (conjunto) R no plano xy é um **ponto interior** de R se é o centro de um disco de raio positivo que está inteiramente em R (Figura 14.2). Um ponto (x_0, y_0) é um **ponto de fronteira** de R se todo disco centrado em (x_0, y_0) contém ao mesmo tempo pontos que estão em R e fora de R. (O ponto de fronteira propriamente dito não precisa pertencer a R.)

Os pontos interiores de uma região, como um conjunto, formam o **interior** da região. Os pontos de fronteira da região formam sua **fronteira**. Uma região é **aberta** se consiste inteiramente em pontos interiores. Uma região é **fechada** se contém todos os seus pontos de fronteira (Figura 14.3).

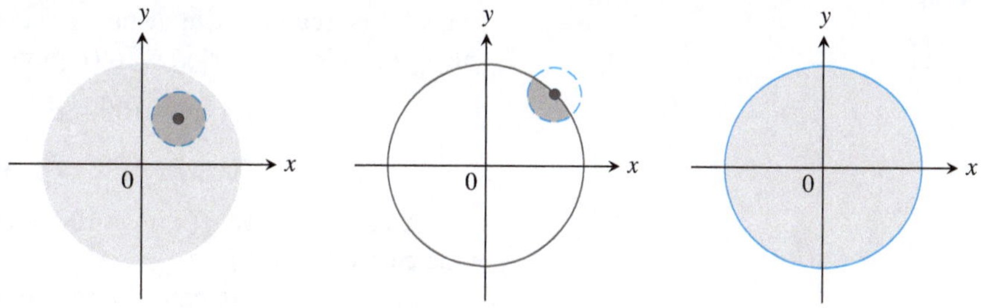

$\{(x, y) \mid x^2 + y^2 < 1\}$
Disco unitário aberto. Todo ponto é um ponto interior.

$\{(x, y) \mid x^2 + y^2 = 1\}$
Fronteira do disco unitário. (Círculo unitário.)

$\{(x, y) \mid x^2 + y^2 \leq 1\}$
Disco unitário fechado. Contém todos os pontos de fronteira.

FIGURA 14.3 Pontos interiores e pontos de fronteira do disco unitário no plano.

Assim como acontece com intervalos de números reais $[a, b)$, algumas regiões no plano não são nem abertas nem fechadas. Se você começar com o disco aberto na Figura 14.3 e adicionar a ele alguns pontos de fronteira, mas não todos, o conjunto resultante não será nem aberto nem fechado. Os pontos de fronteira que *estão* lá impedem que o conjunto seja aberto. A ausência dos pontos de fronteira restantes impede que o conjunto seja fechado.

DEFINIÇÕES Uma região no plano é **limitada** se está dentro de um disco de raio fixo. Caso contrário, ela é **não limitada**.

Exemplos de conjuntos *limitados* no plano incluem segmentos de reta, triângulos, interiores de triângulos, retângulos, circunferências e discos. Exemplos de conjuntos *não limitados* no plano incluem as retas, os eixos coordenados, os gráficos de funções definidas em intervalos infinitos, quadrantes, semiplanos e o plano propriamente dito.

EXEMPLO 2 Descreva o domínio da função $f(x, y) = \sqrt{y - x^2}$.

Solução Uma vez que f é definida somente onde $y - x^2 \geq 0$, o domínio é a região fechada, não limitada, mostrada na Figura 14.4. A parábola $y = x^2$ é a fronteira do domínio. Os pontos acima da parábola compõem o interior do domínio.

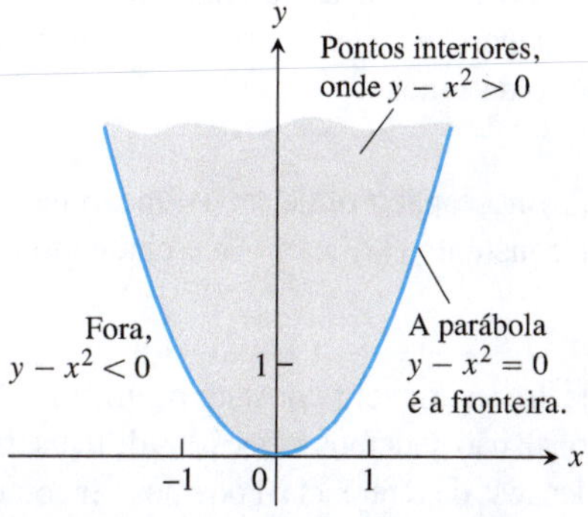

FIGURA 14.4 O domínio de $f(x, y)$ no Exemplo 2 consiste na região sombreada e sua parábola de fronteira.

Gráficos, curvas de nível e contornos de funções de duas variáveis

Existem duas maneiras padrão de visualizar os valores de uma função $f(x, y)$. Uma delas é desenhar e identificar curvas no domínio nas quais f possui um valor constante. A outra é esboçar a superfície $z = f(x, y)$ no espaço.

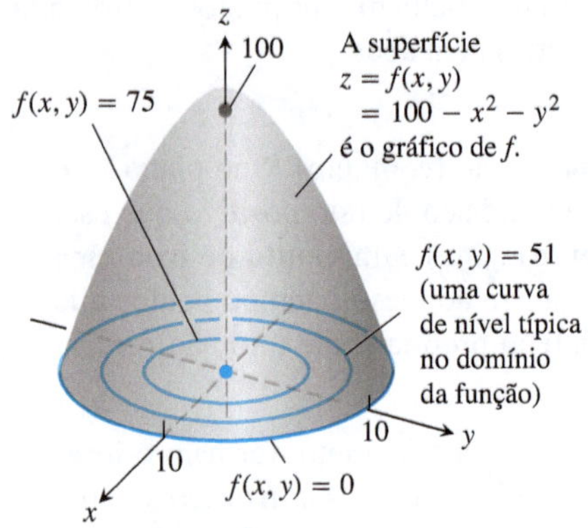

FIGURA 14.5 Gráfico e curvas de nível selecionadas da função $f(x, y)$ no Exemplo 3.

> **DEFINIÇÕES** O conjunto de pontos no plano onde uma função $f(x, y)$ possui um valor constante $f(x, y) = c$ é denominado **curva de nível** de f. O conjunto de todos os pontos $(x, y, f(x, y))$ no espaço, para (x, y) no domínio de f, é denominado **gráfico** de f. O gráfico de f também é conhecido como **superfície** $\boldsymbol{z = f(x, y)}$.

EXEMPLO 3 Represente graficamente $f(x, y) = 100 - x^2 - y^2$ e trace as curvas de nível $f(x, y) = 0$, $f(x, y) = 51$ e $f(x, y) = 75$ no domínio de f no plano.

Solução O domínio de f é o plano xy inteiro, e a imagem de f é o conjunto de números reais menores ou iguais a 100. O gráfico é o paraboloide $z = 100 - x^2 - y^2$, cuja parte positiva é mostrada na Figura 14.5.

A curva de nível $f(x, y) = 0$ é o conjunto de pontos no plano xy nos quais

$$f(x, y) = 100 - x^2 - y^2 = 0 \quad \text{ou} \quad x^2 + y^2 = 100,$$

o qual é a circunferência de raio 10 centrada na origem. Similarmente, as curvas de nível $f(x, y) = 51$ e $f(x, y) = 75$ (Figura 14.5) são as circunferências

$$f(x, y) = 100 - x^2 - y^2 = 51 \quad \text{ou} \quad x^2 + y^2 = 49$$

$$f(x, y) = 100 - x^2 - y^2 = 75 \quad \text{ou} \quad x^2 + y^2 = 25.$$

A curva de nível $f(x, y) = 100$ consiste na origem apenas. (Mas ainda assim é uma curva de nível.)

Se $x^2 + y^2 > 100$, então os valores de $f(x, y)$ são negativos. Por exemplo, a circunferência $x^2 + y^2 = 144$, que é a circunferência centrada na origem com raio 12, fornece o valor constante $f(x, y) = -44$ e é uma curva de nível de f.

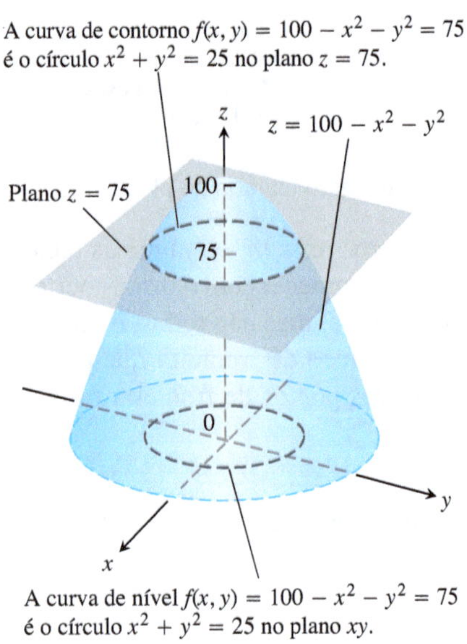

FIGURA 14.6 Um plano $z = c$ paralelo ao plano xy cruzando uma superfície $z = f(x, y)$ produz uma curva de contorno.

A curva no espaço na qual o plano $z = c$ corta uma superfície $z = f(x, y)$ consiste em todos os pontos que representam o valor da função $f(x, y) = c$. Ela é chamada **curva de contorno** $f(x, y) = c$ para distingui-la da curva de nível $f(x, y) = c$ no domínio de f. A Figura 14.6 mostra a curva de contorno $f(x, y) = 75$ na superfície $z = 100 - x^2 - y^2$ definida pela função $f(x, y) = 100 - x^2 - y^2$. A curva de contorno está diretamente acima da circunferência $x^2 + y^2 = 25$, que é a curva de nível $f(x, y) = 75$ no domínio da função.

No entanto, nem todo mundo faz essa distinção, e você pode preferir chamar ambos os tipos de curvas por um único nome e se basear no contexto para especificar qual delas você tem em mente. Na maioria dos mapas, por exemplo, as curvas que representam altitude constante (altura acima do nível do mar) são denominadas contornos, e não curvas de nível (Figura 14.7).

Funções de três variáveis

No plano, os pontos onde uma função de duas variáveis independentes tem um valor constante $f(x, y) = c$ formam uma curva no domínio da função. No espaço, os pontos onde uma função de três variáveis independentes tem um valor constante $f(x, y, z) = c$ formam uma superfície no domínio da função.

> **DEFINIÇÃO** O conjunto de pontos (x, y, z) no espaço onde uma função de três variáveis independentes tem um valor constante $f(x, y, z) = c$ é chamado **superfície de nível** de f.

Uma vez que os gráficos de funções de três variáveis consistem em pontos $(x, y, z, f(x, y, z))$ em um espaço quadridimensional, não podemos esboçá-los de maneira eficaz em nosso sistema tridimensional de coordenadas de referência. Podemos ver como a função se comporta, entretanto, analisando suas superfícies de nível tridimensionais.

EXEMPLO 4 Descreva as superfícies de nível da função

$$f(x, y, z) = \sqrt{x^2 + y^2 + z^2}.$$

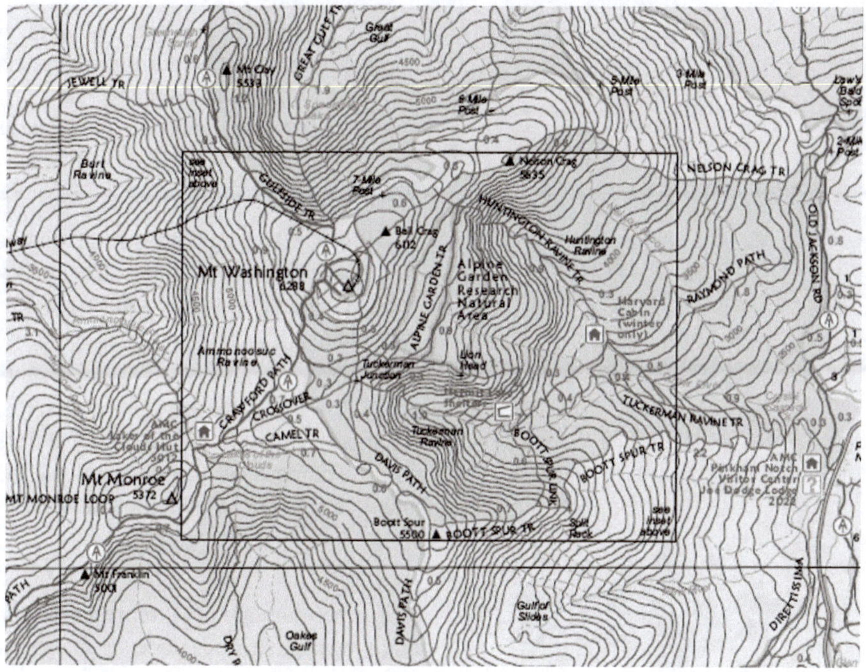

FIGURA 14.7 Contornos sobre o Monte Washington em New Hampshire. (Reproduzido com a permissão do *Appalachian Mountain Club*.)

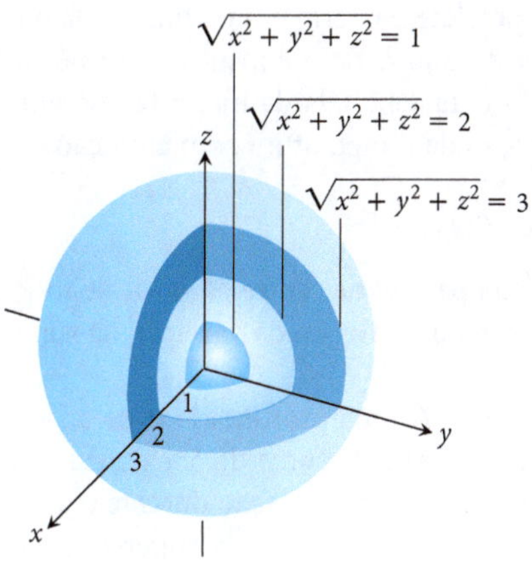

FIGURA 14.8 As superfícies de nível de $f(x, y, z) = \sqrt{x^2 + y^2 + z^2}$ são esferas concêntricas (Exemplo 4).

Solução O valor de f é a distância entre a origem e o ponto (x, y, z). Cada superfície de nível $\sqrt{x^2 + y^2 + z^2} = c, c > 0$, é uma esfera de raio c centrada na origem. A Figura 14.8 mostra uma vista de corte de três dessas esferas. A superfície de nível $\sqrt{x^2 + y^2 + z^2} = 0$ consiste somente na origem.

Não estamos representando graficamente a função aqui; estamos olhando as superfícies de nível no domínio da função. As superfícies de nível mostram como os valores da função mudam à medida que nos movemos por seu domínio. Se permanecemos em uma esfera de raio c centrada na origem, a função mantém um valor constante, sendo ele c. Se nos movemos de um ponto em uma esfera para um ponto em outra esfera, o valor da função muda. Ele aumenta se nos movemos para longe da origem e diminui se nos movemos em direção à origem. A maneira como os valores mudam depende da direção que seguimos. A dependência da variação em relação à direção é importante. Voltaremos a isso na Seção 14.5.

As definições de interior, fronteira, aberto, fechado, limitado e não limitado para regiões no espaço são similares àquelas para regiões no plano. Para acomodar a dimensão extra, utilizamos esferas sólidas em vez de discos.

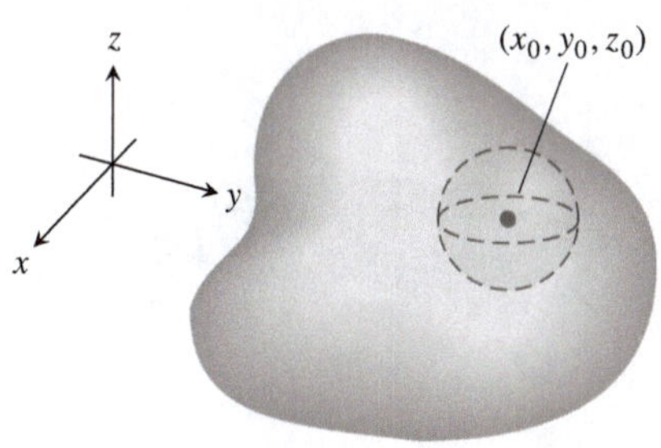

(a) Ponto interior

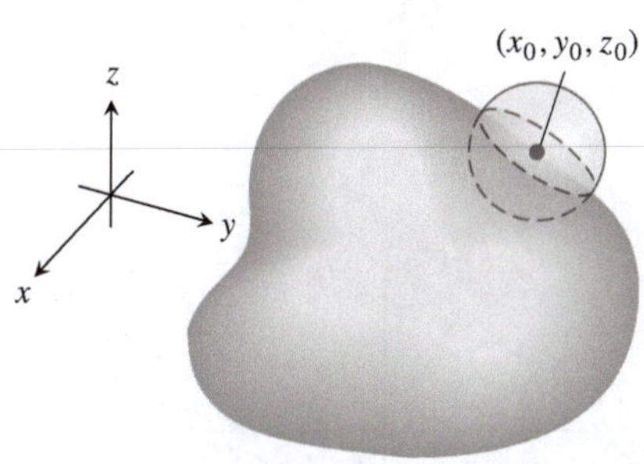

(b) Ponto de fronteira

FIGURA 14.9 Pontos interiores e pontos de fronteira de uma região no espaço. Assim como as regiões no plano, um ponto de fronteira não precisa pertencer à região no espaço R.

DEFINIÇÕES Um ponto (x_0, y_0, z_0) em uma região R no espaço é um **ponto interior** de R se é o centro de uma esfera sólida que está inteiramente em R (Figura 14.9a). Um ponto (x_0, y_0, z_0) é um **ponto de fronteira** de R se toda esfera centrada em (x_0, y_0, z_0) contém pontos que estão fora de R, bem como pontos que estão dentro de R (Figura 14.9b). O **interior** de R é o conjunto dos pontos interiores de R. A **fronteira** de R é o conjunto dos pontos de fronteira de R.

Uma região é **aberta** se consiste inteiramente de pontos interiores. Uma região é **fechada** se ela contém toda a sua fronteira.

Exemplos de conjuntos *abertos* no espaço incluem o interior de uma esfera, o semiespaço aberto $z > 0$, o primeiro octante (onde x, y e z são todos positivos) e o próprio espaço. Exemplos de conjuntos *fechados* no espaço incluem retas, planos e o semiespaço fechado $z \geq 0$. Uma esfera sólida com parte da sua fronteira removida ou um cubo sólido sem uma face, aresta ou vértice não são *nem abertos nem fechados*.

As funções de mais de três variáveis independentes também são importantes. Por exemplo, a temperatura em uma superfície no espaço pode não depender somente da localização do ponto $P(x, y, z)$ na superfície, mas também do instante t no qual ele é visitado, de modo que poderíamos escrever $T = f(x, y, z, t)$.

Gráficos por computador

Programas de gráficos tridimensionais para computadores e calculadoras tornam possível desenhar funções de duas variáveis com apenas alguns comandos. Em geral, é mais rápido obter informações a partir de um gráfico do que a partir de uma fórmula.

EXEMPLO 5 A temperatura w abaixo da superfície da Terra é uma função da profundidade x abaixo da superfície e da época do ano t. Se medirmos x em pés e t como o número de dias decorridos a partir da data esperada da maior temperatura anual da superfície, podemos modelar a variação da temperatura com a função

$$w = \cos(1{,}7 \times 10^{-2}t - 0{,}2x)\, e^{-0{,}2x}.$$

(A temperatura a 0 pés é representada em escala para variar entre +1 e –1, de modo que a variação a x pés pode ser interpretada como uma fração da variação na superfície.)

A Figura 14.10 mostra um gráfico da função. A uma profundidade de 15 pés, a variação (alteração na amplitude vertical na figura) é de cerca de 5% da variação na superfície. A 25 pés, não existe praticamente nenhuma variação durante o ano.

O gráfico também mostra que a temperatura 15 pés abaixo da superfície é de cerca de meio ano fora de fase com a temperatura da superfície. Quando a temperatura é mais baixa na superfície (final de julho, digamos), ela está em seu máximo a 15 pés abaixo da superfície. A 15 pés abaixo do solo, as estações são invertidas.

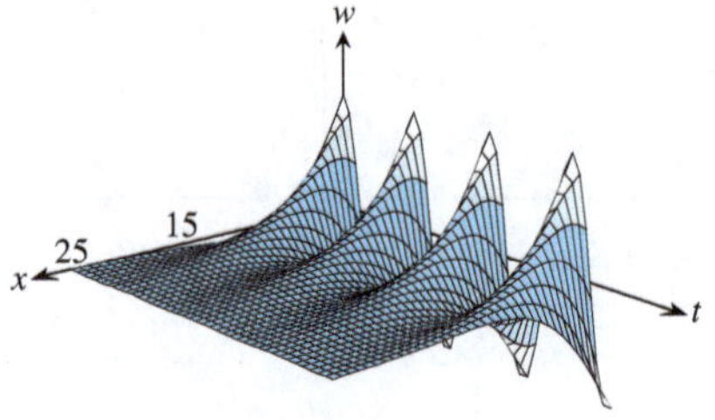

FIGURA 14.10 Este gráfico mostra a variação sazonal da temperatura abaixo do solo como uma fração da temperatura da superfície (Exemplo 5).

A Figura 14.11 mostra gráficos gerados por computador de um grupo de funções de duas variáveis, juntamente com suas curvas de nível.

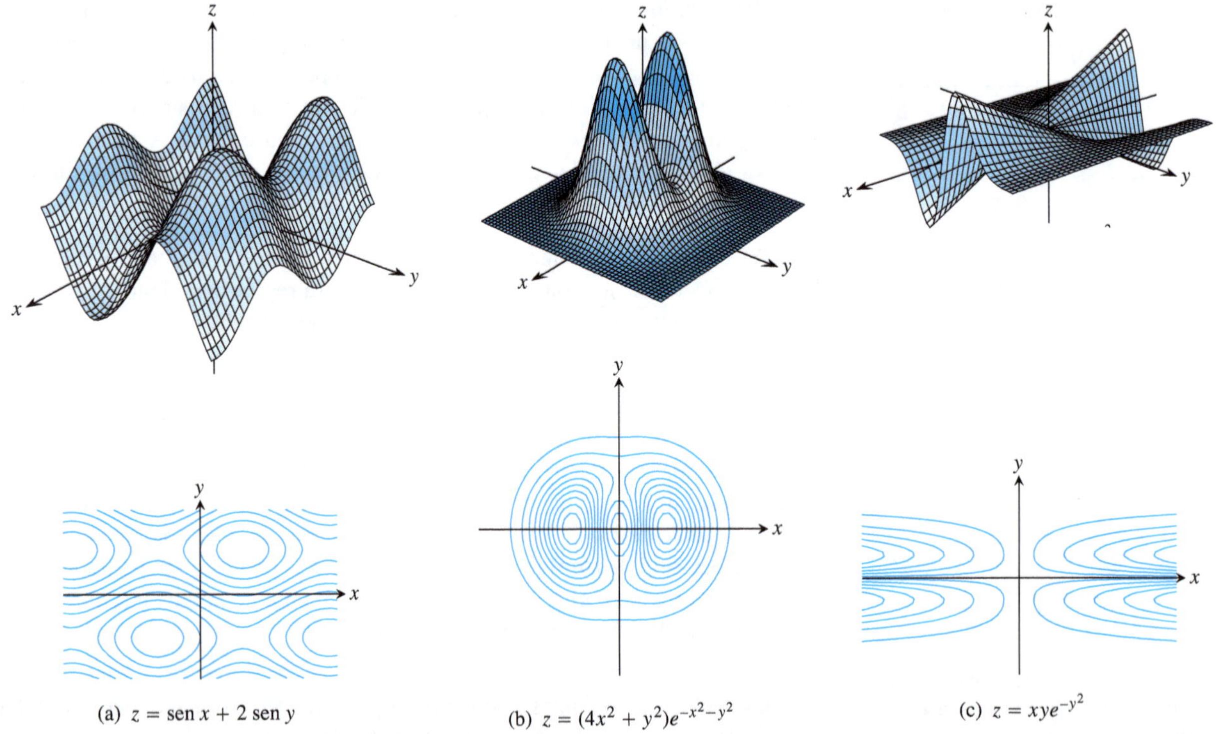

FIGURA 14.11 Gráficos gerados por computador e curvas de nível de funções de duas variáveis típicas.

Exercícios 14.1

Domínio, imagem e curvas de nível

Nos Exercícios 1-4, determine os valores de função específicos.

1. $f(x, y) = x^2 + xy^3$

a. $f(0, 0)$ **b.** $f(-1, 1)$ **c.** $f(2, 3)$ **d.** $f(-3, -2)$

2. $f(x, y) = \text{sen}\,(xy)$

a. $f\left(2, \frac{\pi}{6}\right)$ **b.** $f\left(-3, \frac{\pi}{12}\right)$ **c.** $f\left(\pi, \frac{1}{4}\right)$ **d.** $f\left(-\frac{\pi}{2}, -7\right)$

3. $f(x, y, z) = \dfrac{x - y}{y^2 + z^2}$

a. $f(3, -1, 2)$ **b.** $f\left(1, \frac{1}{2}, -\frac{1}{4}\right)$ **c.** $f\left(0, -\frac{1}{3}, 0\right)$ **d.** $f(2, 2, 100)$

4. $f(x, y, z) = \sqrt{49 - x^2 - y^2 - z^2}$

a. $f(0, 0, 0)$ **b.** $f(2, -3, 6)$ **c.** $f(-1, 2, 3)$ **d.** $f\left(\frac{4}{\sqrt{2}}, \frac{5}{\sqrt{2}}, \frac{6}{\sqrt{2}}\right)$

Nos Exercícios 5-12, encontre e esboce o domínio para cada função.

5. $f(x, y) = \sqrt{y - x - 2}$

6. $f(x, y) = \ln(x^2 + y^2 - 4)$

7. $f(x, y) = \dfrac{(x - 1)(y + 2)}{(y - x)(y - x^3)}$

8. $f(x, y) = \dfrac{\text{sen}\,(xy)}{x^2 + y^2 - 25}$

9. $f(x, y) = \cos^{-1}(y - x^2)$

10. $f(x, y) = \ln(xy + x - y - 1)$

11. $f(x, y) = \sqrt{(x^2 - 4)(y^2 - 9)}$

12. $f(x, y) = \dfrac{1}{\ln(4 - x^2 - y^2)}$

Nos Exercícios 13-16, encontre e esboce as curvas de nível $f(x, y) = c$ no mesmo conjunto de eixos de coordenadas para os valores determinados de c. Referimo-nos a essas curvas de nível como um mapa de contorno.

13. $f(x, y) = x + y - 1, \quad c = -3, -2, -1, 0, 1, 2, 3$

14. $f(x, y) = x^2 + y^2, \quad c = 0, 1, 4, 9, 16, 25$

15. $f(x, y) = xy, \quad c = -9, -4, -1, 0, 1, 4, 9$

16. $f(x, y) = \sqrt{25 - x^2 - y^2}, \quad c = 0, 1, 2, 3, 4$

Nos Exercícios 17-30, **(a)** encontre o domínio da função; **(b)** encontre a imagem da função; **(c)** descreva as curvas de nível da função; **(d)** encontre a fronteira do domínio da função; **(e)** determine se o domínio é uma região aberta, uma região fechada ou nenhuma das duas e **(f)** decida se o domínio é limitado ou não limitado.

17. $f(x, y) = y - x$

18. $f(x, y) = \sqrt{y - x}$

19. $f(x, y) = 4x^2 + 9y^2$

20. $f(x, y) = x^2 - y^2$

21. $f(x, y) = xy$

22. $f(x, y) = y/x^2$

23. $f(x, y) = \dfrac{1}{\sqrt{16 - x^2 - y^2}}$

24. $f(x, y) = \sqrt{9 - x^2 - y^2}$

25. $f(x, y) = \ln(x^2 + y^2)$

26. $f(x, y) = e^{-(x^2 + y^2)}$

27. $f(x, y) = \text{sen}^{-1}(y - x)$

28. $f(x, y) = \text{tg}^{-1}\left(\dfrac{y}{x}\right)$

29. $f(x, y) = \ln(x^2 + y^2 - 1)$

30. $f(x, y) = \ln(9 - x^2 - y^2)$

Identificando superfícies e curvas de nível

Os Exercícios 31-36 exibem curvas de nível para as funções cujos gráficos são apresentados em (a)-(f) na página a seguir. Associe cada conjunto de curvas à função apropriada.

31.

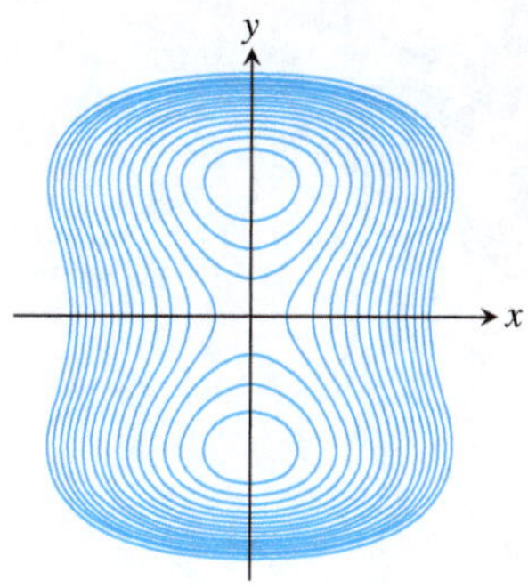

32.

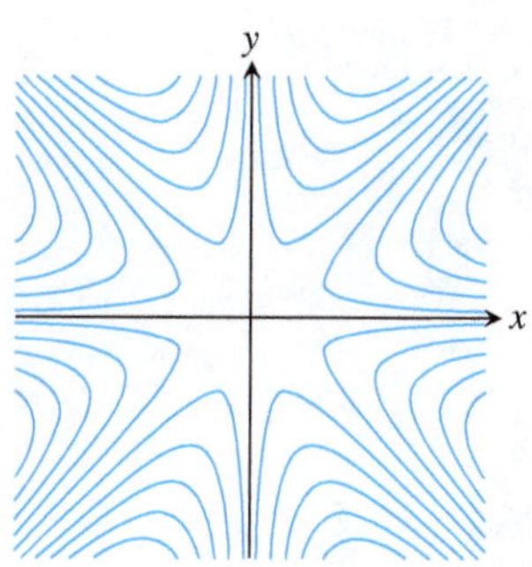

33.

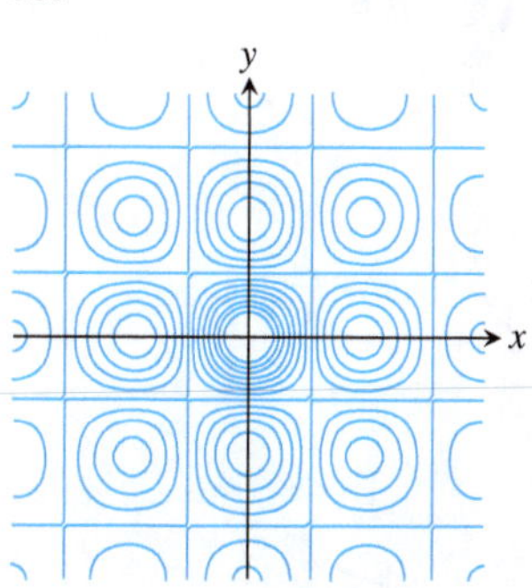

34.

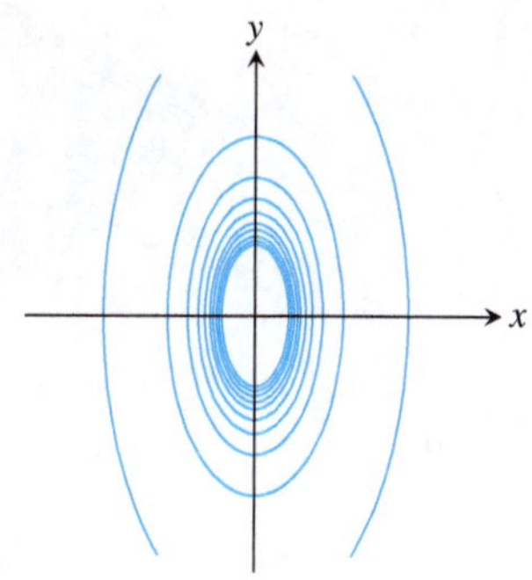

35.

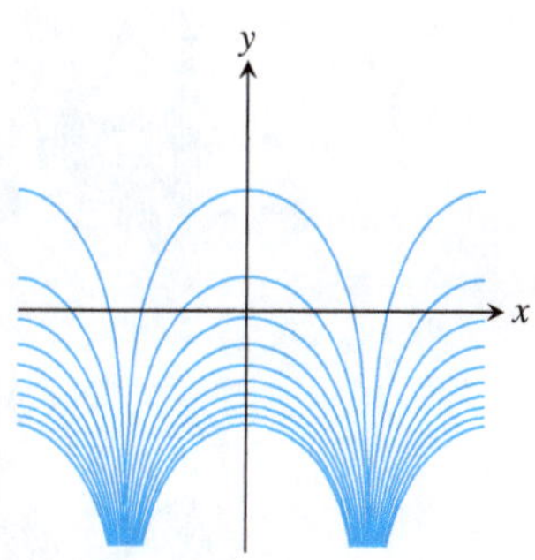

36.

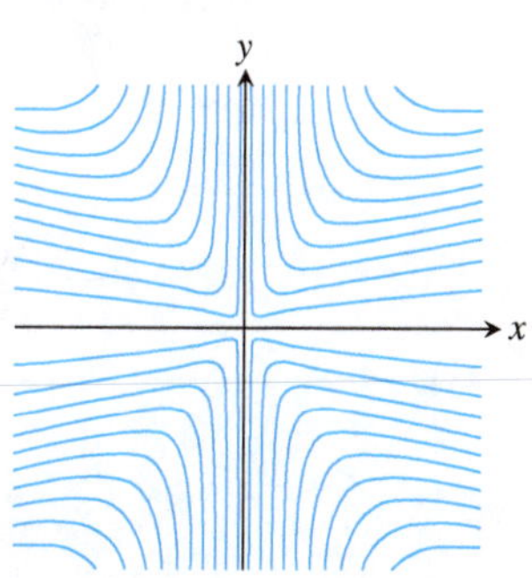

a.

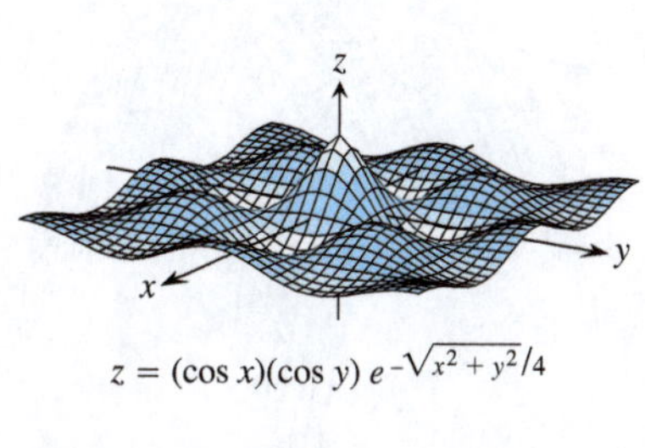

$z = (\cos x)(\cos y)\, e^{-\sqrt{x^2 + y^2}/4}$

b.

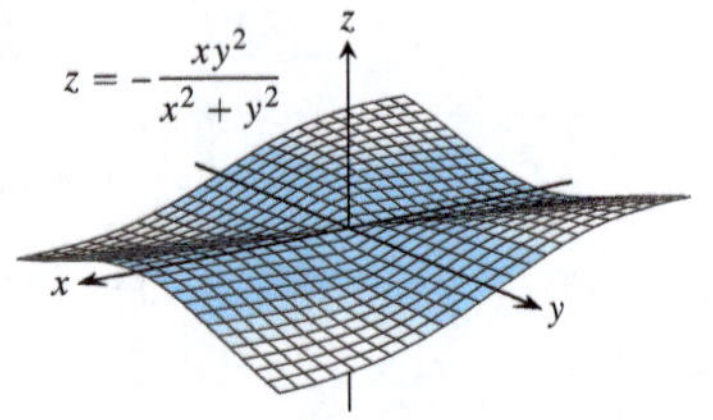

c.

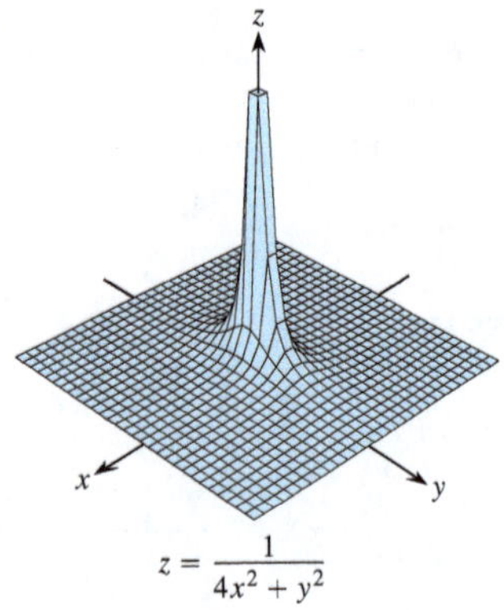

d.

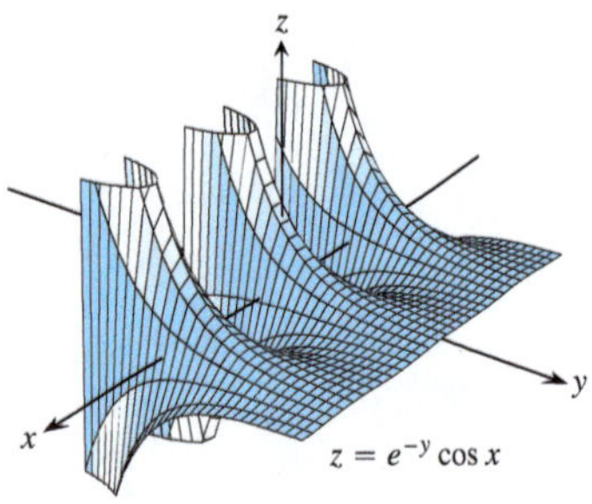

e.

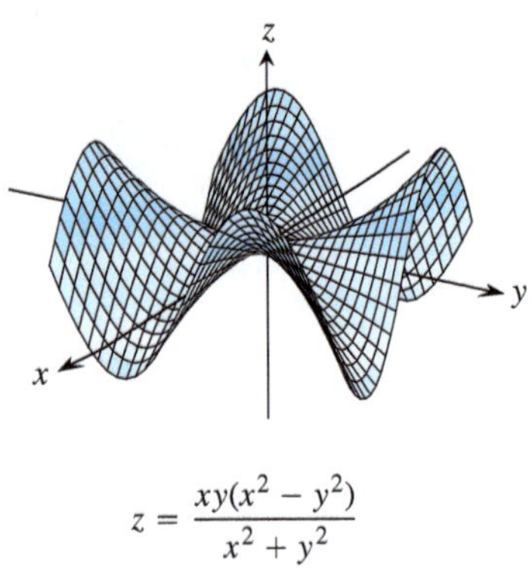

f.

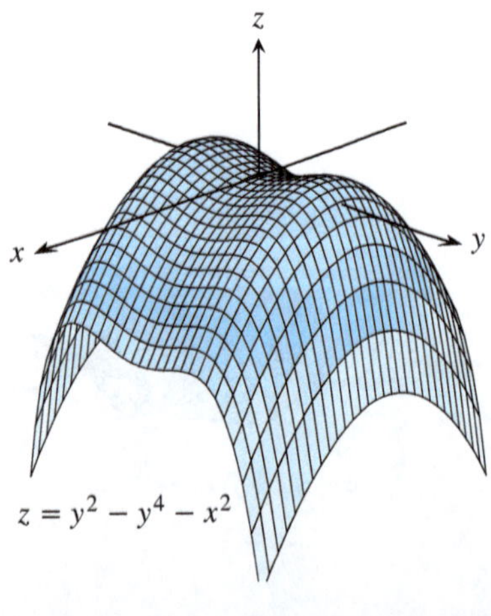

Funções de duas variáveis

Apresente os valores das funções nos Exercícios 37-48 de duas maneiras: **(a)** esboçando a superfície $z = f(x, y)$ e **(b)** desenhando várias curvas de nível do domínio da função. Identifique cada curva de nível com o seu respectivo valor da função.

37. $f(x, y) = y^2$

38. $f(x, y) = \sqrt{x}$

39. $f(x, y) = x^2 + y^2$

40. $f(x, y) = \sqrt{x^2 + y^2}$

41. $f(x, y) = x^2 - y$

42. $f(x, y) = 4 - x^2 - y^2$

43. $f(x, y) = 4x^2 + y^2$

44. $f(x, y) = 6 - 2x - 3y$

45. $f(x, y) = 1 - |y|$

46. $f(x, y) = 1 - |x| - |y|$

47. $f(x, y) = \sqrt{x^2 + y^2 + 4}$

48. $f(x, y) = \sqrt{x^2 + y^2 - 4}$

Encontrando curvas de nível

Nos Exercícios 49-52, encontre uma equação e esboce o gráfico da curva de nível da função $f(x, y)$ que passa pelo ponto dado.

49. $f(x, y) = 16 - x^2 - y^2, \quad \left(2\sqrt{2}, \sqrt{2}\right)$

50. $f(x, y) = \sqrt{x^2 - 1}, \quad (1, 0)$

51. $f(x, y) = \sqrt{x + y^2 - 3}, \quad (3, -1)$

52. $f(x, y) = \frac{2y - x}{x + y + 1}, \quad (-1, 1)$

Esboçando superfícies de nível

Nos Exercícios 53-60, esboce uma superfície de nível típica para a função.

53. $f(x, y, z) = x^2 + y^2 + z^2$

54. $f(x, y, z) = \ln (x^2 + y^2 + z^2)$

55. $f(x, y, z) = x + z$

56. $f(x, y, z) = z$

57. $f(x, y, z) = x^2 + y^2$

58. $f(x, y, z) = y^2 + z^2$

59. $f(x, y, z) = z - x^2 - y^2$

60. $f(x, y, z) = (x^2/25) + (y^2/16) + (z^2/9)$

Encontrando superfícies de nível

Nos Exercícios 61-64, encontre uma equação para a superfície de nível da função que passa pelo ponto dado.

61. $f(x, y, z) = \sqrt{x - y} - \ln z, \quad (3, -1, 1)$

62. $f(x, y, z) = \ln (x^2 + y + z^2), \quad (-1, 2, 1)$

63. $g(x, y, z) = \sqrt{x^2 + y^2 + z^2}, \quad \left(1, -1, \sqrt{2}\right)$

64. $g(x, y, z) = \frac{x - y + z}{2x + y - z}, \quad (1, 0, -2)$

Nos Exercícios 65-68, encontre e esboce o domínio de *f*. Em seguida, encontre uma equação para a curva de nível ou superfície da função passando pelo ponto dado.

65. $f(x, y) = \sum_{n=0}^{\infty} \left(\frac{x}{y}\right)^n, \quad (1, 2)$

66. $g(x, y, z) = \sum_{n=0}^{\infty} \frac{(x + y)^n}{n! z^n}, \quad (\ln 4, \ln 9, 2)$

67. $f(x, y) = \int_x^y \frac{d\theta}{\sqrt{1 - \theta^2}}, \quad (0, 1)$

68. $g(x, y, z) = \int_x^y \frac{dt}{1 + t^2} + \int_0^z \frac{d\theta}{\sqrt{4 - \theta^2}}, \quad (0, 1, \sqrt{3})$

USO DO COMPUTADOR

Utilize um SAC para executar as seguintes etapas para cada uma das funções nos Exercícios 69-72.

a. Trace a superfície sobre o retângulo fornecido.

b. Trace várias curvas de nível no retângulo.

c. Trace a curva de nível de f passando pelo ponto dado.

69. $f(x, y) = x \operatorname{sen} \frac{y}{2} + y \operatorname{sen} 2x, \quad 0 \leq x \leq 5\pi, \quad 0 \leq y \leq 5\pi,$
$P(3\pi, 3\pi)$

70. $f(x, y) = (\operatorname{sen} x)(\cos y)e^{\sqrt{x^2+y^2}/8}, \quad 0 \leq x \leq 5\pi,$
$0 \leq y \leq 5\pi, \quad P(4\pi, 4\pi)$

71. $f(x, y) = \operatorname{sen}(x + 2\cos y), \quad -2\pi \leq x \leq 2\pi,$
$-2\pi \leq y \leq 2\pi, \quad P(\pi, \pi)$

72. $f(x, y) = e^{(x^{0,1}-y)} \operatorname{sen}(x^2 + y^2), \quad 0 \leq x \leq 2\pi,$
$-2\pi \leq y \leq \pi, \quad P(\pi, -\pi)$

Utilize um SAC para representar graficamente as superfícies de nível definidas implicitamente nos Exercícios 73-76.

73. $4 \ln(x^2 + y^2 + z^2) = 1$

74. $x^2 + z^2 = 1$

75. $x + y^2 - 3z^2 = 1$

76. $\operatorname{sen}\left(\frac{x}{2}\right) - (\cos y)\sqrt{x^2 + z^2} = 2$

Superfícies parametrizadas Da mesma maneira que você descreve curvas no plano parametricamente com um par de equações $x = f(t)$, $y = g(t)$ definidas em algum intervalo I, você algumas vezes pode descrever superfícies no espaço com uma terna de equações $x = f(u, v)$, $y = g(u, v)$, $z = h(u, v)$ definidas em algum retângulo $a \leq u \leq b$, $c \leq v \leq d$. Muitos sistemas de álgebra por computador permitem traçar essas superfícies no *modo paramétrico*. (Superfícies parametrizadas serão discutidas em detalhes na Seção 16.5.) Use um SAC para representar graficamente as superfícies nos Exercícios 77-80. Trace também diversas curvas de nível no plano xy.

77. $x = u \cos v, \quad y = u \operatorname{sen} v, \quad z = u, \quad 0 \leq u \leq 2, \quad 0 \leq v \leq 2\pi$

78. $x = u \cos v, \quad y = u \operatorname{sen} v, \quad z = v, \quad 0 \leq u \leq 2, \quad 0 \leq v \leq 2\pi$

79. $x = (2 + \cos u) \cos v, \quad y = (2 + \cos u) \operatorname{sen} v, \quad z = \operatorname{sen} u,$
$0 \leq u \leq 2\pi, \quad 0 \leq v \leq 2\pi$

80. $x = 2 \cos u \cos v, \quad y = 2 \cos u \operatorname{sen} v, \quad z = 2 \operatorname{sen} u,$
$0 \leq u \leq 2\pi, \quad 0 \leq v \leq \pi$

14.2 Limites e continuidade em dimensões superiores

Esta seção trata de limites e continuidade para funções de várias variáveis. Essas ideias são análogas a limites e continuidade para funções de uma variável, mas a inclusão de mais variáveis independentes leva a uma complexidade adicional e diferenças importantes, demandando algumas novas ideias.

Limites para funções de duas variáveis

Se os valores de $f(x, y)$ estão arbitrariamente próximos de um número real fixado L para todos os pontos (x, y) suficientemente próximos de um ponto (x_0, y_0), dizemos que f se aproxima do limite L quando (x, y) se aproxima de (x_0, y_0). Isso é semelhante à definição informal para o limite de uma função de uma única variável. Observe, entretanto, que, se (x_0, y_0) está no interior do domínio de f, (x, y) pode se aproximar de (x_0, y_0) a partir de qualquer direção. Para o limite existir, o mesmo valor limitante deve ser obtido, qualquer que seja a direção de aproximação tomada. Ilustramos essa questão em diversos exemplos após a definição.

DEFINIÇÃO Dizemos que uma função $f(x, y)$ se aproxima do **limite** L à medida que (x, y) se aproxima de (x_0, y_0) e escrevemos

$$\lim_{(x, y) \to (x_0, y_0)} f(x, y) = L$$

se, para todo número $\epsilon > 0$, existe um número $\delta > 0$ correspondente tal que, para todo (x, y) no domínio de f,

$$|f(x, y) - L| < \epsilon \quad \text{sempre que} \quad 0 < \sqrt{(x - x_0)^2 + (y - y_0)^2} < \delta.$$

A definição de limite diz que a distância entre $f(x, y)$ e L se torna arbitrariamente pequena sempre que a distância entre (x, y) e (x_0, y_0) se faz suficientemente pequena (mas não igual a 0). A definição aplica-se tanto a pontos interiores (x_0, y_0) como a pontos de fronteira do domínio de f, ainda que um ponto de fronteira não precise estar no domínio. Os pontos (x, y) que se aproximam de (x_0, y_0) são sempre tomados como estando no domínio de f. Veja a Figura 14.12.

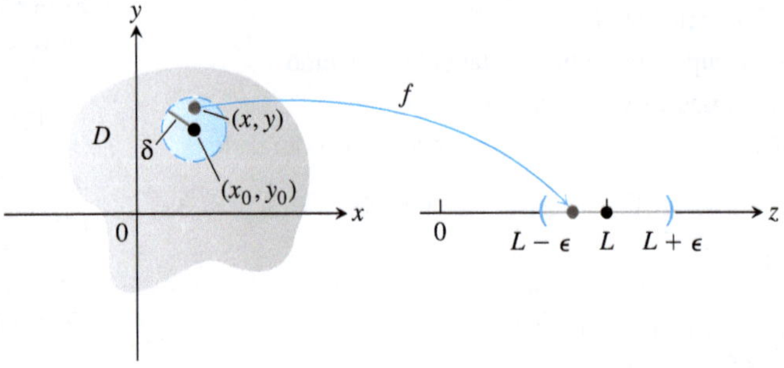

FIGURA 14.12 Na definição de limite, δ é o raio de um disco centrado em (x_0, y_0). Para todos os pontos (x, y) dentro desse disco, os valores da função $f(x, y)$ estão dentro do intervalo correspondente $(L - \epsilon, L + \epsilon)$.

Analogamente a funções de uma variável, pode ser demonstrado que

$$\lim_{(x, y)\to(x_0, y_0)} x = x_0$$

$$\lim_{(x, y)\to(x_0, y_0)} y = y_0$$

$$\lim_{(x, y)\to(x_0, y_0)} k = k \qquad \text{(para todo número } k\text{).}$$

Por exemplo, na primeira afirmação sobre limite acima, $f(x, y) = x$ e $L = x_0$. Utilizando a definição de limite, suponha que $\epsilon > 0$ seja escolhido. Se igualarmos δ a ϵ, veremos que

$$0 < \sqrt{(x - x_0)^2 + (y - y_0)^2} < \delta = \epsilon$$

implica que

$$\sqrt{(x - x_0)^2} < \epsilon \qquad (x - x_0)^2 \leq (x - x_0)^2 + (y - y_0)^2$$

$$|x - x_0| < \epsilon \qquad \sqrt{a^2} = |a|$$

$$|f(x, y) - x_0| < \epsilon \qquad x = f(x, y)$$

Ou seja,

$$|f(x, y) - x_0| < \epsilon \quad \text{sempre que} \quad 0 < \sqrt{(x - x_0)^2 + (y - y_0)^2} < \delta.$$

Portanto um δ foi encontrado satisfazendo a exigência da definição e

$$\lim_{(x, y)\to(x_0, y_0)} f(x, y) = \lim_{(x, y)\to(x_0, y_0)} x = x_0.$$

Assim como nas funções de uma variável, o limite da soma de duas funções é a soma de seus limites (quando ambas existirem), com resultados semelhantes para os limites das diferenças, múltiplos por constantes, produtos, quocientes, potências e raízes.

TEOREMA 1 — Propriedades dos limites de funções de duas variáveis
As regras a seguir são verdadeiras se L, M e k forem números reais e

$$\lim_{(x,y)\to(x_0,y_0)} f(x,y) = L \qquad \text{e} \qquad \lim_{(x,y)\to(x_0,y_0)} g(x,y) = M.$$

1. *Regra da soma:* $\lim_{(x,y)\to(x_0,y_0)} (f(x,y) + g(x,y)) = L + M$
2. *Regra da diferença:* $\lim_{(x,y)\to(x_0,y_0)} (f(x,y) - g(x,y)) = L - M$
3. *Regra da multiplicação por constante:* $\lim_{(x,y)\to(x_0,y_0)} kf(x,y) = kL$ (para todo número k)
4. *Regra do produto:* $\lim_{(x,y)\to(x_0,y_0)} (f(x,y)\cdot g(x,y)) = L\cdot M$
5. *Regra do quociente:* $\lim_{(x,y)\to(x_0,y_0)} \dfrac{f(x,y)}{g(x,y)} = \dfrac{L}{M}$, $M \neq 0$
6. *Regra da potência:* $\lim_{(x,y)\to(x_0,y_0)} [f(x,y)]^n = L^n$, n um inteiro positivo
7. *Regra da raiz:* $\lim_{(x,y)\to(x_0,y_0)} \sqrt[n]{f(x,y)} = \sqrt[n]{L} = L^{1/n}$,
   n um inteiro positivo, e, se n for par, assumimos que $L > 0$.

Embora não provemos aqui o Teorema 1, oferecemos uma discussão informal da razão para ele ser verdadeiro. Se (x, y) está suficientemente perto de (x_0, y_0), então $f(x, y)$ está próximo de L e $g(x, y)$ está perto de M (a partir da interpretação informal de limites). Faz sentido, então, dizer que $f(x, y) + g(x, y)$ está perto de $L + M$; $f(x, y) - g(x, y)$ está perto de $L - M$; $kf(x, y)$ está perto de kL; $f(x, y)g(x, y)$ está perto de LM e $f(x, y)/g(x, y)$ está perto de L/M se $M \neq 0$.

Quando aplicamos o Teorema 1 a polinômios e funções racionais, obtemos o resultado útil de que os limites dessas funções quando $(x, y) \to (x_0, y_0)$ podem ser calculados avaliando-se as funções em (x_0, y_0). A única exigência é que as funções racionais sejam definidas em (x_0, y_0).

EXEMPLO 1 Neste exemplo, podemos combinar os três resultados simples, seguindo a definição de limite com os resultados no Teorema 1 para calcular os limites. Simplesmente substituímos os valores de x e y do ponto sendo aproximado na expressão funcional para encontrar o valor limite.

(a) $$\lim_{(x,y)\to(0,1)} \frac{x - xy + 3}{x^2y + 5xy - y^3} = \frac{0 - (0)(1) + 3}{(0)^2(1) + 5(0)(1) - (1)^3} = -3$$

(b) $$\lim_{(x,y)\to(3,-4)} \sqrt{x^2 + y^2} = \sqrt{(3)^2 + (-4)^2} = \sqrt{25} = 5$$

EXEMPLO 2 Encontre

$$\lim_{(x,y)\to(0,0)} \frac{x^2 - xy}{\sqrt{x} - \sqrt{y}}.$$

Solução Como o denominador $\sqrt{x} - \sqrt{y}$ se aproxima de 0 quando $(x, y) \to (0, 0)$, não podemos utilizar a regra do quociente do Teorema 1. No entanto, se multiplicamos numerador e denominador por $\sqrt{x} + \sqrt{y}$, produzimos uma fração equivalente, cujo limite *podemos* encontrar:

$$\lim_{(x,y)\to(0,0)} \frac{x^2 - xy}{\sqrt{x} - \sqrt{y}} = \lim_{(x,y)\to(0,0)} \frac{(x^2 - xy)(\sqrt{x} + \sqrt{y})}{(\sqrt{x} - \sqrt{y})(\sqrt{x} + \sqrt{y})}$$

$$= \lim_{(x,y)\to(0,0)} \frac{x(x - y)(\sqrt{x} + \sqrt{y})}{x - y}$$ Álgebra

$$= \lim_{(x,y)\to(0,0)} x(\sqrt{x} + \sqrt{y})$$ Cancele o fator diferente de zero $(x - y)$.

$$= 0(\sqrt{0} + \sqrt{0}) = 0$$ Valores limite conhecidos

Podemos cancelar o fator $(x - y)$ porque o caminho $y = x$ (ao longo do qual $x - y = 0$) *não* está no domínio da função

$$\frac{x^2 - xy}{\sqrt{x} - \sqrt{y}}.$$

EXEMPLO 3 Encontre $\lim_{(x,y)\to(0,0)} \dfrac{4xy^2}{x^2 + y^2}$, se existir.

Solução Primeiro, observamos que, ao longo da reta $x = 0$, a função tem sempre valor 0 quando $y \neq 0$. Da mesma forma, ao longo da reta $y = 0$, a função tem valor 0 contanto que $x \neq 0$. Dessa forma, se o limite existe à medida que (x, y) se aproxima de $(0, 0)$, o valor do limite deve ser 0. Para verificar se isso é verdadeiro, aplicamos a definição de limite.

Seja $\epsilon > 0$ dado, mas arbitrário. Desejamos encontrar $\delta > 0$ tal que

$$\left|\frac{4xy^2}{x^2 + y^2} - 0\right| < \epsilon \quad \text{sempre que} \quad 0 < \sqrt{x^2 + y^2} < \delta$$

ou

$$\frac{4|x|y^2}{x^2 + y^2} < \epsilon \quad \text{sempre que} \quad 0 < \sqrt{x^2 + y^2} < \delta.$$

Uma vez que $y^2 \leq x^2 + y^2$, temos que

$$\frac{4|x|y^2}{x^2 + y^2} \leq 4|x| = 4\sqrt{x^2} \leq 4\sqrt{x^2 + y^2}.$$ $\dfrac{y^2}{x^2 + y^2} \leq 1$

Portanto, se escolhemos $\delta = \epsilon/4$ e fizermos $0 < \sqrt{x^2 + y^2} < \delta$, obtemos

$$\left|\frac{4xy^2}{x^2 + y^2} - 0\right| \leq 4\sqrt{x^2 + y^2} < 4\delta = 4\left(\frac{\epsilon}{4}\right) = \epsilon.$$

A partir da definição, sabemos que

$$\lim_{(x,y)\to(0,0)} \frac{4xy^2}{x^2 + y^2} = 0$$

EXEMPLO 4 Se $f(x, y) = \dfrac{y}{x}$, o $\lim_{(x,y)\to(0,0)} f(x, y)$ existe?

Solução O domínio de f não inclui o eixo y, portanto não consideramos nenhum ponto (x, y) onde $x = 0$ na aproximação à origem $(0, 0)$. Ao longo do eixo x, o valor da função é $f(x, 0) = 0$ para todo $x \neq 0$. Portanto, se o limite existe quando $(x, y) \to (0, 0)$, o valor do limite deve ser $L = 0$. Por outro lado, ao longo da reta $y = x$, o valor da função é $f(x, x) = x/x = 1$ para todo $x \neq 0$. Isto é, a função f se aproxima do valor

1 ao longo da reta $y = x$. Isso significa que, para todo disco de raio δ centrado em (0, 0), o disco irá conter pontos $(x, 0)$ no eixo x onde o valor da função é 0, e também pontos (x, x) ao longo da reta $y = x$ onde o valor da função é 1. Portanto, não importa o quão pequeno escolhemos o raio δ do disco na Figura 14.12, haverá pontos no disco para os quais os valores de função diferem por 1. Portanto, o limite não pode existir, porque podemos tomar ϵ como sendo qualquer número menor que 1 na definição de limite e negar que $L = 0$ ou 1, ou qualquer outro número real. O limite não existe, porque temos valores limite diferentes ao longo de diferentes trajetórias se aproximando do ponto (0, 0).

Continuidade

Assim como para funções de uma variável, a continuidade é definida em termos de limites.

> **DEFINIÇÃO** Uma função $f(x, y)$ é **contínua no ponto (x_0, y_0)** se
>
> **1.** f for definida em (x_0, y_0);
>
> **2.** $\lim_{(x,y)\to(x_0,y_0)} f(x, y)$ existe;
>
> **3.** $\lim_{(x,y)\to(x_0,y_0)} f(x, y) = f(x_0, y_0)$.
>
> Uma função é **contínua** se for contínua em todos os pontos de seu domínio.

Como acontece na definição de limite, a definição de continuidade aplica-se tanto a pontos de fronteira quanto a pontos interiores do domínio de f. A única exigência é que todo ponto (x, y) próximo de (x_0, y_0) esteja no domínio de f.

Uma consequência do Teorema 1 é que combinações algébricas de funções contínuas são contínuas em todo ponto onde as funções envolvidas são definidas. Isso significa que somas, diferenças, multiplicação por constantes, produtos, quocientes e potências de funções contínuas são contínuos onde definidos. Em especial, polinômios e funções racionais de duas variáveis são contínuos em todo ponto onde são definidos.

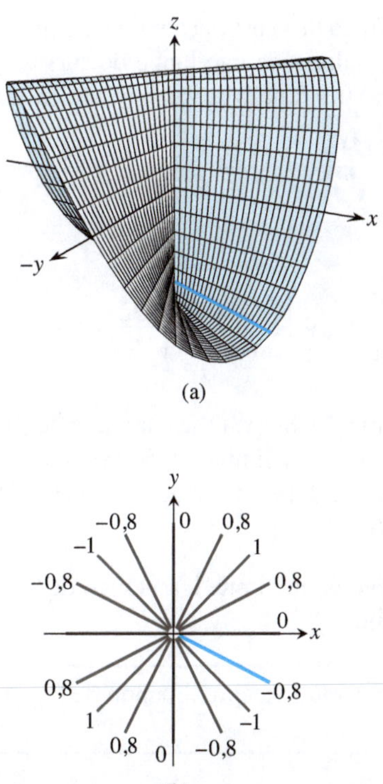

FIGURA 14.13 (a) Gráfico de

$$f(x, y) = \begin{cases} \dfrac{2xy}{x^2 + y^2}, & (x, y) \neq (0, 0) \\ 0, & (x, y) = (0, 0). \end{cases}$$

A função é contínua em todos os pontos com exceção da origem. (b) Os valores de f são constantes diferentes ao longo de cada reta $y = mx$, $x \neq 0$ (Exemplo 5).

EXEMPLO 5 Mostre que

$$f(x, y) = \begin{cases} \dfrac{2xy}{x^2 + y^2}, & (x, y) \neq (0, 0) \\ 0, & (x, y) = (0, 0) \end{cases}$$

é contínua em todo ponto, exceto a origem (Figura 14.13).

Solução A função f é contínua em qualquer ponto $(x, y) \neq (0, 0)$, porque seus valores são dados por uma função racional de x e y e o valor limite é obtido através da substituição dos valores de x e y na expressão funcional.

Em (0, 0), o valor de f é definido, mas afirmamos que f não tem limites quando $(x, y) \to (0, 0)$. A razão é que diferentes caminhos de aproximação da origem podem levar a resultados diferentes, conforme veremos a seguir.

Para todo valor de m, a função f tem um valor constante na reta "furada" $y = mx$, $x \neq 0$, porque

$$f(x, y)\bigg|_{y=mx} = \frac{2xy}{x^2 + y^2}\bigg|_{y=mx} = \frac{2x(mx)}{x^2 + (mx)^2} = \frac{2mx^2}{x^2 + m^2x^2} = \frac{2m}{1 + m^2}.$$

Portanto, f tem esse número como seu limite quando (x, y) se aproxima de (0, 0) ao longo da reta:

$$\lim_{\substack{(x,y)\to(0,0) \\ \text{ao longo de } y=mx}} f(x, y) = \lim_{(x,y)\to(0,0)} \left[f(x, y)\bigg|_{y=mx} \right] = \frac{2m}{1 + m^2}.$$

Esse limite muda com cada valor do coeficiente angular m. Não existe, portanto, um único número que podemos denominar limite de f quando (x, y) se aproxima da origem. O limite não existe e a função é não contínua.

Os Exemplos 4 e 5 ilustram um ponto importante sobre limites de funções de duas ou mais variáveis. Quando um limite existe em um ponto, o limite deve ser o mesmo ao longo de todos os caminhos que se aproximam do ponto. Esse resultado é análogo ao caso de uma variável na qual ambos os limites laterais devem ter o mesmo valor. Para funções de duas ou mais variáveis, se encontrarmos caminhos com limites diferentes, saberemos que a função não tem limite no ponto em que elas se aproximam.

Teste dos dois caminhos para a não existência de um limite

Se uma função $f(x, y)$ tem limites diferentes ao longo de dois caminhos diferentes no domínio de f quando (x, y) se aproxima de (x_0, y_0), então $\lim_{(x, y)\to(x_0, y_0)} f(x, y)$ não existe.

EXEMPLO 6 Mostre que a função

$$f(x, y) = \frac{2x^2y}{x^4 + y^2}$$

(Figura 14.14) não tem limite quando (x, y) se aproxima de $(0, 0)$.

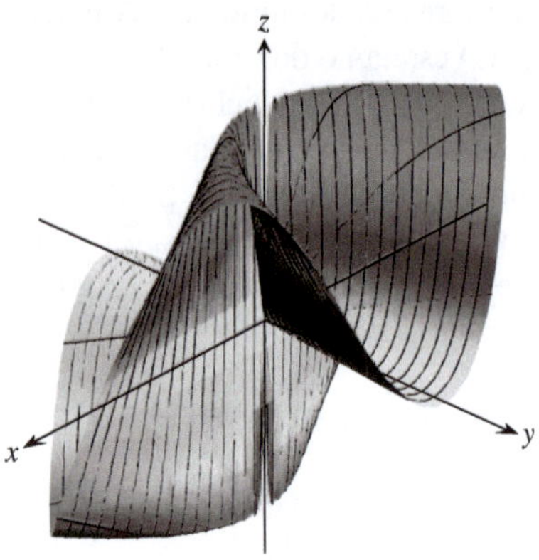

(a)

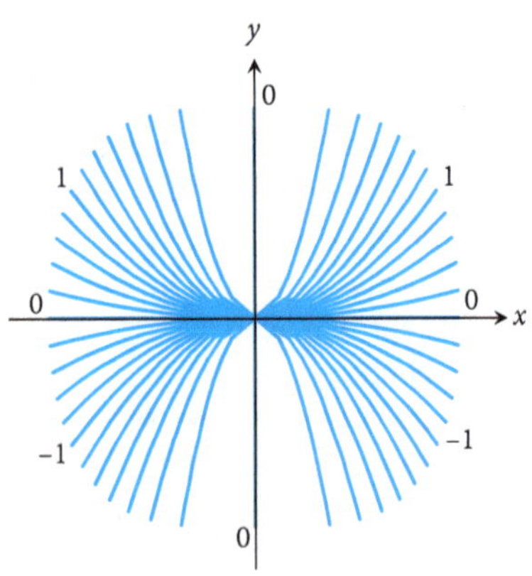

(b)

FIGURA 14.14 (a) Gráfico de $f(x, y) = 2x^2y/(x^4 + y^2)$. (b) Ao longo de cada caminho $y = kx^2$ o valor de f é constante, mas varia com k (Exemplo 6).

Solução O limite não pode ser encontrado por meio de substituição direta, o que nos dá a forma indeterminada 0/0. Examinamos os valores de f ao longo de curvas que terminam em $(0, 0)$. Ao longo da curva $y = kx^2$, $x \neq 0$, a função possui o valor constante

$$f(x, y)\Big|_{y=kx^2} = \frac{2x^2y}{x^4 + y^2}\Big|_{y=kx^2} = \frac{2x^2(kx^2)}{x^4 + (kx^2)^2} = \frac{2kx^4}{x^4 + k^2x^4} = \frac{2k}{1 + k^2}.$$

Portanto,

$$\lim_{\substack{(x, y)\to(0, 0)\\ \text{ao longo de } y=kx^2}} f(x, y) = \lim_{(x, y)\to(0, 0)} \left[f(x, y)\Big|_{y=kx^2} \right] = \frac{2k}{1 + k^2}.$$

Esse limite varia com o caminho de aproximação. Se (x, y) se aproxima de $(0, 0)$ ao longo da parábola $y = x^2$, por exemplo, então $k = 1$ e o limite é 1. Se (x, y) se aproxima de $(0, 0)$ ao longo do eixo x, $k = 0$ e o limite é 0. Pelo teste dos dois caminhos, f não tem limite quando (x, y) se aproxima de $(0, 0)$.

Pode ser mostrado que a função no Exemplo 6 tem limite 0 ao longo de todo o caminho $y = mx$ (Exercício 53). Concluímos que

> Ter o mesmo limite ao longo de todas as linhas retas se aproximando de (x_0, y_0) não implica que um limite exista em (x_0, y_0).

Sempre que corretamente definida, a composta de funções contínuas é também contínua. A única exigência é que cada função seja contínua onde for aplicada. A prova, omitida aqui, é semelhante àquela para funções de uma variável (Teorema 9, na Seção 2.5).

Continuidade de compostas

Se f é contínua em (x_0, y_0) e g é uma função contínua de uma variável em $f(x_0, y_0)$, então a função composta $h = g \circ f$ definida por $h(x, y) = g(f(x, y))$ é contínua em (x_0, y_0).

Por exemplo, as funções compostas

$$e^{x-y}, \qquad \cos\frac{xy}{x^2+1}, \qquad \ln(1+x^2y^2)$$

são contínuas em todos os pontos (x, y).

Função de mais de duas variáveis

As definições de limite e continuidade para funções de duas variáveis e as conclusões sobre limites e continuidade para somas, produtos, quocientes, potências e composições estendem-se a funções de três ou mais variáveis. Funções como

$$\ln(x+y+z) \qquad \text{e} \qquad \frac{y\,\text{sen}\,z}{x-1}$$

são contínuas nos seus domínios, e limites como

$$\lim_{P\to(1,0,-1)}\frac{e^{x+z}}{z^2+\cos\sqrt{xy}}=\frac{e^{1-1}}{(-1)^2+\cos 0}=\frac{1}{2},$$

onde P indica o ponto (x, y, z), podem ser encontrados por meio de substituição direta.

Valores extremos de funções contínuas em conjuntos fechados e limitados

O teorema de valor extremo (Teorema 1, Seção 4.1) afirma que uma função de uma variável única que é contínua em um intervalo fechado e limitado $[a, b]$ assume um valor máximo absoluto e um valor mínimo absoluto pelo menos uma vez em $[a, b]$. O mesmo vale para uma função $z = f(x, y)$ que é contínua em um conjunto R fechado e limitado no plano (como um segmento de reta, um disco ou um triângulo cheio). A função assume um valor máximo absoluto em algum ponto R e um valor mínimo absoluto em algum ponto em R.

Resultados semelhantes são verdadeiros para funções de três ou mais variáveis. Uma função contínua $w = f(x, y, z)$, por exemplo, deve assumir valores máximo e mínimo absolutos em qualquer conjunto fechado e limitado (esfera sólida ou cubo, casca esférica, sólido retangular) no qual é definida. Aprenderemos como encontrar esses valores extremos na Seção 14.7.

Exercícios 14.2

Limites com duas variáveis

Encontre os limites nos Exercícios 1-12.

1. $\displaystyle\lim_{(x,y)\to(0,0)}\frac{3x^2-y^2+5}{x^2+y^2+2}$

2. $\displaystyle\lim_{(x,y)\to(0,4)}\frac{x}{\sqrt{y}}$

3. $\displaystyle\lim_{(x,y)\to(3,4)}\sqrt{x^2+y^2-1}$

4. $\displaystyle\lim_{(x,y)\to(2,-3)}\left(\frac{1}{x}+\frac{1}{y}\right)^2$

5. $\displaystyle\lim_{(x,y)\to(0,\pi/4)}\sec x\,\text{tg}\,y$

6. $\displaystyle\lim_{(x,y)\to(0,0)}\cos\frac{x^2+y^3}{x+y+1}$

7. $\displaystyle\lim_{(x,y)\to(0,\ln 2)}e^{x-y}$

8. $\displaystyle\lim_{(x,y)\to(1,1)}\ln|1+x^2y^2|$

9. $\displaystyle\lim_{(x,y)\to(0,0)}\frac{e^y\,\text{sen}\,x}{x}$

10. $\displaystyle\lim_{(x,y)\to(1/27,\pi^3)}\cos\sqrt[3]{xy}$

11. $\displaystyle\lim_{(x,y)\to(1,\pi/6)}\frac{x\,\text{sen}\,y}{x^2+1}$

12. $\displaystyle\lim_{(x,y)\to(\pi/2,0)}\frac{\cos y+1}{y-\text{sen}\,x}$

Limites de quocientes

Encontre os limites nos Exercícios 13-24 reescrevendo primeiro as frações.

13. $\displaystyle\lim_{\substack{(x,y)\to(1,1)\\x\neq y}}\frac{x^2-2xy+y^2}{x-y}$

14. $\displaystyle\lim_{\substack{(x,y)\to(1,1)\\x\neq y}}\frac{x^2-y^2}{x-y}$

15. $\displaystyle\lim_{\substack{(x,y)\to(1,1)\\x\neq 1}}\frac{xy-y-2x+2}{x-1}$

16. $\displaystyle\lim_{\substack{(x,y)\to(2,-4)\\y\neq -4,\,x\neq x^2}}\frac{y+4}{x^2y-xy+4x^2-4x}$

17. $\displaystyle\lim_{\substack{(x,y)\to(0,0)\\x\neq y}}\frac{x-y+2\sqrt{x}-2\sqrt{y}}{\sqrt{x}-\sqrt{y}}$

18. $\displaystyle\lim_{\substack{(x,y)\to(2,2)\\x+y\neq 4}}\frac{x+y-4}{\sqrt{x+y}-2}$

19. $\lim\limits_{\substack{(x, y) \to (2, 0) \\ 2x - y \neq 4}} \frac{\sqrt{2x - y} - 2}{2x - y - 4}$

20. $\lim\limits_{\substack{(x, y) \to (4, 3) \\ x \neq y + 1}} \frac{\sqrt{x} - \sqrt{y + 1}}{x - y - 1}$

21. $\lim\limits_{(x, y) \to (0, 0)} \frac{\operatorname{sen}(x^2 + y^2)}{x^2 + y^2}$

22. $\lim\limits_{(x, y) \to (0, 0)} \frac{1 - \cos(xy)}{xy}$

23. $\lim\limits_{(x, y) \to (1, -1)} \frac{x^3 + y^3}{x + y}$

24. $\lim\limits_{(x, y) \to (2, 2)} \frac{x - y}{x^4 - y^4}$

Limites com três variáveis

Encontre os limites nos Exercícios 25-30.

25. $\lim\limits_{P \to (1, 3, 4)} \left(\frac{1}{x} + \frac{1}{y} + \frac{1}{z}\right)$

26. $\lim\limits_{P \to (1, -1, -1)} \frac{2xy + yz}{x^2 + z^2}$

27. $\lim\limits_{P \to (\pi, \pi, 0)} (\operatorname{sen}^2 x + \cos^2 y + \sec^2 z)$

28. $\lim\limits_{P \to (-1/4, \pi/2, 2)} \operatorname{tg}^{-1} xyz$

29. $\lim\limits_{P \to (\pi, 0, 3)} ze^{-2y} \cos 2x$

30. $\lim\limits_{P \to (2, -3, 6)} \ln\sqrt{x^2 + y^2 + z^2}$

Continuidade no plano

Em que pontos (x, y) no plano as funções nos Exercícios 31-34 são contínuas?

31. a. $f(x, y) = \operatorname{sen}(x + y)$ **b.** $f(x, y) = \ln(x^2 + y^2)$

32. a. $f(x, y) = \frac{x + y}{x - y}$ **b.** $f(x, y) = \frac{y}{x^2 + 1}$

33. a. $g(x, y) = \operatorname{sen}\frac{1}{xy}$ **b.** $g(x, y) = \frac{x + y}{2 + \cos x}$

34. a. $g(x, y) = \frac{x^2 + y^2}{x^2 - 3x + 2}$ **b.** $g(x, y) = \frac{1}{x^2 - y}$

Continuidade no espaço

Em que pontos (x, y, z) no espaço as funções nos Exercícios 35-40 são contínuas?

35. a. $f(x, y, z) = x^2 + y^2 - 2z^2$
b. $f(x, y, z) = \sqrt{x^2 + y^2 - 1}$

36. a. $f(x, y, z) = \ln xyz$
b. $f(x, y, z) = e^{x+y} \cos z$

37. a. $h(x, y, z) = xy \operatorname{sen}\frac{1}{z}$
b. $h(x, y, z) = \frac{1}{x^2 + z^2 - 1}$

38. a. $h(x, y, z) = \frac{1}{|y| + |z|}$
b. $h(x, y, z) = \frac{1}{|xy| + |z|}$

39. a. $h(x, y, z) = \ln(z - x^2 - y^2 - 1)$
b. $h(x, y, z) = \frac{1}{z - \sqrt{x^2 + y^2}}$

40. a. $h(x, y, z) = \sqrt{4 - x^2 - y^2 - z^2}$
b. $h(x, y, z) = \frac{1}{4 - \sqrt{x^2 + y^2 + z^2 - 9}}$

Sem limite em um ponto

Considerando caminhos diferentes de aproximação, mostre que as funções nos Exercícios 41-48 não têm limite quando $(x, y) \to (0, 0)$.

41. $f(x, y) = -\frac{x}{\sqrt{x^2 + y^2}}$

42. $f(x, y) = \frac{x^4}{x^4 + y^2}$

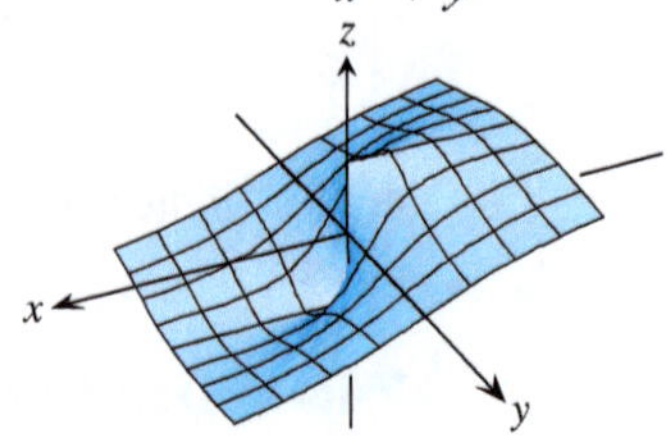

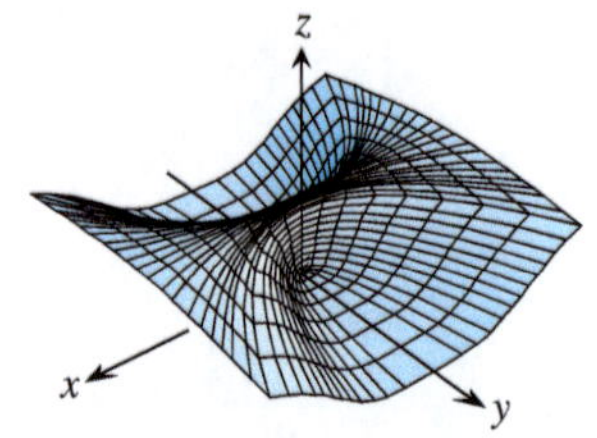

43. $f(x, y) = \frac{x^4 - y^2}{x^4 + y^2}$

44. $f(x, y) = \frac{xy}{|xy|}$

45. $g(x, y) = \frac{x - y}{x + y}$

46. $g(x, y) = \frac{x^2 - y}{x - y}$

47. $h(x, y) = \frac{x^2 + y}{y}$

48. $h(x, y) = \frac{x^2 y}{x^4 + y^2}$

Teoria e exemplos

Nos Exercícios 49 e 50, mostre que os limites não existem.

49. $\lim\limits_{(x, y) \to (1, 1)} \frac{xy^2 - 1}{y - 1}$

50. $\lim\limits_{(x, y) \to (1, -1)} \frac{xy + 1}{x^2 - y^2}$

51. Seja $f(x, y) = \begin{cases} 1, & y \geq x^4 \\ 1, & y \leq 0 \\ 0, & \text{de outra forma.} \end{cases}$

Encontre cada um dos limites a seguir ou explique que o limite não existe.

a. $\lim\limits_{(x, y) \to (0, 1)} f(x, y)$

b. $\lim\limits_{(x, y) \to (2, 3)} f(x, y)$

c. $\lim\limits_{(x, y) \to (0, 0)} f(x, y)$

52. Seja $f(x, y) = \begin{cases} x^2, & x \geq 0 \\ x^3, & x < 0 \end{cases}$.

Encontre os limites a seguir.

a. $\lim_{(x, y)\to(3, -2)} f(x, y)$

b. $\lim_{(x, y)\to(-2, 1)} f(x, y)$

c. $\lim_{(x, y)\to(0, 0)} f(x, y)$

53. Mostre que a função no Exemplo 6 tem limite 0 ao longo de cada linha reta se aproximando de (0, 0).

54. Se $f(x_0, y_0) = 3$, o que você pode dizer sobre

$$\lim_{(x, y)\to(x_0, y_0)} f(x, y)$$

se f é contínua em (x_0, y_0)? E se f não é contínua em (x_0, y_0)? Justifique suas respostas.

Teorema do confronto para funções de duas variáveis afirma que, se $g(x, y) \leq f(x, y) \leq h(x, y)$, para todo $(x, y) \neq (x_0, y_0)$ em um disco centrado em (x_0, y_0) e se g e h tiverem o mesmo limite finito L quando $(x, y) \to (x_0, y_0)$, então

$$\lim_{(x, y)\to(x_0, y_0)} f(x, y) = L.$$

Utilize esse resultado para confirmar as suas respostas nos Exercícios 55-58.

55. Sabendo que

$$1 - \frac{x^2y^2}{3} < \frac{\operatorname{tg}^{-1} xy}{xy} < 1$$

você pode dizer algo sobre

$$\lim_{(x, y)\to(0, 0)} \frac{\operatorname{tg}^{-1} xy}{xy} ?$$

Justifique sua resposta.

56. Sabendo que

$$2|xy| - \frac{x^2y^2}{6} < 4 - 4\cos\sqrt{|xy|} < 2|xy|$$

você pode dizer algo sobre

$$\lim_{(x, y)\to(0, 0)} \frac{4 - 4\cos\sqrt{|xy|}}{|xy|} ?$$

Justifique sua resposta.

57. Sabendo que $|\operatorname{sen}(1/x)| \leq 1$, você pode dizer algo sobre

$$\lim_{(x, y)\to(0, 0)} y \operatorname{sen}\frac{1}{x} ?$$

Justifique sua resposta.

58. Sabendo que $|\cos(1/y)| \leq 1$, você pode dizer algo sobre

$$\lim_{(x, y)\to(0, 0)} x \cos\frac{1}{y} ?$$

Justifique a sua resposta.

59. (*Continuação do Exemplo 5.*)

a. Releia o Exemplo 5. Substitua $m = \operatorname{tg}\theta$ na fórmula

$$f(x, y)\Big|_{y=mx} = \frac{2m}{1 + m^2}$$

e simplifique o resultado para mostrar como o valor de f varia de acordo com o ângulo de inclinação da reta.

b. Utilize a fórmula que você obteve no item (a) para mostrar que o limite de f quando $(x, y) \to (0, 0)$ ao longo da reta $y = mx$ varia de -1 a 1, dependendo do ângulo de aproximação.

60. Extensão contínua Defina $f(0, 0)$ de maneira a estender

$$f(x, y) = xy\frac{x^2 - y^2}{x^2 + y^2}$$

a uma função contínua na origem.

Mudando para coordenadas polares Se você não pode fazer progresso com $\lim_{(x, y)\to(0, 0)} f(x, y)$ em coordenadas retangulares, tente mudar para coordenadas polares. Substitua $x = r\cos\theta$, $y = r\operatorname{sen}\theta$ e investigue o limite da expressão resultante quando $r \to 0$. Em outras palavras, tente decidir se existe um número L que satisfaça o seguinte critério:

Dado $\epsilon > 0$, existe um $\delta > 0$ tal que, para todo r e θ,

$$|r| < \delta \Rightarrow |f(r, \theta) - L| < \epsilon \qquad (1)$$

Se tal L existir, então

$$\lim_{(x, y)\to(0, 0)} f(x, y) = \lim_{r\to 0} f(r\cos\theta, r\operatorname{sen}\theta) = L.$$

Por exemplo,

$$\lim_{(x, y)\to(0, 0)} \frac{x^3}{x^2 + y^2} = \lim_{r\to 0} \frac{r^3\cos^3\theta}{r^2} = \lim_{r\to 0} r\cos^3\theta = 0.$$

Para verificar a última igualdade, precisamos mostrar que a Equação 1 é satisfeita com $f(r, \theta) = r\cos^3\theta$ e $L = 0$. Isto é, precisamos mostrar que, dado qualquer $\epsilon > 0$, existe um $\delta > 0$ tal que, para todo r e θ,

$$|r| < \delta \Rightarrow |r\cos^3\theta - 0| < \epsilon.$$

Como

$$|r\cos^3\theta| = |r||\cos^3\theta| \leq |r| \cdot 1 = |r|,$$

a implicação é verdadeira para todo r e θ se tomamos $\delta = \epsilon$.

Em contrapartida,

$$\frac{x^2}{x^2 + y^2} = \frac{r^2\cos^2\theta}{r^2} = \cos^2\theta$$

assume todos os valores de 0 a 1 por menor que seja $|r|$, de modo que $\lim_{(x, y)\to(0, 0)} x^2/(x^2 + y^2)$ não existe.

Em cada um desses exemplos, a existência ou inexistência do limite quando $r \to 0$ é razoavelmente clara. Entretanto, a mudança para coordenadas polares nem sempre ajuda e pode até nos levar a conclusões falsas. Por exemplo, o limite pode existir ao longo de toda reta (ou raio) θ = constante e mesmo assim não existir em um sentido mais amplo. O Exemplo 5 ilustra esse ponto. Em coordenadas polares, $f(x, y) = (2x^2y)/(x^4 + y^2)$ torna-se

$$f(r\cos\theta, r\operatorname{sen}\theta) = \frac{r\cos\theta\operatorname{sen}2\theta}{r^2\cos^4\theta + \operatorname{sen}^2\theta}$$

para $r \neq 0$. Se deixamos θ constante e fazemos $r \to 0$, o limite é 0. No caminho $y = x^2$, entretanto, temos $r\operatorname{sen}\theta - r^2\cos^2\theta$ e

$$f(r\cos\theta, r\operatorname{sen}\theta) = \frac{r\cos\theta\operatorname{sen}2\theta}{r^2\cos^4\theta + (r\cos^2\theta)^2}$$

$$= \frac{2r\cos^2\theta\operatorname{sen}\theta}{2r^2\cos^4\theta} = \frac{r\operatorname{sen}\theta}{r^2\cos^2\theta} = 1.$$

Nos Exercícios 61-66, encontre o limite de f quando $(x, y) \to (0, 0)$ ou mostre que o limite não existe.

61. $f(x, y) = \dfrac{x^3 - xy^2}{x^2 + y^2}$

62. $f(x, y) = \cos\left(\dfrac{x^3 - y^3}{x^2 + y^2}\right)$

63. $f(x, y) = \dfrac{y^2}{x^2 + y^2}$

64. $f(x, y) = \dfrac{2x}{x^2 + x + y^2}$

65. $f(x, y) = \operatorname{tg}^{-1}\left(\dfrac{|x| + |y|}{x^2 + y^2}\right)$

66. $f(x, y) = \dfrac{x^2 - y^2}{x^2 + y^2}$

Nos Exercícios 67 e 68, defina $f(0, 0)$ de maneira que f se estenda a uma função contínua na origem.

67. $f(x, y) = \ln\left(\dfrac{3x^2 - x^2y^2 + 3y^2}{x^2 + y^2}\right)$

68. $f(x, y) = \dfrac{3x^2y}{x^2 + y^2}$

Usando a definição de limite

Cada um dos Exercícios 69-74 fornece uma função $f(x, y)$ e um número positivo ϵ. Em cada exercício, mostre que existe um $\delta > 0$ tal que, para todo (x, y),

$$\sqrt{x^2 + y^2} < \delta \quad \Rightarrow \quad |f(x, y) - f(0, 0)| < \epsilon.$$

69. $f(x, y) = x^2 + y^2, \quad \epsilon = 0{,}01$

70. $f(x, y) = y/(x^2 + 1), \quad \epsilon = 0{,}05$

71. $f(x, y) = (x + y)/(x^2 + 1), \quad \epsilon = 0{,}01$

72. $f(x, y) = (x + y)/(2 + \cos x), \quad \epsilon = 0{,}02$

73. $f(x, y) = \dfrac{xy^2}{x^2 + y^2}$ e $f(0, 0) = 0, \quad \epsilon = 0{,}04$

74. $f(x, y) = \dfrac{x^3 + y^4}{x^2 + y^2}$ e $f(0, 0) = 0, \quad \epsilon = 0{,}02$

Cada um dos Exercícios 75-78 apresenta uma função $f(x, y, z)$ e um número positivo ϵ. Em cada exercício, mostre que existe um $\delta > 0$ tal que, para todo número (x, y, z),

$$\sqrt{x^2 + y^2 + z^2} < \delta \quad \Rightarrow \quad |f(x, y, z) - f(0, 0, 0)| < \epsilon.$$

75. $f(x, y, z) = x^2 + y^2 + z^2, \quad \epsilon = 0{,}015$

76. $f(x, y, z) = xyz, \quad \epsilon = 0{,}008$

77. $f(x, y, z) = \dfrac{x + y + z}{x^2 + y^2 + z^2 + 1}, \quad \epsilon = 0{,}015$

78. $f(x, y, z) = \operatorname{tg}^2 x + \operatorname{tg}^2 y + \operatorname{tg}^2 z, \quad \epsilon = 0{,}03$

79. Mostre que $f(x, y, z) = x + y - z$ é contínua em qualquer ponto (x_0, y_0, z_0).

80. Mostre que $f(x, y, z) = x^2 + y^2 + z^2$ é contínua na origem.

14.3 Derivadas parciais

O cálculo de várias variáveis é semelhante ao cálculo de uma variável aplicado a várias variáveis, uma de cada vez. Quando fixamos todas as variáveis independentes de uma função – menos uma – e derivamos em relação a essa variável, obtemos uma derivada "parcial". Esta seção mostra como as derivadas parciais são definidas e interpretadas geometricamente e como calculá-las aplicando as regras para derivação de funções de uma variável. A ideia de *diferenciabilidade* para funções de várias variáveis necessita de mais do que a existência de derivadas parciais, mas veremos que as funções deriváveis de várias variáveis se comportam da mesma forma que as funções de uma variável derivável.

Derivadas parciais de uma função de duas variáveis

Se (x_0, y_0) for um ponto no domínio de uma função $f(x, y)$, o plano vertical $y = y_0$ cortará a superfície $z = f(x, y)$ na curva $z = f(x, y_0)$ (Figura 14.15). Essa curva é o gráfico da função $z = f(x, y_0)$ no plano $y = y_0$. A coordenada horizontal nesse plano é x; a coordenada vertical é z. O valor de y se mantém constante em y_0, portanto y não é uma variável.

Definimos a derivada parcial de f em relação a x no ponto (x_0, y_0) como a derivada ordinária de $f(x, y_0)$ em relação a x no ponto $x = x_0$. Para distinguir as derivadas parciais das derivadas ordinárias, utilizamos o símbolo ∂ no lugar da letra d empregada anteriormente. Na definição, h representa um número real, positivo ou negativo.

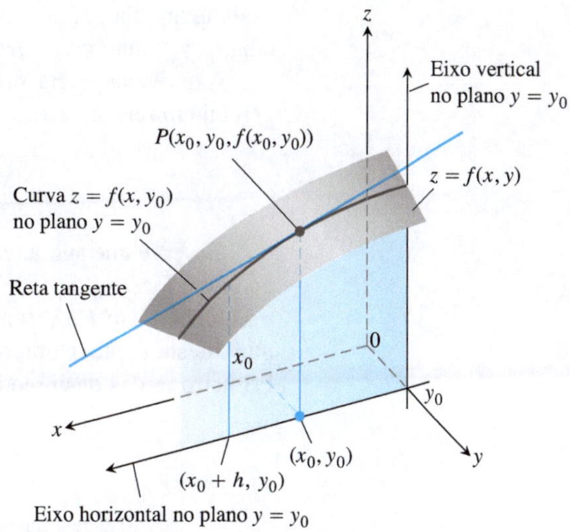

FIGURA 14.15 Interseção do plano $y = y_0$ com a superfície $z = f(x, y)$ vista de um ponto acima do primeiro quadrante do plano xy.

> **DEFINIÇÃO** A **derivada parcial de $f(x, y)$ em relação a x** no ponto (x_0, y_0) é
>
> $$\left.\frac{\partial f}{\partial x}\right|_{(x_0, y_0)} = \lim_{h \to 0} \frac{f(x_0 + h, y_0) - f(x_0, y_0)}{h},$$
>
> desde que o limite exista.

Uma expressão equivalente para a derivada parcial é

$$\left.\frac{d}{dx} f(x, y_0)\right|_{x=x_0}.$$

O coeficiente angular da curva $z = f(x, y_0)$ no ponto $P(x_0, y_0, f(x_0, y_0))$ no plano $y = y_0$ é o valor da derivada parcial de f em relação a x em (x_0, y_0). (Na Figura 14.15 esse coeficiente angular é negativo.) A reta tangente à curva em P é a reta no plano $y = y_0$ que passa por P com esse coeficiente angular. A derivada parcial $\partial f/\partial x$ em (x_0, y_0) fornece a taxa de variação de f em relação a x quando y é mantido fixo no valor y_0.

Utilizamos diversas notações para a derivada parcial:

$$\frac{\partial f}{\partial x}(x_0, y_0) \text{ ou } f_x(x_0, y_0), \qquad \left.\frac{\partial z}{\partial x}\right|_{(x_0, y_0)} \qquad \text{e} \qquad f_x, \ \frac{\partial f}{\partial x}, \ z_x \text{ ou } \frac{\partial z}{\partial x}.$$

A definição da derivada parcial de $f(x, y)$ com relação a y em um ponto (x_0, y_0) é semelhante à definição da derivada parcial de f com relação a x. Mantemos x fixo no valor x_0 e tomamos a derivada ordinária de $f(x_0, y)$ com relação a y em y_0.

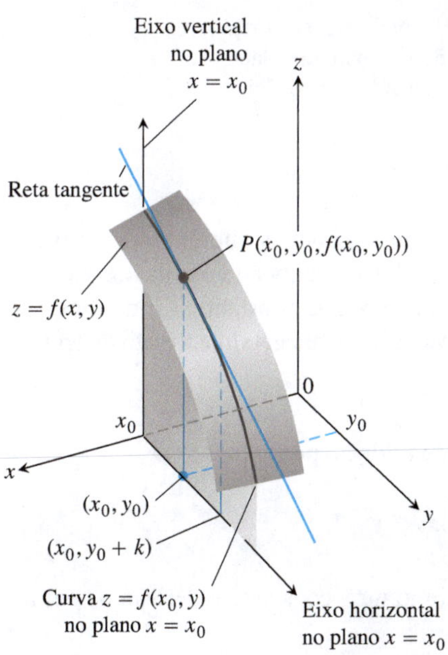

FIGURA 14.16 Interseção do plano $x = x_0$ com a superfície $z = f(x, y)$, vista de cima do primeiro quadrante no plano xy.

> **DEFINIÇÃO** A **derivada parcial de $f(x, y)$ em relação a y** no ponto (x_0, y_0) é
>
> $$\left.\frac{\partial f}{\partial y}\right|_{(x_0, y_0)} = \left.\frac{d}{dy} f(x_0, y)\right|_{y=y_0} = \lim_{h \to 0} \frac{f(x_0, y_0 + h) - f(x_0, y_0)}{h},$$
>
> desde que o limite exista.

O coeficiente angular da curva $z = f(x_0, y)$ no ponto $P(x_0, y_0, f(x_0, y_0))$ no plano vertical $x = x_0$ (Figura 14.16) é a derivada parcial de f em relação a y em (x_0, y_0). A reta tangente à curva em P é a reta no plano $x = x_0$ que passa por P com esse coeficiente angular. A derivada parcial fornece a taxa de variação de f em relação a y em (x_0, y_0) quando x é mantido fixo no valor x_0.

A derivada parcial em relação a y é denotada da mesma maneira que a derivada parcial em relação a x:

$$\frac{\partial f}{\partial y}(x_0, y_0), \qquad f_y(x_0, y_0), \qquad \frac{\partial f}{\partial y}, \qquad f_y.$$

Observe que agora temos duas retas tangentes associadas à superfície $z = f(x, y)$ no ponto $P(x_0, y_0, f(x_0, y_0))$ (Figura 14.17). O plano que elas determinam é tangente à superfície em P? Veremos que é para as funções *diferenciáveis* definidas ao término desta seção, e aprenderemos como encontrar o plano tangente na Seção 14.6. Primeiro temos de aprender mais sobre as próprias derivadas parciais.

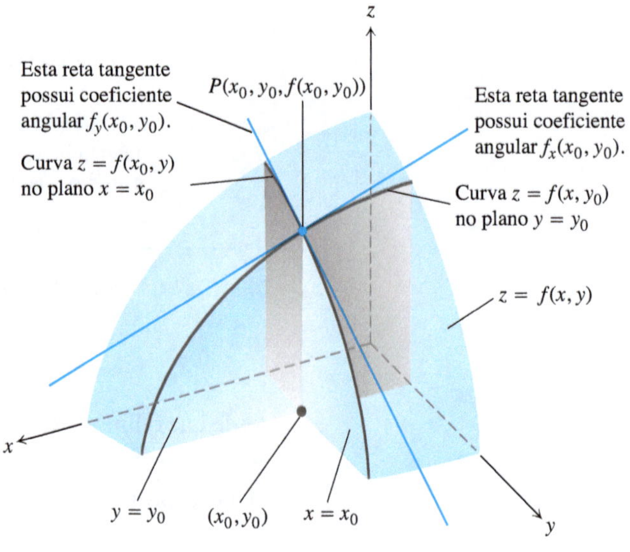

FIGURA 14.17 Figuras 14.15 e 14.16 combinadas. As retas tangentes no ponto $(x_0, y_0, f(x_0, y_0))$ determinam um plano que, nesta figura, pelo menos, parece ser tangente à superfície.

Cálculos

As definições de $\partial f/\partial x$ e $\partial f/\partial y$ fornecem duas maneiras diferentes de derivar f em um ponto: em relação a x, da maneira usual, tratando y como uma constante e, em relação a y, da maneira usual, tratando x como uma constante. Como mostram os exemplos a seguir, os valores dessas derivadas parciais geralmente são diferentes no ponto dado (x_0, y_0).

EXEMPLO 1 Encontre os valores de $\partial f/\partial x$ e $\partial f/\partial y$ no ponto (4, –5) se

$$f(x, y) = x^2 + 3xy + y - 1.$$

Solução Para encontrar $\partial f/\partial x$, tratamos y como uma constante e derivamos em relação a x:

$$\frac{\partial f}{\partial x} = \frac{\partial}{\partial x}(x^2 + 3xy + y - 1) = 2x + 3 \cdot 1 \cdot y + 0 - 0 = 2x + 3y.$$

O valor de $\partial f/\partial x$ em (4, –5) é $2(4) + 3(-5) = -7$.

Para encontrar $\partial f/\partial y$, tratamos x como uma constante e derivamos em relação a y:

$$\frac{\partial f}{\partial y} = \frac{\partial}{\partial y}(x^2 + 3xy + y - 1) = 0 + 3 \cdot x \cdot 1 + 1 - 0 = 3x + 1.$$

O valor de $\partial f/\partial y$ em $(4, -5)$ é $3(4) + 1 = 13$.

EXEMPLO 2 Encontre $\partial f/\partial y$ se $f(x, y) = y \operatorname{sen} xy$.

Solução Tratamos x como uma constante e f como um produto de y e $\operatorname{sen} xy$:

$$\frac{\partial f}{\partial y} = \frac{\partial}{\partial y}(y \operatorname{sen} xy) = y\frac{\partial}{\partial y}\operatorname{sen} xy + (\operatorname{sen} xy)\frac{\partial}{\partial y}(y)$$

$$= (y \cos xy)\frac{\partial}{\partial y}(xy) + \operatorname{sen} xy = xy \cos xy + \operatorname{sen} xy.$$

EXEMPLO 3 Encontre f_x e f_y como funções se

$$f(x, y) = \frac{2y}{y + \cos x}.$$

Solução Tratamos f como um quociente. Com y mantido constante, obtemos

$$f_x = \frac{\partial}{\partial x}\left(\frac{2y}{y + \cos x}\right) = \frac{(y + \cos x)\dfrac{\partial}{\partial x}(2y) - 2y\dfrac{\partial}{\partial x}(y + \cos x)}{(y + \cos x)^2}$$

$$= \frac{(y + \cos x)(0) - 2y(-\operatorname{sen} x)}{(y + \cos x)^2} = \frac{2y \operatorname{sen} x}{(y + \cos x)^2}.$$

Com x fixo, obtemos

$$f_y = \frac{\partial}{\partial y}\left(\frac{2y}{y + \cos x}\right) = \frac{(y + \cos x)\dfrac{\partial}{\partial y}(2y) - 2y\dfrac{\partial}{dy}(y + \cos x)}{(y + \cos x)^2}$$

$$= \frac{(y + \cos x)(2) - 2y(1)}{(y + \cos x)^2} = \frac{2 \cos x}{(y + \cos x)^2}.$$

A diferenciação implícita funciona para derivadas parciais da mesma maneira que para derivadas ordinárias, como mostra o exemplo a seguir.

EXEMPLO 4 Encontre $\partial z/\partial x$ se a equação

$$yz - \ln z = x + y$$

define z como uma função de duas variáveis independentes x e y e a derivada parcial existir.

Solução Diferenciamos ambos os lados da equação em relação a x, mantendo y constante e tratando z como uma função derivável de x:

$$\frac{\partial}{\partial x}(yz) - \frac{\partial}{\partial x}\ln z = \frac{\partial x}{\partial x} + \frac{\partial y}{\partial x}$$

$$y\frac{\partial z}{\partial x} - \frac{1}{z}\frac{\partial z}{\partial x} = 1 + 0$$

Com y constante, $\frac{\partial}{\partial x}(yz) = y\frac{\partial z}{\partial x}$.

$$\left(y - \frac{1}{z}\right)\frac{\partial z}{\partial x} = 1$$

$$\frac{\partial z}{\partial x} = \frac{z}{yz - 1}.$$

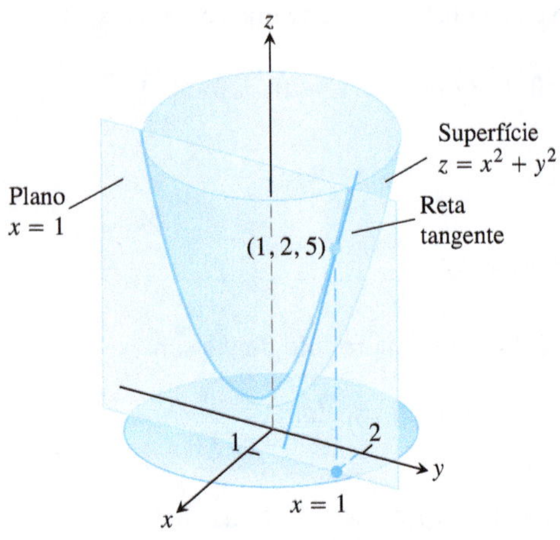

FIGURA 14.18 Tangente à curva de interseção do plano $x = 1$ e a superfície $z = x^2 + y^2$ no ponto (1, 2, 5) (Exemplo 5).

EXEMPLO 5 O plano $x = 1$ apresenta interseção com o paraboloide $z = x^2 + y^2$ em uma parábola. Encontre o coeficiente angular da tangente à parábola em (1, 2, 5) (Figura 14.18).

Solução O coeficiente angular é o valor da derivada parcial $\partial z/\partial y$ em (1, 2):

$$\left.\frac{\partial z}{\partial y}\right|_{(1,2)} = \left.\frac{\partial}{\partial y}(x^2 + y^2)\right|_{(1,2)} = \left.2y\right|_{(1,2)} = 2(2) = 4.$$

Como uma verificação, podemos tratar a parábola como o gráfico da função de uma variável $z = (1)^2 + y^2 = 1 + y^2$ no plano $x = 1$ e procurar o coeficiente angular em $y = 2$. O coeficiente angular, calculado agora como uma derivada comum, é

$$\left.\frac{dz}{dy}\right|_{y=2} = \left.\frac{d}{dy}(1 + y^2)\right|_{y=2} = \left.2y\right|_{y=2} = 4.$$

Funções de mais de duas variáveis

As definições de derivadas parciais de funções de mais de duas variáveis independentes são como as definições para funções de duas variáveis. Elas são derivadas ordinárias em relação a uma variável, tomadas enquanto as outras variáveis independentes são mantidas constantes.

EXEMPLO 6 Se x, y e z forem variáveis independentes e

$$f(x, y, z) = x \operatorname{sen}(y + 3z),$$

então

$$\begin{aligned}\frac{\partial f}{\partial z} &= \frac{\partial}{\partial z}[x \operatorname{sen}(y + 3z)] = x\frac{\partial}{\partial z}\operatorname{sen}(y + 3z)\\ &= x\cos(y + 3z)\frac{\partial}{\partial z}(y + 3z) = 3x\cos(y + 3z).\end{aligned}$$

EXEMPLO 7 Se resistores elétricos de R_1, R_2 e R_3 ohms são conectados em paralelo para formar um resistor de R ohms, o valor de R pode ser encontrado a partir da equação

$$\frac{1}{R} = \frac{1}{R_1} + \frac{1}{R_2} + \frac{1}{R_3}$$

(Figura 14.19). Encontre o valor de $\partial R/\partial R_2$ quando $R_1 = 30$, $R_2 = 45$ e $R_3 = 90$ ohms.

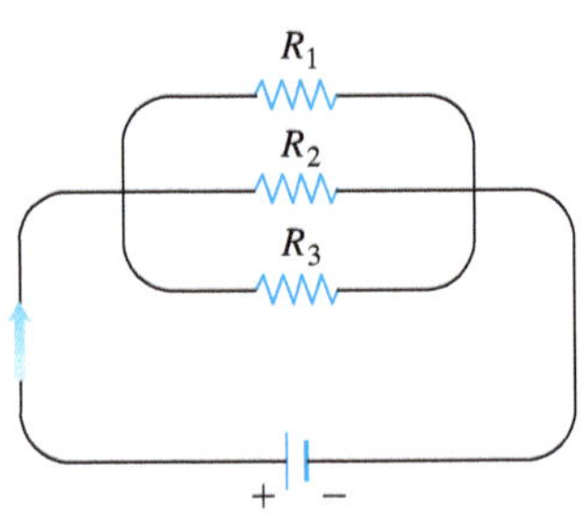

FIGURA 14.19 Dizemos que resistores dispostos desta maneira estão conectados em paralelo (Exemplo 7). Cada resistor deixa passar uma parte da corrente. Sua resistência equivalente R é calculada com a fórmula

$$\frac{1}{R} = \frac{1}{R_1} + \frac{1}{R_2} + \frac{1}{R_3}.$$

Solução Para encontrarmos $\partial R/\partial R_2$, tratamos R_1 e R_3 como constantes e, utilizando derivação implícita, derivamos ambos os lados da equação em relação a R_2:

$$\begin{aligned}\frac{\partial}{\partial R_2}\left(\frac{1}{R}\right) &= \frac{\partial}{\partial R_2}\left(\frac{1}{R_1} + \frac{1}{R_2} + \frac{1}{R_3}\right)\\ -\frac{1}{R^2}\frac{\partial R}{\partial R_2} &= 0 - \frac{1}{R_2^2} + 0\\ \frac{\partial R}{\partial R_2} &= \frac{R^2}{R_2^2} = \left(\frac{R}{R_2}\right)^2.\end{aligned}$$

Quando $R_1 = 30$, $R_2 = 45$ e $R_3 = 90$,

$$\frac{1}{R} = \frac{1}{30} + \frac{1}{45} + \frac{1}{90} = \frac{3 + 2 + 1}{90} = \frac{6}{90} = \frac{1}{15},$$

portanto $R = 15$ e

$$\frac{\partial R}{\partial R_2} = \left(\frac{15}{45}\right)^2 = \left(\frac{1}{3}\right)^2 = \frac{1}{9}.$$

Assim, nos valores dados, uma pequena alteração na resistência R_2 leva a uma alteração em R de cerca de 1/9 do seu tamanho.

Derivadas parciais e continuidade

Uma função $f(x, y)$ pode ter derivadas parciais em relação a x e y em um ponto sem ser contínua nesse ponto. Isso é diferente de uma função de uma variável, onde a existência da derivada implica continuidade. Entretanto, se as derivadas parciais de $f(x, y)$ existirem e forem contínuas em um disco centrado em (x_0, y_0), então f será contínua em (x_0, y_0), conforme veremos ao término desta seção.

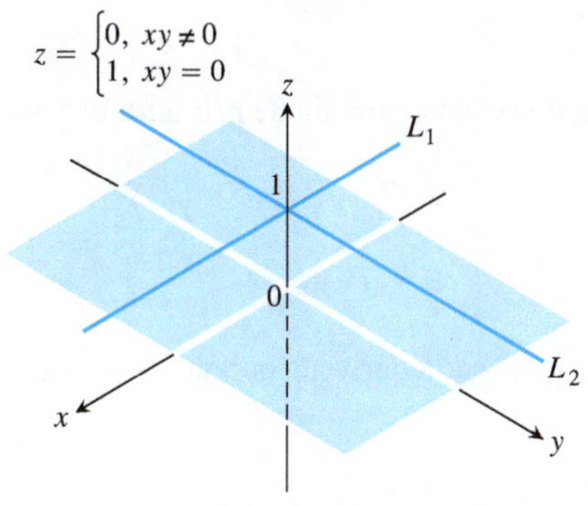

FIGURA 14.20 O gráfico de

$$f(x, y) = \begin{cases} 0, & xy \neq 0 \\ 1, & xy = 0 \end{cases}$$

consiste em duas retas L_1 e L_2 e nos quatro quadrantes abertos do plano xy. A função tem derivadas parciais na origem, mas não é contínua lá (Exemplo 8).

EXEMPLO 8 Seja

$$f(x, y) = \begin{cases} 0, & xy \neq 0 \\ 1, & xy = 0 \end{cases}$$

(Figura 14.20).

(a) Encontre o limite de f quando (x, y) se aproxima de $(0, 0)$ ao longo da reta $y = x$.

(b) Prove que f é não contínua na origem.

(c) Mostre que ambas as derivadas parciais, $\partial f/\partial x$ e $\partial f/\partial y$, existem na origem.

Solução

(a) Como $f(x, y)$ é constantemente zero ao longo da reta $y = x$ (exceto na origem), temos

$$\lim_{(x,y)\to(0,0)} f(x, y)\Big|_{y=x} = \lim_{(x,y)\to(0,0)} 0 = 0.$$

(b) Como $f(0, 0) = 1$, o limite no item (a) prova que f é não contínua em $(0, 0)$.

(c) Para encontrarmos $\partial f/\partial x$ em $(0, 0)$, mantemos y fixo em $y = 0$. Então $f(x, y) = 1$ para todo x, e o gráfico de f é a reta L_1 na Figura 14.20. O coeficiente angular dessa reta em qualquer x é $\partial f/\partial x = 0$. Especificamente, $\partial f/\partial x = 0$ em $(0, 0)$. De maneira semelhante, $\partial f/\partial y$ é o coeficiente angular da reta L_2 em qualquer y, de modo que $\partial f/\partial y = 0$ em $(0, 0)$.

Apesar do Exemplo 8, ainda é verdade, em dimensões maiores, que a *diferenciabilidade* em um ponto implica continuidade. O que o Exemplo 8 sugere é que precisamos de uma exigência mais forte para a diferenciabilidade em dimensões maiores do que a mera existência das derivadas parciais. Definimos diferenciabilidade para funções de duas variáveis (que é ligeiramente mais complicado que para funções de uma variável) no final desta seção e, em seguida, revemos a conexão com a continuidade.

Derivadas parciais de segunda ordem

Quando derivamos uma função $f(x, y)$ duas vezes, produzimos suas derivadas de segunda ordem. Essas derivadas são, em geral, denotadas por

$$\frac{\partial^2 f}{\partial x^2} \text{ ou } f_{xx}, \qquad \frac{\partial^2 f}{\partial y^2} \text{ ou } f_{yy},$$

$$\frac{\partial^2 f}{\partial x \partial y} \text{ ou } f_{yx}, \qquad \text{e} \qquad \frac{\partial^2 f}{\partial y \partial x} \text{ ou } f_{xy}.$$

As equações de definição são

$$\frac{\partial^2 f}{\partial x^2} = \frac{\partial}{\partial x}\left(\frac{\partial f}{\partial x}\right), \qquad \frac{\partial^2 f}{\partial x \partial y} = \frac{\partial}{\partial x}\left(\frac{\partial f}{\partial y}\right),$$

e assim por diante. Observe a ordem na qual as derivadas são tomadas:

$\dfrac{\partial^2 f}{\partial x \partial y}$ Derive primeiro em relação a y, depois em relação a x.

$f_{yx} = (f_y)_x$ Significa a mesma coisa.

EXEMPLO 9 Se $f(x, y) = x \cos y + ye^x$, encontre as derivadas de segunda ordem

$$\frac{\partial^2 f}{\partial x^2}, \quad \frac{\partial^2 f}{\partial y \partial x}, \quad \frac{\partial^2 f}{\partial y^2} \quad \text{e} \quad \frac{\partial^2 f}{\partial x \partial y}.$$

BIOGRAFIA HISTÓRICA

Pierre-Simon Laplace (1749-1827)

Solução O primeiro passo é calcular as duas derivadas parciais de primeira ordem.

$$\frac{\partial f}{\partial x} = \frac{\partial}{\partial x}(x \cos y + ye^x) = \cos y + ye^x \qquad \frac{\partial f}{\partial y} = \frac{\partial}{\partial y}(x \cos y + ye^x) = -x \operatorname{sen} y + e^x$$

Agora, encontre as duas derivadas parciais de cada derivada parcial de primeira ordem

$$\frac{\partial^2 f}{\partial y \partial x} = \frac{\partial}{\partial y}\left(\frac{\partial f}{\partial x}\right) = -\operatorname{sen} y + e^x \qquad \frac{\partial^2 f}{\partial x \partial y} = \frac{\partial}{\partial x}\left(\frac{\partial f}{\partial y}\right) = -\operatorname{sen} y + e^x$$

$$\frac{\partial^2 f}{\partial x^2} = \frac{\partial}{\partial x}\left(\frac{\partial f}{\partial x}\right) = ye^x. \qquad \frac{\partial^2 f}{\partial y^2} = \frac{\partial}{\partial y}\left(\frac{\partial f}{\partial y}\right) = -x \cos y.$$

Teorema das derivadas mistas

Você pode ter notado que as derivadas parciais de segunda ordem "mistas"

$$\frac{\partial^2 f}{\partial y \partial x} \quad \text{e} \quad \frac{\partial^2 f}{\partial x \partial y}$$

no Exemplo 9 são iguais. Não se trata de coincidência. Elas devem ser iguais sempre que f, f_x, f_y, f_{xy} e f_{yx} forem contínuas, conforme afirmado no teorema a seguir.

TEOREMA 2 — Teorema das derivadas mistas Se $f(x, y)$ e suas derivadas parciais f_x, f_y, f_{xy} e f_{yx} forem definidas por toda uma região aberta contendo um ponto (a, b) e todas forem contínuas em (a, b), então

$$f_{xy}(a, b) = f_{yx}(a, b).$$

BIOGRAFIA HISTÓRICA

Alexis Clairaut (1713-1765)

O Teorema 2 também é conhecido como teorema de Clairaut, em homenagem ao matemático francês Alexis Clairaut, que o descobriu. Uma prova desse teorema é dada no Apêndice 9. O Teorema 2 diz que, para calcular uma derivada de segunda ordem mista, podemos diferenciar em qualquer ordem, contanto que as condições de continuidade sejam satisfeitas. Essa capacidade de proceder em diferentes ordens algumas vezes simplifica nossos cálculos.

EXEMPLO 10 Encontre $\partial^2 w/\partial x \partial y$ se

$$w = xy + \frac{e^y}{y^2 + 1}.$$

Solução O símbolo $\partial^2 w/\partial x \partial y$ nos diz para diferenciar primeiro em relação a y e depois em relação a x. Contudo, se trocarmos a ordem da diferenciação e diferenciarmos primeiro em relação a x, obteremos a resposta mais rapidamente. Em duas etapas,

$$\frac{\partial w}{\partial x} = y \quad \text{e} \quad \frac{\partial^2 w}{\partial y \partial x} = 1.$$

Se diferenciarmos primeiro em relação a y, também vamos obter $\partial^2 w/\partial x \partial y = 1$. Podemos diferenciar em qualquer ordem, porque as condições do Teorema 2 são verdadeiras para w em todos os pontos (x_0, y_0).

Derivadas parciais de ordem superior

Apesar de lidarmos na maioria das vezes com derivadas parciais de primeira e segunda ordens, por elas aparecerem com maior frequência em aplicações, não existe limite teórico para o número de vezes que podemos diferenciar uma função desde que as derivadas envolvidas existam. Assim, obtemos derivadas de terceira e quarta ordens, que denotamos por símbolos como

$$\frac{\partial^3 f}{\partial x \partial y^2} = f_{yyx},$$

$$\frac{\partial^4 f}{\partial x^2 \partial y^2} = f_{yyxx},$$

e assim por diante. Como acontece com derivadas de segunda ordem, a ordem de definição é irrelevante, contanto que todas as derivadas na ordem em questão sejam contínuas.

EXEMPLO 11 Encontre f_{yxyz} se $f(x, y, z) = 1 - 2xy^2z + x^2y$.

Solução Diferenciamos primeiro em relação a y, depois em relação a x, em seguida em relação a y novamente e, por fim, em relação a z:

$$f_y = -4xyz + x^2$$
$$f_{yx} = -4yz + 2x$$
$$f_{yxy} = -4z$$
$$f_{yxyz} = -4$$

Diferenciabilidade

O ponto de partida para a diferenciabilidade não é o quociente da diferença que vimos ao estudar funções de uma variável, mas sim a ideia de incremento. Você deve lembrar o nosso trabalho com funções de uma variável na Seção 3.11, que, se $y = f(x)$ for diferenciável em $x = x_0$, então a variação no valor de f que resulta da variação em x de x_0 para $x_0 + \Delta x$ é dada por uma equação da forma

$$\Delta y = f'(x_0)\Delta x + \epsilon \Delta x$$

na qual $\epsilon \to 0$ quando $\Delta x \to 0$. Para funções de duas variáveis, a propriedade análoga torna-se a definição de diferenciabilidade. O teorema do incremento (provado no Apêndice 9) nos diz quando esperar que a propriedade seja verdadeira.

TEOREMA 3 — Teorema do incremento para funções de duas variáveis Suponha que as derivadas parciais de primeira ordem de $f(x, y)$ sejam definidas por toda uma região aberta R que contenha o ponto (x_0, y_0) e que f_x e f_y sejam contínuas em (x_0, y_0). Então a variação

$$\Delta z = f(x_0 + \Delta x, y_0 + \Delta y) - f(x_0, y_0)$$

no valor de f que resulta do movimento de (x_0, y_0) para outro ponto $(x_0 + \Delta x, y_0 + \Delta y)$ em R satisfaz uma equação da forma

$$\Delta z = f_x(x_0, y_0)\Delta x + f_y(x_0, y_0)\Delta y + \epsilon_1 \Delta x + \epsilon_2 \Delta y$$

na qual $\epsilon_1, \epsilon_2 \to 0$ quando $\Delta x, \Delta y \to 0$.

Você verá de onde os épsilons vêm na prova fornecida no Apêndice 9. Resultados similares são verdadeiros para funções de mais de duas variáveis independentes.

> **DEFINIÇÃO** Uma função $z = f(x, y)$ é **diferenciável em** (x_0, y_0) se $f_x(x_0, y_0)$ e $f_y(x_0, y_0)$ existem e Δz satisfaz uma equação da forma
>
> $$\Delta z = f_x(x_0, y_0)\Delta x + f_y(x_0, y_0)\Delta y + \epsilon_1 \Delta x + \epsilon_2 \Delta y$$
>
> na qual $\epsilon_1, \epsilon_2 \to 0$ quando $\Delta x, \Delta y \to 0$. Dizemos que f é **diferenciável** se ela é diferenciável em todos os pontos de seu domínio, e dizemos que seu gráfico é uma **superfície lisa**.

Devido a essa definição, um corolário imediato do Teorema 3 diz que uma função é diferenciável em (x_0, y_0) se suas primeiras derivadas parciais são *contínuas* ali.

> **COROLÁRIO DO TEOREMA 3** Se as derivadas parciais f_x e f_y de uma função $f(x, y)$ são contínuas ao longo de uma região aberta R, então f é diferenciável em todos os pontos de R.

Se $z = f(x, y)$ é diferenciável, então a definição de diferenciabilidade assegura que $\Delta z = f(x_0 + \Delta x, y_0 + \Delta y) - f(x_0, y_0)$ se aproxima de 0 quando Δx e Δy se aproximam de 0. Isso nos diz que uma função de duas variáveis é contínua em todos os pontos onde ela é diferenciável.

> **TEOREMA 4 — Diferenciabilidade implica continuidade** Se uma função $f(x, y)$ é diferenciável em (x_0, y_0), então ela é contínua em (x_0, y_0).

Como podemos observar a partir do Corolário 3 e do Teorema 4, uma função $f(x, y)$ deve ser contínua em um ponto (x_0, y_0) se f_x e f_y forem contínuas por toda uma região aberta contendo (x_0, y_0). Entretanto, lembre-se de que ainda é possível que uma função de duas variáveis não seja contínua em um ponto no qual suas primeiras derivadas parciais existam, como vimos no Exemplo 8. A existência por si só das derivadas parciais em um ponto não é suficiente, mas a continuidade das derivadas parciais garante a diferenciabilidade.

Exercícios 14.3

Calculando derivadas parciais de primeira ordem

Nos Exercícios 1-22, encontre $\partial f/\partial x$ e $\partial f/\partial y$.

1. $f(x, y) = 2x^2 - 3y - 4$
2. $f(x, y) = x^2 - xy + y^2$
3. $f(x, y) = (x^2 - 1)(y + 2)$
4. $f(x, y) = 5xy - 7x^2 - y^2 + 3x - 6y + 2$
5. $f(x, y) = (xy - 1)^2$
6. $f(x, y) = (2x - 3y)^3$
7. $f(x, y) = \sqrt{x^2 + y^2}$
8. $f(x, y) = (x^3 + (y/2))^{2/3}$
9. $f(x, y) = 1/(x + y)$
10. $f(x, y) = x/(x^2 + y^2)$
11. $f(x, y) = (x + y)/(xy - 1)$
12. $f(x, y) = \text{tg}^{-1}(y/x)$
13. $f(x, y) = e^{(x+y+1)}$
14. $f(x, y) = e^{-x} \text{sen}(x + y)$
15. $f(x, y) = \ln(x + y)$
16. $f(x, y) = e^{xy} \ln y$
17. $f(x, y) = \text{sen}^2(x - 3y)$
18. $f(x, y) = \cos^2(3x - y^2)$
19. $f(x, y) = x^y$
20. $f(x, y) = \log_y x$
21. $f(x, y) = \int_x^y g(t)\, dt$ (g contínua para todo t)
22. $f(x, y) = \sum_{n=0}^{\infty} (xy)^n$ $(|xy| < 1)$

Nos Exercícios 23-34, encontre f_x, f_y e f_z.

23. $f(x, y, z) = 1 + xy^2 - 2z^2$
24. $f(x, y, z) = xy + yz + xz$
25. $f(x, y, z) = x - \sqrt{y^2 + z^2}$
26. $f(x, y, z) = (x^2 + y^2 + z^2)^{-1/2}$
27. $f(x, y, z) = \text{sen}^{-1}(xyz)$
28. $f(x, y, z) = \sec^{-1}(x + yz)$
29. $f(x, y, z) = \ln(x + 2y + 3z)$
30. $f(x, y, z) = yz \ln(xy)$

31. $f(x, y, z) = e^{-(x^2+y^2+z^2)}$

32. $f(x, y, z) = e^{-xyz}$

33. $f(x, y, z) = \text{tgh}\,(x + 2y + 3z)$

34. $f(x, y, z) = \text{senh}\,(xy - z^2)$

Nos Exercícios 35-40, encontre a derivada parcial da função em relação a cada variável.

35. $f(t, \alpha) = \cos(2\pi t - \alpha)$

36. $g(u, v) = v^2 e^{(2u/v)}$

37. $h(\rho, \phi, \theta) = \rho \,\text{sen}\, \phi \cos \theta$

38. $g(r, \theta, z) = r(1 - \cos \theta) - z$

39. Trabalho feito pelo coração (Seção 3.11, Exercício 61)

$$W(P, V, \delta, v, g) = PV + \frac{V\delta v^2}{2g}$$

40. Fórmula do tamanho do lote de Wilson (Seção 4.6, Exercício 53)

$$A(c, h, k, m, q) = \frac{km}{q} + cm + \frac{hq}{2}$$

Calculando derivadas parciais de segunda ordem

Encontre todas as derivadas parciais de segunda ordem das funções nos Exercícios 41-50.

41. $f(x, y) = x + y + xy$

42. $f(x, y) = \text{sen}\, xy$

43. $g(x, y) = x^2y + \cos y + y \,\text{sen}\, x$

44. $h(x, y) = xe^y + y + 1$

45. $r(x, y) = \ln(x + y)$

46. $s(x, y) = \text{tg}^{-1}(y/x)$

47. $w = x^2 \,\text{tg}\,(xy)$

48. $w = ye^{x^2-y}$

49. $w = x \,\text{sen}\,(x^2y)$

50. $w = \dfrac{x - y}{x^2 + y}$

Derivadas parciais mistas

Nos Exercícios 51-54, verifique que $w_{xy} = w_{yx}$.

51. $w = \ln(2x + 3y)$

52. $w = e^x + x \ln y + y \ln x$

53. $w = xy^2 + x^2y^3 + x^3y^4$

54. $w = x \,\text{sen}\, y + y \,\text{sen}\, x + xy$

55. Qual ordem de derivação calculará f_{xy} mais rapidamente: primeiro x ou y? Tente responder sem fazer anotações.

a. $f(x, y) = x \,\text{sen}\, y + e^y$

b. $f(x, y) = 1/x$

c. $f(x, y) = y + (x/y)$

d. $f(x, y) = y + x^2y + 4y^3 - \ln(y^2 + 1)$

e. $f(x, y) = x^2 + 5xy + \text{sen}\, x + 7e^x$

f. $f(x, y) = x \ln xy$

56. A derivada parcial de quinta ordem $\partial^5 f/\partial x^2 \partial y^3$ é zero para cada uma das funções a seguir. Para mostrar isso o mais rapidamente possível, em relação a qual variável você diferencia primeiro: x ou y? Tente responder sem fazer anotações.

a. $f(x, y) = y^2x^4e^x + 2$

b. $f(x, y) = y^2 + y(\text{sen}\, x - x^4)$

c. $f(x, y) = x^2 + 5xy + \text{sen}\, x + 7e^x$

d. $f(x, y) = xe^{y^2/2}$

Utilizando a definição de derivada parcial

Nos Exercícios 57-60, utilize a definição limite de derivada parcial para calcular as derivadas parciais das funções nos pontos especificados.

57. $f(x, y) = 1 - x + y - 3x^2y, \quad \dfrac{\partial f}{\partial x}$ e $\dfrac{\partial f}{\partial y}$ em $(1, 2)$

58. $f(x, y) = 4 + 2x - 3y - xy^2, \quad \dfrac{\partial f}{\partial x}$ e $\dfrac{\partial f}{\partial y}$ em $(-2, 1)$

59. $f(x, y) = \sqrt{2x + 3y - 1}, \quad \dfrac{\partial f}{\partial x}$ e $\dfrac{\partial f}{\partial y}$ em $(-2, 3)$

60. $f(x, y) = \begin{cases} \dfrac{\text{sen}\,(x^3 + y^4)}{x^2 + y^2}, & (x, y) \neq (0, 0) \\ 0, & (x, y) = (0, 0), \end{cases}$

$\dfrac{\partial f}{\partial x}$ e $\dfrac{\partial f}{\partial y}$ em $(0, 0)$

61. Seja $f(x, y) = 2x + 3y - 4$. Encontre o coeficiente angular da reta tangente a essa superfície no ponto $(2, -1)$ que está no **a.** plano $x = 2$ **b.** plano $y = -1$.

62. Seja $f(x, y) = x^2 + y^3$. Encontre o coeficiente angular da reta tangente a essa superfície no ponto $(-1, 1)$ que está no **a.** plano $x = -1$ **b.** plano $y = 1$.

63. Três variáveis Seja $w = f(x, y, z)$ uma função de três variáveis independentes, e escreva a definição formal da derivada parcial $\partial f/\partial z$ em (x_0, y_0, z_0). Utilize essa definição para encontrar $\partial f/\partial z$ em $(1, 2, 3)$ para $f(x, y, z) = x^2yz^2$.

64. Três variáveis Seja $w = f(x, y, z)$ uma função de três variáveis independentes, e escreva a definição formal da derivada parcial $\partial f/\partial y$ em (x_0, y_0, z_0). Utilize essa definição para encontrar $\partial f/\partial y$ em $(-1, 0, 3)$ para $f(x, y, z) = -2xy^2 + yz^2$.

Diferenciando implicitamente

65. Encontre o valor de $\partial z/\partial x$ no ponto $(1, 1, 1)$ se a equação

$$xy + z^3x - 2yz = 0$$

define z como uma função de duas variáveis independentes x e y e se a derivada parcial existe.

66. Encontre o valor de $\partial x/\partial z$ no ponto $(1, -1, -3)$ se a equação

$$xz + y \ln x - x^2 + 4 = 0$$

define x como uma função de duas variáveis independentes y e z e se a derivada parcial existe.

Os Exercícios 67 e 68 estão relacionados com o triângulo mostrado a seguir.

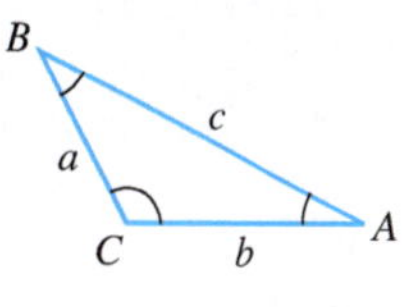

67. Expresse A implicitamente com uma função de a, b e c e calcule $\partial A/\partial a$ e $\partial A/\partial b$.

68. Expresse a implicitamente como uma função de A, b e B e calcule $\partial a/\partial A$ e $\partial a/\partial B$.

69. Duas variáveis dependentes Expresse v_x em termos de u e y se as equações $x = v \ln u$ e $y = u \ln v$ definem u e v como funções das variáveis independentes x e y e se v_x existe. (Sugestão: diferencie ambas as equações em relação a x e resolva para v_x eliminando u_x.)

70. Duas variáveis dependentes Encontre $\partial x/\partial u$ e $\partial y/\partial u$ se as equações $u = x^2 - y^2$ e $v = x^2 - y$ definem x e y como funções das variáveis independentes u e v, e as derivadas parciais existem. (Veja a sugestão do Exercício 69.) Em seguida, seja $s = x^2 + y^2$ e encontre $\partial s/\partial u$.

71. Seja $f(x, y) = \begin{cases} y^3, & y \geq 0 \\ -y^2, & y < 0. \end{cases}$

Encontre f_x, f_y, f_{xy} e f_{yx} e diga qual é o domínio para cada derivada parcial.

72. Seja $f(x, y) = \begin{cases} \sqrt{x}, & x \geq 0 \\ x^2, & x < 0. \end{cases}$

Encontre f_x, f_y, f_{xy} e f_{yx} e diga qual é o domínio para cada derivada parcial.

Teoria e exemplos

A **equação de Laplace tridimensional**

$$\frac{\partial^2 f}{\partial x^2} + \frac{\partial^2 f}{\partial y^2} + \frac{\partial^2 f}{\partial z^2} = 0$$

é satisfeita pelas distribuições de temperatura no estado estacionário $T = f(x, y, z)$ no espaço, pelos potenciais gravitacionais e pelos potenciais eletrostáticos. A **equação de Laplace bidimensional**

$$\frac{\partial^2 f}{\partial x^2} + \frac{\partial^2 f}{\partial y^2} = 0,$$

obtida eliminando-se o termo $\partial^2 f/\partial z^2$ da equação anterior, descreve potenciais e distribuições de temperatura no estado estacionário no plano (veja a figura a seguir). O plano (a) pode ser tratado como uma fatia fina do sólido (b) perpendicular ao eixo z.

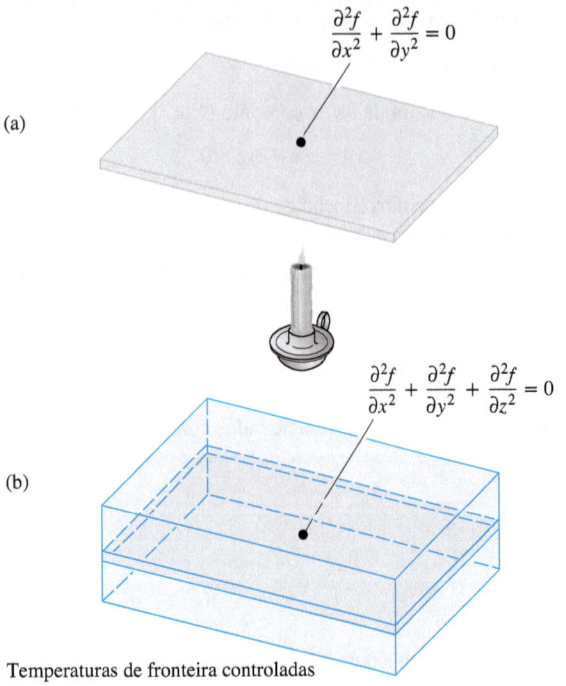

Mostre que cada função dos Exercícios 73-80 satisfaz uma equação de Laplace.

73. $f(x, y, z) = x^2 + y^2 - 2z^2$

74. $f(x, y, z) = 2z^3 - 3(x^2 + y^2)z$

75. $f(x, y) = e^{-2y} \cos 2x$

76. $f(x, y) = \ln\sqrt{x^2 + y^2}$

77. $f(x, y) = 3x + 2y - 4$

78. $f(x, y) = \operatorname{tg}^{-1} \frac{x}{y}$

79. $f(x, y, z) = (x^2 + y^2 + z^2)^{-1/2}$

80. $f(x, y, z) = e^{3x+4y} \cos 5z$

Equação da onda Se ficarmos em uma praia e tirarmos uma fotografia das ondas, essa foto mostrará um padrão regular de picos e depressões em dado instante. Veremos movimento vertical periódico no espaço em relação à distância. Se ficarmos na água, poderemos sentir a subida e descida da água com o passar das ondas. Veremos movimento periódico vertical no tempo. Na física, essa bela simetria é expressa pela **equação de onda unidimensional**

$$\frac{\partial^2 w}{\partial t^2} = c^2 \frac{\partial^2 w}{\partial x^2},$$

em que w é a altura da onda, x é a distância, t é o tempo e c é a velocidade com a qual as ondas se propagam.

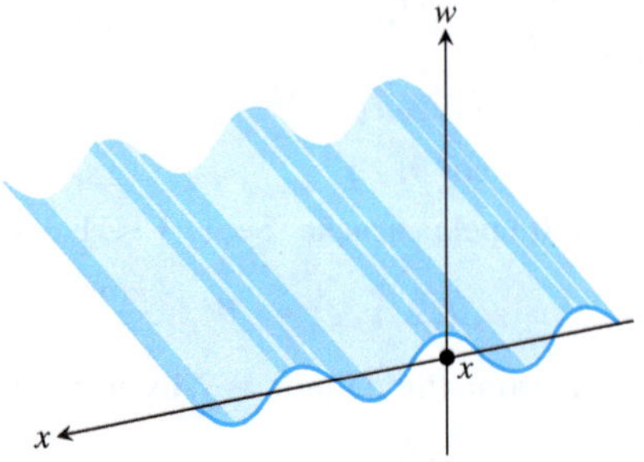

Em nosso exemplo, x é a distância ao longo da superfície do mar, mas em outras aplicações x pode ser a distância ao longo de uma corda vibrando, a distância no ar (ondas sonoras) ou a distância no espaço (ondas luminosas). O número c varia de acordo com o meio e o tipo de onda.

Mostre que as funções nos Exercícios 81-87 são todas soluções da equação de onda.

81. $w = \operatorname{sen}(x + ct)$

82. $w = \cos(2x + 2ct)$

83. $w = \operatorname{sen}(x + ct) + \cos(2x + 2ct)$

84. $w = \ln(2x + 2ct)$

85. $w = \operatorname{tg}(2x - 2ct)$

86. $w = 5\cos(3x + 3ct) + e^{x+ct}$

87. $w = f(u)$, onde f é uma função derivável de u, e $u = a(x + ct)$, onde a é uma constante.

88. Uma função $f(x, y)$ com derivadas parciais de primeira ordem contínuas em uma região aberta R deve ser contínua em R? Justifique sua resposta.

89. Se uma função $f(x, y)$ tiver derivadas parciais de segunda ordem contínuas em uma região aberta R, as derivadas parciais de primeira ordem de f devem ser contínuas em R? Justifique sua resposta.

90. Equação do calor Uma equação diferencial parcial importante que descreve a distribuição do calor em uma região no tempo t pode ser representada pela *equação do calor unidimensional*

$$\frac{\partial f}{\partial t} = \frac{\partial^2 f}{\partial x^2}.$$

Mostre que $u(x, t) = \operatorname{sen}(\alpha x) \cdot e^{-\beta t}$ satisfaz a equação de calor para constantes α e β. Qual é a relação entre α e β para essa função ser uma solução?

91. Seja $f(x, y) = \begin{cases} \dfrac{xy^2}{x^2 + y^4}, & (x, y) \neq (0, 0) \\ 0, & (x, y) = (0, 0). \end{cases}$

Mostre que $f_x(0, 0)$ e $f_y(0, 0)$ existem, mas f não é diferenciável em $(0, 0)$. (Sugestão: utilize o Teorema 4 e mostre que f não é contínua em $(0, 0)$.)

92. Seja $f(x, y) = \begin{cases} 0, & x^2 < y < 2x^2 \\ 1, & \text{caso contrário.} \end{cases}$

Mostre que $f_x(0, 0)$ e $f_y(0, 0)$ existem, mas f não é diferenciável em $(0, 0)$.

14.4 Regra da cadeia

A regra da cadeia para funções de uma variável estudada na Seção 3.6 diz que, quando $w = f(x)$ é uma função derivável de x e $x = g(t)$ é uma função derivável de t, w é uma função derivável de t e dw/dt pode ser calculada pela fórmula

$$\frac{dw}{dt} = \frac{dw}{dx}\frac{dx}{dt}.$$

Para funções de duas ou mais variáveis, a regra da cadeia possui diversas formas. A forma depende da quantidade de variáveis envolvidas, mas uma vez que isso seja levado em conta, ela funciona como a regra da cadeia da Seção 3.6.

Funções de duas variáveis

A fórmula da regra da cadeia para uma função derivável $w = f(x, y)$, quando tanto $x = x(t)$ quanto $y = y(t)$ são funções deriváveis de t, é dada no teorema a seguir.

$\frac{\partial f}{\partial x}, \frac{\partial w}{\partial x}$ e f_x indicam a derivada parcial de f com relação a x.

TEOREMA 5 — Regra da cadeia para funções de uma variável independente e duas variáveis intermediárias Se $w = f(x, y)$ é diferenciável e se $x = x(t)$, $y = y(t)$ forem funções deriváveis de t, então a composta $w = f(x(t), y(t))$ será uma função derivável de t e

$$\frac{dw}{dt} = f_x(x(t), y(t)) \cdot x'(t) + f_y(x(t), y(t)) \cdot y'(t)$$

ou

$$\frac{dw}{dt} = \frac{\partial f}{\partial x}\frac{dx}{dt} + \frac{\partial f}{\partial y}\frac{dy}{dt}.$$

Prova A prova consiste em mostrar que, se x e y forem diferenciáveis em $t = t_0$, então w será diferenciável em t_0 e

$$\left(\frac{dw}{dt}\right)_{t_0} = \left(\frac{\partial w}{\partial x}\right)_{P_0}\left(\frac{dx}{dt}\right)_{t_0} + \left(\frac{\partial w}{\partial y}\right)_{P_0}\left(\frac{dy}{dt}\right)_{t_0},$$

onde $P_0 = (x(t_0), y(t_0))$. Os índices indicam onde cada uma das derivadas deve ser calculada.

Sejam Δx, Δy e Δw os incrementos que resultam da variação em t a partir de t_0 a $t_0 + \Delta t$. Como f é diferenciável (veja a definição na Seção 14.3),

$$\Delta w = \left(\frac{\partial w}{\partial x}\right)_{P_0}\Delta x + \left(\frac{\partial w}{\partial y}\right)_{P_0}\Delta y + \epsilon_1\Delta x + \epsilon_2\Delta y,$$

onde $\epsilon_1, \epsilon_2 \to 0$ quando $\Delta x, \Delta y \to 0$. Para encontrar dw/dt, dividimos os dois lados dessa equação por Δt e fazemos Δt tender a zero. O resultado da divisão é

$$\frac{\Delta w}{\Delta t} = \left(\frac{\partial w}{\partial x}\right)_{P_0}\frac{\Delta x}{\Delta t} + \left(\frac{\partial w}{\partial y}\right)_{P_0}\frac{\Delta y}{\Delta t} + \epsilon_1\frac{\Delta x}{\Delta t} + \epsilon_2\frac{\Delta y}{\Delta t}.$$

Fazendo Δt tender a zero, obtemos

$$\begin{aligned}\left(\frac{dw}{dt}\right)_{t_0} &= \lim_{\Delta t \to 0}\frac{\Delta w}{\Delta t}\\ &= \left(\frac{\partial w}{\partial x}\right)_{P_0}\left(\frac{dx}{dt}\right)_{t_0} + \left(\frac{\partial w}{\partial y}\right)_{P_0}\left(\frac{dy}{dt}\right)_{t_0} + 0\cdot\left(\frac{dx}{dt}\right)_{t_0} + 0\cdot\left(\frac{dy}{dt}\right)_{t_0}.\end{aligned}$$

Geralmente, escrevemos $\partial w/\partial x$ para a derivada parcial $\partial f/\partial x$, de forma que podemos reescrever a regra da cadeia no Teorema 5 na forma

$$\frac{dw}{dt} = \frac{\partial w}{\partial x}\frac{dx}{dt} + \frac{\partial w}{\partial y}\frac{dy}{dt}.$$

Para se lembrar da regra da cadeia, visualize o diagrama abaixo. Para encontrar dw/dt, comece com w e leia cada rota para t, multiplicando as derivadas ao longo do caminho. Depois, adicione os produtos.

Regra da cadeia

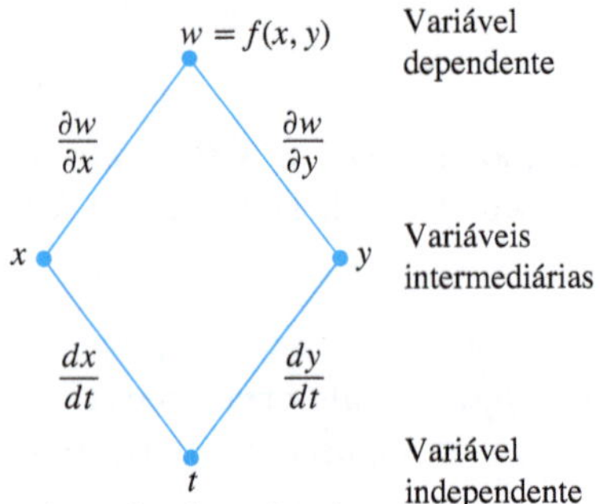

$$\frac{dw}{dt} = \frac{\partial w}{\partial x}\frac{dx}{dt} + \frac{\partial w}{\partial y}\frac{dy}{dt}$$

No entanto, o significado da variável dependente w é diferente em cada lado da equação anterior. Do lado esquerdo, ela se refere à função composta $w = f(x(t), y(t))$ como uma função da variável t. Do lado direito, ela se refere à função $w = f(x, y)$ como uma função das duas variáveis x e y. Além disso, as derivadas dw/dt, dx/dt e dy/dt são avaliadas no ponto t_0, enquanto as derivadas parciais $\frac{\partial w}{\partial x}$ e $\frac{\partial w}{\partial y}$ são avaliadas no ponto (x_0, y_0), com $x_0 = x(t_0)$ e $y_0 = y(t_0)$. Com esse entendimento, iremos utilizar as duas formas alternadamente ao longo do texto, sempre que não seja passível de confusão.

O **diagrama de árvore** na margem propõe uma maneira conveniente de se lembrar da regra da cadeia. A "verdadeira" variável independente na função composta é t, enquanto x e y são *variáveis intermediárias* (controladas por t) e w é a variável dependente.

Uma notação mais precisa para a regra da cadeia mostra como as várias derivadas do Teorema 5 são avaliadas:

$$\frac{dw}{dt}(t_0) = \frac{\partial f}{\partial x}(x_0, y_0) \cdot \frac{dx}{dt}(t_0) + \frac{\partial f}{\partial y}(x_0, y_0) \cdot \frac{dy}{dt}(t_0).$$

EXEMPLO 1 Utilize a regra da cadeia para encontrar a derivada de

$$w = xy$$

com relação a t ao longo do caminho $x = \cos t$, $y = \operatorname{sen} t$. Qual é o valor da derivada em $t = \pi/2$?

Solução Aplicamos a regra da cadeia para encontrar dw/dt conforme segue:

$$\begin{aligned}
\frac{dw}{dt} &= \frac{\partial w}{\partial x}\frac{dx}{dt} + \frac{\partial w}{\partial y}\frac{dy}{dt} \\
&= \frac{\partial(xy)}{\partial x} \cdot \frac{d}{dt}(\cos t) + \frac{\partial(xy)}{\partial y} \cdot \frac{d}{dt}(\operatorname{sen} t) \\
&= (y)(-\operatorname{sen} t) + (x)(\cos t) \\
&= (\operatorname{sen} t)(-\operatorname{sen} t) + (\cos t)(\cos t) \\
&= -\operatorname{sen}^2 t + \cos^2 t \\
&= \cos 2t.
\end{aligned}$$

Neste exemplo, podemos verificar o resultado com um cálculo mais direto. Como uma função de t,

$$w = xy = \cos t \operatorname{sen} t = \frac{1}{2}\operatorname{sen} 2t,$$

assim

$$\frac{dw}{dt} = \frac{d}{dt}\left(\frac{1}{2}\operatorname{sen} 2t\right) = \frac{1}{2} \cdot 2\cos 2t = \cos 2t.$$

Em ambos os casos, para dado valor de t,

$$\left(\frac{dw}{dt}\right)_{t=\pi/2} = \cos\left(2 \cdot \frac{\pi}{2}\right) = \cos \pi = -1.$$

Funções de três variáveis

Você provavelmente pode prever a regra da cadeia para funções de três variáveis intermediárias, uma vez que ela envolve somente a adição do terceiro termo esperado à fórmula de duas variáveis.

TEOREMA 6 — Regra da cadeia para funções de uma variável independente e três variáveis intermediárias Se $w = f(x, y, z)$ for diferenciável e x, y e z forem funções diferenciáveis de t, então w será uma função diferenciável de t e

$$\frac{dw}{dt} = \frac{\partial w}{\partial x}\frac{dx}{dt} + \frac{\partial w}{\partial y}\frac{dy}{dt} + \frac{\partial w}{\partial z}\frac{dz}{dt}.$$

A prova é idêntica à prova do Teorema 5, exceto pelo fato de que agora temos três variáveis intermediárias, em vez de duas. O diagrama que utilizamos para lembrar a nova equação também é semelhante, com três rotas de w a t.

Aqui, temos três rotas de w a t, em vez de duas, mas encontrar dw/dt ainda é a mesma coisa. Leia cada rota, multiplicando as derivadas ao longo do caminho; em seguida, some.

Regra da cadeia

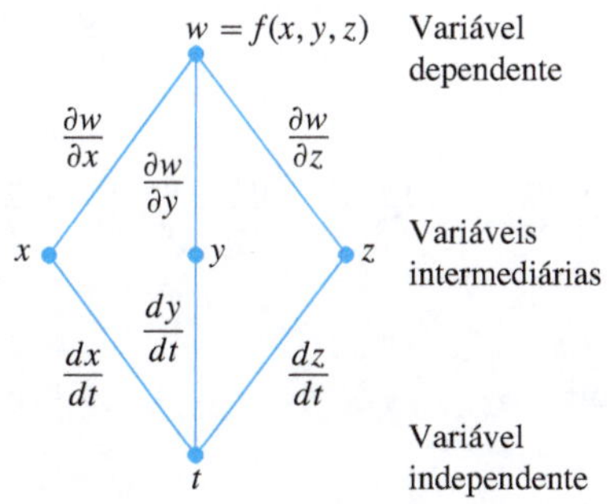

$$\frac{dw}{dt} = \frac{\partial w}{\partial x}\frac{dx}{dt} + \frac{\partial w}{\partial y}\frac{dy}{dt} + \frac{\partial w}{\partial z}\frac{dz}{dt}$$

EXEMPLO 2 Encontre dw/dt se

$$w = xy + z, \quad x = \cos t, \quad y = \operatorname{sen} t, \quad z = t.$$

Neste exemplo, os valores de $w(t)$ estão variando ao longo da trajetória da hélice (Seção 13.1), conforme t muda. Qual é o valor da derivada em $t = 0$?

Solução Utilizando a regra da cadeia para três variáveis intermediárias, temos

$$\begin{aligned}\frac{dw}{dt} &= \frac{\partial w}{\partial x}\frac{dx}{dt} + \frac{\partial w}{\partial y}\frac{dy}{dt} + \frac{\partial w}{\partial z}\frac{dz}{dt}\\ &= (y)(-\operatorname{sen} t) + (x)(\cos t) + (1)(1)\\ &= (\operatorname{sen} t)(-\operatorname{sen} t) + (\cos t)(\cos t) + 1\\ &= -\operatorname{sen}^2 t + \cos^2 t + 1 = 1 + \cos 2t,\end{aligned}$$

Substitua pelas variáveis intermediárias.

assim

$$\left(\frac{dw}{dt}\right)_{t=0} = 1 + \cos(0) = 2.$$

Para uma interpretação física de variação ao longo de uma curva, pense em um objeto cuja posição esteja variando com o tempo t. Se $w = T(x, y, z)$ é a temperatura em cada ponto (x, y, z) ao longo de uma curva C com equações paramétricas $x = x(t)$, $y = y(t)$ e $z = z(t)$, então a função composta $w = T(x(t), y(t), z(t))$ representará a temperatura relativa a t ao longo da curva. A derivada dw/dt é, então, a taxa de variação instantânea da temperatura devido ao movimento ao longo da curva, conforme calculada no Teorema 6.

Funções definidas em superfícies

Se estivermos interessados na temperatura $w = f(x, y, z)$ nos pontos (x, y, z) na superfície terrestre, podemos preferir pensar em x, y e z como funções das variáveis r e s que fornecem as longitudes e latitudes dos pontos. Se $x = g(r, s)$, $y = h(r, s)$ e $z = k(r, s)$, podemos então expressar a temperatura como uma função de r e s com a função composta

$$w = f(g(r, s), h(r, s), k(r, s)).$$

Sob condições ideais, w teria derivadas parciais em relação a r e s que podem ser calculadas da maneira a seguir.

TEOREMA 7 — Regra da cadeia para duas variáveis independentes e três variáveis intermediárias Suponha que $w = f(x, y, z)$, $x = g(r, s)$, $y = h(r, s)$ e $z = k(r, s)$. Se todas as quatro funções forem diferenciáveis, então w terá derivadas parciais em relação a r e s, dadas pelas fórmulas

$$\frac{\partial w}{\partial r} = \frac{\partial w}{\partial x}\frac{\partial x}{\partial r} + \frac{\partial w}{\partial y}\frac{\partial y}{\partial r} + \frac{\partial w}{\partial z}\frac{\partial z}{\partial r}$$

$$\frac{\partial w}{\partial s} = \frac{\partial w}{\partial x}\frac{\partial x}{\partial s} + \frac{\partial w}{\partial y}\frac{\partial y}{\partial s} + \frac{\partial w}{\partial z}\frac{\partial z}{\partial s}.$$

A primeira dessas equações pode ser deduzida a partir da regra da cadeia no Teorema 6, mantendo-se s fixo e tratando r como t. A segunda pode ser deduzida da mesma maneira, mantendo-se r fixo e tratando s como t. Os diagramas de árvore para ambas as equações são mostrados na Figura 14.21.

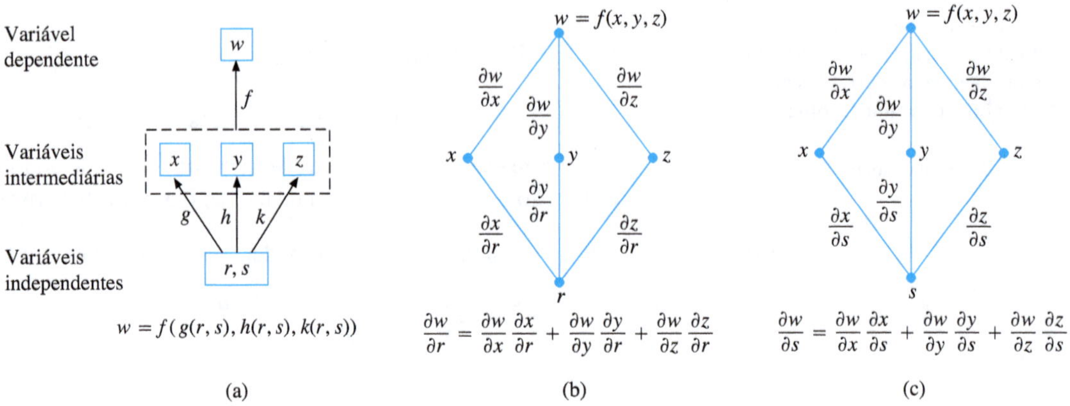

FIGURA 14.21 Função composta e diagramas de árvore para o Teorema 7.

EXEMPLO 3 Expresse $\partial w/\partial r$ e $\partial w/\partial s$ em termos de r e s se

$$w = x + 2y + z^2, \qquad x = \frac{r}{s}, \qquad y = r^2 + \ln s, \qquad z = 2r.$$

Solução Utilizando as fórmulas no Teorema 7, encontramos

$$\begin{aligned}\frac{\partial w}{\partial r} &= \frac{\partial w}{\partial x}\frac{\partial x}{\partial r} + \frac{\partial w}{\partial y}\frac{\partial y}{\partial r} + \frac{\partial w}{\partial z}\frac{\partial z}{\partial r}\\ &= (1)\left(\frac{1}{s}\right) + (2)(2r) + (2z)(2)\\ &= \frac{1}{s} + 4r + (4r)(2) = \frac{1}{s} + 12r\end{aligned}$$

Substitua a variável intermediária z.

$$\begin{aligned}\frac{\partial w}{\partial s} &= \frac{\partial w}{\partial x}\frac{\partial x}{\partial s} + \frac{\partial w}{\partial y}\frac{\partial y}{\partial s} + \frac{\partial w}{\partial z}\frac{\partial z}{\partial s}\\ &= (1)\left(-\frac{r}{s^2}\right) + (2)\left(\frac{1}{s}\right) + (2z)(0) = \frac{2}{s} - \frac{r}{s^2}\end{aligned}$$

Se f é uma função de duas variáveis, em vez de três, cada equação no Teorema 7 fica com um termo a menos.

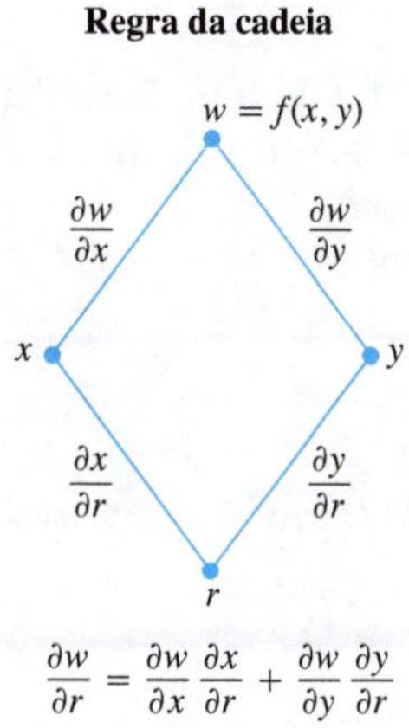

FIGURA 14.22 Diagrama de árvore para a equação

$$\frac{\partial w}{\partial r} = \frac{\partial w}{\partial x}\frac{\partial x}{\partial r} + \frac{\partial w}{\partial y}\frac{\partial y}{\partial r}.$$

> Se $w = f(x, y)$, $x = g(r, s)$ e $y = h(r, s)$, então
>
> $$\frac{\partial w}{\partial r} = \frac{\partial w}{\partial x}\frac{\partial x}{\partial r} + \frac{\partial w}{\partial y}\frac{\partial y}{\partial r} \quad \text{e} \quad \frac{\partial w}{\partial s} = \frac{\partial w}{\partial x}\frac{\partial x}{\partial s} + \frac{\partial w}{\partial y}\frac{\partial y}{\partial s}.$$

A Figura 14.22 mostra o diagrama de árvore para a primeira dessas equações. O diagrama para a segunda equação é semelhante; basta trocar r por s.

EXEMPLO 4 Expresse $\partial w/\partial r$ e $\partial w/\partial s$ em termos de r e s se

$$w = x^2 + y^2, \quad x = r - s, \quad y = r + s.$$

Solução A discussão anterior nos fornece o seguinte.

$$\begin{aligned}\frac{\partial w}{\partial r} &= \frac{\partial w}{\partial x}\frac{\partial x}{\partial r} + \frac{\partial w}{\partial y}\frac{\partial y}{\partial r} \\ &= (2x)(1) + (2y)(1) \\ &= 2(r - s) + 2(r + s) \\ &= 4r\end{aligned} \qquad \begin{aligned}\frac{\partial w}{\partial s} &= \frac{\partial w}{\partial x}\frac{\partial x}{\partial s} + \frac{\partial w}{\partial y}\frac{\partial y}{\partial s} \\ &= (2x)(-1) + (2y)(1) \\ &= -2(r - s) + 2(r + s) \\ &= 4s\end{aligned}$$

Substitua as variáveis intermediárias.

Se f é uma função de uma variável intermediária única x, nossas equações são ainda mais simples.

> Se $w = f(x)$ e $x = g(r, s)$, então
>
> $$\frac{\partial w}{\partial r} = \frac{dw}{dx}\frac{\partial x}{\partial r} \quad \text{e} \quad \frac{\partial w}{\partial s} = \frac{dw}{dx}\frac{\partial x}{\partial s}.$$

Nesse caso, podemos utilizar a derivada ordinária (uma variável), dw/dx. O diagrama de árvore é mostrado na Figura 14.23.

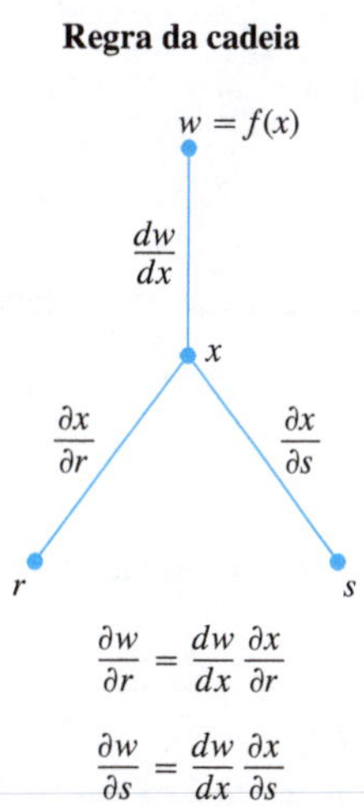

FIGURA 14.23 Diagrama de árvore para diferenciar f como uma função composta de r e s com uma variável intermediária.

Diferenciação implícita revista

A regra da cadeia de duas variáveis do Teorema 5 leva a uma fórmula que retira parte da álgebra da diferenciação implícita. Suponha que

1. A função $F(x, y)$ seja diferenciável e
2. A equação $F(x, y) = 0$ defina y implicitamente como uma função diferenciável de x, digamos $y = h(x)$.

Uma vez que $w = F(x, y) = 0$, a derivada dw/dx deve ser zero. Calculando a derivada a partir da regra da cadeia (diagrama de árvore na Figura 14.24), encontramos

$$\begin{aligned}0 = \frac{dw}{dx} &= F_x\frac{dx}{dx} + F_y\frac{dy}{dx} \\ &= F_x \cdot 1 + F_y \cdot \frac{dy}{dx}.\end{aligned}$$

Teorema 5 com $t = x$ e $f = F$

Se $F_y = \partial w/\partial y \neq 0$, podemos resolver essa equação para dy/dx para obter

$$\frac{dy}{dx} = -\frac{F_x}{F_y}.$$

Enunciamos esse resultado formalmente.

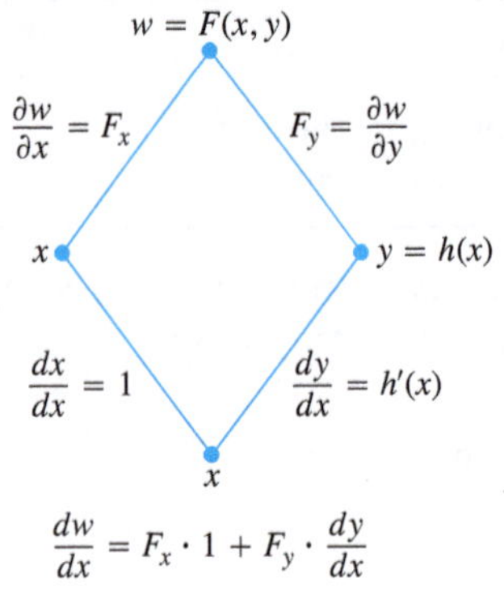

FIGURA 14.24 Diagrama de árvore para diferenciação de $w = F(x, y)$ com relação a x. Definir $dw/dx = 0$ nos leva a uma fórmula computacional simples para derivação implícita (Teorema 8).

TEOREMA 8 — Fórmula para diferenciação implícita Suponha que $F(x, y)$ seja diferenciável e que a equação $F(x, y) = 0$ defina y como uma função diferenciável de x. Então, em qualquer ponto onde $F_y \neq 0$,

$$\frac{dy}{dx} = -\frac{F_x}{F_y}. \tag{1}$$

EXEMPLO 5 Utilize o Teorema 8 para encontrar dy/dx se $y^2 - x^2 - \operatorname{sen} xy = 0$.

Solução Tome $F(x, y) = y^2 - x^2 - \operatorname{sen} xy$. Então

$$\frac{dy}{dx} = -\frac{F_x}{F_y} = -\frac{-2x - y\cos xy}{2y - x\cos xy}$$

$$= \frac{2x + y\cos xy}{2y - x\cos xy}.$$

Esse cálculo é significativamente mais curto que o cálculo de uma variável utilizando diferenciação implícita.

Esse resultado no Teorema 8 é facilmente estendido a três variáveis. Suponha que a equação $F(x, y, z) = 0$ defina a variável z implicitamente como uma função $z = f(x, y)$. Então, para todo (x, y) no domínio de f, temos $F(x, y, f(x, y)) = 0$. Assumindo que F e f sejam funções diferenciáveis, podemos utilizar a regra da cadeia para diferenciar a equação $F(x, y, z) = 0$ com relação à variável independente x:

$$0 = \frac{\partial F}{\partial x}\frac{\partial x}{\partial x} + \frac{\partial F}{\partial y}\frac{\partial y}{\partial x} + \frac{\partial F}{\partial z}\frac{\partial z}{\partial x}$$

$$= F_x \cdot 1 + F_y \cdot 0 + F_z \cdot \frac{\partial z}{\partial x},$$

y é constante ao diferenciar em relação a x.

portanto

$$F_x + F_z \frac{\partial z}{\partial x} = 0.$$

Um cálculo semelhante para diferenciação com relação à variável independente y fornece

$$F_y + F_z \frac{\partial z}{\partial y} = 0.$$

Sempre que $F_z \neq 0$, podemos resolver essas duas últimas equações para as derivadas parciais de $z = f(x, y)$ para obter

$$\frac{\partial z}{\partial x} = -\frac{F_x}{F_z} \quad \text{e} \quad \frac{\partial z}{\partial y} = -\frac{F_y}{F_z}. \tag{2}$$

Um resultado importante do cálculo avançado, denominado **teorema da função implícita**, estabelece as condições para as quais nossos resultados nas Equações 2 são válidos. Se as derivadas parciais F_x, F_y e F_z são contínuas sobre uma região aberta R no espaço contendo o ponto (x_0, y_0, z_0), e, se para alguma constante c, $F(x_0, y_0, z_0) = c$ e $F_z(x_0, y_0, z_0) \neq 0$, então a equação $F(x, y, z) = c$ define z implicitamente como uma função diferenciável de x e y perto de (x_0, y_0, z_0), e as derivadas parciais de z são fornecidas pelas Equações 2.

EXEMPLO 6 Encontre $\dfrac{\partial z}{\partial x}$ e $\dfrac{\partial z}{\partial y}$ em (0, 0, 0) se $x^3 + z^2 + ye^{xz} + z\cos y = 0$.

Solução Seja $F(x, y, z) = x^3 + z^2 + ye^{xz} + z\cos y$. Então

$$F_x = 3x^2 + zye^{xz}, \quad F_y = e^{xz} - z\,\text{sen}\,y \quad \text{e} \quad F_z = 2z + xye^{xz} + \cos y.$$

Como $F(0, 0, 0) = 0$, $F_z(0, 0, 0) = 1 \neq 0$ e todas as derivadas parciais de primeira ordem são contínuas, o teorema da função implícita afirma que $F(x, y, z) = 0$ define z como uma função diferenciável de x e y perto do ponto (0, 0, 0). A partir das Equações 2,

$$\frac{\partial z}{\partial x} = -\frac{F_x}{F_z} = -\frac{3x^2 + zye^{xz}}{2z + xye^{xz} + \cos y} \quad \text{e} \quad \frac{\partial z}{\partial y} = -\frac{F_y}{F_z} = -\frac{e^{xz} - z\,\text{sen}\,y}{2z + xye^{xz} + \cos y}.$$

Em (0, 0, 0), encontramos

$$\frac{\partial z}{\partial x} = -\frac{0}{1} = 0 \qquad \text{e} \qquad \frac{\partial z}{\partial y} = -\frac{1}{1} = -1.$$

Funções de várias variáveis

Vimos várias formas diferentes da regra da cadeia nesta seção, mas cada uma delas é um caso especial de uma fórmula geral. Ao resolver problemas específicos, pode ser útil desenhar o diagrama de árvore apropriado, colocando as variáveis dependentes no topo, as variáveis intermediárias no meio e as variáveis independentes selecionadas embaixo. Para encontrar a derivada da variável dependente em relação à variável independente selecionada, comece com a variável dependente e leia cada rota do diagrama de árvore para a variável independente, calculando e multiplicando as derivadas ao longo de cada rota. Em seguida, adicione os produtos encontrados para as diferentes rotas.

Em geral, suponha que $w = f(x, y, ..., v)$ seja uma função derivável das variáveis $x, y, ..., v$ (um conjunto finito) e $x, y, ..., v$ sejam funções deriváveis de $p, q, ..., t$ (outro conjunto finito). Então w será uma função derivável das variáveis p a t, e as derivadas parciais de w com relação a essas variáveis são dadas por equações da forma

$$\frac{\partial w}{\partial p} = \frac{\partial w}{\partial x}\frac{\partial x}{\partial p} + \frac{\partial w}{\partial y}\frac{\partial y}{\partial p} + \cdots + \frac{\partial w}{\partial v}\frac{\partial v}{\partial p}.$$

As outras equações são obtidas substituindo-se p por $q, \ldots, t$, uma de cada vez.

Uma maneira de lembrar essa equação é pensar no lado direito como o produto escalar de dois vetores com componentes

$$\underbrace{\left(\frac{\partial w}{\partial x}, \frac{\partial w}{\partial y}, \ldots, \frac{\partial w}{\partial v}\right)}_{\substack{\text{Derivadas de } w \text{ com} \\ \text{relação às variáveis} \\ \text{intermediárias}}} \quad \text{e} \quad \underbrace{\left(\frac{\partial x}{\partial p}, \frac{\partial y}{\partial p}, \ldots, \frac{\partial v}{\partial p}\right)}_{\substack{\text{Derivadas das variáveis} \\ \text{intermediárias com relação à} \\ \text{variável independente selecionada.}}}.$$

Exercícios 14.4

Regra da cadeia: uma variável independente

Nos Exercícios 1-6, **(a)** expresse dw/dt como uma função de t, utilizando a regra da cadeia, expressando w em termos de t e diferenciando diretamente com relação a t. Em seguida, **(b)** calcule dw/dt no valor dado de t.

1. $w = x^2 + y^2, \quad x = \cos t, \quad y = \text{sen}\,t; \quad t = \pi$

2. $w = x^2 + y^2, \quad x = \cos t + \text{sen}\,t, \quad y = \cos t - \text{sen}\,t; \quad t = 0$

3. $w = \dfrac{x}{z} + \dfrac{y}{z}, \quad x = \cos^2 t, \quad y = \text{sen}^2\,t, \quad z = 1/t; \quad t = 3$

4. $w = \ln(x^2 + y^2 + z^2), \quad x = \cos t, \quad y = \text{sen}\,t, \quad z = 4\sqrt{t}; \quad t = 3$

5. $w = 2ye^x - \ln z, \quad x = \ln(t^2 + 1), \quad y = \text{tg}^{-1}\,t, \quad z = e^t; \quad t = 1$

6. $w = z - \text{sen}\,xy, \quad x = t, \quad y = \ln t, \quad z = e^{t-1}; \quad t = 1$

Regra da cadeia: duas e três variáveis independentes

Nos Exercícios 7 e 8, **(a)** expresse $\partial z/\partial u$ e $\partial z/\partial v$ como funções de u e v utilizando a regra da cadeia e também expressando z diretamente em termos de u e v antes de diferenciar. Em seguida, **(b)** calcule $\partial z/\partial u$ e $\partial z/\partial v$ no ponto dado (u, v).

7. $z = 4e^x \ln y, \quad x = \ln(u \cos v), \quad y = u \operatorname{sen} v; \quad (u, v) = (2, \pi/4)$

8. $z = \operatorname{tg}^{-1}(x/y), \quad x = u \cos v, \quad y = u \operatorname{sen} v; \quad (u, v) = (1{,}3; \pi/6)$

Nos Exercícios 9 e 10, **(a)** expresse $\partial w/\partial u$ e $\partial w/\partial v$ como funções de u e v utilizando a regra da cadeia e também expressando w diretamente em termos de u e v antes de diferenciar. Em seguida, **(b)** calcule $\partial w/\partial u$ e $\partial w/\partial v$ no ponto dado (u, v).

9. $w = xy + yz + xz, \quad x = u + v, \quad y = u - v, \quad z = uv; \quad (u, v) = (1/2, 1)$

10. $w = \ln(x^2 + y^2 + z^2), \quad x = ue^v \operatorname{sen} u, \quad y = ue^v \cos u, \quad z = ue^v;$ $(u, v) = (-2, 0)$

Nos Exercícios 11 e 12, **(a)** expresse $\partial u/\partial x$, $\partial u/\partial y$ e $\partial u/\partial z$ como funções de x, y e z utilizando a regra da cadeia e também expressando u diretamente em termos de x, y e z antes de diferenciar. Em seguida, **(b)** calcule $\partial u/\partial x$, $\partial u/\partial y$ e $\partial u/\partial z$ no ponto dado (x, y, z).

11. $u = \dfrac{p - q}{q - r}, \quad p = x + y + z, \quad q = x - y + z,$ $r = x + y - z; \quad (x, y, z) = \left(\sqrt{3}, 2, 1\right)$

12. $u = e^{qr} \operatorname{sen}^{-1} p, \quad p = \operatorname{sen} x, \quad q = z^2 \ln y, \quad r = 1/z;$ $(x, y, z) = (\pi/4, 1/2, -1/2)$

Utilizando um diagrama de árvore

Nos Exercícios 13-24, desenhe um diagrama de árvore e escreva uma fórmula da regra da cadeia para cada derivada.

13. $\dfrac{dz}{dt}$ para $z = f(x, y), \quad x = g(t), \quad y = h(t)$

14. $\dfrac{dz}{dt}$ para $z = f(u, v, w), \quad u = g(t), \quad v = h(t), \quad w = k(t)$

15. $\dfrac{\partial w}{\partial u}$ e $\dfrac{\partial w}{\partial v}$ para $w = h(x, y, z), \quad x = f(u, v), \quad y = g(u, v),$ $z = k(u, v)$

16. $\dfrac{\partial w}{\partial x}$ e $\dfrac{\partial w}{\partial y}$ para $w = f(r, s, t), \quad r = g(x, y), \quad s = h(x, y),$ $t = k(x, y)$

17. $\dfrac{\partial w}{\partial u}$ e $\dfrac{\partial w}{\partial v}$ para $w = g(x, y), \quad x = h(u, v), \quad y = k(u, v)$

18. $\dfrac{\partial w}{\partial x}$ e $\dfrac{\partial w}{\partial y}$ para $w = g(u, v), \quad u = h(x, y), \quad v = k(x, y)$

19. $\dfrac{\partial z}{\partial t}$ e $\dfrac{\partial z}{\partial s}$ para $z = f(x, y), \quad x = g(t, s), \quad y = h(t, s)$

20. $\dfrac{\partial y}{\partial r}$ para $y = f(u), \quad u = g(r, s)$

21. $\dfrac{\partial w}{\partial s}$ e $\dfrac{\partial w}{\partial t}$ para $w = g(u), \quad u = h(s, t)$

22. $\dfrac{\partial w}{\partial p}$ para $w = f(x, y, z, v), \quad x = g(p, q), \quad y = h(p, q),$ $z = j(p, q), \quad v = k(p, q)$

23. $\dfrac{\partial w}{\partial r}$ e $\dfrac{\partial w}{\partial s}$ para $w = f(x, y), \quad x = g(r), \quad y = h(s)$

24. $\dfrac{\partial w}{\partial s}$ para $w = g(x, y), \quad x = h(r, s, t), \quad y = k(r, s, t)$

Diferenciação implícita

Considerando que as equações nos Exercícios 25-28 definem y como uma função derivável de x, utilize o Teorema 8 para encontrar o valor de dy/dx no ponto dado.

25. $x^3 - 2y^2 + xy = 0, \quad (1, 1)$

26. $xy + y^2 - 3x - 3 = 0, \quad (-1, 1)$

27. $x^2 + xy + y^2 - 7 = 0, \quad (1, 2)$

28. $xe^y + \operatorname{sen} xy + y - \ln 2 = 0, \quad (0, \ln 2)$

Encontre os valores de $\partial z/\partial x$ e $\partial z/\partial y$ nos pontos nos Exercícios 29-32.

29. $z^3 - xy + yz + y^3 - 2 = 0, \quad (1, 1, 1)$

30. $\dfrac{1}{x} + \dfrac{1}{y} + \dfrac{1}{z} - 1 = 0, \quad (2, 3, 6)$

31. $\operatorname{sen}(x + y) + \operatorname{sen}(y + z) + \operatorname{sen}(x + z) = 0, \quad (\pi, \pi, \pi)$

32. $xe^y + ye^z + 2 \ln x - 2 - 3 \ln 2 = 0, \quad (1, \ln 2, \ln 3)$

Encontrando derivadas parciais em pontos especificados

33. Encontre $\partial w/\partial r$ quando $r = 1$, $s = -1$ se $w = (x + y + z)^2$, $x = r - s$, $y = \cos(r + s)$, $z = \operatorname{sen}(r + s)$.

34. Encontre $\partial w/\partial v$ quando $u = -1$, $v = 2$ se $w = xy + \ln z$, $x = v^2/u$, $y = u + v$, $z = \cos u$.

35. Encontre $\partial w/\partial v$ quando $u = 0$, $v = 0$ se $w = x^2 + (y/x)$, $x = u - 2v + 1$, $y = 2u + v - 2$.

36. Encontre $\partial z/\partial u$ quando $u = 0$, $v = 1$ se $z = \operatorname{sen} xy + x \operatorname{sen} y$, $x = u^2 + v^2$, $y = uv$.

37. Encontre $\partial z/\partial u$ e $\partial z/\partial v$ quando $u = \ln 2$, $v = 1$ se $z = 5 \operatorname{tg}^{-1} x$ e $x = e^u + \ln v$.

38. Encontre $\partial z/\partial u$ e $\partial z/\partial v$ quando $u = 1$ e $v = -2$ se $z = \ln q$ e $q = \sqrt{v + 3} \operatorname{tg}^{-1} u$.

Teoria e exemplos

39. Assuma que $w = f(s^3 + t^2)$ e $f'(x) = e^x$. Encontre $\dfrac{\partial w}{\partial t}$ e $\dfrac{\partial w}{\partial s}$.

40. Assuma que $w = f\left(ts^2, \dfrac{s}{t}\right)$, $\dfrac{\partial f}{\partial x}(x, y) = xy$ e $\dfrac{\partial f}{\partial y}(x, y) = \dfrac{x^2}{2}$.

Encontre $\dfrac{\partial w}{\partial t}$ e $\dfrac{\partial w}{\partial s}$.

41. **Variações de voltagem em um circuito** A voltagem V em um circuito que satisfaz a lei $V = IR$ vai caindo lentamente à medida que a bateria descarrega. Ao mesmo tempo, a resistência R vai aumentando conforme o resistor esquenta. Utilize a equação

$$\frac{dV}{dt} = \frac{\partial V}{\partial I}\frac{dI}{dt} + \frac{\partial V}{\partial R}\frac{dR}{dt}$$

para descobrir como a corrente está variando no instante em que $R = 600$ ohms, $I = 0{,}04$ A, $dR/dt = 0{,}5$ ohm/s e $dV/dt = -0{,}01$ V/s.

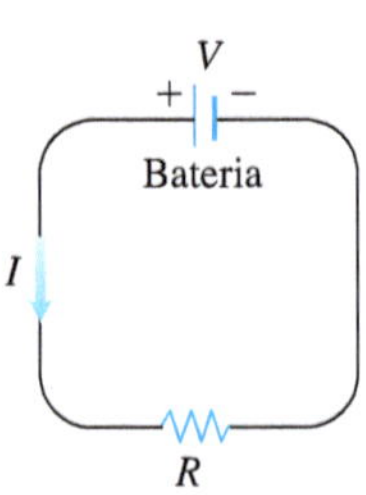

42. **Variação das dimensões de uma caixa** Os comprimentos a, b e c das arestas de uma caixa retangular variam com o tempo. No instante em questão, $a = 1$ m, $b = 2$ m, $c = 3$ m, $da/dt = db/dt = 1$ m/s e $dc/dt = -3$ m/s. A quais taxas o volume V e a área S da caixa variam nesse instante? As diagonais do interior da caixa estão aumentando ou diminuindo de comprimento?

43. Se $f(u, v, w)$ é diferenciável e $u = x - y$, $v = y - z$ e $w = z - x$, mostre que

$$\frac{\partial f}{\partial x} + \frac{\partial f}{\partial y} + \frac{\partial f}{\partial z} = 0.$$

44. Coordenadas polares Suponha que substituamos as coordenadas polares $x = r\cos\theta$ e $y = r\,\text{sen}\,\theta$ em uma função derivável $w = f(x, y)$.

a. Mostre que

$$\frac{\partial w}{\partial r} = f_x\cos\theta + f_y\,\text{sen}\,\theta$$

e

$$\frac{1}{r}\frac{\partial w}{\partial \theta} = -f_x\,\text{sen}\,\theta + f_y\cos\theta.$$

b. Resolva as equações no item (a) para expressar f_x e f_y em termos de $\partial w/\partial r$ e $\partial w/\partial\theta$.

c. Mostre que

$$(f_x)^2 + (f_y)^2 = \left(\frac{\partial w}{\partial r}\right)^2 + \frac{1}{r^2}\left(\frac{\partial w}{\partial \theta}\right)^2.$$

45. Equações de Laplace Mostre que, se $w = f(u, v)$ satisfaz a equação de Laplace $f_{uu} + f_{vv} = 0$ e se $u = (x^2 - y^2)/2$ e $v = xy$, então w satisfaz a equação de Laplace $w_{xx} + w_{yy} = 0$.

46. Equações de Laplace Seja $w = f(u) + g(v)$, onde $u = x + iy$, $v = x - iy$ e $i = \sqrt{-1}$. Mostre que w satisfaz a equação de Laplace $w_{xx} + w_{yy} = 0$ se todas as funções necessárias forem diferenciáveis.

47. Valores extremos em uma hélice Suponha que as derivadas parciais de uma função $f(x, y, z)$ nos pontos da hélice $x = \cos t$, $y = \text{sen}\,t$, $z = t$ sejam

$$f_x = \cos t,\quad f_y = \text{sen}\,t,\quad f_z = t^2 + t - 2.$$

Em que pontos na curva, caso exista algum, f assume um valor extremo?

48. Curva no espaço Seja $w = x^2e^{2y}\cos 3z$. Encontre o valor de dw/dt no ponto $(1, \ln 2, 0)$ na curva $x = \cos t$, $y = \ln(t + 2)$, $z = t$.

49. Temperatura em uma circunferência Seja $T = f(x, y)$ a temperatura no ponto (x, y) na circunferência $x = \cos t$, $y = \text{sen}\,t$, $0 \le t \le 2\pi$ e suponha que

$$\frac{\partial T}{\partial x} = 8x - 4y,\qquad \frac{\partial T}{\partial y} = 8y - 4x.$$

a. Descubra onde ocorrem as temperaturas máxima e mínima na circunferência examinando as derivadas dT/dt e d^2T/dt^2.

b. Suponha que $T = 4x^2 - 4xy + 4y^2$. Encontre os valores máximo e mínimo de T na circunferência.

50. Temperatura em uma elipse Seja $T = g(x, y)$ a temperatura no ponto (x, y) na elipse

$$x = 2\sqrt{2}\cos t,\qquad y = \sqrt{2}\,\text{sen}\,t,\qquad 0 \le t \le 2\pi,$$

e suponha que

$$\frac{\partial T}{\partial x} = y,\qquad \frac{\partial T}{\partial y} = x.$$

a. Localize as temperaturas máxima e mínima na elipse examinando dT/dt e d^2T/dt^2.

b. Suponha que $T = xy - 2$. Encontre os valores máximo e mínimo de T na elipse.

Diferenciando integrais Sob certas condições com relação à continuidade, é verdade que, se

$$F(x) = \int_a^b g(t, x)\,dt,$$

então $F'(x) = \int_a^b g_x(t, x)\,dt$. Utilizando esse fato e a regra da cadeia, podemos encontrar a derivada de

$$F(x) = \int_a^{f(x)} g(t, x)\,dt$$

fazendo

$$G(u, x) = \int_a^u g(t, x)\,dt,$$

onde $u = f(x)$. Encontre as derivadas das funções nos Exercícios 51 e 52.

51. $F(x) = \int_0^{x^2} \sqrt{t^4 + x^3}\,dt$

52. $F(x) = \int_{x^2}^1 \sqrt{t^3 + x^2}\,dt$

14.5 Derivadas direcionais e vetores gradientes

Se você olhar o mapa (Figura 14.25), que mostra os contornos do Parque Nacional Yosemite na Califórnia, notará que os córregos correm perpendicularmente aos contornos. Os córregos seguem os caminhos de maior inclinação, de maneira que as águas atinjam as elevações mais baixas o mais rapidamente possível. Dessa forma, a taxa de variação instantânea mais rápida na altitude do rio acima do nível do mar tem uma direção definida. Nesta seção, você verá por que essa direção, denominada direção "descendente", é perpendicular aos contornos.

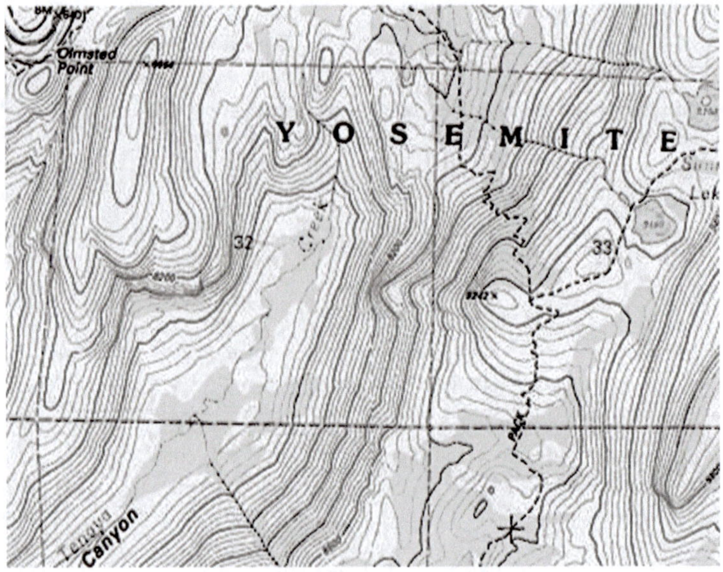

FIGURA 14.25 Contornos do Parque Nacional Yosemite na Califórnia mostram córregos que seguem caminhos de maior inclinação, correndo perpendicularmente aos contornos. (Disponível em: <http://www.usgs.gov>)

Derivadas direcionais no plano

Sabemos pela Seção 14.4 que, se $f(x, y)$ é diferenciável, então a taxa com que f varia em relação a t ao longo de uma curva diferenciável $x = g(t)$, $y = h(t)$ é

$$\frac{df}{dt} = \frac{\partial f}{\partial x}\frac{dx}{dt} + \frac{\partial f}{\partial y}\frac{dy}{dt}.$$

Em qualquer ponto $P_0 = (x_0, y_0) = P_0(g(t_0), h(t_0))$, essa equação fornece a taxa de variação de f em relação a t e portanto depende, entre outras coisas, do sentido do movimento ao longo da curva. Se a curva é uma linha reta e t é o parâmetro de comprimento de arco ao longo da reta medida de P_0 na direção de um dado vetor unitário $\mathbf{u}$, então df/dt é a taxa de variação de f com relação à distância em seu domínio na direção de $\mathbf{u}$. Variando $\mathbf{u}$, encontramos as taxas com que f varia em relação à distância quando nos movemos por P_0 em direções diferentes. Definimos agora essa ideia mais precisamente.

Suponha que a função $f(x, y)$ seja definida por toda uma região R no plano xy, que $P_0(x_0, y_0)$ seja um ponto em R e que $\mathbf{u} = u_1\mathbf{i} + u_2\mathbf{j}$ seja um vetor unitário. Então as equações

$$x = x_0 + su_1, \quad y = y_0 + su_2$$

parametrizam a reta que passa por P_0 paralelamente a $\mathbf{u}$. Se o parâmetro s mede o comprimento de arco de P_0 na direção de $\mathbf{u}$, encontramos a taxa de variação de f em P_0 na direção de $\mathbf{u}$ calculando df/ds em P_0 (Figura 14.26).

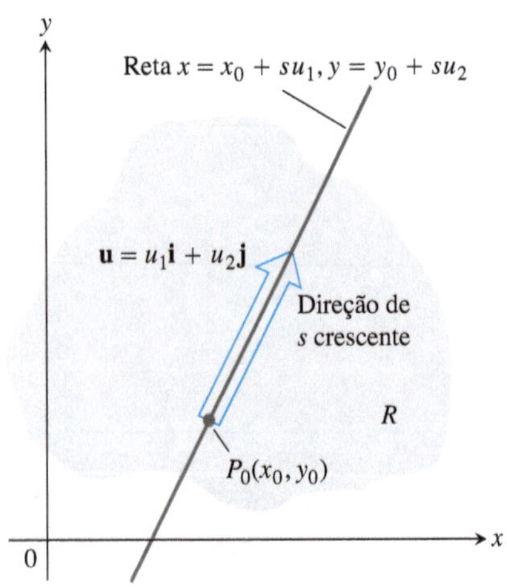

FIGURA 14.26 A taxa de variação de f na direção de $\mathbf{u}$ no ponto P_0 é a taxa com que f varia ao longo dessa reta em P_0.

DEFINIÇÃO A **derivada de f em $P_0(x_0, y_0)$ na direção do vetor unitário $\mathbf{u} = u_1\mathbf{i} + u_2\mathbf{j}$** é o número

$$\left(\frac{df}{ds}\right)_{\mathbf{u}, P_0} = \lim_{s \to 0} \frac{f(x_0 + su_1, y_0 + su_2) - f(x_0, y_0)}{s}, \qquad (1)$$

contanto que o limite exista.

A **derivada direcional** definida pela Equação 1 é denotada também por

$$(D_{\mathbf{u}}f)_{P_0}$$ "A derivada de f em P_0 na direção de $\mathbf{u}$"

As derivadas parciais $f_x(x_0, y_0)$ e $f_y(x_0, y_0)$ são as derivadas direcionais de f em P_0 nas direções **i** e **j**. Isso pode ser observado comparando a Equação 1 às definições das duas derivadas parciais fornecidas na Seção 14.3.

EXEMPLO 1 Utilizando a definição, encontre a derivada de

$$f(x, y) = x^2 + xy$$

em $P_0(1, 2)$ na direção do vetor unitário $\mathbf{u} = \left(1/\sqrt{2}\right)\mathbf{i} + \left(1/\sqrt{2}\right)\mathbf{j}$.

Solução Aplicando a definição na Equação 1, obtemos

$$\left(\frac{df}{ds}\right)_{\mathbf{u},P_0} = \lim_{s\to 0} \frac{f(x_0 + su_1, y_0 + su_2) - f(x_0, y_0)}{s} \qquad \text{Equação 1}$$

$$= \lim_{s\to 0} \frac{f\left(1 + s\cdot\frac{1}{\sqrt{2}}, 2 + s\cdot\frac{1}{\sqrt{2}}\right) - f(1, 2)}{s}$$

$$= \lim_{s\to 0} \frac{\left(1 + \frac{s}{\sqrt{2}}\right)^2 + \left(1 + \frac{s}{\sqrt{2}}\right)\left(2 + \frac{s}{\sqrt{2}}\right) - (1^2 + 1\cdot 2)}{s}$$

$$= \lim_{s\to 0} \frac{\left(1 + \frac{2s}{\sqrt{2}} + \frac{s^2}{2}\right) + \left(2 + \frac{3s}{\sqrt{2}} + \frac{s^2}{2}\right) - 3}{s}$$

$$= \lim_{s\to 0} \frac{\frac{5s}{\sqrt{2}} + s^2}{s} = \lim_{s\to 0}\left(\frac{5}{\sqrt{2}} + s\right) = \frac{5}{\sqrt{2}}.$$

A taxa de variação de $f(x, y) = x^2 + xy$ em $P_0(1, 2)$ na direção de **u** é $5/\sqrt{2}$.

Interpretação da derivada direcional

A equação $z = f(x, y)$ representa uma superfície S no espaço. Se $z_0 = f(x_0, y_0)$, então o ponto $P(x_0, y_0, z_0)$ estará em S. O plano vertical que passa por P e $P_0(x_0, y_0)$ paralelo a **u** tem interseção com S em uma curva C (Figura 14.27). A taxa de variação de f na direção de **u** é o coeficiente angular da tangente a C em P no sistema positivo formado pelos vetores **u** e **k**.

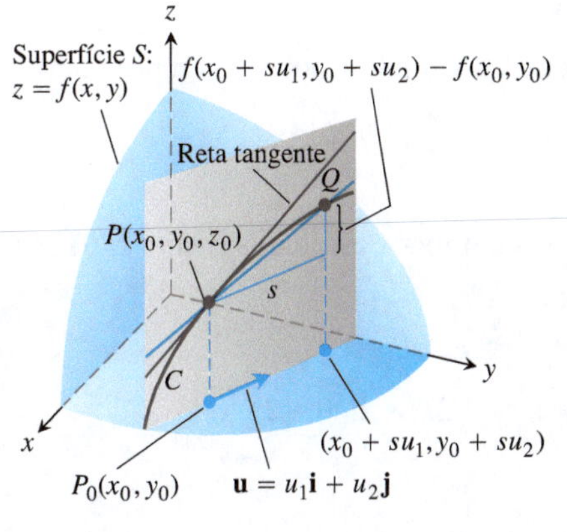

FIGURA 14.27 O coeficiente angular da curva C em P_0 é $\lim_{Q\to P}$ inclinação (PQ); esta é a derivada direcional

$$\left(\frac{df}{ds}\right)_{\mathbf{u},P_0} = (D_{\mathbf{u}}f)_{P_0}.$$

Quando $\mathbf{u} = \mathbf{i}$, a derivada direcional em P_0 é $\partial f/\partial x$ avaliada em (x_0, y_0). Quando $\mathbf{u} = \mathbf{j}$, a derivada direcional em P_0 é $\partial f/\partial y$ avaliada em (x_0, y_0). A derivada direcional generaliza as duas derivadas parciais. Agora podemos procurar a taxa de variação de f em qualquer direção **u**, e não apenas nas direções **i** e **j**.

Para uma interpretação física da derivada direcional, suponha que $T = f(x, y)$ seja a temperatura em cada ponto (x, y) sobre uma região no plano. Então $f(x_0, y_0)$ é a temperatura no ponto $P_0(x_0, y_0)$ e $(D_{\mathbf{u}}f)_{P_0}$ é a taxa de variação instantânea da temperatura em P_0 na direção de **u**.

Cálculos e gradientes

Agora vamos desenvolver uma fórmula mais eficiente para calcular a derivada direcional para uma função diferenciável f. Começamos com a reta

$$x = x_0 + su_1, \quad y = y_0 + su_2 \qquad (2)$$

por $P_0(x_0, y_0)$, parametrizada com o comprimento de arco s aumentando na direção do vetor unitário $\mathbf{u} = u_1\mathbf{i} + u_2\mathbf{j}$. Então, pela regra da cadeia, encontramos

$$\begin{aligned}\left(\frac{df}{ds}\right)_{\mathbf{u},P_0} &= \left(\frac{\partial f}{\partial x}\right)_{P_0}\frac{dx}{ds} + \left(\frac{\partial f}{\partial y}\right)_{P_0}\frac{dy}{ds} && \text{Regra da cadeia para } f \text{ diferenciável.}\\ &= \left(\frac{\partial f}{\partial x}\right)_{P_0}u_1 + \left(\frac{\partial f}{\partial y}\right)_{P_0}u_2 && \text{Das Equações 2, } dx/ds = u_1 \text{ e } dy/ds = u_2\\ &= \underbrace{\left[\left(\frac{\partial f}{\partial x}\right)_{P_0}\mathbf{i} + \left(\frac{\partial f}{\partial y}\right)_{P_0}\mathbf{j}\right]}_{\text{Gradiente de } f \text{ em } P_0}\cdot\underbrace{\left[u_1\mathbf{i} + u_2\mathbf{j}\right]}_{\text{Direção } \mathbf{u}}. \qquad (3)\end{aligned}$$

A Equação 3 diz que a derivada de uma função diferenciável f na direção de $\mathbf{u}$ em P_0 é o produto escalar de $\mathbf{u}$ com o vetor especial denominado *gradiente* de f em P_0.

DEFINIÇÃO O **vetor gradiente (gradiente)** de $f(x, y)$ em um ponto $P_0(x_0, y_0)$ é o vetor

$$\nabla f = \frac{\partial f}{\partial x}\mathbf{i} + \frac{\partial f}{\partial y}\mathbf{j}$$

obtido por meio do cálculo das derivadas parciais de f em P_0.

A notação ∇f é lida como "grad f", assim como "gradiente de f" e "nabla f". O símbolo ∇ isolado é lido como "nabla". Outra notação para o gradiente é grad f, lida da maneira como é escrita.

TEOREMA 9 — Derivada direcional é um produto escalar Se $f(x, y)$ for diferenciável em uma região aberta contendo $P_0(x_0, y_0)$, então

$$\left(\frac{df}{ds}\right)_{\mathbf{u},P_0} = (\nabla f)_{P_0}\cdot\mathbf{u}, \qquad (4)$$

o produto escalar do gradiente ∇f em P_0 e $\mathbf{u}$.

EXEMPLO 2 Encontre a derivada de $f(x, y) = xe^y + \cos(xy)$ no ponto (2, 0) na direção de $\mathbf{v} = 3\mathbf{i} - 4\mathbf{j}$.

Solução O versor de $\mathbf{v}$ é o vetor unitário obtido dividindo $\mathbf{v}$ por seu comprimento:

$$\mathbf{u} = \frac{\mathbf{v}}{|\mathbf{v}|} = \frac{\mathbf{v}}{5} = \frac{3}{5}\mathbf{i} - \frac{4}{5}\mathbf{j}.$$

As derivadas parciais de f são contínuas em todos os pontos e em (2, 0) são dadas por

$$f_x(2, 0) = (e^y - y\,\text{sen}\,(xy))_{(2,0)} = e^0 - 0 = 1$$
$$f_y(2, 0) = (xe^y - x\,\text{sen}\,(xy))_{(2,0)} = 2e^0 - 2\cdot 0 = 2.$$

O gradiente de f em (2, 0) é

$$\nabla f|_{(2,0)} = f_x(2, 0)\mathbf{i} + f_y(2, 0)\mathbf{j} = \mathbf{i} + 2\mathbf{j}$$

(Figura 14.28). A derivada de f em (2, 0) na direção de $\mathbf{v}$ é, portanto,

$$\begin{aligned}(D_{\mathbf{u}}f)|_{(2,0)} &= \nabla f|_{(2,0)}\cdot\mathbf{u} && \text{Equação 4}\\ &= (\mathbf{i} + 2\mathbf{j})\cdot\left(\frac{3}{5}\mathbf{i} - \frac{4}{5}\mathbf{j}\right) = \frac{3}{5} - \frac{8}{5} = -1.\end{aligned}$$

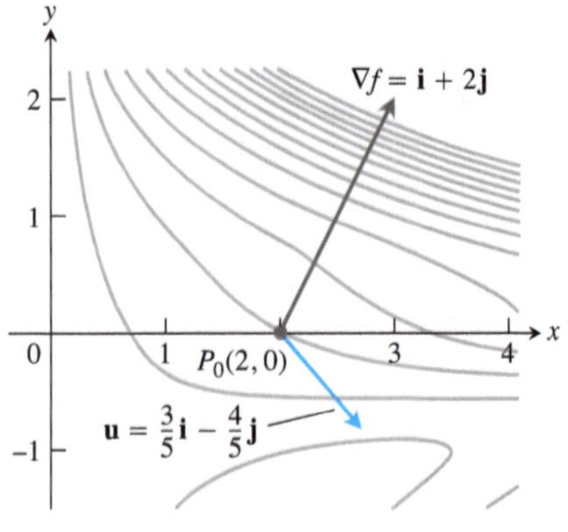

FIGURA 14.28 Imagine ∇f como um vetor no domínio de f. A figura mostra curvas de nível de f. A taxa com que f varia em (2, 0) na direção de $\mathbf{u} = (3/5)\mathbf{i} - (4/5)\mathbf{j}$ é $\nabla f\cdot\mathbf{u} = -1$ (Exemplo 2).

Avaliar o produto escalar na fórmula

$$D_{\mathbf{u}}f = \nabla f \cdot \mathbf{u} = |\nabla f||\mathbf{u}| \cos\theta = |\nabla f| \cos\theta,$$

onde θ é o ângulo entre os vetores $\mathbf{u}$ e ∇f, revela as propriedades a seguir.

Propriedades da derivada diferencial $D_{\mathbf{u}}f = \nabla f \cdot \mathbf{u} = |\nabla f| \cos\theta$

1. A função f aumenta mais rapidamente quando $\cos\theta = 1$ ou quando $\theta = 0$ e $\mathbf{u}$ é a direção de ∇f. Isto é, a cada ponto P no seu domínio, f cresce mais rapidamente na direção do vetor gradiente ∇f em P. A derivada nessa direção é
$$D_{\mathbf{u}}f = |\nabla f| \cos(0) = |\nabla f|.$$
2. De maneira semelhante, f decresce mais rapidamente na direção de $-\nabla f$. A derivada nessa direção é $D_{\mathbf{u}}f = |\nabla f| \cos(\pi) = -|\nabla f|$.
3. Qualquer direção $\mathbf{u}$ ortogonal ao gradiente $\nabla f \neq 0$ é uma direção de variação zero em f, porque θ é então igual a $\pi/2$ e
$$D_{\mathbf{u}}f = |\nabla f| \cos(\pi/2) = |\nabla f| \cdot 0 = 0.$$

Conforme discutiremos posteriormente, essas propriedades são verdadeiras tanto em três dimensões como em duas.

EXEMPLO 3 Encontre as direções nas quais $f(x, y) = (x^2/2) + (y^2/2)$

(a) cresce mais rapidamente no ponto (1, 1).

(b) decresce mais rapidamente em (1, 1).

(c) Quais são as direções de variação zero de f em (1, 1)?

Solução

(a) A função aumenta mais rapidamente na direção e no sentido de ∇f em (1, 1). O gradiente lá é

$$(\nabla f)_{(1,1)} = (x\mathbf{i} + y\mathbf{j})_{(1,1)} = \mathbf{i} + \mathbf{j}.$$

Seu versor é

$$\mathbf{u} = \frac{\mathbf{i}+\mathbf{j}}{|\mathbf{i}+\mathbf{j}|} = \frac{\mathbf{i}+\mathbf{j}}{\sqrt{(1)^2+(1)^2}} = \frac{1}{\sqrt{2}}\mathbf{i} + \frac{1}{\sqrt{2}}\mathbf{j}.$$

(b) A função decresce mais rapidamente na direção de $-\nabla f$ em (1, 1), que é

$$-\mathbf{u} = -\frac{1}{\sqrt{2}}\mathbf{i} - \frac{1}{\sqrt{2}}\mathbf{j}.$$

(c) As direções de variação zero em (1, 1) são as direções ortogonais a ∇f:

$$\mathbf{n} = -\frac{1}{\sqrt{2}}\mathbf{i} + \frac{1}{\sqrt{2}}\mathbf{j} \quad \text{e} \quad -\mathbf{n} = \frac{1}{\sqrt{2}}\mathbf{i} - \frac{1}{\sqrt{2}}\mathbf{j}.$$

Veja a Figura 14.29.

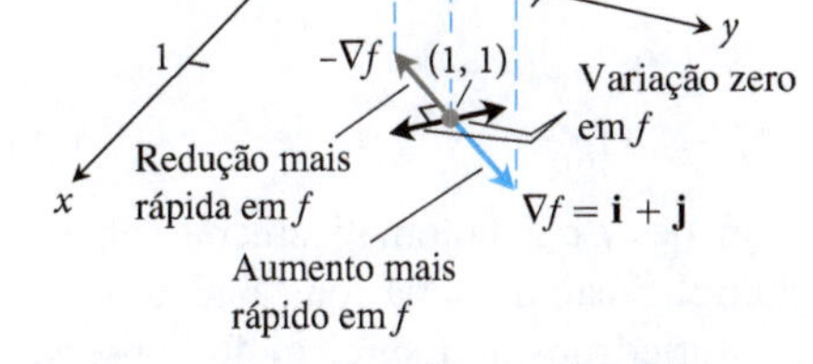

FIGURA 14.29 A direção na qual $f(x, y)$ aumenta mais rapidamente em (1, 1) é a direção de $\nabla f|_{(1,1)} = \mathbf{i} + \mathbf{j}$. Ela corresponde à direção de ascensão mais inclinada na superfície em (1, 1, 1) (Exemplo 3).

Gradientes e tangentes a curvas de nível

Se uma função diferenciável $f(x, y)$ tiver um valor constante c ao longo de uma curva lisa $\mathbf{r} = g(t)\mathbf{i} + h(t)\mathbf{j}$ (fazendo da curva uma curva de nível de f), então $f(g(t), h(t)) = c$. Derivar ambos os lados dessa equação em relação a t leva às equações

$$\begin{aligned}\frac{d}{dt}f(g(t),h(t)) &= \frac{d}{dt}(c)\\ \frac{\partial f}{\partial x}\frac{dg}{dt}+\frac{\partial f}{\partial y}\frac{dh}{dt} &= 0 \qquad \text{Regra da cadeia}\\ \underbrace{\left(\frac{\partial f}{\partial x}\mathbf{i}+\frac{\partial f}{\partial y}\mathbf{j}\right)}_{\nabla f}\cdot\underbrace{\left(\frac{dg}{dt}\mathbf{i}+\frac{dh}{dt}\mathbf{j}\right)}_{\frac{d\mathbf{r}}{dt}} &= 0.\end{aligned} \tag{5}$$

A Equação 5 diz que ∇f é normal ao vetor tangente $d\mathbf{r}/dt$, portanto é normal à curva.

> Em todo ponto (x_0, y_0) no domínio de uma função diferenciável $f(x, y)$, o gradiente de f é normal à curva de nível por (x_0, y_0) (Figura 14.30).

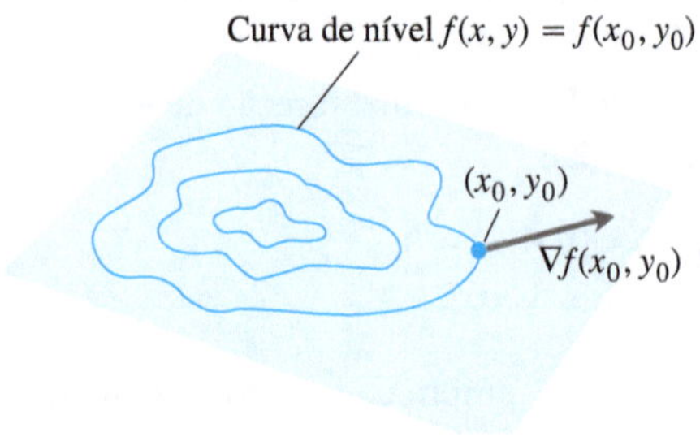

FIGURA 14.30 O gradiente de uma função diferenciável de duas variáveis em um ponto é sempre normal à curva de nível da função que se passa por aquele ponto.

A Equação 5 confirma nossa observação de que os córregos correm perpendicularmente às curvas de nível em mapas topográficos (veja a Figura 14.25). Como o córrego deve alcançar seu destino da maneira mais rápida, ele deve correr no sentido oposto à dos vetores gradientes pela Propriedade 2 para a derivada direcional. A Equação 5 nos diz que essas direções são perpendiculares às curvas de nível.

Essa observação também nos permite encontrar equações para retas tangentes às curvas de nível. Elas são retas normais aos gradientes. A reta passando por um ponto $P_0(x_0, y_0)$ normal a um vetor $\mathbf{N} = A\mathbf{i} + B\mathbf{j}$ tem a equação

$$A(x - x_0) + B(y - y_0) = 0$$

(Exercício 39). Se $\mathbf{N}$ é o gradiente $(\nabla f)_{(x_0, y_0)} = f_x(x_0, y_0)\mathbf{i} + f_y(x_0, y_0)\mathbf{j}$, a equação é a reta tangente dada por

$$f_x(x_0, y_0)(x - x_0) + f_y(x_0, y_0)(y - y_0) = 0. \tag{6}$$

EXEMPLO 4 Encontre uma equação para a tangente à elipse

$$\frac{x^2}{4} + y^2 = 2$$

(Figura 14.31) no ponto (–2, 1).

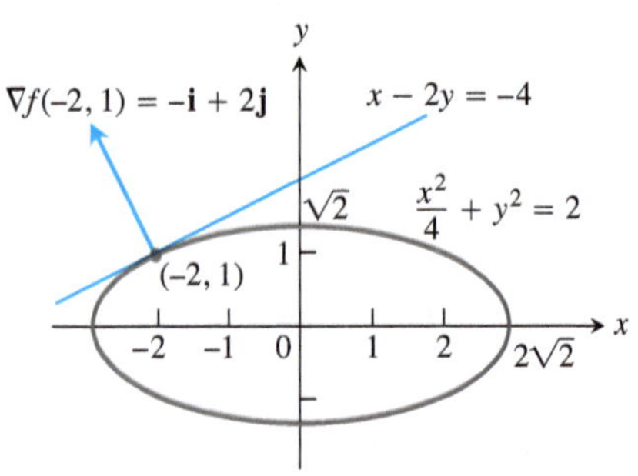

FIGURA 14.31 Podemos encontrar a tangente à elipse $(x^2/4) + y^2 = 2$ tratando a elipse como uma curva de nível da função $f(x, y) = (x^2/4) + y^2$ (Exemplo 4).

Solução A elipse é uma curva de nível da função

$$f(x, y) = \frac{x^2}{4} + y^2.$$

O gradiente de f em (–2, 1) é

$$\nabla f|_{(-2,1)} = \left(\frac{x}{2}\mathbf{i} + 2y\mathbf{j}\right)_{(-2,1)} = -\mathbf{i} + 2\mathbf{j}.$$

A tangente é a reta

$$\begin{aligned}(-1)(x + 2) + (2)(y - 1) &= 0 \qquad \text{Equação 6}\\ x - 2y &= -4.\end{aligned}$$

Se conhecermos os gradientes de duas funções f e g, automaticamente saberemos os gradientes de sua soma, diferença, multiplicação por uma constante, produto e quociente. Você deverá estabelecer essas propriedades no Exercício 40. Observe que essas regras têm a mesma forma que as regras correspondentes para derivadas de funções de uma variável.

Regras algébricas para gradientes

1. *Regra da soma*: $\nabla(f+g) = \nabla f + \nabla g$
2. *Regra da diferença*: $\nabla(f-g) = \nabla f - \nabla g$
3. *Regra da multiplicação por constante*: $\nabla(kf) = k\nabla f$ (qualquer número k)
4. *Regra do produto*: $\nabla(fg) = f\nabla g + g\nabla f$
5. *Regra do quociente*: $\nabla\left(\frac{f}{g}\right) = \frac{g\nabla f - f\nabla g}{g^2}$

EXEMPLO 5 Ilustramos duas das regras com

$$f(x, y) = x - y \qquad g(x, y) = 3y$$
$$\nabla f = \mathbf{i} - \mathbf{j} \qquad \nabla g = 3\mathbf{j}.$$

Temos

1. $\nabla(f - g) = \nabla(x - 4y) = \mathbf{i} - 4\mathbf{j} = \nabla f - \nabla g$ Regra 2

2. $$\begin{aligned}\nabla(fg) &= \nabla(3xy - 3y^2) = 3y\mathbf{i} + (3x - 6y)\mathbf{j} \\ &= 3y(\mathbf{i} - \mathbf{j}) + 3y\mathbf{j} + (3x - 6y)\mathbf{j} \\ &= 3y(\mathbf{i} - \mathbf{j}) + (3x - 3y)\mathbf{j} \\ &= 3y(\mathbf{i} - \mathbf{j}) + (x - y)3\mathbf{j} = g\nabla f + f\nabla g\end{aligned}$$ Regra 4

Funções de três variáveis

Para uma função diferenciável $f(x, y, z)$ e um vetor unitário $\mathbf{u} = u_1\mathbf{i} + u_2\mathbf{j} + u_3\mathbf{k}$ no espaço, temos

$$\nabla f = \frac{\partial f}{\partial x}\mathbf{i} + \frac{\partial f}{\partial y}\mathbf{j} + \frac{\partial f}{\partial z}\mathbf{k}$$

e

$$D_{\mathbf{u}}f = \nabla f \cdot \mathbf{u} = \frac{\partial f}{\partial x}u_1 + \frac{\partial f}{\partial y}u_2 + \frac{\partial f}{\partial z}u_3.$$

A derivada direcional pode ser escrita novamente na forma

$$D_{\mathbf{u}}f = \nabla f \cdot \mathbf{u} = |\nabla f||u| \cos\theta = |\nabla f| \cos\theta,$$

assim as propriedades listadas anteriormente para funções de duas variáveis se estendem a três variáveis. Em qualquer ponto dado, f aumenta mais rapidamente na direção e sentido de ∇f e decresce mais rapidamente na direção e sentido de $-\nabla f$. Em qualquer direção ortogonal a ∇f, a derivada é zero.

EXEMPLO 6

(a) Encontre a derivada de $f(x, y, z) = x^3 - xy^2 - z$ em $P_0(1, 1, 0)$ na direção de $\mathbf{v} = 2\mathbf{i} - 3\mathbf{j} + 6\mathbf{k}$.

(b) Em quais direções f varia mais rapidamente em P_0, e quais são as taxas de variação nessas direções?

Solução

(a) O versor de $\mathbf{v}$ é obtido dividindo-se $\mathbf{v}$ por seu comprimento:

$$|\mathbf{v}| = \sqrt{(2)^2 + (-3)^2 + (6)^2} = \sqrt{49} = 7$$

$$\mathbf{u} = \frac{\mathbf{v}}{|\mathbf{v}|} = \frac{2}{7}\mathbf{i} - \frac{3}{7}\mathbf{j} + \frac{6}{7}\mathbf{k}.$$

As derivadas parciais de f em P_0 são

$$f_x = (3x^2 - y^2)_{(1,1,0)} = 2, \quad f_y = -2xy|_{(1,1,0)} = -2, \quad f_z = -1|_{(1,1,0)} = -1.$$

O gradiente de f em P_0 é

$$\nabla f|_{(1,1,0)} = 2\mathbf{i} - 2\mathbf{j} - \mathbf{k}.$$

A derivada de f em P_0 na direção de $\mathbf{v}$ é, portanto,

$$(D_{\mathbf{u}}f)_{(1,1,0)} = \nabla f|_{(1,1,0)} \cdot \mathbf{u} = (2\mathbf{i} - 2\mathbf{j} - \mathbf{k}) \cdot \left(\frac{2}{7}\mathbf{i} - \frac{3}{7}\mathbf{j} + \frac{6}{7}\mathbf{k}\right)$$

$$= \frac{4}{7} + \frac{6}{7} - \frac{6}{7} = \frac{4}{7}.$$

(b) A função aumenta mais rapidamente na direção e sentido de $\nabla f = 2\mathbf{i} - 2\mathbf{j} - \mathbf{k}$ e decresce mais rapidamente na direção e sentido de $-\nabla f$. As taxas de variação são, respectivamente,

$$|\nabla f| = \sqrt{(2)^2 + (-2)^2 + (-1)^2} = \sqrt{9} = 3 \quad \text{e} \quad -|\nabla f| = -3.$$

Exercícios 14.5

Cálculo de gradientes

Nos Exercícios 1-6, encontre o gradiente da função no ponto determinado. Em seguida, esboce o gradiente juntamente com a curva de nível que passa pelo ponto.

1. $f(x, y) = y - x, \quad (2, 1)$
2. $f(x, y) = \ln(x^2 + y^2), \quad (1, 1)$
3. $g(x, y) = xy^2, \quad (2, -1)$
4. $g(x, y) = \dfrac{x^2}{2} - \dfrac{y^2}{2}, \quad \left(\sqrt{2}, 1\right)$
5. $f(x, y) = \sqrt{2x + 3y}, \quad (-1, 2)$
6. $f(x, y) = \operatorname{tg}^{-1}\dfrac{\sqrt{x}}{y}, \quad (4, -2)$

Nos Exercícios 7-10, encontre ∇f no ponto dado.

7. $f(x, y, z) = x^2 + y^2 - 2z^2 + z\ln x, \quad (1, 1, 1)$
8. $f(x, y, z) = 2z^3 - 3(x^2 + y^2)z + \operatorname{tg}^{-1} xz, \quad (1, 1, 1)$
9. $f(x, y, z) = (x^2 + y^2 + z^2)^{-1/2} + \ln(xyz), \quad (-1, 2, -2)$
10. $f(x, y, z) = e^{x+y}\cos z + (y + 1)\operatorname{sen}^{-1} x, \quad (0, 0, \pi/6)$

Encontrando derivadas direcionais

Nos Exercícios 11-18, encontre as derivadas da função em P_0 na direção de $\mathbf{u}$.

11. $f(x, y) = 2xy - 3y^2, \quad P_0(5, 5), \quad \mathbf{u} = 4\mathbf{i} + 3\mathbf{j}$
12. $f(x, y) = 2x^2 + y^2, \quad P_0(-1, 1), \quad \mathbf{u} = 3\mathbf{i} - 4\mathbf{j}$
13. $g(x, y) = \dfrac{x - y}{xy + 2}, \quad P_0(1, -1), \quad \mathbf{u} = 12\mathbf{i} + 5\mathbf{j}$
14. $h(x, y) = \operatorname{tg}^{-1}(y/x) + \sqrt{3}\operatorname{sen}^{-1}(xy/2), \quad P_0(1, 1),$ $\mathbf{u} = 3\mathbf{i} - 2\mathbf{j}$
15. $f(x, y, z) = xy + yz + zx, \quad P_0(1, -1, 2), \quad \mathbf{u} = 3\mathbf{i} + 6\mathbf{j} - 2\mathbf{k}$
16. $f(x, y, z) = x^2 + 2y^2 - 3z^2, \quad P_0(1, 1, 1), \quad \mathbf{u} = \mathbf{i} + \mathbf{j} + \mathbf{k}$
17. $g(x, y, z) = 3e^x \cos yz, \quad P_0(0, 0, 0), \quad \mathbf{u} = 2\mathbf{i} + \mathbf{j} - 2\mathbf{k}$
18. $h(x, y, z) = \cos xy + e^{yz} + \ln zx, \quad P_0(1, 0, 1/2),$ $\mathbf{u} = \mathbf{i} + 2\mathbf{j} + 2\mathbf{k}$

Nos Exercícios 19-24, encontre as direções nas quais as funções aumentam e diminuem mais rapidamente em P_0. Em seguida, encontre as derivadas das funções nessas direções.

19. $f(x, y) = x^2 + xy + y^2, \quad P_0(-1, 1)$
20. $f(x, y) = x^2y + e^{xy}\operatorname{sen} y, \quad P_0(1, 0)$
21. $f(x, y, z) = (x/y) - yz, \quad P_0(4, 1, 1)$
22. $g(x, y, z) = xe^y + z^2, \quad P_0(1, \ln 2, 1/2)$
23. $f(x, y, z) = \ln xy + \ln yz + \ln xz, \quad P_0(1, 1, 1)$
24. $h(x, y, z) = \ln(x^2 + y^2 - 1) + y + 6z, \quad P_0(1, 1, 0)$

Retas tangentes a curvas de nível

Nos Exercícios 25-28, esboce a curva $f(x, y) = c$ juntamente com ∇f e a reta tangente no ponto dado. Em seguida, escreva uma equação para a reta tangente.

25. $x^2 + y^2 = 4, \quad \left(\sqrt{2}, \sqrt{2}\right)$
26. $x^2 - y = 1, \quad \left(\sqrt{2}, 1\right)$
27. $xy = -4, \quad (2, -2)$
28. $x^2 - xy + y^2 = 7, \quad (-1, 2)$

Teoria e exemplos

29. Seja $f(x, y) = x^2 - xy + y^2 - y$. Encontre as direções $\mathbf{u}$ e os valores de $D_{\mathbf{u}}f(1, -1)$ para os quais
    a. $D_{\mathbf{u}}f(1, -1)$ é máximo
    b. $D_{\mathbf{u}}f(1, -1)$ é mínimo
    c. $D_{\mathbf{u}}f(1, -1) = 0$
    d. $D_{\mathbf{u}}f(1, -1) = 4$
    e. $D_{\mathbf{u}}f(1, -1) = -3$
30. Seja $f(x, y) = \dfrac{(x - y)}{(x + y)}$. Encontre as direções $\mathbf{u}$ e os valores de $D_{\mathbf{u}}f\left(-\dfrac{1}{2}, \dfrac{3}{2}\right)$ para os quais
    a. $D_{\mathbf{u}}f\left(-\dfrac{1}{2}, \dfrac{3}{2}\right)$ é máximo
    b. $D_{\mathbf{u}}f\left(-\dfrac{1}{2}, \dfrac{3}{2}\right)$ é mínimo

c. $D_{\mathbf{u}} f\left(-\frac{1}{2}, \frac{3}{2}\right) = 0$

d. $D_{\mathbf{u}} f\left(-\frac{1}{2}, \frac{3}{2}\right) = -2$

e. $D_{\mathbf{u}} f\left(-\frac{1}{2}, \frac{3}{2}\right) = 1$

31. **Derivada direcional zero** Em qual direção a derivada de $f(x, y) = xy + y^2$ em $P(3, 2)$ é igual a zero?

32. **Derivada direcional zero** Em quais direções a derivada de $f(x, y) = (x^2 - y^2)/(x^2 + y^2)$ em $P(1, 1)$ é igual a zero?

33. Existe uma direção **u** na qual a taxa de variação de $f(x, y) = x^2 - 3xy + 4y^2$ em $P(1, 2)$ é igual a 14? Justifique sua resposta.

34. **Variação de temperatura ao longo de uma circunferência** Existe uma direção **u** na qual a taxa de variação da função de temperatura $T(x, y, z) = 2xy - yz$ (temperatura em graus Celsius, distância em pés) em $P(1, -1, 1)$ é -3°C/pés? Justifique sua resposta.

35. A derivada de $f(x, y)$ em $P_0(1, 2)$ na direção de $\mathbf{i} + \mathbf{j}$ é $2\sqrt{2}$ e na direção de $-2\mathbf{j}$ é -3. Qual é a derivada de f na direção de $-\mathbf{i} - 2\mathbf{j}$? Justifique sua resposta.

36. A derivada de $f(x, y, z)$ em um ponto P é máxima na direção de $\mathbf{v} = \mathbf{i} + \mathbf{j} - \mathbf{k}$. Nessa direção, o valor da derivada é $2\sqrt{3}$.
    a. Quem é ∇f em P? Justifique sua resposta.
    b. Qual é a derivada de f em P na direção de $\mathbf{i} + \mathbf{j}$?

37. **Derivadas direcionais e componentes escalares** Como é a derivada de uma função diferenciável $f(x, y, z)$ em um ponto P_0 na direção de um vetor unitário **u** relacionado ao componente escalar de $(\nabla f)_{P_0}$ na direção de **u**? Justifique sua resposta.

38. **Derivadas direcionais e derivadas parciais** Assumindo que as derivadas necessárias de $f(x, y, z)$ são definidas, como $D_{\mathbf{i}}f$, $D_{\mathbf{j}}f$ e $D_{\mathbf{k}}f$ estão relacionadas a f_x, f_y e f_z? Justifique sua resposta.

39. **Retas no plano xy** Mostre que $A(x - x_0) + B(y - y_0) = 0$ é uma equação para a reta no plano xy passando pelo ponto (x_0, y_0) normal ao vetor $\mathbf{N} = A\mathbf{i} + B\mathbf{j}$.

40. **Regras algébricas para gradientes** Dada uma constante k e os gradientes

$$\nabla f = \frac{\partial f}{\partial x}\mathbf{i} + \frac{\partial f}{\partial y}\mathbf{j} + \frac{\partial f}{\partial z}\mathbf{k}, \qquad \nabla g = \frac{\partial g}{\partial x}\mathbf{i} + \frac{\partial g}{\partial y}\mathbf{j} + \frac{\partial g}{\partial z}\mathbf{k},$$

estabeleça as regras algébricas para gradientes.

14.6 Planos tangentes e diferenciais

Nesta seção, definiremos o plano tangente em um ponto em uma superfície lisa no espaço. Em seguida, mostraremos como calcular uma equação do plano tangente a partir das derivadas parciais da função definindo a superfície. Essa ideia é semelhante à definição da reta tangente em um ponto em uma curva no plano de coordenadas para funções de uma variável (Seção 3.1). Na sequência, estudaremos a diferencial total e a linearização de funções de várias variáveis.

Planos tangentes e retas normais

Se $\mathbf{r} = g(t)\mathbf{i} + h(t)\mathbf{j} + k(t)\mathbf{k}$ é uma curva lisa na superfície de nível $f(x, y, z) = c$ de uma função diferenciável f, então $f(g(t), h(t), k(t)) = c$. Diferenciando ambos os lados dessa equação com relação a t, temos

$$\frac{d}{dt} f(g(t), h(t), k(t)) = \frac{d}{dt}(c)$$

$$\frac{\partial f}{\partial x}\frac{dg}{dt} + \frac{\partial f}{\partial y}\frac{dh}{dt} + \frac{\partial f}{\partial z}\frac{dk}{dt} = 0 \qquad \text{Regra da cadeia}$$

$$\underbrace{\left(\frac{\partial f}{\partial x}\mathbf{i} + \frac{\partial f}{\partial y}\mathbf{j} + \frac{\partial f}{\partial z}\mathbf{k}\right)}_{\nabla f} \cdot \underbrace{\left(\frac{dg}{dt}\mathbf{i} + \frac{dh}{dt}\mathbf{j} + \frac{dk}{dt}\mathbf{k}\right)}_{d\mathbf{r}/dt} = 0. \qquad (1)$$

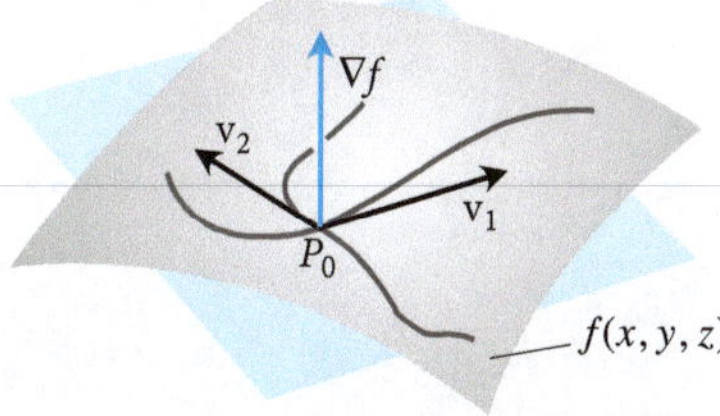

FIGURA 14.32 O gradiente ∇f é ortogonal ao vetor velocidade de toda curva lisa na superfície passando por P_0. O vetor velocidade em P_0, portanto, está em um plano comum, que denominamos plano tangente em P_0.

Em todo ponto ao longo da curva, ∇f é ortogonal ao vetor velocidade da curva.

Vamos agora restringir nossa atenção às curvas que passam por P_0 (Figura 14.32). Todos os vetores velocidade em P_0 são ortogonais a ∇f em P_0, portanto as retas tangentes das curvas estão todas no plano passando por P_0 normais a ∇f. Definiremos agora esse plano.

DEFINIÇÕES O **plano tangente** ao ponto $P_0(x_0, y_0, z_0)$ na superfície de nível $f(x, y, z) = c$ de uma função diferenciável f é o plano passando por P_0 normal a $\nabla f|_{P_0}$.

A **reta normal** da superfície em P_0 é a reta passando por P_0 paralela a $\nabla f|_{P_0}$.

Da Seção 12.5, o plano tangente e a reta normal têm as seguintes equações:

Plano tangente a $f(x, y, z) = c$ em $P_0(x_0, y_0, z_0)$

$$f_x(P_0)(x - x_0) + f_y(P_0)(y - y_0) + f_z(P_0)(z - z_0) = 0 \quad (2)$$

Reta normal a $f(x, y, z) = c$ em $P_0(x_0, y_0, z_0)$

$$x = x_0 + f_x(P_0)t, \quad y = y_0 + f_y(P_0)t, \quad z = z_0 + f_z(P_0)t \quad (3)$$

EXEMPLO 1 Encontre o plano tangente e a reta normal da superfície

$$f(x, y, z) = x^2 + y^2 + z - 9 = 0$$ Paraboloide circular

no ponto $P_0(1, 2, 4)$.

Solução A superfície é mostrada na Figura 14.33.

O plano tangente é o plano passando por P_0 perpendicular ao gradiente de f em P_0. O gradiente é

$$\nabla f|_{P_0} = (2x\mathbf{i} + 2y\mathbf{j} + \mathbf{k})_{(1,2,4)} = 2\mathbf{i} + 4\mathbf{j} + \mathbf{k}.$$

O plano tangente é, portanto, o plano

$$2(x - 1) + 4(y - 2) + (z - 4) = 0 \quad \text{ou} \quad 2x + 4y + z = 14.$$

A reta normal à superfície em P_0 é

$$x = 1 + 2t, \quad y = 2 + 4t, \quad z = 4 + t.$$

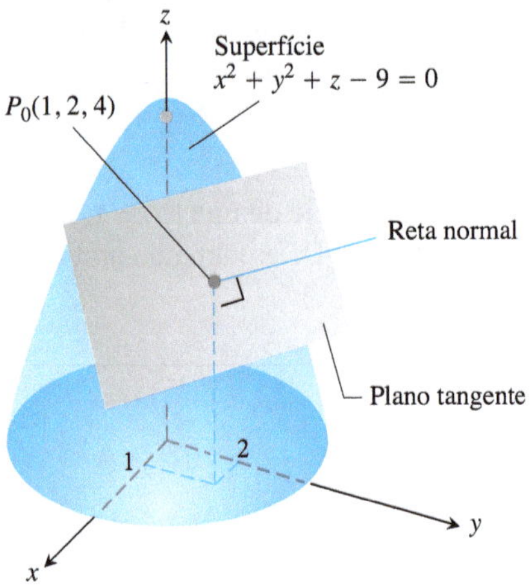

FIGURA 14.33 Plano tangente e reta normal a essa superfície em P_0 (Exemplo 1).

Para encontrar uma equação para o plano tangente a uma superfície lisa $z = f(x, y)$ em um ponto $P_0(x_0, y_0, z_0)$ onde $z_0 = f(x_0, y_0)$, observamos primeiro que a equação $z = f(x, y)$ é equivalente a $f(x, y) - z = 0$. A superfície $z = f(x, y)$ é, portanto, a superfície de nível zero da função $F(x, y, z) = f(x, y) - z$. As derivadas parciais de F são

$$F_x = \frac{\partial}{\partial x}(f(x, y) - z) = f_x - 0 = f_x$$

$$F_y = \frac{\partial}{\partial y}(f(x, y) - z) = f_y - 0 = f_y$$

$$F_z = \frac{\partial}{\partial z}(f(x, y) - z) = 0 - 1 = -1.$$

A fórmula

$$F_x(P_0)(x - x_0) + F_y(P_0)(y - y_0) + F_z(P_0)(z - z_0) = 0$$

para o plano tangente à superfície de nível em P_0, portanto, é reduzida para

$$f_x(x_0, y_0)(x - x_0) + f_y(x_0, y_0)(y - y_0) - (z - z_0) = 0.$$

Plano tangente a uma superfície $z = f(x, y)$ em $(x_0, y_0, f(x_0, y_0))$

O plano tangente à superfície $z = f(x, y)$ de uma função diferenciável f no ponto $P_0(x_0, y_0, z_0) = (x_0, y_0, f(x_0, y_0))$ é

$$f_x(x_0, y_0)(x - x_0) + f_y(x_0, y_0)(y - y_0) - (z - z_0) = 0. \quad (4)$$

EXEMPLO 2 Encontre o plano tangente à superfície $z = x \cos y - ye^x$ em $(0, 0, 0)$.

Solução Calculamos as derivadas parciais de $f(x, y) = x \cos y - ye^x$ e utilizamos a Equação 4:

$$f_x(0, 0) = (\cos y - ye^x)_{(0,0)} = 1 - 0 \cdot 1 = 1$$
$$f_y(0, 0) = (-x \operatorname{sen} y - e^x)_{(0,0)} = 0 - 1 = -1.$$

O plano tangente é, portanto,

$$1 \cdot (x - 0) - 1 \cdot (y - 0) - (z - 0) = 0 \qquad \text{Equação 4}$$

ou

$$x - y - z = 0.$$

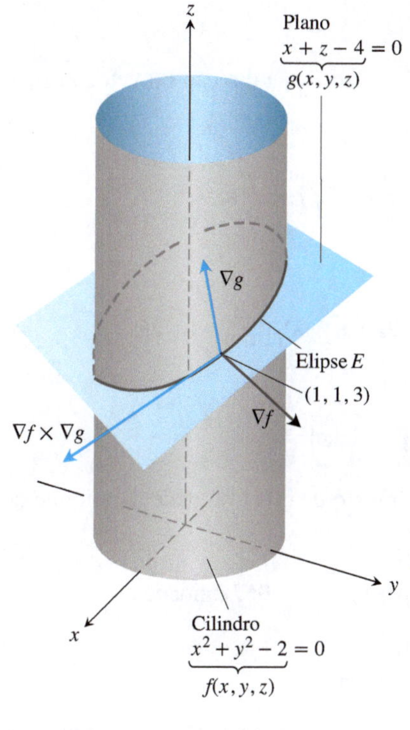

FIGURA 14.34 Cilindro e plano se cruzam em uma elipse E (Exemplo 3).

EXEMPLO 3 As superfícies

$$f(x, y, z) = x^2 + y^2 - 2 = 0 \qquad \text{Cilindro}$$

e

$$g(x, y, z) = x + z - 4 = 0 \qquad \text{Plano}$$

se encontram em uma elipse E (Figura 14.34). Encontre equações paramétricas para a reta tangente a E no ponto $P_0(1, 1, 3)$.

Solução A reta tangente é ortogonal tanto a ∇f quanto a ∇g em P_0 e, portanto, paralela a $\mathbf{v} = \nabla f \times \nabla g$. Os componentes de $\mathbf{v}$ e as coordenadas de P_0 nos fornecem equações para a reta. Temos

$$\nabla f|_{(1,1,3)} = (2x\mathbf{i} + 2y\mathbf{j})_{(1,1,3)} = 2\mathbf{i} + 2\mathbf{j}$$
$$\nabla g|_{(1,1,3)} = (\mathbf{i} + \mathbf{k})_{(1,1,3)} = \mathbf{i} + \mathbf{k}$$
$$\mathbf{v} = (2\mathbf{i} + 2\mathbf{j}) \times (\mathbf{i} + \mathbf{k}) = \begin{vmatrix} \mathbf{i} & \mathbf{j} & \mathbf{k} \\ 2 & 2 & 0 \\ 1 & 0 & 1 \end{vmatrix} = 2\mathbf{i} - 2\mathbf{j} - 2\mathbf{k}.$$

A reta tangente é

$$x = 1 + 2t, \qquad y = 1 - 2t, \qquad z = 3 - 2t.$$

Estimando a variação em uma direção específica

A derivada direcional desempenha o papel de uma derivada comum quando desejamos estimar quanto o valor de uma função f varia se nos movemos por uma pequena distância ds a partir de um ponto P_0 até um outro ponto próximo. Se f fosse uma função de uma variável, teríamos

$$df = f'(P_0)\, ds. \qquad \text{Derivada comum} \times \text{incremento}$$

Para uma função de duas ou mais variáveis, utilizamos a fórmula

$$df = (\nabla f|_{P_0} \cdot \mathbf{u})\, ds, \qquad \text{Derivada direcional} \times \text{incremento}$$

onde $\mathbf{u}$ é a direção do movimento para longe de P_0.

Calculando a variação em f em uma direção u

Para calcular a variação no valor de uma função diferenciável f quando nos movemos por uma pequena distância ds de um ponto P_0 em uma direção em particular $\mathbf{u}$, utilizamos a fórmula

$$df = \underbrace{(\nabla f|_{P_0} \cdot \mathbf{u})}_{\text{Derivada direcional}} \underbrace{ds}_{\text{Incremento da distância}}$$

EXEMPLO 4 Calcule quanto o valor de

$$f(x, y, z) = y \text{ sen } x + 2yz$$

irá variar se o ponto $P(x, y, z)$ se move 0,1 unidade de $P_0(0, 1, 0)$ diretamente a $P_1(2, 2, -2)$.

Solução Encontramos primeiro a derivada de f em P_0 na direção do vetor $\overrightarrow{P_0P_1} = 2\mathbf{i} + \mathbf{j} - 2\mathbf{k}$. O versor desse vetor é

$$\mathbf{u} = \frac{\overrightarrow{P_0P_1}}{|\overrightarrow{P_0P_1}|} = \frac{\overrightarrow{P_0P_1}}{3} = \frac{2}{3}\mathbf{i} + \frac{1}{3}\mathbf{j} - \frac{2}{3}\mathbf{k}.$$

O gradiente de f em P_0 é

$$\nabla f|_{(0, 1, 0)} = ((y \cos x)\mathbf{i} + (\text{sen } x + 2z)\mathbf{j} + 2y\mathbf{k})_{(0, 1, 0)} = \mathbf{i} + 2\mathbf{k}.$$

Portanto,

$$\nabla f|_{P_0} \cdot \mathbf{u} = (\mathbf{i} + 2\mathbf{k}) \cdot \left(\frac{2}{3}\mathbf{i} + \frac{1}{3}\mathbf{j} - \frac{2}{3}\mathbf{k}\right) = \frac{2}{3} - \frac{4}{3} = -\frac{2}{3}.$$

A variação df em f que resulta do movimento $ds = 0{,}1$ unidade para longe de P_0 na direção de $\mathbf{u}$ é aproximadamente

$$df = (\nabla f|_{P_0} \cdot \mathbf{u})(ds) = \left(-\frac{2}{3}\right)(0{,}1) \approx -0{,}067 \text{ unidade.}$$

Como linearizar uma função de duas variáveis

Funções de duas variáveis podem ser complicadas, e algumas vezes precisamos aproximá-las com funções mais simples que proporcionem a precisão necessária para aplicações específicas sem apresentar dificuldade para se trabalhar com elas. Fazemos isso de forma semelhante à maneira que encontramos substituições lineares para funções de uma variável (Seção 3.11).

Suponha que a função que desejamos aproximar seja $z = f(x, y)$ próximo a um ponto (x_0, y_0) no qual conhecemos os valores de f, f_x e f_y e nos quais f é diferenciável. Se nos movemos de (x_0, y_0) a qualquer ponto próximo (x, y) pelos incrementos $\Delta x = x - x_0$ e $\Delta y = y - y_0$ (veja a Figura 14.35), então a definição de diferenciabilidade da Seção 14.3 fornece a variação

$$f(x, y) - f(x_0, y_0) = f_x(x_0, y_0)\Delta x + f_y(x_0, y_0)\Delta y + \epsilon_1 \Delta x + \epsilon_2 \Delta y,$$

onde $\epsilon_1, \epsilon_2 \to 0$ quando $\Delta x, \Delta y \to 0$. Se os incrementos Δx e Δy forem pequenos, os produtos $\epsilon_1 \Delta x$ e $\epsilon_2 \Delta y$ serão menores ainda, e temos a aproximação

$$f(x, y) \approx \underbrace{f(x_0, y_0) + f_x(x_0, y_0)(x - x_0) + f_y(x_0, y_0)(y - y_0)}_{L(x, y)}.$$

Em outras palavras, desde que Δx e Δy sejam pequenos, f terá aproximadamente o mesmo valor que a função linear L.

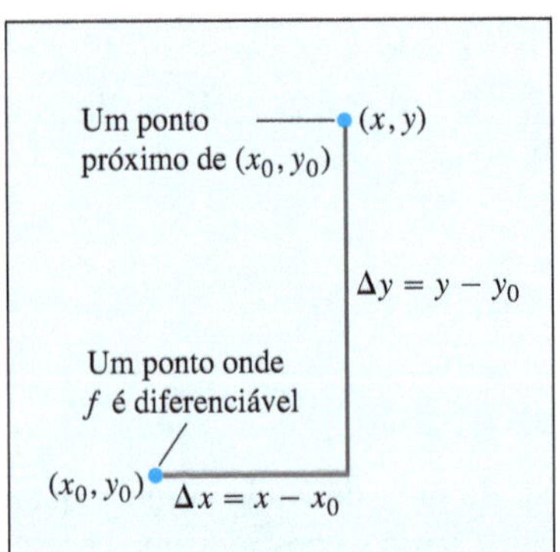

FIGURA 14.35 Se f é diferenciável em (x_0, y_0), então o valor de f em qualquer ponto (x, y) próximo é aproximadamente $f(x_0, y_0) + f_x(x_0, y_0)\Delta x + f_y(x_0, y_0)\Delta y$.

DEFINIÇÕES A **linearização** de uma função $f(x, y)$ em um ponto (x_0, y_0) onde f é diferenciável é a função

$$L(x, y) = f(x_0, y_0) + f_x(x_0, y_0)(x - x_0) + f_y(x_0, y_0)(y - y_0). \quad (5)$$

A aproximação

$$f(x, y) \approx L(x, y)$$

é a **aproximação linear padrão** de f em (x_0, y_0).

A partir da Equação 4, descobrimos que o plano $z = L(x, y)$ é tangente à superfície $z = f(x, y)$ no ponto (x_0, y_0). Assim, a linearização de uma função de duas variáveis é uma aproximação por *plano* tangente, da mesma forma que a linearização de uma função de uma variável é uma aproximação por *reta* tangente. (Veja o Exercício 63.)

EXEMPLO 5 Encontre a linearização de

$$f(x, y) = x^2 - xy + \frac{1}{2}y^2 + 3$$

no ponto (3, 2).

Solução Primeiro avaliamos f, f_x e f_y no ponto $(x_0, y_0) = (3, 2)$:

$$f(3, 2) = \left(x^2 - xy + \frac{1}{2}y^2 + 3\right)_{(3,2)} = 8$$

$$f_x(3, 2) = \frac{\partial}{\partial x}\left(x^2 - xy + \frac{1}{2}y^2 + 3\right)_{(3,2)} = (2x - y)_{(3,2)} = 4$$

$$f_y(3, 2) = \frac{\partial}{\partial y}\left(x^2 - xy + \frac{1}{2}y^2 + 3\right)_{(3,2)} = (-x + y)_{(3,2)} = -1,$$

proporcionando

$$\begin{aligned} L(x, y) &= f(x_0, y_0) + f_x(x_0, y_0)(x - x_0) + f_y(x_0, y_0)(y - y_0) \\ &= 8 + (4)(x - 3) + (-1)(y - 2) = 4x - y - 2. \end{aligned}$$

A linearização de f em (3, 2) é $L(x, y) = 4x - y - 2$.

Ao aproximar uma função diferenciável $f(x, y)$ por sua linearização $L(x, y)$ em (x_0, y_0), uma questão importante é quão precisa a aproximação pode ser.

Se podemos encontrar um limitante superior comum M para $|f_{xx}|$, $|f_{yy}|$ e $|f_{xy}|$ em um retângulo R centrado em (x_0, y_0) (Figura 14.36), então podemos delimitar o erro E por todo R utilizando uma fórmula simples (deduzida na Seção 14.9). O **erro** é definido por $E(x, y) = f(x, y) - L(x, y)$.

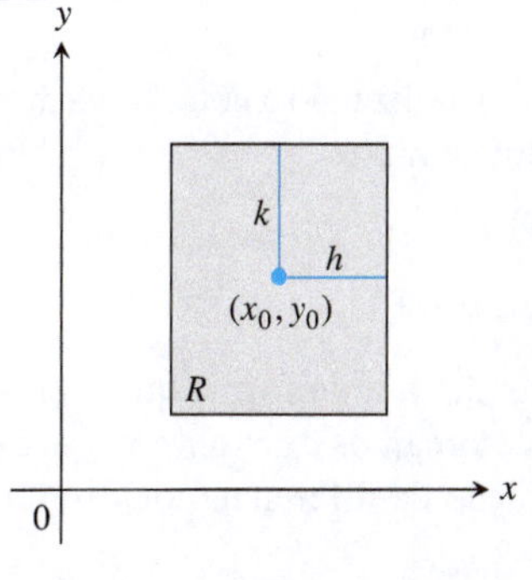

FIGURA 14.36 Região retangular R: $|x - x_0| \leq h$, $|y - y_0| \leq k$ no plano xy.

Erro na aproximação linear padrão

Se f possui primeira e segunda derivadas parciais sobre um conjunto aberto contendo um retângulo R centrado em (x_0, y_0) e se M é qualquer limitante superior para os valores de $|f_{xx}|$, $|f_{yy}|$ e $|f_{xy}|$ em R, então o erro $E(x, y)$ incorrido na substituição de $f(x, y)$ em R por sua linearização

$$L(x, y) = f(x_0, y_0) + f_x(x_0, y_0)(x - x_0) + f_y(x_0, y_0)(y - y_0)$$

satisfaz a desigualdade

$$|E(x, y)| \leq \frac{1}{2}M(|x - x_0| + |y - y_0|)^2.$$

Para tornar $|E(x, y)|$ pequeno para um M determinado, simplesmente fazemos $|x - x_0|$ e $|y - y_0|$ pequenos.

EXEMPLO 6 Encontre um limitante superior para o erro na aproximação $f(x, y) \approx L(x, y)$ no Exemplo 5 sobre o retângulo

$$R: |x - 3| \leq 0{,}1, \quad |y - 2| \leq 0{,}1.$$

Expresse o limitante superior como um percentual de $f(3, 2)$, o valor de f no centro do retângulo.

Solução Utilizamos a desigualdade

$$|E(x, y)| \leq \frac{1}{2}M(|x - x_0| + |y - y_0|)^2.$$

Para encontrar um valor adequado para M, calculamos f_{xx}, f_{xy} e f_{yy}, descobrindo, após uma diferenciação de rotina, que todas as três derivadas são constantes, com valores

$$|f_{xx}| = |2| = 2, \quad |f_{xy}| = |-1| = 1, \quad |f_{yy}| = |1| = 1.$$

O maior deles é 2, portanto podemos seguramente tomar M como sendo 2. Com $(x_0, y_0) = (3, 2)$, sabemos que, sobre R,

$$|E(x, y)| \leq \frac{1}{2}(2)(|x - 3| + |y - 2|)^2 = (|x - 3| + |y - 2|)^2.$$

Por fim, uma vez que $|x - 3| \leq 0{,}1$ e $|y - 2| \leq 0{,}1$ em R, temos

$$|E(x, y)| \leq (0{,}1 + 0{,}1)^2 = 0{,}04.$$

Como um percentual de $f(3, 2) = 8$, o erro não é maior que

$$\frac{0{,}04}{8} \times 100 = 0{,}5\%.$$

Diferenciais

Lembre-se da Seção 3.11 que para uma função de uma variável, $y = f(x)$, definimos a variação em f quando x varia entre a e $a + \Delta x$ por

$$\Delta f = f(a + \Delta x) - f(a)$$

e a diferencial de f como

$$df = f'(a)\Delta x.$$

Consideramos agora a diferencial de uma função de duas variáveis.

Suponha que uma função diferenciável $f(x, y)$ e suas derivadas parciais existam em um ponto (x_0, y_0). Se nos movermos a um ponto próximo $(x_0 + \Delta x, y_0 + \Delta y)$, a variação em f é

$$\Delta f = f(x_0 + \Delta x, y_0 + \Delta y) - f(x_0, y_0).$$

Um cálculo direto a partir da definição de $L(x, y)$, utilizando a notação $x - x_0 = \Delta x$ e $y - y_0 = \Delta y$, mostra que a variação correspondente em L é

$$\begin{aligned}\Delta L &= L(x_0 + \Delta x, y_0 + \Delta y) - L(x_0, y_0)\\ &= f_x(x_0, y_0)\Delta x + f_y(x_0, y_0)\Delta y.\end{aligned}$$

As **diferenciais** dx e dy são variáveis independentes, de forma que a elas podem ser atribuídos quaisquer valores. Geralmente, tomamos $dx = \Delta x = x - x_0$ e $dy = \Delta y = y - y_0$. Em seguida, temos a seguinte definição da diferencial ou diferencial *total* de f.

> **DEFINIÇÃO** Se nos movermos de (x_0, y_0) a um ponto $(x_0 + dx, y_0 + dy)$ próximo, a variação resultante
>
> $$df = f_x(x_0, y_0)\, dx + f_y(x_0, y_0)\, dy$$
>
> na linearização de f é denominada **diferencial total de f**.

EXEMPLO 7 Suponha que uma lata em formato cilíndrico seja projetada para ter um raio de 1 pol. e uma altura de 5 pol., mas que o raio e a altura estejam com erros de $dr = +0{,}03$ e $dh = -0{,}1$. Calcule a variação absoluta resultante no volume da lata.

Solução Para calcular a variação absoluta em $V = \pi r^2 h$, utilizamos

$$\Delta V \approx dV = V_r(r_0, h_0)\, dr + V_h(r_0, h_0)\, dh.$$

Com $V_r = 2\pi rh$ e $V_h = \pi r^2$, obtemos

$$\begin{aligned} dV &= 2\pi r_0 h_0\, dr + \pi r_0^2 dh = 2\pi(1)(5)(0{,}03) + \pi(1)^2(-0{,}1) \\ &= 0{,}3\pi - 0{,}1\pi = 0{,}2\pi \approx 0{,}63 \text{ pol.}^3 \end{aligned}$$

EXEMPLO 8 Sua empresa fabrica tanques cilíndricos circulares retos para o armazenamento de melaço, com 25 pés de altura e raio de 5 pés. Qual a suscetibilidade dos volumes dos tanques a pequenas variações na altura e no raio?

Solução Com $V = \pi r^2 h$, a diferencial total fornece a aproximação para a variação no volume como

$$\begin{aligned} dV &= V_r(5, 25)\, dr + V_h(5, 25)\, dh \\ &= (2\pi rh)_{(5,\,25)}\, dr + (\pi r^2)_{(5,\,25)}\, dh \\ &= 250\pi\, dr + 25\pi\, dh. \end{aligned}$$

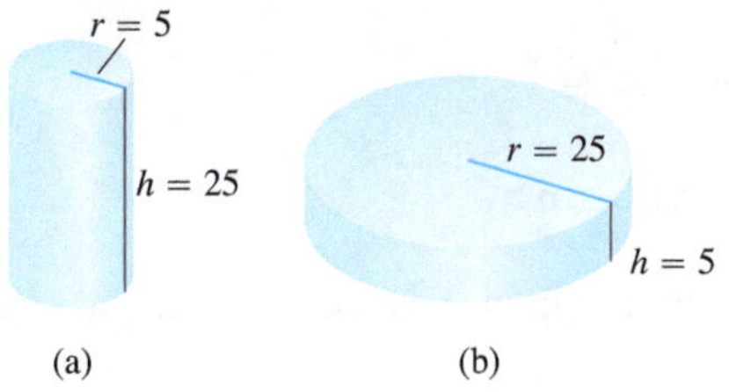

FIGURA 14.37 O volume do cilindro (a) é mais suscetível a uma pequena variação em r do que a uma igualmente pequena variação em h. O volume do cilindro (b) é mais suscetível a pequenas alterações em h do que a pequenas alterações em r (Exemplo 8).

Assim, uma variação de 1 unidade em r irá variar V em cerca de 250π unidades. Uma variação de 1 unidade em h irá variar V em cerca de 25π unidades. O volume do tanque é 10 vezes mais sensível a uma pequena variação em r do que para uma pequena variação de igual dimensão em h. Como um engenheiro do controle de qualidade responsável por certificar-se de que os tanques tenham o volume correto, você desejaria prestar atenção em especial aos seus raios.

Em contraste, se os valores de r e h forem invertidos para formar $r = 25$ e $h = 5$, então a diferencial total em V se torna

$$dV = (2\pi rh)_{(25,\,5)}\, dr + (\pi r^2)_{(25,\,5)}\, dh = 250\pi\, dr + 625\pi\, dh.$$

Agora o volume é mais suscetível a variações em h do que em r (Figura 14.37).

A regra geral é que funções são mais suscetíveis a pequenas variações nas variáveis que geram as maiores derivadas parciais.

EXEMPLO 9 O volume $V = \pi r^2 h$ de um cilindro circular reto será calculado a partir de valores mensurados de r e h. Suponha que r seja mensurado com um erro que não seja superior a 2% e h com um erro que não seja superior a 0,5%. Calcule o possível percentual de erro resultante no cálculo de V.

Solução Somos informados de que

$$\left|\frac{dr}{r} \times 100\right| \le 2 \qquad \text{e} \qquad \left|\frac{dh}{h} \times 100\right| \le 0{,}5.$$

Uma vez que

$$\frac{dV}{V} = \frac{2\pi rh\, dr + \pi r^2\, dh}{\pi r^2 h} = \frac{2\,dr}{r} + \frac{dh}{h},$$

temos

$$\begin{aligned}\left|\frac{dV}{V}\right| &= \left|2\frac{dr}{r} + \frac{dh}{h}\right| \\ &\leq \left|2\frac{dr}{r}\right| + \left|\frac{dh}{h}\right| \\ &\leq 2(0{,}02) + 0{,}005 = 0{,}045.\end{aligned}$$

Estimamos o erro no cálculo de volume como sendo no máximo 4,5%.

Funções de mais do que duas variáveis

Resultados análogos são aplicáveis para funções diferenciáveis de mais do que duas variáveis.

1. A **linearização** de $f(x, y, z)$ em um ponto $P_0(x_0, y_0, z_0)$ é

$$L(x, y, z) = f(P_0) + f_x(P_0)(x - x_0) + f_y(P_0)(y - y_0) + f_z(P_0)(z - z_0).$$

2. Suponha que R seja um sólido retangular fechado centrado em P_0 e contido em uma região aberta na qual as segundas derivadas parciais de f sejam contínuas. Suponha também que $|f_{xx}|$, $|f_{yy}|$, $|f_{zz}|$, $|f_{xy}|$, $|f_{xz}|$ e $|f_{yz}|$ sejam todos menores ou iguais a M em R. Então, o **erro** $E(x, y, z) = f(x, y, z) - L(x, y, z)$ na aproximação de f por L é limitado em R pela desigualdade

$$|E| \leq \frac{1}{2}M(|x - x_0| + |y - y_0| + |z - z_0|)^2.$$

3. Se as segundas derivadas parciais de f forem contínuas e se x, y e z variarem entre x_0, y_0 e z_0 por pequenas quantidades dx, dy e dz, a **diferencial total**

$$df = f_x(P_0)\,dx + f_y(P_0)\,dy + f_z(P_0)\,dz$$

fornece uma boa aproximação da variação resultante em f.

EXEMPLO 10 Encontre a linearização $L(x, y, z)$ de

$$f(x, y, z) = x^2 - xy + 3 \text{ sen } z$$

no ponto $(x_0, y_0, z_0) = (2, 1, 0)$. Encontre um limite superior para o erro incorrido na substituição de f por L no retângulo

$$R\colon |x - 2| \leq 0{,}01, \quad |y - 1| \leq 0{,}02, \quad |z| \leq 0{,}01.$$

Solução Cálculos de rotina proporcionam

$$f(2, 1, 0) = 2, \qquad f_x(2, 1, 0) = 3, \qquad f_y(2, 1, 0) = -2, \qquad f_z(2, 1, 0) = 3.$$

Assim,

$$L(x, y, z) = 2 + 3(x - 2) + (-2)(y - 1) + 3(z - 0) = 3x - 2y + 3z - 2.$$

Uma vez que

$$f_{xx} = 2, \qquad f_{yy} = 0, \qquad f_{zz} = -3 \text{ sen } z, \qquad f_{xy} = -1, \qquad f_{xz} = 0, \qquad f_{yz} = 0$$

e $|-3 \text{ sen } z| \leq 3 \text{ sen } 0{,}01 \approx 0{,}03$, podemos determinar $M = 2$ como um limitante nas segundas derivadas parciais. Consequentemente, o erro incorrido pela substituição de f por L em R satisfaz

$$|E| \leq \frac{1}{2}(2)(0{,}01 + 0{,}02 + 0{,}01)^2 = 0{,}0016.$$

Exercícios 14.6

Planos tangentes e retas normais a superfícies

Nos Exercícios 1-8, encontre equações para

a. o plano tangente e

b. a reta normal no ponto P_0 na superfície determinada.

1. $x^2 + y^2 + z^2 = 3, \quad P_0(1, 1, 1)$

2. $x^2 + y^2 - z^2 = 18, \quad P_0(3, 5, -4)$

3. $2z - x^2 = 0, \quad P_0(2, 0, 2)$

4. $x^2 + 2xy - y^2 + z^2 = 7, \quad P_0(1, -1, 3)$

5. $\cos \pi x - x^2y + e^{xz} + yz = 4, \quad P_0(0, 1, 2)$

6. $x^2 - xy - y^2 - z = 0, \quad P_0(1, 1, -1)$

7. $x + y + z = 1, \quad P_0(0, 1, 0)$

8. $x^2 + y^2 - 2xy - x + 3y - z = -4, \quad P_0(2, -3, 18)$

Nos Exercícios 9-12, encontre uma equação para o plano tangente à superfície determinada no ponto dado.

9. $z = \ln(x^2 + y^2), \quad (1, 0, 0)$

10. $z = e^{-(x^2+y^2)}, \quad (0, 0, 1)$

11. $z = \sqrt{y - x}, \quad (1, 2, 1)$

12. $z = 4x^2 + y^2, \quad (1, 1, 5)$

Retas tangentes a curvas espaciais

Nos Exercícios 13-18, encontre equações paramétricas para a reta tangente à curva de interseção das superfícies no ponto determinado.

13. Superfícies: $x + y^2 + 2z = 4, \quad x = 1$
Ponto: $(1, 1, 1)$

14. Superfícies: $xyz = 1, \quad x^2 + 2y^2 + 3z^2 = 6$
Ponto: $(1, 1, 1)$

15. Superfícies: $x^2 + 2y + 2z = 4, \quad y = 1$
Ponto: $(1, 1, 1/2)$

16. Superfícies: $x + y^2 + z = 2, \quad y = 1$
Ponto: $(1/2, 1, 1/2)$

17. Superfícies: $x^3 + 3x^2y^2 + y^3 + 4xy - z^2 = 0,$
$x^2 + y^2 + z^2 = 11$
Ponto: $(1, 1, 3)$

18. Superfícies: $x^2 + y^2 = 4, \quad x^2 + y^2 - z = 0$
Ponto: $(\sqrt{2}, \sqrt{2}, 4)$

Estimativa da variação

19. Em cerca de quanto

$$f(x, y, z) = \ln\sqrt{x^2 + y^2 + z^2}$$

irá variar se o ponto $P(x, y, z)$ se mover de $P_0(3, 4, 12)$ uma distância de $ds = 0{,}1$ unidade na direção de $3\mathbf{i} + 6\mathbf{j} - 2\mathbf{k}$?

20. Em cerca de quanto

$$f(x, y, z) = e^x \cos yz$$

irá variar se o ponto $P(x, y, z)$ se mover, a partir da origem, uma distância de $ds = 0{,}1$ unidade na direção de $2\mathbf{i} + 2\mathbf{j} - 2\mathbf{k}$?

21. Em cerca de quanto

$$g(x, y, z) = x + x\cos z - y \operatorname{sen} z + y$$

irá variar se o ponto $P(x, y, z)$ se mover de $P_0(2, -1, 0)$ uma distância de $ds = 0{,}2$ unidade na direção de $P_1(0, 1, 2)$?

22. Em cerca de quanto

$$h(x, y, z) = \cos(\pi xy) + xz^2$$

irá variar se o ponto $P(x, y, z)$ se mover de $P_0(-1, -1, -1)$ uma distância de $ds = 0{,}1$ unidade na direção da origem?

23. Variação de temperatura ao longo de uma circunferência Suponha que a temperatura em Celsius no ponto (x, y) no plano xy seja $T(x, y) = x \operatorname{sen} 2y$ e a distância no plano xy seja mensurada em metros. Uma partícula está se movendo em *sentido horário* ao redor de uma circunferência de raio de 1 m centrada na origem na taxa constante de 2 m/s.

a. Qual é a velocidade da variação de temperatura apresentada pela partícula, em graus Celsius por metro, no ponto $P(1/2, \sqrt{3}/2)$?

b. Qual é a velocidade da variação de temperatura apresentada pela partícula em graus Celsius por segundo em P?

24. Variação de temperatura ao longo de uma curva espacial A temperatura em Celsius em uma região no espaço é dada por $T(x, y, z) = 2x^2 - xyz$. Uma partícula está se movendo nessa região e sua posição no tempo t é dada por $x = 2t^2$, $y = 3t$, $z = -t^2$, onde o tempo é mensurado em segundos e a distância, em metros.

a. Qual é a velocidade da variação de temperatura apresentada pela partícula em graus Celsius por metro quando a partícula está no ponto $P(8, 6, -4)$?

b. Qual é a velocidade da variação de temperatura apresentada pela partícula em graus Celsius por segundo em P?

Cálculo de linearizações

Nos Exercícios 25-30, encontre a linearização $L(x, y)$ da função em cada ponto.

25. $f(x, y) = x^2 + y^2 + 1$ em **a.** $(0, 0)$, **b.** $(1, 1)$

26. $f(x, y) = (x + y + 2)^2$ em **a.** $(0, 0)$, **b.** $(1, 2)$

27. $f(x, y) = 3x - 4y + 5$ em **a.** $(0, 0)$, **b.** $(1, 1)$

28. $f(x, y) = x^3y^4$ em **a.** $(1, 1)$, **b.** $(0, 0)$

29. $f(x, y) = e^x \cos y$ em **a.** $(0, 0)$, **b.** $(0, \pi/2)$

30. $f(x, y) = e^{2y-x}$ em **a.** $(0, 0)$, **b.** $(1, 2)$

31. Sensação térmica A sensação térmica, medida da temperatura aparente sentida na pele exposta, é uma função da temperatura do ar e velocidade do vento. A fórmula precisa, atualizada pelo Serviço Nacional de Metereologia norte-americano em 2001 e baseada na teoria moderna de transferência de calor, um modelo de face humana e resistência do tecido da pele, é

$$W = W(v, T) = 35{,}74 + 0{,}6215\,T - 35{,}75\,v^{0{,}16} + 0{,}4275\,T \cdot v^{0{,}16},$$

onde T é a temperatura do ar em °F e v é a velocidade do vento em milhas/h. Uma tabela parcial da sensação térmica é fornecida.

v (milhas/h) \ T(°F)	30	25	20	15	10	5	0	−5	−10
5	25	19	13	7	1	−5	−11	−16	−22
10	21	15	9	3	−4	−10	−16	−22	−28
15	19	13	6	0	−7	−13	−19	−26	−32
20	17	11	4	−2	−9	−15	−22	−29	−35
25	16	9	3	−4	−11	−17	−24	−31	−37
30	15	8	1	−5	−12	−19	−26	−33	−39
35	14	7	0	−7	−14	−21	−27	−34	−41

a. Utilize a tabela para encontrar $W(20, 25)$, $W(30, -10)$ e $W(15, 15)$.

b. Utilize a fórmula para encontrar $W(10, -40)$, $W(50, -40)$ e $W(60, 30)$.

c. Encontre a linearização $L(v, T)$ da função $W(v, T)$ no ponto $(25, 5)$.

d. Utilize $L(v, T)$ do item (c) para calcular os valores da sensação térmica a seguir.

i) $W(24, 6)$

ii) $W(27, 2)$

iii) $W(5, -10)$ (Explique por que esse valor é bem diferente do valor encontrado na tabela.)

32. Encontre a linearização $L(v, T)$ da função $W(v, T)$ no Exercício 31 no ponto $(50, -20)$. Utilize-a para calcular os valores da sensação térmica a seguir.

a. $W(49, -22)$

b. $W(53, -19)$

c. $W(60, -30)$

Limitação de erro em aproximações lineares

Nos Exercícios 33-38, encontre a linearização $L(x, y)$ da função $f(x, y)$ em P_0. Em seguida, encontre um limitante superior para a magnitude $|E|$ do erro na aproximação $f(x, y) \approx L(x, y)$ sobre o retângulo R.

33. $f(x, y) = x^2 - 3xy + 5$ em $P_0(2, 1)$,
R: $|x - 2| \leq 0{,}1$, $|y - 1| \leq 0{,}1$

34. $f(x, y) = (1/2)x^2 + xy + (1/4)y^2 + 3x - 3y + 4$ em $P_0(2, 2)$,
R: $|x - 2| \leq 0{,}1$, $|y - 2| \leq 0{,}1$

35. $f(x, y) = 1 + y + x \cos y$ em $P_0(0, 0)$,
R: $|x| \leq 0{,}2$, $|y| \leq 0{,}2$
(Utilize $|\cos y| \leq 1$ e $|\text{sen}\, y| \leq 1$ ao estimar E.)

36. $f(x, y) = xy^2 + y \cos(x - 1)$ em $P_0(1, 2)$,
R: $|x - 1| \leq 0{,}1$, $|y - 2| \leq 0{,}1$

37. $f(x, y) = e^x \cos y$ em $P_0(0, 0)$,
R: $|x| \leq 0{,}1$, $|y| \leq 0{,}1$
(Utilize $e^x \leq 1{,}11$ e $|\cos y| \leq 1$ ao estimar E.)

38. $f(x, y) = \ln x + \ln y$ em $P_0(1, 1)$,
R: $|x - 1| \leq 0{,}2$, $|y - 1| \leq 0{,}2$

Linearização para três variáveis

Encontre as linearizações $L(x, y, z)$ das funções nos Exercícios 39-44 nos pontos determinados.

39. $f(x, y, z) = xy + yz + xz$ em
a. $(1, 1, 1)$ **b.** $(1, 0, 0)$ **c.** $(0, 0, 0)$

40. $f(x, y, z) = x^2 + y^2 + z^2$ em
a. $(1, 1, 1)$ **b.** $(0, 1, 0)$ **c.** $(1, 0, 0)$

41. $f(x, y, z) = \sqrt{x^2 + y^2 + z^2}$ em
a. $(1, 0, 0)$ **b.** $(1, 1, 0)$ **c.** $(1, 2, 2)$

42. $f(x, y, z) = (\text{sen}\, xy)/z$ em
a. $(\pi/2, 1, 1)$ **b.** $(2, 0, 1)$

43. $f(x, y, z) = e^x + \cos(y + z)$ em
a. $(0, 0, 0)$ **b.** $\left(0, \frac{\pi}{2}, 0\right)$ **c.** $\left(0, \frac{\pi}{4}, \frac{\pi}{4}\right)$

44. $f(x, y, z) = \text{tg}^{-1}(xyz)$ em
a. $(1, 0, 0)$ **b.** $(1, 1, 0)$ **c.** $(1, 1, 1)$

Nos Exercícios 45-48, encontre a linearização $L(x, y, z)$ da função $f(x, y, z)$ em P_0. Em seguida, encontre um limitante superior para a magnitude do erro E na aproximação $f(x, y, z) \approx L(x, y, z)$ sobre a região R.

45. $f(x, y, z) = xz - 3yz + 2$ em $P_0(1, 1, 2)$,
R: $|x - 1| \leq 0{,}01$, $|y - 1| \leq 0{,}01$, $|z - 2| \leq 0{,}02$

46. $f(x, y, z) = x^2 + xy + yz + (1/4)z^2$ em $P_0(1, 1, 2)$,
R: $|x - 1| \leq 0{,}01$, $|y - 1| \leq 0{,}01$, $|z - 2| \leq 0{,}08$

47. $f(x, y, z) = xy + 2yz - 3xz$ em $P_0(1, 1, 0)$,
R: $|x - 1| \leq 0{,}01$, $|y - 1| \leq 0{,}01$, $|z| \leq 0{,}01$

48. $f(x, y, z) = \sqrt{2} \cos x \,\text{sen}\,(y + z)$ em $P_0(0, 0, \pi/4)$,
R: $|x| \leq 0{,}01$, $|y| \leq 0{,}01$, $|z - \pi/4| \leq 0{,}01$

Estimativa do erro; suscetibilidade a variações

49. Cálculo do erro máximo Suponha que T seja encontrado a partir da fórmula $T = x(e^y + e^{-y})$, onde seja determinado que x e y são 2 e ln 2 com erros máximos possíveis de $|dx| = 0{,}1$ e $|dy| = 0{,}02$. Calcule o erro máximo possível no valor computado de T.

50. Cálculo do volume de um cilindro Cerca de quão precisamente $V = \pi r^2 h$ pode ser calculado a partir de mensurações de r e h que estejam em erro de 1%?

51. Considere uma caixa retangular fechada com uma base quadrada, conforme mostrado na figura a seguir. Se x é medido com erro de no máximo 2% e y é medido com erro de no máximo 3%, utilize uma diferencial para calcular o erro percentual correspondente no cálculo

a. da superfície da área da caixa

b. do volume da caixa.

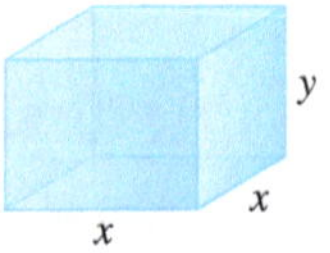

52. Considere um recipiente fechado no formato de um cilindro de raio 10 cm e altura 15 cm com um hemisfério em cada extremidade, conforme exibido na figura a seguir.

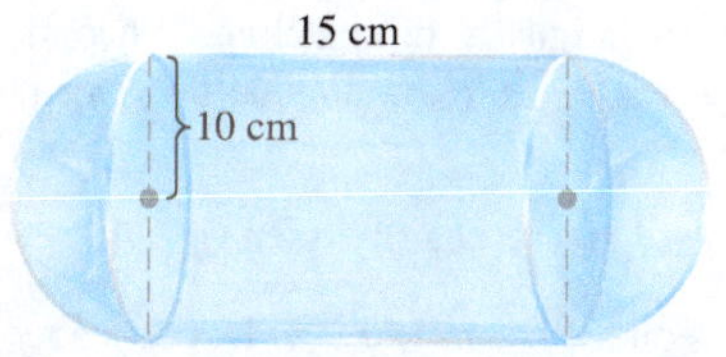

O recipiente está coberto com uma camada de gelo de 1/2 cm de espessura. Utilize uma diferencial para calcular o volume total de gelo. (Sugestão: considere que r seja o raio com $dr = 1/2$ e h seja a altura com $dh = 0$.)

53. Máximo percentual de erro Se $r = 5{,}0$ cm e $h = 12{,}0$ cm arredondado ao milímetro mais próximo, qual seria o máximo percentual de erro que poderíamos esperar ao calcular $V = \pi r^2 h$?

54. Variação na resistência elétrica A resistência R produzida por resistores de R_1 e R_2 ohms em paralelo (veja a figura a seguir) pode ser calculada a partir da fórmula

$$\frac{1}{R} = \frac{1}{R_1} + \frac{1}{R_2}.$$

a. Mostre que

$$dR = \left(\frac{R}{R_1}\right)^2 dR_1 + \left(\frac{R}{R_2}\right)^2 dR_2.$$

b. Você projetou um circuito com dois resistores, como aquele que demonstrou ter resistências de $R_1 = 100$ ohms e $R_2 = 400$ ohms, mas sempre existe alguma variação na fabricação e os resistores recebidos por sua empresa não terão provavelmente esses valores exatos. O valor de R será mais suscetível à variação em R_1 ou à variação em R_2? Justifique sua resposta.

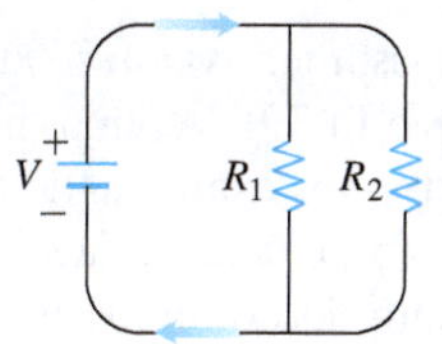

c. Em um outro circuito, como aquele mostrado, você planeja alterar R_1 de 20 para 20,1 ohms e R_2 de 25 para 24,9 ohms. Em cerca de qual percentual essas alterações irão alterar R?

55. Você planeja calcular a área de um retângulo longo e fino a partir de medidas de seu comprimento e largura. Qual dimensão você deverá mensurar mais cuidadosamente? Justifique sua resposta.

56. a. Ao redor do ponto (1, 0), $f(x, y) = x^2(y + 1)$ é mais suscetível a variações em x ou a variações em y? Justifique sua resposta.

b. Qual proporção de dx para dy fará df ser igual a zero em (1, 0)?

57. Erro carregado na mudança de coordenadas

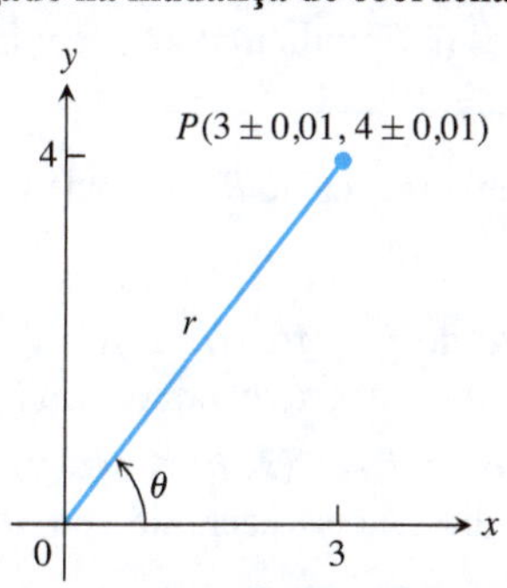

a. Se $x = 3 \pm 0{,}01$ e $y = 4 \pm 0{,}01$, conforme mostrado, com aproximadamente qual precisão você pode calcular as coordenadas polares r e θ do ponto $P(x, y)$ a partir das fórmulas $r^2 = x^2 + y^2$ e $\theta = \text{tg}^{-1}(y/x)$? Expresse seus cálculos como variações percentuais dos valores que r e θ possuem no ponto $(x_0, y_0) = (3, 4)$.

b. No ponto $(x_0, y_0) = (3, 4)$, os valores de r e θ são mais suscetíveis a variações em x ou a variações em y? Justifique sua resposta.

58. Projetando uma lata de refrigerante Uma lata de refrigerante padrão de 12 fl-oz é essencialmente um cilindro de raio $r = 1$ pol. e altura $h = 5$ pol.

a. Com essas dimensões, quão suscetível é o volume da lata a uma pequena variação no raio contra uma pequena variação na altura?

b. Você poderia projetar uma lata de refrigerante que *pareça* conter mais refrigerante, mas na verdade contenha as mesmas 12 fl oz? Quais poderiam ser essas dimensões? (Existe mais de uma resposta correta.)

59. Valor de um determinante 2 × 2 Se $|a|$ é muito maior que $|b|$, $|c|$ e $|d|$, para qual dentre a, b, c e d o valor do determinante

$$f(a, b, c, d) = \begin{vmatrix} a & b \\ c & d \end{vmatrix}$$

é mais suscetível? Justifique sua resposta.

60. Cálculo do erro máximo Suponha que $u = xe^y + y \text{ sen } z$ e que x, y e z possam ser medidos com erros máximos possíveis de $\pm 0{,}2$, $\pm 0{,}6$ e $\pm \pi/180$, respectivamente. Estime o erro máximo possível no cálculo de u a partir dos valores mensurados $x = 2$, $y = \ln 3$, $z = \pi/2$.

61. Fórmula do tamanho do lote de Wilson A fórmula do tamanho do lote de Wilson na economia afirma que a quantidade mais econômica Q de bens (rádio, sapatos, vassouras, o que quer que seja) para uma loja pedir é fornecida pela fórmula $Q = \sqrt{2KM/h}$, onde K é o custo do pedido, M é o número de itens vendidos por semana e h é o custo de estocagem semanal para cada item (custo do espaço, serviços, segurança e assim por diante). Para qual das variáveis K, M e h, Q é mais suscetível próximo do ponto $(K_0, M_0, h_0) = (2, 20, 0{,}05)$? Justifique sua resposta.

62. Medindo um campo triangular A área de um triângulo é $(1/2)ab$ sen C, onde a e b são os comprimentos de dois lados do triângulo e C é a medida do ângulo formado por eles. Ao avaliar uma planta triangular, você mediu a, b e C como sendo 150 pés, 200 pés e 60°, respectivamente. Qual será o erro do cálculo da sua área se seus valores de a e b tiverem um erro de meio pé cada e sua medida de C tiver um erro de 2°? Veja a figura a seguir. Lembre-se de utilizar radianos.

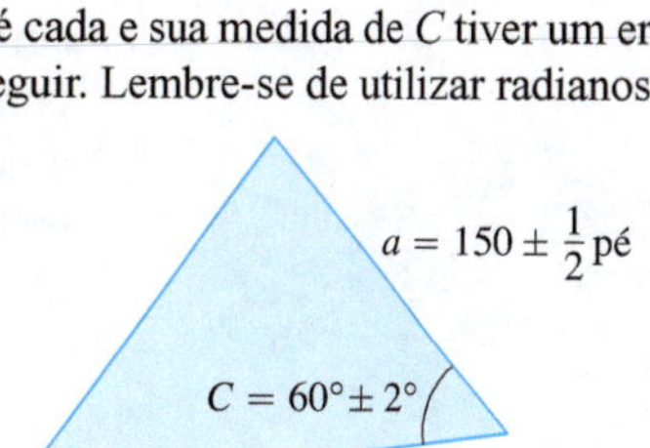

Teoria e exemplos

63. A linearização de $f(x, y)$ é uma aproximação do plano tangente Mostre que o plano tangente no ponto $P_0(x_0, y_0, f(x_0, y_0))$ na superfície $z = f(x, y)$ definida por uma função diferenciável f é o plano

$$f_x(x_0, y_0)(x - x_0) + f_y(x_0, y_0)(y - y_0) - (z - f(x_0, y_0)) = 0$$

ou

$$z = f(x_0, y_0) + f_x(x_0, y_0)(x - x_0) + f_y(x_0, y_0)(y - y_0).$$

Assim, o plano tangente em P_0 é o gráfico da linearização de f em P_0 (veja a figura a seguir).

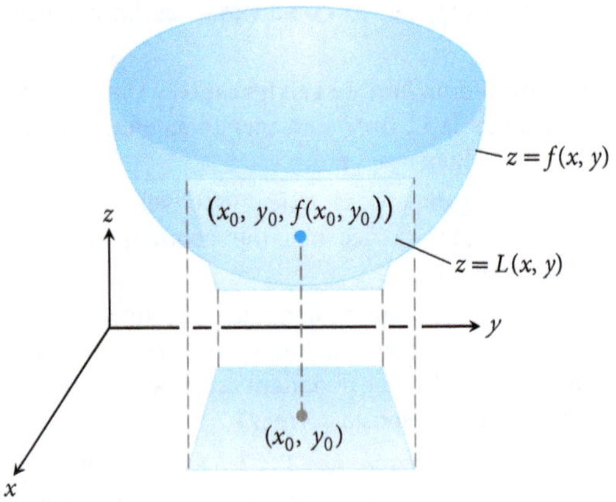

64. **Variação ao longo da involuta de uma circunferência** Encontre a derivada de $f(x, y) = x^2 + y^2$ na direção do vetor tangente unitário da curva

$$\mathbf{r}(t) = (\cos t + t \operatorname{sen} t)\mathbf{i} + (\operatorname{sen} t - t \cos t)\,\mathbf{j}, \quad t > 0.$$

65. **Variação ao longo de uma hélice** Encontre a derivada de $f(x, y, z) = x^2 + y^2 + z^2$ na direção do vetor tangente unitário da hélice

$$\mathbf{r}(t) = (\cos t)\mathbf{i} + (\operatorname{sen} t)\mathbf{j} + t\mathbf{k}$$

nos pontos onde $t = -\pi/4$, 0 e $\pi/4$. A função f fornece o quadrado da distância de um ponto $P(x, y, z)$ na hélice em relação à origem. As derivadas calculadas aqui fornecem as taxas nas quais o quadrado da distância está variando com relação a t à medida que P se move pelos pontos onde $t = -\pi/4$, 0 e $\pi/4$.

66. **Curvas normais** Uma curva lisa é *normal* a uma superfície $f(x, y, z) = c$ em um ponto de interseção se o vetor velocidade da curva é um múltiplo escalar diferente de zero de ∇f no ponto.

Mostre que a curva

$$\mathbf{r}(t) = \sqrt{t}\mathbf{i} + \sqrt{t}\mathbf{j} - \frac{1}{4}(t + 3)\mathbf{k}$$

é normal à superfície $x^2 + y^2 - z = 3$ quando $t = 1$.

67. **Curvas tangentes** Uma curva lisa é *tangente* à superfície em um ponto de interseção se seu vetor velocidade é ortogonal a ∇f ali.

Mostre que a curva

$$\mathbf{r}(t) = \sqrt{t}\mathbf{i} + \sqrt{t}\mathbf{j} + (2t - 1)\mathbf{k}$$

é tangente à superfície $x^2 + y^2 - z = 1$ quando $t = 1$.

14.7 Valores extremos e pontos de sela

Funções contínuas de duas variáveis assumem valores extremos em domínios fechados e limitados (veja as Figuras 14.38 e 14.39). Veremos nesta seção que podemos restringir a procura desses valores extremos examinando as derivadas parciais de primeira ordem das funções. Uma função de duas variáveis pode assumir valores extremos apenas nos pontos de fronteira do domínio ou nos pontos interiores do domínio onde ambas as derivadas parciais são zero ou onde uma ou ambas as derivadas parciais não existem. No entanto, a anulação das derivadas em um ponto interior (a, b) nem sempre denuncia a presença de um valor extremo. A superfície que é o gráfico da função pode ter o formato de uma sela acima de (a, b) e cruzar seu plano tangente ali.

BIOGRAFIA HISTÓRICA

Siméon-Denis Poisson (1781-1840)

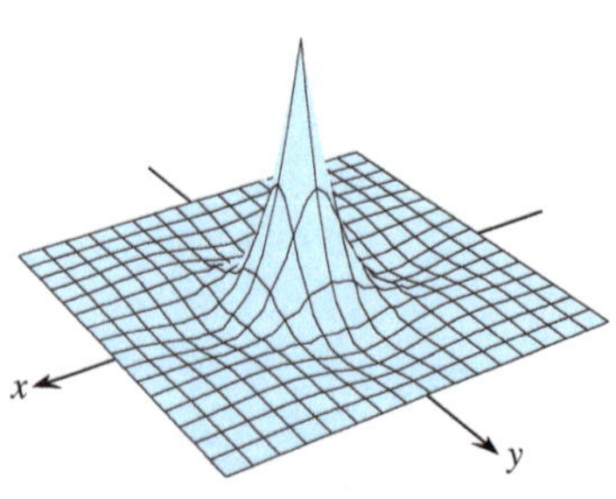

FIGURA 14.38 A função

$$z = (\cos x)(\cos y)e^{-\sqrt{x^2+y^2}}$$

tem um valor máximo de 1 e um valor mínimo de cerca de – 0,067 na região quadrada $|x| \le 3\pi/2$, $|y| \le 3\pi/2$.

Testes de derivada para valores extremos locais

Para encontrar os valores extremos locais de uma função de uma variável, procuramos por pontos onde o gráfico tenha uma reta tangente horizontal. Em tais pontos, procuramos então por máximos e mínimos locais e pontos de inflexão. Para uma função $f(x, y)$ de duas variáveis, procuramos pontos onde a superfície $z = f(x, y)$ tenha um plano tangente horizontal. Nesses pontos, procuramos máximos e mínimos locais e pontos de sela. Começamos definindo máximos e mínimos.

DEFINIÇÕES Seja $f(x, y)$ definida em uma região R que contém o ponto (a, b). Então

1. $f(a, b)$ é um valor **máximo local** de f se $f(a, b) \ge f(x, y)$ para todos os pontos (x, y) do domínio em um disco aberto centrado em (a, b).
2. $f(a, b)$ é um valor **mínimo local** de f se $f(a, b) \le f(x, y)$ para todos os pontos (x, y) do domínio em um disco aberto centrado em (a, b).

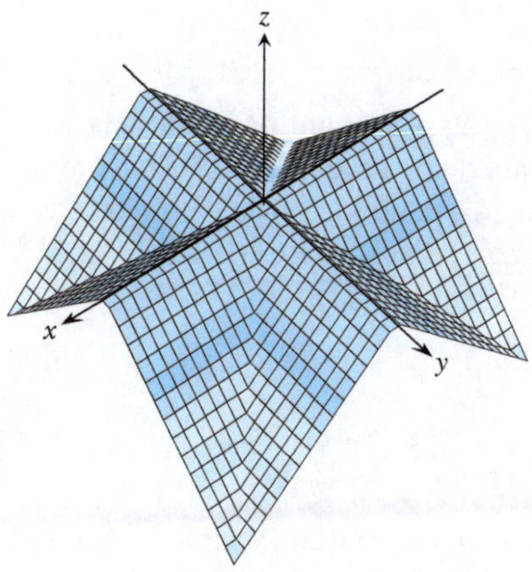

FIGURA 14.39 A "superfície telhado"

$$z = \frac{1}{2}\left(\big||x| - |y|\big| - |x| - |y|\right)$$

tem um valor máximo de 0 e um valor mínimo de $-a$ na região quadrada $|x| \le a$, $|y| \le a$.

Máximos locais correspondem a picos de montanhas na superfície $z = f(x, y)$ e mínimos locais correspondem a vales (Figura 14.40). Em tais pontos, os planos tangentes, quando existem, são horizontais. Extremos locais também são denominados **extremos relativos.**

Como acontece com funções de uma variável, a chave para identificar os extremos locais é o teste da derivada de primeira ordem.

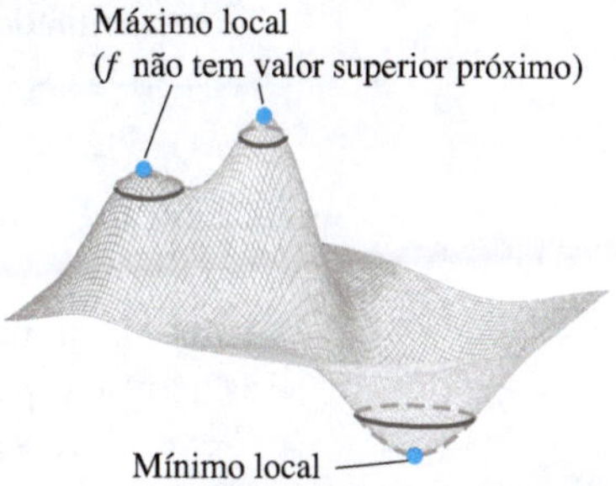

FIGURA 14.40 Um máximo local ocorre em um pico da montanha e um mínimo local ocorre em um ponto baixo de vale.

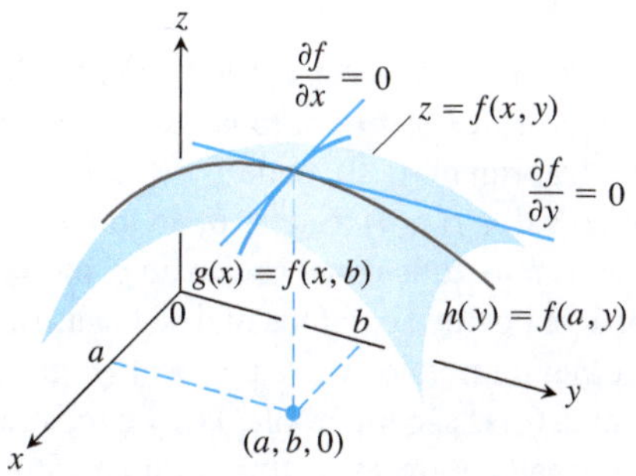

FIGURA 14.41 Se um máximo local de f ocorre em $x = a$, $y = b$, então ambas as derivadas parciais de primeira ordem $f_x(a, b)$ e $f_y(a, b)$ são iguais a 0.

> **TEOREMA 10 — Teste da derivada de primeira ordem para valores extremos locais** Se $f(x, y)$ tiver um valor de máximo ou mínimo local em um ponto interior (a, b) do seu domínio e se as derivadas parciais de primeira ordem existirem ali, então $f_x(a, b) = 0$ e $f_y(a, b) = 0$.

Prova Se f tem um valor extremo local em (a, b), então a função $g(x) = f(x, b)$ tem um valor extremo local em $x = a$ (Figura 14.41). Sendo assim, $g'(a) = 0$ (Capítulo 4, Teorema 2). Agora $g'(a) = f_x(a, b)$; portanto $f_x(a, b) = 0$. Um argumento semelhante com a função $h(y) = f(a, y)$ mostra que $f_y(a, b) = 0$.

Se substituirmos os valores $f_x(a, b) = 0$ e $f_y(a, b) = 0$ na equação

$$f_x(a, b)(x - a) + f_y(a, b)(y - b) - (z - f(a, b)) = 0$$

para o plano tangente à superfície $z = f(x, y)$ em (a, b), a equação se reduz a

$$0 \cdot (x - a) + 0 \cdot (y - b) - z + f(a, b) = 0$$

ou

$$z = f(a, b).$$

Dessa forma, o Teorema 10 diz que a superfície tem de fato um plano tangente horizontal em um extremo local, contanto que exista um plano tangente lá.

> **DEFINIÇÃO** Um ponto interior do domínio de uma função $f(x, y)$ onde tanto f_x como f_y sejam zero ou onde f_x ou f_y ou ambas não existam é um **ponto crítico** de f.

O Teorema 10 diz que os únicos pontos onde uma função $f(x, y)$ pode assumir valores extremos são os pontos críticos e os pontos de fronteira. Como ocorre com funções diferenciáveis de uma variável, nem todo ponto crítico é um extremo local. Uma função diferenciável de uma variável pode ter um ponto de inflexão. Uma função diferenciável de duas variáveis pode ter um *ponto de sela*.

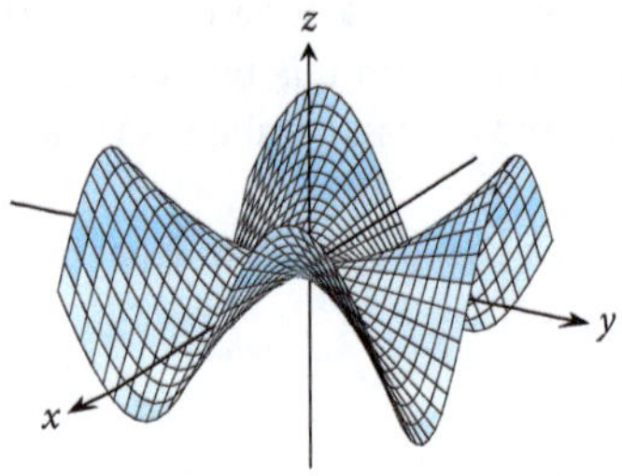

$$z = \frac{xy(x^2 - y^2)}{x^2 + y^2}$$

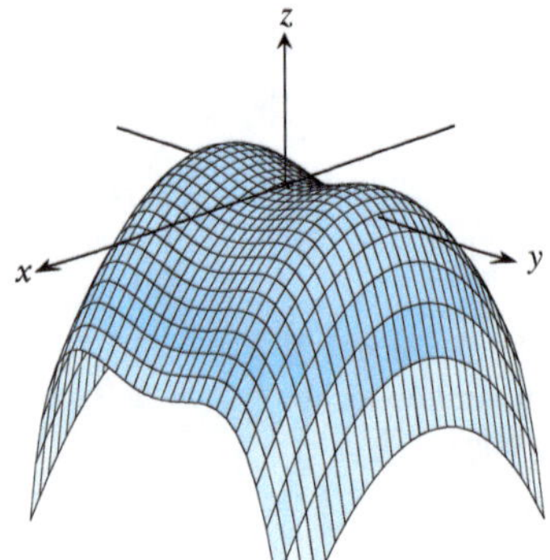

$$z = y^2 - y^4 - x^2$$

FIGURA 14.42 Pontos de sela na origem.

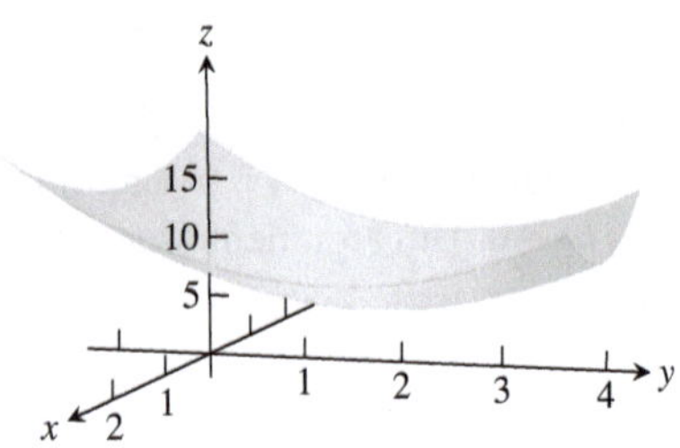

FIGURA 14.43 O gráfico da função $f(x, y) = x^2 + y^2 - 4y + 9$ é um paraboloide que possui um valor de mínimo local de 5 no ponto (0, 2) (Exemplo 1).

> **DEFINIÇÃO** Uma função diferenciável $f(x, y)$ possui um **ponto de sela** em um ponto crítico (a, b) se em todo disco aberto centrado em (a, b) existirem pontos (x, y) do domínio onde $f(x, y) > f(a, b)$ e pontos (x, y) do domínio onde $f(x, y) < f(a, b)$. O ponto correspondente $(a, b, f(a, b))$ na superfície $z = f(x, y)$ é denominado ponto de sela da superfície (Figura 14.42).

EXEMPLO 1 Encontre os valores locais de $f(x, y) = x^2 + y^2 - 4y + 9$.

Solução O domínio de f é plano inteiro (portanto, não existem pontos de fronteira) e as derivadas parciais $f_x = 2x$ e $f_y = 2y - 4$ existem em toda parte. Portanto, valores extremos locais podem ocorrer somente onde

$$f_x = 2x = 0 \quad \text{e} \quad f_y = 2y - 4 = 0.$$

A única possibilidade é o ponto (0, 2), onde o valor de f é 5. Como $f(x, y) = x^2 + (y - 2)^2 + 5$ nunca é menor que 5, vemos que o ponto crítico (0, 2) fornece um mínimo local (Figura 14.43).

EXEMPLO 2 Encontre os valores extremos locais (se existirem) de $f(x, y) = y^2 - x^2$.

Solução O domínio de f é o plano inteiro (dessa forma, não existem pontos de fronteira) e as derivadas parciais $f_x = -2x$ e $f_y = 2y$ existem em toda parte. Sendo assim, extremos locais podem ocorrer somente na origem (0, 0), onde $f_x = 0$ e $f_y = 0$. Ao longo do eixo x positivo, entretanto, f tem o valor $f(x, 0) = -x^2 < 0$; ao longo do eixo y positivo, f tem o valor $f(0, y) = y^2 > 0$. Portanto, todo disco aberto no plano xy centrado em (0, 0) contém pontos onde a função é positiva e pontos onde é negativa. A função tem um ponto de sela na origem e nenhum valor extremo local (Figura 14.44a). A Figura 14.44b exibe as curvas de nível (elas são hipérboles) de f e mostra a função decrescente e crescente de forma alternada entre os quatro agrupamentos de hipérboles.

O fato de que $f_x = f_y = 0$ em um ponto interior (a, b) de R não garante que f tenha um valor extremo local ali. Se f e suas derivadas de primeira e segunda ordens forem contínuas em R, contudo, podemos aprender mais a partir do teorema a seguir, provado na Seção 14.9.

> **TEOREMA 11 — Teste da derivada de segunda ordem para valores extremos locais** Suponha que $f(x, y)$ e suas derivadas parciais de primeira e segunda ordem sejam contínuas sobre um disco centrado em (a, b) e que $f_x(a, b) = f_y(a, b) = 0$. Então
>
> **i)** f tem um **máximo local** em (a, b) se $f_{xx} < 0$ e $f_{xx}f_{yy} - f_{xy}^2 > 0$ em (a, b).
> **ii)** f tem um **mínimo local** em (a, b) se $f_{xx} > 0$ e $f_{xx}f_{yy} - f_{xy}^2 > 0$ em (a, b).
> **iii)** f tem um **ponto de sela** em (a, b) se $f_{xx}f_{yy} - f_{xy}^2 < 0$ em (a, b).
> **iv) o teste é inconcludente** em (a, b) se $f_{xx}f_{yy} - f_{xy}^2 = 0$ em (a, b). Nesse caso, devemos encontrar outra maneira de determinar o comportamento de f em (a, b).

A expressão $f_{xx}f_{yy} - f_{xy}^2$ é chamada **discriminante** ou **hessiano** de f. Algumas vezes, é mais fácil lembrar dela na forma de determinante,

$$f_{xx}f_{yy} - f_{xy}^2 = \begin{vmatrix} f_{xx} & f_{xy} \\ f_{xy} & f_{yy} \end{vmatrix}.$$

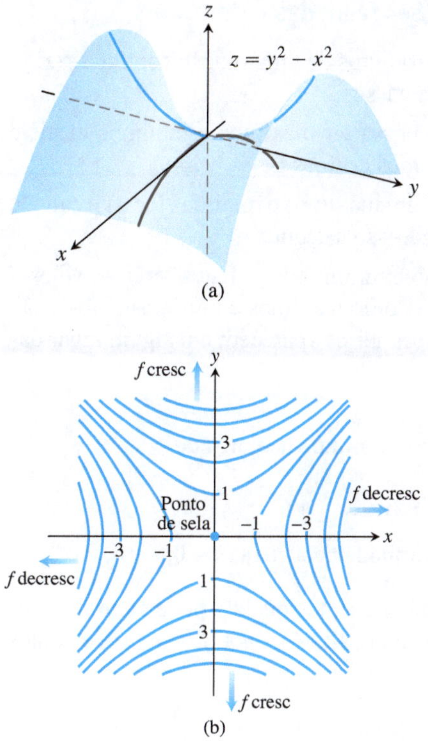

FIGURA 14.44 (a) A origem é um ponto de sela da função $f(x, y) = y^2 - x^2$. Não existem valores extremos locais (Exemplo 2). (b) Curvas de nível para a função f no Exemplo 2.

O Teorema 11 diz que, se o discriminante é positivo em um ponto (a, b), então a superfície se curva da mesma maneira em todas as direções: para baixo se $f_{xx} < 0$, dando origem a um máximo local, e para cima se $f_{xx} > 0$, dando um mínimo local. Por outro lado, se o discriminante é negativo em (a, b), então a superfície se curva para cima em algumas direções e para baixo em outras, tendo assim um ponto de sela.

EXEMPLO 3 Encontre os valores extremos locais da função

$$f(x, y) = xy - x^2 - y^2 - 2x - 2y + 4.$$

Solução A função é definida e diferenciável para todo x e y, e seu domínio não tem pontos de fronteira. Portanto, a função tem valores extremos somente nos pontos onde f_x e f_y são zero simultaneamente. Isso resulta em

$$f_x = y - 2x - 2 = 0, \qquad f_y = x - 2y - 2 = 0$$

ou

$$x = y = -2.$$

Portanto, o ponto $(-2, -2)$ é o único onde f pode ter um valor extremo. Para verificarmos se isso acontece, calculamos

$$f_{xx} = -2, \qquad f_{yy} = -2, \qquad f_{xy} = 1.$$

O discriminante de f em $(a, b) = (-2, -2)$ é

$$f_{xx}f_{yy} - f_{xy}^2 = (-2)(-2) - (1)^2 = 4 - 1 = 3.$$

A combinação

$$f_{xx} < 0 \quad \text{e} \quad f_{xx}f_{yy} - f_{xy}^2 > 0$$

nos diz que f tem um máximo local em $(-2, -2)$. O valor de f nesse ponto é $f(-2, -2) = 8$.

EXEMPLO 4 Encontre os valores extremos locais de $f(x, y) = 3y^2 - 2y^3 - 3x^2 + 6xy$.

Solução Como f é diferenciável em toda parte, pode assumir valores extremos somente onde

$$f_x = 6y - 6x = 0 \quad \text{e} \quad f_y = 6y - 6y^2 + 6x = 0.$$

A partir da primeira dessas equações encontramos $x = y$, e a substituição por y na segunda equação então nos dá

$$6x - 6x^2 + 6x = 0 \quad \text{ou} \quad 6x(2 - x) = 0.$$

Os dois pontos críticos são, portanto, $(0, 0)$ e $(2, 2)$.

Para classificar os pontos críticos, calculamos as segundas derivadas:

$$f_{xx} = -6, \qquad f_{yy} = 6 - 12y, \qquad f_{xy} = 6.$$

O discriminante é dado por

$$f_{xx}f_{yy} - f_{xy}^2 = (-36 + 72y) - 36 = 72(y - 1).$$

No ponto crítico $(0, 0)$ vemos que o valor do discriminante é o número negativo -72, portanto a função tem um ponto de sela na origem. No ponto crítico $(2, 2)$ vemos que o discriminante tem o valor positivo 72. Combinando esse resultado com o valor negativo da segunda derivada parcial $f_{xx} = -6$, o Teorema 11 diz que o ponto crítico $(2, 2)$ fornece um valor máximo local de $f(2, 2) = 12 - 16 - 12 + 24 = 8$. Um gráfico da superfície é exibido na Figura 14.45.

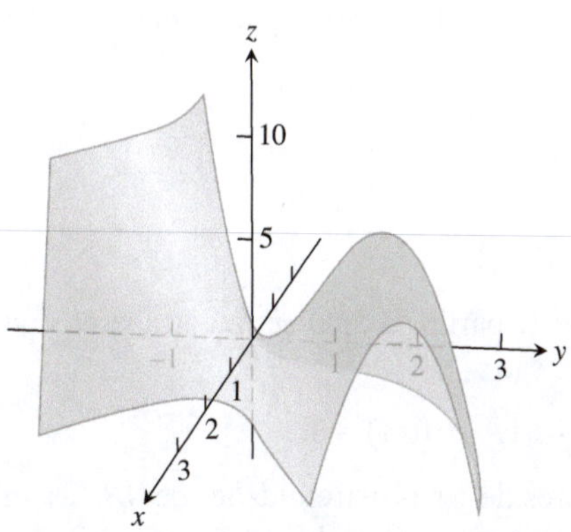

FIGURA 14.45 A superfície $z = 3y^2 - 2y^3 - 3x^2 + 6xy$ tem um ponto de sela na origem e um máximo local no ponto $(2, 2)$ (Exemplo 4).

Máximos e mínimos absolutos em regiões fechadas e limitadas

Organizamos a procura por extremos absolutos de uma função contínua $f(x, y)$ em uma região fechada e limitada R em três passos.

1. *Liste os pontos interiores de* R onde f possa ter máximos e mínimos locais e calcule f nesses pontos. Esses são os pontos críticos de f.
2. *Liste os pontos da fronteira de* R onde f tem máximos e mínimos locais e calcule f nesses pontos. Mostraremos como fazer isso a seguir.
3. *Procure nas listas* pelos valores máximo e mínimo de f. Estes serão os valores máximo e mínimo absolutos de f em R. Como máximos e mínimos globais são também máximos e mínimos locais, os primeiros aparecem em algum lugar das listas construídas nos passos 1 e 2.

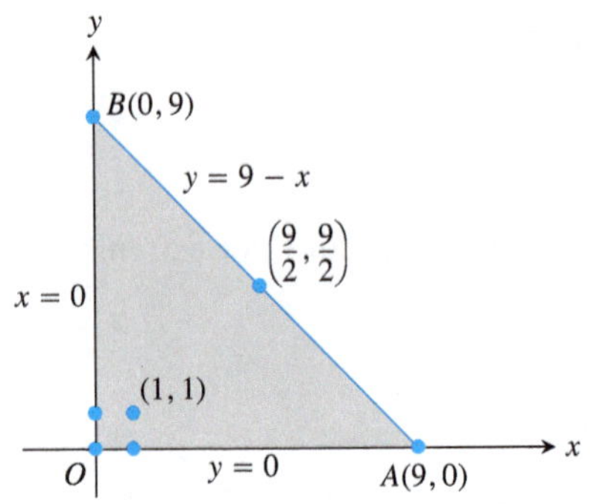

FIGURA 14.46 Esta região triangular é o domínio da função no Exemplo 5.

EXEMPLO 5 Encontre os valores máximo e mínimo absolutos de

$$f(x, y) = 2 + 2x + 2y - x^2 - y^2$$

na região triangular no primeiro quadrante limitada pelas retas $x = 0$, $y = 0$, $y = 9 - x$.

Solução Como f é diferenciável, os únicos lugares nos quais f pode assumir esses valores são pontos no interior do triângulo (Figura 14.46), onde $f_x = f_y = 0$, e pontos na fronteira.

(a) Pontos interiores. Para estes, temos

$$f_x = 2 - 2x = 0, \quad f_y = 2 - 2y = 0,$$

resultando no único ponto $(x, y) = (1, 1)$. O valor de f ali é

$$f(1, 1) = 4.$$

(b) Pontos de fronteira. Consideramos um lado do triângulo de cada vez:

i. No segmento OA, $y = 0$. A função

$$f(x, y) = f(x, 0) = 2 + 2x - x^2$$

pode ser agora considerada uma função de x definida no intervalo fechado $0 \leq x \leq 9$. Seus valores extremos (como vimos no Capítulo 4) podem ocorrer nas extremidades

$$x = 0 \quad \text{onde} \quad f(0, 0) = 2$$

$$x = 9 \quad \text{onde} \quad f(9, 0) = 2 + 18 - 81 = -61$$

e nos pontos interiores onde $f'(x, 0) = 2 - 2x = 0$. O único ponto interior onde $f'(x, 0) = 0$ é $x = 1$, onde

$$f(x, 0) = f(1, 0) = 3.$$

ii. No segmento OB, $x = 0$ e

$$f(x, y) = f(0, y) = 2 + 2y - y^2.$$

Sabemos pela simetria de f em x e y, e a partir da análise que acabamos de fazer, que os candidatos nesse segmento são

$$f(0, 0) = 2, \quad f(0, 9) = -61, \quad f(0, 1) = 3.$$

iii. Já levamos em consideração os valores de f nas extremidades de AB, assim precisamos somente examinar os pontos interiores de AB. Com $y = 9 - x$, temos

$$f(x, y) = 2 + 2x + 2(9 - x) - x^2 - (9 - x)^2 = -61 + 18x - 2x^2.$$

Fazer $f'(x, 9 - x) = 18 - 4x = 0$ resulta

$$x = \frac{18}{4} = \frac{9}{2}.$$

Nesse valor de x,

$$y = 9 - \frac{9}{2} = \frac{9}{2} \quad \text{e} \quad f(x, y) = f\left(\frac{9}{2}, \frac{9}{2}\right) = -\frac{41}{2}.$$

Resumo Relacionamos todos os candidatos: 4, 2, –61, 3, –(41/2). O máximo é 4, que f assume em (1, 1). O mínimo é –61, que f assume em (0, 9) e (9, 0).

A resolução de problemas de valores extremos com condições algébricas nas variáveis geralmente exige o método dos multiplicadores de Lagrange, que será introduzido na próxima seção. Mas às vezes podemos resolver esses problemas diretamente, como no exemplo a seguir.

EXEMPLO 6 Uma empresa de entregas aceita somente caixas retangulares cuja soma do comprimento e cintura (perímetro de uma seção transversal) não ultrapasse 108 pol. Encontre as dimensões de uma caixa aceitável de maior volume possível.

Solução Suponha que x, y e z representem o comprimento, a largura e a altura da caixa retangular, respectivamente. Então o perímetro da seção transversal é $2y + 2z$. Queremos maximizar o volume $V = xyz$ da caixa (Figura 14.47) satisfazendo $x + 2y + 2z = 108$ (a maior caixa para entregas aceita pela empresa). Assim, podemos escrever o volume da caixa como uma função de duas variáveis:

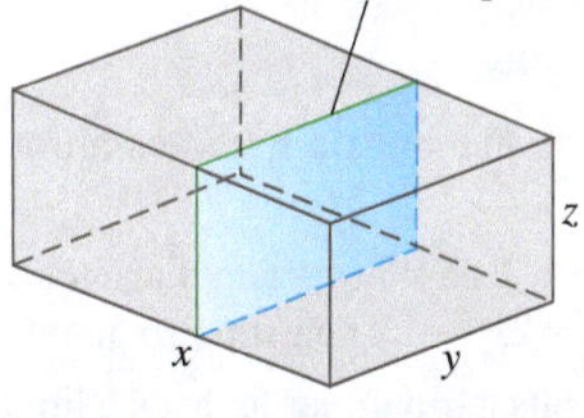

FIGURA 14.47 Caixa no Exemplo 6.

$$\begin{aligned} V(y, z) &= (108 - 2y - 2z)yz \\ &= 108yz - 2y^2z - 2yz^2. \end{aligned}$$

$V = xyz$ e $x = 108 - 2y - 2z$

Fazendo as derivadas parciais de primeira ordem iguais a zero,

$$V_y(y, z) = 108z - 4yz - 2z^2 = (108 - 4y - 2z)z = 0$$
$$V_z(y, z) = 108y - 2y^2 - 4yz = (108 - 2y - 4z)y = 0,$$

temos os pontos críticos (0, 0), (0, 54), (54, 0) e (18, 18). O volume é zero em (0, 0), (0, 54), (54, 0), os quais não são os valores máximos. No ponto (18, 18), aplicamos o teste da derivada de segunda ordem (Teorema 11):

$$V_{yy} = -4z, \qquad V_{zz} = -4y, \qquad V_{yz} = 108 - 4y - 4z.$$

Então,

$$V_{yy}V_{zz} - V_{yz}^2 = 16yz - 16(27 - y - z)^2.$$

Portanto,

$$V_{yy}(18, 18) = -4(18) < 0$$

e

$$[V_{yy}V_{zz} - V_{yz}^2]_{(18, 18)} = 16(18)(18) - 16(-9)^2 > 0$$

implica que (18, 18) fornece um volume máximo. As dimensões da caixa são $x = 108 - 2(18) - 2(18) = 36$ pol, $y = 18$ pol e $z = 18$ pol. O volume máximo é $V = (36)(18)(18) = 11.664$ pol.³ ou 6,75 pés³.

Apesar do poder do Teorema 10, insistimos na importância de lembrar de suas limitações. Ele não se aplica a pontos de fronteira no domínio de uma função, onde é possível que a função tenha valores extremos com derivadas diferentes de zero. Também não se aplica a pontos onde f_x e f_y não existem.

> **Resumo dos testes máximos e mínimos**
>
> Os valores extremos de $f(x, y)$ podem ocorrer somente em
>
> **i) pontos de fronteira** do domínio de f;
>
> **ii) pontos críticos** (pontos interiores onde $f_x = f_y = 0$ ou pontos onde f_x ou f_y não existem).
>
> Se as derivadas parciais de primeira e segunda ordens de f forem contínuas em um disco centrado em um ponto (a, b) e $f_x(a, b) = f_y(a, b) = 0$, a natureza de $f(a, b)$ pode ser testada com o **teste da derivada de segunda ordem**:
>
> **i)** $f_{xx} < 0$ e $f_{xx}f_{yy} - f_{xy}^2 > 0$ em $(a, b) \Rightarrow$ **máximo local**;
>
> **ii)** $f_{xx} > 0$ e $f_{xx}f_{yy} - f_{xy}^2 > 0$ em $(a, b) \Rightarrow$ **mínimo local**;
>
> **iii)** $f_{xx}f_{yy} - f_{xy}^2 < 0$ em $(a, b) \Rightarrow$ **ponto de sela**;
>
> **iv)** $f_{xx}f_{yy} - f_{xy}^2 = 0$ em $(a, b) \Rightarrow$ **teste inconcludente**.

Exercícios 14.7

Encontrando extremos locais

Encontre todos os máximos locais, mínimos locais e pontos de sela nas funções dos Exercícios 1-30.

1. $f(x, y) = x^2 + xy + y^2 + 3x - 3y + 4$
2. $f(x, y) = 2xy - 5x^2 - 2y^2 + 4x + 4y - 4$
3. $f(x, y) = x^2 + xy + 3x + 2y + 5$
4. $f(x, y) = 5xy - 7x^2 + 3x - 6y + 2$
5. $f(x, y) = 2xy - x^2 - 2y^2 + 3x + 4$
6. $f(x, y) = x^2 - 4xy + y^2 + 6y + 2$
7. $f(x, y) = 2x^2 + 3xy + 4y^2 - 5x + 2y$
8. $f(x, y) = x^2 - 2xy + 2y^2 - 2x + 2y + 1$
9. $f(x, y) = x^2 - y^2 - 2x + 4y + 6$
10. $f(x, y) = x^2 + 2xy$
11. $f(x, y) = \sqrt{56x^2 - 8y^2 - 16x - 31} + 1 - 8x$
12. $f(x, y) = 1 - \sqrt[3]{x^2 + y^2}$
13. $f(x, y) = x^3 - y^3 - 2xy + 6$
14. $f(x, y) = x^3 + 3xy + y^3$
15. $f(x, y) = 6x^2 - 2x^3 + 3y^2 + 6xy$
16. $f(x, y) = x^3 + y^3 + 3x^2 - 3y^2 - 8$
17. $f(x, y) = x^3 + 3xy^2 - 15x + y^3 - 15y$
18. $f(x, y) = 2x^3 + 2y^3 - 9x^2 + 3y^2 - 12y$
19. $f(x, y) = 4xy - x^4 - y^4$
20. $f(x, y) = x^4 + y^4 + 4xy$
21. $f(x, y) = \dfrac{1}{x^2 + y^2 - 1}$
22. $f(x, y) = \dfrac{1}{x} + xy + \dfrac{1}{y}$
23. $f(x, y) = y \operatorname{sen} x$
24. $f(x, y) = e^{2x} \cos y$
25. $f(x, y) = e^{x^2 + y^2 - 4x}$
26. $f(x, y) = e^y - ye^x$
27. $f(x, y) = e^{-y}(x^2 + y^2)$
28. $f(x, y) = e^x(x^2 - y^2)$
29. $f(x, y) = 2 \ln x + \ln y - 4x - y$
30. $f(x, y) = \ln (x + y) + x^2 - y$

Encontrando extremos absolutos

Nos Exercícios 31-38, encontre os máximos e mínimos absolutos das funções nos domínios dados.

31. $f(x, y) = 2x^2 - 4x + y^2 - 4y + 1$ na placa triangular fechada e limitada pelas retas $x = 0, y = 2, y = 2x$ no primeiro quadrante.
32. $D(x, y) = x^2 - xy + y^2 + 1$ na placa triangular fechada e limitada pelas retas $x = 0, y = 4, y = x$ no primeiro quadrante.
33. $f(x, y) = x^2 + y^2$ na placa triangular fechada e limitada pelas retas $x = 0, y = 0, y + 2x = 2$ no primeiro quadrante.
34. $T(x, y) = x^2 + xy + y^2 - 6x$ na placa retangular $0 \le x \le 5$, $-3 \le y \le 3$.
35. $T(x, y) = x^2 + xy + y^2 - 6x + 2$ na placa retangular $0 \le x \le 5$, $-3 \le y \le 0$.
36. $f(x, y) = 48xy - 32x^3 - 24y^2$ na placa retangular $0 \le x \le 1$, $0 \le y \le 1$.
37. $f(x, y) = (4x - x^2) \cos y$ na placa retangular $1 \le x \le 3$, $-\pi/4 \le y \le \pi/4$ (veja a figura a seguir).

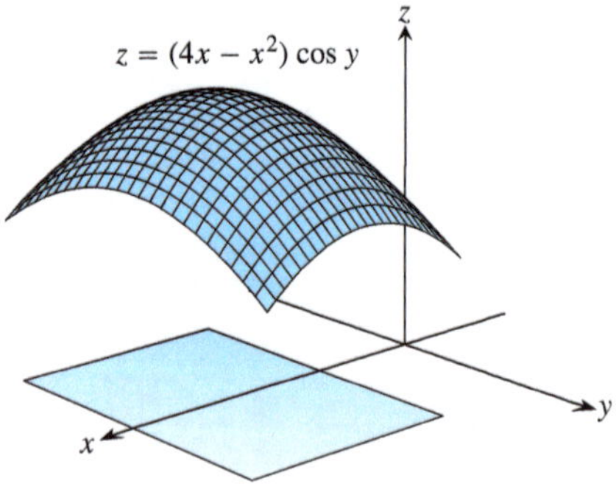

38. $f(x, y) = 4x - 8xy + 2y + 1$ na placa triangular limitada pelas retas $x = 0, y = 0, x + y = 1$ no primeiro quadrante.

39. Encontre dois números a e b com $a \leq b$ tais que

$$\int_a^b (6 - x - x^2)\,dx$$

tenha seu valor máximo.

40. Encontre dois números a e b com $a \leq b$, tais que

$$\int_a^b (24 - 2x - x^2)^{1/3}\,dx$$

tenha seu valor máximo.

41. Temperaturas Uma placa circular plana tem o formato da região $x^2 + y^2 \leq 1$. A placa, incluindo a fronteira onde $x^2 + y^2 = 1$, é aquecida de tal modo que a temperatura no ponto (x, y) é

$$T(x, y) = x^2 + 2y^2 - x.$$

Encontre as temperaturas nos pontos mais quentes e mais frios da placa.

42. Encontre o ponto crítico de

$$f(x, y) = xy + 2x - \ln x^2y$$

no primeiro quadrante aberto ($x > 0$, $y > 0$) e mostre que f assume um valor mínimo ali.

Teoria e exemplos

43. Encontre os máximos, mínimos e pontos de sela de $f(x, y)$, se existirem, dados

a. $f_x = 2x - 4y$ e $f_y = 2y - 4x$
b. $f_x = 2x - 2$ e $f_y = 2y - 4$
c. $f_x = 9x^2 - 9$ e $f_y = 2y + 4$

Descreva seu raciocínio em cada caso.

44. O discriminante $f_{xx}f_{yy} - f_{xy}^2$ é zero na origem para cada uma das funções a seguir, de modo que o teste da derivada de segunda ordem falha. Determine se a função tem um máximo, um mínimo ou nenhum dos dois na origem, imaginando como é a superfície $z = f(x, y)$. Descreva seu raciocínio em cada caso.

a. $f(x, y) = x^2y^2$
b. $f(x, y) = 1 - x^2y^2$
c. $f(x, y) = xy^2$
d. $f(x, y) = x^3y^2$
e. $f(x, y) = x^3y^3$
f. $f(x, y) = x^4y^4$

45. Mostre que $(0, 0)$ é um ponto crítico de $f(x, y) = x^2 + kxy + y^2$, não importando qual o valor da constante k. (Sugestão: considere dois casos: $k = 0$ e $k \neq 0$.)

46. Para quais valores da constante k o teste da derivada de segunda ordem garante que $f(x, y) = x^2 + kxy + y^2$ terá um ponto de sela em $(0, 0)$? Um máximo local em $(0, 0)$? Para quais valores de k o teste da derivada de segunda ordem é inconcludente? Justifique suas respostas.

47. Se $f_x(a, b) = f_y(a, b) = 0$, f deve ter um valor máximo ou mínimo local em (a, b)? Justifique sua resposta.

48. Você pode concluir algo sobre $f(a, b)$ se f e suas derivadas parciais de primeira e segunda ordens forem contínuas em um disco centrado no ponto crítico (a, b) e $f_{xx}(a, b)$ e $f_{yy}(a, b)$ diferem no sinal? Justifique sua resposta.

49. Dentre todos os pontos no gráfico de $z = 10 - x^2 - y^2$ que estão acima do plano $x + 2y + 3z = 0$, encontre o ponto mais distante no plano.

50. Encontre o ponto no gráfico de $z = x^2 + y^2 + 10$ mais próximo do plano $x + 2y - z = 0$.

51. Encontre o ponto no plano $3x + 2y + z = 6$ que está mais próximo da origem.

52. Encontre a distância mínima entre o ponto $(2, -1, 1)$ e o plano $x + y - z = 2$.

53. Encontre três números cuja soma seja 9 e cuja soma de quadrados seja um mínimo.

54. Encontre três números positivos cuja soma seja 3 e cujo produto seja um máximo.

55. Encontre o valor máximo de $s = xy + yz + xz$ onde $x + y + z = 6$.

56. Encontre a distância mínima entre o cone $z = \sqrt{x^2 + y^2}$ e o ponto $(-6, 4, 0)$.

57. Encontre as dimensões da caixa retangular de máximo volume que podem ser inscritas dentro da esfera $x^2 + y^2 + z^2 = 4$.

58. Dentre todas as caixas retangulares de volume 27 cm^3, qual é a menor área de superfície?

59. Você construirá uma caixa retangular aberta a partir de 12 pés^2 de material. Quais dimensões resultarão em uma caixa de máximo volume?

60. Considere a função $f(x, y) = x^2 + y^2 + 2xy - x - y + 1$ sobre o quadrado $0 \leq x \leq 1$ e $0 \leq y \leq 1$.

a. Mostre que f tem um mínimo absoluto ao longo do segmento de reta $2x + 2y = 1$ nesse quadrado. Qual é o valor mínimo absoluto?

b. Encontre o valor máximo absoluto de f sobre o quadrado.

Valores extremos em curvas parametrizadas Para encontrar os valores extremos de uma função $f(x, y)$ em uma curva $x = x(t)$, $y = y(t)$, tratamos f como uma função da variável t e utilizamos a regra da cadeia para encontrar onde df/dt é zero. Como em qualquer outro caso de uma variável, os valores extremos de f são então encontrados entre os valores nos

a. pontos críticos (pontos onde df/dt é zero ou não existe) e
b. pontos extremos do domínio do parâmetro.

Encontre os valores máximos e mínimos absolutos das seguintes funções nas curvas dadas.

61. Funções:

a. $f(x, y) = x + y$
b. $g(x, y) = xy$
c. $h(x, y) = 2x^2 + y^2$

Curvas:

i) O semicírculo $x^2 + y^2 = 4$, $y \geq 0$.
ii) O quarto de circunferência $x^2 + y^2 = 4$, $x \geq 0$, $y \geq 0$

Utilize as equações paramétricas $x = 2 \cos t$, $y = 2 \operatorname{sen} t$.

62. Funções:

a. $f(x, y) = 2x + 3y$
b. $g(x, y) = xy$
c. $h(x, y) = x^2 + 3y^2$

Curvas:

i) A semielipse $(x^2/9) + (y^2/4) = 1$, $y \geq 0$.
ii) O quarto de elipse $(x^2/9) + (y^2/4) = 1$, $x \geq 0$, $y \geq 0$.

Utilize as equações paramétricas $x = 3 \cos t$, $y = 2 \operatorname{sen} t$.

63. Funções $f(x, y) = xy$

Curvas:

i) A reta $x = 2t$, $y = t + 1$.
ii) O segmento de reta $x = 2t$, $y = t + 1$, $-1 \leq t \leq 0$.
iii) O segmento de reta $x = 2t$, $y = t + 1$, $0 \leq t \leq 1$

64. Funções:

a. $f(x, y) = x^2 + y^2$

b. $g(x, y) = 1/(x^2 + y^2)$

Curvas:

i) A reta $x = t, \quad y = 2 - 2t$

ii) O segmento de reta $x = t, \quad y = 2 - 2t, \quad 0 \leq t \leq t.$

65. Mínimos quadrados e retas de regressão Quando tentamos ajustar uma reta $y = mx + b$ a um conjunto de pontos de dados numéricos $(x_1, y_1), (x_2, y_2), \ldots, (x_n, y_n)$ (Figura 14.48),

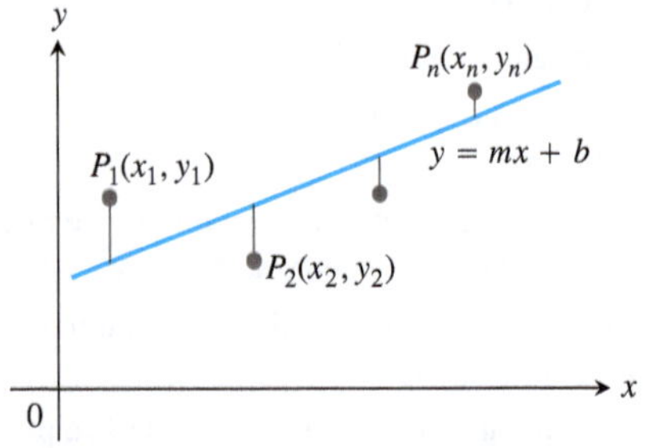

FIGURA 14.48 Para ajustar uma reta a pontos não colineares, escolhemos a reta que minimiza a soma dos quadrados dos desvios.

geralmente escolhemos a reta que minimiza a soma dos quadrados das distâncias verticais a partir dos pontos até a reta. Em teoria, isso significa encontrar os valores de m e b que minimizam o valor da função

$$w = (mx_1 + b - y_1)^2 + \cdots + (mx_n + b - y_n)^2. \tag{1}$$

Mostre que os valores de m e b que fazem isso são

$$m = \frac{\left(\sum x_k\right)\left(\sum y_k\right) - n\sum x_k y_k}{\left(\sum x_k\right)^2 - n\sum x_k^2}, \tag{2}$$

$$b = \frac{1}{n}\left(\sum y_k - m\sum x_k\right), \tag{3}$$

com todas as somas variando de $k = 1$ a $k = n$. Muitas calculadoras científicas têm incluídas essas fórmulas, permitindo que encontremos m e b com apenas alguns comandos depois de inseridos os dados.

A reta $y = mx + b$ determinada por esses valores de m e b é denominada **reta de mínimos quadrados, reta de regressão** ou **reta de tendência** para os dados em estudo. Encontrar a reta de mínimos quadrados permite

1. resumir os dados com uma expressão simples;
2. prever valores de y para outros valores de x ainda não testados experimentalmente;
3. manipular dados analiticamente.

Nos Exercícios 66-68, utilize as Equações 2 e 3 para encontrar a reta de mínimos quadrados para cada conjunto de pontos de dados. Em seguida, utilize a equação linear obtida para prever o valor de y que iria corresponder a $x = 4$.

66. $(-2, 0), \quad (0, 2), \quad (2, 3)$

67. $(-1, 2), \quad (0, 1), \quad (3, -4)$

68. $(0, 0), \quad (1, 2), \quad (2, 3)$

USO DO COMPUTADOR

Nos Exercícios 69-74, você irá explorar funções para identificar seus extremos locais. Utilize um SAC para executar os passos a seguir:

a. Trace a função sobre o retângulo dado.

b. Trace algumas curvas de nível no retângulo.

c. Calcule as derivadas parciais de primeira ordem da função e utilize o solucionador de equações do SAC para encontrar os pontos críticos. Como os pontos críticos estão relacionados às curvas de nível representadas no item (b)? Quais pontos críticos, se houver, parecem fornecer um ponto de sela? Justifique sua resposta.

d. Calcule as derivadas parciais de segunda ordem da função e encontre o discriminante $f_{xx}f_{yy} - f_{xy}^2$.

e. Utilizando os testes de máximo e mínimo, classifique os pontos críticos encontrados no item (c). Seus achados são consistentes com sua discussão no item (c)?

69. $f(x, y) = x^2 + y^3 - 3xy, \quad -5 \leq x \leq 5, \quad -5 \leq y \leq 5$

70. $f(x, y) = x^3 - 3xy^2 + y^2, \quad -2 \leq x \leq 2, \quad -2 \leq y \leq 2$

71. $f(x, y) = x^4 + y^2 - 8x^2 - 6y + 16, \quad -3 \leq x \leq 3, \quad -6 \leq y \leq 6$

72. $f(x, y) = 2x^4 + y^4 - 2x^2 - 2y^2 + 3, \quad -3/2 \leq x \leq 3/2, \quad -3/2 \leq y \leq 3/2$

73. $f(x, y) = 5x^6 + 18x^5 - 30x^4 + 30xy^2 - 120x^3, \quad -4 \leq x \leq 3, \quad -2 \leq y \leq 2$

74. $f(x, y) = \begin{cases} x^5 \ln(x^2 + y^2), & (x, y) \neq (0, 0) \\ 0, & (x, y) = (0, 0) \end{cases}$, $\quad -2 \leq x \leq 2, \quad -2 \leq y \leq 2$

14.8 Multiplicadores de Lagrange

BIOGRAFIA HISTÓRICA

Joseph Louis Lagrange (1736-1813)

Algumas vezes, precisamos encontrar os valores extremos de uma função cujo domínio esteja restrito a algum subconjunto específico no plano – um disco, por exemplo, uma região triangular fechada ou ao longo de uma curva. Nesta seção, exploraremos um método poderoso para encontrar valores extremos de funções restritas: o método dos *multiplicadores de Lagrange*.

Máximos e mínimos condicionados

Primeiro consideramos um problema onde um mínimo condicionado pode ser encontrado eliminando uma variável.

EXEMPLO 1 Encontre o ponto $P(x, y, z)$ no plano $2x + y - z - 5 = 0$ que esteja mais próximo à origem.

Solução O problema nos pede que encontremos o valor mínimo da função

$$|\overrightarrow{OP}| = \sqrt{(x - 0)^2 + (y - 0)^2 + (z - 0)^2}$$
$$= \sqrt{x^2 + y^2 + z^2}$$

sujeita à restrição

$$2x + y - z - 5 = 0.$$

Como $|\overrightarrow{OP}|$ possui um valor mínimo onde a função

$$f(x, y, z) = x^2 + y^2 + z^2$$

possui um valor mínimo, podemos resolver o problema encontrando o valor mínimo de $f(x, y, z)$ sujeita à restrição $2x + y - z - 5 = 0$ (evitando assim raízes quadradas). Se considerarmos x e y como variáveis independentes nessa equação e escrevermos z como

$$z = 2x + y - 5,$$

nosso problema se reduz a encontrar os pontos (x, y) nos quais a função

$$h(x, y) = f(x, y, 2x + y - 5) = x^2 + y^2 + (2x + y - 5)^2$$

tem seu(s) valor(es) mínimo(s). Uma vez que o domínio de h é todo o plano xy, o teste da derivada primeira da Seção 14.7 nos diz que qualquer mínimo que h possa ter deve ocorrer nos pontos onde

$$h_x = 2x + 2(2x + y - 5)(2) = 0, \qquad h_y = 2y + 2(2x + y - 5) = 0.$$

Isso nos leva a

$$10x + 4y = 20, \qquad 4x + 4y = 10,$$

e à solução

$$x = \frac{5}{3}, \qquad y = \frac{5}{6}.$$

Podemos aplicar um argumento geométrico com o teste da derivada segunda para mostrar que esses valores minimizam h. A coordenada z do ponto correspondente no plano $z = 2x + y - 5$ é

$$z = 2\left(\frac{5}{3}\right) + \frac{5}{6} - 5 = -\frac{5}{6}.$$

Sendo assim, o ponto que buscamos é

$$\text{Ponto mais próximo: } P\left(\frac{5}{3}, \frac{5}{6}, -\frac{5}{6}\right).$$

A distância entre P e a origem é $5/\sqrt{6} \approx 2{,}04$.

As tentativas de resolver um problema de máximo e mínimo condicionado através da substituição, como poderíamos chamar o método do Exemplo 1, nem sempre funcionam tão bem. Esse é um dos motivos para aprender o novo método desta seção.

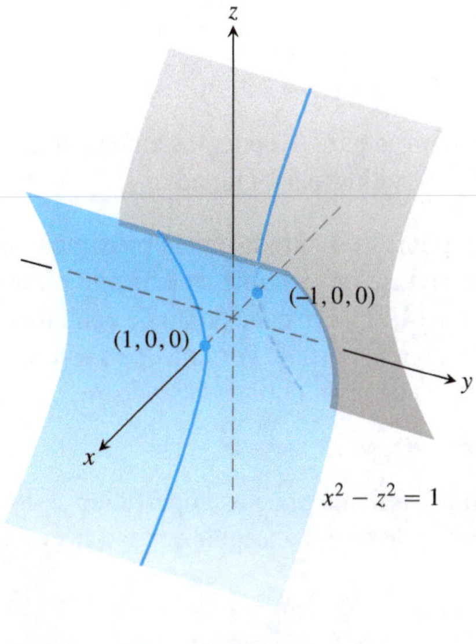

FIGURA 14.49 Cilindro hiperbólico $x^2 - z^2 - 1 = 0$ no Exemplo 2.

EXEMPLO 2 Encontre os pontos no cilindro hiperbólico $x^2 - z^2 - 1 = 0$ que estão mais próximos à origem.

Solução 1 O cilindro é exibido na Figura 14.49. Buscamos os pontos no cilindro mais próximos à origem. Esses são os pontos cujas coordenadas minimizam o valor da função

$$f(x, y, z) = x^2 + y^2 + z^2 \quad \text{Quadrado da distância}$$

sujeita à restrição $x^2 - z^2 - 1 = 0$. Se considerarmos x e y como variáveis independentes na equação da condição, então

$$z^2 = x^2 - 1$$

e os valores de $f(x, y, z) = x^2 + y^2 + z^2$ no cilindro são dados pela função

$$h(x, y) = x^2 + y^2 + (x^2 - 1) = 2x^2 + y^2 - 1.$$

Para encontrar os pontos no cilindro cujas coordenadas minimizam f, procuramos os pontos no plano xy cujas coordenadas minimizam h. O único valor extremo de h ocorre quando

$$h_x = 4x = 0 \quad \text{e} \quad h_y = 2y = 0,$$

ou seja, no ponto (0, 0). Mas não existem pontos no cilindro onde tanto x quanto y sejam zero. O que deu errado?

O que aconteceu foi que o teste da derivada primeira encontrou (como deveria) o ponto *no domínio de h* onde h tem um valor mínimo. Por outro lado, desejamos os pontos *no cilindro* onde h tem um valor mínimo. Ainda que o domínio de h seja todo o plano xy, o domínio a partir do qual podemos selecionar as duas primeiras coordenadas dos pontos (x, y, z) no cilindro é restrito à "sombra" do cilindro no plano xy; ele não inclui a faixa entre as retas $x = -1$ e $x = 1$ (Figura 14.50).

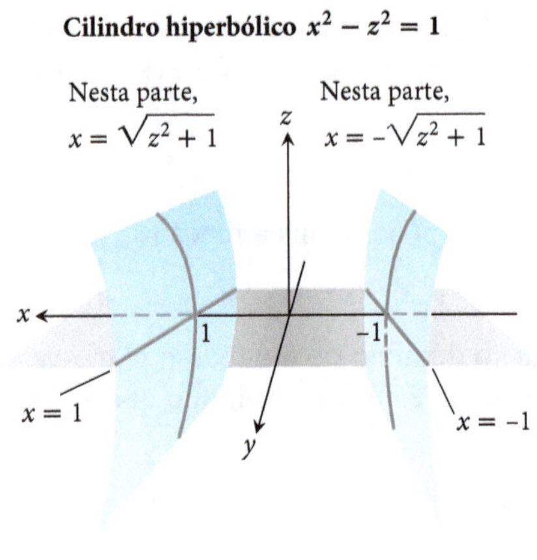

FIGURA 14.50 A região no plano xy a partir da qual as duas primeiras coordenadas dos pontos (x, y, z) no cilindro hiperbólico $x^2 - z^2 = 1$ são selecionadas exclui a faixa $-1 < x < 1$ no plano xy (Exemplo 2).

Podemos evitar esse problema se tratarmos y e z como variáveis independentes (em vez de x e y) e expressarmos x em termos de y e z como

$$x^2 = z^2 + 1.$$

Com essa substituição, $f(x, y, z) = x^2 + y^2 + z^2$ se torna

$$k(y, z) = (z^2 + 1) + y^2 + z^2 = 1 + y^2 + 2z^2$$

e procuramos os pontos onde k assume seu menor valor. O domínio de k no plano yz agora é o mesmo domínio do qual selecionamos as coordenadas y e z dos pontos (x, y, z) no cilindro. Consequentemente, os pontos que minimizam k no plano terão pontos correspondentes no cilindro. Os menores valores de k ocorrem onde

$$k_y = 2y = 0 \quad \text{e} \quad k_z = 4z = 0,$$

ou onde $y = z = 0$. Isso leva a

$$x^2 = z^2 + 1 = 1, \quad x = \pm 1.$$

Os pontos correspondentes no cilindro são $(\pm 1, 0, 0)$. Podemos ver a partir dessa desigualdade

$$k(y, z) = 1 + y^2 + 2z^2 \geq 1$$

que os pontos $(\pm 1, 0, 0)$ fornecem um valor mínimo para k. Podemos ainda ver que a distância mínima entre a origem e um ponto no cilindro é 1 unidade.

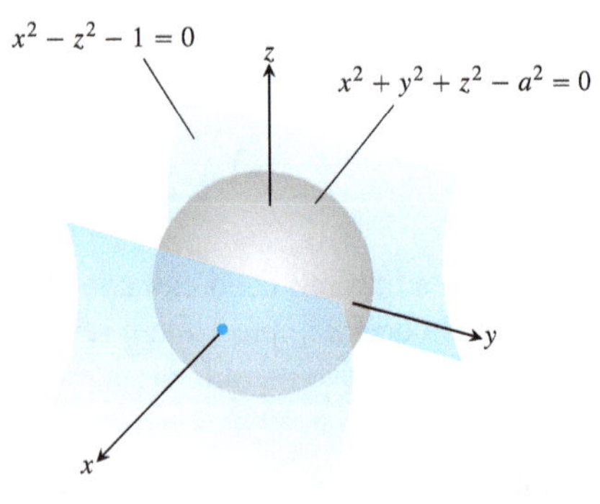

FIGURA 14.51 Esfera se expandindo como uma bolha de sabão centrada na origem até que toque o cilindro hiperbólico $x^2 - z^2 - 1 = 0$ (Exemplo 2).

Solução 2 Uma outra forma de encontrar os pontos no cilindro mais próximos da origem é imaginar uma pequena esfera centrada na origem que se expande como uma bolha de sabão até tocar o cilindro (Figura 14.51). Em cada ponto de contato, o cilindro e a esfera têm o mesmo plano tangente e reta normal. Portanto, se a esfera e o cilindro são representados como as superfícies de nível obtidas fazendo-se

$$f(x, y, z) = x^2 + y^2 + z^2 - a^2 \quad \text{e} \quad g(x, y, z) = x^2 - z^2 - 1$$

iguais a 0, então os gradientes ∇f e ∇g serão paralelos onde as superfícies se tocam. Em qualquer ponto de contato, devemos, portanto, conseguir encontrar um λ ("lambda") escalar tal que

$$\nabla f = \lambda \nabla g$$

ou

$$2x\mathbf{i} + 2y\mathbf{j} + 2z\mathbf{k} = \lambda(2x\mathbf{i} - 2z\mathbf{k}).$$

Assim, as coordenadas x, y e z de qualquer ponto de tangência terão de satisfazer as três equações escalares

$$2x = 2\lambda x, \quad 2y = 0, \quad 2z = -2\lambda z.$$

Para quais valores de λ um ponto (x, y, z) cujas coordenadas satisfaçam essas equações escalares também estará na superfície $x^2 - z^2 - 1 = 0$? Para responder a essa questão, utilizamos nosso conhecimento de que nenhum ponto sobre a superfície tenha uma coordenada x zero para concluir que $x \neq 0$. Consequentemente, $2x = 2\lambda x$ somente se

$$2 = 2\lambda \quad \text{ou} \quad \lambda = 1.$$

Para $\lambda = 1$, a equação $2z = -2\lambda z$ se torna $2z = -2z$. Se essa equação também for satisfeita, z deve ser zero. Como $y = 0$ também (a partir da equação $2y = 0$), concluímos que todos os pontos que buscamos têm coordenadas da forma

$$(x, 0, 0).$$

Quais pontos sobre a superfície $x^2 - z^2 = 1$ possuem coordenadas dessa forma? A resposta são os pontos $(x, 0, 0)$ para os quais

$$x^2 - (0)^2 = 1, \quad x^2 = 1 \quad \text{ou} \quad x = \pm 1.$$

Os pontos no cilindro mais próximos à origem são os pontos $(\pm 1, 0, 0)$.

Método dos multiplicadores de Lagrange

Na Solução 2 do Exemplo 2, utilizamos o **método dos multiplicadores de Lagrange**. O método diz que os valores extremos de uma função $f(x, y, z)$ cujas variáveis estejam sujeitas a uma restrição $g(x, y, z) = 0$ devem ser encontrados na superfície $g = 0$ entre os pontos onde

$$\nabla f = \lambda \nabla g$$

para algum escalar λ (denominado **multiplicador de Lagrange**).

Para explorar um pouco mais o método e vermos por que ele funciona, primeiro fazemos a seguinte observação, que enunciaremos como um teorema.

TEOREMA 12 — Teorema do gradiente ortogonal Suponha que $f(x, y, z)$ seja diferenciável em uma região cujo interior contenha uma curva lisa

$$C: \quad \mathbf{r}(t) = g(t)\mathbf{i} + h(t)\mathbf{j} + k(t)\mathbf{k}.$$

Se P_0 é um ponto em C onde f possua um máximo ou mínimo local relativo a seus valores em C, então ∇f é ortogonal a C em P_0.

Prova Mostramos que ∇f é ortogonal ao vetor velocidade da curva em P_0. Os valores de f em C são fornecidos pela composta $f(g(t), h(t), k(t))$, cuja derivada com relação a t é

$$\frac{df}{dt} = \frac{\partial f}{\partial x}\frac{dg}{dt} + \frac{\partial f}{\partial y}\frac{dh}{dt} + \frac{\partial f}{\partial z}\frac{dk}{dt} = \nabla f \cdot \mathbf{v}.$$

Em qualquer ponto P_0 onde f tenha um máximo ou mínimo local relativo a seus valores na curva, $df/dt = 0$, portanto

$$\nabla f \cdot \mathbf{v} = 0.$$

Desconsiderando os termos em z no Teorema 12, obtemos um resultado semelhante para funções de duas variáveis.

COROLÁRIO DO TEOREMA 12 Nos pontos em uma curva lisa $\mathbf{r}(t) = g(t)\mathbf{i} + h(t)\mathbf{j}$ onde uma função diferenciável $f(x, y)$ assume seus locais máximo e mínimo relativos a seus valores sobre a curva, $\nabla f \cdot \mathbf{v} = 0$, onde $\mathbf{v} = d\mathbf{r}/dt$.

O Teorema 12 é a chave para o método dos multiplicadores de Lagrange. Suponha que $f(x, y, z)$ e $g(x, y, z)$ sejam diferenciáveis e que P_0 seja um ponto na superfície $g(x, y, z) = 0$ onde f tenha um valor máximo ou mínimo local relativo a seus outros valores na superfície. Assumimos ainda que $\nabla g \neq \mathbf{0}$ nos pontos na superfície $g(x, y, z) = 0$. Então f assume um valor máximo ou mínimo local em P_0 relativo aos seus valores em toda curva diferenciável passando por P_0 na superfície $g(x, y, z) = 0$. Portanto, ∇f é ortogonal ao vetor velocidade de toda curva diferenciável desse tipo que passa por P_0. O mesmo ocorre com ∇g (uma vez que ∇g é ortogonal à superfície de nível $g = 0$, conforme vimos na Seção 14.5). Portanto, em P_0, ∇f é algum múltiplo escalar λ de ∇g.

Método dos multiplicadores de Lagrange

Suponha que $f(x, y, z)$ e $g(x, y, z)$ sejam diferenciáveis e $\nabla g \neq \mathbf{0}$ quando $g(x, y, z) = 0$. Para encontrar os valores máximo e mínimo locais de f sujeitos à restrição $g(x, y, z) = 0$ (se existir), encontre os valores de x, y, z e λ que satisfaçam simultaneamente as equações

$$\nabla f = \lambda \nabla g \quad \text{e} \quad g(x, y, z) = 0. \tag{1}$$

Para funções de duas variáveis independentes, a condição é semelhante, mas sem a variável z.

Deve ser tomada certa cautela ao aplicar esse método. Um valor extremo pode não existir na verdade (Exercício 41).

EXEMPLO 3 Encontre o maior e o menor valores que a função

$$f(x, y) = xy$$

assume na elipse (Figura 14.52)

$$\frac{x^2}{8} + \frac{y^2}{2} = 1.$$

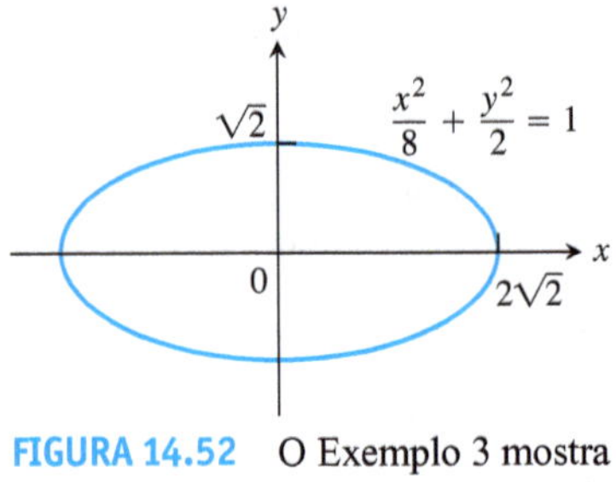

FIGURA 14.52 O Exemplo 3 mostra como encontrar o maior e menor valores do produto xy nessa elipse.

Solução Desejamos encontrar os valores extremos de $f(x, y) = xy$ sujeitos à restrição

$$g(x, y) = \frac{x^2}{8} + \frac{y^2}{2} - 1 = 0.$$

Para isso, primeiro encontramos os valores de x, y e λ para os quais

$$\nabla f = \lambda \nabla g \quad \text{e} \quad g(x, y) = 0.$$

A equação gradiente nas Equações 1 fornece

$$y\mathbf{i} + x\mathbf{j} = \frac{\lambda}{4}x\mathbf{i} + \lambda y\mathbf{j},$$

a partir da qual encontramos

$$y = \frac{\lambda}{4}x, \qquad x = \lambda y \quad \text{e} \quad y = \frac{\lambda}{4}(\lambda y) = \frac{\lambda^2}{4}y$$

de forma que $y = 0$ ou $\lambda = \pm 2$. Consideramos agora esses dois casos.

Caso 1: Se $y = 0$, então $x = y = 0$. Mas $(0, 0)$ não está na elipse. Consequentemente, $y \neq 0$.

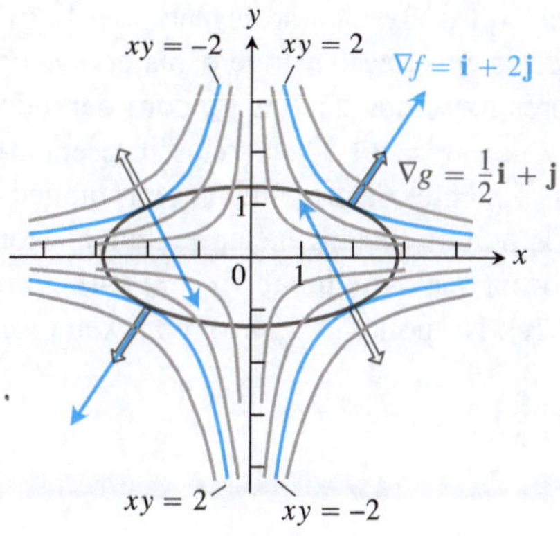

FIGURA 14.53 Quando sujeita à restrição $g(x, y) = x^2/8 + y^2/2 - 1 = 0$, a função $f(x, y) = xy$ assume valores extremos nos quatro pontos $(\pm 2, \pm 1)$. Esses são os pontos na elipse quando ∇f (azul) é um múltiplo escalar de ∇g (preto) (Exemplo 3).

Caso 2: Se $y \neq 0$, então $\lambda = \pm 2$ e $x = \pm 2y$. Substituir esses valores na equação $g(x, y) = 0$ fornece

$$\frac{(\pm 2y)^2}{8} + \frac{y^2}{2} = 1, \qquad 4y^2 + 4y^2 = 8 \qquad \text{e} \quad y = \pm 1.$$

A função $f(x, y) = xy$, portanto, assume seus valores extremos na elipse nos quatro pontos $(\pm 2, 1)$, $(\pm 2, -1)$. Os valores extremos são $xy = 2$ e $xy = -2$.

Geometria da solução As curvas de nível da função $f(x, y) = xy$ são as hipérboles $xy = c$ (Figura 14.53). Quanto mais distantes as hipérboles estão em relação à origem, maior o valor absoluto de f. Desejamos encontrar os valores extremos de $f(x, y)$, dado que o ponto (x, y) também está na elipse $x^2 + 4y^2 = 8$. Quais hipérboles apresentando interseção com a elipse estão mais distantes da origem? As hipérboles que somente tocam levemente a elipse, aquelas que são tangentes a ela, são as mais distantes. Nesses pontos, qualquer vetor normal à hipérbole é normal à elipse, de forma que $\nabla f = y\mathbf{i} + x\mathbf{j}$ é um múltiplo ($\lambda = \pm 2$) de $\nabla g = (x/4)\mathbf{i} + y\mathbf{j}$. No ponto (2, 1), por exemplo,

$$\nabla f = \mathbf{i} + 2\mathbf{j}, \qquad \nabla g = \frac{1}{2}\mathbf{i} + \mathbf{j} \qquad \text{e} \qquad \nabla f = 2\nabla g.$$

No ponto (–2, 1),

$$\nabla f = \mathbf{i} - 2\mathbf{j}, \qquad \nabla g = -\frac{1}{2}\mathbf{i} + \mathbf{j} \qquad \text{e} \qquad \nabla f = -2\nabla g.$$

EXEMPLO 4 Encontre os valores máximo e mínimo da função $f(x, y) = 3x + 4y$ na circunferência $x^2 + y^2 = 1$.

Solução Modelamos isso como um problema de multiplicadores de Lagrange com

$$f(x, y) = 3x + 4y, \quad g(x, y) = x^2 + y^2 - 1$$

e procuramos pelos valores de x, y e λ que satisfaçam as equações

$$\nabla f = \lambda \nabla g: \quad 3\mathbf{i} + 4\mathbf{j} = 2x\lambda\mathbf{i} + 2y\lambda\mathbf{j}$$
$$g(x, y) = 0: \quad x^2 + y^2 - 1 = 0.$$

A equação gradiente nas Equações 1 implica que $\lambda \neq 0$ e nos dá

$$x = \frac{3}{2\lambda}, \qquad y = \frac{2}{\lambda}.$$

Essas equações nos dizem, entre outras coisas, que x e y possuem o mesmo sinal. Com esses valores para x e y, a equação $g(x, y) = 0$ nos dá

$$\left(\frac{3}{2\lambda}\right)^2 + \left(\frac{2}{\lambda}\right)^2 - 1 = 0,$$

assim

$$\frac{9}{4\lambda^2} + \frac{4}{\lambda^2} = 1, \qquad 9 + 16 = 4\lambda^2, \qquad 4\lambda^2 = 25 \quad \text{e} \quad \lambda = \pm\frac{5}{2}.$$

Dessa forma,

$$x = \frac{3}{2\lambda} = \pm\frac{3}{5}, \qquad y = \frac{2}{\lambda} = \pm\frac{4}{5},$$

e $f(x, y) = 3x + 4y$ tem valores extremos em $(x, y) = \pm(3/5, 4/5)$.

Calculando o valor de $3x + 4y$ nos pontos $\pm(3/5, 4/5)$, vemos que seus valores máximo e mínimo na circunferência $x^2 + y^2 = 1$ são

$$3\left(\frac{3}{5}\right) + 4\left(\frac{4}{5}\right) = \frac{25}{5} = 5 \qquad \text{e} \qquad 3\left(-\frac{3}{5}\right) + 4\left(-\frac{4}{5}\right) = -\frac{25}{5} = -5.$$

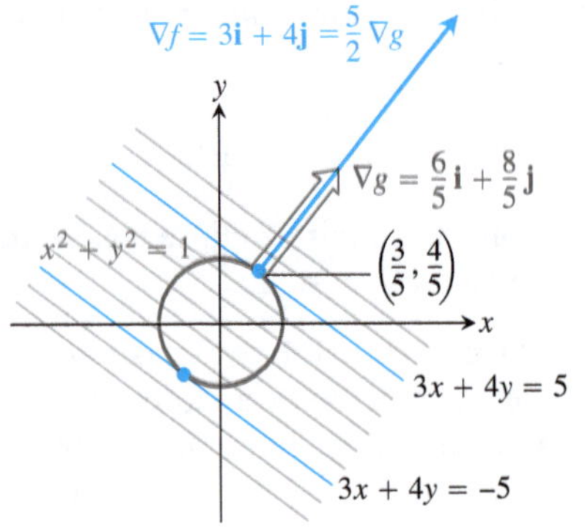

FIGURA 14.54 A função $f(x, y) = 3x + 4y$ assume seu maior valor na circunferência unitária $g(x, y) = x^2 + y^2 - 1 = 0$ no ponto $(3/5, 4/5)$ e seu menor valor no ponto $(-3/5, -4/5)$ (Exemplo 4). Em cada um desses pontos, ∇f é um múltiplo escalar de ∇g. A figura mostra os gradientes no primeiro ponto, mas não no segundo.

Geometria da solução As curvas de nível de $f(x, y) = 3x + 4y$ são as retas $3x + 4y = c$ (Figura 14.54). Quanto mais distantes as retas estão em relação à origem, maior o valor absoluto de f. Desejamos encontrar os valores extremos de $f(x, y)$, considerando que o ponto (x, y) também está na circunferência $x^2 + y^2 = 1$. Quais retas apresentando interseção com a circunferência estão mais distantes da origem? As retas tangentes à circunferência estão mais distantes. Nos pontos de tangência, qualquer vetor normal à reta é normal à circunferência, de forma que o gradiente $\nabla f = 3\mathbf{i} + 4\mathbf{j}$ é um múltiplo ($\lambda = \pm 5/2$) do gradiente $\nabla g = 2x\mathbf{i} + 2y\mathbf{j}$. No ponto $(3/5, 4/5)$, por exemplo,

$$\nabla f = 3\mathbf{i} + 4\mathbf{j}, \qquad \nabla g = \frac{6}{5}\mathbf{i} + \frac{8}{5}\mathbf{j} \qquad \text{e} \qquad \nabla f = \frac{5}{2}\nabla g.$$

Multiplicadores de Lagrange com duas restrições

Muitos problemas exigem que encontremos os valores extremos de uma função diferenciável $f(x, y, z)$ cujas variáveis estão sujeitas a duas restrições. Se as restrições são

$$g_1(x, y, z) = 0 \quad \text{e} \quad g_2(x, y, z) = 0$$

e g_1 e g_2 são diferenciáveis, com ∇g_1 não paralelo a ∇g_2, encontramos os máximos e mínimos locais condicionados de f introduzindo dois multiplicadores de Lagrange λ e μ ("mi"). Ou seja, localizamos os pontos $P(x, y, z)$ onde f assume seus valores extremos condicionados encontrando os valores de x, y, z, λ e μ que simultaneamente satisfazem as equações

$$\nabla f = \lambda \nabla g_1 + \mu \nabla g_2, \quad g_1(x, y, z) = 0, \quad g_2(x, y, z) = 0 \tag{2}$$

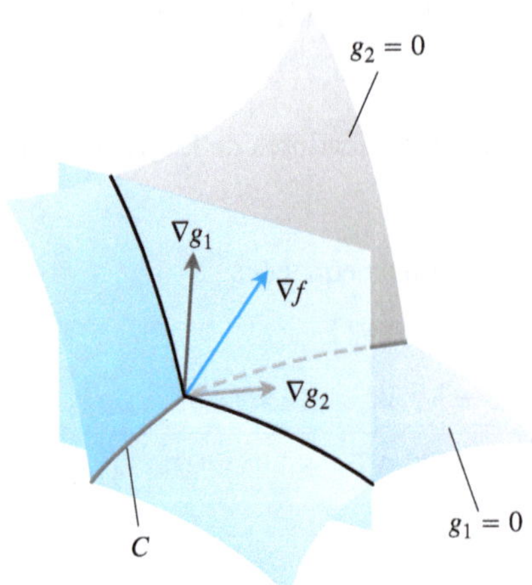

FIGURA 14.55 Os vetores ∇g_1 e ∇g_2 estão em um plano perpendicular à curva C porque ∇g_1 é normal à superfície $g_1 = 0$ e ∇g_2 é normal à superfície $g_2 = 0$.

As Equações 2 possuem uma interpretação geométrica interessante. As superfícies $g_1 = 0$ e $g_2 = 0$ se intersecionam (geralmente) em uma curva lisa, digamos C (Figura 14.55). Ao longo dessa curva, buscamos os pontos onde f possui valores máximo e mínimo locais relativos a seus outros valores na curva. Esses são os pontos onde ∇f é normal a C, conforme vimos no Teorema 12. Mas ∇g_1 e ∇g_2 são também normais a C nesses pontos porque C está nas superfícies $g_1 = 0$ e $g_2 = 0$. Portanto, ∇f está no plano determinado por ∇g_1 e ∇g_2, o que significa que $\nabla f = \lambda \nabla g_1 + \mu \nabla g_2$ para algum λ e μ. Uma vez que os pontos que buscamos também estão em ambas as superfícies, suas coordenadas devem satisfazer as equações $g_1(x, y, z) = 0$ e $g_2(x, y, z) = 0$, que são as exigências restantes nas Equações 2.

EXEMPLO 5 O plano $x + y + z = 1$ corta o cilindro $x^2 + y^2 = 1$ em uma elipse (Figura 14.56). Encontre os pontos na elipse que estão o mais próximo e o mais distante da origem.

Solução Encontramos os valores extremos de

$$f(x, y, z) = x^2 + y^2 + z^2$$

(o quadrado da distância entre (x, y, z) e a origem) sujeitos às restrições

$$g_1(x, y, z) = x^2 + y^2 - 1 = 0 \tag{3}$$

$$g_2(x, y, z) = x + y + z - 1 = 0 \tag{4}$$

A equação gradiente nas Equações 2, então, nos dá

$$\begin{aligned} \nabla f &= \lambda \nabla g_1 + \mu \nabla g_2 \\ 2x\mathbf{i} + 2y\mathbf{j} + 2z\mathbf{k} &= \lambda(2x\mathbf{i} + 2y\mathbf{j}) + \mu(\mathbf{i} + \mathbf{j} + \mathbf{k}) \\ 2x\mathbf{i} + 2y\mathbf{j} + 2z\mathbf{k} &= (2\lambda x + \mu)\mathbf{i} + (2\lambda y + \mu)\mathbf{j} + \mu\mathbf{k} \end{aligned}$$

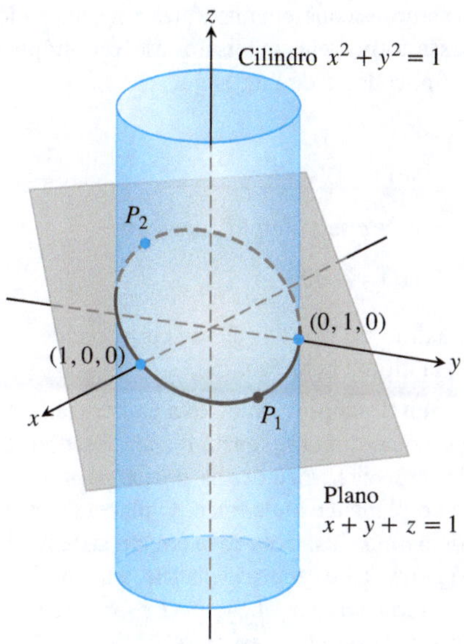

FIGURA 14.56 Na elipse onde o plano e o cilindro se encontram, encontramos os pontos mais próximo e mais distante da origem (Exemplo 5).

ou

$$2x = 2\lambda x + \mu, \quad 2y = 2\lambda y + \mu, \quad 2z = \mu. \tag{5}$$

As equações escalares nas Equações 5 resultam em

$$2x = 2\lambda x + 2z \Longrightarrow (1 - \lambda)x = z, \tag{6}$$

$$2y = 2\lambda y + 2z \Longrightarrow (1 - \lambda)y = z.$$

As Equações 6 são satisfeitas simultaneamente se $\lambda = 1$ e $z = 0$ ou $\lambda \neq 1$ e $x = y = z/(1 - \lambda)$.

Então, se $z = 0$, resolver as Equações 3 e 4 simultaneamente para encontrar os pontos correspondentes na elipse nos dá os dois pontos (1, 0, 0) e (0, 1, 0). Isso faz sentido quando você observa a Figura 14.56.

Se $x = y$, então as Equações 3 e 4 nos dão

$$\begin{aligned} x^2 + x^2 - 1 &= 0 & \qquad x + x + z - 1 &= 0 \\ 2x^2 &= 1 & z &= 1 - 2x \\ x &= \pm\frac{\sqrt{2}}{2} & z &= 1 \mp \sqrt{2}. \end{aligned}$$

Os pontos correspondentes na elipse são

$$P_1 = \left(\frac{\sqrt{2}}{2}, \frac{\sqrt{2}}{2}, 1 - \sqrt{2}\right) \quad \text{e} \quad P_2 = \left(-\frac{\sqrt{2}}{2}, -\frac{\sqrt{2}}{2}, 1 + \sqrt{2}\right).$$

Aqui, no entanto, precisamos ter cuidado. Ainda que tanto P_1 quanto P_2 forneçam o máximo local de f na elipse, P_2 está mais distante da origem do que P_1.

Os pontos na elipse mais próximos da origem são (1, 0, 0) e (0, 1, 0). O ponto na elipse mais distante da origem é P_2.

Exercícios 14.8

Duas variáveis independentes com uma restrição

1. **Extremos em uma elipse** Encontre os pontos na elipse $x^2 + 2y^2 = 1$ onde $f(x, y) = xy$ tem seus valores extremos.
2. **Extremos em uma circunferência** Encontre os valores extremos de $f(x, y) = xy$ sujeitos à restrição $g(x, y) = x^2 + y^2 - 10 = 0$.
3. **Máximo em uma reta** Encontre o valor máximo de $f(x, y) = 49 - x^2 - y^2$ na reta $x + 3y = 10$.
4. **Extremos em uma reta** Encontre os valores extremos locais de $f(x, y) = x^2y$ na reta $x + y = 3$.
5. **Mínimo condicionado** Encontre os pontos na curva $xy^2 = 54$ mais próximos à origem.
6. **Mínimo condicionado** Encontre os pontos na curva $x^2y = 2$ mais próximos da origem.
7. Utilize o método dos multiplicadores de Lagrange para encontrar:
   a. **Mínimo em uma hipérbole** O valor mínimo de $x + y$, sujeito às restrições $xy = 16$, $x > 0$, $y > 0$.
   b. **Máximo em uma reta** O valor máximo de xy, sujeito à restrição $x + y = 16$.

   Comente sobre a geometria de cada solução.
8. **Extremos em uma curva** Encontre os pontos na curva $x^2 + xy + y^2 = 1$ no plano xy que estão mais próximos e mais distantes da origem.
9. **Área de superfície mínima com volume fixo** Encontre as dimensões da lata cilíndrica circular reta fechada de menor área de superfície cujo volume seja 16π cm^3.
10. **Cilindro em uma esfera** Encontre o raio e a altura do cilindro circular reto aberto de maior área de superfície que pode ser inscrito em uma esfera de raio a. Qual é a maior área de superfície?
11. **Retângulo de maior área em uma elipse** Utilize o método dos multiplicadores de Lagrange para encontrar as dimensões do retângulo de maior área que pode ser inscrito na elipse $x^2/16 + y^2/9 = 1$ com lados paralelos aos eixos coordenados.
12. **Retângulo de perímetro mais longo em uma elipse** Encontre as dimensões do retângulo de maior perímetro que pode ser inscrito na elipse $x^2/a^2 + y^2/b^2 = 1$ com lados paralelos aos eixos coordenados. Qual é o maior perímetro?
13. **Extremos em uma circunferência** Encontre os valores máximo e mínimo de $x^2 + y^2$ sujeitos à restrição $x^2 - 2x + y^2 - 4y = 0$.
14. **Extremos em uma circunferência** Encontre os valores máximo e mínimo de $3x - y + 6$ sujeitos à restrição $x^2 + y^2 = 4$.
15. **Formiga em uma placa de metal** A temperatura em um ponto (x, y) em uma placa de metal é $T(x, y) = 4x^2 - 4xy + y^2$. Uma formiga sobre a placa anda ao redor de uma circunferência de raio 5 centrado na origem. Quais são as temperaturas mais alta e mais baixa encontradas pela formiga?
16. **Tanque de armazenamento mais barato** Sua empresa foi solicitada a projetar um tanque de armazenamento para gás liquefeito de petróleo. As especificações do cliente exigem um tanque cilíndrico com extremidades hemisféricas, e o tanque deve ter capacidade para 8.000 m^3 de gás. O cliente deseja também utilizar a menor quantidade possível de material na

fabricação do tanque. Qual raio e qual altura você recomenda para a parte cilíndrica do tanque?

Três variáveis independentes com uma restrição

17. **Mínima distância a um ponto** Encontre o ponto no plano $x + 2y + 3z = 13$ mais próximo ao ponto $(1, 1, 1)$.
18. **Máxima distância a um ponto** Encontre o ponto na esfera $x^2 + y^2 + z^2 = 4$ mais distante do ponto $(1, -1, 1)$.
19. **Mínima distância à origem** Encontre a mínima distância da superfície $x^2 - y^2 - z^2 = 1$ à origem.
20. **Mínima distância à origem** Encontre o ponto na superfície $z = xy + 1$ mais próximo da origem.
21. **Mínima distância à origem** Encontre os pontos na superfície $z^2 = xy + 4$ mais próximos à origem.
22. **Mínima distância à origem** Encontre o(s) ponto(s) na superfície $xyz = 1$ mais próximo(s) à origem.
23. **Extremos em uma esfera** Encontre os valores máximo e mínimo de
$$f(x, y, z) = x - 2y + 5z$$
na esfera $x^2 + y^2 + z^2 = 30$.
24. **Extremos em uma esfera** Encontre os pontos na esfera $x^2 + y^2 + z^2 = 25$, onde $f(x, y, z) = x + 2y + 3z$ tenha seus valores máximo e mínimo.
25. **Minimizando uma soma de quadrados** Encontre três números reais cuja soma seja 9 e a soma de seus quadrados seja a menor possível.
26. **Maximizando um produto** Encontre o maior produto que os números positivos x, y e z podem ter se $x + y + z^2 = 16$.
27. **Caixa retangular de maior volume em uma esfera** Encontre as dimensões da caixa retangular fechada com máximo volume que pode ser inscrita na esfera unitária.
28. **Caixa com vértice em um plano** Encontre o volume da maior caixa retangular fechada no primeiro octante, tendo três faces nos planos coordenados e um vértice no plano $x/a + y/b + z/c = 1$, onde $a > 0$, $b > 0$ e $c > 0$.
29. **Ponto mais quente em uma sonda espacial** Uma sonda espacial no formato do elipsoide
$$4x^2 + y^2 + 4z^2 = 16$$
entra na atmosfera terrestre e sua superfície começa a se aquecer. Depois de 1 hora, a temperatura no ponto (x, y, z) na superfície da sonda é
$$T(x, y, z) = 8x^2 + 4yz - 16z + 600.$$
Encontre o ponto mais quente na superfície da sonda.
30. **Temperaturas extremas em uma esfera** Suponha que a temperatura em Celsius no ponto (x, y, z) na esfera $x^2 + y^2 + z^2 = 1$ seja $T = 400xyz^2$. Localize as temperaturas mais alta e mais baixa na esfera.
31. **Maximizando uma função de utilidade: um exemplo da economia** Na economia, a *utilidade* das quantidades x e y de dois bens capitais G_1 e G_2 é algumas vezes medida por uma função $U(x, y)$. Por exemplo, G_1 e G_2 poderiam ser duas substâncias químicas que uma empresa farmacêutica necessita ter em mãos e $U(x, y)$, o ganho a partir da fabricação de um produto cuja síntese requer diferentes quantidades das substâncias químicas, dependendo do processo utilizado. Se G_1 custa a dólares por quilo, G_2 custa b dólares por quilo e a quantidade total alocada para a aquisição de G_1 e G_2 juntos é c dólares, então os diretores da empresa querem maximizar $U(x, y)$, dado que $ax + by = c$. Dessa forma, eles precisam resolver um problema típico de multiplicadores de Lagrange.
Suponha que
$$U(x, y) = xy + 2x$$
e que a equação $ax + by = c$ seja simplificada para
$$2x + y = 30.$$
Encontre o valor máximo de U e os valores correspondentes de x e y sujeitos a essa última restrição.
32. **Localizando um radiotelescópio** Você está encarregado de montar um radiotelescópio em um planeta recém-descoberto. Para minimizar interferências, você deseja posicioná-lo onde o campo magnético do planeta é mais fraco. O planeta é esférico, com um raio de 6 unidades. Com base em um sistema de coordenadas cuja origem seja no centro do planeta, a intensidade do campo magnético é fornecida por $M(x, y, z) = 6x - y^2 + xz + 60$. Onde você deve posicionar o radiotelescópio?

Valores extremos sujeitos a duas restrições

33. Maximize a função $f(x, y, z) = x^2 + 2y - z^2$ sujeita às restrições $2x - y = 0$ e $y + z = 0$.
34. Minimize a função $f(x, y, z) = x^2 + y^2 + z^2$ sujeita às restrições $x + 2y + 3z = 6$ e $x + 3y + 9z = 9$.
35. **Mínima distância à origem** Encontre o ponto mais próximo à origem na reta de interseção dos planos $y + 2z = 12$ e $x + y = 6$.
36. **Máximo valor na reta de interseção** Encontre o valor máximo que $f(x, y, z) = x^2 + 2y - z^2$ pode ter na reta de interseção dos planos $2x - y = 0$ e $y + z = 0$.
37. **Extremos em uma curva de interseção** Encontre os valores extremos de $f(x, y, z) = x^2yz + 1$ na interseção do plano $z = 1$ com a esfera $x^2 + y^2 + z^2 = 10$.
38. a. **Máximo em uma reta de interseção** Encontre o valor máximo de $w = xyz$ na reta de interseção dos dois planos $x + y + z = 40$ e $x + y - z = 0$.
    b. Forneça um argumento geométrico para justificar sua afirmação de que você encontrou um valor máximo, e não mínimo, de w.
39. **Extremos em uma circunferência de interseção** Encontre os valores extremos da função $f(x, y, z) = xy + z^2$ na circunferência na qual o plano $y - x = 0$ cruza a esfera $x^2 + y^2 + z^2 = 4$.
40. **Mínima distância à origem** Encontre o ponto mais próximo à origem na curva de interseção do plano $2y + 4z = 5$ e o cone $z^2 = 4x^2 + 4y^2$.

Teoria e exemplos

41. **A condição $\nabla f = \lambda \nabla g$ não é suficiente** Ainda que $\nabla f = \lambda \nabla g$ seja uma condição necessária para a ocorrência de um valor extremo de $f(x, y)$ sujeito às condições $g(x, y) = 0$ e $\nabla g \neq \mathbf{0}$, ela não garante por si só que ele exista. Como exemplo, tente utilizar o método dos multiplicadores de Lagrange para encontrar um valor máximo de $f(x, y) = x + y$ sujeito à restrição $xy = 16$. O método irá identificar os dois pontos $(4, 4)$ e $(-4, -4)$ como candidatos para a localização de valores extremos. Ainda assim, a soma $(x + y)$ não possui valor máximo na hipérbole $xy = 16$. Quanto mais distante você vai com relação à origem nessa hipérbole no primeiro quadrante, maior fica a soma $f(x, y) = x + y$.
42. **Plano de mínimos quadrados** O plano $z = Ax + By + C$ será "ajustado" aos seguintes pontos (x_k, y_k, z_k):

$$(0, 0, 0), \quad (0, 1, 1) \quad (1, 1, 1), \quad (1, 0, -1).$$

Encontre os valores de A, B e C que minimizam

$$\sum_{k=1}^{4}(Ax_k + By_k + C - z_k)^2,$$

a soma dos quadrados dos desvios.

43. **a. Máximo em uma esfera** Mostre que o valor máximo de $a^2b^2c^2$ em uma esfera de raio r centrado na origem de um sistema de coordenadas cartesianas abc é $(r^2/3)^3$.

b. Médias geométrica e aritmética Utilizando o item (a), mostre que, para números não negativos a, b e c,

$$(abc)^{1/3} \leq \frac{a + b + c}{3};$$

ou seja, a *média geométrica* de três números não negativos é menor ou igual à sua *média aritmética*.

44. Soma de produtos Sejam $a_1, a_2, ..., a_n$ números positivos. Encontre o máximo de $\Sigma_{i=1}^{n} a_i x_i$ sujeito à restrição $\Sigma_{i=1}^{n} x_i^2 = 1$.

USO DO COMPUTADOR

Nos Exercícios 45-50, utilize um SAC para realizar as seguintes etapas, implementando o método dos multiplicadores de Lagrange para encontrar os extremos condicionados:

a. Forme a função $h = f - \lambda_1 g_1 - \lambda_2 g_2$, onde f é a função para otimizar sujeita às restrições $g_1 = 0$ e $g_2 = 0$.

b. Determine todas as primeiras derivadas parciais de h, incluindo aquelas com relação a λ_1 e λ_2, e iguale-as a 0.

c. Resolva o sistema de equações encontrado no item (b) para todas as variáveis, incluindo λ_1 e λ_2.

d. Calcule f em cada um dos pontos de solução encontrados no item (c) e selecione o valor extremo sujeito às restrições solicitadas no exercício.

45. Minimize $f(x, y, z) = xy + yz$ sujeita às restrições $x^2 + y^2 - 2 = 0$ e $x^2 + z^2 - 2 = 0$.

46. Minimize $f(x, y, z) = xyz$ sujeita às restrições $x^2 + y^2 - 1 = 0$ e $x - z = 0$.

47. Maximize $f(x, y, z) = x^2 + y^2 + z^2$ sujeita às restrições $2y + 4z - 5 = 0$ e $4x^2 + 4y^2 - z^2 = 0$.

48. Minimize $f(x, y, z) = x^2 + y^2 + z^2$ sujeita às restrições $x^2 - xy + y^2 - z^2 = 0$ e $x^2 + y^2 - 1 = 0$.

49. Minimize $f(x, y, z, w) = x^2 + y^2 + z^2 + w^2$ sujeita às restrições $2x - y + z - w - 1 = 0$ e $x + y - z + w - 1 = 0$.

50. Determine a distância entre a reta $y = x + 1$ e a parábola $y^2 = x$. (Sugestão: seja (x, y) um ponto na reta e (w, z) um ponto na parábola. Você deseja minimizar $(x - w)^2 + (y - z)^2$.)

14.9 Fórmula de Taylor para duas variáveis

Nesta seção, utilizaremos a fórmula de Taylor para obter o teste da derivada segunda para valores extremos locais (Seção 14.7) e a fórmula de erro para linearizações de funções de duas variáveis independentes (Seção 14.6). O uso da fórmula de Taylor nessas deduções leva a uma extensão da fórmula que fornece aproximações polinomiais de todas as ordens para funções de duas variáveis independentes.

Dedução do teste da derivada segunda

Suponha que $f(x, y)$ tenha derivadas contínuas em uma região aberta R contendo um ponto $P(a, b)$ onde $f_x = f_y = 0$ (Figura 14.57). Sejam h e k incrementos pequenos o bastante para colocar o ponto $S(a + h, b + k)$ e o segmento de reta ligando-o a P dentro de R. Parametrizamos o segmento PS como

$$x = a + th, \quad y = b + tk, \quad 0 \leq t \leq 1.$$

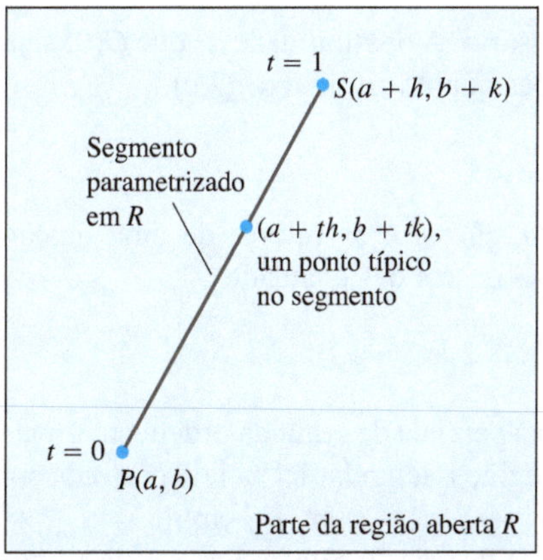

FIGURA 14.57 Começamos a dedução do teste da derivada segunda em $P(a, b)$ parametrizando um segmento de reta típico de P até um ponto S próximo.

Se $F(t) = f(a + th, b + tk)$, a regra da cadeia fornece

$$F'(t) = f_x\frac{dx}{dt} + f_y\frac{dy}{dt} = hf_x + kf_y.$$

Uma vez que f_x e f_y são diferenciáveis (elas possuem derivadas parciais contínuas), F' é uma função diferenciável de t e

$$F'' = \frac{\partial F'}{\partial x}\frac{dx}{dt} + \frac{\partial F'}{\partial y}\frac{dy}{dt} = \frac{\partial}{\partial x}(hf_x + kf_y)\cdot h + \frac{\partial}{\partial y}(hf_x + kf_y)\cdot k$$

$$= h^2 f_{xx} + 2hkf_{xy} + k^2 f_{yy}. \qquad f_{xy} = f_{yx}$$

Uma vez que F e F' são contínuas em [0, 1] e F' é diferenciável em (0, 1), podemos aplicar a fórmula de Taylor com $n = 2$ e $a = 0$ para obter

$$F(1) = F(0) + F'(0)(1 - 0) + F''(c)\frac{(1 - 0)^2}{2}$$

$$F(1) = F(0) + F'(0) + \frac{1}{2}F''(c) \qquad (1)$$

para algum c entre 0 e 1. Escrever a Equação 1 em termos de f nos dá

$$f(a + h, b + k) = f(a, b) + hf_x(a, b) + kf_y(a, b)$$
$$+ \frac{1}{2}\left(h^2 f_{xx} + 2hkf_{xy} + k^2 f_{yy}\right)\Big|_{(a+ch,\, b+ck)}. \quad \textbf{(2)}$$

Como $f_x(a, b) = f_y(a, b) = 0$, isso se reduz a

$$f(a + h, b + k) - f(a, b) = \frac{1}{2}\left(h^2 f_{xx} + 2hkf_{xy} + k^2 f_{yy}\right)\Big|_{(a+ch,\, b+ck)}. \quad \textbf{(3)}$$

A presença de um extremo de f em (a, b) é determinada pelo sinal de $f(a + h, b + k) - f(a, b)$. Pela Equação 3, isso é o mesmo que o sinal de

$$Q(c) = (h^2 f_{xx} + 2hkf_{xy} + k^2 f_{yy})|_{(a+ch,\, b+ck)}.$$

Agora, se $Q(0) \neq 0$, o sinal de $Q(c)$ será o mesmo que o sinal de $Q(0)$ para valores suficientemente pequenos de h e k. Podemos prever o sinal de

$$Q(0) = h^2 f_{xx}(a, b) + 2hkf_{xy}(a, b) + k^2 f_{yy}(a, b) \quad \textbf{(4)}$$

a partir dos sinais de f_{xx} e $f_{xx}f_{yy} - f_{xy}{}^2$ em (a, b). Multiplique ambos os lados da Equação 4 por f_{xx} e rearranje o lado positivo para obter

$$f_{xx}Q(0) = (hf_{xx} + kf_{xy})^2 + (f_{xx}f_{yy} - f_{xy}{}^2)k^2. \quad \textbf{(5)}$$

A partir da Equação 5, vemos que

1. Se $f_{xx} < 0$ e $f_{xx}f_{yy} - f_{xy}{}^2 > 0$ em (a, b), então $Q(0) < 0$ para todos os valores diferentes de zero suficientemente pequenos de h e k, e f tem um *valor máximo local* em (a, b).
2. Se $f_{xx} > 0$ e $f_{xx}f_{yy} - f_{xy}{}^2 > 0$ em (a, b), então $Q(0) > 0$ para todos os valores diferentes de zero suficientemente pequenos de h e k, e f tem um *valor mínimo local* em (a, b).
3. Se $f_{xx}f_{yy} - f_{xy}{}^2 < 0$ em (a, b), existem combinações de valores diferentes de zero arbitrariamente pequenos de h e k, para os quais $Q(0) > 0$, e outros valores para os quais $Q(0) < 0$. Arbitrariamente próximos ao ponto $P_0(a, b, f(a, b))$ na superfície $z = f(x, y)$ existem pontos acima e abaixo de P_0, de forma que f tem um *ponto de sela* em (a, b).
4. Se $f_{xx}f_{yy} - f_{xy}{}^2 = 0$, um outro teste é necessário. A possibilidade de que $Q(0)$ seja igual a zero nos impede de tirar conclusões quanto ao sinal de $Q(c)$.

Fórmula de erro para aproximações lineares

Desejamos mostrar que a diferença $E(x, y)$ entre os valores de uma função $f(x, y)$ e sua linearização $L(x, y)$ em (x_0, y_0) satisfaz a desigualdade

$$|E(x, y)| \leq \frac{1}{2}M(|x - x_0| + |y - y_0|)^2.$$

Assumimos que a função f tem derivadas parciais de segunda ordem contínuas por todo um conjunto aberto contendo uma região retangular fechada R centrada em (x_0, y_0). O número M é um limitante superior para $|f_{xx}|$, $|f_{yy}|$ e $|f_{xy}|$ em R.

A desigualdade que desejamos vem da Equação 2. Substituímos x_0 e y_0 por a e b, e $x - x_0$ e $y - y_0$ por h e k, respectivamente, e rearranjamos o resultado como

$$f(x, y) = \underbrace{f(x_0, y_0) + f_x(x_0, y_0)(x - x_0) + f_y(x_0, y_0)(y - y_0)}_{\text{linearização } L(x,\, y)}$$

$$\underbrace{+ \frac{1}{2}\left((x - x_0)^2 f_{xx} + 2(x - x_0)(y - y_0)f_{xy} + (y - y_0)^2 f_{yy}\right)\Big|_{(x_0+c(x-x_0),\, y_0+c(y-y_0))}}_{\text{erro } E(x,\, y)}.$$

Essa equação revela que

$$|E| \le \frac{1}{2}\left(|x - x_0|^2|f_{xx}| + 2|x - x_0||y - y_0||f_{xy}| + |y - y_0|^2|f_{yy}|\right).$$

Consequentemente, se M é um limitante superior para os valores de $|f_{xx}|$, $|f_{xy}|$ e $|f_{yy}|$ em R,

$$\begin{aligned}|E| &\le \frac{1}{2}\left(|x - x_0|^2 M + 2|x - x_0||y - y_0|M + |y - y_0|^2 M\right)\\ &= \frac{1}{2}M(|x - x_0| + |y - y_0|)^2.\end{aligned}$$

Fórmula de Taylor para funções de duas variáveis

As fórmulas deduzidas anteriormente para F' e F'' podem ser obtidas aplicando a $f(x, y)$ os operadores

$$\left(h\frac{\partial}{\partial x} + k\frac{\partial}{\partial y}\right) \quad \text{e} \quad \left(h\frac{\partial}{\partial x} + k\frac{\partial}{\partial y}\right)^2 = h^2\frac{\partial^2}{\partial x^2} + 2hk\frac{\partial^2}{\partial x\,\partial y} + k^2\frac{\partial^2}{\partial y^2}.$$

Esses são os primeiros dois exemplos de uma fórmula mais geral,

$$F^{(n)}(t) = \frac{d^n}{dt^n}F(t) = \left(h\frac{\partial}{\partial x} + k\frac{\partial}{\partial y}\right)^n f(x, y), \tag{6}$$

que diz que aplicar d^n/dt^n a $F(t)$ nos fornece o mesmo resultado que se aplicar o operador

$$\left(h\frac{\partial}{\partial x} + k\frac{\partial}{\partial y}\right)^n$$

a $f(x, y)$ após a sua expansão pelo teorema binomial.

Se derivadas parciais de f até ordem $n + 1$ forem contínuas sobre uma região retangular centrada em (a, b), podemos estender a fórmula de Taylor de $F(t)$ para

$$F(t) = F(0) + F'(0)t + \frac{F''(0)}{2!}t^2 + \cdots + \frac{F^{(n)}(0)}{n!}t^{(n)} + \text{resto}$$

e tomarmos $t = 1$ para obter

$$F(1) = F(0) + F'(0) + \frac{F''(0)}{2!} + \cdots + \frac{F^{(n)}(0)}{n!} + \text{resto}$$

Quando substituímos as primeiras n derivadas à direita dessa última série por suas expressões equivalentes da Equação 6 avaliadas em $t = 0$ e adicionamos o termo restante apropriado, chegamos à seguinte fórmula.

Fórmula de Taylor para $f(x, y)$ no ponto (a, b)

Suponha que $f(x, y)$ e suas derivadas parciais até ordem $n + 1$ sejam contínuas sobre uma região retangular aberta R centrada no ponto (a, b). Então, por todo R,

$$\begin{aligned} f(a + h, b + k) &= f(a, b) + (hf_x + kf_y)|_{(a,b)} + \frac{1}{2!}(h^2 f_{xx} + 2hkf_{xy} + k^2 f_{yy})|_{(a,b)}\\ &\quad + \frac{1}{3!}(h^3 f_{xxx} + 3h^2 k f_{xxy} + 3hk^2 f_{xyy} + k^3 f_{yyy})|_{(a,b)} + \cdots + \frac{1}{n!}\left(h\frac{\partial}{\partial x} + k\frac{\partial}{\partial y}\right)^n f\bigg|_{(a,b)}\\ &\quad + \frac{1}{(n+1)!}\left(h\frac{\partial}{\partial x} + k\frac{\partial}{\partial y}\right)^{n+1} f\bigg|_{(a+ch,\, b+ck)}. \end{aligned} \tag{7}$$

Os primeiros n termos derivados são avaliados em (a, b). O último termo é avaliado em algum ponto $(a + ch, b + ck)$ no segmento de reta unindo (a, b) e $(a + h, b + k)$.

Se $(a, b) = (0, 0)$ e tratamos h e k como variáveis independentes (denotando-as agora por x e y), então a Equação 7 assume a forma a seguir.

Fórmula de Taylor para $f(x, y)$ na origem

$$f(x, y) = f(0, 0) + xf_x + yf_y + \frac{1}{2!}(x^2 f_{xx} + 2xyf_{xy} + y^2 f_{yy})$$
$$+ \frac{1}{3!}(x^3 f_{xxx} + 3x^2 y f_{xxy} + 3xy^2 f_{xyy} + y^3 f_{yyy}) + \cdots + \frac{1}{n!}\left(x^n \frac{\partial^n f}{\partial x^n} + nx^{n-1}y\frac{\partial^n f}{\partial x^{n-1}\partial y} + \cdots + y^n \frac{\partial^n f}{\partial y^n}\right)$$
$$+ \frac{1}{(n+1)!}\left(x^{n+1}\frac{\partial^{n+1} f}{\partial x^{n+1}} + (n+1)x^n y \frac{\partial^{n+1} f}{\partial x^n \partial y} + \cdots + y^{n+1}\frac{\partial^{n+1} f}{\partial y^{n+1}}\right)\bigg|_{(cx, cy)} \tag{8}$$

Os primeiros n termos derivados são avaliados em $(0, 0)$. O último termo é avaliado em um ponto no segmento de reta unindo a origem e (x, y).

A fórmula de Taylor fornece aproximações polinomiais de funções de duas variáveis. Os primeiros n termos derivados dão o polinômio; o último termo fornece o erro de aproximação. Os três primeiros termos da fórmula de Taylor fornecem a linearização da função. Para melhorar a linearização, adicionamos termos de ordem maior.

EXEMPLO 1 Encontre uma aproximação quadrática para $f(x, y) = \operatorname{sen} x \operatorname{sen} y$ próxima à origem. Qual é a precisão da aproximação se $|x| \leq 0{,}1$ e $|y| \leq 0{,}1$?

Solução Tomamos $n = 2$ na Equação 8:

$$f(x, y) = f(0, 0) + (xf_x + yf_y) + \frac{1}{2}(x^2 f_{xx} + 2xyf_{xy} + y^2 f_{yy})$$
$$+ \frac{1}{6}(x^3 f_{xxx} + 3x^2 y f_{xxy} + 3xy^2 f_{xyy} + y^3 f_{yyy})_{(cx, cy)}.$$

Calculando os valores das derivadas parciais,

$$\begin{aligned} f(0,0) &= \operatorname{sen} x \operatorname{sen} y|_{(0,0)} = 0, & f_{xx}(0,0) &= -\operatorname{sen} x \operatorname{sen} y|_{(0,0)} = 0, \\ f_x(0,0) &= \cos x \operatorname{sen} y|_{(0,0)} = 0, & f_{xy}(0,0) &= \cos x \cos y|_{(0,0)} = 1, \\ f_y(0,0) &= \operatorname{sen} x \cos y|_{(0,0)} = 0, & f_{yy}(0,0) &= -\operatorname{sen} x \operatorname{sen} y|_{(0,0)} = 0, \end{aligned}$$

temos o resultado

$$\operatorname{sen} x \operatorname{sen} y \approx 0 + 0 + 0 + \frac{1}{2}(x^2(0) + 2xy(1) + y^2(0)) \quad \text{ou} \quad \operatorname{sen} x \operatorname{sen} y \approx xy.$$

O erro na aproximação é

$$E(x, y) = \frac{1}{6}(x^3 f_{xxx} + 3x^2 y f_{xxy} + 3xy^2 f_{xyy} + y^3 f_{yyy})|_{(cx, cy)}.$$

As terceiras derivadas nunca excedem 1 em valor absoluto, porque são produtos de senos e cossenos. Ainda, $|x| \leq 0{,}1$ e $|y| \leq 0{,}1$. Consequentemente,

$$|E(x, y)| \leq \frac{1}{6}((0{,}1)^3 + 3(0{,}1)^3 + 3(0{,}1)^3 + (0{,}1)^3) = \frac{8}{6}(0{,}1)^3 \leq 0{,}00134$$

(arredondado para cima). O erro não irá exceder $0{,}00134$ se $|x| \leq 0{,}1$ e $|y| \leq 0{,}1$.

Exercícios 14.9

Encontrando aproximações quadráticas e cúbicas

Nos Exercícios 1-10, utilize a fórmula de Taylor para $f(x, y)$ na origem para encontrar aproximações quadráticas e cúbicas de f próximas à origem.

1. $f(x, y) = xe^y$
2. $f(x, y) = e^x \cos y$
3. $f(x, y) = y \operatorname{sen} x$
4. $f(x, y) = \operatorname{sen} x \cos y$
5. $f(x, y) = e^x \ln (1 + y)$
6. $f(x, y) = \ln (2x + y + 1)$
7. $f(x, y) = \operatorname{sen} (x^2 + y^2)$
8. $f(x, y) = \cos (x^2 + y^2)$
9. $f(x, y) = \dfrac{1}{1 - x - y}$
10. $f(x, y) = \dfrac{1}{1 - x - y + xy}$
11. Utilize a fórmula de Taylor para encontrar uma aproximação quadrática de $f(x, y) = \cos x \cos y$ na origem. Calcule o erro na aproximação se $|x| \leq 0{,}1$ e $|y| \leq 0{,}1$.
12. Utilize a fórmula de Taylor para encontrar uma aproximação quadrática de $e^x \operatorname{sen} y$ na origem. Calcule o erro na aproximação se $|x| \leq 0{,}1$ e $|y| \leq 0{,}1$.

14.10 Derivadas parciais com variáveis condicionadas

Ao encontrar derivadas parciais de funções como $w = f(x, y)$, assumimos que x e y sejam independentes. Em muitas aplicações, entretanto, esse não é o caso. Por exemplo, a energia interna U de um gás pode ser expressa como uma função $U = f(P, V, T)$ de pressão P, volume V e temperatura T. No entanto, se as moléculas individuais do gás não interagem, P, V e T obedecem à lei do gás ideal (e são condicionados por ela)

$$PV = nRT \quad (n \text{ e } R \text{ constantes})$$

e deixam de ser independentes. Nesta seção, aprenderemos como encontrar derivadas parciais em situações como essa, que ocorrem na economia, na engenharia e na física.*

Decida quais variáveis são dependentes e quais são independentes

Se as variáveis em uma função $w = f(x, y, z)$ são condicionadas por uma relação como a imposta em x, y e z pela equação $z = x^2 + y^2$, os significados geométricos e os valores numéricos das derivadas parciais de f dependerão de quais variáveis são escolhidas para serem dependentes e quais são escolhidas para serem independentes. Para vermos como essa opção pode afetar o resultado, consideramos o cálculo de $\partial w/\partial x$ quando $w = x^2 + y^2 + z^2$ e $z = x^2 + y^2$.

EXEMPLO 1 Encontre $\partial w/\partial x$ quando $w = x^2 + y^2 + z^2$ e $z = x^2 + y^2$.

Solução São dadas duas equações e quatro variáveis x, y, z e w. Como muitos sistemas semelhantes, este pode ser resolvido para duas das variáveis (as variáveis dependentes) em termos das outras (as variáveis independentes). Aos sermos perguntados sobre $\partial w/\partial x$, somos informados de que w será uma variável dependente e x uma variável independente. As possíveis escolhas para as outras variáveis se resumem a

Dependente	*Independente*
w, z	x, y
w, y	x, z

Em qualquer dos dois casos, podemos expressar w explicitamente em termos das variáveis independentes selecionadas. Fazemos isso utilizando a segunda equação $z = x^2 + y^2$ para eliminar a variável dependente restante na primeira equação.

*Esta seção foi feita com base nas notas escritas por Arthur P. Mattuck para o MIT.

No primeiro caso, a variável dependente restante é z. Nós a eliminamos da primeira equação substituindo-a por $x^2 + y^2$. A expressão resultante para w é

$$w = x^2 + y^2 + z^2 = x^2 + y^2 + (x^2 + y^2)^2$$
$$= x^2 + y^2 + x^4 + 2x^2y^2 + y^4$$

e

$$\frac{\partial w}{\partial x} = 2x + 4x^3 + 4xy^2. \qquad (1)$$

Essa é a fórmula para $\partial w/\partial x$ quando x e y são variáveis independentes.

No segundo caso, onde as variáveis independentes são x e z e a variável dependente restante é y, eliminamos a variável dependente y na expressão para w substituindo y^2 na segunda equação por $z - x^2$. Isso nos dá

$$w = x^2 + y^2 + z^2 = x^2 + (z - x^2) + z^2 = z + z^2$$

e

$$\frac{\partial w}{\partial x} = 0. \qquad (2)$$

Essa é a fórmula para $\partial w/\partial x$ quando x e z são variáveis independentes

As fórmulas para $\partial w/\partial x$ nas Equações 1 e 2 são genuinamente diferentes. Não podemos trocar uma fórmula pela outra utilizando a relação $z = x^2 + y^2$. Não existe somente uma $\partial w/\partial x$; existem duas, e vemos que a instrução original para encontrar $\partial w/\partial x$ estava incompleta. *Qual* $\partial w/\partial x$?, perguntamos.

As interpretações geométricas das Equações 1 e 2 nos ajudam a explicar por que as equações diferem. A função $w = x^2 + y^2 + z^2$ mede o quadrado da distância do ponto (x, y, z) à origem. A condição $z = x^2 + y^2$ diz que o ponto (x, y, z) está no paraboloide de revolução ilustrado na Figura 14.58. O que significa calcular $\partial w/\partial x$ em um ponto $P(x, y, z)$ que pode se mover somente sobre essa superfície? Qual é o valor de $\partial w/\partial x$ quando as coordenadas de P são, digamos, $(1, 0, 1)$?

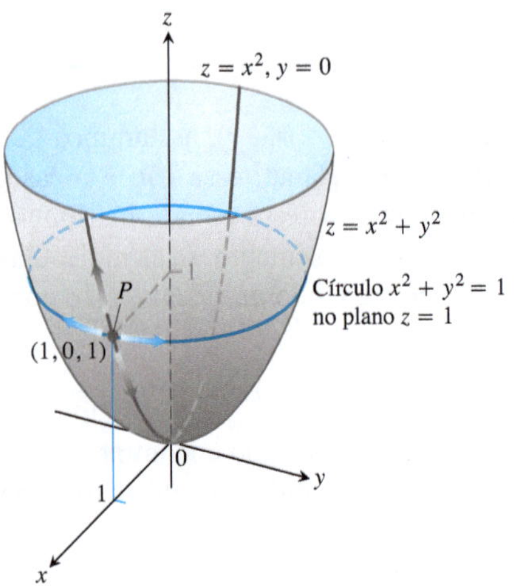

FIGURA 14.58 Se P está restrito ao paraboloide $z = x^2 + y^2$, o valor da derivada parcial de $w = x^2 + y^2 + z^2$ com relação a x em P depende da direção do movimento (Exemplo 1). (1) Conforme x varia, com $y = 0$, P se move para cima ou para baixo da superfície na parábola $z = x^2$ no plano xy com $\partial w/\partial x = 2x + 4x^3$. (2) Conforme x varia, com $z = 1$, P se move sobre a circunferência $x^2 + y^2 = 1$, $z = 1$ e $\partial w/\partial x = 0$.

Se tomamos x e y independentes, então encontramos $\partial w/\partial x$ mantendo y fixo (em $y = 0$ nesse caso) e permitindo que x varie. Consequentemente, P se move ao longo da parábola $z = x^2$ no plano xz. Conforme P se move nessa parábola, w, que é o quadrado da distância entre P e a origem, muda. Calculamos $\partial w/\partial x$ nesse caso (nossa primeira solução acima) como sendo

$$\frac{\partial w}{\partial x} = 2x + 4x^3 + 4xy^2.$$

No ponto $P(1, 0, 1)$, o valor dessa derivada é

$$\frac{\partial w}{\partial x} = 2 + 4 + 0 = 6.$$

Se tomarmos x e z independentes, então encontramos $\partial w/\partial x$ mantendo z fixo enquanto x varia. Uma vez que a coordenada z de P é 1, o x variando move P ao longo de uma circunferência no plano $z = 1$. Conforme P se move ao longo desse círculo, sua distância da origem permanece constante, e w, sendo o quadrado dessa distância, não muda. Ou seja,

$$\frac{\partial w}{\partial x} = 0,$$

conforme observamos em nossa segunda solução.

Como encontrar $\partial w/\partial x$ quando as variáveis em $w = f(x, y, z)$ são condicionadas por uma outra equação

Conforme vimos no Exemplo 1, um procedimento típico para encontrar $\partial w/\partial x$ quando as variáveis na função $w = f(x, y, z)$ estão relacionadas por outra equação possui três passos. Esses passos se aplicam para encontrar $\partial w/\partial y$ e $\partial w/\partial z$ da mesma forma.

1. *Decida* quais variáveis serão dependentes e quais serão independentes. (Na prática, a decisão é baseada no contexto físico ou teórico de nosso trabalho. Nos exercícios ao término desta seção, diremos quais variáveis serão dependentes e quais serão independentes.)
2. *Elimine* a(s) outra(s) variável(is) dependente(s) na expressão para w.
3. *Derive* como de costume.

Se não pudermos realizar o passo 2 após decidir quais variáveis são dependentes, diferenciamos as equações conforme elas são e tentamos resolvê-las para $\partial w/\partial x$ posteriormente. O próximo exemplo mostra como isso é feito.

EXEMPLO 2 Encontre $\partial w/\partial x$ no ponto $(x, y, z) = (2, -1, 1)$ se

$$w = x^2 + y^2 + z^2, \quad z^3 - xy + yz + y^3 = 1,$$

e x e y são variáveis independentes.

Solução Não é conveniente eliminar z na expressão para w. Portanto, diferenciamos os dois lados de ambas as equações implicitamente com relação a x, tratando x e y como variáveis independentes e w e z como variáveis dependentes. Isso nos fornece

$$\frac{\partial w}{\partial x} = 2x + 2z\frac{\partial z}{\partial x} \tag{3}$$

e

$$3z^2\frac{\partial z}{\partial x} - y + y\frac{\partial z}{\partial x} + 0 = 0. \tag{4}$$

Essas equações podem agora ser combinadas para expressar $\partial w/\partial x$ em termos de x, y e z. Resolvemos a Equação 4 para $\partial z/\partial x$ para obter

$$\frac{\partial z}{\partial x} = \frac{y}{y + 3z^2}$$

e substituímos na Equação 3 para obter

$$\frac{\partial w}{\partial x} = 2x + \frac{2yz}{y + 3z^2}.$$

O valor dessa derivada em $(x, y, z) = (2, -1, 1)$ é

$$\left(\frac{\partial w}{\partial x}\right)_{(2,-1,1)} = 2(2) + \frac{2(-1)(1)}{-1 + 3(1)^2} = 4 + \frac{-2}{2} = 3.$$

BIOGRAFIA HISTÓRICA

Sonya Kovalevsky
(1850-1891)

Notação

Para mostrar que as variáveis são assumidas independentes no cálculo de uma derivada, podemos utilizar a seguinte notação:

$$\left(\frac{\partial w}{\partial x}\right)_y \qquad \partial w/\partial x \text{ com } x \text{ e } y \text{ independentes}$$

$$\left(\frac{\partial f}{\partial y}\right)_{x,t} \qquad \partial f/\partial y \text{ com } x, y \text{ e } t \text{ independentes}$$

EXEMPLO 3 Encontre $(\partial w/\partial x)_{y,z}$ se $w = x^2 + y - z + \text{sen}\, t$ e $x + y = t$.

Solução Com x, y, z independentes, temos

$$t = x + y, \qquad w = x^2 + y - z + \text{sen}(x + y)$$

$$\left(\frac{\partial w}{\partial x}\right)_{y,z} = 2x + 0 - 0 + \cos(x + y)\frac{\partial}{\partial x}(x + y)$$

$$= 2x + \cos(x + y).$$

Diagramas de setas

Para resolver problemas como o contido no Exemplo 3, geralmente ajuda iniciarmos com um diagrama de setas, que mostra como as variáveis e funções estão relacionadas. Se

$$w = x^2 + y - z + \text{sen}\, t \quad \text{e} \quad x + y = t$$

e somos solicitados a encontrar $\partial w/\partial x$ quando x, y e z são independentes, o diagrama apropriado é como este:

$$\begin{pmatrix} x \\ y \\ z \end{pmatrix} \rightarrow \begin{pmatrix} x \\ y \\ z \\ t \end{pmatrix} \rightarrow w \qquad (5)$$

Variáveis independentes — Variáveis intermediárias — Variável dependente

Para evitar confusão entre as variáveis independentes e intermediárias com os mesmos nomes simbólicos no diagrama, ajuda muito se renomearmos as variáveis intermediárias (de forma que elas sejam vistas como funções de variáveis independentes). Assim, sejam $u = x$, $v = y$ e $s = z$ as variáveis intermediárias renomeadas. Com essa notação, o diagrama de setas se torna

$$\begin{pmatrix} x \\ y \\ z \end{pmatrix} \rightarrow \begin{pmatrix} u \\ v \\ s \\ t \end{pmatrix} \rightarrow w \qquad (6)$$

Variáveis independentes — Variáveis intermediárias e relações $u = x$, $v = y$, $s = z$, $t = x + y$ — Variável dependente

O diagrama mostra as variáveis independentes à esquerda, as variáveis intermediárias e sua relação com as variáveis independentes no meio, e a variável dependente à direita. A função w agora se torna

$$w = u^2 + v - s + \text{sen}\, t,$$

onde

$$u = x, \qquad v = y, \qquad s = z \qquad \text{e} \qquad t = x + y.$$

Para encontrar $\partial w/\partial x$, aplicamos a forma de quatro variáveis da regra da cadeia para w, guiada pelo diagrama de setas na Equação 6:

$$\begin{aligned}\frac{\partial w}{\partial x} &= \frac{\partial w}{\partial u}\frac{\partial u}{\partial x} + \frac{\partial w}{\partial v}\frac{\partial v}{\partial x} + \frac{\partial w}{\partial s}\frac{\partial s}{\partial x} + \frac{\partial w}{\partial t}\frac{\partial t}{\partial x}\\ &= (2u)(1) + (1)(0) + (-1)(0) + (\cos t)(1)\\ &= 2u + \cos t\\ &= 2x + \cos(x + y).\end{aligned}$$

Substituindo as variáveis independentes originais $u = x$ e $t = x + y$.

Exercícios 14.10

Encontrando derivadas parciais com variáveis condicionadas

Nos Exercícios 1-3, comece desenhando um diagrama que mostre as relações entre as variáveis.

1. Se $w = x^2 + y^2 + z^2$ e $z = x^2 + y^2$, encontre

a. $\left(\frac{\partial w}{\partial y}\right)_z$ **b.** $\left(\frac{\partial w}{\partial z}\right)_x$ **c.** $\left(\frac{\partial w}{\partial z}\right)_y$.

2. Se $w = x^2 + y - z + \operatorname{sen} t$ e $x + y = t$, encontre

a. $\left(\frac{\partial w}{\partial y}\right)_{x,z}$ **c.** $\left(\frac{\partial w}{\partial z}\right)_{x,y}$ **e.** $\left(\frac{\partial w}{\partial t}\right)_{x,z}$

b. $\left(\frac{\partial w}{\partial y}\right)_{z,t}$ **d.** $\left(\frac{\partial w}{\partial z}\right)_{y,t}$ **f.** $\left(\frac{\partial w}{\partial t}\right)_{y,z}$.

3. Seja $U = f(P, V, T)$ a energia interna de um gás que obedece à lei do gás ideal $PV = nRT$ (n e R constantes). Encontre

a. $\left(\frac{\partial U}{\partial P}\right)_V$ **b.** $\left(\frac{\partial U}{\partial T}\right)_V$.

4. Encontre

a. $\left(\frac{\partial w}{\partial x}\right)_y$ **b.** $\left(\frac{\partial w}{\partial z}\right)_y$

no ponto $(x, y, z) = (0, 1, \pi)$ se

$$w = x^2 + y^2 + z^2 \quad \text{e} \quad y \operatorname{sen} z + z \operatorname{sen} x = 0.$$

5. Encontre

a. $\left(\frac{\partial w}{\partial y}\right)_x$ **b.** $\left(\frac{\partial w}{\partial y}\right)_z$

no ponto $(w, x, y, z) = (4, 2, 1, -1)$ se

$$w = x^2y^2 + yz - z^3 \quad \text{e} \quad x^2 + y^2 + z^2 = 6.$$

6. Encontre $(\partial u/\partial y)_x$ no ponto $(u, v) = (\sqrt{2}, 1)$, se $x = u^2 + v^2$ e $y = uv$.

7. Suponha que $x^2 + y^2 = r^2$ e $x = r\cos\theta$, como nas coordenadas polares. Encontre

$$\left(\frac{\partial x}{\partial r}\right)_\theta \quad \text{e} \quad \left(\frac{\partial r}{\partial x}\right)_y.$$

8. Suponha que

$$w = x^2 - y^2 + 4z + t \quad \text{e} \quad x + 2z + t = 25.$$

Mostre que cada uma das equações

$$\frac{\partial w}{\partial x} = 2x - 1 \quad \text{e} \quad \frac{\partial w}{\partial x} = 2x - 2$$

fornece $\partial w/\partial x$, dependendo de quais variáveis são escolhidas como dependentes e quais variáveis são escolhidas como independentes. Identifique as variáveis independentes em cada um dos casos.

Teoria e exemplos

9. Estabeleça o fato, amplamente utilizado na hidrodinâmica, de que, se $f(x, y, z) = 0$, então

$$\left(\frac{\partial x}{\partial y}\right)_z \left(\frac{\partial y}{\partial z}\right)_x \left(\frac{\partial z}{\partial x}\right)_y = -1.$$

(Sugestão: expresse todas as derivadas nos termos das derivadas parciais formais $\partial f/\partial x$, $\partial f/\partial y$ e $\partial f/\partial z$.)

10. Se $z = x + f(u)$, onde $u = xy$, mostre que

$$x\frac{\partial z}{\partial x} - y\frac{\partial z}{\partial y} = x.$$

11. Suponha que a equação $g(x, y, z) = 0$ determina z como função derivável das variáveis independentes x e y e que $g_z \neq 0$. Mostre que

$$\left(\frac{\partial z}{\partial y}\right)_x = -\frac{\partial g/\partial y}{\partial g/\partial z}.$$

12. Suponha que $f(x, y, z, w) = 0$ e $g(x, y, z, w) = 0$, determine z e w como funções deriváveis das variáveis independentes x e y e suponha que

$$\frac{\partial f}{\partial z}\frac{\partial g}{\partial w} - \frac{\partial f}{\partial w}\frac{\partial g}{\partial z} \neq 0.$$

Mostre que

$$\left(\frac{\partial z}{\partial x}\right)_y = -\frac{\dfrac{\partial f}{\partial x}\dfrac{\partial g}{\partial w} - \dfrac{\partial f}{\partial w}\dfrac{\partial g}{\partial x}}{\dfrac{\partial f}{\partial z}\dfrac{\partial g}{\partial w} - \dfrac{\partial f}{\partial w}\dfrac{\partial g}{\partial z}}$$

e

$$\left(\frac{\partial w}{\partial y}\right)_x = -\frac{\dfrac{\partial f}{\partial z}\dfrac{\partial g}{\partial y} - \dfrac{\partial f}{\partial y}\dfrac{\partial g}{\partial z}}{\dfrac{\partial f}{\partial z}\dfrac{\partial g}{\partial w} - \dfrac{\partial f}{\partial w}\dfrac{\partial g}{\partial z}}.$$

Capítulo 14 Questões para guiar sua revisão

1. O que é uma função real de duas variáveis independentes? E de três variáveis independentes? Dê exemplos.
2. O que significa conjuntos no plano ou no espaço serem abertos? E fechados? Dê exemplos. Dê exemplos de conjuntos que não são nem abertos nem fechados.
3. Como você pode mostrar os valores de uma função $f(x, y)$ de duas variáveis independentes graficamente? Como você faz o mesmo para uma função $f(x, y, z)$ de três variáveis independentes?
4. O que significa uma função $f(x, y)$ ter limite L quando $(x, y) \to (x_0, y_0)$? Quais são as propriedades básicas de limites de funções de duas variáveis independentes?
5. Quando uma função de duas (três) variáveis independentes é contínua em um ponto em seu domínio? Dê exemplos de funções que são contínuas em alguns pontos, mas não em outros.
6. O que pode ser dito sobre combinações algébricas e compostas de funções contínuas?
7. Explique o teste dos dois caminhos para a não existência de limites.
8. Como são definidas as derivadas parciais $\partial f/\partial x$ e $\partial f/\partial y$ de uma função $f(x, y)$? Como elas são interpretadas e calculadas?
9. Como a relação entre as primeiras derivadas parciais e a continuidade das funções de duas variáveis independentes difere da relação entre as primeiras derivadas e a continuidade para funções reais de uma variável independente? Dê um exemplo.
10. O que é o teorema da derivada mista para derivadas parciais de segunda ordem mistas? Como ele pode ajudar no cálculo de derivadas parciais de segunda ordem e ordens mais altas? Dê exemplos.
11. O que significa para uma função $f(x, y)$ ser diferenciável? O que o teorema do incremento diz sobre a diferenciabilidade?
12. Como você pode algumas vezes decidir, ao examinar f_x e f_y, que uma função $f(x, y)$ é diferenciável? Qual é a relação entre a diferenciabilidade de f e a continuidade de f em um ponto?
13. O que é a regra da cadeia geral? Que forma ela toma para funções de duas variáveis independentes? E para três variáveis independentes? E para funções definidas em superfícies? Como você representa através de um diagrama essas diferentes formas? Dê exemplos. Qual padrão nos permite lembrar de todas as formas diferentes?
14. O que é a derivada de uma função $f(x, y)$ em um ponto P_0 na direção de um vetor unitário **u**? Que taxa ela descreve? Que interpretação geométrica ela possui? Dê exemplos.
15. O que é o vetor gradiente de uma função diferenciável $f(x, y)$? Como ele está relacionado às derivadas direcionais da função? Estabeleça os resultados análogos para funções de três variáveis independentes.
16. Como você encontra a reta tangente em um ponto em uma curva de nível de uma função diferenciável $f(x, y)$? Como você encontra o plano tangente e a reta normal em um ponto em uma superfície de nível de uma função diferenciável $f(x, y, z)$? Dê exemplos.
17. Como você pode utilizar derivadas direcionais para estimar a variação?
18. Como você lineariza uma função $f(x, y)$ de duas variáveis independentes em um ponto (x_0, y_0)? Por que você desejaria fazer isso? Como você lineariza uma função de três variáveis independentes?
19. O que você pode dizer sobre a precisão de aproximações lineares de funções de duas (três) variáveis independentes?
20. Se (x, y) se move de (x_0, y_0) a um ponto $(x_0 + dx, y_0 + dy)$ próximo, como você pode estimar a variação resultante no valor de uma função diferenciável $f(x, y)$? Dê um exemplo.
21. Como você define máximo local, mínimo local e pontos de sela para uma função diferenciável $f(x, y)$? Dê exemplos.
22. Quais testes de derivada estão disponíveis para determinar os valores extremos locais de uma função $f(x, y)$? Como eles nos permitem limitar a procura por esses valores? Dê exemplos.
23. Como você encontra os extremos de uma função contínua $f(x, y)$ em uma região limitada fechada no plano xy? Dê um exemplo.
24. Descreva o método dos multiplicadores de Lagrange e dê exemplos.
25. Como a fórmula de Taylor para uma função $f(x, y)$ gera aproximações polinomiais e estimativas de erro?
26. Se $w = f(x, y, z)$, onde as variáveis x, y e z são condicionadas por uma equação $g(x, y, z) = 0$, qual é o significado da notação $(\partial w/\partial x)_y$? Como um diagrama de setas pode ajudar você a calcular essa derivada parcial com variáveis condicionadas? Dê exemplos.

Capítulo 14 Exercícios práticos

Domínio, imagem e curvas de nível

Nos Exercícios 1-4, encontre o domínio e a imagem da função dada e identifique suas curvas de nível. Esboce uma curva de nível típica.

1. $f(x, y) = 9x^2 + y^2$
2. $f(x, y) = e^{x+y}$
3. $g(x, y) = 1/xy$
4. $g(x, y) = \sqrt{x^2 - y}$

Nos Exercícios 5-8, encontre o domínio e a imagem da função dada e identifique suas superfícies de nível. Esboce uma curva de nível típica.

5. $f(x, y, z) = x^2 + y^2 - z$
6. $g(x, y, z) = x^2 + 4y^2 + 9z^2$
7. $h(x, y, z) = \dfrac{1}{x^2 + y^2 + z^2}$
8. $k(x, y, z) = \dfrac{1}{x^2 + y^2 + z^2 + 1}$

Cálculo de limites

Encontre os limites nos Exercícios 9-14.

9. $\lim\limits_{(x,y)\to(\pi,\ln 2)} e^y \cos x$

10. $\lim\limits_{(x,y)\to(0,0)} \dfrac{2+y}{x+\cos y}$

11. $\lim\limits_{(x,y)\to(1,1)} \dfrac{x-y}{x^2-y^2}$

12. $\lim\limits_{(x,y)\to(1,1)} \dfrac{x^3y^3-1}{xy-1}$

13. $\lim\limits_{P\to(1,-1,e)} \ln|x+y+z|$

14. $\lim\limits_{P\to(1,-1,-1)} \operatorname{tg}^{-1}(x+y+z)$

Considerando diferentes caminhos de aproximação, mostre que os limites nos Exercícios 15 e 16 não existem.

15. $\lim\limits_{\substack{(x,y)\to(0,0)\\ y\neq x^2}} \dfrac{y}{x^2-y}$

16. $\lim\limits_{\substack{(x,y)\to(0,0)\\ xy\neq 0}} \dfrac{x^2+y^2}{xy}$

17. Extensão contínua Seja $f(x, y) = (x^2 - y^2)/(x^2 + y^2)$ para $(x, y) \neq (0, 0)$. É possível definir $f(0, 0)$ de forma a tornar f contínua na origem? Por quê?

18. Extensão contínua Seja

$$f(x,y) = \begin{cases} \dfrac{\operatorname{sen}(x-y)}{|x|+|y|}, & |x|+|y| \neq 0 \\ 0, & (x,y) = (0,0). \end{cases}$$

f é contínua na origem? Por quê?

Derivadas parciais

Nos Exercícios 19-24, encontre a derivada parcial da função com relação a cada variável.

19. $g(r, \theta) = r\cos\theta + r\operatorname{sen}\theta$

20. $f(x,y) = \dfrac{1}{2}\ln(x^2+y^2) + \operatorname{tg}^{-1}\dfrac{y}{x}$

21. $f(R_1, R_2, R_3) = \dfrac{1}{R_1} + \dfrac{1}{R_2} + \dfrac{1}{R_3}$

22. $h(x, y, z) = \operatorname{sen}(2\pi x + y - 3z)$

23. $P(n, R, T, V) = \dfrac{nRT}{V}$ (lei do gás ideal)

24. $f(r, l, T, w) = \dfrac{1}{2rl}\sqrt{\dfrac{T}{\pi w}}$

Parciais de segunda ordem

Encontre as derivadas parciais de segunda ordem das funções nos Exercícios 25-28.

25. $g(x,y) = y + \dfrac{x}{y}$

26. $g(x,y) = e^x + y\operatorname{sen} x$

27. $f(x,y) = x + xy - 5x^3 + \ln(x^2+1)$

28. $f(x,y) = y^2 - 3xy + \cos y + 7e^y$

Cálculos com a regra da cadeia

29. Encontre dw/dt em $t = 0$ se $w = \operatorname{sen}(xy + \pi)$, $x = e^t$ e $y = \ln(t + 1)$.

30. Encontre dw/dt em $t = 1$ se $w = xe^y + y\operatorname{sen} z - \cos z$, $x = 2\sqrt{t}$, $y = t - 1 + \ln t$ e $z = \pi t$.

31. Encontre $\partial w/\partial r$ e $\partial w/\partial s$ quando $r = \pi$ e $s = 0$ se $w = \operatorname{sen}(2x - y)$, $x = r + \operatorname{sen} s$, $y = rs$.

32. Encontre $\partial w/\partial u$ e $\partial w/\partial v$ quando $u = v = 0$ se $w = \ln\sqrt{1+x^2} - \operatorname{tg}^{-1} x$ e $x = 2e^u \cos v$.

33. Encontre o valor da derivada de $f(x, y, z) = xy + yz + xz$ com relação a t na curva $x = \cos t$, $y = \operatorname{sen} t$, $z = \cos 2t$ em $t = 1$.

34. Mostre que se $w = f(s)$ é qualquer função diferenciável de s e se $s = y + 5x$, então

$$\frac{\partial w}{\partial x} - 5\frac{\partial w}{\partial y} = 0.$$

Diferenciação implícita

Considerando que as equações nos Exercícios 35 e 36 definem y como uma função diferenciável de x, encontre o valor de dy/dx no ponto P.

35. $1 - x - y^2 - \operatorname{sen} xy = 0$, $P(0, 1)$

36. $2xy + e^{x+y} - 2 = 0$, $P(0, \ln 2)$

Derivadas direcionais

Nos Exercícios 37-40, encontre as direções nas quais f cresce e decresce mais rapidamente em P_0 e encontre a derivada de f em cada direção. Encontre também a derivada de f em P_0 na direção do vetor **v**.

37. $f(x, y) = \cos x \cos y$, $P_0(\pi/4, \pi/4)$, $\mathbf{v} = 3\mathbf{i} + 4\mathbf{j}$

38. $f(x, y) = x^2e^{-2y}$, $P_0(1, 0)$, $\mathbf{v} = \mathbf{i} + \mathbf{j}$

39. $f(x, y, z) = \ln(2x + 3y + 6z)$, $P_0(-1, -1, 1)$, $\mathbf{v} = 2\mathbf{i} + 3\mathbf{j} + 6\mathbf{k}$

40. $f(x, y, z) = x^2 + 3xy - z^2 + 2y + z + 4$, $P_0(0, 0, 0)$, $\mathbf{v} = \mathbf{i} + \mathbf{j} + \mathbf{k}$

41. Derivada na direção da velocidade Encontre a derivada de $f(x, y, z) = xyz$ na direção do vetor velocidade da hélice

$$\mathbf{r}(t) = (\cos 3t)\mathbf{i} + (\operatorname{sen} 3t)\mathbf{j} + 3t\mathbf{k}$$

em $t = \pi/3$.

42. Derivada direcional máxima Qual é o maior valor que a derivada direcional de $f(x, y, z) = xyz$ pode ter no ponto $(1, 1, 1)$?

43. Derivadas direcionais com valores dados No ponto $(1, 2)$, a função $f(x, y)$ tem uma derivada de 2 na direção $(2, 2)$ e uma derivada de -2 na direção $(1, 1)$.

a. Encontre $f_x(1, 2)$ e $f_y(1, 2)$.

b. Encontre a derivada de f em $(1, 2)$ na direção do ponto $(4, 6)$.

44. Quais das seguintes afirmações são verdadeiras se $f(x, y)$ é diferenciável em (x_0, y_0)? Justifique suas respostas.

a. Se **u** é um vetor unitário, a derivada de f em (x_0, y_0) na direção de **u** é $(f_x(x_0, y_0)\mathbf{i} + f_y(x_0, y_0)\mathbf{j}) \cdot \mathbf{u}$.

b. A derivada de f em (x_0, y_0) na direção de **u** é um vetor.

c. A derivada de f em (x_0, y_0) tem seu valor mais alto na direção de ∇f.

d. Em (x_0, y_0), o vetor ∇f é normal à curva $f(x, y) = f(x_0, y_0)$.

Gradientes, planos tangentes e retas normais

Nos Exercícios 45 e 46, esboce a superfície $f(x, y, z) = c$ juntamente com ∇f nos pontos dados.

45. $x^2 + y + z^2 = 0$; $(0, -1, \pm 1)$, $(0, 0, 0)$

46. $y^2 + z^2 = 4$; $(2, \pm 2, 0)$, $(2, 0, \pm 2)$

Nos Exercícios 47 e 48, encontre uma equação para o plano tangente à superfície de nível $f(x, y, z) = c$ no ponto P_0. Encontre também equações paramétricas para a reta que é normal à superfície em P_0.

47. $x^2 - y - 5z = 0$, $P_0(2, -1, 1)$

48. $x^2 + y^2 + z = 4$, $P_0(1, 1, 2)$

Nos Exercícios 49 e 50, encontre uma equação para o plano tangente à superfície $z = f(x, y)$ no ponto dado.

49. $z = \ln(x^2 + y^2)$, $(0, 1, 0)$

50. $z = 1/(x^2 + y^2)$, $(1, 1, 1/2)$

Nos Exercícios 51 e 52, encontre equações para as retas tangentes e normais à curva de nível $f(x, y) = c$ no ponto P_0. Em seguida, esboce as retas e a curva de nível juntas com ∇f em P_0.

51. $y - \operatorname{sen} x = 1$, $P_0(\pi, 1)$

52. $\dfrac{y^2}{2} - \dfrac{x^2}{2} = \dfrac{3}{2}$, $P_0(1, 2)$

Retas tangentes a curvas

Nos Exercícios 53 e 54, encontre equações paramétricas para a reta tangente à curva de interseção das superfícies no ponto dado.

53. Superfícies: $x^2 + 2y + 2z = 4$, $y = 1$
Ponto: $(1, 1, 1/2)$

54. Superfícies: $x + y^2 + z = 2$, $y = 1$
Ponto: $(1/2, 1, 1/2)$

Linearizações

Nos Exercícios 55 e 56, encontre a linearização $L(x, y)$ da função $f(x, y)$ no ponto P_0. Em seguida, encontre um limitante superior para a magnitude do erro E na aproximação $f(x, y) \approx L(x, y)$ sobre o retângulo R.

55. $f(x, y) = \operatorname{sen} x \cos y$, $P_0(\pi/4, \pi/4)$
R: $\left|x - \dfrac{\pi}{4}\right| \le 0{,}1$, $\left|y - \dfrac{\pi}{4}\right| \le 0{,}1$

56. $f(x, y) = xy - 3y^2 + 2$, $P_0(1, 1)$
R: $|x - 1| \le 0{,}1$, $|y - 1| \le 0{,}2$

Encontre as linearizações das funções nos Exercícios 57 e 58 nos pontos dados.

57. $f(x, y, z) = xy + 2yz - 3xz$ em $(1, 0, 0)$ e $(1, 1, 0)$

58. $f(x, y, z) = \sqrt{2} \cos x \operatorname{sen}(y + z)$ em $(0, 0, \pi/4)$ e $(\pi/4, \pi/4, 0)$

Estimativas e suscetibilidade a variação

59. Medindo o volume de uma tubulação Você planeja calcular o volume dentro de um trecho de tubulação que tem cerca de 36 pol. de diâmetro e 1 milha de comprimento. Com qual medida você deve ter mais cuidado; o comprimento ou o diâmetro? Por quê?

60. Suscetibilidade a variação $f(x, y) = x^2 - xy + y^2 - 3$ é mais suscetível a variações em x ou a variações em y quando está próxima do ponto $(1, 2)$? Como você sabe?

61. Variação em um circuito elétrico Suponha que a corrente I (em ampères) em um circuito elétrico esteja relacionada à voltagem V (volts) e à resistência R (ohms) pela equação $I = V/R$. Se a voltagem cai de 24 para 23 volts e a resistência cai de 100 para 80 ohms, I aumentará ou diminuirá? Em cerca de quanto? A variação em I é mais suscetível à variação na voltagem ou à variação na resistência? Como você sabe?

62. Erro máximo na estimativa da área de uma elipse Se $a = 10$ cm e $b = 16$ cm ao milímetro mais próximo, qual é o erro percentual máximo que você pode esperar no cálculo da área $A = \pi ab$ da elipse $x^2/a^2 + y^2/b^2 = 1$?

63. Erro na estimativa de um produto Sejam $y = uv$ e $z = u + v$, onde u e v sejam variáveis independentes positivas.

a. Se u é medido com um erro de 2% e v com um erro de 3%, qual é o erro percentual aproximado no cálculo do valor de y?

b. Mostre que o erro percentual no valor calculado de z é menor que o erro percentual no valor de y.

64. Índice cardíaco Para comparar pessoas diferentes em estudos de débito cardíaco, pesquisadores dividiram o débito cardíaco mensurado pela área da superfície corporal para encontrar o *índice cardíaco* C:

$$C = \frac{\text{débito cardíaco}}{\text{área da superfície corporal}}.$$

A área da superfície corporal B de uma pessoa com peso w e altura h é aproximada pela fórmula

$$B = 71{,}84 w^{0{,}425} h^{0{,}725},$$

que fornece B em centímetros quadrados quando w é medido em quilogramas e h em centímetros. Você está prestes a calcular o índice cardíaco de uma pessoa com 180 cm de altura, pesando 70 kg, com débito cardíaco de 7 L/min. O que terá um efeito maior sobre o cálculo: um erro de 1 kg na medida do peso ou um erro de 1 cm na medida da altura?

Extremos locais

Teste as funções nos Exercícios 65-70 para máximo e mínimo locais e pontos de sela. Encontre o valor de cada função nesses pontos.

65. $f(x, y) = x^2 - xy + y^2 + 2x + 2y - 4$

66. $f(x, y) = 5x^2 + 4xy - 2y^2 + 4x - 4y$

67. $f(x, y) = 2x^3 + 3xy + 2y^3$

68. $f(x, y) = x^3 + y^3 - 3xy + 15$

69. $f(x, y) = x^3 + y^3 + 3x^2 - 3y^2$

70. $f(x, y) = x^4 - 8x^2 + 3y^2 - 6y$

Extremos absolutos

Nos Exercícios 71-78, encontre os valores máximos e mínimos absolutos de f na região R.

71. $f(x, y) = x^2 + xy + y^2 - 3x + 3y$
R: A região triangular cortada do primeiro quadrante pela reta $x + y = 4$

72. $f(x, y) = x^2 - y^2 - 2x + 4y + 1$
R: A região retangular no primeiro quadrante limitada pelos eixos coordenados e as retas $x = 4$ e $y = 2$

73. $f(x, y) = y^2 - xy - 3y + 2x$
R: A região quadrada limitada pelas retas $x = \pm 2$ e $y = \pm 2$

74. $f(x, y) = 2x + 2y - x^2 - y^2$
R: A região quadrada limitada pelos eixos coordenados e as retas $x = 2$, $y = 2$ no primeiro quadrante

75. $f(x, y) = x^2 - y^2 - 2x + 4y$
R: A região triangular limitada abaixo pelo eixo x, acima pela reta $y = x + 2$ e à direita pela reta $x = 2$

76. $f(x, y) = 4xy - x^4 - y^4 + 16$
R: A região triangular limitada abaixo pela reta $y = -2$, acima pela reta $y = x$ e à direita pela reta $x = 2$

77. $f(x, y) = x^3 + y^3 + 3x^2 - 3y^2$
R: A região quadrada delimitada pelas retas $x = \pm 1$ e $y = \pm 1$

78. $f(x, y) = x^3 + 3xy + y^3 + 1$
R: A região quadrada delimitada pelas retas $x = \pm 1$ e $y = \pm 1$

Multiplicadores de Lagrange

79. Extremos sobre uma circunferência Encontre os valores extremos de $f(x, y) = x^3 + y^2$ sobre a circunferência $x^2 + y^2 = 1$.

80. Extremos sobre uma circunferência Encontre os valores extremos de $f(x, y) = xy$ sobre a circunferência $x^2 + y^2 = 1$.

81. Extremos em um disco Encontre os valores extremos de $f(x, y) = x^2 + 3y^2 + 2y$ sobre o disco unitário $x^2 + y^2 \leq 1$.

82. Extremos em um disco Encontre os valores extremos de $f(x, y) = x^2 + y^2 - 3x - xy$ sobre o disco $x^2 + y^2 \leq 9$.

83. Extremos sobre uma esfera Encontre os valores extremos de $f(x, y, z) = x - y + z$ sobre a esfera unitária $x^2 + y^2 + z^2 = 1$.

84. Distância mínima à origem Encontre os pontos sobre a superfície $x^2 - zy = 4$ mais próximos da origem.

85. Minimizando o custo de uma caixa Uma caixa retangular fechada deve ter um volume V cm^3. O custo do material utilizado na caixa é a centavos/cm^2 para a tampa e o fundo, b centavos/cm^2 para a frente e a parte de trás e c centavos/cm^2 para os lados restantes. Quais dimensões minimizam o custo total de materiais?

86. Volume mínimo Encontre o plano $x/a + y/b + z/c = 1$ que passe pelo ponto (2, 1, 2) e corte o volume mínimo do primeiro octante.

87. Extremos sobre uma curva de interseção de superfícies Encontre os valores extremos de $f(x, y, z) = x(y + z)$ sobre a curva de interseção do cilindro circular reto $x^2 + y^2 = 1$ e o cilindro hiperbólico $xz = 1$.

88. Distância mínima da origem até a curva de interseção de um plano e um cone Encontre o ponto mais próximo à origem sobre uma curva de interseção do plano $x + y + z = 1$ e o cone $z^2 = 2x^2 + 2y^2$.

Derivadas parciais com variáveis condicionadas

Nos Exercícios 89 e 90, comece desenhando um diagrama que mostre as relações entre as variáveis.

89. Se $w = x^2e^{yz}$ e $z = x^2 - y^2$, encontre

a. $\left(\dfrac{\partial w}{\partial y}\right)_z$ **b.** $\left(\dfrac{\partial w}{\partial z}\right)_x$ **c.** $\left(\dfrac{\partial w}{\partial z}\right)_y$.

90. Seja $U = f(P, V, T)$ a energia interna de um gás que obedece à lei do gás ideal $PV = nRT$ (n e R constantes). Calcule:

a. $\left(\dfrac{\partial U}{\partial T}\right)_P$ **b.** $\left(\dfrac{\partial U}{\partial V}\right)_T$.

Teoria e exemplos

91. Sejam $w = f(r, \theta)$, $r = \sqrt{x^2 + y^2}$ e $\theta = \text{tg}^{-1}(y/x)$. Determine $\partial w/\partial x$ e $\partial w/\partial y$ e expresse suas respostas em termos de r e θ.

92. Sejam $z = f(u, v)$, $u = ax + by$ e $v = ax - by$. Expresse z_x e z_y em termos de f_u, f_v e as constantes a e b.

93. Se a e b são constantes, $w = u^3 + \text{tgh}\, u + \cos u$ e $u = ax + by$, mostre que

$$a\frac{\partial w}{\partial y} = b\frac{\partial w}{\partial x}.$$

94. Utilizando a regra da cadeia Se $w = \ln(x^2 + y^2 + 2z)$, $x = r + s$, $y = r - s$ e $z = 2rs$, calcule w_r e w_s através da regra da cadeia. Em seguida, verifique sua resposta de outra forma.

95. Ângulo entre vetores As equações $e^u \cos v - x = 0$ e e^u sen $v - y = 0$ definem u e v como funções diferenciáveis de x e y. Mostre que o ângulo entre os vetores

$$\frac{\partial u}{\partial x}\mathbf{i} + \frac{\partial u}{\partial y}\mathbf{j} \quad \text{e} \quad \frac{\partial v}{\partial x}\mathbf{i} + \frac{\partial v}{\partial y}\mathbf{j}$$

é constante.

96. Coordenadas polares e derivadas de segunda ordem A introdução de coordenadas polares $x = r\cos\theta$ e $y = r$ sen θ altera $f(x, y)$ para $g(r, \theta)$. Encontre o valor de $\partial^2 g/\partial\theta^2$ no ponto $(r, \theta) = (2, \pi/2)$, dado que

$$\frac{\partial f}{\partial x} = \frac{\partial f}{\partial y} = \frac{\partial^2 f}{\partial x^2} = \frac{\partial^2 f}{\partial y^2} = 1$$

naquele ponto.

97. Reta normal paralela a um plano Encontre os pontos sobre a superfície

$$(y + z)^2 + (z - x)^2 = 16$$

onde a reta normal é paralela ao plano yz.

98. Reta tangente paralela ao plano *xy* Encontre os pontos sobre a superfície

$$xy + yz + zx - x - z^2 = 0$$

onde o plano tangente é paralelo ao plano xy.

99. Quando o vetor gradiente é paralelo ao vetor posição Suponha que $\nabla f(x, y, z)$ seja sempre paralelo ao vetor posição $x\mathbf{i} + y\mathbf{j} + z\mathbf{k}$. Mostre que $f(0, 0, a) = f(0, 0, -a)$ para qualquer a.

100. Derivada direcional unilateral em todas as direções, mas sem gradiente A *derivada direcional unilateral de f em* $P(x_0, y_0, z_0)$ *na direção* $\mathbf{u} = u_1\mathbf{i} + u_2\mathbf{j} + u_3\mathbf{k}$ é o número

$$\lim_{s\to 0^+}\frac{f(x_0 + su_1, y_0 + su_2, z_0 + su_3) - f(x_0, y_0, z_0)}{s}.$$

Mostre que a derivada direcional unilateral de

$$f(x, y, z) = \sqrt{x^2 + y^2 + z^2}$$

na origem é igual a 1 em qualquer direção, mas que f não tem vetor gradiente na origem.

101. Reta normal pela origem Mostre que a reta normal à superfície $xy + z = 2$ no ponto (1, 1, 1) passa pela origem.

102. Plano tangente e reta normal

a. Esboce a superfície $x^2 - y^2 + z^2 = 4$.

b. Encontre um vetor normal à superfície em (2, –3, 3). Adicione o vetor ao seu esboço.

c. Encontre equações para o plano tangente e reta normal em (2, –3, 3).

Capítulo 14 Exercícios adicionais e avançados

Derivadas parciais

1. Função com sela na origem Se você fez o Exercício 60 da Seção 14.2, sabe que a função

$$f(x, y) = \begin{cases} xy\dfrac{x^2 - y^2}{x^2 + y^2}, & (x, y) \neq (0, 0) \\ 0, & (x, y) = (0, 0) \end{cases}$$

(veja a figura a seguir) é contínua em (0, 0). Determine $f_{xy}(0, 0)$ e $f_{yx}(0, 0)$.

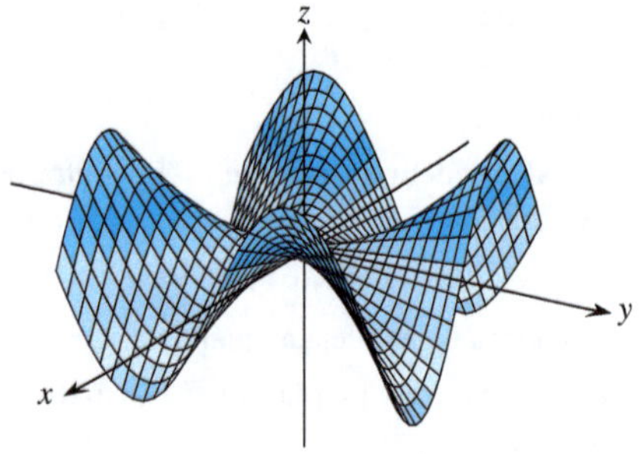

2. Encontrando uma função a partir de derivadas parciais de segunda ordem Encontre uma função $w = f(x, y)$ cujas derivadas parciais de primeira ordem são $\partial w/\partial x = 1 + e^x \cos y$ e $\partial w/\partial y = 2y - e^x \operatorname{sen} y$ e cujo valor no ponto $(\ln 2, 0)$ é $\ln 2$.

3. Uma prova da regra de Leibniz A regra de Leibniz diz que se f é contínua em $[a, b]$ e se $u(x)$ e $v(x)$ são funções diferenciáveis de x cujos valores estejam em $[a, b]$, então

$$\frac{d}{dx}\int_{u(x)}^{v(x)} f(t)\,dt = f(v(x))\frac{dv}{dx} - f(u(x))\frac{du}{dx}.$$

Prove essa regra definindo

$$g(u, v) = \int_u^v f(t)\,dt, \qquad u = u(x), \qquad v = v(x)$$

e calculando dg/dx com a regra da cadeia.

4. Encontrando uma função com derivadas parciais de segunda ordem condicionadas Suponha que f seja uma função duas vezes diferenciável de r, que $r = \sqrt{x^2 + y^2 + z^2}$ e que

$$f_{xx} + f_{yy} + f_{zz} = 0.$$

Mostre que para algumas constantes a e b,

$$f(r) = \frac{a}{r} + b.$$

5. Funções homogêneas Uma função $f(x, y)$ é *homogênea de grau n* (n um inteiro não negativo) se $f(tx, ty) = t^n f(x, y)$ para todo t, x e y. Para uma tal função (suficientemente diferenciável), prove que

a. $x\dfrac{\partial f}{\partial x} + y\dfrac{\partial f}{\partial y} = nf(x, y)$

b. $x^2\left(\dfrac{\partial^2 f}{\partial x^2}\right) + 2xy\left(\dfrac{\partial^2 f}{\partial x\partial y}\right) + y^2\left(\dfrac{\partial^2 f}{\partial y^2}\right) = n(n-1)f.$

6. Superfície em coordenadas polares Seja

$$f(r, \theta) = \begin{cases} \dfrac{\operatorname{sen} 6r}{6r}, & r \neq 0 \\ 1, & r = 0, \end{cases}$$

onde r e θ são coordenadas polares. Encontre

a. $\lim_{r\to 0} f(r, \theta)$ **b.** $f_r(0, 0)$ **c.** $f_\theta(r, \theta)$, $r \neq 0$.

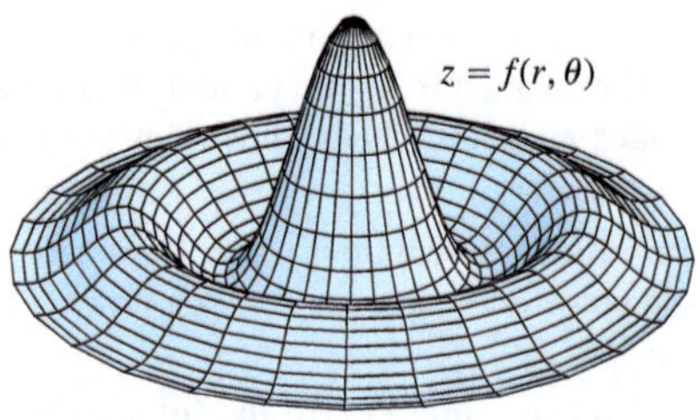

Gradientes e tangentes

7. Propriedades de vetores posição Seja $\mathbf{r} = x\mathbf{i} + y\mathbf{j} + z\mathbf{k}$ e seja $r = |\mathbf{r}|$.

a. Mostre que $\nabla r = \mathbf{r}/r$.

b. Mostre que $\nabla(r^n) = nr^{n-2}\mathbf{r}$.

c. Encontre uma função cujo gradiente seja igual a $\mathbf{r}$.

d. Mostre que $\mathbf{r}\cdot d\mathbf{r} = r\,dr$.

e. Mostre que $\nabla(\mathbf{A}\cdot\mathbf{r}) = \mathbf{A}$ para qualquer vetor constante $\mathbf{A}$.

8. Gradiente ortogonal à tangente Suponha que uma função diferenciável $f(x, y)$ tenha o valor constante c ao longo de uma curva diferenciável $x = g(t)$, $y = h(t)$; ou seja,

$$f(g(t), h(t)) = c$$

para todos os valores de t. Diferencie os dois lados dessa equação com relação a t para mostrar que ∇f é ortogonal ao vetor tangente da curva em todo ponto sobre a curva.

9. Curva tangente a uma superfície Mostre que a curva

$$\mathbf{r}(t) = (\ln t)\mathbf{i} + (t\ln t)\mathbf{j} + t\mathbf{k}$$

é tangente à superfície

$$xz^2 - yz + \cos xy = 1$$

em (0, 0, 1).

10. Curva tangente a uma superfície Mostre que a curva

$$\mathbf{r}(t) = \left(\frac{t^3}{4} - 2\right)\mathbf{i} + \left(\frac{4}{t} - 3\right)\mathbf{j} + \cos(t - 2)\mathbf{k}$$

é tangente à superfície

$$x^3 + y^3 + z^3 - xyz = 0$$

em (0, –1, 1).

Valores extremos

11. Extremos sobre uma superfície Mostre que os únicos máximos e mínimos possíveis de z sobre a superfície $z = x^3 + y^3 - 9xy + 27$ ocorrem em (0, 0) e (3, 3). Mostre que nem um máximo nem um mínimo ocorre em (0, 0). Determine se z tem um máximo ou um mínimo em (3, 3).

12. Máximo no primeiro quadrante fechado Encontre o valor máximo de $f(x, y) = 6xye^{-(2x+3y)}$ no primeiro quadrante fechado (incluindo os eixos não negativos).

13. Mínimo volume cortado do primeiro octante Encontre o mínimo volume para uma região limitada pelos planos $x = 0$, $y = 0$, $z = 0$ e um plano tangente ao elipsoide

$$\frac{x^2}{a^2} + \frac{y^2}{b^2} + \frac{z^2}{c^2} = 1$$

em um ponto no primeiro octante.

14. Distância mínima de uma reta a uma parábola no plano xy Minimizando a função $f(x, y, u, v) = (x - u)^2 + (y - v)^2$ sujeita às condições $y = x + 1$ e $u = v^2$, encontre a distância mínima no plano xy entre a reta $y = x + 1$ e a parábola $y^2 = x$.

Teoria e exemplos

15. Limitação das derivadas parciais de primeira ordem implica continuidade Prove o seguinte teorema: Se $f(x, y)$ é definida em uma região aberta R do plano xy e se f_x e f_y são limitadas em R, então $f(x, y)$ é contínua em R. (A suposição da limitação é essencial.)

16. Suponha que $\mathbf{r}(t) = g(t)\mathbf{i} + h(t)\mathbf{j} + k(t)\mathbf{k}$ é uma curva lisa no domínio de uma função diferenciável $f(x, y, z)$. Descreva a relação entre df/dt, ∇f e $\mathbf{v} = d\mathbf{r}/dt$. O que pode ser dito sobre ∇f e $\mathbf{v}$ em pontos interiores da curva onde f possui valores extremos relativos a seus outros valores sobre a curva? Justifique sua resposta.

17. Encontrando funções a partir de derivadas parciais Suponha que f e g sejam funções de x e y, tais que

$$\frac{\partial f}{\partial y} = \frac{\partial g}{\partial x} \quad \text{e} \quad \frac{\partial f}{\partial x} = \frac{\partial g}{\partial y},$$

e suponha que

$$\frac{\partial f}{\partial x} = 0, \quad f(1, 2) = g(1, 2) = 5 \quad \text{e} \quad f(0, 0) = 4.$$

Encontre $f(x, y)$ e $g(x, y)$.

18. Taxa de variação da taxa de variação Sabemos que, se $f(x, y)$ é uma função de duas variáveis e se $\mathbf{u} = a\mathbf{i} + b\mathbf{j}$ é um vetor unitário, então $D_{\mathbf{u}}f(x, y) = f_x(x, y)a + f_y(x, y)b$ é a taxa de variação de $f(x, y)$ em (x, y) na direção de $\mathbf{u}$. Dê uma fórmula semelhante para a taxa de variação *da taxa de variação de* $f(x, y)$ em (x, y) na direção $\mathbf{u}$.

19. Caminho de uma partícula atraída pelo calor Uma partícula atraída pelo calor tem a propriedade de, em qualquer ponto (x, y) no plano, mover-se na direção de máximo aumento da temperatura. Se a temperatura em (x, y) é $T(x, y) = -e^{-2y}\cos x$, encontre uma equação $y = f(x)$ para o caminho de uma partícula atraída pelo calor no ponto $(\pi/4, 0)$.

20. Velocidade depois de um ricochete Uma partícula que viaja em linha reta com velocidade constante $\mathbf{i} + \mathbf{j} - 5\mathbf{k}$ passa pelo ponto (0, 0, 30) e atinge a superfície $z = 2x^2 + 3y^2$. A partícula ricocheteia na superfície o ângulo de reflexão sendo igual ao ângulo de incidência. Assumindo que não haja perda de velocidade, qual é a velocidade da partícula depois do ricochete? Simplifique sua resposta.

21. Derivadas direcionais tangentes a uma superfície Seja S a superfície que é o gráfico de $f(x, y) = 10 - x^2 - y^2$. Suponha que a temperatura no espaço em cada ponto (x, y, z) seja $T(x, y, z) = x^2y + y^2z + 4x + 14y + z$.

a. Entre todas as direções possíveis tangentes à superfície S no ponto (0, 0, 10), qual direção tornará máxima a taxa de variação de temperatura em (0, 0, 10)?

b. Qual direção tangencial a S no ponto (1, 1, 8) tornará máxima a taxa de variação da temperatura?

22. Perfurando o solo Em uma superfície plana de terra, geólogos fizeram um furo diretamente para baixo e atingiram um depósito mineral a 1.000 pés. Eles fizeram um segundo furo 100 pés ao norte do primeiro e atingiram um depósito mineral a 950 pés. Um terceiro furo 100 pés a leste do primeiro furo atingiu o depósito mineral a 1.025 pés. Os geólogos têm motivos para acreditar que o depósito mineral tem o formato de um domo e, por razões de economia, eles desejam descobrir onde o depósito está mais próximo da superfície. Considerando a superfície sendo o plano xy, em qual direção a partir do primeiro furo você sugeriria que os geólogos fizessem seu quarto furo?

Equação do calor unidimensional Se $w(x, t)$ representa a temperatura na posição x no tempo t em um fio uniforme com lados perfeitamente isolados, então as derivadas parciais w_{xx} e w_t satisfazem uma equação diferencial da forma

$$w_{xx} = \frac{1}{c^2} w_t.$$

Essa equação é denominada *equação do calor unidimensional*. O valor da constante positiva c^2 é determinado pelo material a partir do qual o fio é feito.

23. Encontre todas as soluções da equação do calor unidimensional da forma $w = e^{rt}\operatorname{sen} \pi x$, onde r é uma constante.

24. Encontre todas as soluções da equação do calor unidimensional que têm a forma $w = e^{rt}\operatorname{sen} kx$ e satisfazem as condições $w(0, t) = 0$ e $w(L, t) = 0$. O que acontece com essas soluções quando $t \to \infty$?

Capítulo 14 Projetos de aplicação de tecnologia

Módulos Mathematica/Maple

Esboçando superfícies

Esboce com eficiência superfícies, contornos e curvas de nível.

Explorando a matemática por trás do skate: análise da derivada direcional

A trajetória de um skatista é introduzida, primeiro em um plano nivelado, em seguida em uma rampa e finalmente em um paraboloide. Calcule, esboce graficamente e analise a derivada direcional em termos do skatista.

Procurando padrões e aplicando o método dos mínimos quadrados a dados reais

Ajuste uma reta a um conjunto de pontos numéricos, escolhendo a reta que minimiza a soma dos quadrados das distâncias verticais entre os pontos e a reta.

Lagrange anda de skate: quão alto ele consegue chegar?

Revisite e analise as aventuras dos skatistas para alturas máxima e mínima, a partir de uma perspectiva gráfica e analítica, utilizando os multiplicadores de Lagrange.

15

INTEGRAIS MÚLTIPLAS

VISÃO GERAL Neste capítulo, abordaremos a integral de uma função de duas variáveis $f(x, y)$ sobre uma região no plano e a integral de uma função de três variáveis $f(x, y, z)$ sobre uma região no espaço. Essas *integrais múltiplas* são definidas como o limite de aproximação das somas de Riemann, basicamente como as integrais de uma variável apresentadas no Capítulo 5. Ilustramos diversas aplicações de integrais múltiplas, incluindo cálculos de volumes, áreas no plano, momentos e centros de massa.

15.1 Integrais duplas e iteradas sobre retângulos

No Capítulo 5, definimos a integral definida de uma função contínua $f(x)$ sobre um intervalo $[a, b]$ como um limite das somas de Riemann. Nesta seção, ampliamos esse conceito para definir a *integral dupla* de uma função contínua de duas variáveis $f(x, y)$ sobre um retângulo R limitado no plano. Em ambos os casos, as integrais são limites de aproximação das somas de Riemann. Para a integral de uma função de uma variável $f(x)$, as somas de Riemann são calculadas particionando um intervalo finito em subintervalos, multiplicando o comprimento de cada subintervalo pelo valor de f em um ponto c_k dentro do subintervalo e somando todos os produtos. Um método semelhante de particionamento, multiplicação e soma é utilizado na construção de integrais duplas.

Integrais duplas

Começamos nossa investigação sobre integrais duplas considerando o tipo mais simples de região plana: um retângulo. Consideramos uma função $f(x, y)$ definida em uma região retangular R,

$$R: \quad a \leq x \leq b, \quad c \leq y \leq d.$$

Subdividimos R em retângulos menores utilizando uma rede de retas paralelas aos eixos x e y (Figura 15.1). Essas retas dividem R em n pedaços retangulares, sendo que o número de tais pedaços n aumenta à medida que a largura e a altura de cada parte diminuem. Esses retângulos formam uma **partição** de R. Um pedaço retangular pequeno de largura Δx e altura Δy possui área $\Delta A = \Delta x \Delta y$. Se enumerarmos esses pedaços particionando R em alguma ordem, suas áreas passam a ser dadas pelos números $\Delta A_1, \Delta A_2, \ldots, \Delta A_n$, onde ΔA_k é a área do k-ésimo pequeno retângulo.

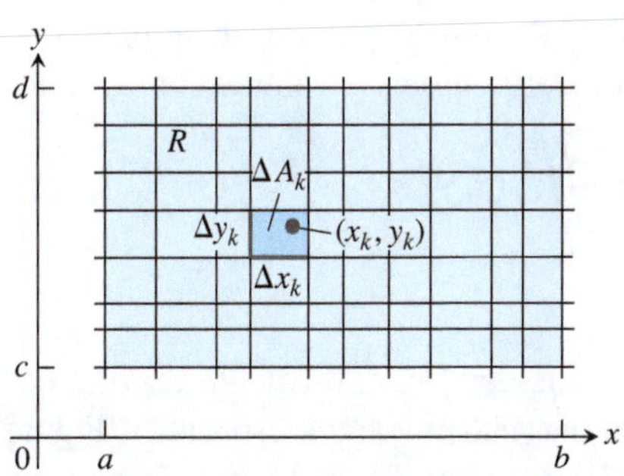

FIGURA 15.1 Grade retangular particionando a região R em pequenos retângulos de área $\Delta A_k = \Delta x_k \, \Delta y_k$.

Para formar uma soma de Riemann sobre R, escolhemos um ponto (x_k, y_k) no k-ésimo pequeno retângulo, multiplicamos o valor de f nesse ponto pela área de ΔA_k e somamos os produtos:

$$S_n = \sum_{k=1}^{n} f(x_k, y_k)\, \Delta A_k.$$

Os valores de S_n vão depender da forma como acontece a escolha de (x_k, y_k) no k-ésimo retângulo.

Estamos interessados em saber o que acontece às somas de Riemann conforme as larguras e alturas dos pequenos retângulos na partição de R se aproximam de zero. A **norma** de uma partição P, representada por $\|P\|$, é a maior largura ou altura de qualquer retângulo na partição. Se $\|P\| = 0,1$, então todos os retângulos na partição de R têm altura e largura iguais a, no máximo, 0,1. Algumas vezes, as somas de Riemann convergem à medida que a norma de P se aproxima de zero, escrito $\|P\| \to 0$. O limite resultante é, então, escrito como

$$\lim_{\|P\|\to 0} \sum_{k=1}^{n} f(x_k, y_k)\, \Delta A_k .$$

À medida que $\|P\| \to 0$ e os retângulos diminuem em altura e largura, seu número n aumenta, o que nos permite escrever esse limite como

$$\lim_{n\to\infty} \sum_{k=1}^{n} f(x_k, y_k)\, \Delta A_k ,$$

sabendo que $\|P\| \to 0$ e consequentemente $\Delta A_k \to 0$, conforme $n \to \infty$.

Existem muitas escolhas envolvidas em um limite desse tipo. Essa coleção de pequenos retângulos é determinada pela grade de retas horizontais e verticais que determinam uma partição retangular de R. Em cada um dos pequenos retângulos resultantes, existe uma escolha de um ponto (x_k, y_k) arbitrário, no qual f é calculada. Juntas, essas escolhas definem uma única soma de Riemann. Para formar um limite, repetimos todo o processo diversas vezes, escolhendo partições onde a altura e a largura tendam a zero e cujo número tenda ao infinito.

Quando um limite da soma S_n existe, dando sempre o mesmo valor limite independentemente das escolhas feitas, a função f é considerada **integrável** e o limite é denominado **integral dupla** de f sobre R, escrito como

$$\iint_R f(x, y)\, dA \qquad \text{ou} \qquad \iint_R f(x, y)\, dx\, dy.$$

Podemos mostrar que se $f(x, y)$ é uma função contínua em R, então f é integrável, assim como no caso de uma variável, discutido no Capítulo 5. Muitas funções descontínuas são também integráveis, inclusive funções que são descontínuas somente em um número finito de pontos ou curvas lisas. Deixamos a prova desses fatos para um texto mais avançado.

Integrais duplas como volumes

Quando $f(x, y)$ é uma função positiva em uma região retangular R no plano xy, podemos interpretar a integral dupla de f sobre R como o volume da região sólida tridimensional sobre o plano xy limitada inferiormente por R e superiormente pela superfície $z = f(x, y)$ (Figura 15.2). Cada termo $f(x_k, y_k)\, \Delta A_k$ na soma $S_n = \sum f(x_k, y_k)\Delta A_k$ é o volume de uma caixa retangular vertical que se aproxima do volume da porção do sólido que está diretamente acima da base ΔA_k. A soma S_n, assim, se aproxima do que queremos chamar volume total do sólido. *Definimos* esse volume como sendo

$$\text{Volume} = \lim_{n\to\infty} S_n = \iint_R f(x, y)\, dA,$$

onde $\Delta A_k \to 0$ quando $n \to \infty$.

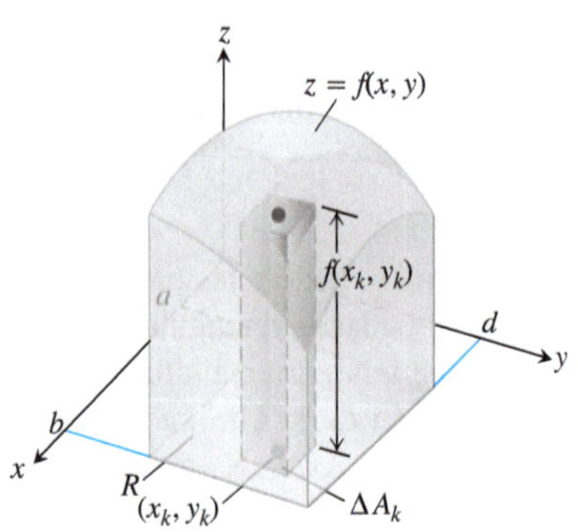

FIGURA 15.2 Sólidos de aproximação com caixas retangulares nos levam a definir o volume de sólidos mais gerais como integrais duplas. O volume do sólido mostrado aqui é a integral dupla de $f(x, y)$ na região base R.

Como você talvez espere, esse método mais geral para o cálculo de volumes está de acordo com os métodos do Capítulo 6, mas não provamos isso aqui. A Figura 15.3 mostra as aproximações das somas de Riemann ao volume tornando-se mais precisas conforme o número n de caixas aumenta.

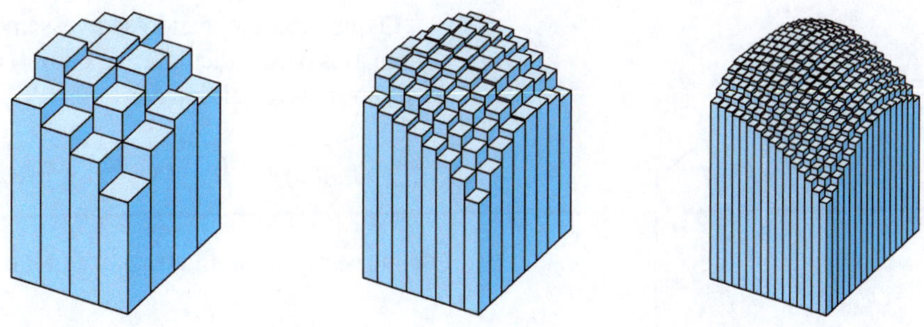

(a) $n = 16$ (b) $n = 64$ (c) $n = 256$

FIGURA 15.3 Conforme n aumenta, as aproximações das somas de Riemann chegam mais próximas do volume total do sólido mostrado na Figura 15.2.

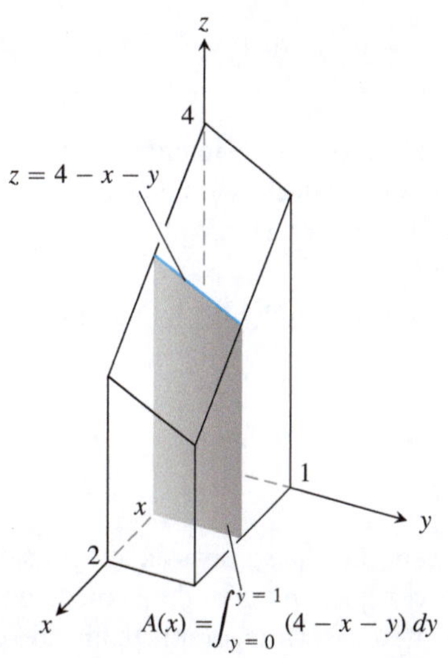

FIGURA 15.4 Para obtermos a área da seção transversal $A(x)$, mantemos x fixo e integramos com relação a y.

Teorema de Fubini para o cálculo de integrais duplas

Suponha que desejemos calcular o volume sob o plano $z = 4 - x - y$ sobre a região retangular R: $0 \leq x \leq 2$, $0 \leq y \leq 1$ no plano xy. Se aplicarmos o método do fatiamento da Seção 6.1, com fatias perpendiculares ao eixo x (Figura 15.4), então o volume será

$$\int_{x=0}^{x=2} A(x)\, dx, \tag{1}$$

onde $A(x)$ é a área da seção transversal em x. Para cada valor de x, podemos calcular $A(x)$ como a integral

$$A(x) = \int_{y=0}^{y=1} (4 - x - y)\, dy, \tag{2}$$

que é a área sob a curva $z = 4 - x - y$ no plano da seção transversal em x. Ao calcularmos $A(x)$, x é mantido fixo e a integração ocorre em relação a y. Combinando as Equações 1 e 2, vemos que o volume do sólido inteiro é

$$\begin{aligned}
\text{Volume} &= \int_{x=0}^{x=2} A(x)\, dx = \int_{x=0}^{x=2} \left(\int_{y=0}^{y=1} (4 - x - y) dy \right) dx \\
&= \int_{x=0}^{x=2} \left[4y - xy - \frac{y^2}{2} \right]_{y=0}^{y=1} dx = \int_{x=0}^{x=2} \left(\frac{7}{2} - x \right) dx \\
&= \left[\frac{7}{2}x - \frac{x^2}{2} \right]_0^2 = 5. \qquad (3)
\end{aligned}$$

Se quiséssemos apenas escrever uma fórmula para calcular o volume, sem executar nenhuma das integrações, poderíamos ter escrito

$$\text{Volume} = \int_0^2 \int_0^1 (4 - x - y)\, dy\, dx.$$

A expressão à direita, chamada **integral iterada** ou **repetida**, diz que o volume é obtido integrando-se $4 - x - y$ em relação a y de $y = 0$ a $y = 1$, mantendo-se x fixo e, em seguida, integrando-se a expressão resultante em x em relação a x de $x = 0$ até $x = 2$. Os limites de integração 0 e 1 são associados a y, portanto são colocados na integral próximos a dy. Os outros limites de integração, 0 e 2, estão associados à variável x, de forma que são colocados no símbolo externo da integral correspondente a dx.

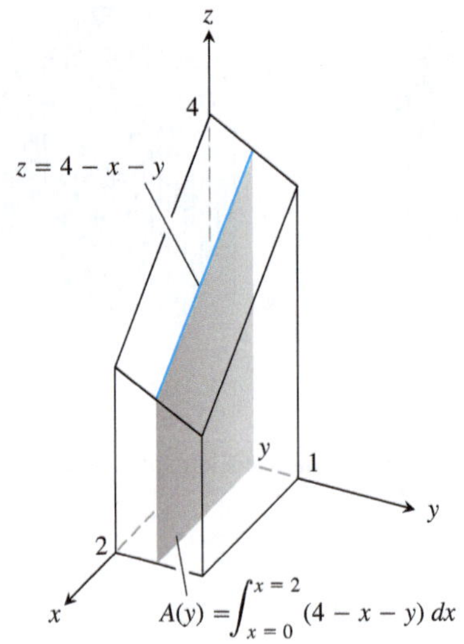

FIGURA 15.5 Para obter a área da seção transversal $A(y)$, mantemos y fixo e integramos em relação a x.

O que teria acontecido se tivéssemos calculado o volume fazendo o fatiamento com planos perpendiculares ao eixo y (Figura 15.5)? Como uma função de y, a área da seção transversal típica é

$$A(y) = \int_{x=0}^{x=2} (4 - x - y)\,dx = \left[4x - \frac{x^2}{2} - xy\right]_{x=0}^{x=2} = 6 - 2y. \qquad \textbf{(4)}$$

O volume do sólido inteiro, portanto, é

$$\text{Volume} = \int_{y=0}^{y=1} A(y)\,dy = \int_{y=0}^{y=1} (6 - 2y)\,dy = \left[6y - y^2\right]_0^1 = 5,$$

o que está de acordo com nosso cálculo anterior.

Novamente, podemos fornecer uma fórmula para o cálculo do volume como uma integral iterada, escrevendo

$$\text{Volume} = \int_0^1 \int_0^2 (4 - x - y)\,dx\,dy.$$

A expressão à direita diz que podemos encontrar o volume integrando $4 - x - y$ com relação a x de $x = 0$ a $x = 2$, como na Equação 4, e integrando o resultado com relação a y de $y = 0$ a $y = 1$. Nessa integral iterada, a ordem da integração é primeiro x e depois y, a ordem inversa da integral na Equação 3.

O que esses dois cálculos de volume com integrais iteradas têm a ver com a integral dupla

$$\iint_R (4 - x - y)\,dA$$

BIOGRAFIA HISTÓRICA

Guido Fubini
(1879-1943)

sobre o retângulo R: $0 \le x \le 2$, $0 \le y \le 1$? A resposta é que ambas as integrais dão o valor da integral dupla. Isso é esperado, uma vez que a integral dupla mede o volume da mesma região através de duas integrais iteradas. Um teorema publicado em 1907 por Guido Fubini diz que a integral dupla de qualquer função contínua sobre um retângulo pode ser calculada como uma integral iterada em qualquer ordem de integração. (Fubini provou seu teorema de modo mais geral, mas é assim que ele se traduz no que estamos fazendo agora.)

TEOREMA 1 — Teorema de Fubini (primeira forma) Se $f(x, y)$ for contínua na região retangular R: $a \le x \le b$, $c \le y \le d$, então

$$\iint_R f(x, y)\,dA = \int_c^d \int_a^b f(x, y)\,dx\,dy = \int_a^b \int_c^d f(x, y)\,dy\,dx.$$

O teorema de Fubini diz que integrais duplas sobre retângulos podem ser calculadas como integrais iteradas. Assim, podemos calcular uma integral dupla integrando uma variável de cada vez.

O teorema de Fubini também diz que podemos calcular a integral dupla integrando em *qualquer* ordem, o que é verdadeiramente conveniente. Quando calculamos um volume por fatiamento, podemos utilizar tanto planos perpendiculares ao eixo x quanto planos perpendiculares ao eixo y.

EXEMPLO 1 Calcule $\iint_R f(x, y)\,dA$ para

$$f(x, y) = 100 - 6x^2y \quad \text{e} \quad R: \quad 0 \le x \le 2, \quad -1 \le y \le 1.$$

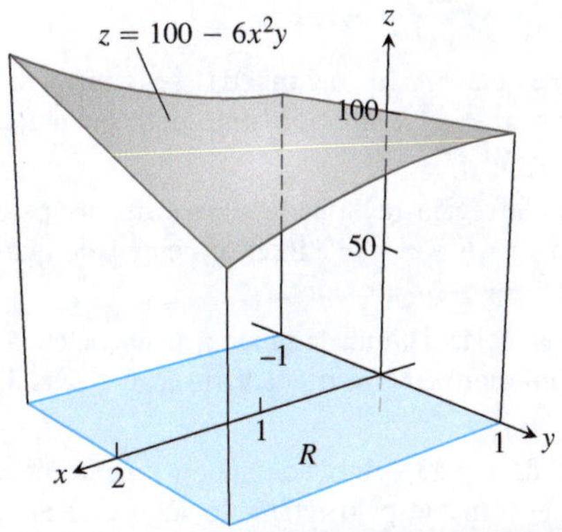

FIGURA 15.6 A integral dupla $\iint_R f(x, y)\, dA$ dá o volume sob esta superfície sobre a região retangular R (Exemplo 1).

Solução A Figura 15.6 mostra o volume abaixo da superfície. Pelo teorema de Fubini,

$$\iint_R f(x, y)\, dA = \int_{-1}^{1}\int_0^2 (100 - 6x^2y)\, dx\, dy = \int_{-1}^{1} \Big[100x - 2x^3y\Big]_{x=0}^{x=2} dy$$

$$= \int_{-1}^{1} (200 - 16y)\, dy = \Big[200y - 8y^2\Big]_{-1}^{1} = 400.$$

Invertendo a ordem de integração, obtemos o mesmo resultado:

$$\int_0^2\int_{-1}^{1} (100 - 6x^2y)\, dy\, dx = \int_0^2 \Big[100y - 3x^2y^2\Big]_{y=-1}^{y=1} dx$$

$$= \int_0^2 [(100 - 3x^2) - (-100 - 3x^2)]\, dx$$

$$= \int_0^2 200\, dx = 400.$$

EXEMPLO 2 Encontre o volume da região delimitada superiormente pelo paraboloide elíptico $z = 10 + x^2 + 3y^2$ e inferiormente pelo retângulo R: $0 \le x \le 1$, $0 \le y \le 2$.

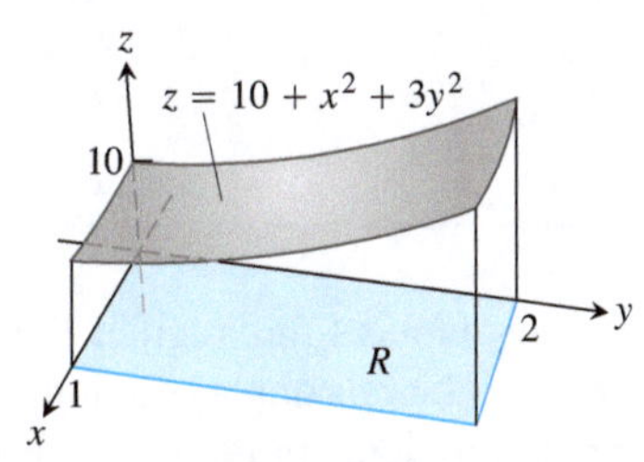

FIGURA 15.7 A integral dupla $\iint_R f(x, y)\, dA$ dá o volume sob esta superfície sobre a região retangular R (Exemplo 2).

Solução A superfície e o volume são mostrados na Figura 15.7. O volume é dado pela integral dupla

$$V = \iint_R (10 + x^2 + 3y^2)\, dA = \int_0^1\int_0^2 (10 + x^2 + 3y^2)\, dy\, dx$$

$$= \int_0^1 \Big[10y + x^2y + y^3\Big]_{y=0}^{y=2} dx$$

$$= \int_0^1 (20 + 2x^2 + 8)\, dx = \Big[20x + \frac{2}{3}x^3 + 8x\Big]_0^1 = \frac{86}{3}.$$

Exercícios 15.1

Cálculo de integrais iteradas

Nos Exercícios 1-12, calcule a integral iterada.

1. $\int_1^2\int_0^4 2xy\, dy\, dx$
2. $\int_0^2\int_{-1}^1 (x - y)\, dy\, dx$
3. $\int_{-1}^0\int_{-1}^1 (x + y + 1)\, dx\, dy$
4. $\int_0^1\int_0^1 \left(1 - \frac{x^2 + y^2}{2}\right) dx\, dy$
5. $\int_0^3\int_0^2 (4 - y^2)\, dy\, dx$
6. $\int_0^3\int_{-2}^0 (x^2y - 2xy)\, dy\, dx$
7. $\int_0^1\int_0^1 \frac{y}{1 + xy}\, dx\, dy$
8. $\int_1^4\int_0^4 \left(\frac{x}{2} + \sqrt{y}\right) dx\, dy$
9. $\int_0^{\ln 2}\int_1^{\ln 5} e^{2x+y}\, dy\, dx$
10. $\int_0^1\int_1^2 xye^x\, dy\, dx$
11. $\int_{-1}^2\int_0^{\pi/2} y \operatorname{sen} x\, dx\, dy$
12. $\int_\pi^{2\pi}\int_0^\pi (\operatorname{sen} x + \cos y)\, dx\, dy$

Cálculo de integrais duplas sobre retângulos

Nos Exercícios 13-20, calcule a integral dupla sobre a região R dada.

13. $\iint_R (6y^2 - 2x)\, dA$, $\quad R$: $0 \le x \le 1$, $0 \le y \le 2$
14. $\iint_R \left(\frac{\sqrt{x}}{y^2}\right) dA$, $\quad R$: $0 \le x \le 4$, $1 \le y \le 2$
15. $\iint_R xy \cos y\, dA$, $\quad R$: $-1 \le x \le 1$, $0 \le y \le \pi$

16. $\displaystyle\iint_R y\,\text{sen}(x+y)\,dA, \quad R: \ -\pi \le x \le 0, \quad 0 \le y \le \pi$

17. $\displaystyle\iint_R e^{x-y}\,dA, \quad R: \ 0 \le x \le \ln 2, \quad 0 \le y \le \ln 2$

18. $\displaystyle\iint_R xye^{xy^2}\,dA, \quad R: \ 0 \le x \le 2, \quad 0 \le y \le 1$

19. $\displaystyle\iint_R \frac{xy^3}{x^2+1}\,dA, \quad R: \ 0 \le x \le 1, \quad 0 \le y \le 2$

20. $\displaystyle\iint_R \frac{y}{x^2y^2+1}\,dA, \quad R: \ 0 \le x \le 1, \quad 0 \le y \le 1$

Nos Exercícios 21 e 22, integre f sobre a região dada.

21. **Quadrado** $f(x, y) = 1/(xy)$ sobre o quadrado $1 \le x \le 2$, $1 \le y \le 2$.

22. **Retângulo** $f(x, y) = y \cos xy$ sobre o retângulo $0 \le x \le \pi$, $0 \le y \le 1$.

Volume sob uma superfície $z = f(x, y)$

23. Encontre o volume da região delimitada superiormente pelo paraboloide $z = x^2 + y^2$ e inferiormente pelo quadrado $R: -1 \le x \le 1, -1 \le y \le 1$.

24. Encontre o volume da região delimitada superiormente pelo paraboloide elíptico $z = 16 - x^2 - y^2$ e inferiormente pelo quadrado $R: 0 \le x \le 2, 0 \le y \le 2$.

25. Encontre o volume da região delimitada superiormente pelo plano $z = 2 - x - y$ e inferiormente pelo quadrado $R: 0 \le x \le 1$, $0 \le y \le 1$.

26. Encontre o volume da região delimitada superiormente pelo plano $z = y/2$ e inferiormente pelo retângulo $R: 0 \le x \le 4$, $0 \le y \le 2$.

27. Encontre o volume da região delimitada superiormente pela superfície $z = 2 \text{ sen } x \cos y$ e inferiormente pelo retângulo $R: 0 \le x \le \pi/2, 0 \le y \le \pi/4$.

28. Encontre o volume da região delimitada superiormente pela superfície $z = 4 - y^2$ e inferiormente pelo retângulo $R: 0 \le x \le 1$, $0 \le y \le 2$.

15.2 Integrais duplas sobre regiões gerais

Nesta seção, definiremos e calcularemos integrais duplas sobre regiões limitadas no plano que são mais gerais que retângulos. Essas integrais duplas são também calculadas como integrais iteradas, sendo o principal problema prático o de determinar os limites de integração. Uma vez que a região de integração possa ter limites outros que não os segmentos de reta paralelos aos eixos coordenados, os limites de integração muitas vezes envolvem variáveis, não apenas constantes.

Integrais duplas sobre regiões não retangulares limitadas

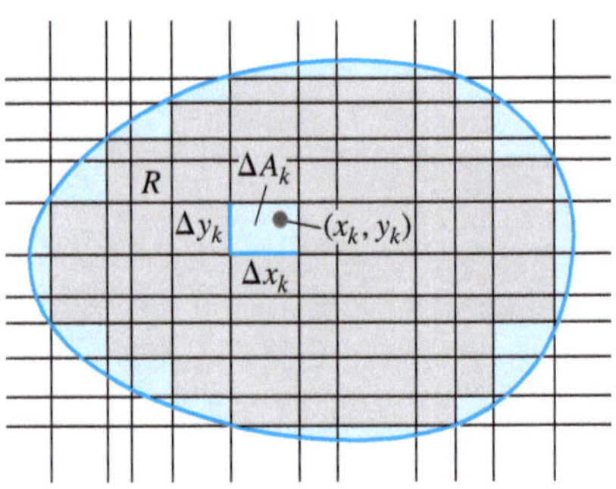

FIGURA 15.8 Grade retangular dividindo em células retangulares uma região não retangular limitada.

Para definir a integral dupla de uma função $f(x, y)$ sobre uma região não retangular limitada R, como a mostrada na Figura 15.8, novamente imaginamos R sendo coberta por uma grade retangular cuja união contém todos os pontos de R. Desta vez, entretanto, não podemos preencher R com um número finito de retângulos do interior de R, já que sua extremidade é curva e alguns dos pequenos retângulos estão parcialmente fora de R. Uma partição de R é formada tomando-se os retângulos que estão totalmente dentro de R e desprezando-se todos aqueles que estão parcial ou completamente fora da região. Para regiões que surgem com frequência, uma parte cada vez maior de R é incluída à medida que a norma da partição (a maior largura ou altura de qualquer retângulo utilizado) se aproxima de zero.

Uma vez que tenhamos uma partição de R, enumeramos os retângulos de forma ordenada de 1 a n, consideramos ΔA_k como a área do k-ésimo retângulo. Em seguida, escolhemos um ponto (x_k, y_k) no k-ésimo retângulo e formamos a soma de Riemann

$$S_n = \sum_{k=1}^{n} f(x_k, y_k)\,\Delta A_k.$$

À medida que a norma da partição que forma S_n se aproxima de zero, $\|P\| \to 0$, a largura e a altura de cada um dos retângulos delimitados vão a zero e seu número vai ao infinito. Se $f(x, y)$ é uma função contínua, essas somas de Riemann convergem para um valor-limite que não depende das escolhas que fizermos. Chamamos esse limite de **integral dupla** de $f(x, y)$ sobre R:

$$\lim_{\|P\|\to 0} \sum_{k=1}^{n} f(x_k, y_k)\,\Delta A_k = \iint_R f(x, y)\,dA.$$

A natureza da fronteira de R levanta questões não encontradas em integrais ao longo de um intervalo. Quando R tem uma fronteira curva, os n retângulos de uma partição estão dentro de R, mas não cobrem toda a região de R. Para que uma partição se aproxime bem de R, as partes de R cobertas por pequenos retângulos parcialmente fora de R devem se tornar desprezíveis à medida que a norma da partição se aproxima de zero. Essa propriedade de estar quase toda preenchida por uma partição de norma pequena é satisfeita por todas as regiões que iremos encontrar. Não há problemas com as fronteiras feitas de polígonos, círculos, elipses e gráficos contínuos sobre um intervalo que sejam ligadas pelas extremidades. Curvas do tipo "fractal" seriam problemáticas, porém elas surgem raramente na maior parte das aplicações. Deixamos para um texto mais avançado uma discussão cuidadosa sobre quais tipos de região R podem ser utilizados no cálculo de integrais duplas.

Volumes

Se $f(x, y)$ é positiva e contínua sobre R, definimos o volume da região sólida entre R e a superfície $z = f(x, y)$ como $\iint_R f(x, y)\, dA$, como anteriormente (Figura 15.9).

Se R é uma região como aquela mostrada no plano xy na Figura 15.10, delimitada "acima" e "abaixo" pelas curvas $y = g_2(x)$ e $y = g_1(x)$ e nos lados pelas retas $x = a$, $x = b$, podemos novamente calcular o volume pelo método do fatiamento. Primeiro, calculamos a área da seção transversal

$$A(x) = \int_{y=g_1(x)}^{y=g_2(x)} f(x, y)\, dy$$

e em seguida integramos $A(x)$ de $x = a$ a $x = b$ para obter o volume como uma integral iterada:

$$V = \int_a^b A(x)\, dx = \int_a^b \int_{g_1(x)}^{g_2(x)} f(x, y)\, dy\, dx. \quad (1)$$

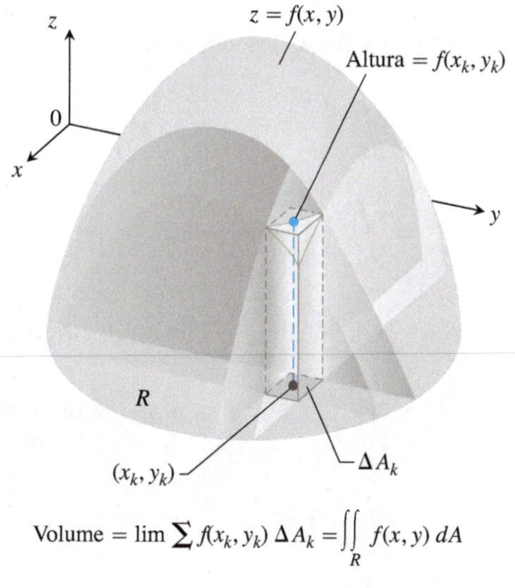

FIGURA 15.9 Definimos o volume de sólidos com bases curvas como um limite de caixas retangulares de aproximação.

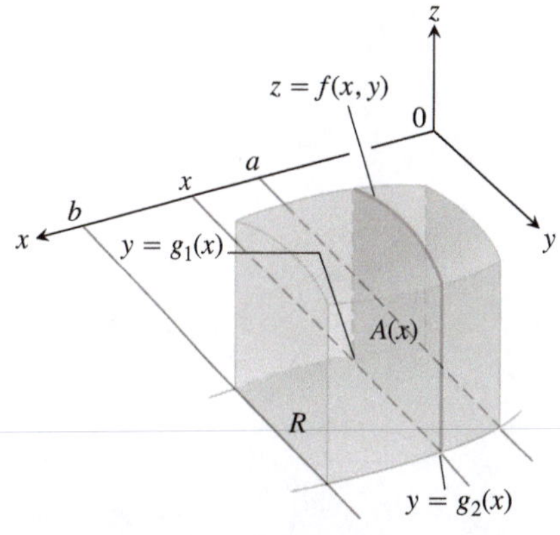

FIGURA 15.10 A área da fatia vertical mostrada aqui é $A(x)$. Para calcular o volume do sólido, integramos essa área de $x = a$ a $x = b$:

$$\int_a^b A(x)\, dx = \int_a^b \int_{g_1(x)}^{g_2(x)} f(x, y)\, dy\, dx.$$

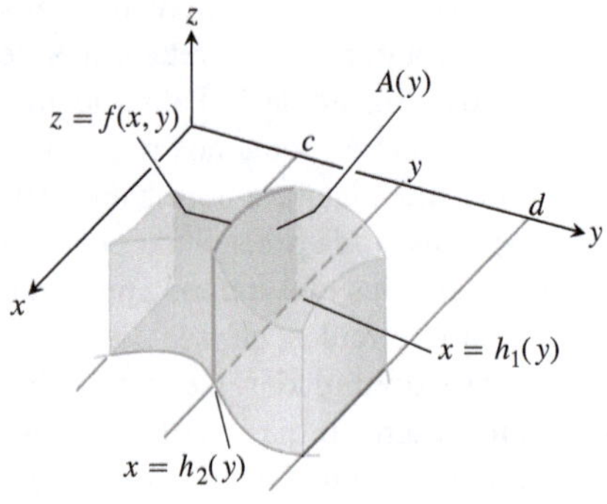

FIGURA 15.11 O volume do sólido mostrado aqui é

$$\int_c^d A(y)\,dy = \int_c^d \int_{h_1(y)}^{h_2(y)} f(x, y)\,dx\,dy.$$

Para um sólido determinado, o Teorema 2 diz que podemos calcular o volume como na Figura 15.10, ou da forma demonstrada aqui. Ambos os cálculos têm o mesmo resultado.

De maneira similar, se R é uma região como aquela mostrada na Figura 15.11, delimitada pelas curvas $x = h_2(y)$ e $x = h_1(y)$ e pelas retas $y = c$ e $y = d$, então o volume calculado por meio do fatiamento é dado pela integral iterada

$$\text{Volume} = \int_c^d \int_{h_1(y)}^{h_2(y)} f(x, y)\,dx\,dy. \qquad \textbf{(2)}$$

O fato de as integrais iteradas nas Equações 1 e 2 darem o volume que definimos como a integral dupla de f sobre R é uma consequência da forma mais forte do teorema de Fubini, a qual é exposta a seguir.

TEOREMA 2 — Teorema de Fubini (forma mais forte) Seja $f(x, y)$ contínua em uma região R.

1. Se R for definida por $a \le x \le b$, $g_1(x) \le y \le g_2(x)$, com g_1 e g_2 contínuas em $[a, b]$, então

$$\iint_R f(x, y)\,dA = \int_a^b \int_{g_1(x)}^{g_2(x)} f(x, y)\,dy\,dx.$$

2. Se R for definida por $c \le y \le d$, $h_1(y) \le x \le h_2(y)$, com h_1 e h_2 contínuas em $[c, d]$, então

$$\iint_R f(x, y)\,dA = \int_c^d \int_{h_1(y)}^{h_2(y)} f(x, y)\,dx\,dy.$$

EXEMPLO 1 Encontre o volume do prisma cuja base é o triângulo no plano xy delimitado pelo eixo x e pelas retas $y = x$ e $x = 1$ e cujo topo está no plano

$$z = f(x, y) = 3 - x - y.$$

Solução Veja a Figura 15.12. Para qualquer x entre 0 e 1, y pode variar de $y = 0$ a $y = x$ (Figura 15.12b). Consequentemente,

$$V = \int_0^1 \int_0^x (3 - x - y)\,dy\,dx = \int_0^1 \left[3y - xy - \frac{y^2}{2}\right]_{y=0}^{y=x} dx$$

$$= \int_0^1 \left(3x - \frac{3x^2}{2}\right) dx = \left[\frac{3x^2}{2} - \frac{x^3}{2}\right]_{x=0}^{x=1} = 1.$$

Quando a ordem de integração é invertida (Figura 15.12c), a integral para o volume é

$$V = \int_0^1 \int_y^1 (3 - x - y)\,dx\,dy = \int_0^1 \left[3x - \frac{x^2}{2} - xy\right]_{x=y}^{x=1} dy$$

$$= \int_0^1 \left(3 - \frac{1}{2} - y - 3y + \frac{y^2}{2} + y^2\right) dy$$

$$= \int_0^1 \left(\frac{5}{2} - 4y + \frac{3}{2}y^2\right) dy = \left[\frac{5}{2}y - 2y^2 + \frac{y^3}{2}\right]_{y=0}^{y=1} = 1.$$

As duas integrais são iguais, como deveriam ser.

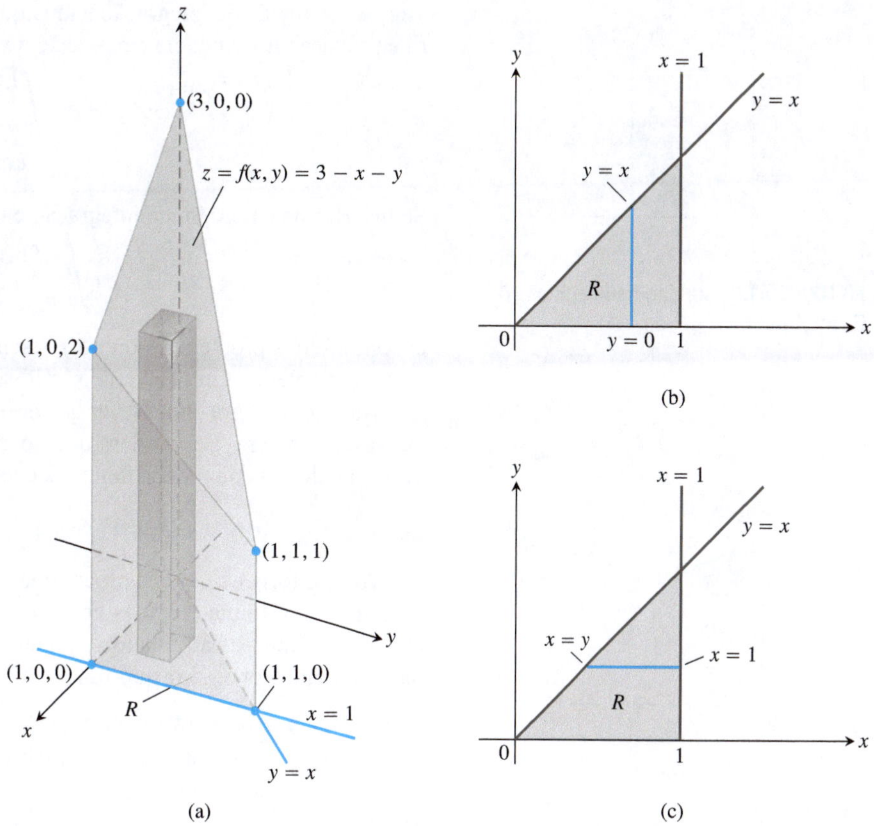

FIGURA 15.12 (a) Prisma com base triangular no plano xy. O volume desse prisma é definido como uma integral dupla sobre R. Para o calcularmos como uma integral iterada, podemos integrar primeiro com relação a y e depois em relação a x, ou vice-versa (Exemplo 1). (b) Limites de integração de

$$\int_{x=0}^{x=1}\int_{y=0}^{y=x} f(x, y)\, dy\, dx.$$

Se integrarmos primeiro com relação a y, integraremos ao longo de uma reta vertical através de R e depois integraremos da esquerda para a direita, para incluir todas as retas verticais em R. (c) Limites de integração de

$$\int_{y=0}^{y=1}\int_{x=y}^{x=1} f(x, y)\, dx\, dy.$$

Se integrarmos primeiro com relação a x, integraremos ao longo de uma reta horizontal através de R e depois integraremos de baixo para cima, para incluir todas as retas horizontais em R.

Embora o teorema de Fubini nos assegure que uma integral dupla pode ser calculada como uma integral iterada em qualquer ordem de integração, pode ser mais fácil calcular o valor de uma integral que o valor de outra. O próximo exemplo mostra como isso acontece.

EXEMPLO 2 Calcule

$$\iint_R \frac{\operatorname{sen} x}{x}\, dA,$$

onde R é o triângulo no plano xy delimitado pelo eixo x, pela reta $y = x$ e pela reta $x = 1$.

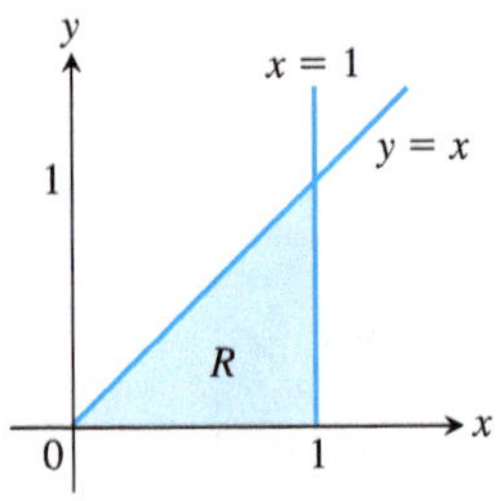

FIGURA 15.13 Região de integração do Exemplo 2.

Solução A região de integração é mostrada na Figura 15.13. Se integrarmos primeiro em relação a y e depois em relação a x, encontramos

$$\int_0^1 \left(\int_0^x \frac{\operatorname{sen} x}{x} \, dy \right) dx = \int_0^1 \left(y \frac{\operatorname{sen} x}{x} \bigg]_{y=0}^{y=x} \right) dx = \int_0^1 \operatorname{sen} x \, dx$$
$$= -\cos(1) + 1 \approx 0{,}46.$$

Se invertermos a ordem de integração e tentarmos calcular

$$\int_0^1 \int_y^1 \frac{\operatorname{sen} x}{x} \, dx \, dy,$$

encontraremos problemas porque $\int ((\operatorname{sen} x)/x) \, dx$ não pode ser expressa em termos de funções elementares (não há primitivas simples).

Não existe regra para prever que ordem de integração será a melhor em circunstâncias como essa. Se a ordem que você escolher não funcionar, tente a outra. Às vezes, nenhuma das ordens funciona e temos de utilizar aproximações numéricas.

Encontrando limites de integração

Agora, fornecemos um procedimento para encontrar limites de integração que se apliquem a muitas regiões no plano. Regiões mais complicadas, para as quais esse procedimento não funciona, podem sempre ser divididas em pedaços menores para os quais o procedimento funciona.

Utilização de seções transversais verticais Quando estiver diante da avaliação de $\iint_R f(x, y)\, dA$, com integração primeiro em relação a y e em seguida em relação a x, siga os três passos a seguir:

1. *Esboço.* Faça um esboço da região de integração e identifique as curvas limitantes (Figura 15.14a).
2. *Encontre os limites de integração de y.* Imagine uma reta vertical L, que corta R na direção de valores de y crescentes. Marque os valores de y onde L entra e sai de R. Esses são os limites de integração de y e geralmente são funções de x (em vez de constantes) (Figura 15.14b).
3. *Encontre os limites de integração de x.* Escolha limites de integração de x que incluam todas as retas verticais através de R. A integral mostrada aqui (ver Figura 15.14c) é

$$\iint_R f(x, y)\, dA = \int_{x=0}^{x=1} \int_{y=1-x}^{y=\sqrt{1-x^2}} f(x, y)\, dy\, dx.$$

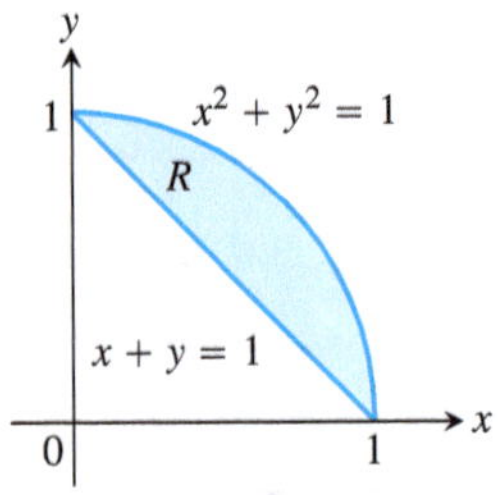

(a)

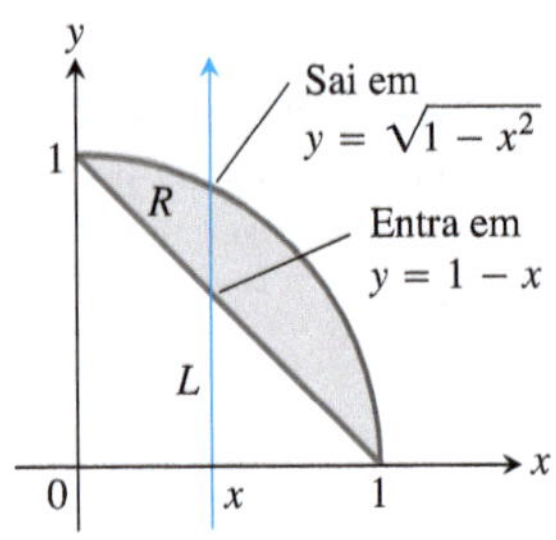

(b)

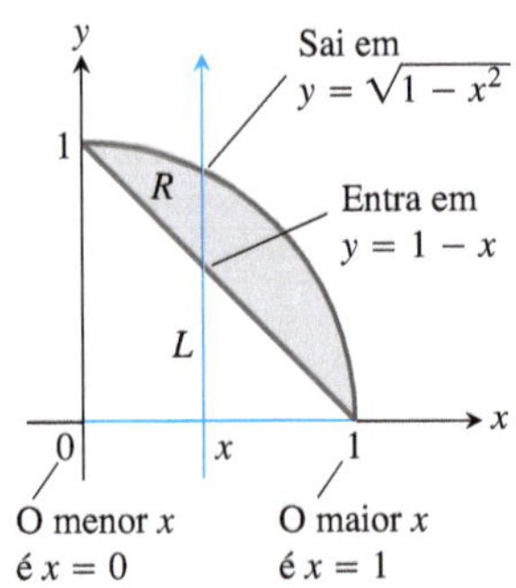

(c)

FIGURA 15.14 Encontrando os limites de integração ao integrar primeiro em relação a y e depois em relação a x.

Utilização de seções transversais horizontais Para calcular a mesma integral dupla como uma integral iterada com a ordem de integração invertida, utilize retas horizontais em vez de retas verticais nas etapas 2 e 3 (ver Figura 15.15). A integral é

$$\iint_R f(x, y)\, dA = \int_0^1 \int_{1-y}^{\sqrt{1-y^2}} f(x, y)\, dx\, dy.$$

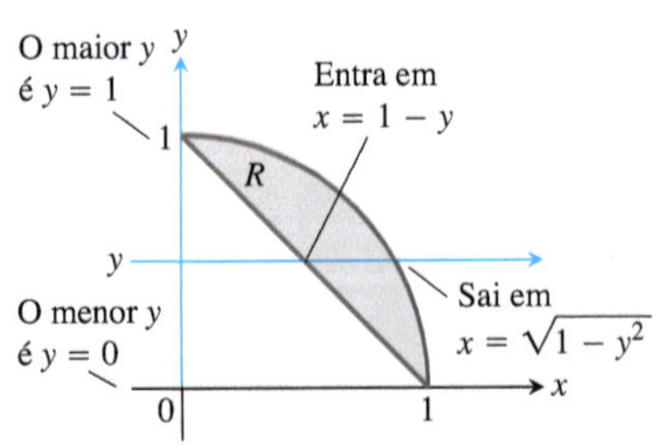

FIGURA 15.15 Encontrando os limites de integração ao integrar primeiro em relação a x e depois em relação a y.

EXEMPLO 3 Esboce a região de integração para a integral

$$\int_0^2 \int_{x^2}^{2x} (4x + 2)\, dy\, dx$$

e escreva uma integral equivalente com a ordem de integração invertida.

Solução A região de integração é dada pelas desigualdades $x^2 \leq y \leq 2x$ e $0 \leq x \leq 2$. Esta é, portanto, a região delimitada pelas curvas $y = x^2$ e $y = 2x$ entre $x = 0$ e $x = 2$ (Figura 15.16a).

Para encontrar limites para integrar na ordem invertida, imaginamos uma reta horizontal passando, da esquerda para a direita, através da região. Ela entra em $x = y/2$ e sai em $x = \sqrt{y}$. Para incluirmos todas essas retas, fazemos y variar de $y = 0$ a $y = 4$ (Figura 15.16b). A integral é

$$\int_0^4 \int_{y/2}^{\sqrt{y}} (4x + 2)\, dx\, dy.$$

O valor comum dessas integrais é 8.

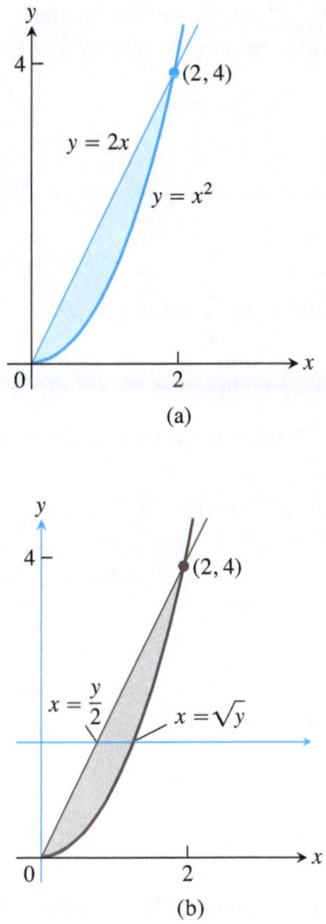

FIGURA 15.16 Região de integração para o Exemplo 3.

Propriedades de integrais duplas

Como integrais de uma variável, integrais duplas de funções contínuas têm propriedades algébricas que são úteis em cálculos e aplicações.

Se $f(x, y)$ e $g(x, y)$ são contínuas na região limitada R, então as propriedades a seguir se aplicam:

1. *Múltiplo constante:* $\iint_R cf(x, y)\, dA = c \iint_R f(x, y)\, dA$ (qualquer número c)
2. *Soma e diferença:*
$$\iint_R (f(x, y) \pm g(x, y))\, dA = \iint_R f(x, y)\, dA \pm \iint_R g(x, y)\, dA$$
3. *Dominação:*
   (a) $\iint_R f(x, y)\, dA \geq 0 \quad \text{se} \quad f(x, y) \geq 0 \text{ em } R$
   (b) $\iint_R f(x, y)\, dA \geq \iint_R g(x, y)\, dA \quad \text{se} \quad f(x, y) \geq g(x, y) \text{ em } R$
4. *Aditividade:* $\iint_R f(x, y)\, dA = \iint_{R_1} f(x, y)\, dA + \iint_{R_2} f(x, y)\, dA$
   se R for a união de dois retângulos não sobrepostos R_1 e R_2

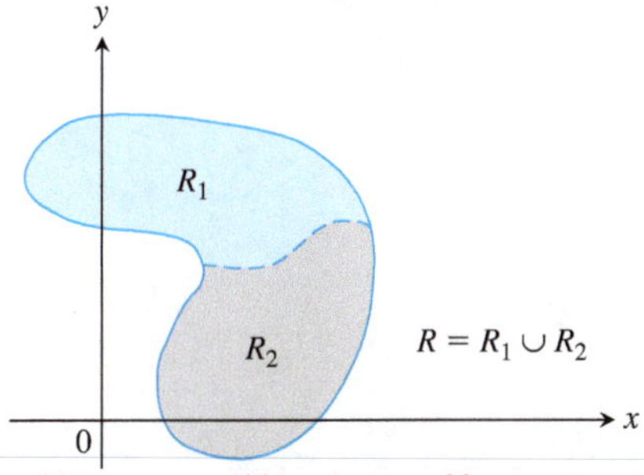

$$\iint_R f(x, y)\, dA = \iint_{R_1} f(x, y)\, dA + \iint_{R_2} f(x, y)\, dA$$

FIGURA 15.17 A propriedade de aditividade para regiões retangulares é válida para regiões delimitadas por curvas lisas.

A Propriedade 4 supõe que a região de integração R é decomposta em regiões não sobrepostas R_1 e R_2 com limites consistindo em um número finito de segmentos de reta ou curvas lisas. A Figura 15.17 ilustra um exemplo dessa propriedade.

A ideia por trás dessas propriedades é que as integrais se comportam como somas. Se a função $f(x, y)$ for substituída por seu múltiplo constante $cf(x, y)$, então a soma de Riemann para f

$$S_n = \sum_{k=1}^{n} f(x_k, y_k)\, \Delta A_k$$

é substituída pela soma de Riemann para cf

$$\sum_{k=1}^{n} cf(x_k, y_k)\, \Delta A_k = c\sum_{k=1}^{n} f(x_k, y_k)\, \Delta A_k = cS_n.$$

Tomando limites quando $n \to \infty$ mostra que $c \lim_{n\to\infty} S_n = c\iint_R f\, dA$ e $\lim_{n\to\infty} cS_n = \iint_R cf\, dA$ são iguais. Assim sendo, a propriedade de múltiplo constante pode ser aplicada desde somas até integrais duplas.

Também é fácil verificar as outras propriedades para somas de Riemann, que se aplicam a integrais duplas pelo mesmo motivo. Embora a discussão já dê uma ideia, uma prova real de que essas propriedades são verdadeiras requer uma análise mais cuidadosa da forma como as somas de Riemann convergem.

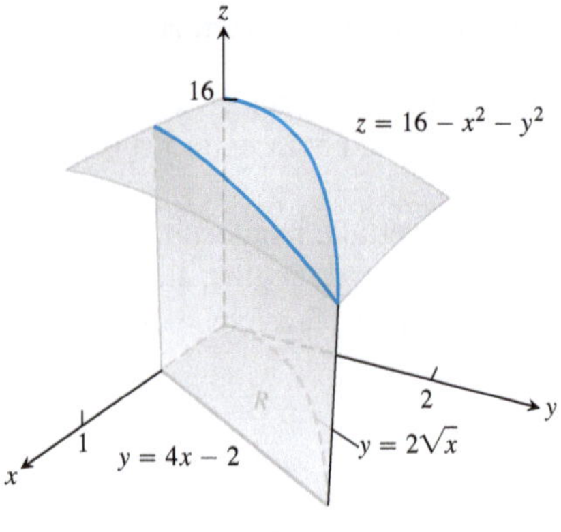

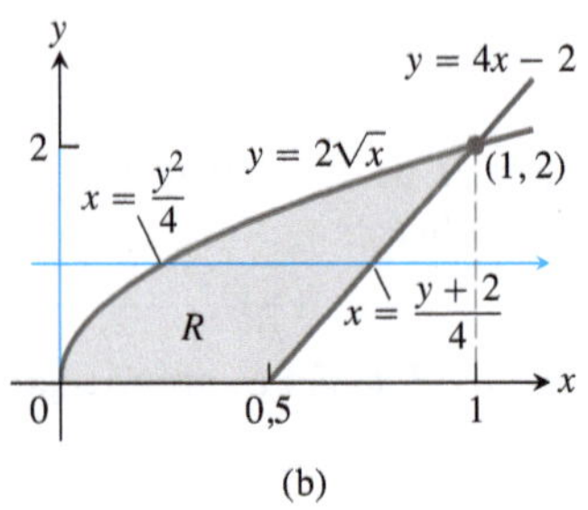

FIGURA 15.18 (a) Região do sólido "em forma de cunha" cujo volume é encontrado no Exemplo 4. (b) Região de integração R mostrando a ordem $dx\, dy$.

EXEMPLO 4 Encontre o volume do sólido em forma de cunha que está abaixo da superfície $z = 16 - x^2 - y^2$ e acima da região R delimitada pela curva $y = 2\sqrt{x}$, a reta $y = 4x - 2$ e o eixo x.

Solução A Figura 15.18a mostra a superfície e o sólido "em forma de cunha" cujo volume desejamos calcular. A Figura 15.18b mostra a região de integração no plano xy. Se integrarmos na ordem $dy\, dx$ (primeiro em relação a y e depois em relação a x), duas integrações serão necessárias, porque y varia entre $y = 0$ e $y = 2\sqrt{x}$ para $0 \le x \le 0{,}5$, e então varia entre $y = 4x - 2$ e $y = 2\sqrt{x}$ para $0{,}5 \le x \le 1$. Dessa forma, escolhemos integrar na ordem $dx\, dy$, que exige somente uma integral dupla, cujos limites de integração estão indicados na Figura 15.18b. O volume é então calculado como a integral iterada:

$$\begin{aligned}
&\iint_R (16 - x^2 - y^2)\, dA \\
&= \int_0^2 \int_{y^2/4}^{(y+2)/4} (16 - x^2 - y^2)\, dx\, dy \\
&= \int_0^2 \left[16x - \frac{x^3}{3} - xy^2\right]_{x=y^2/4}^{x=(y+2)/4} dx \\
&= \int_0^2 \left[4(y + 2) - \frac{(y + 2)^3}{3\cdot 64} - \frac{(y + 2)y^2}{4} - 4y^2 + \frac{y^6}{3\cdot 64} + \frac{y^4}{4}\right] dy \\
&= \left[\frac{191y}{24} + \frac{63y^2}{32} - \frac{145y^3}{96} - \frac{49y^4}{768} + \frac{y^5}{20} + \frac{y^7}{1344}\right]_0^2 = \frac{20803}{1680} \approx 12{,}4.
\end{aligned}$$

Exercícios 15.2

Esboço de regiões de integração

Nos Exercícios 1-8, esboce e descreva as regiões de integração.

1. $0 \le x \le 3, \quad 0 \le y \le 2x$

2. $-1 \le x \le 2, \quad x - 1 \le y \le x^2$

3. $-2 \le y \le 2, \quad y^2 \le x \le 4$

4. $0 \le y \le 1, \quad y \le x \le 2y$

5. $0 \le x \le 1, \quad e^x \le y \le e$

6. $1 \le x \le e^2, \quad 0 \le y \le \ln x$

7. $0 \le y \le 1, \quad 0 \le x \le \text{sen}^{-1} y$

8. $0 \le y \le 8, \quad \frac{1}{4}y \le x \le y^{1/3}$

Encontrando limites de integração

Nos Exercícios 9-18, escreva a integral iterada de $\iint_R dA$ sobre a região descrita R utilizando (a) seções transversais verticais, (b) seções transversais horizontais.

9.

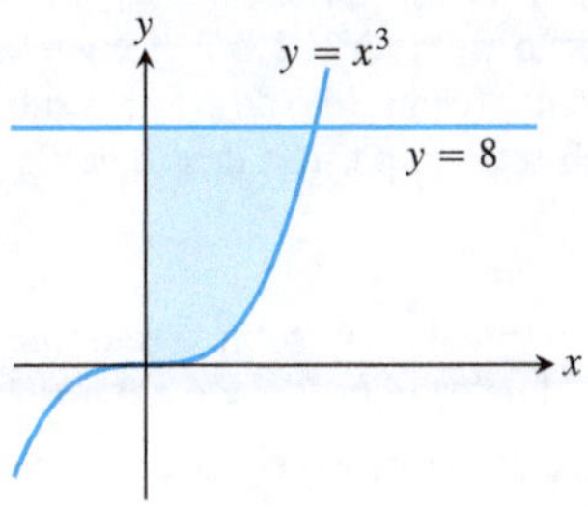

11.

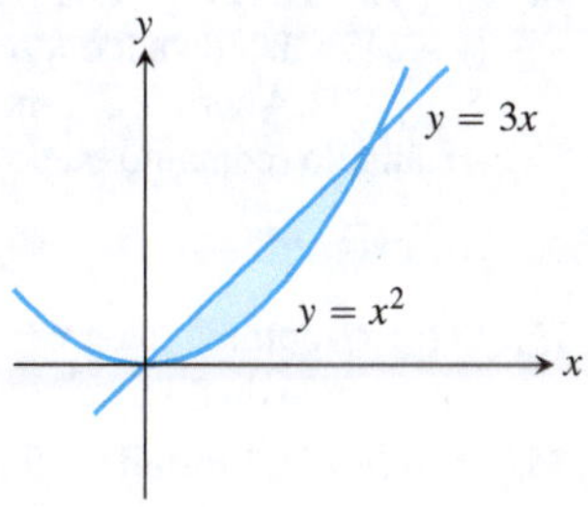

10.

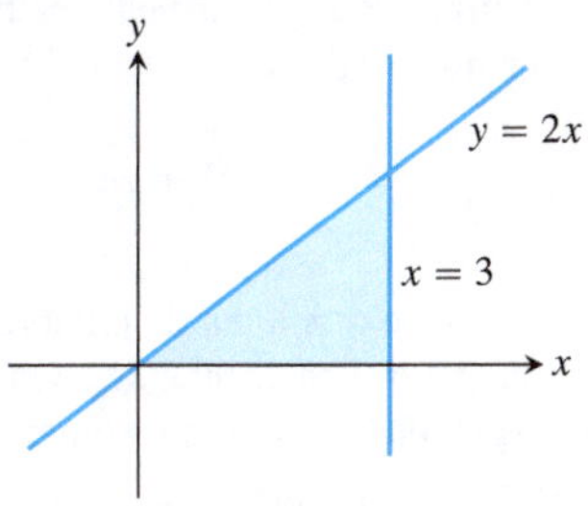

12.

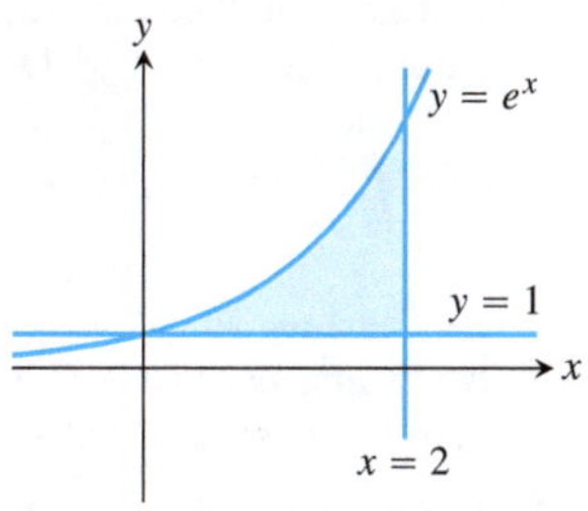

13. Limitada por $y = \sqrt{x}$, $y = 0$ e $x = 9$

14. Limitada por $y = \operatorname{tg} x$, $x = 0$ e $y = 1$

15. Limitada por $y = e^{-x}$, $y = 1$ e $x = \ln 3$

16. Limitada por $y = 0$, $x = 0$, $y = 1$ e $y = \ln x$

17. Limitada por $y = 3 - 2x$, $y = x$ e $x = 0$

18. Limitada por $y = x^2$ e $y = x + 2$

Encontrando regiões de integração e integrais duplas

Nos Exercícios 19-24, esboce a região de integração e calcule a integral.

19. $\int_0^{\pi}\int_0^{x} x \operatorname{sen} y \, dy\, dx$

20. $\int_0^{\pi}\int_0^{\operatorname{sen} x} y \, dy\, dx$

21. $\int_1^{\ln 8}\int_0^{\ln y} e^{x+y} \, dx\, dy$

22. $\int_1^{2}\int_y^{y^2} dx\, dy$

23. $\int_0^{1}\int_0^{y^2} 3y^3 e^{xy} \, dx\, dy$

24. $\int_1^{4}\int_0^{\sqrt{x}} \frac{3}{2} e^{y/\sqrt{x}} \, dy\, dx$

Nos Exercícios 25-28, integre f sobre a região dada.

25. **Quadrilátero** $f(x, y) = x/y$ sobre a região no primeiro quadrante limitado pelas retas $y = x$, $y = 2x$, $x = 1$ e $x = 2$.

26. **Triângulo** $f(x, y) = x^2 + y^2$ sobre a região triangular com vértices (0, 0), (1, 0) e (0, 1).

27. **Triângulo** $f(u, v) = v - \sqrt{u}$ sobre a região triangular cortada do primeiro quadrante do plano uv pela reta $u + v - 1$.

28. **Região curvada** $f(s, t) = e^s \ln t$ sobre a região no primeiro quadrante do plano st que está acima da curva $s = \ln t$ de $t = 1$ a $t = 2$.

Cada um dos Exercícios 29-32 fornece uma integral sobre uma região em um plano de coordenadas cartesianas. Esboce a região e calcule a integral.

29. $\int_{-2}^{0}\int_v^{-v} 2 \, dp\, dv$ (o plano pv)

30. $\int_0^{1}\int_0^{\sqrt{1-s^2}} 8t \, dt\, ds$ (o plano st)

31. $\int_{-\pi/3}^{\pi/3}\int_0^{\sec t} 3\cos t \, du\, dt$ (o plano tu)

32. $\int_0^{3/2}\int_1^{4-2u} \frac{4 - 2u}{v^2} \, dv\, du$ (o plano uv)

Invertendo a ordem de integração

Nos Exercícios 33-46, esboce a região de integração e escreva uma integral dupla equivalente com a ordem de integração invertida.

33. $\int_0^{1}\int_2^{4-2x} dy\, dx$

34. $\int_0^{2}\int_{y-2}^{0} dx\, dy$

35. $\int_0^{1}\int_y^{\sqrt{y}} dx\, dy$

36. $\int_0^{1}\int_{1-x}^{1-x^2} dy\, dx$

37. $\int_0^{1}\int_1^{e^x} dy\, dx$

38. $\int_0^{\ln 2}\int_{e^y}^{2} dx\, dy$

39. $\int_0^{3/2}\int_0^{9-4x^2} 16x \, dy\, dx$

40. $\int_0^{2}\int_0^{4-y^2} y \, dx\, dy$

41. $\int_0^{1}\int_{-\sqrt{1-y^2}}^{\sqrt{1-y^2}} 3y \, dx\, dy$

42. $\int_0^{2}\int_{-\sqrt{4-x^2}}^{\sqrt{4-x^2}} 6x \, dy\, dx$

43. $\int_1^{e}\int_0^{\ln x} xy \, dy\, dx$

44. $\int_0^{\pi/6}\int_{\operatorname{sen} x}^{1/2} xy^2 \, dy\, dx$

45. $\int_0^{3}\int_1^{e^y} (x + y) \, dx\, dy$

46. $\int_0^{\sqrt{3}}\int_0^{\operatorname{tg}^{-1} y} \sqrt{xy} \, dx\, dy$

Nos Exercícios 47-56, esboce a região de integração, inverta a ordem de integração e calcule a integral.

47. $\int_0^{\pi}\int_x^{\pi} \frac{\operatorname{sen} y}{y} \, dy\, dx$

48. $\int_0^{2}\int_x^{2} 2y^2 \operatorname{sen} xy \, dy\, dx$

49. $\int_0^{1}\int_y^{1} x^2 e^{xy} \, dx\, dy$

50. $\int_0^{2}\int_0^{4-x^2} \frac{xe^{2y}}{4 - y} \, dy\, dx$

51. $\int_0^{2\sqrt{\ln 3}}\int_{y/2}^{\sqrt{\ln 3}} e^{x^2} \, dx\, dy$

52. $\int_0^{3}\int_{\sqrt{x/3}}^{1} e^{y^3} \, dy\, dx$

53. $\int_0^{1/16}\int_{y^{1/4}}^{1/2} \cos(16\pi x^5) \, dx\, dy$

54. $\int_0^{8}\int_{\sqrt[3]{x}}^{2} \frac{dy\, dx}{y^4 + 1}$

55. **Região quadrada** $\iint_R (y - 2x^2) \, dA$ onde R é a região delimitada pelo quadrado $|x| + |y| = 1$.

56. **Região triangular** $\iint_R xy \, dA$ onde R é a região delimitada pelas retas $y = x$, $y = 2x$ e $x + y - 2$.

Volume sob uma superfície $z = f(x, y)$

57. Encontre o volume de uma região delimitada superiormente pelo paraboloide $z = x^2 + y^2$ e inferiormente pelo triângulo delimitado pelas retas $y = x$, $x = 0$ e $x + y = 2$ no plano xy.

58. Encontre o volume do sólido delimitado superiormente pelo cilindro $z = x^2$ e inferiormente pela região delimitada pela parábola $y = 2 - x^2$ e pela reta $y = x$ no plano xy.

59. Encontre o volume do sólido cuja base seja a região no plano xy que é delimitada pela parábola $y = 4 - x^2$ e pela reta $y = 3x$, enquanto o topo do sólido é delimitado pelo plano $z = x + 4$.

60. Encontre o volume do sólido no primeiro octante delimitado pelos planos coordenados, pelo cilindro $x^2 + y^2 = 4$ e pelo plano $z + y = 3$.

61. Encontre o volume do sólido no primeiro octante delimitado pelos planos coordenados, pelo plano $x = 3$ e pelo cilindro parabólico $z = 4 - y^2$.

62. Encontre o volume do sólido cortado do primeiro octante pela superfície $z = 4 - x^2 - y$.

63. Encontre o volume da cunha cortada do primeiro octante pelo cilindro $z = 12 - 3y^2$ e pelo plano $x + y = 2$.

64. Encontre o volume do sólido cortado da coluna quadrada $|x| + |y| \leq 1$ pelos planos $z = 0$ e $3x + z = 3$.

65. Encontre o volume do sólido que é delimitado na frente e atrás pelos planos $x = 2$ e $x = 1$, nas laterais pelos cilindros $y = \pm 1/x$ e acima e abaixo pelos planos $z = x + 1$ e $z = 0$.

66. Encontre o volume do sólido delimitado na frente e atrás pelos planos $x = \pm\pi/3$, nas laterais pelos cilindros $y = \pm\sec x$, acima pelo cilindro $z = 1 + y^2$ e abaixo pelo plano xy.

Nos Exercícios 67 e 68, esboce a região de integração e o sólido cujo volume seja dado pela integral dupla.

67. $$\int_0^3 \int_0^{2-2x/3} \left(1 - \frac{1}{3}x - \frac{1}{2}y\right) dy\, dx$$

68. $$\int_0^4 \int_{-\sqrt{16-y^2}}^{\sqrt{16-y^2}} \sqrt{25 - x^2 - y^2}\, dx\, dy$$

Integrais sobre regiões não limitadas

Integrais duplas impróprias podem geralmente ser calculadas de maneira semelhante a integrais impróprias de uma variável. A primeira iteração das integrais impróprias a seguir é feita como se elas fossem integrais próprias. Avaliamos, então, uma integral imprópria de uma variável tomando limites apropriados, como na Seção 8.7. Calcule as integrais impróprias nos Exercícios 69-72 como integrais iteradas.

69. $$\int_1^\infty \int_{e^{-x}}^1 \frac{1}{x^3 y}\, dy\, dx$$

70. $$\int_{-1}^1 \int_{-1/\sqrt{1-x^2}}^{1/\sqrt{1-x^2}} (2y + 1)\, dy\, dx$$

71. $$\int_{-\infty}^\infty \int_{-\infty}^\infty \frac{1}{(x^2 + 1)(y^2 + 1)}\, dx\, dy$$

72. $$\int_0^\infty \int_0^\infty x e^{-(x+2y)}\, dx\, dy$$

Aproximando integrais com somas finitas

Nos Exercícios 73 e 74, aproxime as integrais duplas de $f(x, y)$ sobre a região R particionada pelas retas verticais dadas $x = a$ e retas horizontais $y = c$. Em cada sub-retângulo, utilize (x_k, y_k) conforme indicado para sua aproximação.

$$\iint_R f(x, y)\, dA \approx \sum_{k=1}^n f(x_k, y_k)\, \Delta A_k$$

73. $f(x, y) = x + y$ sobre a região R delimitada acima pelo semicírculo $y = \sqrt{1 - x^2}$ e abaixo pelo eixo x, utilizando a partição $x = -1, -1/2, 0, 1/4, 1/2, 1$ e $y = 0, 1/2, 1$ com (x_k, y_k) no canto inferior esquerdo no k-ésimo sub-retângulo (contanto que o sub-retângulo esteja dentro de R)

74. $f(x, y) = x + 2y$ sobre a região R dentro do círculo $(x - 2)^2 + (y - 3)^2 = 1$ utilizando a partição $x = 1, 3/2, 2, 5/2, 3$ e $y = 2, 5/2, 3, 7/2, 4$ com (x_k, y_k) no centro (centroide) do k-ésimo sub-retângulo (contanto que o sub-retângulo esteja dentro de R)

Teoria e exemplos

75. Setor circular Integre $f(x, y) = \sqrt{4 - x^2}$ sobre o setor menor cortado do disco $x^2 + y^2 \leq 4$ pelos raios $\theta = \pi/6$ e $\theta = \pi/2$.

76. Região não limitada Integre $f(x, y) = 1/[(x^2 - x)(y - 1)^{2/3}]$ sobre o retângulo infinito $2 \leq x < \infty$, $0 \leq y \leq 2$.

77. Cilindro não circular Um cilindro sólido reto (não circular) tem sua base R no plano xy e é delimitado superiormente pelo paraboloide $z = x^2 + y^2$. O volume do cilindro é

$$V = \int_0^1 \int_0^y (x^2 + y^2)\, dx\, dy + \int_1^2 \int_0^{2-y} (x^2 + y^2)\, dx\, dy.$$

Esboce a região da base de R e expresse o volume do cilindro como uma única integral iterada com a ordem de integração invertida. Em seguida, calcule a integral para encontrar o volume.

78. Convertendo em uma integral dupla Calcule a integral

$$\int_0^2 (\mathrm{tg}^{-1}\pi x - \mathrm{tg}^{-1} x)\, dx.$$

(Sugestão: escreva o integrando como uma integral.)

79. Maximizando uma integral dupla Que região R no plano xy maximiza o valor de

$$\iint_R (4 - x^2 - 2y^2)\, dA?$$

Justifique sua resposta.

80. Minimizando uma integral dupla Que região R no plano xy minimiza o valor de

$$\iint_R (x^2 + y^2 - 9)\, dA?$$

Justifique sua resposta.

81. É possível calcular a integral de uma função contínua $f(x, y)$ sobre uma região retangular no plano xy e obter respostas diferentes dependendo da ordem de integração? Justifique sua resposta.

82. Como você calcularia a integral dupla de uma função contínua $f(x, y)$ sobre a região R no plano xy delimitada pelo triângulo com vértices $(0, 1)$, $(2, 0)$ e $(1, 2)$? Justifique sua resposta.

83. Região não limitada Prove que

$$\int_{-\infty}^\infty \int_{-\infty}^\infty e^{-x^2-y^2}\, dx\, dy = \lim_{b\to\infty} \int_{-b}^b \int_{-b}^b e^{-x^2-y^2}\, dx\, dy = 4\left(\int_0^\infty e^{-x^2}\, dx\right)^2.$$

84. Integral dupla imprópria Calcule a integral imprópria

$$\int_0^1 \int_0^3 \frac{x^2}{(y-1)^{2/3}}\, dy\, dx.$$

USO DO COMPUTADOR

Utilize o avaliador de integral dupla de um SAC para determinar os valores das integrais nos Exercícios 85-88.

85. $\int_1^3 \int_1^x \frac{1}{xy}\, dy\, dx$

86. $\int_0^1 \int_0^1 e^{-(x^2+y^2)}\, dy\, dx$

87. $\int_0^1 \int_0^1 \operatorname{tg}^{-1} xy\, dy\, dx$

88. $\int_{-1}^1 \int_0^{\sqrt{1-x^2}} 3\sqrt{1-x^2-y^2}\, dy\, dx$

Utilize o avaliador de integral dupla de um SAC para encontrar as integrais nos Exercícios 89-94. Em seguida, inverta a ordem da integração e calcule novamente, utilizando um SAC.

89. $\int_0^1 \int_{2y}^4 e^{x^2}\, dx\, dy$

90. $\int_0^3 \int_{x^2}^9 x \cos(y^2)\, dy\, dx$

91. $\int_0^2 \int_{y^3}^{4\sqrt{2y}} (x^2y - xy^2)\, dx\, dy$

92. $\int_0^2 \int_0^{4-y^2} e^{xy}\, dx\, dy$

93. $\int_1^2 \int_0^{x^2} \frac{1}{x+y}\, dy\, dx$

94. $\int_1^2 \int_{y^3}^8 \frac{1}{\sqrt{x^2+y^2}}\, dx\, dy$

15.3 Área por integração dupla

Nesta seção, mostraremos como utilizar integrais duplas para calcular as áreas de regiões limitadas no plano e para encontrar o valor médio de uma função de duas variáveis.

Áreas de regiões limitadas no plano

Se tomarmos $f(x, y) = 1$ na definição da integral dupla sobre uma região R na seção anterior, as somas de Riemann se reduzem a

$$S_n = \sum_{k=1}^{n} f(x_k, y_k)\, \Delta A_k = \sum_{k=1}^{n} \Delta A_k. \qquad (1)$$

Esta é simplesmente a soma das áreas dos pequenos retângulos na partição de R, e se aproxima do que gostaríamos de chamar de área de R. Como a norma de uma partição de R se aproxima de zero, a altura e a largura de todos os retângulos na partição se aproximam de zero e a cobertura de R vai ficando cada vez mais completa (Figura 15.8). Definimos a área de R como sendo o limite

$$\lim_{\|P\|\to 0} \sum_{k=1}^{n} \Delta A_k = \iint_R dA. \qquad (2)$$

DEFINIÇÃO A **área** de uma região plana fechada e limitada R é

$$A = \iint_R dA.$$

Assim como as outras definições neste capítulo, a definição aqui se aplica a uma variedade maior de regiões do que a definição de área por uma variável anterior, entretanto concorda com a definição anterior sobre regiões às quais ambas se aplicam. Para avaliar a integral na definição de área, integramos a função constante $f(x, y) = 1$ sobre R.

EXEMPLO 1 Encontre a área da região R limitada por $y = x$ e $y = x^2$ no primeiro quadrante.

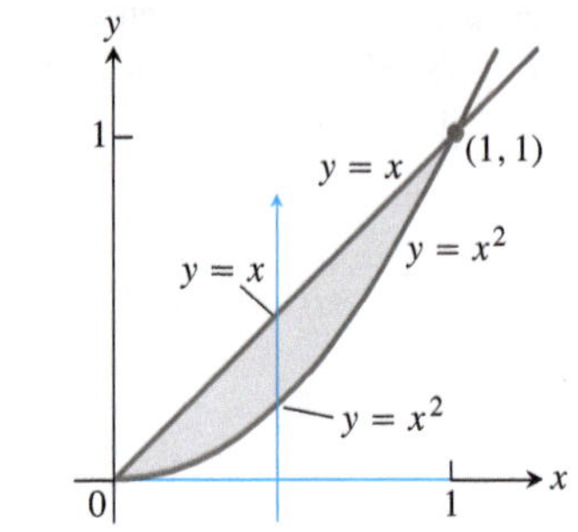

FIGURA 15.19 Região no Exemplo 1.

Solução Esboçamos a região (Figura 15.19), observando onde as duas curvas apresentam interseção na origem e (1, 1), e calculamos a área como

$$A = \int_0^1 \int_{x^2}^{x} dy\, dx = \int_0^1 \Big[y \Big]_{x^2}^{x} dx$$

$$= \int_0^1 (x - x^2)\, dx = \left[\frac{x^2}{2} - \frac{x^3}{3} \right]_0^1 = \frac{1}{6}.$$

Observe que a integral de uma variável $\int_0^1 (x - x^2)\, dx$, obtida da avaliação da integral iterada interna, é a integral para a área entre essas duas curvas, utilizando o método da Seção 5.6.

EXEMPLO 2 Encontre a área da região R limitada pela parábola $y = x^2$ e a reta $y = x + 2$.

Solução Se dividirmos R nas regiões R_1 e R_2 mostradas na Figura 15.20a, podemos calcular a área como

$$A = \iint_{R_1} dA + \iint_{R_2} dA = \int_0^1 \int_{-\sqrt{y}}^{\sqrt{y}} dx\, dy + \int_1^4 \int_{y-2}^{\sqrt{y}} dx\, dy.$$

Por outro lado, invertendo a ordem de integração (Figura 15.20b), temos

$$A = \int_{-1}^{2} \int_{x^2}^{x+2} dy\, dx.$$

Esse segundo resultado, que exige somente uma integral, é mais simples e é o único que nos daríamos ao trabalho de escrever na prática. A área é

$$A = \int_{-1}^{2} \Big[y \Big]_{x^2}^{x+2} dx = \int_{-1}^{2} (x + 2 - x^2)\, dx = \left[\frac{x^2}{2} + 2x - \frac{x^3}{3} \right]_{-1}^{2} = \frac{9}{2}.$$

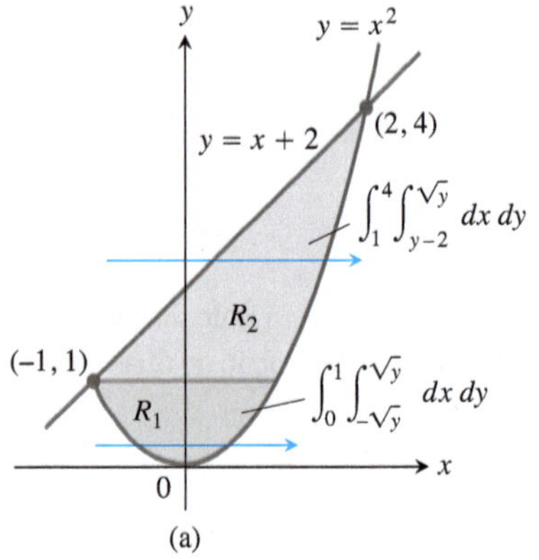

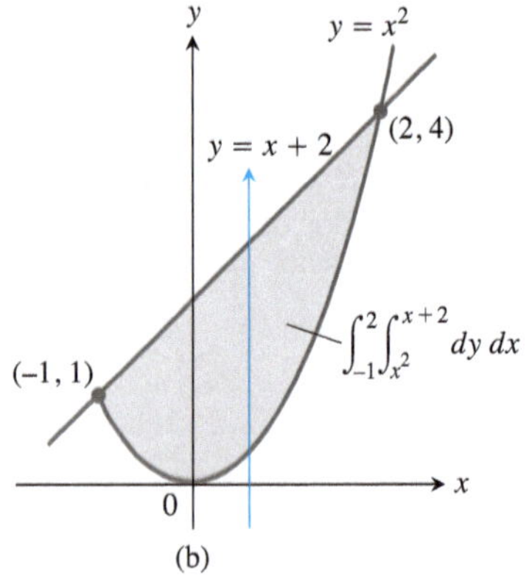

FIGURA 15.20 O cálculo dessa área necessita de (a) duas integrais duplas se a primeira integração for com relação a x, mas (b) somente uma se a primeira integração for com relação a y (Exemplo 2).

Valor médio

O valor médio de uma função integrável de uma variável em um intervalo fechado é a integral da função sobre o intervalo, dividido pelo comprimento do intervalo. Para uma função integrável de duas variáveis definida em uma região limitada no plano, o valor médio é a integral sobre a região, dividida pela área da região. Podemos visualizar esse procedimento imaginando que a função nos dá a altura em dado instante de um pouco de água balançando dentro de um tanque cujas paredes verticais delimitam as fronteiras da região. A altura média da água no tanque pode ser encontrada deixando que a água se estabilize em uma altura constante. Dessa forma, a altura é igual ao volume de água no tanque dividido pela área de R. Somos levados a definir o valor médio de uma função integrável f sobre uma região R conforme segue:

$$\textbf{Valor médio de } f \text{ sobre } R = \frac{1}{\text{área de } R} \iint_R f\, dA. \qquad (3)$$

Se f é a temperatura de uma placa fina cobrindo R, então a integral dupla de f sobre R dividida pela área de R é a temperatura média da placa. Se $f(x, y)$ é a distância entre o ponto (x, y) e o ponto fixo P, então o valor médio de f sobre R é a distância média de pontos em R a partir de P.

EXEMPLO 3 Encontre o valor médio de $f(x, y) = x \cos xy$ sobre o retângulo R: $0 \leq x \leq \pi$, $0 \leq y \leq 1$.

Solução O valor da integral de f sobre R é

$$\int_0^{\pi}\int_0^1 x\cos xy\,dy\,dx = \int_0^{\pi}\Big[\operatorname{sen} xy\Big]_{y=0}^{y=1} dx \qquad \int x\cos xy\,dy = \operatorname{sen} xy + C$$

$$= \int_0^{\pi}(\operatorname{sen} x - 0)\,dx = -\cos x\Big]_0^{\pi} = 1 + 1 = 2.$$

A área de R é π. O valor médio de f sobre R é $2/\pi$.

Exercícios 15.3

Área por integrais duplas

Nos Exercícios 1-12, esboce a região delimitada pelas retas e curvas dadas. Em seguida, expresse a área da região como uma integral dupla iterada e calcule a integral.

1. Os eixos coordenados e a reta $x + y = 2$.
2. As retas $x = 0$, $y = 2x$ e $y = 4$.
3. A parábola $x = -y^2$ e a reta $y = x + 2$.
4. A parábola $x = y - y^2$ e a reta $y = -x$.
5. A curva $y = e^x$ e as retas $y = 0$, $x = 0$ e $x = \ln 2$.
6. As curvas $y = \ln x$ e $y = 2 \ln x$ e a reta $x = e$, no primeiro quadrante.
7. As parábolas $x = y^2$ e $x = 2y - y^2$.
8. As parábolas $x = y^2 - 1$ e $x = 2y^2 - 2$.
9. As retas $y = x$, $y = x/3$ e $y = 2$.
10. As retas $y = 1 - x$ e $y = 2$ e a curva $y = e^x$.
11. As retas $y = 2x$, $y = x/2$ e $y = 3 - x$.
12. As retas $y = x - 2$ e $y = -x$ e a curva $y = \sqrt{x}$

Identificando a região de integração

As integrais e somas de integrais nos Exercícios 13-18 fornecem as áreas das regiões no plano xy. Esboce cada região, marque cada curva limitante com sua equação e forneça as coordenadas dos pontos onde as curvas apresentam interseção. Em seguida, encontre a área da região.

13. $\displaystyle\int_0^6\int_{y^2/3}^{2y} dx\,dy$

14. $\displaystyle\int_0^3\int_{-x}^{x(2-x)} dy\,dx$

15. $\displaystyle\int_0^{\pi/4}\int_{\operatorname{sen} x}^{\cos x} dy\,dx$

16. $\displaystyle\int_{-1}^2\int_{y^2}^{y+2} dx\,dy$

17. $\displaystyle\int_{-1}^0\int_{-2x}^{1-x} dy\,dx + \int_0^2\int_{-x/2}^{1-x} dy\,dx$

18. $\displaystyle\int_0^2\int_{x^2-4}^{0} dy\,dx + \int_0^4\int_0^{\sqrt{x}} dy\,dx$

Encontrando valores médios

19. Encontre o valor médio de $f(x, y) = \operatorname{sen}(x + y)$ sobre:
    a. o retângulo $0 \leq x \leq \pi$, $0 \leq y \leq \pi$.
    b. o retângulo $0 \leq x \leq \pi$, $0 \leq y \leq \pi/2$.
20. O que você acha que será maior, o valor médio de $f(x, y) = xy$ sobre o quadrado $0 \leq x \leq 1$, $0 \leq y \leq 1$, ou o valor médio de f sobre o quarto de círculo $x^2 + y^2 \leq 1$ no primeiro quadrante? Calcule-os para descobrir.
21. Encontre a altura média do paraboloide $z = x^2 + y^2$ sobre o quadrado $0 \leq x \leq 2$, $0 \leq y \leq 2$.
22. Encontre o valor médio de $f(x, y) = 1/(xy)$ sobre o quadrado $\ln 2 \leq x \leq 2 \ln 2$, $\ln 2 \leq y \leq 2 \ln 2$.

Teoria e exemplos

23. **População de bactérias** Se $f(x, y) = (10.000e^y)/(1 + |x|/2)$ representa a "densidade populacional" de certo tipo de bactéria no plano xy, onde x e y são medidos em centímetros, encontre a população total de bactérias dentro do retângulo $-5 \leq x \leq 5$ e $-2 \leq y \leq 0$.
24. **População regional** Se $f(x, y) = 100\,(y + 1)$ representa a densidade populacional de uma região plana na Terra, onde x e y são medidos em milhas, encontre o número de pessoas na região delimitada pelas curvas $x = y^2$ e $x = 2y - y^2$.
25. **Temperatura média no Texas** De acordo com o *Texas Almanac*, o Texas tem 254 condados e uma estação do Serviço Nacional de Meteorologia em cada um deles. Considere que, no instante t_0, cada uma das 254 estações meteorológicas tenha registrado a temperatura local. Encontre uma fórmula que daria uma aproximação razoável para a temperatura média no Texas no instante t_0. Sua resposta deve envolver informações provavelmente disponíveis no *Texas Almanac*.
26. Se $y = f(x)$ é uma função contínua não negativa sobre um intervalo fechado $a \leq x \leq b$, mostre que a definição de integral dupla da área para a região plana fechada delimitada pelo gráfico de f, as retas verticais $x = a$ e $x = b$ e o eixo x concorda com a definição para a área abaixo da curva na Seção 5.3.

15.4 Integrais duplas na forma polar

As integrais, algumas vezes, são mais fáceis de calcular se mudarmos para coordenadas polares. Esta seção mostra como realizar a mudança e como calcular integrais sobre regiões cujas fronteiras sejam dadas por equações polares.

Integrais em coordenadas polares

Quando definimos a integral dupla de uma função sobre uma região R no plano xy, começamos cortando R em retângulos cujos lados são paralelos aos eixos coordenados. Esses eram os formatos naturais para usar, porque seus lados têm valores constantes de x ou y. Em coordenadas polares, o formato natural é um "retângulo polar" cujos lados têm valores constantes de r e θ.

Suponha que uma função $f(r, \theta)$ seja definida sobre uma região R que é delimitada pelos raios $\theta = \alpha$ e $\theta = \beta$ e pelas curvas contínuas $r = g_1(\theta)$ e $r = g_2(\theta)$. Suponha também que $0 \le g_1(\theta) \le g_2(\theta) \le a$ para todo valor de θ entre α e β. Então R está em uma região com formato de leque Q definida pelas desigualdades $0 \le r \le a$ e $\alpha \le \theta \le \beta$. Ver Figura 15.21.

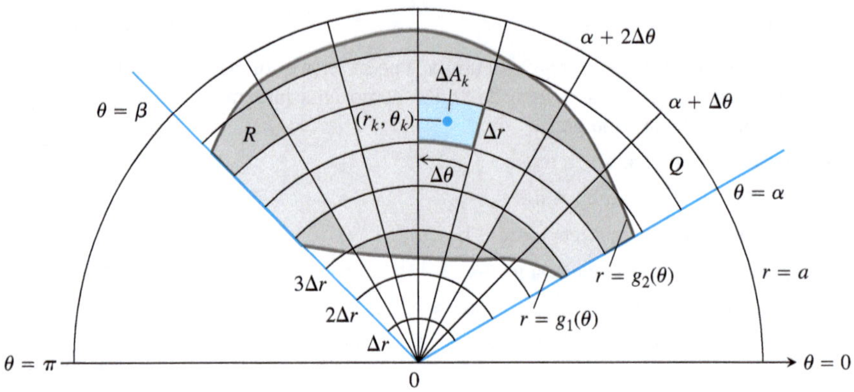

FIGURA 15.21 A região R: $g_1(\theta) \le r \le g_2(\theta)$, $\alpha \le \theta \le \beta$, está contida na região em formato de leque Q: $0 \le r \le a$, $\alpha \le \theta \le \beta$. A partição de Q por arcos circulares e raios induz uma partição de R.

Cobrimos Q por uma grade de arcos circulares e raios. Os arcos são cortados a partir de circunferências centradas na origem, com raios Δr, $2\Delta r$, ..., $m\Delta r$, onde $\Delta r = a/m$. Os raios são dados por

$$\theta = \alpha, \quad \theta = \alpha + \Delta\theta, \quad \theta = \alpha + 2\Delta\theta, \quad \ldots, \quad \theta = \alpha + m'\Delta\theta = \beta,$$

onde $\Delta\theta = (\beta - \alpha)/m'$. Os arcos e os raios dividem Q em pequenos pedaços chamados "retângulos polares".

Enumeramos os retângulos polares que estão dentro de R (a ordem não importa), denominando suas áreas ΔA_1, ΔA_2,..., ΔA_n. Seja (r_k, θ_k) qualquer ponto no retângulo polar cuja área é ΔA_k. Então, formamos a soma

$$S_n = \sum_{k=1}^{n} f(r_k, \theta_k)\,\Delta A_k.$$

Se f for contínua em R, essa soma se aproximará de um limite conforme refinarmos a grade para fazer Δr e $\Delta\theta$ tenderem a zero. O limite é denominado integral dupla de f sobre R. Em símbolos,

$$\lim_{n\to\infty} S_n = \iint_R f(r, \theta)\, dA.$$

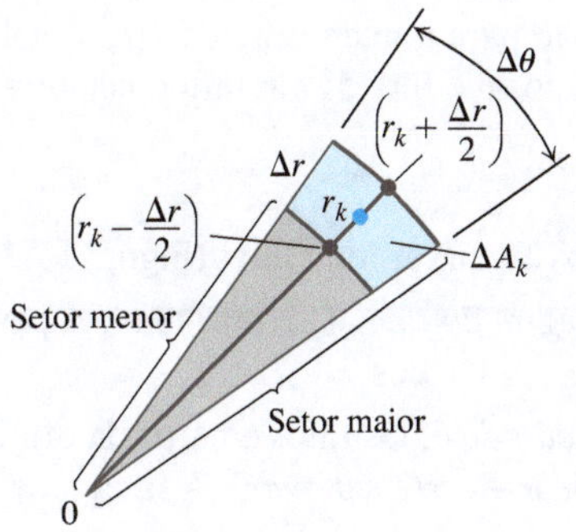

FIGURA 15.22 A observação de que

$$\Delta A_k = \begin{pmatrix} \text{área do} \\ \text{setor maior} \end{pmatrix} - \begin{pmatrix} \text{área do} \\ \text{setor menor} \end{pmatrix}$$

nos leva à fórmula $\Delta A_k = r_k \Delta r\, \Delta\theta$.

Para avaliar esse limite, primeiro temos de escrever a soma S_n de forma que expresse ΔA_k em termos de Δr e $\Delta\theta$. Para facilitar, escolhemos r_k como a média dos raios dos arcos interno e externo delimitando o k-ésimo retângulo polar ΔA_k. O raio do arco interno delimitando ΔA_k é então $r_k - (\Delta r/2)$ (Figura 15.22). O raio do arco externo é $r_k + (\Delta r/2)$.

A área do setor em formato de cunha de uma circunferência tendo raio r e ângulo θ é

$$A = \frac{1}{2}\theta \cdot r^2,$$

como pode ser visto pela multiplicação de πr^2, a área da circunferência, por $\theta/2\pi$, a fração da área da circunferência contida no setor. Assim sendo, as áreas dos setores circulares subentendidos por esses arcos na origem são

$$\text{Raio interno:} \quad \frac{1}{2}\left(r_k - \frac{\Delta r}{2}\right)^2 \Delta\theta$$

$$\text{Raio externo:} \quad \frac{1}{2}\left(r_k + \frac{\Delta r}{2}\right)^2 \Delta\theta.$$

Portanto,

$$\begin{aligned} \Delta A_k &= \text{área do setor maior} - \text{área do setor menor} \\ &= \frac{\Delta\theta}{2}\left[\left(r_k + \frac{\Delta r}{2}\right)^2 - \left(r_k - \frac{\Delta r}{2}\right)^2\right] = \frac{\Delta\theta}{2}(2r_k\,\Delta r) = r_k\,\Delta r\,\Delta\theta. \end{aligned}$$

Combinando esse resultado com a soma que define S_n, temos

$$S_n = \sum_{k=1}^{n} f(r_k, \theta_k) r_k\,\Delta r\,\Delta\theta.$$

À medida que $n \to \infty$ e os valores de Δr e $\Delta\theta$ se aproximam de zero, essas somas convergem para a integral dupla

$$\lim_{n\to\infty} S_n = \iint_R f(r, \theta)\, r\, dr\, d\theta.$$

Uma versão do teorema de Fubini diz que o limite aproximado por essas somas pode ser calculado por repetidas integrações simples com relação a r e θ como

$$\iint_R f(r, \theta)\, dA = \int_{\theta=\alpha}^{\theta=\beta} \int_{r=g_1(\theta)}^{r=g_2(\theta)} f(r, \theta)\, r\, dr\, d\theta.$$

Encontrando limites de integração

O procedimento para encontrar limites de integração em coordenadas retangulares também funciona para coordenadas polares. Para calcular $\iint_R f(r, \theta)\, dA$ sobre uma região R em coordenadas polares, integrando primeiro com relação a r e em seguida com relação a θ, siga os passos a seguir.

1. *Esboço*. Faça um esboço da região e identifique as curvas limitantes (Figura 15.23a).
2. *Encontre os limites de integração de r*. Suponha um raio L a partir da origem cortando R no sentido de r crescente. Marque os valores de r onde L entra e sai de R. Esses são os limites de integração de r. Eles geralmente dependem do ângulo θ que L forma com o eixo x positivo (Figura 15.23b).
3. *Encontre os limites de integração de θ*. Encontre o menor e o maior valor de θ que delimitam R. Esses são os limites de integração de θ (Figura 15.23c). A integral iterada polar é

$$\iint_R f(r, \theta)\, dA = \int_{\theta=\pi/4}^{\theta=\pi/2} \int_{r=\sqrt{2}\operatorname{cossec}\theta}^{r=2} f(r, \theta)\, r\, dr\, d\theta.$$

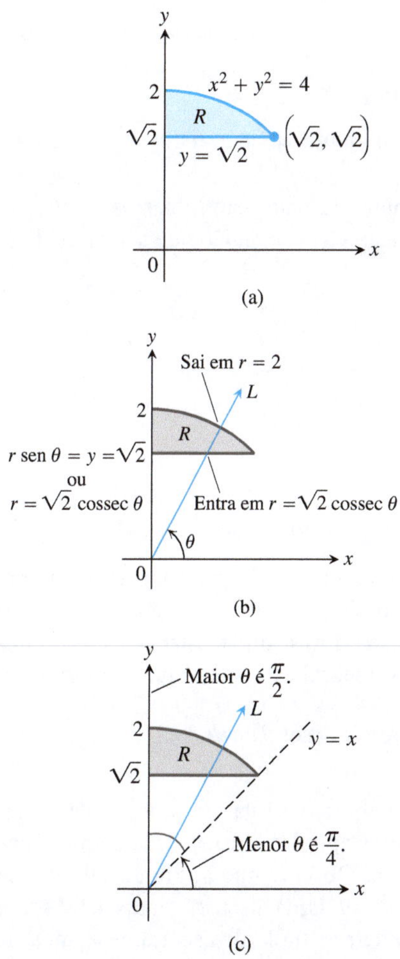

FIGURA 15.23 Encontrando os limites de integração em coordenadas polares.

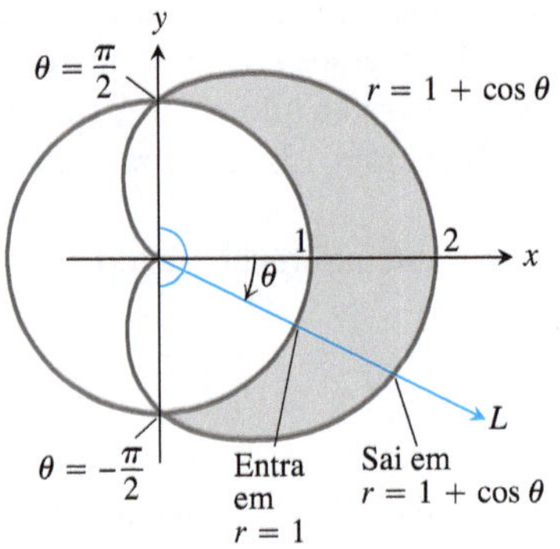

FIGURA 15.24 Encontrando os limites de integração em coordenadas polares para a região no Exemplo 1.

EXEMPLO 1 Encontre os limites de integração para a integração de $f(r, \theta)$ sobre a região R que está dentro da cardioide $r = 1 + \cos\theta$ e fora da circunferência $r = 1$.

Solução

1. Primeiro esboçamos a região e identificamos as curvas limitantes (Figura 15.24).
2. Em seguida, encontramos os *limites de integração de r*. Um raio típico a partir da origem entra em R onde $r = 1$ e sai onde $r = 1 + \cos\theta$.
3. Por fim, encontramos os *limites de integração de θ*. Os raios a partir da origem que apresentam interseção com R variam de $\theta = -\pi/2$ a $\theta = \pi/2$. A integral é

$$\int_{-\pi/2}^{\pi/2} \int_{1}^{1+\cos\theta} f(r, \theta)\, r\, dr\, d\theta.$$

Se $f(r, \theta)$ é a função constante cujo valor é 1, então a integral de f sobre R é a área de R.

Diferencial de área em coordenadas polares

$$dA = r\, dr\, d\theta$$

Área em coordenadas polares

A área de uma região fechada e limitada R no plano de coordenadas polares é

$$A = \iint_R r\, dr\, d\theta.$$

Essa fórmula para a área é consistente com todas as fórmulas anteriores, embora não provemos esse fato.

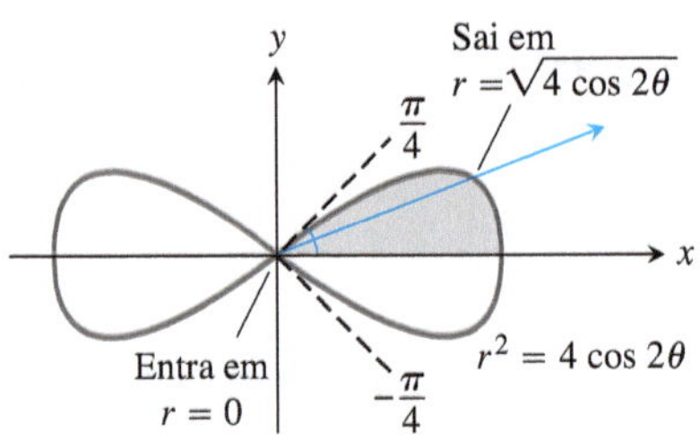

FIGURA 15.25 Para integrar sobre a região sombreada, variamos r entre 0 e $\sqrt{4\cos 2\theta}$ e θ entre 0 e $\pi/4$ (Exemplo 2).

EXEMPLO 2 Encontre a área delimitada pela lemniscata $r^2 = 4\cos 2\theta$.

Solução Representamos graficamente a lemniscata para determinar os limites de integração (Figura 15.25) e vemos a partir da simetria da região que a área total é 4 vezes a área da porção no primeiro quadrante.

$$A = 4\int_0^{\pi/4} \int_0^{\sqrt{4\cos 2\theta}} r\, dr\, d\theta = 4\int_0^{\pi/4} \left[\frac{r^2}{2}\right]_{r=0}^{r=\sqrt{4\cos 2\theta}} d\theta$$

$$= 4\int_0^{\pi/4} 2\cos 2\theta\, d\theta = 4\,\text{sen}\, 2\theta\Big]_0^{\pi/4} = 4.$$

Mudando integrais cartesianas para integrais polares

O procedimento para mudar uma integral cartesiana $\iint_R f(x, y)\, dx\, dy$ para uma integral polar é composto por dois passos. Primeiro, substitua $x = r\cos\theta$ e $y = r\,\text{sen}\,\theta$ e troque $dx\, dy$ por $r\, dr\, d\theta$ na integral cartesiana. Em seguida, estabeleça os limites polares de integração para a fronteira de R. A integral cartesiana então se torna

$$\iint_R f(x, y)\, dx\, dy = \iint_G f(r\cos\theta, r\,\text{sen}\,\theta)\, r\, dr\, d\theta,$$

onde G denota a mesma região de integração agora descrita em coordenadas polares. Isso é igual ao método da substituição no Capítulo 5, exceto que agora temos duas variáveis para substituir, em vez de uma. Observe que a diferencial de área $dx\, dy$ não é substituída por $dr\, d\theta$, e sim por $r\, dr\, d\theta$. Uma discussão mais geral sobre mudanças de variáveis (substituições) em integrais múltiplas será apresentada na Seção 15.8.

EXEMPLO 3 Avalie

$$\iint_R e^{x^2+y^2}\, dy\, dx,$$

onde R é a região semicircular limitada pelo eixo x e a curva $y = \sqrt{1 - x^2}$ (Figura 15.26).

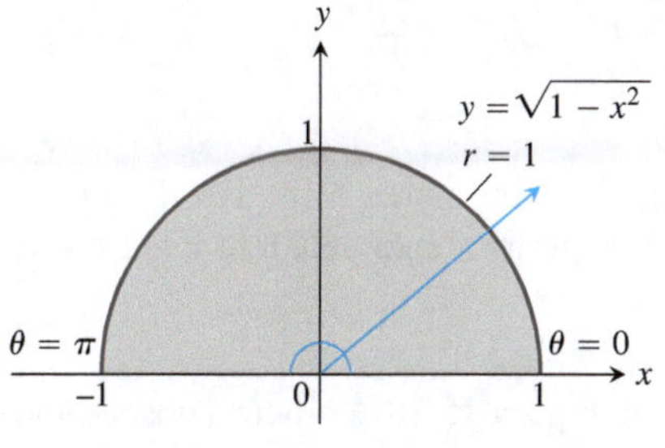

FIGURA 15.26 A região semicircular no Exemplo 3 é a região

$0 \leq r \leq 1, \quad 0 \leq \theta \leq \pi.$

Solução Em coordenadas cartesianas, a integral em questão é uma integral não elementar e não existe maneira direta de integrar e^{x2+y2} com relação a x ou y. Ainda assim, essa integral e outras semelhantes são importantes na matemática – em estatística, por exemplo – e precisamos encontrar uma maneira de calculá-la. As coordenadas polares servem como uma luva para isso. Substituindo $x = r\cos\theta$, $y = r$ sen θ e trocando $dy\,dx$ por $r\,dr\,d\theta$ podemos calcular a integral como

$$\iint_R e^{x^2+y^2}\, dy\, dx = \int_0^{\pi}\int_0^1 e^{r^2}\, r\, dr\, d\theta = \int_0^{\pi}\left[\frac{1}{2}e^{r^2}\right]_0^1 d\theta$$

$$= \int_0^{\pi}\frac{1}{2}(e - 1)\, d\theta = \frac{\pi}{2}(e - 1).$$

O r em $r\,dr\,d\theta$ era justamente o que precisávamos para integrar e^{r^2}. Sem isso, não poderíamos encontrar uma antiderivada para a primeira (mais interna) integral iterada.

EXEMPLO 4 Avalie a integral

$$\int_0^1\int_0^{\sqrt{1-x^2}} (x^2 + y^2)\, dy\, dx.$$

Solução A integração com relação a y nos dá

$$\int_0^1\left(x^2\sqrt{1 - x^2} + \frac{(1 - x^2)^{3/2}}{3}\right) dx,$$

uma integral difícil de calcular sem tabelas.

As coisas ficam mais fáceis se trocarmos a integral original por coordenadas polares. A região de integração em coordenadas cartesianas é dada pelas desigualdades $0 \leq y \leq \sqrt{1 - x^2}$ e $0 \leq x \leq 1$, o que corresponde ao interior do quarto de circunferência unitário $x^2 + y^2 = 1$ no primeiro quadrante (ver Figura 15.26, primeiro quadrante). Substituindo as coordenadas polares $x = r\cos\theta$, $y = r$ sen θ, $0 \leq \theta \leq \pi/2$ e $0 \leq r \leq 1$ e trocando $dx\,dy$ por $r\,dr\,d\theta$ na integral dupla, temos

$$\int_0^1\int_0^{\sqrt{1-x^2}} (x^2 + y^2)\, dy\, dx = \int_0^{\pi/2}\int_0^1 (r^2)\, r\, dr\, d\theta$$

$$= \int_0^{\pi/2}\left[\frac{r^4}{4}\right]_{r=0}^{r=1} d\theta = \int_0^{\pi/2}\frac{1}{4}\, d\theta = \frac{\pi}{8}.$$

Por que a transformação em coordenadas polares é tão eficaz aqui? Um dos motivos é que $x^2 + y^2$ é simplificada para r^2. Outro motivo é que os limites de integração se tornam constantes.

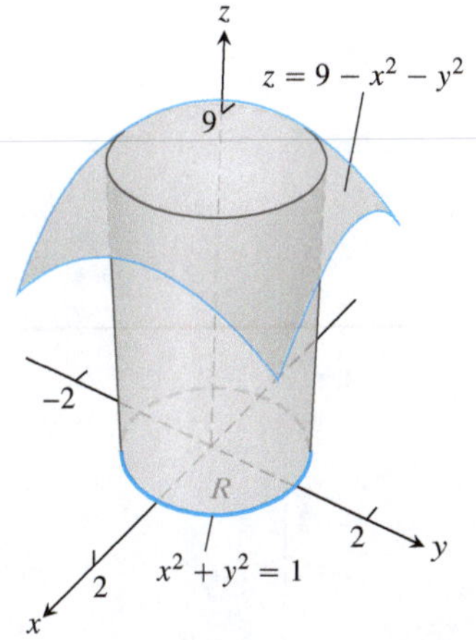

FIGURA 15.27 Região sólida no Exemplo 5.

EXEMPLO 5 Encontre o volume da região sólida delimitada superiormente pelo paraboloide $z = 9 - x^2 - y^2$ e inferiormente pela circunferência unitária no plano xy.

Solução A região de integração R é a circunferência unitária $x^2 + y^2 = 1$, que é descrita em coordenadas polares por $r = 1$, $0 \leq \theta \leq 2\pi$. A região sólida é mostrada na Figura 15.27. O volume é dado pela integral dupla

$$\iint_R (9 - x^2 - y^2)\, dA = \int_0^{2\pi} \int_0^1 (9 - r^2)\, r\, dr\, d\theta$$

$$= \int_0^{2\pi} \int_0^1 (9r - r^3)\, dr\, d\theta$$

$$= \int_0^{2\pi} \left[\frac{9}{2} r^2 - \frac{1}{4} r^4 \right]_{r=0}^{r=1} d\theta$$

$$= \frac{17}{4} \int_0^{2\pi} d\theta = \frac{17\pi}{2}.$$

EXEMPLO 6 Utilizando a integração polar, encontre a área da região R no plano xy delimitada pela circunferência $x^2 + y^2 + 4$, superiormente pela reta $y = 1$ e inferiormente pela reta $\sqrt{3}x$.

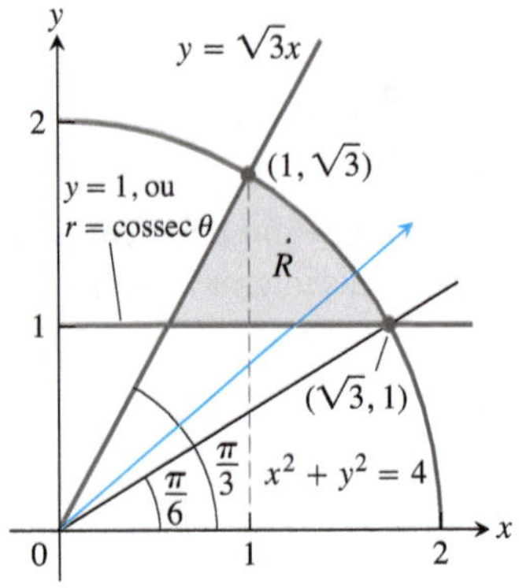

FIGURA 15.28 Região R no Exemplo 6.

Solução Um esboço da região R é mostrado na Figura 15.28. Primeiro, observamos que a reta $y = \sqrt{3}x$ possui coeficiente angular $\sqrt{3} = \text{tg}\, \theta$, portanto $\theta = \pi/3$. Em seguida, observamos que a reta $y = 1$ apresenta interseção com a circunferência $x^2 + y^2 = 4$ quando $x^2 + 1 = 4$, ou $x = \sqrt{3}$. Além disso, a reta radial que vai da origem até o ponto $(\sqrt{3}, 1)$ possui coeficiente angular $1/\sqrt{3} = \text{tg}\, \theta$, fornecendo seu ângulo de inclinação como $\theta = \pi/6$. Essas informações são exibidas na Figura 15.28.

Agora, para a região R, à medida que θ varia entre $\pi/6$ e $\pi/3$, a coordenada polar r varia entre a reta horizontal $y = 1$ e a circunferência $x^2 + y^2 = 4$. Substituindo r sen θ por y na equação pela reta horizontal, temos r sen $\theta = 1$, ou $r = \text{cossec}\, \theta$, que é a equação polar da reta. A equação polar para a circunferência é $r = 2$. Assim, em coordenadas polares, para $\pi/6 \leq \theta \leq \pi/3$, r varia entre $r = \text{cossec}\, \theta$ e $r = 2$. Assim sendo, a integral iterada para a área nos dá

$$\iint_R dA = \int_{\pi/6}^{\pi/3} \int_{\text{cossec}\, \theta}^{2} r\, dr\, d\theta$$

$$= \int_{\pi/6}^{\pi/3} \left[\frac{1}{2} r^2 \right]_{r=\text{cossec}\theta}^{r=2} d\theta$$

$$= \int_{\pi/6}^{\pi/3} \frac{1}{2} \left[4 - \text{cossec}^2\, \theta \right] d\theta$$

$$= \frac{1}{2} \left[4\theta + \text{cotg}\, \theta \right]_{\pi/6}^{\pi/3}$$

$$= \frac{1}{2} \left(\frac{4\pi}{3} + \frac{1}{\sqrt{3}} \right) - \frac{1}{2} \left(\frac{4\pi}{6} + \sqrt{3} \right) = \frac{\pi - \sqrt{3}}{3}.$$

Exercícios 15.4

Regiões em coordenadas polares

Nos Exercícios 1-8, descreva a região dada em coordenadas polares.

1.

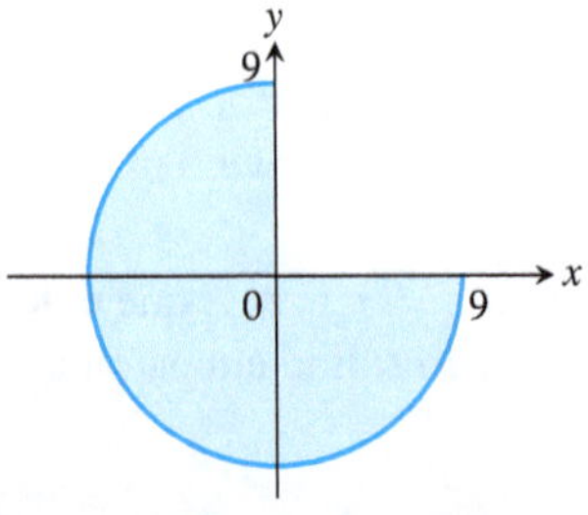

2.

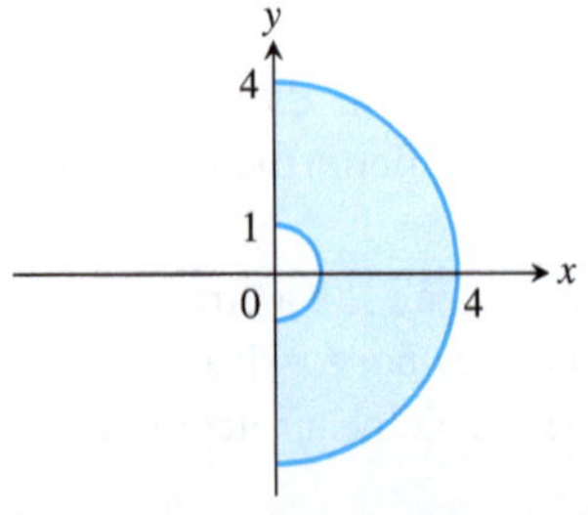

3.

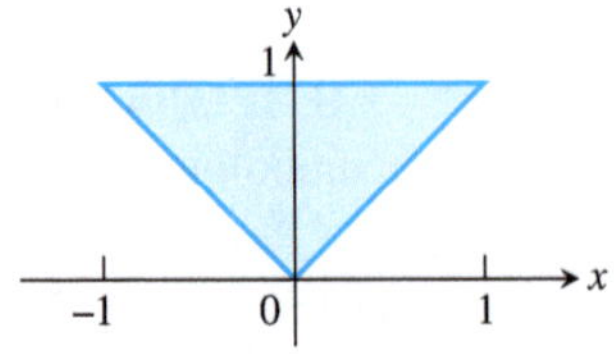

4.

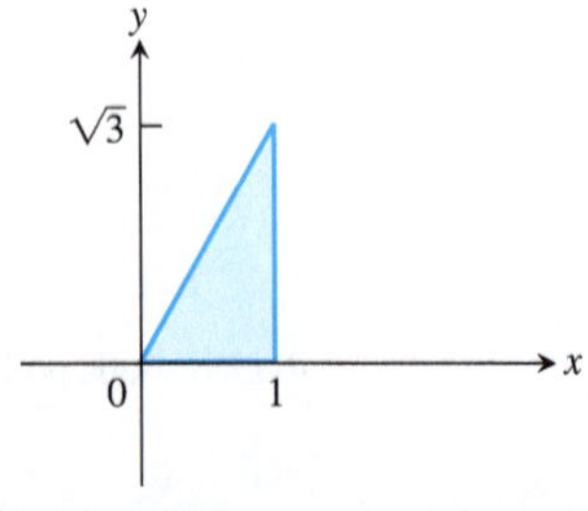

5.

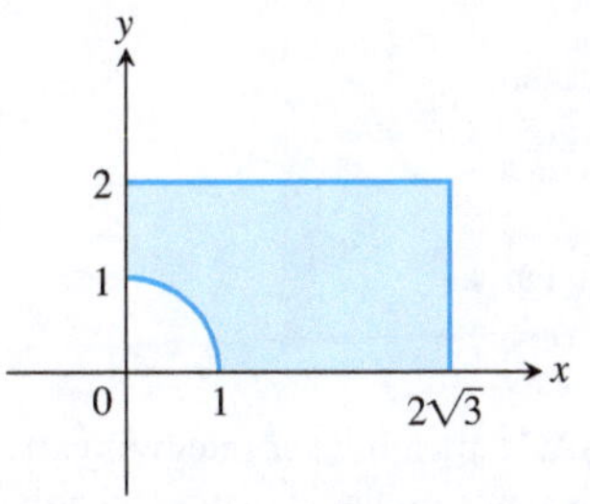

6.

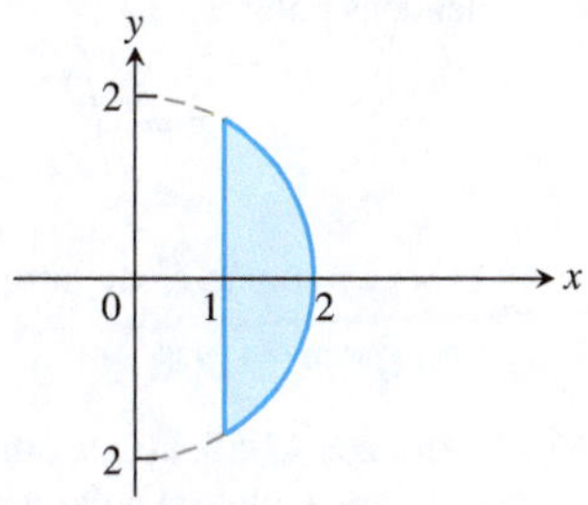

7. A região delimitada pela circunferência $x^2 + y^2 = 2x$.

8. A região delimitada pela semicircunferência $x^2 + y^2 = 2y, y \geq 0$.

Calculando integrais polares

Nos Exercícios 9-22, substitua a integral cartesiana por uma integral equivalente. Em seguida, calcule a integral polar.

9. $\int_{-1}^{1}\int_{0}^{\sqrt{1-x^2}} dy\,dx$

10. $\int_{0}^{1}\int_{0}^{\sqrt{1-y^2}} (x^2 + y^2)\,dx\,dy$

11. $\int_{0}^{2}\int_{0}^{\sqrt{4-y^2}} (x^2 + y^2)\,dx\,dy$

12. $\int_{-a}^{a}\int_{-\sqrt{a^2-x^2}}^{\sqrt{a^2-x^2}} dy\,dx$

13. $\int_{0}^{6}\int_{0}^{y} x\,dx\,dy$

14. $\int_{0}^{2}\int_{0}^{x} y\,dy\,dx$

15. $\int_{1}^{\sqrt{3}}\int_{1}^{x} dy\,dx$

16. $\int_{\sqrt{2}}^{2}\int_{\sqrt{4-y^2}}^{y} dx\,dy$

17. $\int_{-1}^{0}\int_{-\sqrt{1-x^2}}^{0} \frac{2}{1 + \sqrt{x^2 + y^2}}\,dy\,dx$

18. $\int_{-1}^{1}\int_{-\sqrt{1-x^2}}^{\sqrt{1-x^2}} \frac{2}{(1 + x^2 + y^2)^2}\,dy\,dx$

19. $\int_{0}^{\ln 2}\int_{0}^{\sqrt{(\ln 2)^2-y^2}} e^{\sqrt{x^2+y^2}}\,dx\,dy$

20. $\int_{-1}^{1}\int_{-\sqrt{1-y^2}}^{\sqrt{1-y^2}} \ln(x^2 + y^2 + 1)\,dx\,dy$

21. $\int_{0}^{1}\int_{x}^{\sqrt{2-x^2}} (x + 2y)\,dy\,dx$

22. $\int_{1}^{2}\int_{0}^{\sqrt{2x-x^2}} \frac{1}{(x^2 + y^2)^2}\,dy\,dx$

Nos Exercícios 23-26, esboce a região de integração e converta cada uma das integrais polares ou soma de integrais a uma integral cartesiana ou soma de integrais. Não calcule as integrais.

23. $\int_{0}^{\pi/2}\int_{0}^{1} r^3 \operatorname{sen}\theta \cos\theta\,dr\,d\theta$

24. $\int_{\pi/6}^{\pi/2}\int_{1}^{\operatorname{cossec}\theta} r^2 \cos\theta\,dr\,d\theta$

25. $\int_{0}^{\pi/4}\int_{0}^{2\sec\theta} r^5 \operatorname{sen}^2\theta\,dr\,d\theta$

26. $\int_{0}^{\operatorname{tg}^{-1}\frac{4}{3}}\int_{0}^{3\sec\theta} r^7\,dr\,d\theta + \int_{\operatorname{tg}^{-1}\frac{4}{3}}^{\pi/2}\int_{0}^{4\operatorname{cossec}\theta} r^7\,dr\,d\theta$

Área em coordenadas polares

27. Encontre a área da região cortada do primeiro quadrante pela curva $r = 2(2 - \operatorname{sen} 2\theta)^{1/2}$.

28. Cardioide sobrepondo-se a uma circunferência Encontre a área da região que está dentro da cardioide $r = 1 + \cos\theta$ e fora da circunferência $r = 1$.

29. Uma pétala de rosa Encontre a área delimitada por uma pétala da rosa $r = 12\cos 3\theta$.

30. Concha de caracol Encontre a área da região delimitada pelo eixo x positivo e a espiral $r = 4\theta/3$, $0 \leq \theta \leq 2\pi$. A região se assemelha a uma concha de caracol.

31. Cardioide no primeiro quadrante Encontre a área da região cortada do primeiro quadrante pela cardioide $r = 1 + \operatorname{sen}\theta$.

32. Cardioides sobrepostas Encontre a área da região comum aos interiores das cardioides $r = 1 + \cos\theta$ e $r = 1 - \cos\theta$.

Valores médios

Em coordenadas polares, o **valor médio** de uma função sobre uma região R (Seção 15.3) é dado por

$$\frac{1}{\text{Área}(R)}\iint_R f(r,\theta)\,r\,dr\,d\theta.$$

33. Altura média de um hemisfério Encontre a altura média da superfície hemisférica $z = \sqrt{a^2 - x^2 - y^2}$ acima do disco $x^2 + y^2 \leq a^2$ no plano xy.

34. Altura média de um cone Encontre a altura média do cone (simples) $z = \sqrt{x^2 + y^2}$ acima do disco $x^2 + y^2 \leq a^2$ no plano xy.

35. Distância média entre o interior do disco e o centro Encontre a distância média entre um ponto $P(x, y)$ no disco $x^2 + y^2 \leq a^2$ e a origem.

36. Distância média quadrática entre um ponto em um disco e um ponto em sua fronteira Encontre o valor médio do quadrado da distância entre o ponto $P(x, y)$ no disco $x^2 + y^2 \leq 1$ e o ponto de fronteira $A(1, 0)$.

Teoria e exemplos

37. Convertendo em uma integral polar Integre $f(x, y) = [\ln(x^2 + y^2)]/\sqrt{x^2 + y^2}$ sobre a região $1 \leq x^2 + y^2 \leq e$.

38. Convertendo em uma integral polar Integre $f(x, y) = [\ln(x^2 + y^2)]/(x^2 + y^2)$ sobre a região $1 \leq x^2 + y^2 \leq e^2$.

39. Volume de um cilindro reto não circular A região dentro da cardioide $r = 1 + \cos\theta$ e fora da circunferência $r = 1$ é a base de um cilindro sólido reto. O topo do cilindro está no plano $z = x$. Encontre o volume do cilindro.

40. Volume de um cilindro reto não circular A região delimitada pela lemniscata $r^2 = 2\cos 2\theta$ é a base de um cilindro sólido reto cujo topo é delimitado pela esfera $z = \sqrt{2 - r^2}$. Encontre o volume do cilindro.

41. Convertendo em integrais polares

a. A maneira usual de calcular a integral imprópria $I = \int_0^{\infty} e^{-x^2}\,dx$ é primeiro calcular seu quadrado:

$$I^2 = \left(\int_0^{\infty} e^{-x^2}\,dx\right)\left(\int_0^{\infty} e^{-y^2}\,dy\right) = \int_0^{\infty}\int_0^{\infty} e^{-(x^2+y^2)}\,dx\,dy.$$

Avalie a última integral utilizando coordenadas polares e resolvendo a equação resultante para I.

b. Calcule

$$\lim_{x\to\infty} \operatorname{erf}(x) = \lim_{x\to\infty}\int_0^x \frac{2e^{-t^2}}{\sqrt{\pi}}\,dt.$$

42. Convertendo em uma integral polar Calcule a integral

$$\int_0^\infty\int_0^\infty \frac{1}{(1+x^2+y^2)^2}\,dx\,dy.$$

43. Existência Integre a função $f(x, y) = 1/(1 - x^2 - y^2)$ sobre o disco $x^2 + y^2 \le 3/4$. A integral de $f(x, y)$ sobre o disco $x^2 + y^2 \le 1$ existe? Justifique sua resposta.

44. Fórmula da área em coordenadas polares Utilize a integral dupla em coordenadas polares para deduzir a fórmula

$$A = \int_\alpha^\beta \frac{1}{2}r^2\,d\theta$$

para a área da região em formato de leque entre a origem e a curva polar $r = f(\theta)$, $\alpha \le \theta \le \beta$.

45. Distância média a um determinado ponto dentro de um disco Seja P_0 um ponto dentro de uma circunferência de raio a e h a distância entre P_0 e o centro da circunferência. Seja d a distância entre um ponto arbitrário P até P_0. Encontre o valor médio de d^2 sobre a região delimitada pela circunferência. (Sugestão: simplifique seu trabalho colocando o centro da circunferência na origem e P_0 no eixo x.)

46. Área Suponha que a área de uma região no plano de coordenadas polares seja

$$A = \int_{\pi/4}^{3\pi/4}\int_{\operatorname{cossec}\theta}^{2\operatorname{sen}\theta} r\,dr\,d\theta.$$

Esboce a região e encontre sua área.

USO DO COMPUTADOR

Nos Exercícios 47-50, utilize um SAC para mudar as integrais cartesianas para uma integral polar equivalente e calcular a integral polar. Realize as etapas a seguir em cada exercício.

a. Represente graficamente a região cartesiana de integração no plano xy.

b. Troque cada curva-limite da região cartesiana no item (a) por sua representação polar, resolvendo sua equação cartesiana para r e θ.

c. Utilizando os resultados do item (b), represente graficamente a região polar de integração no plano $r\theta$.

d. Mude o integrando de coordenadas cartesianas para polares. Determine os limites de integração a partir de seu gráfico no item (c) e calcule a integral polar utilizando a ferramenta de integração do SAC.

47. $\displaystyle\int_0^1\int_x^1 \frac{y}{x^2+y^2}\,dy\,dx$

48. $\displaystyle\int_0^1\int_0^{x/2} \frac{x}{x^2+y^2}\,dy\,dx$

49. $\displaystyle\int_0^1\int_{-y/3}^{y/3} \frac{y}{\sqrt{x^2+y^2}}\,dx\,dy$

50. $\displaystyle\int_0^1\int_y^{2-y} \sqrt{x+y}\,dx\,dy$

15.5 Integrais triplas em coordenadas retangulares

Assim como as integrais duplas nos permitem lidar com situações mais gerais do que utilizando integrais simples, as integrais triplas nos permitem resolver problemas ainda mais gerais. Utilizamos integrais triplas para calcular os volumes de formas tridimensionais e o valor médio de uma função sobre uma região tridimensional. As integrais triplas também surgem no estudo de campos vetoriais e escoamento de fluidos em três dimensões, conforme veremos no Capítulo 16.

Integrais triplas

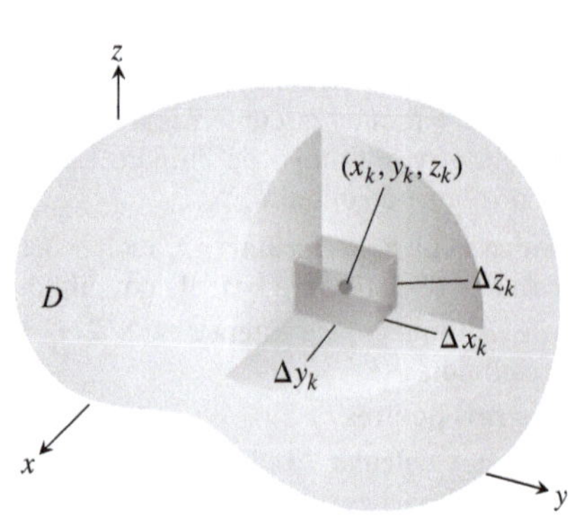

FIGURA 15.29 Particionando um sólido com células retangulares de volume ΔV_k.

Se $F(x, y, z)$ é uma função definida em uma região D fechada e limitada no espaço, como a região ocupada por uma bola sólida ou uma pelota de argila, então a integral de F sobre D pode ser definida da maneira a seguir. Particionamos uma região em formato de caixa retangular contendo D em pequenas células retangulares por planos paralelos aos eixos coordenados (Figura 15.29). Enumeramos as células que estão completamente dentro de D de 1 até n em alguma ordem, a k-ésima célula tendo dimensões Δx_k por Δy_k por Δz_k e volume $\Delta V_k = \Delta x_k \Delta y_k \Delta z_k$. Escolhemos um ponto (x_k, y_k, z_k) em cada célula e formamos a soma

$$S_n = \sum_{k=1}^{n} F(x_k, y_k, z_k)\,\Delta V_k. \tag{1}$$

Estamos interessados no que acontece à medida que D é particionada em células cada vez menores, de forma que Δx_k, Δy_k, Δz_k e a norma de partição $\|P\|$, o maior valor entre Δx_k, Δy_k, Δz_k, se aproximam de zero. Quando um valor-limite único é alcançado, não importa como as partições e pontos (x_k, y_k, z_k) são escolhidos, dizemos que F é **integrável** sobre D. Assim como anteriormente, podemos mostrar que quando F é contínua e a superfície limitante de D é formada por um número finito de superfícies lisas ligadas ao longo de um número finito de curvas lisas, então F é integrável. Conforme $\|P\| \to 0$ e o número de células n tende a ∞, as somas S_n se aproximam de um limite. Chamamos esse limite a **integral tripla de F sobre D** e escrevemos

$$\lim_{n\to\infty} S_n = \iiint_D F(x, y, z)\, dV \qquad \text{ou} \qquad \lim_{\|P\|\to 0} S_n = \iiint_D F(x, y, z)\, dx\, dy\, dz.$$

As regiões D sobre as quais funções contínuas são integráveis são aquelas tendo fronteiras "razoavelmente lisas".

Volume de uma região no espaço

Se F é a função constante cujo valor é 1, então as somas na Equação 1 são reduzidas para

$$S_n = \sum F(x_k, y_k, z_k)\, \Delta V_k = \sum 1 \cdot \Delta V_k = \sum \Delta V_k.$$

À medida que Δx_k, Δy_k e Δz_k se aproximam de zero, as células ΔV_k se tornam menores e mais numerosas e preenchem D cada vez mais. Portanto, definimos o volume de D como sendo a integral tripla

$$\lim_{n\to\infty} \sum_{k=1}^{n} \Delta V_k = \iiint_D dV.$$

DEFINIÇÃO O **volume** de uma região D fechada e limitada no espaço é

$$V = \iiint_D dV.$$

Essa definição está de acordo com nossas definições anteriores de volume, embora omitindo a verificação desse fato. Como veremos logo a seguir, essa integral nos permite calcular os volumes de sólidos delimitados por superfícies curvas.

Encontrando limites de integração na ordem *dz dy dx*

Avaliamos uma integral tripla aplicando uma versão tridimensional do teorema de Fubini (Seção 15.2), para avaliá-la por três integrações simples repetidas. Assim como para as integrais duplas, existe um procedimento geométrico para encontrar os limites de integração para essas integrais simples.

Para calcular

$$\iiint_D F(x, y, z)\, dV$$

sobre uma região D, integramos primeiro com relação a z, em seguida com relação a y e, por fim, com relação a x. (Você pode escolher uma ordem diferente de integração, mas o procedimento é semelhante, conforme ilustramos no Exemplo 2.)

1. *Esboço*. Faça um esboço da região D juntamente com sua "sombra" R (projeção vertical) no plano xy. Identifique as superfícies limitantes superior e inferior de D e as curvas limitantes superior e inferior de R.

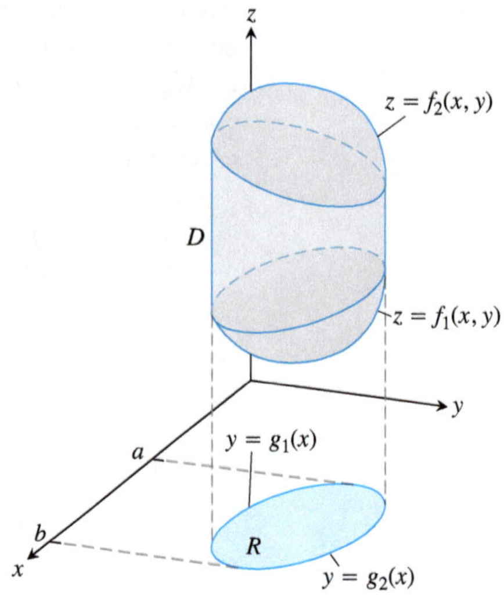

2. *Encontre os limites de integração de z.* Desenhe uma reta M passando por um ponto típico (x, y) em R paralela ao eixo z. À medida que z cresce, M entra em D em $z = f_1(x, y)$ e sai em $z = f_2(x, y)$. Esses são os limites de integração de z.

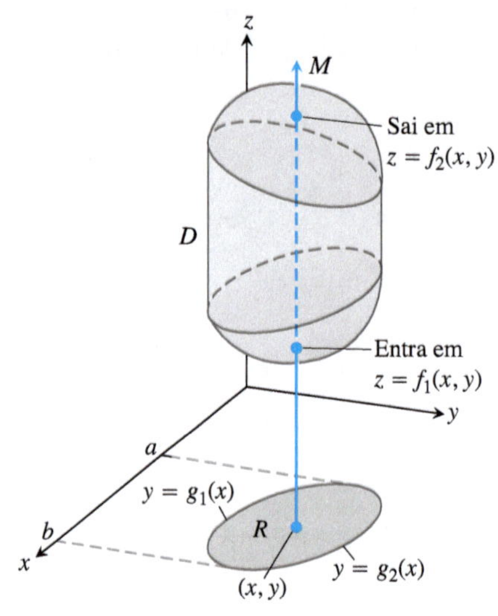

3. *Encontre os limites de integração de y.* Desenhe uma reta L passando por (x, y) paralela ao eixo y. À medida que y cresce, L entra em R em $y = g_1(x)$ e sai em $y = g_2(x)$. Esses são os limites de integração de y.

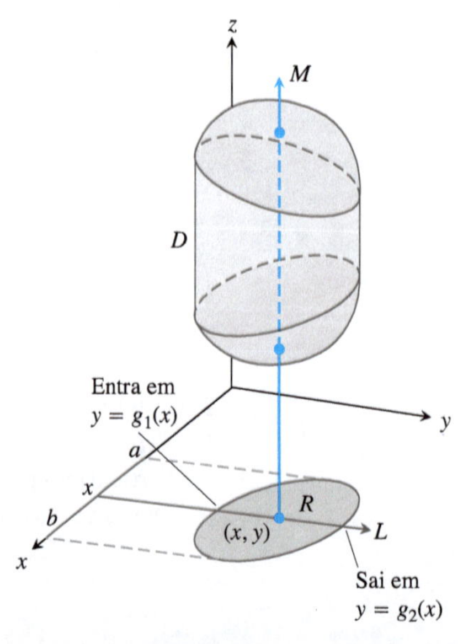

4. *Encontre os limites de integração de x.* Escolha limites de x que incluam todas as retas passando por R paralelas ao eixo y ($x = a$ e $x = b$ na figura anterior). Esses são os limites de integração de x. A integral é

$$\int_{x=a}^{x=b} \int_{y=g_1(x)}^{y=g_2(x)} \int_{z=f_1(x,y)}^{z=f_2(x,y)} F(x, y, z)\, dz\, dy\, dx.$$

Siga procedimentos semelhantes se você trocar a ordem de integração. A "sombra" da região D está no plano das duas últimas variáveis em relação às quais a integração iterada é realizada.

O procedimento anterior se aplica sempre que uma região sólida D é delimitada superior e inferiormente por uma superfície, e quando a região "sombra" R é delimitada por uma curva inferior e superior. Esse procedimento não se aplica a regiões contendo orifícios muito complexos, ainda que algumas vezes tais regiões possam ser subdivididas em regiões mais simples para as quais o procedimento se aplica.

EXEMPLO 1 Encontre o volume da região D delimitada pelas superfícies $z = x^2 + 3y^2$ e $z = 8 - x^2 - y^2$.

Solução O volume é

$$V = \iiint_D dz\, dy\, dx,$$

a integral de $F(x, y, z) = 1$ sobre D. Para encontrar os limites de integração para o cálculo da integral, primeiro esboçamos a região. As superfícies (Figura 15.30) apresentam interseção no cilindro elíptico $x^2 + 3y^2 = 8 - x^2 - y^2$ ou $x^2 + 2y^2 = 4$, $z > 0$. A fronteira da região R, a projeção de D sobre o plano xy, é uma elipse com a mesma equação: $x^2 + 2y^2 = 4$. A fronteira "superior" de R é a curva $y = \sqrt{(4 - x^2)/2}$. A fronteira inferior é a curva $y = -\sqrt{(4 - x^2)/2}$.

Agora, encontramos os limites de integração de z. A reta M passando por um ponto típico (x, y) em R paralela ao eixo z entra em D em $z = x^2 + 3y^2$ e sai em $z = 8 - x^2 - y^2$.

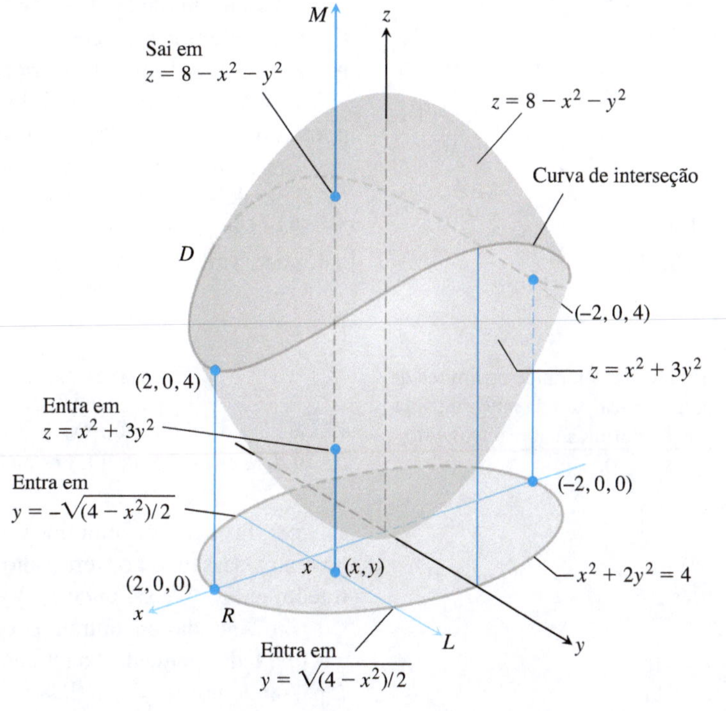

FIGURA 15.30 O volume da região delimitada por dois paraboloides, calculado no Exemplo 1.

Em seguida, encontramos os limites de integração de y. A reta L passando por (x, y) paralela ao eixo y entra em R em $y = -\sqrt{(4 - x^2)/2}$ e sai em $y = \sqrt{(4 - x^2)/2}$.

Por fim, encontramos os limites de integração de x. Conforme L varre R, o valor de x varia entre $x = -2$ em $(-2, 0, 0)$ e $x = 2$ em $(2, 0, 0)$. O volume de D é

$$\begin{aligned} V &= \iiint_D dz\,dy\,dx \\ &= \int_{-2}^{2}\int_{-\sqrt{(4-x^2)/2}}^{\sqrt{(4-x^2)/2}}\int_{x^2+3y^2}^{8-x^2-y^2} dz\,dy\,dx \\ &= \int_{-2}^{2}\int_{-\sqrt{(4-x^2)/2}}^{\sqrt{(4-x^2)/2}} (8 - 2x^2 - 4y^2)\,dy\,dx \\ &= \int_{-2}^{2}\left[(8 - 2x^2)y - \frac{4}{3}y^3\right]_{y=-\sqrt{(4-x^2)/2}}^{y=\sqrt{(4-x^2)/2}} dx \\ &= \int_{-2}^{2}\left(2(8 - 2x^2)\sqrt{\frac{4 - x^2}{2}} - \frac{8}{3}\left(\frac{4 - x^2}{2}\right)^{3/2}\right) dx \\ &= \int_{-2}^{2}\left[8\left(\frac{4 - x^2}{2}\right)^{3/2} - \frac{8}{3}\left(\frac{4 - x^2}{2}\right)^{3/2}\right] dx = \frac{4\sqrt{2}}{3}\int_{-2}^{2}(4 - x^2)^{3/2}\,dx \\ &= 8\pi\sqrt{2}. \qquad \text{Após integração com a substituição } x = 2 \text{ sen } u \end{aligned}$$

No exemplo a seguir, projetamos D no plano xz, em vez de no plano xy, para mostrar como utilizar uma ordem de integração diferente.

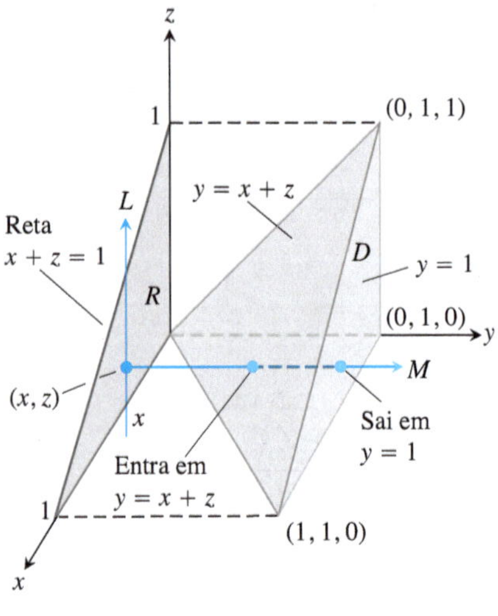

FIGURA 15.31 Encontrando os limites de integração para o cálculo da integral tripla de uma função definida sobre o tetraedro D (Exemplos 2 e 3).

EXEMPLO 2 Determine os limites de integração para avaliação da integral tripla de uma função $F(x, y, z)$ sobre o tetraedro D com vértices $(0, 0, 0)$, $(1, 1, 0)$, $(0, 1, 0)$ e $(0, 1, 1)$. Utilize a ordem de integração $dy\,dz\,dx$.

Solução Esboçamos D junto com sua "sombra" R no plano xz (Figura 15.31). A superfície limitante superior (à direita) de D está no plano $y = 1$. A superfície limitante inferior (à esquerda) está no plano $y = x + z$. A fronteira superior de R é a reta $z = 1 - x$. A fronteira inferior é a reta $z = 0$.

Primeiro encontramos os limites de integração de y. A reta passando por um ponto típico (x, z) em R paralela ao eixo y entra em D em $y = x + z$ e sai em $y = 1$.

Em seguida, encontramos os limites de integração de z. A reta L passando por (x, y) paralela ao eixo z entra em R em $z = 0$ e sai em $z = 1 - x$.

Por fim, encontramos os limites de integração de x. Conforme L varre R, o valor de x varia entre $x = 0$ e $x = 1$. A integral é

$$\int_0^1\int_0^{1-x}\int_{x+z}^{1} F(x, y, z)\,dy\,dz\,dx.$$

EXEMPLO 3 Integre $F(x, y, z) = 1$ sobre o tetraedro D no Exemplo 2 na ordem $dz\,dy\,dx$ e em seguida integre na ordem $dy\,dz\,dx$.

Solução Primeiro encontramos os limites de integração de z. Uma reta M paralela ao eixo z passando por um ponto típico (x, y) na "sombra" no plano xy entra no tetraedro em $z = 0$ e sai onde $z = y - x$ (Figura 15.32).

Em seguida, encontramos os limites de integração de y. No plano xy, onde $z = 0$, o lado inclinado do tetraedro cruza o plano ao longo da reta $y = x$. Uma reta L passando por (x, y) paralela ao eixo y entra na sombra no plano xy em $y = x$ e sai em $y = 1$ (Figura 15.32).

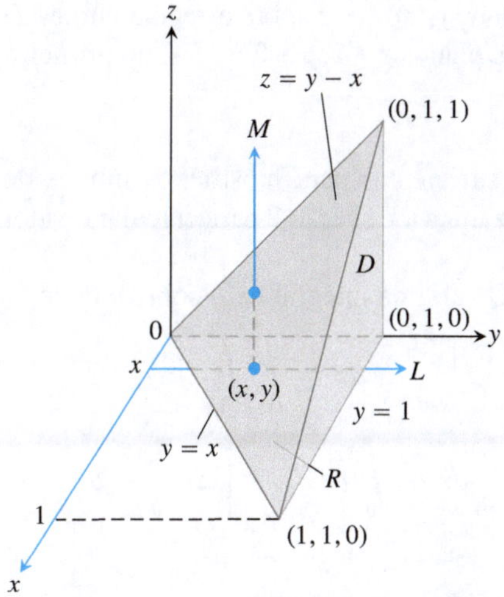

FIGURA 15.32 O tetraedro no Exemplo 3 mostra como os limites de integração são encontrados para a ordem $dz\,dy\,dx$.

Finalmente, encontramos os limites de integração de x. À medida que a reta L paralela ao eixo y no passo anterior varre a sombra, o valor de x varia entre $x = 0$ e $x = 1$ no ponto (1, 1, 0) (ver Figura 15.32). A integral é

$$\int_0^1 \int_x^1 \int_0^{y-x} F(x, y, z)\, dz\, dy\, dx.$$

Por exemplo, se $F(x, y, z) = 1$, encontraríamos o volume do tetraedro como sendo

$$\begin{aligned}
V &= \int_0^1 \int_x^1 \int_0^{y-x} dz\, dy\, dx \\
&= \int_0^1 \int_x^1 (y - x)\, dy\, dx \\
&= \int_0^1 \left[\frac{1}{2}y^2 - xy\right]_{y=x}^{y=1} dx \\
&= \int_0^1 \left(\frac{1}{2} - x + \frac{1}{2}x^2\right) dx \\
&= \left[\frac{1}{2}x - \frac{1}{2}x^2 + \frac{1}{6}x^3\right]_0^1 \\
&= \frac{1}{6}.
\end{aligned}$$

Obteremos o mesmo resultado integrando com a ordem $dy\,dz\,dx$. A partir do Exemplo 2,

$$\begin{aligned}
V &= \int_0^1 \int_0^{1-x} \int_{x+z}^1 dy\, dz\, dx \\
&= \int_0^1 \int_0^{1-x} (1 - x - z)\, dz\, dx \\
&= \int_0^1 \left[(1 - x)z - \frac{1}{2}z^2\right]_{z=0}^{z=1-x} dx \\
&= \int_0^1 \left[(1 - x)^2 - \frac{1}{2}(1 - x)^2\right] dx \\
&= \frac{1}{2}\int_0^1 (1 - x)^2\, dx \\
&= -\frac{1}{6}(1 - x)^3\Big]_0^1 = \frac{1}{6}.
\end{aligned}$$

Valor médio de uma função no espaço

O valor médio de uma função F sobre uma região D no espaço é definido pela fórmula

$$\textbf{Valor médio} \text{ de } F \text{ sobre } D = \frac{1}{\text{volume de } D} \iiint_D F\, dV. \qquad (2)$$

Por exemplo, se $F(x, y, z) = \sqrt{x^2 + y^2 + z^2}$, então o valor médio de F sobre D é a distância média de pontos em D a partir da origem. Se $F(x, y, z)$ é a temperatura em (x, y, z) em um sólido que ocupa a região D no espaço, então o valor médio de F sobre D é a temperatura média do sólido.

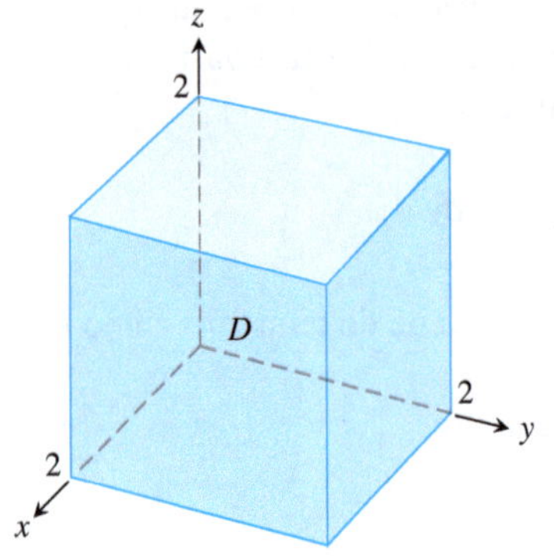

FIGURA 15.33 Região de integração do Exemplo 4.

EXEMPLO 4 Encontre o valor médio de $F(x, y, z) = xyz$ sobre a região cúbica D delimitada pelos planos coordenados e pelos planos $x = 2$, $y = 2$ e $z = 2$ no primeiro octante.

Solução Esboçamos o cubo com detalhes suficientes para mostrar os limites de integração (Figura 15.33). Em seguida, utilizamos a Equação 2 para calcular o valor médio de F sobre o cubo.

O volume da região D é $(2)(2)(2) = 8$. O valor da integral de F sobre o cubo é

$$\int_0^2\int_0^2\int_0^2 xyz\,dx\,dy\,dz = \int_0^2\int_0^2\left[\frac{x^2}{2}yz\right]_{x=0}^{x=2} dy\,dz = \int_0^2\int_0^2 2yz\,dy\,dz$$

$$= \int_0^2\left[y^2z\right]_{y=0}^{y=2} dz = \int_0^2 4z\,dz = \left[2z^2\right]_0^2 = 8.$$

Com esses valores, a Equação 2 nos dá

$$\text{Valor médio de } xyz \text{ sobre o cubo} = \frac{1}{\text{volume}}\iiint_{\text{cubo}} xyz\,dV = \left(\frac{1}{8}\right)(8) = 1.$$

Ao calcular a integral, escolhemos a ordem $dx\,dy\,dz$, mas qualquer uma das outras cinco ordens possíveis também funcionaria.

Propriedades de integrais triplas

As integrais triplas têm as mesmas propriedades algébricas que as integrais duplas e simples. Substitua simplesmente as integrais duplas nas quatro propriedades apresentadas na Seção 15.2.

Exercícios 15.5

Integrais triplas em ordens de iteração diferentes

1. Calcule a integral no Exemplo 2 fazendo $F(x, y, z) = 1$ para encontrar o volume do tetraedro na ordem $dz\,dx\,dy$.
2. **Volume de um sólido retangular** Escreva seis diferentes integrais triplas iteradas para o volume do sólido retangular no primeiro octante, delimitado pelos planos coordenados e os planos $x = 1$, $y = 2$ e $z = 3$. Calcule uma das integrais.
3. **Volume do tetraedro** Escreva seis diferentes integrais triplas iteradas para o volume do tetraedro cortado a partir do primeiro octante pelo plano $6x + 3y + 2z = 6$. Calcule uma das integrais.
4. **Volume de um sólido** Escreva seis diferentes integrais triplas iteradas para o volume da região no primeiro octante, delimitado pelo cilindro $x^2 + z^2 = 4$ e o plano $y = 3$. Calcule uma das integrais.
5. **Volume limitado por paraboloides** Seja D a região delimitada pelos paraboloides $z = 8 - x^2 - y^2$ e $z = x^2 + y^2$. Escreva seis diferentes integrais triplas iteradas para o volume de D. Calcule uma das integrais.
6. **Volume dentro de um paraboloide abaixo de um plano** Seja D a região delimitada pelo paraboloide $z = x^2 + y^2$ e o plano $z = 2y$. Escreva integrais triplas iteradas na ordem $dz\,dx\,dy$ e $dz\,dy\,dx$ que forneçam o volume de D. Não calcule nenhuma das integrais.

Calculando integrais triplas iteradas

Calcule as integrais nos Exercícios 7-20.

7. $\displaystyle\int_0^1\int_0^1\int_0^1 (x^2 + y^2 + z^2)\,dz\,dy\,dx$

8. $\displaystyle\int_0^{\sqrt{2}}\int_0^{3y}\int_{x^2+3y^2}^{8-x^2-y^2} dz\,dx\,dy$

9. $\displaystyle\int_1^e\int_1^{e^2}\int_1^{e^3} \frac{1}{xyz}\,dx\,dy\,dz$

10. $\displaystyle\int_0^1\int_0^{3-3x}\int_0^{3-3x-y} dz\,dy\,dx$

11. $\displaystyle\int_0^{\pi/6}\int_0^1\int_{-2}^3 y\,\text{sen}\,z\,dx\,dy\,dz$

12. $\displaystyle\int_{-1}^1\int_0^1\int_0^2 (x + y + z)\,dy\,dx\,dz$

13. $\displaystyle\int_0^3\int_0^{\sqrt{9-x^2}}\int_0^{\sqrt{9-x^2}} dz\,dy\,dx$

14. $\displaystyle\int_0^2\int_{-\sqrt{4-y^2}}^{\sqrt{4-y^2}}\int_0^{2x+y} dz\,dx\,dy$

15. $\displaystyle\int_0^1\int_0^{2-x}\int_0^{2-x-y} dz\,dy\,dx$

16. $\displaystyle\int_0^1\int_0^{1-x^2}\int_3^{4-x^2-y} x\,dz\,dy\,dx$

17. $\displaystyle\int_0^{\pi}\int_0^{\pi}\int_0^{\pi} \cos(u + v + w)\,du\,dv\,dw$ (espaço uvw)

18. $\displaystyle\int_0^1\int_1^{\sqrt{e}}\int_1^e se^s \ln r\,\frac{(\ln t)^2}{t}\,dt\,dr\,ds$ (espaço rst)

19. $\int_0^{\pi/4}\int_0^{\ln \sec v}\int_{-\infty}^{2t} e^x \, dx \, dt \, dv$ (espaço tvx)

20. $\int_0^7\int_0^2\int_0^{\sqrt{4-q^2}} \frac{q}{r+1} \, dp \, dq \, dr$ (espaço pqr)

Encontrando integrais iteradas equivalentes

21. Aqui está a região de integração da integral

$$\int_{-1}^{1}\int_{x^2}^{1}\int_{0}^{1-y} dz \, dy \, dx.$$

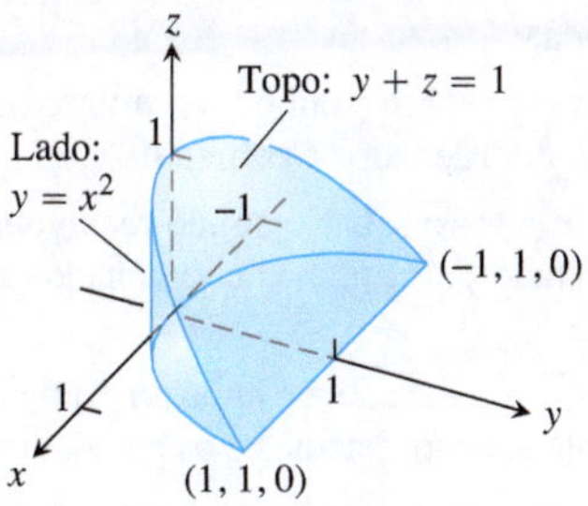

Reescreva a integral como uma integral iterada equivalente na ordem:

a. $dy \, dz \, dx$
b. $dy \, dx \, dz$
c. $dx \, dy \, dz$
d. $dx \, dz \, dy$
e. $dz \, dx \, dy$

22. Aqui está a região de integração da integral

$$\int_{0}^{1}\int_{-1}^{0}\int_{0}^{y^2} dz \, dy \, dx.$$

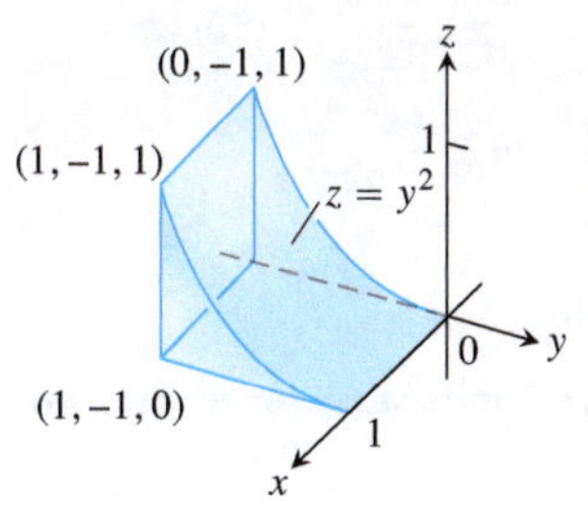

Reescreva a integral como uma integral iterada equivalente na ordem:

a. $dy \, dz \, dx$
b. $dy \, dx \, dz$
c. $dx \, dy \, dz$
d. $dx \, dz \, dy$
e. $dz \, dx \, dy$

Encontrando volumes utilizando integrais triplas

Encontre os volumes das regiões nos Exercícios 23-36.

23. A região entre o cilindro $z = y^2$ e o plano xy que é delimitada pelos planos $x = 0$, $x = 1$, $y = -1$, $y = 1$

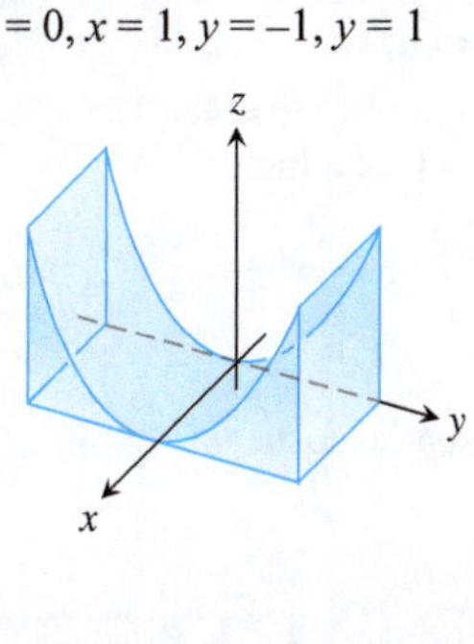

24. A região no primeiro octante delimitada pelos planos coordenados e os planos $x + z = 1$, $y + 2z = 2$

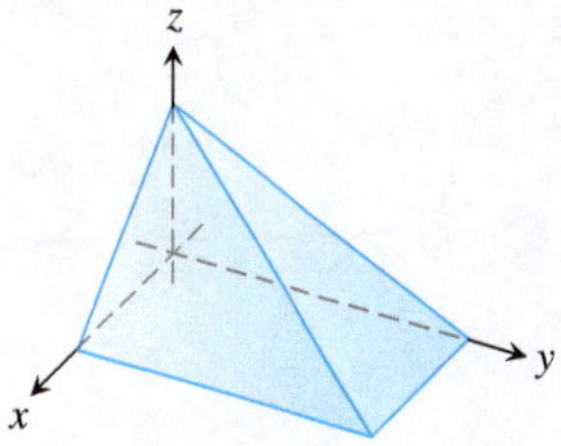

25. A região no primeiro octante delimitada pelos planos coordenados, o plano $y + z = 2$ e o cilindro $x = 4 - y^2$

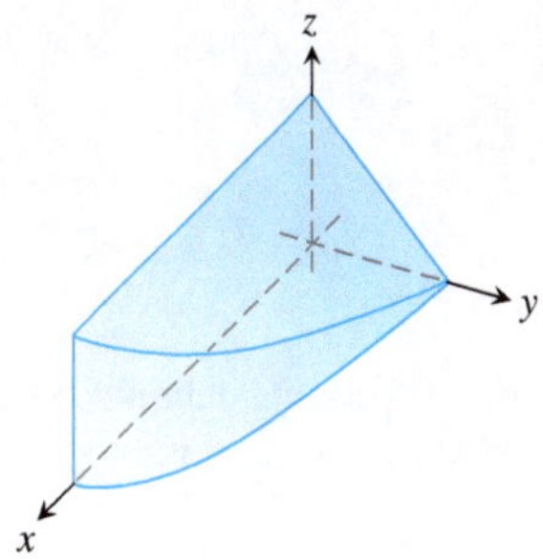

26. A cunha cortada do cilindro $x^2 + y^2 = 1$ pelos planos $z = -y$ e $z = 0$

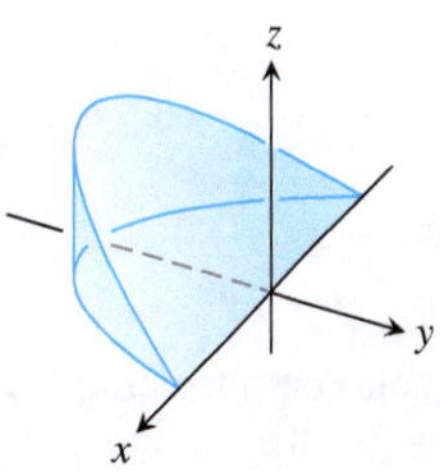

27. O tetraedro no primeiro octante delimitado pelos planos coordenados e o plano passando por (1, 0, 0), (0, 2, 0) e (0, 0, 3)

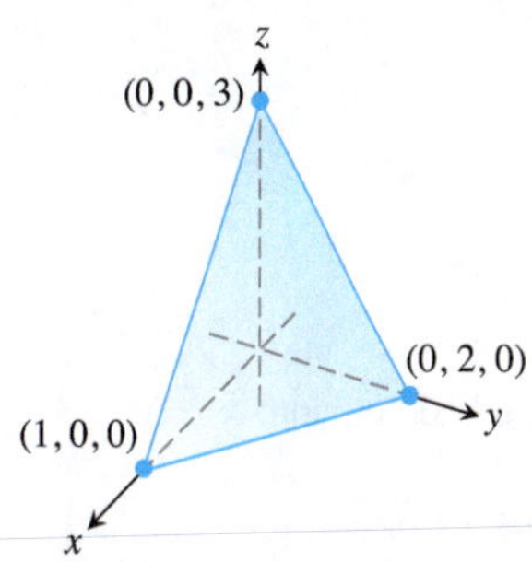

28. A região no primeiro octante delimitada pelos planos coordenados, o plano $y = 1 - x$ e a superfície $z = \cos(\pi x/2)$, $0 \le x \le 1$

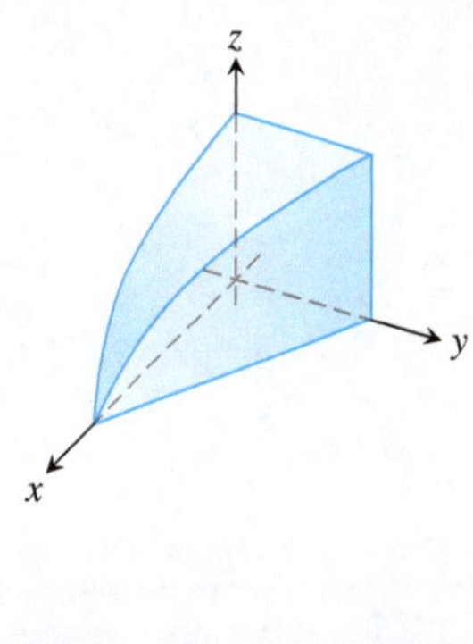

29. A região comum aos interiores dos cilindros $x^2 + y^2 = 1$ e $x^2 + z^2 = 1$, um oitavo do qual é exibido na figura a seguir

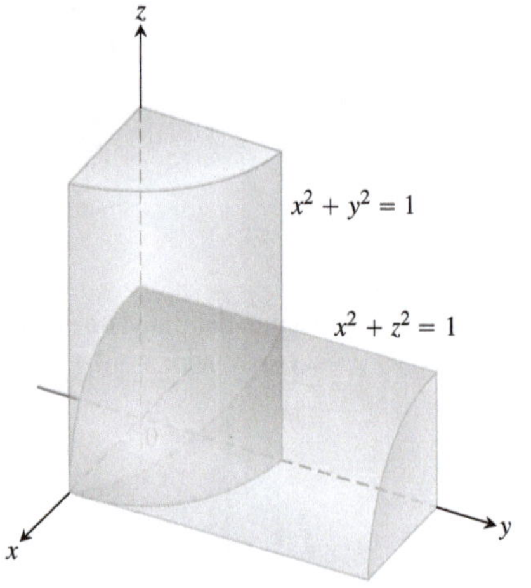

30. A região no primeiro octante delimitada pelos planos coordenados e a superfície $z = 4 - x^2 - y$

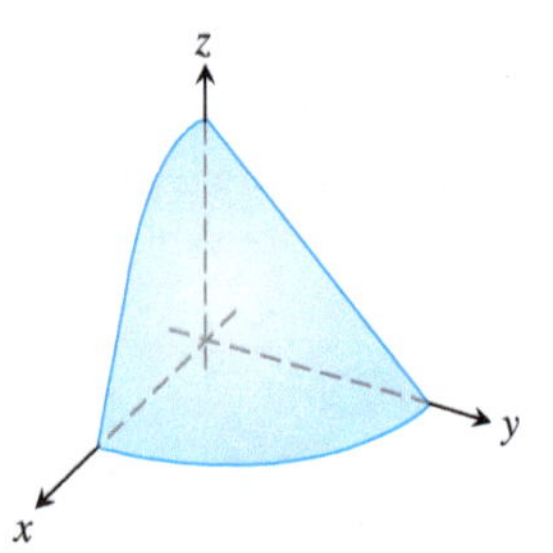

31. A região no primeiro octante delimitada pelos planos coordenados, o plano $x + y = 4$ e o cilindro $y^2 + 4z^2 = 16$

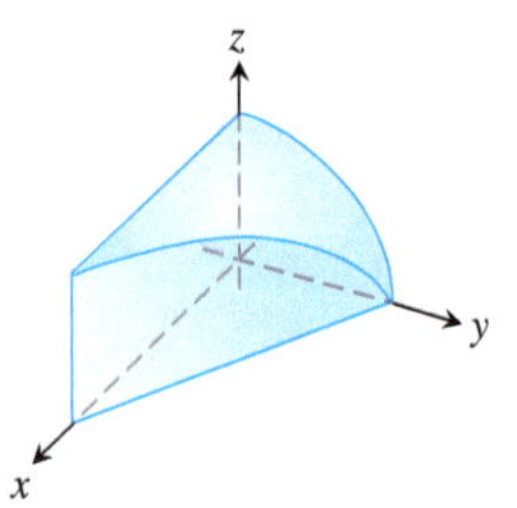

32. A região cortada do cilindro $x^2 + y^2 = 4$ pelo plano $z = 0$ e o plano $x + z = 3$

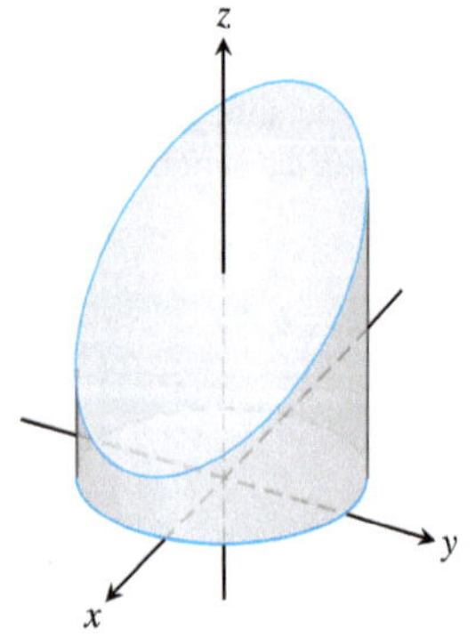

33. A região entre os planos $x + y + 2z = 2$ e $2x + 2y + z = 4$ no primeiro octante.

34. A região finita delimitada pelos planos $z = x$, $x + z = 8$, $z = y$, $y = 8$ e $z = 0$.

35. A região cortada do cilindro elíptico sólido $x^2 + 4y^2 \leq 4$ pelo plano xy e o plano $z = x + 2$.

36. A região delimitada atrás pelo plano $x = 0$, na frente e nos lados pelo cilindro parabólico $x = 1 - y^2$, no topo pelo paraboloide $z = x^2 + y^2$ e no fundo pelo plano xy.

Valores médios

Nos Exercícios 37-40, encontre o valor médio de $F(x, y, z)$ sobre a região determinada.

37. $F(x, y, z) = x^2 + 9$ sobre o cubo no primeiro octante, delimitado pelos planos coordenados e os planos $x = 2$, $y = 2$ e $z = 2$.

38. $F(x, y, z) = x + y - z$ sobre o sólido retangular no primeiro octante, delimitado pelos planos coordenados e os planos $x = 1$, $y = 1$ e $z = 2$.

39. $F(x, y, z) = x^2 + y^2 + z^2$ sobre o cubo no primeiro octante, delimitado pelos planos coordenados e os planos $x = 1$, $y = 1$ e $z = 1$.

40. $F(x, y, z) = xyz$ sobre o cubo no primeiro octante, delimitado pelos planos coordenados e os planos $x = 2$, $y = 2$ e $z = 2$.

Alterando a ordem de integração

Calcule as integrais nos Exercícios 41-44 alterando a ordem de integração de maneira apropriada.

41. $\displaystyle\int_0^4 \int_0^1 \int_{2y}^2 \frac{4\cos(x^2)}{2\sqrt{z}}\, dx\, dy\, dz$

42. $\displaystyle\int_0^1 \int_0^1 \int_{x^2}^1 12xze^{zy^2}\, dy\, dx\, dz$

43. $\displaystyle\int_0^1 \int_{\sqrt[3]{z}}^1 \int_0^{\ln 3} \frac{\pi e^{2x} \operatorname{sen} \pi y^2}{y^2}\, dx\, dy\, dz$

44. $\displaystyle\int_0^2 \int_0^{4-x^2} \int_0^x \frac{\operatorname{sen} 2z}{4 - z}\, dy\, dz\, dx$

Teoria e exemplos

45. Encontre um limite superior de uma integral iterada Encontre a em:

$$\int_0^1 \int_0^{4-a-x^2} \int_a^{4-x^2-y} dz\, dy\, dx = \frac{4}{15}.$$

46. Elipsoide Para qual valor de c o volume do elipsoide $x^2 + (y/2)^2 + (z/c)^2 = 1$ é igual a 8π?

47. Minimizando uma integral tripla Que domínio D no espaço minimiza o valor da integral

$$\iiint_D (4x^2 + 4y^2 + z^2 - 4)\, dV\,?$$

Justifique sua resposta.

48. Maximizando uma integral tripla Que domínio D no espaço maximiza o valor da integral

$$\iiint_D (1 - x^2 - y^2 - z^2)\, dV?$$

Justifique sua resposta.

USO DO COMPUTADOR

Nos Exercícios 49-52, utilize a ferramenta de integração de um SAC para calcular a integral tripla da função dada sobre a região sólida especificada.

49. $F(x, y, z) = x^2y^2z$ sobre o cilindro sólido delimitado por $x^2 + y^2 = 1$ e os planos $z = 0$ e $z = 1$.

50. $F(x, y, z) = |xyz|$ sobre o sólido delimitado inferiormente pelo paraboloide $z = x^2 + y^2$ e superiormente pelo plano $z = 1$.

51. $F(x, y, z) = \dfrac{z}{(x^2 + y^2 + z^2)^{3/2}}$ sobre o sólido delimitado inferiormente pelo cone $z = \sqrt{x^2 + y^2}$ e superiormente pelo plano $z = 1$.

52. $F(x, y, z) = x^4 + y^2 + z^2$ sobre a esfera sólida $x^2 + y^2 + z^2 \leq 1$.

15.6 Momentos e centros de massa

Esta seção mostra como calcular as massas e os momentos de objetos bi e tridimensionais em coordenadas cartesianas. A Seção 15.7 fornece os cálculos para coordenadas cilíndricas e esféricas. As definições e ideias são semelhantes ao caso de uma variável que estudamos na Seção 6.6, mas agora podemos considerar situações mais realistas.

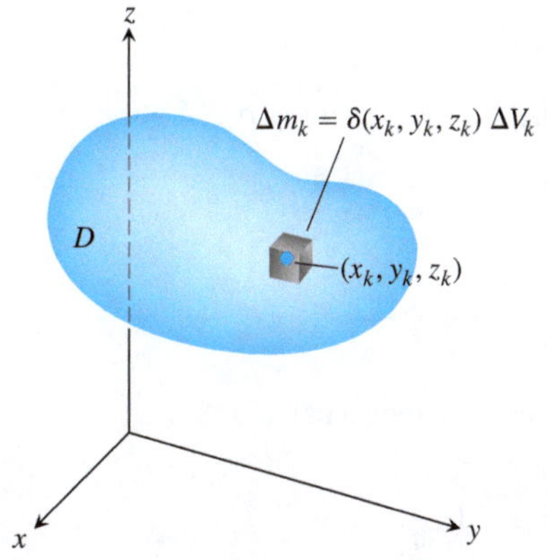

FIGURA 15.34 Para definir a massa de um objeto, primeiro a imaginamos sendo dividida em um número finito de elementos de massa Δm_k.

Massas e primeiros momentos

Se $\delta(x, y, z)$ é a densidade (massa por volume unitário) de um objeto ocupando uma região D no espaço, a integral de δ sobre D dá a **massa** do objeto. Para saber por quê, imagine o objeto sendo dividido em n elementos de massa como aquele na Figura 15.34. A massa do objeto é o limite

$$M = \lim_{n\to\infty} \sum_{k=1}^{n} \Delta m_k = \lim_{n\to\infty} \sum_{k=1}^{n} \delta(x_k, y_k, z_k)\,\Delta V_k = \iiint_D \delta(x, y, z)\,dV.$$

O *primeiro momento* de uma região sólida D em relação a um plano coordenado é definido como a integral tripla sobre D da distância entre um ponto (x, y, z) em D e o plano multiplicada pela densidade do sólido naquele ponto. Por exemplo, o primeiro momento sobre o plano yz é a integral

$$M_{yz} = \iiint_D x\delta(x, y, z)\,dV.$$

O *centro de massa* é encontrado a partir dos primeiros momentos. Por exemplo, a coordenada x do centro de massa é $\bar{x} = M_{yz}/M$.

Para um objeto bidimensional, como uma placa fina e plana, calculamos os primeiros momentos em relação aos eixos coordenados simplesmente suprimindo a coordenada z. Dessa forma, o primeiro momento em relação ao eixo y é a integral dupla, sobre a região R formando a placa, da distância ao eixo multiplicada pela densidade, ou

$$M_y = \iint_R x\delta(x, y)\,dA.$$

A Tabela 15.1 resume as fórmulas.

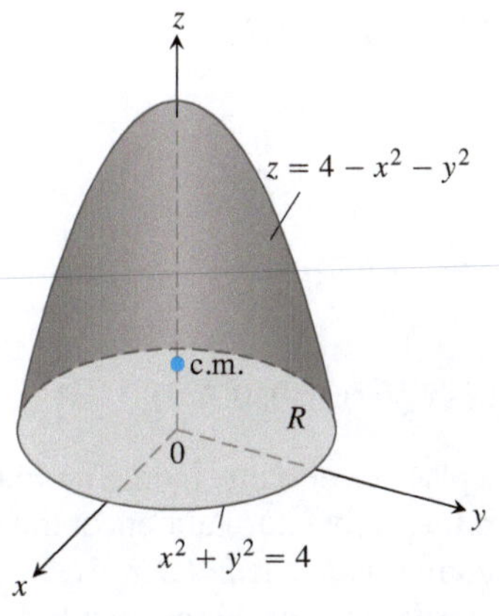

FIGURA 15.35 Encontrando o centro de massa de um sólido (Exemplo 1).

EXEMPLO 1 Encontre o centro de massa de um sólido de densidade constante δ delimitado inferiormente pelo disco R: $x^2 + y^2 \leq 4$ no plano $z = 0$ e superiormente pelo paraboloide $z = 4 - x^2 - y^2$ (Figura 15.35).

TABELA 15.1 Fórmulas de massa e primeiro momento

SÓLIDO TRIDIMENSIONAL

Massa: $M = \iiint_D \delta\, dV$ $\qquad \delta = \delta(x, y, z)$ é a densidade em (x, y, z).

Primeiros momentos em relação aos planos coordenados:

$$M_{yz} = \iiint_D x\,\delta\, dV, \qquad M_{xz} = \iiint_D y\,\delta\, dV, \qquad M_{xy} = \iiint_D z\,\delta\, dV$$

Centro de massa:

$$\bar{x} = \frac{M_{yz}}{M}, \qquad \bar{y} = \frac{M_{xz}}{M}, \qquad \bar{z} = \frac{M_{xy}}{M}$$

PLACA BIDIMENSIONAL

Massa: $M = \iint_R \delta\, dA$ $\qquad \delta = \delta(x, y)$ é a densidade em (x, y).

Primeiros momentos: $M_y = \iint_R x\,\delta\, dA, \qquad M_x = \iint_R y\,\delta\, dA$

Centro de massa: $\bar{x} = \dfrac{M_y}{M}, \qquad \bar{y} = \dfrac{M_x}{M}$

Solução Por simetria, $\bar{x} = \bar{y} = 0$. Para encontrar $\bar{z}$, primeiro calculamos

$$\begin{aligned} M_{xy} &= \iint_R \int_{z=0}^{z=4-x^2-y^2} z\,\delta\, dz\, dy\, dx = \iint_R \left[\frac{z^2}{2}\right]_{z=0}^{z=4-x^2-y^2} \delta\, dy\, dx \\ &= \frac{\delta}{2}\iint_R (4 - x^2 - y^2)^2\, dy\, dx \\ &= \frac{\delta}{2}\int_0^{2\pi}\int_0^2 (4 - r^2)^2\, r\, dr\, d\theta \qquad \text{Coordenadas polares simplificam a integração.} \\ &= \frac{\delta}{2}\int_0^{2\pi}\left[-\frac{1}{6}(4 - r^2)^3\right]_{r=0}^{r=2} d\theta = \frac{16\delta}{3}\int_0^{2\pi} d\theta = \frac{32\pi\delta}{3}. \end{aligned}$$

Um cálculo semelhante fornece a massa

$$M = \iint_R \int_0^{4-x^2-y^2} \delta\, dz\, dy\, dx = 8\pi\delta.$$

Portanto, $\bar{z} = (M_{xy}/M) = 4/3$ e o centro de massa é $(\bar{x}, \bar{y}, \bar{z}) = (0, 0, 4/3)$.

Quando a densidade de um objeto sólido ou placa é constante (como no Exemplo 1), o centro de massa é chamado de **centroide** do objeto. Para encontrar um centroide, definimos δ sendo igual a 1 e prosseguimos para encontrar $\bar{x}$, $\bar{y}$ e $\bar{z}$ como anteriormente, dividindo os primeiros momentos pelas massas. Esses cálculos também são válidos para objetos bidimensionais.

EXEMPLO 2 Encontre o centroide da região no primeiro quadrante que está delimitada superiormente pela reta $y = x$ e inferiormente pela parábola $y = x^2$.

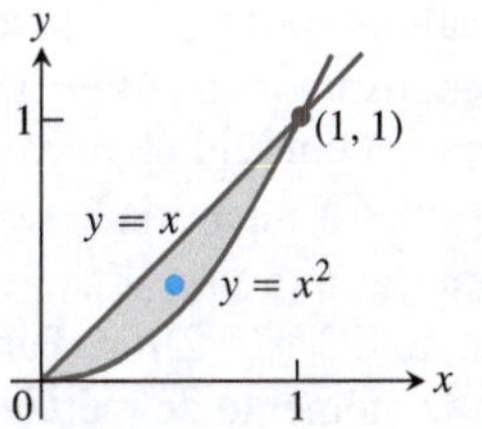

FIGURA 15.36 O centroide dessa região é encontrado no Exemplo 2.

Solução Esboçamos a região e incluímos detalhes suficientes para determinar os limites de integração (Figura 15.36). Em seguida, definimos δ sendo igual a 1 e avaliamos as fórmulas apropriadas da Tabela 15.1:

$$M = \int_0^1 \int_{x^2}^{x} 1\, dy\, dx = \int_0^1 \left[y \right]_{y=x^2}^{y=x} dx = \int_0^1 (x - x^2)\, dx = \left[\frac{x^2}{2} - \frac{x^3}{3} \right]_0^1 = \frac{1}{6}$$

$$M_x = \int_0^1 \int_{x^2}^{x} y\, dy\, dx = \int_0^1 \left[\frac{y^2}{2} \right]_{y=x^2}^{y=x} dx$$

$$= \int_0^1 \left(\frac{x^2}{2} - \frac{x^4}{2} \right) dx = \left[\frac{x^3}{6} - \frac{x^5}{10} \right]_0^1 = \frac{1}{15}$$

$$M_y = \int_0^1 \int_{x^2}^{x} x\, dy\, dx = \int_0^1 \left[xy \right]_{y=x^2}^{y=x} dx = \int_0^1 (x^2 - x^3)\, dx = \left[\frac{x^3}{3} - \frac{x^4}{4} \right]_0^1 = \frac{1}{12}.$$

A partir desses valores de M, M_x e M_y, temos

$$\bar{x} = \frac{M_y}{M} = \frac{1/12}{1/6} = \frac{1}{2} \quad \text{e} \quad \bar{y} = \frac{M_x}{M} = \frac{1/15}{1/6} = \frac{2}{5}.$$

O centroide é o ponto (1/2, 2/5).

Momentos de inércia

Os primeiros momentos de um objeto (Tabela 15.1) nos dizem a respeito de equilíbrio e do torque sofrido por objetos em torno de diferentes eixos em um campo gravitacional. Se o objeto for uma haste que gira, no entanto, estaremos mais interessados na quantidade de energia armazenada na haste ou na quantidade de energia que é gerada por uma haste girando a uma velocidade angular específica. É aqui que entra o momento de segunda ordem, ou momento de inércia.

Suponha que a haste esteja dividida em pequenos blocos de massa Δm_k e seja r_k a distância entre o centro de massa do k-ésimo bloco e o eixo de rotação (Figura 15.37). Se o eixo gira a uma velocidade angular constante de $\omega = d\theta/dt$ radianos por segundo, o centro de massa do bloco irá traçar sua órbita a uma velocidade linear de

$$v_k = \frac{d}{dt}(r_k\theta) = r_k \frac{d\theta}{dt} = r_k\omega.$$

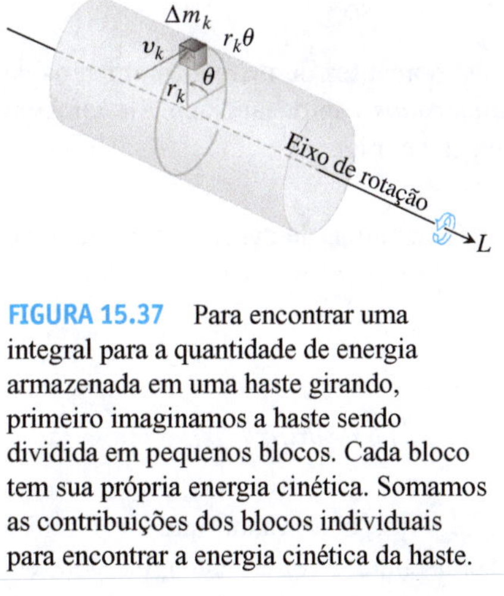

FIGURA 15.37 Para encontrar uma integral para a quantidade de energia armazenada em uma haste girando, primeiro imaginamos a haste sendo dividida em pequenos blocos. Cada bloco tem sua própria energia cinética. Somamos as contribuições dos blocos individuais para encontrar a energia cinética da haste.

A energia cinética do bloco será aproximadamente

$$\frac{1}{2}\Delta m_k v_k^2 = \frac{1}{2}\Delta m_k (r_k\omega)^2 = \frac{1}{2}\omega^2 r_k^2\, \Delta m_k.$$

A energia cinética da haste será aproximadamente

$$\sum \frac{1}{2}\omega^2 r_k^2\, \Delta m_k.$$

A integral aproximada por essas somas à medida que a haste é dividida em blocos cada vez menores fornece a energia cinética da haste:

$$\text{EC}_{\text{haste}} = \int \frac{1}{2}\omega^2 r^2\, dm = \frac{1}{2}\omega^2 \int r^2\, dm. \tag{1}$$

O fator

$$I = \int r^2\, dm$$

é o *momento de inércia* da haste em relação ao seu eixo de rotação, e vemos com a Equação 1 que a energia cinética da haste é

$$\text{EC}_{\text{haste}} = \frac{1}{2}I\omega^2.$$

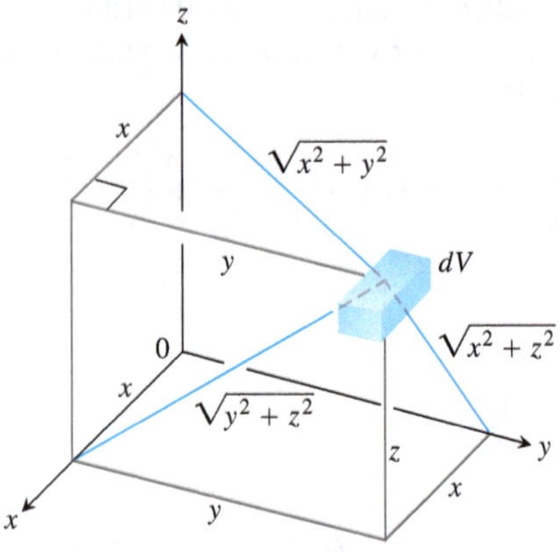

FIGURA 15.38 Distâncias entre dV e os planos e eixos coordenados.

O momento de inércia de uma haste lembra, em alguns pontos, a massa inercial de uma locomotiva. Para dar a partida em uma locomotiva com massa m movendo-se a uma velocidade linear v, precisamos fornecer uma energia cinética de EC = $(1/2)mv^2$. Para parar a locomotiva, temos de remover essa quantidade de energia. Para fazer uma haste com momento de inércia I começar a girar a uma velocidade angular ω, precisamos fornecer uma energia cinética de EC = $(1/2)I\omega^2$. Para parar a haste, temos de remover essa quantidade de energia. O momento de inércia da haste é análogo ao da massa da locomotiva. O que faz com que a locomotiva seja difícil de mover ou parar é sua massa. O que faz com que a haste seja difícil de mover ou parar é seu momento de inércia. O momento de inércia depende não só da massa da haste, mas também de sua distribuição. A massa que está mais longe do eixo de rotação contribui mais com o momento de inércia.

Deduzimos agora uma fórmula para o momento de inércia para um sólido no espaço. Se $r(x, y, z)$ é a distância entre o ponto (x, y, z) em D a uma reta L, então o momento de inércia da massa $\Delta m_k = \delta(x_k, y_k, z_k)\Delta V_k$ em relação à reta L (como na Figura 15.37) é aproximadamente $\Delta I_k = r^2(x_k, y_k, z_k)\Delta m_k$. **O momento de inércia em relação a L** do objeto inteiro é

$$I_L = \lim_{n\to\infty} \sum_{k=1}^{n} \Delta I_k = \lim_{n\to\infty} \sum_{k=1}^{n} r^2(x_k, y_k, z_k)\, \delta(x_k, y_k, z_k)\, \Delta V_k = \iiint_D r^2 \delta \, dV.$$

Se L é o eixo x, então $r^2 = y^2 + z^2$ (Figura 15.38) e

$$I_x = \iiint_D (y^2 + z^2)\, \delta(x, y, z)\, dV.$$

De maneira semelhante, se L é o eixo y ou o eixo z, temos

$$I_y = \iiint_D (x^2 + z^2)\, \delta(x, y, z)\, dV \qquad \text{e} \qquad I_z = \iiint_D (x^2 + y^2)\, \delta(x, y, z)\, dV.$$

A Tabela 15.2 resume as fórmulas para esses momentos de inércia (momentos de segunda ordem, porque eles invocam os *quadrados* das distâncias). Ela também mostra a definição do *momento polar* em relação à origem.

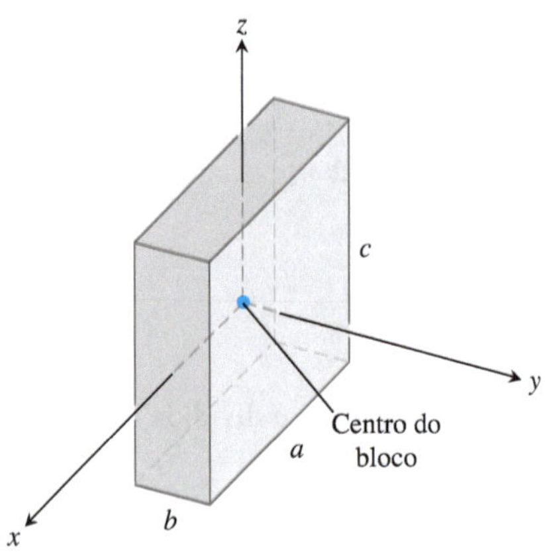

FIGURA 15.39 Encontrando I_x, I_y e I_z para o bloco exibido aqui. A origem está no centro do bloco (Exemplo 3).

EXEMPLO 3 Encontre I_x, I_y, I_z para o sólido retangular de densidade constante δ mostrado na Figura 15.39.

Solução A fórmula para I_x fornece

$$I_x = \int_{-c/2}^{c/2} \int_{-b/2}^{b/2} \int_{-a/2}^{a/2} (y^2 + z^2)\, \delta \, dx\, dy\, dz.$$

Podemos evitar um pouco do trabalho de integração observando que $(y^2 + z^2)\delta$ é uma função par de x, y e z, uma vez que δ é constante. O sólido retangular consiste de oito pedaços simétricos, um em cada octante. Podemos calcular a integral em um desses pedaços e em seguida multiplicar por 8 para obter o valor total.

$$\begin{aligned} I_x &= 8\int_0^{c/2} \int_0^{b/2} \int_0^{a/2} (y^2 + z^2)\, \delta \, dx\, dy\, dz = 4a\delta \int_0^{c/2} \int_0^{b/2} (y^2 + z^2)\, dy\, dz \\ &= 4a\delta \int_0^{c/2} \left[\frac{y^3}{3} + z^2 y\right]_{y=0}^{y=b/2} dz \\ &= 4a\delta \int_0^{c/2} \left(\frac{b^3}{24} + \frac{z^2 b}{2}\right) dz \\ &= 4a\delta\left(\frac{b^3 c}{48} + \frac{c^3 b}{48}\right) = \frac{abc\delta}{12}(b^2 + c^2) = \frac{M}{12}(b^2 + c^2). \qquad M = abc\delta \end{aligned}$$

TABELA 15.2 Fórmulas de momentos de inércia (momentos de segunda ordem)

SÓLIDO TRIDIMENSIONAL

Em relação ao eixo x: $I_x = \iiint (y^2 + z^2)\,\delta\,dV$ $\quad \delta = \delta(x, y, z)$

Em relação ao eixo y: $I_y = \iiint (x^2 + z^2)\,\delta\,dV$

Em relação ao eixo z: $I_z = \iiint (x^2 + y^2)\,\delta\,dV$

Em relação à reta L: $I_L = \iiint r^2\,\delta\,dV$ $\quad r(x, y, z)$ = distância entre o ponto (x, y, z) e a reta L

PLACA BIDIMENSIONAL

Em relação ao eixo x: $I_x = \iint y^2\,\delta\,dA$ $\quad \delta = \delta(x, y)$

Em relação ao eixo y: $I_y = \iint x^2\,\delta\,dA$

Em relação à reta L: $I_L = \iint r^2(x, y)\,\delta\,dA$ $\quad r(x, y)$ = distância entre (x, y) e L

Em relação à origem (momento polar): $I_0 = \iint (x^2 + y^2)\,\delta\,dA = I_x + I_y$

De forma semelhante,

$$I_y = \frac{M}{12}(a^2 + c^2) \qquad \text{e} \qquad I_z = \frac{M}{12}(a^2 + b^2).$$

EXEMPLO 4 Uma placa fina cobre a região triangular delimitada pelo eixo x e pelas retas $x = 1$ e $y = 2x$ no primeiro quadrante. A densidade da placa no ponto (x, y) é $\delta(x, y) = 6x + 6y + 6$. Encontre os momentos de inércia da placa em relação aos eixos coordenados e a origem.

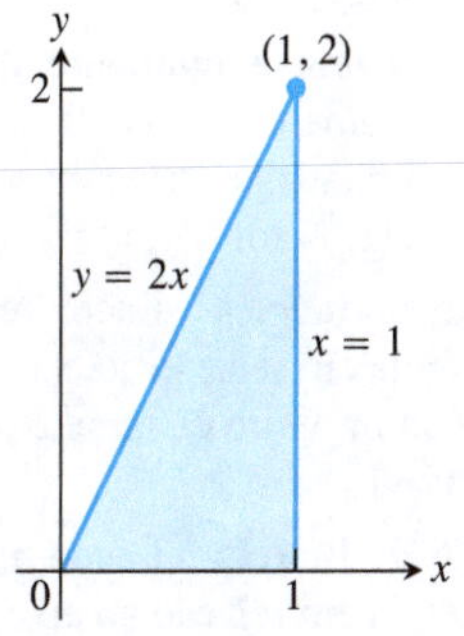

FIGURA 15.40 Região triangular coberta pela placa no Exemplo 4.

Solução Esboçamos a placa e colocamos detalhes suficientes para determinar os limites de integração para as integrais que temos de calcular (Figura 15.40). O momento de inércia em relação ao eixo x é

$$\begin{aligned} I_x &= \int_0^1 \int_0^{2x} y^2 \delta(x, y)\,dy\,dx = \int_0^1 \int_0^{2x} (6xy^2 + 6y^3 + 6y^2)\,dy\,dx \\ &= \int_0^1 \left[2xy^3 + \frac{3}{2}y^4 + 2y^3\right]_{y=0}^{y=2x} dx = \int_0^1 (40x^4 + 16x^3)\,dx \\ &= \left[8x^5 + 4x^4\right]_0^1 = 12. \end{aligned}$$

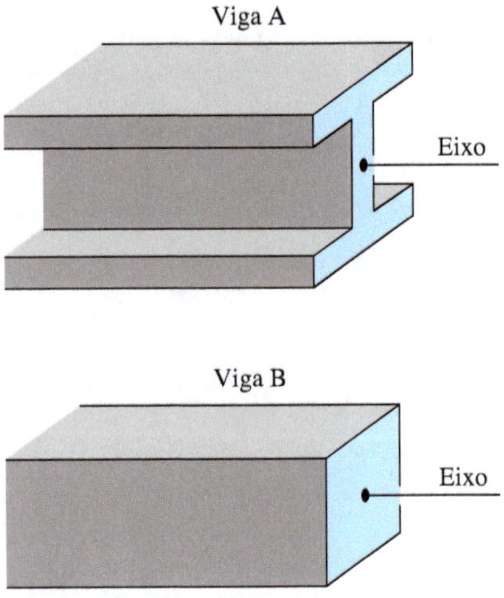

FIGURA 15.41 Quanto maior o momento de inércia polar da seção transversal de uma viga em relação ao seu eixo longitudinal, mais rígida é a viga. As vigas A e B têm a mesma área de seção transversal, mas A é mais rígida.

De maneira semelhante, o momento de inércia em relação ao eixo y é

$$I_y = \int_0^1 \int_0^{2x} x^2 \delta(x, y)\, dy\, dx = \frac{39}{5}.$$

Observe que integramos y^2 vezes a densidade ao calcular I_x e x^2 vezes a densidade para encontrar I_y.

Uma vez que conheçamos I_x e I_y, não precisamos calcular uma integral para encontrar I_0; podemos, em vez disso, utilizar a equação $I_0 = I_x + I_y$ da Tabela 15.2.

$$I_0 = 12 + \frac{39}{5} = \frac{60 + 39}{5} = \frac{99}{5}.$$

O momento de inércia também desempenha um papel na determinação de quanto uma viga metálica horizontal cederá sob uma carga. A rigidez da viga é uma constante vezes I, o momento de inércia de uma seção transversal típica da viga em relação ao eixo longitudinal da viga. Quanto maior o valor de I, mais rígida é a viga e menos ela cederá sob uma carga determinada. Esse é o motivo pelo qual utilizamos vigas em I em vez de vigas cujas seções transversais são quadradas. Os flanges, ou bordas, no topo e no pé da viga mantêm a maior parte da sua massa longe do eixo longitudinal para aumentar o valor de I (Figura 15.41).

Exercícios 15.6

Placas de densidade constante

1. **Encontrando um centro de massa** Encontre o centro de massa de uma placa fina de densidade $\delta = 3$ delimitada pelas retas $x = 0$, $y = x$ e a parábola $y = 2 - x^2$ no primeiro quadrante.

2. **Encontrando momentos de inércia** Encontre os momentos de inércia em relação aos eixos coordenados de uma placa fina retangular de densidade constante δ delimitada pelas retas $x = 3$ e $y = 3$ no primeiro quadrante.

3. **Encontrando um centroide** Encontre o centroide da região no primeiro quadrante delimitado pelos eixos x, a parábola $y^2 = 2x$ e a reta $x + y = 4$.

4. **Encontrando um centroide** Encontre o centroide da região triangular cortada do primeiro quadrante pela reta $x + y = 3$.

5. **Encontrando um centroide** Encontre o centroide da região cortada do primeiro quadrante pelo círculo $x^2 + y^2 = a^2$.

6. **Encontrando um centroide** Encontre o centroide da região entre o eixo x e o arco $y = \text{sen}\, x$, $0 \leq x \leq \pi$.

7. **Encontrando momentos de inércia** Encontre o momento de inércia em relação ao eixo x de uma placa fina de densidade $\delta = 1$ delimitada pela circunferência $x^2 + y^2 = 4$. Em seguida, utilize seu resultado para encontrar I_y e I_0 para a placa.

8. **Encontrando um momento de inércia** Encontre o momento de inércia em relação ao eixo y de uma folha fina de densidade constante $\delta = 1$ delimitada pela curva $y = (\text{sen}^2\, x)/x^2$ e o intervalo $\pi \leq x \leq 2\pi$ do eixo x.

9. **Centroide de uma região infinita** Encontre o centroide de uma região infinita no segundo quadrante delimitado pelos eixos coordenados e pela curva $y = e^x$. (Utilize integrais impróprias nas fórmulas de momento de massa.)

10. **Primeiro momento de uma placa infinita** Encontre o primeiro momento em relação ao eixo y de uma placa fina de densidade $\delta(x, y) = 1$ que cobre a região infinita sob a curva $y = e^{-x^2/2}$ no primeiro quadrante.

Placas com densidade variável

11. **Encontrando um momento de inércia** Encontre o momento de inércia em relação ao eixo x de uma placa fina delimitada pela parábola $x = y - y^2$ e pela reta $x + y = 0$ se $\delta(x, y) = x + y$.

12. **Encontrando massa** Encontre a massa de uma placa fina ocupando a região menor cortada da elipse $x^2 + 4y^2 = 12$ pela parábola $x = 4y^2$ se $\delta(x, y) = 5x$.

13. **Encontrando um centro de massa** Encontre o centro de massa de uma placa triangular fina delimitada pelo eixo y e pelas retas $y = x$ e $y = 2 - x$ se $\delta(x, y) = 6x + 3y + 3$.

14. **Encontrando um centro de massa e momento de inércia** Encontre o centro de massa e momento de inércia em relação ao eixo x de uma placa fina delimitada pelas curvas $x = y^2$ e $x = 2y - y^2$ se a densidade no ponto (x, y) for $\delta(x, y) = y + 1$.

15. **Centro de massa, momento de inércia** Encontre o centro de massa e o momento de inércia em relação ao eixo y de uma placa retangular fina cortada do primeiro quadrante pelas retas $x = 6$ e $y = 1$ se $\delta(x, y) = x + y + 1$.

16. **Centro de massa, momento de inércia** Encontre o centro de massa e o momento de inércia em relação ao eixo y de uma placa fina delimitada pela reta $y = 1$ e a parábola $y = x^2$ se a densidade for $\delta(x, y) = y + 1$.

17. **Centro de massa, momento de inércia** Encontre o centro de massa e o momento de inércia em relação ao plano y de uma placa fina delimitada pelo eixo x, pelas retas $x = \pm 1$ e pela parábola $y = x^2$ se $\delta(x, y) = 7y + 1$.

18. Centro de massa, momento de inércia Encontre o centro de massa e o momento de inércia em relação ao eixo x de uma placa retangular fina delimitada pelas retas $x = 0$, $x = 20$, $y = -1$ e $y = 1$ se $\delta(x, y) = 1 + (x/20)$.

19. Centro de massa, momento de inércia Encontre o centro de massa e o momento de inércia em relação aos eixos coordenados e o momento de inércia polar de uma placa triangular fina delimitada pelas retas $y = x$, $y = -x$ e $y = 1$ se $\delta(x, y) = y + 1$.

20. Centro de massa, momento de inércia Repita o Exercício 19 para $\delta(x, y) = 3x^2 + 1$.

Sólidos com densidade constante

21. Momentos de inércia Encontre os momentos de inércia do sólido retangular mostrado aqui com relação a suas arestas calculando I_x, I_y e I_z.

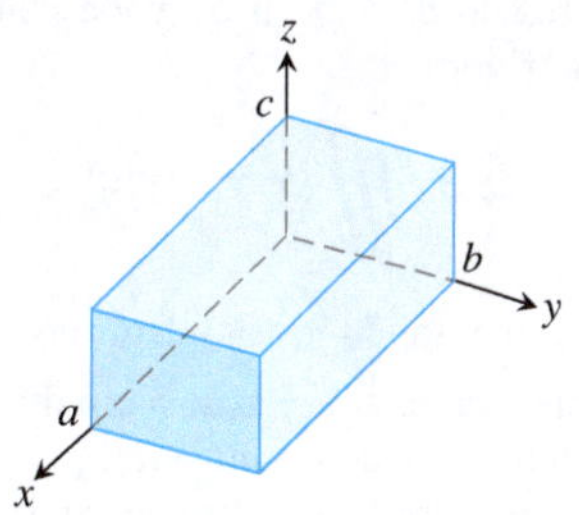

22. Momentos de inércia Os eixos coordenados na figura passam pelo centroide de uma cunha sólida paralelos às arestas identificadas. Encontre I_x, I_y e I_z se $a = b = 6$ e $c = 4$.

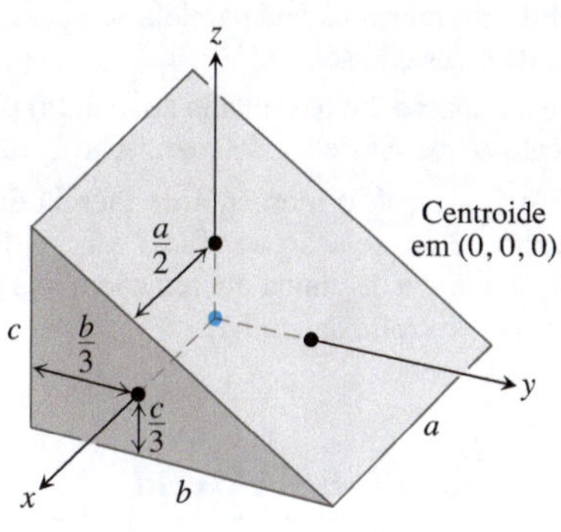

23. Centro de massa e momentos de inércia Uma "tina" sólida de densidade constante é delimitada abaixo pela superfície $z = 4y^2$, acima pelo plano $z = 4$ e nas extremidades pelos planos $x = 1$ e $x = -1$. Encontre o centro de massa e o momento de inércia com relação aos três eixos.

24. Centro de massa Um sólido de densidade constante é delimitado abaixo pelo plano $z = 0$, dos lados pelo cilindro elíptico $x^2 + 4y^2 = 4$ e acima pelo plano $z = 2 - x$ (veja a figura a seguir).

a. Encontre $\bar{x}$ e $\bar{y}$.

b. Calcule a integral

$$M_{xy} = \int_{-2}^{2}\int_{-(1/2)\sqrt{4-x^2}}^{(1/2)\sqrt{4-x^2}}\int_{0}^{2-x} z\,dz\,dy\,dx$$

utilizando tabelas integrais para realizar a integração final em relação a x. Em seguida, divida M_{xy} por M para certificar-se de que $\bar{z} = 5/4$.

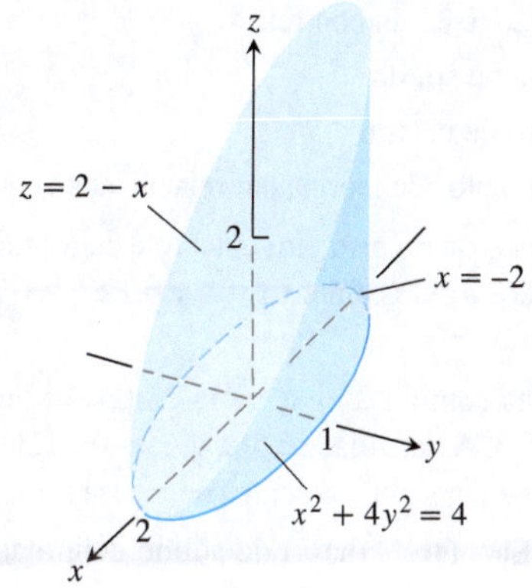

25. a. Centro de massa Encontre o centro de massa de um sólido de densidade constante delimitado inferiormente pelo paraboloide $z = x^2 + y^2$ e superiormente pelo plano $z = 4$.

b. Encontre o plano $z = c$ que divide o sólido em duas partes de igual volume. Esse plano não passa pelo centro de massa.

26. Momentos Um cubo sólido, 2 unidades de lado, é delimitado pelos planos $x = \pm 1$, $z = \pm 1$, $y = 3$ e $y = 5$. Encontre o centro de massa e os momentos de inércia em relação aos eixos coordenados.

27. Momento de inércia em relação a uma reta Uma cunha como a do Exercício 22 tem $a = 4$, $b = 6$ e $c = 3$. Faça um esboço rápido para verificar para si mesmo que o quadrado da distância de um ponto típico (x, y, z) da cunha à reta L: $z = 0$, $y = 6$ é $r^2 = (y - 6)^2 + z^2$. Em seguida, calcule o momento de inércia da cunha em relação a L.

28. Momento de inércia em relação a uma reta Uma cunha como a do Exercício 22 tem $a = 4$, $b = 6$ e $c = 3$. Faça um esboço rápido para verificar para si mesmo que o quadrado da distância de um ponto típico (x, y, z) da cunha à reta L: $x = 4$, $y = 0$ é $r^2 = (x - 4)^2 + y^2$. Em seguida, calcule o momento de inércia da cunha em relação a L.

Sólidos com variação de densidade

Nos Exercícios 29 e 30, encontre

a. a massa do sólido. **b.** o centro de massa.

29. Uma região sólida no primeiro octante é delimitada pelos planos coordenados e pelo plano $x + y + z = 2$. A densidade do sólido é $\delta(x, y, z) = 2x$.

30. Um sólido no primeiro octante é delimitado pelos planos $y = 0$ e $z = 0$ e pelas superfícies $z = 4 - x^2$ e $x = y^2$ (veja a figura a seguir). Sua função de densidade é $\delta(x, y, z) = kxy$, sendo k constante.

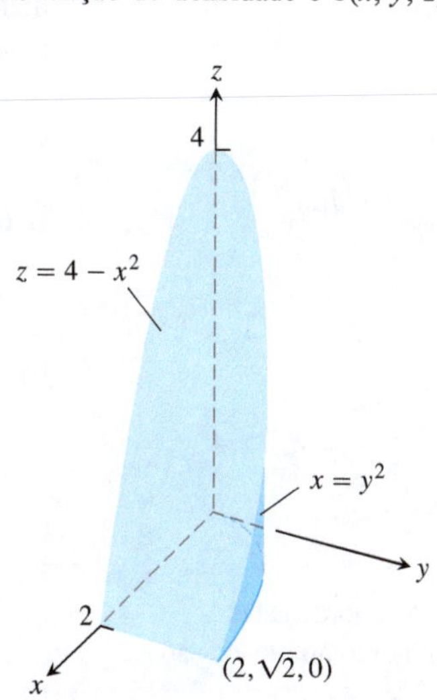

Nos Exercícios 31 e 32, encontre:

a. a massa do sólido.

b. o centro de massa.

c. os momentos de inércia em relação aos eixos coordenados.

31. Um cubo sólido no primeiro octante é delimitado pelos planos coordenados e pelos planos $x = 1$, $y = 1$ e $z = 1$. A densidade do cubo é $\delta(x, y, z) = x + y + z + 1$.

32. Uma cunha como a do Exercício 22 possui dimensões $a = 2$, $b = 6$ e $c = 3$. A densidade é $\delta(x, y, z) = x + 1$. Observe que se a densidade é constante, o centro de massa será (0, 0, 0).

33. Massa Encontre a massa do sólido delimitado pelos planos $x + z = 1$, $x - z = -1$, $y = 0$ e pela superfície $y = \sqrt{z}$. A densidade do sólido é $\delta(x, y, z) = 2y + 5$.

34. Massa Encontre a massa da região sólida delimitada pelas superfícies parabólicas $z = 16 - 2x^2 - 2y^2$ e $z = 2x^2 + 2y^2$ se a densidade do sólido for $\delta(x, y, z) = \sqrt{x^2 + y^2}$.

Teoria e exemplos

Teorema dos eixos paralelos Seja $L_{c.m.}$ uma reta que passa pelo centro de massa de um corpo de massa m e seja L uma reta paralela a h unidades de distância de $L_{c.m.}$. O *teorema dos eixos paralelos* diz que os momentos de inércia $I_{c.m.}$ e I_L do corpo em relação a $L_{c.m.}$ e L satisfazem a equação

$$I_L = I_{c.m.} + mh^2. \quad (2)$$

Como no caso bidimensional, o teorema nos proporciona uma maneira rápida de calcular um momento, quando o outro momento e a massa são conhecidos.

35. Prova do teorema dos eixos paralelos

a. Mostre que o primeiro momento de um corpo no espaço em relação a qualquer plano passando pelo centro de massa do corpo é zero. (Sugestão: situe o centro de massa do corpo na origem e defina o plano como sendo o plano yz. O que a fórmula $\bar{x} = M_{yz}/M$ então lhe diz?)

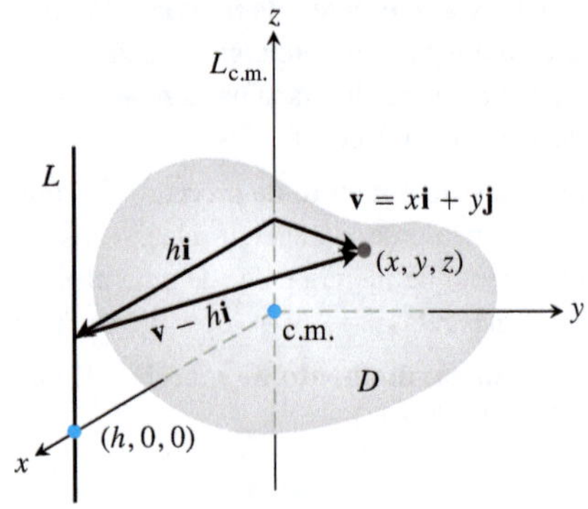

b. Para provar o teorema dos eixos paralelos, situe o corpo com seu centro de massa na origem, com a reta $L_{c.m.}$ ao longo do eixo z e a reta L perpendicular ao plano xy no ponto $(h, 0, 0)$. Seja D a região do espaço ocupada pelo corpo. Então, na notação da figura,

$$I_L = \iiint_D |\mathbf{v} - h\mathbf{i}|^2 \, dm.$$

Expanda o integrando nessa integral e complete a prova.

36. O momento de inércia em relação a um diâmetro de uma esfera sólida de densidade constante e raio a é $(2/5)ma^2$, onde m é a massa da esfera. Encontre o momento de inércia em relação a uma reta tangente à esfera.

37. O momento de inércia do sólido do Exercício 21 em relação ao eixo z é $I_z = abc(a^2 + b^2)/3$.

a. Utilize a Equação 2 para encontrar o momento de inércia do sólido em relação à reta paralela ao eixo z passando pelo centro de massa do sólido.

b. Utilize a Equação 2 e o resultado no item (a) para encontrar o momento de inércia do sólido em relação à reta $x = 0$, $y = 2b$.

38. Se $a = b = 6$ e $c = 4$, o momento de inércia da cunha sólida do Exercício 22 em relação ao eixo x é $I_x = 208$. Encontre o momento de inércia da cunha em relação à reta $y = 4$, $z = -4/3$ (a extremidade estreita da cunha).

15.7 Integrais triplas em coordenadas cilíndricas e esféricas

Quando um cálculo em física, engenharia ou geometria envolve um cilindro, um cone ou uma esfera, podemos frequentemente simplificar nosso trabalho utilizando coordenadas cilíndricas ou esféricas, que são introduzidas nesta seção. O procedimento para transformação dessas coordenadas e cálculo das integrais triplas resultantes é semelhante ao da transformação para coordenadas polares no plano, estudado na Seção 15.4.

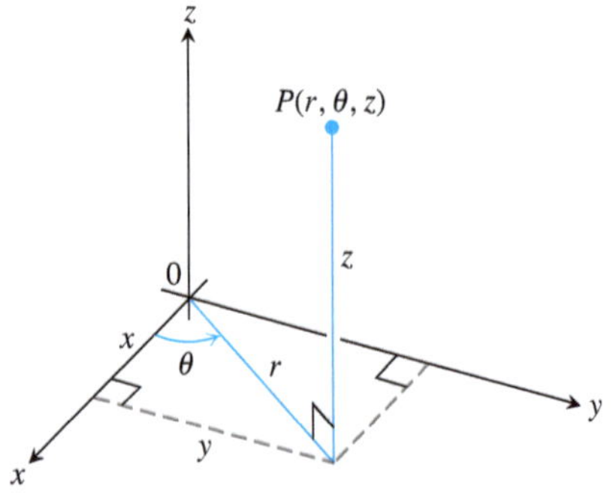

FIGURA 15.42 As coordenadas cilíndricas de um ponto no espaço são r, θ e z.

Integração em coordenadas cilíndricas

Obtemos coordenadas cilíndricas para o espaço combinando coordenadas polares no plano xy com o eixo z usual. Isso associa a cada ponto no espaço uma ou mais triplas coordenadas da forma (r, θ, z), conforme mostrado na Figura 15.42.

DEFINIÇÃO As **coordenadas cilíndricas** representam um ponto P no espaço por triplas ordenadas (r, θ, z), nas quais

1. r e θ são coordenadas polares para a projeção vertical de P no plano xy.
2. z é a coordenada vertical retangular.

Os valores de x, y, r e θ em coordenadas retangulares e cilíndricas são relacionados pelas equações usuais.

Equações relacionando coordenadas retangulares (x, y, z) e cilíndricas (r, θ, z)

$$x = r\cos\theta, \qquad y = r\,\mathrm{sen}\,\theta, \qquad z = z,$$
$$r^2 = x^2 + y^2, \qquad \mathrm{tg}\,\theta = y/x$$

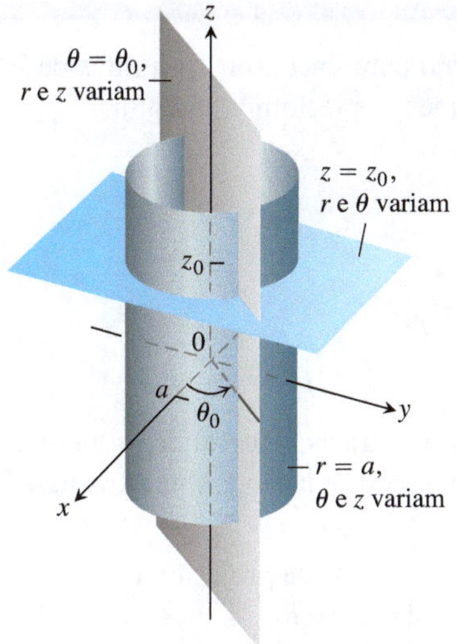

FIGURA 15.43 Equações de coordenadas constantes em coordenadas cilíndricas produzem cilindros e planos.

Em coordenadas cilíndricas, a equação $r = a$ descreve não apenas uma circunferência no plano xy, mas um cilindro inteiro em relação ao eixo z (Figura 15.43). O eixo z é fornecido por $r = 0$. A equação $\theta = \theta_0$ descreve o plano que contém o eixo z e forma um ângulo θ_0 com o eixo positivo x. E, como em coordenadas retangulares, a equação $z = z_0$ descreve um plano perpendicular ao eixo z.

As coordenadas cilíndricas são boas para descrever cilindros cujos eixos coincidem com o eixo z e planos que contêm o eixo z ou são perpendiculares ao eixo z. Superfícies como essas possuem equações de valor de coordenadas constantes:

$r = 4$	Cilindro, raio 4, eixo coincide com o eixo z
$\theta = \dfrac{\pi}{3}$	Plano contendo o eixo z
$z = 2.$	Plano perpendicular ao eixo z

No cálculo de integrais triplas sobre uma região D em coordenadas cilíndricas, dividimos a região em n pequenas cunhas cilíndricas, em vez de caixas retangulares. Na k-ésima cunha cilíndrica, r, θ e z são substituídos por Δr_k, $\Delta\theta_k$ e Δz_k, e o maior dentre esses números entre todas as cunhas cilíndricas é denominado **norma** da partição. Definimos a integral tripla como um limite das somas de Riemann utilizando essas cunhas. Seu volume ΔV_k é obtido tomando-se a área ΔA_k de sua base no plano $r\theta$ e multiplicando pela altura Δz (Figura 15.44).

Para um ponto (r_k, θ_k, z_k) no centro da k-ésima cunha, calculamos em coordenadas polares que $\Delta A_k = r_k\,\Delta r_k\,\Delta\theta_k$. Assim, $\Delta V_k = \Delta z_k\, r_k\,\Delta r_k\,\Delta\theta_k$ e uma soma de Riemann para f sobre D tem a forma

$$S_n = \sum_{k=1}^{n} f(r_k, \theta_k, z_k)\,\Delta z_k\, r_k\,\Delta r_k\,\Delta\theta_k.$$

A integral tripla de uma função f sobre D é obtida tomando-se um limite de tais somas de Riemann com partições cujas normas se aproximam de zero:

Diferencial de volume em coordenadas cilíndricas

$$dV = dz\, r\, dr\, d\theta$$

$$\lim_{n\to\infty} S_n = \iiint_D f\, dV = \iiint_D f\, dz\, r\, dr\, d\theta.$$

As integrais triplas em coordenadas cilíndricas são então avaliadas como integrais iteradas, como no exemplo a seguir.

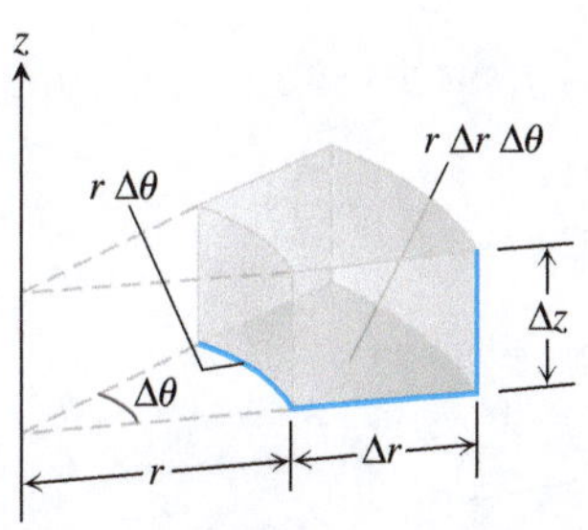

FIGURA 15.44 Em coordenadas cilíndricas, o volume da cunha é aproximado pelo produto $\Delta V = \Delta z\, r\,\Delta r\,\Delta\theta$.

EXEMPLO 1 Encontre os limites de integração em coordenadas cilíndricas para a integração de uma função $f(r, \theta, z)$ sobre a região D delimitada inferiormente pelo plano $z = 0$, lateralmente pelo cilindro circular $x^2 + (y-1)^2 = 1$ e superiormente pelo paraboloide $z = x^2 + y^2$.

Solução A base de D é também a projeção da região R no plano xy. A fronteira de R é a circunferência $x^2 + (y-1)^2 = 1$. Sua equação em coordenadas polares é

$$\begin{aligned} x^2 + (y-1)^2 &= 1 \\ x^2 + y^2 - 2y + 1 &= 1 \\ r^2 - 2r\,\mathrm{sen}\,\theta &= 0 \\ r &= 2\,\mathrm{sen}\,\theta. \end{aligned}$$

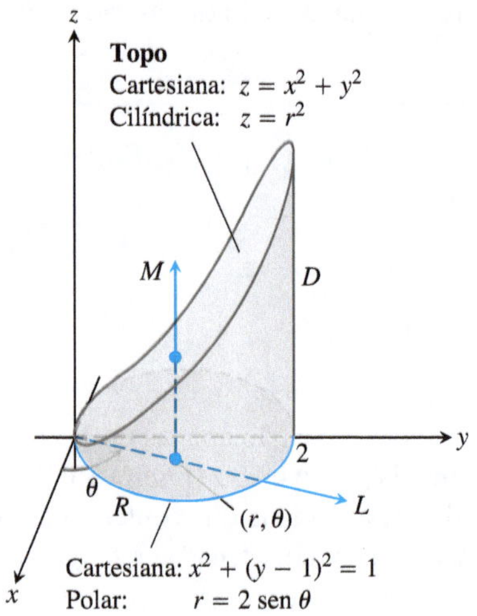

FIGURA 15.45 Encontrando os limites de integração para calcular uma integral em coordenadas cilíndricas (Exemplo 1).

A região é esboçada na Figura 15.45.

Encontramos os limites de integração, começando com os limites de z. Uma reta M passando por um ponto típico (r, θ) em R paralela ao eixo z entra em D em $z = 0$ e sai em $z = x^2 + y^2 = r^2$.

Em seguida, encontramos os limites de integração de r. Um raio L passando por (r, θ) a partir da origem entra em R em $r = 0$ e sai em $r = 2 \operatorname{sen} \theta$.

Por fim, encontramos os limites de integração de θ. À medida que L varre R, o ângulo θ que ele forma com o eixo positivo x varia de $\theta = 0$ a $\theta = \pi$. A integral é

$$\iiint_D f(r, \theta, z)\, dV = \int_0^{\pi} \int_0^{2 \operatorname{sen} \theta} \int_0^{r^2} f(r, \theta, z)\, dz\, r\, dr\, d\theta.$$

O Exemplo 1 ilustra um bom procedimento para encontrar os limites de integração em coordenadas cilíndricas. O procedimento é resumido a seguir.

Como integrar em coordenadas cilíndricas

Para calcular

$$\iiint_D f(r, \theta, z)\, dV$$

sobre uma região D no espaço em coordenadas cilíndricas, integrando primeiro com relação a z, depois com relação a r, e finalmente com relação a θ, siga os passos a seguir:

1. *Faça um esboço*. Esboce a região D juntamente com sua projeção R no plano xy. Identifique as superfícies e curvas que delimitam D e R.

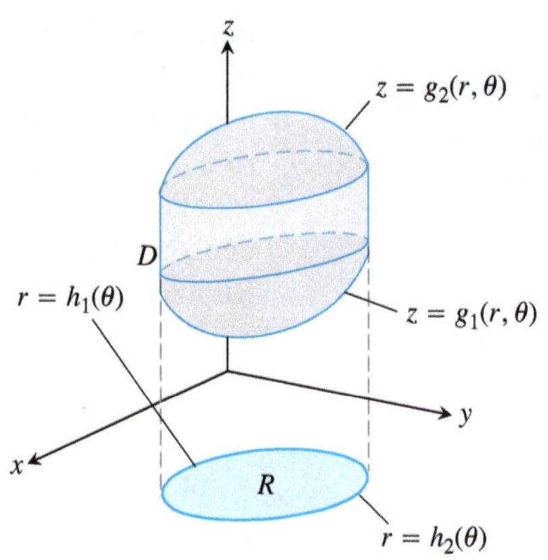

2. *Encontre os limites de integração de z*. Desenhe uma reta M passando por um ponto típico (r, θ) de R paralela ao eixo z. À medida que z cresce, M entra em D em $z = g_1(r, \theta)$ e sai em $z = g_2(r, \theta)$. Esses são os limites de integração de z.

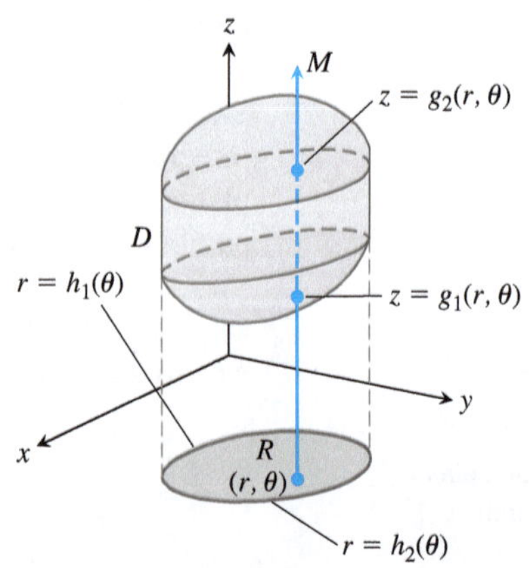

3. *Encontre os limites de integração de r.* Desenhe um raio L passando por (r, θ) a partir da origem. O raio entra em R em $r = h_1(\theta)$ e sai em $r = h_2(\theta)$. Esses são os limites de integração de r.

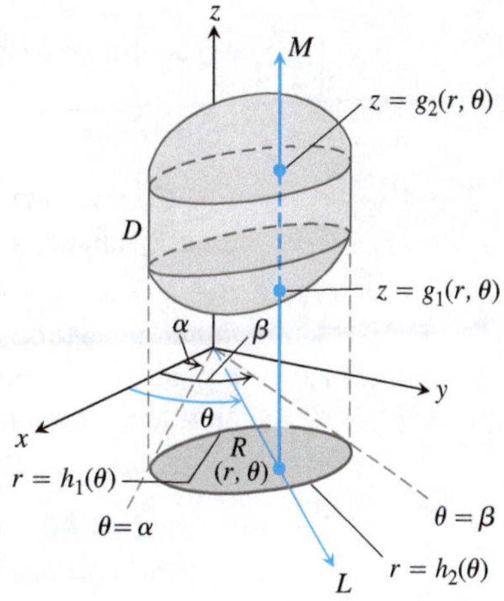

4. *Encontre os limites de integração de θ.* À medida que L varre R, o ângulo θ que ele forma com o eixo positivo x varia de $\theta = \alpha$ a $\theta = \beta$. Esses são os limites de integração de θ. A integral é

$$\iiint_D f(r, \theta, z)\, dV = \int_{\theta=\alpha}^{\theta=\beta} \int_{r=h_1(\theta)}^{r=h_2(\theta)} \int_{z=g_1(r,\theta)}^{z=g_2(r,\theta)} f(r, \theta, z)\, dz\, r\, dr\, d\theta.$$

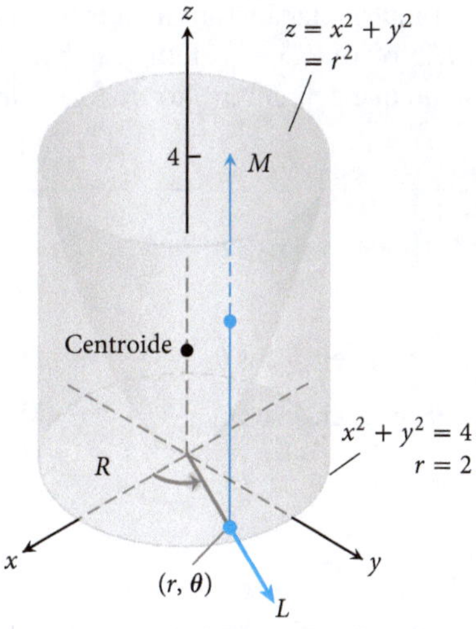

FIGURA 15.46 O Exemplo 2 mostra como encontrar o centroide desse sólido.

EXEMPLO 2 Encontre o centroide ($\delta = 1$) do sólido delimitado pelo cilindro $x^2 + y^2 = 4$, delimitado superiormente pelo paraboloide $z = x^2 + y^2$ e delimitado inferiormente pelo plano xy.

Solução Esboçamos o sólido, delimitado superiormente pelo paraboloide $z = r^2$ e inferiormente pelo plano $z = 0$ (Figura 15.46). Sua base R é o disco $0 \leq r \leq 2$ no plano xy.

O centroide do sólido $(\bar{x}, \bar{y}, \bar{z})$ está em seu eixo de simetria, aqui o eixo z. Isso faz $\bar{x} = \bar{y} = 0$. Para encontrar $\bar{z}$, dividimos o primeiro momento M_{xy} pela massa M.

Para encontrar os limites de integração para as integrais de massa e momento, continuamos com os quatro passos básicos. Concluímos nosso esboço inicial. Os passos restantes fornecem os limites de integração.

Limites de z. Uma reta M passando por um ponto típico (r, θ) na base paralela ao eixo z entra no sólido em $z = 0$ e sai em $z = r^2$.

Limites de r. Um raio L passando por (r, θ) a partir da origem entra em R em $r = 0$ e sai em $r = 2$.

Limites de θ. À medida que L varre a base em sentido anti-horário, o ângulo θ que ele forma com o eixo x positivo varia entre $\theta = 0$ e $\theta = 2\pi$. O valor de M_{xy} é

$$M_{xy} = \int_0^{2\pi} \int_0^2 \int_0^{r^2} z\, dz\, r\, dr\, d\theta = \int_0^{2\pi} \int_0^2 \left[\frac{z^2}{2}\right]_0^{r^2} r\, dr\, d\theta$$

$$= \int_0^{2\pi} \int_0^2 \frac{r^5}{2}\, dr\, d\theta = \int_0^{2\pi} \left[\frac{r^6}{12}\right]_0^2 d\theta = \int_0^{2\pi} \frac{16}{3}\, d\theta = \frac{32\pi}{3}.$$

O valor de M é

$$M = \int_0^{2\pi} \int_0^2 \int_0^{r^2} dz\, r\, dr\, d\theta = \int_0^{2\pi} \int_0^2 \Big[z\Big]_0^{r^2} r\, dr\, d\theta$$

$$= \int_0^{2\pi} \int_0^2 r^3\, dr\, d\theta = \int_0^{2\pi} \left[\frac{r^4}{4}\right]_0^2 d\theta = \int_0^{2\pi} 4\, d\theta = 8\pi.$$

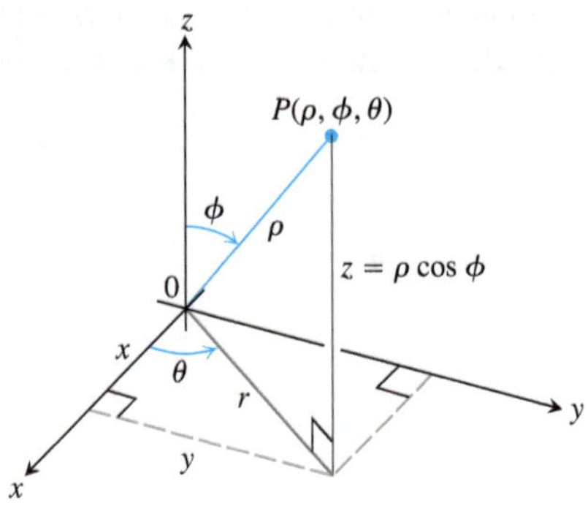

FIGURA 15.47 Coordenadas esféricas ρ, ϕ e θ e sua relação com x, y, z e r.

Portanto,

$$\bar{z} = \frac{M_{xy}}{M} = \frac{32\pi}{3}\frac{1}{8\pi} = \frac{4}{3},$$

e o centroide é (0, 0, 4/3). Observe que o centroide está fora do sólido.

Coordenadas esféricas e integração

Coordenadas esféricas posicionam pontos no espaço com dois ângulos e uma distância, conforme demonstrado na Figura 15.47. A primeira coordenada, $\rho = |\overrightarrow{OP}|$, é a distância do ponto à origem. Diferentemente de r, *a variável ρ nunca é negativa*. A segunda coordenada, ϕ, é o ângulo que $\overrightarrow{OP}$ forma com o eixo z positivo. É necessário que esteja no intervalo $[0, \pi]$. A terceira coordenada é o ângulo θ, como medido em coordenadas cilíndricas.

DEFINIÇÃO **Coordenadas esféricas** representam um ponto P no espaço por triplas ordenadas (ρ, ϕ, θ), nas quais

1. ρ é a distância entre P e a origem.
2. ϕ é o ângulo que $\overrightarrow{OP}$ forma com o eixo z positivo $(0 \leq \phi \leq \pi)$.
3. θ é o ângulo das coordenadas cilíndricas $(0 \leq \theta \leq 2\pi)$.

Nos mapas da Terra, θ está relacionada ao meridiano de um ponto na Terra e ϕ à sua latitude, enquanto ρ está relacionada à elevação acima da superfície terrestre.

A equação $\rho = a$ descreve a esfera de raio a centrado na origem (Figura 15.48). A equação $\phi = \phi_0$ descreve um cone simples cujo vértice está na origem e cujo eixo está ao longo do eixo z. (Ampliamos nossa interpretação para incluir o plano xy como o cone $\phi = \pi/2$.) Se ϕ_0 é maior que $\pi/2$, o cone $\phi = \phi_0$ tem sua abertura para baixo. A equação $\theta = \theta_0$ descreve o semiplano que contém o eixo z e forma um ângulo θ_0 com o eixo x positivo.

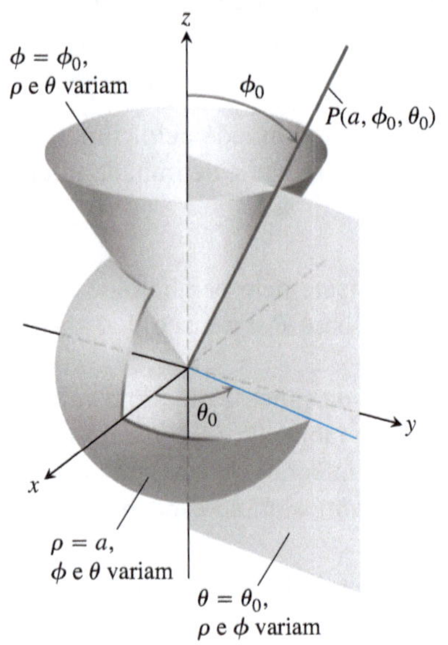

FIGURA 15.48 Equações de coordenadas constantes em coordenadas esféricas resultam em esferas, cones simples e semiplanos.

Equações relacionando coordenadas esféricas a coordenadas cartesianas e coordenadas cilíndricas

$$\begin{aligned} r &= \rho \operatorname{sen} \phi, & x &= r\cos\theta = \rho \operatorname{sen}\phi\cos\theta, \\ z &= \rho\cos\phi, & y &= r\operatorname{sen}\theta = \rho\operatorname{sen}\phi\operatorname{sen}\theta, \\ \rho &= \sqrt{x^2+y^2+z^2} = \sqrt{r^2+z^2}. \end{aligned} \qquad (1)$$

EXEMPLO 3 Encontre uma equação em coordenadas esféricas para a esfera $x^2 + y^2 + (z-1)^2 = 1$.

Solução Utilizamos as Equações 1 para substituir x, y e z:

$$x^2 + y^2 + (z-1)^2 = 1$$

$$\rho^2\operatorname{sen}^2\phi\cos^2\theta + \rho^2\operatorname{sen}^2\phi\operatorname{sen}^2\theta + (\rho\cos\phi - 1)^2 = 1 \qquad \text{Equações 1}$$

$$\rho^2\operatorname{sen}^2\phi\underbrace{(\cos^2\theta + \operatorname{sen}^2\theta)}_{1} + \rho^2\cos^2\phi - 2\rho\cos\phi + 1 = 1$$

$$\rho^2\underbrace{(\operatorname{sen}^2\phi + \cos^2\phi)}_{1} = 2\rho\cos\phi$$

$$\rho^2 = 2\rho\cos\phi$$

$$\rho = 2\cos\phi. \qquad \rho > 0$$

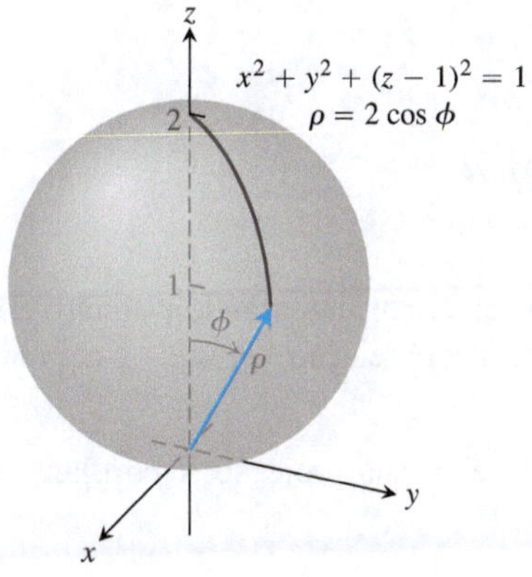

FIGURA 15.49 Esfera no Exemplo 3.

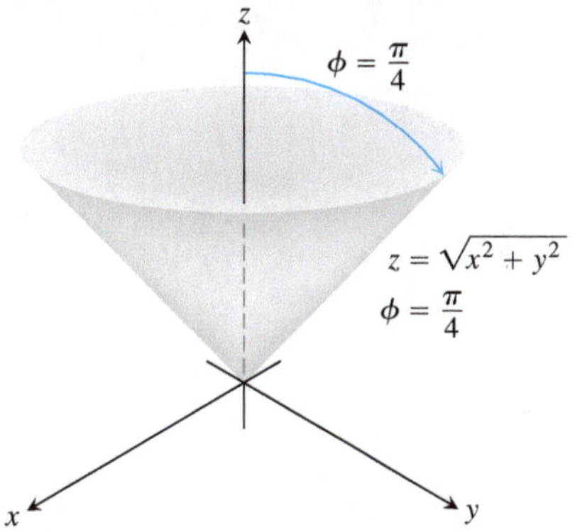

FIGURA 15.50 Cone no Exemplo 4.

Diferencial de volume em coordenadas esféricas

$$dV = \rho^2 \operatorname{sen} \phi \, d\rho \, d\phi \, d\theta$$

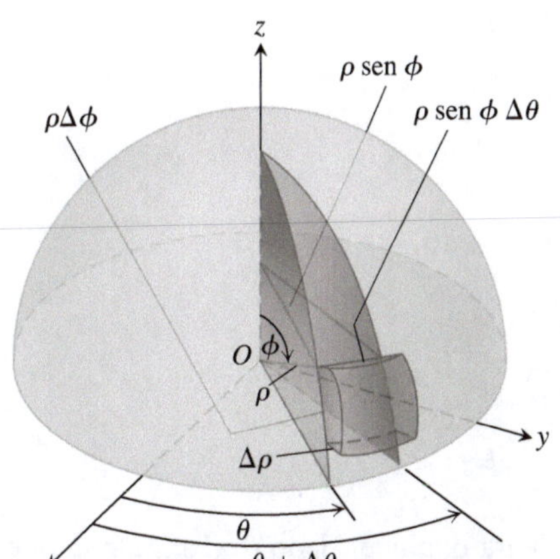

FIGURA 15.51 Em coordenadas esféricas
$$dV = d\rho \cdot \rho \, d\phi \cdot \rho \operatorname{sen} \phi \, d\theta$$
$$= \rho^2 \operatorname{sen} \phi \, d\rho \, d\phi \, d\theta.$$

O ângulo ϕ varia entre 0 no polo norte da esfera e $\pi/2$ no polo sul; o ângulo θ não aparece na expressão para ρ, refletindo a simetria em relação ao eixo z (ver a Figura 15.49).

EXEMPLO 4 Encontre uma equação em coordenadas esféricas para o cone $z = \sqrt{x^2 + y^2}$.

Solução 1 *Utilize a geometria.* O cone é simétrico em relação ao eixo z e corta o primeiro quadrante do plano yz ao longo da reta $z = y$. O ângulo entre o cone e o eixo z positivo é, portanto, $\pi/4$ radianos. O cone consiste nos pontos cujas coordenadas esféricas têm ϕ igual a $\pi/4$, portanto sua equação é $\phi = \pi/4$. (Ver a Figura 15.50.)

Solução 2 *Utilize a álgebra.* Se utilizarmos as Equações 1 para substituir x, y e z, obtemos o mesmo resultado:

$$\begin{aligned} z &= \sqrt{x^2 + y^2} & \\ \rho \cos \phi &= \sqrt{\rho^2 \operatorname{sen}^2 \phi} & \text{Exemplo 3} \\ \rho \cos \phi &= \rho \operatorname{sen} \phi & \rho > 0, \operatorname{sen} \phi \geq 0 \\ \cos \phi &= \operatorname{sen} \phi & \\ \phi &= \frac{\pi}{4}. & 0 \leq \phi \leq \pi \end{aligned}$$

As coordenadas esféricas são úteis para descrever esferas centradas na origem, semiplanos com fronteira no eixo z e cones cujos vértices estão na origem e cujos eixos estão ao longo do eixo z. Superfícies como essas têm equações de valor de coordenada constante:

$$\begin{aligned} \rho &= 4 & \text{Esfera, raio 4, centro na origem} \\ \phi &= \frac{\pi}{3} & \text{Cone abrindo-se da origem, formando um ângulo de } \pi/3 \text{ radianos com o eixo } z \text{ positivo} \\ \theta &= \frac{\pi}{3}. & \text{Semiplano, com fronteira ao longo do eixo } z\text{, formando um ângulo de } \pi/3 \text{ radianos com o eixo } x \text{ positivo} \end{aligned}$$

Quando calculamos integrais triplas sobre uma região D em coordenadas esféricas, particionamos a região em n cunhas esféricas. O tamanho da k-ésima cunha esférica, que contém um ponto $(\rho_k, \phi_k, \theta_k)$, é dado pelas variações $\Delta\rho_k$, $\Delta\theta_k$ e $\Delta\phi_k$ em ρ, θ e ϕ. Tal cunha esférica tem uma aresta formada por um arco circular de comprimento $\rho_k \, \Delta\phi_k$ e outra aresta formada por um arco circular de comprimento ρ_k sen $\phi_k \, \Delta\theta_k$ e espessura $\Delta\rho_k$. A cunha esférica se aproxima de um cubo dessas dimensões quando $\Delta\rho_k$, $\Delta\theta_k$ e $\Delta\phi_k$ são todos pequenos (Figura 15.51). Podemos mostrar que o volume dessa cunha esférica ΔV_k é $\Delta V_k = \rho_k^2$ sen $\phi_k \Delta\rho_k \Delta\phi_k \Delta\theta_k$ para $(\rho_k, \phi_k, \theta_k)$, um ponto escolhido dentro da cunha.

A soma de Riemann correspondente para uma função $f(\rho, \phi, \theta)$ é

$$S_n = \sum_{k=1}^{n} f(\rho_k, \phi_k, \theta_k) \, \rho_k^2 \operatorname{sen} \phi_k \, \Delta\rho_k \, \Delta\phi_k \, \Delta\theta_k.$$

À medida que a norma de uma partição se aproxima de zero, e as cunhas esféricas diminuem, as somas de Riemann têm um limite quando f é contínua:

$$\lim_{n \to \infty} S_n = \iiint_D f(\rho, \phi, \theta) \, dV = \iiint_D f(\rho, \phi, \theta) \, \rho^2 \operatorname{sen} \phi \, d\rho \, d\phi \, d\theta.$$

Em coordenadas esféricas, temos

$$dV = \rho^2 \operatorname{sen} \phi \, d\rho \, d\phi \, d\theta.$$

Para calcular integrais em coordenadas esféricas, geralmente integramos primeiro com relação a ρ. O procedimento para encontrar os limites de integração é mostrado a seguir. Limitamos nossa atenção à integração sobre domínios que são sólidos de revolução sobre o eixo z (ou porções destes) e para os quais os limites para θ e ϕ são constantes.

Como integrar em coordenadas esféricas

Para calcular

$$\iiint_D f(\rho, \phi, \theta)\, dV$$

sobre uma região D no espaço em coordenadas esféricas, integrando primeiro com relação a ρ, em seguida com relação a ϕ e por fim com relação a θ, siga os seguintes passos:

1. *Um esboço*. Esboce a região D juntamente com sua projeção R no plano xy. Identifique as superfícies que delimitam D.

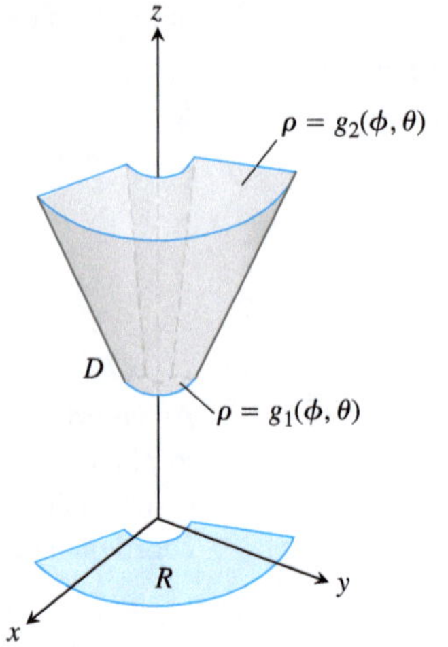

2. *Encontre os limites de integração de ρ*. Desenhe uma reta M a partir da origem passando por D e formando um ângulo ϕ com o eixo z positivo. Desenhe também a projeção de M no plano xy (chame a projeção de L). O raio L forma um ângulo θ com o eixo x. À medida que ρ cresce, M entra em D em $\rho = g_1(\phi, \theta)$ e sai em $\rho = g_2(\phi, \theta)$. Esses são os limites de integração de ρ.

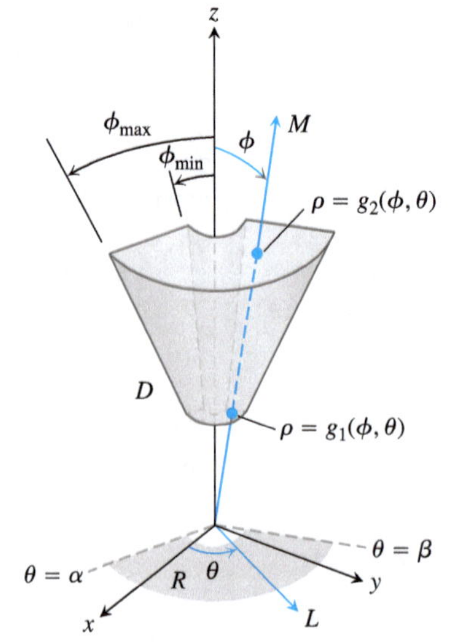

3. *Encontre os limites de integração de ϕ*. Para qualquer dado θ, o ângulo ϕ que M forma com o eixo z vai de $\phi = \phi_{min}$ até $\phi = \phi_{max}$. Esses são os limites de integração de ϕ.

4. *Encontre os limites de integração de θ.* O raio L varre R à medida que θ varia de α a β. Esses são os limites de integração de θ. A integral é

$$\iiint_D f(\rho, \phi, \theta)\, dV = \int_{\theta=\alpha}^{\theta=\beta} \int_{\phi=\phi_{\min}}^{\phi=\phi_{\max}} \int_{\rho=g_1(\phi,\theta)}^{\rho=g_2(\phi,\theta)} f(\rho, \phi, \theta)\, \rho^2 \operatorname{sen}\phi\, d\rho\, d\phi\, d\theta.$$

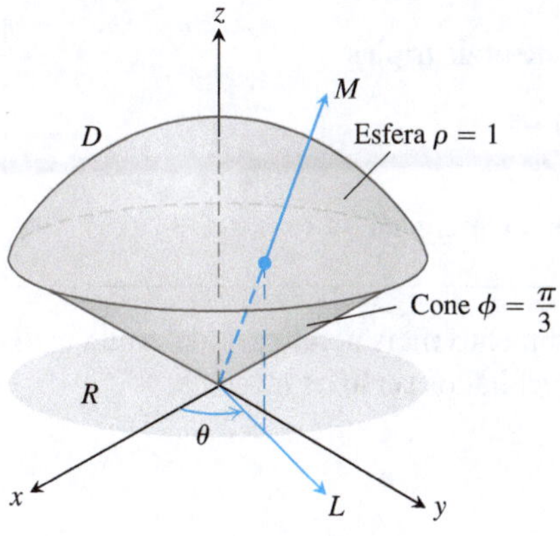

FIGURA 15.52 Casquinha de sorvete no Exemplo 5.

EXEMPLO 5 Encontre o volume da "casquinha de sorvete" D cortada da esfera sólida $\rho \leq 1$ pelo cone $\phi = \pi/3$.

Solução O volume é $V = \iiint_D \rho^2 \operatorname{sen}\phi\, d\rho\, d\phi\, d\theta$, a integral de $f(\rho, \phi, \theta) = 1$ sobre D.

Para encontrar os limites de integração para calcular a integral, começamos esboçando D e sua projeção R no plano xy (Figura 15.52).

Limites de integração de ρ. Desenhamos um raio M a partir da origem passando por D e formando um ângulo ϕ com o eixo positivo z. Também desenhamos L, a projeção de M no plano xy, juntamente com o ângulo θ que L forma com o eixo x positivo. O raio M entra em D em $\rho = 0$ e sai em $\rho = 1$.

Limites de integração de ϕ. O cone $\phi = \pi/3$ forma um ângulo de $\pi/3$ com o eixo z positivo. Para qualquer dado θ, o ângulo ϕ pode variar entre $\phi = 0$ e $\phi = \pi/3$.

Limites de integração de θ. O raio L varre R à medida que θ varia entre 0 e 2π. O volume é

$$\begin{aligned} V &= \iiint_D \rho^2 \operatorname{sen}\phi\, d\rho\, d\phi\, d\theta = \int_0^{2\pi} \int_0^{\pi/3} \int_0^1 \rho^2 \operatorname{sen}\phi\, d\rho\, d\phi\, d\theta \\ &= \int_0^{2\pi} \int_0^{\pi/3} \left[\frac{\rho^3}{3}\right]_0^1 \operatorname{sen}\phi\, d\phi\, d\theta = \int_0^{2\pi} \int_0^{\pi/3} \frac{1}{3} \operatorname{sen}\phi\, d\phi\, d\theta \\ &= \int_0^{2\pi} \left[-\frac{1}{3}\cos\phi\right]_0^{\pi/3} d\theta = \int_0^{2\pi} \left(-\frac{1}{6} + \frac{1}{3}\right) d\theta = \frac{1}{6}(2\pi) = \frac{\pi}{3}. \end{aligned}$$

EXEMPLO 6 Um sólido de densidade constante $\delta = 1$ ocupa a região D no Exemplo 5. Encontre o momento de inércia do sólido em relação ao eixo z.

Solução Em coordenadas retangulares, o momento é

$$I_z = \iiint (x^2 + y^2)\, dV.$$

Em coordenadas esféricas, $x^2 + y^2 = (\rho \operatorname{sen}\phi \cos\theta)^2 + (\rho \operatorname{sen}\phi \operatorname{sen}\theta)^2 = \rho^2 \operatorname{sen}^2\phi$. Consequentemente,

$$I_z = \iiint (\rho^2 \operatorname{sen}^2\phi)\, \rho^2 \operatorname{sen}\phi\, d\rho\, d\phi\, d\theta = \iiint \rho^4 \operatorname{sen}^3\phi\, d\rho\, d\phi\, d\theta.$$

Para a região no Exemplo 5, isso se torna

$$\begin{aligned} I_z &= \int_0^{2\pi} \int_0^{\pi/3} \int_0^1 \rho^4 \operatorname{sen}^3\phi\, d\rho\, d\phi\, d\theta = \int_0^{2\pi} \int_0^{\pi/3} \left[\frac{\rho^5}{5}\right]_0^1 \operatorname{sen}^3\phi\, d\phi\, d\theta \\ &= \frac{1}{5} \int_0^{2\pi} \int_0^{\pi/3} (1 - \cos^2\phi) \operatorname{sen}\phi\, d\phi\, d\theta = \frac{1}{5} \int_0^{2\pi} \left[-\cos\phi + \frac{\cos^3\phi}{3}\right]_0^{\pi/3} d\theta \\ &= \frac{1}{5} \int_0^{2\pi} \left(-\frac{1}{2} + 1 + \frac{1}{24} - \frac{1}{3}\right) d\theta = \frac{1}{5} \int_0^{2\pi} \frac{5}{24}\, d\theta = \frac{1}{24}(2\pi) = \frac{\pi}{12}. \end{aligned}$$

Fórmulas de conversão de coordenadas

CILÍNDRICAS PARA RETANGULARES	ESFÉRICAS PARA RETANGULARES	ESFÉRICAS PARA CILÍNDRICAS
$x = r\cos\theta$	$x = \rho \operatorname{sen}\phi \cos\theta$	$r = \rho \operatorname{sen}\phi$
$y = r\operatorname{sen}\theta$	$y = \rho \operatorname{sen}\phi \operatorname{sen}\theta$	$z = \rho\cos\phi$
$z = z$	$z = \rho\cos\phi$	$\theta = \theta$

Fórmulas correspondentes para dV em integrais triplas:

$$\begin{aligned} dV &= dx\,dy\,dz \\ &= dz\,r\,dr\,d\theta \\ &= \rho^2 \operatorname{sen}\phi\,d\rho\,d\phi\,d\theta \end{aligned}$$

Na próxima seção, veremos um procedimento mais geral para determinar dV em coordenadas cilíndricas e esféricas. Os resultados serão os mesmos.

Exercícios 15.7

Calculando integrais em coordenadas cilíndricas

Calcule as integrais em coordenadas cilíndricas nos Exercícios 1-6.

1. $\displaystyle\int_0^{2\pi}\int_0^1\int_r^{\sqrt{2-r^2}} dz\,r\,dr\,d\theta$

2. $\displaystyle\int_0^{2\pi}\int_0^3\int_{r^2/3}^{\sqrt{18-r^2}} dz\,r\,dr\,d\theta$

3. $\displaystyle\int_0^{2\pi}\int_0^{\theta/2\pi}\int_0^{3+24r^2} dz\,r\,dr\,d\theta$

4. $\displaystyle\int_0^{\pi}\int_0^{\theta/\pi}\int_{-\sqrt{4-r^2}}^{3\sqrt{4-r^2}} z\,dz\,r\,dr\,d\theta$

5. $\displaystyle\int_0^{2\pi}\int_0^1\int_r^{1/\sqrt{2-r^2}} 3\,dz\,r\,dr\,d\theta$

6. $\displaystyle\int_0^{2\pi}\int_0^1\int_{-1/2}^{1/2}(r^2\operatorname{sen}^2\theta + z^2)\,dz\,r\,dr\,d\theta$

Mudando a ordem de integração em coordenadas cilíndricas

As integrais que vimos até agora sugerem que existem ordens preferenciais de integração para coordenadas cilíndricas, mas outras ordens em geral funcionam bem e são ocasionalmente mais fáceis de calcular. Calcule as integrais nos Exercícios 7-10.

7. $\displaystyle\int_0^{2\pi}\int_0^3\int_0^{z/3} r^3\,dr\,dz\,d\theta$

8. $\displaystyle\int_{-1}^1\int_0^{2\pi}\int_0^{1+\cos\theta} 4r\,dr\,d\theta\,dz$

9. $\displaystyle\int_0^1\int_0^{\sqrt{z}}\int_0^{2\pi}(r^2\cos^2\theta + z^2)\,r\,d\theta\,dr\,dz$

10. $\displaystyle\int_0^2\int_{r-2}^{\sqrt{4-r^2}}\int_0^{2\pi}(r\operatorname{sen}\theta + 1)\,r\,d\theta\,dz\,dr$

11. Seja D a região delimitada abaixo pelo plano $z = 0$, acima pela esfera $x^2 + y^2 + z^2 = 4$ e dos lados pelo cilindro $x^2 + y^2 = 1$. Monte as integrais triplas em coordenadas cilíndricas que fornecem o volume de D, utilizando as seguintes ordens de integração.

    a. $dz\,dr\,d\theta$ **b.** $dr\,dz\,d\theta$ **c.** $d\theta\,dz\,dr$

12. Seja D a região delimitada abaixo pelo cone $z = \sqrt{x^2 + y^2}$ e acima pelo paraboloide $z = 2 - x^2 - y^2$. Monte as integrais triplas em coordenadas cilíndricas que fornecem o volume de D, utilizando as ordens de integração a seguir.

    a. $dz\,dr\,d\theta$
    b. $dr\,dz\,d\theta$
    c. $d\theta\,dz\,dr$

Encontrando integrais iteradas em coordenadas cilíndricas

13. Dê os limites de integração para calcular a integral

$$\iiint f(r, \theta, z)\,dz\,r\,dr\,d\theta$$

como uma integral iterada sobre a região que está delimitada acima pelo plano $z = 0$, do lado pelo cilindro $r = \cos\theta$ e no topo pelo paraboloide $z = 3r^2$.

14. Converta a integral

$$\int_{-1}^1\int_0^{\sqrt{1-y^2}}\int_0^x (x^2 + y^2)\,dz\,dx\,dy$$

em uma integral equivalente em coordenadas cilíndricas e calcule o resultado.

Nos Exercícios 15-20, monte a integral iterada para calcular $\iiint_D f(r, \theta, z)\,dz\,r\,dr\,d\theta$ sobre a região D dada.

15. D é o cilindro circular reto cuja base é a circunferência $r = 2\operatorname{sen}\theta$ no plano xy e cujo topo está no plano $z = 4 - y$.

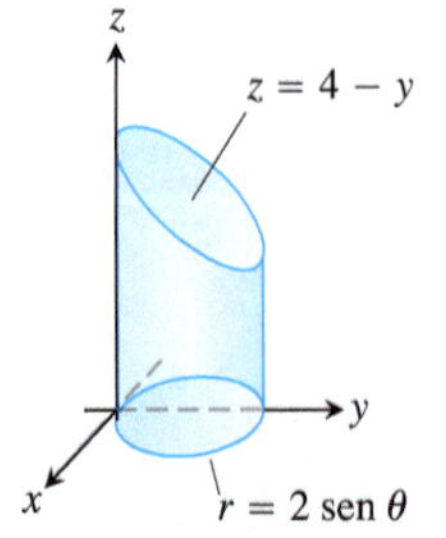

16. D é o cilindro circular reto cuja base é a circunferência $r = 3\cos\theta$ e cujo topo está no plano $z = 5 - x$.

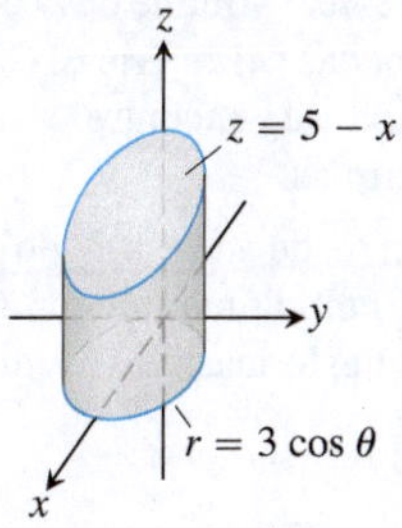

17. D é o cilindro circular reto sólido cuja base é a região no plano xy que está dentro da cardioide $r = 1 + \cos\theta$ e fora da circunferência $r = 1$ e cujo topo está no plano $z = 4$.

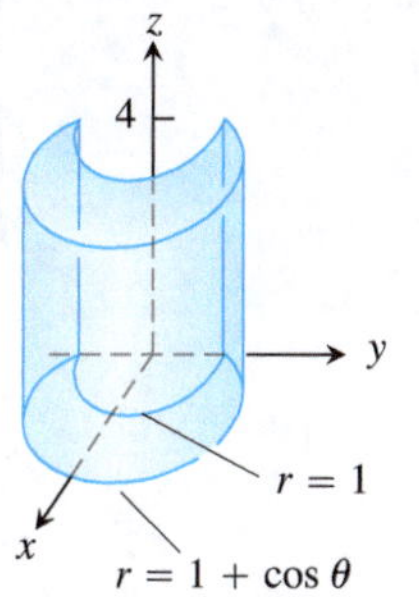

18. D é o cilindro circular reto cuja base é a região entre as circunferências $r = \cos\theta$ e $r = 2\cos\theta$ e cujo topo está no plano $z = 3 - y$.

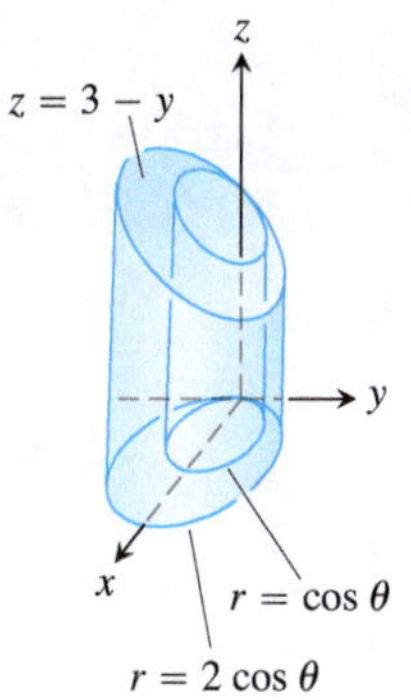

19. D é o prisma cuja base é o triângulo no plano xy, delimitado pelo eixo x e as retas $y = x$ e $x = 1$, e cujo topo está no plano $z = 2 - y$.

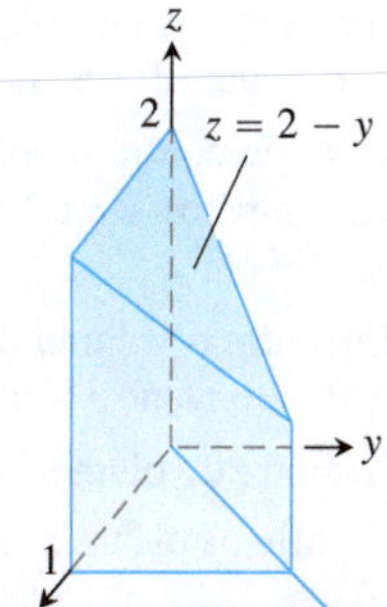

20. D é o prisma cuja base é o triângulo no plano xy, delimitado pelo eixo y e as retas $y = x$ e $y = 1$, e cujo topo está no plano $z = 2 - x$.

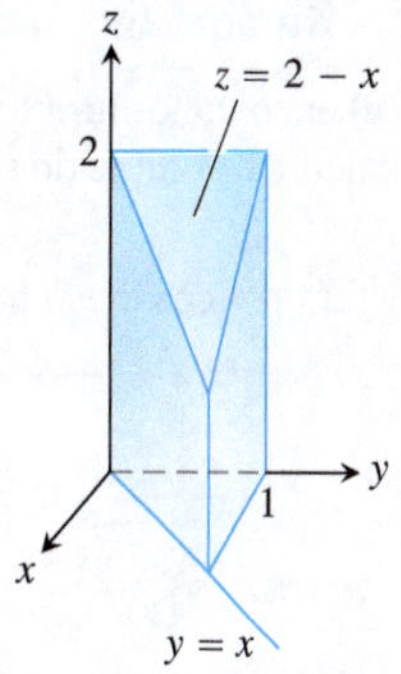

Calculando integrais em coordenadas esféricas

Calcule as integrais em coordenadas esféricas nos Exercícios 21-26.

21. $\displaystyle\int_0^{\pi}\int_0^{\pi}\int_0^{2\,\mathrm{sen}\,\phi} \rho^2 \,\mathrm{sen}\,\phi \; d\rho\, d\phi\, d\theta$

22. $\displaystyle\int_0^{2\pi}\int_0^{\pi/4}\int_0^{2} (\rho\cos\phi)\,\rho^2 \,\mathrm{sen}\,\phi \; d\rho\, d\phi\, d\theta$

23. $\displaystyle\int_0^{2\pi}\int_0^{\pi}\int_0^{(1-\cos\phi)/2} \rho^2 \,\mathrm{sen}\,\phi \; d\rho\, d\phi\, d\theta$

24. $\displaystyle\int_0^{3\pi/2}\int_0^{\pi}\int_0^{1} 5\rho^3 \,\mathrm{sen}^3\,\phi \; d\rho\, d\phi\, d\theta$

25. $\displaystyle\int_0^{2\pi}\int_0^{\pi/3}\int_{\sec\phi}^{2} 3\rho^2 \,\mathrm{sen}\,\phi \; d\rho\, d\phi\, d\theta$

26. $\displaystyle\int_0^{2\pi}\int_0^{\pi/4}\int_0^{\sec\phi} (\rho\cos\phi)\,\rho^2 \,\mathrm{sen}\,\phi \; d\rho\, d\phi\, d\theta$

Mudando a ordem de integração em coordenadas esféricas

As integrais anteriores sugerem que existem ordens preferenciais de integração para coordenadas esféricas, mas outras ordens fornecem o mesmo valor e são ocasionalmente mais fáceis de calcular. Calcule as integrais nos Exercícios 27-30.

27. $\displaystyle\int_0^{2}\int_{-\pi}^{0}\int_{\pi/4}^{\pi/2} \rho^3 \,\mathrm{sen}\,2\phi \; d\phi\, d\theta\, d\rho$

28. $\displaystyle\int_{\pi/6}^{\pi/3}\int_{\mathrm{cossec}\,\phi}^{2\,\mathrm{cossec}\,\phi}\int_0^{2\pi} \rho^2 \,\mathrm{sen}\,\phi \; d\theta\, d\rho\, d\phi$

29. $\displaystyle\int_0^{1}\int_0^{\pi}\int_0^{\pi/4} 12\rho \,\mathrm{sen}^3\,\phi \; d\phi\, d\theta\, d\rho$

30. $\displaystyle\int_{\pi/6}^{\pi/2}\int_{-\pi/2}^{\pi/2}\int_{\mathrm{cossec}\,\phi}^{2} 5\rho^4 \,\mathrm{sen}^3\,\phi \; d\rho\, d\theta\, d\phi$

31. Seja D a região no Exercício 11. Monte as integrais triplas em coordenadas esféricas que forneçam o volume de D, utilizando as ordens de integração a seguir.

a. $d\rho\, d\phi\, d\theta$

b. $d\phi\, d\rho\, d\theta$

32. Seja D a região delimitada abaixo pelo cone $z = \sqrt{x^2 + y^2}$ e acima pelo plano $z = 1$. Monte as integrais triplas em coordenadas esféricas que forneçam o volume de D, utilizando as ordens de integração a seguir.

a. $d\rho\, d\phi\, d\theta$

b. $d\phi\, d\rho\, d\theta$

Encontrando integrais iteradas em coordenadas esféricas

Nos Exercícios 33-38, **(a)** encontre os limites em coordenadas esféricas para a integral que calcula o volume do sólido dado e em seguida **(b)** calcule a integral.

33. O sólido entre a esfera $\rho = \cos \phi$ e o hemisfério $\rho = 2$, $z \geq 0$

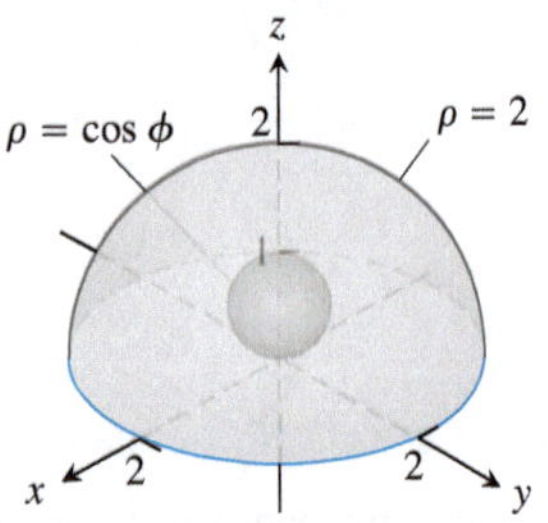

34. O sólido delimitado abaixo pelo hemisfério $\rho = 1$, $z \geq 0$ e acima pela cardioide de revolução $\rho = 1 + \cos \phi$

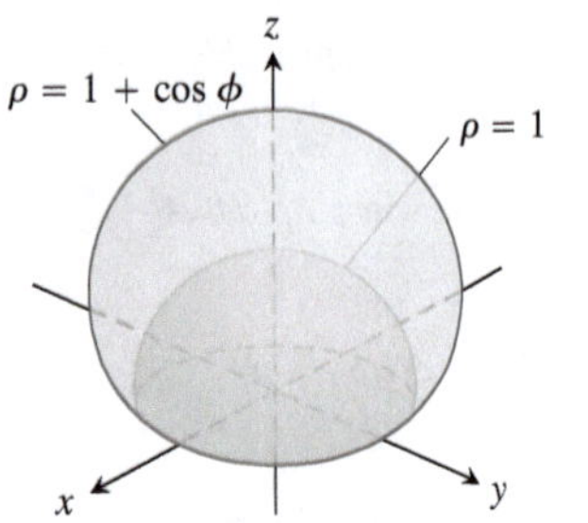

35. O sólido delimitado pela cardioide de revolução $\rho = 1 - \cos \phi$.

36. A porção superior cortada do sólido no Exercício 35 pelo plano xy.

37. O sólido delimitado abaixo pela esfera $\rho = 2 \cos \phi$ e acima pelo cone $z = \sqrt{x^2 + y^2}$

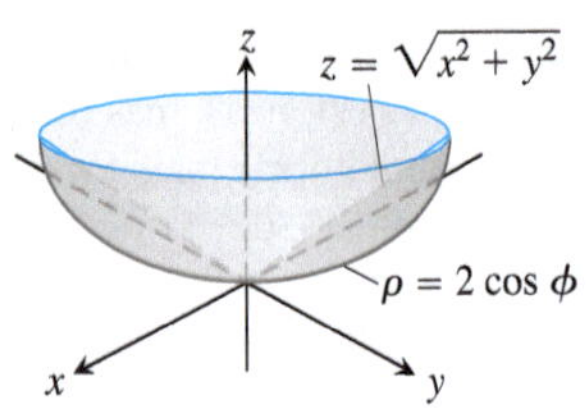

38. O sólido delimitado abaixo pelo plano xy, dos lados pela esfera $\rho = 2$ e acima pelo cone $\phi = \pi/3$

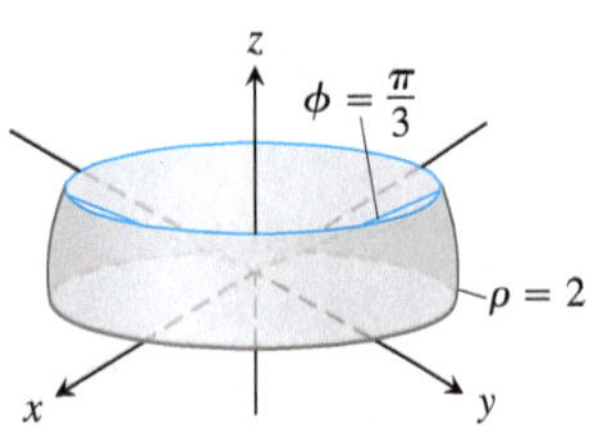

Encontrando integrais triplas

39. Monte integrais triplas para o volume da esfera $\rho = 2$ em coordenadas **(a)** esféricas, **(b)** cilíndricas e **(c)** retangulares.

40. Seja D a região no primeiro octante delimitada abaixo pelo cone $\phi = \pi/4$ e acima pela esfera $\rho = 3$. Expresse o volume de D como uma integral tripla iterada em coordenadas **(a)** cilíndricas e **(b)** esféricas. Em seguida, **(c)** encontre V.

41. Seja D a calota menor cortada de uma esfera sólida de raio de 2 unidades por um plano a uma distância de 1 unidade do centro da esfera. Expresse o volume de D como uma integral tripla iterada em coordenadas **(a)** esféricas, **(b)** cilíndricas e **(c)** retangulares. Em seguida, **(d)** encontre o volume, calculando uma das três integrais triplas.

42. Expresse o momento de inércia I_z do hemisfério sólido $x^2 + y^2 + z^2 \leq 1$, $z \geq 0$, como uma integral iterada em coordenadas **(a)** cilíndricas e **(b)** esféricas. Em seguida, **(c)** encontre I_z.

Volumes

Encontre os volumes dos sólidos nos Exercícios 43-48.

43.

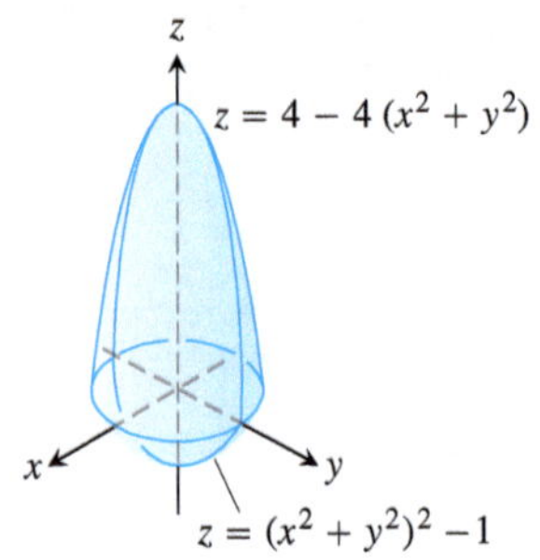

44.

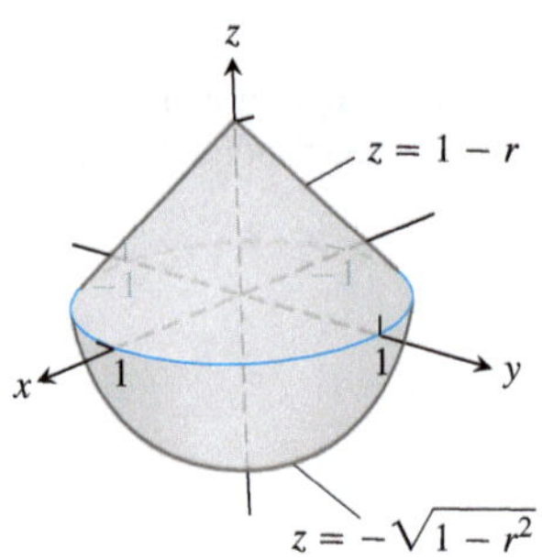

45.

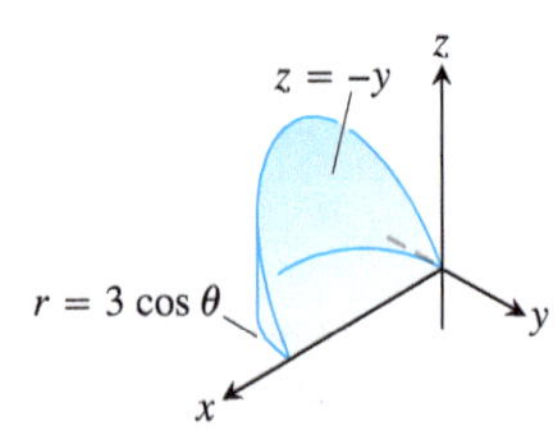

46.

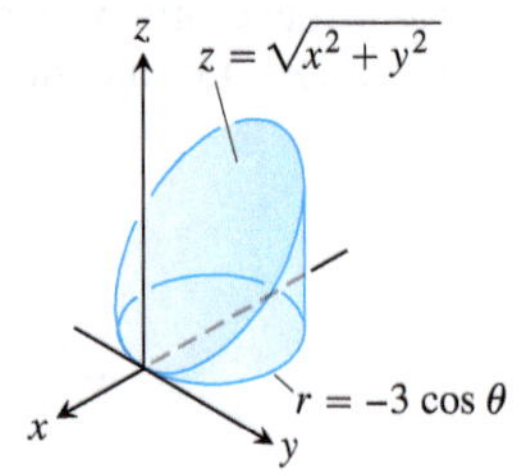

47.

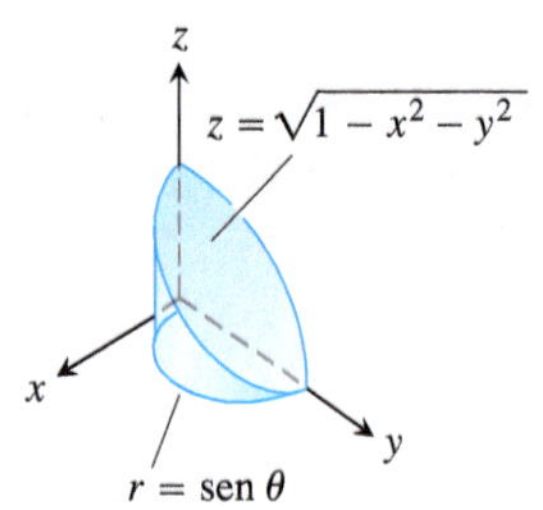

48.

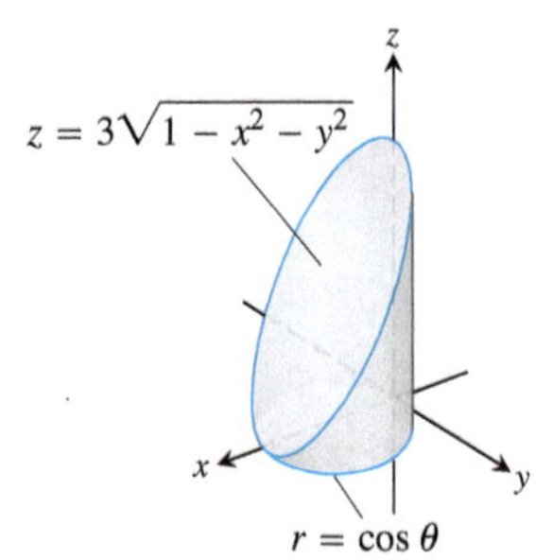

49. Esfera e cones Encontre o volume da porção da esfera sólida $\rho \leq a$ que está entre os cones $\phi = \pi/3$ e $\phi = 2\pi/3$.

50. Esfera e semiplanos Encontre o volume da região cortada da esfera sólida $\rho \leq a$ e pelos semiplanos $\theta = 0$ e $\theta = \pi/6$ no primeiro octante.

51. Esfera e plano Encontre o volume da região menor cortada da esfera sólida $\rho \leq 2$ pelo plano $z = 1$.

52. Cone e planos Encontre o volume do sólido delimitado pelo cone $z = \sqrt{x^2 + y^2}$ entre os planos $z = 1$ e $z = 2$.

53. Cilindro e paraboloide Encontre o volume da região delimitada inferiormente pelo plano $z = 0$, lateralmente pelo cilindro $x^2 + y^2 = 1$ e superiormente pelo paraboloide $z = x^2 + y^2$.

54. Cilindro e paraboloides Encontre o volume da região delimitada inferiormente pelo paraboloide $z = x^2 + y^2$, lateralmente pelo cilindro $x^2 + y^2 = 1$ e superiormente pelo paraboloide $z = x^2 + y^2 + 1$.

55. Cilindro e cones Encontre o volume do sólido cortado do cilindro espesso $1 \leq x^2 + y^2 \leq 2$ pelos cones $z = \pm\sqrt{x^2 + y^2}$.

56. Esfera e cilindro Encontre o volume da região que está dentro da esfera $x^2 + y^2 + z^2 = 2$ e fora do cilindro $x^2 + y^2 = 1$.

57. Cilindro e planos Encontre o volume da região delimitada pelo cilindro $x^2 + y^2 = 4$ e os planos $z = 0$ e $y + z = 4$.

58. Cilindro e planos Encontre o volume da região delimitada pelo cilindro $x^2 + y^2 = 4$ e os planos $z = 0$ e $x + y + z = 4$.

59. Região delimitada por paraboloides Encontre o volume da região delimitada superiormente pelo paraboloide $z = 5 - x^2 - y^2$ e inferiormente pelo paraboloide $z = 4x^2 + 4y^2$.

60. Paraboloide e cilindro Encontre o volume da região delimitada superiormente pelo paraboloide $z = 9 - x^2 - y^2$, inferiormente pelo plano xy e *fora* do cilindro $x^2 + y^2 = 1$.

61. Cilindro e esfera Encontre o volume da região cortada do cilindro sólido $x^2 + y^2 \leq 1$ pela esfera $x^2 + y^2 + z^2 = 4$.

62. Esfera e paraboloide Encontre o volume da região delimitada acima pela esfera $x^2 + y^2 + z^2 = 2$ e abaixo pelo paraboloide $z = x^2 + y^2$.

Valores médios

63. Encontre o valor médio da função $f(r, \theta, z) = r$ sobre a região delimitada pelo cilindro $r = 1$ entre os planos $z = -1$ e $z = 1$.

64. Encontre o valor médio da função $f(r, \theta, z) = r$ sobre a esfera sólida delimitada pela esfera $r^2 + z^2 = 1$. (Esta é a esfera $x^2 + y^2 + z^2 = 1$.)

65. Encontre o valor médio da função $f(\rho, \phi, \theta) = \rho$ sobre a esfera sólida $\rho \leq 1$.

66. Encontre o valor médio da função $f(\rho, \phi, \theta) = \rho \cos \phi$ sobre a semiesfera sólida $\rho \leq 1$, $0 \leq \phi \leq \pi/2$.

Massas, momentos e centroides

67. Centro de massa Um sólido de densidade constante é delimitado abaixo pelo plano $z = 0$, acima pelo cone $z = r$, $r \geq 0$, e dos lados pelo cilindro $r = 1$. Encontre o centro de massa.

68. Centroide Encontre o centroide da região no primeiro octante que é delimitado acima pelo cone $z = \sqrt{x^2 + y^2}$, abaixo pelo plano $z = 0$ e dos lados pelo cilindro $x^2 + y^2 = 4$ e os planos $x = 0$ e $y = 0$.

69. Centroide Encontre o centroide do sólido no Exercício 38.

70. Centroide Encontre o centroide do sólido delimitado superiormente pela esfera $\rho = a$ e inferiormente pelo cone $\phi = \pi/4$.

71. Centroide Encontre o centroide da região delimitada superiormente pela superfície $z = \sqrt{r}$, dos lados pelo cilindro $r = 4$ e inferiormente pelo plano xy.

72. Centroide Encontre o centroide da região cortada da esfera sólida $r^2 + z^2 \leq 1$ pelos semiplanos $\theta = -\pi/3$, $r \geq 0$ e $\theta = \pi/3$, $r \geq 0$.

73. Momento de inércia de um cone sólido Encontre o momento de inércia de um cone circular reto com raio de base 1 e altura 1 em relação ao eixo passando pelo vértice paralelo à base. (Tome $\delta = 1$.)

74. Momento de inércia de uma esfera sólida Encontre o momento de inércia de uma esfera sólida de raio a em relação ao diâmetro. (Tome $\delta = 1$.)

75. Momento de inércia de um cone sólido Encontre o momento de inércia de um cone circular reto com raio de base a e altura h em relação ao seu eixo. (Sugestão: situe o cone com seu vértice na origem e seu eixo ao longo do eixo z.)

76. Densidade variável Um sólido é delimitado acima pelo paraboloide $z = r^2$, abaixo pelo plano $z = 0$ e dos lados pelo cilindro $r = 1$. Encontre o centro de massa e o momento de inércia em relação ao eixo z, se a densidade for

a. $\delta(r, \theta, z) = z$

b. $\delta(r, \theta, z) = r$.

77. Densidade variável Um sólido é delimitado abaixo pelo cone $z = \sqrt{x^2 + y^2}$ e acima pelo plano $z = 1$. Encontre o centro de massa e o momento de inércia em relação ao eixo z, se a densidade for

a. $\delta(r, \theta, z) = z$

b. $\delta(r, \theta, z) = z^2$.

78. Densidade variável Uma bola sólida é delimitada pela esfera $\rho = a$. Encontre o momento de inércia em relação ao eixo z, se a densidade for

a. $\delta(\rho, \phi, \theta) = \rho^2$

b. $\delta(\rho, \phi, \theta) = r = \rho \operatorname{sen} \phi$.

79. Centroide de um semielipsoide sólido Mostre que o centroide do semielipsoide de revolução $(r^2/a^2) + (z^2/h^2) \leq 1$, $z \geq 0$, está no eixo z a três oitavos da distância entre a base e o topo. O caso especial $h = a$ fornece um hemisfério sólido. Assim, o centroide de um hemisfério sólido está no eixo de simetria a três oitavos da distância entre a base e o topo.

80. Centroide de um cone sólido Mostre que o centroide de um cone circular reto sólido está a um quarto da distância entre a base e o vértice. (Em geral, o centroide de um cone sólido ou pirâmide está a um quarto da distância entre o centroide da base e o vértice.)

81. Densidade do centro de um planeta Um planeta tem o formato de uma esfera de raio R e massa total M, com distribuição de densidade esfericamente simétrica que aumenta linearmente à medida que nos aproximamos de seu centro. Qual é a densidade no centro desse planeta se a densidade em sua margem (superfície) for zero?

82. Massa da atmosfera de um planeta Um planeta esférico de raio R tem uma atmosfera cuja densidade $\mu = \mu_0 e^{-ch}$, onde h é a altitude acima da superfície do planeta, μ_0 é a densidade no nível do mar e c é uma constante positiva. Encontre a massa da atmosfera do planeta.

Teoria e exemplos

83. Planos verticais em coordenadas cilíndricas

a. Mostre que os planos perpendiculares ao eixo x possuem equações da forma $r = a \sec \theta$ em coordenadas cilíndricas.

b. Mostre que os planos perpendiculares ao eixo y possuem equações da forma $r = b \operatorname{cossec} \theta$.

84. (*Continuação do Exercício 83.*) Encontre uma equação da forma $r = f(\theta)$ em coordenadas cilíndricas para o plano $ax + by = c$, $c \neq 0$.

85. Simetria Que simetria você encontrará em uma superfície que tem uma equação da forma $r = f(z)$ em coordenadas cilíndricas? Justifique sua resposta.

86. Simetria Que simetria você encontrará em uma superfície que tem uma equação da forma $\rho = f(\phi)$ em coordenadas esféricas? Justifique sua resposta.

15.8 Substituições em integrais múltiplas

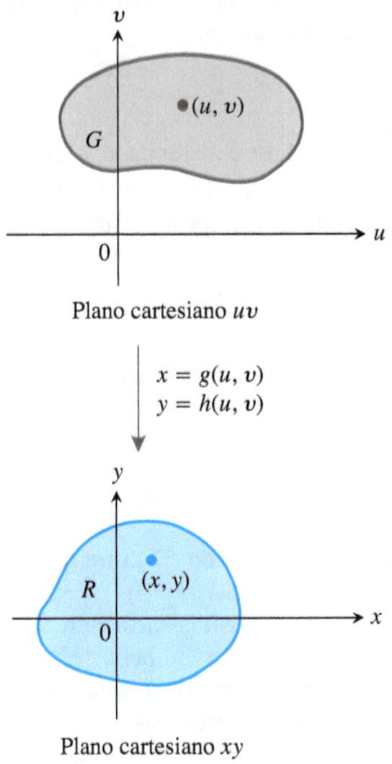

FIGURA 15.53 As equações $x = g(u, v)$ e $y = h(u, v)$ nos permitem mudar uma integral sobre uma região R no plano xy para uma integral sobre uma região G no plano uv, utilizando a Equação 1.

O objetivo desta seção é apresentar a você as ideias envolvidas nas transformações de coordenadas. Você verá como calcular integrais múltiplas por substituição, de forma a substituir integrais complicadas por aquelas que são mais fáceis para calcular. As substituições realizam isso simplificando o integrando, os limites de integração, ou ambos. É melhor deixar uma discussão meticulosa de transformações e substituições de várias variáveis, e o *jacobiano*, para um curso mais avançado, depois de um estudo de álgebra linear.

Substituições em integrais duplas

A substituição em coordenadas polares da Seção 15.4 é um caso especial de um método de substituição mais geral para integrais duplas, um método que ilustra mudanças de variáveis como formações de regiões.

Suponha que uma região G no plano uv seja transformada biunivocamente na região R no plano xy para equações da forma

$$x = g(u, v), \quad y = h(u, v),$$

conforme sugerido na Figura 15.53. Denominamos R a **imagem** de G sob a transformação e G a **pré-imagem** de R. Qualquer função $f(x, y)$ definida em R pode ser imaginada como uma função $f(g(u, v), h(u, v))$ definida também em G. Como a integral de $f(x, y)$ sobre R está relacionada à integral de $f(g(u, v), h(u, v))$ sobre G?

A resposta é: se g, h e f têm derivadas parciais contínuas e $J(u, v)$ (a ser discutido a seguir) é zero somente em pontos isolados, quando for, então

$$\iint_R f(x, y)\, dx\, dy = \iint_G f(g(u, v), h(u, v))\,|J(u, v)|\, du\, dv. \qquad (1)$$

O fator $J(u, v)$, cujo valor absoluto aparece na Equação 1, é o *jacobiano* da transformação de coordenadas, em homenagem ao matemático alemão Carl Jacobi. Ele mede o quanto a transformação está expandindo ou contraindo a área ao redor de um ponto em G, à medida que este se transforma em R.

> **DEFINIÇÃO** O **determinante jacobiano** ou **jacobiano** da transformação de coordenadas $x = g(u, v)$, $y = h(u, v)$ é
>
> $$J(u, v) = \begin{vmatrix} \dfrac{\partial x}{\partial u} & \dfrac{\partial x}{\partial v} \\ \dfrac{\partial y}{\partial u} & \dfrac{\partial y}{\partial v} \end{vmatrix} = \frac{\partial x}{\partial u}\frac{\partial y}{\partial v} - \frac{\partial y}{\partial u}\frac{\partial x}{\partial v}. \qquad (2)$$

O jacobiano também pode ser denotado por

$$J(u, v) = \frac{\partial(x, y)}{\partial(u, v)}$$

para nos ajudar a lembrar como o determinante na Equação 2 é construído a partir das derivadas parciais de x e y. A dedução da Equação 1 é intrincada e, apropriadamente, pertence a um curso de cálculo avançado. Não daremos a dedução aqui.

BIOGRAFIA HISTÓRICA

Carl Gustav Jacob Jacobi (1804-1851)

EXEMPLO 1 Encontre o jacobiano para a transformação de coordenadas polares $x = r \cos \theta$, $y = r \operatorname{sen} \theta$ e utilize a Equação 1 para escrever a integral cartesiana $\iint_R f(x, y)\, dx\, dy$ como uma integral polar.

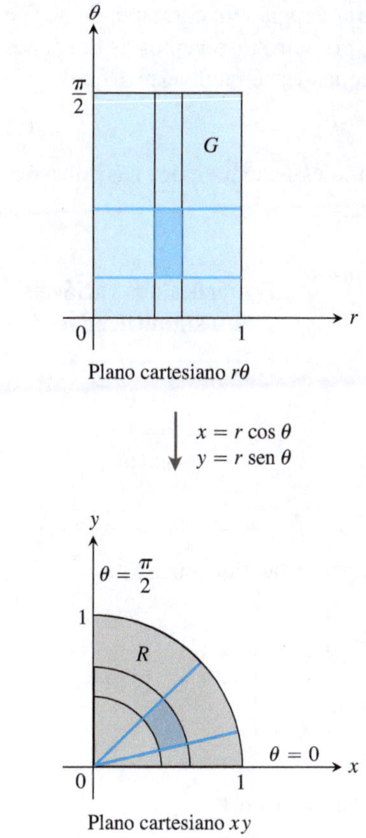

FIGURA 15.54 As equações $x = r\cos\theta$ e $y = r\,\mathrm{sen}\,\theta$ transformam G em R.

Solução A Figura 15.54 mostra como as equações $x = r\cos\theta$, $y = r\,\mathrm{sen}\,\theta$ transformam o retângulo G: $0 \leq r \leq 1$, $0 \leq \theta \leq \pi/2$, no quarto de círculo R delimitado por $x^2 + y^2 = 1$ no primeiro quadrante do plano xy.

Para coordenadas polares, temos r e θ no lugar de u e v. Com $x = r\cos\theta$ e $y = r\,\mathrm{sen}\,\theta$, o jacobiano é

$$J(r,\theta) = \begin{vmatrix} \dfrac{\partial x}{\partial r} & \dfrac{\partial x}{\partial \theta} \\ \dfrac{\partial y}{\partial r} & \dfrac{\partial y}{\partial \theta} \end{vmatrix} = \begin{vmatrix} \cos\theta & -r\,\mathrm{sen}\,\theta \\ \mathrm{sen}\,\theta & r\cos\theta \end{vmatrix} = r(\cos^2\theta + \mathrm{sen}^2\,\theta) = r.$$

Uma vez que podemos supor que $r \geq 0$ quando integramos em coordenadas polares, $|J(r,\theta)| = |r| = r$, de forma que a Equação 1 dá

$$\iint_R f(x,y)\,dx\,dy = \iint_G f(r\cos\theta, r\,\mathrm{sen}\,\theta)\,r\,dr\,d\theta. \tag{3}$$

Essa é a mesma fórmula que deduzimos independentemente, utilizando um argumento geométrico para a área polar na Seção 15.4.

Observe que a integral à direita da Equação 3 não é a integral de $f(r\cos\theta, r\,\mathrm{sen}\,\theta)$ sobre uma região no plano de coordenadas polares. Ela é a integral do produto de $f(r\cos\theta, r\,\mathrm{sen}\,\theta)$ e r sobre uma região G no *plano cartesiano rθ*.

Aqui está um exemplo de uma substituição na qual a imagem de um retângulo sob a transformação de coordenadas é um trapézio. Transformações como essa são chamadas de **transformações lineares**.

EXEMPLO 2 Calcule

$$\int_0^4 \int_{x=y/2}^{x=(y/2)+1} \frac{2x-y}{2}\,dx\,dy$$

aplicando a transformação

$$u = \frac{2x-y}{2}, \qquad v = \frac{y}{2} \tag{4}$$

e integrando sobre uma região apropriada no plano uv.

Solução Esboçamos a região R de integração no plano xy e identificamos suas fronteiras (Figura 15.55).

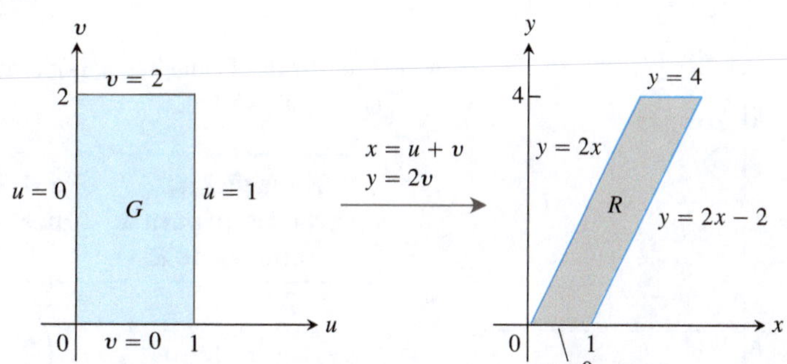

FIGURA 15.55 As equações $x = u + v$ e $y = 2v$ transformam G em R. Inverter a transformação pelas equações $u = (2x - y)/2$ e $v = y/2$ transforma R em G (Exemplo 2).

Para aplicar a Equação 1, precisamos encontrar a região uv correspondente G e o jacobiano da transformação. Para encontrá-los, primeiro resolvemos as Equações 4 para x e y em termos de u e v. A partir dessas equações, é fácil vermos que

$$x = u + v, \quad y = 2v. \tag{5}$$

Então, encontramos as fronteiras de G substituindo essas expressões nas equações para as fronteiras de R (Figura 15.55).

Equações nas variáveis xy para a fronteira de R	Equações correspondentes nas variáveis uv para a fronteira de G	Equações nas variáveis uv simplificadas
$x = y/2$	$u + v = 2v/2 = v$	$u = 0$
$x = (y/2) + 1$	$u + v = (2v/2) + 1 = v + 1$	$u = 1$
$y = 0$	$2v = 0$	$v = 0$
$y = 4$	$2v = 4$	$v = 2$

O jacobiano da transformação (novamente a partir das Equações 5) é

$$J(u, v) = \begin{vmatrix} \dfrac{\partial x}{\partial u} & \dfrac{\partial x}{\partial v} \\ \dfrac{\partial y}{\partial u} & \dfrac{\partial y}{\partial v} \end{vmatrix} = \begin{vmatrix} \dfrac{\partial}{\partial u}(u + v) & \dfrac{\partial}{\partial v}(u + v) \\ \dfrac{\partial}{\partial u}(2v) & \dfrac{\partial}{\partial v}(2v) \end{vmatrix} = \begin{vmatrix} 1 & 1 \\ 0 & 2 \end{vmatrix} = 2.$$

Agora temos tudo de que precisamos para aplicar a Equação 1:

$$\int_0^4 \int_{x=y/2}^{x=(y/2)+1} \frac{2x - y}{2}\, dx\, dy = \int_{v=0}^{v=2} \int_{u=0}^{u=1} u|J(u, v)|\, du\, dv$$

$$= \int_0^2 \int_0^1 (u)(2)\, du\, dv = \int_0^2 \Big[u^2\Big]_0^1 dv = \int_0^2 dv = 2.$$

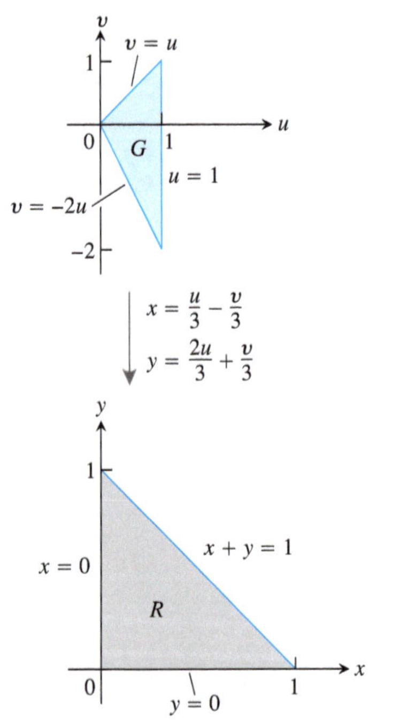

FIGURA 15.56 As equações $x = (u/3) - (v/3)$ e $y = (2u/3) + (v/3)$ transformam G em R. Inverter a transformação pelas equações $u = x + y$ e $v = y - 2x$ transforma R em G (Exemplo 3).

EXEMPLO 3 Calcule

$$\int_0^1 \int_0^{1-x} \sqrt{x + y}\,(y - 2x)^2\, dy\, dx.$$

Solução Esboçamos a região R de integração no plano xy e identificamos suas fronteiras (Figura 15.56). O integrando sugere a transformação $u = x + y$ e $v = y - 2x$. Álgebra rotineira produz x e y como funções de u e v:

$$x = \frac{u}{3} - \frac{v}{3}, \qquad y = \frac{2u}{3} + \frac{v}{3}. \tag{6}$$

A partir das Equações 6, podemos encontrar as fronteiras da região nas variáveis uv G (Figura 15.56).

Equações nas variáveis xy para a fronteira de R	Equações correspondentes nas variáveis uv para a fronteira de G	Equações nas variáveis uv simplificadas
$x + y = 1$	$\left(\frac{u}{3} - \frac{v}{3}\right) + \left(\frac{2u}{3} + \frac{v}{3}\right) = 1$	$u = 1$
$x = 0$	$\frac{u}{3} - \frac{v}{3} = 0$	$v = u$
$y = 0$	$\frac{2u}{3} + \frac{v}{3} = 0$	$v = -2u$

O jacobiano da transformação nas Equações 6 é

$$J(u, v) = \begin{vmatrix} \frac{\partial x}{\partial u} & \frac{\partial x}{\partial v} \\ \frac{\partial y}{\partial u} & \frac{\partial y}{\partial v} \end{vmatrix} = \begin{vmatrix} \frac{1}{3} & -\frac{1}{3} \\ \frac{2}{3} & \frac{1}{3} \end{vmatrix} = \frac{1}{3}.$$

Aplicando a Equação 1, calculamos a integral:

$$\int_0^1 \int_0^{1-x} \sqrt{x+y}\,(y-2x)^2\,dy\,dx = \int_{u=0}^{u=1} \int_{v=-2u}^{v=u} u^{1/2} v^2 |J(u, v)|\,dv\,du$$

$$= \int_0^1 \int_{-2u}^{u} u^{1/2} v^2 \left(\frac{1}{3}\right) dv\,du = \frac{1}{3}\int_0^1 u^{1/2} \left[\frac{1}{3} v^3\right]_{v=-2u}^{v=u} du$$

$$= \frac{1}{9}\int_0^1 u^{1/2}(u^3 + 8u^3)\,du = \int_0^1 u^{7/2}\,du = \frac{2}{9}u^{9/2}\Big]_0^1 = \frac{2}{9}.$$

No próximo exemplo, demonstramos uma transformação não linear de coordenadas resultando da simplificação da forma do integrando. De maneira semelhante à transformação das coordenadas polares, as transformações não lineares podem mapear uma fronteira em linha reta de uma região em uma fronteira curva (ou vice-versa com a transformação inversa). Em geral, as transformações não lineares são mais complexas para analisar do que as lineares, e um tratamento completo é deixado para um curso mais avançado.

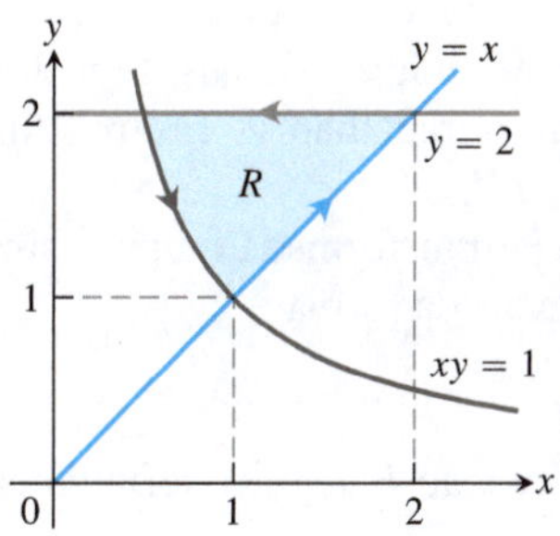

FIGURA 15.57 Região de integração R no Exemplo 4.

EXEMPLO 4 Calcule a integral

$$\int_1^2 \int_{1/y}^{y} \sqrt{\frac{y}{x}}\, e^{\sqrt{xy}}\,dx\,dy.$$

Solução Os termos de raiz quadrada no integrando sugerem que poderíamos simplificar a integração substituindo $u = \sqrt{xy}$ e $v = \sqrt{y/x}$. Elevando ambos os lados dessas equações ao quadrado, teríamos imediatamente $u^2 = xy$ e $v^2 = y/x$, o que implica que $u^2v^2 = y^2$ e $u^2/v^2 = x^2$. Assim, obtemos a transformação (na mesma ordem das variáveis, conforme discutido anteriormente)

$$x = \frac{u}{v} \qquad \text{e} \qquad y = uv.$$

Vamos ver primeiro o que acontece ao próprio integrando com essa transformação. O jacobiano da transformação é

$$J(u, v) = \begin{vmatrix} \frac{\partial x}{\partial u} & \frac{\partial x}{\partial v} \\ \frac{\partial y}{\partial u} & \frac{\partial y}{\partial v} \end{vmatrix} = \begin{vmatrix} \frac{1}{v} & \frac{-u}{v^2} \\ v & u \end{vmatrix} = \frac{2u}{v}.$$

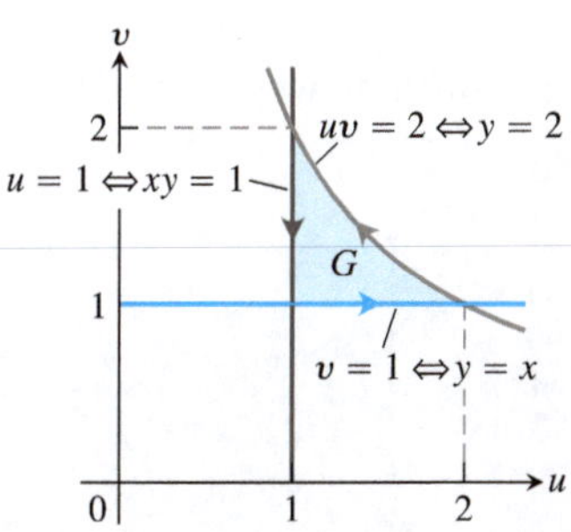

FIGURA 15.58 As fronteiras da região G correspondem àquelas da região R na Figura 15.57. Observe que, à medida que nos movemos em sentido anti-horário ao redor da região R, movemo-nos também em sentido anti-horário ao redor da região G. As equações de transformação inversas $u = \sqrt{xy}$, $v = \sqrt{y/x}$ produzem a região G a partir da região R.

Se G é a região de integração no plano uv, então pela Equação 1 a integral dupla transformada com a substituição é

$$\iint_R \sqrt{\frac{y}{x}}\, e^{\sqrt{xy}}\,dx\,dy = \iint_G v e^u \frac{2u}{v}\,du\,dv = \iint_G 2ue^u\,du\,dv.$$

A função do integrando transformado é mais fácil de ser integrada do que a original, então prosseguimos para determinar os limites de integração para a integral transformada.

A região de integração R da integral original no plano xy é mostrada na Figura 15.57. A partir das equações de substituição $u = \sqrt{xy}$ e $v = \sqrt{y/x}$, vemos que a imagem da fronteira à esquerda $xy = 1$ para R é o segmento de reta vertical $u = 1$, $2 \geq v \geq 1$, em G (ver Figura 15.58). Da mesma forma, a fronteira à direita $y = x$ de

R mapeia ao segmento de reta horizontal $v = 1$, $1 \leq u \leq 2$, em G. Por fim, a fronteira superior horizontal $y = 2$ de R mapeia a $uv = 2$, $1 \leq v \leq 2$, em G. À medida que nos movemos em sentido anti-horário ao redor da fronteira da região R, também nos movemos em sentido anti-horário ao redor da fronteira de G, conforme mostrado na Figura 15.58. Conhecendo a região de integração G no plano uv, podemos agora escrever integrais iteradas equivalentes:

$$\int_1^2 \int_{1/y}^{y} \sqrt{\frac{y}{x}}\, e^{\sqrt{xy}}\, dx\, dy = \int_1^2 \int_1^{2/u} 2ue^u\, dv\, du.$$

Observe a ordem de integração.

Avaliamos agora a integral transformada à direita,

$$\begin{aligned}\int_1^2 \int_1^{2/u} 2ue^u\, dv\, du &= 2\int_1^2 vue^u\Big]_{v=1}^{v=2/u} du \\ &= 2\int_1^2 (2e^u - ue^u)\, du \\ &= 2\int_1^2 (2-u)e^u\, du \\ &= 2\Big[(2-u)e^u + e^u\Big]_{u=1}^{u=2} \\ &= 2(e^2 - (e+e)) = 2e(e-2).\end{aligned}$$

Integrar por partes.

Substituições em integrais triplas

As substituições em coordenadas cilíndricas e esféricas na Seção 15.7 são casos especiais de um método de substituição que descreve mudanças nas variáveis em integrais triplas como transformações de regiões tridimensionais. O método é como aquele para integrais duplas, exceto que agora trabalhamos em três dimensões, em vez de duas.

Suponha que uma região G no espaço uvw seja transformada biunivocamente na região D no espaço xyz por equações diferenciáveis da forma

$$x = g(u, v, w), \qquad y = h(u, v, w), \qquad z = k(u, v, w),$$

como sugerido na Figura 15.59. Então, qualquer função $F(x, y, z)$ definida em D pode ser considerada uma função

$$F(g(u, v, w), h(u, v, w), k(u, v, w)) = H(u, v, w)$$

definida em G. Se g, h e k têm as primeiras derivadas parciais contínuas, então a integral de $F(x, y, z)$ sobre D está relacionada à integral de $H(u, v, w)$ sobre G pela equação

$$\iiint_D F(x, y, z)\, dx\, dy\, dz = \iiint_G H(u, v, w)\,|J(u, v, w)|\, du\, dv\, dw. \tag{7}$$

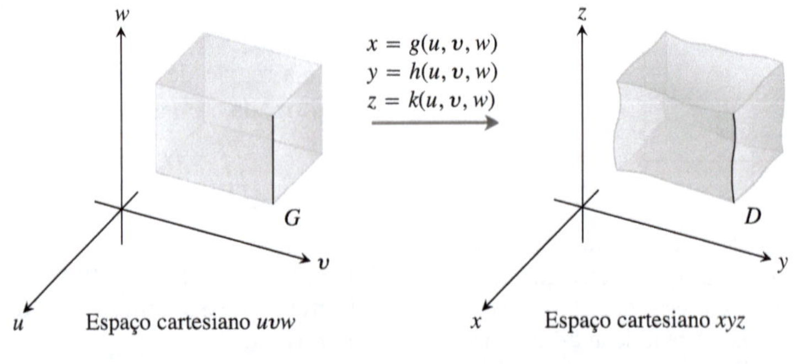

FIGURA 15.59 As equações $x = g(u, v, w)$, $y = h(u, v, w)$ e $z = k(u, v, w)$ nos permitem mudar uma integral sobre uma região D no espaço cartesiano xyz para uma integral sobre uma região G no espaço cartesiano uvw utilizando a Equação 7.

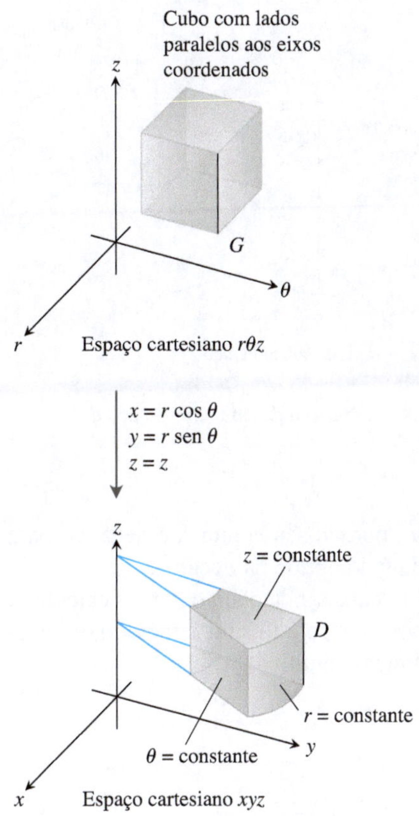

FIGURA 15.60 As equações $x = r\cos\theta$, $y = r \text{ sen } \theta$ e $z = z$ transformam o cubo G em uma cunha cilíndrica D.

O fator $J(u, v, w)$, cujo valor absoluto aparece nesta equação, é o **determinante jacobiano**

$$J(u, v, w) = \begin{vmatrix} \dfrac{\partial x}{\partial u} & \dfrac{\partial x}{\partial v} & \dfrac{\partial x}{\partial w} \\[2ex] \dfrac{\partial y}{\partial u} & \dfrac{\partial y}{\partial v} & \dfrac{\partial y}{\partial w} \\[2ex] \dfrac{\partial z}{\partial u} & \dfrac{\partial z}{\partial v} & \dfrac{\partial z}{\partial w} \end{vmatrix} = \frac{\partial(x, y, z)}{\partial(u, v, w)}.$$

Esse determinante mede quanto o volume próximo de um ponto em G está sendo expandido ou contraído pela transformação das coordenadas (u, v, w) em coordenadas (x, y, z). Assim como no caso bidimensional, a dedução da fórmula de mudança de variável na Equação 7 é omitida.

Para coordenadas cilíndricas, r, θ e z tomam o lugar de u, v e w. A transformação do espaço cartesiano $r\theta z$ no espaço cartesiano xyz é dada pelas equações

$$x = r\cos\theta, \qquad y = r \text{ sen } \theta, \qquad z = z$$

(Figura 15.60). O jacobiano da transformação é

$$J(r, \theta, z) = \begin{vmatrix} \dfrac{\partial x}{\partial r} & \dfrac{\partial x}{\partial \theta} & \dfrac{\partial x}{\partial z} \\[2ex] \dfrac{\partial y}{\partial r} & \dfrac{\partial y}{\partial \theta} & \dfrac{\partial y}{\partial z} \\[2ex] \dfrac{\partial z}{\partial r} & \dfrac{\partial z}{\partial \theta} & \dfrac{\partial z}{\partial z} \end{vmatrix} = \begin{vmatrix} \cos\theta & -r \text{ sen } \theta & 0 \\ \text{sen } \theta & r\cos\theta & 0 \\ 0 & 0 & 1 \end{vmatrix}$$

$$= r\cos^2\theta + r \text{ sen}^2\theta = r.$$

A versão correspondente da Equação 7 é

$$\iiint_D F(x, y, z)\, dx\, dy\, dz = \iiint_G H(r, \theta, z)\,|r|\, dr\, d\theta\, dz.$$

Podemos descartar os sinais de valor absoluto sempre que $r \geq 0$.

Para coordenadas esféricas, ρ, ϕ e θ tomam o lugar de u, v e w. A transformação do espaço cartesiano $\rho\phi\theta$ no espaço cartesiano xyz é dada por

$$x = \rho \text{ sen } \phi \cos\theta, \qquad y = \rho \text{ sen } \phi \text{ sen } \theta, \qquad z = \rho\cos\phi$$

(Figura 15.61). O jacobiano da transformação (ver o Exercício 19) é

$$J(\rho, \phi, \theta) = \begin{vmatrix} \dfrac{\partial x}{\partial \rho} & \dfrac{\partial x}{\partial \phi} & \dfrac{\partial x}{\partial \theta} \\[2ex] \dfrac{\partial y}{\partial \rho} & \dfrac{\partial y}{\partial \phi} & \dfrac{\partial y}{\partial \theta} \\[2ex] \dfrac{\partial z}{\partial \rho} & \dfrac{\partial z}{\partial \phi} & \dfrac{\partial z}{\partial \theta} \end{vmatrix} = \rho^2 \text{ sen } \phi.$$

A versão correspondente da Equação 7 é

$$\iiint_D F(x, y, z)\, dx\, dy\, dz = \iiint_G H(\rho, \phi, \theta)\,|\rho^2 \text{ sen } \phi|\, d\rho\, d\phi\, d\theta.$$

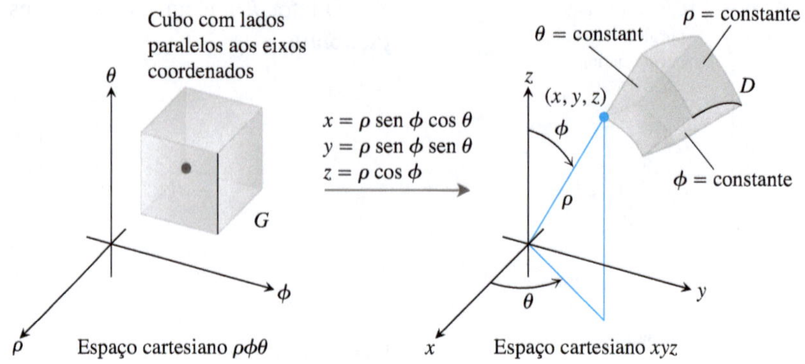

FIGURA 15.61 As equações $x = \rho$ sen $\phi \cos \theta$, $y = \rho$ sen ϕ sen θ e $z = \rho \cos \phi$ transformam o cubo G na cunha esférica D.

Podemos ignorar os sinais de valor absoluto, porque sen ϕ nunca é negativo para $0 \leq \phi \leq \pi$. Observe que esse é o mesmo resultado obtido na Seção 15.7.

Temos aqui um exemplo de outra substituição. Ainda que possamos calcular a integral no exemplo diretamente, nós a escolhemos para ilustrar o método de substituição em um contexto simples (e razoavelmente intuitivo).

EXEMPLO 5 Calcule

$$\int_0^3 \int_0^4 \int_{x=y/2}^{x=(y/2)+1} \left(\frac{2x - y}{2} + \frac{z}{3}\right) dx\, dy\, dz$$

aplicando a transformação

$$u = (2x - y)/2, \qquad v = y/2, \qquad w = z/3 \tag{8}$$

e integrando sobre uma região apropriada no espaço uvw.

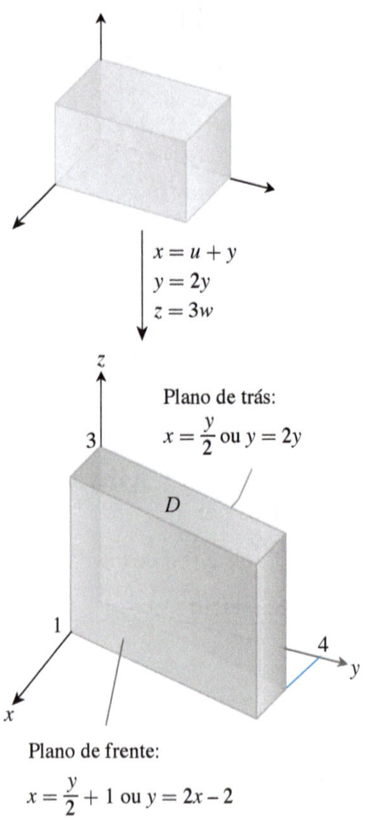

FIGURA 15.62 As equações $x = u + v$, $y = 2v$ e $z = 3w$ transformam G em D. Inverter as transformações pelas equações $u = (2x - y)/2$, $v = y/2$ e $w = z/3$ transforma D em G (Exemplo 5).

Solução Esboçamos a região D de integração no espaço xyz e identificamos suas fronteiras (Figura 15.62). Nesse caso, as superfícies limitantes são planas.

Para aplicar a Equação 7, precisamos encontrar a região G correspondente no espaço uvw e o jacobiano da transformação. Para encontrá-los, primeiro resolva as Equações 8 para x, y e z em termos de u, v e w. Álgebra rotineira dá

$$x = u + v, \qquad y = 2v, \qquad z = 3w. \tag{9}$$

Então, encontramos as fronteiras de G substituindo essas expressões nas equações para as fronteiras de D:

Equações nas variáveis *xyz* para a fronteira de *D*	Equações correspondentes nas variáveis *uvw* para a fronteira de *G*	Equações nas variáveis *uvw* simplificadas
$x = y/2$	$u + v = 2v/2 = v$	$u = 0$
$x = (y/2) + 1$	$u + v = (2v/2) + 1 = v + 1$	$u = 1$
$y = 0$	$2v = 0$	$v = 0$
$y = 4$	$2v = 4$	$v = 2$
$z = 0$	$3w = 0$	$w = 0$
$z = 3$	$3w = 3$	$w = 1$

O jacobiano da transformação, novamente a partir das Equações 9, é

$$J(u, v, w) = \begin{vmatrix} \dfrac{\partial x}{\partial u} & \dfrac{\partial x}{\partial v} & \dfrac{\partial x}{\partial w} \\ \dfrac{\partial y}{\partial u} & \dfrac{\partial y}{\partial v} & \dfrac{\partial y}{\partial w} \\ \dfrac{\partial z}{\partial u} & \dfrac{\partial z}{\partial v} & \dfrac{\partial z}{\partial w} \end{vmatrix} = \begin{vmatrix} 1 & 1 & 0 \\ 0 & 2 & 0 \\ 0 & 0 & 3 \end{vmatrix} = 6.$$

Agora, temos tudo de que precisamos para aplicar a Equação 7:

$$\begin{aligned}
&\int_0^3 \int_0^4 \int_{x=y/2}^{x=(y/2)+1} \left(\frac{2x - y}{2} + \frac{z}{3} \right) dx\, dy\, dz \\
&= \int_0^1 \int_0^2 \int_0^1 (u + w) |J(u, v, w)|\, du\, dv\, dw \\
&= \int_0^1 \int_0^2 \int_0^1 (u + w)(6)\, du\, dv\, dw = 6 \int_0^1 \int_0^2 \left[\frac{u^2}{2} + uw \right]_0^1 dv\, dw \\
&= 6 \int_0^1 \int_0^2 \left(\frac{1}{2} + w \right) dv\, dw = 6 \int_0^1 \left[\frac{v}{2} + vw \right]_0^2 dw = 6 \int_0^1 (1 + 2w)\, dw \\
&= 6\left[w + w^2 \right]_0^1 = 6(2) = 12.
\end{aligned}$$

Exercícios 15.8

Jacobianos e regiões transformadas no plano

1. **a.** Resolva o sistema

$$u = x - y, \quad v = 2x + y$$

para x e y em termos de u e v. Em seguida, encontre o valor do jacobiano $\partial(x, y)/\partial(u, v)$.

b. Encontre a imagem pela transformação $u = x - y$, $v = 2x + y$ da região triangular com vértices (0, 0), (1, 1) e (1, –2) no plano xy. Esboce a região transformada no plano uv.

2. **a.** Resolva o sistema

$$u = x + 2y, \quad v = x - y$$

para x e y em termos de u e v. Em seguida, encontre o valor do jacobiano $\partial(x, y)/\partial(u, v)$.

b. Encontre a imagem pela transformação $u = x + 2y$, $v = x - y$ da região triangular no plano xy delimitada pelas retas $y = 0$, $y = x$ e $x + 2y = 2$. Esboce a região transformada no plano uv.

3. **a.** Resolva o sistema

$$u = 3x + 2y, \quad v = x + 4y$$

para x e y em termos de u e v. Em seguida, encontre o valor do jacobiano $\partial(x, y)/\partial(u, v)$.

b. Encontre a imagem pela transformação $u = 3x + 2y$, $v = x + 4y$ da região triangular no plano xy delimitada pelo eixo x, eixo y e a reta $x + y = 1$. Esboce a região transformada no plano uv.

4. **a.** Resolva o sistema

$$u = 2x - 3y, \quad v = -x + y$$

para x e y em termos de u e v. Em seguida, encontre o valor do jacobiano $\partial(x, y)/\partial(u, v)$.

b. Encontre a imagem pela transformação $u = 2x - 3y$, $v = -x + y$ do paralelogramo R no plano xy com fronteiras $x = -3$, $x = 0$, $y = x$ e $y = x + 1$. Esboce a região transformada no plano uv.

Substituições em integrais duplas

5. Calcule a integral

$$\int_0^4 \int_{x=y/2}^{x=(y/2)+1} \frac{2x - y}{2}\, dx\, dy$$

do Exemplo 1 diretamente pela integração com relação a x e y para confirmar que seu valor é 2.

6. Utilize a transformação no Exercício 1 para avaliar a integral

$$\int_0^4 \int_{x=y/2}^{x=(y/2)+1} \frac{2x - y}{2}\, dx\, dy$$

para a região R no primeiro quadrante delimitada pelas retas $y = -2x + 4$, $y = -2x + 7$, $y = x - 2$ e $y = x + 1$.

7. Utilize a transformação no Exercício 3 para calcular a integral

$$\iint_R (3x^2 + 14xy + 8y^2)\, dx\, dy$$

para a região R no primeiro quadrante delimitada pelas retas $y = -(3/2)x + 1$, $y = -(3/2)x + 3$, $y = -(1/4)x$ e $y = -(1/4)x + 1$.

8. Utilize a transformação e o paralelogramo R no Exercício 4 para calcular a integral

$$\iint_R 2(x - y)\, dx\, dy.$$

9. Seja R a região no primeiro quadrante do plano xy delimitada pelas hipérboles $xy = 1$, $xy = 9$ e as retas $y = x$, $y = 4x$. Utilize a transformação $x = u/v$, $y = uv$ com $u > 0$ e $v > 0$ para reescrever

$$\iint_R \left(\sqrt{\frac{y}{x}} + \sqrt{xy}\right) dx\, dy$$

como uma integral sobre uma região apropriada G no plano uv. Em seguida, calcule a integral uv sobre G.

10. **a.** Encontre o jacobiano da transformação $x = u$, $y = uv$ e esboce a região G: $1 \le u \le 2$, $1 \le uv \le 2$, no plano uv.

b. Em seguida, utilize a Equação 1 para transformar a integral

$$\int_1^2 \int_1^2 \frac{y}{x}\, dy\, dx$$

em uma integral sobre G e calcule ambas as integrais.

11. **Momento de inércia polar de uma placa elíptica** Uma placa fina de densidade constante cobre a região delimitada pela elipse $x^2/a^2 + y^2/b^2 = 1$, $a > 0$, $b > 0$, no plano xy. Encontre o primeiro momento da placa em relação à origem (Sugestão: utilize a transformação $x = ar\cos\theta$, $y = br$ sen θ.)

12. **Área de uma elipse** A área πab da elipse $x^2/a^2 + y^2/b^2 = 1$ pode ser encontrada integrando a função $f(x, y) = 1$ sobre a região delimitada pela elipse no plano xy. Calcular a integral diretamente exige uma substituição trigonométrica. Uma maneira mais fácil de calcular a integral é utilizar a transformação $x = au$, $y = bv$ e calcular a integral transformada sobre o disco G: $u^2 + v^2 \le 1$ no plano uv. Encontre a área dessa forma.

13. Utilize a transformação no Exercício 2 para calcular a integral

$$\int_0^{2/3} \int_y^{2-2y} (x + 2y)e^{(y-x)}\, dx\, dy$$

escrevendo-a primeiro como uma integral sobre uma região G no plano uv.

14. Utilize a transformação $x = u + (1/2)v$, $y = v$ para calcular a integral

$$\int_0^2 \int_{y/2}^{(y+4)/2} y^3(2x - y)e^{(2x-y)^2}\, dx\, dy$$

escrevendo-a primeiro como uma integral sobre uma região G no plano uv.

15. Utilize a transformação $x = u/v$, $y = uv$ para calcular a soma integral

$$\int_1^2 \int_{1/y}^{y} (x^2 + y^2)\, dx\, dy + \int_2^4 \int_{y/4}^{4/y} (x^2 + y^2)\, dx\, dy.$$

16. Utilize a transformação $x = u^2 - v^2$, $y = 2uv$ para calcular a integral

$$\int_0^1 \int_0^{2\sqrt{1-x}} \sqrt{x^2 + y^2}\, dy\, dx.$$

(Sugestão: mostre que a imagem da região triangular G com vértices (0, 0), (1, 0), (1, 1) no plano uv é a região de integração R no plano xy definida pelos limites de integração.)

Encontrando jacobianos

17. Encontre o jacobiano $\partial(x, y)/\partial(u, v)$ da transformação:

a. $x = u\cos v$, $y = u$ sen v

b. $x = u$ sen v, $y = u\cos v$.

18. Encontre o jacobiano $\partial(x, y, z)/\partial(u, v, w)$ da transformação:

a. $x = u\cos v$, $y = u$ sen v, $z = w$

b. $x = 2u - 1$, $y = 3v - 4$, $z = (1/2)(w - 4)$.

19. Calcule o determinante apropriado para mostrar que o jacobiano da transformação do espaço cartesiano $\rho\phi\theta$ para o espaço cartesiano xyz é ρ^2 sen ϕ.

20. **Substituições em integrais de uma variável** Como as substituições em integrais definidas de uma variável podem ser vistas como transformações de regiões? Qual é o jacobiano nesse caso? Ilustre com um exemplo.

Substituições em integrais triplas

21. Calcule uma integral no Exemplo 5 integrando com relação a x, y e z.

22. **Volume de um elipsoide** Encontre o volume do elipsoide

$$\frac{x^2}{a^2} + \frac{y^2}{b^2} + \frac{z^2}{c^2} = 1.$$

(Sugestão: sejam $x = au$, $y = bv$ e $z = cw$. Então encontre o volume de uma região apropriada no espaço uvw.)

23. Calcule

$$\iiint |xyz|\, dx\, dy\, dz$$

sobre o elipsoide sólido

$$\frac{x^2}{a^2} + \frac{y^2}{b^2} + \frac{z^2}{c^2} \le 1.$$

(Sugestão: sejam $x = au$, $y = bv$ e $z = cw$. Então integre sobre uma região apropriada no espaço uvw.)

24. Seja D a região no espaço xyz definida pelas desigualdades

$$1 \le x \le 2, \qquad 0 \le xy \le 2, \qquad 0 \le z \le 1.$$

Calcule

$$\iiint_D (x^2y + 3xyz)\, dx\, dy\, dz$$

aplicando a transformação

$$u = x, \qquad v = xy, \qquad w = 3z$$

e integrando sobre uma região apropriada no espaço uvw.

25. Centroide de um semielipsoide sólido Considerando o resultado de que o centroide de um hemisfério sólido está no eixo de simetria a três oitavos da distância da base ao topo, mostre, transformando as integrais apropriadas, que o centro de massa de um semielipsoide sólido $(x^2/a^2) + (y^2/b^2) + (z^2/c^2) \leq 1$, $z \geq 0$, está no eixo z a três oitavos da distância da base ao topo. (Você pode fazer isso sem calcular nenhuma integral.)

26. Cascas cilíndricas Na Seção 6.2, aprendemos como encontrar o volume de um sólido de revolução utilizando o método das cascas; a saber, se a região entre a curva $y = f(x)$ e o eixo x entre a e b $(0 < a < b)$ for girada em torno do eixo y, o volume do sólido resultante é $\int_a^b 2\pi x f(x)\,dx$. Prove que encontrar os volumes utilizando integrais triplas dá o mesmo resultado. (Sugestão: utilize coordenadas cilíndricas com os papéis de y e z trocados.)

Capítulo 15 Questões para guiar sua revisão

1. Defina a integral dupla de uma função de duas variáveis sobre uma região limitada no plano coordenado.
2. Como as integrais duplas são avaliadas como integrais iteradas? A ordem da integração importa? Como os limites de integração são determinados? Dê exemplos.
3. Como as integrais duplas são utilizadas para calcular áreas e valores médios? Dê exemplos.
4. Como você pode alterar uma integral dupla em coordenadas retangulares para uma integral dupla em coordenadas polares? Por que pode valer a pena fazer isso? Dê um exemplo.
5. Defina a integral tripla de uma função $f(x, y, z)$ sobre uma região delimitada no espaço.
6. Como são avaliadas integrais triplas em coordenadas retangulares? Como são determinados os limites de integração? Dê um exemplo.
7. Como as integrais duplas e triplas em coordenadas retangulares são utilizadas para calcular volumes, valores médios, massas, momentos e centros de massa? Dê exemplos.
8. Como as integrais triplas são definidas em coordenadas cilíndricas e esféricas? Por que alguém poderia preferir trabalhar em um desses sistemas de coordenadas a trabalhar em coordenadas retangulares?
9. Como são avaliadas integrais triplas em coordenadas cilíndricas e esféricas? Como são encontrados os limites de integração? Dê exemplos.
10. Como as substituições em integrais duplas são descritas como transformações de regiões bidimensionais? Dê um exemplo com cálculo.
11. Como as substituições em integrais triplas são descritas como transformações de regiões tridimensionais? Dê um exemplo com cálculo.

Capítulo 15 Exercícios práticos

Avaliando integrais iteradas duplas

Nos Exercícios 1-4, esboce a região de integração e avalie a integral dupla.

1. $\displaystyle\int_1^{10}\int_0^{1/y} ye^{xy}\,dx\,dy$

2. $\displaystyle\int_0^1\int_0^{x^3} e^{y/x}\,dy\,dx$

3. $\displaystyle\int_0^{3/2}\int_{-\sqrt{9-4t^2}}^{\sqrt{9-4t^2}} t\,ds\,dt$

4. $\displaystyle\int_0^1\int_{\sqrt{y}}^{2-\sqrt{y}} xy\,dx\,dy$

Nos Exercícios 5-8, esboce a região de integração e escreva uma integral equivalente com a ordem de integração invertida. Em seguida, avalie ambas as integrais.

5. $\displaystyle\int_0^4\int_{-\sqrt{4-y}}^{(y-4)/2} dx\,dy$

6. $\displaystyle\int_0^1\int_{x^2}^{x} \sqrt{x}\,dy\,dx$

7. $\displaystyle\int_0^{3/2}\int_{-\sqrt{9-4y^2}}^{\sqrt{9-4y^2}} y\,dx\,dy$

8. $\displaystyle\int_0^2\int_0^{4-x^2} 2x\,dy\,dx$

Avalie as integrais nos Exercícios 9-12.

9. $\displaystyle\int_0^1\int_{2y}^2 4\cos(x^2)\,dx\,dy$

10. $\displaystyle\int_0^2\int_{y/2}^1 e^{x^2}\,dx\,dy$

11. $\displaystyle\int_0^8\int_{\sqrt[3]{x}}^2 \frac{dy\,dx}{y^4+1}$

12. $\displaystyle\int_0^1\int_{\sqrt[3]{y}}^1 \frac{2\pi \operatorname{sen} \pi x^2}{x^2}\,dx\,dy$

Áreas e volumes utilizando integrais duplas

13. **Área entre reta e parábola** Encontre a área da região delimitada pela reta $y = 2x + 4$ e a parábola $y = 4 - x^2$ no plano xy.
14. **Área limitada pelas retas e parábola** Encontre a área da região "triangular" no plano xy que é delimitada à direita pela parábola $y = x^2$, à esquerda pela reta $x + y = 2$ e acima pela reta $y = 4$.
15. **Volume da região sob um paraboloide** Encontre o volume sob o paraboloide $z = x^2 + y^2$ acima do triângulo delimitado pelas retas $y = x$, $x = 0$ e $x + y = 2$ no plano xy.
16. **Volume da região sob um cilindro parabólico** Encontre o volume sob o cilindro parabólico $z = x^2$ acima da região delimitada pela parábola $y = 6 - x^2$ e a reta $y = x$ no plano xy.

Valores médios

Encontre o valor médio de $f(x, y) = xy$ sobre as regiões nos Exercícios 17 e 18.

17. O quadrado delimitado pelas retas $x = 1$, $y = 1$ no primeiro quadrante
18. O quarto de círculo $x^2 + y^2 \leq 1$ no primeiro quadrante

Coordenadas polares

Avalie as integrais nos Exercícios 19 e 20 mudando para coordenadas polares.

19. $\displaystyle\int_{-1}^{1}\int_{-\sqrt{1-x^2}}^{\sqrt{1-x^2}} \frac{2\,dy\,dx}{(1+x^2+y^2)^2}$

20. $\displaystyle\int_{-1}^{1}\int_{-\sqrt{1-y^2}}^{\sqrt{1-y^2}} \ln(x^2+y^2+1)\,dx\,dy$

21. Integral sobre a lemniscata Integre a função $f(x, y) = 1/(1 + x^2 + y^2)^2$ sobre a região delimitada por um laço da lemniscata $(x^2 + y^2)^2 - (x^2 - y^2) = 0$.

22. Integre $f(x, y) = 1/(1 + x^2 + y^2)^2$ sobre

a. **Região triangular** O triângulo com vértices (0, 0), (1, 0) e $(1, \sqrt{3})$.

b. **Primeiro quadrante** O primeiro quadrante do plano xy.

Avaliando integrais iteradas triplas

Avalie as integrais nos Exercícios 23-26.

23. $\displaystyle\int_{0}^{\pi}\int_{0}^{\pi}\int_{0}^{\pi} \cos(x+y+z)\,dx\,dy\,dz$

24. $\displaystyle\int_{\ln 6}^{\ln 7}\int_{0}^{\ln 2}\int_{\ln 4}^{\ln 5} e^{(x+y+z)}\,dz\,dy\,dx$

25. $\displaystyle\int_{0}^{1}\int_{0}^{x^2}\int_{0}^{x+y} (2x-y-z)\,dz\,dy\,dx$

26. $\displaystyle\int_{1}^{e}\int_{1}^{x}\int_{0}^{z} \frac{2y}{z^3}\,dy\,dz\,dx$

Volumes e valores médios utilizando integrais triplas

27. Volume Encontre o volume da região em formato de cunha delimitada na lateral pelo cilindro $x = -\cos y$, $-\pi/2 \le y \le \pi/2$, no topo pelo plano $z = -2x$ e abaixo pelo plano xy.

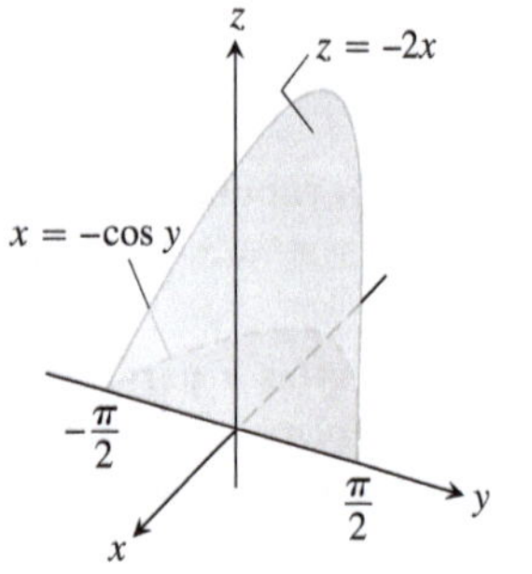

28. Volume Encontre o volume do sólido que está delimitado acima pelo cilindro $z = 4 - x^2$, nas laterais pelo cilindro $x^2 + y^2 = 4$ e abaixo pelo plano xy.

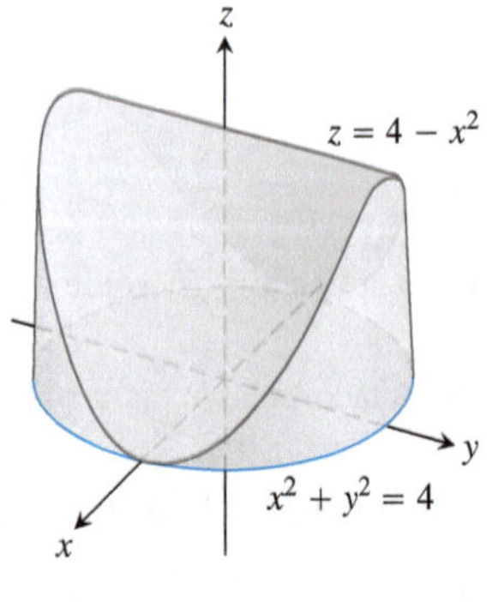

29. Valor médio Encontre o valor médio de $f(x, y, z) = 30xz\sqrt{x^2 + y}$ sobre o sólido retangular no primeiro octante delimitado pelos planos coordenados e os planos $x = 1$, $y = 3$, $z = 1$.

30. Valor médio Encontre o valor médio de ρ sobre a esfera sólida $\rho \le a$ (coordenadas esféricas).

Coordenadas cilíndricas e esféricas

31. Coordenadas cilíndricas para retangulares Converta

$$\int_{0}^{2\pi}\int_{0}^{\sqrt{2}}\int_{r}^{\sqrt{4-r^2}} 3\,dz\,r\,dr\,d\theta, \qquad r \ge 0$$

em **(a)** coordenadas retangulares com a ordem de integração $dz\,dx\,dy$ e **(b)** coordenadas esféricas. Em seguida, **(c)** avalie uma das integrais.

32. Coordenadas retangulares para coordenadas cilíndricas **(a)** Converta em coordenadas cilíndricas. Em seguida, **(b)** avalie a nova integral.

$$\int_{0}^{1}\int_{-\sqrt{1-x^2}}^{\sqrt{1-x^2}}\int_{-(x^2+y^2)}^{(x^2+y^2)} 21xy^2\,dz\,dy\,dx$$

33. Coordenadas retangulares para coordenadas esféricas **(a)** Converta em coordenadas esféricas. Em seguida, **(b)** avalie a nova integral.

$$\int_{-1}^{1}\int_{-\sqrt{1-x^2}}^{\sqrt{1-x^2}}\int_{\sqrt{x^2+y^2}}^{1} dz\,dy\,dx$$

34. Coordenadas retangulares, cilíndricas e esféricas Escreva uma integral tripla iterada para a integral de $f(x, y, z) = 6 + 4y$ sobre a região no primeiro octante delimitada pelo cone $z = \sqrt{x^2 + y^2}$, o cilindro $x^2 + y^2 = 1$ e os planos coordenados em **(a)** coordenadas retangulares, **(b)** coordenadas cilíndricas e **(c)** coordenadas esféricas. Em seguida, **(d)** encontre a integral de f avaliando uma das integrais triplas.

35. Coordenadas cilíndricas para coordenadas retangulares Monte uma integral em coordenadas retangulares equivalentes à integral

$$\int_{0}^{\pi/2}\int_{1}^{\sqrt{3}}\int_{1}^{\sqrt{4-r^2}} r^3(\operatorname{sen}\theta\cos\theta)z^2\,dz\,dr\,d\theta.$$

Arranje a ordem de integração como sendo z primeiro, depois y e em seguida x.

36. Coordenadas retangulares para coordenadas cilíndricas O volume de um sólido é

$$\int_{0}^{2}\int_{0}^{\sqrt{2x-x^2}}\int_{-\sqrt{4-x^2-y^2}}^{\sqrt{4-x^2-y^2}} dz\,dy\,dx.$$

a. Descreva o sólido, fornecendo equações para as superfícies que formam sua fronteira.

b. Converta a integral para coordenadas cilíndricas, mas não avalie a integral.

37. Coordenadas esféricas versus coordenadas cilíndricas Integrais triplas envolvendo formatos esféricos nem sempre necessitam de coordenadas esféricas para avaliação conveniente. Alguns cálculos podem ser efetuados mais facilmente com coordenadas cilíndricas. Como exemplo disso, encontre o volume da região delimitada acima pela esfera $x^2 + y^2 + z^2 = 8$ e abaixo pelo plano $z = 2$ utilizando **(a)** coordenadas cilíndricas e **(b)** coordenadas esféricas.

Massas e momentos

38. Encontrando I_z em coordenadas esféricas Encontre o momento de inércia sobre o eixo z de um sólido de densidade constante $\delta = 1$ que é delimitado acima pela esfera $\rho = 2$ e abaixo pelo cone $\phi = \pi/3$ (coordenadas esféricas).

39. **Momento de inércia de uma esfera espessa** Encontre o momento de inércia de um sólido de densidade constante δ, delimitado por duas esferas concêntricas de raios a e b $(a < b)$ em relação a um diâmetro.

40. **Momento de inércia de uma maçã** Encontre o momento de inércia em relação ao eixo z de um sólido de densidade $\delta = 1$, delimitado pela superfície em coordenadas esféricas $\rho = 1 - \cos\phi$. O sólido é representado pela curva azul girada em torno do eixo z na figura a seguir.

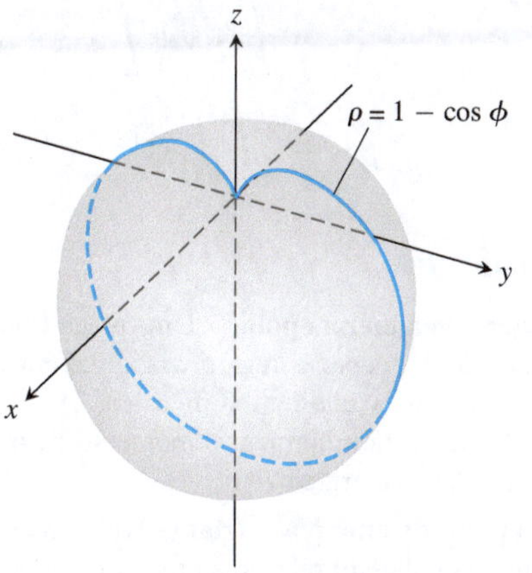

41. **Centroide** Encontre o centroide da região "triangular" delimitada pelas retas $x = 2$, $y = 2$ e a hipérbole $xy = 2$ no plano xy.

42. **Centroide** Encontre o centroide da região entre a parábola $x + y^2 - 2y = 0$ e a reta $x + 2y = 0$ no plano xy.

43. **Momento polar** Determine o momento de inércia polar em relação à origem de uma placa triangular fina de densidade constante $\delta = 3$, delimitada pelo eixo y e as retas $y = 2x$ e $y = 4$ no plano xy.

44. **Momento polar** Encontre o momento de inércia polar em relação ao centro de uma folha retangular fina de densidade constante $\delta = 1$, delimitada pelas retas

    a. $x = \pm 2$, $y = \pm 1$ no plano xy

    b. $x = \pm a$, $y = \pm b$ no plano xy.

    (Sugestão: encontre I_x e, em seguida, utilize a fórmula para I_x para encontrar I_y e some os dois resultados para encontrar I_0).

45. **Momento de inércia** Encontre o momento de inércia em relação ao eixo x de uma placa fina de densidade constante δ que cobre o triângulo com vértices (0, 0), (3, 0) e (3, 2) no plano xy.

46. **Placa com densidade variável** Encontre o centro de massa e os momentos de inércia em relação aos eixos coordenados de uma placa fina delimitada pela reta $y = x$ e a parábola $y = x^2$ no plano xy, se a densidade for $\delta(x, y) = x + 1$.

47. **Placa com densidade variável** Determine a massa e os primeiros momentos em relação aos eixos coordenados de uma placa quadrada fina delimitada pelas retas $x = \pm 1$, $y = \pm 1$ no plano xy, se a densidade for $\delta(x, y) = x^2 + y^2 + 1/3$.

48. **Triângulos com o mesmo momento de inércia** Encontre o momento de inércia em relação ao eixo x de uma placa triangular fina de densidade constante δ, cuja base esteja ao longo do intervalo $[0, b]$ no eixo x e cujo vértice esteja na reta $y = h$ acima do eixo x. Conforme você verá, não importa em que ponto na reta esteja esse vértice. Todos esses triângulos têm o mesmo momento de inércia em relação ao eixo x.

49. **Centroide** Encontre o centroide da região no plano de coordenadas polares definido pelas desigualdades $0 \le r \le 3$, $-\pi/3 \le \theta \le \pi/3$.

50. **Centroide** Encontre o centroide da região no primeiro quadrante delimitado pelos raios $\theta = 0$ e $\theta = \pi/2$ e as circunferências $r = 1$ e $r = 3$.

51. **a. Centroide** Encontre o centroide da região no plano de coordenadas polares que está dentro da cardioide $r = 1 + \cos\theta$ e fora da circunferência $r = 1$.

    b. Esboce a região e mostre o centroide em seu esboço.

52. **a. Centroide** Encontre o centroide da região plana definida pelas desigualdades em coordenadas polares $0 \le r \le a$, $-\alpha \le \theta \le \alpha$ $(0 < \alpha \le \pi)$. Como o centroide se move quando $\alpha \to \pi^-$?

    b. Esboce a região para $\alpha = 5\pi/6$ e mostre o centroide em seu esboço.

Substituições

53. Mostre que se $u = x - y$ e $v = y$, então

$$\int_0^\infty \int_0^x e^{-sx} f(x - y, y)\, dy\, dx = \int_0^\infty \int_0^\infty e^{-s(u+v)} f(u, v)\, du\, dv.$$

54. Que relação deve existir entre as constantes a, b e c para fazer

$$\int_{-\infty}^{\infty}\int_{-\infty}^{\infty} e^{-(ax^2+2bxy+cy^2)}\, dx\, dy = 1?$$

(Sugestão: sejam $s = \alpha x + \beta y$ e $t = \gamma x + \delta y$, onde $(\alpha\delta - \beta\gamma)^2 = ac - b^2$. Então $ax^2 + 2bxy + cy^2 = s^2 + t^2$.)

Capítulo 15 Exercícios adicionais e avançados

Volumes

1. **Monte de areia: integrais duplas e triplas** A base de um monte de areia cobre a região no plano xy que é delimitada pela parábola $x^2 + y = 6$ e a reta $y = x$. A altura da areia acima do ponto (x, y) é x^2. Expresse o volume de areia como **(a)** uma integral dupla, **(b)** uma integral tripla. Em seguida, **(c)** encontre o volume.

2. **Água em uma vasilha hemisférica** Uma vasilha hemisférica de raio 5 cm contém um volume de água cuja altura fica 3 cm abaixo do topo. Encontre o volume de água na vasilha.

3. **Região cilíndrica sólida entre dois planos** Encontre o volume da porção do cilindro sólido $x^2 + y^2 \le 1$ que está entre os planos $z = 0$ e $x + y + z = 2$.

4. **Esfera e paraboloide** Encontre o volume da região delimitada superiormente pela esfera $x^2 + y^2 + z^2 = 2$ e inferiormente pelo paraboloide $z = x^2 + y^2$.

5. **Dois paraboloides** Encontre o volume da região delimitada superiormente pelo paraboloide $z = 3 - x^2 - y^2$ e inferiormente pelo paraboloide $z = 2x^2 + 2y^2$.

6. **Coordenadas esféricas** Encontre o volume da região delimitada pela superfície em coordenadas esféricas $\rho = 2 \text{ sen } \phi$ (veja a figura a seguir).

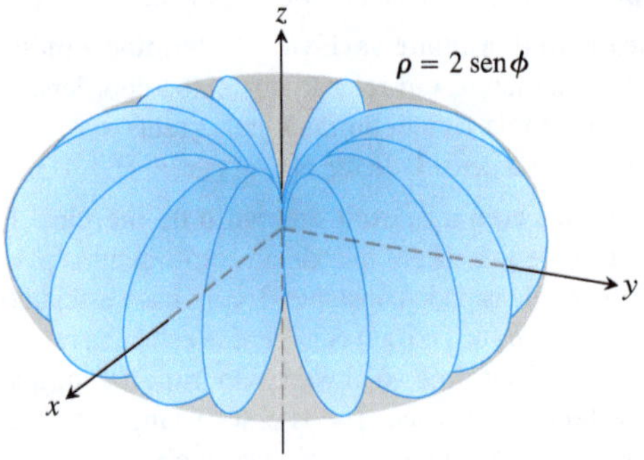

7. **Buraco em uma esfera** Um buraco cilíndrico é feito através de uma esfera sólida, o eixo do buraco sendo um diâmetro da esfera. O volume do restante do sólido é

$$V = 2\int_0^{2\pi}\int_0^{\sqrt{3}}\int_1^{\sqrt{4-z^2}} r\,dr\,dz\,d\theta.$$

   a. Encontre o raio do buraco e o raio da esfera.

   b. Calcule a integral.

8. **Esfera e cilindro** Encontre o volume do material cortado da esfera sólida $r^2 + z^2 \leq 9$ pelo cilindro $r = 3 \text{ sen } \theta$.

9. **Dois paraboloides** Calcule o volume da região delimitada pelas superfícies $z = x^2 + y^2$ e $z = (x^2 + y^2 + 1)/2$.

10. **Cilindro e superfície $z = xy$** Encontre o volume da região no primeiro octante que está entre os cilindros $r = 1$ e $r = 2$ e que está delimitada inferiormente pelo plano xy e superiormente pela superfície $z = xy$.

Mudando a ordem de integração

11. Calcule a integral

$$\int_0^{\infty} \frac{e^{-ax} - e^{-bx}}{x}\,dx.$$

(Sugestão: utilize a relação

$$\frac{e^{-ax} - e^{-bx}}{x} = \int_a^b e^{-xy}\,dy$$

para formar uma integral dupla e calcule a integral mudando a ordem de integração.)

12. **a. Coordenadas polares** Mostre, mudando para coordenadas polares, que

$$\int_0^{a \operatorname{sen} \beta}\int_{y \operatorname{cotg} \beta}^{\sqrt{a^2-y^2}} \ln(x^2 + y^2)\,dx\,dy = a^2\beta\left(\ln a - \frac{1}{2}\right),$$

onde $a > 0$ e $0 < \beta < \pi/2$.

   b. Reescreva a integral cartesiana com a ordem de integração invertida.

13. **Reduzindo uma integral dupla a simples** Mudando a ordem de integração, mostre que a integral dupla a seguir pode ser reduzida para uma integral simples:

$$\int_0^x\int_0^u e^{m(x-t)} f(t)\,dt\,du = \int_0^x (x - t)e^{m(x-t)} f(t)\,dt.$$

De maneira semelhante, pode ser mostrado que

$$\int_0^x\int_0^v\int_0^u e^{m(x-t)} f(t)\,dt\,du\,dv = \int_0^x \frac{(x - t)^2}{2} e^{m(x-t)} f(t)\,dt.$$

14. **Transformando uma integral dupla para obter limites constantes** Algumas vezes, uma integral múltipla com limites variáveis pode ser mudada para uma com limites constantes. Mudando a ordem de integração, mostre que

$$\begin{aligned}\int_0^1 f(x)\left(\int_0^x g(x - y)f(y)\,dy\right)dx &= \int_0^1 f(y)\left(\int_y^1 g(x - y)f(x)\,dx\right)dy \\ &= \frac{1}{2}\int_0^1\int_0^1 g(|x - y|)f(x)f(y)\,dx\,dy.\end{aligned}$$

Massas e momentos

15. **Minimizando a inércia polar** Uma placa fina de densidade constante deve ocupar a região triangular no primeiro quadrante do plano xy que tem vértices $(0, 0)$, $(a, 0)$ e $(a, 1/a)$. Qual valor de a irá minimizar o momento de inércia polar da placa em relação à origem?

16. **Inércia polar de uma placa triangular** Encontre o momento de inércia polar em relação à origem de uma placa triangular fina de densidade constante $\delta = 3$ delimitada pelo eixo y e as retas $y = 2x$ e $y = 4$ no plano xy.

17. **Massa e inércia polar de um contrapeso** O contrapeso de um volante de densidade constante 1 tem a forma da parte menor cortada de um círculo de raio a por uma corda a uma distância b do centro ($b < a$). Encontre a massa do contrapeso e seu momento de inércia polar em relação ao centro do volante.

18. **Centroide de um bumerangue** Encontre o centroide da região em forma de bumerangue entre as parábolas $y^2 = -4(x - 1)$ e $y^2 = -2(x - 2)$ no plano xy.

Teoria e exemplos

19. Calcule

$$\int_0^a\int_0^b e^{\max(b^2x^2,\, a^2y^2)}\,dy\,dx,$$

onde a e b são números positivos e

$$\max(b^2x^2, a^2y^2) = \begin{cases} b^2x^2 & \text{se } b^2x^2 \geq a^2y^2 \\ a^2y^2 & \text{se } b^2x^2 < a^2y^2. \end{cases}$$

20. Mostre que

$$\iint \frac{\partial^2 F(x, y)}{\partial x\,\partial y}\,dx\,dy$$

sobre o retângulo $x_0 \leq x \leq x_1$, $y_0 \leq y \leq y_1$, é

$$F(x_1, y_1) - F(x_0, y_1) - F(x_1, y_0) + F(x_0, y_0).$$

21. Suponha que $f(x, y)$ possa ser escrita como um produto $f(x, y) = F(x)G(y)$ de uma função de x e uma função de y. Então a integral de f sobre o retângulo R: $a \leq x \leq b$, $c \leq y \leq d$ pode ser calculada também como um produto, pela fórmula

$$\iint_R f(x, y)\, dA = \left(\int_a^b F(x)\, dx\right)\left(\int_c^d G(y)\, dy\right). \quad (1)$$

O argumento é que

$$\iint_R f(x, y)\, dA = \int_c^d \left(\int_a^b F(x)G(y)\, dx\right) dy \quad \text{(i)}$$

$$= \int_c^d \left(G(y)\int_a^b F(x)\, dx\right) dy \quad \text{(ii)}$$

$$= \int_c^d \left(\int_a^b F(x)\, dx\right) G(y)\, dy \quad \text{(iii)}$$

$$= \left(\int_a^b F(x)\, dx\right) \int_c^d G(y)\, dy. \quad \text{(iv)}$$

a. Justifique as etapas de (i) a (iv).

Quando for aplicável, a Equação 1 pode nos ajudar a reduzir o trabalho. Utilize-a para calcular as integrais a seguir.

b. $\displaystyle\int_0^{\ln 2}\int_0^{\pi/2} e^x \cos y\, dy\, dx$ **c.** $\displaystyle\int_1^2\int_{-1}^1 \frac{x}{y^2}\, dx\, dy$

22. Suponha que $D_{\mathbf{u}}f$ denote a derivada de $f(x, y) = (x^2 + y^2)/2$ na direção do vetor unitário $\mathbf{u} = u_1\mathbf{i} + u_2\mathbf{j}$.

a. Encontrando o valor médio Encontre o valor médio de $D_{\mathbf{u}}f$ sobre a região triangular cortada do primeiro quadrante pela reta $x + y = 1$.

b. Valor médio e centroide Mostre que, em geral, o valor médio de $D_{\mathbf{u}}f$ sobre uma região no plano xy é o valor de $D_{\mathbf{u}}f$ no centroide da região.

23. O valor de $\Gamma(1/2)$ A função gama,

$$\Gamma(x) = \int_0^\infty t^{x-1} e^{-t}\, dt,$$

estende a função fatorial de inteiros não negativos para outros valores reais. De particular interesse na teoria das equações diferenciais é o número

$$\Gamma\left(\frac{1}{2}\right) = \int_0^\infty t^{(1/2)-1} e^{-t}\, dt = \int_0^\infty \frac{e^{-t}}{\sqrt{t}}\, dt. \quad (2)$$

a. Se você ainda não fez o Exercício 41 na Seção 15.4, faça-o agora, para mostrar que

$$I = \int_0^\infty e^{-y^2}\, dy = \frac{\sqrt{\pi}}{2}.$$

b. Substitua $y = \sqrt{t}$ na Equação 2 para mostrar que $\Gamma(1/2) = 2I = \sqrt{\pi}$.

24. Carga elétrica total sobre uma placa circular A distribuição de carga elétrica sobre uma placa circular de raio R metros é $\sigma(r, \theta) = kr(1 - \text{sen}\ \theta)$ coulomb/m² (sendo k uma constante). Integre σ sobre a placa para encontrar a carga total Q.

25. Medidor parabólico de chuva Uma vasilha tem o formato do gráfico de $z = x^2 + y^2$ de $z = 0$ a $z = 10$ pol. Você planeja calibrar a vasilha para transformá-la em um medidor de chuva. Que altura na vasilha corresponderia a 1 pol. de chuva? E 3 pol. de chuva?

26. Água em uma antena parabólica Uma antena parabólica tem 2 m de largura e 1/2 m de profundidade. Seu eixo de simetria está inclinado 30 graus na vertical.

a. Monte, mas não calcule, uma integral tripla em coordenadas retangulares que dê a quantidade de água que a antena parabólica comportará. (Sugestão: situe seu sistema de coordenadas de forma que a antena parabólica esteja na "posição padrão" e o plano do nível de água seja inclinado.) (*Atenção*: os limites de integração não são "fáceis".)

b. Qual seria a menor inclinação da antena parabólica para que ela não acumulasse água?

27. Semicilindro infinito Seja D o interior de um semicilindro circular reto infinito de raio 1, com sua extremidade suspensa a uma unidade acima da origem e seu eixo igual ao raio entre (0, 0, 1) e ∞. Utilize coordenadas cilíndricas para calcular

$$\iiint_D z(r^2 + z^2)^{-5/2}\, dV.$$

28. Hipervolume Aprendemos que $\int_a^b 1\, dx$ é o comprimento do intervalo $[a, b]$ na reta real (espaço unidimensional), $\iint_R 1\, dA$ é a área da região R no plano xy (espaço bidimensional) e $\iiint_D 1\, dV$ é o volume da região D no espaço tridimensional (espaço xyz). Poderíamos continuar: Se Q fosse uma região no espaço quadridimensional (espaço $xyzw$), então $\iiiint_Q 1\, dV$ é o "hipervolume" de Q. Utilize suas habilidades de generalização e um sistema de coordenadas cartesianas do espaço quadridimensional para encontrar o hipervolume dentro da esfera tridimensional unitária $x^2 + y^2 + z^2 + w^2 = 1$.

Capítulo 15 Projetos de aplicação de tecnologia

Módulos Mathematica/Maple

Arrisque: Tente aplicar o método de Monte Carlo para a integração numérica em três dimensões

Utilize a técnica de Monte Carlo para integrar numericamente em três dimensões.

Médias e momentos e explorando novas técnicas de esboço, parte II

Utilize o método de momentos, de forma a fazer uso tanto de simetria geométrica quanto de integração múltipla.

16

INTEGRAÇÃO EM CAMPOS VETORIAIS

VISÃO GERAL Neste capítulo, estenderemos a teoria de integração para curvas e superfícies no espaço. A teoria resultante de integrais de linha e de superfície fornece ferramentas matemáticas poderosas para a ciência e a engenharia. As integrais de linha são utilizadas para encontrar o trabalho realizado por uma força ao movimentar um objeto ao longo de uma trajetória e para encontrar a massa de um fio curvado com densidade variável. Integrais de superfície são utilizadas para encontrar a taxa de escoamento de um fluido através de uma superfície. Apresentaremos os teoremas fundamentais de cálculo vetorial integral e discutiremos suas consequências matemáticas e aplicações físicas. Na análise final, os teoremas-chave são mostrados como interpretações generalizadas do Teorema Fundamental do Cálculo.

16.1 Integrais de linha

Para calcular a massa total de um fio ao longo de uma curva no espaço, ou para encontrar o trabalho realizado por uma força variável agindo ao longo dessa curva, precisamos de uma noção mais geral de integral do que a definição no Capítulo 5. Precisamos integrar sobre uma curva C, e não sobre um intervalo $[a, b]$. Essas integrais mais gerais são denominadas *integrais de linha* (ainda que integrais de *caminho* talvez fosse mais descritiva). Fazemos nossas definições para curvas no espaço, com curvas no plano xy sendo o caso especial com coordenada z identicamente zero.

Suponha que $f(x, y, z)$ seja uma função de valores reais que desejamos integrar sobre a curva C que está dentro do domínio de f e parametrizada por $\mathbf{r}(t) = g(t)\mathbf{i} + h(t)\mathbf{j} + k(t)\mathbf{k}$, $a \le t \le b$. Os valores de f ao longo da curva são fornecidos pela função composta $f(g(t), h(t), k(t))$. Vamos integrar essa composta com relação ao comprimento de arco de $t = a$ a $t = b$. Para começar, primeiro particionamos a curva C em um número finito n de subarcos (Figura 16.1). O subarco típico tem comprimento Δs_k. Em cada subarco escolhemos um ponto (x_k, y_k, z_k) e formamos a soma

$$S_n = \sum_{k=1}^{n} f(x_k, y_k, z_k)\, \Delta s_k,$$

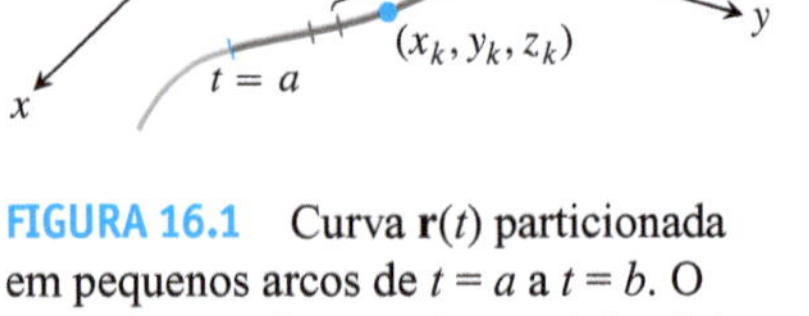

FIGURA 16.1 Curva $\mathbf{r}(t)$ particionada em pequenos arcos de $t = a$ a $t = b$. O comprimento de um subarco típico é Δs_k.

que é semelhante a uma soma de Riemann. Dependendo de como particionamos a curva C e selecionamos (x_k, y_k, z_k) no k-ésimo subarco, podemos obter valores diferentes para S_n. Se f é contínua e as funções g, h e k têm derivadas de primeira ordem, então essas somas se aproximam de um limite à medida que n cresce e os comprimentos Δs_k se aproximam de zero. O limite fornece a definição a seguir, semelhante àquela para uma integral simples. Na definição, consideramos que a partição satisfaz $\Delta s_k \to 0$ quando $n \to \infty$.

DEFINIÇÃO Se f é definida em uma curva C fornecida parametricamente por $\mathbf{r}(t) = g(t)\mathbf{i} + h(t)\mathbf{j} + k(t)\mathbf{k}$, $a \le t \le b$, então a **integral de linha de f sobre C** é

$$\int_C f(x, y, z)\, ds = \lim_{n \to \infty} \sum_{k=1}^{n} f(x_k, y_k, z_k)\, \Delta s_k, \tag{1}$$

contanto que esse limite exista.

Se a curva C é lisa para $a \leq t \leq b$ (portanto $\mathbf{v} = d\mathbf{r}/dt$ é contínua e nunca $\mathbf{0}$) e a função f é contínua em C, então pode ser mostrado que o limite na Equação 1 existe. Podemos então aplicar o Teorema Fundamental do Cálculo para derivar a equação de comprimento de arco,

$$s(t) = \int_a^t |\mathbf{v}(\tau)|\, d\tau,$$

Equação 3 da Seção 13.3 com $t_0 = a$

para expressar ds na Equação 1 como $ds = |\mathbf{v}(t)|\, dt$ e calcular a integral de f sobre C por

$$\frac{ds}{dt} = |\mathbf{v}| = \sqrt{\left(\frac{dx}{dt}\right)^2 + \left(\frac{dy}{dt}\right)^2 + \left(\frac{dz}{dt}\right)^2}$$

$$\int_C f(x, y, z)\, ds = \int_a^b f(g(t), h(t), k(t))\,|\mathbf{v}(t)|\, dt. \tag{2}$$

Observe que a integral do lado direito da Equação 2 é somente uma integral definida (simples), conforme definido no Capítulo 5, onde estamos integrando com relação ao parâmetro t. A fórmula calcula a integral de linha do lado esquerdo corretamente, não importa qual a parametrização utilizada, contanto que a parametrização seja lisa. Observe que o parâmetro t define uma direção ao longo da trajetória. O ponto inicial em C é a posição $\mathbf{r}(a)$ e o movimento ao longo da trajetória é na direção de t crescente (veja a Figura 16.1).

Como calcular uma integral de linha

Para integrar uma função contínua $f(x, y, z)$ sobre uma curva C:

1. Encontre uma parametrização lisa de C,

$$\mathbf{r}(t) = g(t)\mathbf{i} + h(t)\mathbf{j} + k(t)\mathbf{k}, \qquad a \leq t \leq b.$$

2. Calcule a integral como

$$\int_C f(x, y, z)\, ds = \int_a^b f(g(t), h(t), k(t))\,|\mathbf{v}(t)|\, dt.$$

Se f tem o valor constante 1, então a integral de f sobre C fornece o comprimento de C de $t = a$ a $t = b$ na Figura 16.1.

EXEMPLO 1 Integre $f(x, y, z) = x - 3y^2 + z$ sobre o segmento de reta C unindo a origem ao ponto (1, 1, 1) (Figura 16.2).

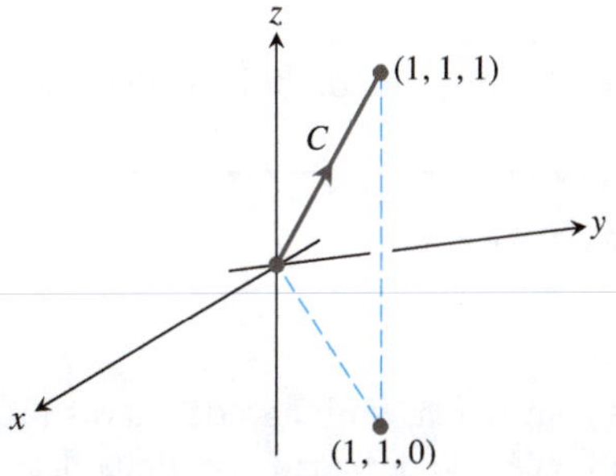

FIGURA 16.2 Caminho de integração no Exemplo 1.

Solução Escolhemos a parametrização mais simples que pudermos imaginar:

$$\mathbf{r}(t) = t\mathbf{i} + t\mathbf{j} + t\mathbf{k}, \qquad 0 \leq t \leq 1.$$

Os componentes possuem derivadas de primeira ordem contínuas e $|\mathbf{v}(t)| = |\mathbf{i} + \mathbf{j} + \mathbf{k}| = \sqrt{1^2 + 1^2 + 1^2} = \sqrt{3}$ nunca é 0, portanto a parametrização é lisa. A integração de f sobre C é

$$\begin{aligned}\int_C f(x, y, z)\, ds &= \int_0^1 f(t, t, t)\left(\sqrt{3}\right) dt \qquad \text{Equação 2}\\ &= \int_0^1 (t - 3t^2 + t)\sqrt{3}\, dt\\ &= \sqrt{3}\int_0^1 (2t - 3t^2)\, dt = \sqrt{3}\left[t^2 - t^3\right]_0^1 = 0.\end{aligned}$$

Aditividade

Integrais de linha têm a propriedade útil de que se uma curva lisa definida em trechos C for feita ligando-se um número finito de curvas lisas $C_1, C_2, \ldots, C_n$ pelas extremidades (Seção 13.1), então a integral de uma função sobre C é a soma das integrais sobre as curvas que a compõem:

$$\int_C f\,ds = \int_{C_1} f\,ds + \int_{C_2} f\,ds + \cdots + \int_{C_n} f\,ds. \qquad (3)$$

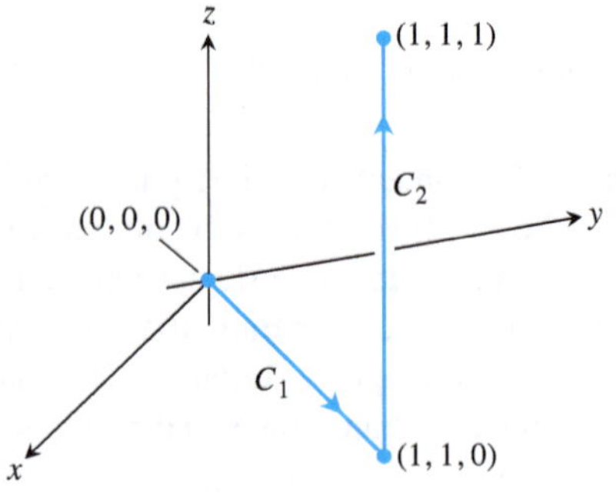

FIGURA 16.3 Caminho de integração no Exemplo 2.

EXEMPLO 2 A Figura 16.3 mostra outra trajetória a partir da origem a (1, 1, 1), a união dos segmentos de reta C_1 e C_2. Integre $f(x, y, z) = x - 3y^2 + z$ sobre $C_1 \cup C_2$.

Solução Escolhemos as parametrizações mais simples para C_1 e C_2 que pudermos encontrar, calculando os comprimentos dos vetores velocidade à medida que prosseguimos:

$$C_1:\quad \mathbf{r}(t) = t\mathbf{i} + t\mathbf{j},\quad 0 \le t \le 1;\quad |\mathbf{v}| = \sqrt{1^2 + 1^2} = \sqrt{2}$$

$$C_2:\quad \mathbf{r}(t) = \mathbf{i} + \mathbf{j} + t\mathbf{k},\quad 0 \le t \le 1;\quad |\mathbf{v}| = \sqrt{0^2 + 0^2 + 1^2} = 1.$$

Com essas parametrizações, descobrimos que

$$\begin{aligned}
\int_{C_1 \cup C_2} f(x, y, z)\,ds &= \int_{C_1} f(x, y, z)\,ds + \int_{C_2} f(x, y, z)\,ds && \text{Equação 3}\\
&= \int_0^1 f(t, t, 0)\sqrt{2}\,dt + \int_0^1 f(1, 1, t)(1)\,dt && \text{Equação 2}\\
&= \int_0^1 (t - 3t^2 + 0)\sqrt{2}\,dt + \int_0^1 (1 - 3 + t)(1)\,dt\\
&= \sqrt{2}\left[\frac{t^2}{2} - t^3\right]_0^1 + \left[\frac{t^2}{2} - 2t\right]_0^1 = -\frac{\sqrt{2}}{2} - \frac{3}{2}.
\end{aligned}$$

Observe três coisas sobre as integrações nos Exemplos 1 e 2. Primeiro, logo que os componentes da curva apropriada foram substituídos na fórmula para f, a integração se tornou uma integração padrão com relação a t. Em segundo lugar, a integral de f sobre $C_1 \cup C_2$ foi obtida através da integração de f sobre cada seção do caminho e da soma desses resultados. Em terceiro lugar, as integrais de f sobre C e $C_1 \cup C_2$ tinham valores diferentes.

O valor da integral de linha ao longo de um caminho unindo dois pontos pode mudar se você mudar o caminho entre eles.

Investigaremos essa terceira observação na Seção 16.3.

Cálculos de massa e momento

Nós tratamos molas e fios como massas distribuídas ao longo de curvas lisas no espaço. A distribuição é descrita por uma função de densidade contínua $\delta(x, y, z)$ representando massa por unidade de comprimento. Quando uma curva C é parametrizada por $\mathbf{r}(t) = x(t)\mathbf{i} + y(t)\mathbf{j} + z(t)\mathbf{k}$, $a \le t \le b$, então x, y e z são funções do parâmetro t, a densidade é a função $\delta(x(t), y(t), z(t))$, e a diferencial de comprimento de arco é fornecida por

$$ds = \sqrt{\left(\frac{dx}{dt}\right)^2 + \left(\frac{dy}{dt}\right)^2 + \left(\frac{dz}{dt}\right)^2}\,dt.$$

(Veja a Seção 13.3.) A massa, o centro de massa e os momentos da mola ou do fio são então calculados com as fórmulas na Tabela 16.1, com as integrações em termos do parâmetro t sobre o intervalo $[a, b]$. Por exemplo, a fórmula para massa torna-se

$$M = \int_a^b \delta(x(t), y(t), z(t)) \sqrt{\left(\frac{dx}{dt}\right)^2 + \left(\frac{dy}{dt}\right)^2 + \left(\frac{dz}{dt}\right)^2}\, dt.$$

Essas fórmulas se aplicam também a hastes finas, e suas deduções são semelhantes àquelas da Seção 6.6. Observe como as fórmulas são semelhantes àquelas nas Tabelas 15.1 e 15.2 para integrais duplas e triplas. As integrais duplas para regiões planas e as integrais triplas para sólidos tornam-se integrais de linha para molas helicoidais, fios e hastes finas.

TABELA 16.1 Fórmulas de massa e momento para molas helicoidais, fios e hastes finas distribuídos ao longo de uma curva lisa C no espaço

Massa: $M = \int_C \delta\, ds$ $\quad \delta = \delta(x, y, z)$ é a densidade em (x, y, z)

Primeiros momentos em relação aos eixos coordenados:

$$M_{yz} = \int_C x\,\delta\, ds, \qquad M_{xz} = \int_C y\,\delta\, ds, \qquad M_{xy} = \int_C z\,\delta\, ds$$

Coordenadas do centro de massa:

$$\bar{x} = M_{yz}/M, \qquad \bar{y} = M_{xz}/M, \qquad \bar{z} = M_{xy}/M$$

Momentos de inércia em relação aos eixos e outros caminhos:

$$I_x = \int_C (y^2 + z^2)\,\delta\, ds, \qquad I_y = \int_C (x^2 + z^2)\,\delta\, ds, \qquad I_z = \int_C (x^2 + y^2)\,\delta\, ds,$$

$$I_L = \int_C r^2\,\delta\, ds$$ $\quad r(x, y, z) =$ distância entre o ponto (x, y, z) e a reta L

Observe que o elemento de massa dm é igual a $\delta\, ds$ na tabela, e não $\delta\, dV$ como na Tabela 15.1, e que as integrais são tomadas sobre a curva C.

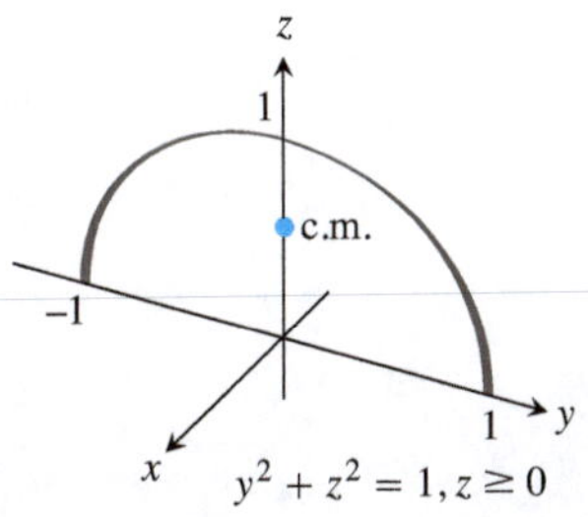

FIGURA 16.4 O Exemplo 3 mostra como encontrar o centro de massa de um arco circular de densidade variável.

EXEMPLO 3 Um arco metálico fino, mais denso na base que no topo, encontra-se ao longo do semicírculo $y^2 + z^2 = 1$, $z \geq 0$, no plano yz (Figura 16.4). Encontre o centro de massa do arco se a densidade no ponto (x, y, z) no arco for $\delta(x, y, z) = 2 - z$.

Solução Sabemos que $\bar{x} = 0$ e $\bar{y} = 0$ porque o arco está no plano yz com sua massa distribuída simetricamente em relação ao eixo z. Para encontrar $\bar{z}$, parametrizamos a circunferência como

$$\mathbf{r}(t) = (\cos t)\mathbf{j} + (\operatorname{sen} t)\mathbf{k}, \qquad 0 \leq t \leq \pi.$$

Para essa parametrização,

$$|\mathbf{v}(t)| = \sqrt{\left(\frac{dx}{dt}\right)^2 + \left(\frac{dy}{dt}\right)^2 + \left(\frac{dz}{dt}\right)^2} = \sqrt{(0)^2 + (-\operatorname{sen} t)^2 + (\cos t)^2} = 1,$$

portanto $ds = |\mathbf{v}|\, dt = dt$.

As fórmulas na Tabela 16.1 então fornecem

$$M = \int_C \delta\, ds = \int_C (2 - z)\, ds = \int_0^{\pi} (2 - \operatorname{sen} t)\, dt = 2\pi - 2$$

$$M_{xy} = \int_C z\delta\, ds = \int_C z(2 - z)\, ds = \int_0^{\pi} (\operatorname{sen} t)(2 - \operatorname{sen} t)\, dt$$

$$= \int_0^{\pi} (2 \operatorname{sen} t - \operatorname{sen}^2 t)\, dt = \frac{8 - \pi}{2}$$

$$\bar{z} = \frac{M_{xy}}{M} = \frac{8 - \pi}{2} \cdot \frac{1}{2\pi - 2} = \frac{8 - \pi}{4\pi - 4} \approx 0{,}57.$$

Com $\bar{z}$ arredondado ao centésimo mais próximo, o centro de massa é (0, 0, 0,57).

Integrais de linha no plano

Existe uma interpretação geométrica interessante para as integrais de linha no plano. Se C for uma curva lisa no plano xy parametrizado por $\mathbf{r}(t) = x(t)\mathbf{i} + y(t)\mathbf{j}$, $a \leq t \leq b$, geramos uma superfície cilíndrica ao mover uma linha reta ao longo de C ortogonal ao plano, mantendo a reta paralela ao eixo z, como na Seção 12.6. Se $z = f(x, y)$ for uma função contínua não negativa sobre uma região no plano contendo a curva C, então o gráfico de f é uma superfície que está acima do plano. O cilindro corta essa superfície, formando nela uma curva que está acima da curva C e segue sua natureza espiralada. A parte da superfície cilíndrica que está abaixo da curva na superfície e acima do plano xy é como uma parede ou cerca "sinuosa" ereta na curva C e ortogonal ao plano. Em qualquer ponto (x, y) ao longo da curva, a altura da parede é $f(x, y)$. Mostramos a parede na Figura 16.5, onde o "topo" da parede é a curva contida na superfície $z = f(x, y)$. (Não exibimos a superfície formada pelo gráfico de f na figura, somente a curva nela que é cortada pelo cilindro.) A partir da definição

$$\int_C f\, ds = \lim_{n \to \infty} \sum_{k=1}^{n} f(x_k, y_k)\, \Delta s_k,$$

onde $\Delta s_k \to 0$ conforme $n \to \infty$, vemos que a integral de linha $\int_C f\, ds$ é a área da parede exibida na figura.

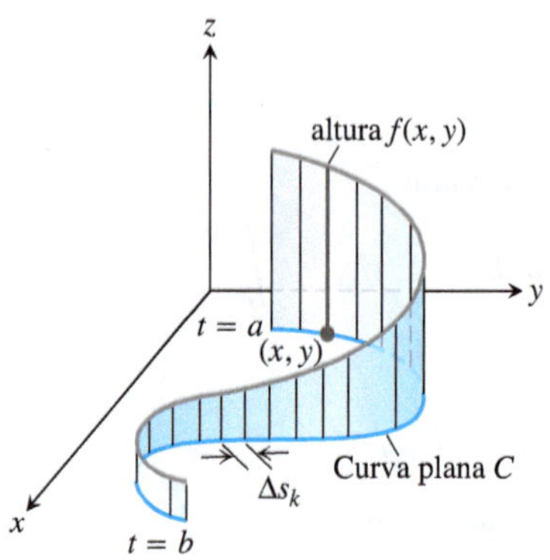

FIGURA 16.5 A integral de linha $\int_C f\, ds$ fornece a área da porção da superfície cilíndrica ou "parede" abaixo de $z = f(x, y) \geq 0$.

Exercícios 16.1

Gráficos de equações vetoriais

Associe as equações vetoriais nos Exercícios 1-8 utilizando os gráficos (a)-(h) fornecidos aqui.

a.

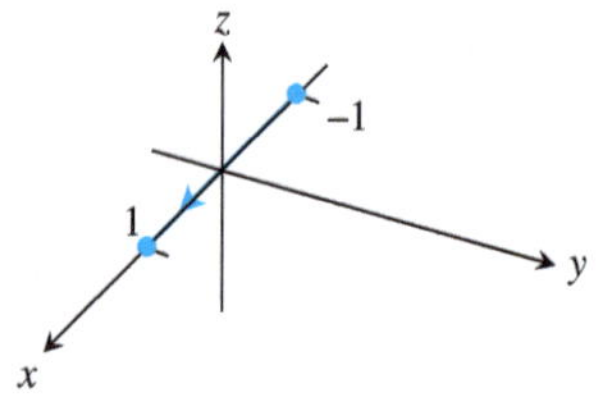

b.

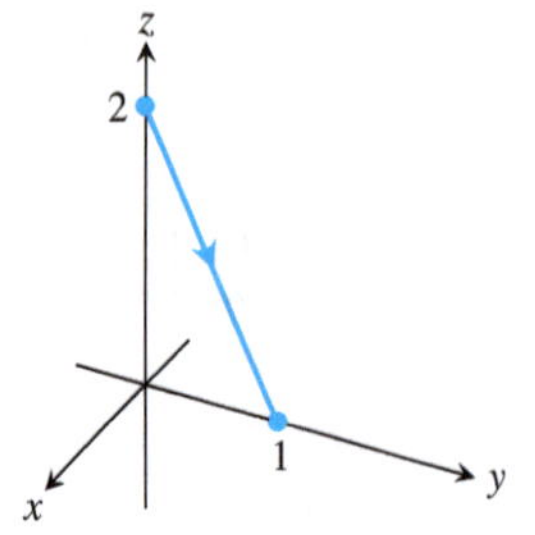

c.

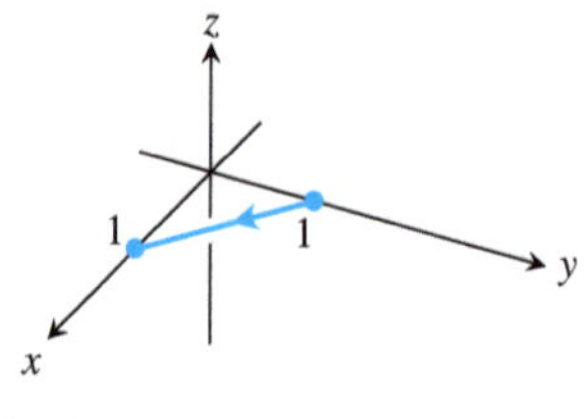

d.

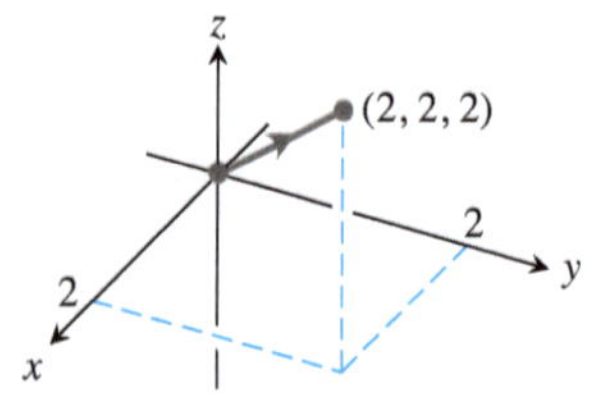

e.

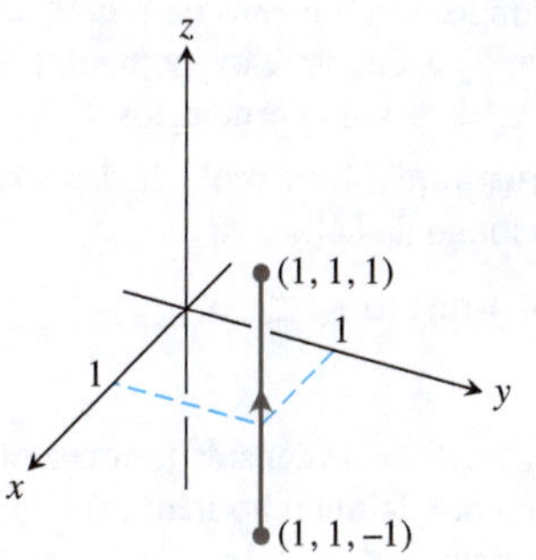

g.

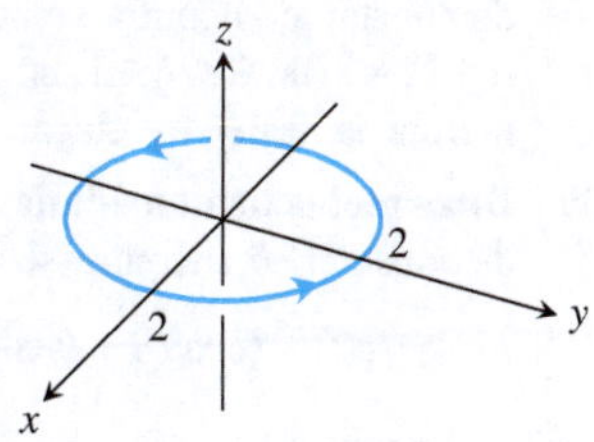

f.

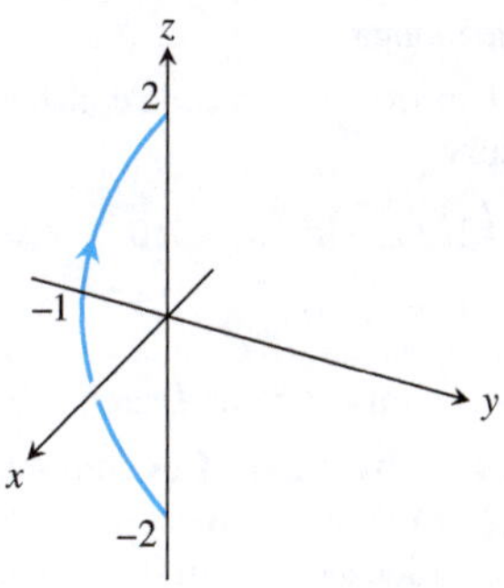

h.

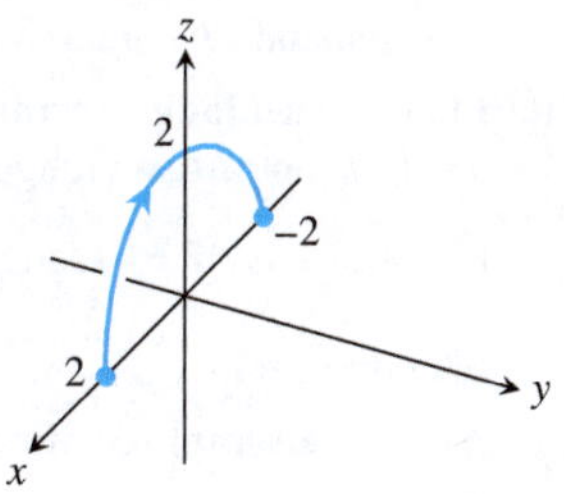

1. $\mathbf{r}(t) = t\mathbf{i} + (1 - t)\mathbf{j}, \quad 0 \le t \le 1.$
2. $\mathbf{r}(t) = \mathbf{i} + \mathbf{j} + t\mathbf{k}, \quad -1 \le t \le 1.$
3. $\mathbf{r}(t) = (2 \cos t)\mathbf{i} + (2 \operatorname{sen} t)\mathbf{j}, \quad 0 \le t \le 2\pi.$
4. $\mathbf{r}(t) = t\mathbf{i}, \quad -1 \le t \le 1.$
5. $\mathbf{r}(t) = t\mathbf{i} + t\mathbf{j} + t\mathbf{k}, \quad 0 \le t \le 2.$
6. $\mathbf{r}(t) = t\mathbf{j} + (2 - 2t)\mathbf{k}, \quad 0 \le t \le 1.$
7. $\mathbf{r}(t) = (t^2 - 1)\mathbf{j} + 2t\mathbf{k}, \quad -1 \le t \le 1.$
8. $\mathbf{r}(t) = (2 \cos t)\mathbf{i} + (2 \operatorname{sen} t)\mathbf{k}, \quad 0 \le t \le \pi.$

Calculando integrais de linha sobre curvas espaciais

9. Calcule $\int_C (x + y)\, ds$ onde C é o segmento de reta $x = t$, $y = (1 - t)$, $z = 0$, de (0, 1, 0) a (1, 0, 0).
10. Calcule $\int_C (x - y + z - 2)\, ds$ onde C é o segmento de reta $x = t$, $y = (1 - t)$, $z = 1$, de (0, 1, 1) a (1, 0, 1).
11. Calcule $\int_C (xy + y + z)\, ds$ ao longo da curva $\mathbf{r}(t) = 2t\mathbf{i} + t\mathbf{j} + (2 - 2t)\mathbf{k}$, $0 \le t \le 1$.
12. Calcule $\int_C \sqrt{x^2 + y^2}\, ds$ ao longo da curva $\mathbf{r}(t) = (4 \cos t)\mathbf{i} + (4 \operatorname{sen} t)\mathbf{j} + 3t\mathbf{k}$, $-2\pi \le t \le 2\pi$.
13. Encontre a integral de linha de $f(x, y, z) = x + y + z$ sobre o segmento de reta de (1, 2, 3) a (0, –1, 1).
14. Encontre a integral de linha de $f(x, y, x) = \sqrt{3}/(x^2 + y^2 + z^2)$ sobre a curva $\mathbf{r}(t) = t\mathbf{i} + t\mathbf{j} + t\mathbf{k}$, $1 \le t \le \infty$.
15. Integre $f(x, y, z) = x + \sqrt{y} - z^2$ sobre o caminho entre (0, 0, 0) a (1, 1, 1) (veja a figura a seguir) dado por:

$$C_1: \ \mathbf{r}(t) = t\mathbf{i} + t^2\mathbf{j}, \quad 0 \le t \le 1$$

$$C_2: \ \mathbf{r}(t) = \mathbf{i} + \mathbf{j} + t\mathbf{k}, \quad 0 \le t \le 1$$

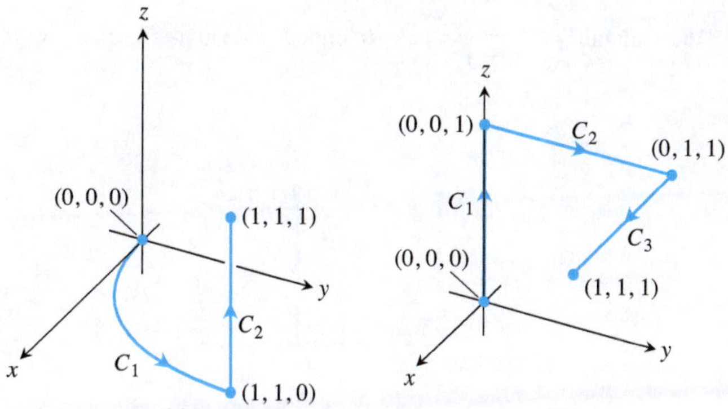

(a) (b)

Caminhos de integração para os Exercícios 15 e 16.

16. Integre $f(x, y, z) = x + \sqrt{y} - z^2$ sobre o caminho entre (0, 0, 0) e (1, 1, 1) (veja a figura acima) dado por

$$C_1: \ \mathbf{r}(t) = t\mathbf{k}, \quad 0 \le t \le 1$$

$$C_2: \ \mathbf{r}(t) = t\mathbf{j} + \mathbf{k}, \quad 0 \le t \le 1$$

$$C_3: \ \mathbf{r}(t) = t\mathbf{i} + \mathbf{j} + \mathbf{k}, \quad 0 \le t \le 1$$

17. Integre $f(x, y, z) = (x + y + z)/(x^2 + y^2 + z^2)$ sobre o caminho $\mathbf{r}(t) = t\mathbf{i} + t\mathbf{j} + t\mathbf{k}$, $0 < a \le t \le b$.
18. Integre $f(x, y, z) = -\sqrt{x^2 + z^2}$ sobre a circunferência

$$\mathbf{r}(t) = (a \cos t)\mathbf{j} + (a \operatorname{sen} t)\mathbf{k}, \quad 0 \le t \le 2\pi.$$

Integrais de linha sobre curvas planas

19. Calcule $\int_C x\, ds$, onde C é
    a. o segmento de reta $x = t$, $y = t/2$, entre (0, 0) e (4, 2).
    b. a curva parabólica $x = t$, $y = t^2$, entre (0, 0) e (2, 4).
20. Calcule $\int_C \sqrt{x + 2y}\, ds$, onde C é
    a. o segmento de reta $x = t$, $y = 4t$, entre (0, 0) e (1, 4).
    b. $C_1 \cup C_2$; C_1 é o segmento de reta entre (0, 0) e (1, 0) e C_2 é o segmento de reta entre (1, 0) e (1, 2).
21. Encontre a integral de reta de $f(x, y) = ye^{x^2}$ ao longo da curva $\mathbf{r}(t) = 4t\mathbf{i} - 3t\mathbf{j}$, $-1 \le t \le 2$.
22. Encontre a integral de linha de $f(x, y) = x - y + 3$ ao longo da curva $\mathbf{r}(t) = (\cos t)\mathbf{i} + (\operatorname{sen} t)\mathbf{j}$, $0 \le t \le 2\pi$.
23. Calcule $\displaystyle\int_C \frac{x^2}{y^{4/3}}\, ds$, onde C é a curva $x = t^2$, $y = t^3$, para $1 \le t \le 2$.
24. Encontre a integral de linha de $f(x, y) = \sqrt{y}/x$ ao longo da curva $\mathbf{r}(t) = t^3\mathbf{i} + t^4\mathbf{j}$, $1/2 \le t \le 1$.
25. Calcule $\int_C \left(x + \sqrt{y}\right) ds$, onde C é dado na figura a seguir.

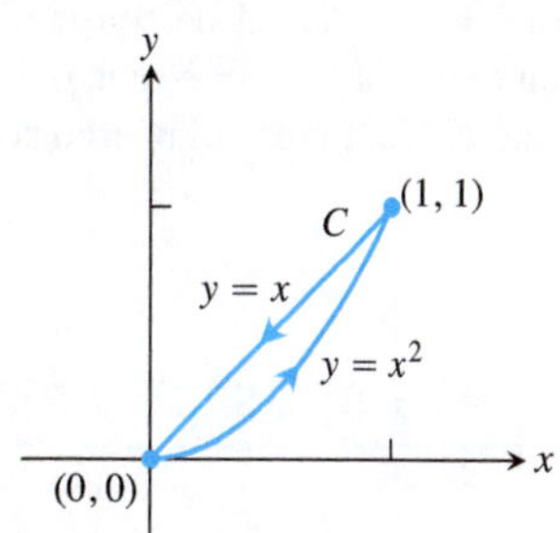

26. Calcule $\int_C \frac{1}{x^2 + y^2 + 1}\, ds$, onde C é dado na figura a seguir.

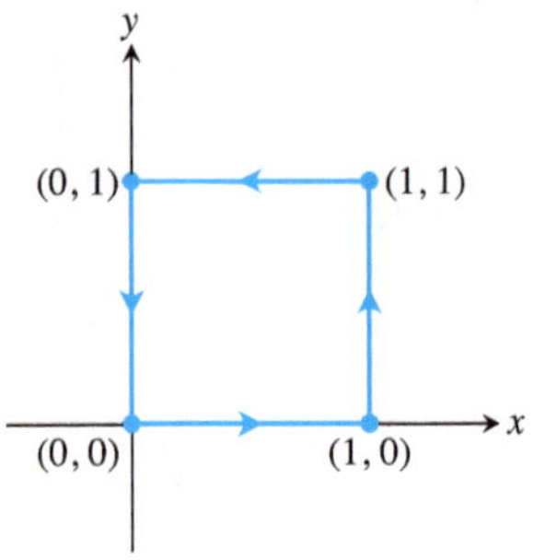

Nos Exercícios 27-30, integre f sobre a curva dada.

27. $f(x, y) = x^3/y, \quad C: y = x^2/2, \quad 0 \le x \le 2.$

28. $f(x, y) = (x + y^2)/\sqrt{1 + x^2}, \quad C: y = x^2/2$ entre $(1, 1/2)$ e $(0, 0)$.

29. $f(x, y) = x + y, \quad C: x^2 + y^2 = 4$ no primeiro quadrante entre $(2, 0)$ e $(0, 2)$.

30. $f(x, y) = x^2 - y, \quad C: x^2 + y^2 = 4$ no primeiro quadrante entre $(0, 2)$ e $(\sqrt{2}, \sqrt{2})$.

31. Encontre a área de um dos lados da "parede curva" de pé ortogonalmente sobre a curva $y = x^2$, $0 \le x \le 2$, e abaixo da curva na superfície $f(x, y) = x + \sqrt{y}$.

32. Encontre a área de um lado da "parede" de pé ortogonalmente sobre a curva $2x + 3y = 6$, $0 \le x \le 6$, e abaixo da curva na superfície $f(x, y) = 4 + 3x + 2y$.

Massas e momentos

33. Massa de um fio Encontre a massa de um fio que se encontra ao longo da curva $\mathbf{r}(t) = (t^2 - 1)\mathbf{j} + 2t\mathbf{k}$, $0 \le t \le 1$, se a densidade for $\delta = (3/2)t$.

34. Centro de massa de um fio curvo Um fio com densidade $\delta(x, y, z) = 15\sqrt{y + 2}$ se encontra ao longo da curva $\mathbf{r}(t) = (t^2 - 1)\mathbf{j} + 2t\mathbf{k}$, $-1 \le t \le 1$. Encontre o centro de massa. Em seguida, esboce a curva indicando o centro de massa.

35. Massa de um fio de densidade variável Encontre a massa de um fio fino que se encontra ao longo da curva $\mathbf{r}(t) = \sqrt{2}t\mathbf{i} + \sqrt{2}t\mathbf{j} + (4 - t^2)\mathbf{k}$, $0 \le t \le 1$, se a densidade for **(a)** $\delta = 3t$ e **(b)** $\delta = 1$.

36. Centro de massa de um fio com densidade variável Encontre o centro de massa de um fio fino que se encontra ao longo da curva $\mathbf{r}(t) = t\mathbf{i} + 2t\mathbf{j} + (2/3)t^{3/2}\mathbf{k}$, $0 \le t \le 2$, se a densidade for $\delta = 3\sqrt{5 + t}$.

37. Momento de inércia de uma argola de arame Uma argola de arame circular com densidade constante δ encontra-se ao longo da circunferência $x^2 + y^2 = a^2$ no plano xy. Encontre o momento de inércia da argola em relação ao eixo z.

38. Inércia de uma haste fina Uma haste fina com densidade constante encontra-se ao longo do segmento de reta $\mathbf{r}(t) = t\mathbf{j} + (2 - 2t)\mathbf{k}$, $0 \le t \le 1$, no plano yz. Encontre os momentos de inércia da haste em relação aos três eixos coordenados.

39. Duas molas de densidade constante Uma mola de densidade constante δ encontra-se ao longo da hélice

$$\mathbf{r}(t) = (\cos t)\mathbf{i} + (\operatorname{sen} t)\mathbf{j} + t\mathbf{k}, \quad 0 \le t \le 2\pi.$$

a. Encontre I_z.

b. Suponha que você tenha outra mola de densidade constante δ com o dobro do comprimento da mola no item (a) e que esteja ao longo da hélice para $0 \le t \le 4\pi$. Você espera que I_z para a mola mais longa seja o mesmo que para a mola mais curta ou que ele seja diferente? Verifique sua previsão calculando I_z para a mola mais longa.

40. Fio de densidade constante Um fio de densidade constante $\delta = 1$ encontra-se ao longo da curva

$$\mathbf{r}(t) = (t\cos t)\mathbf{i} + (t\operatorname{sen} t)\mathbf{j} + \left(2\sqrt{2}/3\right)t^{3/2}\mathbf{k}, \quad 0 \le t \le 1.$$

Encontre $\bar{z}$ e I_z.

41. Arco do Exemplo 3 Encontre I_x para o arco do Exemplo 3.

42. Centro de massa e momentos de inércia para fios com densidade variável Encontre o centro de massa e os momentos de inércia em relação aos eixos coordenados de um fio fino que se encontra ao longo da curva

$$\mathbf{r}(t) = t\mathbf{i} + \frac{2\sqrt{2}}{3}t^{3/2}\mathbf{j} + \frac{t^2}{2}\mathbf{k}, \quad 0 \le t \le 2,$$

se a densidade for $\delta = 1/(t + 1)$.

USO DO COMPUTADOR

Nos Exercícios 43-46, utilize um SAC e execute os passos a seguir para calcular as integrais de linha.

a. Encontre $ds = |\mathbf{v}(t)|\, dt$ para o caminho $\mathbf{r}(t) = g(t)\mathbf{i} + h(t)\mathbf{j} + k(t)\mathbf{k}$.

b. Expresse o integrando $f(g(t), h(t), k(t))\, |\mathbf{v}(t)|$ como uma função do parâmetro t.

c. Calcule $\int_C f\, ds$ utilizando a Equação 2 dada no texto.

43. $f(x, y, z) = \sqrt{1 + 30x^2 + 10y}; \quad \mathbf{r}(t) = t\mathbf{i} + t^2\mathbf{j} + 3t^2\mathbf{k}, \quad 0 \le t \le 2$

44. $f(x, y, z) = \sqrt{1 + x^3 + 5y^3}; \quad \mathbf{r}(t) = t\mathbf{i} + \frac{1}{3}t^2\mathbf{j} + \sqrt{t}\mathbf{k}, \quad 0 \le t \le 2$

45. $f(x, y, z) = x\sqrt{y} - 3z^2; \quad \mathbf{r}(t) = (\cos 2t)\mathbf{i} + (\operatorname{sen} 2t)\mathbf{j} + 5t\mathbf{k}, \quad 0 \le t \le 2\pi$

46. $f(x, y, z) = \left(1 + \frac{9}{4}z^{1/3}\right)^{1/4}; \quad \mathbf{r}(t) = (\cos 2t)\mathbf{i} + (\operatorname{sen} 2t)\mathbf{j} + t^{5/2}\mathbf{k}, \quad 0 \le t \le 2\pi$

16.2 Campos vetoriais e integrais de linha: trabalho, circulação e fluxo

Forças gravitacionais e elétricas têm direção, sentido e magnitude. Elas são representadas por um vetor em cada ponto em seu domínio, produzindo um *campo vetorial*. Nesta seção, mostraremos como computar o trabalho realizado na movimentação de um objeto por esse campo, utilizando a integral de linha envolvendo o campo vetorial. Iremos também discutir campos de velocidade, como o campo

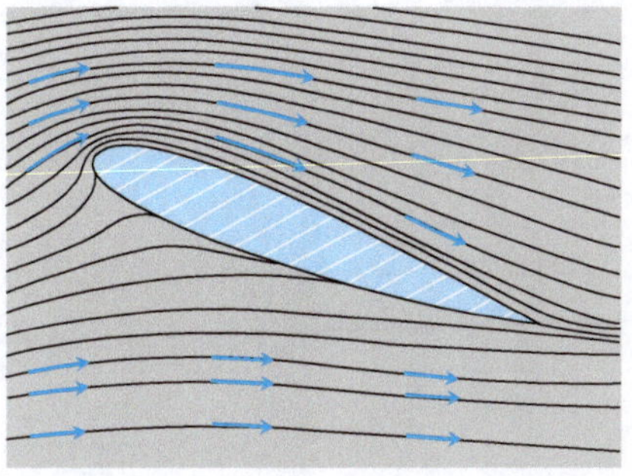

FIGURA 16.6 Vetores velocidade de um escoamento ao redor de um aerofólio em um túnel de vento.

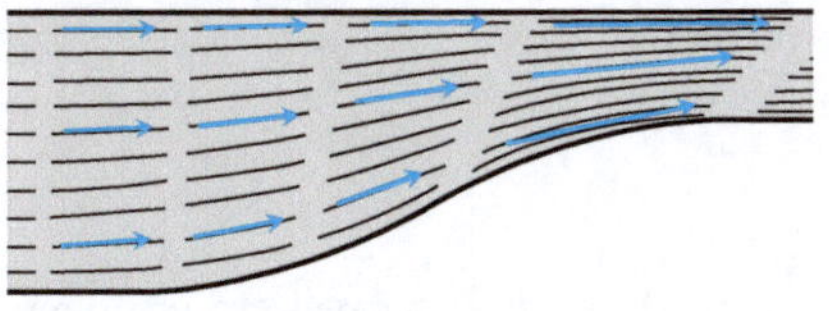

FIGURA 16.7 Linhas de fluxo em um canal que se estreita. A água corre mais rápido à medida que o canal se estreita e os vetores velocidade crescem em comprimento.

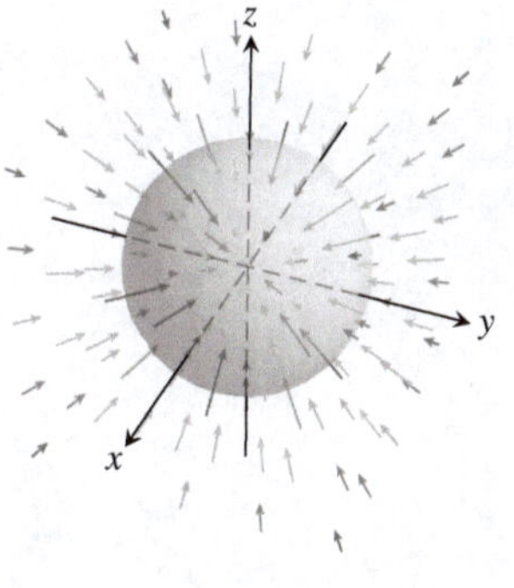

FIGURA 16.8 Vetores em um campo gravitacional apontam na direção do centro de massa que proporciona a fonte do campo.

vetorial representando a velocidade na qual um líquido escoa ao longo de seu domínio. Uma integral linha pode ser usada para calcular a taxa na qual o líquido escoa ao longo ou através de uma curva em seu domínio.

Campos vetoriais

Suponha que uma região no plano ou no espaço seja ocupada por um fluido em movimento, como ar ou água. O fluido é composto de um grande número de partículas, e em qualquer instante, uma partícula tem velocidade **v**. Em pontos diferentes da região em um dado (mesmo) tempo, essas velocidades podem variar. Podemos imaginar um vetor velocidade sendo ligado a cada ponto do fluido representando a velocidade de uma partícula naquele ponto. O escoamento de um fluido é um exemplo de *campo vetorial*. A Figura 16.6 mostra um campo vetorial de velocidade obtido a partir do escoamento de ar em volta de um aerofólio em um túnel de vento. A Figura 16.7 mostra um campo vetorial de vetores velocidade ao longo do curso da água em movimento através de um canal que vai se estreitando. Os campos vetoriais estão ainda associados a forças como a atração gravitacional (Figura 16.8) e a campos magnéticos, campos elétricos e também a campos puramente matemáticos.

Geralmente, um **campo vetorial** é uma função que designa um vetor a cada ponto em seu domínio. Um campo vetorial em um domínio tridimensional no espaço pode ter uma fórmula como

$$\mathbf{F}(x, y, z) = M(x, y, z)\mathbf{i} + N(x, y, z)\mathbf{j} + P(x, y, z)\mathbf{k}.$$

O campo é **contínuo** se as **funções componentes** M, N e P forem contínuas; **diferenciável** se cada uma das funções componentes for diferenciável. Um campo de vetores bidimensionais pode ter uma fórmula como

$$\mathbf{F}(x, y) = M(x, y)\mathbf{i} + N(x, y)\mathbf{j}.$$

Encontramos um outro tipo de campo vetorial no Capítulo 13. Os vetores tangentes $\boldsymbol{T}$ e os vetores normais **N** para uma curva no espaço, ambos formam campos vetoriais ao longo da curva. Ao longo de uma curva $\mathbf{r}(t)$ eles podem ter uma fórmula de componente semelhante à expressão de campo de velocidade

$$\mathbf{v}(t) = f(t)\mathbf{i} + g(t)\mathbf{j} + h(t)\mathbf{k}.$$

Se anexarmos o vetor gradiente ∇f de uma função escalar $f(x, y, z)$ a cada ponto de uma superfície de nível da função, teremos um campo tridimensional na superfície. Se anexarmos o vetor velocidade a cada ponto de um fluido em escoamento, teremos um campo tridimensional definido em uma região no espaço. Esses e outros campos são ilustrados nas Figuras 16.9-16.15. Para esboçar os campos, escolhemos uma seleção representativa de pontos do domínio e esboçamos os vetores anexados a eles. As setas são desenhadas com suas caudas, e não suas pontas, anexadas aos pontos onde as funções vetoriais são calculadas.

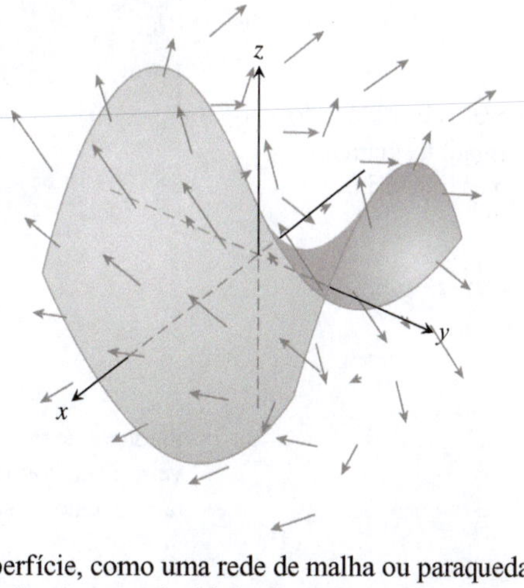

FIGURA 16.9 Superfície, como uma rede de malha ou paraquedas, em um campo vetorial representando vetores velocidade de escoamento de água ou ar. As setas demonstram a direção e seus comprimentos indicam o módulo da velocidade.

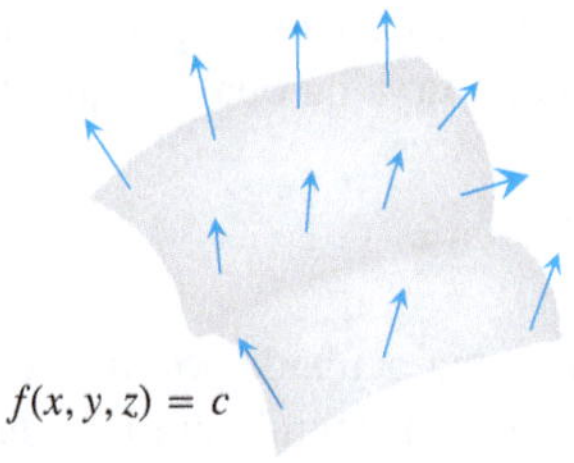

FIGURA 16.10 Campo de vetores gradientes ∇f em uma superfície $f(x, y, z) = c$.

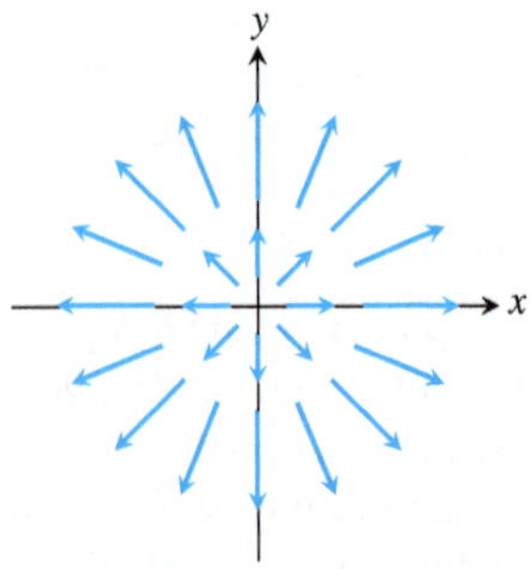

FIGURA 16.11 Campo radial $\mathbf{F} = x\mathbf{i} + y\mathbf{j}$ de vetores posição de pontos no plano. Observe a convenção de que uma seta é desenhada com sua cauda, e não sua ponta, no ponto onde $\mathbf{F}$ é calculado.

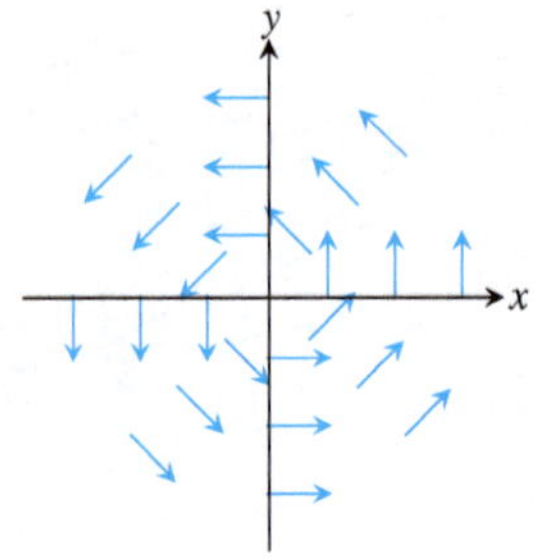

FIGURA 16.12 Campo de "rotação" de vetores unitários

$$\mathbf{F} = (-y\mathbf{i} + x\mathbf{j})/(x^2 + y^2)^{1/2}$$

no plano. O campo não é definido na origem.

Campos gradientes

O vetor gradiente de uma função a valores escalares diferenciável em um ponto fornece a direção e sentido de maior crescimento da função. Um tipo importante de campo vetorial é formado por todos os vetores gradientes da função (veja a Seção 14.5).

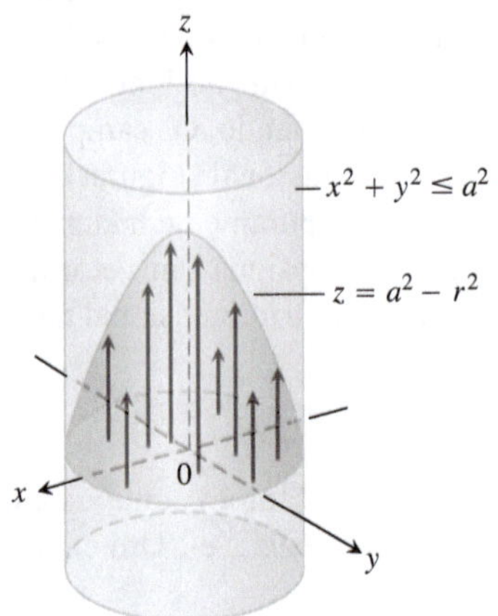

FIGURA 16.13 Escoamento de um fluido em uma tubulação cilíndrica longa. Os vetores $\mathbf{v} = (a^2 - r^2)\mathbf{k}$ dentro do cilindro que têm suas bases no plano xy têm suas extremidades no paraboloide $z = a^2 - r^2$.

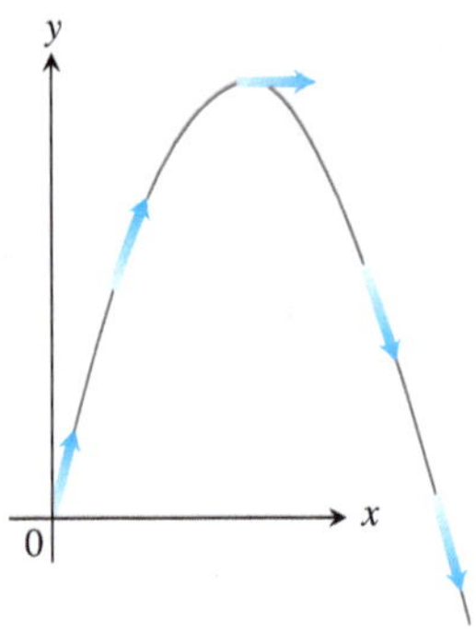

FIGURA 16.14 Os vetores velocidade $\mathbf{v}(t)$ do movimento de um projétil formam um campo vetorial ao longo da trajetória.

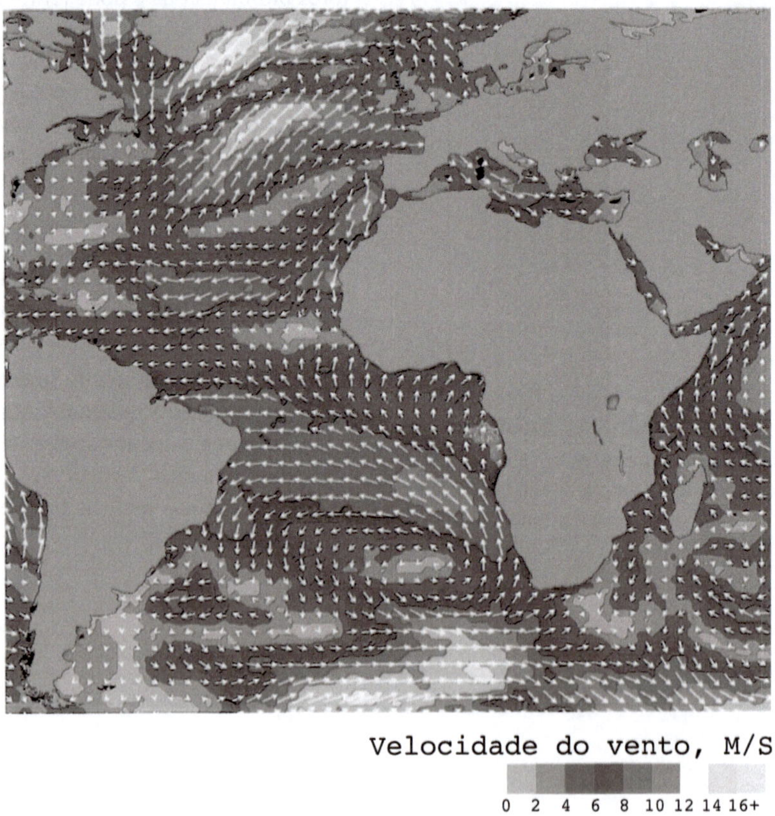

FIGURA 16.15 O satélite *Seasat* da Nasa utilizou um radar para tomar 350.000 medidas de vento sobre os oceanos do mundo. As setas indicam a direção do vento; seu comprimento e tons indicam o módulo da velocidade. Observe a tempestade ao sul da Groenlândia.

Definimos o **campo gradiente** de uma função derivável $f(x, y, z)$ como o campo de vetores gradiente

$$\nabla f = \frac{\partial f}{\partial x}\mathbf{i} + \frac{\partial f}{\partial y}\mathbf{j} + \frac{\partial f}{\partial z}\mathbf{k}.$$

Em cada ponto (x, y, z), o campo gradiente fornece um vetor apontando na direção e sentido do maior crescimento de f, com a magnitude sendo o valor da derivada direcional naquela direção. O campo gradiente nem sempre é um campo de força ou um campo de velocidade.

EXEMPLO 1 Suponha que a temperatura T em cada ponto (x, y, z) em uma região do espaço seja fornecida por

$$T = 100 - x^2 - y^2 - z^2$$

e que $\mathbf{F}(x, y, z)$ seja definido pelo gradiente de T. Encontre o campo vetorial $\mathbf{F}$.

Solução O campo gradiente $\mathbf{F}$ é o campo $\mathbf{F} = \nabla T = -2x\mathbf{i} - 2y\mathbf{j} - 2z\mathbf{k}$. Em cada ponto no espaço, o campo vetorial $\mathbf{F}$ fornece a direção para qual o crescimento na temperatura é maior.

Integrais de linha de campos vetoriais

Na Seção 16.1, definimos a integral de linha de uma função escalar $f(x, y, z)$ sobre um caminho C. Voltamos nossa atenção agora à ideia de uma integral de linha de um campo vetorial $\mathbf{F}$ ao longo da curva C.

Suponha que o campo vetorial $\mathbf{F} = M(x, y, z)\mathbf{i} + N(x, y, z)\mathbf{j} + P(x, y, z)\mathbf{k}$ tenha componentes contínuas e que a curva C tenha uma parametrização lisa $\mathbf{r}(t) = g(t)\mathbf{i} + h(t)\mathbf{j} + k(t)\mathbf{k}$, $a \leq t \leq b$. Conforme discutido na Seção 16.1, a parametrização $\mathbf{r}(t)$ define uma direção (ou orientação) ao longo de C que chamamos de **direção de avanço**. Em cada ponto ao longo da trajetória C, o vetor tangente $\mathbf{T} = d\mathbf{r}/ds = \mathbf{v}/|\mathbf{v}|$ é um vetor unitário tangente à trajetória e apontando nessa direção de avanço. (O vetor $\mathbf{v} = d\mathbf{r}/dt$ é o vetor velocidade tangente a C no ponto, conforme discutido nas Seções 13.1 e 13.3). Intuitivamente, a integral de linha do campo vetorial é a integral de linha do componente escalar tangencial de $\mathbf{F}$ ao longo de C. Esse componente escalar tangencial é fornecido pelo produto escalar

$$\mathbf{F}\cdot\mathbf{T} = \mathbf{F}\cdot\frac{d\mathbf{r}}{ds},$$

de forma que temos a seguinte definição formal, onde $f = \mathbf{F}\cdot\boldsymbol{T}$ na Equação 1 da Seção 16.1.

DEFINIÇÃO Seja $\mathbf{F}$ um campo vetorial com componentes contínuos definidos ao longo de uma curva lisa C parametrizada por $\mathbf{r}(t)$, $a \leq t \leq b$. Então, a **integral de linha de F ao longo de *C*** é

$$\int_C \mathbf{F}\cdot\mathbf{T}\,ds = \int_C \left(\mathbf{F}\cdot\frac{d\mathbf{r}}{ds}\right)ds = \int_C \mathbf{F}\cdot d\mathbf{r}.$$

Calculamos as integrais de linha de campos vetoriais de forma semelhante a como calculamos as integrais de linha de funções escalares (Seção 16.1).

Calculando a integral de linha de $\mathbf{F} = M\mathbf{i} + N\mathbf{j} + P\mathbf{k}$ ao longo de C: $\mathbf{r}(t) = g(t)\mathbf{i} + h(t)\mathbf{j} + k(t)\mathbf{k}$

1. Expresse o campo vetorial $\mathbf{F}$ em termos da curva parametrizada C como $\mathbf{F}(\mathbf{r}(t))$ substituindo as componentes $x = g(t)$, $y = h(t)$, $z = k(t)$ de $\mathbf{r}$ nos componentes escalares $M(x, y, z)$, $N(x, y, z)$, $P(x, y, z)$ de $\mathbf{F}$.
2. Encontre o vetor derivada (velocidade) $d\mathbf{r}/dt$.
3. Calcule a integral de linha com relação ao parâmetro t, $a \leq t \leq b$, para obter

$$\int_C \mathbf{F} \cdot d\mathbf{r} = \int_a^b \mathbf{F}(\mathbf{r}(t)) \cdot \frac{d\mathbf{r}}{dt}\, dt.$$

EXEMPLO 2 Calcule $\int_C \mathbf{F} \cdot d\mathbf{r}$, onde $\mathbf{F}(x, y, z) = z\,\mathbf{i} + xy\,\mathbf{j} - y^2\mathbf{k}$ ao longo da curva C dada por $\mathbf{r}(t) = t^2\mathbf{i} + t\mathbf{j} + \sqrt{t}\mathbf{k}$, $0 \leq t \leq 1$.

Solução Temos

$$\mathbf{F}(\mathbf{r}(t)) = \sqrt{t}\,\mathbf{i} + t^3\mathbf{j} - t^2\mathbf{k}$$

e

$$\frac{d\mathbf{r}}{dt} = 2t\mathbf{i} + \mathbf{j} + \frac{1}{2\sqrt{t}}\mathbf{k}.$$

Assim,

$$\begin{aligned}\int_C \mathbf{F} \cdot d\mathbf{r} &= \int_0^1 \mathbf{F}(\mathbf{r}(t)) \cdot \frac{d\mathbf{r}}{dt}\, dt \\ &= \int_0^1 \left(2t^{3/2} + t^3 - \frac{1}{2}t^{3/2}\right) dt \\ &= \left[\left(\frac{3}{2}\right)\left(\frac{2}{5}t^{5/2}\right) + \frac{1}{4}t^4\right]_0^1 = \frac{17}{20}.\end{aligned}$$

Integrais de linhas com relação às coordenadas *xyz*

Às vezes é útil escrever uma integral de linha de uma função escalar com relação a uma das coordenadas, como $\int_C M\, dx$. Essa integral não é a mesma que a integral de linha de comprimento de arco $\int_C M\, ds$ que definimos na Seção 16.1. Para definir a nova integral para a função escalar $M(x, y, z)$, especificamos um campo vetorial $\mathbf{F} = M(x, y, z)\mathbf{i}$ sobre a curva C parametrizada por $\mathbf{r}(t) = g(t)\mathbf{i} + h(t)\mathbf{j} + k(t)\mathbf{k}$, $a \leq t \leq b$. Com essa notação, temos $x = g(t)$ e $dx = g'(t)\, dt$. Então,

$$\mathbf{F} \cdot d\mathbf{r} = \mathbf{F} \cdot \frac{d\mathbf{r}}{dt}\, dt = M(x, y, z) g'(t)\, dt = M(x, y, z)\, dx.$$

Dessa forma, *definimos* a integral de linha de M sobre C com relação ao eixo coordenado x como

$$\int_C M(x, y, z)\, dx = \int_C \mathbf{F} \cdot d\mathbf{r}, \quad \text{onde} \quad \mathbf{F} = M(x, y, z)\mathbf{i}.$$

Da mesma forma, definindo $\mathbf{F} = N(x, y, z)\mathbf{j}$ ou $\mathbf{F} = P(x, y, z)\mathbf{k}$, obtemos as integrais $\int_C N\, dy$ e $\int_C P\, dz$. Expressando tudo em termos do parâmetro t, temos as seguintes fórmulas para essas integrais:

$$\int_C M(x, y, z)\,dx = \int_a^b M(g(t), h(t), k(t))\,g'(t)\,dt \tag{1}$$

$$\int_C N(x, y, z)\,dy = \int_a^b N(g(t), h(t), k(t))\,h'(t)\,dt \tag{2}$$

$$\int_C P(x, y, z)\,dz = \int_a^b P(g(t), h(t), k(t))\,k'(t)\,dt \tag{3}$$

Acontece com frequência que essas integrais de linha ocorram em combinação, e abreviamos a notação escrevendo

$$\int_C M(x, y, z)\,dx + \int_C N(x, y, z)\,dy + \int_C P(x, y, z)\,dz = \int_C M\,dx + N\,dy + P\,dz.$$

EXEMPLO 3 Calcule a integral de linha $\int_C -y\,dx + z\,dy + 2x\,dz$, onde C é a hélice $\mathbf{r}(t) = (\cos t)\mathbf{i} + (\operatorname{sen} t)\mathbf{j} + t\mathbf{k}$, $0 \le t \le 2\pi$.

Solução Expressamos tudo em termos do parâmetro t, de forma que $x = \cos t$, $y = \operatorname{sen} t$, $z = t$ e $dx = -\operatorname{sen} t\,dt$, $dy = \cos t\,dt$, $dz = dt$. Então,

$$\begin{aligned}
\int_C -y\,dx + z\,dy + 2x\,dz &= \int_0^{2\pi} [(-\operatorname{sen} t)(-\operatorname{sen} t) + t\cos t + 2\cos t]\,dt \\
&= \int_0^{2\pi} [2\cos t + t\cos t + \operatorname{sen}^2 t]\,dt \\
&= \left[2\operatorname{sen} t + (t\operatorname{sen} t + \cos t) + \left(\frac{t}{2} - \frac{\operatorname{sen} 2t}{4}\right)\right]_0^{2\pi} \\
&= [0 + (0 + 1) + (\pi - 0)] - [0 + (0 + 1) + (0 - 0)] \\
&= \pi.
\end{aligned}$$

Trabalho realizado por uma força sobre uma curva no espaço

Suponha que o campo vetorial $\mathbf{F} = M(x, y, z)\mathbf{i} + N(x, y, z)\mathbf{j} + P(x, y, z)\mathbf{k}$ represente uma força em uma região no espaço (pode ser a força da gravidade ou uma força eletromagnética de algum tipo) e que

$$\mathbf{r}(t) = g(t)\mathbf{i} + h(t)\mathbf{j} + k(t)\mathbf{k}, \quad a \le t \le b,$$

seja uma curva lisa na região. A fórmula para o trabalho realizado por uma força na movimentação de um objeto ao longo da curva é motivada pelo mesmo tipo de raciocínio que utilizamos no Capítulo 6 para produzir a fórmula $W = \int_a^b F(x)\,dx$ para o trabalho realizado por uma força contínua de magnitude $F(x)$ dirigida ao longo de um intervalo do eixo x. Para uma curva C no espaço, definimos o trabalho realizado por um campo de força contínuo $\mathbf{F}$ para mover um objeto ao longo de C a partir de um ponto A para outro ponto B conforme segue.

Dividimos C em n subarcos $P_{k-1}P_k$ com comprimentos Δs_k, começando em A e terminando em B. Escolhemos qualquer ponto (x_k, y_k, z_k) no subarco $P_{k-1}P_k$ e definimos $\mathbf{T}(x_k, y_k, z_k)$ como o vetor tangente unitário no ponto escolhido. O trabalho W_k realizado para mover um objeto ao longo do subarco $P_{k-1}P_k$ é aproximado pelo componente tangencial da força $\mathbf{F}(x_k, y_k, z_k)$ vezes o comprimento do arco Δs_k aproximando a distância que o objeto se move ao longo do subarco (veja a Figura 16.16).

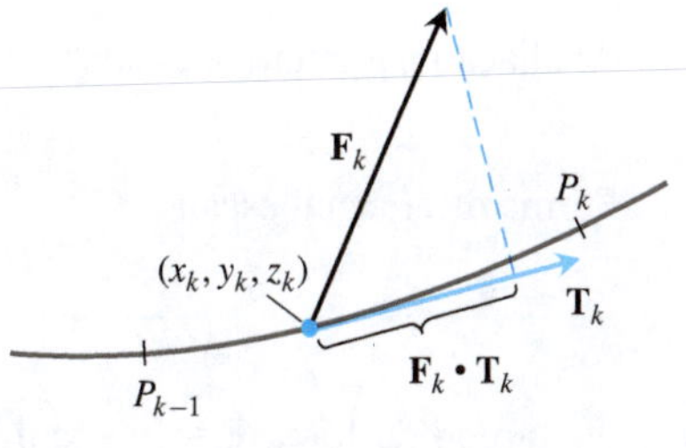

FIGURA 16.16 O trabalho realizado ao longo do subarco mostrado aqui é aproximadamente $\mathbf{F}_k \cdot \mathbf{T}_k\,\Delta s_k$, onde $\mathbf{F}_k = \mathbf{F}(x_k, y_k, z_k)$ e $\mathbf{T}_k = \mathbf{T}(x_k, y_k, z_k)$.

O trabalho total realizado na movimentação do objeto do ponto A ao ponto B é, então, aproximado pela soma do trabalho realizado ao longo de cada um dos subarcos, de modo que

$$W \approx \sum_{k=1}^{n} W_k \approx \sum_{k=1}^{n} \mathbf{F}(x_k, y_k, z_k) \cdot \mathbf{T}(x_k, y_k, z_k)\, \Delta s_k.$$

Para qualquer subdivisão de C em n subarcos, e para qualquer escolha dos pontos (x_k, y_k, z_k) em cada subarco, conforme $n \to \infty$ e $\Delta s_k \to 0$, essas somas se aproximam da integral de linha

$$\int_C \mathbf{F} \cdot \mathbf{T}\, ds.$$

Essa é justamente a integral de linha de **F** ao longo de C, que é definida como sendo o trabalho total realizado.

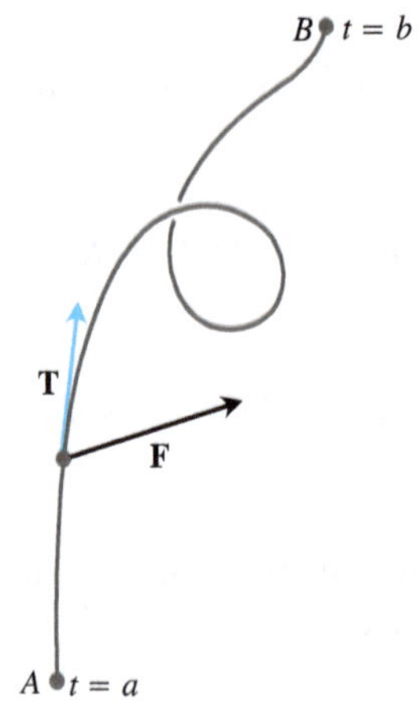

FIGURA 16.17 O trabalho realizado por uma força **F** é a integral de linha do componente escalar **F · T** sobre a curva lisa entre A e B.

DEFINIÇÃO Seja C uma curva lisa parametrizada por $\mathbf{r}(t)$, $a \le t \le b$, e **F** um campo de força contínuo sobre uma região contendo C. Então o **trabalho** realizado na movimentação de um objeto de um ponto $A = \mathbf{r}(a)$ ao ponto $B = \mathbf{r}(b)$ ao longo de C é

$$W = \int_C \mathbf{F} \cdot \mathbf{T}\, ds = \int_a^b \mathbf{F}(\mathbf{r}(t)) \cdot \frac{d\mathbf{r}}{dt}\, dt. \tag{4}$$

O sinal do número que calculamos com essa integral depende da direção na qual a curva é atravessada. Se invertermos a direção do movimento, então invertemos o sentido de **T** na Figura 16.17 e mudamos o sinal de **F · T** e sua integral.

Utilizando as notações que apresentamos, podemos expressar a integral do trabalho em uma variedade de formas, dependendo do que parecer mais adequado ou conveniente para uma discussão em particular. A Tabela 16.2 apresenta cinco maneiras de escrever a integral do trabalho na Equação 4.

TABELA 16.2 Maneiras diferentes de escrever a integral do trabalho para $\mathbf{F} = M\mathbf{i} + N\mathbf{j} + P\mathbf{k}$ sobre a curva C: $\mathbf{r}(t) = g(t)\mathbf{i} + h(t)\mathbf{j} + k(t)\mathbf{k}$, $a \le t \le b$

$\mathbf{W} = \int_C \mathbf{F} \cdot \mathbf{T}\, ds$	A definição
$= \int_C \mathbf{F} \cdot d\mathbf{r}$	Forma diferencial vetorial
$= \int_a^b \mathbf{F} \cdot \frac{d\mathbf{r}}{dt}\, dt$	Avaliação paramétrica vetorial
$= \int_a^b \left(M\frac{dx}{dt} + N\frac{dy}{dt} + P\frac{dz}{dt} \right) dt$	Avaliação paramétrica escalar
$= \int_C M\, dx + N\, dy + P\, dz$	Forma diferencial escalar

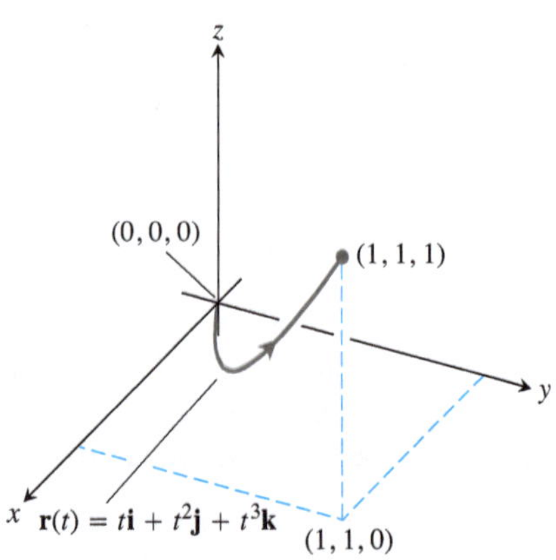

FIGURA 16.18 Curva no Exemplo 4.

EXEMPLO 4 Encontre o trabalho realizado pelo campo de força $\mathbf{F} = (y - x^2)\mathbf{i} + (z - y^2)\mathbf{j} + (x - z^2)\mathbf{k}$ ao longo da curva $\mathbf{r}(t) = t\mathbf{i} + t^2\mathbf{j} + t^3\mathbf{k}$, $0 \le t \le 1$, de $(0, 0, 0)$ a $(1, 1, 1)$ (Figura 16.18).

Solução Primeiro calculamos **F** na curva $\mathbf{r}(t)$:

$$\begin{aligned} \mathbf{F} &= (y - x^2)\mathbf{i} + (z - y^2)\mathbf{j} + (x - z^2)\mathbf{k} \\ &= \underbrace{(t^2 - t^2)}_{0}\mathbf{i} + (t^3 - t^4)\mathbf{j} + (t - t^6)\mathbf{k}. \end{aligned}$$

Substitua $x = t$, $y = t^2$, $z = t^3$.

Então, encontramos $d\mathbf{r}/dt$,

$$\frac{d\mathbf{r}}{dt} = \frac{d}{dt}(t\mathbf{i} + t^2\mathbf{j} + t^3\mathbf{k}) = \mathbf{i} + 2t\mathbf{j} + 3t^2\mathbf{k}.$$

Por fim, encontramos $\mathbf{F} \cdot d\mathbf{r}/dt$ e integramos de $t = 0$ a $t = 1$:

$$\begin{aligned}\mathbf{F} \cdot \frac{d\mathbf{r}}{dt} &= [(t^3 - t^4)\mathbf{j} + (t - t^6)\mathbf{k}] \cdot (\mathbf{i} + 2t\mathbf{j} + 3t^2\mathbf{k}) \\ &= (t^3 - t^4)(2t) + (t - t^6)(3t^2) = 2t^4 - 2t^5 + 3t^3 - 3t^8\end{aligned}$$

portanto,

$$\begin{aligned}\text{Trabalho} &= \int_0^1 (2t^4 - 2t^5 + 3t^3 - 3t^8)\, dt \\ &= \left[\frac{2}{5}t^5 - \frac{2}{6}t^6 + \frac{3}{4}t^4 - \frac{3}{9}t^9\right]_0^1 = \frac{29}{60}.\end{aligned}$$

EXEMPLO 5 Encontre o trabalho realizado pelo campo de força $\mathbf{F} = x\mathbf{i} + y\mathbf{j} + z\mathbf{k}$ na movimentação de um objeto ao longo da curva C parametrizada por $\mathbf{r}(t) = \cos(\pi t)\,\mathbf{i} + t^2\mathbf{j} + \text{sen}\,(\pi t)\,\mathbf{k}$, $0 \le t \le 1$.

Solução Começamos escrevendo $\mathbf{F}$ ao longo de C como uma função de t,

$$\mathbf{F}(\mathbf{r}(t)) = \cos(\pi t)\,\mathbf{i} + t^2\mathbf{j} + \text{sen}\,(\pi t)\,\mathbf{k}.$$

Em seguida, calculamos $d\mathbf{r}/dt$,

$$\frac{d\mathbf{r}}{dt} = -\pi\,\text{sen}\,(\pi t)\,\mathbf{i} + 2t\mathbf{j} + \pi\cos(\pi t)\,\mathbf{k}.$$

E então, calculamos o produto escalar,

$$\mathbf{F}(\mathbf{r}(t)) \cdot \frac{d\mathbf{r}}{dt} = -\pi\,\text{sen}\,(\pi t)\cos(\pi t) + 2t^3 + \pi\,\text{sen}\,(\pi t)\cos(\pi t) = 2t^3.$$

O trabalho realizado é a integral de linha

$$\int_a^b \mathbf{F}(\mathbf{r}(t)) \cdot \frac{d\mathbf{r}}{dt}\, dt = \int_0^1 2t^3\, dt = \frac{t^4}{2}\bigg]_0^1 = \frac{1}{2}.$$

Integrais de escoamento e circulação para campos de velocidade

Suponha que $\mathbf{F}$ represente o campo de velocidade de um fluido escoando por uma região no espaço (um dique ou a câmara da turbina de um gerador hidroelétrico, por exemplo). Sob essas circunstâncias, a integral de $\mathbf{F} \cdot \mathbf{T}$ ao longo de uma curva na região fornece o escoamento do fluido ao longo da curva.

DEFINIÇÕES Se $\mathbf{r}(t)$ parametriza uma curva lisa C no domínio de um campo de velocidade contínuo $\mathbf{F}$, o **escoamento** ao longo da curva entre $A = \mathbf{r}(a)$ e $B = \mathbf{r}(b)$ é

$$\text{Escoamento} = \int_C \mathbf{F} \cdot \mathbf{T}\, ds. \tag{5}$$

A integral nesse caso é denominada **integral de escoamento**. Se a curva começa e termina no mesmo ponto, de forma que $A = B$, o escoamento é denominado **circulação** ao redor da curva.

A direção que percorremos ao longo de C importa. Se invertermos a direção, então $\mathbf{T}$ é substituído por $-\mathbf{T}$ e o sinal da integral muda. Calculamos integrais de escoamento da mesma forma que calculamos integrais de trabalho.

EXEMPLO 6 O campo de velocidade de um fluido é $\mathbf{F} = x\mathbf{i} + z\mathbf{j} + y\mathbf{k}$. Encontre o escoamento ao longo da hélice $\mathbf{r}(t) = (\cos t)\mathbf{i} + (\operatorname{sen} t)\mathbf{j} + t\mathbf{k}$, $0 \leq t \leq \pi/2$.

Solução Calculamos $\mathbf{F}$ na curva,

$$\mathbf{F} = x\mathbf{i} + z\mathbf{j} + y\mathbf{k} = (\cos t)\mathbf{i} + t\mathbf{j} + (\operatorname{sen} t)\mathbf{k} \qquad \text{Substitua } x = \cos t,\ z = t,\ y = \operatorname{sen} t.$$

e em seguida encontramos $d\mathbf{r}/dt$:

$$\frac{d\mathbf{r}}{dt} = (-\operatorname{sen} t)\mathbf{i} + (\cos t)\mathbf{j} + \mathbf{k}.$$

Então, integramos $\mathbf{F} \cdot (d\mathbf{r}/dt)$ de $t = 0$ a $t = \dfrac{\pi}{2}$:

$$\begin{aligned}\mathbf{F} \cdot \frac{d\mathbf{r}}{dt} &= (\cos t)(-\operatorname{sen} t) + (t)(\cos t) + (\operatorname{sen} t)(1)\\ &= -\operatorname{sen} t \cos t + t\cos t + \operatorname{sen} t\end{aligned}$$

assim,

$$\begin{aligned}\text{Escoamento} &= \int_{t=a}^{t=b} \mathbf{F} \cdot \frac{d\mathbf{r}}{dt}\,dt = \int_0^{\pi/2} (-\operatorname{sen} t\cos t + t\cos t + \operatorname{sen} t)\,dt\\ &= \left[\frac{\cos^2 t}{2} + t\operatorname{sen} t\right]_0^{\pi/2} = \left(0 + \frac{\pi}{2}\right) - \left(\frac{1}{2} + 0\right) = \frac{\pi}{2} - \frac{1}{2}.\end{aligned}$$

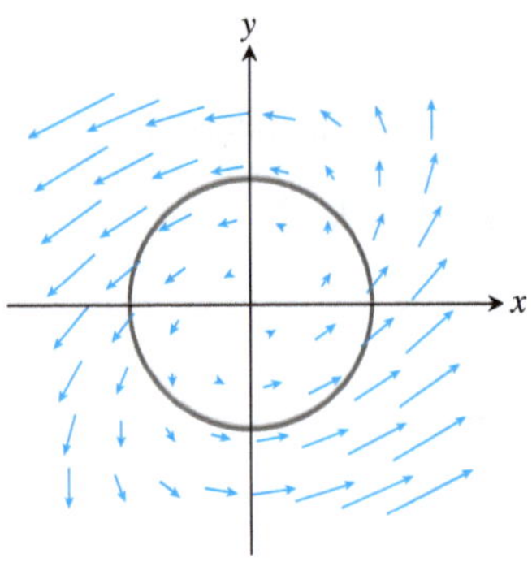

FIGURA 16.19 Campo vetorial $\mathbf{F}$ e a curva $\mathbf{r}(t)$ no Exemplo 7.

EXEMPLO 7 Encontre a circulação do campo $\mathbf{F} = (x - y)\mathbf{i} + x\mathbf{j}$ ao redor da circunferência $\mathbf{r}(t) = (\cos t)\mathbf{i} + (\operatorname{sen} t)\mathbf{j}$, $0 \leq t \leq 2\pi$ (Figura 16.19).

Solução Na circunferência, $\mathbf{F} = (x - y)\mathbf{i} + x\mathbf{j} = (\cos t - \operatorname{sen} t)\mathbf{i} + (\cos t)\mathbf{j}$ e

$$\frac{d\mathbf{r}}{dt} = (-\operatorname{sen} t)\mathbf{i} + (\cos t)\mathbf{j}.$$

Então

$$\mathbf{F} \cdot \frac{d\mathbf{r}}{dt} = -\operatorname{sen} t\cos t + \underbrace{\operatorname{sen}^2 t + \cos^2 t}_{1}$$

dá

$$\begin{aligned}\text{Circulação} &= \int_0^{2\pi} \mathbf{F} \cdot \frac{d\mathbf{r}}{dt}\,dt = \int_0^{2\pi} (1 - \operatorname{sen} t\cos t)\,dt\\ &= \left[t - \frac{\operatorname{sen}^2 t}{2}\right]_0^{2\pi} = 2\pi.\end{aligned}$$

Como sugere a Figura 16.19, um fluido com esse campo de velocidade está circulando em sentido *anti-horário* ao redor da circunferência.

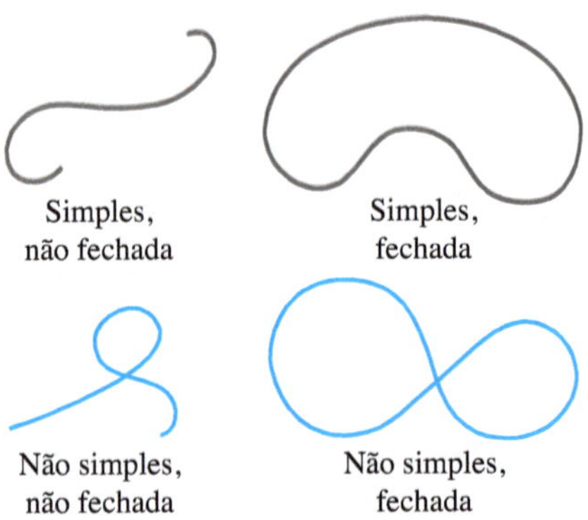

FIGURA 16.20 Distinguindo curvas que são simples ou fechadas. As curvas fechadas também são chamadas de laços.

Fluxo através de uma curva plana simples

Uma curva no plano xy é **simples** se ela não cruza a si mesma (Figura 16.20). Quando uma curva começa e termina no mesmo ponto, é uma **curva fechada** ou **laço**. Para encontrar a taxa na qual um fluido está entrando ou saindo de uma região delimitada por uma curva lisa e fechada simples C no plano xy, calculamos a integral de linha sobre C de $\mathbf{F} \cdot \mathbf{n}$, o componente escalar do campo de velocidade do fluido na direção do vetor normal exterior da curva. O valor dessa integral é o *fluxo* de $\mathbf{F}$ através de C. "Fluxo" vem do latim *flux*, mas muitos cálculos de fluxo não envolvem movimento. Se $\mathbf{F}$ fosse um campo elétrico ou magnético, por exemplo, a integral de $\mathbf{F} \cdot \mathbf{n}$ ainda seria chamada de fluxo do campo através de C.

DEFINIÇÃO Se C for uma curva lisa e fechada simples no domínio de um campo vetorial contínuo $\mathbf{F} = M(x, y)\mathbf{i} + N(x, y)\mathbf{j}$ no plano, e se $\mathbf{n}$ for o vetor normal unitário exterior de C, o **fluxo** de $\mathbf{F}$ através de C é

$$\text{Fluxo de } \mathbf{F} \text{ através de } C = \int_C \mathbf{F} \cdot \mathbf{n}\, ds. \tag{6}$$

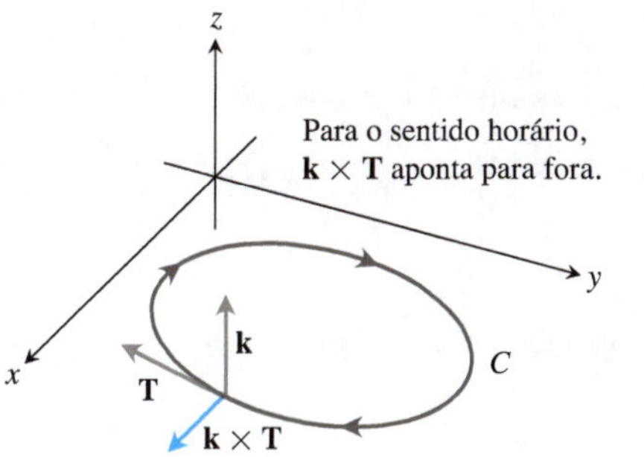

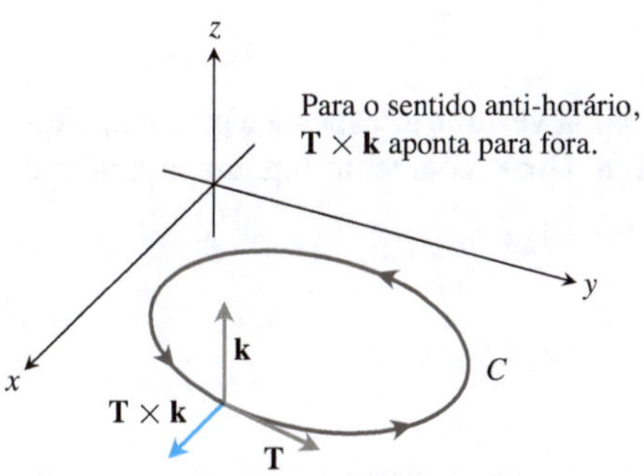

FIGURA 16.21 Para encontrar um vetor normal exterior unitário para uma curva lisa simples C no plano xy, que é percorrida em sentido anti-horário à medida que t cresce, tomamos $\mathbf{n} = \mathbf{T} \times \mathbf{k}$. Para o movimento em sentido horário, tomamos $\mathbf{n} = \mathbf{k} \times \mathbf{T}$.

Observe a diferença entre fluxo e circulação. O fluxo de $\mathbf{F}$ através de C é a integral de linha com relação ao comprimento de arco de $\mathbf{F} \cdot \mathbf{n}$, o componente escalar de $\mathbf{F}$ na direção normal exterior. A circulação de $\mathbf{F}$ ao redor de C é a integral de linha com relação ao comprimento de arco de $\mathbf{F} \cdot \mathbf{T}$, o componente escalar de $\mathbf{F}$ na direção do vetor tangente unitário. O fluxo é a integral do componente normal de $\mathbf{F}$; a circulação é a integral do componente tangencial de $\mathbf{F}$.

Para calcular o integral para fluxo na Equação 6, começamos com uma parametrização lisa

$$x = g(t), \quad y = h(t), \quad a \le t \le b,$$

que traça a curva C exatamente uma vez, conforme t aumenta de a para b. Podemos encontrar o vetor normal $\mathbf{n}$ exterior unitário fazendo o produto vetorial do vetor tangente unitário $\mathbf{T}$ da curva com o vetor $\mathbf{k}$. Mas que ordem escolhemos, $\mathbf{T} \times \mathbf{k}$ ou $\mathbf{k} \times \mathbf{T}$? Qual deles aponta para fora? Depende da maneira pela qual C é percorrida, à medida que t aumenta. Se o movimento for em sentido horário, $\mathbf{k} \times \mathbf{T}$ aponta para fora; se o movimento for em sentido anti-horário, $\mathbf{T} \times \mathbf{k}$ aponta para fora (Figura 16.21). A escolha usual é $\mathbf{n} = \mathbf{T} \times \mathbf{k}$, a escolha que assume o movimento anti-horário. Assim, ainda que o valor da integral na Equação 6 não dependa da forma como C é percorrida, as fórmulas que deduziremos para calcular $\mathbf{n}$ e a integral assumirão um movimento anti-horário.

Em termos de componentes,

$$\mathbf{n} = \mathbf{T} \times \mathbf{k} = \left(\frac{dx}{ds}\mathbf{i} + \frac{dy}{ds}\mathbf{j}\right) \times \mathbf{k} = \frac{dy}{ds}\mathbf{i} - \frac{dx}{ds}\mathbf{j}.$$

Se $\mathbf{F} = M(x, y)\mathbf{i} + N(x, y)\mathbf{j}$, então

$$\mathbf{F} \cdot \mathbf{n} = M(x, y)\frac{dy}{ds} - N(x, y)\frac{dx}{ds}.$$

Consequentemente,

$$\int_C \mathbf{F} \cdot \mathbf{n}\, ds = \int_C \left(M\frac{dy}{ds} - N\frac{dx}{ds}\right) ds = \oint_C M\, dy - N\, dx.$$

Colocamos uma circunferência orientada ↺ na última integral, como um lembrete de que a integração ao redor da curva fechada C tem sentido anti-horário. Para calcularmos essa integral, expressamos M, dy, N e dx em termos do parâmetro t e integramos de $t = a$ a $t = b$. Não precisamos conhecer $\mathbf{n}$ ou ds explicitamente para encontrar o fluxo.

Calculando o fluxo através de uma curva plana lisa e fechada

$$(\text{Fluxo de } \mathbf{F} = M\mathbf{i} + N\mathbf{j} \text{ através de } C) = \oint_C M\,dy - N\,dx \qquad (7)$$

A integral pode ser calculada a partir de qualquer parametrização lisa $x = g(t)$, $y = h(t)$, $a \leq t \leq b$, que traça C em sentido anti-horário exatamente uma vez.

EXEMPLO 8 Encontre o fluxo de $\mathbf{F} = (x - y)\mathbf{i} + x\mathbf{j}$ através da circunferência $x^2 + y^2 = 1$ no plano xy. (O campo vetorial e a curva foram exibidos anteriormente na Figura 16.19.)

Solução A parametrização $\mathbf{r}(t) = (\cos t)\mathbf{i} + (\text{sen } t)\mathbf{j}$, $0 \leq t \leq 2\pi$, traça a circunferência em sentido anti-horário exatamente uma vez. Dessa forma, podemos utilizar essa parametrização na Equação 7. Com

$$M = x - y = \cos t - \text{sen } t, \qquad dy = d(\text{sen } t) = \cos t\,dt$$
$$N = x = \cos t, \qquad dx = d(\cos t) = -\text{sen } t\,dt,$$

encontramos

$$\text{Fluxo} = \int_C M\,dy - N\,dx = \int_0^{2\pi} (\cos^2 t - \text{sen } t \cos t + \cos t \text{ sen } t)\,dt \qquad \text{Equação 7}$$
$$= \int_0^{2\pi} \cos^2 t\,dt = \int_0^{2\pi} \frac{1 + \cos 2t}{2}\,dt = \left[\frac{t}{2} + \frac{\text{sen } 2t}{4}\right]_0^{2\pi} = \pi.$$

O fluxo de $\mathbf{F}$ através da circunferência é π. Uma vez que a resposta é positiva, o escoamento líquido através da curva é para fora. Um escoamento líquido para dentro forneceria um fluxo negativo.

Exercícios 16.2

Campos vetoriais

Encontre os campos gradientes das funções nos Exercícios 1-4.

1. $f(x, y, z) = (x^2 + y^2 + z^2)^{-1/2}$.
2. $f(x, y, z) = \ln\sqrt{x^2 + y^2 + z^2}$
3. $g(x, y, z) = e^z - \ln(x^2 + y^2)$.
4. $g(x, y, z) = xy + yz + xz$.
5. Dê uma fórmula $\mathbf{F} = M(x, y)\mathbf{i} + N(x, y)\mathbf{j}$ para o campo vetorial no plano que tem a propriedade de $\mathbf{F}$ apontar na direção da origem com magnitude inversamente proporcional ao quadrado da distância de (x, y) à origem. (O campo não é definido em $(0, 0)$.)
6. Dê uma fórmula $\mathbf{F} = M(x, y)\mathbf{i} + N(x, y)\mathbf{j}$ para o campo vetorial no plano que tem as seguintes propriedades: $\mathbf{F} = \mathbf{0}$ em $(0, 0)$ e em qualquer outro ponto (a, b), $\mathbf{F}$ é tangente à circunferência $x^2 + y^2 = a^2 + b^2$ e aponta no sentido horário com magnitude $|\mathbf{F}| = \sqrt{a^2 + b^2}$.

Integrais de linha de campos vetoriais

Nos Exercícios 7-12, encontre as integrais de linha de $\mathbf{F}$ entre $(0, 0, 0)$ e $(1, 1, 1)$ sobre cada um dos seguintes caminhos da figura a seguir.

a. O caminho em linha reta C_1: $\mathbf{r}(t) = t\mathbf{i} + t\mathbf{j} + t\mathbf{k}$, $0 \leq t \leq 1$.
b. O caminho curvo C_2: $\mathbf{r}(t) = t\mathbf{i} + t^2\mathbf{j} + t^4\mathbf{k}$, $0 \leq t \leq 1$.
c. O caminho $C_3 \cup C_4$ que consiste no segmento de reta de $(0, 0, 0)$ até $(1, 1, 0)$ seguido pelo segmento de $(1, 1, 0)$ até $(1, 1, 1)$.

7. $\mathbf{F} = 3y\mathbf{i} + 2x\mathbf{j} + 4z\mathbf{k}$.
8. $\mathbf{F} = [1/(x^2 + 1)]\mathbf{j}$.
9. $\mathbf{F} = \sqrt{z}\mathbf{i} - 2x\mathbf{j} + \sqrt{y}\mathbf{k}$
10. $\mathbf{F} = xy\mathbf{i} + yz\mathbf{j} + xz\mathbf{k}$.
11. $\mathbf{F} = (3x^2 - 3x)\mathbf{i} + 3z\mathbf{j} + \mathbf{k}$.
12. $\mathbf{F} = (y + z)\mathbf{i} + (z + x)\mathbf{j} + (x + y)\mathbf{k}$.

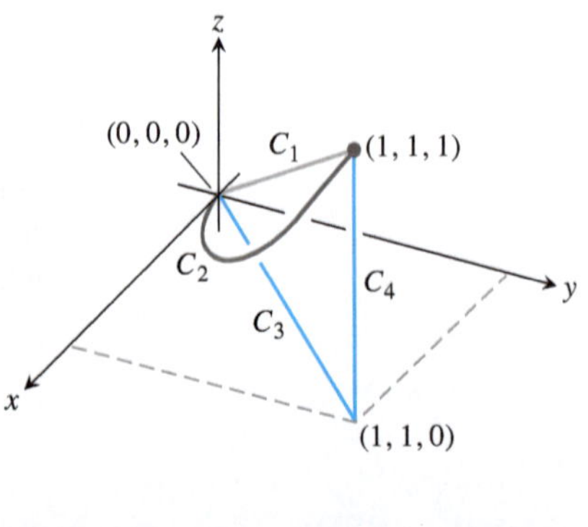

Integrais de linha em relação a *x*, *y* e *z*

Nos Exercícios 13-16, encontre as integrais de linha ao longo do caminho *C* dado.

13. $\int_C (x - y)\,dx$, onde $C: x = t, y = 2t + 1$, para $0 \leq t \leq 3$

14. $\int_C \frac{x}{y}\,dy$, onde $C: x = t, y = t^2$, para $1 \leq t \leq 2$

15. $\int_C (x^2 + y^2)\,dy$ onde *C* é dado na figura a seguir.

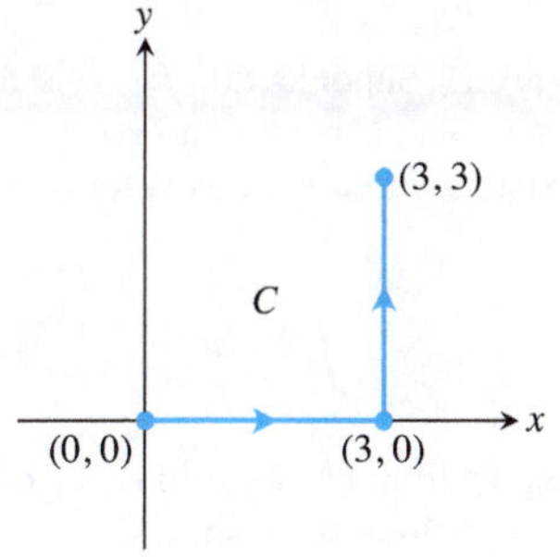

16. $\int_C \sqrt{x + y}\,dx$, onde *C* é dado na figura a seguir.

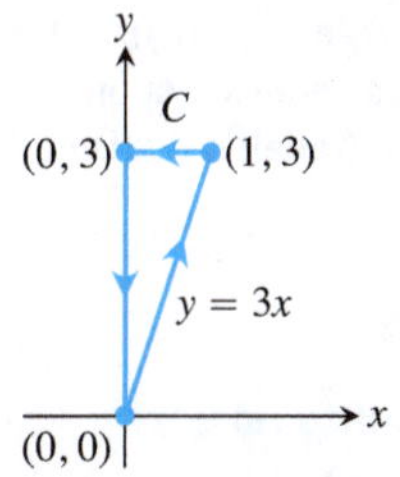

17. Calcule cada uma das seguintes integrais ao longo da curva $\mathbf{r}(t) = t\mathbf{i} - \mathbf{j} + t^2\mathbf{k}$, $0 \leq t \leq 1$.

a. $\int_C (x + y - z)\,dx$

b. $\int_C (x + y - z)\,dy$

c. $\int_C (x + y - z)\,dz$

18. Calcule cada uma das seguintes integrais ao longo da curva $\mathbf{r}(t) = (\cos t)\mathbf{i} + (\text{sen}\,t)\mathbf{j} - (\cos t)\mathbf{k}$, $0 \leq t \leq \pi$.

a. $\int_C xz\,dx$ **b.** $\int_C xz\,dy$ **c.** $\int_C xyz\,dz$

Trabalho

Nos Exercícios 19-22, encontre o trabalho realizado por **F** sobre a curva na direção de *t* crescente.

19. $\mathbf{F} = xy\mathbf{i} + y\mathbf{j} - yz\mathbf{k}$
$\mathbf{r}(t) = t\mathbf{i} + t^2\mathbf{j} + t\mathbf{k}$, $0 \leq t \leq 1$.

20. $\mathbf{F} = 2y\mathbf{i} + 3x\mathbf{j} - (x + y)\mathbf{k}$
$\mathbf{r}(t) = (\cos t)\mathbf{i} + (\text{sen}\,t)\mathbf{j} + (t/6)\mathbf{k}$, $0 \leq t \leq 2\pi$.

21. $\mathbf{F} = z\mathbf{i} + x\mathbf{j} + y\mathbf{k}$
$\mathbf{r}(t) = (\text{sen}\,t)\mathbf{i} + (\cos t)\mathbf{j} + t\mathbf{k}$, $0 \leq t \leq 2\pi$.

22. $\mathbf{F} = 6z\mathbf{i} + y^2\mathbf{j} - 12x\mathbf{k}$
$\mathbf{r}(t) = (\text{sen}\,t)\mathbf{i} + (\cos t)\mathbf{j} + (t/6)\mathbf{k}$, $0 \leq t \leq 2\pi$.

Integrais de linha no plano

23. Calcule $\int_C xy\,dx + (x + y)\,dy$ ao longo da curva $y = x^2$ de $(-1, 1)$ a $(2, 4)$.

24. Calcule $\int_C (x - y)\,dx + (x + y)\,dy$ no sentido anti-horário ao redor do triângulo com vértices (0, 0), (1, 0) e (0, 1).

25. Calcule $\int_C \mathbf{F} \cdot \mathbf{T}\,ds$ para o campo vetorial $\mathbf{F} = x^2\mathbf{i} - y\mathbf{j}$ ao longo da curva $x = y^2$ de (4, 2) a (1, –1).

26. Calcule $\int_C \mathbf{F} \cdot d\mathbf{r}$ para o campo vetorial $\mathbf{F} = y\mathbf{i} - x\mathbf{j}$ no sentido anti-horário ao longo da circunferência unitária $x^2 + y^2 = 1$ de (1, 0) a (0, 1).

Trabalho, circulação e fluxo no plano

27. Trabalho Encontre o trabalho realizado pela força $\mathbf{F} = xy\mathbf{i} + (y - x)\mathbf{j}$ sobre o segmento de reta de (1, 1) a (2, 3).

28. Trabalho Encontre o trabalho realizado pelo gradiente de $f(x, y) = (x + y)^2$ no sentido anti-horário em torno da circunferência $x^2 + y^2 = 4$ de (2, 0) a si próprio.

29. Circulação e fluxo Encontre a circulação e o fluxo dos campos

$$\mathbf{F}_1 = x\mathbf{i} + y\mathbf{j} \quad \text{e} \quad \mathbf{F}_2 = -y\mathbf{i} + x\mathbf{j}$$

ao redor e através de cada uma das curvas a seguir.

a. A circunferência $\mathbf{r}(t) = (\cos t)\mathbf{i} + (\text{sen}\,t)\mathbf{j}$, $0 \leq t \leq 2\pi$.

b. A elipse $\mathbf{r}(t) = (\cos t)\mathbf{i} + (4\,\text{sen}\,t)\mathbf{j}$, $0 \leq t \leq 2\pi$.

30. Fluxo através de uma circunferência Encontre o fluxo dos campos

$$\mathbf{F}_1 = 2x\mathbf{i} - 3y\mathbf{j} \quad \text{e} \quad \mathbf{F}_2 = 2x\mathbf{i} + (x - y)\mathbf{j}$$

através da circunferência

$$\mathbf{r}(t) = (a \cos t)\mathbf{i} + (a\,\text{sen}\,t)\mathbf{j}, \quad 0 \leq t \leq 2\pi.$$

Nos Exercícios 31-34, encontre a circulação e o fluxo do campo **F** em torno e através do caminho semicircular fechado que consiste no arco semicircular $\mathbf{r}_1(t) = (a \cos t)\mathbf{i} + (a\,\text{sen}\,t)\mathbf{j}$, $0 \leq t \leq \pi$, seguido pelo segmento de reta $\mathbf{r}_2(t) = t\mathbf{i}$, $-a \leq t \leq a$.

31. $\mathbf{F} = x\mathbf{i} + y\mathbf{j}$.

32. $\mathbf{F} = x^2\mathbf{i} + y^2\mathbf{j}$.

33. $\mathbf{F} = -y\mathbf{i} + x\mathbf{j}$.

34. $\mathbf{F} = -y^2\mathbf{i} + x^2\mathbf{j}$.

35. Integrais de escoamento Encontre o escoamento do campo de velocidade $\mathbf{F} = (x + y)\mathbf{i} - (x^2 + y^2)\mathbf{j}$ ao longo de cada um dos caminhos a seguir de (1, 0) a (–1, 0) no plano *xy*.

a. A metade superior da circunferência $x^2 + y^2 = 1$.

b. O segmento de reta de (1, 0) a (–1, 0).

c. O segmento de reta de (1, 0) a (0, –1) seguido pelo segmento de reta de (0, –1) a (–1, 0).

36. Fluxo através de um triângulo Encontre o fluxo exterior do campo **F** do Exercício 35 através do triângulo com vértices (1, 0), (0, 1), (–1, 0).

37. Encontre o escoamento do campo de velocidade $\mathbf{F} = y^2\mathbf{i} + 2xy\mathbf{j}$ ao longo de cada um dos caminhos a seguir de (0, 0) a (2, 4).

a.

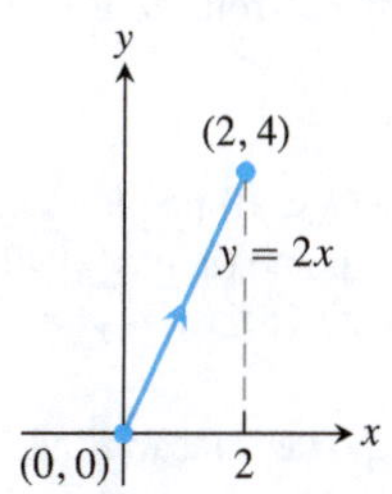

b.

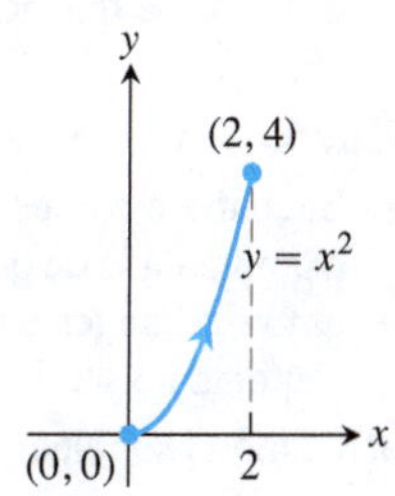

c. Utilize qualquer caminho de (0, 0) a (2, 4) que seja diferente dos itens (a) e (b).

38. Encontre a circulação do campo $\mathbf{F} = y\mathbf{i} + (x + 2y)\mathbf{j}$ em torno de cada um dos caminhos fechados a seguir.

a.

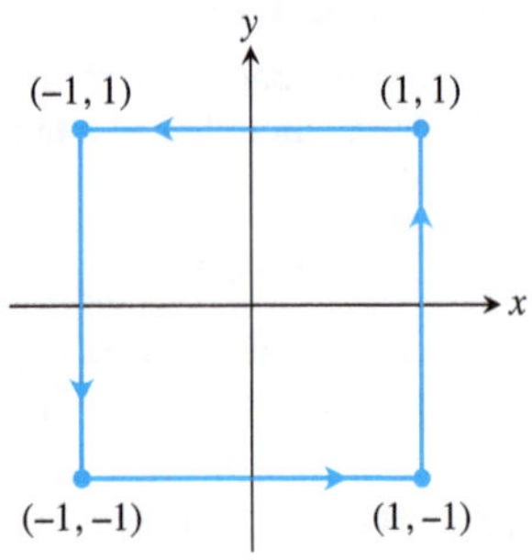

b.

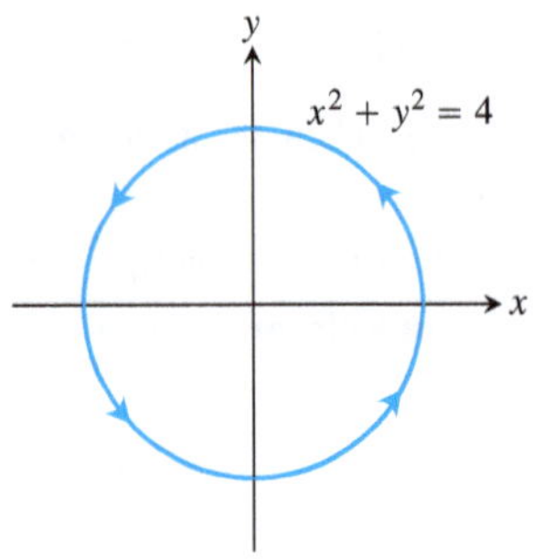

c. Utilize qualquer caminho fechado que seja diferente dos itens (a) e (b).

Campos vetoriais no plano

39. Campo de rotação Desenhe o campo de rotação

$$\mathbf{F} = -\frac{y}{\sqrt{x^2 + y^2}}\mathbf{i} + \frac{x}{\sqrt{x^2 + y^2}}\mathbf{j}$$

(veja a Figura 16.12) junto com suas componentes horizontais e verticais em um conjunto representativo de pontos da circunferência $x^2 + y^2 = 4$.

40. Campo radial Desenhe o campo radial

$$\mathbf{F} = x\mathbf{i} + y\mathbf{j}$$

(veja a Figura 16.11) junto com suas componentes horizontais e verticais em um conjunto representativo de pontos da circunferência $x^2 + y^2 = 1$.

41. Campo de vetores tangentes

a. Encontre o campo $\mathbf{G} = P(x, y)\mathbf{i} + Q(x, y)\mathbf{j}$ no plano xy com a propriedade de que, em qualquer ponto $(a, b) \neq (0, 0)$, $\mathbf{G}$ seja o vetor de magnitude $\sqrt{a^2 + b^2}$ tangente à circunferência $x^2 + y^2 = a^2 + b^2$ e aponte no sentido anti-horário. (O campo é indefinido em (0, 0).)

b. Como $\mathbf{G}$ se relaciona com o campo de rotação $\mathbf{F}$ na Figura 16.12?

42. Campo de vetores tangentes

a. Encontre o campo $\mathbf{G} = P(x, y)\mathbf{i} + Q(x, y)\mathbf{j}$ no plano xy com a propriedade de que, em qualquer ponto $(a, b) \neq (0, 0)$, $\mathbf{G}$ é um vetor tangente unitário à circunferência $x^2 + y^2 = a^2 + b^2$ e aponta no sentido horário.

b. Como $\mathbf{G}$ se relaciona com o campo de rotação $\mathbf{F}$ na Figura 16.12?

43. Vetores unitários apontando na direção da origem Encontre o campo $\mathbf{F} = M(x, y)\mathbf{i} + N(x, y)\mathbf{j}$ no plano xy com a propriedade de que, em cada ponto $(x, y) \neq (0, 0)$, $\mathbf{F}$ é um vetor unitário apontando na direção da origem. (O campo é indefinido em (0, 0).)

44. Dois campos "centrais" Encontre um campo $\mathbf{F} = M(x, y)\mathbf{i} + N(x, y)\mathbf{j}$ no plano xy com a propriedade de que, em cada ponto $(x, y) \neq (0, 0)$, $\mathbf{F}$ aponte na direção da origem e $|\mathbf{F}|$ seja **(a)** a distância entre (x, y) e a origem, **(b)** inversamente proporcional à distância entre (x, y) e a origem. (O campo é indefinido em (0, 0).)

45. Trabalho e área Suponha que $f(t)$ seja derivável e positiva para $a \leq t \leq b$. Seja C o caminho $\mathbf{r}(t) = t\mathbf{i} + f(t)\mathbf{j}$, $a \leq t \leq b$, e $\mathbf{F} = y\mathbf{i}$. Existe alguma relação entre o valor da integral do trabalho

$$\int_C \mathbf{F} \cdot d\mathbf{r}$$

e a área da região limitada pelo eixo t, o gráfico de f e as retas $t = a$ e $t = b$? Justifique sua resposta.

46. Trabalho realizado por uma força radial com magnitude constante Uma partícula se move ao longo de uma curva lisa $y = f(x)$ de $(a, f(a))$ a $(b, f(b))$. A força que move a partícula tem magnitude constante k e aponta sempre para longe da origem. Mostre que o trabalho realizado pela força é

$$\int_C \mathbf{F} \cdot \mathbf{T}\, ds = k\left[(b^2 + (f(b))^2)^{1/2} - (a^2 + (f(a))^2)^{1/2}\right].$$

Integrais de escoamento no espaço

Nos Exercícios 47-50, $\mathbf{F}$ é o campo de velocidade de um fluido escoando através de uma região no espaço. Encontre o escoamento ao longo da curva dada na direção de t crescente.

47. $\mathbf{F} = -4xy\mathbf{i} + 8y\mathbf{j} + 2\mathbf{k}$
$\mathbf{r}(t) = t\mathbf{i} + t^2\mathbf{j} + \mathbf{k}, \quad 0 \leq t \leq 2.$

48. $\mathbf{F} = x^2\mathbf{i} + yz\mathbf{j} + y^2\mathbf{k}$
$\mathbf{r}(t) = 3t\mathbf{j} + 4t\mathbf{k}, \quad 0 \leq t \leq 1.$

49. $\mathbf{F} = (x - z)\mathbf{i} + x\mathbf{k}$
$\mathbf{r}(t) = (\cos t)\mathbf{i} + (\text{sen } t)\mathbf{k}, \quad 0 \leq t \leq \pi.$

50. $\mathbf{F} = -y\mathbf{i} + x\mathbf{j} + 2\mathbf{k}$
$\mathbf{r}(t) = (-2 \cos t)\mathbf{i} + (2 \text{ sen } t)\mathbf{j} + 2t\mathbf{k}, \quad 0 \leq t \leq 2\pi.$

51. Circulação Encontre a circulação de $\mathbf{F} = 2x\mathbf{i} + 2z\mathbf{j} + 2y\mathbf{k}$ em torno do caminho fechado que consiste nas três curvas a seguir, percorridas na direção de t crescente.

C_1: $\mathbf{r}(t) = (\cos t)\mathbf{i} + (\text{sen } t)\mathbf{j} + t\mathbf{k}, \quad 0 \leq t \leq \pi/2$

C_2: $\mathbf{r}(t) = \mathbf{j} + (\pi/2)(1 - t)\mathbf{k}, \quad 0 \leq t \leq 1$

C_3: $\mathbf{r}(t) = t\mathbf{i} + (1 - t)\mathbf{j}, \quad 0 \leq t \leq 1$

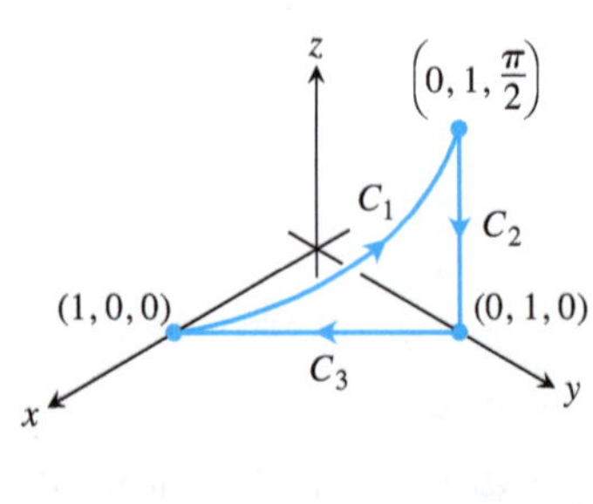

52. Circulação nula Seja C a elipse na qual o plano $2x + 3y - z = 0$ encontra o cilindro $x^2 + y^2 = 12$. Mostre, sem calcular nenhuma integral de linha diretamente, que a circulação do campo $\mathbf{F} = x\mathbf{i} + y\mathbf{j} + z\mathbf{k}$ em torno de C em qualquer direção é nula.

53. Escoamento ao longo de uma curva O campo $\mathbf{F} = xy\mathbf{i} + y\mathbf{j} - yz\mathbf{k}$ é o campo de velocidade de um escoamento no espaço. Encontre o escoamento de (0, 0, 0) até (1, 1, 1) ao longo da curva de interseção do cilindro $y = x^2$ e do plano $z = x$. (Sugestão: utilize $t = x$ como parâmetro.)

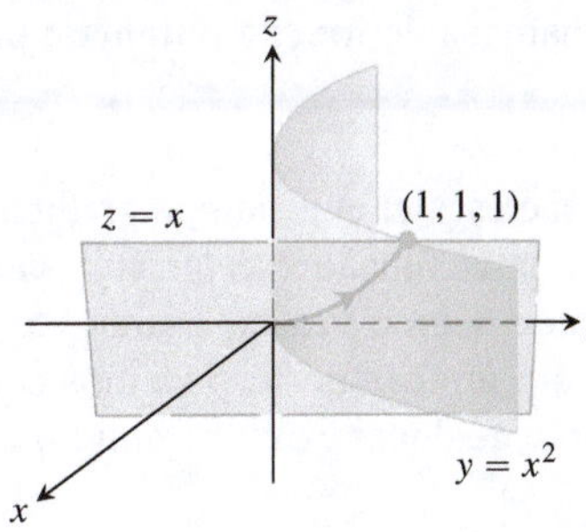

54. Escoamento de um campo gradiente Encontre o escoamento do campo $\mathbf{F} = \nabla(xy^2z^3)$:

a. Uma vez em torno da curva C do Exercício 52, no sentido horário quando visto de cima.

b. Ao longo do segmento de reta de (1, 1, 1) a (2, 1, –1).

USO DO COMPUTADOR

Nos Exercícios 55-60, utilize um SAC para executar as etapas a seguir, encontrando o trabalho realizado pela força **F** sobre o caminho dado:

a. Encontre $d\mathbf{r}$ para o caminho $\mathbf{r}(t) = g(t)\mathbf{i} + h(t)\mathbf{j} + k(t)\mathbf{k}$.

b. Calcule a força **F** ao longo do caminho.

c. Calcule $\int_C \mathbf{F} \cdot d\mathbf{r}$.

55. $\mathbf{F} = xy^6\mathbf{i} + 3x(xy^5 + 2)\mathbf{j}$; $\mathbf{r}(t) = (2\cos t)\mathbf{i} + (\text{sen}\, t)\mathbf{j}$, $0 \le t \le 2\pi$.

56. $\mathbf{F} = \dfrac{3}{1 + x^2}\mathbf{i} + \dfrac{2}{1 + y^2}\mathbf{j}$; $\mathbf{r}(t) = (\cos t)\mathbf{i} + (\text{sen}\, t)\mathbf{j}$, $0 \le t \le \pi$.

57. $\mathbf{F} = (y + yz\cos xyz)\mathbf{i} + (x^2 + xz\cos xyz)\mathbf{j} + (z + xy\cos xyz)\mathbf{k}$; $\mathbf{r}(t) = (2\cos t)\mathbf{i} + (3\,\text{sen}\, t)\mathbf{j} + \mathbf{k}$, $0 \le t \le 2\pi$.

58. $\mathbf{F} = 2xy\mathbf{i} - y^2\mathbf{j} + ze^x\mathbf{k}$; $\mathbf{r}(t) = -t\mathbf{i} + \sqrt{t}\mathbf{j} + 3t\mathbf{k}$, $1 \le t \le 4$.

59. $\mathbf{F} = (2y + \text{sen}\, x)\mathbf{i} + (z^2 + (1/3)\cos y)\mathbf{j} + x^4\mathbf{k}$; $\mathbf{r}(t) = (\text{sen}\, t)\mathbf{i} + (\cos t)\mathbf{j} + (\text{sen}\, 2t)\mathbf{k}$, $-\pi/2 \le t \le \pi/2$.

60. $\mathbf{F} = (x^2y)\mathbf{i} + \dfrac{1}{3}x^3\mathbf{j} + xy\mathbf{k}$; $\mathbf{r}(t) = (\cos t)\mathbf{i} + (\text{sen}\, t)\mathbf{j} + (2\,\text{sen}^2\, t - 1)\mathbf{k}$, $0 \le t \le 2\pi$.

16.3 Independência do caminho, campos conservativos e funções potenciais

Um **campo gravitacional G** é um campo vetorial que representa o efeito da gravidade em um ponto no espaço devido à presença de um objeto com massa. A força gravitacional em um corpo de massa m posicionado no campo é dada por $\mathbf{F} = m\mathbf{G}$. De forma semelhante, um **campo elétrico E** é um campo vetorial no espaço que representa o efeito de forças elétricas em uma partícula carregada dentro dele. A força em um corpo de carga q posicionado no campo é dada por $\mathbf{F} = q\mathbf{E}$. Em campos gravitacionais e elétricos, a quantidade de trabalho exigida para mover uma massa ou carga de um ponto a outro depende das posições inicial e final do objeto – e não do caminho percorrido entre essas posições. Nesta seção, estudaremos campos vetoriais com essa propriedade e o cálculo de integrais de trabalho associadas a eles.

Independência do caminho

Se A e B forem dois pontos em uma região aberta D no espaço, a integral de linha de **F** ao longo de C de A até B para um campo **F** definido em D geralmente depende do caminho percorrido C, conforme visto na Seção 16.1. Para alguns campos especiais, no entanto, o valor da integral é o mesmo para todos os caminhos entre A e B.

DEFINIÇÕES Seja **F** um campo vetorial definido em uma região aberta D no espaço, e suponha que para quaisquer dois pontos A e B em D, a integral de linha $\int_C \mathbf{F} \cdot d\mathbf{r}$ ao longo de um caminho C entre A e B em D seja a mesma para todos os caminhos entre A e B. Então, a integral $\int_C \mathbf{F} \cdot d\mathbf{r}$ é **independente do caminho em *D*** e o campo **F** é **conservativo em *D***.

A palavra *conservativo* vem da física, na qual ela se refere a campos nos quais o princípio de conservação de energia é válido. Quando uma integral de linha é independente do caminho C entre os pontos A e B, às vezes representamos a integral pelo símbolo $\int_A^B$, e não o símbolo usual de integral de linha $\int_C$. Essa substituição nos ajuda a lembrar da propriedade de independência do caminho.

Sob condições de diferenciabilidade normalmente satisfeitas na prática, mostraremos que um campo **F** será conservativo se, e somente se, for o campo gradiente de uma função escalar f, ou seja, se, e somente se, $\mathbf{F} = \nabla f$ para alguma f. A função f, então, tem um nome especial.

DEFINIÇÃO Se **F** é um campo vetorial definido em D e $\mathbf{F} = \nabla f$ para alguma função escalar f em D, então f é chamada de **função potencial para F**.

Um potencial gravitacional é uma função escalar cujo campo gradiente é um campo gravitacional; um potencial elétrico é uma função escalar cujo campo gradiente é um campo elétrico, e assim por diante. Como veremos, uma vez que tenhamos encontrado uma função potencial f para um campo **F**, podemos calcular todas as integrais de linha no domínio de **F** sobre qualquer caminho entre A e B por

$$\int_A^B \mathbf{F} \cdot d\mathbf{r} = \int_A^B \nabla f \cdot d\mathbf{r} = f(B) - f(A). \qquad (1)$$

Se você pensar em ∇f para funções de várias variáveis como sendo algo como a derivada f' para funções de uma variável, então você verá que a Equação 1 é o análogo no cálculo vetorial do Teorema Fundamental do Cálculo

$$\int_a^b f'(x)\, dx = f(b) - f(a).$$

Os campos conservativos possuem outras propriedades notáveis. Por exemplo, dizer que **F** é conservativo em D equivale a dizer que a integral de **F** ao redor de todo caminho fechado em D é zero. Certas condições nas curvas, campos e domínios devem ser satisfeitas para a Equação 1 ser válida. Discutiremos essas condições a seguir.

Hipóteses sobre curvas, campos vetoriais e domínios

Para que os cálculos e resultados que produziremos abaixo sejam válidos, devemos assumir certas propriedades para curvas, superfícies, domínios e campos vetoriais que considerarmos. Forneceremos essas hipóteses nos enunciados dos teoremas, e elas também se aplicam aos exemplos e exercícios, a menos que de outra forma especificado.

As curvas que consideramos são **lisas por partes**. Tais curvas são compostas por um número finito de partes lisas conectadas pelas extremidades, conforme discutido na Seção 13.1. Trataremos dos campos vetoriais **F** cujos componentes possuem derivadas parciais de primeira ordem contínuas.

Os domínios D que consideramos são regiões abertas no espaço, de forma que todo ponto em D seja o centro de uma esfera aberta que está inteiramente em D (veja a Seção 13.1). Assumimos também que D é **conexo**. Para uma região aberta, isso significa que quaisquer dois pontos em D podem ser ligados por uma curva lisa que esteja na região. Por fim, assumimos que D é **simplesmente conexo**, o que significa que todo laço em D pode ser contraído a um ponto em D sem nunca deixar D. O plano com um disco removido é uma região bidimensional que *não* é simplesmente conexa; um laço no plano que passa ao redor do disco não pode ser contraído a um ponto sem passar por dentro do "buraco" deixado pelo disco removido (veja a Figura 16.22c). De maneira semelhante, se removermos uma reta do espaço, a região remanescente D *não* é simplesmente conexa. Uma curva envolvendo a reta não poderia ser encolhida a um ponto enquanto permanecesse dentro de D.

Conexidade e conexidade simples não são a mesma coisa, e uma propriedade não implica a outra. Pense em regiões conexas como se fossem "um único pedaço" e simplesmente conexas como aquelas que não possuem "furos que capturam laços fechados". O espaço todo em si é tanto conexo quanto simplesmente conexo. A Figura 16.22 ilustra algumas dessas propriedades.

Atenção Alguns dos resultados neste capítulo podem não ser válidos se aplicados a situações em que as condições impostas não são válidas. Em especial, o teste dos componentes para campos conservativos, fornecido adiante nesta seção, não é válido nos domínios que não são simplesmente conexos (veja o Exemplo 5).

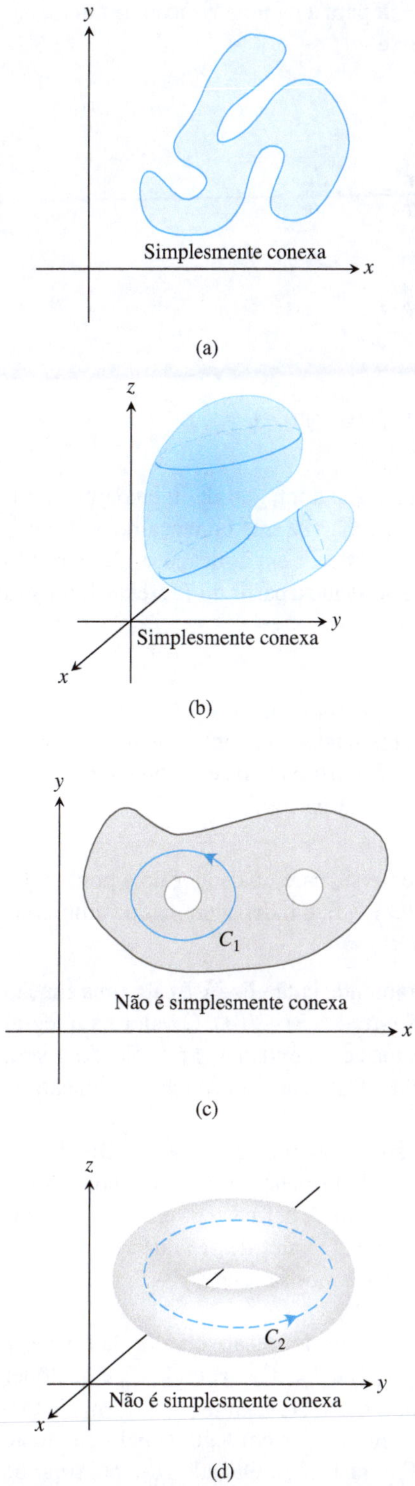

FIGURA 16.22 Quatro regiões conexas. Em (a) e (b), as regiões são simplesmente conexas. Em (c) e (d), as regiões não são simplesmente conexas porque as curvas C_1 e C_2 não podem ser contraídas a um ponto dentro das regiões que as contêm.

Integrais de linha em campos conservativos

Os campos gradiente **F** são obtidos através da derivação de uma função escalar f. O teorema análogo ao Teorema Fundamental do Cálculo fornece uma maneira de calcular as integrais de linha de campos gradiente.

TEOREMA 1 — Teorema fundamental das integrais de linha Seja C uma curva lisa unindo o ponto A ao ponto B no plano ou no espaço e parametrizada por $\mathbf{r}(t)$. Seja f uma função derivável com um vetor gradiente contínuo $\mathbf{F} = \nabla f$ em um domínio D contendo C. Então

$$\int_C \mathbf{F} \cdot d\mathbf{r} = f(B) - f(A).$$

Como o teorema fundamental, o Teorema 1 fornece uma maneira de calcular integrais de linha sem ter de tomar os limites das somas de Riemann ou encontrar a integral de linha através do procedimento utilizado na Seção 16.2. Antes de provarmos o Teorema 1, fornecemos um exemplo.

EXEMPLO 1 Suponha que o campo de força $\mathbf{F} = \nabla f$ seja o gradiente da função

$$f(x, y, z) = -\frac{1}{x^2 + y^2 + z^2}.$$

Encontre o trabalho realizado por **F** na movimentação de um objeto ao longo de uma curva lisa C ligando (1, 0, 0) a (0, 0, 2), que não passa pela origem.

Solução Uma aplicação do Teorema 1 mostra que o trabalho realizado por **F** ao longo de qualquer curva lisa C ligando os dois pontos e não passando pela origem é

$$\int_C \mathbf{F} \cdot d\mathbf{r} = f(0, 0, 2) - f(1, 0, 0) = -\frac{1}{4} - (-1) = \frac{3}{4}.$$

A força gravitacional devido a um planeta, e a força elétrica associada com uma partícula carregada, podem ambas ser modeladas pelo campo **F** dado no Exemplo 1 a menos de uma constante que dependa das unidades de medida.

Prova do Teorema 1 Suponha que A e B sejam dois pontos na região D e que C: $\mathbf{r}(t) = g(t)\mathbf{i} + h(t)\mathbf{j} + k(t)\mathbf{k}$, $a \leq t \leq b$, seja uma curva lisa em D ligando A a B.

Utilizamos a forma abreviada $\mathbf{r}(t) = x\mathbf{i} + y\mathbf{j} + z\mathbf{k}$ para a parametrização da curva. Ao longo da curva, f é uma função derivável de t e

$$\frac{df}{dt} = \frac{\partial f}{\partial x}\frac{dx}{dt} + \frac{\partial f}{\partial y}\frac{dy}{dt} + \frac{\partial f}{\partial z}\frac{dz}{dt}$$

Regra da cadeia na Seção 14.4 com $x = g(t)$, $y = h(t)$, $z = k(t)$

$$= \nabla f \cdot \left(\frac{dx}{dt}\mathbf{i} + \frac{dy}{dt}\mathbf{j} + \frac{dz}{dt}\mathbf{k}\right) = \nabla f \cdot \frac{d\mathbf{r}}{dt} = \mathbf{F} \cdot \frac{d\mathbf{r}}{dt}.$$

Porque $\mathbf{F} = \nabla f$

Portanto,

$$\int_C \mathbf{F} \cdot d\mathbf{r} = \int_{t=a}^{t=b} \mathbf{F} \cdot \frac{d\mathbf{r}}{dt}\, dt = \int_a^b \frac{df}{dt}\, dt$$

$\mathbf{r}(a) = A$, $\mathbf{r}(b) = B$

$$= f(g(t), h(t), k(t))\Big]_a^b = f(B) - f(A).$$

Dessa forma, vemos a partir do Teorema 1 que a integral de linha de um campo gradiente $\mathbf{F} = \nabla f$ é calculada diretamente, uma vez que conheçamos a função f. Muitos campos vetoriais importantes que aparecem em aplicações, de fato, são campos gradientes. O próximo resultado, que se segue a partir do Teorema 1, mostra que qualquer campo conservativo é desse tipo.

TEOREMA 2 — Campos conservativos são campos gradientes Seja $\mathbf{F} = M\mathbf{i} + N\mathbf{j} + P\mathbf{k}$ um campo vetorial cujos componentes são contínuos sobre uma região conexa aberta D no espaço. Então $\mathbf{F}$ é conservativo se, e somente se, $\mathbf{F}$ for um campo gradiente ∇f para uma função derivável f.

O Teorema 2 diz que $\mathbf{F} = \nabla f$ se, e somente se, para quaisquer dois pontos A e B na região D, o valor da integral de linha $\int_C \mathbf{F} \cdot d\mathbf{r}$ é independente do caminho C ligando A a B em D.

Prova do Teorema 2 Se $\mathbf{F}$ for um campo gradiente, então $\mathbf{F} = \nabla f$ para uma função derivável f, e o Teorema 1 mostra que $\int_C \mathbf{F} \cdot d\mathbf{r} = f(B) - f(A)$. O valor da integral de linha não depende de C, mas somente de suas extremidades A e B. Sendo assim, a integral de linha é independente do caminho e $\mathbf{F}$ satisfaz a definição de um campo conservativo.

Por outro lado, suponha que $\mathbf{F}$ seja um campo vetorial conservativo. Desejamos encontrar uma função f em D satisfazendo $\nabla f = \mathbf{F}$. Primeiro, escolha um ponto A em D e defina $f(A) = 0$. Para qualquer outro ponto B em D, defina $f(B)$ igual a $\int_C \mathbf{F} \cdot d\mathbf{r}$, onde C seja *qualquer* caminho em D entre A e B. O valor de $f(B)$ não depende da escolha de C, uma vez que $\mathbf{F}$ é conservativo. Para mostrar que $\nabla f = F$, precisamos demonstrar que $\partial f/\partial x = M$, $\partial f/\partial y = N$ e $\partial f/\partial z = P$.

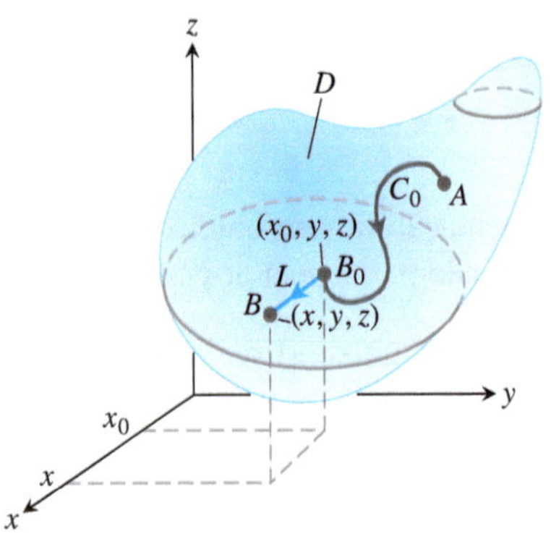

FIGURA 16.23 A função $f(x, y, z)$ na prova do Teorema 2 é calculada por uma integral de linha $\int_{C_0} \mathbf{F} \cdot d\mathbf{r} = f(B_0)$ entre A e B_0, mais uma integral de linha $\int_L \mathbf{F} \cdot d\mathbf{r}$ ao longo de um segmento de reta L paralelo ao eixo x e ligando B_0 a B localizado em (x, y, z). O valor de f em A é $f(A) = 0$.

Suponha que B tenha coordenadas (x, y, z). Por definição, o valor da função f em um ponto próximo B_0 localizado em (x_0, y, z) é $\int_{C_0} \mathbf{F} \cdot d\mathbf{r}$, onde C_0 é qualquer caminho entre A e B_0. Escolhemos um caminho $C = C_0 \cup L$ entre A e B formado primeiro pelo trajeto ao longo de C_0 para chegarmos a B_0, e em seguida pelo trajeto ao longo do segmento de reta L entre B_0 e B (Figura 16.23). Quando B_0 é próximo de B, o segmento L está em D e, uma vez que o valor $f(B)$ é independente do caminho entre A e B,

$$f(x, y, z) = \int_{C_0} \mathbf{F} \cdot d\mathbf{r} + \int_L \mathbf{F} \cdot d\mathbf{r}.$$

Derivando, temos

$$\frac{\partial}{\partial x} f(x, y, z) = \frac{\partial}{\partial x}\left(\int_{C_0} \mathbf{F} \cdot d\mathbf{r} + \int_L \mathbf{F} \cdot d\mathbf{r}\right).$$

Somente o último termo à direita depende de x, portanto

$$\frac{\partial}{\partial x} f(x, y, z) = \frac{\partial}{\partial x} \int_L \mathbf{F} \cdot d\mathbf{r}.$$

Agora parametrize L como $\mathbf{r}(t) = t\mathbf{i} + y\mathbf{j} + z\mathbf{k}$, $x_0 \le t \le x$. Então $d\mathbf{r}/dt = \mathbf{i}$, $\mathbf{F} \cdot d\mathbf{r}/dt = M$ e $\int_L \mathbf{F} \cdot d\mathbf{r} = \int_{x_0}^{x} M(t, y, z)\, dt$. Substituição nos dá

$$\frac{\partial}{\partial x} f(x, y, z) = \frac{\partial}{\partial x} \int_{x_0}^{x} M(t, y, z)\, dt = M(x, y, z)$$

pelo Teorema Fundamental do Cálculo. As derivadas parciais $\partial f/\partial y = N$ e $\partial f/\partial z = P$ seguem de maneira semelhante, mostrando que $\mathbf{F} = \nabla f$.

EXEMPLO 2 Encontre o trabalho realizado pelo campo conservativo

$$\mathbf{F} = yz\mathbf{i} + xz\mathbf{j} + xy\mathbf{k} = \nabla f, \quad \text{onde} \quad f(x, y, z) = xyz,$$

ao longo de qualquer curva lisa C ligando o ponto $A(-1, 3, 9)$ ao ponto $B(1, 6, -4)$.

Solução Com $f(x, y, z) = xyz$, temos

$$\begin{aligned} \int_C \mathbf{F} \cdot d\mathbf{r} &= \int_A^B \nabla f \cdot d\mathbf{r} && \mathbf{F} = \nabla f \text{ e independência do caminho} \\ &= f(B) - f(A) && \text{Teorema 1} \\ &= xyz|_{(1,6,-4)} - xyz|_{(-1,3,9)} \\ &= (1)(6)(-4) - (-1)(3)(9) \\ &= -24 + 27 = 3. \end{aligned}$$

Uma propriedade muito útil de integrais de linhas em campos conservativos vem à tona quando o caminho de integração é uma curva fechada, ou laço. Geralmente utilizamos a notação $\oint_C$ para integração ao redor de um caminho fechado (discutida com mais detalhes na próxima seção).

TEOREMA 3 — Propriedade do laço para campos conservativos As afirmações a seguir são equivalentes.

1. $\oint_C \mathbf{F} \cdot d\mathbf{r} = 0$ ao redor de todo laço (isto é, curva fechada C) em D.
2. O campo $\mathbf{F}$ é conservativo em D.

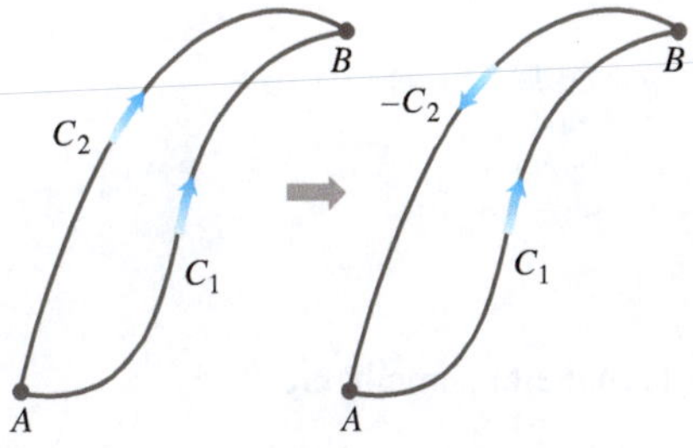

FIGURA 16.24 Se tivermos dois caminhos entre A e B, um deles poderá ser invertido para formar um laço.

Prova de que a Parte 1 ⇒ Parte 2 Desejamos mostrar que para quaisquer dois pontos A e B em D, a integral de $\mathbf{F} \cdot d\mathbf{r}$ tem o mesmo valor sobre quaisquer dois caminhos C_1 e C_2 de A a B. Invertemos a direção em C_2 para formar o caminho $-C_2$ de B a A (Figura 16.24). Juntos, C_1 e $-C_2$ formam um laço C e, por suposição,

$$\int_{C_1} \mathbf{F} \cdot d\mathbf{r} - \int_{C_2} \mathbf{F} \cdot d\mathbf{r} = \int_{C_1} \mathbf{F} \cdot d\mathbf{r} + \int_{-C_2} \mathbf{F} \cdot d\mathbf{r} = \int_C \mathbf{F} \cdot d\mathbf{r} = 0.$$

Assim, as integrais sobre C_1 e C_2 fornecem o mesmo valor. Observe que a definição de $\mathbf{F} \cdot d\mathbf{r}$ mostra que mudar a direção ao longo de uma curva inverte o sinal da integral de linha.

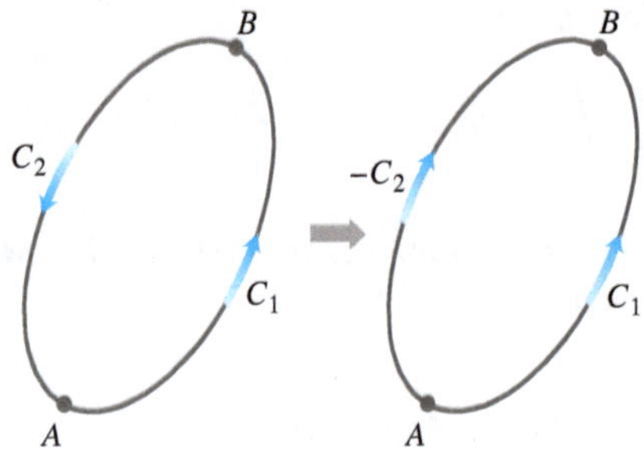

FIGURA 16.25 Se A e B estiverem em um laço, podemos inverter parte do laço para formar dois caminhos entre A e B.

Prova de que Parte 2 ⟹ Parte 1 Desejamos mostrar que a integral de $\mathbf{F} \cdot d\mathbf{r}$ é zero sobre qualquer laço C. Escolhemos dois pontos A e B em C e os utilizamos para quebrar C em dois pedaços: C_1 de A a B, seguido por C_2 de volta de B a A (Figura 16.25). Então

$$\oint_C \mathbf{F} \cdot d\mathbf{r} = \int_{C_1} \mathbf{F} \cdot d\mathbf{r} + \int_{C_2} \mathbf{F} \cdot d\mathbf{r} = \int_A^B \mathbf{F} \cdot d\mathbf{r} - \int_A^B \mathbf{F} \cdot d\mathbf{r} = 0.$$

O diagrama a seguir resume os resultados dos Teoremas 2 e 3.

$$\mathbf{F} = \nabla f \text{ sobre } D \quad \overset{\text{Teorema 2}}{\Leftrightarrow} \quad \mathbf{F} \text{ conservativo em } D \quad \overset{\text{Teorema 3}}{\Leftrightarrow} \quad \oint_C \mathbf{F} \cdot d\mathbf{r} = 0 \text{ sobre qualquer laço em } D$$

Surgem duas questões:

1. Como sabemos se um determinado campo vetorial $\mathbf{F}$ é conservativo?
2. Se $\mathbf{F}$ é de fato conservativo, como encontramos uma função potencial f (de forma que $\mathbf{F} = \nabla f$)?

Encontrando potenciais para campos conservativos

O teste para um campo vetorial conservativo envolve a equivalência de determinadas derivadas parciais dos componentes do campo.

> **Teste das componentes para campos conservativos**
>
> Seja $\mathbf{F} = M(x, y, z)\mathbf{i} + N(x, y, z)\mathbf{j} + P(x, y, z)\mathbf{k}$ um campo em um domínio conexo e simplesmente conexo, cujas funções componentes possuem derivadas parciais de primeira ordem contínuas. Então, $\mathbf{F}$ é conservativo se, e somente se,
>
> $$\frac{\partial P}{\partial y} = \frac{\partial N}{\partial z}, \quad \frac{\partial M}{\partial z} = \frac{\partial P}{\partial x} \quad \text{e} \quad \frac{\partial N}{\partial x} = \frac{\partial M}{\partial y}. \tag{2}$$

Prova de que as Equações 2 são válidas se F for conservativo Existe uma função potencial f de forma que

$$\mathbf{F} = M\mathbf{i} + N\mathbf{j} + P\mathbf{k} = \frac{\partial f}{\partial x}\mathbf{i} + \frac{\partial f}{\partial y}\mathbf{j} + \frac{\partial f}{\partial z}\mathbf{k}.$$

Consequentemente,

$$\begin{aligned} \frac{\partial P}{\partial y} &= \frac{\partial}{\partial y}\left(\frac{\partial f}{\partial z}\right) = \frac{\partial^2 f}{\partial y \partial z} \\ &= \frac{\partial^2 f}{\partial z \partial y} && \text{Teorema das derivadas mistas, Seção 14.3} \\ &= \frac{\partial}{\partial z}\left(\frac{\partial f}{\partial y}\right) = \frac{\partial N}{\partial z}. \end{aligned}$$

As outras nas Equações 2 são provadas de maneira semelhante.

A segunda metade da prova, de que as Equações 2 implicam que $\mathbf{F}$ é conservativo, é uma consequência do teorema de Stokes, estudado na Seção 16.7, e requer que consideremos que o domínio de $\mathbf{F}$ seja simplesmente conexo.

Uma vez que sabemos que **F** é conservativo, geralmente desejamos encontrar uma função potencial para **F**. Isso requer a solução da equação $\nabla f = \mathbf{F}$ ou

$$\frac{\partial f}{\partial x}\mathbf{i} + \frac{\partial f}{\partial y}\mathbf{j} + \frac{\partial f}{\partial z}\mathbf{k} = M\mathbf{i} + N\mathbf{j} + P\mathbf{k}$$

para f. Conseguimos isso integrando as três equações

$$\frac{\partial f}{\partial x} = M, \qquad \frac{\partial f}{\partial y} = N, \qquad \frac{\partial f}{\partial z} = P,$$

conforme ilustrado no exemplo a seguir.

EXEMPLO 3 Mostre que $\mathbf{F} = (e^x \cos y + yz)\mathbf{i} + (xz - e^x \operatorname{sen} y)\mathbf{j} + (xy + z)\mathbf{k}$ é conservativo sobre seu domínio natural e encontre uma função potencial para ele.

Solução O domínio natural de **F** é todo o espaço, que é conexo e simplesmente conexo. Aplicamos o teste nas Equações 2 para

$$M = e^x \cos y + yz, \qquad N = xz - e^x \operatorname{sen} y, \qquad P = xy + z$$

e calculamos

$$\frac{\partial P}{\partial y} = x = \frac{\partial N}{\partial z}, \qquad \frac{\partial M}{\partial z} = y = \frac{\partial P}{\partial x}, \qquad \frac{\partial N}{\partial x} = -e^x \operatorname{sen} y + z = \frac{\partial M}{\partial y}.$$

As derivadas parciais são contínuas, portanto essas igualdades nos dizem que **F** é conservativo, de modo que existe uma função f com $\nabla f = \mathbf{F}$ (Teorema 2).

Encontramos f integrando as equações

$$\frac{\partial f}{\partial x} = e^x \cos y + yz, \qquad \frac{\partial f}{\partial y} = xz - e^x \operatorname{sen} y, \qquad \frac{\partial f}{\partial z} = xy + z. \tag{3}$$

Integramos a primeira equação com relação a x, mantendo y e z fixos, para obter

$$f(x, y, z) = e^x \cos y + xyz + g(y, z).$$

Escrevemos a constante de integração como uma função de y e z porque seu valor pode depender de y e z, embora não de x. Então, calculamos $\partial f/\partial y$ a partir dessa equação e comparamos com a expressão para $\partial f/\partial y$ nas Equações 3. Isso nos dá

$$-e^x \operatorname{sen} y + xz + \frac{\partial g}{\partial y} = xz - e^x \operatorname{sen} y,$$

assim $\partial g/\partial y = 0$. Portanto, g é uma função somente de z, e

$$f(x, y, z) = e^x \cos y + xyz + h(z).$$

Agora calculamos $\partial f/\partial z$ a partir dessa equação e a comparamos com a fórmula para $\partial f/\partial z$ nas Equações 3. Isso dá

$$xy + \frac{dh}{dz} = xy + z \qquad \text{ou} \qquad \frac{dh}{dz} = z,$$

assim,

$$h(z) = \frac{z^2}{2} + C.$$

Consequentemente,

$$f(x, y, z) = e^x \cos y + xyz + \frac{z^2}{2} + C.$$

Temos infinitas funções potenciais de **F**, uma para cada valor de C.

EXEMPLO 4 Mostre que $\mathbf{F} = (2x - 3)\mathbf{i} - z\mathbf{j} + (\cos z)\mathbf{k}$ não é conservativo.

Solução Aplicamos o teste das componentes nas Equações 2 e descobrimos imediatamente que

$$\frac{\partial P}{\partial y} = \frac{\partial}{\partial y}(\cos z) = 0, \qquad \frac{\partial N}{\partial z} = \frac{\partial}{\partial z}(-z) = -1.$$

As duas são diferentes, portanto **F** não é conservativo. Nenhum teste adicional é necessário.

EXEMPLO 5 Mostre que o campo vetorial

$$\mathbf{F} = \frac{-y}{x^2 + y^2}\mathbf{i} + \frac{x}{x^2 + y^2}\mathbf{j} + 0\mathbf{k}$$

satisfaz as equações no teste dos componentes, mas não é conservativo sobre seu domínio natural. Explique por que isso é possível.

Solução Temos $M = -y/(x^2 + y^2)$, $N = x/(x^2 + y^2)$ e $P = 0$. Se aplicarmos o teste dos componentes, descobrimos que

$$\frac{\partial P}{\partial y} = 0 = \frac{\partial N}{\partial z}, \qquad \frac{\partial P}{\partial x} = 0 = \frac{\partial M}{\partial z} \qquad \text{e} \qquad \frac{\partial M}{\partial y} = \frac{y^2 - x^2}{(x^2 + y^2)^2} = \frac{\partial N}{\partial x}.$$

Assim, pode parecer que o campo **F** passa no teste dos componentes. No entanto, o teste assume que o domínio de **F** seja simplesmente conexo, o que não é o caso. Uma vez que $x^2 + y^2$ não pode ser igual a zero, o domínio natural é o complemento do eixo z e contém laços que não podem ser contraídos a um ponto. Tal laço fechado é a circunferência unitária C no plano xy. A circunferência é parametrizada por $\mathbf{r}(t) = (\cos t)\mathbf{i} + (\operatorname{sen} t)\mathbf{j}$, $0 \leq t \leq 2\pi$. Esse laço envolve o eixo z e não pode ser contraído a um ponto enquanto está no complemento do eixo z.

Para mostrar que **F** não é conservativo, calculamos a integral de linha $\oint_C \mathbf{F} \cdot d\mathbf{r}$ ao redor do laço C. Primeiro escrevemos o campo em termos do parâmetro t:

$$\mathbf{F} = \frac{-y}{x^2 + y^2}\mathbf{i} + \frac{x}{x^2 + y^2}\mathbf{j} = \frac{-\operatorname{sen} t}{\operatorname{sen}^2 t + \cos^2 t}\mathbf{i} + \frac{\cos t}{\operatorname{sen}^2 t + \cos^2 t}\mathbf{j} = (-\operatorname{sen} t)\mathbf{i} + (\cos t)\mathbf{j}.$$

Em seguida, encontramos $d\mathbf{r}/dt = (-\operatorname{sen} t)\mathbf{i} + (\cos t)\mathbf{j}$ e depois calculamos a integral de linha como

$$\oint_C \mathbf{F} \cdot d\mathbf{r} = \oint_C \mathbf{F} \cdot \frac{d\mathbf{r}}{dt}\, dt = \int_0^{2\pi} \left(\operatorname{sen}^2 t + \cos^2 t\right) dt = 2\pi.$$

Uma vez que a integral de linha de **F** ao redor do laço C não é zero, o campo **F** não é conservativo, pelo Teorema 3.

O Exemplo 5 mostra que o teste dos componentes não se aplica quando o domínio do campo não é simplesmente conexo. No entanto, se mudarmos o domínio no exemplo, de forma que ele seja restrito à esfera de raio 1 centrada no ponto (2, 2, 2), ou a qualquer região em formato esférico que não contenha um pedaço do eixo z, então esse novo domínio D é simplesmente conexo. Agora as Equações 2 de derivadas parciais, bem como todas as hipóteses do teste dos componentes, são satisfeitas. Nessa nova situação, o campo **F** no Exemplo 5 é conservativo em D.

Da mesma forma que devemos ser cuidadosos com uma função ao determinar se ela satisfaz uma propriedade em seu domínio (como a propriedade de continuidade ou a propriedade do valor intermediário), também devemos ser cuidadosos com um campo vetorial ao determinar as propriedades que ele pode ou não ter sobre seu domínio designado.

Formas diferenciais exatas

Muitas vezes é conveniente expressar as integrais de trabalho e circulação na forma diferencial

$$\int_C M\,dx + N\,dy + P\,dz$$

discutida na Seção 16.2. As integrais de linha são relativamente fáceis de calcular se $M\,dx + N\,dy + P\,dz$ for a diferencial total de uma função f e C for qualquer caminho ligando os dois pontos entre A e B. Pois então

$$\begin{aligned}\int_C M\,dx + N\,dy + P\,dz &= \int_C \frac{\partial f}{\partial x}dx + \frac{\partial f}{\partial y}dy + \frac{\partial f}{\partial z}dz \\ &= \int_A^B \nabla f \cdot d\mathbf{r} \qquad \nabla f \text{ é conservativo.} \\ &= f(B) - f(A). \qquad \text{Teorema 1}\end{aligned}$$

Assim,

$$\int_A^B df = f(B) - f(A),$$

da mesma forma que as funções deriváveis de uma variável.

> **DEFINIÇÕES** Qualquer expressão $M(x, y, z)\,dx + N(x, y, z)\,dy + P(x, y, z)\,dz$ é uma **forma diferencial**. Uma forma diferencial é **exata** em um domínio D no espaço se
>
> $$M\,dx + N\,dy + P\,dz = \frac{\partial f}{\partial x}dx + \frac{\partial f}{\partial y}dy + \frac{\partial f}{\partial z}dz = df$$
>
> para alguma função escalar f em D.

Observe que se $M\,dx + N\,dy + P\,dz = df$ em D, então $\mathbf{F} = M\mathbf{i} + N\mathbf{j} + P\mathbf{k}$ é o campo gradiente de f em D. Reciprocamente, se $\mathbf{F} = \nabla f$, então a forma $M\,dx + N\,dy + P\,dz$ é exata. O teste de exatidão da forma é, portanto, igual ao teste para saber se **F** é conservativo.

> **Teste dos componentes para exatidão de $M\,dx + N\,dy + P\,dz$**
>
> A forma diferencial $M\,dx + N\,dy + P\,dz$ é exata em um domínio conexo e simplesmente conexo se, e somente se,
>
> $$\frac{\partial P}{\partial y} = \frac{\partial N}{\partial z}, \qquad \frac{\partial M}{\partial z} = \frac{\partial P}{\partial x} \qquad \text{e} \qquad \frac{\partial N}{\partial x} = \frac{\partial M}{\partial y}.$$
>
> Isso é equivalente a dizer que o campo $\mathbf{F} = M\mathbf{i} + N\mathbf{j} + P\mathbf{k}$ é conservativo.

EXEMPLO 6 Mostre que $y\,dx + x\,dy + 4\,dz$ é exata e calcule a integral

$$\int_{(1,1,1)}^{(2,3,-1)} y\,dx + x\,dy + 4\,dz$$

sobre qualquer caminho de (1, 1, 1) a (2, 3, –1).

Solução Fazemos $M = y$, $N = x$, $P = 4$ e aplicamos o teste para exatidão:

$$\frac{\partial P}{\partial y} = 0 = \frac{\partial N}{\partial z}, \qquad \frac{\partial M}{\partial z} = 0 = \frac{\partial P}{\partial x}, \qquad \frac{\partial N}{\partial x} = 1 = \frac{\partial M}{\partial y}.$$

Essas igualdades nos dizem que $y\,dx + x\,dy + 4\,dz$ é exata, assim

$$y\,dx + x\,dy + 4\,dz = df$$

para alguma função f e o valor da integral é $f(2, 3, -1) - f(1, 1, 1)$.

Encontramos f a menos de uma constante integrando as equações

$$\frac{\partial f}{\partial x} = y, \qquad \frac{\partial f}{\partial y} = x, \qquad \frac{\partial f}{\partial z} = 4. \tag{4}$$

A partir da primeira equação, obtemos

$$f(x, y, z) = xy + g(x, z).$$

A segunda equação nos diz que

$$\frac{\partial f}{\partial y} = x + \frac{\partial g}{\partial y} = x \qquad \text{ou} \qquad \frac{\partial g}{\partial y} = 0.$$

Consequentemente, g é uma função apenas de z, e

$$f(x, y, z) = xy + h(z).$$

A terceira das Equações 4 nos diz que

$$\frac{\partial f}{\partial z} = 0 + \frac{dh}{dz} = 4 \qquad \text{ou} \qquad h(z) = 4z + C.$$

Portanto,

$$f(x, y, z) = xy + 4z + C.$$

O valor da integral de linha é independente do caminho tomado de (1, 1, 1) a (2, 3, –1) e é igual a

$$f(2, 3, -1) - f(1, 1, 1) = 2 + C - (5 + C) = -3.$$

Exercícios 16.3

Teste para campos conservativos

Quais campos nos Exercícios 1-6 são conservativos e quais não são?

1. $\mathbf{F} = yz\mathbf{i} + xz\mathbf{j} + xy\mathbf{k}$
2. $\mathbf{F} = (y \operatorname{sen} z)\mathbf{i} + (x \operatorname{sen} z)\mathbf{j} + (xy \cos z)\mathbf{k}$
3. $\mathbf{F} = y\mathbf{i} + (x + z)\mathbf{j} - y\mathbf{k}$
4. $\mathbf{F} = -y\mathbf{i} + x\mathbf{j}$
5. $\mathbf{F} = (z + y)\mathbf{i} + z\mathbf{j} + (y + x)\mathbf{k}$
6. $\mathbf{F} = (e^x \cos y)\mathbf{i} - (e^x \operatorname{sen} y)\mathbf{j} + z\mathbf{k}$

Encontrando funções potenciais

Nos Exercícios 7-12, encontre uma função potencial f para o campo $\mathbf{F}$.

7. $\mathbf{F} = 2x\mathbf{i} + 3y\mathbf{j} + 4z\mathbf{k}$
8. $\mathbf{F} = (y + z)\mathbf{i} + (x + z)\mathbf{j} + (x + y)\mathbf{k}$
9. $\mathbf{F} = e^{y+2z}(\mathbf{i} + x\mathbf{j} + 2x\mathbf{k})$
10. $\mathbf{F} = (y \operatorname{sen} z)\mathbf{i} + (x \operatorname{sen} z)\mathbf{j} + (xy \cos z)\mathbf{k}$
11. $\mathbf{F} = (\ln x + \sec^2(x + y))\mathbf{i} + \left(\sec^2(x + y) + \frac{y}{y^2 + z^2}\right)\mathbf{j} + \frac{z}{y^2 + z^2}\mathbf{k}$
12. $\mathbf{F} = \frac{y}{1 + x^2y^2}\mathbf{i} + \left(\frac{x}{1 + x^2y^2} + \frac{z}{\sqrt{1 - y^2z^2}}\right)\mathbf{j} + \left(\frac{y}{\sqrt{1 - y^2z^2}} + \frac{1}{z}\right)\mathbf{k}$

Formas diferenciais exatas

Nos Exercícios 13-17, mostre que as formas diferenciais nas integrais são exatas. Em seguida, calcule as integrais.

13. $\displaystyle\int_{(0,0,0)}^{(2,3,-6)} 2x\,dx + 2y\,dy + 2z\,dz$

14. $\displaystyle\int_{(1,1,2)}^{(3,5,0)} yz\,dx + xz\,dy + xy\,dz$

15. $\displaystyle\int_{(0,0,0)}^{(1,2,3)} 2xy\,dx + (x^2 - z^2)\,dy - 2yz\,dz$

16. $\displaystyle\int_{(0,0,0)}^{(3,3,1)} 2x\,dx - y^2\,dy - \frac{4}{1+z^2}\,dz$

17. $\displaystyle\int_{(1,0,0)}^{(0,1,1)} \operatorname{sen} y \cos x\,dx + \cos y \operatorname{sen} x\,dy + dz$

Encontrando funções potenciais para calcular integrais de linha

Ainda que eles não estejam definidos em todo o espaço R^3, os campos associados com os Exercícios 18-22 são simplesmente conexos e o teste dos componentes pode ser utilizado para mostrar que eles são conservativos. Encontre uma função potencial para cada campo e calcule as integrais no Exemplo 6.

18. $\displaystyle\int_{(0,2,1)}^{(1,\pi/2,2)} 2\cos y\,dx + \left(\frac{1}{y} - 2x \operatorname{sen} y\right) dy + \frac{1}{z}\,dz$

19. $\displaystyle\int_{(1,1,1)}^{(1,2,3)} 3x^2\,dx + \frac{z^2}{y}\,dy + 2z \ln y\,dz$

20. $\displaystyle\int_{(1,2,1)}^{(2,1,1)} (2x \ln y - yz)\,dx + \left(\frac{x^2}{y} - xz\right) dy - xy\,dz$

21. $\displaystyle\int_{(1,1,1)}^{(2,2,2)} \frac{1}{y}\,dx + \left(\frac{1}{z} - \frac{x}{y^2}\right) dy - \frac{y}{z^2}\,dz$

22. $\displaystyle\int_{(-1,-1,-1)}^{(2,2,2)} \frac{2x\,dx + 2y\,dy + 2z\,dz}{x^2 + y^2 + z^2}$

Aplicações e exemplos

23. Revendo o Exemplo 6 Calcule a integral

$$\int_{(1,1,1)}^{(2,3,-1)} y\,dx + x\,dy + 4\,dz$$

do Exemplo 6, encontrando equações paramétricas para o segmento de reta de (1, 1, 1) a (2, 3, –1) e calculando a integral de linha de $\mathbf{F} = y\mathbf{i} + x\mathbf{j} + 4\mathbf{k}$ ao longo do segmento. Uma vez que **F** é conservativo, a integral é independente do caminho.

24. Calcule

$$\int_C x^2\,dx + yz\,dy + (y^2/2)\,dz$$

ao longo do segmento de reta C ligando (0, 0, 0) a (0, 3, 4).

Independência do caminho Mostre que os valores das integrais nos Exercícios 25 e 26 não dependem do caminho tomado de A a B.

25. $\displaystyle\int_A^B z^2\,dx + 2y\,dy + 2xz\,dz$

26. $\displaystyle\int_A^B \frac{x\,dx + y\,dy + z\,dz}{\sqrt{x^2 + y^2 + z^2}}$

Nos Exercícios 27 e 28, encontre uma função potencial para **F**.

27. $\mathbf{F} = \dfrac{2x}{y}\mathbf{i} + \left(\dfrac{1 - x^2}{y^2}\right)\mathbf{j}, \qquad \{(x, y): y > 0\}$

28. $\mathbf{F} = (e^x \ln y)\mathbf{i} + \left(\dfrac{e^x}{y} + \operatorname{sen} z\right)\mathbf{j} + (y \cos z)\mathbf{k}$

29. Trabalho ao longo de caminhos diferentes Encontre o trabalho realizado por $\mathbf{F} = (x^2 + y)\mathbf{i} + (y^2 + x)\mathbf{j} + ze^z\mathbf{k}$ sobre os caminhos de (1, 0, 0) a (1, 0, 1) a seguir.

a. O segmento de reta $x = 1, y = 0, 0 \le z \le 1$.

b. A hélice $\mathbf{r}(t) = (\cos t)\mathbf{i} + (\operatorname{sen} t)\mathbf{j} + (t/2\pi)\mathbf{k}, 0 \le t \le 2\pi$.

c. O eixo x de (1, 0, 0) a (0, 0, 0) seguido pela parábola $z = x^2, y = 0$ de (0, 0, 0) a (1, 0, 1).

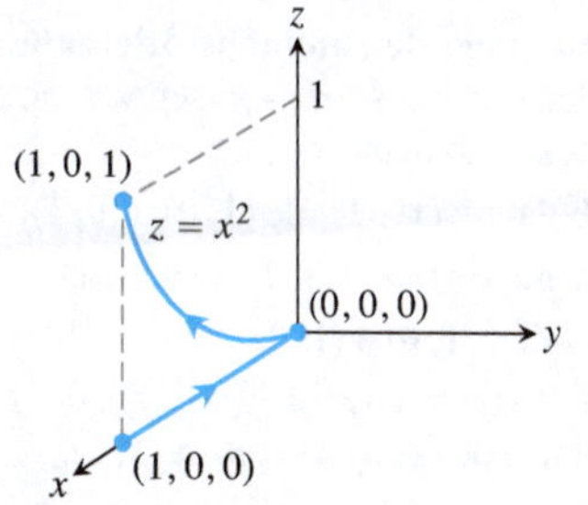

30. Trabalho ao longo de caminhos diferentes Encontre o trabalho realizado por $\mathbf{F} = e^{yz}\mathbf{i} + (xze^{yz} + z\cos y)\mathbf{j} + (xye^{yz} + \operatorname{sen} y)\mathbf{k}$ sobre os caminhos de (1, 0, 1) a (1, π/2, 0) a seguir.

a. O segmento de reta $x = 1, y = \pi t/2, z = 1 - t, 0 \le t \le 1$

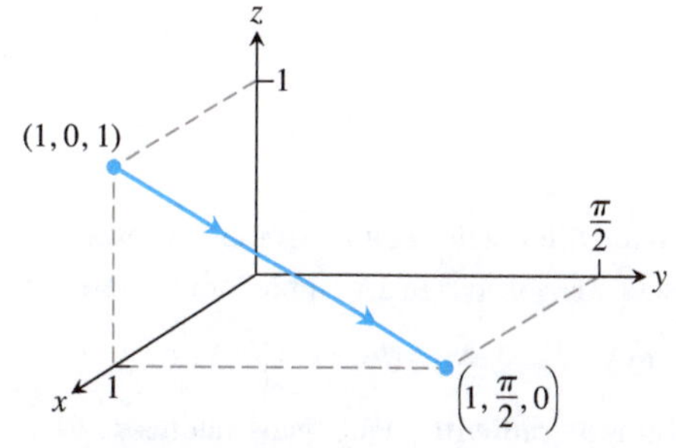

b. O segmento de reta de (1, 0, 1) à origem seguido pelo segmento de reta da origem a (1, π/2, 0)

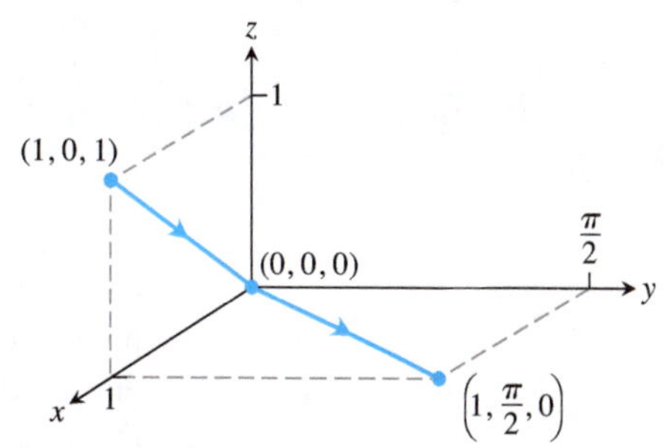

c. O segmento de reta de (1, 0, 1) a (1, 0, 0), seguido pelo eixo x de (1, 0, 0) à origem, seguido pela parábola $y = \pi x^2/2, z = 0$ dali a (1, π/2, 0)

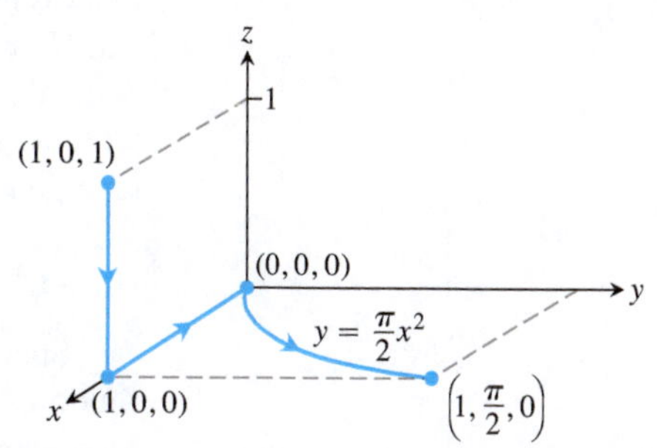

31. Calculando uma integral de trabalho de duas maneiras Seja $\mathbf{F} = \nabla(x^3y^2)$ e seja C o caminho no plano xy de $(-1, 1)$ a $(1, 1)$ que consiste do segmento de reta de $(-1, 1)$ a $(0, 0)$ seguido pelo segmento de reta de $(0, 0)$ a $(1, 1)$. Calcule $\int_C \mathbf{F} \cdot d\mathbf{r}$ de duas maneiras.

a. Encontre parametrizações para os segmentos que formam C e calcule a integral.

b. Utilize $f(x, y) = x^3y^2$ como uma função potencial para $\mathbf{F}$.

32. Integral ao longo de caminhos diferentes Calcule a integral de linha $\int_C 2x \cos y\, dx - x^2 \operatorname{sen} y\, dy$ ao longo dos seguintes caminhos C no plano xy.

a. A parábola $y = (x - 1)^2$ de $(1, 0)$ a $(0, 1)$.

b. O segmento de reta de $(-1, \pi)$ a $(0, 1)$.

c. O eixo x de $(-1, 0)$ a $(1, 0)$.

d. O astroide $\mathbf{r}(t) = (\cos^3 t)\mathbf{i} + (\operatorname{sen}^3 t)\mathbf{j}$, $0 \le t \le 2\pi$, em sentido anti-horário de $(1, 0)$ de volta a $(1, 0)$.

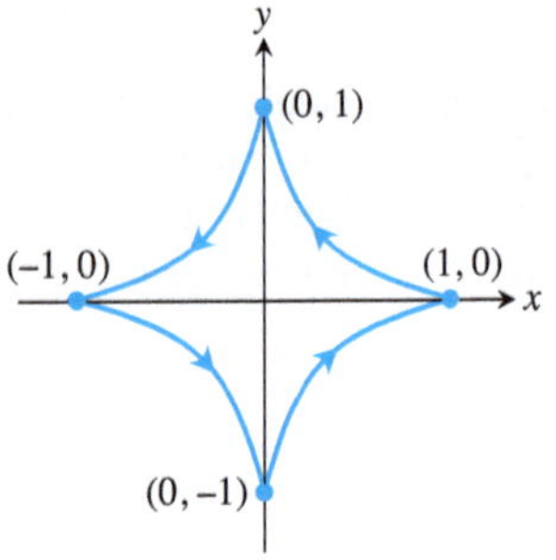

33. a. Forma diferencial exata Como as constantes a, b, e c estão relacionadas se a seguinte forma diferencial for exata?

$$(ay^2 + 2czx)\, dx + y(bx + cz)\, dy + (ay^2 + cx^2)\, dz$$

b. Campo gradiente Para quais valores de b e c

$$\mathbf{F} = (y^2 + 2czx)\mathbf{i} + y(bx + cz)\mathbf{j} + (y^2 + cx^2)\mathbf{k}$$

será um campo gradiente?

34. Gradiente de uma integral de linha Suponha que $\mathbf{F} = \nabla f$ seja um caminho conservativo e

$$g(x, y, z) = \int_{(0,0,0)}^{(x,y,z)} \mathbf{F} \cdot d\mathbf{r}.$$

Mostre que $\nabla g = \mathbf{F}$.

35. Caminho de menor trabalho Foi solicitado encontrar o caminho ao longo do qual um campo de força $\mathbf{F}$ irá realizar o menor trabalho para mover uma partícula entre dois locais. Um cálculo rápido de sua parte mostra que $\mathbf{F}$ é conservativo. Como você deve responder? Justifique sua resposta.

36. Uma experiência reveladora Por meio de experimentos, você descobre que, para mover um objeto ao longo do caminho C_1 de A a B, um campo de força $\mathbf{F}$ realiza apenas metade do trabalho que realiza para mover o objeto ao longo do caminho C_2 de A a B. O que você pode concluir sobre $\mathbf{F}$? Justifique a sua resposta.

37. Trabalho realizado por uma força constante Mostre que o trabalho realizado por um campo de força constante $\mathbf{F} = a\mathbf{i} + b\mathbf{j} + c\mathbf{k}$ ao mover uma partícula ao longo de qualquer caminho entre A e B é $W = \mathbf{F} \cdot \overrightarrow{AB}$.

38. Campo gravitacional

a. Encontre uma função potencial para o campo gravitacional

$$\mathbf{F} = -GmM\frac{x\mathbf{i} + y\mathbf{j} + z\mathbf{k}}{(x^2 + y^2 + z^2)^{3/2}}$$

(G, m e M são constantes).

b. Sejam P_1 e P_2 pontos distantes s_1 e s_2 da origem, respectivamente. Mostre que o trabalho realizado pelo campo gravitacional no item (a) ao mover uma partícula entre P_1 e P_2 é

$$GmM\left(\frac{1}{s_2} - \frac{1}{s_1}\right).$$

16.4 Teorema de Green no plano

Se $\mathbf{F}$ é um campo conservativo, então sabemos que $\mathbf{F} = \nabla f$ para uma função derivável f, e podemos calcular a integral de linha de $\mathbf{F}$ sobre qualquer caminho C ligando o ponto A ao ponto B por $\int_C \mathbf{F} \cdot d\mathbf{r} = f(B) - f(A)$. Nesta seção, produzimos um método para calcular uma integral de trabalho ou de fluxo sobre uma curva *fechada* C no plano quando o campo $\mathbf{F}$ *não* é conservativo. Esse método, conhecido como o teorema de Green, nos permite converter a integral de linha em uma integral dupla sobre a região delimitada por C.

Essa discussão é apresentada em termos de campos de velocidade de escoamentos de fluido (um fluido é um líquido ou um gás), porque são fáceis de visualizar. No entanto, o teorema de Green se aplica a qualquer campo vetorial, independente de qualquer interpretação particular do campo, contanto que as hipóteses do teorema sejam satisfeitas. Introduzimos duas novas ideias para o teorema de Green: *divergência* e *densidade de circulação* ao redor de um eixo perpendicular ao plano.

Divergência

Suponha que $\mathbf{F}(x, y) = M(x, y)\mathbf{i} + N(x, y)\mathbf{j}$ seja o campo de velocidade de um fluido escoando no plano e que as derivadas parciais de primeira ordem de M e N sejam contínuas em cada ponto de uma região R. Seja (x, y) um ponto em R e seja A um pequeno retângulo com um vértice em (x, y) que, juntamente com seu interior, está

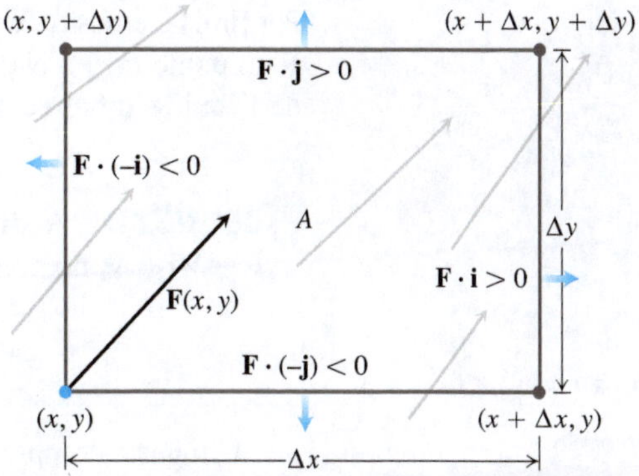

FIGURA 16.26 A taxa na qual o fluido deixa a região retangular A através da aresta inferior na direção da normal exterior $-\mathbf{j}$ é aproximadamente $\mathbf{F}(x, y) \cdot (-\mathbf{j})\, \Delta x$, que é negativa para o campo vetorial $\mathbf{F}$ mostrado aqui. Para aproximar a taxa de escoamento no ponto (x, y), calculamos a taxa de escoamento (aproximada) através de cada aresta na direção das setas azuis, somamos essas taxas e, em seguida, dividimos a soma pela área de A. Tomar o limite quando $\Delta x \to 0$ e $\Delta y \to 0$ nos dá a taxa de escoamento por unidade de área.

inteiramente contido em R. Os lados do retângulo, paralelos aos eixos coordenados, possuem comprimentos de Δx e Δy. Assuma que os componentes M e N não mudam de sinal em uma pequena região contendo o retângulo A. A taxa na qual o fluido deixa o retângulo através da aresta inferior é aproximadamente (Figura 16.26)

$$\mathbf{F}(x, y) \cdot (-\mathbf{j})\, \Delta x = -N(x, y)\, \Delta x.$$

Essa é a componente escalar da velocidade em (x, y) na direção do vetor normal exterior vezes o comprimento do segmento. Se a velocidade estiver em metros por segundo, por exemplo, a taxa de escoamento será em metros por segundo vezes metros ou metros quadrados por segundo. As taxas nas quais o fluido cruza os outros três lados nas direções de suas normais exteriores podem ser calculadas de forma semelhante. As taxas de escoamento podem ser positivas ou negativas, dependendo dos sinais dos componentes de $\mathbf{F}$. Aproximamos a taxa de escoamento líquido através da fronteira retangular de A somando as taxas de escoamento através das quatro arestas, conforme definido pelos produtos escalares a seguir.

Taxas de escoamento de fluido:

Topo:	$\mathbf{F}(x, y + \Delta y) \cdot \mathbf{j}\, \Delta x = N(x, y + \Delta y)\Delta x$
Fundo:	$\mathbf{F}(x, y) \cdot (-\mathbf{j})\, \Delta x = -N(x, y)\Delta x$
Direita:	$\mathbf{F}(x + \Delta x, y) \cdot \mathbf{i}\, \Delta y = M(x + \Delta x, y)\Delta y$
Esquerda:	$\mathbf{F}(x, y) \cdot (-\mathbf{i})\, \Delta y = -M(x, y)\Delta y.$

Somando pares opostos, temos

$$\text{Topo e fundo:} \quad (N(x, y + \Delta y) - N(x, y))\Delta x \approx \left(\frac{\partial N}{\partial y} \Delta y\right)\Delta x$$

$$\text{Direita e esquerda:} \quad (M(x + \Delta x, y) - M(x, y))\Delta y \approx \left(\frac{\partial M}{\partial x} \Delta x\right)\Delta y.$$

Somar essas duas últimas equações nos dá o efeito líquido das taxas de escoamento, ou o

$$\text{Fluxo através de uma fronteira retangular} \approx \left(\frac{\partial M}{\partial x} + \frac{\partial N}{\partial y}\right)\Delta x \Delta y.$$

Agora dividimos por $\Delta x \Delta y$, para calcular o fluxo total por unidade de área ou *densidade de fluxo* para o retângulo:

$$\frac{\text{Fluxo através de uma fronteira retangular}}{\text{Área retangular}} \approx \left(\frac{\partial M}{\partial x} + \frac{\partial N}{\partial y}\right).$$

Fonte: div $\mathbf{F}(x_0, y_0) > 0$

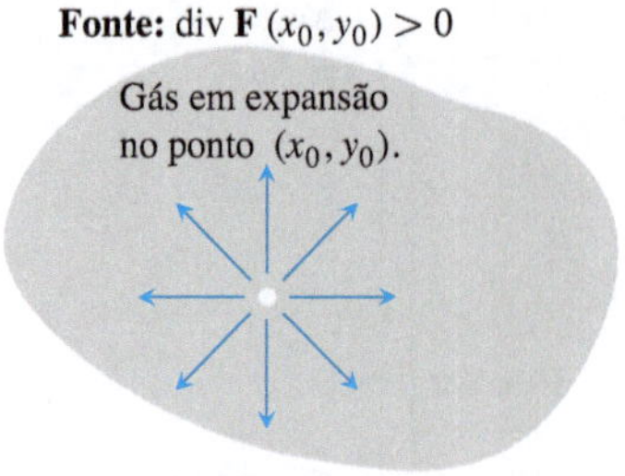

Sumidouro: div $\mathbf{F}(x_0, y_0) < 0$

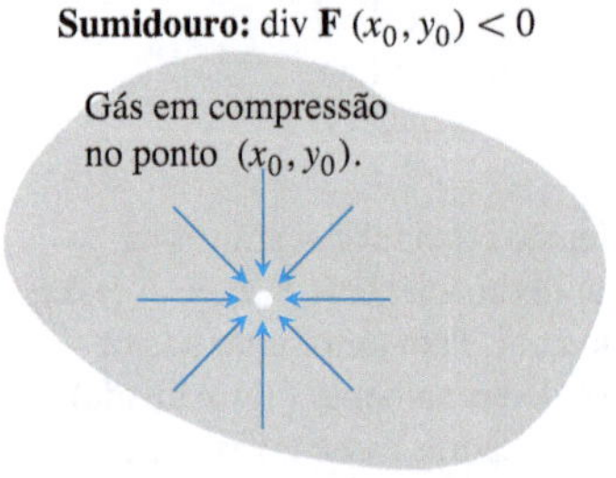

FIGURA 16.27 Se um gás estiver em expansão em um ponto (x_0, y_0), as linhas de escoamento têm divergência positiva; se o gás estiver em compressão, a divergência é negativa.

Por fim, fazemos Δx e Δy se aproximarem de zero para definir a densidade de fluxo de **F** no ponto (x, y). Na matemática, chamamos a densidade de fluxo de *divergência* de **F**, cujo símbolo é "div **F**".

DEFINIÇÃO A **divergência (densidade de fluxo)** de um campo vetorial $\mathbf{F} = M\mathbf{i} + N\mathbf{j}$ no ponto (x, y) é

$$\text{div } \mathbf{F} = \frac{\partial M}{\partial x} + \frac{\partial N}{\partial y}. \tag{1}$$

Um gás é compressível, diferente de um líquido, e a divergência de seu campo de velocidade mede em qual extensão está se expandindo ou sendo comprimido em cada ponto. Intuitivamente, se um gás está se expandindo no ponto (x_0, y_0), as linhas de escoamento iriam divergir ali (daí o nome) e, como o gás estaria escoando para fora de um retângulo pequeno em torno de (x_0, y_0), a divergência de **F** em (x_0, y_0) seria positiva. Se o gás estivesse sendo comprimido em vez de estar se expandindo, a divergência seria negativa (Figura 16.27).

EXEMPLO 1 Os campos vetoriais da Figura 16.28 representam a velocidade de um gás escoando no plano xy. Encontre a divergência de cada campo vetorial e interprete seu significado físico.

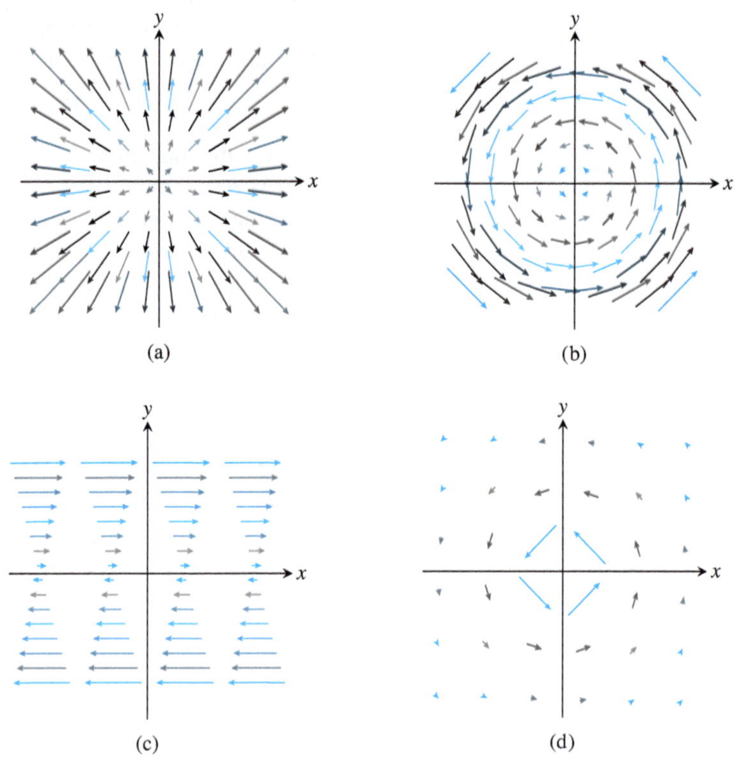

FIGURA 16.28 Campos de velocidade de um gás escoando no plano (Exemplo 1).

(a) *Expansão ou compressão uniforme*: $\mathbf{F}(x, y) = cx\mathbf{i} + cy\mathbf{j}$

(b) *Rotação uniforme*: $\mathbf{F}(x, y) = -cy\mathbf{i} + cx\mathbf{j}$

(c) *Escoamento em cisalhamento*: $\mathbf{F}(x, y) = y\mathbf{i}$

(d) *Efeito redemoinho*: $\mathbf{F}(x, y) = \dfrac{-y}{x^2 + y^2}\mathbf{i} + \dfrac{x}{x^2 + y^2}\mathbf{j}$

Solução

(a) div $\mathbf{F} = \dfrac{\partial}{\partial x}(cx) + \dfrac{\partial}{\partial y}(cy) = 2c$: Se $c > 0$, o gás está submetido a expansão uniforme; se $c < 0$, está sendo submetido a compressão uniforme.

(b) div $\mathbf{F} = \dfrac{\partial}{\partial x}(-cy) + \dfrac{\partial}{\partial y}(cx) = 0$: O gás não está em expansão ou compressão.

(c) div $\mathbf{F} = \dfrac{\partial}{\partial x}(y) = 0$: O gás não está em expansão ou compressão.

(d) div $\mathbf{F} = \dfrac{\partial}{\partial x}\left(\dfrac{-y}{x^2 + y^2}\right) + \dfrac{\partial}{\partial y}\left(\dfrac{x}{x^2 + y^2}\right) = \dfrac{2xy}{(x^2 + y^2)^2} - \dfrac{2xy}{(x^2 + y^2)^2} = 0$:

Novamente, a divergência é zero em todos os pontos no domínio do campo de velocidade.

Os casos (b), (c) e (d) da Figura 16.28 são modelos plausíveis para o escoamento bidimensional de um líquido. Em dinâmica de fluidos, quando o campo de velocidade de um líquido em escoamento sempre tem divergência igual a zero, como nesses casos, o líquido é denominado **incompressível.**

Giro em torno de um eixo: a componente k do rotacional

A segunda ideia de que precisamos para o teorema de Green está relacionada a medirmos como uma roda de pás flutuando, com eixo perpendicular ao plano, gira em um ponto em um fluido escoando em uma região plana. Essa ideia nos dá uma noção de como o fluido está circulando ao redor dos eixos localizados em diferentes pontos e perpendiculares à região. Os físicos costumam chamar essa movimentação de *densidade de circulação* de um campo vetorial **F** em um ponto. Para obtê-la, voltamos ao campo de velocidade

$$\mathbf{F}(x, y) = M(x, y)\mathbf{i} + N(x, y)\mathbf{j}$$

e consideramos o retângulo A na Figura 16.29 (onde consideramos ambos os componentes de **F** positivos).

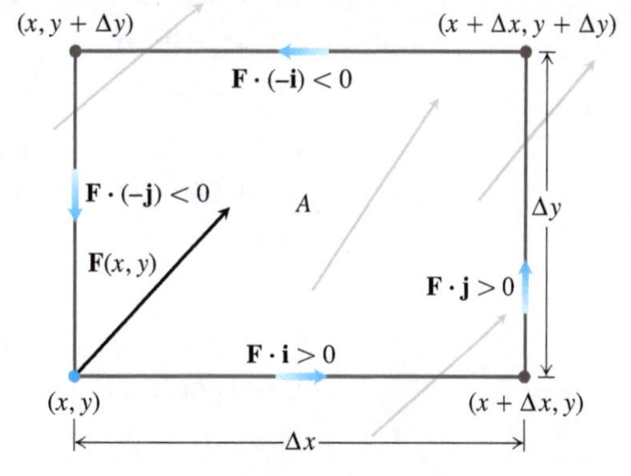

FIGURA 16.29 A taxa na qual um fluido escoa ao longo da aresta inferior de uma região retangular A na direção **i** é aproximadamente $\mathbf{F}(x, y) \cdot \mathbf{i}\,\Delta x$, que é positiva para o campo vetorial **F** mostrado aqui. Para aproximar a taxa de circulação no ponto (x, y), calculamos as taxas de escoamento (aproximadas) ao longo de cada aresta na direção das setas azuis, somamos essas taxas e, em seguida, dividimos a soma pela área de A. Tomar o limite quando $\Delta x \to 0$ e $\Delta y \to 0$ nos dá a taxa de escoamento por unidade de área.

A taxa de circulação de **F** ao redor da fronteira de A é a soma das taxas de escoamento ao longo dos lados na direção tangencial. Para a aresta inferior, a taxa de escoamento é aproximadamente

$$\mathbf{F}(x, y) \cdot \mathbf{i}\,\Delta x = M(x, y)\,\Delta x.$$

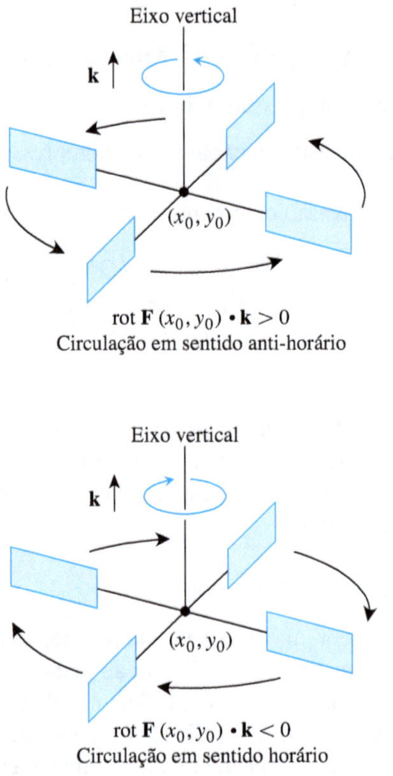

FIGURA 16.30 No escoamento de um fluido incompressível sobre uma região plana, o componente **k** do rotacional mede a taxa de rotação do fluido em um ponto. O componente **k** do rotacional é positivo em pontos onde a rotação tem sentido anti-horário e negativo onde a rotação tem sentido horário.

Esse é o componente escalar da velocidade $\mathbf{F}(x, y)$ na direção tangente **i** vezes o comprimento do segmento. As taxas de escoamento podem ser positivas ou negativas, dependendo dos componentes de **F**. Aproximamos a taxa de circulação líquida ao redor da fronteira retangular de A somando as taxas de escoamento ao longo das quatro extremidades, conforme definido pelos produtos escalares a seguir.

Topo:	$\mathbf{F}(x, y + \Delta y) \cdot (-\mathbf{i})\, \Delta x = -M(x, y + \Delta y)\, \Delta x$
Fundo:	$\mathbf{F}(x, y) \cdot \mathbf{i}\, \Delta x = M(x, y)\, \Delta x$
Direita:	$\mathbf{F}(x + \Delta x, y) \cdot \mathbf{j}\, \Delta y = N(x + \Delta x, y)\, \Delta y$
Esquerda:	$\mathbf{F}(x, y) \cdot (-\mathbf{j})\, \Delta y = -N(x, y)\, \Delta y.$

Somamos os pares opostos para obter

$$\text{Topo e fundo:} \quad -(M(x, y + \Delta y) - M(x, y))\Delta x \approx -\left(\frac{\partial M}{\partial y}\Delta y\right)\Delta x$$

$$\text{Direita e esquerda:} \quad (N(x + \Delta x, y) - N(x, y))\Delta y \approx \left(\frac{\partial N}{\partial x}\Delta x\right)\Delta y.$$

Somar essas duas últimas equações nos dá a circulação líquida relativa à orientação anti-horária, e dividir por $\Delta x \Delta y$ nos dá uma estimativa da densidade de circulação para o retângulo:

$$\frac{\text{Circulação ao redor do retângulo}}{\text{Área retangular}} \approx \frac{\partial N}{\partial x} - \frac{\partial M}{\partial y}.$$

Fazemos Δx e Δy tenderem a zero para definir a *densidade de circulação* de **F** no ponto (x, y).

Se observarmos uma rotação em sentido anti-horário olhando para baixo sobre o plano xy a partir da ponta do vetor unitário **k**, então a densidade de circulação é positiva (Figura 16.30). O valor da densidade de circulação é a componente **k** de um campo vetorial de circulação mais geral que definimos na Seção 16.7, chamado *rotacional* do campo vetorial **F**. Para o teorema de Green, precisamos apenas desse componente **k**.

DEFINIÇÃO A **densidade de circulação** de um campo vetorial $\mathbf{F} = M\mathbf{i} + N\mathbf{j}$ no ponto (x, y) é a expressão escalar

$$\frac{\partial N}{\partial x} - \frac{\partial M}{\partial y}. \tag{2}$$

Essa expressão também é chamada de **componente k do rotacional**, denotada por $(\text{rot } \mathbf{F}) \cdot \mathbf{k}$.

Se houver água se movimentando sobre uma região no plano xy em uma camada fina, então o componente **k** do rotacional em um ponto (x_0, y_0) fornece uma maneira de medir a que velocidade e em qual direção uma pequena roda de pás girará se for colocada na água em (x_0, y_0) com seu eixo perpendicular ao plano, paralelo a **k** (Figura 16.30).

EXEMPLO 2 Encontre a densidade de circulação e interprete o seu significado, para cada campo vetorial no Exemplo 1.

Solução

(a) *Expansão uniforme*: $(\text{rot } \mathbf{F}) \cdot \mathbf{k} = \dfrac{\partial}{\partial x}(cy) - \dfrac{\partial}{\partial y}(cx) = 0$. O gás não está circulando em escalas muito pequenas.

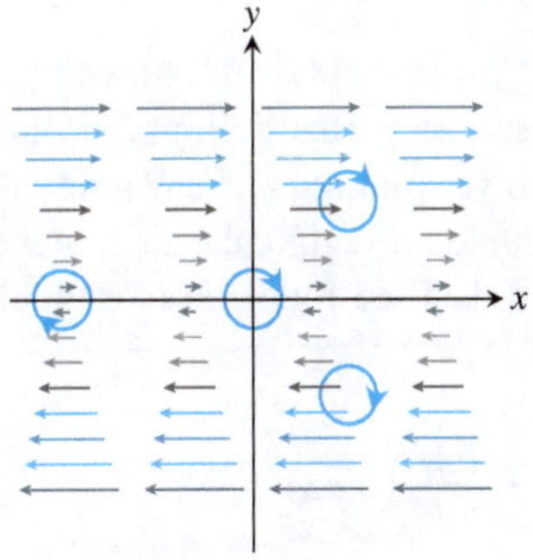

FIGURA 16.31 Um escoamento em cisalhamento empurra o fluido em sentido horário ao redor de cada ponto (Exemplo 2c).

(b) *Rotação*: $(\text{rot } \mathbf{F}) \cdot \mathbf{k} = \frac{\partial}{\partial x}(cx) - \frac{\partial}{\partial y}(-cy) = 2c$. A densidade de circulação constante indica a rotação em todos os pontos. Se $c > 0$, a rotação tem sentido anti-horário; se $c < 0$, a rotação tem sentido horário.

(c) *Cisalhamento*: $(\text{rot } \mathbf{F}) \cdot \mathbf{k} = -\frac{\partial}{\partial y}(y) = -1$. A densidade de circulação é constante e negativa, de forma que uma roda de pás flutuando na água submetida a um escoamento em cisalhamento gira em sentido horário. A taxa de rotação é a mesma em todos os pontos. O efeito médio do escoamento do fluido é empurrar o fluido em sentido horário ao redor de cada uma das pequenas circunferências mostradas na Figura 16.31.

(d) *Redemoinho*:

$$(\text{rot } \mathbf{F}) \cdot \mathbf{k} = \frac{\partial}{\partial x}\left(\frac{x}{x^2 + y^2}\right) - \frac{\partial}{\partial y}\left(\frac{-y}{x^2 + y^2}\right) = \frac{y^2 - x^2}{(x^2 + y^2)^2} - \frac{y^2 - x^2}{(x^2 + y^2)^2} = 0.$$

A densidade de circulação é 0 em todos os pontos distantes da origem (onde o campo vetorial é indefinido e o efeito redemoinho está ocorrendo), e o gás não está circulando em nenhum ponto para o qual o campo vetorial é definido.

Duas formas do teorema de Green

Em uma forma, o teorema de Green afirma que, sob condições adequadas, o fluxo externo de um campo vetorial através de uma curva fechada simples no plano é igual à integral dupla da divergência do campo sobre a região delimitada pela curva. Lembre-se das fórmulas para fluxo nas Equações 3 e 4 na Seção 16.2 e de que a curva é simples se ela não cruza a si mesma.

TEOREMA 4 — Teorema de Green (forma fluxo-divergência ou normal)
Seja C uma curva fechada simples lisa por partes delimitando uma região R no plano. Seja $\mathbf{F} = M\mathbf{i} + N\mathbf{j}$ um campo vetorial com M e N tendo derivadas parciais de primeira ordem contínuas em uma região aberta contendo R. Então, o fluxo exterior de $\mathbf{F}$ através de C é igual à integral dupla de div $\mathbf{F}$ sobre a região R delimitada por C.

$$\underbrace{\oint_C \mathbf{F} \cdot \mathbf{n}\, ds = \oint_C M\, dy - N\, dx}_{\text{Fluxo exterior}} = \underbrace{\iint_R \left(\frac{\partial M}{\partial x} + \frac{\partial N}{\partial y}\right) dx\, dy}_{\text{Integral da divergência}} \qquad (3)$$

Introduzimos a notação $\oint_C$ na Seção 16.3 para integração ao redor de uma curva fechada. Faremos outra elaboração na notação aqui. Uma curva fechada simples C pode ser percorrida em duas direções possíveis. A curva pode ser percorrida em sentido anti-horário, e denominada *orientada positivamente*, se a região que ela delimita está sempre à esquerda de um objeto à medida que ele se move ao longo do caminho. Caso contrário, ela é atravessada em sentido horário e *orientada negativamente*. A integral de linha de um campo vetorial $\mathbf{F}$ ao longo de C inverte o sinal se mudarmos a orientação. Utilizamos a notação

$$\oint_C \mathbf{F}(x, y) \cdot d\mathbf{r}$$

para a integral de linha quando a curva fechada simples C é percorrida em sentido anti-horário, com sua orientação positiva.

Uma segunda forma do teorema de Green diz que a circulação em sentido anti-horário de um campo vetorial ao redor de uma curva fechada simples é a integral dupla do componente $\mathbf{k}$ do rotacional do campo sobre a região delimitada pela curva. Lembre-se da Equação 2 que define a circulação na Seção 16.2.

TEOREMA 5 — Teorema de Green (forma circulação-rotacional ou tangencial) Seja C uma curva fechada simples lisa por partes delimitando uma região R no plano. Seja $\mathbf{F} = M\mathbf{i} + N\mathbf{j}$ um campo vetorial com M e N tendo derivadas parciais de primeira ordem contínuas em uma região aberta contendo R. Então, a circulação em sentido anti-horário de $\mathbf{F}$ ao redor de C é igual à integral dupla de (rot $\mathbf{F}$) · $\mathbf{k}$ sobre R.

$$\oint_C \mathbf{F}\cdot\mathbf{T}\,ds = \oint_C M\,dx + N\,dy = \iint_R \left(\frac{\partial N}{\partial x} - \frac{\partial M}{\partial y}\right) dx\,dy \qquad (4)$$

Circulação em sentido anti-horário   Integral do rotacional

As duas formas do teorema de Green são equivalentes. Aplicando a Equação 3 ao campo $\mathbf{G}_1 = N\mathbf{i} - M\mathbf{j}$, temos a Equação 4 e, aplicando a Equação 4 a $\mathbf{G}_2 = -N\mathbf{i} + M\mathbf{j}$, temos a Equação 3.

Ambas as formas do teorema de Green podem ser visualizadas como generalizações bidimensionais do teorema da variação líquida na Seção 5.4. O fluxo exterior de $\mathbf{F}$ através de C, definido pela integral de linha do lado esquerdo da Equação 3, é a integral de sua taxa de variação (densidade de fluxo) sobre a região R delimitada por C, que é a integral dupla do lado direito da Equação 3. Da mesma forma, a circulação em sentido anti-horário de $\mathbf{F}$ ao redor de C, definida pela integral de linha do lado esquerdo da Equação 4, é a integral de sua taxa de variação (densidade de circulação) sobre a região R delimitada por C, que é a integral dupla do lado direito da Equação 4.

EXEMPLO 3 Verifique ambas as formas do teorema de Green para o campo vetorial

$$\mathbf{F}(x, y) = (x - y)\mathbf{i} + x\mathbf{j}$$

e a região R limitada pela circunferência unitária

$$C:\quad \mathbf{r}(t) = (\cos t)\mathbf{i} + (\text{sen}\, t)\mathbf{j}, \quad 0 \le t \le 2\pi.$$

Solução Calculando $\mathbf{F}(\mathbf{r}(t))$ e diferenciando os componentes, temos

$$M = \cos t - \text{sen}\, t, \qquad dx = d(\cos t) = -\text{sen}\, t\, dt,$$
$$N = \cos t, \qquad dy = d(\text{sen}\, t) = \cos t\, dt,$$
$$\frac{\partial M}{\partial x} = 1, \qquad \frac{\partial M}{\partial y} = -1, \qquad \frac{\partial N}{\partial x} = 1, \qquad \frac{\partial N}{\partial y} = 0.$$

Os dois lados da Equação 3 são

$$\oint_C M\,dy - N\,dx = \int_{t=0}^{t=2\pi} (\cos t - \text{sen}\, t)(\cos t\, dt) - (\cos t)(-\text{sen}\, t\, dt)$$
$$= \int_0^{2\pi} \cos^2 t\, dt = \pi$$

$$\iint_R \left(\frac{\partial M}{\partial x} + \frac{\partial N}{\partial y}\right) dx\,dy = \iint_R (1 + 0)\, dx\,dy$$
$$= \iint_R dx\,dy = \text{área dentro da circunferência unitária} = \pi.$$

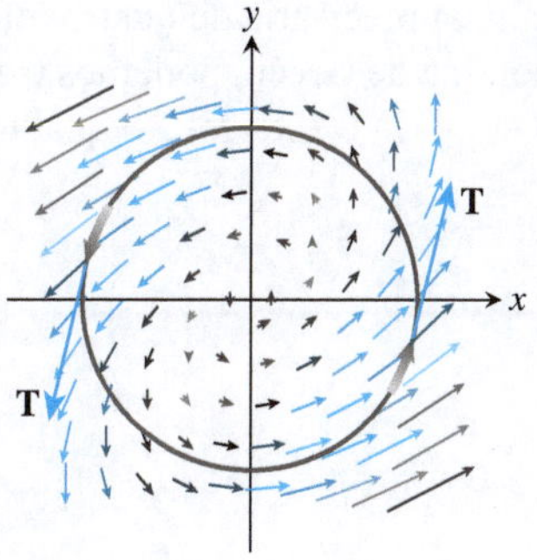

FIGURA 16.32 O campo vetorial no Exemplo 3 tem circulação anti-horária de 2π ao redor da circunferência unitária.

Os dois lados da Equação 4 são

$$\oint_C M\,dx + N\,dy = \int_{t=0}^{t=2\pi} (\cos t - \operatorname{sen} t)(-\operatorname{sen} t\,dt) + (\cos t)(\cos t\,dt)$$

$$= \int_0^{2\pi} (-\operatorname{sen} t \cos t + 1)\,dt = 2\pi$$

$$\iint_R \left(\frac{\partial N}{\partial x} - \frac{\partial M}{dy}\right) dx\,dy = \iint_R (1 - (-1))\,dx\,dy = 2\iint_R dx\,dy = 2\pi.$$

A Figura 16.32 mostra o campo vetorial e circulação ao redor de C.

Utilizando o teorema de Green para calcular integrais de linha

Se construirmos uma curva fechada C emendando um número de curvas diferentes pelas extremidades, o processo de cálculo de uma integral de linha sobre C poderá ser extenso, porque há muitas integrais diferentes para calcular. No entanto, se C limitar uma região R para a qual o teorema de Green se aplica, podemos utilizar o teorema de Green para trocar a integral de linha ao redor de C por uma integral dupla sobre R.

EXEMPLO 4 Calcule a integral de linha

$$\oint_C xy\,dy - y^2\,dx,$$

onde C é o quadrado cortado do primeiro quadrante pelas retas $x = 1$ e $y = 1$.

Solução Podemos utilizar qualquer das formas do teorema de Green para trocar a integral de linha por uma integral dupla sobre o quadrado.

1. *Com a forma normal* dada pela Equação 3: Definindo $M = xy$, $N = y^2$ e C e R como a fronteira do quadrado e seu interior, temos

$$\oint_C xy\,dy - y^2\,dx = \iint_R (y + 2y)\,dx\,dy = \int_0^1\int_0^1 3y\,dx\,dy$$

$$= \int_0^1 \Big[3xy\Big]_{x=0}^{x=1} dy = \int_0^1 3y\,dy = \frac{3}{2}y^2\Big]_0^1 = \frac{3}{2}.$$

2. *Com a forma tangencial* dada pela Equação 4: Definindo $M = -y^2$ e $N = xy$ temos o mesmo resultado:

$$\oint_C -y^2\,dx + xy\,dy = \iint_R (y - (-2y))\,dx\,dy = \frac{3}{2}.$$

EXEMPLO 5 Calcule o fluxo exterior do campo vetorial $\mathbf{F}(x, y) = x\mathbf{i} + y^2\mathbf{j}$ através do quadrado delimitado pelas retas $x = \pm 1$ e $y = \pm 1$.

Solução O cálculo do fluxo com uma integral de linha precisaria de quatro integrações, uma para cada lado do quadrado. Com o teorema de Green, podemos trocar a integral de linha por uma integral dupla. Com $M = x$, $N = y^2$, sendo C o quadrado e R seu interior, temos

$$\begin{aligned}\text{Fluxo} &= \oint_C \mathbf{F}\cdot\mathbf{n}\,ds = \oint_C M\,dy - N\,dx \\ &= \iint_R \left(\frac{\partial M}{\partial x} + \frac{\partial N}{\partial y}\right) dx\,dy \qquad \text{Teorema de Green} \\ &= \int_{-1}^{1}\int_{-1}^{1} (1 + 2y)\,dx\,dy = \int_{-1}^{1} \Big[x + 2xy\Big]_{x=-1}^{x=1} dy \\ &= \int_{-1}^{1} (2 + 4y)\,dy = \Big[2y + 2y^2\Big]_{-1}^{1} = 4.\end{aligned}$$

Prova do teorema de Green para regiões especiais

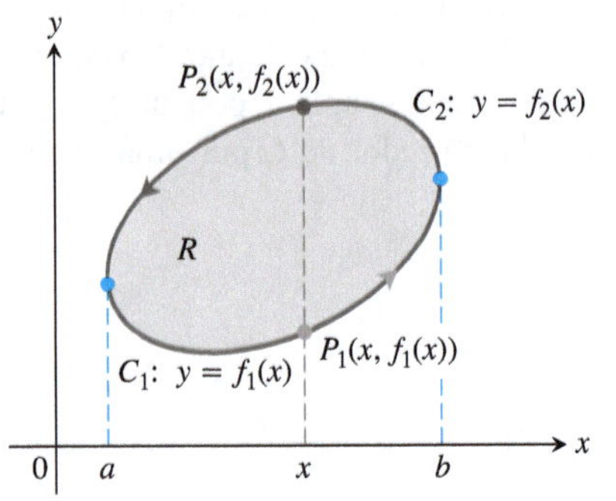

FIGURA 16.33 A curva de fronteira C é formada por C_1, o gráfico de $y = f_1(x)$, e C_2, o gráfico de $y = f_2(x)$.

Seja C uma curva fechada simples e lisa no plano xy com a propriedade de que as retas paralelas aos eixos não a cortam em mais que dois pontos. Seja R a região delimitada por C e suponha que M, N e suas derivadas parciais de primeira ordem sejam contínuas em todos os pontos de alguma região aberta contendo C e R. Desejamos provar a forma circulação-rotacional do teorema de Green,

$$\oint_C M\,dx + N\,dy = \iint_R \left(\frac{\partial N}{\partial x} - \frac{\partial M}{\partial y}\right) dx\,dy. \tag{5}$$

A Figura 16.33 mostra C formada por duas partes orientadas:

$$C_1:\quad y = f_1(x), \quad a \le x \le b, \qquad C_2:\quad y = f_2(x), \quad b \ge x \ge a.$$

Para qualquer x entre a e b, podemos integrar $\partial M/\partial y$ com relação a y entre $y = f_1(x)$ e $y = f_2(x)$ e obter

$$\int_{f_1(x)}^{f_2(x)} \frac{\partial M}{\partial y}\,dy = M(x, y)\Big]_{y=f_1(x)}^{y=f_2(x)} = M(x, f_2(x)) - M(x, f_1(x)).$$

Podemos então integrar esta última com relação a x entre a e b:

$$\begin{aligned}\int_a^b \int_{f_1(x)}^{f_2(x)} \frac{\partial M}{\partial y}\,dy\,dx &= \int_a^b [M(x, f_2(x)) - M(x, f_1(x))]\,dx \\ &= -\int_b^a M(x, f_2(x))\,dx - \int_a^b M(x, f_1(x))\,dx \\ &= -\int_{C_2} M\,dx - \int_{C_1} M\,dx \\ &= -\oint_C M\,dx.\end{aligned}$$

Portanto,

$$\oint_C M\,dx = \iint_R \left(-\frac{\partial M}{\partial y}\right) dx\,dy. \tag{6}$$

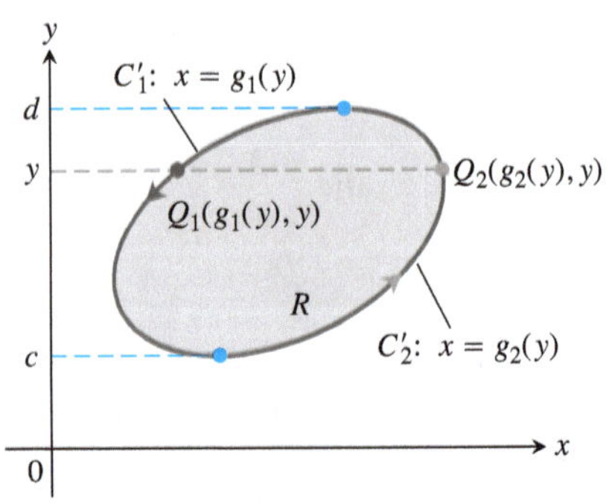

FIGURA 16.34 A curva de fronteira C é formada por C_1', o gráfico de $x = g_1(y)$, e C_2', o gráfico de $x = g_2(y)$.

A Equação 6 é a metade do resultado de que precisamos para a Equação 5. Deduzimos a outra metade integrando $\partial N/\partial x$ primeiro com relação a x e em seguida com relação a y, conforme sugerido pela Figura 16.34. Isso mostra a curva C da Figura 16.33 decomposta em duas partes orientadas $C'_1: x = g_1(y)$, $d \geq y \geq c$ e $C'_2: x = g_2(y)$, $c \leq y \leq d$. O resultado dessa integração dupla é

$$\oint_C N\,dy = \iint_R \frac{\partial N}{\partial x}\,dx\,dy. \tag{7}$$

Somando as Equações 6 e 7 temos a Equação 5. Isso conclui a prova.

O teorema de Green é válido também para regiões mais gerais, como aquelas demonstradas nas Figuras 16.35 e 16.36, mas não iremos provar esse resultado aqui. Observe que a região na Figura 16.36 não é simplesmente conexa. As curvas C_1 e C_h em sua fronteira são orientadas de forma que a região R esteja sempre do lado esquerdo, à medida que as curvas são percorridas nas direções mostradas. Com essa convenção, o teorema de Green é válido para as regiões que não são simplesmente conexas.

Enunciamos o teorema no plano xy, mas o teorema de Green se aplica a qualquer região R contida em um plano limitado por uma curva C no espaço. Veremos como expressar a integral dupla sobre R para essa forma mais geral do teorema de Green na Seção 16.7.

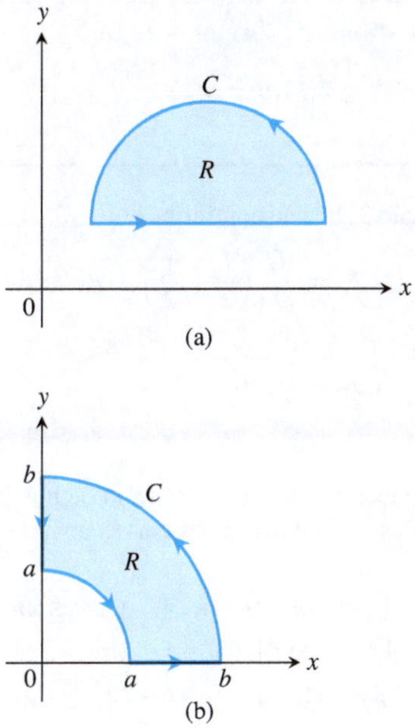

FIGURA 16.35 Outras regiões às quais o teorema de Green se aplica.

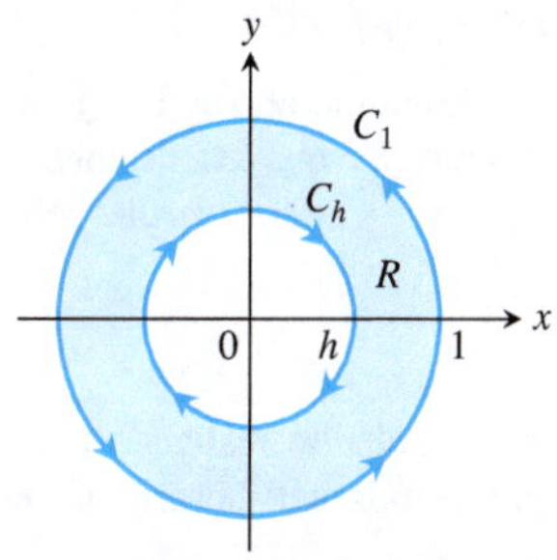

FIGURA 16.36 O teorema de Green pode ser aplicado à região anular R somando-se as integrais de linha ao longo das fronteiras C_1 e C_h nas direções mostradas.

Exercícios 16.4

Verificando o teorema de Green

Nos Exercícios 1-4, verifique a conclusão do teorema de Green calculando ambos os lados das Equações 3 e 4 para o campo $\mathbf{F} = M\mathbf{i} + N\mathbf{j}$. Tome os domínios de integração em cada caso como sendo o disco $R: x^2 + y^2 \leq a^2$ e sua circunferência de fronteira $C: \mathbf{r} = (a \cos t)\mathbf{i} + (a \text{ sen } t)\mathbf{j}$, $0 \leq t \leq 2\pi$.

1. $\mathbf{F} = -y\mathbf{i} + x\mathbf{j}$
2. $\mathbf{F} = y\mathbf{i}$
3. $\mathbf{F} = 2x\mathbf{i} - 3y\mathbf{j}$
4. $\mathbf{F} = -x^2y\mathbf{i} + xy^2\mathbf{j}$

Circulação e fluxo

Nos Exercícios 5-14, utilize o teorema de Green para encontrar a circulação em sentido anti-horário e o fluxo exterior para o campo $\mathbf{F}$ e a curva C.

5. $\mathbf{F} = (x - y)\mathbf{i} + (y - x)\mathbf{j}$
   C: O quadrado limitado por $x = 0$, $x = 1$, $y = 0$, $y = 1$.
6. $\mathbf{F} = (x^2 + 4y)\mathbf{i} + (x + y^2)\mathbf{j}$
   C: O quadrado limitado por $x = 0$, $x = 1$, $y = 0$, $y = 1$.
7. $\mathbf{F} = (y^2 - x^2)\mathbf{i} + (x^2 + y^2)\mathbf{j}$
   C: O triângulo limitado por $y = 0$, $x = 3$ e $y = x$
8. $\mathbf{F} = (x + y)\mathbf{i} - (x^2 + y^2)\mathbf{j}$
   C: O triângulo limitado por $y = 0$, $x = 1$ e $y = x$

9. $\mathbf{F} = (xy + y^2)\mathbf{i} + (x - y)\mathbf{j}$

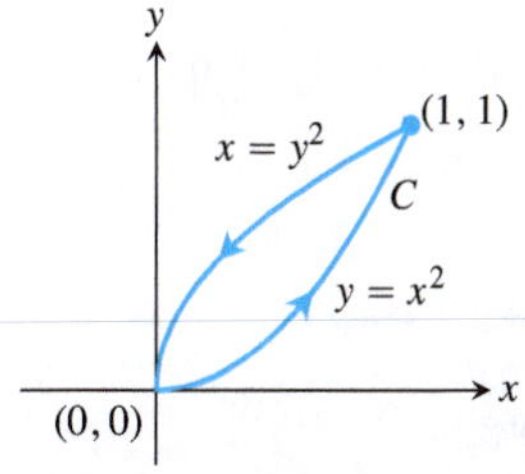

10. $\mathbf{F} = (x + 3y)\mathbf{i} + (2x - y)\mathbf{j}$

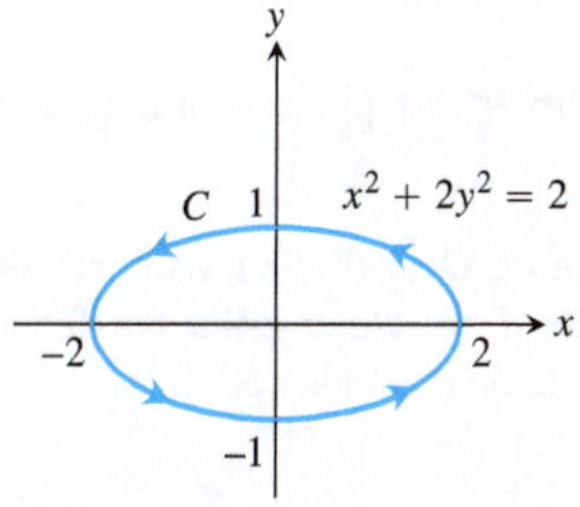

11. $\mathbf{F} = x^3y^2\,\mathbf{i} + \frac{1}{2}x^4y\,\mathbf{j}$

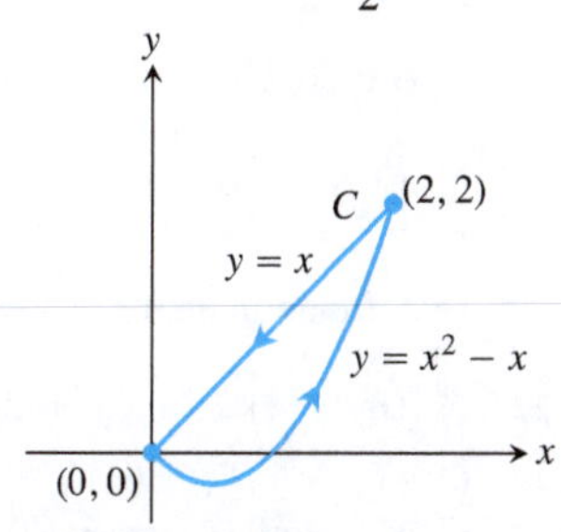

12. $\mathbf{F} = \dfrac{x}{1 + y^2}\mathbf{i} + \left(\text{tg}^{-1}\, y\right)\mathbf{j}$

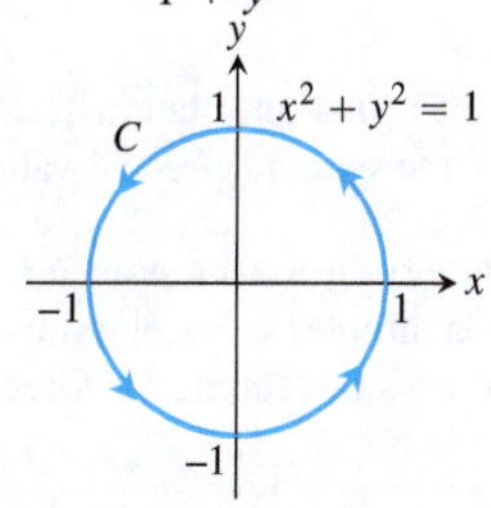

13. $\mathbf{F} = (x + e^x \operatorname{sen} y)\mathbf{i} + (x + e^x \cos y)\mathbf{j}$

C: O laço direito da lemniscata $r^2 = \cos 2\theta$.

14. $\mathbf{F} = \left(\operatorname{tg}^{-1}\frac{y}{x}\right)\mathbf{i} + \ln(x^2 + y^2)\mathbf{j}$

C: A fronteira da região definida pelas desigualdades em coordenadas polares $1 \leq r \leq 2$, $0 \leq \theta \leq \pi$.

15. Encontre a circulação em sentido anti-horário e o fluxo exterior do campo $\mathbf{F} = xy\mathbf{i} + y^2\mathbf{j}$ ao redor e sobre a fronteira da região delimitada pelas curvas $y = x^2$ e $y = x$ no primeiro quadrante.

16. Encontre a circulação em sentido anti-horário e o fluxo exterior do campo $\mathbf{F} = (-\operatorname{sen} y)\mathbf{i} + (x \cos y)\mathbf{j}$ ao redor e sobre o quadrado cortado do primeiro quadrante pelas retas $x = \pi/2$ e $y = \pi/2$.

17. Encontre o fluxo exterior do campo

$$\mathbf{F} = \left(3xy - \frac{x}{1 + y^2}\right)\mathbf{i} + (e^x + \operatorname{tg}^{-1} y)\mathbf{j}$$

através da cardioide $r = a(1 + \cos\theta)$, $a > 0$.

18. Encontre a circulação em sentido anti-horário de $\mathbf{F} = (y + e^x \ln y)\mathbf{i} + (e^x/y)\mathbf{j}$ ao redor da fronteira da região que está delimitada superiormente pela curva $y = 3 - x^2$ e inferiormente pela curva $y = x^4 + 1$.

Trabalho

Nos Exercícios 19 e 20, encontre o trabalho realizado por $\mathbf{F}$ para mover uma partícula uma vez em sentido anti-horário ao redor da curva dada.

19. $\mathbf{F} = 2xy^3\mathbf{i} + 4x^2y^2\mathbf{j}$

C: A fronteira da região "triangular" no primeiro quadrante delimitada superiormente pelo eixo x, a reta $x = 1$ e a curva $y = x^3$.

20. $\mathbf{F} = (4x - 2y)\mathbf{i} + (2x - 4y)\mathbf{j}$

C: A circunferência $(x - 2)^2 + (y - 2)^2 = 4$.

Utilizando o teorema de Green

Aplique o teorema de Green para calcular as integrais nos Exercícios 21-24.

21. $\oint_C (y^2\,dx + x^2\,dy)$

C: O triângulo limitado por $x = 0$, $x + y = 1$, $y = 0$.

22. $\oint_C (3y\,dx + 2x\,dy)$

C: A fronteira de $0 \leq x \leq \pi$, $0 \leq y \leq \operatorname{sen} x$.

23. $\oint_C (6y + x)\,dx + (y + 2x)\,dy$

C: A circunferência $(x - 2)^2 + (y - 3)^2 = 4$.

24. $\oint_C (2x + y^2)\,dx + (2xy + 3y)\,dy$

C: Qualquer curva fechada simples no plano para o qual o teorema de Green é válido.

Calculando a área com o teorema de Green Se uma curva fechada simples C no plano e a região R que ela engloba satisfaz as hipóteses do teorema de Green, a área de R é dada por

> **Fórmula da área do teorema de Green**
>
> $$\text{Área de } R = \frac{1}{2}\oint_C x\,dy - y\,dx$$

O motivo é que, pela Equação 3, lida ao contrário,

$$\text{Área de } R = \iint_R dy\,dx = \iint_R \left(\frac{1}{2} + \frac{1}{2}\right) dy\,dx$$
$$= \oint_C \frac{1}{2}x\,dy - \frac{1}{2}y\,dx.$$

Utilize a fórmula da área do teorema de Green fornecida acima para encontrar as áreas das regiões delimitadas pelas curvas nos Exercícios 25-28.

25. A circunferência $\mathbf{r}(t) = (a \cos t)\mathbf{i} + (a \operatorname{sen} t)\mathbf{j}$, $0 \leq t \leq 2\pi$.

26. A elipse $\mathbf{r}(t) = (a \cos t)\mathbf{i} + (b \operatorname{sen} t)\mathbf{j}$, $0 \leq t \leq 2\pi$

27. A astroide $\mathbf{r}(t) = (\cos^3 t)\mathbf{i} + (\operatorname{sen}^3 t)\mathbf{j}$, $0 \leq t \leq 2\pi$

28. Um arco do cicloide $x = t - \operatorname{sen} t$, $y = 1 - \cos t$

29. Seja C a fronteira de uma região na qual o teorema de Green é válido. Utilize o teorema de Green para calcular

a. $\oint_C f(x)\,dx + g(y)\,dy$

b. $\oint_C ky\,dx + hx\,dy$ (k e h constantes).

30. **Integral dependente somente da área** Mostre que o valor de

$$\oint_C xy^2\,dx + (x^2y + 2x)\,dy$$

ao redor de qualquer quadrado depende somente da área do quadrado e não de sua localização no plano.

31. O que há de especial na integral

$$\oint_C 4x^3y\,dx + x^4\,dy?$$

Justifique sua resposta.

32. O que há de especial na integral

$$\oint_C -y^3\,dy + x^3\,dx?$$

Justifique sua resposta.

33. **Área como uma integral de linha** Mostre que se R é uma região no plano delimitada por uma curva lisa por partes C, então

$$\text{Área de } R = \oint_C x\,dy = -\oint_C y\,dx.$$

34. **Integral definida como uma integral de linha** Suponha que uma função não negativa $y = f(x)$ tenha uma derivada de primeira ordem contínua em $[a, b]$. Seja C a fronteira da região no plano xy limitada abaixo pelo eixo x, acima pelo gráfico de f e dos lados pelas retas $x = a$ e $x = b$. Mostre que

$$\int_a^b f(x)\,dx = -\oint_C y\,dx.$$

35. Área e o centroide Sejam A a área e $\bar{x}$ a coordenada x do centroide de uma região R que é delimitada por uma curva fechada simples e lisa por partes C no plano xy. Mostre que

$$\frac{1}{2}\oint_C x^2\,dy = -\oint_C xy\,dx = \frac{1}{3}\oint_C x^2\,dy - xy\,dx = A\bar{x}.$$

36. Momento de inércia Seja I_y o momento de inércia em torno do eixo y da região no Exercício 35. Mostre que

$$\frac{1}{3}\oint_C x^3\,dy = -\oint_C x^2y\,dx = \frac{1}{4}\oint_C x^3\,dy - x^2y\,dx = I_y.$$

37. Teorema de Green e equação de Laplace Considerando que todas as derivadas necessárias existam e sejam contínuas, mostre que, se $f(x, y)$ satisfizer a equação de Laplace

$$\frac{\partial^2 f}{\partial x^2} + \frac{\partial^2 f}{\partial y^2} = 0,$$

então

$$\oint_C \frac{\partial f}{\partial y}dx - \frac{\partial f}{\partial x}dy = 0$$

para todas as curvas fechadas C às quais o teorema de Green se aplica. (A recíproca também é verdadeira: se a integral de linha é sempre zero, então f satisfaz a equação de Laplace.)

38. Maximizando o trabalho Dentre todas as curvas fechadas simples e lisas no plano, orientadas em sentido anti-horário, encontre aquela ao longo da qual o trabalho realizado por

$$\mathbf{F} = \left(\frac{1}{4}x^2y + \frac{1}{3}y^3\right)\mathbf{i} + x\mathbf{j}$$

é maior. (Sugestão: onde (rot $\mathbf{F}$) $\cdot$ $\mathbf{k}$ é positivo?)

39. Regiões com muitos furos O teorema de Green é válido para uma região R com qualquer número finito de furos, desde que as curvas limitantes sejam lisas, simples e fechadas e que integremos sobre cada componente da fronteira na direção que mantém R à nossa esquerda imediata, à medida que a percorremos (veja a figura a seguir).

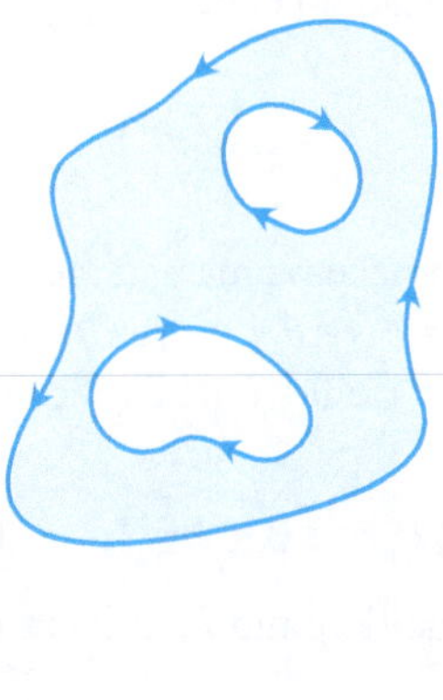

a. Seja $f(x, y) = \ln(x^2 + y^2)$ e seja C a circunferência $x^2 + y^2 = a^2$. Calcule a integral de fluxo

$$\oint_C \nabla f \cdot \mathbf{n}\,ds.$$

b. Seja K uma curva fechada simples e lisa arbitrária no plano que não passa por (0, 0). Utilize o teorema de Green para mostrar que

$$\oint_K \nabla f \cdot \mathbf{n}\,ds$$

tem dois valores possíveis, dependendo de (0, 0) estar dentro ou fora de K.

40. Critério de Bendixson As *linhas de fluxo* de um escoamento de fluido no plano são as curvas lisas traçadas pelas partículas individuais do fluido. Os vetores $\mathbf{F} = M(x, y)\mathbf{i} + N(x, y)\mathbf{j}$ do campo de velocidade do fluxo são os vetores tangentes das linhas de fluxo. Mostre que se o fluxo ocorre sobre uma região simplesmente conexa R (sem furos ou pontos faltantes) e que se $M_x + N_y \neq 0$ em R, então nenhuma das linhas de fluxo em R é fechada. Em outras palavras, nenhuma partícula de fluido terá uma trajetória fechada em R. O critério $M_x + N_y \neq 0$ é denominado **critério de Bendixson** para a não existência de trajetórias fechadas.

41. Estabeleça a Equação 7 para finalizar a prova do caso especial do teorema de Green.

42. Componente rotacional de campos conservativos Pode-se dizer algo sobre o componente rotacional de um campo vetorial bidimensional conservativo? Justifique sua resposta.

USO DO COMPUTADOR

Nos Exercícios 43-46, utilize um SAC e o teorema de Green para encontrar a circulação em sentido anti-horário do campo $\mathbf{F}$ ao redor de uma curva fechada simples C. Execute os passos a seguir no SAC.

a. Trace C no plano xy.

b. Determine o integrando $(\partial N/\partial x) - (\partial M/\partial y)$ para a forma rotacional do teorema de Green.

c. Determine os limites de integração (da integral dupla) a partir de seu gráfico no item (a) e calcule a integral rotacional para a circulação.

43. $\mathbf{F} = (2x - y)\mathbf{i} + (x + 3y)\mathbf{j}$, C: A elipse $x^2 + 4y^2 = 4$

44. $\mathbf{F} = (2x^3 - y^3)\mathbf{i} + (x^3 + y^3)\mathbf{j}$, C: A elipse $\dfrac{x^2}{4} + \dfrac{y^2}{9} = 1$

45. $\mathbf{F} = x^{-1}e^y\,\mathbf{i} + (e^y \ln x + 2x)\mathbf{j}$,
C: A fronteira da região definida por $y = 1 + x^4$ (abaixo) e $y = 2$ (acima).

46. $\mathbf{F} = xe^y\,\mathbf{i} + (4x^2 \ln y)\mathbf{j}$,
C: O triângulo com vértices (0, 0), (2, 0) e (0, 4).

16.5 Superfícies e área

Definimos curvas no plano de três formas diferentes:

Forma explícita: $y = f(x)$

Forma implícita: $F(x, y) = 0$

Forma vetorial paramétrica $\mathbf{r}(t) = f(t)\mathbf{i} + g(t)\mathbf{j}, \quad a \leq t \leq b.$

Temos definições análogas de superfícies no espaço:

Forma explícita: $z = f(x, y)$

Forma implícita: $F(x, y, z) = 0.$

Existe ainda uma forma paramétrica para superfícies que fornece a posição de um ponto na superfície como uma função vetorial de duas variáveis. Discutiremos essa nova forma nesta seção e aplicaremos a forma para obter a área de uma superfície como uma integral dupla. Fórmulas de integral dupla para áreas e superfícies dadas em formas implícita e explícita são então obtidas como casos especiais da fórmula paramétrica mais geral.

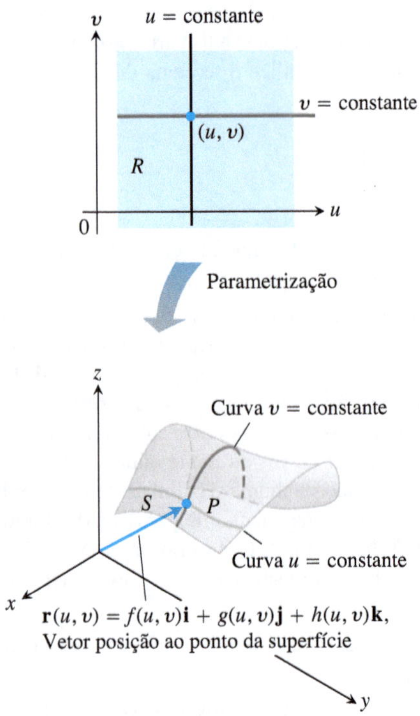

FIGURA 16.37 Superfície parametrizada S expressa como uma função vetorial de duas variáveis definidas em uma região R.

Parametrizações de superfícies

Suponha que

$$\mathbf{r}(u, v) = f(u, v)\mathbf{i} + g(u, v)\mathbf{j} + h(u, v)\mathbf{k} \tag{1}$$

seja uma função vetorial contínua que é definida em uma região R no plano uv e injetora no interior de R (Figura 16.37). Chamamos a imagem de $\mathbf{r}$ de **superfície** S definida ou traçada por $\mathbf{r}$. A Equação 1 juntamente com o domínio R constitui uma **parametrização** da superfície. As variáveis u e v são os **parâmetros**, e R é o **domínio dos parâmetros**. Para simplificar nossa discussão, consideramos R como um retângulo definido por desigualdades da forma $a \leq u \leq b, c \leq v \leq d$. A exigência para que $\mathbf{r}$ seja injetora no interior de R assegura que S não cruza a si mesma. Observe que a Equação 1 é o equivalente vetorial de *três* equações paramétricas:

$$x = f(u, v), \qquad y = g(u, v), \qquad z = h(u, v).$$

EXEMPLO 1 Encontre uma parametrização do cone

$$z = \sqrt{x^2 + y^2}, \qquad 0 \leq z \leq 1.$$

Solução Aqui, coordenadas cilíndricas fornecem uma parametrização. Um ponto típico (x, y, z) no cone (Figura 16.38) tem $x = r\cos\theta$, $y = r \operatorname{sen}\theta$ e $z = \sqrt{x^2 + y^2} = r$, com $0 \leq r \leq 1$ e $0 \leq \theta \leq 2\pi$. Tomando $u = r$ e $v = \theta$ na Equação 1, temos a parametrização

$$\mathbf{r}(r, \theta) = (r\cos\theta)\mathbf{i} + (r \operatorname{sen}\theta)\mathbf{j} + r\mathbf{k}, \qquad 0 \leq r \leq 1, \qquad 0 \leq \theta \leq 2\pi.$$

A parametrização é injetora no interior do domínio R, embora não na extremidade da fronteira de seu cone onde $r = 0$.

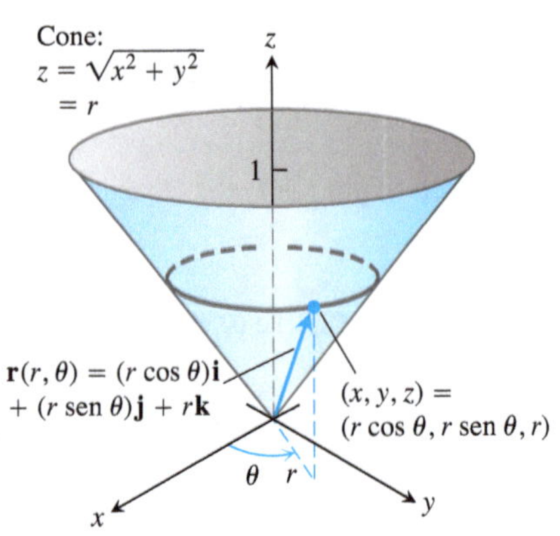

FIGURA 16.38 O cone no Exemplo 1 pode ser parametrizado utilizando coordenadas cilíndricas.

EXEMPLO 2 Encontre uma parametrização da esfera $x^2 + y^2 + z^2 = a^2$.

Solução Coordenadas esféricas proporcionam o que necessitamos. Um ponto típico (x, y, z) na esfera (Figura 16.39) tem $x = a \operatorname{sen}\phi\cos\theta$, $y = a \operatorname{sen}\phi \operatorname{sen}\theta$ e $z = a\cos\phi$,

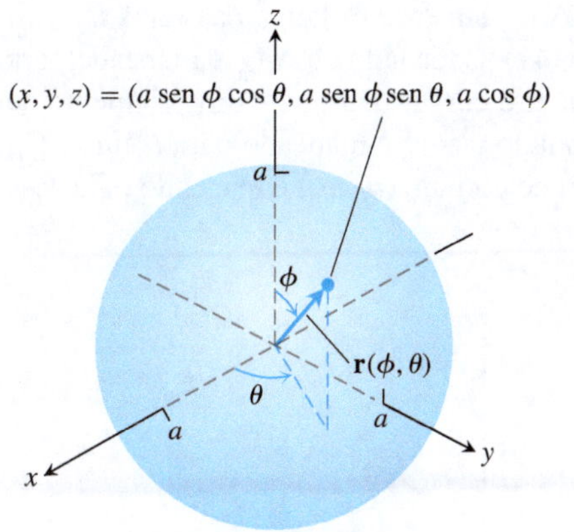

FIGURA 16.39 A esfera no Exemplo 2 pode ser parametrizada utilizando coordenadas esféricas.

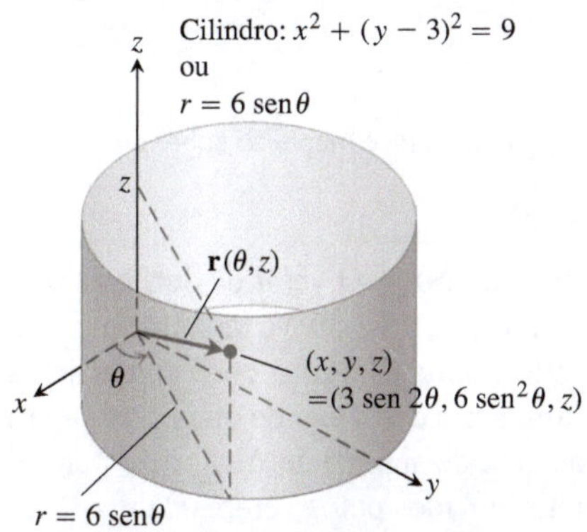

FIGURA 16.40 O cilindro no Exemplo 3 pode ser parametrizado utilizando coordenadas cilíndricas.

$0 \le \phi \le \pi$, $0 \le \theta \le 2\pi$. Definindo $u = \phi$ e $v = \theta$ na Equação 1, temos a parametrização

$$\mathbf{r}(\phi, \theta) = (a \,\mathrm{sen}\, \phi \cos \theta)\mathbf{i} + (a \,\mathrm{sen}\, \phi \,\mathrm{sen}\, \theta)\mathbf{j} + (a \cos \phi)\mathbf{k},$$
$$0 \le \phi \le \pi, \quad 0 \le \theta \le 2\pi.$$

Novamente, a parametrização é injetora no interior do domínio R, embora não em seus "polos" de fronteira onde $\phi = 0$ ou $\phi = \pi$.

EXEMPLO 3 Encontre uma parametrização do cilindro

$$x^2 + (y-3)^2 = 9, \quad 0 \le z \le 5.$$

Solução Em coordenadas cilíndricas, um ponto (x, y, z) tem $x = r\cos\theta$, $y = r\,\mathrm{sen}\,\theta$ e $z = z$. Para pontos no cilindro $x^2 + (y-3)^2 = 9$ (Figura 16.40), a equação é a mesma que a equação polar para a base do cilindro no plano xy:

$$x^2 + (y^2 - 6y + 9) = 9$$
$$r^2 - 6r\,\mathrm{sen}\,\theta = 0 \qquad \begin{array}{l} x^2 + y^2 = r^2, \\ y = r\,\mathrm{sen}\,\theta \end{array}$$

ou

$$r = 6\,\mathrm{sen}\,\theta, \quad 0 \le \theta \le \pi.$$

Sendo assim, um ponto típico no cilindro tem

$$x = r\cos\theta = 6\,\mathrm{sen}\,\theta\cos\theta = 3\,\mathrm{sen}\,2\theta$$
$$y = r\,\mathrm{sen}\,\theta = 6\,\mathrm{sen}^2\theta$$
$$z = z.$$

Tomando $u = \theta$ e $v = z$ na Equação 1, temos a parametrização injetora

$$\mathbf{r}(\theta, z) = (3\,\mathrm{sen}\,2\theta)\mathbf{i} + (6\,\mathrm{sen}^2\theta)\mathbf{j} + z\mathbf{k}, \qquad 0 \le \theta \le \pi, \qquad 0 \le z \le 5.$$

Área de superfície

Nosso objetivo é encontrar uma integral dupla para o cálculo da área de uma superfície curva S com base na parametrização

$$\mathbf{r}(u, v) = f(u, v)\mathbf{i} + g(u, v)\mathbf{j} + h(u, v)\mathbf{k}, \quad a \le u \le b, \quad c \le v \le d.$$

Precisamos que S seja lisa para a construção que iremos realizar. A definição de superfície lisa envolve as derivadas parciais de $\mathbf{r}$ com relação a u e v:

$$\mathbf{r}_u = \frac{\partial \mathbf{r}}{\partial u} = \frac{\partial f}{\partial u}\mathbf{i} + \frac{\partial g}{\partial u}\mathbf{j} + \frac{\partial h}{\partial u}\mathbf{k}$$
$$\mathbf{r}_v = \frac{\partial \mathbf{r}}{\partial v} = \frac{\partial f}{\partial v}\mathbf{i} + \frac{\partial g}{\partial v}\mathbf{j} + \frac{\partial h}{\partial v}\mathbf{k}.$$

DEFINIÇÃO Uma superfície parametrizada $\mathbf{r}(u, v) = f(u, v)\mathbf{i} + g(u, v)\mathbf{j} + h(u, v)\mathbf{k}$ é **lisa** se $\mathbf{r}_u$ e $\mathbf{r}_v$ forem contínuas e $\mathbf{r}_u \times \mathbf{r}_v$ nunca for nulo no interior do domínio dos parâmetros.

A condição de que $\mathbf{r}_u \times \mathbf{r}_v$ nunca é o vetor nulo na definição de superfície lisa significa que os dois vetores $\mathbf{r}_u$ e $\mathbf{r}_v$ são não nulos e nunca estão ao longo da mesma reta, de forma que eles sempre determinam um plano tangente à superfície. Relaxamos nessa condição na fronteira do domínio, mas isso não afeta os cálculos de área.

Agora, considere um pequeno retângulo ΔA_{uv} em R com lados nas retas $u = u_0$, $u = u_0 + \Delta u$, $v = v_0$ e $v = v_0 + \Delta v$ (Figura 16.41). Cada lado de ΔA_{uv} é mapeado para uma curva na superfície S, e juntas essas quatro curvas delimitam um "elemento de área curvo" $\Delta\sigma_{uv}$. Na notação da figura, o lado $v = v_0$ é mapeado para a curva C_1, o lado $u = u_0$ é mapeado para C_2, e seu vértice comum (u_0, v_0) é mapeado para P_0.

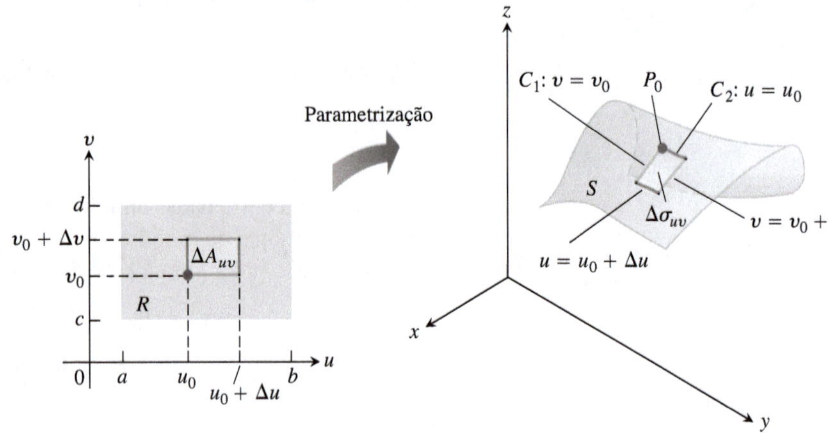

FIGURA 16.41 Elemento de área retangular ΔA_{uv} no plano uv é mapeado sobre um elemento de área curvo $\Delta\sigma_{uv}$ em S.

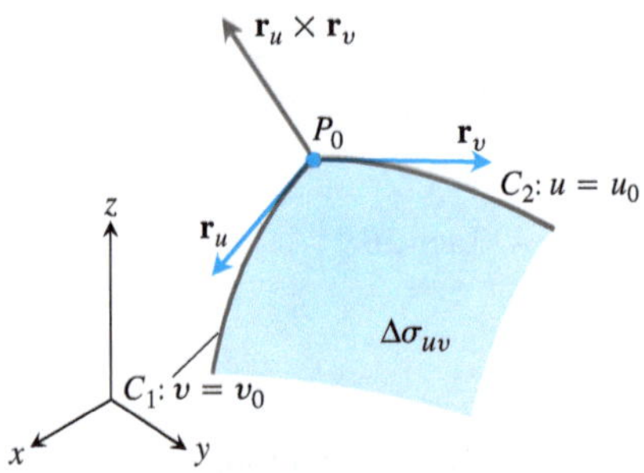

FIGURA 16.42 Vista ampliada de um elemento de área de superfície $\Delta\sigma_{uv}$.

A Figura 16.42 mostra uma vista aumentada de $\Delta\sigma_{uv}$. O vetor de derivada parcial $\mathbf{r}_u(u_0, v_0)$ é tangente a C_1 em P_0. Da mesma forma, $\mathbf{r}_v(u_0, v_0)$ é tangente a C_2 em P_0. O produto vetorial $\mathbf{r}_u \times \mathbf{r}_v$ é normal à superfície em P_0. (Aqui é onde começamos a utilizar a suposição de que S seja lisa. Desejamos nos certificar de que $\mathbf{r}_u \times \mathbf{r}_v \neq \mathbf{0}$.)

Em seguida, aproximamos o elemento de área de superfície $\Delta\sigma_{uv}$ pelo paralelogramo no plano tangente cujos lados são determinados pelos vetores $\Delta u\mathbf{r}_u$ e $\Delta v\mathbf{r}_v$ (Figura 16.43). A área desse paralelogramo é

$$|\Delta u\mathbf{r}_u \times \Delta v\mathbf{r}_v| = |\mathbf{r}_u \times \mathbf{r}_v|\,\Delta u\,\Delta v. \quad (2)$$

Uma partição da região R no plano uv por regiões retangulares ΔA_{uv} induz uma partição da superfície S em elementos de área de superfície $\Delta\sigma_{uv}$. *Definimos* a área de cada elemento de área de superfície $\Delta\sigma_{uv}$ como sendo a área do paralelogramo na Equação 2 e somamos essas áreas para obter uma aproximação da área da superfície de S:

$$\sum_n |\mathbf{r}_u \times \mathbf{r}_v|\,\Delta u\,\Delta v. \quad (3)$$

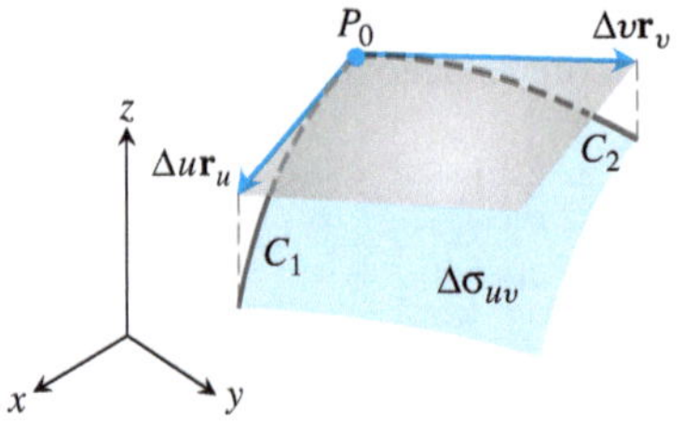

FIGURA 16.43 A área do paralelogramo determinado pelos vetores $\Delta u\mathbf{r}_u$ e $\Delta v\mathbf{r}_v$ é definida como a área do elemento de área de superfície $\Delta\sigma_{uv}$.

À medida que Δu e Δv se aproximam de zero de forma independente, o número dos elementos de área n tende a ∞ e a continuidade de $\mathbf{r}_u$ e $\mathbf{r}_v$ garante que a soma na Equação 3 tende à integral dupla $\int_c^d \int_a^b |\mathbf{r}_u \times \mathbf{r}_v|\, du\, dv$. Essa integral dupla sobre a região R define a área da superfície S.

DEFINIÇÃO A **área** da superfície lisa

$$\mathbf{r}(u, v) = f(u, v)\mathbf{i} + g(u, v)\mathbf{j} + h(u, v)\mathbf{k}, \qquad a \le u \le b, \qquad c \le v \le d$$

é

$$A = \iint_R |\mathbf{r}_u \times \mathbf{r}_v|\, dA = \int_c^d \int_a^b |\mathbf{r}_u \times \mathbf{r}_v|\, du\, dv. \quad (4)$$

Podemos abreviar a integral na Equação 4 escrevendo $d\sigma$ para $|\mathbf{r}_u \times \mathbf{r}_v|\, du\, dv$. A diferencial de área de superfície $d\sigma$ é análoga à diferencial de comprimento de arco ds na Seção 13.3.

Diferencial de área de superfície para uma superfície parametrizada

$$d\sigma = |\mathbf{r}_u \times \mathbf{r}_v|\, du\, dv \qquad \iint_S d\sigma \tag{5}$$

Diferencial de área de superfície — Fórmula diferencial para área de superfície

EXEMPLO 4 Encontre a área da superfície do cone no Exemplo 1 (Figura 16.38).

Solução No Exemplo 1, encontramos a parametrização

$$\mathbf{r}(r, \theta) = (r\cos\theta)\mathbf{i} + (r\,\text{sen}\,\theta)\mathbf{j} + r\mathbf{k}, \qquad 0 \le r \le 1, \quad 0 \le \theta \le 2\pi.$$

Para aplicar a Equação 4, primeiro encontramos $\mathbf{r}_r \times \mathbf{r}_\theta$:

$$\mathbf{r}_r \times \mathbf{r}_\theta = \begin{vmatrix} \mathbf{i} & \mathbf{j} & \mathbf{k} \\ \cos\theta & \text{sen}\,\theta & 1 \\ -r\,\text{sen}\,\theta & r\cos\theta & 0 \end{vmatrix}$$

$$= -(r\cos\theta)\mathbf{i} - (r\,\text{sen}\,\theta)\mathbf{j} + \underbrace{(r\cos^2\theta + r\,\text{sen}^2\,\theta)}_{r}\mathbf{k}.$$

Assim, $|\mathbf{r}_r \times \mathbf{r}_\theta| = \sqrt{r^2\cos^2\theta + r^2\text{sen}^2\,\theta + r^2} = \sqrt{2r^2} = \sqrt{2}r$. A área do cone é

$$A = \int_0^{2\pi}\int_0^1 |\mathbf{r}_r \times \mathbf{r}_\theta|\, dr\, d\theta \qquad \text{Equação 4 com } u = r,\ v = \theta$$

$$= \int_0^{2\pi}\int_0^1 \sqrt{2}r\, dr\, d\theta = \int_0^{2\pi} \frac{\sqrt{2}}{2}\, d\theta = \frac{\sqrt{2}}{2}(2\pi) = \pi\sqrt{2} \text{ unidades quadradas.}$$

EXEMPLO 5 Encontre a área da superfície de uma esfera de raio a.

Solução Utilizamos a parametrização do Exemplo 2:

$$\mathbf{r}(\phi, \theta) = (a\,\text{sen}\,\phi\cos\theta)\mathbf{i} + (a\,\text{sen}\,\phi\,\text{sen}\,\theta)\mathbf{j} + (a\cos\phi)\mathbf{k},$$
$$0 \le \phi \le \pi, \quad 0 \le \theta \le 2\pi.$$

Para $\mathbf{r}_\phi \times \mathbf{r}_\theta$, temos

$$\mathbf{r}_\phi \times \mathbf{r}_\theta = \begin{vmatrix} \mathbf{i} & \mathbf{j} & \mathbf{k} \\ a\cos\phi\cos\theta & a\cos\phi\,\text{sen}\,\theta & -a\,\text{sen}\,\phi \\ -a\,\text{sen}\,\phi\,\text{sen}\,\theta & a\,\text{sen}\,\phi\cos\theta & 0 \end{vmatrix}$$

$$= (a^2\text{sen}^2\,\phi\cos\theta)\mathbf{i} + (a^2\text{sen}^2\,\phi\,\text{sen}\,\theta)\mathbf{j} + (a^2\,\text{sen}\,\phi\cos\phi)\mathbf{k}.$$

Assim,

$$|\mathbf{r}_\phi \times \mathbf{r}_\theta| = \sqrt{a^4\text{sen}^4\,\phi\cos^2\theta + a^4\text{sen}^4\,\phi\,\text{sen}^2\,\theta + a^4\text{sen}^2\,\phi\cos^2\phi}$$

$$= \sqrt{a^4\text{sen}^4\,\phi + a^4\text{sen}^2\,\phi\cos^2\phi} = \sqrt{a^4\text{sen}^2\,\phi(\text{sen}^2\,\phi + \cos^2\phi)}$$

$$= a^2\sqrt{\text{sen}^2\,\phi} = a^2\,\text{sen}\,\phi,$$

uma vez que sen $\phi \geq 0$ para $0 \leq \phi \leq \pi$. Portanto, a área da esfera é

$$A = \int_0^{2\pi} \int_0^{\pi} a^2 \operatorname{sen} \phi \, d\phi \, d\theta$$

$$= \int_0^{2\pi} \left[-a^2 \cos \phi\right]_0^{\pi} d\theta = \int_0^{2\pi} 2a^2 \, d\theta = 4\pi a^2 \quad \text{unidades quadradas.}$$

Isso está de acordo com a fórmula bem conhecida para a área da superfície de uma esfera.

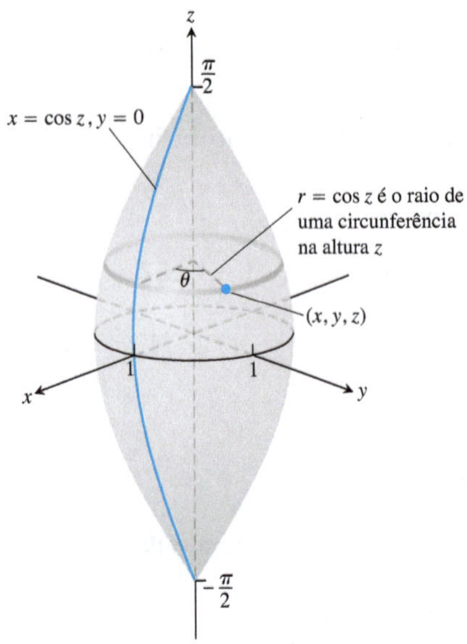

FIGURA 16.44 A superfície da bola de futebol americano no Exemplo 6 é obtida girando a curva $x = \cos z$ em torno do eixo z.

EXEMPLO 6 Seja S a superfície de uma bola de futebol americano formada girando a curva $x = \cos z$, $y = 0$, $-\pi/2 \leq z \leq \pi/2$ ao redor do eixo z (veja a Figura 16.44). Encontre uma parametrização para S e calcule a área de sua superfície.

Solução O Exemplo 2 sugere que encontremos uma parametrização de S com base em sua rotação ao redor do eixo z. Se giramos um ponto $(x, 0, z)$ na curva $x = \cos z$, $y = 0$ em relação ao eixo z, obtemos uma circunferência na altura z acima do plano xy que é centrada no eixo z e tem raio $r = \cos z$ (veja a Figura 16.44). O ponto varre a circunferência através de um ângulo de rotação θ, $0 \leq \theta \leq 2\pi$. Definimos (x, y, z) um ponto arbitrário nessa circunferência, e definimos os parâmetros $u = z$ e $v = \theta$. Então temos $x = r\cos\theta = \cos u \cos v$, $y = r \operatorname{sen}\theta = \cos u \operatorname{sen} v$, e $z = u$ fornecendo uma parametrização para S como

$$\mathbf{r}(u, v) = \cos u \cos v \, \mathbf{i} + \cos u \operatorname{sen} v \, \mathbf{j} + u\mathbf{k}, \quad -\frac{\pi}{2} \leq u \leq \frac{\pi}{2}, \quad 0 \leq v \leq 2\pi.$$

Em seguida, utilizamos a Equação 5 para encontrar a área da superfície de S. A derivação da parametrização nos dá

$$\mathbf{r}_u = -\operatorname{sen} u \cos v \, \mathbf{i} - \operatorname{sen} u \operatorname{sen} v \, \mathbf{j} + \mathbf{k}$$

e

$$\mathbf{r}_v = -\cos u \operatorname{sen} v \, \mathbf{i} + \cos u \cos v \, \mathbf{j}$$

Calculando o produto vetorial, temos

$$\mathbf{r}_u \times \mathbf{r}_v = \begin{vmatrix} \mathbf{i} & \mathbf{j} & \mathbf{k} \\ -\operatorname{sen} u \cos v & -\operatorname{sen} u \operatorname{sen} v & 1 \\ -\cos u \operatorname{sen} v & \cos u \cos v & 0 \end{vmatrix}$$

$$= -\cos u \cos v \, \mathbf{i} - \cos u \operatorname{sen} v \, \mathbf{j} - (\operatorname{sen} u \cos u \cos^2 v + \cos u \operatorname{sen} u \operatorname{sen}^2 v)\mathbf{k}.$$

Tomando a magnitude do produto vetorial, temos

$$|\mathbf{r}_u \times \mathbf{r}_v| = \sqrt{\cos^2 u (\cos^2 v + \operatorname{sen}^2 v) + \operatorname{sen}^2 u \cos^2 u}$$

$$= \sqrt{\cos^2 u (1 + \operatorname{sen}^2 u)}$$

$$= \cos u \sqrt{1 + \operatorname{sen}^2 u}. \qquad \cos u \geq 0 \text{ para } -\frac{\pi}{2} \leq u \leq \frac{\pi}{2}$$

Da Equação 4, a área da superfície é dada pela integral

$$A = \int_0^{2\pi} \int_{-\pi/2}^{\pi/2} \cos u \sqrt{1 + \operatorname{sen}^2 u} \, du \, dv.$$

Para calcular a integral, substituímos $w = \text{sen } u$ e $dw = \cos u \, du$, $-1 \leq w \leq 1$. Como a superfície S é simétrica através do plano xy, só precisamos integrar com relação a w entre 0 e 1 e multiplicar o resultado por 2. Em resumo, temos

$$\begin{aligned} A &= 2\int_0^{2\pi}\int_0^1 \sqrt{1+w^2}\, dw\, dv \\ &= 2\int_0^{2\pi}\left[\frac{w}{2}\sqrt{1+w^2} + \frac{1}{2}\ln\left(w + \sqrt{1+w^2}\right)\right]_0^1 dv \\ &= \int_0^{2\pi} 2\left[\frac{1}{2}\sqrt{2} + \frac{1}{2}\ln\left(1+\sqrt{2}\right)\right] dv. \\ &= 2\pi\left[\sqrt{2} + \ln\left(1+\sqrt{2}\right)\right]. \end{aligned}$$

Fórmula 35 da tabela de integrais

Superfícies implícitas

As superfícies são geralmente apresentadas como conjuntos de nível de uma função, descritas por uma equação como

$$F(x, y, z) = c,$$

para alguma constante c. Tal superfície de nível não vem com uma parametrização explícita e é denominada *superfície implicitamente definida*. Superfícies implícitas surgem, por exemplo, como superfícies equipotenciais em campos elétricos ou gravitacionais. A Figura 16.45 mostra um pedaço dessa superfície. Pode ser difícil encontrar fórmulas explícitas para as funções f, g e h que descrevem a superfície na forma $\mathbf{r}(u, v) = f(u, v)\mathbf{i} + g(u, v)\mathbf{j} + h(u, v)\mathbf{k}$. Agora mostraremos como calcular o diferencial da área de superfície $d\sigma$ para superfícies implícitas.

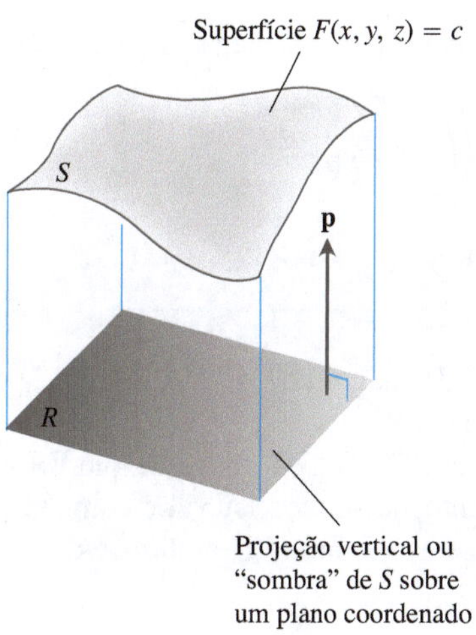

FIGURA 16.45 Conforme logo veremos, a área de uma superfície S no espaço pode ser calculada avaliando uma integral dupla relacionada sobre a projeção vertical ou "sombra" de S em um plano coordenado. O vetor unitário $\mathbf{p}$ é normal ao plano.

A Figura 16.45 mostra um pedaço de uma superfície implícita S, que está acima de sua região "sombreada" R no plano abaixo dela. A superfície é definida pela equação $F(x, y, z) = c$ e $\mathbf{p}$ é um vetor unitário normal à região plana R. Assumimos que a superfície é **lisa** (F é diferenciável e ∇F é diferente de zero e contínuo em S) e que $\nabla F \cdot \mathbf{p} \neq 0$, de forma que a superfície nunca se dobra sobre si mesma.

Assuma que o vetor normal $\mathbf{p}$ seja o vetor unitário $\mathbf{k}$, de modo que a região R na Figura 16.45 está no plano xy. Por suposição, temos então $\nabla F \cdot \mathbf{p} = \nabla F \cdot \mathbf{k} = F_z \neq 0$ em S. Um teorema de cálculo avançado, denominado teorema da função implícita, implica que S está então no gráfico de uma função diferenciável $z = h(x, y)$, ainda que a função $h(x, y)$ não seja conhecida explicitamente. Defina os parâmetros u e v por $u = x$ e $= = y$. Então $z = h(u, v)$ e

$$\mathbf{r}(u, v) = u\mathbf{i} + v\mathbf{j} + h(u, v)\mathbf{k} \tag{6}$$

fornece uma parametrização da superfície S. Utilizamos a Equação 4 para encontrar a área de S.

Calculando as derivadas parciais de $\mathbf{r}$, encontramos

$$\mathbf{r}_u = \mathbf{i} + \frac{\partial h}{\partial u}\mathbf{k} \quad \text{e} \quad \mathbf{r}_v = \mathbf{j} + \frac{\partial h}{\partial v}\mathbf{k}.$$

Aplicando a regra da cadeia para diferenciação implícita (veja a Equação 2 na Seção 14.4) para $F(x, y, z) = c$, onde $x = u$, $y = v$ e $z = h(u, v)$, obtemos as derivadas parciais

$$\frac{\partial h}{\partial u} = -\frac{F_x}{F_z} \quad \text{e} \quad \frac{\partial h}{\partial v} = -\frac{F_y}{F_z}.$$

A substituição dessas derivadas pelas derivadas de $\mathbf{r}$ fornece

$$\mathbf{r}_u = \mathbf{i} - \frac{F_x}{F_z}\mathbf{k} \quad \text{e} \quad \mathbf{r}_v = \mathbf{j} - \frac{F_y}{F_z}\mathbf{k}.$$

A partir de um cálculo de rotina do produto vetorial, descobrimos que

$$\begin{aligned}\mathbf{r}_u \times \mathbf{r}_v &= \frac{F_x}{F_z}\mathbf{i} + \frac{F_y}{F_z}\mathbf{j} + \mathbf{k} && F_z \neq 0 \\ &= \frac{1}{F_z}(F_x\mathbf{i} + F_y\mathbf{j} + F_z\mathbf{k}) \\ &= \frac{\nabla F}{F_z} = \frac{\nabla F}{\nabla F \cdot \mathbf{k}} \\ &= \frac{\nabla F}{\nabla F \cdot \mathbf{p}}. && \mathbf{p} = \mathbf{k}\end{aligned}$$

Sendo assim, a diferencial da área de superfície é dada por

$$d\sigma = |\mathbf{r}_u \times \mathbf{r}_v|\, du\, dv = \frac{|\nabla F|}{|\nabla F \cdot \mathbf{p}|} dx\, dy. \qquad u = x \text{ e } v = y$$

Obteremos cálculos semelhantes se, em vez disso, o vetor $\mathbf{p} = \mathbf{j}$ for normal ao plano xz quando $F_y \neq 0$ em S, ou se $\mathbf{p} = \mathbf{i}$ for normal ao plano yz quando $F_x \neq 0$ em S. Combinar esses resultados com a Equação 4 então fornece a fórmula geral a seguir.

Fórmula para a área de superfície de uma superfície implícita

A área da superfície $F(x, y, z) = c$ sobre uma região plana fechada e limitada R é

$$\text{Área da superfície} = \iint_R \frac{|\nabla F|}{|\nabla F \cdot \mathbf{p}|} dA, \qquad (7)$$

onde $\mathbf{p} = \mathbf{i}$, $\mathbf{j}$ ou $\mathbf{k}$ é normal a R e $\nabla F \cdot \mathbf{p} \neq 0$.

Assim, a área é a integral dupla sobre R da magnitude de ∇F dividida pela magnitude do componente escalar de ∇F normal a R.

Alcançamos a Equação 7 sob a hipótese de que $\nabla F \cdot \mathbf{p} \neq 0$ em R e de que ∇F seja contínuo. Sempre que a integral existir, no entanto, definimos seu valor como sendo a área da porção da superfície $F(x, y, z) = c$ que está sobre R. (Lembre-se de que a projeção é presumida como injetora.)

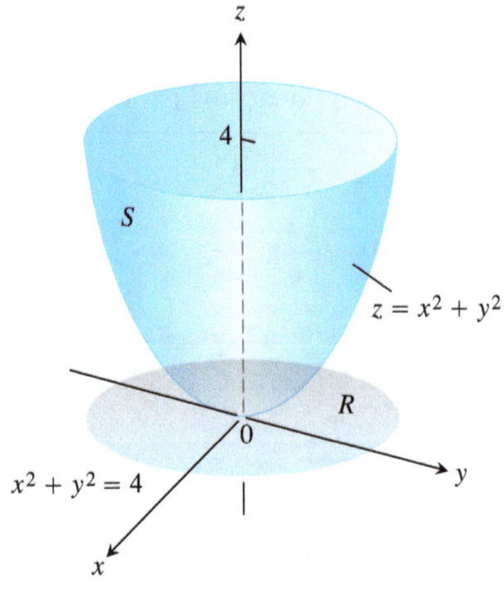

FIGURA 16.46 A área dessa superfície parabólica é calculada no Exemplo 7.

EXEMPLO 7 Encontre a área da superfície cortada a partir do fundo do paraboloide $x^2 + y^2 - z = 0$ pelo plano $z = 4$.

Solução Esboçamos a superfície S e a região R abaixo dela no plano xy (Figura 16.46). A superfície S é parte da superfície de nível $F(x, y, z) = x^2 + y^2 - z = 0$, e R é o disco $x^2 + y^2 \leq 4$ no plano xy. Para obter um vetor unitário normal ao plano de R, podemos tomar $\mathbf{p} = \mathbf{k}$.

Em qualquer ponto (x, y, z) na superfície, temos

$$\begin{aligned}F(x, y, z) &= x^2 + y^2 - z \\ \nabla F &= 2x\mathbf{i} + 2y\mathbf{j} - \mathbf{k} \\ |\nabla F| &= \sqrt{(2x)^2 + (2y)^2 + (-1)^2} \\ &= \sqrt{4x^2 + 4y^2 + 1} \\ |\nabla F \cdot \mathbf{p}| &= |\nabla F \cdot \mathbf{k}| = |-1| = 1.\end{aligned}$$

Na região R, $dA = dx\,dy$. Portanto,

$$\text{Área da superfície} = \iint_R \frac{|\nabla F|}{|\nabla F \cdot \mathbf{p}|}\,dA \qquad \text{Equação 7}$$

$$= \iint_{x^2+y^2 \le 4} \sqrt{4x^2 + 4y^2 + 1}\,dx\,dy$$

$$= \int_0^{2\pi}\int_0^2 \sqrt{4r^2 + 1}\,r\,dr\,d\theta \qquad \text{Coordenadas polares}$$

$$= \int_0^{2\pi}\left[\frac{1}{12}(4r^2 + 1)^{3/2}\right]_0^2 d\theta$$

$$= \int_0^{2\pi} \frac{1}{12}(17^{3/2} - 1)\,d\theta = \frac{\pi}{6}\left(17\sqrt{17} - 1\right).$$

O Exemplo 7 mostra como encontrar a área da superfície para uma função $z = f(x, y)$ sobre uma região R no plano xy. Na verdade, a diferencial da área de superfície pode ser obtida de duas maneiras, e mostraremos isso no próximo exemplo.

EXEMPLO 8 Deduza a diferencial da área de superfície $d\sigma$ da superfície $z = f(x, y)$ sobre uma região R no plano xy (**a**) parametricamente utilizando a Equação 5 e (**b**) implicitamente, como na Equação 7.

Solução

(a) Parametrizamos a superfície tomando $x = u$, $y = v$ e $z = f(x, y)$ sobre R. Isso fornece a parametrização

$$\mathbf{r}(u, v) = u\mathbf{i} + v\mathbf{j} + f(u, v)\mathbf{k}$$

Calculando as derivadas parciais, temos $\mathbf{r}_u + \mathbf{i} + f_u\mathbf{k}$, $\mathbf{r}_v = \mathbf{j} + f_v\mathbf{k}$ e

$$\mathbf{r}_u \times \mathbf{r}_v = -f_u\mathbf{i} - f_v\mathbf{j} + \mathbf{k}. \qquad \begin{vmatrix} \mathbf{i} & \mathbf{j} & \mathbf{k} \\ 1 & 0 & f_u \\ 0 & 1 & f_v \end{vmatrix}$$

Então $|\mathbf{r}_u \times \mathbf{r}_v|\,du\,dv = \sqrt{f_u{}^2 + f_v{}^2 + 1}\,du\,dv$. Substituindo u e v então fornece a diferencial da área de superfície

$$d\sigma = \sqrt{f_x{}^2 + f_y{}^2 + 1}\,dx\,dy.$$

(b) Definimos a função implícita $F(x, y, z) = f(x, y) - z$. Como (x, y) pertence à região R, a normal unitária ao plano de R é $\mathbf{p} = \mathbf{k}$. Então $\nabla F = f_x\mathbf{i} + f_y\mathbf{j} - \mathbf{k}$, de forma que $|\nabla F \cdot \mathbf{p}| = |-1| = 1$, $|\nabla F| = \sqrt{f_x{}^2 + f_y{}^2 + 1}$ e $|\nabla F| / |\nabla F \cdot \mathbf{p}| = |\nabla F|$. A diferencial da área de superfície é novamente fornecida por

$$d\sigma = \sqrt{f_x{}^2 + f_y{}^2 + 1}\,dx\,dy.$$

A diferencial da área de superfície deduzida no Exemplo 8 fornece a seguinte fórmula para calcular a área da superfície do gráfico de uma função definida explicitamente como $z = f(x, y)$.

Fórmula para a área da superfície de um gráfico $z = f(x, y)$

Para um gráfico $z = f(x, y)$ sobre uma região R no plano xy, a fórmula da área de superfície é

$$A = \iint_R \sqrt{f_x{}^2 + f_y{}^2 + 1}\,dx\,dy. \qquad (8)$$

Exercícios 16.5

Encontrando parametrizações

Nos Exercícios 1-16, encontre uma parametrização da superfície. (Existem várias maneiras corretas de fazer isso, de forma que suas respostas podem não ser as mesmas que constam no final do livro.)

1. O paraboloide $z = x^2 + y^2$, $z \le 4$.
2. O paraboloide $z = 9 - x^2 - y^2$, $z \ge 0$.
3. **Tronco de cone** A porção no primeiro octante do cone $z = \sqrt{x^2 + y^2}/2$ entre os planos $z = 0$ e $z = 3$.
4. **Tronco de cone** A porção do cone $z = 2\sqrt{x^2 + y^2}$ entre os planos $z = 2$ e $z = 4$.
5. **Calota esférica** A calota cortada da esfera $x^2 + y^2 + z^2 = 9$ pelo cone $z = \sqrt{x^2 + y^2}$.
6. **Calota esférica** A porção da esfera $x^2 + y^2 + z^2 = 4$ no primeiro octante entre o plano xy e o cone $z = \sqrt{x^2 + y^2}$.
7. **Faixa esférica** A porção da esfera $x^2 + y^2 + z^2 = 3$ entre os planos $z = \sqrt{3}/2$ e $z = -\sqrt{3}/2$.
8. **Calota esférica** A porção superior cortada da esfera $x^2 + y^2 + z^2 = 8$ pelo plano $z = -2$.
9. **Cilindro parabólico entre planos** A superfície cortada do cilindro parabólico $z = 4 - y^2$ pelos planos $x = 0$, $x = 2$ e $z = 0$.
10. **Cilindro parabólico entre planos** A superfície cortada do cilindro parabólico $y = x^2$ pelos planos $z = 0$, $z = 3$ e $y = 2$.
11. **Faixa cilíndrica circular** A porção do cilindro $y^2 + z^2 = 9$ entre os planos $x = 0$ e $x = 3$.
12. **Faixa cilíndrica circular** A porção do cilindro $x^2 + z^2 = 4$ acima do plano xy entre os planos $y = -2$ e $y = 2$.
13. **Plano inclinado dentro de um cilindro** A porção do plano $x + y + z = 1$.
    a. Dentro do cilindro $x^2 + y^2 = 9$
    b. Dentro do cilindro $y^2 + z^2 = 9$
14. **Plano inclinado dentro de um cilindro** A porção do plano $x - y + 2z = 2$.
    a. Dentro do cilindro $x^2 + z^2 = 3$
    b. Dentro do cilindro $y^2 + z^2 = 2$
15. **Faixa cilíndrica circular** A porção do cilindro $(x - 2)^2 + z^2 = 4$ entre os planos $y = 0$ e $y = 3$.
16. **Faixa cilíndrica circular** A porção do cilindro $y^2 + (z - 5)^2 = 25$ entre os planos $x = 0$ e $x = 10$.

Áreas de superfícies parametrizadas

Nos Exercícios 17-26, utilize uma parametrização para expressar a área da superfície como uma integral dupla. Em seguida, calcule a integral. (Existem muitas maneiras corretas de montar as integrais, de forma que suas integrais podem não ser as mesmas do final do livro. Contudo, elas devem ter os mesmos valores.)

17. **Plano inclinado dentro de um cilindro** A porção do plano $y + 2z = 2$ dentro do cilindro $x^2 + y^2 = 1$.
18. **Plano dentro de um cilindro** A porção do plano $z = -x$ dentro do cilindro $x^2 + y^2 = 4$.
19. **Tronco de cone** A porção do cone $z = 2\sqrt{x^2 + y^2}$ entre os planos $z = 2$ e $z = 6$.
20. **Tronco de cone** A porção do cone $z = \sqrt{x^2 + y^2}/3$ entre os planos $z = 1$ e $z = 4/3$.
21. **Faixa cilíndrica circular** A porção do cilindro $x^2 + y^2 = 1$ entre os planos $z = 1$ e $z = 4$.
22. **Faixa cilíndrica circular** A porção do cilindro $x^2 + z^2 = 10$ entre os planos $y = -1$ e $y = 1$.
23. **Calota parabólica** A calota cortada do paraboloide $z = 2 - x^2 - y^2$ pelo cone $z = \sqrt{x^2 + y^2}$.
24. **Faixa parabólica** A porção do paraboloide $z = x^2 + y^2$ entre os planos $z = 1$ e $z = 4$.
25. **Esfera serrada** A porção inferior cortada da esfera $x^2 + y^2 + z^2 = 2$ pelo cone $z = \sqrt{x^2 + y^2}$.
26. **Faixa esférica** A porção da esfera $x^2 + y^2 + z^2 = 4$ entre os planos $z = -1$ e $z = \sqrt{3}$.

Planos tangentes a superfícies parametrizadas

O plano tangente em um ponto $P_0(f(u_0, v_0), g(u_0, v_0), h(u_0, v_0))$ em uma superfície parametrizada $\mathbf{r}(u, v) = f(u, v)\mathbf{i} + g(u, v)\mathbf{j} + h(u, v)\mathbf{k}$ é o plano que passa por P_0 normal ao vetor $\mathbf{r}_u(u_0, v_0) \times \mathbf{r}_v(u_0, v_0)$, o produto vetorial dos vetores tangentes $\mathbf{r}_u(u_0, v_0)$ e $\mathbf{r}_v(u_0, v_0)$ em P_0. Nos Exercícios 27-30, encontre uma equação para o plano tangente à superfície em P_0. Em seguida, encontre uma equação cartesiana para a superfície e esboce a superfície juntamente com o plano tangente.

27. **Cone** O cone $\mathbf{r}(r, \theta) = (r \cos \theta)\mathbf{i} + (r \operatorname{sen} \theta)\mathbf{j} + r\mathbf{k}$, $r \ge 0$, $0 \le \theta \le 2\pi$ no ponto $P_0(\sqrt{2}, \sqrt{2}, 2)$ que corresponde a $(r, \theta) = (2, \pi/4)$.
28. **Hemisfério** A superfície hemisférica $\mathbf{r}(\phi, \theta) = (4 \operatorname{sen} \phi \cos \theta)\mathbf{i} + (4 \operatorname{sen} \phi \operatorname{sen} \theta)\mathbf{j} + (4 \cos \phi)\mathbf{k}$, $0 \le \phi \le \pi/2$, $0 \le \theta \le 2\pi$ no ponto $P_0(\sqrt{2}, \sqrt{2}, 2\sqrt{3})$ que corresponde a $(\phi, \theta) = (\pi/6, \pi/4)$.
29. **Cilindro circular** O cilindro circular $\mathbf{r}(\theta, z) = (3 \operatorname{sen} 2\theta)\mathbf{i} + (6 \operatorname{sen}^2 \theta)\mathbf{j} + z\mathbf{k}$, $0 \le \theta \le \pi$, no ponto $P_0(3\sqrt{3}/2, 9/2, 0)$ que corresponde a $(\theta, z) = (\pi/3, 0)$. (Veja o Exemplo 3.)
30. **Cilindro parabólico** A superfície cilíndrica parabólica $\mathbf{r}(x, y) = x\mathbf{i} + y\mathbf{j} - x^2\mathbf{k}$, $-\infty < x < v$, $-\infty < y < \infty$, no ponto $P_0(1, 2, -1)$ que corresponde a $(x, y) = (1, 2)$.

Mais parametrizações de superfícies

31. a. Um *toro de revolução* (rosquinha) é obtido por meio da rotação de uma circunferência C no plano xz em torno do eixo z no espaço. (Veja a figura a seguir.) Se C tem raio $r > 0$ e centro $(R, 0, 0)$, mostre que uma parametrização do toro é

$$\mathbf{r}(u, v) = ((R + r \cos u)\cos v)\mathbf{i} + ((R + r \cos u)\operatorname{sen} v) \operatorname{sen} v)\mathbf{j} + (r \operatorname{sen} u)\mathbf{k},$$

onde $0 \le u \le 2\pi$ e $0 \le v \le 2\pi$ são os ângulos na figura.

b. Mostre que a área da superfície do toro é $A = 4\pi^2 Rr$.

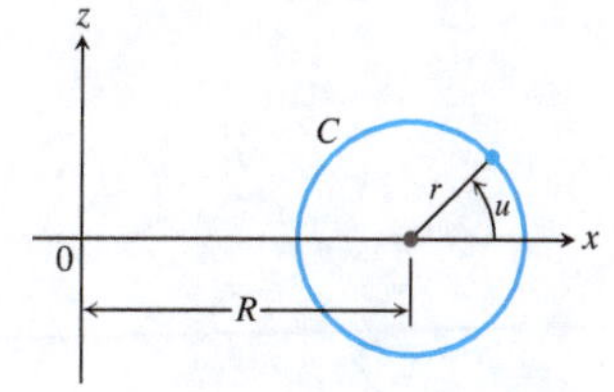

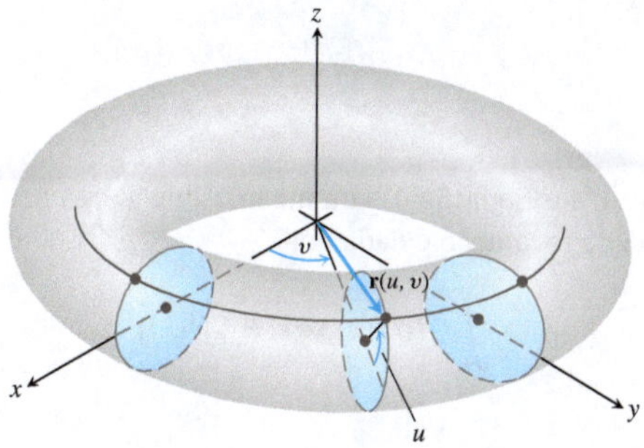

32. Parametrização de uma superfície de revolução Suponha que a curva parametrizada C: $(f(u), g(u))$ seja girada em torno do eixo x, onde $g(u) > 0$ para $a \leq u \leq b$.

a. Mostre que

$$\mathbf{r}(u, v) = f(u)\mathbf{i} + (g(u)\cos v)\mathbf{j} + (g(u)\,\text{sen}\,v)\mathbf{k}$$

é uma parametrização da superfície resultante de revolução, onde $0 \leq v \leq 2\pi$ é o ângulo entre o plano xy e o ponto $\mathbf{r}(u, v)$ na superfície. (Veja a figura a seguir.) Observe que $f(u)$ mede a distância *ao longo* do eixo de revolução e $g(u)$ mede a distância *a partir* do eixo de revolução.

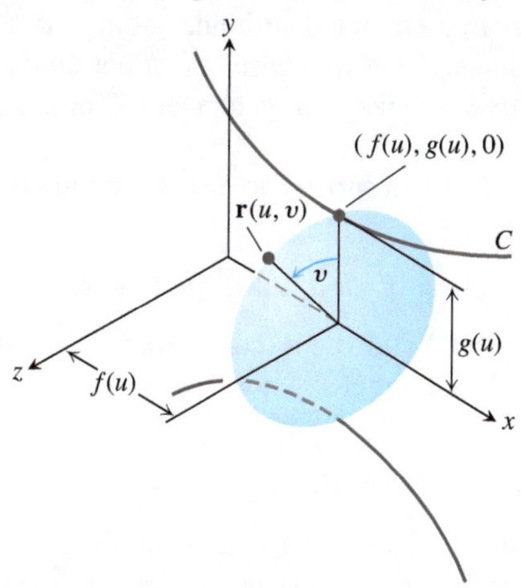

b. Encontre uma parametrização para a superfície obtida girando a curva $x = y^2$, $y \geq 0$, em torno do eixo x.

33. a. Parametrização de um elipsoide A parametrização $x = a\cos\theta$, $y = b\,\text{sen}\,\theta$, $0 \leq \theta \leq 2\pi$ fornece a elipse $(x^2/a^2) + (y^2/b^2) = 1$. Utilizando os ângulos θ e ϕ em coordenadas esféricas, mostre que

$$\mathbf{r}(\theta, \phi) = (a\cos\theta\cos\phi)\mathbf{i} + (b\,\text{sen}\,\theta\cos\phi)\mathbf{j} + (c\,\text{sen}\,\phi)\mathbf{k}$$

é uma parametrização do elipsoide $(x^2/a^2) + (y^2/b^2) + (z^2/c^2) = 1$.

b. Escreva uma integral para a área da superfície do elipsoide, mas não calcule a integral.

34. Hiperboloide de uma folha

a. Encontre uma parametrização para o hiperboloide de uma folha $x^2 + y^2 - z^2 = 1$ em termos do ângulo θ associado com a circunferência $x^2 + y^2 = r^2$ e o parâmetro hiperbólico u associado com a função hiperbólica $r^2 - z^2 = 1$. (Sugestão: $\cosh^2 u - \text{senh}^2\, u = 1$.)

b. Generalize o resultado no item (a) para o hiperboloide

$$(x^2/a^2) + (y^2/b^2) - (z^2/c^2) = 1.$$

35. (*Continuação do Exercício 34.*) Encontre uma equação cartesiana para o plano tangente ao hiperboloide $x^2 + y^2 - z^2 = 25$ no ponto $(x_0, y_0, 0)$, onde $x_0^2 + y_0^2 = 25$.

36. Hiperboloide de duas folhas Encontre uma parametrização do hiperboloide de duas folhas $(z^2/c^2) - (x^2/a^2) - (y^2/b^2) = 1$.

Área de superfície para formas implícitas e explícitas

37. Encontre a área da superfície cortada do paraboloide $x^2 + y^2 - z = 0$ pelo plano $z = 2$.

38. Encontre a área da faixa cortada do paraboloide $x^2 + y^2 - z = 0$ pelos planos $z = 2$ e $z = 6$.

39. Encontre a área da região cortada do plano $x + 2y + 2z = 5$ pelo cilindro cujas paredes sejam $x = y^2$ e $x = 2 - y^2$.

40. Encontre a área da porção da superfície $x^2 - 2z = 0$ que está acima do triângulo delimitado pelas retas $x = \sqrt{3}$, $y = 0$ e $y = x$ no plano xy.

41. Encontre a área da superfície $x^2 - 2y - 2z = 0$ que está acima do triângulo delimitado pelas retas $x = 2$, $y = 0$ e $y = 3x$ no plano xy.

42. Encontre a área da calota cortada da esfera $x^2 + y^2 + z^2 = 2$ pelo cone $z = \sqrt{x^2 + y^2}$.

43. Encontre a área da elipse cortada do plano $z = cx$ (c uma constante) pelo cilindro $x^2 + y^2 = 1$.

44. Encontre a área da porção superior do cilindro $x^2 + z^2 = 1$ que está entre os planos $x = \pm 1/2$ e $y = \pm 1/2$.

45. Encontre a área da porção do paraboloide $x = 4 - y^2 - z^2$ que está acima do anel $1 \leq y^2 + z^2 \leq 4$ no plano yz.

46. Encontre a área da superfície cortada do paraboloide $x^2 + y + z^2 = 2$ pelo plano $y = 0$.

47. Encontre a área da superfície $x^2 - 2\ln x + \sqrt{15}y - z = 0$ acima do quadrado R: $1 \leq x \leq 2$, $0 \leq y \leq 1$, no plano xy.

48. Encontre a área da superfície $2x^{3/2} + 2y^{3/2} - 3z = 0$ acima do quadrado R: $0 \leq x \leq 1$, $0 \leq y \leq 1$, no plano xy.

Encontre a área das superfícies nos Exercícios 49-54.

49. A superfície cortada a partir do paraboloide $z = x^2 + y^2$ pelo plano $z = 3$.

50. A superfície cortada a partir do "nariz" do paraboloide $x = 1 - y^2 - z^2$ pelo plano yz.

51. A porção do cone $z = \sqrt{x^2 + y^2}$ que está sobre a região entre a circunferência $x^2 + y^2 = 1$ e a elipse $9x^2 + 4y^2 = 36$ no plano xy. (Sugestão: utilize fórmulas da geometria para encontrar a área da região.)

52. O triângulo cortado a partir do plano $2x + 6y + 3z = 6$ pelos planos limitantes do primeiro octante. Calcule a área de três formas, utilizando fórmulas explícitas diferentes.

53. A superfície no primeiro octante cortada do cilindro $y = (2/3)z^{3/2}$ pelos planos $x = 1$ e $y = 16/3$.

54. A porção do plano $y + z = 4$ que está acima da região cortada do primeiro quadrante do plano xz pela parábola $x = 4 - z^2$.

55. Utilize a parametrização

$$\mathbf{r}(x, z) = x\mathbf{i} + f(x, z)\mathbf{j} + z\mathbf{k}$$

e a Equação 5 para deduzir uma fórmula para $d\sigma$ associada à forma explícita $y = f(x, z)$.

56. Seja S a superfície obtida pela rotação da curva lisa $y = f(x)$, $a \leq x \leq b$, ao redor do eixo x, onde $f(x) \geq 0$.

a. Mostre que a função vetorial

$$\mathbf{r}(x, \theta) = x\mathbf{i} + f(x) \cos \theta\mathbf{j} + f(x) \operatorname{sen} \theta\, \mathbf{k}$$

é uma parametrização de S, onde θ é o ângulo de rotação ao redor do eixo x (veja a figura a seguir).

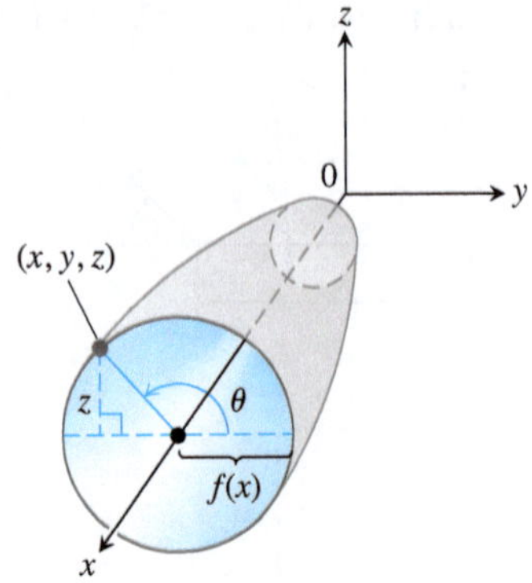

b. Utilize a Equação 4 para mostrar que a área dessa superfície de revolução é dada por

$$A = \int_a^b 2\pi f(x)\sqrt{1 + [f'(x)]^2}\, dx.$$

16.6 Integrais de superfície

Para calcular quantidades como o escoamento de um líquido através de uma membrana curva ou a força ascendente em um paraquedas no ar, precisamos integrar uma função sobre uma superfície curva no espaço. Esse conceito de uma *integral de superfície* é uma extensão da ideia de uma integral de linha para a integração sobre uma curva.

Integrais de superfície

Suponha que tenhamos uma carga elétrica distribuída sobre uma superfície S e que a função $G(x, y, z)$ forneça a *densidade da carga* (carga por unidade de área) em cada ponto em S. Então, podemos calcular a carga total em S como uma integral da forma a seguir.

Considere, como na Seção 16.5, que a superfície S seja definida parametricamente sobre uma região R no plano uv,

$$\mathbf{r}(u, v) = f(u, v)\mathbf{i} + g(u, v)\mathbf{j} + h(u, v)\mathbf{k}, \quad (u, v) \in R.$$

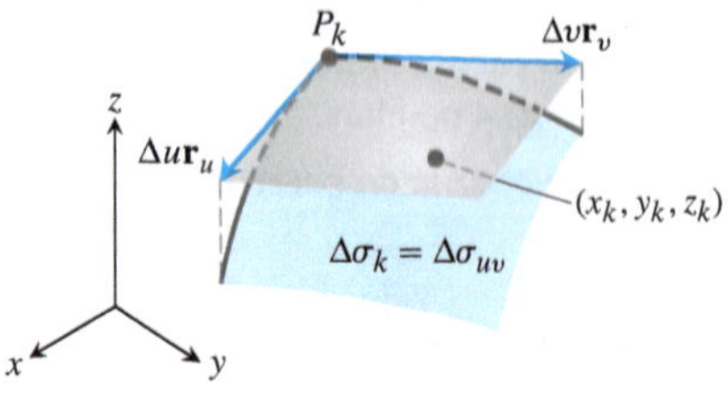

FIGURA 16.47 A área do pedaço $\Delta\sigma_k$ é a área do paralelogramo tangente determinado pelos vetores $\Delta u\, \mathbf{r}_u$ e $\Delta v\, \mathbf{r}_v$. O ponto (x_k, y_k, z_k) está sobre o pedaço da superfície, abaixo do paralelogramo mostrado aqui.

Na Figura 16.47, vemos como uma subdivisão de R (considerada como um retângulo para simplificar) divide a superfície S nos elementos de superfície curvos correspondentes, ou pedaços, de área

$$\Delta\sigma_{uv} \approx |\mathbf{r}_u \times \mathbf{r}_v|\, du\, dv.$$

Conforme fizemos para subdivisões ao definirmos integrais duplas na Seção 15.2, enumeramos os elementos de área de superfície em alguma ordem com suas áreas dadas por $\Delta\sigma_1, \Delta\sigma_2, \ldots, \Delta\sigma_n$. Para formar uma soma de Riemann sobre S, escolhemos um ponto (x_k, y_k, z_k) no k-ésimo pedaço, multiplicamos o valor da função G naquele ponto pela área $\Delta\sigma_k$ e somamos os produtos:

$$\sum_{k=1}^{n} G(x_k, y_k, z_k)\, \Delta\sigma_k.$$

Dependendo de como escolhemos (x_k, y_k, z_k) no k-ésimo fragmento, podemos obter valores diferentes para essa soma de Riemann. Então, definimos o limite à medida que o número de pedaços da superfície cresce, suas áreas encolhem para zero e $\Delta u \to 0$ e $\Delta v \to 0$. Esse limite, sempre que existir, independente de todas as escolhas feitas, define a **integral de superfície de G sobre a superfície S** como

$$\iint_S G(x, y, z)\, d\sigma = \lim_{n \to \infty} \sum_{k=1}^{n} G(x_k, y_k, z_k)\, \Delta\sigma_k. \tag{1}$$

Observe a analogia com a definição da integral dupla (Seção 15.2) e com a integral de linha (Seção 16.1). Se S é uma superfície lisa por partes, e G é contínua sobre S, então pode-se mostrar que a integral de superfície definida pela Equação 1 existe.

A fórmula para calcular a integral de superfície depende da forma na qual S é descrita – paramétrica, implícita ou explicitamente, conforme discutido na Seção 16.5.

Fórmulas para uma integral de superfície

1. Para uma superfície lisa S definida **parametricamente** como $\mathbf{r}(u, v) = f(u, v)\mathbf{i} + g(u, v)\mathbf{j} + h(u, v)\mathbf{k}$, $(u, v) \in R$, e uma função contínua $G(x, y, z)$ definida em S, a integral de superfície de G sobre S é fornecida pela integral dupla sobre R,

$$\iint_S G(x, y, z)\, d\sigma = \iint_R G(f(u, v), g(u, v), h(u, v))\, |\mathbf{r}_u \times \mathbf{r}_v|\, du\, dv. \quad (2)$$

2. Para uma superfície S fornecida **implicitamente** por $F(x, y, z) = c$, onde F é uma função continuamente derivável, com S acima de sua região fechada e limitada R no plano coordenado abaixo dela, a integral de superfície da função contínua G sobre S é fornecida pela integral dupla sobre R,

$$\iint_S G(x, y, z)\, d\sigma = \iint_R G(x, y, z) \frac{|\nabla F|}{|\nabla F \cdot \mathbf{p}|}\, dA, \quad (3)$$

onde $\mathbf{p}$ é um vetor unitário normal a R e $\nabla F \cdot \mathbf{p} \neq 0$.

3. Para uma superfície S fornecida **explicitamente** como o gráfico de $z = f(x, y)$, onde f é uma função continuamente derivável sobre uma região R no plano xy, a integral de superfície da função contínua G sobre S é dada pela integral dupla sobre R,

$$\iint_S G(x, y, z)\, d\sigma = \iint_R G(x, y, f(x, y)) \sqrt{{f_x}^2 + {f_y}^2 + 1}\, dx\, dy. \quad (4)$$

A integral de superfície na Equação 1 assume diferentes significados em diferentes aplicações. Se G tem o valor constante 1, a integral fornece a área de S. Se G fornece a densidade de massa de uma casca fina de material modelado por S, a integral fornece a massa da casca. Se G fornece a densidade de carga de uma casca fina, então a integral fornece a carga total.

EXEMPLO 1 Integre $G(x, y, z) = x^2$ sobre o cone $z = \sqrt{x^2 + y^2}$, $0 \le z \le 1$.

Solução Utilizando a Equação 2 e os cálculos do Exemplo 4 na Seção 16.5, temos $|\mathbf{r}_r \times \mathbf{r}_\theta| = \sqrt{2}r$ e

$$\iint_S x^2\, d\sigma = \int_0^{2\pi}\int_0^1 \left(r^2\cos^2\theta\right)\left(\sqrt{2}r\right) dr\, d\theta \qquad x = r\cos\theta$$

$$= \sqrt{2}\int_0^{2\pi}\int_0^1 r^3\cos^2\theta\, dr\, d\theta$$

$$= \frac{\sqrt{2}}{4}\int_0^{2\pi}\cos^2\theta\, d\theta = \frac{\sqrt{2}}{4}\left[\frac{\theta}{2} + \frac{1}{4}\operatorname{sen} 2\theta\right]_0^{2\pi} = \frac{\pi\sqrt{2}}{4}.$$

As integrais de superfície comportam-se como as outras integrais duplas, a integral da soma de duas funções sendo a soma de suas integrais e assim por diante. A propriedade de aditividade do domínio assume a forma

$$\iint_S G\,d\sigma = \iint_{S_1} G\,d\sigma + \iint_{S_2} G\,d\sigma + \cdots + \iint_{S_n} G\,d\sigma.$$

Quando S é particionada por curvas lisas em um número finito de pedaços lisos com interiores não sobrepostos (isto é, se S for lisa por partes), então a integral sobre S é a soma das integrais sobre os pedaços. Assim, a integral de uma função sobre a superfície de um cubo é a soma das integrais sobre as faces do cubo. Integramos sobre o casco de uma tartaruga formada por placas unidas integrando sobre uma placa de cada vez e somando os resultados.

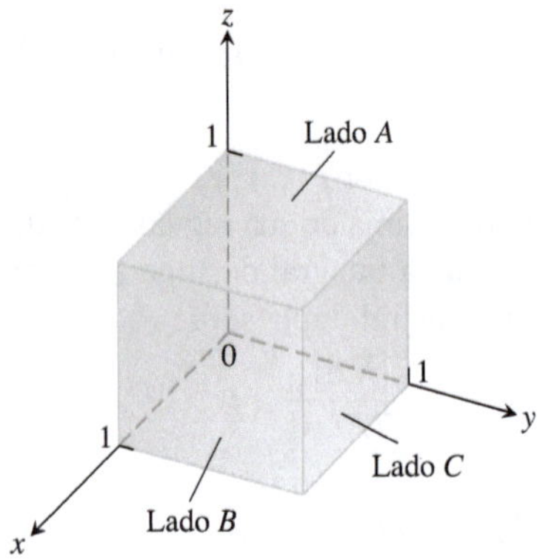

FIGURA 16.48 Cubo no Exemplo 2.

EXEMPLO 2 Integre $G(x, y, z) = xyz$ sobre a superfície do cubo cortado a partir do primeiro octante pelos planos $x = 1$, $y = 1$ e $z = 1$ (Figura 16.48).

Solução Integramos xyz sobre cada um dos seis lados e somamos os resultados. Como $xyz = 0$ nos lados que estão nos planos coordenados, a integral sobre a superfície do cubo é reduzida para

$$\iint_{\substack{\text{Superfície}\\ \text{do cubo}}} xyz\,d\sigma = \iint_{\text{Lado }A} xyz\,d\sigma + \iint_{\text{Lado }B} xyz\,d\sigma + \iint_{\text{Lado }C} xyz\,d\sigma.$$

O lado A é a superfície $f(x, y, z) = z = 1$ sobre a região quadrada R_{xy}: $0 \le x \le 1$, $0 \le y \le 1$, no plano xy. Para essa superfície e região,

$$\mathbf{p} = \mathbf{k}, \qquad \nabla f = \mathbf{k}, \qquad |\nabla f| = 1, \qquad |\nabla f \cdot \mathbf{p}| = |\mathbf{k}\cdot\mathbf{k}| = 1$$

$$d\sigma = \frac{|\nabla f|}{|\nabla f \cdot \mathbf{p}|}\,dA = \frac{1}{1}\,dx\,dy = dx\,dy$$

$$xyz = xy(1) = xy$$

e

$$\iint_{\text{Lado }A} xyz\,d\sigma = \iint_{R_{xy}} xy\,dx\,dy = \int_0^1\int_0^1 xy\,dx\,dy = \int_0^1 \frac{y}{2}\,dy = \frac{1}{4}.$$

A simetria nos diz que as integrais de xyz sobre os lados B e C são também 1/4. Consequentemente,

$$\iint_{\substack{\text{Superfície}\\ \text{do cubo}}} xyz\,d\sigma = \frac{1}{4} + \frac{1}{4} + \frac{1}{4} = \frac{3}{4}.$$

EXEMPLO 3 Integre $G(x, y, z) = \sqrt{1 - x^2 - y^2}$ sobre a superfície de uma "bola de futebol americano" S formada girando a curva $x = \cos z$, $y = 0$, $-\pi/2 \le z \le \pi/2$, ao redor do eixo z.

Solução A superfície é exibida na Figura 16.44, e no Exemplo 6 da Seção 16.5 encontramos a parametrização

$$x = \cos u \cos v, \quad y = \cos u \,\text{sen}\, v, \quad z = u, \quad -\frac{\pi}{2} \le u \le \frac{\pi}{2} \quad \text{e} \quad 0 \le v \le 2\pi,$$

onde v representa o ângulo de rotação a partir do plano xz em torno do eixo z. Substituindo G por essa parametrização na expressão, temos

$$\sqrt{1 - x^2 - y^2} = \sqrt{1 - (\cos^2 u)(\cos^2 v + \text{sen}^2 v)} = \sqrt{1 - \cos^2 u} = |\text{sen}\, u|.$$

A diferencial da área de superfície para a parametrização foi encontrada como (Exemplo 6, Seção 16.5)

$$d\sigma = \cos u \sqrt{1 + \text{sen}^2 u}\,du\,dv.$$

Esses cálculos fornecem a integral de superfície

$$\iint_S \sqrt{1 - x^2 - y^2}\, d\sigma = \int_0^{2\pi}\int_{-\pi/2}^{\pi/2} |\operatorname{sen} u| \cos u \sqrt{1 + \operatorname{sen}^2 u}\, du\, dv$$

$$= 2\int_0^{2\pi}\int_0^{\pi/2} \operatorname{sen} u \cos u \sqrt{1 + \operatorname{sen}^2 u}\, du\, dv$$

$$= \int_0^{2\pi}\int_1^{2} \sqrt{w}\, dw\, dv$$

$w = 1 + \operatorname{sen}^2 u$,
$dw = 2 \operatorname{sen} u \cos u\, du$
Quando $u = 0$, $w = 1$.
Quando $u = \pi/2$, $w = 2$.

$$= 2\pi \cdot \frac{2}{3} w^{3/2}\Big]_1^2 = \frac{4\pi}{3}\left(2\sqrt{2} - 1\right).$$

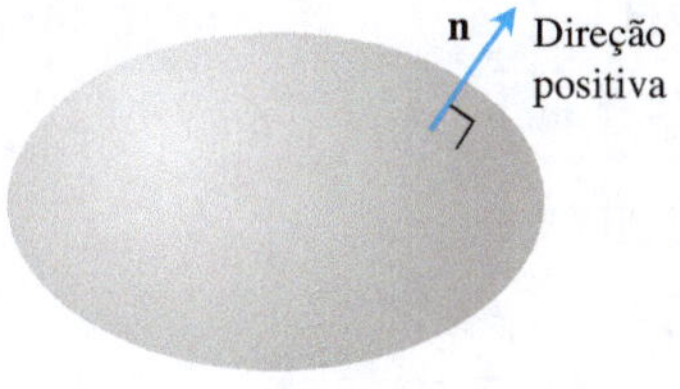

FIGURA 16.49 As superfícies fechadas lisas no espaço são orientáveis. O vetor normal unitário exterior define a direção positiva em cada ponto.

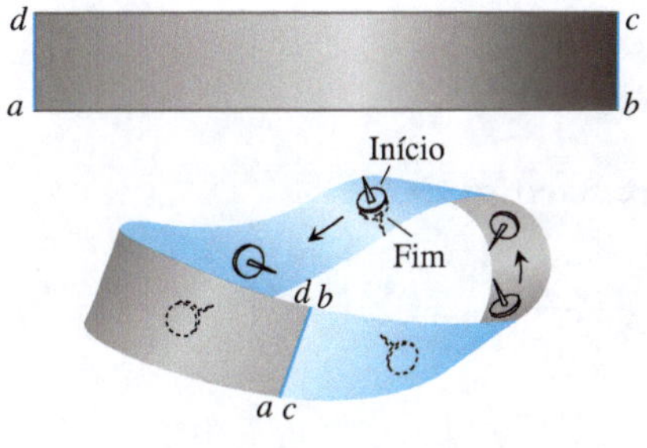

FIGURA 16.50 Para fazer uma faixa de Möbius, pegue uma tira retangular de papel *abcd*, torça uma vez a extremidade *bc* e cole as extremidades, fazendo coincidir *a* com *c* e *b* com *d*. A faixa de Möbius é uma superfície não orientável ou unilateral.

Orientação

Chamamos uma superfície lisa S de **orientável** ou **bilateral** se for possível definir um campo $\mathbf{n}$ de vetores normais unitários em S que varie continuamente com a posição. Cada pedaço ou subporção de uma superfície orientável é orientável. Esferas e outras superfícies lisas fechadas no espaço (superfícies lisas que delimitam sólidos) são orientáveis. Por convenção, escolhemos $\mathbf{n}$ em uma superfície fechada apontando para fora.

Uma vez escolhido $\mathbf{n}$, dizemos que **orientamos** a superfície, e chamamos esta, juntamente com seu campo normal, de **superfície orientada**. O vetor $\mathbf{n}$ em qualquer ponto é denominado **direção positiva** naquele ponto (Figura 16.49).

A faixa de Möbius na Figura 16.50 não é orientável. Não importa onde você comece a construir um campo normal unitário contínuo (mostrado como a haste de uma tacha na figura), mover o vetor de forma contínua ao redor da superfície na maneira mostrada vai levá-lo de volta ao ponto de partida com uma direção oposta àquela que tinha quando começou. O vetor naquele ponto não pode apontar para ambos os lados, mas é o que deveria acontecer, para que o campo fosse contínuo. Concluímos que tal campo não existe.

Integral de superfície para fluxo

Suponha que $\mathbf{F}$ seja um campo vetorial contínuo sobre uma superfície orientada S e que $\mathbf{n}$ seja o campo de vetores unitários normais escolhido sobre a superfície. Chamamos a integral de $\mathbf{F} \cdot \mathbf{n}$ sobre S de fluxo de $\mathbf{F}$ através de S na direção positiva. Então, o fluxo é a integral sobre S do componente escalar de $\mathbf{F}$ na direção de $\mathbf{n}$.

DEFINIÇÃO O **fluxo** de um campo vetorial tridimensional $\mathbf{F}$ através de uma superfície orientada S na direção de $\mathbf{n}$ é

$$\text{Fluxo} = \iint_S \mathbf{F} \cdot \mathbf{n}\, d\sigma. \tag{5}$$

A definição é análoga ao fluxo de um campo bidimensional $\mathbf{F}$ através de uma curva plana C. No plano (Seção 16.2), o fluxo é

$$\int_C \mathbf{F} \cdot \mathbf{n}\, ds,$$

a integral do componente escalar de $\mathbf{F}$ normal à curva.

Se $\mathbf{F}$ é o campo de velocidade de um escoamento de fluido tridimensional, o fluxo de $\mathbf{F}$ através de S é a taxa líquida na qual o fluido está cruzando S na direção positiva escolhida. Discutiremos esses escoamentos com mais detalhes na Seção 16.7.

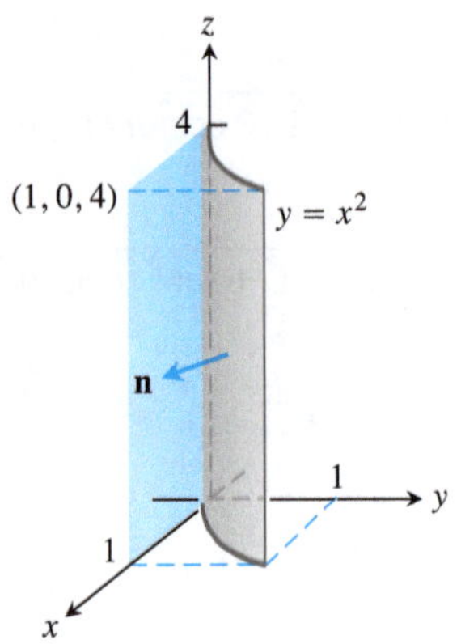

FIGURA 16.51 Encontrando o fluxo através da superfície de um cilindro parabólico (Exemplo 4).

EXEMPLO 4 Encontre o fluxo de $\mathbf{F} = yz\mathbf{i} + x\mathbf{j} - z^2\mathbf{k}$ através do cilindro parabólico $y = x^2$, $0 \leq x \leq 1$, $0 \leq z \leq 4$, na direção $\mathbf{n}$ indicada na Figura 16.51.

Solução Na superfície, temos $x = x$, $y = x^2$ e $z = z$, portanto temos automaticamente a parametrização $\mathbf{r}(x, z) = x\mathbf{i} + x^2\mathbf{j} + z\mathbf{k}$, $0 \leq x \leq 1$, $0 \leq z \leq 4$. O produto vetorial dos vetores tangentes é

$$\mathbf{r}_x \times \mathbf{r}_z = \begin{vmatrix} \mathbf{i} & \mathbf{j} & \mathbf{k} \\ 1 & 2x & 0 \\ 0 & 0 & 1 \end{vmatrix} = 2x\mathbf{i} - \mathbf{j}.$$

Os vetores normais unitários apontando para fora da superfície, conforme indicado na Figura 16.51, são

$$\mathbf{n} = \frac{\mathbf{r}_x \times \mathbf{r}_z}{|\mathbf{r}_x \times \mathbf{r}_z|} = \frac{2x\mathbf{i} - \mathbf{j}}{\sqrt{4x^2 + 1}}.$$

Na superfície, $y = x^2$, portanto o campo vetorial ali é

$$\mathbf{F} = yz\mathbf{i} + x\mathbf{j} - z^2\mathbf{k} = x^2z\mathbf{i} + x\mathbf{j} - z^2\mathbf{k}.$$

Assim,

$$\begin{aligned}\mathbf{F} \cdot \mathbf{n} &= \frac{1}{\sqrt{4x^2 + 1}}((x^2z)(2x) + (x)(-1) + (-z^2)(0)) \\ &= \frac{2x^3z - x}{\sqrt{4x^2 + 1}}.\end{aligned}$$

O fluxo exterior de $\mathbf{F}$ através da superfície é

$$\begin{aligned}\iint_S \mathbf{F} \cdot \mathbf{n}\, d\sigma &= \int_0^4 \int_0^1 \frac{2x^3z - x}{\sqrt{4x^2 + 1}} |\mathbf{r}_x \times \mathbf{r}_z|\, dx\, dz \\ &= \int_0^4 \int_0^1 \frac{2x^3z - x}{\sqrt{4x^2 + 1}} \sqrt{4x^2 + 1}\, dx\, dz \\ &= \int_0^4 \int_0^1 (2x^3z - x)\, dx\, dz = \int_0^4 \left[\frac{1}{2}x^4z - \frac{1}{2}x^2\right]_{x=0}^{x=1} dz \\ &= \int_0^4 \frac{1}{2}(z - 1)\, dz = \frac{1}{4}(z - 1)^2\Big]_0^4 \\ &= \frac{1}{4}(9) - \frac{1}{4}(1) = 2.\end{aligned}$$

Se S é parte de uma superfície de nível $g(x, y, z) = c$, então $\mathbf{n}$ pode ser definido como um dos dois campos

$$\mathbf{n} = \pm\frac{\nabla g}{|\nabla g|}, \tag{6}$$

dependendo de qual deles fornece a direção preferida. O fluxo correspondente é

$$\begin{aligned}\text{Fluxo} &= \iint_S \mathbf{F} \cdot \mathbf{n}\, d\sigma \\ &= \iint_R \left(\mathbf{F} \cdot \frac{\pm\nabla g}{|\nabla g|}\right) \frac{|\nabla g|}{|\nabla g \cdot \mathbf{p}|}\, dA \qquad \text{Equações 6 e 3} \\ &= \iint_R \mathbf{F} \cdot \frac{\pm\nabla g}{|\nabla g \cdot \mathbf{p}|}\, dA. \end{aligned} \tag{7}$$

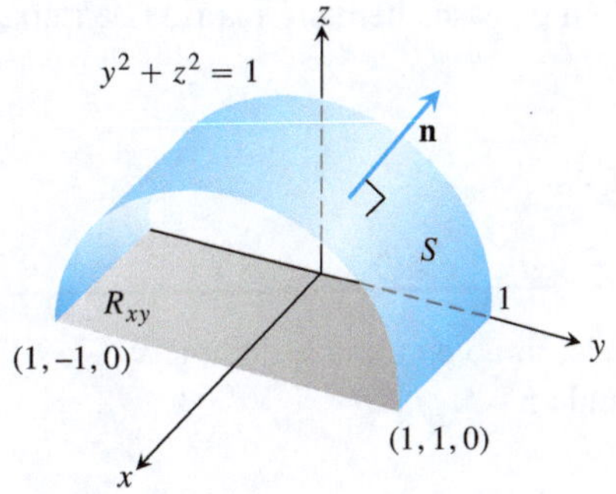

FIGURA 16.52 Calculando o fluxo exterior de um campo vetorial através da superfície S. A área da região sombreada R_{xy} é 2 (Exemplo 5).

EXEMPLO 5 Encontre o fluxo exterior de $\mathbf{F} = yz\mathbf{j} + z^2\mathbf{k}$ através da superfície S cortada do cilindro $y^2 + z^2 = 1$, $z \geq 0$, pelos planos $x = 0$ e $x = 1$.

Solução O campo normal exterior em S (Figura 16.52) pode ser calculado a partir do gradiente de $g(x, y, z) = y^2 + z^2$ sendo

$$\mathbf{n} = +\frac{\nabla g}{|\nabla g|} = \frac{2y\mathbf{j} + 2z\mathbf{k}}{\sqrt{4y^2 + 4z^2}} = \frac{2y\mathbf{j} + 2z\mathbf{k}}{2\sqrt{1}} = y\mathbf{j} + z\mathbf{k}.$$

Com $\mathbf{p} = \mathbf{k}$, também temos

$$d\sigma = \frac{|\nabla g|}{|\nabla g \cdot \mathbf{k}|}\, dA = \frac{2}{|2z|}\, dA = \frac{1}{z}\, dA.$$

Podemos descartar os símbolos de valor absoluto porque $z \geq 0$ em S.

O valor de $\mathbf{F} \cdot \mathbf{n}$ na superfície é

$$\begin{aligned} \mathbf{F} \cdot \mathbf{n} &= (yz\mathbf{j} + z^2\mathbf{k}) \cdot (y\mathbf{j} + z\mathbf{k}) \\ &= y^2 z + z^3 = z(y^2 + z^2) \\ &= z. \qquad\qquad y^2 + z^2 = 1 \text{ em } S \end{aligned}$$

A superfície projeta-se sobre a região sombreada R_{xy}, que é o retângulo no plano xy mostrado na Figura 16.52. Portanto, o fluxo exterior de $\mathbf{F}$ através de S é

$$\iint_S \mathbf{F} \cdot \mathbf{n}\, d\sigma = \iint_S (z)\left(\frac{1}{z}\, dA\right) = \iint_{R_{xy}} dA = \text{área}(R_{xy}) = 2.$$

Momentos e massas de cascas finas

Cascas finas de materiais como tigelas, tambores de metal e cúpulas são modeladas com superfícies. Seus momentos e massas são calculados com as fórmulas na Tabela 16.3. As deduções são semelhantes àquelas na Seção 6.6. As fórmulas são como aquelas para integrais de linha na Tabela 16.1, da Seção 16.1.

TABELA 16.3 Fórmulas para massa e momento de cascas muito finas

Massa: $M = \iint_S \delta\, d\sigma$ $\qquad \delta = \delta(x, y, z) =$ densidade em (x, y, z) como massa por unidade de área

Primeiros momentos em relação aos planos coordenados:

$$M_{yz} = \iint_S x\,\delta\, d\sigma, \qquad M_{xz} = \iint_S y\,\delta\, d\sigma, \qquad M_{xy} = \iint_S z\,\delta\, d\sigma$$

Coordenadas do centro de massa:

$$\bar{x} = M_{yz}/M, \qquad \bar{y} = M_{xz}/M, \qquad \bar{z} = M_{xy}/M$$

Momentos de inércia em relação aos eixos coordenados:

$$I_x = \iint_S (y^2 + z^2)\,\delta\, d\sigma, \quad I_y = \iint_S (x^2 + z^2)\,\delta\, d\sigma, \quad I_z = \iint_S (x^2 + y^2)\,\delta\, d\sigma,$$

$$I_L = \iint_S r^2 \delta\, d\sigma \qquad r(x, y, z) = \text{distância entre o ponto } (x, y, z) \text{ e a reta } L$$

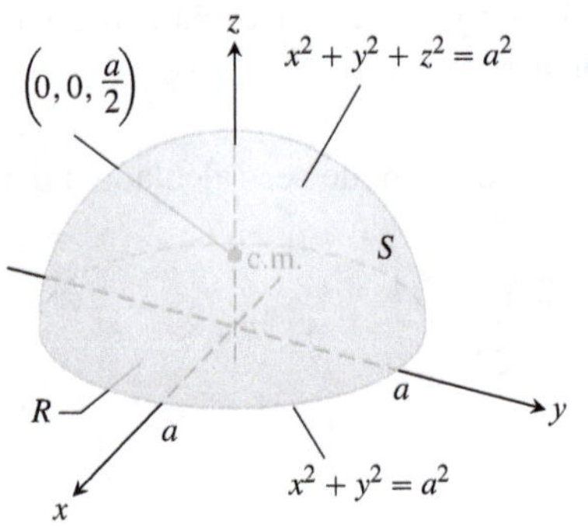

FIGURA 16.53 O centro de massa de uma casca hemisférica fina de densidade constante está no eixo de simetria, na metade do caminho entre a base e o topo (Exemplo 6).

EXEMPLO 6 Encontre o centro de massa de uma casca hemisférica fina de raio a e densidade constante δ.

Solução Modelamos a casca com o hemisfério

$$f(x, y, z) = x^2 + y^2 + z^2 = a^2, \quad z \geq 0$$

(Figura 16.53). A simetria da superfície em relação ao eixo z nos diz que $\bar{x} = \bar{y} = 0$. Resta apenas encontrarmos $\bar{z}$ a partir da fórmula $\bar{z} = M_{xy}/M$.

A massa da casca é

$$M = \iint_S \delta\, d\sigma = \delta \iint_S d\sigma = (\delta)(\text{área de } S) = 2\pi a^2 \delta. \qquad \delta = \text{constante}$$

Para calcularmos a integral para M_{xy}, fazemos $\mathbf{p} = \mathbf{k}$ e calculamos

$$|\nabla f| = |2x\mathbf{i} + 2y\mathbf{j} + 2z\mathbf{k}| = 2\sqrt{x^2 + y^2 + z^2} = 2a$$

$$|\nabla f \cdot \mathbf{p}| = |\nabla f \cdot \mathbf{k}| = |2z| = 2z$$

$$d\sigma = \frac{|\nabla f|}{|\nabla f \cdot \mathbf{p}|}\, dA = \frac{a}{z}\, dA.$$

Então

$$M_{xy} = \iint_S z\delta\, d\sigma = \delta \iint_R z \frac{a}{z}\, dA = \delta a \iint_R dA = \delta a(\pi a^2) = \delta \pi a^3$$

$$\bar{z} = \frac{M_{xy}}{M} = \frac{\pi a^3 \delta}{2\pi a^2 \delta} = \frac{a}{2}.$$

O centro de massa da casca é o ponto $(0, 0, a/2)$.

FIGURA 16.54 O tronco de cone formado quando o cone $z = \sqrt{x^2 + y^2}$ é cortado pelos planos $z = 1$ e $z = 2$ (Exemplo 7).

EXEMPLO 7 Encontre o centro de massa de uma casca fina de densidade $\delta = 1/z^2$ cortada do cone $z = \sqrt{x^2 + y^2}$ pelos planos $z = 1$ e $z = 2$ (Figura 16.54).

Solução A simetria da superfície em relação ao eixo z nos diz que $\bar{x} = \bar{y} = 0$. Encontraremos $\bar{z} = M_{xy}/M$. Trabalhando como no Exemplo 4 da Seção 16.5, temos

$$\mathbf{r}(r, \theta) = (r\cos\theta)\mathbf{i} + (r\,\text{sen}\,\theta)\mathbf{j} + r\mathbf{k}, \qquad 1 \leq r \leq 2, \qquad 0 \leq \theta \leq 2\pi,$$

e

$$|\mathbf{r}_r \times \mathbf{r}_\theta| = \sqrt{2}r.$$

Portanto,

$$\begin{aligned} M &= \iint_S \delta\, d\sigma = \int_0^{2\pi}\int_1^2 \frac{1}{r^2}\sqrt{2}r\, dr\, d\theta \\ &= \sqrt{2}\int_0^{2\pi} \Big[\ln r\Big]_1^2 d\theta = \sqrt{2}\int_0^{2\pi} \ln 2\, d\theta \\ &= 2\pi\sqrt{2}\ln 2, \end{aligned}$$

$$M_{xy} = \iint_S \delta z\, d\sigma = \int_0^{2\pi}\int_1^2 \frac{1}{r^2} r\sqrt{2}r\, dr\, d\theta$$

$$= \sqrt{2}\int_0^{2\pi}\int_1^2 dr\, d\theta$$

$$= \sqrt{2}\int_0^{2\pi} d\theta = 2\pi\sqrt{2},$$

$$\bar{z} = \frac{M_{xy}}{M} = \frac{2\pi\sqrt{2}}{2\pi\sqrt{2}\ln 2} = \frac{1}{\ln 2}.$$

O centro de massa da casca é o ponto $(0, 0, 1/\ln 2)$.

Exercícios 16.6

Integrais de superfície

Nos Exercícios 1-8, integre a função determinada sobre a superfície fornecida.

1. **Cilindro parabólico** $G(x, y, z) = x$ sobre o cilindro parabólico $y = x^2$, $0 \le x \le 2$, $0 \le z \le 3$.
2. **Cilindro circular** $G(x, y, z) = z$ sobre a superfície cilíndrica $y^2 + z^2 = 4$, $z \ge 0$, $1 \le x \le 4$.
3. **Esfera** $G(x, y, z) = x^2$, sobre a esfera unitária $x^2 + y^2 + z^2 = 1$.
4. **Hemisfério** $G(x, y, z) = z^2$, sobre o hemisfério $x^2 + y^2 + z^2 = a^2$, $z \ge 0$.
5. **Porção do plano** $F(x, y, z) = z$, sobre a porção do plano $x + y + z = 4$ que está acima do quadrado $0 \le x \le 1$, $0 \le y \le 1$, no plano xy.
6. **Cone** $F(x, y, z) = z - x$, sobre o cone $z = \sqrt{x^2 + y^2}$, $0 \le z \le 1$.
7. **Cúpula parabólica** $H(x, y, z) = x^2\sqrt{5 - 4z}$, sobre a cúpula parabólica $z = 1 - x^2 - y^2$, $z \ge 0$.
8. **Calota esférica** $H(x, y, z) = yz$, sobre a parte da esfera $x^2 + y^2 + z^2 = 4$ que está acima do cone $z = \sqrt{x^2 + y^2}$.
9. Integre $G(x, y, z) = x + y + z$ sobre a superfície do cubo cortado do primeiro octante pelos planos $x = a$, $y = a$, $z = a$.
10. Integre $G(x, y, z) = y + z$ sobre a superfície da cunha no primeiro octante delimitada pelos planos coordenados e pelos planos $x = 2$ e $y + z = 1$.
11. Integre $G(x, y, z) = xyz$ sobre a superfície do sólido retangular cortado do primeiro octante pelos planos $x = a$, $y = b$ e $z = c$.
12. Integre $G(x, y, z) = xyz$ sobre a superfície do sólido retangular limitado pelos planos $x = \pm a$, $y = \pm b$ e $z = \pm c$.
13. Integre $G(x, y, z) = x + y + z$ sobre a porção do plano $2x + 2y + z = 2$ que está no primeiro octante.
14. Integre $G(x, y, z) = x\sqrt{y^2 + 4}$ sobre a superfície cortada do cilindro parabólico $y^2 + 4z = 16$ pelos planos $x = 0$, $x = 1$ e $z = 0$.
15. Integre $G(x, y, z) = z - x$ sobre a porção do gráfico de $z = x^2 + y^2$ acima do triângulo no plano xy tendo vértices $(0, 0, 0)$, $(1, 1, 0)$ e $(0, 1, 0)$. (Veja a figura a seguir.)

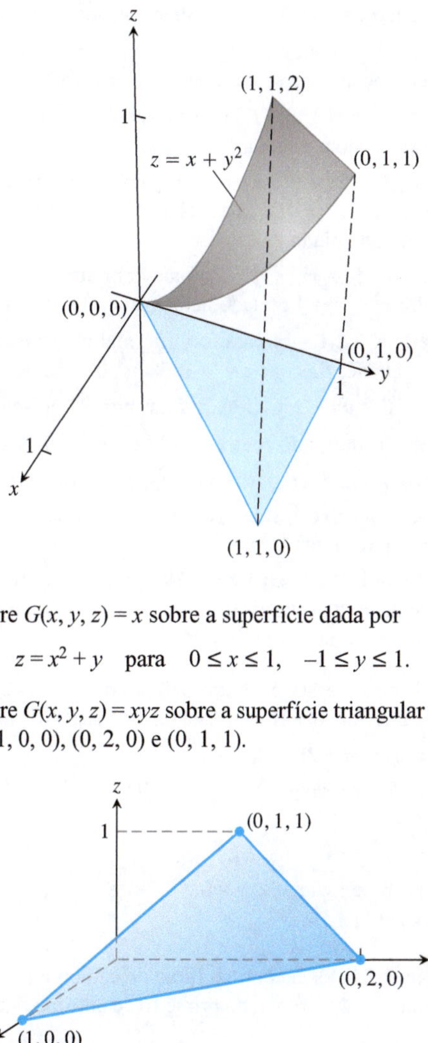

16. Integre $G(x, y, z) = x$ sobre a superfície dada por

$$z = x^2 + y \quad \text{para} \quad 0 \le x \le 1, \quad -1 \le y \le 1.$$

17. Integre $G(x, y, z) = xyz$ sobre a superfície triangular com vértices $(1, 0, 0)$, $(0, 2, 0)$ e $(0, 1, 1)$.

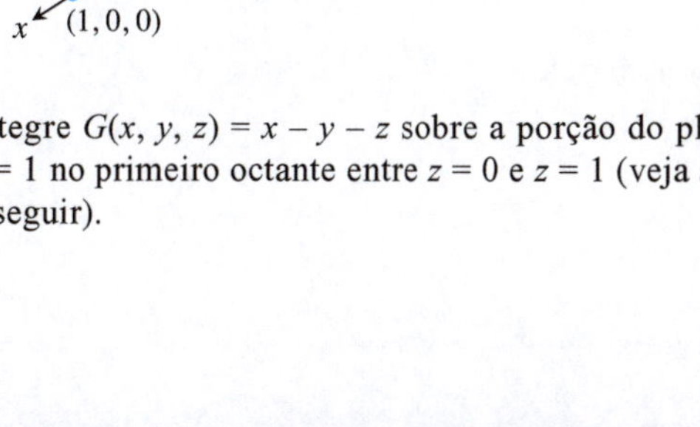

18. Integre $G(x, y, z) = x - y - z$ sobre a porção do plano $x + y = 1$ no primeiro octante entre $z = 0$ e $z = 1$ (veja a figura a seguir).

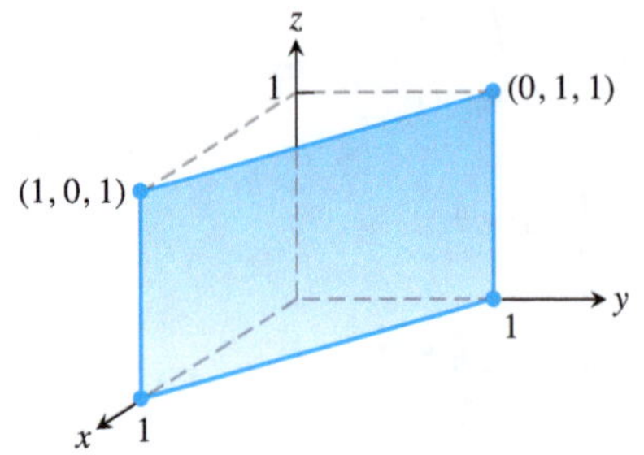

Encontrando fluxo através de uma superfície

Nos Exercícios 19-28, utilize uma parametrização para encontrar o fluxo $\iint_S \mathbf{F} \cdot \mathbf{n}\, d\sigma$ através da superfície na direção determinada.

19. **Cilindro parabólico** $\mathbf{F} = z^2\mathbf{i} + x\mathbf{j} - 3z\mathbf{k}$ para fora (normal para longe do eixo x) através da superfície cortada do cilindro parabólico $z = 4 - y^2$ pelos planos $x = 0$, $x = 1$ e $z = 0$.

20. **Cilindro parabólico** $\mathbf{F} = x^2\mathbf{j} - xz\mathbf{k}$ para fora (normal para longe do plano yz) através da superfície cortada do cilindro parabólico $y = x^2$, $-1 \leq x \leq 1$, pelos planos $z = 0$ e $z = 2$.

21. **Esfera** $\mathbf{F} = z\mathbf{k}$ através da porção da esfera $x^2 + y^2 + z^2 = a^2$ no primeiro octante no sentido oposto à origem.

22. **Esfera** $\mathbf{F} = x\mathbf{i} + y\mathbf{j} + z\mathbf{k}$ através da esfera $x^2 + y^2 + z^2 = a^2$ no sentido oposto à origem.

23. **Plano** $\mathbf{F} = 2xy\mathbf{i} + 2yz\mathbf{j} + 2xz\mathbf{k}$ para cima através da porção do plano $x + y + z = 2a$ que está acima do quadrado $0 \leq x \leq a$, $0 \leq y \leq a$, no plano xy.

24. **Cilindro** $\mathbf{F} = x\mathbf{i} + y\mathbf{j} + z\mathbf{k}$ para fora através da porção do cilindro $x^2 + y^2 = 1$ cortado pelos planos $z = 0$ e $z = a$.

25. **Cone** $\mathbf{F} = xy\mathbf{i} - z\mathbf{k}$ para fora (normal no sentido oposto ao eixo z) através do cone $z = \sqrt{x^2 + y^2}$, $0 \leq z \leq 1$.

26. **Cone** $\mathbf{F} = y^2\mathbf{i} + xz\mathbf{j} - \mathbf{k}$ para fora (normal no sentido oposto ao eixo z) através do cone $z = 2\sqrt{x^2 + y^2}$, $0 \leq z \leq 2$.

27. **Tronco de cone** $\mathbf{F} = -x\mathbf{i} - y\mathbf{j} + z^2\mathbf{k}$ para fora (normal no sentido oposto ao eixo z) através da porção do cone $z = \sqrt{x^2 + y^2}$ entre os planos $z = 1$ e $z = 2$.

28. **Paraboloide** $\mathbf{F} = 4x\mathbf{i} + 4y\mathbf{j} + 2\mathbf{k}$ para fora (normal no sentido oposto ao eixo z) através da superfície cortada a partir do fundo do paraboloide $z = x^2 + y^2$ pelo plano $z = 1$.

Nos Exercícios 29 e 30, encontre o fluxo do campo $\mathbf{F}$ através da porção da superfície determinada na direção especificada.

29. $\mathbf{F}(x, y, z) = -\mathbf{i} + 2\mathbf{j} + 3\mathbf{k}$

S: superfície retangular $z = 0$, $0 \leq x \leq 2$, $0 \leq y \leq 3$, direção $\mathbf{k}$.

30. $\mathbf{F}(x, y, z) = yx^2\mathbf{i} - 2\mathbf{j} + xz\mathbf{k}$

S: superfície retangular $y = 0$, $-1 \leq x \leq 2$, $2 \leq z \leq 7$, direção $-\mathbf{j}$.

Nos Exercícios 31-36, encontre o fluxo do campo $\mathbf{F}$ através da porção da esfera $x^2 + y^2 + z^2 = a^2$ no primeiro octante, no sentido oposto à origem.

31. $\mathbf{F}(x, y, z) = z\mathbf{k}$.

32. $\mathbf{F}(x, y, z) = -y\mathbf{i} + x\mathbf{j}$.

33. $\mathbf{F}(x, y, z) = y\mathbf{i} - x\mathbf{j} + \mathbf{k}$

34. $\mathbf{F}(x, y, z) = zx\mathbf{i} + zy\mathbf{j} + z^2\mathbf{k}$

35. $\mathbf{F}(x, y, z) = x\mathbf{i} + y\mathbf{j} + z\mathbf{k}$

36. $\mathbf{F}(x, y, z) = \dfrac{x\mathbf{i} + y\mathbf{j} + z\mathbf{k}}{\sqrt{x^2 + y^2 + z^2}}$

37. Encontre o fluxo exterior do campo $\mathbf{F}(x, y, z) = z^2\mathbf{i} + x\mathbf{j} - 3z\mathbf{k}$ através da superfície cortada do cilindro parabólico $z = 4 - y^2$ pelos planos $x = 0$, $x = 1$ e $z = 0$.

38. Encontre o fluxo do campo $\mathbf{F}(x, y, z) = 4x\mathbf{i} + 4y\mathbf{j} + 2\mathbf{k}$ para fora (no sentido oposto ao eixo z) através da superfície cortada do fundo do paraboloide $z = x^2 + y^2$ pelo plano $z = 1$.

39. Seja S a porção do cilindro $y = e^x$ no primeiro octante que se projeta paralelo ao eixo x sobre o retângulo R_{yz}: $1 \leq y \leq 2$, $0 \leq z \leq 1$ no plano yz (veja a figura a seguir). Seja $\mathbf{n}$ o vetor unitário normal a S que aponta no sentido oposto ao plano yz. Encontre o fluxo do campo $\mathbf{F}(x, y, z) = -2\mathbf{i} + 2y\mathbf{j} + z\mathbf{k}$ através de S na direção de $\mathbf{n}$.

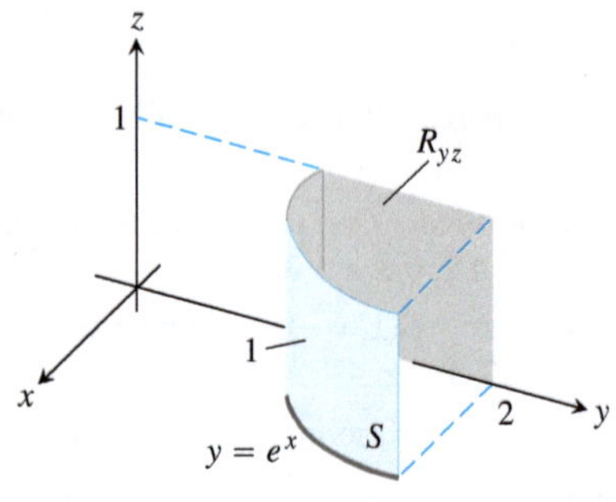

40. Seja S a porção do cilindro $y = \ln x$ no primeiro octante, cuja projeção paralela ao eixo y sobre o plano xz é o retângulo R_{xz}: $1 \leq x \leq e$, $0 \leq z \leq 1$. Seja $\mathbf{n}$ o vetor unitário normal a S que aponta no sentido oposto ao plano xz. Encontre o fluxo de $\mathbf{F} = 2y\mathbf{j} + z\mathbf{k}$ através de S na direção de $\mathbf{n}$.

41. Encontre o fluxo exterior do campo $\mathbf{F} = 2xy\mathbf{i} + 2yz\mathbf{j} + 2xz\mathbf{k}$ através da superfície do cubo cortado do primeiro octante pelos planos $x = a$, $y = a$, $z = a$.

42. Encontre o fluxo exterior do campo $\mathbf{F} = xz\mathbf{i} + yz\mathbf{j} + \mathbf{k}$ através da superfície da calota superior cortada da esfera sólida $x^2 + y^2 + z^2 \leq 25$ pelo plano $z = 3$.

Momentos e massas

43. **Centroide** Encontre o centroide da porção da esfera $x^2 + y^2 + z^2 = a^2$ que está no primeiro octante.

44. **Centroide** Encontre o centroide da superfície cortada do cilindro $y^2 + z^2 = 9$, $z \geq 0$, pelos planos $x = 0$ e $x = 3$ (lembre-se da superfície no Exemplo 5).

45. **Casca fina de densidade constante** Encontre o centro de massa e o momento de inércia em relação ao eixo z de uma casca fina de densidade constante δ cortada do cone $x^2 + y^2 - z^2 = 0$ pelos planos $z = 1$ e $z = 2$.

46. **Superfície cônica de densidade constante** Encontre o momento de inércia em relação ao eixo z de uma casca fina de densidade constante δ cortada do cone $4x^2 + 4y^2 - z^2 = 0$, $z \geq 0$, pelo cilindro circular $x^2 + y^2 = 2x$ (veja a figura a seguir).

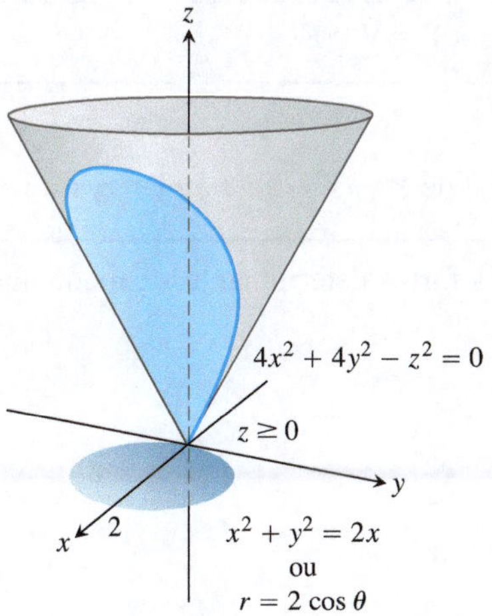

47. Cascas esféricas

a. Encontre o momento de inércia em relação ao diâmetro de uma casca esférica fina de raio a e densidade constante δ. (Trabalhe com uma casca hemisférica e multiplique o resultado por dois.)

b. Utilize o teorema dos eixos paralelos (Exercícios 15.6) e o resultado no item (a) para encontrar o momento de inércia em relação a uma reta tangente à casca.

48. Superfície cônica Encontre o centroide da superfície lateral de um cone sólido de base com raio a e altura h (superfície do cone menos a base).

16.7 Teorema de Stokes

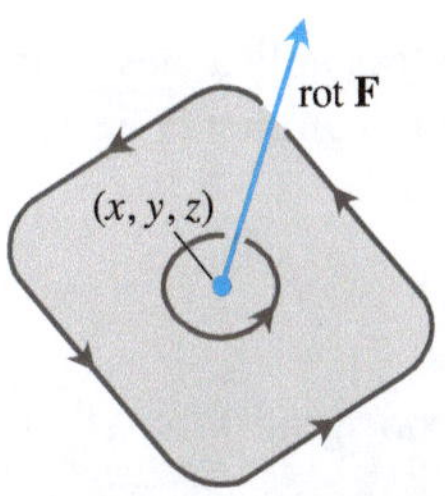

FIGURA 16.55 Vetor circulação em um ponto (x, y, z) em um plano em escoamento fluido tridimensional. Observe a regra da mão direita com relação às partículas girando no fluido.

Conforme vimos na Seção 16.4, a densidade de circulação ou componente rotacional de um campo bidimensional $\mathbf{F} = M\mathbf{i} + N\mathbf{j}$ em um ponto (x, y) é descrito pela quantidade escalar $(\partial N/\partial x - \partial M/\partial y)$. Em três dimensões, a circulação é descrita com um vetor.

Suponha que $\mathbf{F}$ seja o campo de velocidade de um fluido escoando no espaço. As partículas próximas ao ponto (x, y, z) no fluido tendem a girar ao redor de um eixo através de (x, y, z) paralelo a um determinado vetor que definiremos a seguir. Esse vetor aponta na direção para a qual a rotação ocorre em sentido anti-horário, quando visualizada ao olharmos para baixo sobre o plano de circulação a partir da ponta da seta representando o vetor. Essa é a direção na qual seu polegar da mão direita aponta quando seus dedos se dobram ao redor do eixo de rotação, de forma consistente com o movimento de rotação das partículas no fluido (veja a Figura 16.55). O comprimento do vetor mede a taxa de rotação. O vetor é denominado **vetor rotacional** e para o campo vetorial $\mathbf{F} = M\mathbf{i} + N\mathbf{j} + P\mathbf{k}$ é definido como sendo

$$\text{rot } \mathbf{F} = \left(\frac{\partial P}{\partial y} - \frac{\partial N}{\partial z}\right)\mathbf{i} + \left(\frac{\partial M}{\partial z} - \frac{\partial P}{\partial x}\right)\mathbf{j} + \left(\frac{\partial N}{\partial x} - \frac{\partial M}{\partial y}\right)\mathbf{k}. \tag{1}$$

Obtemos essa informação do teorema de Stokes, que é a generalização para o espaço da forma circulação-rotacional do teorema de Green e o assunto desta seção.

Observe que $(\text{rot } \mathbf{F}) \cdot \mathbf{k} = (\partial N/\partial x - \partial M/\partial x)$ é consistente com nossa definição na Seção 16.4 quando $\mathbf{F} = M(x, y)\mathbf{i} + N(x, y)\mathbf{j}$. A fórmula para o rot $\mathbf{F}$ na Equação 1 é frequentemente escrita utilizando o operador simbólico

$$\nabla = \mathbf{i}\frac{\partial}{\partial x} + \mathbf{j}\frac{\partial}{\partial y} + \mathbf{k}\frac{\partial}{\partial z}. \tag{2}$$

(O símbolo ∇ é pronunciado como "nabla".) O rotacional de $\mathbf{F}$ é $\nabla \times \mathbf{F}$:

$$\begin{aligned}\nabla \times \mathbf{F} &= \begin{vmatrix} \mathbf{i} & \mathbf{j} & \mathbf{k} \\ \dfrac{\partial}{\partial x} & \dfrac{\partial}{\partial y} & \dfrac{\partial}{\partial z} \\ M & N & P \end{vmatrix} \\ &= \left(\frac{\partial P}{\partial y} - \frac{\partial N}{\partial z}\right)\mathbf{i} + \left(\frac{\partial M}{\partial z} - \frac{\partial P}{\partial x}\right)\mathbf{j} + \left(\frac{\partial N}{\partial x} - \frac{\partial M}{\partial y}\right)\mathbf{k} \\ &= \text{rot } \mathbf{F}.\end{aligned}$$

$$\text{rot}\ \mathbf{F} = \nabla \times \mathbf{F} \quad (3)$$

EXEMPLO 1 Encontre o rotacional de $\mathbf{F} = (x^2 - z)\mathbf{i} + xe^z\mathbf{j} + xy\mathbf{k}$.

Solução Utilizamos a Equação 3 e a forma determinante, de modo que

$$\begin{aligned}
\text{rot}\ \mathbf{F} &= \nabla \times \mathbf{F} \\
&= \begin{vmatrix} \mathbf{i} & \mathbf{j} & \mathbf{k} \\ \dfrac{\partial}{\partial x} & \dfrac{\partial}{\partial y} & \dfrac{\partial}{\partial z} \\ x^2 - z & xe^z & xy \end{vmatrix} \\
&= \left(\frac{\partial}{\partial y}(xy) - \frac{\partial}{\partial z}(xe^z)\right)\mathbf{i} - \left(\frac{\partial}{\partial x}(xy) - \frac{\partial}{\partial z}(x^2 - z)\right)\mathbf{j} \\
&\quad + \left(\frac{\partial}{\partial x}(xe^z) - \frac{\partial}{\partial y}(x^2 - z)\right)\mathbf{k} \\
&= (x - xe^z)\mathbf{i} - (y + 1)\mathbf{j} + (e^z - 0)\mathbf{k} \\
&= x(1 - e^z)\mathbf{i} - (y + 1)\mathbf{j} + e^z\mathbf{k}
\end{aligned}$$

Conforme veremos, o operador ∇ tem várias outras aplicações. Por exemplo, quando aplicado a uma função escalar $f(x, y, z)$, ele dá o gradiente de f:

$$\nabla f = \frac{\partial f}{\partial x}\mathbf{i} + \frac{\partial f}{\partial y}\mathbf{j} + \frac{\partial f}{\partial z}\mathbf{k}.$$

Às vezes ele pode ser lido como "nabla f", assim como "grad f".

Teorema de Stokes

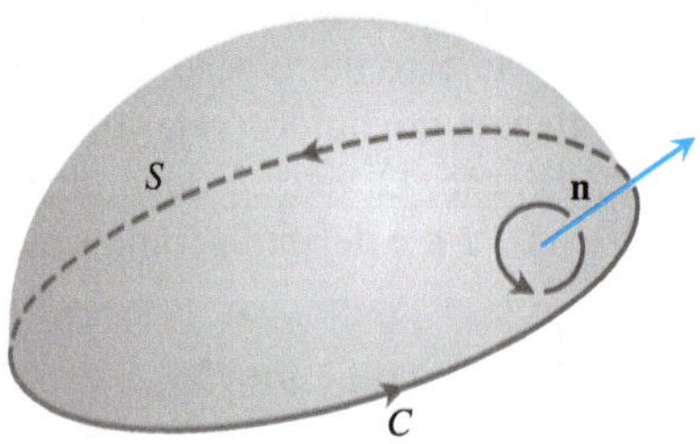

FIGURA 16.56 A orientação da curva da borda C é compatível, em relação à regra da mão direita, com o campo normal **n**. Se o polegar da mão direita aponta ao longo de **n**, os dedos se dobram na direção de C.

O teorema de Stokes generaliza o teorema de Green para três dimensões. A forma circulação-rotacional do teorema de Green relaciona a circulação em sentido anti-horário de um campo vetorial ao redor de uma curva fechada simples C no plano xy a uma integral dupla sobre a região plana R delimitada por C. O teorema de Stokes relaciona a circulação de um campo vetorial ao redor da borda C de uma superfície S orientada no espaço (Figura 16.56) a uma integral de superfície sobre a superfície S. Precisamos que a superfície seja **lisa por partes**, o que significa que é uma união finita de superfícies lisas unindo-se ao longo de curvas lisas.

TEOREMA 6 — Teorema de Stokes Seja S uma superfície orientada lisa por partes tendo uma curva de borda lisa por partes C. Seja $\mathbf{F} = M\mathbf{i} + N\mathbf{j} + P\mathbf{k}$ um campo vetorial cujos componentes tenham derivadas parciais de primeira ordem contínuas em uma região aberta contendo S. Então a circulação de **F** ao redor de C no sentido anti-horário com relação ao vetor normal unitário da superfície **n** é igual à integral de $\nabla \times \mathbf{F} \cdot \mathbf{n}$ sobre S.

$$\underbrace{\oint_C \mathbf{F} \cdot d\mathbf{r}}_{\text{Circulação anti-horária}} = \underbrace{\iint_S \nabla \times \mathbf{F} \cdot \mathbf{n}\, d\sigma}_{\text{Integral do rotacional}} \quad (4)$$

Observe, da Equação 4, que se duas superfícies orientadas diferentes S_1 e S_2 têm a mesma borda C, as integrais do rotacional são iguais:

$$\iint_{S_1} \nabla \times \mathbf{F} \cdot \mathbf{n}_1 \, d\sigma = \iint_{S_2} \nabla \times \mathbf{F} \cdot \mathbf{n}_2 \, d\sigma.$$

Ambas as integrais do rotacional são iguais à integral de circulação anti-horária à esquerda da Equação 4, desde que os vetores normais $\mathbf{n}_1$ e $\mathbf{n}_2$ orientem as superfícies corretamente.

Se C for uma curva no plano xy, orientada no sentido anti-horário, e R for a região no plano xy delimitada por C, então $d\sigma = dx\,dy$ e

$$(\nabla \times \mathbf{F}) \cdot \mathbf{n} = (\nabla \times \mathbf{F}) \cdot \mathbf{k} = \left(\frac{\partial N}{\partial x} - \frac{\partial M}{\partial y}\right).$$

Sob essas condições, a equação de Stokes se torna

$$\oint_C \mathbf{F} \cdot d\mathbf{r} = \iint_R \left(\frac{\partial N}{\partial x} - \frac{\partial M}{\partial y}\right) dx\,dy,$$

que é a equação na forma circulação-rotacional do teorema de Green. Reciprocamente, invertendo esses passos podemos escrever a forma circulação-rotacional do teorema de Green para campos bidimensionais, em notação "nabla", como

$$\oint_C \mathbf{F} \cdot d\mathbf{r} = \iint_R \nabla \times \mathbf{F} \cdot \mathbf{k}\, dA. \qquad (5)$$

Veja a Figura 16.57.

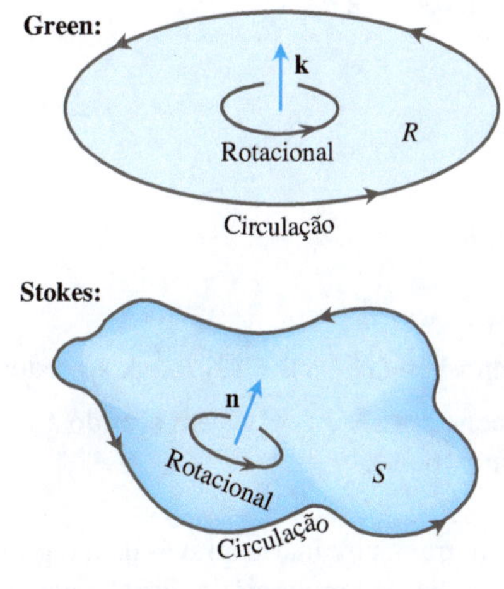

FIGURA 16.57 Comparação entre o teorema de Green e o teorema de Stokes.

EXEMPLO 2 Calcule a Equação 4 para o hemisfério S: $x^2 + y^2 + z^2 = 9$, $z \geq 0$, sua circunferência de borda C: $x^2 + y^2 = 9$, $z = 0$, e o campo $\mathbf{F} = y\mathbf{i} - x\mathbf{j}$.

Solução O hemisfério se parece muito mais com a superfície na Figura 16.56 com circunferência de borda C no plano xy (veja a Figura 16.58). Calculamos a circulação anti-horária ao redor de C (conforme visto de cima) utilizando a parametrização $\mathbf{r}(\theta) = (3\cos\theta)\mathbf{i} + (3\,\text{sen}\,\theta)\mathbf{j}$, $0 \leq \theta \leq 2\pi$:

$$d\mathbf{r} = (-3\,\text{sen}\,\theta\, d\theta)\mathbf{i} + (3\cos\theta\, d\theta)\mathbf{j}$$

$$\mathbf{F} = y\mathbf{i} - x\mathbf{j} = (3\,\text{sen}\,\theta)\mathbf{i} - (3\cos\theta)\mathbf{j}$$

$$\mathbf{F} \cdot d\mathbf{r} = -9\,\text{sen}^2\,\theta\, d\theta - 9\cos^2\theta\, d\theta = -9\, d\theta$$

$$\oint_C \mathbf{F} \cdot d\mathbf{r} = \int_0^{2\pi} -9\, d\theta = -18\pi.$$

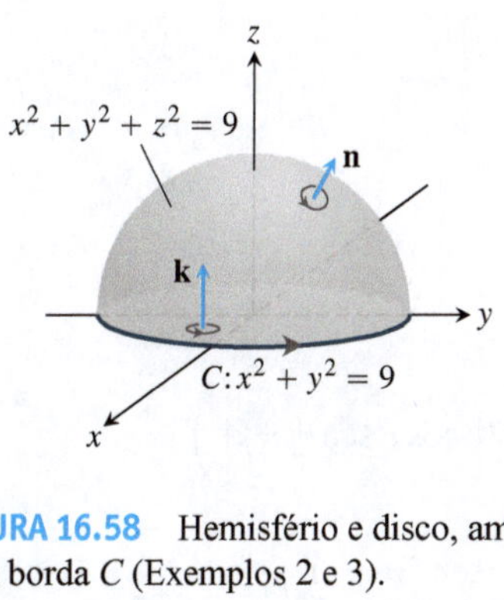

FIGURA 16.58 Hemisfério e disco, ambos com borda C (Exemplos 2 e 3).

Para a integral do rotacional de $\mathbf{F}$, temos

$$\nabla \times \mathbf{F} = \left(\frac{\partial P}{\partial y} - \frac{\partial N}{\partial z}\right)\mathbf{i} + \left(\frac{\partial M}{\partial z} - \frac{\partial P}{\partial x}\right)\mathbf{j} + \left(\frac{\partial N}{\partial x} - \frac{\partial M}{\partial y}\right)\mathbf{k}$$

$$= (0 - 0)\mathbf{i} + (0 - 0)\mathbf{j} + (-1 - 1)\mathbf{k} = -2\mathbf{k}$$

$$\mathbf{n} = \frac{x\mathbf{i} + y\mathbf{j} + z\mathbf{k}}{\sqrt{x^2 + y^2 + z^2}} = \frac{x\mathbf{i} + y\mathbf{j} + z\mathbf{k}}{3}$$ Normal unitária exterior

$$d\sigma = \frac{3}{z}\, dA$$ Seção 16.6, Exemplo 6, com $a = 3$

$$\nabla \times \mathbf{F} \cdot \mathbf{n}\, d\sigma = -\frac{2z}{3}\frac{3}{z}\, dA = -2\, dA$$

e

$$\iint_S \nabla \times \mathbf{F} \cdot \mathbf{n}\, d\sigma = \iint_{x^2+y^2 \le 9} -2\, dA = -18\pi.$$

A circulação ao redor da circunferência é igual à integral do rotacional sobre o hemisfério, como deveria ser.

A integral de superfície no teorema de Stokes pode ser calculada utilizando qualquer superfície tendo uma curva de borda C, contanto que a superfície seja orientada adequadamente e esteja no domínio do campo $\mathbf{F}$. O exemplo a seguir ilustra esse fato para a circulação ao redor da curva C no Exemplo 2.

EXEMPLO 3 Calcule a circulação ao redor da circunferência de borda C no Exemplo 2 utilizando o disco de raio 3 centrado na origem no plano xy como a superfície S (em vez do hemisfério). Veja a Figura 16.58.

Solução Como no Exemplo 2, $\nabla \times \mathbf{F} = -2\mathbf{k}$. Para a superfície sendo o disco descrito no plano xy, temos o vetor normal $\mathbf{n} = \mathbf{k}$, de modo que

$$\nabla \times \mathbf{F} \cdot \mathbf{n}\, d\sigma = -2\mathbf{k} \cdot \mathbf{k}\, dA = -2\, dA$$

e

$$\iint_S \nabla \times \mathbf{F} \cdot \mathbf{n}\, d\sigma = \iint_{x^2+y^2 \le 9} -2\, dA = -18\pi,$$

um cálculo mais simples que o anterior.

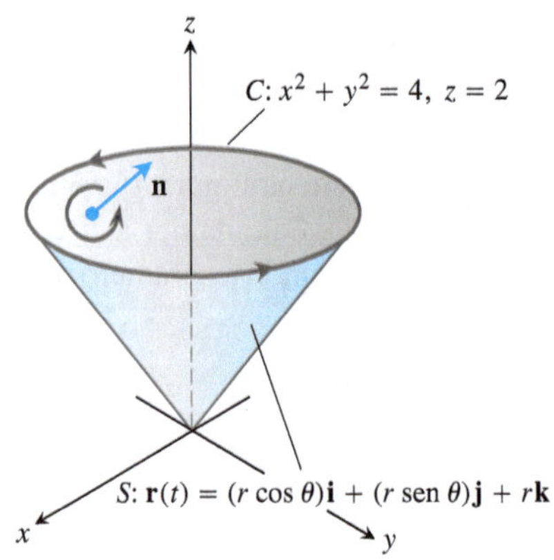

FIGURA 16.59 Curva C e cone S no Exemplo 4.

EXEMPLO 4 Encontre a circulação do campo $\mathbf{F} = (x^2 - y)\mathbf{i} + 4z\mathbf{j} + x^2\mathbf{k}$ ao redor da curva C na qual o plano $z = 2$ encontra o cone $z = \sqrt{x^2 + y^2}$, em sentido anti-horário, conforme visualizado de cima (Figura 16.59).

Solução O teorema de Stokes nos permite encontrar a circulação através da integração sobre a superfície do cone. Por correr C na direção anti-horária visualizada de cima corresponde a tomar a normal *interna* $\mathbf{n}$ ao cone, a normal com uma coordenada $\mathbf{k}$ positiva.

Parametrizamos o cone como

$$\mathbf{r}(r, \theta) = (r\cos\theta)\mathbf{i} + (r \operatorname{sen}\theta)\mathbf{j} + r\mathbf{k}, \qquad 0 \le r \le 2, \qquad 0 \le \theta \le 2\pi.$$

Então, temos

$$\mathbf{n} = \frac{\mathbf{r}_r \times \mathbf{r}_\theta}{|\mathbf{r}_r \times \mathbf{r}_\theta|} = \frac{-(r\cos\theta)\mathbf{i} - (r\operatorname{sen}\theta)\mathbf{j} + r\mathbf{k}}{r\sqrt{2}} \qquad \text{Seção 16.5, Exemplo 4}$$

$$= \frac{1}{\sqrt{2}}\left(-(\cos\theta)\mathbf{i} - (\operatorname{sen}\theta)\mathbf{j} + \mathbf{k}\right)$$

$$d\sigma = r\sqrt{2}\, dr\, d\theta \qquad \text{Seção 16.5, Exemplo 4}$$

$$\nabla \times \mathbf{F} = -4\mathbf{i} - 2x\mathbf{j} + \mathbf{k} \qquad \text{Exemplo 1}$$

$$= -4\mathbf{i} - 2r\cos\theta\mathbf{j} + \mathbf{k}. \qquad x = r\cos\theta$$

Assim,

$$\nabla \times \mathbf{F} \cdot \mathbf{n} = \frac{1}{\sqrt{2}}\left(4\cos\theta + 2r\cos\theta\operatorname{sen}\theta + 1\right)$$

$$= \frac{1}{\sqrt{2}}\left(4\cos\theta + r\operatorname{sen}2\theta + 1\right)$$

e a circulação é

$$\oint_C \mathbf{F} \cdot d\mathbf{r} = \iint_S \nabla \times \mathbf{F} \cdot \mathbf{n}\, d\sigma \qquad \text{Teorema de Stokes, Equação 4}$$

$$= \int_0^{2\pi} \int_0^2 \frac{1}{\sqrt{2}} \left(4\cos\theta + r \operatorname{sen} 2\theta + 1\right)\left(r\sqrt{2}\, dr\, d\theta\right) = 4\pi.$$

EXEMPLO 5 O cone utilizado no Exemplo 4 não é a superfície mais fácil de ser utilizada para o cálculo da circulação ao redor da circunferência de borda C presente no plano $z = 3$. Se, em vez disso, utilizarmos o disco plano de raio 3 centrado no eixo z e presente no plano $z = 3$, então o vetor normal à superfície S é $\mathbf{n} = \mathbf{k}$. Assim como no cálculo para o Exemplo 4, ainda teremos $\nabla \times \mathbf{F} = -4\mathbf{i} - 2x\mathbf{j} + \mathbf{k}$. No entanto, agora temos $\nabla \times \mathbf{F} \cdot \mathbf{n} = 1$, de modo que

$$\iint_S \nabla \times \mathbf{F} \cdot \mathbf{n}\, d\sigma = \iint_{x^2+y^2 \le 4} 1\, dA = 4\pi. \qquad \text{A sombra é o disco de raio 2 no plano } xy.$$

Esse resultado está de acordo com o valor de circulação encontrado no Exemplo 4.

Interpretação de $\nabla \times \mathbf{F}$ com rodas de pás

Suponha que $\mathbf{F}$ seja o campo de velocidade de um fluido movendo-se em uma região R no espaço contendo a curva fechada C. Então

$$\oint_C \mathbf{F} \cdot d\mathbf{r}$$

é a circulação do fluido ao redor de C. De acordo com o teorema de Stokes, a circulação é igual ao fluxo de $\nabla \times \mathbf{F}$ através de qualquer superfície adequadamente orientada S com borda C:

$$\oint_C \mathbf{F} \cdot d\mathbf{r} = \iint_S \nabla \times \mathbf{F} \cdot \mathbf{n}\, d\sigma.$$

Suponha que fixemos um ponto Q na região R e uma direção $\mathbf{u}$ em Q. Seja C uma circunferência de raio ρ, com centro em Q, cujo plano é normal a $\mathbf{u}$. Se $\nabla \times \mathbf{F}$ é contínua em Q, o valor médio do componente $\mathbf{u}$ de $\nabla \times \mathbf{F}$ sobre o disco circular S com borda C se aproxima o componente $\mathbf{u}$ de $\nabla \times \mathbf{F}$ em Q conforme o raio $\rho \to 0$:

$$(\nabla \times \mathbf{F} \cdot \mathbf{u})_Q = \lim_{\rho \to 0} \frac{1}{\pi \rho^2} \iint_S \nabla \times \mathbf{F} \cdot \mathbf{u}\, d\sigma.$$

Se aplicarmos o teorema de Stokes e substituirmos a integral de superfície por uma integral de linha sobre C, teremos

$$(\nabla \times \mathbf{F} \cdot \mathbf{u})_Q = \lim_{\rho \to 0} \frac{1}{\pi \rho^2} \oint_C \mathbf{F} \cdot d\mathbf{r}. \qquad (6)$$

O lado esquerdo da Equação 6 tem seu valor máximo quando $\mathbf{u}$ é a direção de $\nabla \times \mathbf{F}$. Quando ρ é pequeno, o limite do lado direito da Equação 6 é aproximadamente

$$\frac{1}{\pi \rho^2} \oint_C \mathbf{F} \cdot d\mathbf{r},$$

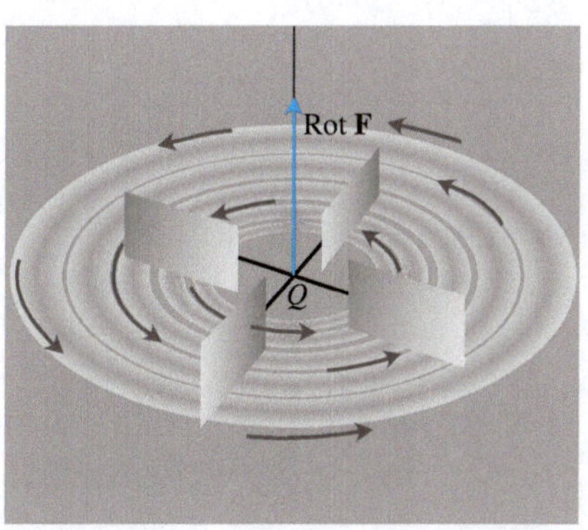

FIGURA 16.60 Interpretação do rotacional de **F** por uma roda de pás.

que é a circulação ao redor de C dividida pela área do disco (densidade de circulação). Suponha que uma pequena roda de pás de raio ρ seja introduzida no fluido em Q, com seu eixo direcionado ao longo de $\mathbf{u}$ (Figura 16.60). A circulação do fluido ao redor de C afeta a taxa de rotação da roda de pás. A roda girará mais rápido quando a integral de circulação for maximizada; portanto, ela girará mais rápido quando o eixo da roda de pás apontar na direção de $\nabla \times \mathbf{F}$.

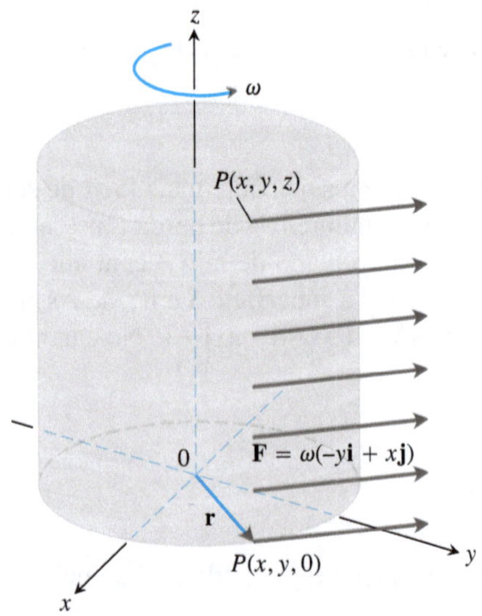

FIGURA 16.61 Um escoamento circular constante paralelo ao plano xy, com velocidade angular constante ω em sentido positivo (anti-horário) (Exemplo 6).

EXEMPLO 6 Um fluido de densidade constante gira ao redor do eixo z com velocidade $\mathbf{F} = \omega(-y\mathbf{i} + x\mathbf{j})$, onde ω é uma constante positiva denominada *velocidade angular* da rotação (Figura 16.61). Encontre $\nabla \times \mathbf{F}$ e o relacione à densidade de circulação.

Solução Com $\mathbf{F} = -\omega y\mathbf{i} + \omega x\mathbf{j}$, encontramos o rotacional

$$\begin{aligned}\nabla \times \mathbf{F} &= \left(\frac{\partial P}{\partial y} - \frac{\partial N}{\partial z}\right)\mathbf{i} + \left(\frac{\partial M}{\partial z} - \frac{\partial P}{\partial x}\right)\mathbf{j} + \left(\frac{\partial N}{\partial x} - \frac{\partial M}{\partial y}\right)\mathbf{k} \\ &= (0 - 0)\mathbf{i} + (0 - 0)\mathbf{j} + (\omega - (-\omega))\mathbf{k} = 2\omega\mathbf{k}.\end{aligned}$$

Pelo teorema de Stokes, a circulação de $\mathbf{F}$ ao redor de uma circunferência C de raio ρ delimitando um disco S em um plano normal a $\nabla \times \mathbf{F}$, o plano xy, por exemplo, é

$$\oint_C \mathbf{F} \cdot d\mathbf{r} = \iint_S \nabla \times \mathbf{F} \cdot \mathbf{n}\, d\sigma = \iint_S 2\omega\mathbf{k} \cdot \mathbf{k}\, dx\, dy = (2\omega)(\pi\rho^2).$$

Assim, resolvendo essa última equação para 2ω, temos

$$(\nabla \times \mathbf{F}) \cdot \mathbf{k} = 2\omega = \frac{1}{\pi\rho^2}\oint_C \mathbf{F} \cdot d\mathbf{r},$$

consistente com a Equação 6, quando $\mathbf{u} = \mathbf{k}$.

EXEMPLO 7 Utilize o teorema de Stokes para calcular $\int_C \mathbf{F} \cdot d\mathbf{r}$, se $\mathbf{F} = xz\mathbf{i} + xy\mathbf{j} + 3xz\mathbf{k}$ e C for a borda da porção do plano $2x + y + z = 2$ no primeiro octante, percorrida no sentido anti-horário quando vista de cima (Figura 16.62).

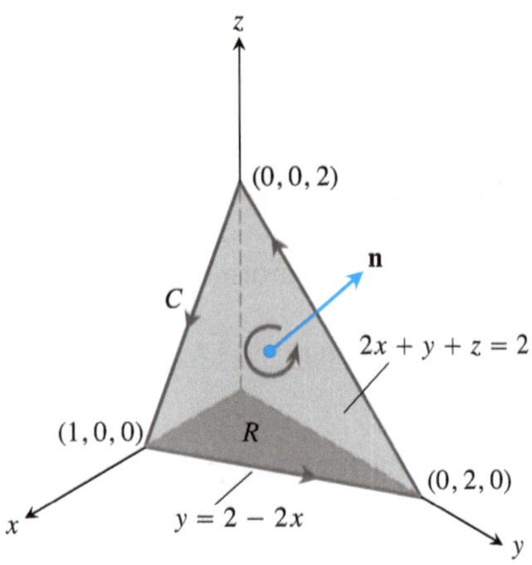

FIGURA 16.62 Superfície plana no Exemplo 7.

Solução O plano é a superfície de nível $f(x, y, z) = 2$ da função $f(x, y, z) = 2x + y + z$. O vetor normal unitário

$$\mathbf{n} = \frac{\nabla f}{|\nabla f|} = \frac{(2\mathbf{i} + \mathbf{j} + \mathbf{k})}{|2\mathbf{i} + \mathbf{j} + \mathbf{k}|} = \frac{1}{\sqrt{6}}\left(2\mathbf{i} + \mathbf{j} + \mathbf{k}\right)$$

é consistente com o movimento anti-horário ao redor de C. Para aplicar o teorema de Stokes, encontramos

$$\text{rot}\, \mathbf{F} = \nabla \times \mathbf{F} = \begin{vmatrix} \mathbf{i} & \mathbf{j} & \mathbf{k} \\ \dfrac{\partial}{\partial x} & \dfrac{\partial}{\partial y} & \dfrac{\partial}{\partial z} \\ xz & xy & 3xz \end{vmatrix} = (x - 3z)\mathbf{j} + y\mathbf{k}.$$

No plano, z é igual a $2 - 2x - y$, assim

$$\nabla \times \mathbf{F} = (x - 3(2 - 2x - y))\mathbf{j} + y\mathbf{k} = (7x + 3y - 6)\mathbf{j} + y\mathbf{k}$$

e

$$\nabla \times \mathbf{F} \cdot \mathbf{n} = \frac{1}{\sqrt{6}}\left(7x + 3y - 6 + y\right) = \frac{1}{\sqrt{6}}\left(7x + 4y - 6\right).$$

O elemento de área da superfície é

$$d\sigma = \frac{|\nabla f|}{|\nabla f \cdot \mathbf{k}|}\, dA = \frac{\sqrt{6}}{1}\, dx\, dy.$$

A circulação é

$$\oint_C \mathbf{F}\cdot d\mathbf{r} = \iint_S \nabla\times\mathbf{F}\cdot\mathbf{n}\,d\sigma \qquad \text{Teorema de Stokes, Equação 4}$$

$$= \int_0^1\int_0^{2-2x} \frac{1}{\sqrt{6}}\left(7x + 4y - 6\right)\sqrt{6}\,dy\,dx$$

$$= \int_0^1\int_0^{2-2x} (7x + 4y - 6)\,dy\,dx = -1.$$

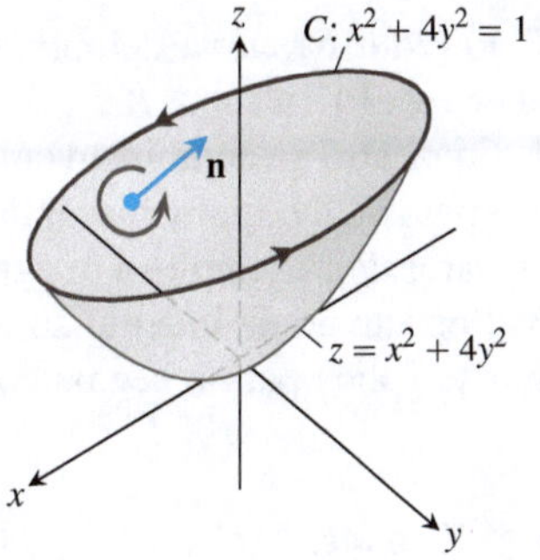

FIGURA 16.63 A porção do paraboloide elíptico no Exemplo 8, mostrando sua curva de interseção C com o plano $z = 1$ e sua orientação normal interior por **n**.

EXEMPLO 8 Seja a superfície S o paraboloide elíptico $z = x^2 + 4y^2$ estando abaixo do plano $z = 1$ (Figura 16.63). Definimos a orientação de S tomando o vetor normal *interior* **n** à superfície, que é a normal tendo uma componente **k** positiva. Encontre o fluxo do rotacional $\nabla\times\mathbf{F}$ através de S na direção **n** para o campo vetorial $\mathbf{F} = y\mathbf{i} - xz\mathbf{j} + xz^2\mathbf{k}$.

Solução Utilizamos o teorema de Stokes para calcular a integral do rotacional encontrando a circulação anti-horária equivalente de **F** ao redor da curva de interseção C do paraboloide $z = x^2 + 4y^2$ e o plano $z = 1$, conforme mostrado na Figura 16.63. Observe que a orientação de S é consistente com o percurso de C em uma direção anti-horária ao redor do eixo z. A curva C é a elipse $x^2 + 4y^2 = 1$ no plano $z = 1$. Podemos parametrizar a elipse por $x = \cos t$, $y = \frac{1}{2}\operatorname{sen} t$, $z = 1$ para $0 \le t \le 2\pi$, portanto C é fornecida por

$$\mathbf{r}(t) = (\cos t)\mathbf{i} + \frac{1}{2}(\operatorname{sen} t)\mathbf{j} + \mathbf{k}, \qquad 0 \le t \le 2\pi.$$

Para calcular a integral de circulação $\oint_C \mathbf{F}\cdot d\mathbf{r}$, calculamos **F** ao longo de C e encontramos o vetor velocidade $d\mathbf{r}/dt$:

$$\mathbf{F}(\mathbf{r}(t)) = \frac{1}{2}(\operatorname{sen} t)\mathbf{i} - (\cos t)\mathbf{j} + (\cos t)\mathbf{k}$$

e

$$\frac{d\mathbf{r}}{dt} = -(\operatorname{sen} t)\mathbf{i} + \frac{1}{2}(\cos t)\mathbf{j}.$$

Então,

$$\oint_C \mathbf{F}\cdot d\mathbf{r} = \int_0^{2\pi} \mathbf{F}(\mathbf{r}(t))\cdot\frac{d\mathbf{r}}{dt}\,dt$$

$$= \int_0^{2\pi}\left(-\frac{1}{2}\operatorname{sen}^2 t - \frac{1}{2}\cos^2 t\right)dt$$

$$= -\frac{1}{2}\int_0^{2\pi} dt = -\pi.$$

Portanto, o fluxo do rotacional através de S na direção **n** para o campo **F** é

$$\iint_S \nabla\times\mathbf{F}\cdot\mathbf{n}\,d\sigma = -\pi.$$

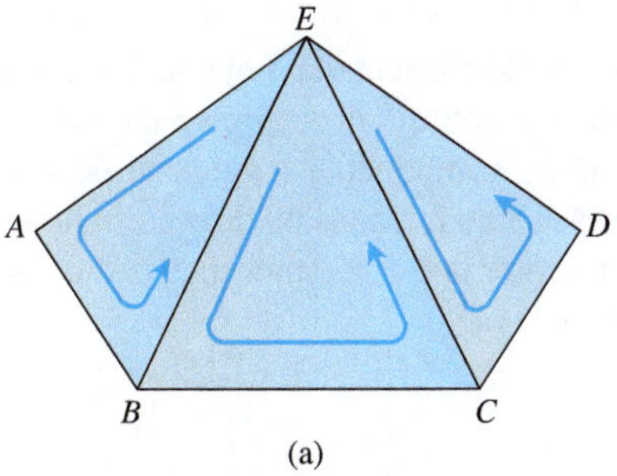

(a)

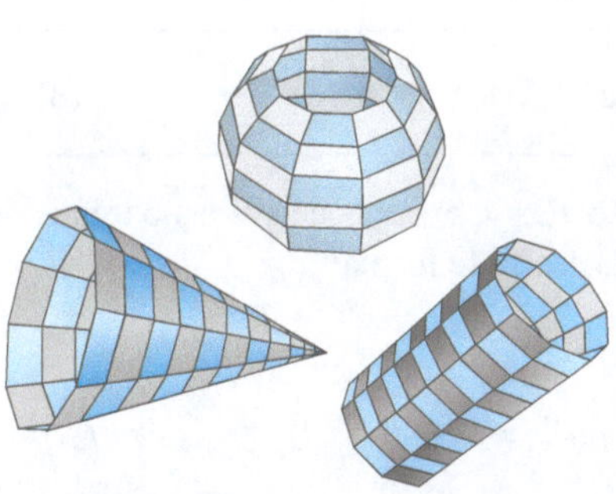

(b)

FIGURA 16.64 (a) Parte de uma superfície poliédrica. (b) Outras superfícies poliédricas.

Prova do teorema de Stokes para superfícies poliédricas

Seja S uma superfície poliédrica consistindo de um número finito de regiões planas ou painéis. (Veja a Figura 16.64 para exemplos.) Aplicamos o teorema de Green para cada face separada de S. Existem dois tipos de painéis:

1. Aqueles que estão cercados por todos os lados por outras faces.
2. Aqueles que têm uma ou mais arestas que não são adjacentes a outras faces.

A borda Δ de S consiste daquelas arestas dos painéis de tipo 2 que não são adjacentes a outros painéis. Na Figura 16.64a, os triângulos EAB, BCE e CDE representam uma parte de S, com $ABCD$ sendo parte da borda Δ. Aplicamos uma forma tangencial generalizada do teorema de Green a cada um dos três triângulos da Figura 16.64a e somamos os resultados para obter

$$\left(\oint_{EAB} + \oint_{BCE} + \oint_{CDE}\right)\mathbf{F}\cdot d\mathbf{r} = \left(\iint_{EAB} + \iint_{BCE} + \iint_{CDE}\right)\nabla\times\mathbf{F}\cdot\mathbf{n}\,d\sigma. \quad (7)$$

Na forma generalizada, a integral de linha de **F** ao redor da curva delimitando a região plana R normal a **n** é igual à integral dupla de (rot **F**) · **n** sobre R.

As três integrais de linha do lado esquerdo da Equação 7 se combinam em uma única integral de linha calculada em torno da periferia $ABCDE$, porque as integrais ao longo dos segmentos interiores se cancelam em pares. Por exemplo, a integral ao longo do segmento BE no triângulo ABE tem sinal oposto ao da integral ao longo do mesmo segmento no triângulo EBC. O mesmo se aplica para o segmento CE. Assim, a Equação 7 se reduz a

$$\oint_{ABCDE} \mathbf{F}\cdot d\mathbf{r} = \iint_{ABCDE} \nabla\times\mathbf{F}\cdot\mathbf{n}\,d\sigma.$$

Quando aplicamos a forma generalizada do teorema de Green a todos os painéis e somamos os resultados, obtemos

$$\oint_{\Delta}\mathbf{F}\cdot d\mathbf{r} = \iint_{S}\nabla\times\mathbf{F}\cdot\mathbf{n}\,d\sigma.$$

Esse é o teorema de Stokes para a superfície poliédrica S na Figura 16.64a. Superfícies poliédricas mais gerais são mostradas na Figura 16.64b e a prova pode ser estendida a elas. Superfícies lisas gerais podem ser obtidas como limites de superfícies poliédricas.

Teorema de Stokes para superfícies com furos

O teorema de Stokes é válido para uma superfície orientada S que tenha um ou mais furos (Figura 16.65). A integral de superfície sobre S do componente normal de $\nabla\times\mathbf{F}$ é igual à soma das integrais de linha do componente tangencial de **F** ao redor de todas as curvas da borda onde as curvas serão traçadas na direção induzida pela orientação de S. Para essas superfícies, o teorema é o mesmo, mas C é considerada como uma união de curvas fechadas simples.

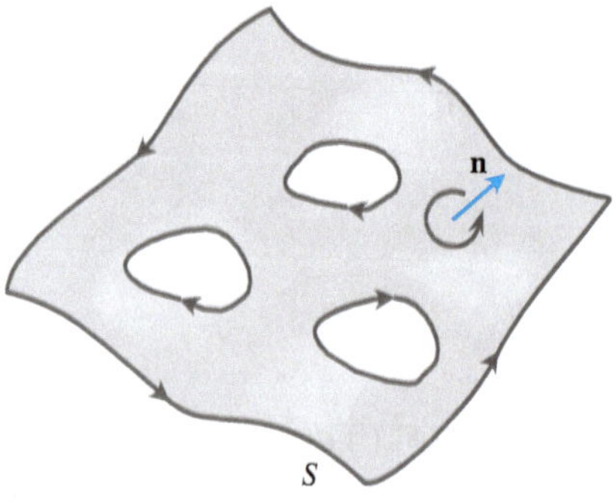

FIGURA 16.65 O teorema de Stokes também é válido para superfícies orientadas com furos.

Uma identidade importante

A identidade a seguir surge frequentemente em matemática e física.

$$\text{rot grad } f = \mathbf{0} \quad \text{ou} \quad \nabla\times\nabla f = \mathbf{0} \qquad (8)$$

Essa identidade é válida para qualquer função $f(x, y, z)$ cujas derivadas parciais de segunda ordem sejam contínuas. A prova é da seguinte forma:

$$\nabla\times\nabla f = \begin{vmatrix} \mathbf{i} & \mathbf{j} & \mathbf{k} \\ \dfrac{\partial}{\partial x} & \dfrac{\partial}{\partial y} & \dfrac{\partial}{\partial z} \\ \dfrac{\partial f}{\partial x} & \dfrac{\partial f}{\partial y} & \dfrac{\partial f}{\partial z} \end{vmatrix} = (f_{zy} - f_{yz})\mathbf{i} - (f_{zx} - f_{xz})\mathbf{j} + (f_{yx} - f_{xy})\mathbf{k}.$$

Se as derivadas parciais de segunda ordem são contínuas, as derivadas de segunda ordem mistas em parênteses são iguais (Teorema 2, Seção 14.3) e o vetor é nulo.

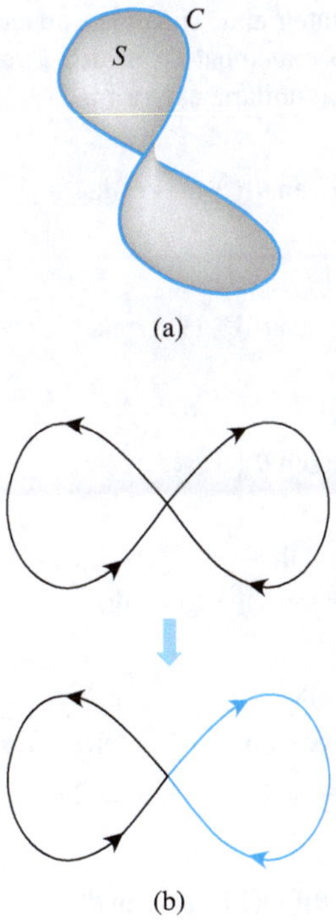

FIGURA 16.66 (a) Em uma região aberta simplesmente conexa no espaço, uma curva fechada simples C é a borda de uma superfície lisa S. (b) Curvas lisas que cruzam a si mesmas podem ser divididas em laços fechados para os quais o teorema de Stokes se aplica.

Campos conservativos e o teorema de Stokes

Na Seção 16.3, descobrimos que um campo **F** ser conservativo em uma região aberta D no espaço é equivalente à integral de **F** ao redor de todo laço em D ser zero. Isso, por sua vez, é equivalente a dizer, em regiões abertas *simplesmente conexas*, que $\nabla \times \mathbf{F} = \mathbf{0}$ (que fornece um teste para determinar se **F** é conservativo para tais regiões).

TEOREMA 7 — Relação de rot F = 0 com a propriedade do laço Se $\nabla \times \mathbf{F} = \mathbf{0}$ em todo ponto de uma região aberta simplesmente conexa D no espaço, então em qualquer curva fechada lisa por partes C em D,

$$\oint_C \mathbf{F} \cdot d\mathbf{r} = 0.$$

Esboço de uma prova O Teorema 7 pode ser provado em duas etapas. A primeira etapa é para curvas fechadas simples (laços que não cruzam em si mesmos), como aquele da Figura 16.66a. Um teorema de topologia, um ramo da matemática avançada, estabelece que toda curva fechada simples e lisa em C em uma região aberta simplesmente conexa D é a borda de uma superfície bilateral lisa S, que também está em D. Consequentemente, pelo teorema de Stokes,

$$\oint_C \mathbf{F} \cdot d\mathbf{r} = \iint_S \nabla \times \mathbf{F} \cdot \mathbf{n}\, d\sigma = 0.$$

A segunda etapa é para curvas que cruzam em si mesmas, como aquela da Figura 16.66b. A ideia é quebrar essas curvas em laços simples gerados por superfícies orientáveis, aplicar o teorema de Stokes a um laço de cada vez e somar os resultados.

O diagrama a seguir resume os resultados para campos conservativos definidos em regiões abertas conexas e simplesmente conexas.

F conservativo em D $\Longleftrightarrow$ (Teorema 2, Seção 16.3) $\mathbf{F} = \nabla f$ em D

$\Updownarrow$ Teorema 3, Seção 16.3

$\Downarrow$ Identidade vetorial (Equação 8) (derivadas parciais de segunda ordem contínuas)

$\oint_C \mathbf{F} \cdot d\mathbf{r} = 0$ sobre qualquer caminho fechado em D $\Longleftarrow$ (Teorema 7 Conexidade simples do domínio e teorema de Stokes) $\nabla \times \mathbf{F} = \mathbf{0}$ ao longo de D

Exercícios 16.7

Utilizando o teorema de Stokes para encontrar integrais de linha

Nos Exercícios 1-6, utilize a integral de superfície no teorema de Stokes para calcular a circulação do campo **F** ao redor da curva C na direção indicada.

1. $\mathbf{F} = x^2\mathbf{i} + 2x\mathbf{j} + z^2\mathbf{k}$

   C: A elipse $4x^2 + y^2 = 4$ no plano xy, no sentido anti-horário quando vista de cima.

2. $\mathbf{F} = 2y\mathbf{i} + 3x\mathbf{j} - z^2\mathbf{k}$

   C: A circunferência $x^2 + y^2 = 9$ no plano xy, no sentido anti-horário quando vista de cima.

3. $\mathbf{F} = y\mathbf{i} + xz\mathbf{j} + x^2\mathbf{k}$

   C: A borda do triângulo cortado do plano $x + y + z = 1$ pelo primeiro octante, no sentido anti-horário quando vista de cima.

4. $\mathbf{F} = (y^2 + z^2)\mathbf{i} + (x^2 + z^2)\mathbf{j} + (x^2 + y^2)\mathbf{k}$

C: A borda do triângulo cortado do plano $x + y + z = 1$ pelo primeiro octante, no sentido anti-horário quando vista de cima.

5. $\mathbf{F} = (y^2 + z^2)\mathbf{i} + (x^2 + y^2)\mathbf{j} + (x^2 + y^2)\mathbf{k}$
   C: O quadrado limitado pelas retas $x = \pm 1$ e $y = \pm 1$ no plano xy, no sentido anti-horário quando visto de cima.
6. $\mathbf{F} = x^2y^3\mathbf{i} + \mathbf{j} + z\mathbf{k}$
   C: A interseção do cilindro $x^2 + y^2 = 4$ e o hemisfério $x^2 + y^2 + z^2 = 16$, $z \geq 0$, no sentido anti-horário quando vista de cima.

Fluxo do rotacional

7. Seja $\mathbf{n}$ a normal unitária exterior da casca elíptica

$$S: \quad 4x^2 + 9y^2 + 36z^2 = 36, \quad z \geq 0,$$

e seja

$$\mathbf{F} = y\mathbf{i} + x^2\mathbf{j} + (x^2 + y^4)^{3/2} \operatorname{sen} e^{\sqrt{xyz}}\,\mathbf{k}.$$

Encontre o valor de

$$\iint_S \nabla \times \mathbf{F} \cdot \mathbf{n}\, d\sigma.$$

(Sugestão: uma parametrização da elipse na base da casca é $x = 3 \cos t$, $y = 2 \operatorname{sen} t$, $0 \leq t \leq 2\pi$.)

8. Seja $\mathbf{n}$ a normal unitária exterior (normal para longe da origem) da casca parabólica

$$S: \quad 4x^2 + y + z^2 = 4, \quad y \geq 0,$$

e seja

$$\mathbf{F} = \left(-z + \frac{1}{2 + x}\right)\mathbf{i} + (\operatorname{tg}^{-1} y)\mathbf{j} + \left(x + \frac{1}{4 + z}\right)\mathbf{k}.$$

Encontre o valor de

$$\iint_S \nabla \times \mathbf{F} \cdot \mathbf{n}\, d\sigma.$$

9. Seja S o cilindro $x^2 + y^2 = a^2$, $0 \leq z \leq h$, juntamente com seu topo, $x^2 + y^2 \leq a^2$, $z = h$. Seja $\mathbf{F} = -y\mathbf{i} + x\mathbf{j} + x^2\mathbf{k}$. Utilize o teorema de Stokes para encontrar o fluxo exterior de $\nabla \times \mathbf{F}$ através de S.
10. Calcule

$$\iint_S \nabla \times (y\mathbf{i}) \cdot \mathbf{n}\, d\sigma,$$

onde S é o hemisfério $x^2 + y^2 + z^2 = 1$, $z \geq 0$.

11. **Fluxo do rotacional de F** Mostre que

$$\iint_S \nabla \times \mathbf{F} \cdot \mathbf{n}\, d\sigma$$

tem o mesmo valor para todas as superfícies orientadas S que têm borda C e que induzem a mesma direção positiva em C.

12. Seja $\mathbf{F}$ um campo vetorial diferenciável definido em uma região contendo uma superfície orientada fechada e lisa S e seu interior. Seja $\mathbf{n}$ o campo vetorial normal unitário em S. Suponha que S seja a união de duas superfícies S_1 e S_2 unidas ao longo de uma curva fechada simples e lisa C. Pode-se dizer algo sobre

$$\iint_S \nabla \times \mathbf{F} \cdot \mathbf{n}\, d\sigma?$$

Justifique sua resposta.

Teorema de Stokes para superfícies parametrizadas

Nos Exercícios 13-18, utilize a integral de superfície no teorema de Stokes para calcular o fluxo do rotacional do campo $\mathbf{F}$ através da superfície S na direção da normal unitária exterior $\mathbf{n}$.

13. $\mathbf{F} = 2z\mathbf{i} + 3x\mathbf{j} + 5y\mathbf{k}$.
    S: $\mathbf{r}(r, \theta) = (r \cos \theta)\mathbf{i} + (r \operatorname{sen} \theta)\mathbf{j} + (4 - r^2)\mathbf{k}$, $0 \leq r \leq 2$, $0 \leq \theta \leq 2\pi$
14. $\mathbf{F} = (y - z)\mathbf{i} + (z - x)\mathbf{j} + (x + z)\mathbf{k}$
    S: $\mathbf{r}(r, \theta) = (r \cos \theta)\mathbf{i} + (r \operatorname{sen} \theta)\mathbf{j} + (9 - r^2)\mathbf{k}$, $0 \leq r \leq 3$, $0 \leq \theta \leq 2\pi$
15. $\mathbf{F} = x^2y\mathbf{i} + 2y^3z\mathbf{j} + 3z\mathbf{k}$
    S: $\mathbf{r}(r, \theta) = (r \cos \theta)\mathbf{i} + (r \operatorname{sen} \theta)\mathbf{j} + r\mathbf{k}$, $0 \leq r \leq 1$, $0 \leq \theta \leq 2\pi$
16. $\mathbf{F} = (x - y)\mathbf{i} + (y - z)\mathbf{j} + (z - x)\mathbf{k}$
    S: $\mathbf{r}(r, \theta) = (r \cos \theta)\mathbf{i} + (r \operatorname{sen} \theta)\mathbf{j} + (5 - r)\mathbf{k}$, $0 \leq r \leq 5$, $0 \leq \theta \leq 2\pi$
17. $\mathbf{F} = 3y\mathbf{i} + (5 - 2x)\mathbf{j} + (z^2 - 2)\mathbf{k}$
    S: $\mathbf{r}(\phi, \theta) = \left(\sqrt{3} \operatorname{sen} \phi \cos \theta\right)\mathbf{i} + \left(\sqrt{3} \operatorname{sen} \phi \operatorname{sen} \theta\right)\mathbf{j} + \left(\sqrt{3} \cos \phi\right)\mathbf{k}$, $0 \leq \phi \leq \pi/2$, $0 \leq \theta \leq 2\pi$
18. $\mathbf{F} = y^2\mathbf{i} + z^2\mathbf{j} + x\mathbf{k}$
    S: $\mathbf{r}(\phi, \theta) = (2 \operatorname{sen} \phi \cos \theta)\mathbf{i} + (2 \operatorname{sen} \phi \operatorname{sen} \theta)\mathbf{j} + (2 \cos \phi)\mathbf{k}$, $0 \leq \phi \leq \pi/2$, $0 \leq \theta \leq 2\pi$

Teoria e exemplos

19. **Circulação zero** Utilize a identidade $\nabla \times \nabla f = \mathbf{0}$ (Equação 8 no texto) e o teorema de Stokes para mostrar que as circulações dos campos a seguir ao redor da borda de qualquer superfície lisa orientável no espaço são zero.
    a. $\mathbf{F} = 2x\mathbf{i} + 2y\mathbf{j} + 2z\mathbf{k}$.
    b. $\mathbf{F} = \nabla(xy^2z^3)$.
    c. $\mathbf{F} = \nabla \times (x\mathbf{i} + y\mathbf{j} + z\mathbf{k})$.
    d. $\mathbf{F} = \nabla f$.
20. **Circulação zero** Seja $f(x, y, z) = (x^2 + y^2 + z^2)^{-1/2}$. Mostre que a circulação em sentido horário do campo $\mathbf{F} = \nabla f$ ao redor da circunferência $x^2 + y^2 = a^2$ no plano xy é zero:
    a. tomando $\mathbf{r} = (a \cos t)\mathbf{i} + (a \operatorname{sen} t)\mathbf{j}$, $0 \leq t \leq 2\pi$, e integrando $\mathbf{F} \cdot d\mathbf{r}$ sobre a circunferência.
    b. aplicando o teorema de Stokes.
21. Seja C uma curva lisa fechada simples no plano $2x + 2y + z = 2$, orientada conforme mostrado aqui. Mostre que

$$\oint_C 2y\, dx + 3z\, dy - x\, dz$$

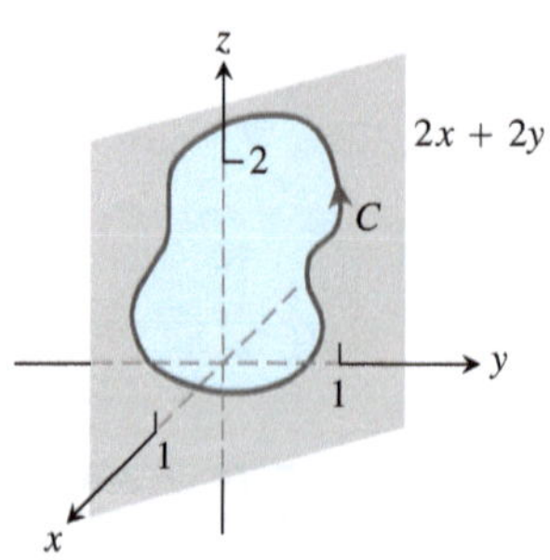

depende somente da área da região delimitada por C e não da posição ou formato de C.

22. Mostre que se $\mathbf{F} = x\mathbf{i} + y\mathbf{j} + z\mathbf{k}$, então $\nabla \times \mathbf{F} = \mathbf{0}$.

23. Encontre um campo vetorial com componentes duas vezes diferenciáveis cujo rotacional seja $x\mathbf{i} + y\mathbf{j} + z\mathbf{k}$ ou prove que tal campo não existe.

24. O teorema de Stokes diz algo especial sobre a circulação em um campo cujo rotacional é zero? Justifique sua resposta.

25. Seja R uma região no plano xy que é limitada por uma curva C fechada, simples e lisa por partes e suponha que os momentos de inércia de R em torno do eixos x e y sejam conhecidos como sendo I_x e I_y. Calcule a integral

$$\oint_C \nabla(r^4) \cdot \mathbf{n}\, ds,$$

onde $r = \sqrt{x^2 + y^2}$, em termos de I_x e I_y.

26. Rotacional zero, mas campo não conservativo Mostre que o rotacional de

$$\mathbf{F} = \frac{-y}{x^2 + y^2}\mathbf{i} + \frac{x}{x^2 + y^2}\mathbf{j} + z\mathbf{k}$$

é zero, mas que

$$\oint_C \mathbf{F} \cdot d\mathbf{r}$$

não é zero se C for a circunferência $x^2 + y^2 = 1$ no plano xy. (O Teorema 7 não se aplica aqui, porque o domínio de $\mathbf{F}$ não é simplesmente conexo. O campo $\mathbf{F}$ não é definido ao longo do eixo z, porque não existe uma forma de contrair C a um ponto sem deixar o domínio de $\mathbf{F}$.)

16.8 Teorema da divergência e teoria unificada

A forma da divergência do teorema de Green no plano enuncia que o fluxo exterior líquido de um campo vetorial através de uma curva fechada simples pode ser calculado integrando-se a divergência do campo sobre a região delimitada pela curva. O teorema correspondente em três dimensões, chamado de teorema da divergência, enuncia que o fluxo exterior líquido de um campo vetorial através de uma superfície fechada no espaço pode ser calculado integrando-se a divergência do campo sobre a região delimitada pela superfície. Nesta seção, provamos o teorema da divergência e mostramos como ele simplifica o cálculo do fluxo. Também deduziremos a lei de Gauss para fluxo em um campo elétrico e a equação de continuidade da hidrodinâmica. Por fim, unificaremos os teoremas de integrais vetoriais do capítulo em um único teorema fundamental.

Divergência em três dimensões

A **divergência** de um campo vetorial $\mathbf{F} = M(x, y, z)\mathbf{i} + N(x, y, z)\mathbf{j} + P(x, y, z)\mathbf{k}$ é a função escalar

$$\text{div}\,\mathbf{F} = \nabla \cdot \mathbf{F} = \frac{\partial M}{\partial x} + \frac{\partial N}{\partial y} + \frac{\partial P}{\partial z}. \tag{1}$$

O símbolo "div **F**" é lido como "divergência de **F**" ou "div **F**". A notação $\nabla \cdot \mathbf{F}$ é lida "nabla escalar **F**".

Div **F** tem em três dimensões a mesma interpretação física que tem em duas. Se **F** é o campo de velocidade de um gás em escoamento, o valor de div **F** em um ponto (x, y, z) é a taxa na qual o gás está em compressão ou expansão em (x, y, z). A divergência é o fluxo por unidade de volume ou densidade de fluxo no ponto.

EXEMPLO 1 Os campos vetoriais a seguir representam a velocidade de um gás escoando no espaço. Encontre a divergência de cada campo vetorial e interprete seu significado físico. A Figura 16.67 mostra os campos vetoriais.

(a) Expansão: $\mathbf{F}(x, y, z) = x\mathbf{i} + y\mathbf{j} + z\mathbf{k}$

(b) Compressão: $\mathbf{F}(x, y, z) = -x\mathbf{i} - y\mathbf{j} - z\mathbf{k}$

(c) Rotação ao redor do eixo z: $\mathbf{F}(x, y, z) = -y\mathbf{i} + x\mathbf{j}$

(d) Cisalhamento ao longo de planos horizontais: $\mathbf{F}(x, y, z) = z\mathbf{j}$

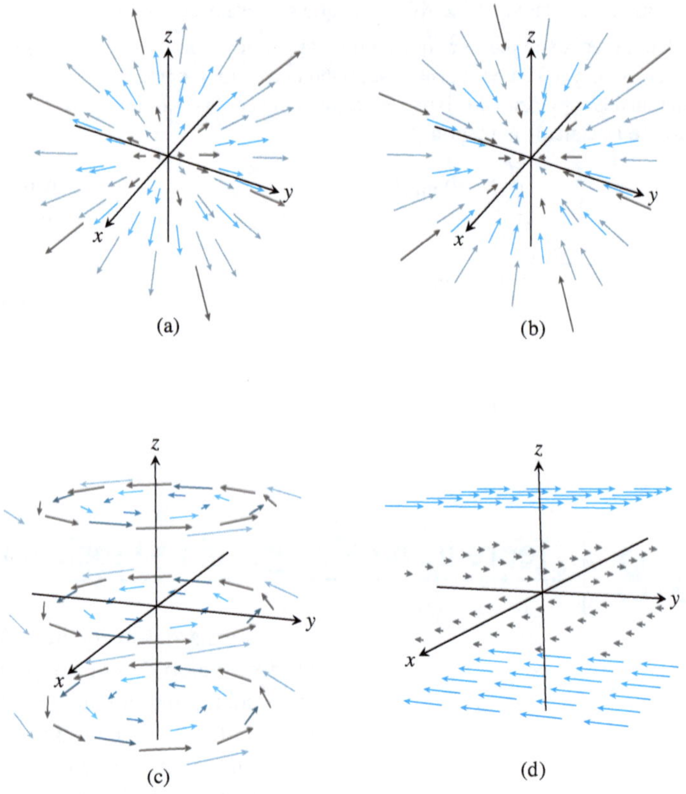

FIGURA 16.67 Campos de velocidade de um gás escoando no espaço (Exemplo 1).

Solução

(a) div $\mathbf{F} = \frac{\partial}{\partial x}(x) + \frac{\partial}{\partial y}(y) + \frac{\partial}{\partial z}(z) = 3$: O gás está sendo submetido a expansão uniforme em todos os pontos.

(b) div $\mathbf{F} = \frac{\partial}{\partial x}(-x) + \frac{\partial}{\partial y}(-y) + \frac{\partial}{\partial z}(-z) = -3$: O gás está sendo submetido a compressão uniforme em todos os pontos.

(c) div $\mathbf{F} = \frac{\partial}{\partial x}(-y) + \frac{\partial}{\partial y}(x) = 0$: O gás não está em expansão ou compressão em nenhum ponto.

(d) div $\mathbf{F} = \frac{\partial}{\partial y}(z) = 0$: Novamente, a divergência é zero em todos os pontos no domínio do campo de velocidade, de forma que o gás não está em expansão ou compressão em nenhum ponto.

Teorema da divergência

O teorema da divergência diz que, sob condições adequadas, o fluxo exterior de um campo vetorial através de uma superfície fechada é igual à integral tripla da divergência do campo sobre a região delimitada pela superfície.

TEOREMA 8 — Teorema da divergência Seja **F** um campo vetorial cujos componentes tenham derivadas parciais de primeira ordem contínuas, e seja S uma superfície fechada, orientada e lisa por partes. O fluxo de **F** através de S na direção do campo normal unitário exterior da superfície **n** é igual à integral de $\nabla \cdot \mathbf{F}$ sobre a região D delimitada pela superfície:

$$\underbrace{\iint_S \mathbf{F}\cdot\mathbf{n}\,d\sigma}_{\text{Fluxo exterior}} = \underbrace{\iiint_D \nabla\cdot\mathbf{F}\,dV}_{\text{Integral da divergência}}. \tag{2}$$

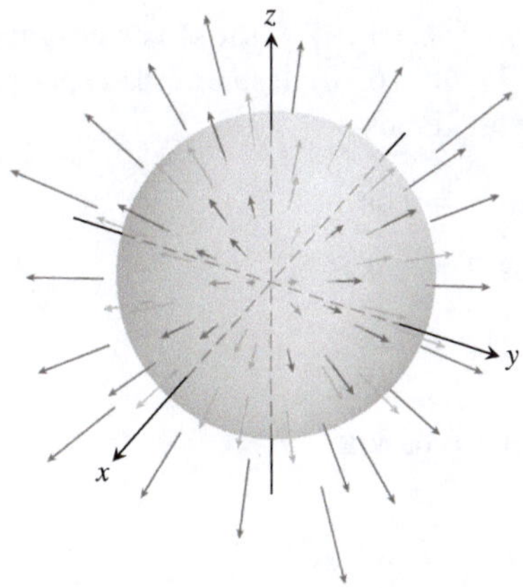

FIGURA 16.68 Campo vetorial em expansão uniforme e esfera (Exemplo 2).

EXEMPLO 2 Calcule ambos os lados da Equação 2 para o campo vetorial em expansão $\mathbf{F} = x\mathbf{i} + y\mathbf{j} + z\mathbf{k}$ sobre a esfera $x^2 + y^2 + z^2 = a^2$ (Figura 16.68).

Solução A normal unitária exterior a S, calculada do gradiente de $f(x, y, z) = x^2 + y^2 + z^2 - a^2$, é

$$\mathbf{n} = \frac{2(x\mathbf{i} + y\mathbf{j} + z\mathbf{k})}{\sqrt{4(x^2 + y^2 + z^2)}} = \frac{x\mathbf{i} + y\mathbf{j} + z\mathbf{k}}{a}. \qquad x^2 + y^2 + z^2 = a^2 \text{ em } S$$

Consequentemente,

$$\mathbf{F}\cdot\mathbf{n}\,d\sigma = \frac{x^2 + y^2 + z^2}{a}\,d\sigma = \frac{a^2}{a}\,d\sigma = a\,d\sigma.$$

Portanto,

$$\iint_S \mathbf{F}\cdot\mathbf{n}\,d\sigma = \iint_S a\,d\sigma = a\iint_S d\sigma = a(4\pi a^2) = 4\pi a^3. \qquad \text{A área de } S \text{ é } 4\pi a^2.$$

A divergência de **F** é

$$\nabla\cdot\mathbf{F} = \frac{\partial}{\partial x}(x) + \frac{\partial}{\partial y}(y) + \frac{\partial}{\partial z}(z) = 3,$$

assim,

$$\iiint_D \nabla\cdot\mathbf{F}\,dV = \iiint_D 3\,dV = 3\left(\frac{4}{3}\pi a^3\right) = 4\pi a^3.$$

EXEMPLO 3 Encontre o fluxo exterior de $\mathbf{F} = xy\mathbf{i} + yz\mathbf{j} + xz\mathbf{k}$ através da superfície do cubo cortado do primeiro octante pelos planos $x = 1$, $y = 1$ e $z = 1$.

Solução Em vez de calcular o fluxo como uma soma de seis integrais separadas, uma para cada face do cubo, podemos calcular o cubo integrando a divergência

$$\nabla\cdot\mathbf{F} = \frac{\partial}{\partial x}(xy) + \frac{\partial}{\partial y}(yz) + \frac{\partial}{\partial z}(xz) = y + z + x$$

sobre o interior do cubo:

$$\text{Fluxo} = \iint_{\substack{\text{Superfície}\\ \text{do cubo}}} \mathbf{F}\cdot\mathbf{n}\,d\sigma = \iiint_{\substack{\text{Interior}\\ \text{do cubo}}} \nabla\cdot\mathbf{F}\,dV \qquad \text{O teorema da divergência}$$

$$= \int_0^1\int_0^1\int_0^1 (x + y + z)\,dx\,dy\,dz = \frac{3}{2}. \qquad \text{Integração de rotina}$$

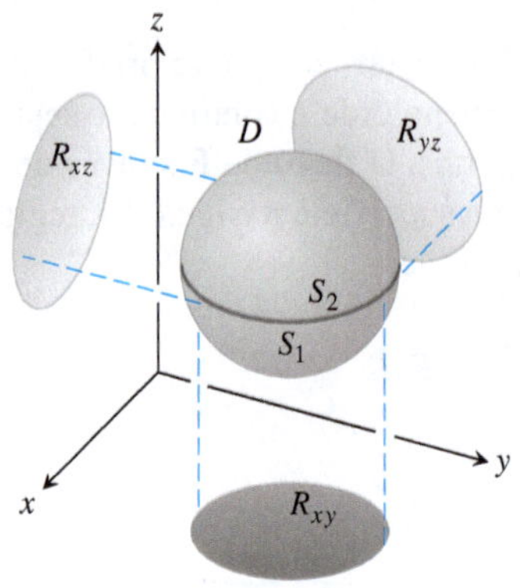

FIGURA 16.69 Provamos o teorema da divergência para o tipo de região tridimensional mostrado aqui.

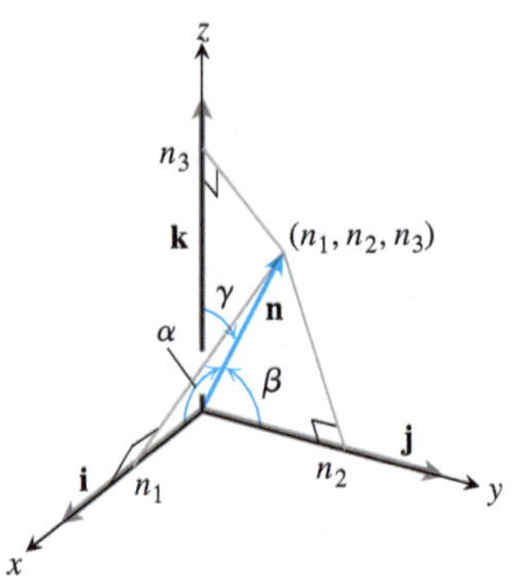

FIGURA 16.70 Os componentes de **n** são os cossenos dos ângulos α, β e γ que ele forma com **i**, **j** e **k**.

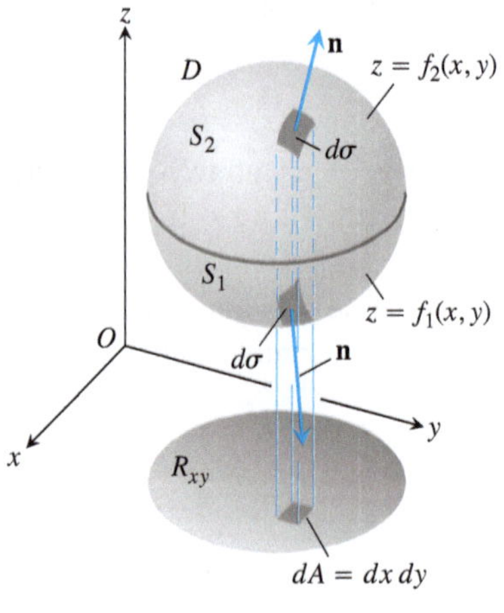

FIGURA 16.71 A região D delimitada pelas superfícies S_1 e S_2 projeta-se verticalmente sobre R_{xy} no plano xy.

Prova do teorema da divergência para regiões especiais

Para provar o teorema da divergência, consideramos que os componentes de **F** tenham derivadas parciais de primeira ordem contínuas. Primeiro, assumimos que D seja uma região convexa sem furos ou bolhas, tal como uma esfera, cubo ou elipsoide sólidos, e que S seja uma superfície lisa por partes. Além disso, assumimos que qualquer reta perpendicular ao plano xy em um ponto interior da região R_{xy}, que é a projeção de D no plano xy, apresenta interseção com a superfície S em exatamente dois pontos, produzindo superfícies

$$S_1: \quad z = f_1(x, y), \qquad (x, y) \text{ em } R_{xy}$$

$$S_2: \quad z = f_2(x, y), \qquad (x, y) \text{ em } R_{xy},$$

com $f_1 \leq f_2$. Fazemos suposições semelhantes sobre a projeção de D sobre os outros planos coordenados. Veja a Figura 16.69.

Os componentes do vetor normal unitário $\mathbf{n} = n_1\mathbf{i} + n_2\mathbf{j} + n_3\mathbf{k}$ são os cossenos dos ângulos α, β e γ que **n** forma com **i**, **j** e **k** (Figura 16.70). Isso é verdade porque todos os vetores envolvidos são vetores unitários. Temos

$$n_1 = \mathbf{n}\cdot\mathbf{i} = |\mathbf{n}|\,|\mathbf{i}|\cos\alpha = \cos\alpha$$

$$n_2 = \mathbf{n}\cdot\mathbf{j} = |\mathbf{n}|\,|\mathbf{j}|\cos\beta = \cos\beta$$

$$n_3 = \mathbf{n}\cdot\mathbf{k} = |\mathbf{n}|\,|\mathbf{k}|\cos\gamma = \cos\gamma.$$

Assim,

$$n = (\cos\alpha)\mathbf{i} + (\cos\beta)\mathbf{j} + (\cos\gamma)\mathbf{k}$$

e

$$\mathbf{F}\cdot\mathbf{n} = M\cos\alpha + N\cos\beta + P\cos\gamma.$$

Na forma em componentes, o teorema da divergência afirma que

$$\iint_S \underbrace{(M\cos\alpha + N\cos\beta + P\cos\gamma)}_{\mathbf{F}\cdot\mathbf{n}}\,d\sigma = \iiint_D \underbrace{\left(\frac{\partial M}{\partial x} + \frac{\partial N}{\partial y} + \frac{\partial P}{\partial z}\right)}_{\text{div } \mathbf{F}}\,dx\,dy\,dz.$$

Provamos o teorema mostrando as três igualdades a seguir:

$$\iint_S M\cos\alpha\,d\sigma = \iiint_D \frac{\partial M}{\partial x}\,dx\,dy\,dz \qquad (3)$$

$$\iint_S N\cos\beta\,d\sigma = \iiint_D \frac{\partial N}{\partial y}\,dx\,dy\,dz \qquad (4)$$

$$\iint_S P\cos\gamma\,d\sigma = \iiint_D \frac{\partial P}{\partial z}\,dx\,dy\,dz \qquad (5)$$

Prova da Equação 5 Provamos a Equação 5 convertendo a integral de superfície à esquerda em uma integral dupla sobre a projeção R_{xy} de D no plano xy (Figura 16.71). A superfície S consiste de uma parte superior S_2 cuja equação é $z = f_2(x, y)$ e uma parte inferior S_1 cuja equação é $z = f_1(x, y)$. Em S_2, a normal exterior **n** tem uma componente **k** positiva e

$$\cos\gamma\,d\sigma = dx\,dy \qquad \text{porque} \qquad d\sigma = \frac{dA}{|\cos\gamma|} = \frac{dx\,dy}{\cos\gamma}.$$

Veja a Figura 16.72. Em S_1, a normal exterior **n** tem uma componente **k** negativa e

$$\cos\gamma\,d\sigma = -dx\,dy.$$

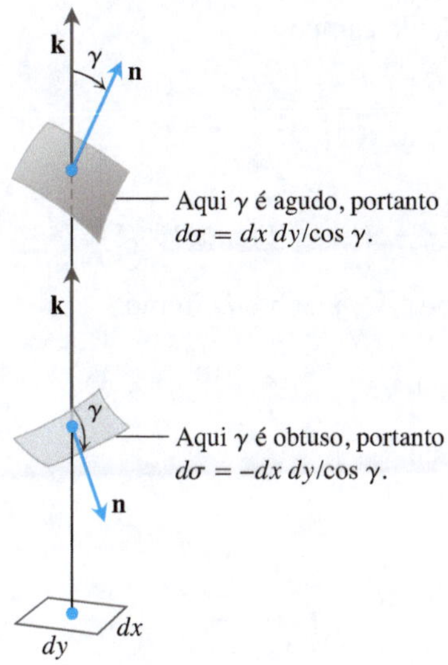

FIGURA 16.72 Visão ampliada dos pedaços de área na Figura 16.71. As relações $d\sigma = \pm dx\, dy/\cos\gamma$ foram deduzidas da Equação 7 na Seção 16.5.

Portanto,

$$\begin{aligned}\iint_S P\cos\gamma\, d\sigma &= \iint_{S_2} P\cos\gamma\, d\sigma + \iint_{S_1} P\cos\gamma\, d\sigma \\ &= \iint_{R_{xy}} P(x, y, f_2(x, y))\, dx\, dy - \iint_{R_{xy}} P(x, y, f_1(x, y))\, dx\, dy \\ &= \iint_{R_{xy}} [P(x, y, f_2(x, y)) - P(x, y, f_1(x, y))]\, dx\, dy \\ &= \iint_{R_{xy}} \left[\int_{f_1(x,y)}^{f_2(x,y)} \frac{\partial P}{\partial z}\, dz\right] dx\, dy = \iiint_D \frac{\partial P}{\partial z}\, dz\, dx\, dy.\end{aligned}$$

Isso prova a Equação 5. As provas para as Equações 3 e 4 seguem o mesmo padrão; ou apenas permute x, y, z; M, N, P; α, β, γ, em ordem, e obtenha esses resultados a partir da Equação 5. Isso prova o teorema da divergência para essas regiões especiais.

Teorema da divergência para outras regiões

O teorema da divergência pode ser estendido a regiões que podem ser divididas em um número finito de regiões simples do tipo que acabamos de discutir e a regiões que podem ser definidas como limites de regiões mais simples de certas maneiras. Como exemplo de uma etapa em um processo de divisão, suponha que D seja a região entre duas esferas concêntricas e que **F** tenha componentes continuamente diferenciáveis em D e sobre as superfícies limitantes. Divida D por um plano equatorial e aplique o teorema da divergência para cada metade separadamente. A metade inferior, D_1, é mostrada na Figura 16.73. A superfície S_1 que limita D_1 consiste em um hemisfério exterior, uma base plana com formato de arruela e um hemisfério interior. O teorema da divergência diz que

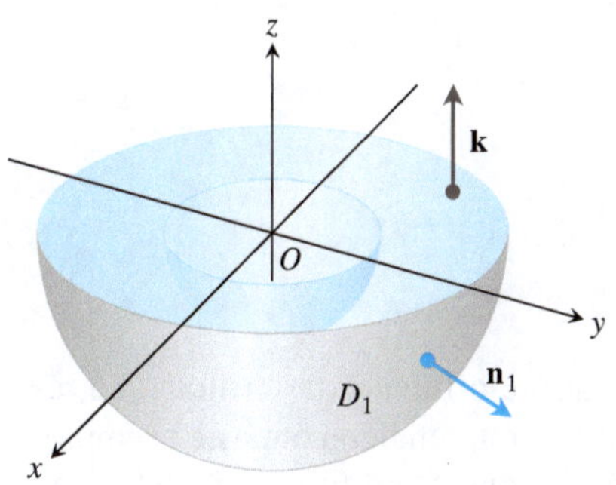

FIGURA 16.73 Metade inferior da região sólida entre duas esferas concêntricas.

$$\iint_{S_1} \mathbf{F}\cdot\mathbf{n}_1\, d\sigma_1 = \iiint_{D_1} \nabla\cdot\mathbf{F}\, dV_1. \tag{6}$$

A normal unitária $\mathbf{n}_1$ que aponta para fora de D_1 aponta no sentido oposto da origem ao longo da superfície externa, é igual a **k** ao longo da base plana e aponta no sentido da origem ao longo da superfície interna. A seguir, aplicaremos o teorema da divergência a D_2 e sua superfície S_2 (Figura 16.74):

$$\iint_{S_2} \mathbf{F}\cdot\mathbf{n}_2\, d\sigma_2 = \iiint_{D_2} \nabla\cdot\mathbf{F}\, dV_2. \tag{7}$$

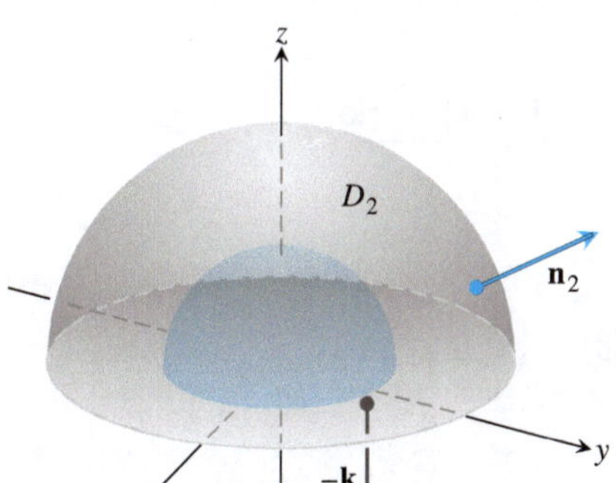

FIGURA 16.74 Metade superior da região sólida entre duas esferas concêntricas.

À medida que seguimos $\mathbf{n}_2$ sobre S_2, apontando para fora de D_2, vemos que $\mathbf{n}_2$ é igual a –**k** ao longo da base com formato de arruela no plano xy, aponta no sentido oposto da origem na esfera externa e aponta no sentido da origem na esfera interna. Quando somamos as Equações 6 e 7, as integrais sobre a base plana se cancelam por causa dos sinais opostos de $\mathbf{n}_1$ e $\mathbf{n}_2$. Assim, chegamos ao resultado

$$\iint_S \mathbf{F}\cdot\mathbf{n}\, d\sigma = \iiint_D \nabla\cdot\mathbf{F}\, dV,$$

sendo D a região entre as esferas, S a fronteira de D consistindo de duas esferas, e **n** a normal unitária a S direcionada para fora de D.

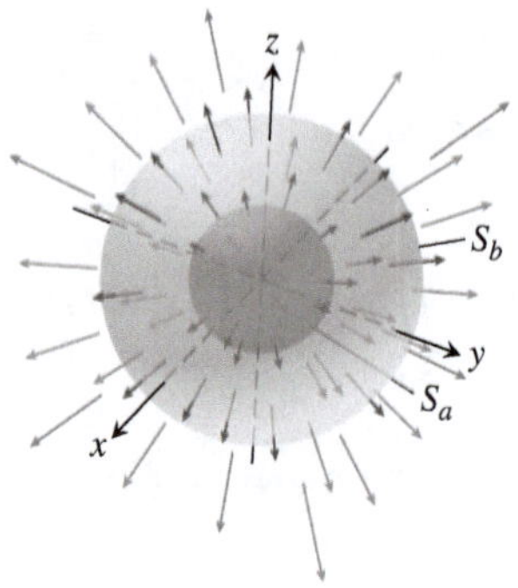

FIGURA 16.75 Duas esferas concêntricas em um campo vetorial em expansão.

EXEMPLO 4 Encontre o fluxo exterior líquido do campo

$$\mathbf{F} = \frac{x\mathbf{i} + y\mathbf{j} + z\mathbf{k}}{\rho^3}, \qquad \rho = \sqrt{x^2 + y^2 + z^2}$$

através da fronteira da região D: $0 < a^2 \leq x^2 + y^2 + z^2 \leq b^2$ (Figura 16.75).

Solução O fluxo pode ser calculado integrando-se $\nabla \cdot \mathbf{F}$ sobre D. Temos

$$\frac{\partial \rho}{\partial x} = \frac{1}{2}(x^2 + y^2 + z^2)^{-1/2}(2x) = \frac{x}{\rho}$$

e

$$\frac{\partial M}{\partial x} = \frac{\partial}{\partial x}(x\rho^{-3}) = \rho^{-3} - 3x\rho^{-4}\frac{\partial \rho}{\partial x} = \frac{1}{\rho^3} - \frac{3x^2}{\rho^5}.$$

De maneira semelhante,

$$\frac{\partial N}{\partial y} = \frac{1}{\rho^3} - \frac{3y^2}{\rho^5} \qquad \text{e} \qquad \frac{\partial P}{\partial z} = \frac{1}{\rho^3} - \frac{3z^2}{\rho^5}.$$

Consequentemente,

$$\text{div}\,\mathbf{F} = \frac{3}{\rho^3} - \frac{3}{\rho^5}(x^2 + y^2 + z^2) = \frac{3}{\rho^3} - \frac{3\rho^2}{\rho^5} = 0$$

e

$$\iiint_D \nabla \cdot \mathbf{F}\, dV = 0. \qquad \nabla \cdot \mathbf{F} = \text{div}\,\mathbf{F}$$

Dessa forma, a integral de $\nabla \cdot \mathbf{F}$ sobre D é zero e o fluxo exterior líquido através da fronteira de D é zero. Entretanto, há mais a ser aprendido com este exemplo. O fluxo deixando D através da esfera interna S_a é o oposto do fluxo deixando D através da esfera externa S_b (porque a soma desses fluxos é zero). Assim, o fluxo de $\mathbf{F}$ através de S_a no sentido que se afasta da origem é igual ao fluxo de $\mathbf{F}$ através de S_b no sentido que se afasta da origem. Dessa forma, o fluxo de $\mathbf{F}$ através de uma esfera centrada na origem é independente do raio da esfera. Qual é esse fluxo?

Para encontrá-lo, calculamos a integral de fluxo diretamente. A normal unitária exterior sobre a esfera de raio a é

$$\mathbf{n} = \frac{x\mathbf{i} + y\mathbf{j} + z\mathbf{k}}{\sqrt{x^2 + y^2 + z^2}} = \frac{x\mathbf{i} + y\mathbf{j} + z\mathbf{k}}{a}.$$

Consequentemente, sobre a esfera,

$$\mathbf{F} \cdot \mathbf{n} = \frac{x\mathbf{i} + y\mathbf{j} + z\mathbf{k}}{a^3} \cdot \frac{x\mathbf{i} + y\mathbf{j} + z\mathbf{k}}{a} = \frac{x^2 + y^2 + z^2}{a^4} = \frac{a^2}{a^4} = \frac{1}{a^2}$$

e

$$\iint_{S_a} \mathbf{F} \cdot \mathbf{n}\, d\sigma = \frac{1}{a^2}\iint_{S_a} d\sigma = \frac{1}{a^2}(4\pi a^2) = 4\pi.$$

O fluxo exterior de $\mathbf{F}$ através de qualquer esfera centrada na origem é 4π.

Lei de Gauss: uma das quatro grandes leis da teoria do eletromagnetismo

Há ainda mais a ser aprendido com o Exemplo 4. Na teoria do eletromagnetismo, o campo elétrico criado por uma carga pontual q localizada na origem é

$$\mathbf{E}(x, y, z) = \frac{1}{4\pi\epsilon_0}\frac{q}{|\mathbf{r}|^2}\left(\frac{\mathbf{r}}{|\mathbf{r}|}\right) = \frac{q}{4\pi\epsilon_0}\frac{\mathbf{r}}{|\mathbf{r}|^3} = \frac{q}{4\pi\epsilon_0}\frac{x\mathbf{i} + y\mathbf{j} + z\mathbf{k}}{\rho^3},$$

onde ϵ_0 é uma constante física, $\mathbf{r}$ é o vetor posição do ponto (x, y, z) e $\rho = |\mathbf{r}| = \sqrt{x^2 + y^2 + z^2}$. Na notação do Exemplo 4,

$$\mathbf{E} = \frac{q}{4\pi\epsilon_0}\mathbf{F}.$$

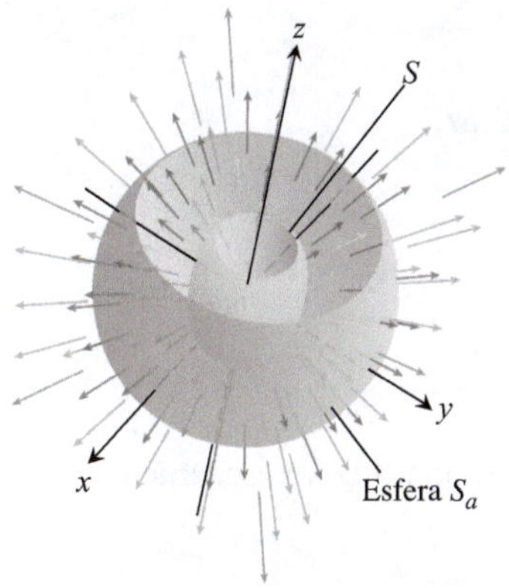

FIGURA 16.76 Esfera S_a cercando uma outra superfície S. Os topos das superfícies foram removidos para visualização.

Os cálculos no Exemplo 4 mostram que o fluxo exterior de $\mathbf{E}$ através de qualquer esfera centrada na origem é q/ϵ_0, mas esse resultado não está restrito às esferas. O fluxo exterior de $\mathbf{E}$ através de qualquer superfície fechada S que engloba a origem (e a qual o teorema da divergência se aplica) é também q/ϵ_0. Para sabermos por quê, temos apenas de imaginar uma esfera grande S_a centrada na origem e englobando a superfície S (veja a Figura 16.76). Uma vez que

$$\nabla \cdot \mathbf{E} = \nabla \cdot \frac{q}{4\pi\epsilon_0}\mathbf{F} = \frac{q}{4\pi\epsilon_0}\nabla \cdot \mathbf{F} = 0$$

quando $\rho > 0$, a integral de $\nabla \cdot \mathbf{E}$ sobre a região D entre S e S_a é zero. Consequentemente, pelo teorema da divergência,

$$\iint_{\substack{\text{Fronteira}\\ \text{de } D}} \mathbf{E} \cdot \mathbf{n}\, d\sigma = 0,$$

e o fluxo de $\mathbf{E}$ através de S no sentido que se afasta da origem deve ser o mesmo que o fluxo de $\mathbf{E}$ através de S_a no sentido que se afasta da origem, que é q/ϵ_0. Essa afirmação, denominada *lei de Gauss*, também se aplica a distribuições de cargas mais gerais do que aquelas consideradas aqui, como você pode ver em quase todos os textos de física.

$$\text{Lei de Gauss:} \quad \iint_S \mathbf{E} \cdot \mathbf{n}\, d\sigma = \frac{q}{\epsilon_0}$$

Equação da continuidade de hidrodinâmica

Seja D uma região no espaço delimitada por uma superfície fechada e orientada S. Se $\mathbf{v}(x, y, z)$ é o campo de velocidade de um fluido que escoa suavemente através de D, $\delta = \delta(t, x, y, z)$ é a densidade do fluido em (x, y, z) no tempo t, e $\mathbf{F} = \delta\mathbf{v}$, então a **equação da continuidade** da hidrodinâmica afirma que

$$\nabla \cdot \mathbf{F} + \frac{\partial\delta}{\partial t} = 0.$$

Se as funções envolvidas têm derivadas parciais de primeira ordem contínuas, a equação evolui naturalmente a partir do teorema da divergência, conforme veremos a seguir.

Primeiro, a integral

$$\iint_S \mathbf{F} \cdot \mathbf{n}\, d\sigma$$

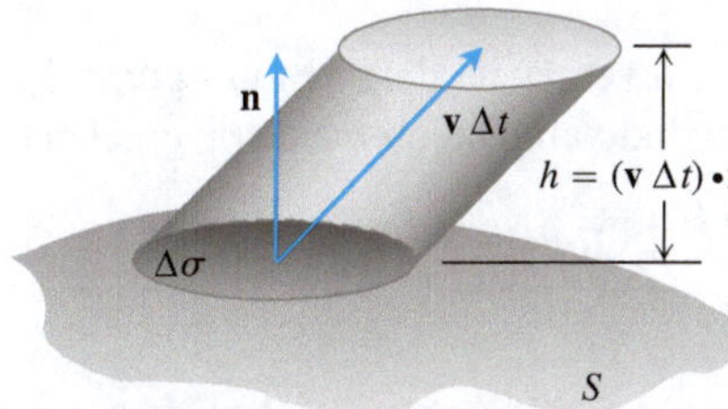

FIGURA 16.77 O fluido que escoa para cima através do pedaço $\Delta\sigma$ em um curto espaço de tempo Δt preenche um "cilindro" cujo volume é aproximadamente base × altura = $\mathbf{v} \cdot \mathbf{n}\, \Delta\sigma\, \Delta t$.

é a taxa na qual a massa deixa D através de S (deixa porque $\mathbf{n}$ é a normal exterior). Para saber por quê, considere um pedaço de área $\Delta\sigma$ sobre a superfície (Figura 16.77). Em um intervalo curto de tempo Δt, o volume ΔV do fluido que escoa através do pedaço é aproximadamente igual ao volume de um cilindro com área da base $\Delta\sigma$ e altura $(\mathbf{v}\Delta t) \cdot \mathbf{n}$, onde $\mathbf{v}$ é um vetor velocidade com origem em um ponto do pedaço:

$$\Delta V \approx \mathbf{v} \cdot \mathbf{n}\, \Delta\sigma\, \Delta t.$$

A massa desse volume de fluido é de cerca de

$$\Delta m \approx \delta \mathbf{v} \cdot \mathbf{n}\, \Delta\sigma\, \Delta t,$$

de forma que a taxa na qual a massa escoa para fora de D através do pedaço é de cerca de

$$\frac{\Delta m}{\Delta t} \approx \delta \mathbf{v} \cdot \mathbf{n}\, \Delta\sigma.$$

Isso leva à aproximação

$$\frac{\sum \Delta m}{\Delta t} \approx \sum \delta \mathbf{v} \cdot \mathbf{n}\, \Delta\sigma$$

como uma estimativa da taxa média à qual a massa escoa através de S. Por fim, fazer $\Delta\sigma \to 0$ e $\Delta t \to 0$ fornece a taxa instantânea na qual a massa deixa D através de S como

$$\frac{dm}{dt} = \iint_S \delta \mathbf{v} \cdot \mathbf{n}\, d\sigma,$$

a qual, para nosso escoamento específico, é

$$\frac{dm}{dt} = \iint_S \mathbf{F} \cdot \mathbf{n}\, d\sigma.$$

Agora, seja B uma esfera sólida centrada em um ponto Q no escoamento. O valor médio de $\nabla \cdot \mathbf{F}$ sobre B é

$$\frac{1}{\text{volume de } B} \iiint_B \nabla \cdot \mathbf{F}\, dV.$$

É uma consequência da continuidade da divergência que $\nabla \cdot \mathbf{F}$ realmente assuma esse valor em algum ponto P em B. Assim,

$$(\nabla \cdot \mathbf{F})_P = \frac{1}{\text{volume de } B} \iiint_B \nabla \cdot \mathbf{F}\, dV = \frac{\iint_S \mathbf{F} \cdot \mathbf{n}\, d\sigma}{\text{volume de } B}$$

$$= \frac{\text{taxa na qual a massa deixa } B \text{ através de sua superfície } S}{\text{volume de } B}. \quad (8)$$

O último termo da equação descreve a redução de massa por unidade de volume.

Agora, faça o raio de B se aproximar de zero enquanto o centro Q permanece fixo. O lado esquerdo da Equação 8 converge para $(\nabla \cdot \mathbf{F})_Q$, o lado direito para $(-\partial\delta/\partial t)_Q$. A igualdade desses dois limites é a equação de continuidade

$$\nabla \cdot \mathbf{F} = -\frac{\partial \delta}{\partial t}.$$

A equação de continuidade "explica" $\nabla \cdot \mathbf{F}$: A divergência de $\mathbf{F}$ em um ponto é a taxa na qual a densidade do fluido está se reduzindo ali. O teorema da divergência

$$\iint_S \mathbf{F} \cdot \mathbf{n}\, d\sigma = \iiint_D \nabla \cdot \mathbf{F}\, dV$$

agora diz que a redução líquida na densidade do fluido na região D se deve pela massa transportada através da superfície S. Assim, o teorema é uma afirmação sobre a conservação de massa (Exercício 31).

Unificando os teoremas que envolvem integrais

Se pensarmos em um campo bidimensional $\mathbf{F} = M(x, y)\mathbf{i} + N(x, y)\mathbf{j}$ como um campo tridimensional cuja componente $\mathbf{k}$ é zero, então $\nabla \cdot \mathbf{F} = (\partial M/\partial x) + (\partial N/\partial y)$ e a forma normal do teorema de Green pode ser escrita como

$$\oint_C \mathbf{F}\cdot\mathbf{n}\,ds = \iint_R \left(\frac{\partial M}{\partial x} + \frac{\partial N}{\partial y}\right) dx\,dy = \iint_R \nabla\cdot\mathbf{F}\,dA.$$

De maneira semelhante, $\nabla \times \mathbf{F} \cdot \mathbf{k} = (\partial N/\partial x) - (\partial M/\partial y)$, de modo que a forma tangencial do teorema de Green pode ser escrita como

$$\oint_C \mathbf{F}\cdot d\mathbf{r} = \iint_R \left(\frac{\partial N}{\partial x} - \frac{\partial M}{\partial y}\right) dx\,dy = \iint_R \nabla\times\mathbf{F}\cdot\mathbf{k}\,dA.$$

Com as equações do teorema de Green agora na notação "nabla", podemos ver sua relação com as equações do teorema de Stokes e do teorema da divergência.

Teorema de Green e sua generalização para três dimensões

Forma normal do teorema de Green: $\displaystyle\oint_C \mathbf{F}\cdot\mathbf{n}\,ds = \iint_R \nabla\cdot\mathbf{F}\,dA$

Teorema da divergência: $\displaystyle\iint_S \mathbf{F}\cdot\mathbf{n}\,d\sigma = \iiint_D \nabla\cdot\mathbf{F}\,dV$

Forma tangencial do teorema de Green: $\displaystyle\oint_C \mathbf{F}\cdot d\mathbf{r} = \iint_R \nabla\times\mathbf{F}\cdot\mathbf{k}\,dA$

Teorema de Stokes: $\displaystyle\oint_C \mathbf{F}\cdot d\mathbf{r} = \iint_S \nabla\times\mathbf{F}\cdot\mathbf{n}\,d\sigma$

Observe como o teorema de Stokes generaliza a forma tangencial (rotacional) do teorema de Green, de uma superfície plana no plano para uma superfície no espaço tridimensional. Em cada caso, a integral do componente normal de rot $\mathbf{F}$ sobre o interior da superfície é igual à circulação de $\mathbf{F}$ ao redor da borda.

Da mesma forma, o teorema da divergência generaliza a forma normal (fluxo) do teorema de Green, de uma região bidimensional no plano para uma região tridimensional no espaço. Em cada caso, a integral de $\nabla \cdot \mathbf{F}$ a partir do interior da região é igual ao fluxo total do campo através da fronteira.

Há ainda mais a aprender aqui. Todos esses resultados podem ser pensados como formas de um *único teorema fundamental.* Lembre-se do Teorema Fundamental do Cálculo na Seção 5.4, Volume I. Ele diz que se $f(x)$ for derivável sobre (a, b) e contínua em $[a, b]$, então

$$\int_a^b \frac{df}{dx}\,dx = f(b) - f(a).$$

FIGURA 16.78 Normais unitárias exteriores na fronteira de $[a, b]$ no espaço unidimensional.

Se fizermos $\mathbf{F} = f(x)\mathbf{i}$ em $[a, b]$, então $(df/dx) = \nabla \cdot \mathbf{F}$. Se definirmos o campo vetorial unitário $\mathbf{n}$ normal à fronteira de $[a, b]$ como sendo $\mathbf{i}$ em b e $-\mathbf{i}$ em a (Figura 16.78), então

$$\begin{aligned} f(b) - f(a) &= f(b)\mathbf{i}\cdot(\mathbf{i}) + f(a)\mathbf{i}\cdot(-\mathbf{i}) \\ &= \mathbf{F}(b)\cdot\mathbf{n} + \mathbf{F}(a)\cdot\mathbf{n} \\ &= \text{fluxo total de saída de } \mathbf{F} \text{ através da fronteira de } [a, b]. \end{aligned}$$

O teorema fundamental agora diz que

$$\mathbf{F}(b)\cdot\mathbf{n} + \mathbf{F}(a)\cdot\mathbf{n} = \int_{[a,b]} \nabla\cdot\mathbf{F}\,dx.$$

O teorema fundamental do cálculo, a forma normal do teorema de Green e o teorema da divergência dizem que a integral do operador diferencial $\nabla\cdot$ operando sobre um campo **F** em uma região é igual à soma das componentes normais sobre a fronteira da região. (Aqui estamos interpretando a integral de linha no teorema de Green e a integral de superfície no teorema da divergência como "somas" sobre a fronteira.)

O teorema de Stokes e a forma tangencial do teorema de Green dizem que, quando tudo estiver adequadamente orientado, a integral do componente normal do rotacional operando sobre um campo é igual à soma dos componentes tangenciais do campo na fronteira da superfície.

A beleza dessas interpretações está na observação de um único princípio unificador, que podemos definir como segue.

Teorema fundamental unificador

A integral de um operador diferencial que atua em um campo sobre uma região é igual à soma dos componentes do campo apropriados ao operador sobre a fronteira da região.

Exercícios 16.8

Calculando a divergência

Nos Exercícios 1-4, encontre a divergência do campo.

1. O campo de rotação da Figura 16.12.
2. O campo radial da Figura 16.11.
3. O campo gravitacional da Figura 16.8 e Exercício 38a na Seção 16.3.
4. O campo de velocidade da Figura 16.13.

Calculando o fluxo utilizando o teorema da divergência

Nos Exercícios 5-16, utilize o teorema da divergência para encontrar o fluxo exterior de **F** através da fronteira da região D.

5. **Cubo** $\mathbf{F} = (y - x)\mathbf{i} + (z - y)\mathbf{j} + (y - x)\mathbf{k}$
   D: O cubo limitado pelos planos $x = \pm 1$, $y = \pm 1$ e $z = \pm 1$.
6. $\mathbf{F} = x^2\mathbf{i} + y^2\mathbf{j} + z^2\mathbf{k}$
   a. **Cubo** D: O cubo cortado do primeiro octante pelos planos $x = 1$, $y = 1$ e $z = 1$.
   b. **Cubo** D: O cubo delimitado pelos planos $x = \pm 1$, $y = \pm 1$ e $z = \pm 1$.
   c. **Lata cilíndrica** D: A região cortada do cilindro sólido $x^2 + y^2 \leq 4$ pelos planos $z = 0$ e $z = 1$.
7. **Cilindro e paraboloide** $\mathbf{F} = y\mathbf{i} + xy\mathbf{j} - z\mathbf{k}$
   D: A região dentro do cilindro sólido $x^2 + y^2 \leq 4$ entre o plano $z = 0$ e o paraboloide $z = x^2 + y^2$.
8. **Esfera** $\mathbf{F} = x^2\mathbf{i} + xz\mathbf{j} + 3z\mathbf{k}$
   D: A esfera sólida $x^2 + y^2 + z^2 \leq 4$.
9. **Parte da esfera** $\mathbf{F} = x^2\mathbf{i} - 2xy\mathbf{j} + 3xz\mathbf{k}$
   D: A região cortada do primeiro octante pela esfera $x^2 + y^2 + z^2 = 4$.
10. **Lata cilíndrica** $\mathbf{F} = (6x^2 + 2xy)\mathbf{i} + (2y + x^2z)\mathbf{j} + 4x^2y^3\mathbf{k}$
    D: A região cortada do primeiro octante pelo cilindro $x^2 + y^2 = 4$ e pelo plano $z = 3$.
11. **Cunha** $\mathbf{F} = 2xz\mathbf{i} - xy\mathbf{j} - z^2\mathbf{k}$
    D: A cunha cortada do primeiro octante pelo plano $y + z = 4$ e pelo cilindro elíptico $4x^2 + y^2 = 16$.
12. **Esfera** $\mathbf{F} = x^3\mathbf{i} + y^3\mathbf{j} + z^3\mathbf{k}$
    D: A esfera sólida $x^2 + y^2 + z^2 \leq a^2$.
13. **Esfera espessa** $\mathbf{F} = \sqrt{x^2 + y^2 + z^2}\,(x\mathbf{i} + y\mathbf{j} + z\mathbf{k})$
    D: A região $1 \leq x^2 + y^2 + z^2 \leq 2$.
14. **Esfera espessa** $\mathbf{F} = (x\mathbf{i} + y\mathbf{j} + z\mathbf{k})/\sqrt{x^2 + y^2 + z^2}$
    D: A região $1 \leq x^2 + y^2 + z^2 \leq 4$.
15. **Esfera espessa** $\mathbf{F} = (5x^3 + 12xy^2)\mathbf{i} + (y^3 + e^y \operatorname{sen} z)\mathbf{j} + (5z^3 + e^y \cos z)\mathbf{k}$
    D: A região sólida entre as esferas $x^2 + y^2 + z^2 = 1$ e $x^2 + y^2 + z^2 = 2$.
16. **Cilindro espesso** $\mathbf{F} = \ln(x^2 + y^2)\mathbf{i} - \left(\frac{2z}{x}\operatorname{tg}^{-1}\frac{y}{x}\right)\mathbf{j} + z\sqrt{x^2 + y^2}\,\mathbf{k}$
    D: O cilindro de paredes espessas $1 \leq x^2 + y^2 \leq 2$, $-1 \leq z \leq 2$.

Propriedades do rotacional e divergência

17. div (rot G) é zero

a. Mostre que se as derivadas parciais necessárias dos componentes do campo $\mathbf{G} = M\mathbf{i} + N\mathbf{j} + P\mathbf{k}$ forem contínuas, então $\nabla \cdot \nabla \times \mathbf{G} = 0$.

b. Pode-se concluir algo sobre o fluxo do campo $\nabla \times \mathbf{G}$ através de uma superfície fechada? Justifique sua resposta.

18. Sejam $\mathbf{F}_1$ e $\mathbf{F}_2$ campos vetoriais diferenciáveis e sejam a e b constantes reais arbitrárias. Verifique as identidades a seguir.

a. $\nabla \cdot (a\mathbf{F}_1 + b\mathbf{F}_2) = a\nabla \cdot \mathbf{F}_1 + b\nabla \cdot \mathbf{F}_2$

b. $\nabla \times (a\mathbf{F}_1 + b\mathbf{F}_2) = a\nabla \times \mathbf{F}_1 + b\nabla \times \mathbf{F}_2$

c. $\nabla \cdot (\mathbf{F}_1 \times \mathbf{F}_2) = \mathbf{F}_2 \cdot \nabla \times \mathbf{F}_1 - \mathbf{F}_1 \cdot \nabla \times \mathbf{F}_2$

19. Seja $\mathbf{F}$ um campo vetorial diferenciável e seja $g(x, y, z)$ uma função escalar diferenciável. Verifique as identidades a seguir.

a. $\nabla \cdot (g\mathbf{F}) = g\nabla \cdot \mathbf{F} + \nabla g \cdot \mathbf{F}$

b. $\nabla \times (g\mathbf{F}) = g\nabla \times \mathbf{F} + \nabla g \times \mathbf{F}$

20. Se $\mathbf{F} = M\mathbf{i} + N\mathbf{j} + P\mathbf{k}$ é um campo vetorial diferenciável, definimos a notação $\mathbf{F} \cdot \nabla$ para significar

$$M\frac{\partial}{\partial x} + N\frac{\partial}{\partial y} + P\frac{\partial}{\partial z}.$$

Para campos vetoriais diferenciáveis $\mathbf{F}_1$ e $\mathbf{F}_2$, verifique as identidades a seguir.

a. $\nabla \times (\mathbf{F}_1 \times \mathbf{F}_2) = (\mathbf{F}_2 \cdot \nabla)\mathbf{F}_1 - (\mathbf{F}_1 \cdot \nabla)\mathbf{F}_2 + (\nabla \cdot \mathbf{F}_2)\mathbf{F}_1 - (\nabla \cdot \mathbf{F}_1)\mathbf{F}_2$

b. $\nabla(\mathbf{F}_1 \cdot \mathbf{F}_2) = (\mathbf{F}_1 \cdot \nabla)\mathbf{F}_2 + (\mathbf{F}_2 \cdot \nabla)\mathbf{F}_1 + \mathbf{F}_1 \times (\nabla \times \mathbf{F}_2) + \mathbf{F}_2 \times (\nabla \times \mathbf{F}_1)$

Teoria e exemplos

21. Seja $\mathbf{F}$ um campo cujas componentes têm derivadas parciais de primeira ordem contínuas em uma parte do espaço contendo uma região D delimitada por uma superfície fechada e lisa S. Se $|\mathbf{F}| \leq 1$, pode ser colocada alguma limitação sobre o tamanho de

$$\iiint_D \nabla \cdot \mathbf{F}\, dV?$$

Justifique sua resposta.

22. A base da superfície fechada de tipo cúbico mostrada aqui é o quadrado unitário no plano xy. Os quatro lados estão nos planos $x = 0$, $x = 1$, $y = 0$ e $y = 1$. O topo é uma superfície lisa arbitrária cuja identidade é desconhecida. Seja $\mathbf{F} = x\mathbf{i} - 2y\mathbf{j} + (z + 3)\mathbf{k}$ e suponha que o fluxo exterior de $\mathbf{F}$ através do lado A seja 1 e através do lado B seja -3. Pode-se concluir algo sobre o fluxo exterior através do topo? Justifique sua resposta.

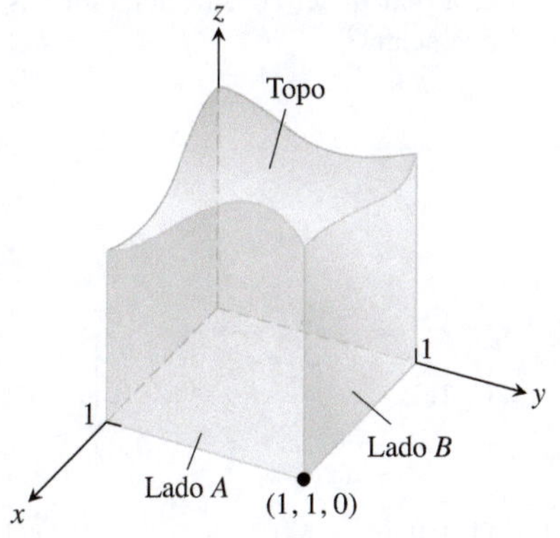

23. a. Mostre que o fluxo exterior do campo vetorial de posição $\mathbf{F} = x\mathbf{i} + y\mathbf{j} + z\mathbf{k}$ através de uma superfície S fechada e lisa é três vezes o volume da região delimitada pela superfície.

b. Seja $\mathbf{n}$ o campo vetorial unitário normal exterior em S. Mostre que não é possível que $\mathbf{F}$ seja ortogonal a $\mathbf{n}$ em todo ponto de S.

24. Fluxo máximo Dentre todos os sólidos retangulares definidos pelas desigualdades $0 \leq x \leq a$, $0 \leq y \leq b$, $0 \leq z \leq 1$, encontre aquele para o qual o fluxo exterior total de $\mathbf{F} = (-x^2 - 4\,xy)\mathbf{i} - 6yz\mathbf{j} + 12z\mathbf{k}$ através dos seis lados seja maior. Qual é o maior fluxo?

25. Volume de uma região sólida Seja $\mathbf{F} = x\mathbf{i} + y\mathbf{j} + z\mathbf{k}$ e suponha que a superfície S e a região D satisfaçam as hipóteses do teorema da divergência. Mostre que o volume de D é dado pela fórmula

$$\text{Volume de } D = \frac{1}{3}\iint_S \mathbf{F} \cdot \mathbf{n}\, d\sigma.$$

26. Fluxo exterior de um campo constante Mostre que o fluxo exterior de um campo vetorial constante $\mathbf{F} = \mathbf{C}$ através de qualquer superfície fechada a qual o teorema da divergência se aplica é zero.

27. Funções harmônicas Uma função $f(x, y, z)$ é considerada *harmônica* em uma região D no espaço se ela satisfaz a equação de Laplace

$$\nabla^2 f = \nabla \cdot \nabla f = \frac{\partial^2 f}{\partial x^2} + \frac{\partial^2 f}{\partial y^2} + \frac{\partial^2 f}{\partial z^2} = 0$$

em D.

a. Suponha que f seja harmônica em uma região D limitada por uma superfície lisa S e que $\mathbf{n}$ seja o vetor normal unitário escolhido em S. Mostre que a integral sobre S de $\nabla f \cdot \mathbf{n}$, a derivada de f na direção de $\mathbf{n}$, é zero.

b. Mostre que se f é harmônica em D, então

$$\iint_S f\,\nabla f \cdot \mathbf{n}\, d\sigma = \iiint_D |\nabla f|^2\, dV.$$

28. Fluxo exterior de um campo gradiente Seja S a superfície da porção da esfera sólida $x^2 + y^2 + z^2 \leq a^2$ que está no primeiro octante e seja $f(x, y, z) = \ln\sqrt{x^2 + y^2 + z^2}$. Calcule

$$\iint_S \nabla f \cdot \mathbf{n}\, d\sigma.$$

($\nabla f \cdot \mathbf{n}$ é a derivada de f na direção da normal exterior $\mathbf{n}$.)

29. Primeira fórmula de Green Suponha que f e g sejam funções escalares com derivadas parciais de primeira e segunda ordem contínuas em uma região D delimitada por uma superfície lisa por partes e fechada S. Mostre que

$$\iint_S f\,\nabla g \cdot \mathbf{n}\, d\sigma = \iiint_D (f\,\nabla^2 g + \nabla f \cdot \nabla g)\, dV. \qquad (9)$$

A Equação 9 é a **primeira fórmula de Green**. (Sugestão: aplique o teorema da divergência ao campo $\mathbf{F} = f\nabla g$.)

30. Segunda fórmula de Green (*Continuação do Exercício 29.*) Troque f por g na Equação 9 para obter uma fórmula similar. Em seguida, subtraia essa fórmula da Equação 9 para mostrar que

$$\iint_S (f\,\nabla g - g\nabla f) \cdot \mathbf{n}\, d\sigma = \iiint_D (f\,\nabla^2 g - g\nabla^2 f)\, dV. \qquad (10)$$

Essa equação é a **segunda fórmula de Green**.

31. Conservação de massa Seja $\mathbf{v}(t, x, y, z)$ um campo vetorial continuamente diferenciável sobre a região D no espaço e seja $p(t, x, y, z)$ uma função escalar continuamente diferenciável. A variável t representa o domínio de tempo. A lei da conservação de massa afirma que

$$\frac{d}{dt}\iiint_D p(t, x, y, z)\, dV = -\iint_S p\mathbf{v}\cdot\mathbf{n}\, d\sigma,$$

onde S é a superfície delimitando D.

a. Forneça uma interpretação física da lei da conservação de massa se $\mathbf{v}$ for um campo de velocidade do escoamento e p representar a densidade do fluido em um ponto (x, y, z) no instante t.

b. Utilize o teorema da divergência e a regra de Leibniz,

$$\frac{d}{dt}\iiint_D p(t, x, y, z)\, dV = \iiint_D \frac{\partial p}{\partial t}dV,$$

para mostrar que a lei da conservação de massa é equivalente à equação de continuidade,

$$\nabla\cdot p\mathbf{v} + \frac{\partial p}{\partial t} = 0.$$

(No primeiro termo $\nabla\cdot p\mathbf{v}$, a variável t é mantida fixa, e no segundo termo $\partial p/\partial t$, é considerado que o ponto (x, y, z) em D seja mantido fixo.)

32. Equação de difusão do calor Seja $T(t, x, y, z)$ uma função com derivadas de segunda ordem contínuas dando a temperatura no instante t no ponto (x, y, z) de um sólido ocupando uma região D no espaço. Se a capacidade calorífica do sólido e a densidade de massa forem denotadas pelas constantes c e ρ, respectivamente, a quantidade $c\rho T$ é denominada **energia calorífica por unidade de volume** do sólido.

a. Explique por que $-\nabla T$ aponta na direção do fluxo de calor.

b. Denote o **vetor de fluxo de energia** por $-k\nabla T$. (Aqui, a constante k é chamada **condutividade**.) Assumindo a lei de conservação de massa com $-k\nabla T = \mathbf{v}$ e $c\rho T = \rho$ no Exercício 31, deduza a equação de difusão (calor)

$$\frac{\partial T}{\partial t} = K\nabla^2 T,$$

onde $K = k/(c\rho) > 0$ é a *constante de difusão*. (Observe que se $T(t, x)$ representa a temperatura no instante t e na posição x em uma haste uniformemente condutora com lados perfeitamente isolados, então $\nabla^2 T = \partial^2 T/\partial x^2$ e a equação de difusão se reduz à equação do calor unidimensional nos Exercícios adicionais do Capítulo 14.)

Capítulo 16 Questões para guiar sua revisão

1. O que são integrais de linha? Como elas são calculadas? Dê exemplos.
2. Como as integrais de linha podem ser utilizadas para encontrar o centro de massa de molas? Explique.
3. O que é um campo vetorial? E um campo gradiente? Dê exemplos.
4. Como se calcula o trabalho realizado por uma força para mover uma partícula ao longo de uma curva? Dê um exemplo.
5. O que são escoamento, circulação e fluxo?
6. O que há de especial nos campos independentes do caminho?
7. Como se pode saber se um campo é conservativo?
8. O que é uma função potencial? Mostre com um exemplo como encontrar uma função potencial para um campo conservativo.
9. O que é uma forma diferencial? O que significa tal forma ser exata? Como se testa a exatidão? Dê exemplos.
10. O que é a divergência de um campo vetorial? Como se pode interpretá-la?
11. O que é o rotacional de um campo vetorial? Como se pode interpretá-lo?
12. O que é o teorema de Green? Como se pode interpretá-lo?
13. Como se calcula a área de uma superfície parametrizada no espaço? E de uma superfície implicitamente definida $F(x, y, z) = 0$? E da superfície que é o gráfico de $z = f(x, y)$? Dê exemplos.
14. Como se integra uma função sobre uma superfície parametrizada no espaço? E de superfícies que são definidas implicitamente ou na forma explícita? O que se pode calcular com as integrais de superfície? Dê exemplos.
15. O que é uma superfície orientada? Como se pode calcular o fluxo de um campo vetorial tridimensional através de uma superfície orientada? Dê um exemplo.
16. O que é o teorema de Stokes? Como se pode interpretá-lo?
17. Resuma os resultados do capítulo sobre campos conservativos.
18. O que é o teorema da divergência? Como se pode interpretá-lo?
19. Como o teorema da divergência generaliza o teorema de Green?
20. Como o teorema de Stokes generaliza o teorema de Green?
21. Como o teorema de Green, o teorema de Stokes e o teorema da divergência podem ser considerados formas de um único teorema fundamental?

Capítulo 16 Exercícios práticos

Calculando integrais de linha

1. A figura a seguir mostra dois caminhos poligonais no espaço que ligam a origem ao ponto $(1, 1, 1)$. Integre $f(x, y, z) = 2x - 3y^2 - 2z + 3$ sobre cada caminho.

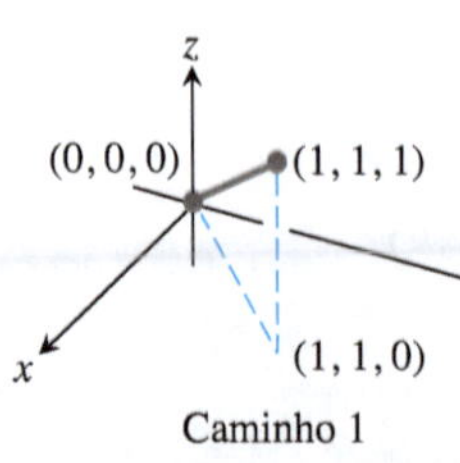

Caminho 1

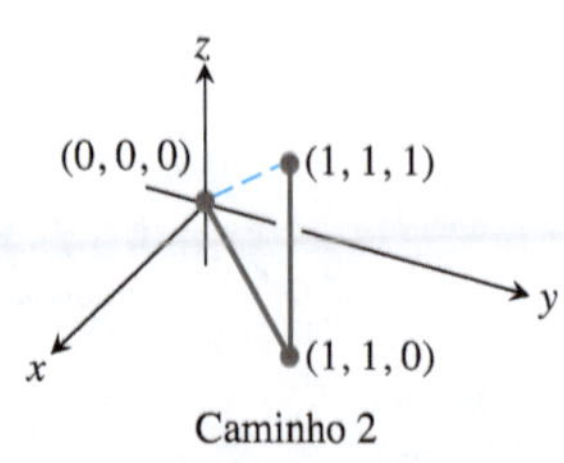

Caminho 2

2. A figura a seguir mostra três caminhos poligonais que ligam a origem ao ponto (1, 1, 1). Integre $f(x, y, z) = x^2 + y - z$ sobre cada caminho.

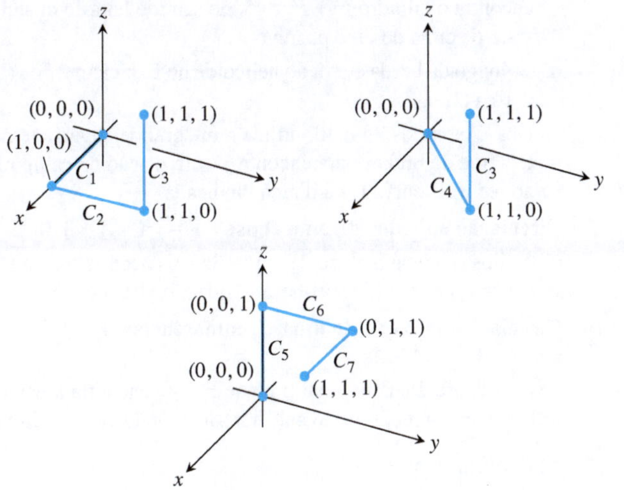

3. Integre $f(x, y, z) = \sqrt{x^2 + z^2}$ sobre a circunferência

$$\mathbf{r}(t) = (a \cos t)\mathbf{j} + (a \operatorname{sen} t)\mathbf{k}, \quad 0 \le t \le 2\pi.$$

4. Integre $f(x, y, z) = \sqrt{x^2 + y^2}$ sobre a curva involuta

$$\mathbf{r}(t) = (\cos t + t \operatorname{sen} t)\mathbf{i} + (\operatorname{sen} t - t \cos t)\mathbf{j}, \qquad 0 \le t \le \sqrt{3}.$$

Calcule as integrais nos Exercícios 5 e 6.

5. $\displaystyle\int_{(-1,1,1)}^{(4,-3,0)} \frac{dx + dy + dz}{\sqrt{x + y + z}}$

6. $\displaystyle\int_{(1,1,1)}^{(10,3,3)} dx - \sqrt{\frac{z}{y}}\,dy - \sqrt{\frac{y}{z}}\,dz$

7. Integre $\mathbf{F} = -(y \operatorname{sen} z)\mathbf{i} + (x \operatorname{sen} z)\mathbf{j} + (xy \cos z)\mathbf{k}$ ao redor da circunferência cortada da esfera $x^2 + y^2 + z^2 = 5$ pelo plano $z = -1$, no sentido horário quando visto de cima.

8. Integre $\mathbf{F} = 3x^2y\mathbf{i} + (x^3 + 1)\mathbf{j} + 9z^2\mathbf{k}$ ao redor da circunferência cortada da esfera $x^2 + y^2 + z^2 = 9$ pelo plano $x = 2$.

Calcule as integrais nos Exercícios 9 e 10.

9. $\displaystyle\int_C 8x \operatorname{sen} y\, dx - 8y \cos x\, dy$

   C é o quadrado cortado do primeiro quadrante pelas retas $x = \pi/2$ e $y = \pi/2$.

10. $\displaystyle\int_C y^2\, dx + x^2\, dy$

   C é a circunferência $x^2 + y^2 = 4$.

Encontrando e calculando integrais de superfície

11. **Área de uma região elíptica** Encontre a área da região elíptica cortada do plano $x + y + z = 1$ pelo cilindro $x^2 + y^2 = 1$.

12. **Área de uma calota parabólica** Encontre a área da calota cortada do paraboloide $y^2 + z^2 = 3x$ pelo plano $x = 1$.

13. **Área de uma calota esférica** Encontre a área da calota cortada do topo da esfera $x^2 + y^2 + z^2 = 1$ pelo plano $z = \sqrt{2}/2$.

14. a. **Hemisfério cortado por cilindro** Encontre a área da superfície cortada do hemisfério $x^2 + y^2 + z^2 = 4$, $z \ge 0$, pelo cilindro $x^2 + y^2 = 2x$.

    b. Encontre a área da porção do cilindro que está dentro do hemisfério. (Sugestão: projete sobre o plano xz ou calcule a integral $\int h\, ds$, onde h é a altura do cilindro e ds é o elemento de comprimento de arco sobre a circunferência $x^2 + y^2 = 2x$ no plano xy.)

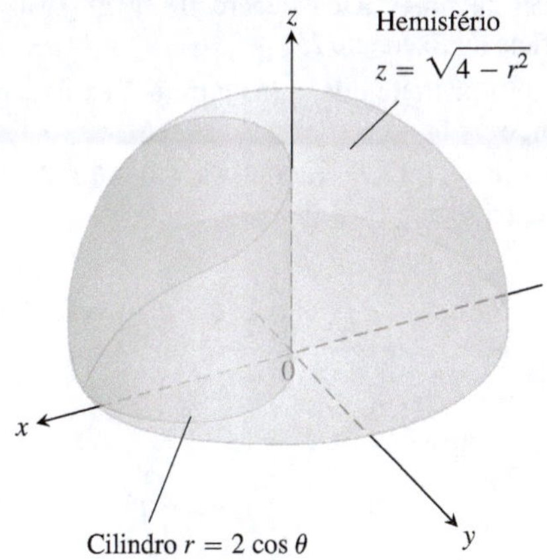

15. **Área de um triângulo** Encontre a área do triângulo no qual o plano $(x/a) + (y/b) + (z/c) = 1$ $(a, b, c > 0)$ apresenta interseção com o primeiro octante. Verifique sua resposta com um cálculo vetorial apropriado.

16. **Cilindro parabólico cortado por planos** Integre

    a. $g(x, y, z) = \dfrac{yz}{\sqrt{4y^2 + 1}}$

    b. $g(x, y, z) = \dfrac{z}{\sqrt{4y^2 + 1}}$

    sobre a superfície cortada do cilindro parabólico $y^2 - z = 1$ pelos planos $x = 0$, $x = 3$ e $z = 0$.

17. **Cilindro circular cortado por planos** Integre $g(x, y, z) = x^4y(y^2 + z^2)$ sobre a porção do cilindro $y^2 + z^2 = 25$ que está no primeiro octante entre os planos $x = 0$ e $x = 1$ e acima do plano $z = 3$.

18. **Área de Wyoming** O estado de Wyoming é delimitado pelos meridianos 111°3' e 104°3' de longitude oeste e pelos paralelos 41° e 45° de latitude norte. Considerando que a Terra seja uma esfera de raio $R = 3.959$ milhas, encontre a área de Wyoming.

Superfícies parametrizadas

Encontre parametrizações para as superfícies nos Exercícios 19-24. (Existem muitas formas de fazer isso, de modo que suas respostas podem não ser as mesmas que estão no final do livro.)

19. **Faixa esférica** A porção da esfera $x^2 + y^2 + z^2 = 36$ entre os planos $z = -3$ e $z = 3\sqrt{3}$.

20. **Calota parabólica** A porção do paraboloide $z = -(x^2 + y^2)/2$ acima do plano $z = -2$.

21. **Cone** O cone $z = 1 + \sqrt{x^2 + y^2}$, $z \le 3$

22. **Plano acima do quadrado** A porção do plano $4x + 2y + 4z = 12$ que está acima do quadrado $0 \le x \le 2$, $0 \le y \le 2$ no primeiro quadrante.

23. **Porção do paraboloide** A porção do paraboloide $y = 2(x^2 + z^2)$, $y \leq 2$, que está acima do plano xy.

24. **Porção do hemisfério** A porção do hemisfério $x^2 + y^2 + z^2 = 10$, $y \geq 0$, no primeiro octante.

25. **Área de superfície** Encontre a área da superfície

$$\mathbf{r}(u, v) = (u + v)\mathbf{i} + (u - v)\mathbf{j} + v\mathbf{k},$$
$$0 \leq u \leq 1, \quad 0 \leq v \leq 1.$$

26. **Integral de superfície** Integre $f(x, y, z) = xy - z^2$ sobre a superfície no Exercício 25.

27. **Área de um helicoide** Encontre a área da superfície do helicoide
$\mathbf{r}(r, \theta) = (r \cos \theta)\mathbf{i} + (r \operatorname{sen} \theta)\mathbf{j} + \theta\mathbf{k}$, $0 \leq \theta \leq 2\pi$, $0 \leq r \leq 1$, na figura a seguir.

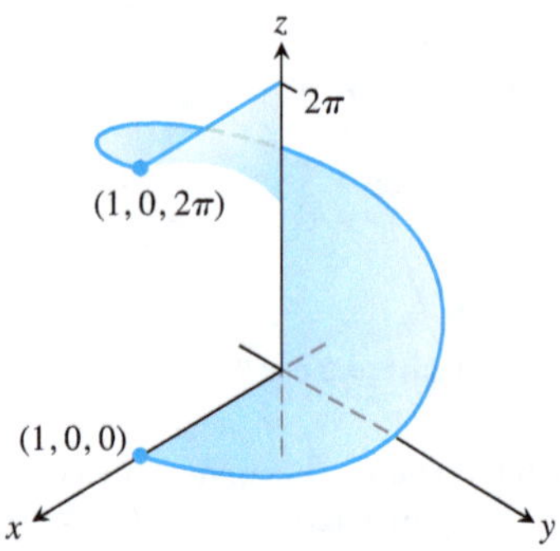

28. **Integral de superfície** Calcule a integral $\iint_S \sqrt{x^2 + y^2 + 1}\, d\sigma$, onde S é o helicoide no Exercício 27.

Campos conservativos

Quais dos campos nos Exercícios 29-32 são conservativos e quais não são?

29. $\mathbf{F} = x\mathbf{i} + y\mathbf{j} + z\mathbf{k}$.

30. $\mathbf{F} = (x\mathbf{i} + y\mathbf{j} + z\mathbf{k})/(x^2 + y^2 + z^2)^{3/2}$.

31. $\mathbf{F} = xe^y\mathbf{i} + ye^z\mathbf{j} + ze^x\mathbf{k}$.

32. $\mathbf{F} = (\mathbf{i} + z\mathbf{j} + y\mathbf{k})/(x + yz)$.

Encontre funções potenciais para os campos nos Exercícios 33 e 34.

33. $\mathbf{F} = 2\mathbf{i} + (2y + z)\mathbf{j} + (y + 1)\mathbf{k}$.

34. $\mathbf{F} = (z \cos xz)\mathbf{i} + e^y\mathbf{j} + (x \cos xz)\mathbf{k}$.

Trabalho e circulação

Nos Exercícios 35 e 36, encontre o trabalho realizado por cada campo ao longo dos caminhos de (0, 0, 0) a (1, 1, 1) no Exercício 1.

35. $\mathbf{F} = 2xy\mathbf{i} + \mathbf{j} + x^2\mathbf{k}$.

36. $\mathbf{F} = 2xy\mathbf{i} + x^2\mathbf{j} + \mathbf{k}$.

37. **Encontrando o trabalho de duas formas** Encontre o trabalho realizado por

$$\mathbf{F} = \frac{x\mathbf{i} + y\mathbf{j}}{(x^2 + y^2)^{3/2}}$$

sobre a curva plana $\mathbf{r}(t) = (e^t \cos t)\mathbf{i} + (e^t \operatorname{sen} t)\mathbf{j}$ entre o ponto (1, 0) e o ponto $(e^{2\pi}, 0)$ de duas formas:

a. Utilizando a parametrização da curva para calcular a integral de trabalho.

b. Calculando uma função potencial para **F**.

38. **Escoamento ao longo de caminhos diferentes** Encontre o escoamento do campo $\mathbf{F} = \nabla(x^2 z e^y)$

a. uma vez ao redor da elipse C na qual o plano $x + y + z = 1$ encontra o cilindro $x^2 + z^2 = 25$, no sentido horário quando visto de cima do eixo positivo y.

b. ao longo da borda curva do helicoide no Exercício 27 de (1, 0, 0) a $(1, 0, 2\pi)$.

Nos Exercícios 39 e 40, utilize a integral de superfície no teorema de Stokes para encontrar a circulação do campo **F** ao redor da curva C na direção indicada.

39. **Circulação ao redor de uma elipse** $\mathbf{F} = y^2\mathbf{i} - y\mathbf{j} + 3z^2\mathbf{k}$

C: A elipse na qual o plano $2x + 6y - 3z = 6$ encontra o cilindro $x^2 + y^2 = 1$, em sentido anti-horário quando vista de cima.

40. **Circulação ao redor de uma circunferência** $\mathbf{F} = (x^2 + y)\mathbf{i} + (x + y)\mathbf{j} + (4y^4 - z)\mathbf{k}$

C: A circunferência na qual o plano $z = -y$ encontra a esfera $x^2 + y^2 + z^2 = 4$, em sentido anti-horário quando vista de cima.

Massas e momentos

41. **Fio com densidades diferentes** Encontre a massa de um fio fino ao longo da curva $\mathbf{r}(t) = \sqrt{2}t\mathbf{i} + \sqrt{2}t\mathbf{j} + (4 - t^2)\mathbf{k}$, $0 \leq t \leq 1$, se a densidade em t for (**a**) $\delta = 3t$ e (**b**) $\delta = 1$.

42. **Fio com densidade variável** Encontre o centro de massa de um fio fino presente ao longo da curva $\mathbf{r}(t) = t\mathbf{i} + 2t\mathbf{j} + (2/3)t^{3/2}\mathbf{k}$, $0 \leq t \leq 2$, se a densidade em t for $\delta = 3\sqrt{5 + t}$.

43. **Fio com densidade variável** Encontre o centro de massa e os momentos de inércia em relação aos eixos coordenados de um fio fino estendido ao longo da curva

$$\mathbf{r}(t) = t\mathbf{i} + \frac{2\sqrt{2}}{3}t^{3/2}\mathbf{j} + \frac{t^2}{2}\mathbf{k}, \qquad 0 \leq t \leq 2,$$

se a densidade em t for $\delta = 1/(t + 1)$.

44. **Centro de massa de um arco** Um arco de metal delgado está ao longo do semicírculo $y = \sqrt{a^2 - x^2}$ no plano xy. A densidade no ponto (x, y) no arco é $\delta(x, y) = 2a - y$. Encontre o centro de massa.

45. **Fio com densidade constante** Um fio de densidade constante $\delta = 1$ está ao longo da curva $\mathbf{r}(t) = (e^t \cos t)\mathbf{i} + (e^t \operatorname{sen} t)\mathbf{j} + e^t\mathbf{k}$, $0 \leq t \leq \ln 2$. Encontre $\bar{z}$ e I_z.

46. **Fio helicoidal com densidade constante** Encontre a massa e o centro de massa de um fio de densidade constante δ que está ao longo da hélice $\mathbf{r}(t) = (2 \operatorname{sen} t)\mathbf{i} + (2 \cos t)\mathbf{j} + 3t\mathbf{k}$, $0 \leq t \leq 2\pi$.

47. **Inércia e centro de massa de uma casca** Encontre I_z e o centro de massa de uma casca fina de densidade $\delta(x, y, z) = z$ cortada a partir da porção superior da esfera $x^2 + y^2 + z^2 = 25$ pelo plano $z = 3$.

48. **Momento de inércia de um cubo** Encontre o momento de inércia em relação ao eixo z da superfície do cubo cortado do primeiro octante pelos planos $x = 1$, $y = 1$ e $z = 1$ se a densidade for $\delta = 1$.

Fluxo através de uma curva plana ou superfície

Utilize o teorema de Green para encontrar a circulação anti-horária e o fluxo exterior para os campos e curvas nos Exercícios 49 e 50.

49. **Quadrado** $\mathbf{F} = (2xy + x)\mathbf{i} + (xy - y)\mathbf{j}$

C: O quadrado limitado por $x = 0$, $x = 1$, $y = 0$, $y = 1$.

50. **Triângulo** $\mathbf{F} = (y - 6x^2)\mathbf{i} + (x + y^2)\mathbf{j}$

C: O triângulo formado pelas retas $y = 0$, $y = x$ e $x = 1$.

51. **Integral de linha nula** Mostre que

$$\oint_C \ln x \operatorname{sen} y \, dy - \frac{\cos y}{x} dx = 0$$

para qualquer curva fechada C à qual o teorema de Green se aplica.

52. **a.** **Fluxo exterior e área** Mostre que o fluxo exterior do campo vetorial de posição $\mathbf{F} = x\mathbf{i} + y\mathbf{j}$ através de qualquer curva fechada à qual o teorema de Green se aplica é duas vezes a área da região delimitada pela curva.

b. Seja $\mathbf{n}$ o vetor normal unitário exterior a uma curva fechada à qual o teorema de Green se aplica. Mostre que não é possível para $\mathbf{F} = x\mathbf{i} + y\mathbf{j}$ ser ortogonal a $\mathbf{n}$ em todo ponto de C.

Nos Exercícios 53-56, encontre o fluxo exterior de $\mathbf{F}$ através da fronteira de D.

53. **Cubo** $\mathbf{F} = 2xy\mathbf{i} + 2yz\mathbf{j} + 2xz\mathbf{k}$

D: O cubo cortado do primeiro octante pelos planos $x = 1$, $y = 1$, $z = 1$.

54. **Calota esférica** $\mathbf{F} = xz\mathbf{i} + yz\mathbf{j} + \mathbf{k}$

D: Toda a superfície da calota superior cortada a partir da e fera sólida $x^2 + y^2 + z^2 \leq 25$ pelo plano $z = 3$.

55. **Calota esférica** $\mathbf{F} = -2x\mathbf{i} - 3y\mathbf{j} + z\mathbf{k}$

D: A região superior cortada da esfera sólida $x^2 + y^2 + z^2 \leq 2$ pelo paraboloide $z = x^2 + y^2$.

56. **Cone e cilindro** $\mathbf{F} = (6x + y)\mathbf{i} - (x + z)\mathbf{j} + 4yz\mathbf{k}$

D: A região no primeiro octante limitada pelo cone $z = \sqrt{x^2 + y^2}$, o cilindro $x^2 + y^2 = 1$ e os planos coordenados.

57. **Hemisfério, cilindro e plano** Seja S a superfície delimitada à esquerda pelo hemisfério $x^2 + y^2 + z^2 = a^2$, $y \leq 0$, no meio pelo cilindro $x^2 + z^2 = a^2$, $0 \leq y \leq a$, e à direita pelo plano $y = a$. Encontre o fluxo exterior de $\mathbf{F} = y\mathbf{i} + z\mathbf{j} + x\mathbf{k}$ através de S.

58. **Cilindro e planos** Encontre o fluxo exterior do campo $\mathbf{F} = 3xz^2\mathbf{i} + y\mathbf{j} - z^3\mathbf{k}$ através da superfície do sólido no primeiro octante que é delimitado pelo cilindro $x^2 + 4y = 16$ e os planos $y = 2z$, $x = 0$ e $z = 0$.

59. **Lata cilíndrica** Utilize o teorema da divergência para encontrar o fluxo exterior de $\mathbf{F} = xy^2\mathbf{i} + x^2y\mathbf{j} + y\mathbf{k}$ através da superfície da região delimitada pelo cilindro $x^2 + y^2 = 1$ e os planos $z = 1$ e $z = -1$.

60. **Hemisfério** Encontre o fluxo para cima de $\mathbf{F} = (3z + 1)\mathbf{k}$ através do hemisfério $x^2 + y^2 + z^2 = a^2$, $z \geq 0$ (**a**) com o teorema da divergência e (**b**) calculando a integral de fluxo diretamente.

Capítulo 16 Exercícios adicionais e avançados

Encontrando áreas com o teorema de Green

Utilize a fórmula da área do teorema de Green nos Exercícios 16.4 para encontrar as áreas das regiões delimitadas pelas curvas nos Exercícios 1-4.

1. O limaçon $x = 2 \cos t - \cos 2t$, $y = 2 \operatorname{sen} t - \operatorname{sen} 2t$, $0 \leq t \leq 2\pi$

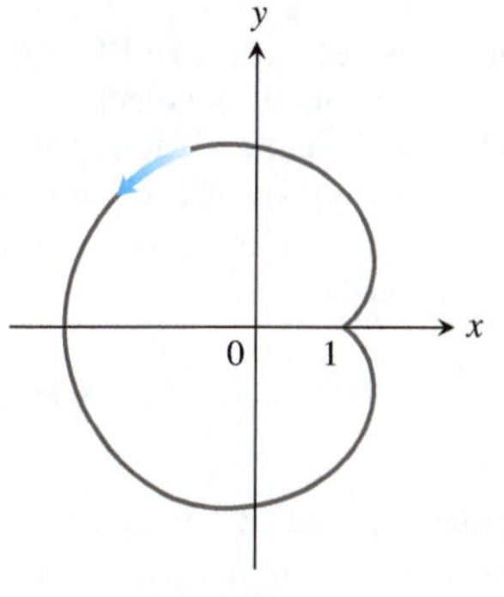

2. A deltoide $x = 2 \cos t + \cos 2t$, $y = 2 \operatorname{sen} t - \operatorname{sen} 2t$, $0 \leq t \leq 2\pi$

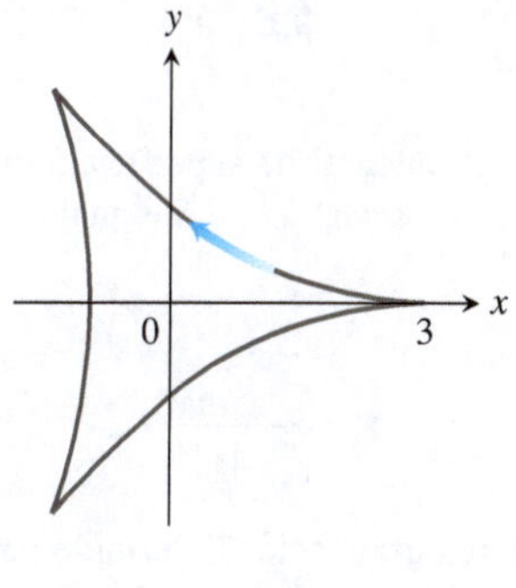

3. A curva em oito $x = (1/2) \operatorname{sen} 2t$, $y = \operatorname{sen} t$, $0 \leq t \leq \pi$ (um laço)

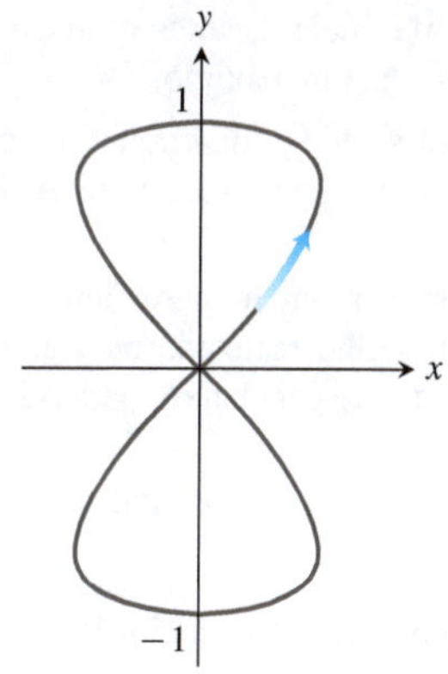

4. A "lágrima" $x = 2a \cos t - a \operatorname{sen} 2t$, $y = b \operatorname{sen} t$, $0 \leq t \leq 2\pi$

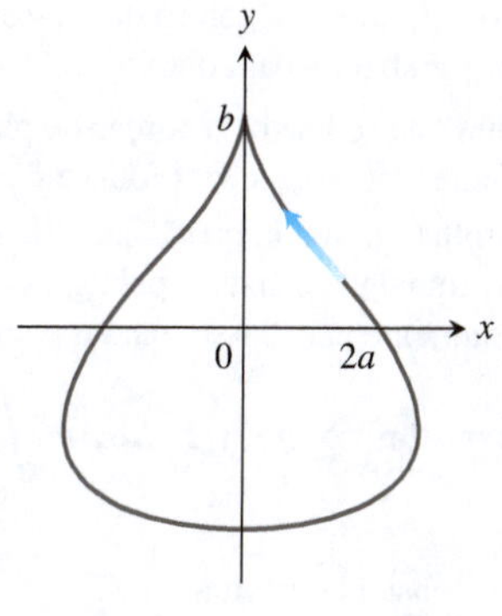

Teoria e aplicações

5. **a.** Dê um exemplo de um campo vetorial $\mathbf{F}(x, y, z)$ que tenha valor $\mathbf{0}$ em apenas um ponto e tal que rot $\mathbf{F}$ seja não nulo em todos os pontos. Identifique o ponto e calcule o rotacional.
   b. Dê um exemplo de um campo vetorial $\mathbf{F}(x, y, z)$ que tenha valor $\mathbf{0}$ em precisamente uma reta e de modo que rot $\mathbf{F}$ seja não nulo em todos os pontos. Identifique a reta e calcule o rotacional.
   c. Dê um exemplo de um campo vetorial $\mathbf{F}(x, y, z)$ que tenha valor $\mathbf{0}$ em uma superfície e de modo que rot $\mathbf{F}$ seja não nulo em todos os pontos. Identifique a superfície e calcule o rotacional.
6. Encontre todos os pontos (a, b, c) sobre a esfera $x^2 + y^2 + z^2 = R^2$ onde o campo vetorial $\mathbf{F} = yz^2\mathbf{i} + xz^2\mathbf{j} + 2xyz\mathbf{k}$ é normal à superfície e $\mathbf{F}(a, b, c) \neq \mathbf{0}$.
7. Encontre a massa de uma casca esférica de raio R de modo que em todo ponto (x, y, z) sobre a superfície a densidade de massa $\delta(x, y, z)$ seja sua distância até um ponto fixo (a, b, c) da superfície.
8. Encontre a massa de um helicoide
$$\mathbf{r}(r, \theta) = (r\cos\theta)\mathbf{i} + (r\,\text{sen}\,\theta)\mathbf{j} + \theta\mathbf{k},$$
$0 \leq r \leq 1$, $0 \leq \theta \leq 2\pi$, se a função densidade for $\delta(x, y, z) = 2\sqrt{x^2 + y^2}$. Consulte a figura no Exercício Prático 27.
9. Dentre todas as regiões retangulares $0 \leq x \leq a$, $0 \leq y \leq b$, encontre aquela para a qual o fluxo exterior total de $\mathbf{F} = (x^2 + 4xy)\mathbf{i} - 6y\mathbf{j}$ através dos quatro lados é mínimo. Qual é o fluxo mínimo?
10. Encontre uma equação para o plano através da origem de modo que a circulação do campo de escoamento $\mathbf{F} = z\mathbf{i} + x\mathbf{j} + y\mathbf{k}$ ao redor da circunferência de interseção do plano com a esfera $x^2 + y^2 + z^2 = 4$ seja um máximo.
11. Uma corda está ao longo da circunferência $x^2 + y^2 = 4$ entre $(2, 0)$ e $(0, 2)$ no primeiro quadrante. A densidade da corda é $\rho(x, y) = xy$.
   a. Divida a corda em um número finito de subarcos para mostrar que o trabalho realizado pela gravidade para mover a corda diretamente para baixo, para o eixo x, é dado por
$$\text{Trabalho} = \lim_{n\to\infty}\sum_{k=1}^{n} g\,x_k y_k^2 \Delta s_k = \int_C g\,xy^2\,ds,$$
onde g é a constante gravitacional.
   b. Encontre o trabalho total realizado calculando a integral de linha no item (a).
   c. Mostre que o trabalho total realizado é igual ao trabalho necessário para mover o centro de massa da corda $(\bar{x}, \bar{y})$ diretamente para baixo, para o eixo x.
12. Uma folha fina está ao longo da porção do plano $x + y + z = 1$ no primeiro octante. A densidade da folha é $\delta(x, y, z) = xy$.
   a. Divida a folha em um número finito de pedaços para mostrar que o trabalho realizado pela gravidade para mover a folha diretamente para baixo, para o plano xy, é dado por
$$\text{Trabalho} = \lim_{n\to\infty}\sum_{k=1}^{n} g\,x_k y_k z_k\,\Delta\sigma_k = \iint_S g\,xyz\,d\sigma,$$
onde g é a constante gravitacional.
   b. Encontre o trabalho total realizado calculando a integral de superfície no item (a).
   c. Mostre que o trabalho total realizado é igual ao trabalho necessário para mover o centro de massa da folha $(\bar{x}, \bar{y}, \bar{z})$ diretamente para baixo, para o plano xy.
13. **Princípio de Arquimedes** Se um objeto, tal como uma bola, for colocado em um líquido, ele vai afundar completamente, boiar ou afundar parcialmente, permanecendo suspenso no líquido. Suponha que um fluido tenha densidade constante w e que a superfície do fluido coincida com o plano $z = 4$. Uma bola esférica permanece suspensa no fluido e ocupa a região $x^2 + y^2 + (z - 2)^2 \leq 1$.
   a. Mostre que a integral de superfície fornecendo a magnitude da força total sobre a bola, devido à pressão do fluido, é
$$\text{Força} = \lim_{n\to\infty}\sum_{k=1}^{n} w(4 - z_k)\,\Delta\sigma_k = \iint_S w(4 - z)\,d\sigma.$$
   b. Como a bola não está se movendo, ela está sendo mantida pela força do empuxo do líquido. Mostre que a magnitude da força de empuxo sobre a esfera é
$$\text{Força de empuxo} = \iint_S w(z - 4)\mathbf{k}\cdot\mathbf{n}\,d\sigma,$$
onde $\mathbf{n}$ é a normal unitária exterior em (x, y, z). Isso ilustra o princípio de Arquimedes de que a magnitude do empuxo sobre um sólido submerso é igual ao peso do fluido deslocado.
   c. Utilize o teorema da divergência para encontrar a magnitude da força de empuxo no item (b).
14. **Força de fluido sobre uma superfície curva** Um cone na forma da superfície $z = \sqrt{x^2 + y^2}$, $0 \leq z \leq 2$, é preenchido com um líquido de densidade w constante. Presumindo que o plano xy está no "nível do solo", mostre que a força total sobre a porção do cone entre $z = 1$ e $z = 2$ devido à pressão do líquido é a integral de superfície
$$F = \iint_S w(2 - z)\,d\sigma.$$
Calcule a integral.
15. **Lei de Faraday** Se $\mathbf{E}(t, x, y, z)$ e $\mathbf{B}(t, x, y, z)$ representam os campos elétricos e magnéticos no ponto (x, y, z) no instante t, um princípio básico da teoria eletromagnética diz que $\nabla \times \mathbf{E} = -\partial\mathbf{B}/\partial t$. Nessa expressão, $\nabla \times \mathbf{E}$ é calculado com t fixo e $\partial\mathbf{B}/\partial t$ é calculado com (x, y, z) fixo. Utilize o teorema de Stokes para deduzir a lei de Faraday,
$$\oint_C \mathbf{E}\cdot d\mathbf{r} = -\frac{\partial}{\partial t}\iint_S \mathbf{B}\cdot\mathbf{n}\,d\sigma,$$
onde C representa um laço de fio através do qual flui corrente no sentido anti-horário com relação à normal unitária de superfície $\mathbf{n}$, fazendo aparecer a voltagem
$$\oint_C \mathbf{E}\cdot d\mathbf{r}$$
ao redor de C. A integral de superfície à direita da equação é denominada *fluxo magnético*, e S é qualquer superfície orientada com borda C.
16. Seja
$$\mathbf{F} = -\frac{GmM}{|\mathbf{r}|^3}\mathbf{r}$$
o campo de força gravitacional definido para $\mathbf{r} \neq \mathbf{0}$. Utilize a lei de Gauss na Seção 16.8 para mostrar que não existe campo vetorial continuamente derivável $\mathbf{H}$ que satisfaça $\mathbf{F} = \nabla \times \mathbf{H}$.

17. Se $f(x, y, z)$ e $g(x, y, z)$ são funções escalares continuamente deriváveis definidas sobre a superfície orientada S com a curva C de borda, prove que

$$\iint_S (\nabla f \times \nabla g) \cdot \mathbf{n}\, d\sigma = \oint_C f\, \nabla g \cdot d\mathbf{r}.$$

18. Suponha que $\nabla \cdot \mathbf{F}_1 = \nabla \cdot \mathbf{F}_2$ e $\nabla \times \mathbf{F}_1 = \nabla \times \mathbf{F}_2$ sobre uma região D limitada pela superfície orientada S com normal unitária exterior $\mathbf{n}$ e que $\mathbf{F}_1 \cdot \mathbf{n} = \mathbf{F}_2 \cdot \mathbf{n}$ em S. Prove que $\mathbf{F}_1 = \mathbf{F}_2$ em D.

19. Prove ou dê um contra-exemplo que se $\nabla \cdot \mathbf{F} = 0$ e $\nabla \times \mathbf{F} = \mathbf{0}$, então $\mathbf{F} = \mathbf{0}$.

20. Seja S uma superfície orientada parametrizada por $\mathbf{r}(u, v)$. Defina a notação $d\boldsymbol{\sigma} = \mathbf{r}_u\, du \times \mathbf{r}_v\, dv$ de modo que $d\boldsymbol{\sigma}$ seja um vetor normal à superfície. Ainda, a magnitude $d\sigma = |\, d\boldsymbol{\sigma}\, |$ é o elemento de área de superfície (pela Equação 5 na Seção 16.5). Deduza a identidade

$$d\sigma = (EG - F^2)^{1/2}\, du\, dv$$

onde

$$E = |\mathbf{r}_u|^2, \quad F = \mathbf{r}_u \cdot \mathbf{r}_v \quad \text{e} \quad G = |\mathbf{r}_v|^2.$$

21. Mostre que o volume V de uma região D no espaço delimitada pela superfície orientada S com normal exterior $\mathbf{n}$ satisfaz a identidade

$$V = \frac{1}{3} \iint_S \mathbf{r} \cdot \mathbf{n}\, d\sigma,$$

onde $\mathbf{r}$ é o vetor posição do ponto (x, y, z) em D.

Capítulo 16 Projetos de aplicação de tecnologia

Módulos Mathematica/Maple

Trabalho em campos de força conservativos e não conservativos

Explore a integração sobre campos vetoriais e faça experiências com funções de força conservativas e não conservativas ao longo de diferentes caminhos no campo.

Como é possível visualizar o teorema de Green?

Explore a integração sobre campos vetoriais e utilize parametrizações para calcular integrais de linha. As duas formas do teorema de Green são exploradas.

Visualizando e interpretando o teorema da divergência

Verifique o teorema da divergência, formulando e calculando certas integrais de divergência e de superfície.

Apêndices

A.1 Números reais e a reta real

Esta seção revisa números reais, desigualdades, intervalos e valores absolutos.

Números reais

Muito do cálculo é baseado nas propriedades do sistema de números reais. Os **números reais** são aqueles que podem ser expressos como decimais, como

$$-\frac{3}{4} = -0{,}75000\ldots$$
$$\frac{1}{3} = 0{,}33333\ldots$$
$$\sqrt{2} = 1{,}4142\ldots$$

Os pontos ... em cada um dos casos indicam que a sequência de dígitos decimais segue ao infinito. Cada expansão decimal concebível representa um número real, ainda que alguns números tenham duas representações. Por exemplo, os decimais infinitos 0,999... e 1,000... representam o mesmo número real 1. Uma afirmação semelhante é válida para qualquer número com uma sequência decimal infinita de noves.

Os números reais podem ser representados geometricamente como pontos em uma reta numerada denominada **reta real**.

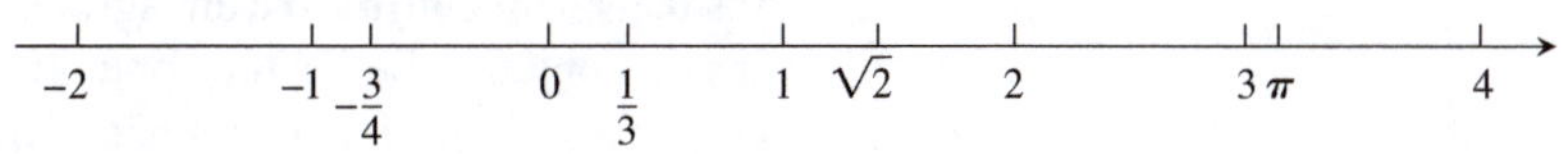

Regras para desigualdades

Se a, b e c são números reais, então:

1. $a < b \Rightarrow a + c < b + c$
2. $a < b \Rightarrow a - c < b - c$
3. $a < b$ e $c > 0 \Rightarrow ac < bc$
4. $a < b$ e $c < 0 \Rightarrow bc < ac$
   Caso especial: $a < b \Rightarrow -b < -a$
5. $a > 0 \Rightarrow \frac{1}{a} > 0$
6. Se a e b são ambos positivos ou ambos negativos, então $a < b \Rightarrow \frac{1}{b} < \frac{1}{a}$

O símbolo $\mathbb{R}$ denota o sistema de números reais ou, de maneira equivalente, a reta real.

As propriedades do sistema de números reais se enquadram em três categorias: propriedades algébricas, propriedades de ordem e de completude. As **propriedades algébricas** dizem que os números reais podem ser somados, subtraídos, multiplicados e divididos (exceto por 0), resultando em outros números reais sob as regras usuais da aritmética. *Você nunca pode dividir por 0.*

As **propriedades de ordem** de números reais são fornecidas no Apêndice 6. As regras úteis à esquerda podem ser deduzidas a partir delas, onde o símbolo $\Rightarrow$ significa "implica".

Observe as regras para multiplicação de ambos os lados de uma desigualdade por um número. Se multiplicarmos por um número positivo, a desigualdade permanecerá a mesma; se multiplicarmos por um número negativo, a desigualdade será invertida. Da mesma forma, recíprocos invertem a desigualdade para números que tenham o mesmo sinal. Por exemplo, $2 < 5$, mas $-2 > -5$ e $1/2 > 1/5$.

A **propriedade de completude** do sistema de números reais é mais profunda e difícil de definir precisamente. No entanto, a propriedade é essencial à ideia de um limite (Capítulo 2). Grosso modo, ela diz que existem números reais suficientes para "completar" a reta de números reais, de maneira que não fiquem "buracos" ou "lacunas" nessa reta. Muitos teoremas de cálculo não funcionariam se o sistema de números reais não fosse completo. Esse tópico é deixado para um curso mais avançado, mas o Apêndice 6 dá alguma ideia do que está em jogo e como os números reais são construídos.

Distinguimos três subconjuntos especiais dos números reais.

1. Os **números naturais**, isto é: 1, 2, 3, 4,...
2. Os **inteiros**, isto é 0, ±1, ±2, ±3,...
3. Os **números racionais**, isto é, os números que podem ser expressos na forma de uma fração m/n, onde m e n são inteiros e $n \neq 0$. São exemplos desses números:

$$\frac{1}{3}, \quad -\frac{4}{9} = \frac{-4}{9} = \frac{4}{-9}, \quad \frac{200}{13} \qquad \text{e} \qquad 57 = \frac{57}{1}.$$

Os números racionais são justamente os números reais com expansões decimais que

(a) são finitas (terminam em uma sequência infinita de zeros), por exemplo,

$$\frac{3}{4} = 0{,}75000... = 0{,}75 \quad \text{ou}$$

(b) que se repetem de tempos em tempos (terminando com um grupo de dígitos que se repete indefinitamente), por exemplo

$$\frac{23}{11} = 2{,}090909\ldots = 2{,}\overline{09}$$

A barra indica o grupo de dígitos que se repete.

Uma expansão decimal finita é um tipo especial da expansão que se repete, uma vez que os zeros do final se repetem.

O conjunto de números racionais possui as mesmas propriedades algébricas e de ordem dos números reais, mas não apresenta a propriedade da completude. Por exemplo, não existe número racional cujo quadrado seja 2; existe um "buraco" na reta racional onde $\sqrt{2}$ deveria estar.

Números reais que não sejam racionais são chamados de **números irracionais**. Eles são caracterizados por terem expansões decimais que não são finitas e nem se repetem. São exemplos π, $\sqrt{2}$, $\sqrt[3]{5}$ e $\log_{10} 3$. Como toda expansão decimal representa um número real, obviamente existe uma quantidade infinita de números irracionais. Tanto os números racionais quanto os irracionais podem ser encontrados arbitrariamente próximos a algum ponto na reta real.

A notação de conjunto é muito útil para especificar um subconjunto de números reais. Um **conjunto** é um agrupamento de objetos, e esse objetos são os **elementos** do conjunto. Se S é um conjunto, a notação $a \in S$ significa que a é um elemento de S, e $a \notin S$ significa que a não é um elemento de S. Se S e T são conjuntos, então $S \cup T$ é a sua **união** e consiste em todos os elementos que pertencem a S ou a T (ou, ainda, a S e a T). A **interseção** $S \cap T$ consiste de todos os elementos que pertencem tanto a S quanto a T. O **conjunto vazio** $\varnothing$ é o conjunto que não contém nenhum elemento. Por exemplo, a interseção entre os números racionais e os irracionais é o conjunto vazio.

Alguns conjuntos podem ser descritos *listando* seus elementos entre chaves. Por exemplo, o conjunto A, consistindo de números naturais (ou inteiros positivos) menores que 6, pode ser expresso da seguinte forma:

$$A = \{1, 2, 3, 4, 5\}.$$

O conjunto de todos os inteiros é escrito como

$$\{0, \pm 1, \pm 2, \pm 3, ...\}.$$

Uma outra forma de descrever um conjunto é colocar dentro dos colchetes uma regra que gera todos os seus elementos. Por exemplo, o conjunto

$$A = \{x | x \text{ é um inteiro e } 0 < x < 6\}$$

é o conjunto de inteiros positivos menores que 6.

Intervalos

Um subconjunto da reta real é denominado um **intervalo** quando contém pelo menos dois números e todos os números reais que ficam entre qualquer par desses elementos. Por exemplo, o conjunto de todos os números reais x de modo que $x > 6$ é um intervalo, assim como o conjunto de todos os x, de modo que $-2 \leq x \leq 5$. O conjunto de todos os números reais diferentes de zero não é um intervalo; como 0 é ausente, o conjunto deixa de conter todo número real entre –1 e 1 (por exemplo).

Geometricamente, os intervalos correspondem a semirretas e segmentos de reta na reta real, assim como à reta real em si. Os intervalos de números correspondentes a segmentos de reta são **intervalos finitos**: intervalos correspondentes a semirretas e a à reta real são **intervalos infinitos**.

Dizemos que um intervalo finito é **fechado** quando contém seus dois extremos; **semiaberto** quando contém um extremo, mas não o outro; e **aberto** se não contém seus extremos. Os extremos também são chamados de **pontos de fronteira**; eles formam a **fronteira** do intervalo. Os pontos restantes do intervalo são os **pontos interiores** e, juntos, formam o **interior** do intervalo. Intervalos infinitos são fechados quando contêm um extremo finito; caso contrário, são abertos. A reta real inteira $\mathbb{R}$ é um intervalo infinito que é aberto e fechado ao mesmo tempo. A Tabela A.1 resume os diversos tipos de intervalo.

TABELA A.1 Tipos de intervalo

Notação	Descrição do conjunto	Tipo	Desenho
(a, b)	$\{x \mid a < x < b\}$	Aberto	
$[a, b]$	$\{x \mid a \leq x \leq b\}$	Fechado	
$[a, b)$	$\{x \mid a \leq x < b\}$	Semiaberto	
$(a, b]$	$\{x \mid a < x \leq b\}$	Semiaberto	
(a, ∞)	$\{x \mid x > a\}$	Aberto	
$[a, \infty)$	$\{x \mid x \geq a\}$	Fechado	
$(-\infty, b)$	$\{x \mid x < b\}$	Aberto	
$(-\infty, b]$	$\{x \mid x \leq b\}$	Fechado	
$(-\infty, \infty)$	$\mathbb{R}$ (conjunto de todos os números reais)	Tanto aberto como fechado	

Resolvendo desigualdades

O processo de encontrar o intervalo ou intervalos de números que satisfaçam uma desigualdade em x é chamado de **resolver** a desigualdade.

EXEMPLO 1 Resolva as desigualdades a seguir e mostre seus conjuntos solução na reta real.

(a) $2x - 1 < x + 3$ **(b)** $-\dfrac{x}{3} < 2x + 1$ **(c)** $\dfrac{6}{x-1} \geq 5$

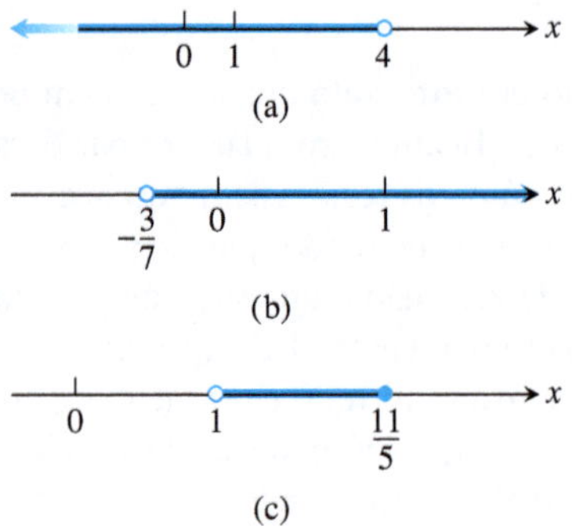

FIGURA A.1 Conjuntos-solução para as desigualdades no Exemplo 1.

Solução

(a) $2x - 1 < x + 3$

$2x < x + 4$ Some 1 em ambos os lados.

$x < 4$ Subtraia x de ambos os lados.

O conjunto-solução é o intervalo aberto $(-\infty, 4)$ (Figura A.1a).

(b) $-\frac{x}{3} < 2x + 1$

$-x < 6x + 3$ Multiplique ambos os lados por 3.

$0 < 7x + 3$ Some x em ambos os lados.

$-3 < 7x$ Subtraia 3 de ambos os lados.

$-\frac{3}{7} < x$ Divida por 7.

O conjunto-solução é o intervalo aberto $(-3/7, \infty)$ (Figura A.1b).

(c) A desigualdade $6/(x - 1) \geq 5$ é válida somente se $x > 1$, porque caso contrário $6/(x - 1)$ é indefinido ou negativo. Assim, $(x - 1)$ é positivo e a desigualdade será preservada se multiplicarmos ambos os lados por $(x - 1)$; temos, então

$$\frac{6}{x-1} \geq 5$$

$6 \geq 5x - 5$ Multiplique ambos os lados por $(x - 1)$.

$11 \geq 5x$ Some 5 em ambos os lados.

$\frac{11}{5} \geq x.$ Ou $x \leq \frac{11}{5}$.

O conjunto-solução é o intervalo semiaberto $(1, 11/5]$ (Figura A.1c).

Valor absoluto

O **valor absoluto** de um número x, denotado por $|x|$, é definido pela fórmula

$$|x| = \begin{cases} x, & x \geq 0 \\ -x, & x < 0. \end{cases}$$

EXEMPLO 2 $|3| = 3$, $|0| = 0$, $|-5| = -(-5) = 5$, $|-|a|| = |a|$

Geometricamente, o valor absoluto de x é a distância entre x e 0 na reta real. Como as distâncias são sempre positivas ou 0, vemos que $|x| \geq 0$ para todo número real x, e $|x| = 0$ se, e somente se, $x = 0$. Do mesmo modo,

$$|x - y| = \text{a distância entre } x \text{ e } y$$

na reta real (Figura A.2).

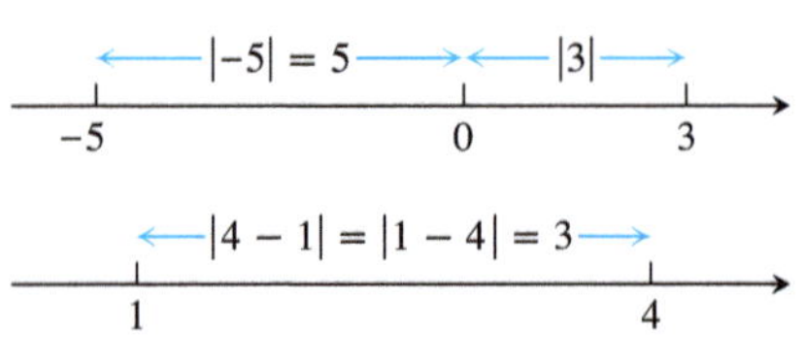

FIGURA A.2 Valores absolutos fornecem a distância entre pontos na reta real.

Uma vez que o símbolo $\sqrt{a}$ sempre denota a raiz quadrada *não negativa* de a, uma definição alternativa de $|x|$ é

$$|x| = \sqrt{x^2}.$$

É importante lembrar que $\sqrt{a^2} = |a|$. Não escreva $\sqrt{a^2} = a$, a menos que você já saiba que $a \geq 0$.

O valor absoluto tem as propriedades a seguir. (Nos exercícios, você terá de provar essas propriedades.)

Propriedades dos valores absolutos

1. $|-a| = |a|$ — Um número e seu oposto, ou inverso aditivo, tem o mesmo valor absoluto.
2. $|ab| = |a||b|$ — O valor absoluto de um produto é o produto dos valores absolutos.
3. $\left|\dfrac{a}{b}\right| = \dfrac{|a|}{|b|}$ — O valor absoluto de um quociente é o quociente dos valores absolutos.
4. $a + b| \leq |a| + |b|$ — A **desigualdade do triângulo**. O valor absoluto da soma de dois números é menor ou igual à soma de seus valores absolutos.

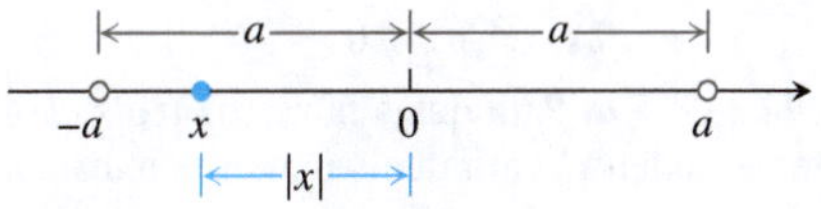

FIGURA A.3 $|x| < a$ significa que x está entre $-a$ e a.

Observe que $|-a| \neq -|a|$. Por exemplo, $|-3| = 3$, enquanto $-|3| = -3$. Se a e b têm sinais diferentes, então $|a + b|$ é menor que $|a| + |b|$. Em todos os outros casos, $|a + b|$ é igual a $|a| + |b|$. As barras de valor absoluto em expressões como $|-3 + 5|$ funcionam como parênteses: fazemos os cálculos aritméticos dentro delas *antes* de tomar o valor absoluto.

EXEMPLO 3

$$|-3 + 5| = |2| = 2 < |-3| + |5| = 8$$
$$|3 + 5| = |8| = |3| + |5|$$
$$|-3 - 5| = |-8| = 8 = |-3| + |-5|$$

Valores absolutos e intervalos

Se a é qualquer número positivo, então

5. $\|x\| = a$	$\Leftrightarrow$	$x = \pm a$
6. $\|x\| < a$	$\Leftrightarrow$	$-a < x < a$
7. $\|x\| > a$	$\Leftrightarrow$	$x > a$ ou $x < -a$
8. $\|x\| \leq a$	$\Leftrightarrow$	$-a \leq x \leq a$
9. $\|x\| \geq a$	$\Leftrightarrow$	$x \geq a$ ou $x \leq -a$

A desigualdade $|x| < a$ diz que a distância entre x e 0 é menor que o número positivo a. Isso significa que x deve estar entre $-a$ e a, como podemos ver na Figura A.3.

As sentenças na tabela são todas consequências da definição de valor absoluto e, muitas vezes, são úteis quando estamos solucionando equações ou desigualdades envolvendo valores absolutos.

Em geral, o símbolo $\Leftrightarrow$ é utilizado por matemáticos para denotar a relação lógica "se, e somente se". Ele também significa "implica e implicado por".

EXEMPLO 4 Resolva a equação $|2x - 3| = 7$.

Solução De acordo com a Propriedade 5, $2x - 3 = \pm 7$, de modo que existem duas possibilidades:

$$2x - 3 = 7 \qquad 2x - 3 = -7 \qquad \text{Equações equivalentes sem valores absolutos.}$$
$$2x = 10 \qquad 2x = -4 \qquad \text{Resolva como de costume.}$$
$$x = 5 \qquad x = -2$$

As soluções de $|2x - 3| = 7$ são $x = 5$ e $x = -2$.

EXEMPLO 5 Resolva a desigualdade $\left|5 - \dfrac{2}{x}\right| < 1$.

Solução Temos

$$\left|5 - \frac{2}{x}\right| < 1 \Leftrightarrow -1 < 5 - \frac{2}{x} < 1 \qquad \text{Propriedade 6}$$
$$\Leftrightarrow -6 < -\frac{2}{x} < -4 \qquad \text{Subtraia 5.}$$
$$\Leftrightarrow 3 > \frac{1}{x} > 2 \qquad \text{Multiplique por } -\frac{1}{2}.$$
$$\Leftrightarrow \frac{1}{3} < x < \frac{1}{2}. \qquad \text{Torne os recíprocos.}$$

Observe como as diversas regras para desigualdades foram utilizadas aqui. A multiplicação por um número negativo inverte a desigualdade. O mesmo acontece quando se tomam os recíprocos em uma desigualdade na qual ambos os lados são positivos. A desigualdade original aplica-se se, e somente se, $(1/3) < x < (1/2)$. O conjunto-solução é o intervalo aberto $(1/3, 1/2)$.

Exercícios A.1

1. Expresse 1/9 como uma dízima periódica, utilizando uma barra para indicar os dígitos que se repetem. Quais são as representações decimais de 2/9? 3/9? 8/9? 9/9?
2. Se $2 < x < 6$, quais das seguintes declarações sobre x são necessariamente verdadeiras, e quais não são necessariamente verdadeiras?
   a. $0 < x < 4$
   b. $0 < x - 2 < 4$
   c. $1 < \frac{x}{2} < 3$
   d. $\frac{1}{6} < \frac{1}{x} < \frac{1}{2}$
   e. $1 < \frac{6}{x} < 3$
   f. $|x - 4| < 2$
   g. $-6 < -x < 2$
   h. $-6 < -x < -2$

Nos Exercícios 3-6, resolva as desigualdades e mostre os conjuntos-solução na reta real.

3. $-2x > 4$
4. $5x - 3 \leq 7 - 3x$
5. $2x - \frac{1}{2} \geq 7x + \frac{7}{6}$
6. $\frac{4}{5}(x - 2) < \frac{1}{3}(x - 6)$

Resolva as equações nos Exercícios 7-9.

7. $|y| = 3$
8. $|2t + 5| = 4$
9. $|8 - 3s| = \frac{9}{2}$

Resolva as desigualdades nos Exercícios 10-17, expressando os conjuntos-solução como intervalos ou uniões de intervalos. Além disso, mostre cada conjunto-solução na reta real.

10. $|x| < 2$
11. $|t - 1| \leq 3$
12. $|3y - 7| < 4$
13. $\left|\frac{z}{5} - 1\right| \leq 1$
14. $\left|3 - \frac{1}{x}\right| < \frac{1}{2}$
15. $|2s| \geq 4$
16. $|1 - x| > 1$
17. $\left|\frac{r + 1}{2}\right| \geq 1$

Resolva as desigualdades nos Exercícios 18-21. Expresse os conjuntos-solução como intervalos ou uniões de intervalos e mostre-os na reta real. Utilize o resultado $\sqrt{a^2} = |a|$ conforme apropriado.

18. $x^2 < 2$
19. $4 < x^2 < 9$
20. $(x - 1)^2 < 4$
21. $x^2 - x < 0$
22. Não caia na armadilha $|-a| = a$. Para quais números reais essa equação é realmente verdadeira? Para quais números reais ela é falsa?
23. Resolva a equação $|x - 1| = 1 - x$.
24. **Uma prova da desigualdade do triângulo** Justifique cada um dos passos enumerados na prova da desigualdade do triângulo a seguir.

$$\begin{aligned} |a + b|^2 &= (a + b)^2 && (1) \\ &= a^2 + 2ab + b^2 \\ &\leq a^2 + 2|a||b| + b^2 && (2) \\ &= |a|^2 + 2|a||b| + |b|^2 && (3) \\ &= (|a| + |b|)^2 \\ |a + b| &\leq |a| + |b| && (4) \end{aligned}$$

25. Prove que $|ab| = |a||b|$ para quaisquer números a e b.
26. Se $|x| \leq 3$ e $x > -1/2$, o que se pode dizer a respeito de x?
27. Represente graficamente a desigualdade $|x| + |y| \leq 1$.
28. Para qualquer número a, prove que $|-a| = |a|$.
29. Seja a qualquer número positivo. Prove que $|x| > a$ se, e somente se, $x > a$ ou $x < -a$.
30. **a.** Se b for qualquer número diferente de zero, prove que $|1/b| = 1/|b|$.
    b. Prove que $\left|\frac{a}{b}\right| = \frac{|a|}{|b|}$ para quaisquer números a e $b \neq 0$.

A.2 Indução matemática

Muitas fórmulas, como

$$1 + 2 + \cdots + n = \frac{n(n + 1)}{2},$$

podem ser demonstradas para todo n inteiro positivo ao se aplicar um axioma chamado *princípio da indução matemática*. Uma prova que utiliza esse axioma é denominada uma *prova por indução matemática* ou uma *prova por indução*.

Os passos envolvidos na demonstração de uma fórmula por indução são os seguintes:

1. Verifique que a fórmula é verdadeira para $n = 1$.
2. Prove que, se a fórmula é verdadeira para qualquer inteiro positivo $n = k$, então ela também é verdadeira para o próximo inteiro, $n = k + 1$.

O axioma da indução diz que uma vez que esses passos estiverem concluídos, a fórmula é válida para todos os inteiros positivos n. De acordo com o passo 1, ela é verdadeira para $n = 1$. De acordo com o passo 2, ela é verdadeira para $n = 2$ e, portanto, de acordo com o passo 2, também para $n = 3$ e, pelo passo 2 novamente, para $n = 4$, e assim por diante. Se a primeira peça de dominó cair e a k-ésima peça de dominó sempre tocar a $(k + 1)$-ésima quando cair, todas as peças de dominó cairão.

De outro ponto de vista, suponha que tenhamos uma sequência de sentenças S_1, S_2,..., S_n,..., uma para cada inteiro positivo. Suponha que possamos mostrar que a afirmação de que qualquer uma das sentenças seja verdadeira implica que a sentença seguinte também seja. Suponha que possamos também mostrar que S_1 seja verdadeira. Por fim, podemos concluir que as sentenças de S_1 em diante são verdadeiras.

EXEMPLO 1 Utilize a indução matemática para provar que, para cada inteiro positivo n,

$$1 + 2 + \cdots + n = \frac{n(n+1)}{2}.$$

Solução Obtemos a prova seguindo os dois passos acima.

1. A fórmula é verdadeira para $n = 1$ porque

$$1 = \frac{1(1+1)}{2}.$$

2. Se a fórmula é verdadeira para $n = k$, ela também o é para $n = k + 1$? A resposta é sim, conforme mostraremos agora. Se

$$1 + 2 + \cdots + k = \frac{k(k+1)}{2},$$

então

$$1 + 2 + \cdots + k + (k+1) = \frac{k(k+1)}{2} + (k+1) = \frac{k^2 + k + 2k + 2}{2}$$

$$= \frac{(k+1)(k+2)}{2} = \frac{(k+1)((k+1)+1)}{2}.$$

A última expressão nessa sequência de igualdades é $n(n + 1)/2$ para $n = (k + 1)$.

O princípio da indução matemática nos garante agora que a fórmula original é válida para todos os inteiros positivos n.

No Exemplo 4 da Seção 5.2, fornecemos outra prova de que a fórmula resulta na soma dos n primeiros inteiros. No entanto, a prova por indução matemática é mais geral. Ela pode ser utilizada para encontrar as somas dos quadrados e cubos dos n primeiros inteiros (Exercícios 9 e 10).

EXEMPLO 2 Demonstre pela indução matemática que, para todos os n inteiros positivos,

$$\frac{1}{2^1} + \frac{1}{2^2} + \cdots + \frac{1}{2^n} = 1 - \frac{1}{2^n}.$$

Solução Chegamos à demonstração executando os dois passos da indução matemática.

1. A fórmula é verdadeira para $n = 1$ porque

$$\frac{1}{2^1} = 1 - \frac{1}{2^1}.$$

2. Se

$$\frac{1}{2^1} + \frac{1}{2^2} + \cdots + \frac{1}{2^k} = 1 - \frac{1}{2^k},$$

então

$$\frac{1}{2^1} + \frac{1}{2^2} + \cdots + \frac{1}{2^k} + \frac{1}{2^{k+1}} = 1 - \frac{1}{2^k} + \frac{1}{2^{k+1}} = 1 - \frac{1 \cdot 2}{2^k \cdot 2} + \frac{1}{2^{k+1}}$$

$$= 1 - \frac{2}{2^{k+1}} + \frac{1}{2^{k+1}} = 1 - \frac{1}{2^{k+1}}.$$

Assim, a fórmula original é verdadeira para $n = (k + 1)$ sempre que for verdadeira para $n = k$.

Com esses passos verificados, o princípio da indução matemática garante agora que a fórmula é válida para todo inteiro positivo n.

Outros inteiros iniciais

Em vez de começar com $n = 1$, alguns argumentos de indução começam com um outro inteiro. Os passos para esses argumentos são os seguintes:

1. Verifique se a fórmula é verdadeira para $n = n_1$ (o primeiro inteiro apropriado).
2. Prove que, se a fórmula for verdadeira para qualquer inteiro $n = k \geq n_1$, então ela também é válida para $n = (k + 1)$.

Uma vez que esses passos tenham sido concluídos, o princípio da indução matemática garante a fórmula para todo $n \geq n_1$.

EXEMPLO 3 Mostre que $n! > 3^n$ se n for grande o suficiente.

Solução Quanto é "grande o suficiente"? Experimentemos:

n	1	2	3	4	5	6	7
$n!$	1	2	6	24	120	720	5040
3^n	3	9	27	81	243	729	2187

Parece que $n! > 3^n$ para $n \geq 7$. Para ter certeza, aplicaremos a indução matemática. Tomamos $n_1 = 7$ no Passo 1 e concluímos o Passo 2.

Suponha que $k! > 3^k$ para algum $k \geq 7$. Então

$$(k + 1)! = (k + 1)(k!) > (k + 1)3^k > 7 \cdot 3^k > 3^{k+1}.$$

Assim, para $k \geq 7$,

$$k! > 3^k \text{ implica que } (k + 1)! > 3^{k+1}.$$

O princípio da indução matemática agora garante que $n! \geq 3^n$ para todo $n \geq 7$.

Prova da regra da soma para derivadas para somas finitas de funções

Provamos a sentença

$$\frac{d}{dx}(u_1 + u_2 + \cdots + u_n) = \frac{du_1}{dx} + \frac{du_2}{dx} + \cdots + \frac{du_n}{dx}$$

por indução matemática. A sentença é verdadeira para $n = 2$, conforme provamos na Seção 3.3. Esse é o Passo 1 da prova de indução.

O Passo 2 serve para mostrar que, se a sentença for verdadeira para qualquer inteiro positivo $n = k$, onde $k \geq n_0 = 2$, então ela também é verdadeira para $n = k + 1$. Dessa forma, suponhamos que

$$\frac{d}{dx}(u_1 + u_2 + \cdots + u_k) = \frac{du_1}{dx} + \frac{du_2}{dx} + \cdots + \frac{du_k}{dx}. \tag{1}$$

Então

$$\frac{d}{dx}(\underbrace{u_1 + u_2 + \cdots + u_k}_{\text{Chame de } u \text{ a função definida por essa soma.}} + \underbrace{u_{k+1}}_{\text{Chame de } v \text{ essa função.}})$$

$$= \frac{d}{dx}(u_1 + u_2 + \cdots + u_k) + \frac{du_{k+1}}{dx} \qquad \text{Regra da Soma para } \frac{d}{dx}(u+v)$$

$$= \frac{du_1}{dx} + \frac{du_2}{dx} + \cdots + \frac{du_k}{dx} + \frac{du_{k+1}}{dx}. \qquad \text{Equação 1}$$

Com esses passos verificados, o princípio da indução matemática agora garante a Regra da Soma para todo inteiro $n \geq 2$.

Exercícios A.2

1. Assumindo que a desigualdade triangular $|a + b| \leq |a| + |b|$ seja válida para quaisquer dois números a e b, mostre que

$$|x_1 + x_2 + \cdots + x_n| \leq |x_1| + |x_2| + \cdots + |x_n|$$

para quaisquer n números.

2. Demonstre que, se $r \neq 1$, então

$$1 + r + r^2 + \cdots + r^n = \frac{1 - r^{n+1}}{1 - r}$$

para todo inteiro positivo n.

3. Utilize a Regra do Produto, $\frac{d}{dx}(uv) = u\frac{dv}{dx} + v\frac{du}{dx}$, e o fato de que $\frac{d}{dx}(x) = 1$ para mostrar que $\frac{d}{dx}(x^n) = nx^{n-1}$ para todo n inteiro positivo.

4. Suponha que uma função $f(x)$ tenha a propriedade de que $f(x_1 x_2) = f(x_1) + f(x_2)$ para quaisquer dois números positivos x_1 e x_2. Mostre que

$$f(x_1 x_2 \cdots x_n) = f(x_1) + f(x_2) + \cdots + f(x_n)$$

para o produto de quaisquer n números positivos $x_1, x_2, \ldots, x_n$.

5. Mostre que

$$\frac{2}{3^1} + \frac{2}{3^2} + \cdots + \frac{2}{3^n} = 1 - \frac{1}{3^n}$$

para qualquer n inteiro positivo.

6. Mostre que $n! > n^3$ se n for grande o suficiente.

7. Mostre que $2^n > n^2$ se n for grande o suficiente.

8. Mostre que $2^n \geq 1/8$ para $n \geq -3$.

9. **Soma de quadrados** Mostre que a soma dos quadrados dos n primeiros inteiros positivos é

$$\frac{n\left(n + \frac{1}{2}\right)(n + 1)}{3}.$$

10. **Soma de cubos** Mostre que a soma dos cubos dos n primeiros inteiros positivos é $(n(n + 1)/2)^2$.

11. **Regras para somas finitas** Mostre que as seguintes regras para somas finitas são válidas para todo inteiro positivo n. (Veja a Seção 5.2.)

a. $\sum_{k=1}^{n}(a_k + b_k) = \sum_{k=1}^{n} a_k + \sum_{k=1}^{n} b_k$

b. $\sum_{k=1}^{n}(a_k - b_k) = \sum_{k=1}^{n} a_k - \sum_{k=1}^{n} b_k$

c. $\sum_{k=1}^{n} ca_k = c \cdot \sum_{k=1}^{n} a_k$ (qualquer número c)

d. $\sum_{k=1}^{n} a_k = n \cdot c$ (se a_k tiver o valor constante c)

12. Mostre que $|x^n| = |x|^n$ para todo n inteiro positivo e todo número real x.

A.3 Retas, circunferências e parábolas

Esta seção aborda coordenadas, retas, distância, circunferências e parábolas no plano. A noção de incremento também é discutida.

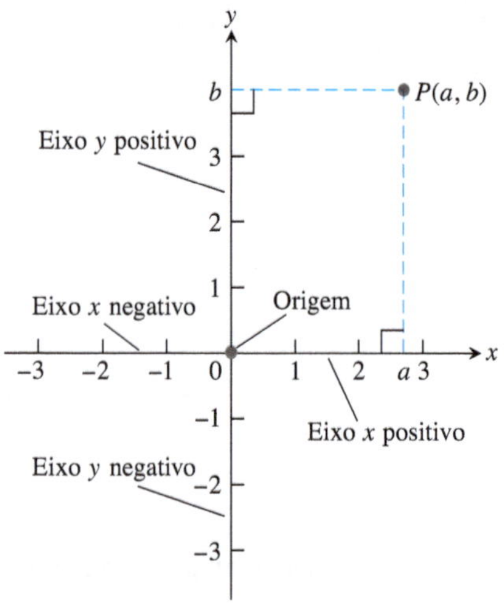

FIGURA A.4 As coordenadas cartesianas no plano são baseadas em dois eixos perpendiculares que apresentam interseção na origem.

BIOGRAFIA HISTÓRICA

René Descartes
(1596-1650)

Coordenadas cartesianas no plano

No Apêndice 1, identificamos os pontos na reta com números reais atribuindo coordenadas a eles. Pontos no plano podem ser identificados com pares ordenados de números reais. Para começar, traçamos duas retas coordenadas perpendiculares que apresentam interseção no ponto 0 de cada uma. Essas retas são denominadas **eixos coordenados** no plano. No eixo x, horizontal, os números são indicados por x e aumentam para a direita. No eixo y, vertical, os números são indicados por y e aumentam para cima (Figura A.4). Dessa forma, "para cima" e "para a direita" são direções positivas, enquanto "para baixo" e "para a esquerda" são consideradas negativas. A **origem** O, também chamada de 0, do sistema de coordenadas, é o ponto no plano onde x e y são ambos zero.

Se P for qualquer ponto no plano, ele pode ser localizado por exatamente um par ordenado de números reais da seguinte maneira. Trace retas por P perpendiculares aos dois eixos coordenados. Essas retas apresentam interseção com os eixos nos pontos com coordenadas a e b (Figura A.4). O par ordenado (a, b) é atribuído ao ponto P e é denominado **par coordenado.** O primeiro número a é a **coordenada *x*** (ou **abscissa**) de P; o segundo número, b, é a **coordenada *y*** (ou **ordenada**) de P. A coordenada x de qualquer ponto no eixo y é 0. A coordenada y de qualquer ponto no eixo x é 0. A origem é o ponto $(0, 0)$.

Começando com um par ordenado (a, b), podemos inverter o processo e chegar a um ponto correspondente P no plano. Em geral, identificamos P com o par ordenado e escrevemos $P(a, b)$. Algumas vezes ainda nos referimos ao "ponto (a, b)", e estará claro a partir do contexto quando (a, b) se refere a um ponto no plano e não a um intervalo aberto na reta real. A Figura A.5 apresenta diversos pontos identificados por suas coordenadas.

Esse sistema de coordenadas é chamado de **sistema de coordenadas retangular** ou **sistema de coordenadas cartesiano** (em homenagem ao matemático francês do século XVI, René Descartes). Os eixos coordenados do plano coordenado ou cartesiano dividem o plano em quatro regiões chamadas de **quadrantes**, enumeradas em sentido anti-horário, como mostra a Figura A.5.

O **gráfico** de uma equação ou desigualdade nas variáveis x e y é o conjunto de todos os pontos $P(x, y)$ no plano, cujas coordenadas satisfazem a equação ou desigualdade. Quando traçamos dados no plano coordenado ou representamos graficamente fórmulas cujas variáveis possuem diferentes unidades de medida, não precisamos utilizar a mesma escala nos dois eixos. Se traçarmos tempo contra empuxo de um motor de foguete, por exemplo, não existe motivo para posicionar a marca que mostra 1 segundo no eixo do tempo à mesma distância da origem que a marca que mostra 1 lb no eixo do empuxo.

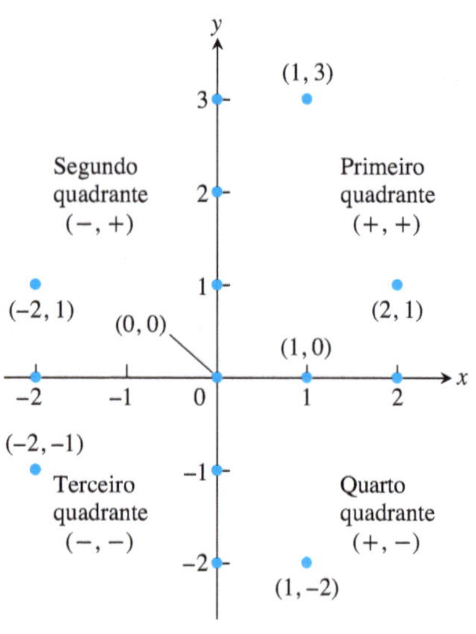

FIGURA A.5 Pontos identificados no plano coordenado xy ou plano cartesiano. Todos os pontos nos eixos possuem pares de coordenadas, mas geralmente são identificados com um número real apenas, (assim (1, 0) no eixo x é identificado como 1). Observe os padrões de sinal das coordenadas em cada quadrante.

Em geral, quando representamos graficamente funções cujas variáveis não representam grandezas físicas e quando desenhamos figuras no plano coordenado para estudar sua geometria e trigonometria, tentamos fazer que as escalas nos eixos sejam idênticas. Uma unidade vertical de distância parecerá, então, igual a uma unidade horizontal. Como em um mapa ou um desenho de escala, os segmentos de reta que supostamente têm o mesmo comprimento vão de fato parecer iguais, e os ângulos que supostamente são congruentes vão parecer congruentes.

As telas de computador e calculadoras são outro caso. As escalas vertical e horizontal dos gráficos gerados digitalmente são geralmente diferentes, e existem distorções correspondentes em distâncias, coeficientes angulares e ângulos. Circunferências podem parecer elipses, retângulos podem parecer quadrados, ângulos retos podem parecer agudos ou obtusos, e assim por diante. Discutiremos essas telas e distorções com mais detalhes na Seção 1.4.

Incrementos e retas

Quando uma partícula se move de um ponto para outro em um plano, as variações líquidas em suas coordenadas são chamadas de *incrementos*. Eles são calcu-

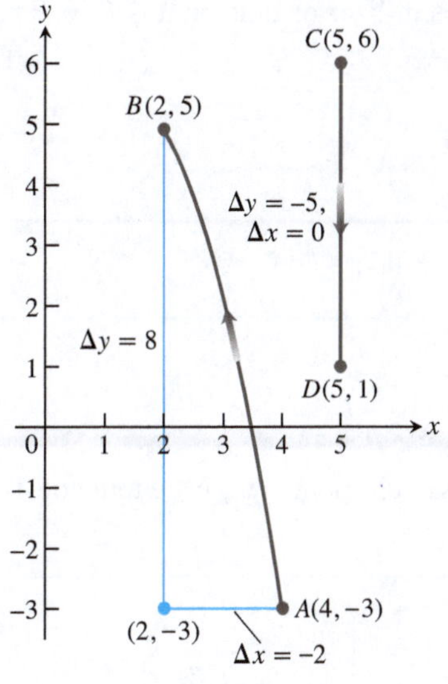

FIGURA A.6 Os incrementos coordenados podem ser positivos, negativos ou zero (Exemplo 1).

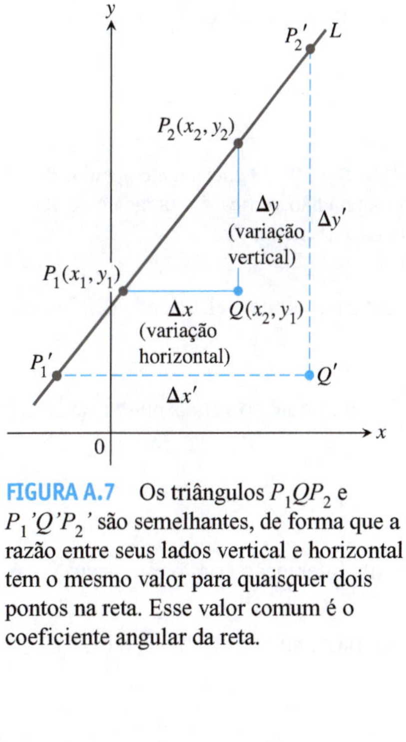

FIGURA A.7 Os triângulos P_1QP_2 e $P_1'Q'P_2'$ são semelhantes, de forma que a razão entre seus lados vertical e horizontal tem o mesmo valor para quaisquer dois pontos na reta. Esse valor comum é o coeficiente angular da reta.

lados subtraindo-se as coordenadas do ponto inicial daquelas do ponto final. Se x muda de x_1 para x_2, o **incremento** em x é

$$\Delta x = x_2 - x_1.$$

EXEMPLO 1 Indo do ponto $A(4, -3)$ ao ponto $B(2, 5)$, os incrementos das coordenadas x e y são

$$\Delta x = 2 - 4 = -2, \qquad \Delta y = 5 - (-3) = 8.$$

De $C(5, 6)$ a $D(5, 1)$ os incrementos coordenados são

$$\Delta x = 5 - 5 = 0, \qquad \Delta y = 1 - 6 = -5.$$

Veja a Figura A.6.

Dados dois pontos $P_1(x_1, y_1)$ e $P_2(x_2, y_2)$ no plano, chamamos os incrementos $\Delta x = x_2 - x_1$ e $\Delta y = y_2 - y_1$ de **variação horizontal** e **variação vertical**, respectivamente, entre P_1 e P_2. Esses dois pontos sempre determinam uma única linha reta (geralmente chamada simplesmente de reta) que passa por ambos. Ela é denominada reta P_1P_2.

Toda reta não vertical no plano tem a propriedade de que a razão

$$m = \frac{\text{variação vertical}}{\text{variação horizontal}} = \frac{\Delta y}{\Delta x} = \frac{y_2 - y_1}{x_2 - x_1}$$

tem o mesmo valor para qualquer escolha de dois pontos $P_1(x_1, y_1)$ e $P_2(x_2, y_2)$ na reta (Figura A.7). Isso porque, no caso de triângulos semelhantes, as razões dos lados correspondentes são iguais.

DEFINIÇÃO A razão constante

$$m = \frac{\text{variação vertical}}{\text{variação horizontal}} = \frac{\Delta y}{\Delta x} = \frac{y_2 - y_1}{x_2 - x_1}$$

é o **coeficiente angular** da reta não vertical P_1P_2.

O coeficiente angular informa a direção (para cima ou para baixo) e inclinação de uma reta. Uma reta com coeficiente angular positivo dirige-se para cima e para a direita; uma reta com coeficiente angular negativo dirige-se para baixo e para a direita (Figura A.8). Quanto maior o valor absoluto do coeficiente angular, mais rápida a subida ou a descida da reta. O coeficiente angular de uma reta vertical é *indefinido*. Como a variação horizontal Δx é zero para uma reta vertical, não podemos formar a razão do coeficiente angular m.

A direção e a inclinação de uma reta podem também ser medidas por meio de um ângulo. O ângulo de inclinação de uma reta que cruza o eixo x é o menor ângulo em sentido anti-horário entre o eixo x e a reta (Figura A.9). A inclinação de uma reta horizontal é 0º. A inclinação de uma reta vertical é 90º. Se ϕ (a letra grega fi) é a inclinação de uma reta, então $0 \leq \phi < 180º$.

A relação entre o coeficiente angular m de uma reta não vertical e o ângulo de inclinação da reta ϕ é mostrada na Figura A.10:

$$m = \operatorname{tg} \phi.$$

Retas têm equações relativamente simples. Todos os pontos na *reta vertical* que passa pelo ponto a no eixo x têm coordenadas x iguais a a. Assim, $x = a$ é uma equação para a reta vertical. De forma semelhante, $y = b$ é uma equação para a *reta horizontal* encontrando o eixo y em b. (Veja a Figura A.11.)

Podemos escrever uma equação para uma reta não vertical L se soubermos seu coeficiente angular m e suas coordenadas de um ponto $P_1(x_1, y_1)$. Se $P(x, y)$

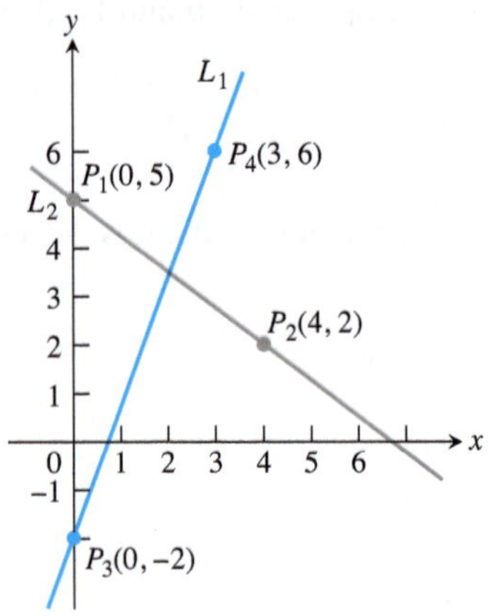

FIGURA A.8 O coeficiente angular de L_1 é

$$m = \frac{\Delta y}{\Delta x} = \frac{6 - (-2)}{3 - 0} = \frac{8}{3}.$$

Ou seja, y aumenta 8 unidades toda vez que x aumenta 3 unidades. O coeficiente angular de L_2 é

$$m = \frac{\Delta y}{\Delta x} = \frac{2 - 5}{4 - 0} = \frac{-3}{4}.$$

Ou seja, y diminui 3 unidades toda vez que x aumenta 4 unidades.

for *qualquer* outro ponto em L, então podemos utilizar os dois pontos P_1 e P para calcular o coeficiente angular,

$$m = \frac{y - y_1}{x - x_1}$$

de forma que

$$y - y_1 = m(x - x_1), \qquad \text{ou} \qquad y = y_1 + m(x - x_1).$$

> A equação
>
> $$y = y_1 + m(x - x_1)$$
>
> é a **equação fundamental** da reta que passa pelo ponto (x_1, y_1) e tem coeficiente angular m.

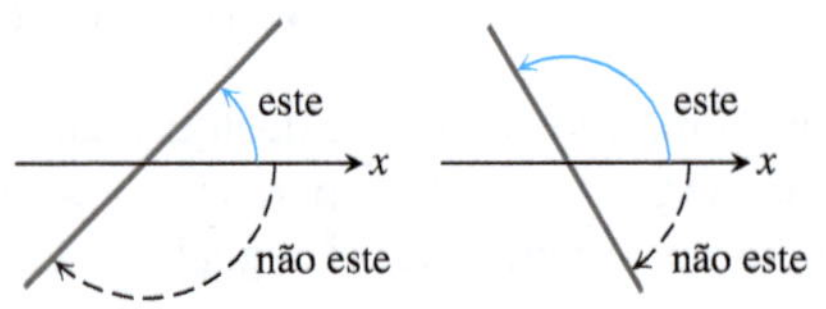

FIGURA A.9 Ângulos de inclinação são medidos em sentido anti-horário a partir do eixo x.

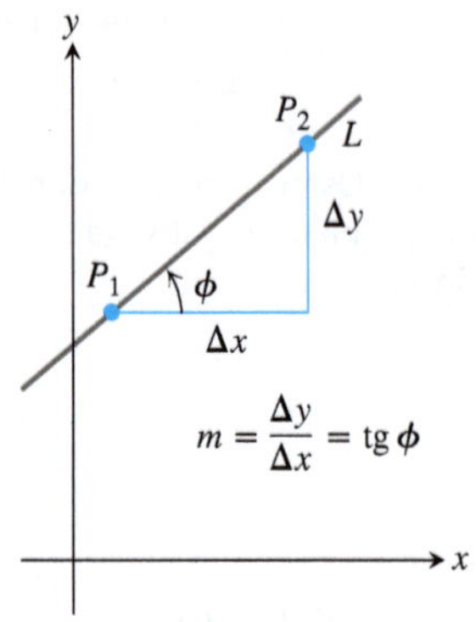

FIGURA A.10 O coeficiente angular de uma reta não vertical é a tangente do seu ângulo de inclinação.

EXEMPLO 2 Escreva uma equação para a reta passando pelo ponto (2, 3) com coeficiente angular −3/2.

Solução Substituímos $x_1 = 2$, $y_1 = 3$ e $m = -3/2$ na equação fundamental da reta e obtemos

$$y = 3 - \frac{3}{2}(x - 2), \qquad \text{ou} \qquad y = -\frac{3}{2}x + 6.$$

Quando $x = 0$, $y = 6$, de modo que a reta apresenta interseção com o eixo y em $y = 6$.

EXEMPLO 3 Escreva uma equação para a reta passando por (−2, −1) e (3, 4).

Solução O coeficiente angular da reta é

$$m = \frac{-1 - 4}{-2 - 3} = \frac{-5}{-5} = 1.$$

Podemos utilizar esse coeficiente angular com qualquer um dos pontos dados na equação fundamental da reta:

Com $(x_1, y_1) = (-2, -1)$	**Com $(x_1, y_1) = (3, 4)$**
$y = -1 + 1 \cdot (x - (-2))$	$y = 4 + 1 \cdot (x - 3)$
$y = -1 + x + 2$	$y = 4 + x - 3$
$y = x + 1$	$y = x + 1$

Mesmo resultado

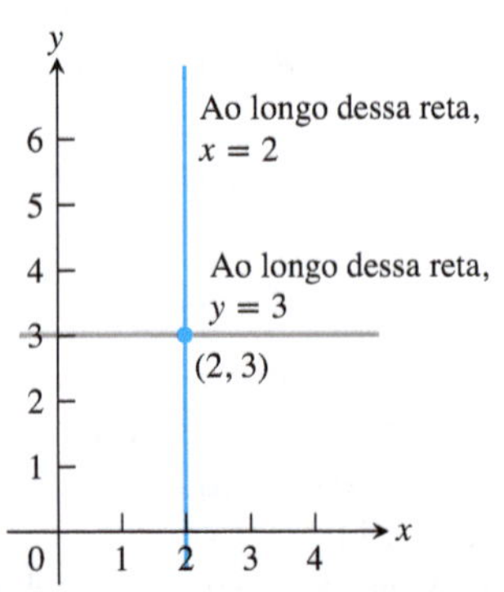

FIGURA A.11 As equações padrão para as retas vertical e horizontal passando por (2, 3) são $x = 2$ e $y = 3$.

De qualquer modo, $y = x + 1$ é uma equação para a reta (Figura A.12).

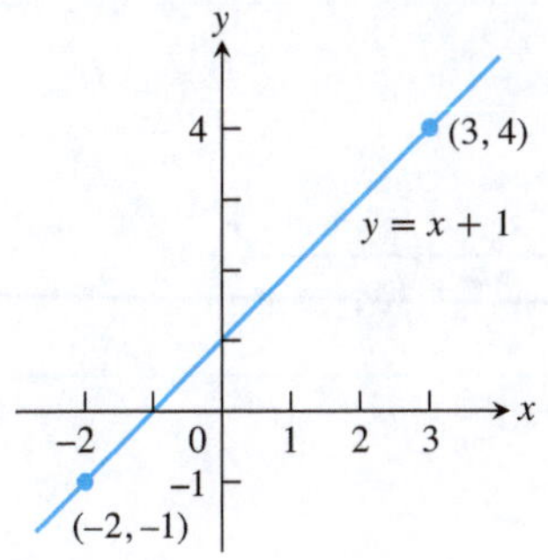

FIGURA A.12 Reta no Exemplo 3.

A coordenada y do ponto onde uma reta não vertical apresenta interseção com o eixo y é chamada de **intercepto do eixo *y*** da reta. De maneira semelhante, o **intercepto do eixo *x*** de uma reta não horizontal é a coordenada x do ponto onde ela cruza o eixo x (Figura A.13). Uma reta com coeficiente angular m e cujo intercepto do eixo y é b passa pelo ponto $(0, b)$, de modo que a equação

$$y = b + m(x - 0), \qquad \text{ou, simplificando,} \qquad y = mx + b.$$

> A equação
>
> $$y = mx + b$$
>
> é chamada de **equação reduzida** da reta com coeficiente angular my e cujo intercepto do eixo y é b.

As retas com equações da forma $y = mx$ possuem intercepto do eixo y igual a 0 e passam pela origem. As equações de retas são chamadas de equações **lineares**.

A equação

$$Ax + By = C \quad (A \text{ e } B \text{ não simultaneamente } 0)$$

é chamada de **equação geral da reta** em x e y, porque seu gráfico sempre representa uma reta e toda reta tem uma equação nessa forma (incluindo retas com coeficiente angular indefinido).

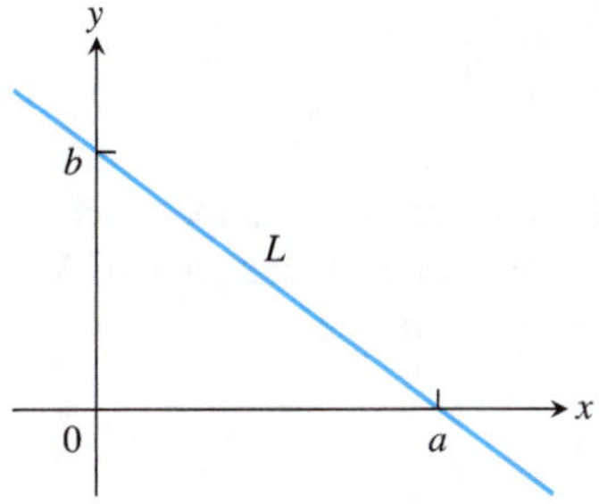

FIGURA A.13 A reta L tem a como intercepto o eixo de x, e b como intercepto do eixo y.

Retas paralelas e perpendiculares

Retas paralelas têm ângulos de inclinação iguais, de modo que têm o mesmo coeficiente angular (se elas não forem verticais). Reciprocamente, retas com coeficientes angulares iguais têm ângulos de inclinação iguais e, portanto, são paralelas.

Se duas retas não verticais L_1 e L_2 são perpendiculares, seus coeficientes angulares m_1 e m_2 satisfazem $m_1 m_2 = -1$, de modo que cada coeficiente angular é o *recíproco negativo* do outro:

$$m_1 = -\frac{1}{m_2}, \qquad m_2 = -\frac{1}{m_1}.$$

Para perceber isso, observe inspecionando triângulos semelhantes na Figura A.14 que $m_1 = a/h$, e $m_2 = -h/a$. Consequentemente, $m_1 m_2 = (a/h)(-h/a) = -1$.

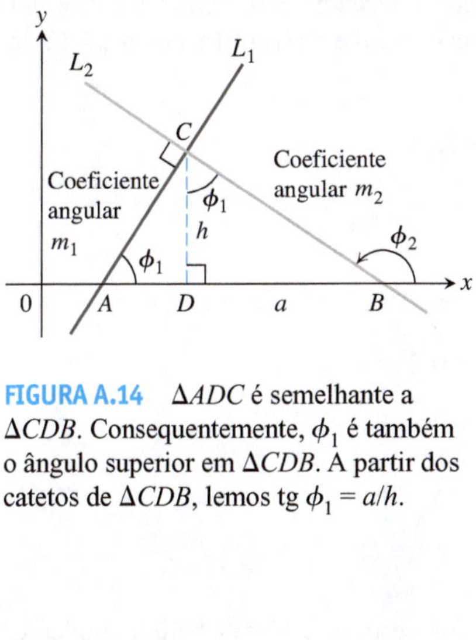

FIGURA A.14 ΔADC é semelhante a ΔCDB. Consequentemente, ϕ_1 é também o ângulo superior em ΔCDB. A partir dos catetos de ΔCDB, lemos tg $\phi_1 = a/h$.

Distância e circunferências no plano

A distância entre pontos no plano é calculada com uma fórmula que vem do teorema de Pitágoras (Figura A.15).

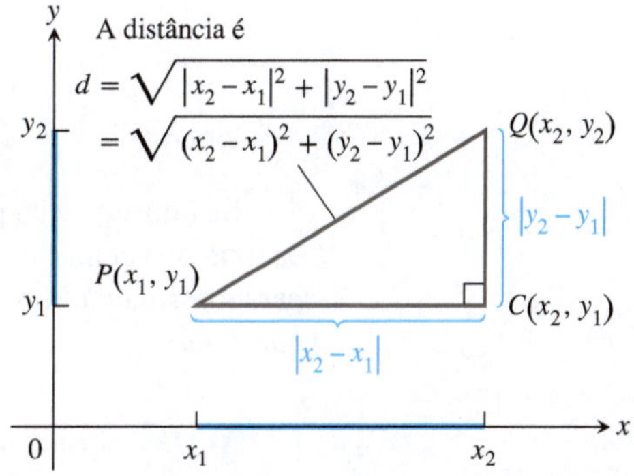

FIGURA A.15 Para calcular a distância entre $P(x_1, y_1)$ e $Q(x_2, y_2)$, aplicamos o Teorema de Pitágoras ao triângulo PCQ.

Fórmula de distância para pontos no plano

A distância entre $P(x_1, y_1)$ e $Q(x_2, y_2)$ é

$$d = \sqrt{(\Delta x)^2 + (\Delta y)^2} = \sqrt{(x_2 - x_1)^2 + (y_2 - y_1)^2}.$$

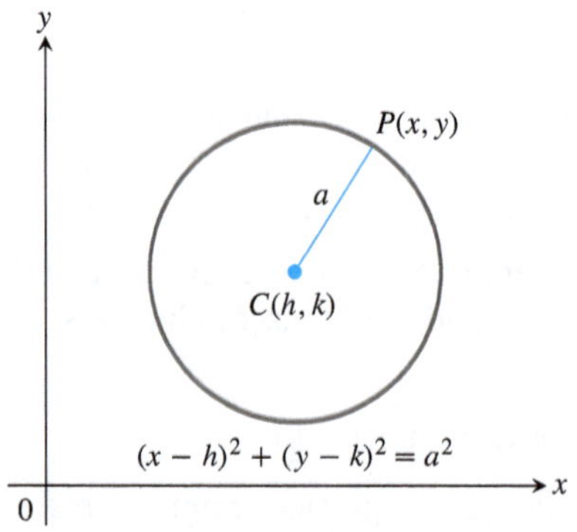

FIGURA A.16 Circunferência de raio a no plano xy, com centro em (h, k).

EXEMPLO 4

(a) A distância entre $P(-1, 2)$ e $Q(3, 4)$ é

$$\sqrt{(3 - (-1))^2 + (4 - 2)^2} = \sqrt{(4)^2 + (2)^2} = \sqrt{20} = \sqrt{4 \cdot 5} = 2\sqrt{5}.$$

(b) A distância entre a origem e $P(x, y)$ é

$$\sqrt{(x - 0)^2 + (y - 0)^2} = \sqrt{x^2 + y^2}.$$

Por definição, uma **circunferência** de raio a é o conjunto de todos os pontos $P(x, y)$ cuja distância entre algum centro $C(h, k)$ é igual a a (Figura A.16). A partir da fórmula da distância, P está na circunferência se, e somente se,

$$\sqrt{(x - h)^2 + (y - k)^2} = a,$$

portanto

$$(x - h)^2 + (y - k)^2 = a^2. \tag{1}$$

A Equação 1 é a **equação padrão** de uma circunferência com centro (h, k) e raio a. A circunferência de raio $a = 1$ e centrada na origem é a **circunferência unitária**, com equação

$$x^2 + y^2 = 1.$$

EXEMPLO 5

(a) A equação padrão para a circunferência de raio 2 centrada em (3, 4) é

$$(x - 3)^2 + (y - 4)^2 = 2^2 = 4.$$

(b) A circunferência

$$(x - 1)^2 + (y + 5)^2 = 3$$

tem $h = 1$, $k = -5$, e $a = \sqrt{3}$.

Se uma equação para uma circunferência não estiver na forma padrão, podemos encontrar o centro e o raio da circunferência primeiramente convertendo a equação para a forma padrão. A técnica algébrica para fazer isso é chamada de *completar o quadrado*.

EXEMPLO 6

Encontre o centro e o raio da circunferência

$$x^2 + y^2 + 4x - 6y - 3 = 0.$$

Solução Convertemos a equação para a forma padrão completando os quadrados em x e y:

$$x^2 + y^2 + 4x - 6y - 3 = 0$$

$$(x^2 + 4x) + (y^2 - 6y) = 3$$

Comece com a equação dada. Agrupe os termos. Passe a constante para o lado direito.

$$\left(x^2 + 4x + \left(\frac{4}{2}\right)^2\right) + \left(y^2 - 6y + \left(\frac{-6}{2}\right)^2\right) = 3 + \left(\frac{4}{2}\right)^2 + \left(\frac{-6}{2}\right)^2$$

Adicione o quadrado da metade do coeficiente de x a cada lado da equação. Faça o mesmo em relação a y. As expressões entre parênteses do lado esquerdo agora são quadrados perfeitos.

$$(x^2 + 4x + 4) + (y^2 - 6y + 9) = 3 + 4 + 9$$

$$(x + 2)^2 + (y - 3)^2 = 16$$

Escreva cada termo quadrático como uma expressão linear ao quadrado.

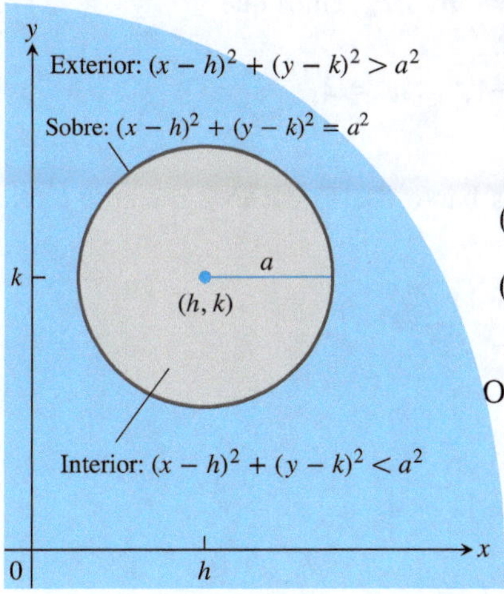

FIGURA A.17 Interior e o exterior da circunferência $(x - h)^2 + (y - k)^2 = a^2$.

O centro é $(-2, 3)$ e o raio é $a = 4$.

Os pontos (x, y) que satisfazem a desigualdade

$$(x - h)^2 + (y - k)^2 < a^2$$

formam a região **interior** da circunferência com centro (h, k) e raio a (Figura A.17). O **exterior** da circunferência consiste nos pontos (x, y) satisfazendo

$$(x - h)^2 + (y - k)^2 > a^2.$$

Parábolas

A definição e as propriedades geométricas das parábolas gerais são abordadas na Seção 11.6. Aqui, vamos nos concentrar nas parábolas que surgem como gráficos de equações da forma $y = ax^2 + bx + c$.

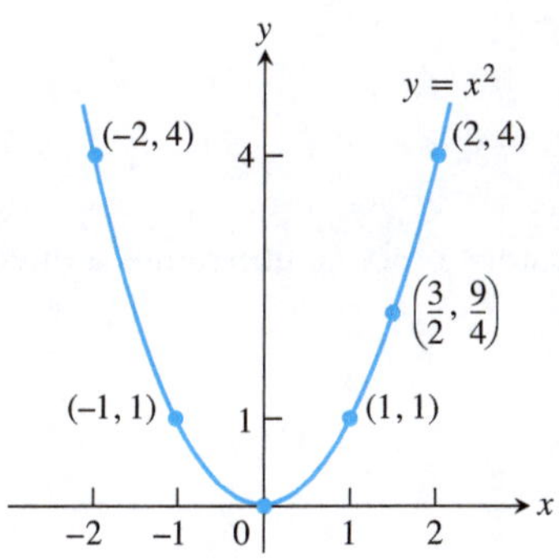

FIGURA A.18 Parábola $y = x^2$ (Exemplo 7).

EXEMPLO 7 Considere a equação $y = x^2$. Alguns pontos cujas coordenadas satisfazem essa equação são $(0, 0)$, $(1, 1)$, $\left(\frac{3}{2}, \frac{9}{4}\right)$, $(-1, 1)$, $(2, 4)$. Esses pontos (e todos os outros satisfazendo a equação) formam uma curva lisa denominada parábola (Figura A.18).

O gráfico de uma equação da forma

$$y = ax^2$$

é uma **parábola** cujo **eixo** (eixo de simetria) é o eixo y. O **vértice** da parábola (ponto onde a parábola e o eixo se cruzam) está na origem. A parábola abre-se para cima se $a > 0$ e para baixo se $a < 0$. Quanto maior o valor de $|a|$, mais estreita a parábola (Figura A.19).

Geralmente, o gráfico de $y = ax^2 + bx + c$ é uma versão transladada e reescalonada da parábola $y = x^2$. Discutiremos com mais detalhes a translação e o reescalonamento de gráficos na Seção 1.2.

Gráfico de $y = ax^2 + bx + c, a \neq 0$

O gráfico da equação $y = ax^2 + bx + c$, $a \neq 0$, é uma parábola. A parábola abre-se para cima se $a > 0$ e para baixo se $a < 0$. O **eixo** é a reta

$$x = -\frac{b}{2a}. \tag{2}$$

O **vértice** da parábola é o ponto onde o eixo e a parábola apresentam interseção. Sua coordenada x é $x = -b/2a$; sua coordenada y é encontrada mediante a substituição de $x = -b/2a$ na equação da parábola.

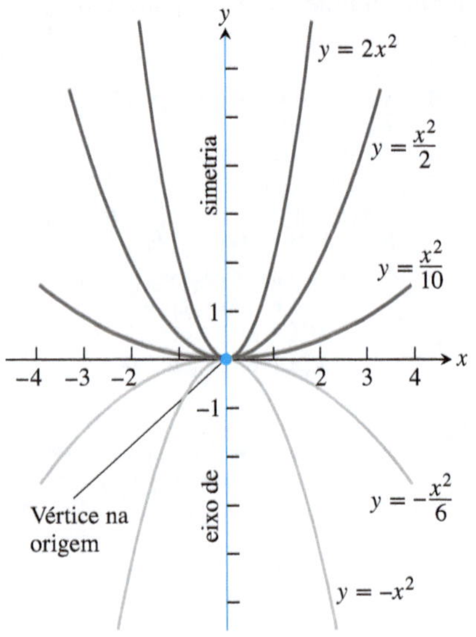

FIGURA A.19 Além de determinar a direção em que a parábola $y = ax^2$ se abre, o número a é um fator de escala. A parábola se alarga conforme a se aproxima de zero e se estreita conforme $|a|$ aumenta.

Observe que se $a = 0$, então temos $y = bx + c$, que é uma equação para uma reta. O eixo, dado pela Equação 2, pode ser encontrado completando o quadrado.

EXEMPLO 8 Represente graficamente a equação $y = -\frac{1}{2}x^2 - x + 4$.

Solução Comparando a equação com $y = ax^2 + bx + c$, vemos que

$$a = -\frac{1}{2}, \qquad b = -1, \qquad c = 4.$$

Uma vez que $a < 0$, a parábola abre-se para baixo. Da Equação 2 o eixo é a reta vertical

$$x = -\frac{b}{2a} = -\frac{(-1)}{2(-1/2)} = -1.$$

Quando $x = -1$, temos

$$y = -\frac{1}{2}(-1)^2 - (-1) + 4 = \frac{9}{2}.$$

O vértice é $(-1, 9/2)$.

Os interceptos do eixo x estão onde $y = 0$:

$$-\frac{1}{2}x^2 - x + 4 = 0$$
$$x^2 + 2x - 8 = 0$$
$$(x - 2)(x + 4) = 0$$
$$x = 2, \qquad x = -4$$

Na Figura A.20, traçamos alguns pontos, esboçamos o eixo e utilizamos a direção de abertura para completar o gráfico.

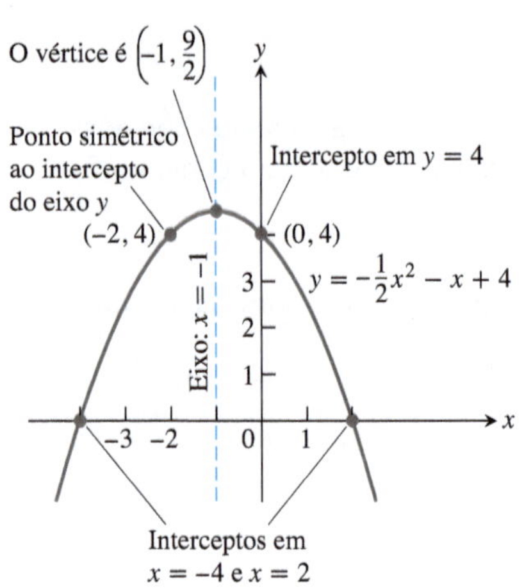

FIGURA A.20 Parábola no Exemplo 8.

Exercícios A.3

Distância, coeficientes angulares e retas

Nos Exercícios 1 e 2, uma partícula se desloca de A até B no plano coordenado. Encontre os incrementos Δx e Δy nas coordenadas da partícula. Determine também a distância entre A e B.

1. $A(-3, 2)$, $B(-1, -2)$.
2. $A(-3{,}2; -2))$, $B(-8{,}1; -2)$.

Descreva os gráficos das equações nos Exercícios 3 e 4.

3. $x^2 + y^2 = 1$.
4. $x^2 + y^2 \leq 3$.

Trace os pontos nos Exercícios 5 e 6 e encontre o coeficiente angular (se houver algum) da reta que eles determinam. Além disso, encontre o coeficiente angular comum (se houver algum) das retas perpendiculares à reta AB.

5. $A(-1, 2)$, $B(-2, -1)$.
6. $A(2, 3)$, $B(-1, 3)$.

Nos Exercícios 7 e 8, encontre uma equação para **(a)** a reta vertical e **(b)** a reta horizontal passando pelo ponto determinado.

7. $(-1, 4/3)$.
8. $\left(0, -\sqrt{2}\right)$

Nos Exercícios 9-15, escreva uma equação para cada reta descrita.

9. Passa por (–1, 1) com coeficiente angular –1.

10. Passa por (3, 4) e (–2, 5).

11. Tem coeficiente angular –5/4 e intercepto $y = 6$.

12. Passa por (–12, –9) e tem coeficiente angular 0.

13. Tem intercepto $y = 4$ e intercepto de $x = -1$.

14. Passa por (5, –1) e é paralela à reta $2x + 5y = 15$.

15. Passa por (4, 10) e é perpendicular à reta $6x - 3y = 5$.

Nos Exercícios 16 e 17, encontre os interceptos dos eixos x e y da reta e utilize essas informações para representar a reta graficamente.

16. $3x + 4y = 12$

17. $\sqrt{2}x - \sqrt{3}y = \sqrt{6}$

18. Existe algo em especial sobre a relação entre as retas $Ax + By = C_1$ e $Bx - Ay = C_2$ ($A \neq 0, B \neq 0$)? Justifique sua resposta.

19. Uma partícula começa em $A(-2, 3)$ e suas coordenadas variam pelos incrementos $\Delta x = 5$, $\Delta y = -6$. Encontre sua nova posição.

20. As coordenadas de uma partícula variam por $\Delta x = 5$, $\Delta y = 6$ à medida que ela se move de $A(x, y)$ para $B(3, -3)$. Encontre x e y.

Circunferências

Nos Exercícios 21-23, encontre uma equação para a circunferência com o centro $C(h, k)$ e raio a dados. Em seguida, esboce a circunferência no plano xy. Inclua o centro da circunferência em seu esboço. Além disso, identifique os interceptos dos eixos x e y da circunferência, se houver algum, com seus pares coordenados.

21. $C(0, 2)$, $a = 2$.

22. $C(-1, 5)$, $a = \sqrt{10}$

23. $C(-\sqrt{3}, -2)$, $a = 2$

Represente graficamente as circunferências cujas equações são fornecidas nos Exercícios 24-26. Identifique o centro e interceptos (se houver) de cada circunferência com seus pares coordenados.

24. $x^2 + y^2 + 4x - 4y + 4 = 0$

25. $x^2 + y^2 - 3y - 4 = 0$

26. $x^2 + y^2 - 4x + 4y = 0$

Parábolas

Represente graficamente as parábolas nos Exercícios 27-30. Identifique o vértice, o eixo e os interceptos em cada caso.

27. $y = x^2 - 2x - 3$

28. $y = -x^2 + 4x$

29. $y = -x^2 - 6x - 5$

30. $y = \frac{1}{2}x^2 + x + 4$

Desigualdades

Descreva as regiões definidas pelas desigualdades e pares de desigualdades nos Exercícios 31-34.

31. $x^2 + y^2 > 7$

32. $(x - 1)^2 + y^2 \leq 4$

33. $x^2 + y^2 > 1$, $x^2 + y^2 < 4$

34. $x^2 + y^2 + 6y < 0$, $y > -3$

35. Escreva uma desigualdade que descreva os pontos que estão dentro da circunferência com centro (–2, 1) e raio $\sqrt{6}$.

36. Escreva um par de desigualdades que descreva os pontos que estão dentro ou sobre a circunferência com centro (0, 0) e raio $\sqrt{2}$, e sobre ou à direita da reta vertical passando por (1, 0).

Teoria e exemplos

Nos Exercícios 37-40, represente graficamente as duas equações e encontre os pontos nos quais os gráficos apresentam interseção.

37. $y = 2x$, $x^2 + y^2 = 1$

38. $y - x = 1$, $y = x^2$

39. $y = -x^2$, $y = 2x^2 - 1$

40. $x^2 + y^2 = 1$, $(x - 1)^2 + y^2 = 1$

41. Isolamento Medindo os coeficientes angulares na figura, calcule a variação de temperatura, em graus por polegada, para **(a)** o revestimento de gesso; **(b)** o isolamento de fibra de vidro; **(c)** o revestimento de madeira.

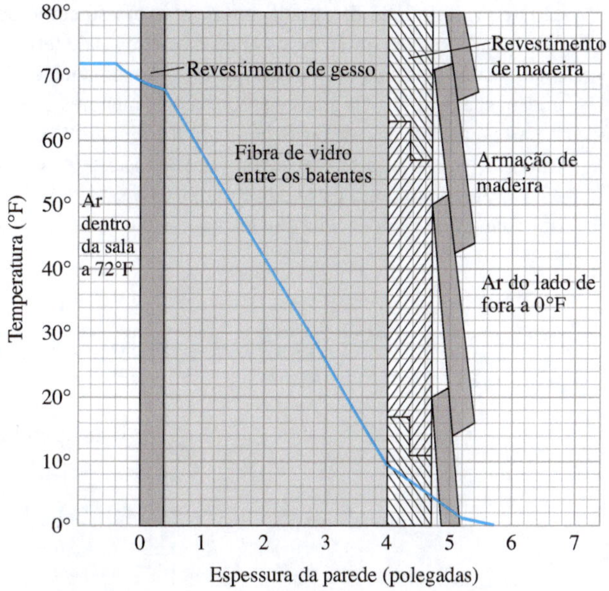

A variação de temperatura na parede nos Exercícios 41 e 42.

42. Insulação De acordo com a figura no Exercício 41, quais dos materiais é o melhor insulante? E o pior? Explique.

43. Pressão debaixo d'água A pressão p experimentada por um mergulhador debaixo d'água está relacionada com sua profundidade d por uma equação da forma $p = kd + 1$ (k é uma constante). Na superfície, a pressão é de 1 atmosfera. A pressão a 100 metros é de cerca de 10,94 atmosferas. Encontre a pressão a 50 metros.

44. Luz refletida Um raio de luz passa ao longo da reta $x + y = 1$ a partir do segundo quadrante, sendo refletido no eixo x (veja a figura a seguir). O ângulo de incidência é igual ao ângulo de reflexão. Escreva uma equação para a reta ao longo da qual a luz refletida se propaga.

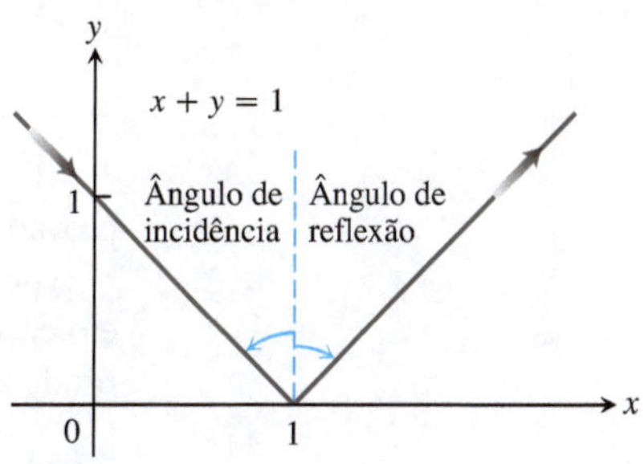

O caminho do raio de luz no Exercício 44. Os ângulos de incidência e de reflexão são medidos a partir da perpendicular.

45. **Fahrenheit *versus* Celsius** No plano FC, esboce o gráfico da equação

$$C = \frac{5}{9}(F - 32)$$

que relaciona as temperaturas em Fahrenheit e em Celsius. No mesmo gráfico, esboce a reta $C = F$. Existe uma temperatura na qual um termômetro em Celsius apresenta a mesma leitura numérica que um termômetro em Fahrenheit? Se existe, qual é?

46. **Ferrovia *Mount Washington Cog Railway*** Os engenheiros civis calculam o coeficiente angular do leito das estradas como a razão da distância que ela sobe ou desce verticalmente e a distância que ela corre horizontalmente. Eles chamam essa razão de **grau** do leito da estrada, em geral expresso como porcentagem. Ao longo da costa, os graus das estradas de ferro comerciais são geralmente menores que 2%. Nas montanhas, eles podem chegar a 4%. Os graus de rodovias são menores que 5%. A parte mais íngreme da ferrovia *Mount Washington Cog Railway* em New Hampshire apresenta um grau excepcional de 37,1%. Ao longo dessa parte do percurso, os assentos da frente do vagão estão 14 pés acima daqueles que estão no fundo. Qual é a distância aproximada que separa a primeira e a última fileira do vagão?

47. Calculando os comprimentos de seus lados, mostre que o triângulo com vértices nos pontos $A(1, 2)$, $B(5, 5)$ e $C(4, -2)$ é isósceles, e não equilátero.

48. Mostre que o triângulo com vértices $A(0, 0)$, $B\left(1, \sqrt{3}\right)$ e $C(2, 0)$ é equilátero.

49. Mostre que os pontos $A(2, -1)$, $B(1, 3)$ e $C(-3, 2)$ são vértices de um quadrado, e encontre os quatro vértices.

50. Três paralelogramos diferentes possuem vértices em $(-1, 1)$, $(2, 0)$ e $(2, 3)$. Esboce-os e encontre as coordenadas dos quatro vértices de cada um.

51. Para qual valor de k a reta $2x + ky = 3$ é perpendicular à reta $4x + y = 1$? Para qual valor de k as retas estão paralelas?

52. **Ponto médio de um segmento de reta** Mostre que o ponto com coordenadas

$$\left(\frac{x_1 + x_2}{2}, \frac{y_1 + y_2}{2}\right)$$

é o ponto médio do segmento de reta que une $P(x_1, y_1)$ a $Q(x_2, y_2)$.

A.4 Provas dos teoremas dos limites

Este apêndice prova as partes 2–5 do Teorema 1 e o Teorema 4 da Seção 2.2.

TEOREMA 1 — Leis dos limites Se L, M, c e k são números reais e

$$\lim_{x \to c} f(x) = L \quad \text{e} \quad \lim_{x \to c} g(x) = M, \quad \text{então}$$

1. *Regra da soma:* $\lim_{x \to c} (f(x) + g(x)) = L + M$
2. *Regra da diferença:* $\lim_{x \to c} (f(x) - g(x)) = L - M$
3. *Regra da multiplicação por constante:* $\lim_{x \to c} (k \cdot f(x)) = k \cdot L$
4. *Regra do produto:* $\lim_{x \to c} (f(x) \cdot g(x)) = L \cdot M$
5. *Regra do quociente:* $\lim_{x \to c} \frac{f(x)}{g(x)} = \frac{L}{M}, \quad M \neq 0$
6. *Regra da potenciação:* $\lim_{x \to c} [f(x)]^n = L^n$, n é um inteiro positivo
7. *Regra da raiz:* $\lim_{x \to c} \sqrt[n]{f(x)} = \sqrt[n]{L} = L^{1/n}$, n é um inteiro positivo

(Se n for par, presumimos que $\lim_{x \to c} f(x) = L > 0$.)

Provamos a regra da soma na Seção 2.3, e as regras da potenciação e da raiz são provadas em textos mais avançados. Obtemos a regra da diferenciação substituindo $g(x)$ por $-g(x)$ e M por $-M$ na regra da soma. A regra da multiplicação por constante é o caso especial $g(x) = k$ da regra do produto. Assim, sobram apenas as regras do produto e do quociente.

Prova da regra do produto de limites Demonstraremos que para qualquer $\epsilon > 0$ existe um $\delta > 0$, de modo que para todo x na interseção D dos domínios de f e g,

$$0 < |x - c| < \delta \quad \Rightarrow \quad |f(x)g(x) - LM| < \epsilon.$$

Suponha então que ϵ seja um número positivo e escreva $f(x)$ e $g(x)$ como

$$f(x) = L + (f(x) - L), \quad g(x) = M + (g(x) - M).$$

Multiplique essas expressões e subtraia LM:

$$\begin{aligned} f(x) \cdot g(x) - LM &= (L + (f(x) - L))(M + (g(x) - M)) - LM \\ &= LM + L(g(x) - M) + M(f(x) - L) \\ &\quad + (f(x) - L)(g(x) - M) - LM \\ &= L(g(x) - M) + M(f(x) - L) + (f(x) - L)(g(x) - M). \end{aligned} \quad \text{(1)}$$

Uma vez que f e g têm limites L e M conforme $x \to c$, existem números positivos δ_1, δ_2, δ_3, e δ_4, de modo que para qualquer x em D

$$\left.\begin{aligned} 0 < |x - c| < \delta_1 &\quad\Rightarrow\quad |f(x) - L| < \sqrt{\epsilon/3} \\ 0 < |x - c| < \delta_2 &\quad\Rightarrow\quad |g(x) - M| < \sqrt{\epsilon/3} \\ 0 < |x - c| < \delta_3 &\quad\Rightarrow\quad |f(x) - L| < \epsilon/(3(1 + |M|)) \\ 0 < |x - c| < \delta_4 &\quad\Rightarrow\quad |g(x) - M| < \epsilon/(3(1 + |L|)). \end{aligned}\right. \quad \text{(2)}$$

Se tomarmos δ como sendo o menor dos números de δ_1 a δ_4, as desigualdades do lado direito de (2) valerão simultaneamente para $0 < |x - c| < \delta$. Portanto, para todo x em D, $0 < |x - c| < \delta$ implica

$$\begin{aligned} &|f(x) \cdot g(x) - LM| \\ &\quad \le |L||g(x) - M| + |M||f(x) - L| + |f(x) - L||g(x) - M| \\ &\quad \le (1 + |L|)|g(x) - M| + (1 + |M|)|f(x) - L| + |f(x) - L||g(x) - M| \\ &\quad < \frac{\epsilon}{3} + \frac{\epsilon}{3} + \sqrt{\frac{\epsilon}{3}}\sqrt{\frac{\epsilon}{3}} = \epsilon. \end{aligned}$$

Desigualdade triangular aplicada à Equação 1

Valores de (2)

Isso conclui a prova da regra do produto de limites.

Prova da regra do quociente de limites Demonstraremos que $\lim_{x \to c}(1/g(x)) = 1/M$. Podemos então concluir que

$$\lim_{x \to c} \frac{f(x)}{g(x)} = \lim_{x \to c}\left(f(x) \cdot \frac{1}{g(x)}\right) = \lim_{x \to c} f(x) \cdot \lim_{x \to c} \frac{1}{g(x)} = L \cdot \frac{1}{M} = \frac{L}{M}$$

a partir da regra do produto de limites.

Seja $\epsilon > 0$. Para mostrar que $\lim_{x \to c}(1/g(x)) = 1/M$, precisamos mostrar que existe um $\delta > 0$, de forma que, para todo x,

$$0 < |x - c| < \delta \quad\Rightarrow\quad \left|\frac{1}{g(x)} - \frac{1}{M}\right| < \epsilon.$$

Uma vez que $|M| > 0$, existe um número positivo δ_1 de modo que, para todo x,

$$0 < |x - c| < \delta_1 \quad\Rightarrow\quad |g(x) - M| < \frac{M}{2}.$$

Para quaisquer números A e B, pode ser demonstrado que $|A| - |B| \le |A - B|$ e $|B| - |A| \le |A - B|$, a partir do que se segue que $|\,|A| - |B|\,| \le |A - B|$. Com $A = g(x)$ e $B = M$, temos

$$|\,|g(x)| - |M|\,| \le |g(x) - M|,$$

que pode ser combinada com a desigualdade à direita na Implicação (3) para obtermos, em ordem,

$$\big|\,|g(x)| - |M|\,\big| < \frac{|M|}{2}$$

$$-\frac{|M|}{2} < |g(x)| - |M| < \frac{|M|}{2}$$

$$\frac{|M|}{2} < |g(x)| < \frac{3|M|}{2}$$

$$|M| < 2|g(x)| < 3|M|$$

$$\frac{1}{|g(x)|} < \frac{2}{|M|} < \frac{3}{|g(x)|}. \tag{4}$$

Portanto, $0 < |x - c| < \delta$ implica que

$$\left|\frac{1}{g(x)} - \frac{1}{M}\right| = \left|\frac{M - g(x)}{Mg(x)}\right| \leq \frac{1}{|M|}\cdot\frac{1}{|g(x)|}\cdot|M - g(x)|$$

$$< \frac{1}{|M|}\cdot\frac{2}{|M|}\cdot|M - g(x)|. \qquad \text{Desigualdade 4} \tag{5}$$

Uma vez que $(1/2)\,|M|^2\,\epsilon > 0$, existe um número $\delta_2 > 0$ de tal forma que para todo x

$$0 < |x - c| < \delta_2 \quad \Rightarrow \quad |M - g(x)| < \frac{\epsilon}{2}|M|^2. \tag{6}$$

Se tomarmos δ como sendo o menor de δ_1 e δ_2, tanto a conclusão da Equação 5 como a da 6 são verdadeiras para qualquer x, de modo que $0 < |x - c| < \delta$. Combinando essas conclusões, temos

$$0 < |x - c| < \delta \quad \Rightarrow \quad \left|\frac{1}{g(x)} - \frac{1}{M}\right| < \epsilon.$$

Isso conclui a prova da regra do quociente de limites.

TEOREMA 4 — Teorema do confronto Suponha que $g(x) \leq f(x) \leq h(x)$ para todo x em algum intervalo aberto I contendo c, exceto possivelmente em $x = c$. Suponha também que $\lim_{x\to c} g(x) = \lim_{x\to c} h(x) = L$. Então, $\lim_{x\to c} f(x) = L$.

Prova dos limites à direita Suponha que $\lim_{x\to c^+} g(x) = \lim_{x\to c^+} h(x) = L$. Então, para qualquer $\epsilon > 0$ existe um $\delta > 0$ de modo que para todo x o intervalo $c < x < c + \delta$ está contido em I e a desigualdade implica

$$L - \epsilon < g(x) < L + \epsilon \quad \text{e} \quad L - \epsilon < h(x) < L + \epsilon.$$

Essas desigualdades, combinadas com a desigualdade $g(x) \leq f(x) \leq h(x)$, fornecem

$$L - \epsilon < g(x) \leq f(x) \leq h(x) < L + \epsilon,$$

$$L - \epsilon < f(x) < L + \epsilon,$$

$$-\epsilon < f(x) - L < \epsilon.$$

Sendo assim, para todo x, a desigualdade $c < x < c + \delta$ implica $|f(x) - L| < \epsilon$.

Prova para limites à esquerda Suponha que $\lim_{x\to c^-} g(x) = \lim_{x\to c^-} h(x) = L$. Então, para qualquer $\epsilon > 0$ existe um $\delta > 0$, de modo que para todo x o intervalo $c - \delta < x < c$ está contido em I e a desigualdade implica

$$L - \epsilon < g(x) < L + \epsilon \quad \text{e} \quad L - \epsilon < h(x) < L + \epsilon.$$

Como antes, concluímos que, para todo x, $c - \Delta < x < c$ implica $|f(x) - L| < \epsilon$.

Prova para limites bilaterais Se $\lim_{x\to c} g(x) = \lim_{x\to c} h(x) = L$, então tanto $g(x)$ quanto $h(x)$ tendem a L conforme $x \to c^+$ e como $x \to c^-$; portanto, $\lim_{x\to c^+} f(x) = L$ e $\lim_{x\to c^-} f(x) = L$. Consequentemente, $\lim_{x\to c} f(x)$ existe e é igual a L.

Exercícios A.4

1. Suponha que as funções $f_1(x)$, $f_2(x)$ e $f_3(x)$ tenham limites L_1, L_2 e L_3, respectivamente, conforme $x \to c$. Mostre que sua soma tem limite $L_1 + L_2 + L_3$. Utilize indução matemática (Apêndice 2) para generalizar esse resultado para a soma de qualquer número finito de funções.

2. Utilize indução matemática e a regra do produto de limites no Teorema 1 para mostrar que, se as funções $f_1(x), f_2(x), ..., f_n(x)$ têm limites $L_1, L_2, ..., L_n$ conforme $x \to c$, então
$$\lim_{x\to c} f_1(x) \cdot f_2(x) \cdot \cdots \cdot f_n(x) = L_1 \cdot L_2 \cdot \cdots \cdot L_n.$$

3. Utilize o fato de que $\lim_{x\to c} x = c$ e o resultado do Exercício 2 para mostrar que $\lim_{x\to c} x^n = c^n$ para qualquer inteiro $n > 1$.

4. **Limites de polinômios** Utilize o fato de que $\lim_{x\to c}(k) = k$ para qualquer número k juntamente com os resultados dos Exercícios 1 e 3, para mostrar que $\lim_{x\to c} f(x) = f(c)$ para qualquer função polinomial
$$f(x) = a_n x^n + a_{n-1}x^{n-1} + \cdots + a_1 x + a_0.$$

5. **Limites de funções racionais** Utilize o Teorema 1 e o resultado do Exercício 4 para mostrar que se $f(x)$ e $g(x)$ são funções polinomiais e $g(c) \neq 0$, então
$$\lim_{x\to c} \frac{f(x)}{g(x)} = \frac{f(c)}{g(c)}.$$

6. **Compostas de funções contínuas** A Figura A.21 fornece o diagrama para uma prova de que a composta de duas funções contínuas é contínua. Reconstrua a prova a partir do diagrama. A afirmação a ser demonstrada é: Se f é contínua em $x = c$ e g é contínua em $f(c)$, então $g \circ f$ é contínua em c.

   Suponha que c seja um ponto interior do domínio de f e que $f(c)$ seja um ponto interior do domínio de g. Isso fará que os limites envolvidos sejam bilaterais. (Os argumentos para os casos que envolvem limites unilaterais são semelhantes.)

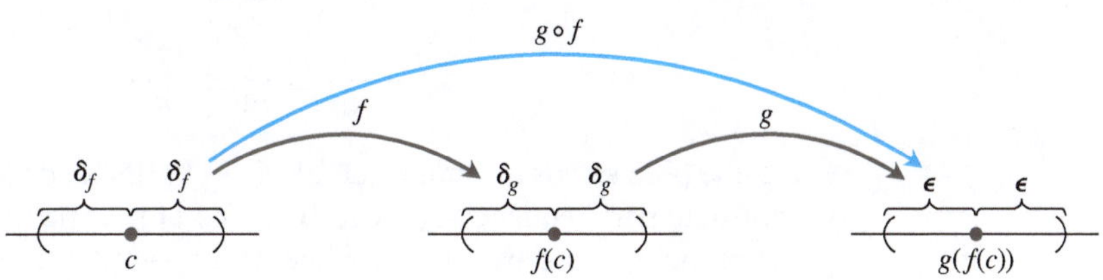

FIGURA A.21 Diagrama para uma prova de que a composta de duas funções contínuas é contínua.

A.5 Limites que ocorrem frequentemente

Neste apêndice, são verificados os limites (4)-(6) do Teorema 5 da Seção 10.1

Limite 4: Se $|x| < 1$, $\lim_{n\to\infty} x^n = 0$ Precisamos mostrar que a cada $\epsilon > 0$ corresponde um inteiro N tão grande que $|x^n| < \epsilon$ para todo n maior que N. Uma vez que $\epsilon^{1/n} \to 1$, enquanto $|x| < 1$, existe um inteiro N para o qual $\epsilon^{1/N} > |x|$. Em outras palavras,

$$|x^N| = |x|^N < \epsilon. \tag{1}$$

Este é o inteiro que buscamos porque, se $|x| < 1$, então

$$|x^n| < |x^N| \text{ para todo } n > N. \tag{2}$$

A combinação de (1) e (2) produz $|x^n| < \epsilon$ para todo $n > N$, concluindo a prova.

Limite 5: Para qualquer número x, $\lim_{n\to\infty}\left(1 + \frac{x}{n}\right)^n = e^x$ Seja

$$a_n = \left(1 + \frac{x}{n}\right)^n.$$

Então,

$$\ln a_n = \ln\left(1 + \frac{x}{n}\right)^n = n\ln\left(1 + \frac{x}{n}\right) \to x,$$

como podemos ver com a seguinte aplicação da regra de L'Hôpital, na qual diferenciamos com relação a n:

$$\lim_{n\to\infty} n\ln\left(1 + \frac{x}{n}\right) = \lim_{n\to\infty}\frac{\ln(1 + x/n)}{1/n}$$

$$= \lim_{n\to\infty}\frac{\left(\frac{1}{1 + x/n}\right)\cdot\left(-\frac{x}{n^2}\right)}{-1/n^2} = \lim_{n\to\infty}\frac{x}{1 + x/n} = x.$$

Aplique o Teorema 3, Seção 10.1, com $f(x) = e^x$ para concluir que

$$\left(1 + \frac{x}{n}\right)^n = a_n = e^{\ln a_n} \to e^x.$$

Limite 6: Para qualquer número x, $\lim_{n\to\infty}\frac{x^n}{n!} = 0$ Uma vez que

$$-\frac{|x|^n}{n!} \le \frac{x^n}{n!} \le \frac{|x|^n}{n!},$$

tudo o que precisamos mostrar é que $|x|^n/n! \to 0$. Então, podemos aplicar o teorema do confronto para sequências (Seção 10.1, Teorema 2) para concluir que $x^n/n! \to 0$.

O primeiro passo para mostrar que $|x|^n/n! \to 0$ é escolher um inteiro $M > |x|$, de modo que $(|x|/M) < 1$. Pelo limite 4, que acabamos de demonstrar, assim temos $(|x|/M)^n \to 0$. Voltamos nossa atenção aos valores de $n > M$. Para esses valores de n, podemos escrever

$$\frac{|x|^n}{n!} = \frac{|x|^n}{1\cdot 2\cdot\cdots\cdot M\cdot\underbrace{(M + 1)\cdot(M + 2)\cdot\cdots\cdot n}_{(n\,-\,M)\text{ fatores}}}$$

$$\le \frac{|x|^n}{M!M^{n-M}} = \frac{|x|^n M^M}{M!M^n} = \frac{M^M}{M!}\left(\frac{|x|}{M}\right)^n.$$

Dessa forma,

$$0 \le \frac{|x|^n}{n!} \le \frac{M^M}{M!}\left(\frac{|x|}{M}\right)^n.$$

Agora, a constante $M^M/M!$ não muda à medida que n aumenta. Dessa forma, o teorema do confronto nos diz que $|x|^n/n! \to 0$ porque $(|x|/M)^n \to 0$.

A.6 Teoria dos números reais

Um desenvolvimento rigoroso do cálculo se baseia nas propriedades dos números reais. Muitos resultados sobre funções, derivadas e integrais seriam falsos se estabelecidos para funções definidas somente nos números racionais. Neste apêndice, examinaremos brevemente alguns conceitos básicos da teoria dos números reais, o que nos dará uma ideia do que pode ser aprendido em um estudo mais profundo e teórico de cálculo.

Três tipos de propriedades fazem dos números reais o que eles são. Trata-se das propriedades **algébricas,** de **ordem**, e de **completude**. As propriedades algébricas envolvem adição e multiplicação, subtração e divisão. Elas se aplicam a números racionais ou complexos, bem como aos números reais.

A estrutura dos números é construída em torno de um conjunto com operações de adição e multiplicação. As propriedades a seguir são exigidas da adição e da multiplicação.

A1 $a + (b + c) = (a + b) + c$ para todo a, b, c.
A2 $a + b = b + a$ para todo a, b.
A3 Existe um número chamado "0", de modo que $a + 0 = a$ para todo a.
A4 Para cada número a existe um b, de modo que $a + b = 0$.
M1 $a(bc) = (ab)c$ para todo a, b, c.
M2 $ab = ba$ para todo a, b.
M3 Existe um número chamado "1", de modo que $a \cdot 1 = a$ para todo a.
M4 Para cada a diferente de zero existe um b, de modo que $ab = 1$.
D $a(b + c) = ab + bc$ para todo a, b, c.

A1 e M1 são *leis associativas*, A2 e M2 são *leis comutativas*, A3 e M3 são *leis de identidade*, e D é a *lei distributiva*. Conjuntos que apresentam essas propriedades algébricas são exemplos de **corpos**, e são estudados com profundidade na área da matemática teórica denominada Álgebra Abstrata.

As propriedades de **ordem** nos permitem comparar o tamanho de dois números. As propriedades de ordem são

O1 Para qualquer a e b, ou $a \leq b$ ou $b \leq a$, ou ambos.
O2 Se $a \leq b$ e $b \leq a$, então $a = b$.
O3 Se $a \leq b$ e $b \leq c$, então $a \leq c$.
O4 Se $a \leq b$, então $a + c \leq b + c$.
O5 Se $a \leq b$ e $0 \leq c$, então $ac \leq bc$.

O3 é a *lei da transitividade*, e O4 e O5 relacionam ordem a adição e multiplicação.

Podemos ordenar os números reais, os inteiros e os números racionais, mas não podemos ordenar os números complexos. Não existe uma maneira razoável de definir se um número como $i = \sqrt{-1}$ é maior ou menor que zero. Um corpo no qual o tamanho de quaisquer dois elementos possa ser comparado da maneira como acabamos de ver é denominado **corpo ordenado**. Tanto os números racionais quanto os reais são corpos ordenados, e existem muitos outros.

Podemos pensar nos números reais geometricamente, imaginando-os como pontos em uma reta. A **propriedade de completude** diz que os números reais correspondem a todos os pontos da reta, sem "buracos" ou "lacunas". Os racionais, em contraste, omitem pontos como $\sqrt{2}$ e π, e os inteiros deixam de fora até mesmo frações como 1/2. Os números reais, tendo a propriedade da completude, não omitem pontos.

O que queremos dizer exatamente com essa ideia vaga de "buracos" faltando? Para responder, precisamos dar uma descrição mais precisa de completude. Um número M é um **limitante superior** para um conjunto de números se todos os números no conjunto forem menores ou iguais a M. M é um **menor limitante superior** se for o limitante superior mais baixo. Por exemplo, $M = 2$ é um limitante superior para os números negativos. Assim também é o caso de $M = 1$, mostrando que 2 não é o menor limitante superior. O menor limitante superior para o conjunto de números negativos é $M = 0$. Definimos um corpo ordenado **completo** como sendo aquele em que qualquer conjunto não vazio limitado superiormente possui um menor limitante superior.

Se trabalharmos somente com os números racionais, o conjunto de números menores que $\sqrt{2}$ será limitado, mas não terá um menor limitante superior racional, uma vez que qualquer limitante superior racional M pode ser substituído por um número racional ligeiramente menor, que ainda assim será maior do que $\sqrt{2}$. Logo, os racionais não são completos. Nos números reais, um conjunto que é limitado superiormente sempre tem um menor limitante superior. Os reais são um corpo ordenado completo.

A propriedade da completude está no centro de muitos resultados em cálculo. Um exemplo ocorre quando estamos procurando um valor máximo para uma função em um intervalo fechado $[a, b]$, como na Seção 4.1. A função $y = x - x^3$ tem um valor máximo em $[0, 1]$ no ponto x satisfazendo $1 - 3x^2 = 0$, ou $x = \sqrt{1/3}$. Se estivéssemos considerando as funções definidas somente em números racionais, teríamos de concluir que a função não tem máximo, uma vez que $\sqrt{1/3}$ é irracional (Figura A.22). O Teorema do Valor Extremo (Seção 4.1), que implica que funções contínuas em intervalos fechados $[a, b]$ tenham um valor máximo, não é verdadeiro para funções definidas somente nos racionais.

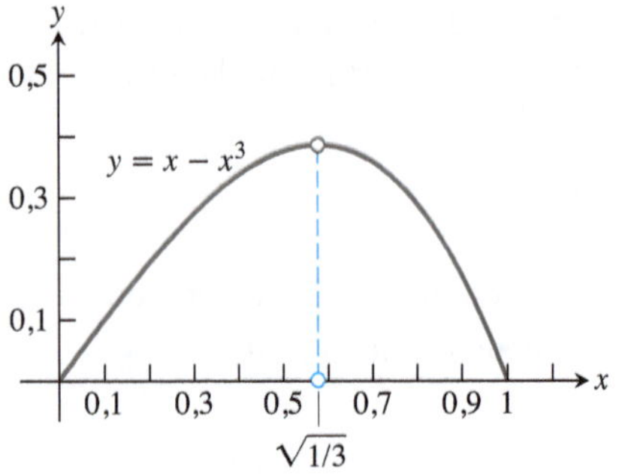

FIGURA A.22 O valor máximo de $y = x - x^3$ em $[0, 1]$ ocorre no número irracional $x = \sqrt{1/3}$.

O Teorema do Valor Intermediário implica que uma função contínua f em um intervalo $[a, b]$ com $f(a) < 0$ e $f(b) > 0$ deve ser zero em algum ponto em $[a, b]$. Os valores da função não podem saltar de negativos para positivos sem haver algum ponto x em $[a, b]$ onde $f(x) = 0$. O Teorema do Valor Intermediário também se apoia na completude dos números reais, e é falso para funções contínuas definidas somente nos racionais. A função $f(x) = 3x^2 - 1$ tem $f(0) = -1$ e $f(1) = 2$, mas se considerarmos f somente nos números racionais, ela nunca será igual a zero. O único valor de x para o qual $f(x) = 0$ é $x = \sqrt{1/3}$, um número irracional.

Já captamos as propriedades desejadas dos números reais, dizendo que eles são um corpo ordenado completo. Mas isso não é tudo. Os matemáticos gregos da escola de Pitágoras tentaram imputar outra propriedade aos números da reta real: a condição de que todos os números são razões de inteiros. Eles perceberam que seu esforço havia sido em vão quando descobriram números irracionais como $\sqrt{2}$. Como sabemos que nossa tentativa de especificar os números reais também não está incorreta, por algum motivo ainda não percebido? O artista gráfico Escher desenhou ilusões óticas de escadas em espiral que subiam mais e mais até se reencontrarem embaixo. Um engenheiro que tentasse construir uma escada desse tipo descobriria que nenhuma estrutura é capaz de concretizar o projeto que o arquiteto havia desenhado. Será que nosso projeto para os números reais também contém alguma contradição sutil, e que não é possível construir um sistema de números como este?

Resolvemos esse problema fornecendo uma descrição específica dos números reais e verificando que as propriedades algébricas, de ordem e de completude são satisfeitas nesse modelo. Esse processo é chamado de **construção** dos números reais, mas, assim como escadas podem ser construídas com madeira, pedra ou aço, existem diversas maneiras de construir os números reais. Uma delas os trata como o conjunto de todos os decimais infinitos,

$$a{,}d_1d_2d_3d_4\ldots$$

Nessa abordagem, um número real é um inteiro a seguido por uma sequência de dígitos decimais $d_1, d_2, d_3, \ldots$, cada um deles entre 0 e 9. Essa sequência pode parar, ou repetir-se em um padrão periódico, ou seguir indefinidamente sem padrão. Dessa forma, 2,00, 0,3333333... e 3,1415926535898... representam três números reais familiares. Para entender o verdadeiro significado das reticências ("...") após esses dígitos, é preciso estudar a teoria das sequências e séries, no Capítulo 10. Cada número real é construído como o limite de uma sequência de números racionais dada por suas aproximações decimais finitas. Um decimal infinito é, portanto, o mesmo que uma série

$$a + \frac{d_1}{10} + \frac{d_2}{100} + \cdots.$$

Essa construção decimal dos números reais não é inteiramente direta. É fácil verificar que ela dá números que satisfazem as propriedades de completude e de ordem, mas verificar as propriedades algébricas é bastante complicado. Até mesmo a soma ou a multiplicação de dois números exige um número infinito de operações. Para fazer sentido, a divisão requer um cuidadoso argumento envolvendo limites de aproximações para decimais infinitos.

Uma abordagem diferente ao assunto foi dada pelo matemático alemão Richard Dedekind (1831-1916), que estabeleceu a primeira construção rigorosa dos números reais em 1872. Dado qualquer número real x, podemos dividir os números racionais em dois conjuntos: os menores ou iguais a x e os maiores. Dedekind inverteu sabiamente esse raciocínio e definiu um número real como a divisão dos números racionais em dois conjuntos como esses. A abordagem pode parecer estranha, mas métodos indiretos como esse, que constroem novas estruturas a partir de antigas, são comuns na matemática teórica.

Essas e outras abordagens podem ser utilizadas para construir um sistema de números que tenha as propriedades algébricas, de ordem e de completude. Surge então uma dúvida final; será que todas as construções resultam na mesma coisa? É possível que diferentes construções resultem em diferentes sistemas de números, todos eles capazes de satisfazer todas as propriedades exigidas? Em caso positivo, qual desses sistemas será o dos números reais? Felizmente, a resposta é não. Os números reais são o único sistema numérico que satisfaz as propriedades algébricas, de ordem e de completude.

A confusão sobre natureza dos números e sobre os limites causou considerável controvérsia nos primórdios do cálculo. Os pioneiros do cálculo, como Newton, Leibniz e seus sucessores, ao observar o que acontecia com a razão incremental

$$\frac{\Delta y}{\Delta x} = \frac{f(x + \Delta x) - f(x)}{\Delta x}$$

à medida que Δy e Δx tendiam a zero, diziam que a derivada resultante seria um quociente de duas quantidades infinitamente pequenas. Acreditava-se que esses "infinitésimos", indicados por dx e dy, seriam algum novo tipo de número, menor que qualquer número fixado, porém diferente de zero. De maneira semelhante, acreditava-se que uma integral definida era uma soma de um número infinito de infinitésimos

$$f(x) \cdot dx$$

à medida que x variava em um intervalo fechado. Embora as razões incrementais $\Delta y/\Delta x$ utilizadas para aproximação fossem tão bem compreendidas quanto hoje, acreditava-se que era o quociente de quantidades infinitesimais, e não um limite, que concentrava o significado da derivada. Essa linha de raciocínio acarretava dificuldades lógicas, à medida que as tentativas de definição e manipulação dos infinitésimos incorriam em contradições e inconsistências. Razões incrementais mais concretas e fáceis de calcular não causavam esse tipo de problema, mas elas eram vistas meramente como úteis ferramentas de cálculo. Eram utilizadas para se trabalhar com o valor numérico da derivada e para deduzir fórmulas gerais para o cálculo, mas ninguém considerava o cerne da questão – responder o que era exatamente uma derivada. Atualmente, percebemos que os problemas lógicos associados com infinitésimos podem ser evitados quando *definimos* a derivada como o limite das razões incrementais que servem para aproximá-la. As ambiguidades da antiga abordagem não estão mais presentes e, na teoria do cálculo padrão, infinitésimos já não são necessários nem utilizados.

A.7 Números complexos

Números complexos são expressões na forma $a + ib$, onde a e b são números reais, e i é um símbolo para $\sqrt{-1}$. Infelizmente, as palavras "real" e "imaginário" têm conotações que, de certa forma, colocam $\sqrt{-1}$ em uma posição menos favorável em nossas mentes do que $\sqrt{2}$. Na verdade, uma grande dose de imaginação, no sentido de *criatividade*, foi necessária para construir o sistema de números *reais*, que forma a base do cálculo (veja o Apêndice A.6). Nesse apêndice, iremos rever vários estágios dessa invenção. Apresentaremos, em seguida, a invenção posterior do sistema de números complexos.

Desenvolvimento dos números reais

O estágio mais antigo do desenvolvimento de números foi o reconhecimento dos **números de contagem** 1, 2, 3..., que agora chamamos de **números naturais** ou **inteiros positivos**. Certas operações aritméticas simples podem ser executadas com esses números sem que se saia do sistema. Isto é, o sistema dos inteiros positivos é **fechado** em relação às operações de adição e de multiplicação. Queremos dizer com isso que, se m e n são inteiros positivos, então

$$m + n = p \quad \text{e} \quad mn = q \tag{1}$$

também são números inteiros positivos. Dados os dois inteiros positivos do lado esquerdo de cada uma das equações em (1), podemos encontrar o inteiro positivo correspondente do lado direito. Mais do que isso, podemos algumas vezes especificar os inteiros positivos m e p e encontrar um inteiro positivo n de modo que $m + n = p$. Por exemplo, $3 + n = 7$ pode ser resolvido quando os únicos números que conhecemos são os inteiros positivos. No entanto, a Equação $7 + n = 3$ não pode ser resolvida sem que esse sistema numérico seja aumentado.

O número zero e os inteiros negativos foram inventados para resolver equações como $7 + n = 3$. Em uma civilização que reconhece todos os **inteiros**

$$\ldots, -3, -2, -1, 0, 1, 2, 3, \ldots, \tag{2}$$

uma pessoa culta pode sempre determinar o inteiro que resolve a equação $m + n = p$, quando são fornecidos os outros dois inteiros na equação.

Suponha que as pessoas cultas também saibam multiplicar dois inteiros quaisquer da lista (2). Se, nas Equações (1), são dados m e q, elas descobrem que algumas vezes podem determinar n e outras vezes não. Usando a imaginação, essas pessoas podem ser estimuladas a inventar ainda mais números e introduzir frações, que são exatamente pares ordenados m/n de inteiros m e n. O número zero tem propriedades especiais que pode incomodá-las por um momento, mas elas descobrem por fim que é útil ter quocientes de inteiros m/n, excluindo apenas aqueles que têm zero no denominador. Esse sistema, denominado conjunto dos **números racionais**, é agora suficientemente rico para que elas possam executar as **operações racionais** da aritmética:

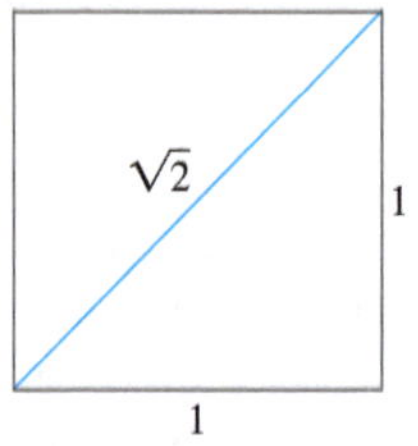

FIGURA A.23 É possível construir, com régua e compasso, um segmento de comprimento irracional.

1. (a) adição
(b) subtração

2. (a) multiplicação
(b) divisão

em dois números quaisquer nesse sistema, *exceto que não se pode dividir por zero*, pois não tem sentido.

A geometria do quadrado de lado unitário (Figura A.23) e o Teorema de Pitágoras mostraram que elas poderiam construir um segmento geométrico que, em termos de alguma unidade básica de comprimento, tem comprimento igual a $\sqrt{2}$. Assim, elas poderiam resolver a equação

$$x^2 = 2$$

por meio de uma construção geométrica. Elas descobriram que o segmento de reta que representa $\sqrt{2}$ é uma quantidade incomensurável. Isso significa que $\sqrt{2}$ não pode ser expresso como o quociente de dois múltiplos *inteiros* de alguma unidade de comprimento. Isto é, nossas pessoas cultas não puderam encontrar uma solução racional para a equação $x^2 = 2$.

Não existe nenhum número racional cujo quadrado seja igual a 2. Para saber por quê, suponha que exista tal número racional. Poderíamos então encontrar inteiros positivos p e q sem nenhum fator comum, exceto 1, de modo que

$$p^2 = 2q^2. \tag{3}$$

Como p e q são inteiros, p deve ser par; caso contrário, o produto dele por ele mesmo seria ímpar. Em símbolos, $p = 2p_1$, onde p_1 é um inteiro. Isso nos leva a $2p_1{}^2 = q^2$, o que diz que q deve ser par, digamos, $q = 2q_1$, onde q_1 é um inteiro. Isso faz que 2 seja um fator comum a p e q, contrariando nossa escolha de p e q como inteiros sem nenhum fator comum, exceto 1. Consequentemente, não existe número racional cujo quadrado seja igual a 2.

Embora nossas pessoas cultas não pudessem encontrar uma solução racional para a equação $x^2 = 2$, elas obtiveram uma sequência de números racionais

$$\frac{1}{1}, \quad \frac{7}{5}, \quad \frac{41}{29}, \quad \frac{239}{169}, \quad \ldots, \tag{4}$$

cujos quadrados formam a sequência

$$\frac{1}{1}, \quad \frac{49}{25}, \quad \frac{1681}{841}, \quad \frac{57{,}121}{28{,}561}, \quad \ldots, \tag{5}$$

que converge para 2 como seu limite. Desta vez, a imaginação dessas pessoas sugeriu que elas precisavam do conceito de limite de uma sequência de números racionais. Se aceitarmos o fato de que uma sequência crescente de números racionais que é limitada superiormente sempre se aproxima de um limite (Teorema 6, Seção 11.1) e observarmos que a sequência em (4) tem essas propriedades, podemos então admitir que ela tenha um limite L. Isso também significa, a partir de (5), que $L^2 = 2$, e, consequentemente, L *não* é um de nossos números racionais. Se, aos números racionais, adicionarmos os limites de todas as sequências de números racionais crescentes e limitadas superiormente, chegaremos ao sistema de todos os números "reais". A palavra *real* foi colocada entre aspas porque não há nada que seja "mais real" ou "menos real" em relação a esse sistema do que existe em relação a qualquer outro sistema matemático.

Números complexos

A imaginação foi exigida em muitos estágios durante o desenvolvimento do sistema de números reais. Na verdade, a arte da invenção foi necessária pelo menos três vezes na construção dos sistemas que discutimos até agora:

1. O *primeiro sistema inventado*: o conjunto de *todos os inteiros*, construído a partir dos números naturais.
2. O *segundo sistema inventado*: o conjunto dos *números racionais* m/n, construído a partir dos inteiros.
3. O *terceiro sistema inventado*: o conjunto de todos os *números reais* x, construído a partir dos números racionais.

Esses sistemas inventados formam uma hierarquia na qual cada sistema contém o sistema precedente. Cada sistema é ainda mais rico que seu predecessor, no sentido de que permite que mais operações possam ser executadas sem ser necessária a saída do sistema:

1. No sistema de todos os inteiros, podemos resolver todas as equações da forma

$$x + a = 0, \tag{6}$$

onde a pode ser um inteiro qualquer.

2. No sistema de todos os números racionais, podemos resolver todas as equações da forma

$$ax + b = 0, \tag{7}$$

desde que a e b sejam números racionais e $a \neq 0$.

3. No sistema de todos os números reais, podemos resolver todas as Equações (6) e (7) e, além dessas, todas as equações quadráticas

$$ax^2 + bx + c = 0 \text{ com } a \neq 0 \text{ e } b^2 - 4ac \geq 0. \tag{8}$$

Provavelmente, a fórmula que fornece as soluções da Equação 8 seja familiar a você, mais precisamente

$$x = \frac{-b \pm \sqrt{b^2 - 4ac}}{2a}, \tag{9}$$

e talvez lhe seja familiar o fato de que, quando o discriminante, $b^2 - 4ac$, é negativo, as soluções da Equação 9 *não* pertencem a nenhum sistema considerado antes. Na verdade, a equação quadrática muito simples

$$x^2 + 1 = 0$$

é impossível de ser resolvida se os únicos sistemas numéricos que podem ser utilizados forem os três sistemas inventados mencionados até agora.

Vamos então ao *quarto sistema inventado*, o conjunto de *todos os números complexos* $a + ib$. Poderíamos dispensar inteiramente o símbolo i e utilizar a notação de par ordenado (a, b). Como, sob operações algébricas, os números a e b são tratados de forma diferente de certo modo, é essencial que se mantenha estritamente a *ordem*. Sendo assim, podemos dizer que o **sistema de números complexos** consiste no conjunto de todos os pares ordenados (a, b) de números reais, juntamente com as regras, listadas a seguir, segundo as quais eles serão igualados, somados, multiplicados e assim por diante. Iremos utilizar tanto a notação (a, b) quanto a notação $a + ib$ na discussão que se segue. Denominamos a a **parte real** e b a **parte imaginária** do número complexo (a, b).

Realizamos as seguintes definições:

Igualdade	
$a + ib = c + id$ se, e somente se, $a = c$ e $b = d$	Dois números complexos (a, b) e (c, d) são *iguais* se, e somente se, $a = c$ e $b = d$.
Adição	
$(a + ib) + (c + id)$ $= (a + c) + i(b + d)$	A *soma* dos dois números complexos (a, b) e (c, d) é o número complexo $(a + c, b + d)$.
Multiplicação	
$(a + ib)(c + id)$ $= (ac - bd) + i(ad + bc)$	O *produto* de dois números complexos (a, b) e (c, d) é o número complexo $(ac - bd, ad + bc)$.
$c(a + ib) = ac + i(bc)$	O produto de um número real c e o número complexo (a, b) é o número complexo (ac, bc).

O conjunto de todos os números complexos (a, b) nos quais o segundo número b é 0 tem todas as propriedades do conjunto de todos os números reais a. Por exemplo, a adição e a multiplicação de $(a, 0)$ e $(c, 0)$ fornece

$$(a, 0) + (c, 0) = (a + c, 0)$$

$$(a, 0) + (c, 0) = (ac, 0),$$

que são números do mesmo tipo com parte imaginária igual a zero. Além disso, quando multiplicamos um "número real" $(a, 0)$ e o número complexo (c, d), obtemos

$$(a, 0) \cdot (c, d) = (ac, ad) = a(c, d).$$

Em particular, o número complexo $(0, 0)$ desempenha o papel do *zero* no sistema de números complexos, e o número complexo $(1, 0)$ desempenha o papel da *unidade* ou *um*.

O par ordenado $(0, 1)$, que tem a parte real igual a zero e a parte imaginária igual a um, tem a propriedade que seu quadrado,

$$(0, 1)(0, 1) = (-1, 0),$$

ter a parte real igual a menos um e a parte imaginária igual a zero. Portanto, no sistema dos números complexos (a, b), existe um número $x = (0, 1)$ cujo quadrado pode ser adicionado a uma unidade $= (1, 0)$ para produzir zero $= (0, 0)$, ou seja:

$$(0, 1)^2 + (1, 0) = (0, 0).$$

A equação

$$x^2 + 1 = 0$$

tem, portanto, uma solução $x = (0, 1)$ nesse novo sistema numérico.

Você está provavelmente mais familiarizado com a notação $a + ib$ do que com a notação (a, b). E como as propriedades algébricas para os pares ordenados nos permitem escrever

$$(a, b) = (a, 0) + (0, b) = a(1, 0) + b(0, 1),$$

embora $(1, 0)$ se comporte como unidade e $(0, 1)$ se comporte como a raiz quadrada de menos um, não precisamos hesitar em escrever $a + ib$ no lugar de (a, b). O i associado a b é como um elemento indicador da parte imaginária de $a + ib$. Podemos passar, conforme desejarmos, da notação de pares ordenados (a, b) para a notação $a + ib$ e vice-versa. No entanto, não há nada menos "real" em relação ao símbolo $(0, 1) = i$ do que há em relação ao símbolo $(1, 0) = 1$, uma vez que tenhamos aprendido as leis da álgebra do sistema de números complexos de pares ordenados (a, b).

Para reduzirmos qualquer expressão racional de números complexos a um único número complexo, aplicamos as leis da álgebra elementar, substituindo i^2, sempre que este aparecer, por -1. É claro que não podemos dividir pelo número complexo $(0, 0) = 0 + i0$. No entanto, se $a + ib \neq 0$, podemos efetuar a divisão da seguinte maneira:

$$\frac{c + id}{a + ib} = \frac{(c + id)(a - ib)}{(a + ib)(a - ib)} = \frac{(ac + bd) + i(ad - bc)}{a^2 + b^2}.$$

O resultado é um número complexo $x + iy$ com

$$x = \frac{ac + bd}{a^2 + b^2}, \qquad y = \frac{ad - bc}{a^2 + b^2},$$

e $a^2 + b^2 \neq 0$, desde que $a + ib = (a, b) \neq (0, 0)$.

O número $a - ib$, que foi utilizado para eliminar o i do denominador, é chamado de **complexo conjugado** de $a + ib$. É comum utilizar $\bar{z}$ (leia-se "z barra") para denotar o complexo conjugado de z; sendo assim:

$$z = a + ib, \quad \bar{z} = a - ib.$$

Multiplicar o numerador e o denominador da fração $(c + id)/(a + ib)$ pelo complexo conjugado do denominador sempre substituirá o denominador por um número real.

EXEMPLO 1 Fornecemos algumas ilustrações das operações aritméticas com números complexos.

(a) $(2 + 3i) + (6 - 2i) = (2 + 6) + (3 - 2)i = 8 + i$

(b) $(2 + 3i) - (6 - 2i) = (2 - 6) + (3 - (-2))i = -4 + 5i$

(c) $(2 + 3i)(6 - 2i) = (2)(6) + (2)(-2i) + (3i)(6) + (3i)(-2i)$

$$= 12 - 4i + 18i - 6i^2 = 12 + 14i + 6 = 18$$

(d) $$\frac{2 + 3i}{6 - 2i} = \frac{2 + 3i}{6 - 2i}\frac{6 + 2i}{6 + 2i}$$

$$= \frac{12 + 4i + 18i + 6i^2}{36 + 12i - 12i - 4i^2}$$

$$= \frac{6 + 22i}{40} = \frac{3}{20} + \frac{11}{20}i$$

Diagramas de Argand

Existem duas representações geométricas do número complexo $z = x + iy$:

1. como o ponto $P(x, y)$ no plano xy;
2. como o vetor $\overrightarrow{OP}$ da origem até P.

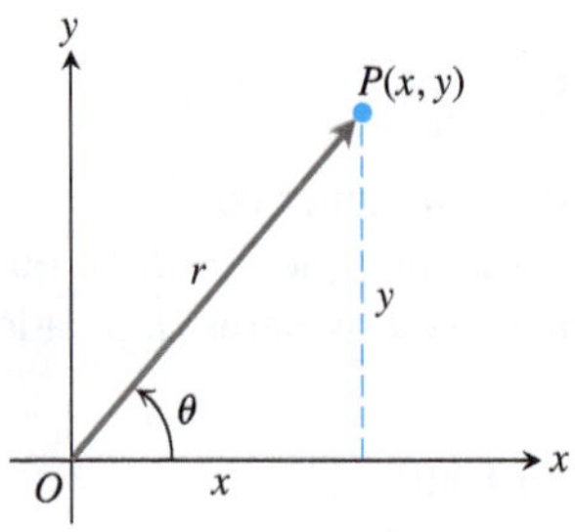

FIGURA A.24 O diagrama de Argand representa $z = x + iy$ tanto como um ponto $P(x, y)$ quanto como um vetor $\overrightarrow{OP}$.

Em cada uma das representações, o eixo x é denominado **eixo real** e o eixo y é o **eixo imaginário**. As duas representações são **diagramas de Argand** para $x + iy$ (Figura A.24).

Em termos das coordenadas polares de x e y, temos

$$x = r\cos\theta, \quad y = r \operatorname{sen}\theta,$$

e

$$z = x + iy = r(\cos\theta + i\operatorname{sen}\theta). \tag{10}$$

Definimos o **valor absoluto** de um número complexo $x + iy$ como o comprimento r de um vetor $\overrightarrow{OP}$ da origem até $P(x, y)$. Denotamos o valor absoluto por barras verticais; dessa forma,

$$|x + iy| = \sqrt{x^2 + y^2}.$$

Se escolhermos sempre as coordenadas polares r e θ, de modo que r não seja negativo, então

$$r = |x + iy|.$$

O ângulo polar θ é denominado o **argumento** de z e é escrito $\theta = \arg z$. É claro que qualquer múltiplo inteiro de 2π pode ser somado a θ para se produzir outro ângulo apropriado.

A equação a seguir fornece uma fórmula útil, que conecta um número complexo z, seu conjugado $\bar{z}$ e o seu valor absoluto $|z|$, mais precisamente,

$$z \cdot \bar{z} = |z|^2.$$

Fórmula de Euler

A identidade

$$e^{i\theta} = \cos\theta + i\operatorname{sen}\theta,$$

chamada **fórmula de Euler**, nos permite reescrever a Equação 10 como

$$z = re^{i\theta}.$$

Esta fórmula, por sua vez, nos leva às regras a seguir para o cálculo de produtos, quocientes, potências e raízes de números complexos. Ela também nos leva aos diagramas de Argand para $e^{i\theta}$. Uma vez que $\cos\theta + i\operatorname{sen}\theta$ é o que se obtém da Equação 10 considerando $r = 1$, podemos dizer que $e^{i\theta}$ é representado por um vetor unitário que forma um ângulo θ com o eixo x positivo, conforme mostra a Figura A.25.

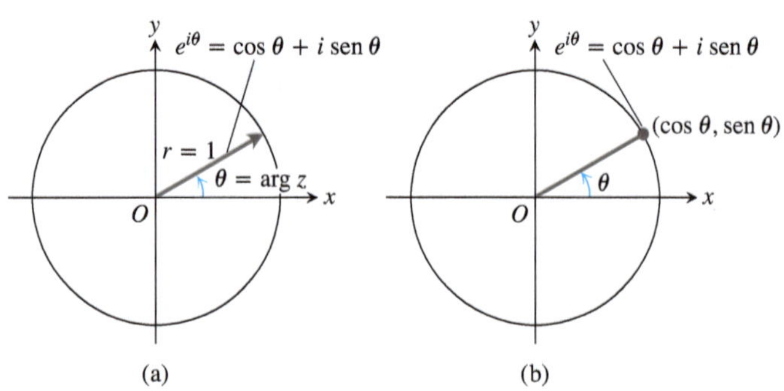

FIGURA A.25 Diagramas de Argand para $e^{i\theta} = \cos\theta + i\operatorname{sen}\theta$ (a) como um vetor e (b) como um ponto.

Produtos

Para multiplicar dois números complexos, multiplicamos seus valores absolutos e somamos seus ângulos. Sejam

$$z_1 = r_1 e^{i\theta_1}, \quad z_2 = r_2 e^{i\theta_2}, \tag{11}$$

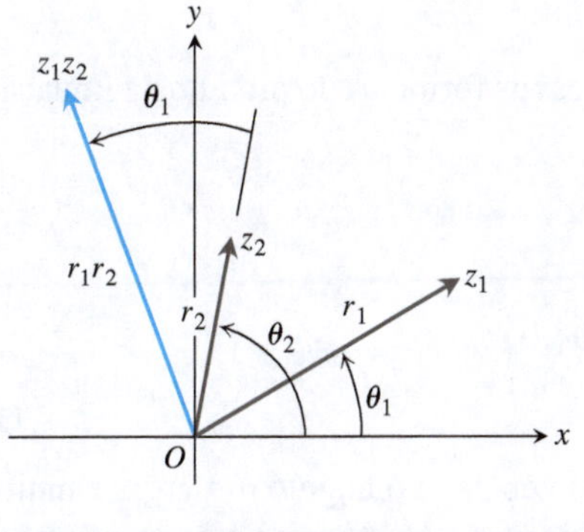

FIGURA A.26 Quando z_1 e z_2 são multiplicados, $|z_1z_2| = r_1 \cdot r_2$ e $\arg(z_1z_2) = \theta_1 + \theta_2$.

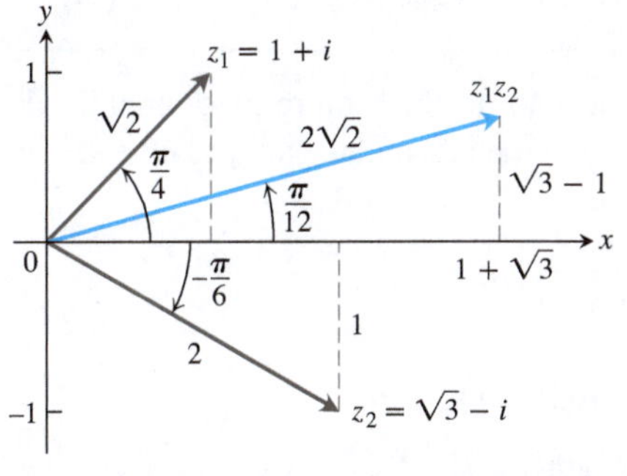

FIGURA A.27 Para multiplicar dois números complexos, multiplique seus valores absolutos e some seus argumentos.

de modo que

$$|z_1| = r_1, \qquad \arg z_1 = \theta_1; \qquad |z_2| = r_2, \qquad \arg z_2 = \theta_2.$$

Então,

$$z_1z_2 = r_1e^{i\theta_1} \cdot r_2e^{i\theta_2} = r_1r_2e^{i(\theta_1+\theta_2)}$$

e, consequentemente,

$$|z_1z_2| = r_1r_2 = |z_1| \cdot |z_2|$$
$$\arg(z_1z_2) = \theta_1 + \theta_2 = \arg z_1 + \arg z_2. \tag{12}$$

Dessa forma, o produto de dois números complexos é representado por um vetor cujo comprimento é o produto dos comprimentos dos dois fatores, e cujo argumento é a soma de seus argumentos (Figura A.26). Em particular, pela Equação 12, um vetor pode ser girado no sentido anti-horário de um ângulo θ multiplicando-o por $e^{i\theta}$. A multiplicação por i gira 90º, por –1, gira 180º, por –i, gira 270º, e assim por diante.

EXEMPLO 2 Sejam $z_1 = 1 + i, z_2 = \sqrt{3} - i$. Representamos esses números complexos em um diagrama de Argand (Figura A.27) a partir do qual podemos ler as representações polares

$$z_1 = \sqrt{2}e^{i\pi/4}, \qquad z_2 = 2e^{-i\pi/6}.$$

Então

$$z_1z_2 = 2\sqrt{2}\exp\left(\frac{i\pi}{4} - \frac{i\pi}{6}\right) = 2\sqrt{2}\exp\left(\frac{i\pi}{12}\right)$$
$$= 2\sqrt{2}\left(\cos\frac{\pi}{12} + i\,\mathrm{sen}\frac{\pi}{12}\right) \approx 2{,}73 + 0{,}73i.$$

A notação $\exp(A)$ significa e^A.

Quocientes

Suponha que $r_2 \neq 0$ na Equação 11. Então

$$\frac{z_1}{z_2} = \frac{r_1e^{i\theta_1}}{r_2e^{i\theta_2}} = \frac{r_1}{r_2}e^{i(\theta_1-\theta_2)}.$$

Consequentemente,

$$\left|\frac{z_1}{z_2}\right| = \frac{r_1}{r_2} = \frac{|z_1|}{|z_2|} \quad \text{e} \quad \arg\left(\frac{z_1}{z_2}\right) = \theta_1 - \theta_2 = \arg z_1 - \arg z_2.$$

Isto é, dividimos os comprimentos e subtraímos os ângulos para o quociente de números complexos.

EXEMPLO 3 Sejam $z_1 = 1 + i$ e $\sqrt{3} - i$, como no Exemplo 2. Então

$$\frac{1+i}{\sqrt{3}-i} = \frac{\sqrt{2}e^{i\pi/4}}{2e^{-i\pi/6}} = \frac{\sqrt{2}}{2}e^{5\pi i/12} \approx 0{,}707\left(\cos\frac{5\pi}{12} + i\,\mathrm{sen}\frac{5\pi}{12}\right)$$
$$\approx 0{,}183 + 0{,}683i.$$

Potências

Se n é um inteiro positivo, podemos aplicar as fórmulas do produto da Equação 12 para encontrar

$$z^n = z \cdot z \cdot \ldots \cdot z. \qquad n \text{ fatores}$$

Com $z = re^{i\theta}$, obtemos

$$\begin{aligned} z^n &= (re^{i\theta})^n = r^n e^{i(\theta+\theta+\cdots+\theta)} \qquad n \text{ parcelas} \\ &= r^n e^{in\theta}. \end{aligned} \tag{13}$$

O comprimento $r = |z|$ é elevado à n-ésima potência, e o ângulo $\theta = \arg z$ é multiplicado por n.

Se considerarmos $r = 1$ na Equação 13, obtemos o Teorema de De Moivre.

Teorema de De Moivre

$$(\cos\theta + i \operatorname{sen}\theta)^n = \cos n\theta + i \operatorname{sen} n\theta. \tag{14}$$

Se expandirmos o lado esquerdo da equação de De Moivre pelo binômio de Newton e o reduzirmos para a forma $a + ib$, obtemos fórmulas para $\cos n\theta$ e $\operatorname{sen} n\theta$ como polinômios de grau n em $\cos\theta$ e $\operatorname{sen}\theta$.

EXEMPLO 4 Se $n = 3$ na Equação 14, temos

$$(\cos\theta + i \operatorname{sen}\theta)^3 = \cos 3\theta + i \operatorname{sen} 3\theta.$$

O lado esquerdo dessa equação se expande para

$$\cos^3\theta + 3i\cos^2\theta \operatorname{sen}\theta - 3\cos\theta \operatorname{sen}^2\theta - i \operatorname{sen}^3\theta.$$

A parte real desse número complexo deve ser igual a $\cos 3\theta$ e a parte imaginária deve ser igual a $\operatorname{sen} 3\theta$. Portanto,

$$\begin{aligned} \cos 3\theta &= \cos^3\theta - 3\cos\theta \operatorname{sen}^2\theta, \\ \operatorname{sen} 3\theta &= 3\cos^2\theta \operatorname{sen}\theta - \operatorname{sen}^3\theta. \end{aligned}$$

Raízes

Se $z = re^{i\theta}$ é um número complexo diferente de zero e n é um inteiro positivo, então existem exatamente n números complexos distintos $w_0, w_1, \ldots, w_{n-1}$, que são as n-ésimas raízes de z. Para saber por quê, seja $w = \rho e^{i\alpha}$ uma n-ésima raiz de $z = re^{i\theta}$, de modo que

$$w^n = z$$

ou

$$\rho^n e^{in\alpha} = re^{i\theta}.$$

Então

$$\rho = \sqrt[n]{r}$$

é a n-ésima raiz real positiva de r. Para o argumento, embora não possamos dizer que $n\alpha$ e θ sejam iguais, podemos dizer que eles diferem somente por um múltiplo inteiro de 2π. Isto é,

$$n\alpha = \theta + 2k\pi, \quad k = 0, \pm 1, \pm 2, \ldots$$

Logo,

$$\alpha = \frac{\theta}{n} + k\frac{2\pi}{n}.$$

Assim, todas as n-ésimas raízes de $z = re^{i\theta}$ são dadas por

$$\sqrt[n]{re^{i\theta}} = \sqrt[n]{r}\exp i\left(\frac{\theta}{n} + k\frac{2\pi}{n}\right), \qquad k = 0, \pm 1, \pm 2, \ldots \quad \textbf{(15)}$$

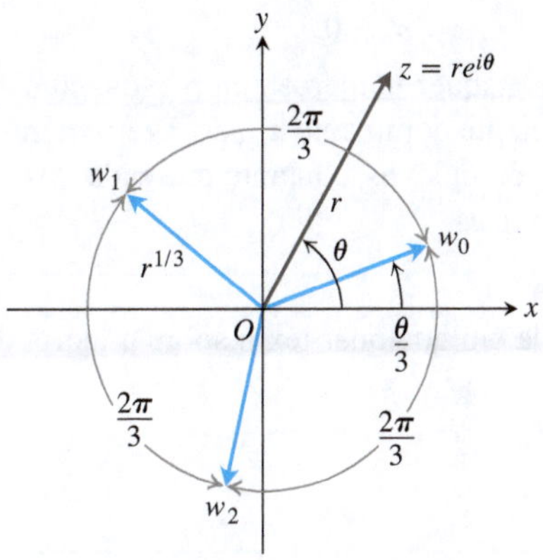

FIGURA A.28 Três raízes cúbicas de $z = re^{i\theta}$.

Pode parecer que existam infinitas respostas diferentes correspondentes aos infinitos valores possíveis de k, mas $k = n + m$ fornece a mesma resposta que $k = m$ na Equação 15. Logo, precisamos apenas de n valores consecutivos de k para obter todas as n-ésimas raízes diferentes de z. Por conveniência, tomamos

$$k = 0, 1, 2, \ldots, n - 1.$$

Todas as n-ésimas raízes de $re^{i\theta}$ estão em uma circunferência centrada na origem e com raio igual à n-ésima raiz real positiva de r. Uma delas tem argumento $\alpha = \theta/n$. As outras estão uniformemente espaçadas em torno da circunferência, cada uma delas separada de suas vizinhas por um ângulo igual a $2\pi/n$. A Figura A.28 ilustra a localização das três raízes cúbicas w_0, w_1 e w_2 do número complexo $z = re^{i}\theta$.

EXEMPLO 5 Determine as quatro raízes quartas de -16.

Solução Como nosso primeiro passo, representamos o número -16 em um diagrama de Argand (Figura A.29) e determinamos sua representação polar $re^{i\theta}$. Aqui, $z = -16$, $r = +16$ e $\theta = \pi$. Uma das raízes quartas de $16e^{i\pi}$ é $2e^{i\pi/4}$. Obtemos as outras adicionando sucessivamente $2\pi/4 = \pi/2$ ao argumento da primeira delas. Consequentemente,

$$\sqrt[4]{16 \exp i\pi} = 2\exp i\left(\frac{\pi}{4}, \frac{3\pi}{4}, \frac{5\pi}{4}, \frac{7\pi}{4}\right),$$

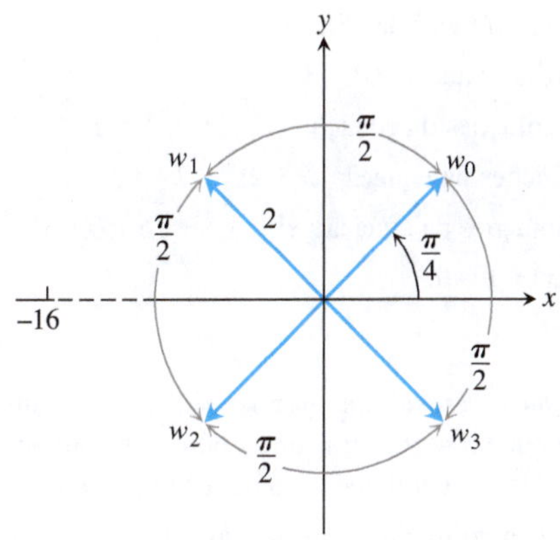

FIGURA A.29 Quatro raízes quartas de -16.

e as quatro raízes são

$$w_0 = 2\left[\cos\frac{\pi}{4} + i\,\text{sen}\frac{\pi}{4}\right] = \sqrt{2}(1 + i)$$

$$w_1 = 2\left[\cos\frac{3\pi}{4} + i\,\text{sen}\frac{3\pi}{4}\right] = \sqrt{2}(-1 + i)$$

$$w_2 = 2\left[\cos\frac{5\pi}{4} + i\,\text{sen}\frac{5\pi}{4}\right] = \sqrt{2}(-1 - i)$$

$$w_3 = 2\left[\cos\frac{7\pi}{4} + i\,\text{sen}\frac{7\pi}{4}\right] = \sqrt{2}(1 - i).$$

Teorema fundamental da álgebra

Pode-se dizer que a invenção de $\sqrt{-1}$ é excelente e leva a um sistema numérico que é mais rico que o sistema de números reais; entretanto, aonde esse processo levará? Vamos também inventar ainda mais sistemas de modo a obter $\sqrt[4]{-1}$, $\sqrt[6]{-1}$, e assim por diante? No entanto, isso não é necessário. Esses números já podem ser expressos em termos do sistema de número complexos $a + ib$. Na verdade, o Teorema Fundamental da Álgebra afirma que, com a introdução do sistema de números complexos, temos números suficientes para expressar qualquer polinômio como um produto de fatores lineares, portanto, números suficientes para resolver qualquer equação polinomial possível.

Teorema fundamental da álgebra

Toda equação polinomial da forma

$$a_n z^n + a_{n-1} z^{n-1} + \dots + a_1 z + a_0 = 0,$$

na qual os coeficientes $a_0, a_1, \dots, a_n$ são quaisquer números complexos, cujo grau n é maior ou igual a um, e cujo coeficiente dominante a_n não é zero, tem exatamente n raízes no sistema de números complexos, contanto que cada raiz de multiplicidade m seja contada como m raízes.

Uma prova deste teorema pode ser encontrada em qualquer texto sobre a teoria de funções de uma variável complexa.

Exercícios A.7

Operações com números complexos

1. **Como computadores multiplicam números complexos** Encontre $(a, b) \cdot (c, d) = (ac - bd, ac + bc)$.
   a. $(2, 3) \cdot (4, -2)$
   b. $(2, -1) \cdot (-2, 3)$
   c. $(-1, -2) \cdot (2, 1)$
   Sugestão: Essa é a forma como os computadores fazem a multiplicação de números complexos.
2. Resolva as seguintes equações para encontrar os números reais x e y.
   a. $(3 + 4i)^2 - 2(x - iy) = x + iy$
   b. $\left(\dfrac{1+i}{1-i}\right)^2 + \dfrac{1}{x+iy} = 1 + i$
   c. $(3 - 2i)(x + iy) = 2(x - 2iy) + 2i - 1$

Diagramas e geometria

3. Como podem ser obtidos geometricamente os seguintes números complexos a partir de $z = x + iy$? Esboce.
   a. $\bar{z}$ **c.** $-z$
   b. $\overline{(-z)}$ **d.** $1/z$
4. Mostre que a distância entre os dois pontos z_1 e z_2 em um diagrama de Argand é $|z_1 - z_2|$.

Nos Exercícios 5-10, represente graficamente os pontos $z = x + iy$ que satisfazem as condições determinadas.

5. **a.** $|z| = 2$ **b.** $|z| < 2$ **c.** $|z| > 2$
6. $|z - 1| = 2$
7. $|z + 1| = 1$
8. $|z + 1| = |z - 1|$
9. $|z + i| = |z - 1|$
10. $|z + 1| \geq |z|$

Expresse os números complexos nos Exercícios 11-14 na forma $re^{i\theta}$, com $r \geq 0$ e $-\pi < \theta \leq \pi$. Esboce um diagrama de Argand para cada cálculo.

11. $\left(1 + \sqrt{-3}\right)^2$
12. $\dfrac{1+i}{1-i}$
13. $\dfrac{1 + i\sqrt{3}}{1 - i\sqrt{3}}$
14. $(2 + 3i)(1 - 2i)$

Potências e raízes

Utilize o teorema de De Moivre para expressar as funções trigonométricas nos Exercícios 15 e 16 em termos de cos θ e sen θ.

15. cos 4θ
16. sen 4θ
17. Encontre as três raízes cúbicas de 1.
18. Encontre as duas raízes quadradas de i.
19. Encontre as três raízes cúbicas de $-8i$.
20. Encontre as seis raízes sextas de 64.
21. Encontre as quatro soluções da equação $z^4 - 2z^2 + 4 = 0$.
22. Encontre as seis soluções da equação $z^6 + 2z^3 + 2 = 0$.
23. Encontre todas as soluções da equação $x^4 + 4x^2 + 16 = 0$.
24. Resolva a equação $x^4 + 1 = 0$.

Teoria e exemplos

25. **Números complexos e vetores no plano** Mostre com um diagrama de Argand que a regra para somar números complexos é a mesma que a lei do paralelogramo para somar vetores.
26. **Aritmética com conjugados de números complexos** Mostre que o conjugado da soma (produto ou quociente) de dois números complexos, z_1 e z_2, é o mesmo que a soma (produto ou quociente) de seus conjugados.
27. **Raízes complexas de polinômios com coeficientes reais aparecem em pares de complexos conjugados**
   a. Estenda os resultados do Exercício 26 para mostrar que $f(\bar{z}) = \overline{f(z)}$ se
   $$f(z) = a_n z^n + a_{n-1} z^{n-1} + \cdots + a_1 z + a_0$$
   é um polinômio com coeficientes reais $a_0, \dots, a_n$.
   b. Se z é uma raiz da equação $f(z) = 0$, onde $f(z)$ é um polinômio com coeficientes reais como no item (a), mostre que o conjugado $\bar{z}$ é também uma raiz da equação. (*Sugestão*: Seja $f(z) = u + iv = 0$; então, tanto u quanto v são zero. Utilize o fato de que $f(\bar{z}) = \overline{f(z)} = u - iv$.)
28. **Valor absoluto de um conjugado** Mostre que $\bar{z} = |z|$.
29. **Quando $z = \bar{z}$** Se z e $\bar{z}$ são iguais, o que podemos dizer sobre a localização do ponto z no plano complexo?

30. Partes real e imaginária Denote por Re(z) a parte real de z e Im(z) a parte imaginária. Mostre que as seguintes relações são válidas para quaisquer números complexos z, z_1 e z_2.

a. $z + \bar{z} = 2\text{Re}(z)$

b. $z - \bar{z} = 2i\text{Im}(z)$

c. $|\text{Re}(z)| \leq |z|$

d. $|z_1 + z_2|^2 = |z_1|^2 + |z_2|^2 + 2\text{Re}(z_1\bar{z}_2)$

e. $|z_1 + z_2| \leq |z_1| + |z_2|$

A.8 Lei distributiva para produtos vetoriais

Neste apêndice, provaremos a lei distributiva

$$\mathbf{u} \times (\mathbf{v} + \mathbf{w}) = \mathbf{u} \times \mathbf{v} + \mathbf{u} \times \mathbf{w},$$

que é a Propriedade 2 na Seção 12.4.

Prova Para deduzir a Lei Distributiva, construímos $\mathbf{u} \times \mathbf{v}$ de um novo modo. Desenhamos $\mathbf{u}$ e $\mathbf{v}$ a partir de um ponto comum O e construímos um plano M perpendicular a $\mathbf{u}$ em O (Figura A.30). Em seguida, projetamos $\mathbf{v}$ ortogonalmente sobre M, gerando um vetor $\mathbf{v}'$ com comprimento $|\mathbf{v}|$ sen θ. Giramos $\mathbf{v}'$ de 90º em relação a $\mathbf{u}$ no sentido positivo para produzir um vetor $\mathbf{v}''$. Por fim, multiplicamos $\mathbf{v}''$ pelo comprimento de $\mathbf{u}$. O vetor resultante $|\mathbf{u}|\mathbf{v}''$ é igual a $\mathbf{u} \times \mathbf{v}$, pois $\mathbf{v}''$ tem a mesma direção que $\mathbf{u} \times \mathbf{v}$ por sua construção (Figura A.30) e

$$|\mathbf{u}||\mathbf{v}''| = |\mathbf{u}||\mathbf{v}| \text{ sen } \theta = |\mathbf{u} \times \mathbf{v}|.$$

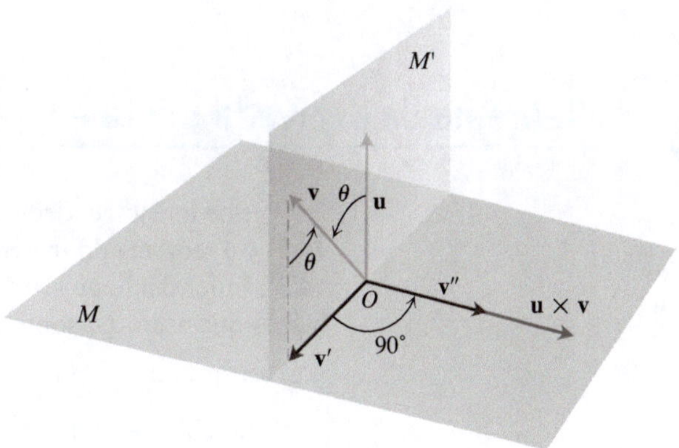

FIGURA A.30 Conforme explicado no texto, $\mathbf{u} \times \mathbf{v} = |\mathbf{u}|\mathbf{v}''$.

Agora, cada uma dessas três operações, sendo elas

1. projeção em M
2. rotação em torno de $\mathbf{u}$ em 90º
3. multiplicação pela grandeza escalar $|\mathbf{u}|$

quando aplicadas a um triângulo cujo plano não é paralelo a $\mathbf{u}$, produzirão um outro triângulo. Se começarmos com o triângulo cujos lados são $\mathbf{v}$, $\mathbf{w}$ e $\mathbf{v} + \mathbf{w}$ (Figura A.31) e aplicarmos esses três passos, obteremos, sucessivamente, o seguinte:

1. Um triângulo cujos lados são $\mathbf{v}'$, $\mathbf{w}'$ e $(\mathbf{v} + \mathbf{w})'$ satisfazendo a equação vetorial

$$\mathbf{v}' + \mathbf{w}' = (\mathbf{v} + \mathbf{w})'$$

2. Um triângulo cujos lados são $\mathbf{v}''$, $\mathbf{w}''$ e $(\mathbf{v} + \mathbf{w})''$ satisfazendo a equação vetorial

$$\mathbf{v}'' + \mathbf{w}'' = (\mathbf{v} + \mathbf{w})''$$

(a linha dupla em cada vetor tem o mesmo significado que na Figura A.30)

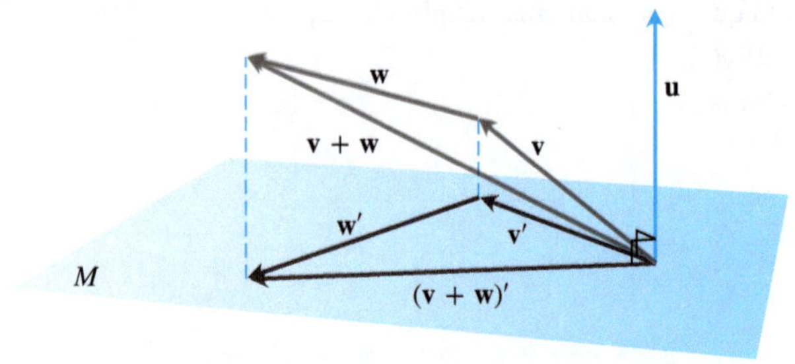

FIGURA A.31 Vetores **v**, **w**, **v** + **w** e suas projeções em um plano perpendicular a **u**.

3. Um triângulo cujos lados são $|\mathbf{u}|\mathbf{v}''$, $|\mathbf{u}|\mathbf{w}''$ e $|\mathbf{u}|(\mathbf{v} + \mathbf{w})''$ satisfazendo a equação vetorial

$$|\mathbf{u}|\mathbf{v}'' + |\mathbf{u}|\mathbf{w}'' = |\mathbf{u}|(\mathbf{v} + \mathbf{w})''.$$

Substituindo nessa última equação $|\mathbf{u}|\mathbf{v}'' = \mathbf{u} \times \mathbf{v}$, $|\mathbf{u}|\mathbf{w}'' = \mathbf{u} \times \mathbf{v}$, e $|\mathbf{u}|(\mathbf{v} + \mathbf{w})'' = \mathbf{u} \times (\mathbf{v} + \mathbf{w})$ da discussão anterior, temos

$$\mathbf{u} \times \mathbf{v} + \mathbf{u} \times \mathbf{w} = \mathbf{u} \times (\mathbf{v} + \mathbf{w}),$$

que é a lei que queríamos estabelecer.

A.9 Teorema da derivada mista e o teorema do incremento

Neste apêndice, deduziremos o teorema da derivada mista (Teorema 2, Seção 14.3) e o teorema do incremento para funções de duas variáveis (Teorema 3, Seção 14.3). Euler publicou seu teorema da derivada mista em 1734, em uma série de trabalhos que escreveu sobre a hidrodinâmica.

TEOREMA 2 — Teorema da derivada mista Se $f(x, y)$ e suas derivadas parciais f_x, f_y, f_{xy} e f_{yx} são definidas ao longo de uma região aberta contendo um ponto (a, b) e são todas contínuas em (a, b), então

$$f_{xy}(a, b) = f_{yx}(a, b).$$

Prova A igualdade de $f_{xy}(a, b)$ e $f_{yx}(a, b)$ pode ser estabelecida por quatro aplicações do teorema do valor médio (Teorema 4, Seção 4.2). Por hipótese, o ponto (a, b) situa-se no interior de um retângulo R no plano xy no qual f, f_x, f_y, f_{xy} e f_{yx} são todas definidas. Consideramos h e k os números necessários para que o ponto $(a + h, b + k)$ também esteja em R, e consideramos a diferença

$$\Delta = F(a + h) - F(a), \tag{1}$$

onde

$$F(x) = f(x, b + k) - f(x, b). \tag{2}$$

Aplicamos o teorema do valor médio a F, que é contínua porque é diferenciável. Então, a Equação 1 torna-se

$$\Delta = hF'(c_1), \tag{3}$$

onde c_1 está entre a e $a + h$. A partir da Equação 2,

$$F'(x) = f_x(x, b + k) - f_x(x, b),$$

então a Equação 3 torna-se

$$\Delta = h[f_x(c_1, b + k) - f_x(c_1, b)]. \tag{4}$$

Aplicamos agora o teorema do valor médio à função $g(y) = f_x(c_1, y)$ e temos

$$g(b + k) - g(b) = kg'(d_1),$$

ou

$$f_x(c_1, b + k) - f_x(c_1, b) = kf_{xy}(c_1, d_1)$$

para algum d_1 entre b e $b + k$. Substituindo isso na Equação 4, obtemos

$$\Delta = hkf_{xy}(c_1, d_1) \tag{5}$$

para algum ponto (c_1, d_1) no retângulo R' cujos vértices são os quatro pontos (a, b), $(a + h, b)$, $(a + h, b + k)$ e $(a, b + k)$. (Veja a Figura A.32.)

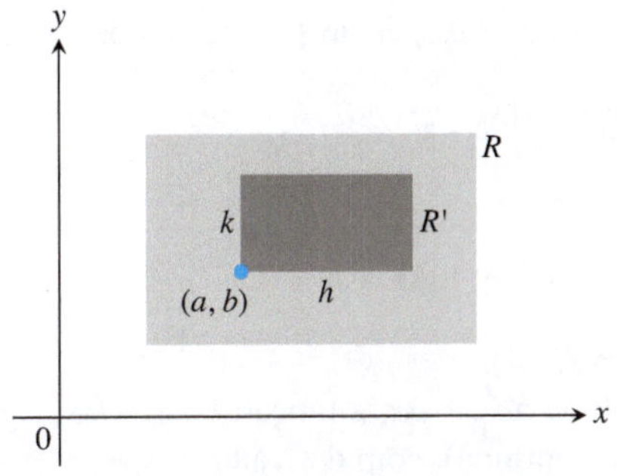

FIGURA A.32 A chave para provar $f_{xy}(a, b) = f_{yx}(a, b)$ é que não importa quão pequeno R' seja, f_{xy} e f_{yx} assumem valores iguais em algum lugar dentro de R'(embora não necessariamente no mesmo ponto).

Substituindo a Equação 2 pela Equação 1, podemos escrever também

$$\begin{aligned}\Delta &= f(a + h, b + k) - f(a + h, b) - f(a, b + k) + f(a, b)\\ &= [f(a + h, b + k) - f(a, b + k)] - [f(a + h, b) - f(a, b)]\\ &= \phi(b + k) - \phi(b),\end{aligned} \tag{6}$$

onde

$$\phi(y) = f(a + h, y) - f(a, y). \tag{7}$$

O teorema do valor médio aplicado à Equação 6 agora dá

$$\Delta = k\phi'(d_2) \tag{8}$$

para algum d_2 entre b e $b + k$. Pela Equação 7,

$$\phi'(y) = f_y(a + h, y) - f_y(a, y). \tag{9}$$

A substituição da Equação 9 na Equação 8 nos dá

$$\Delta = k[f_y(a + h, d_2) - f_y(a, d_2)].$$

Por fim, aplicamos o teorema do valor médio à expressão em colchetes e obtemos

$$\Delta = khf_{yx}(c_2, d_2) \tag{10}$$

para algum c_2 entre a e $a + h$.

Juntas, as Equações (5) e (10) mostram que

$$f_{xy}(c_1, d_1) = f_{yx}(c_2, d_2), \tag{11}$$

onde (c_1, d_1) e (c_2, d_2) situam-se no retângulo R' (Figura A.32). A Equação 11 não é bem o resultado que queremos, uma vez que ela diz somente que f_{xy} tem o mesmo valor em (c_2, d_2). Os números h e k em nossa discussão, no entanto, podem ser tão pequenos quanto desejarmos. A hipótese de que f_{xy} e f_{yx} são ambas contínuas em (a, b) significa que $f_{xy}(c_1, d_1) = f_{xy}(a, b) + \epsilon_1$ e $f_{xy}(c_2, d_2) = f_{xy}(a, b) + \epsilon_2$, onde $\epsilon_1, \epsilon_2 \to 0$ à medida que ambos $h, k \to 0$. Consequentemente, se considerarmos h e $k \to 0$, teremos $f_{xy}(a, b) = f_{xy}(a, b)$.

A igualdade de $f_{xy}(a, b)$ e $f_{yx}(a, b)$ pode ser comprovada com hipóteses mais fracas do que as consideradas aqui. Por exemplo, basta que f, f_x e f_y existam em R e que f_{xy} seja contínua em (a, b). Então, f_{yx} irá existir em (a, b) e será igual a f_{xy} naquele ponto.

TEOREMA 3 — Teorema do incremento para funções de duas variáveis Suponha que as derivadas parciais de primeira ordem de $f(x, y)$ sejam definidas em uma região aberta R contendo o ponto (x_0, y_0) e que f_x e f_y sejam contínuas em (x_0, y_0). Portanto, a variação

$$\Delta z = f(x_0 + \Delta x, y_0 + \Delta y) - f(x_0, y_0)$$

no valor de f que resulta do movimento de (x_0, y_0) para outro ponto $(x_0 + \Delta x, y_0 + \Delta y)$ em R satisfaz uma equação da forma

$$\Delta z = f_x(x_0, y_0)\,\Delta x + f_y(x_0, y_0)\,\Delta y + \epsilon_1 \Delta x + \epsilon_2 \Delta y$$

na qual $\epsilon_1, \epsilon_2 \to 0$ à medida que $\Delta x, \Delta y \to 0$.

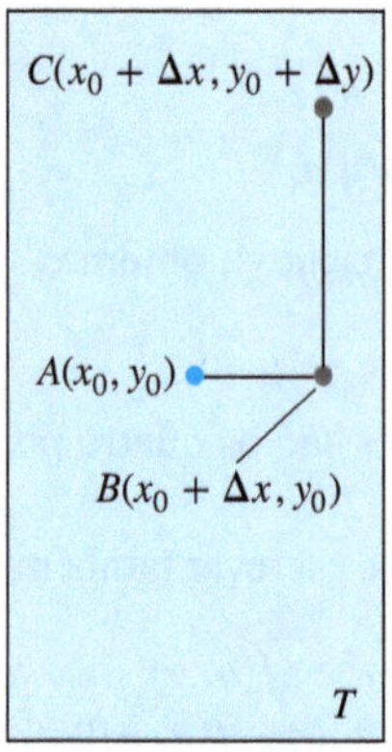

FIGURA A.33 Região retangular T na prova do teorema do incremento. A figura está desenhada para Δx e Δy positivos, mas o incremento pode ser zero ou negativo.

Prova Trabalhamos dentro de um retângulo T centrado em $A(x_0, y_0)$ e situado dentro de R, e consideramos que Δx e Δy já são tão pequenos que o segmento de reta unindo A a $B(x_0 + \Delta x, y_0)$ e o segmento de reta unindo B a $C\,(x_0 + \Delta x, y_0 + \Delta y)$ situam-se no interior de T (Figura A.33).

Podemos pensar em Δz como a soma $\Delta z = \Delta z_1 + \Delta z_2$ de dois incrementos, onde

$$\Delta z_1 = f(x_0 + \Delta x, y_0) - f(x_0, y_0)$$

é a variação do valor de f entre A e B e

$$\Delta z_2 = f(x_0 + \Delta x, y_0 + \Delta y) - f(x_0 + \Delta x, y_0)$$

é a variação no valor de f entre B e C (Figura A.34).

No intervalo fechado de valores x unindo x_0 a $x_0 + \Delta x$, a função $F(x) = f(x, y_0)$ é uma função de x diferenciável (e, portanto, contínua), com derivada

$$F'(x) = f_x(x, y_0).$$

Pelo teorema do valor médio (Teorema 4, Seção 4.2), existe c, um valor de x entre x_0 e $x_0 + \Delta x$ no qual

$$F(x_0 + \Delta x) - F(x_0) = F'(c)\,\Delta x$$

ou

$$f(x_0 + \Delta x, y_0) - f(x_0, y_0) = f_x(c, y_0)\,\Delta x$$

ou

$$\Delta z_1 = f_x(c, y_0)\,\Delta x. \tag{12}$$

De forma semelhante, $G(y) = f(x_0 + \Delta x, y)$ é uma função diferenciável (e, portanto, contínua) de y no intervalo fechado y unindo y_0 e $y_0 + \Delta y$, com derivada

$$G'(y) = f_y(x_0 + \Delta x, y).$$

Consequentemente, existe d, um valor de y entre $y_0 + \Delta y$ no qual

$$G(y_0 + \Delta y) - G(y_0) = G'(d)\,\Delta y$$

ou

$$f(x_0 + \Delta x, y_0 + \Delta y) - f(x_0 + \Delta x, y) = f_y(x_0 + \Delta x, d)\,\Delta y$$

ou

$$\Delta z_2 = f_y(x_0 + \Delta x, d)\,\Delta y. \tag{13}$$

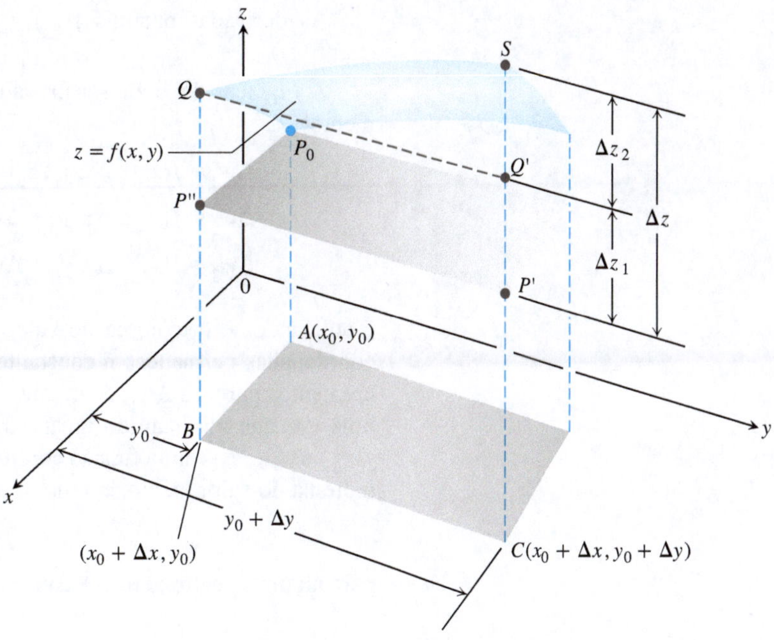

FIGURA A.34 Parte da superfície $z = f(x, y)$ próxima de $P_0(x_0, y_0, f(x_0, y_0))$. Os pontos P_0, P' e P'' têm o mesmo comprimento $z_0 = f(x_0, y_0)$ acima do plano xy. A variação em z é $\Delta z = P'S$. A variação

$$\Delta z_1 = f(x_0 + \Delta x, y_0) - f(x_0, y_0),$$

mostrada como $P''Q = P'Q'$, é causada pela variação x entre x_0 e $x_0 + \Delta x$ enquanto se mantém y igual a y_0. Então, com x mantido igual a $x_0 + \Delta x$,

$$\Delta z_2 = f(x_0 + \Delta x, y_0 + \Delta y) - f(x_0 + \Delta x, y_0)$$

é a variação em z causada ao se variar y_0 entre $y_0 + \Delta y$, que é representada por $Q'S$. A variação total em z é a soma de Δz_1 e Δz_2.

Agora, à medida que Δx e $\Delta y \to 0$, sabemos que $c \to x_0$ e $d \to y_0$. Sendo assim, como f_x e f_y são contínuas em (x_0, y_0), as quantidades

$$\begin{aligned} \epsilon_1 &= f_x(c, y_0) - f_x(x_0, y_0), \\ \epsilon_2 &= f_y(x_0 + \Delta x, d) - f_y(x_0, y_0) \end{aligned} \qquad (14)$$

aproximam-se de zero à medida que Δx e $\Delta y \to 0$.

Por fim,

$$\begin{aligned} \Delta z &= \Delta z_1 + \Delta z_2 \\ &= f_x(c, y_0)\Delta x + f_y(x_0 + \Delta x, d)\Delta y && \text{Das Equações 12 e 13} \\ &= [f_x(x_0, y_0) + \epsilon_1]\Delta x + [f_y(x_0, y_0) + \epsilon_2]\Delta y && \text{Da Equação 14} \\ &= f_x(x_0, y_0)\Delta x + f_y(x_0, y_0)\Delta y + \epsilon_1\Delta x + \epsilon_2\Delta y, \end{aligned}$$

onde tanto ϵ_1 quanto $\epsilon_2 \to 0$ à medida que Δx e $\Delta y \to 0$, é o que queríamos provar.

Resultados análogos são verdadeiros para funções de qualquer número de variáveis independentes. Suponha que as derivadas parciais de primeira ordem de $w = f(x, y, z)$ sejam definidas sobre uma região aberta contendo o ponto (x_0, y_0, z_0) e que f_x, f_y e f_z são contínuas em (x_0, y_0, z_0). Então

$$\begin{aligned} \Delta w &= f(x_0 + \Delta x, y_0 + \Delta y, z_0 + \Delta z) - f(x_0, y_0, z_0) \\ &= f_x\Delta x + f_y\Delta y + f_z\Delta z + \epsilon_1\Delta x + \epsilon_2\Delta y + \epsilon_3\,\Delta z, \end{aligned} \qquad (15)$$

onde ϵ_1, ϵ_2, $\epsilon_3 \to 0$ à medida que Δx, Δy e $\Delta z \to 0$.

As derivadas parciais f_x, f_y, f_z na Equação 15 serão calculadas no ponto (x_0, y_0, z_0).

A Equação 15 pode ser provada tratando-se Δw como a soma dos três incrementos,

$$\Delta w_1 = f(x_0 + \Delta x, y_0, z_0) - f(x_0, y_0, z_0) \tag{16}$$

$$\Delta w_2 = f(x_0 + \Delta x, y_0 + \Delta y, z_0) - f(x_0 + \Delta x, y_0, z_0) \tag{17}$$

$$\Delta w_3 = f(x_0 + \Delta x, y_0 + \Delta y, z_0 + \Delta z) - f(x_0 + \Delta x, y_0 + \Delta y, z_0), \tag{18}$$

e aplicando-se o teorema do valor médio a cada um deles separadamente. Duas coordenadas permanecem constantes e somente uma varia em cada um desses incrementos parciais Δw_1, Δw_2, Δw_3. Na Equação 17, por exemplo, somente y varia, uma vez que x é mantido igual a $x_0 + \Delta x$ e z é mantido igual a z_0. Uma vez que $f(x_0 + \Delta x, y, z_0)$ é uma função contínua de y com uma derivada f_y, ela está sujeita ao teorema do valor médio, e temos

$$\Delta w_2 = f_y(x_0 + \Delta x, y_1, z_0)\, \Delta y$$

para algum y_1 entre y_0 e $y_0 + \Delta y$.

RESPOSTAS SELECIONADAS

CAPÍTULO 10

Seção 10.1

1. $a_1 = 0, a_2 = -1/4, a_3 = -2/9, a_4 = -3/16$
3. $a_1 = 1, a_2 = -1/3, a_3 = 1/5, a_4 = -1/7$
5. $a_1 = 1/2, a_2 = 1/2, a_3 = 1/2, a_4 = 1/2$
7. $1, \frac{3}{2}, \frac{7}{4}, \frac{15}{8}, \frac{31}{16}, \frac{63}{32}, \frac{127}{64}, \frac{255}{128}, \frac{511}{256}, \frac{1023}{512}$
9. $2, 1, -\frac{1}{2}, -\frac{1}{4}, \frac{1}{8}, \frac{1}{16}, -\frac{1}{32}, -\frac{1}{64}, \frac{1}{128}, \frac{1}{256}$
11. 1, 1, 2, 3, 5, 8, 13, 21, 34, 55
13. $a_n = (-1)^{n+1}, n \geq 1$
15. $a_n = (-1)^{n+1}(n)^2, n \geq 1$
17. $a_n = \frac{2^{n-1}}{3(n+2)}, n \geq 1$
19. $a_n = n^2 - 1, n \geq 1$
21. $a_n = 4n - 3, n \geq 1$
23. $a_n = \frac{3n+2}{n!}, n \geq 1$
25. $a_n = \frac{1 + (-1)^{n+1}}{2}, n \geq 1$
27. Converge
29. Converge, –1
31. Converge, –5
33. Diverge
35. Diverge
37. Converge, 1/2
39. Converge, 0
41. Converge, $\sqrt{2}$
43. Converge, 1
45. Converge, 0
47. Converge, 0
49. Converge, 0
51. Converge, 1
53. Converge, e^7
55. Converge, 1
57. Converge, 1
59. Diverge
61. Converge, 4
63. Converge, 0
65. Diverge
67. Converge, e^{-1}
69. Converge, $e^{2/3}$
71. Converge, x $(x > 0)$
73. Converge, 0
75. Converge, 1
77. Converge, 1/2
79. Converge, 1
81. Converge, $\pi/2$
83. Converge, 0
85. Converge, 0
87. Converge, 1/2
89. Converge, 0
91. 8 **93.** 4 **95.** 5 **97.** $1 + \sqrt{2}$ **99.** $x_n = 2^{n-2}$
101. **a.** $f(x) = x^2 - 2$, 1,414213562 $\approx \sqrt{2}$
b. $f(x) = \text{tg}\,(x) - 1$, 0,7853981635 $\approx \pi/4$
c. $f(x) = e^x$, diverge
103. **b.** 1 **111.** Não decrescente, limitada
113. Não é crescente, limitada
115. Converge, teorema da sequência crescente
117. Converge, teorema da sequência crescente
119. Diverge, definição de divergência
121. Converge
123. Converge
133. **b.** $\sqrt{3}$

Seção 10.2

1. $s_n = \frac{2(1 - (1/3)^n)}{1 - (1/3)}, 3$ **3.** $s_n = \frac{1 - (-1/2)^n}{1 - (-1/2)}, 2/3$
5. $s_n = \frac{1}{2} - \frac{1}{n+2}, \frac{1}{2}$ **7.** $1 - \frac{1}{4} + \frac{1}{16} - \frac{1}{64} + \cdots, \frac{4}{5}$
9. $\frac{7}{4} + \frac{7}{16} + \frac{7}{64} + \cdots, \frac{7}{3}$
11. $(5 + 1) + \left(\frac{5}{2} + \frac{1}{3}\right) + \left(\frac{5}{4} + \frac{1}{9}\right) + \left(\frac{5}{8} + \frac{1}{27}\right) + \cdots, \frac{23}{2}$
13. $(1 + 1) + \left(\frac{1}{2} - \frac{1}{5}\right) + \left(\frac{1}{4} + \frac{1}{25}\right) + \left(\frac{1}{8} - \frac{1}{125}\right) + \cdots, \frac{17}{6}$
15. Converge, 5/3 **17.** Converge, 1/7 **19.** 23/99 **21.** 7/9
23. 1/15 **25.** 41333/33300 **27.** Diverge **29.** Inconcludente **31.** Diverge **33.** Diverge
35. $s_n = 1 - \frac{1}{n+1}$; converge, 1 **37.** $s_n = \ln \sqrt{n+1}$; diverge
39. $s_n = \frac{\pi}{3} - \cos^{-1}\left(\frac{1}{n+2}\right)$; converge, $-\frac{\pi}{6}$
41. 1 **43.** 5 **45.** 1 **47.** $-\frac{1}{\ln 2}$ **49.** Converge, $2 + \sqrt{2}$
51. Converge, 1
53. Diverge
55. Converge, $\frac{e^2}{e^2 - 1}$
57. Converge, 2/9
59. Converge, 3/2
61. Diverge
63. Converge, 4
65. Diverge
67. Converge, $\frac{\pi}{\pi - e}$
69. $a = 1, r = -x$; converge a $1/(1 + x)$ para $|x| < 1$
71. $a = 3, r = (x - 1)/2$; converge a $6/(3 - x)$ para x em $(-1, 3)$
73. $|x| < \frac{1}{2}, \frac{1}{1 - 2x}$ **75.** $-2 < x < 0, \frac{1}{2 + x}$
77. $x \neq (2k + 1)\frac{\pi}{2}$, k um inteiro; $\frac{1}{1 - \operatorname{sen} x}$
79. **a.** $\sum_{n=-2}^{\infty} \frac{1}{(n+4)(n+5)}$ **b.** $\sum_{n=0}^{\infty} \frac{1}{(n+2)(n+3)}$ **c.** $\sum_{n=5}^{\infty} \frac{1}{(n-3)(n-2)}$
89. **a.** $r = 3/5$ **b.** $r = -3/10$
91. $|r| < 1, \frac{1 + 2r}{1 - r^2}$ **93.** 8 m^2

Seção 10.3

1. Converge **3.** Converge **5.** Converge **7.** Diverge
9. Converge **11.** Converge; série geométrica, $r = \frac{1}{10} < 1$
13. Diverge; $\lim_{n\to\infty} \frac{n}{n+1} = 1 \neq 0$ **15.** Diverge; p-série, $p < 1$
17. Converge; série geométrica, $r = \frac{1}{8} < 1$
19. Diverge; teste da integral

21. Converge; série geométrica, $r = 2/3 < 1$
23. Diverge; teste da integral
25. Diverge; $\lim_{n\to\infty} \frac{2^n}{n+1} \neq 0$
27. Diverge; $\lim_{n\to\infty} \left(\sqrt{n}/\ln n\right) \neq 0$
29. Diverge; série geométrica, $r = \frac{1}{\ln 2} > 1$
31. Converge; teste da integral
33. Diverge; teste do n-ésimo termo
35. Converge; teste da integral
37. Converge; teste da integral
39. Converge; teste da integral
41. $a = 1$
43. a.

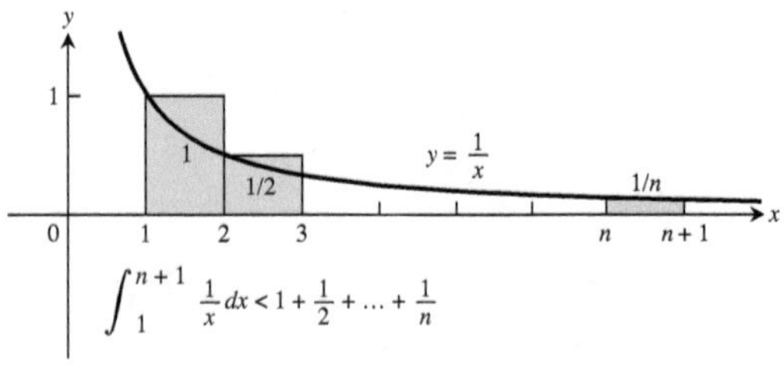

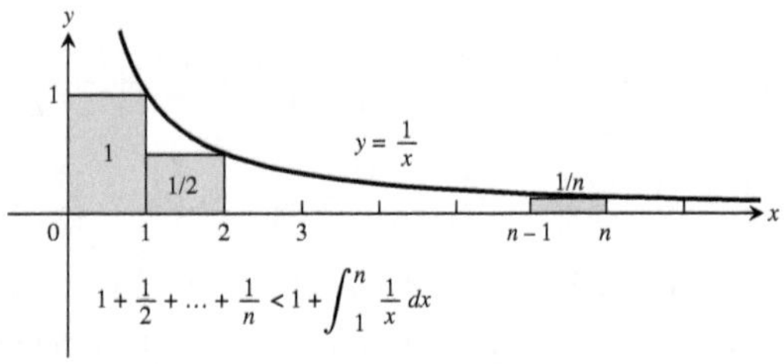

b. $\approx 41{,}55$

45. Verdadeiro
47. b. $n \geq 251.415$
49. $s_8 = \sum_{n=1}^{8} \frac{1}{n^3} \approx 1{,}195$
51. 10^{60}
59. a. $1{,}20166 \leq S \leq 1{,}20253$
b. $S \approx 1{,}2021$, erro $< 0{,}0005$

Seção 10.4

1. Converge; comparar com $\Sigma\ (1/n^2)$
3. Diverge; comparar com $\Sigma\ \left(1/\sqrt{n}\right)$
5. Converge; comparar com $\Sigma\ (1/n^{3/2})$
7. Converge; comparar com $\Sigma \sqrt{\frac{n + 4n}{n^4 + 0}} = \sqrt{5}\ \Sigma \frac{1}{n^{3/2}}$
9. Converge
11. Diverge; comparação de limite com $\Sigma\ (1/n)$
13. Diverge; comparação de limite com $\Sigma\left(1/\sqrt{n}\right)$
15. Diverge
17. Diverge; comparação de limite com $\Sigma\left(1/\sqrt{n}\right)$
19. Converge; comparar com $\Sigma\ (1/2^n)$
21. Diverge; teste do n-ésimo termo
23. Converge; comparar com $\Sigma\ (1/n^2)$
25. Converge; $\left(\frac{n}{3n+1}\right)^n < \left(\frac{n}{3n}\right)^n = \left(\frac{1}{3}\right)^n$
27. Diverge; comparação direta com $\Sigma\ (1/n)$
29. Diverge; comparação de limite com $\Sigma\ (1/n)$
31. Diverge; comparação de limite com $\Sigma\ (1/n)$
33. Converge; comparar com $\Sigma\ (1/n^{3/2})$
35. Converge; $\frac{1}{n2^n} \leq \frac{1}{2^n}$
37. Converge; $\frac{1}{3^{n-1}+1} < \frac{1}{3^{n-1}}$
39. Converge; comparação com $\Sigma\ (1/5n^2)$
41. Diverge; comparação com $\Sigma\ (1/n)$
43. Converge; comparação com $\Sigma \frac{1}{n(n-1)}$ ou comparação de limite com $\Sigma\ (1/n^2)$
45. Diverge; comparação de limite com $\Sigma\ (1/n)$
47. Converge; $\frac{\text{tg}^{-1} n}{n^{1,1}} < \frac{\pi/2}{n^{1,1}}$
49. Converge; comparar com $\Sigma\ (1/n^2)$
51. Diverge; comparação de limite com $\Sigma\ (1/n)$
53. Converge; comparação de limite com $\Sigma\ (1/n^2)$
63. Converge
65. Converge
67. Converge

Seção 10.5

1. Converge
3. Diverge
5. Converge
7. Converge
9. Converge
11. Diverge
13. Converge
15. Converge
17. Converge; teste da razão
19. Diverge; teste da razão
21. Converge; teste da razão
23. Converge; compare com $\Sigma\ (3/(1{,}25)^n)$
25. Diverge; $\lim_{n\to\infty} \left(1 - \frac{3}{n}\right) = e^{-3} \neq 0$
27. Converge; comparar com $\Sigma\ (1/n^2)$
29. Diverge; comparar com $\Sigma\ (1/(2n))$
31. Diverge; comparar com $\Sigma\ (1/n)$
33. Converge; teste da razão
35. Converge; teste da razão
37. Converge; teste da razão
39. Converge; teste da raiz
41. Converge; comparar com $\Sigma\ (1/n^2)$
43. Converge; teste da razão
45. Converge; teste da razão
47. Diverge; teste da razão
49. Converge; teste da razão
51. Converge; teste da razão
53. Diverge; $a_n = \left(\frac{1}{3}\right)^{(1/n!)} \to 1$
55. Converge; teste da razão
57. Diverge; teste da raiz
59. Converge; teste da raiz
61. Converge; teste da razão
65. Sim

Seção 10.6

1. Converge pelo teorema 16
3. Converge; teste da série alternada
5. Converge; teste da série alternada
7. Diverge; $a_n \not\to 0$
9. Diverge; $a_n \not\to 0$
11. Converge; teste da série alternada
13. Converge pelo teorema 16
15. Converge absolutamente. A série de valores absolutos é uma série geométrica convergente.
17. Converge condicionalmente; $1/\sqrt{n} \to 0$, mas $\Sigma_{n=1}^{\infty} \frac{1}{\sqrt{n}}$ diverge.
19. Converge absolutamente; comparar com $\Sigma_{n=1}^{\infty}(1/n^2)$.
21. Converge condicionalmente; $1/(n+3) \neq 0$, mas $\Sigma_{n=1}^{\infty} \frac{1}{n+3}$ diverge (comparar com $\Sigma_{n=1}^{\infty}(1/n)$).
23. Diverge; $\frac{3+n}{5+n} \to 1$
25. Converge condicionalmente; $\left(\frac{1}{n^2} + \frac{1}{n}\right) \to 0$, mas $(1+n)/n^2 > 1/n$
27. Converge absolutamente; teste da razão
29. Converge absolutamente pelo teste da integral

31. Diverge; $a_n \not\to 0$

33. Converge absolutamente; teste da razão

35. Converge absolutamente pois $\left|\dfrac{\cos n\pi}{n\sqrt{n}}\right| = \left|\dfrac{(-1)^{n+1}}{n^{3/2}}\right| = \dfrac{1}{n^{3/2}}$ (p-série convergente)

37. Converge absolutamente; teste da raiz

39. Diverge; $a_n \to \infty$

41. Converge condicionalmente; $\sqrt{n+1} - \sqrt{n} = 1/(\sqrt{n} + \sqrt{n+1}) \to 0$, mas a série de valores absolutos diverge (comparar com $\Sigma\ (1/\sqrt{n})$).

43. Diverge; $a_n \to 1/2 \neq 0$

45. Converge absolutamente; $\operatorname{sech} n = \dfrac{2}{e^n + e^{-n}} = \dfrac{2e^n}{e^{2n}+1} < \dfrac{2e^n}{e^{2n}} = \dfrac{2}{e^n}$, um termo de uma série geométrica convergente.

47. Converge condicionalmente; $\Sigma\ (-1)\dfrac{1}{2(n+1)}$ converge pelo teste da série alternada; $\Sigma\ \dfrac{1}{2(n+1)}$ diverge pela comparação de limite com $\Sigma\ (1/n)$.

49. $|\text{Erro}| < 0{,}2$ **51.** $|\text{Erro}| < 2 \times 10^{-11}$

53. $n \geq 31$ **55.** $n \geq 4$ **57.** 0,54030

59. a. $a_n \geq a_{n+1}$ **b.** $-1/2$

Seção 10.7

1. a. $1, -1 < x < 1$ **b.** $-1 < x < 1$ **c.** Nenhum

3. a. $1/4, -1/2 < x < 0$ **b.** $-1/2 < x < 0$ **c.** Nenhum

5. a. $10, -8 < x < 12$ **b.** $-8 < x < 12$ **c.** Nenhum

7. a. $1, -1 < x < 1$ **b.** $-1 < x < 1$ **c.** Nenhum

9. a. $3, -3 \leq x \leq 3$ **b.** $-3 \leq x \leq 3$ **c.** Nenhum

11. a. ∞, para todo x **b.** Para todo x **c.** Nenhum

13. a. $1/2, -1/2 \leq x < 1/2$ **b.** $-1/2 < x < 1/2$ **c.** $-1/2$

15. a. $1, -1 \leq x < 1$ **b.** $-1 < x < 1$ **c.** $x = -1$

17. a. $5, -8 < x < 2$ **b.** $-8 < x < 2$ **c.** Nenhum

19. a. $3, -3 < x < 3$ **b.** $-3 < x < 3$ **c.** Nenhum

21. a. $1, -2 < x < 0$ **b.** $-2 < x < 0$ **c.** Nenhum

23. a. $1, -1 < x < 1$ **b.** $-1 < x < 1$ **c.** Nenhum

25 a. $0, x = 0$ **b.** $x = 0$ **c.** Nenhum

27. a. $2, -4 < x \leq 0$ **b.** $-4 < x < 0$ **c.** $x = 0$

29. a. $1, -1 \leq x \leq 1$ **b.** $-1 \leq x \leq 1$ **c.** Nenhum

31. a. $1/4, 1 \leq x \leq 3/2$ **b.** $1 \leq x \leq 3/2$ **c.** Nenhum

33. a. ∞, para todo x **b.** Para todo x **c.** Nenhum

35. a. $1, -1 \leq x < 1$ **b.** $-1 < x < 1$ **c.** -1

37. 3 **39.** 8 **41.** $-1/3 < x < 1/3,\ 1/(1-3x)$

43. $-1 < x < 3,\ 4/(3 + 2x - x^2)$

45. $0 < x < 16,\ 2/(4 - \sqrt{x})$

47. $-\sqrt{2} < x < \sqrt{2},\ 3/(2 - x^2)$

49. $1 < x < 5,\ 2/(x-1),\ 1 < x < 5,\ -2/(x-1)^2$

51. a. $\cos x = 1 - \dfrac{x^2}{2!} + \dfrac{x^4}{4!} - \dfrac{x^6}{6!} + \dfrac{x^8}{8!} - \dfrac{x^{10}}{10!} + \cdots$; converge para todo x

b. Mesma resposta do item c.

c. $2x - \dfrac{2^3x^3}{3!} + \dfrac{2^5x^5}{5!} - \dfrac{2^7x^7}{7!} + \dfrac{2^9x^9}{9!} - \dfrac{2^{11}x^{11}}{11!} + \cdots$

53. a. $\dfrac{x^2}{2} + \dfrac{x^4}{12} + \dfrac{x^6}{45} + \dfrac{17x^8}{2520} + \dfrac{31x^{10}}{14175},\ -\dfrac{\pi}{2} < x < \dfrac{\pi}{2}$

b. $1 + x^2 + \dfrac{2x^4}{3} + \dfrac{17x^6}{45} + \dfrac{62x^8}{315} + \cdots,\ -\dfrac{\pi}{2} < x < \dfrac{\pi}{2}$

Seção 10.8

1. $P_0(x) = 1,\ P_1(x) = 1 + 2x,\ P_2(x) = 1 + 2x + 2x^2,$
$P_3(x) = 1 + 2x + 2x^2 + \dfrac{4}{3}x^3$

3. $P_0(x) = 0,\ P_1(x) = x - 1,\ P_2(x) = (x-1) - \dfrac{1}{2}(x-1)^2,$
$P_3(x) = (x-1) - \dfrac{1}{2}(x-1)^2 + \dfrac{1}{3}(x-1)^3$

5. $P_0(x) = \dfrac{1}{2},\ P_1(x) = \dfrac{1}{2} - \dfrac{1}{4}(x-2),$
$P_2(x) = \dfrac{1}{2} - \dfrac{1}{4}(x-2) + \dfrac{1}{8}(x-2)^2,$
$P_3(x) = \dfrac{1}{2} - \dfrac{1}{4}(x-2) + \dfrac{1}{8}(x-2)^2 - \dfrac{1}{16}(x-2)^3$

7. $P_0(x) = \dfrac{\sqrt{2}}{2},\ P_1(x) = \dfrac{\sqrt{2}}{2} + \dfrac{\sqrt{2}}{2}\left(x - \dfrac{\pi}{4}\right),$
$P_2(x) = \dfrac{\sqrt{2}}{2} + \dfrac{\sqrt{2}}{2}\left(x - \dfrac{\pi}{4}\right) - \dfrac{\sqrt{2}}{4}\left(x - \dfrac{\pi}{4}\right)^2,$
$P_3(x) = \dfrac{\sqrt{2}}{2} + \dfrac{\sqrt{2}}{2}\left(x - \dfrac{\pi}{4}\right) - \dfrac{\sqrt{2}}{4}\left(x - \dfrac{\pi}{4}\right)^2 - \dfrac{\sqrt{2}}{12}\left(x - \dfrac{\pi}{4}\right)^3$

9. $P_0(x) = 2,\ P_1(x) = 2 + \dfrac{1}{4}(x-4),$
$P_2(x) = 2 + \dfrac{1}{4}(x-4) - \dfrac{1}{64}(x-4)^2,$
$P_3(x) = 2 + \dfrac{1}{4}(x-4) - \dfrac{1}{64}(x-4)^2 + \dfrac{1}{512}(x-4)^3$

11. $\displaystyle\sum_{n=0}^{\infty} \frac{(-x)^n}{n!} = 1 - x + \frac{x^2}{2!} - \frac{x^3}{3!} + \frac{x^4}{4!} - \cdots$

13. $\displaystyle\sum_{n\ 0}^{\infty} (-1)^n x^n = 1 - x + x^2 - x^3 + \cdots$

15. $\displaystyle\sum_{n=0}^{\infty} \frac{(-1)^n 3^{2n+1} x^{2n+1}}{(2n+1)!}$ **17.** $\displaystyle 7\sum_{n=0}^{\infty} \frac{(-1)^n x^{2n}}{(2n)!}$ **19.** $\displaystyle\sum_{n=0}^{\infty} \frac{x^{2n}}{(2n)!}$

21. $x^4 - 2x^3 - 5x + 4$

23. $8 + 10(x-2) + 6(x-2)^2 + (x-2)^3$

25. $21 - 36(x+2) + 25(x+2)^2 - 8(x+2)^3 + (x+2)^4$

27. $\displaystyle\sum_{n=0}^{\infty} (-1)^n (n+1)(x-1)^n$

29. $\displaystyle\sum_{n=0}^{\infty} \frac{e^2}{n!}(x-2)^n$

31. $\displaystyle\sum_{n=0}^{\infty} (-1)^{n+1} \frac{2^{2n}}{(2n)!}\left(x - \frac{\pi}{4}\right)^{2n}$

5

33. $-1 - 2x - \dfrac{5}{2}x^2 - \cdots,\ -1 < x < 1$

35. $x^2 - \dfrac{1}{2}x^3 + \dfrac{1}{6}x^4 + \cdots,\ -1 < x < 1$

41. $L(x) = 0,\ Q(x) = -x^2/2$ **43.** $L(x) = 1,\ Q(x) = 1 + x^2/2$

45. $L(x) = x,\ Q(x) = x$

Seção 10.9

1. $\displaystyle\sum_{n=0}^{\infty} \frac{(-5x)^n}{n!} = 1 - 5x + \frac{5^2x^2}{2!} - \frac{5^3x^3}{3!} + \cdots$

3. $\displaystyle\sum_{n=0}^{\infty} \frac{5(-1)^n(-x)^{2n+1}}{(2n+1)!} = \sum_{n=0}^{\infty} \frac{5(-1)^{n+1}x^{2n+1}}{(2n+1)!}$
$= -5x + \dfrac{5x^3}{3!} - \dfrac{5x^5}{5!} + \dfrac{5x^7}{7!} + \cdots$

5. $\sum_{n=0}^{\infty} \frac{(-1)^n(5x^2)^{2n}}{(2n)!} = 1 - \frac{25x^4}{2!} + \frac{625x^8}{4!} - \cdots$

7. $\sum_{n=1}^{\infty}(-1)^{n+1}\frac{x^{2n}}{n} = x^2 - \frac{x^4}{2} + \frac{x^6}{3} - \frac{x^8}{4} + \cdots$

9. $\sum_{n=0}^{\infty}(-1)^n\left(\frac{3}{4}\right)^n x^{3n} = 1 - \frac{3}{4}x^3 + \frac{3^2}{4^2}x^6 - \frac{3^3}{4^3}x^9 + \cdots$

11. $\sum_{n=0}^{\infty}\frac{x^{n+1}}{n!} = x + x^2 + \frac{x^3}{2!} + \frac{x^4}{3!} + \frac{x^5}{4!} + \cdots$

13. $\sum_{n=2}^{\infty}\frac{(-1)^n x^{2n}}{(2n)!} = \frac{x^4}{4!} - \frac{x^6}{6!} + \frac{x^8}{8!} - \frac{x^{10}}{10!} + \cdots$

15. $x - \frac{\pi^2 x^3}{2!} + \frac{\pi^4 x^5}{4!} - \frac{\pi^6 x^7}{6!} + \cdots = \sum_{n=0}^{\infty}\frac{(-1)^n\pi^{2n}x^{2n+1}}{(2n)!}$

17. $1 + \sum_{n=1}^{\infty}\frac{(-1)^n(2x)^{2n}}{2\cdot(2n)!} =$
$1 - \frac{(2x)^2}{2\cdot 2!} + \frac{(2x)^4}{2\cdot 4!} - \frac{(2x)^6}{2\cdot 6!} + \frac{(2x)^8}{2\cdot 8!} - \cdots$

19. $x^2\sum_{n=0}^{\infty}(2x)^n = x^2 + 2x^3 + 4x^4 + \cdots$

21. $\sum_{n=1}^{\infty} nx^{n-1} = 1 + 2x + 3x^2 + 4x^3 + \cdots$

23. $\sum_{n=1}^{\infty}(-1)^{n+1}\frac{x^{4n-1}}{2n-1} = x^3 - \frac{x^7}{3} + \frac{x^{11}}{5} - \frac{x^{15}}{7} + \cdots$

25. $\sum_{n=0}^{\infty}\left(\frac{1}{n!} + (-1)^n\right)x^n = 2 + \frac{3}{2}x^2 - \frac{5}{6}x^3 + \frac{25}{24}x^4 - \cdots$

27. $\sum_{n=1}^{\infty}\frac{(-1)^{n-1}x^{2n+1}}{3n} = \frac{x^3}{3} - \frac{x^5}{6} + \frac{x^7}{9} - \cdots$

29. $x + x^2 + \frac{x^3}{3} - \frac{x^5}{30} + \cdots$

31. $x^2 - \frac{2}{3}x^4 + \frac{23}{45}x^6 - \frac{44}{105}x^8 + \cdots$

33. $1 + x + \frac{1}{2}x^2 - \frac{1}{8}x^4 + \cdots$

35. $|\text{Erro}| \le \frac{1}{10^4\cdot 4!} < 4{,}2 \times 10^{-6}$

37. $|x| < (0{,}06)^{1/5} < 0{,}56968$

39. $|\text{Erro}| < (10^{-3})^3/6 < 1{,}67 \times 10^{-10}, \quad -10^{-3} < x < 0$

41. $|\text{Erro}| < (3^{0,1})(0{,}1)^3/6 < 1{,}87 \times 10^{-4}$

49. **a.** $Q(x) = 1 + kx + \frac{k(k-1)}{2}x^2$ **b.** $0 \le x < 100^{-1/3}$

Seção 10.10

1. $1 + \frac{x}{2} - \frac{x^2}{8} + \frac{x^3}{16}$

3. $1 + \frac{1}{2}x + \frac{3}{8}x^2 + \frac{5}{16}x^3 + \cdots$

5. $1 - x + \frac{3x^2}{4} - \frac{x^3}{2}$

7. $1 - \frac{x^3}{2} + \frac{3x^6}{8} - \frac{5x^9}{16}$

9. $1 + \frac{1}{2x} - \frac{1}{8x^2} + \frac{1}{16x^3}$

11. $(1+x)^4 = 1 + 4x + 6x^2 + 4x^3 + x^4$

13. $(1-2x)^3 = 1 - 6x + 12x^2 - 8x^3$

15. 0,00267 **17.** 0,10000 **19.** 0,09994 **21.** 0,10000

23. $\frac{1}{13\cdot 6!} \approx 0{,}00011$ **25.** $\frac{x^3}{3} - \frac{x^7}{7\cdot 3!} + \frac{x^{11}}{11\cdot 5!}$

27. **a.** $\frac{x^2}{2} - \frac{x^4}{12}$
b. $\frac{x^2}{2} - \frac{x^4}{3\cdot 4} + \frac{x^6}{5\cdot 6} - \frac{x^8}{7\cdot 8} + \cdots + (-1)^{15}\frac{x^{32}}{31\cdot 32}$

29. 1/2 **33.** 1/3 **37.** 2 **39.** 3/2 **43.** $\cos\frac{3}{4}$

31. $-1/24$ **35.** -1 **41.** e **45.** $\sqrt{3}/2$ **47.** $\frac{x^3}{1-x}$

49. $\frac{x^3}{1+x^2}$ **51.** $\frac{-1}{(1+x)^2}$ **55.** 500 termos **57.** 4 termos

59. **a.** $x + \frac{x^3}{6} + \frac{3x^5}{40} + \frac{5x^7}{112}$, raio de convergência = 1
b. $\frac{\pi}{2} - x - \frac{x^3}{6} - \frac{3x^5}{40} - \frac{5x^7}{112}$

61. $1 - 2x + 3x^2 - 4x^3 + ...$

67. **a.** -1 **b.** $(1/\sqrt{2})(1+i)$ **c.** $-i$

71. $x + x^2 + \frac{1}{3}x^3 - \frac{1}{30}x^5 + \cdots$, para todo x

Exercícios práticos

1. Converge para 1 **3.** Converge para -1 **5.** Diverge **7.** Converge para 0 **9.** Converge para 1 **11.** Converge para e^{-5} **13.** Converge para 3 **15.** Converge para ln 2 **17.** Diverge **19.** 1/6 **21.** 3/2 **23.** $e/(e-1)$

25. Diverge **27.** Converge condicionalmente **29.** Converge condicionalmente **31.** Converge absolutamente **33.** Converge absolutamente **35.** Converge absolutamente **37.** Converge absolutamente **39.** Converge absolutamente

41. **a.** 3, $-7 \le x \le -1$ **b.** $-7 < x < -1$ **c.** $x = -7$

43. **a.** 1/3, $0 \le x \le 2/3$ **b.** $0 \le x \le 2/3$ **c.** Nenhum

45. **a.** ∞, para todo x **b.** Para todo x **c.** Nenhum

47. **a.** $\sqrt{3}$, $-\sqrt{3} < x < \sqrt{3}$ **b.** $-\sqrt{3} < x < \sqrt{3}$
c. Nenhum

49. **a.** e, $-e < x < e$ **b.** $-e < x < e$ **c.** Conjunto vazio

51. $\frac{1}{1+x}, \frac{1}{4}, \frac{4}{5}$ **53.** sen x, π, 0 **55.** e^x, ln 2, 2 **57.** $\sum_{n=0}^{\infty}2^n x^n$

59. $\sum_{n=0}^{\infty}\frac{(-1)^n\pi^{2n+1}x^{2n+1}}{(2n+1)!}$ **61.** $\sum_{n=0}^{\infty}\frac{(-1)^n x^{10n/3}}{(2n)!}$ **63.** $\sum_{n=0}^{\infty}\frac{((\pi x)/2)^n}{n!}$

65. $2 - \frac{(x+1)}{2\cdot 1!} + \frac{3(x+1)^2}{2^3\cdot 2!} + \frac{9(x+1)^3}{2^5\cdot 3!} + \cdots$

67. $\frac{1}{4} - \frac{1}{4^2}(x-3) + \frac{1}{4^3}(x-3)^2 - \frac{1}{4^4}(x-3)^3$

69. 0,4849171431 **71.** 0,4872223583 **73.** 7/2 **75.** 1/12

77. -2 **79.** $r = -3$, $s = 9/2$ **81.** 2/3

83. $\ln\left(\frac{n+1}{2n}\right)$; a série converge para $\ln\left(\frac{1}{2}\right)$.

85. **a.** ∞ **b.** $a = 1$, $b = 0$ **87.** A série converge.

Exercícios adicionais e avançados

1. Converge; teste da comparação
3. Diverge; teste do n-ésimo termo
5. Converge; teste da comparação
7. Diverge; teste do n-ésimo termo

9. Com $a = \pi/3$, $\cos x = \frac{1}{2} - \frac{\sqrt{3}}{2}(x - \pi/3) - \frac{1}{4}(x - \pi/3)^2 + \frac{\sqrt{3}}{12}(x - \pi/3)^3 + \cdots$

11. Com $a = 0$, $e^x = 1 + x + \frac{x^2}{2!} + \frac{x^3}{3!} + \cdots$

13. Com $a = 22\pi$, $\cos x = 1 - \frac{1}{2}(x - 22\pi)^2 + \frac{1}{4!}(x - 22\pi)^4 - \frac{1}{6!}(x - 22\pi)^6 + \cdots$

15. Converge, limite $= b$ **17.** $\pi/2$ **21.** $b = \pm\frac{1}{5}$

23. $a = 2$, $L = -7/6$ **27.** **b.** Sim

31. **a.** $\sum_{n=1}^{\infty} nx^{n-1}$ **b.** 6 **c.** $1/q$

33. **a.** $R_n = C_0 e^{-kt_0}(1 - e^{-nkt_0})/(1 - e^{-kt_0})$,
$R = C_0(e^{-kt_0})/(1 - e^{-kt_0}) = C_0/(e^{kt_0} - 1)$

b. $R_1 = 1/e \approx 0{,}368$,
$R_{10} = R(1 - e^{-10}) \approx R(0{,}9999546) \approx 0{,}58195$;
$R \approx 0{,}58198$; $0 < (R - R_{10})/R < 0{,}0001$

c. 7

CAPÍTULO 11

Seção 11.1

1.

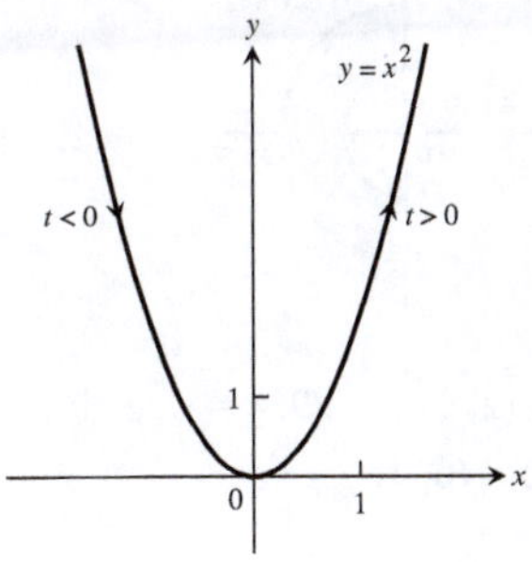

9.

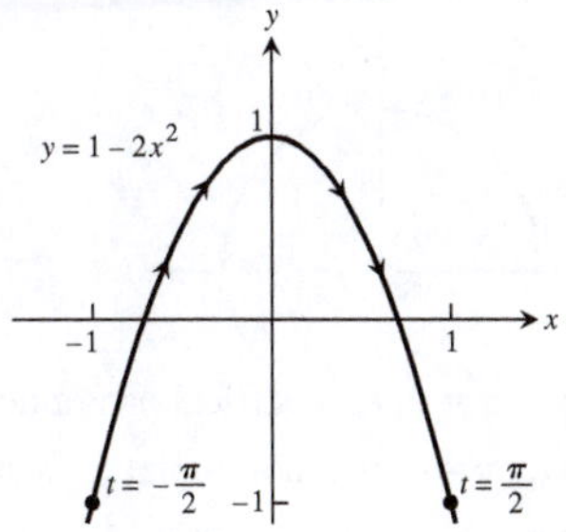

3.

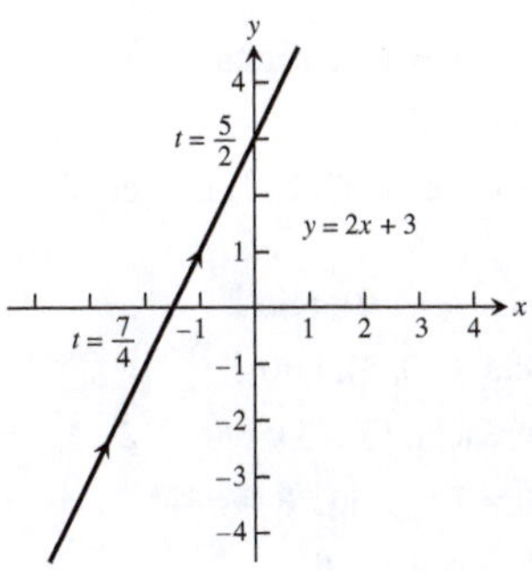

11.

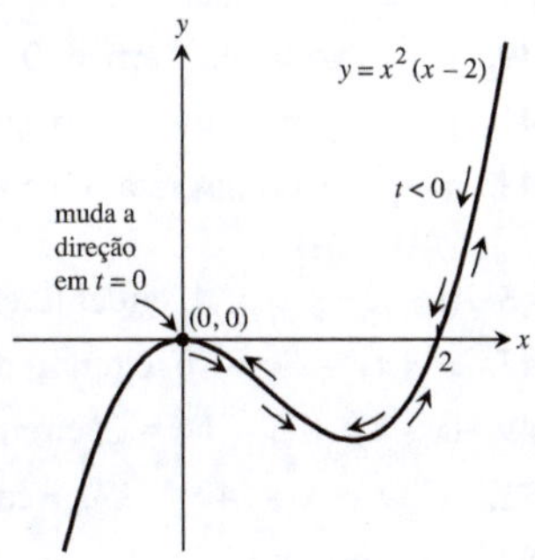

5.

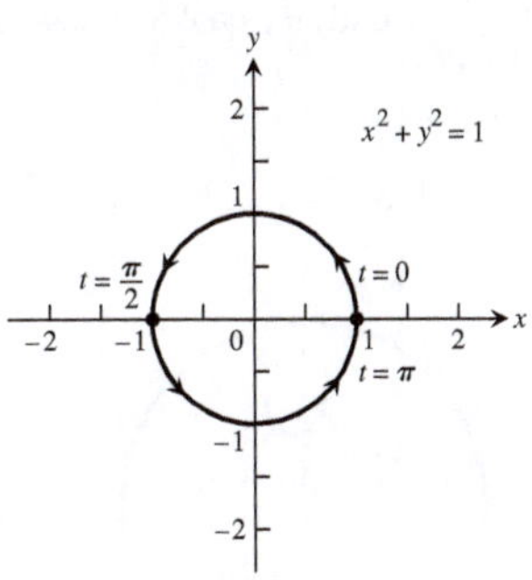

13.

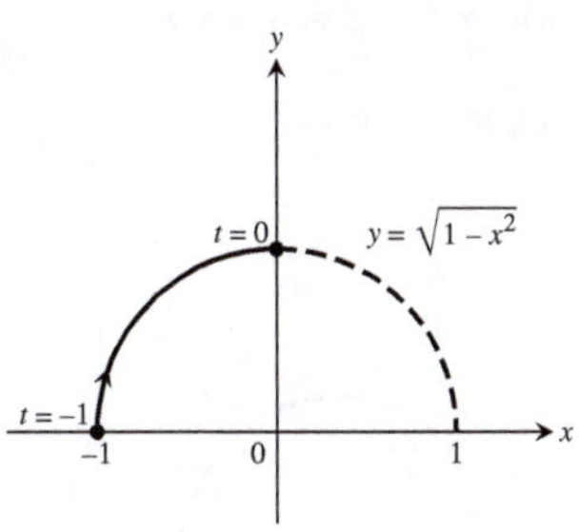

7.

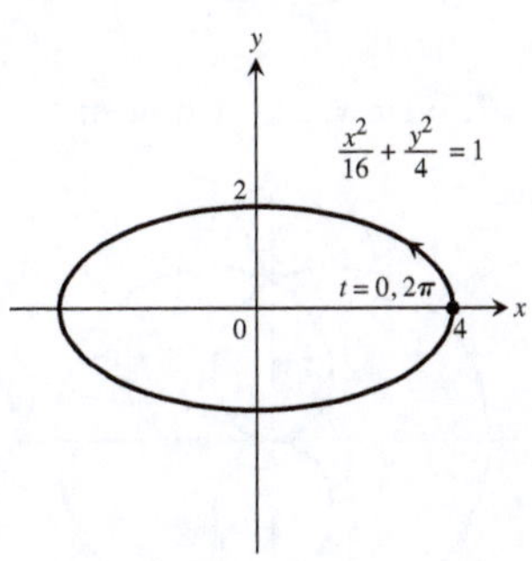

15.

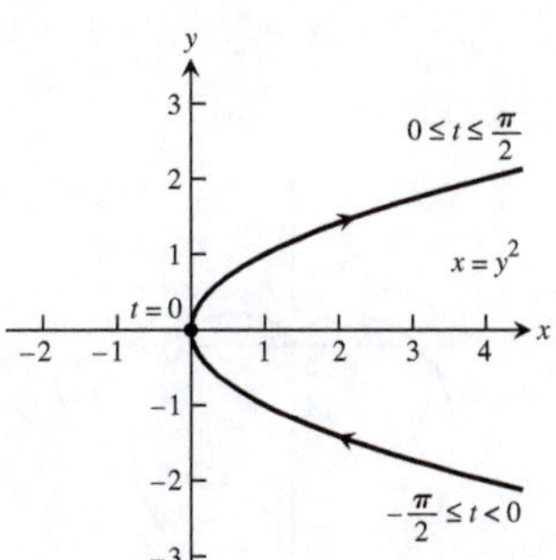

17.

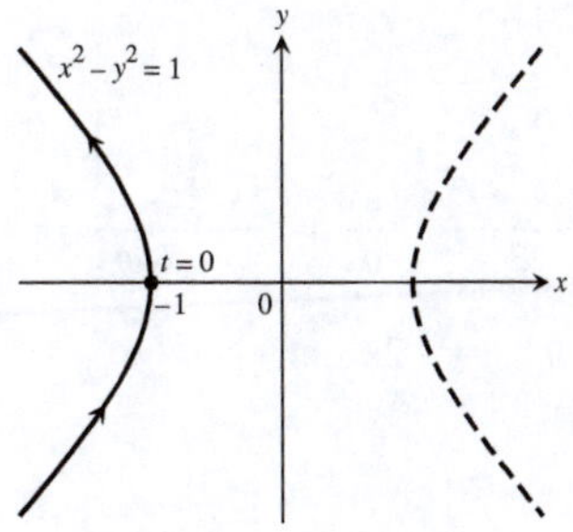

19. **a.** $x = a \cos t,\ y = -a \operatorname{sen} t,\ 0 \le t \le 2\pi$
b. $x = a \cos t,\ y = a \operatorname{sen} t,\ 0 \le t \le 2\pi$
c. $x = a \cos t,\ y = -a \operatorname{sen} t,\ 0 \le t \le 4\pi$
d. $x = a \cos t,\ y = a \operatorname{sen} t,\ 0 \le t \le 4\pi$

21. Possível resposta: $x = -1 + 5t, y = -3 + 4t, 0 \le t \le 1$

23. Possível resposta: $x = t^2 + 1, y = t, t \le 0$

25. Possível resposta: $x = 2 - 3t, y = 3 - 4t, t \ge 0$

27. Possível resposta: $x = 2 \cos t, y = 2\,|\operatorname{sen} t|, 0 \le t \le 4\pi$

29. Possível resposta: $x = \dfrac{-at}{\sqrt{1 + t^2}},\quad y = \dfrac{a}{\sqrt{1 + t^2}},$
$-\infty < t < \infty$

31. Possível resposta: $x = \dfrac{4}{1 + 2 \operatorname{tg} \theta},\quad y = \dfrac{4 \operatorname{tg} \theta}{1 + 2 \operatorname{tg} \theta},$
$0 \le \theta < \pi/2$ e $x = 0, y = 2$ se $\theta = \pi/2$

33. Possível resposta: $x = 2 - \cos t, y = \operatorname{sen} t, 0 \le t \le 2\pi$

35. $x = 2 \operatorname{cotg} t, y = 2 \operatorname{sen}^2 t, 0 < t < \pi$

37. $x = \operatorname{sen}^2 t \operatorname{tg} t, y = a \operatorname{sen}^2 t, 0 < t < \pi/2$ **39.** (1, 1)

Seção 11.2

1. $y = -x + 2\sqrt{2},\quad \dfrac{d^2y}{dx^2} = -\sqrt{2}$

3. $y = -\dfrac{1}{2}x + 2\sqrt{2},\quad \dfrac{d^2y}{dx^2} = -\dfrac{\sqrt{2}}{4}$

5. $y = x + \dfrac{1}{4},\quad \dfrac{d^2y}{dx^2} = -2$

7. $y = 2x - \sqrt{3},\quad \dfrac{d^2y}{dx^2} = -3\sqrt{3}$

9. $y = x - 4,\quad \dfrac{d^2y}{dx^2} = \dfrac{1}{2}$

11. $y = \sqrt{3}x - \dfrac{\pi\sqrt{3}}{3} + 2,\quad \dfrac{d^2y}{dx^2} = -4$

13. $y = 9x - 1,\quad \dfrac{d^2y}{dx^2} = 108$

15. $-\dfrac{3}{16}$ **23.** $ab\pi$ **31.** $8\pi^2$

17. –6 **25.** 4 **33.** $\dfrac{52\pi}{3}$

19. 1 **27.** 12 **35.** $3\pi\sqrt{5}$

21. $3a^2\pi$ **29.** π^2

37. $(\bar{x}, \bar{y}) = \left(\dfrac{12}{\pi} - \dfrac{24}{\pi^2}, \dfrac{24}{\pi^2} - 2\right)$

39. $(\bar{x}, \bar{y}) = \left(\dfrac{1}{3}, \pi - \dfrac{4}{3}\right)$

41. **a.** π **b.** π

43. a. $x = 1, \quad y = 0, \quad \dfrac{dy}{dx} = \dfrac{1}{2}$

b. $x = 0, \quad y = 3, \quad \dfrac{dy}{dx} = 0$

c. $x = \dfrac{\sqrt{3} - 1}{2}, \quad y = \dfrac{3 - \sqrt{3}}{2}, \quad \dfrac{dy}{dx} = \dfrac{2\sqrt{3} - 1}{\sqrt{3} - 2}$

45. $\left(\dfrac{\sqrt{2}}{2}, 1\right)$, $y = 2x$ em $t = 0$, $y = -2x$ em $t = \pi$

47. a. $8a$ b. $\dfrac{64\pi}{3}$

Seção 11.3

1. a, e; b, g; c, h; d, f

3.

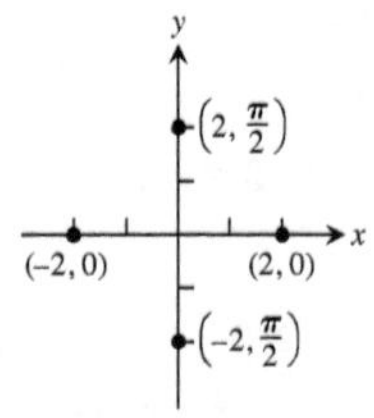

a. $\left(2, \dfrac{\pi}{2} + 2n\pi\right)$ e $\left(-2, \dfrac{\pi}{2} + (2n + 1)\pi\right)$, n um inteiro

b. $(2, 2n\pi)$ e $(-2, (2n + 1)\pi)$, n um inteiro

c. $\left(2, \dfrac{3\pi}{2} + 2n\pi\right)$ e $\left(-2, \dfrac{3\pi}{2} + (2n + 1)\pi\right)$, n um inteiro

d. $(2, (2n + 1)\pi)$ e $(-2, 2n\pi)$, n um inteiro

5. a. $(3, 0)$ e. $(3, 0)$

b. $(-3, 0)$ f. $(1, \sqrt{3})$

c. $(-1, \sqrt{3})$ g. $(-3, 0)$

d. $(1, \sqrt{3})$ h. $(-1, \sqrt{3})$

7. a. $\left(\sqrt{2}, \dfrac{\pi}{4}\right)$ c. $\left(2, \dfrac{11\pi}{6}\right)$

b. $(3, \pi)$ d. $\left(5, \pi - \operatorname{tg}^{-1}\dfrac{4}{3}\right)$

9. a. $\left(-3\sqrt{2}, \dfrac{5\pi}{4}\right)$ c. $\left(-2, \dfrac{5\pi}{3}\right)$

b. $(-1, 0)$ d. $\left(-5, \pi - \operatorname{tg}^{-1}\dfrac{3}{4}\right)$

11.

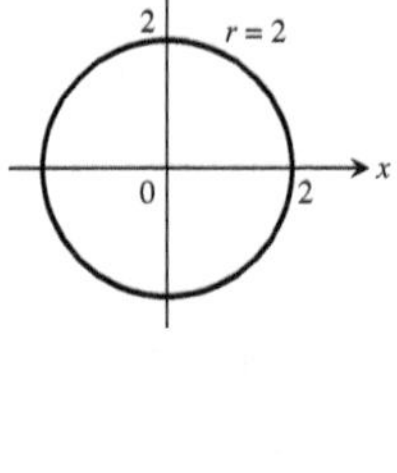

15.

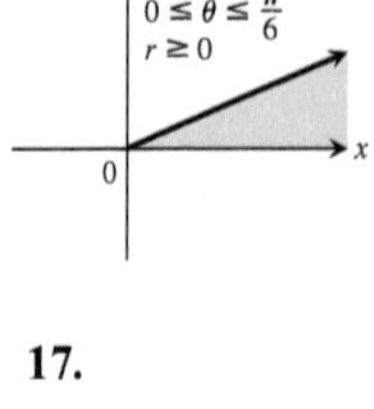

13.

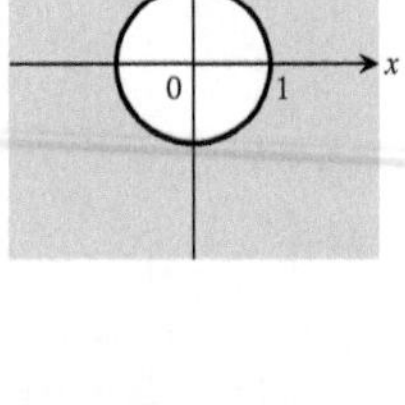

17.

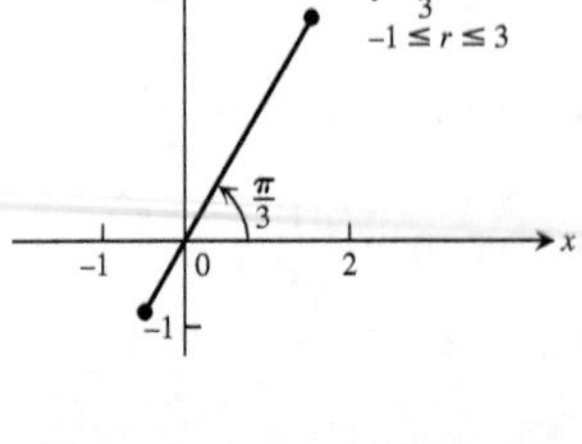

19.

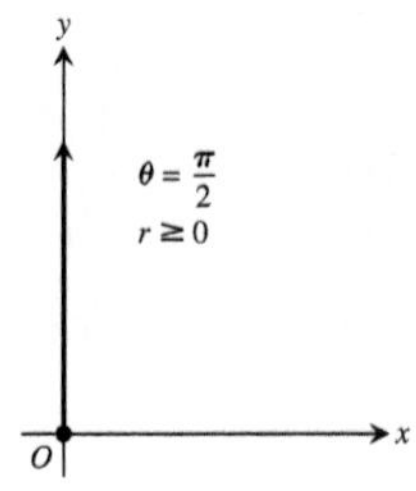

23.

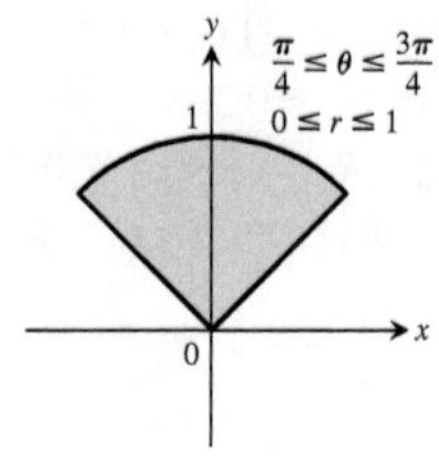

21.

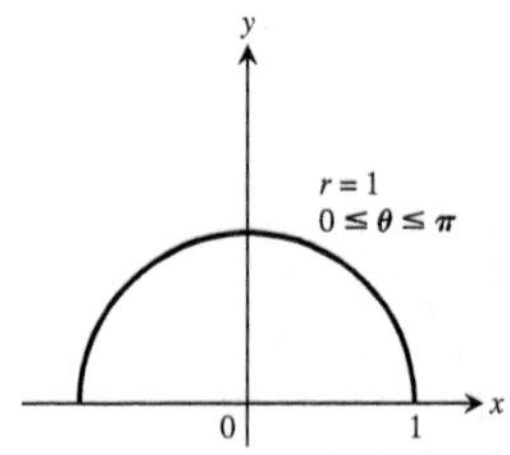

25.

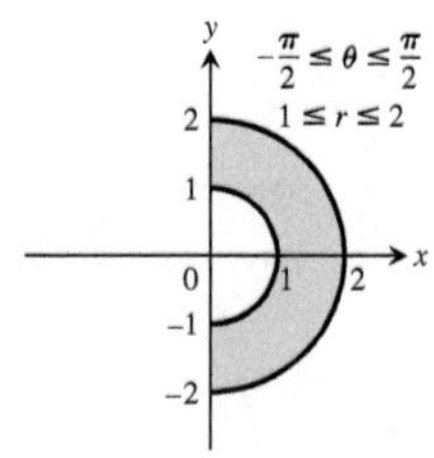

27. $x = 2$, reta vertical passando por $(2, 0)$

29. $y = 0$, o eixo x

31. $y = 4$, reta horizontal passando por $(0, 4)$

33. $x + y = 1$, reta, $m = -1$, $b = 1$

35. $x^2 + y^2 = 1$, circunferência, $C(0, 0)$, raio 1

37. $y - 2x = 5$, reta, $m = 2$, $b = 5$

39. $y^2 = x$, parábola, vértice $(0, 0)$, abre para a direita

41. $y = e^x$, gráfico da função exponencial

43. $x + y = \pm 1$, duas retas de coeficiente angular -1, interceptos y em $b = \pm 1$

45. $(x + 2)^2 + y^2 = 4$, circunferência, $C(-2, 0)$, raio 2

47. $x^2 + (y - 4)^2 = 16$, circunferência, $C(0, 4)$, raio 4

49. $(x - 1)^2 + (y - 1)^2 = 2$, circunferência, $C(1, 1)$, raio $\sqrt{2}$

51. $\sqrt{3}y + x = 4$ 53. $r \cos\theta = 7$ 55. $\theta = \pi/4$

57. $r = 2$ ou $r = -2$

59. $4r^2 \cos^2\theta + 9r^2 \operatorname{sen}^2\theta = 36$

61. $r \operatorname{sen}^2\theta = 4\cos\theta$

63. $r = 4 \operatorname{sen}\theta$

65. $r^2 = 6r\cos\theta - 2r\operatorname{sen}\theta - 6$

67. $(0, \theta)$, onde θ é qualquer ângulo

Seção 11.4

1. Eixo x

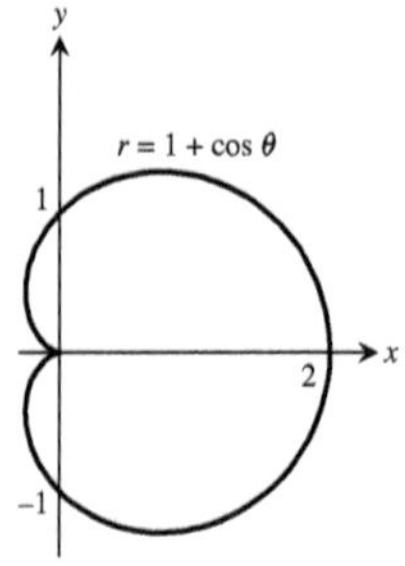

5. Eixo y

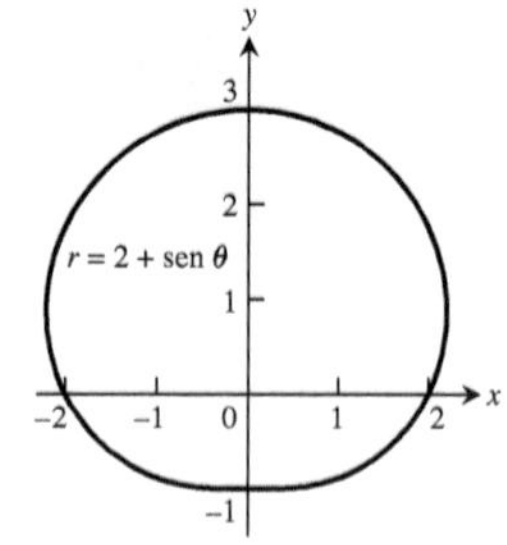

3. Eixo y

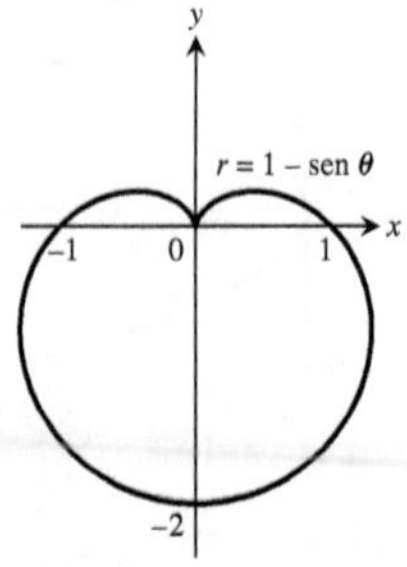

7. Eixo x, eixo y, origem

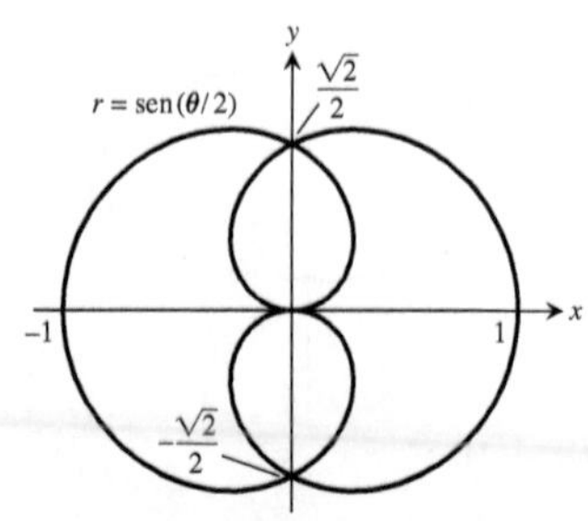

9. Eixo x, eixo y, origem

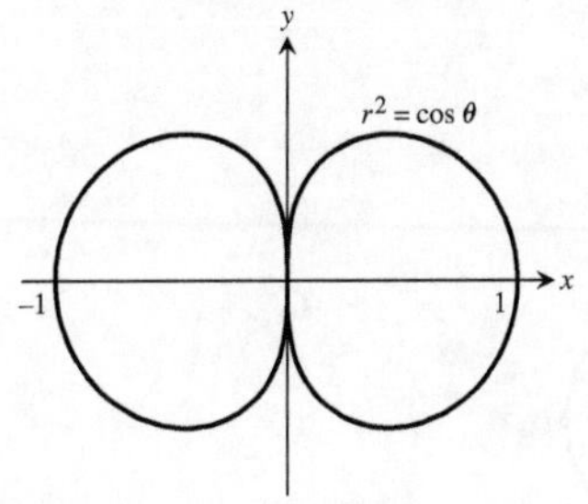

11. Eixo y, eixo x, origem

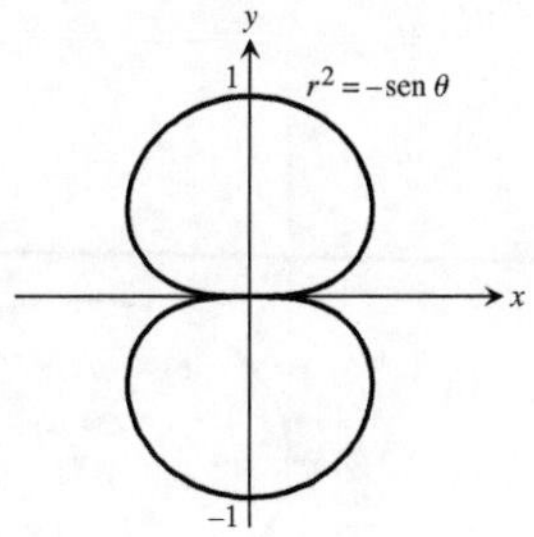

13. Eixo x, eixo y, origem

15. Origem

17. O coeficiente angular em $(-1, \pi/2)$ é -1, em $(-1, -\pi/2)$ é 1.

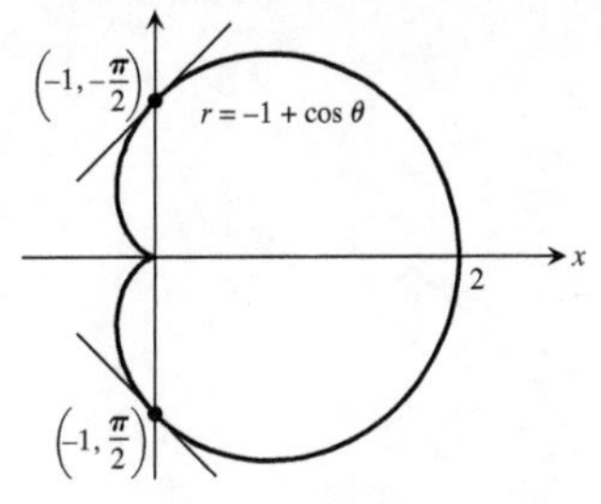

19. O coeficiente angular em $(1, \pi/4)$ é -1, em $(-1, -\pi/4)$ é 1, em $(-1, 3\pi/4)$ é 1, em $(1, -3\pi/4)$ é -1.

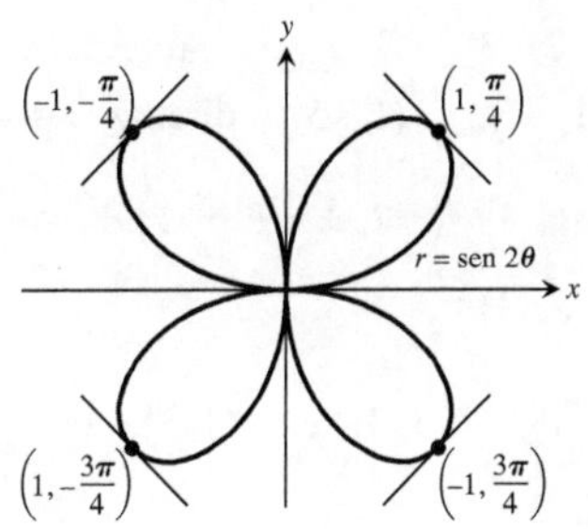

21. a.

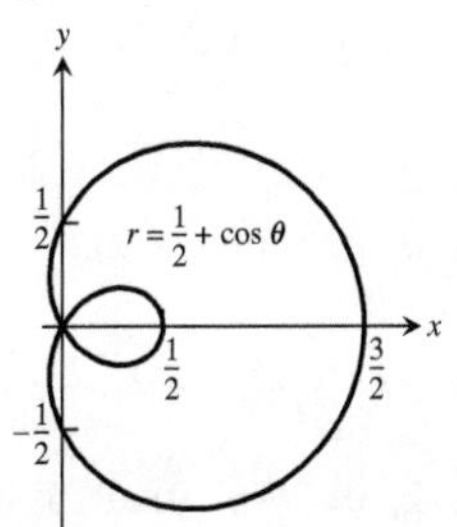

b.

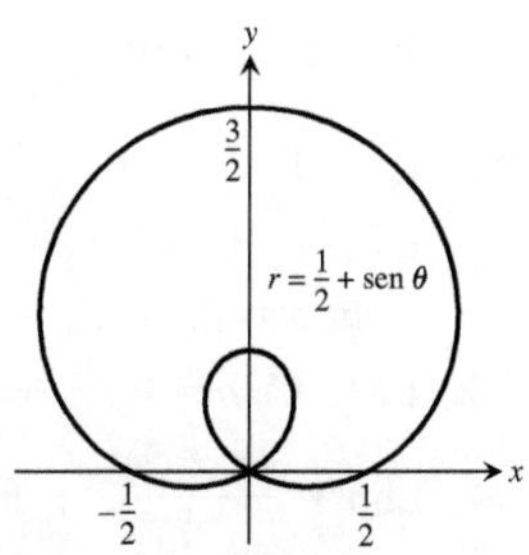

23. a.

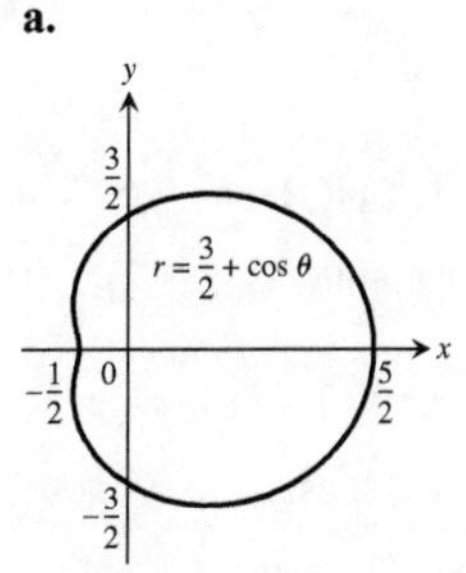

b.

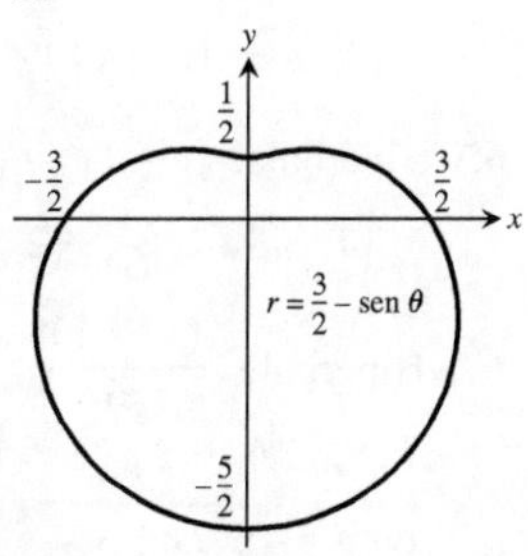

25.

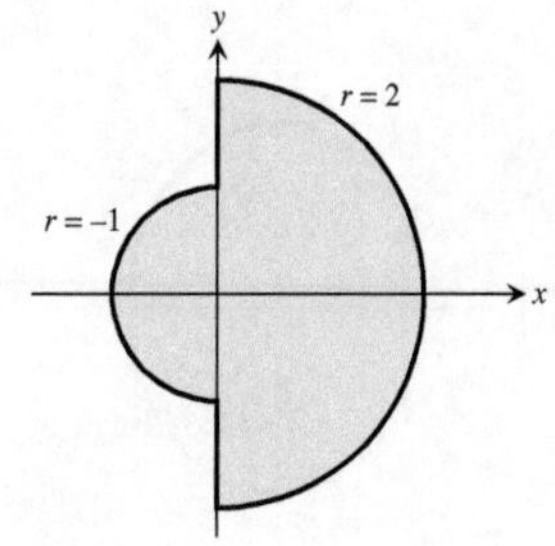

27.

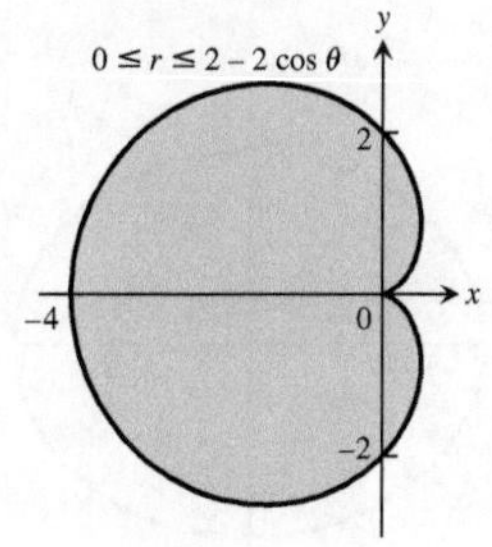

29. (a)

Seção 11.5

1. $\frac{1}{6}\pi^3$ **3.** 18π **5.** $\frac{\pi}{8}$ **7.** 2 **9.** $\frac{\pi}{2} - 1$ **11.** $5\pi - 8$ **13.** $3\sqrt{3} - \pi$ **15.** $\frac{\pi}{3} + \frac{\sqrt{3}}{2}$

17. $\frac{8\pi}{3} + \sqrt{3}$

19. a. $\frac{3}{2} - \frac{\pi}{4}$

21. 19/3 **23.** 8

25. $3\left(\sqrt{2} + \ln\left(1 + \sqrt{2}\right)\right)$

27. $\frac{\pi}{8} + \frac{3}{8}$

Seção 11.6

1. $y^2 = 8x$, $F(2, 0)$, diretriz: $x = -2$

3. $x^2 = -6y$, $F(0, -3/2)$, diretriz: $y = 3/2$

5. $\frac{x^2}{4} - \frac{y^2}{9} = 1$, $F\left(\pm\sqrt{13}, 0\right)$, $V(\pm 2, 0)$,
assíntotas: $y = \pm\frac{3}{2}x$

7. $\frac{x^2}{2} + y^2 = 1$, $F(\pm 1, 0)$, $V\left(\pm\sqrt{2}, 0\right)$

9.

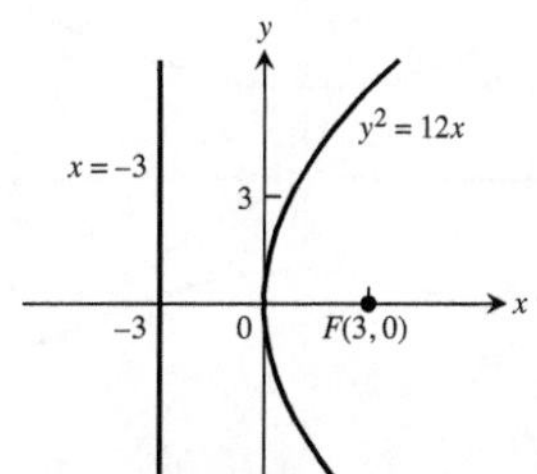

11.

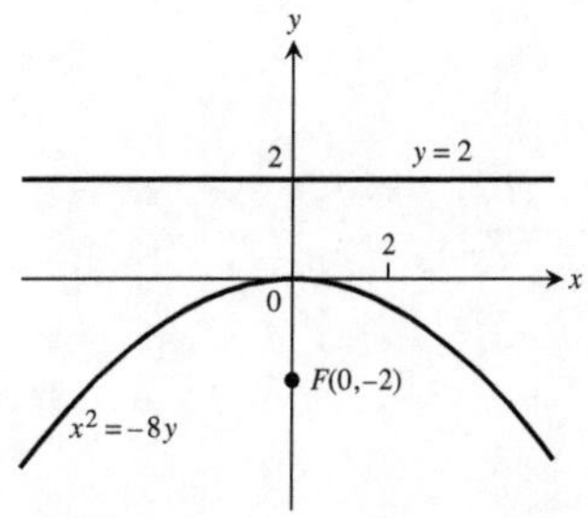

13.

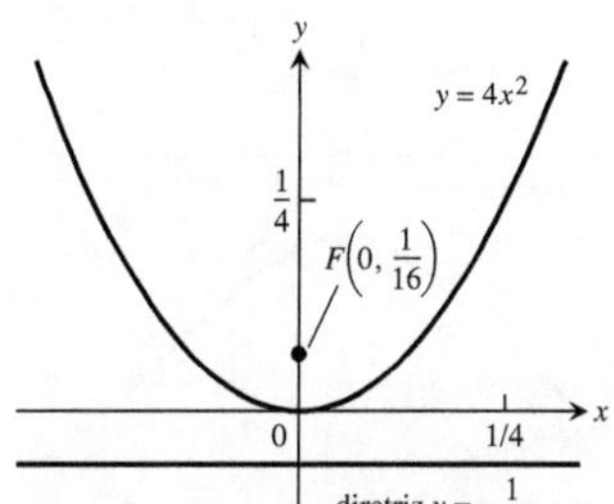

15.

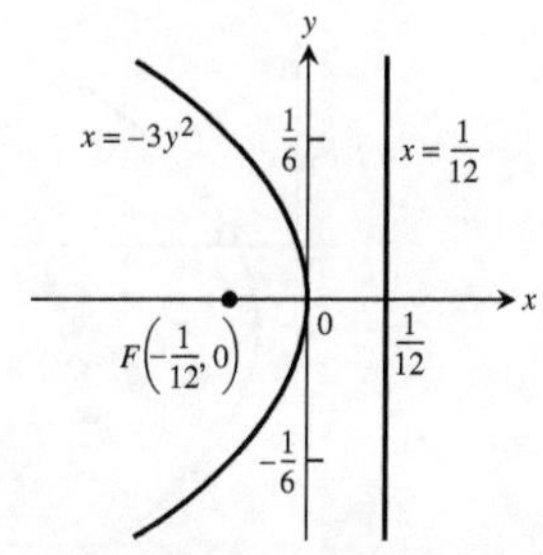

17.

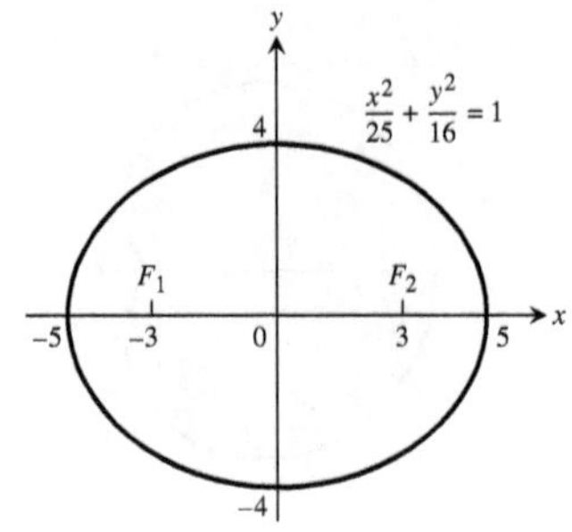

21.

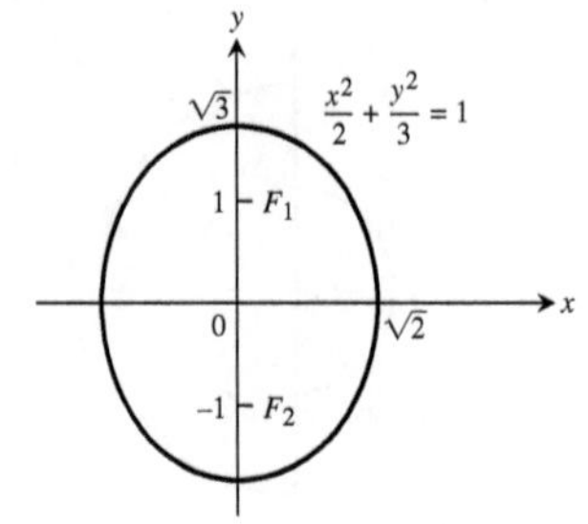

19.

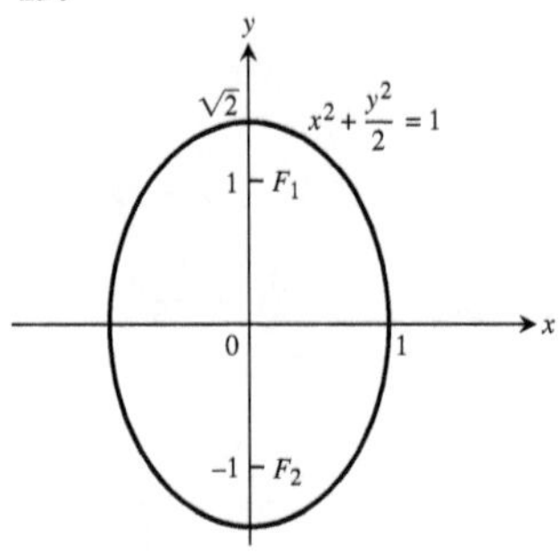

23.

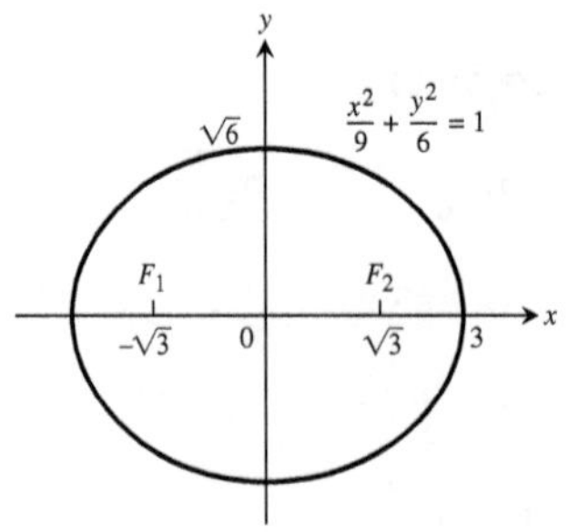

25. $\dfrac{x^2}{4}+\dfrac{y^2}{2}=1$

27. Assíntotas: $y=\pm x$

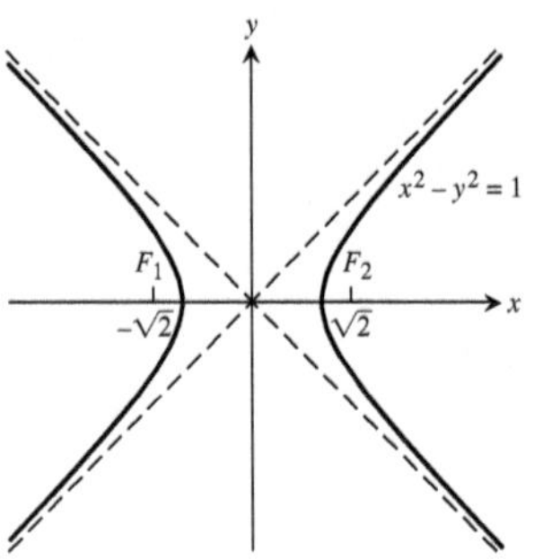

31. Assíntotas: $y=\pm 2x$

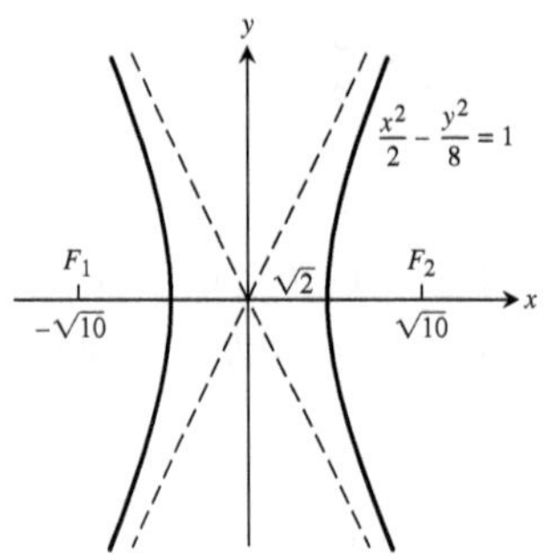

29. Assíntotas: $y=\pm x$

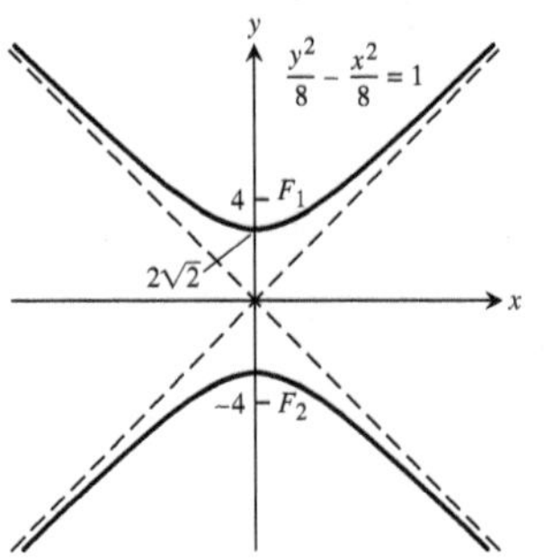

33. Assíntotas: $y=\pm x/2$

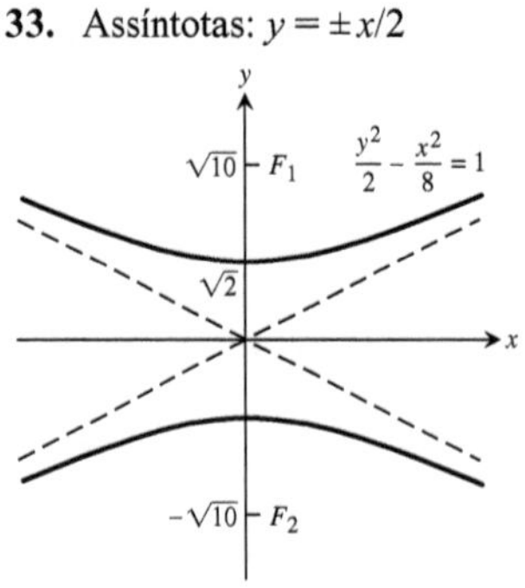

35. $y^2-x^2=1$ 37. $\dfrac{x^2}{9}-\dfrac{y^2}{16}=1$

39. a. Vértice: (1, –2); foco: (3, –2); diretriz: $x=-1$

b.

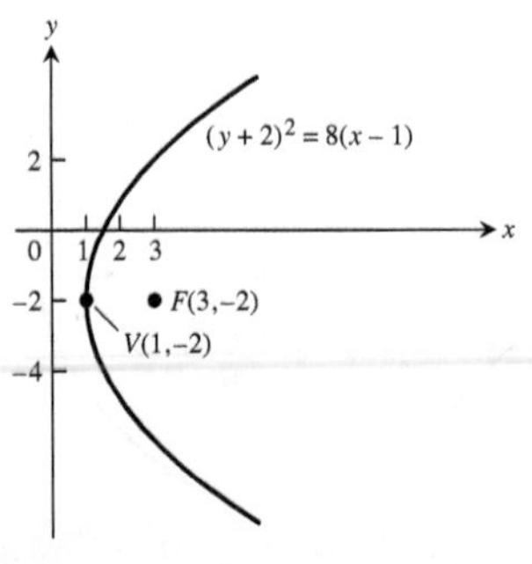

41. Focos: $(4\pm\sqrt{7}, 3)$; vértices: (8, 3) e (0, 3); centro: (4, 3)

b.

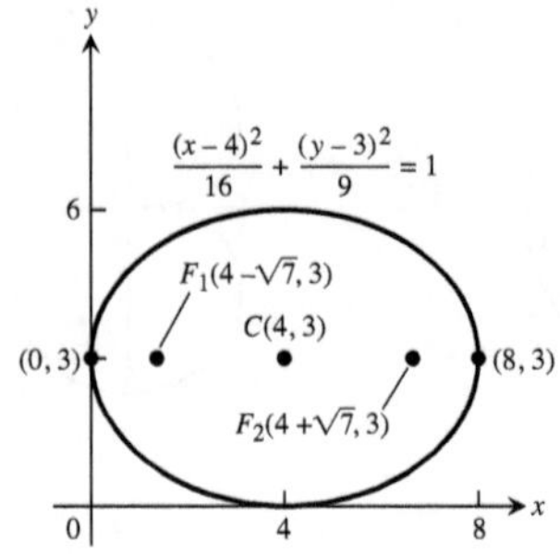

43. a. Centro: (2, 0); focos: (7, 0) e (–3, 0); vértices: (6, 0) e (–2, 0); assíntotas: $y=\pm\dfrac{3}{4}(x-2)$

b.

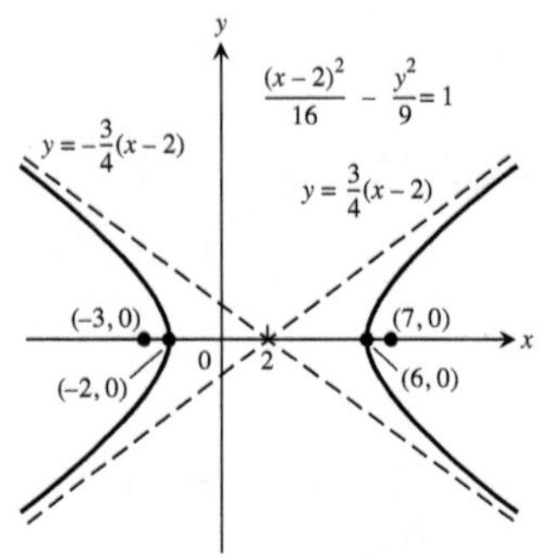

45. $(y+3)^2=4(x+2)$, $V(-2,-3)$, $F(-1,-3)$, diretriz: $x=-3$

47. $(x-1)^2=8(y+7)$, $V(1,-7)$, $F(1,-5)$, diretriz: $y=-9$

49. $\dfrac{(x+2)^2}{6}+\dfrac{(y+1)^2}{9}=1$, $F\left(-2,\pm\sqrt{3}-1\right)$, $V(-2,\pm 3-1)$, $C(-2,-1)$

51. $\dfrac{(x-2)^2}{3}+\dfrac{(y-3)^2}{2}=1$, $F(3,3)$ e $F(1,3)$, $V\left(\pm\sqrt{3}+2,3\right)$, $C(2,3)$

53. $\dfrac{(x-2)^2}{4}-\dfrac{(y-2)^2}{5}=1$, $C(2,2)$, $F(5,2)$ e $F(-1,2)$, $V(4,2)$ e $V(0,2)$; assíntotas: $(y-2)=\pm\dfrac{\sqrt{5}}{2}(x-2)$

55. $(y+1)^2-(x+1)^2=1$, $C(-1,-1)$, $F\left(-1,\sqrt{2}-1\right)$ e $F\left(-1,-\sqrt{2}-1\right)$, $V(-1,0)$ e $V(-1,-2)$; assíntotas $(y+1)=\pm(x+1)$

57. $C(-2,0)$, $a=4$ 59. $V(-1,1)$, $F(-1,0)$

61. Elipse: $\dfrac{(x+2)^2}{5}+y^2=1$, $C(-2,0)$, $F(0,0)$ e $F(-4,0)$, $V\left(\sqrt{5}-2,0\right)$ e $V\left(-\sqrt{5}-2,0\right)$

63. Elipse: $\dfrac{(x-1)^2}{2}+(y-1)^2=1$, $C(1,1)$, $F(2,1)$ e $F(0,1)$, $V\left(\sqrt{2}+1,1\right)$ e $V\left(-\sqrt{2}+1,1\right)$

65. Hipérbole: $(x-1)^2-(y-2)^2=1$, $C(1,2)$, $F\left(1+\sqrt{2},2\right)$ e $F\left(1-\sqrt{2},2\right)$, $V(2,2)$ e $V(0,2)$; assíntotas: $(y-2)=\pm(x-1)$

67. Hipérbole: $\dfrac{(y-3)^2}{6}-\dfrac{x^2}{3}=1$, $C(0,3)$, $F(0,6)$ e $F(0,0)$, $V\left(0,\sqrt{6}+3\right)$ e $V\left(0,-\sqrt{6}+3\right)$; assíntotas: $y=\sqrt{2}x+3$ ou $y=-\sqrt{2}x+3$

69. **b.** 1:1

73. Comprimento = $2\sqrt{2}$, largura = $\sqrt{2}$, área = 4

75. 24π

77. $x = 0, y = 0$: $y = -2x$; $x = 0, y = 2$: $y = 2x + 2$; $x = 4, y = 0$: $y = 2x - 8$

79. $\bar{x} = 0, \quad \bar{y} = \dfrac{16}{3\pi}$

Seção 11.7

1. $e = \dfrac{3}{5}, \quad F(\pm 3, 0)$; as diretrizes são $x = \pm\dfrac{25}{3}$.

5. $e = \dfrac{1}{\sqrt{3}}; \quad F(0, \pm 1)$; as diretrizes são $y = \pm 3$.

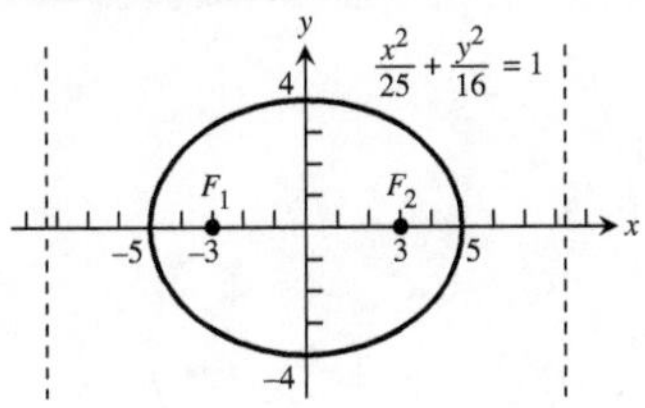

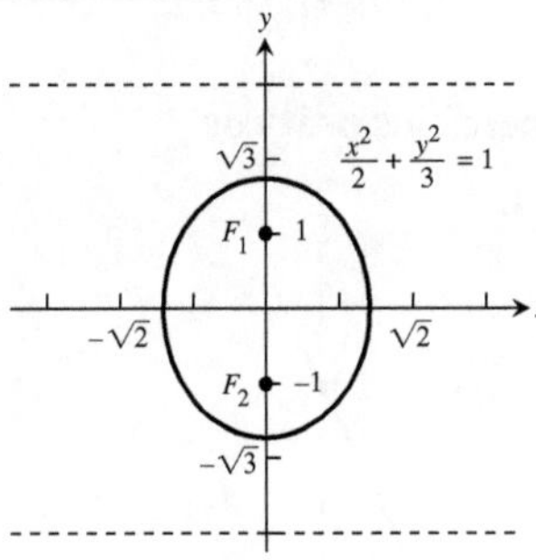

3. $e = \dfrac{1}{\sqrt{2}}; \quad F(0, \pm 1)$; as diretrizes são $y = \pm 2$.

7. $e = \dfrac{\sqrt{3}}{3}; \quad F\left(\pm\sqrt{3}, 0\right)$; as diretrizes são $x = \pm 3\sqrt{3}$.

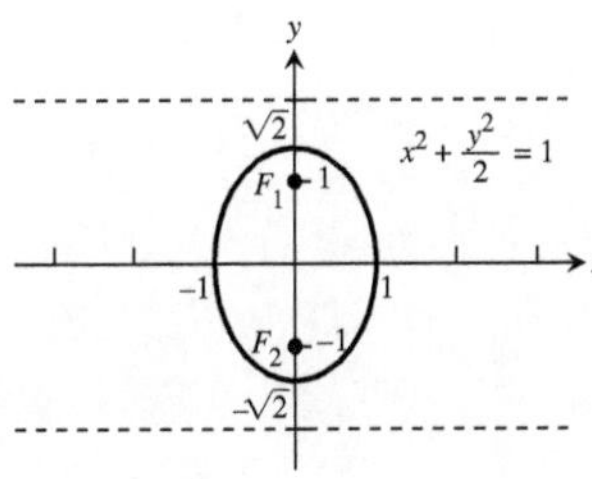

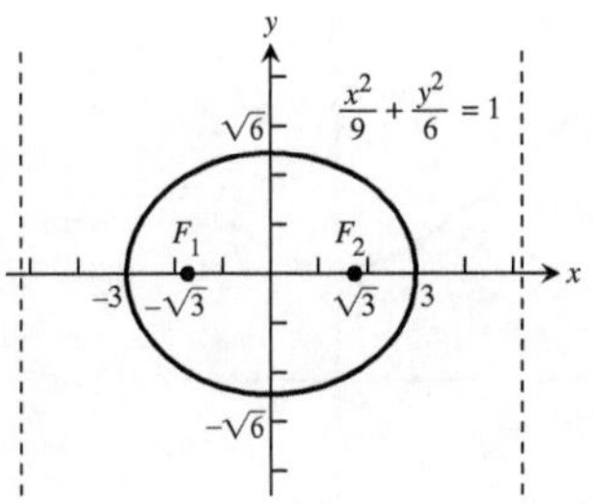

9. $\dfrac{x^2}{27} + \dfrac{y^2}{36} = 1$

11. $\dfrac{x^2}{4851} + \dfrac{y^2}{4900} = 1$

13. $\dfrac{x^2}{9} + \dfrac{y^2}{4} = 1$

15. $\dfrac{x^2}{64} + \dfrac{y^2}{48} = 1$

17. $e = \sqrt{2}; \quad F\left(\pm\sqrt{2}, 0\right)$; as diretrizes são $x = \pm\dfrac{1}{\sqrt{2}}$.

19. $e = \sqrt{2}; \quad F(0, \pm 4)$; as diretrizes são $y = \pm 2$.

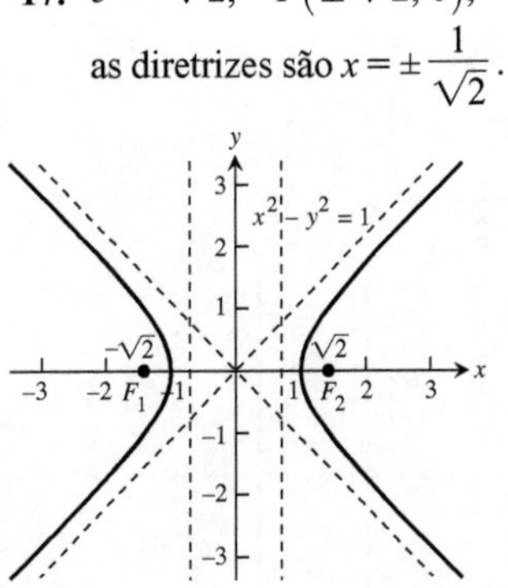

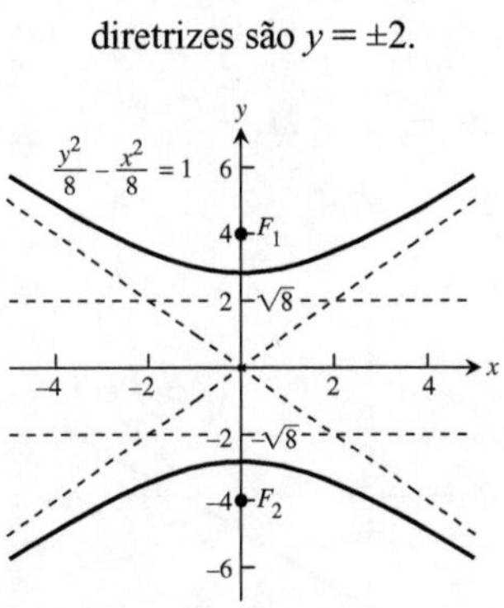

21. $e = \sqrt{5}; \quad F\left(\pm\sqrt{10}, 0\right)$; as diretrizes são $\pm\dfrac{2}{\sqrt{10}}$.

23. $e = \sqrt{5}; \quad F\left(0, \pm\sqrt{10}\right)$; as diretrizes são $y = \pm\dfrac{2}{\sqrt{10}}$.

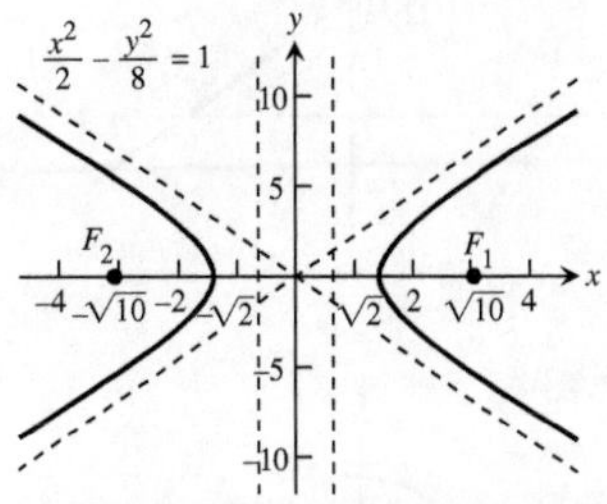

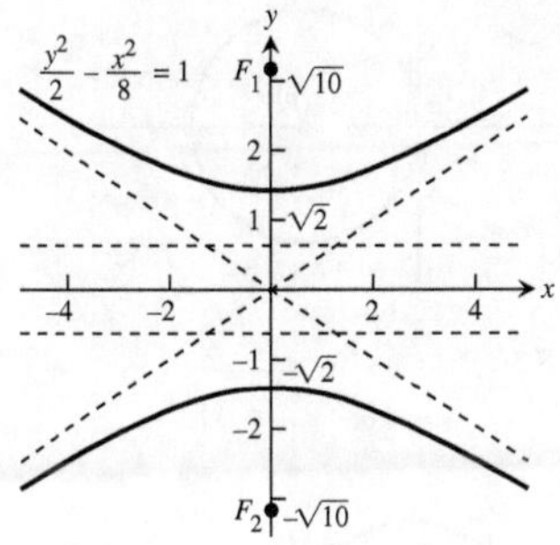

25. $y^2 - \dfrac{x^2}{8} = 1$

27. $x^2 - \dfrac{y^2}{8} = 1$

29. $r = \dfrac{2}{1 + \cos\theta}$

31. $r = \dfrac{30}{1 - 5\operatorname{sen}\theta}$

33. $r = \dfrac{1}{2 + \cos\theta}$

35. $r = \dfrac{10}{5 - \operatorname{sen}\theta}$

37.

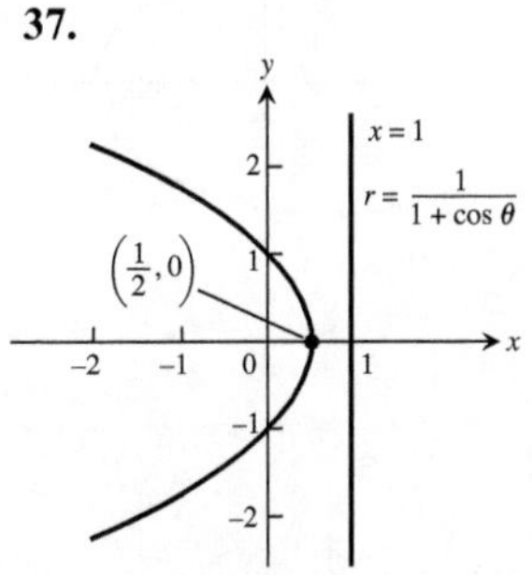

43.

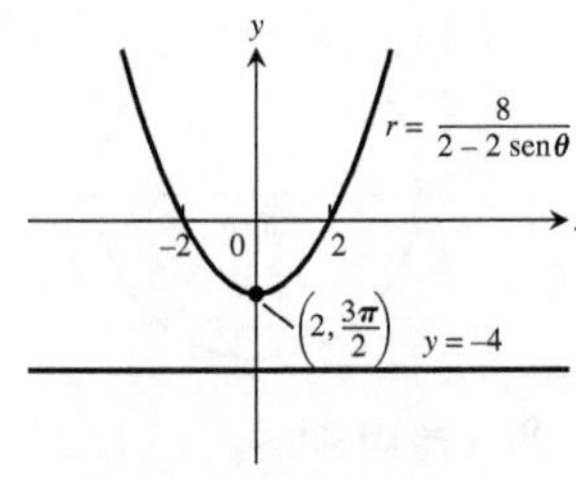

39.

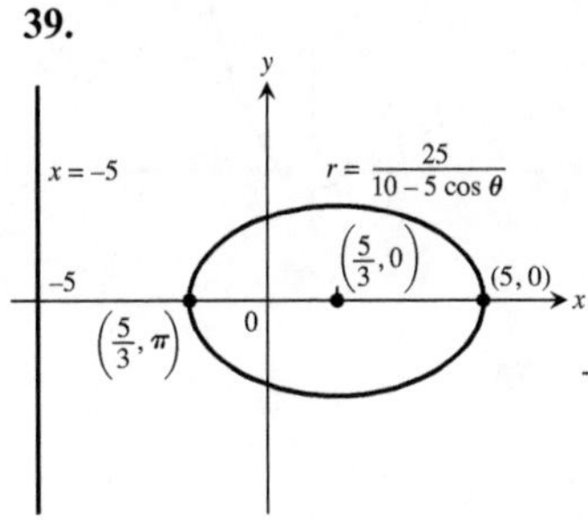

45. $y = 2 - x$

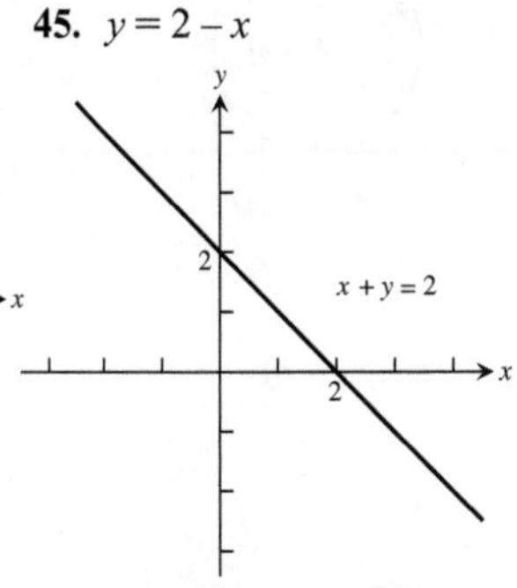

41.

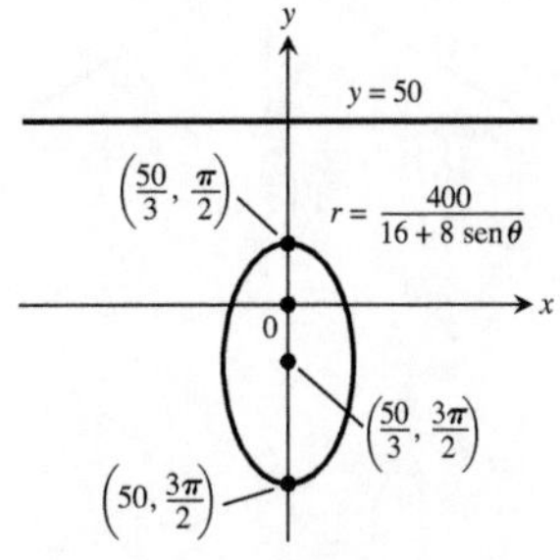

47. $y = \dfrac{\sqrt{3}}{3}x + 2\sqrt{3}$

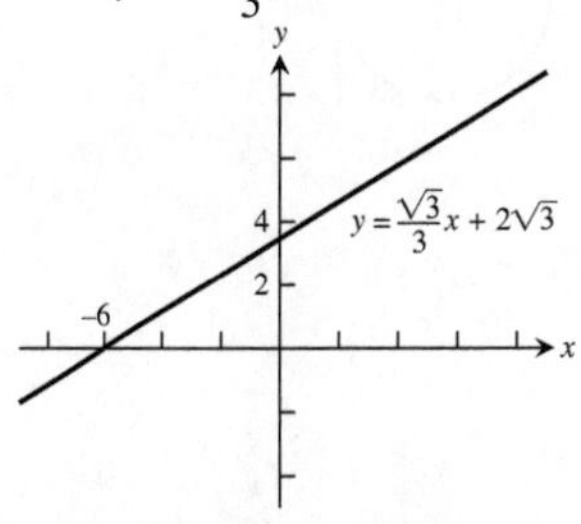

49. $r\cos\left(\theta - \dfrac{\pi}{4}\right) = 3$

51. $r\cos\left(\theta + \dfrac{\pi}{2}\right) = 5$

53.

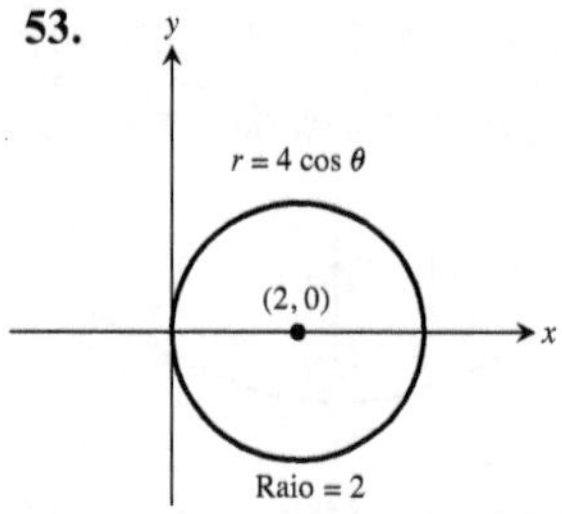

65.

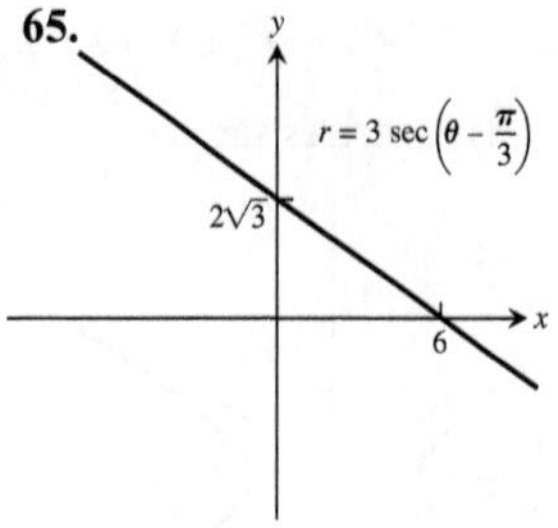

55.

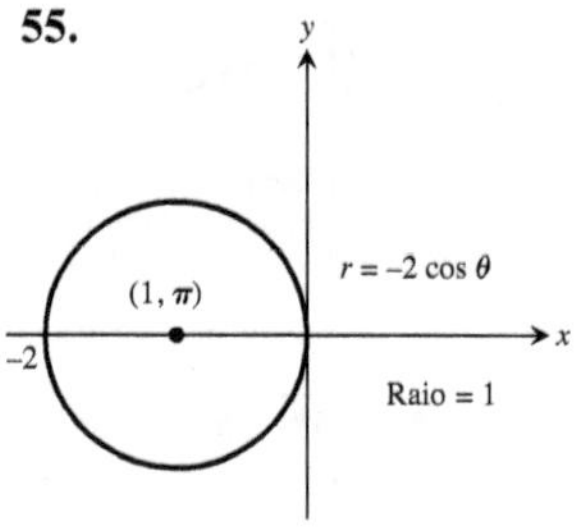

67.

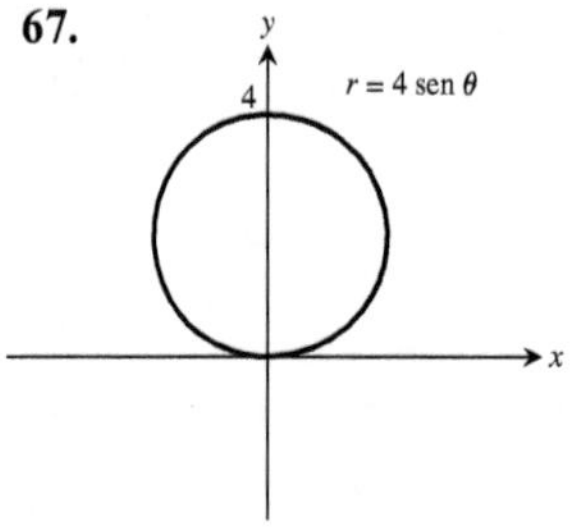

57. $r = 12\cos\theta$

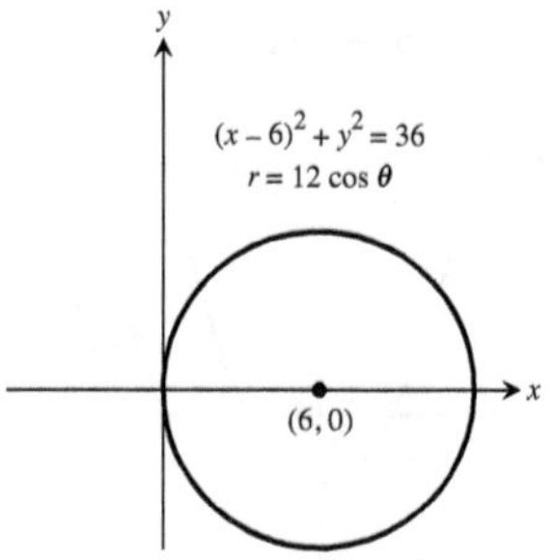

69.

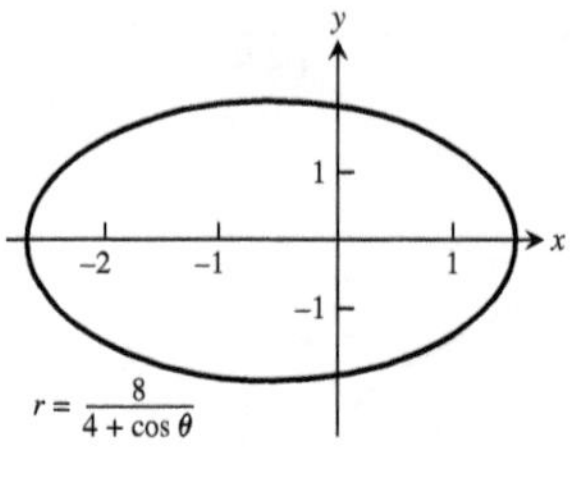

59. $r = 10 \text{ sen } \theta$

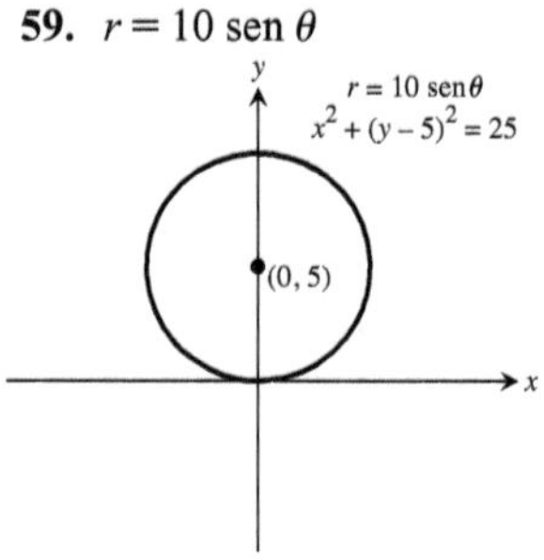

71.

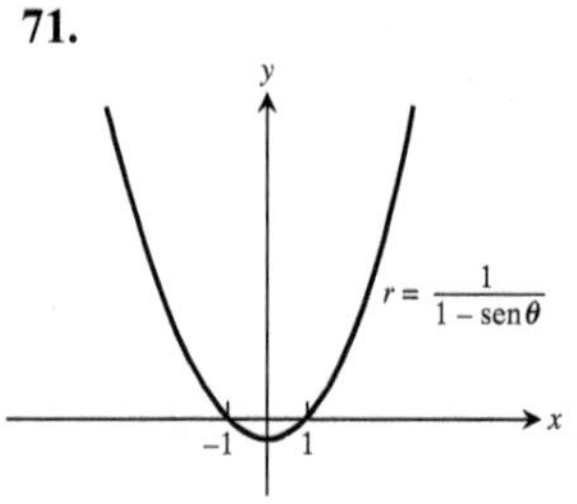

61. $r = -2\cos\theta$

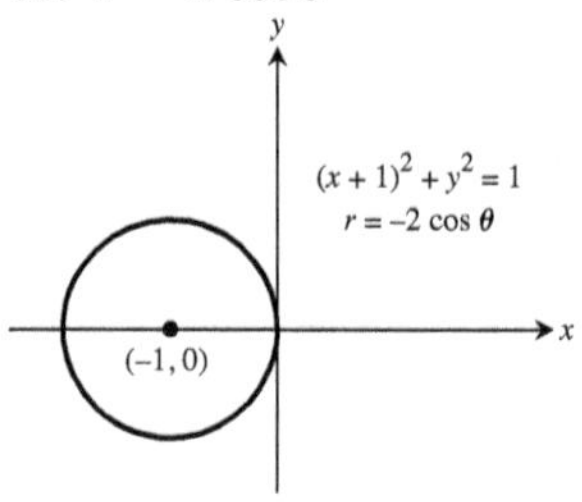

73.

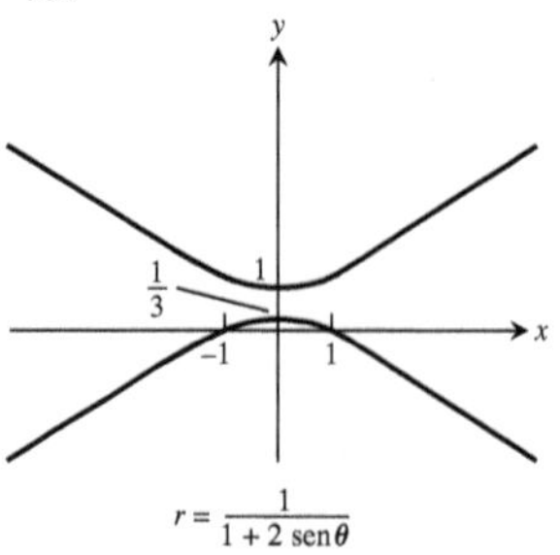

63. $r = -\text{sen } \theta$

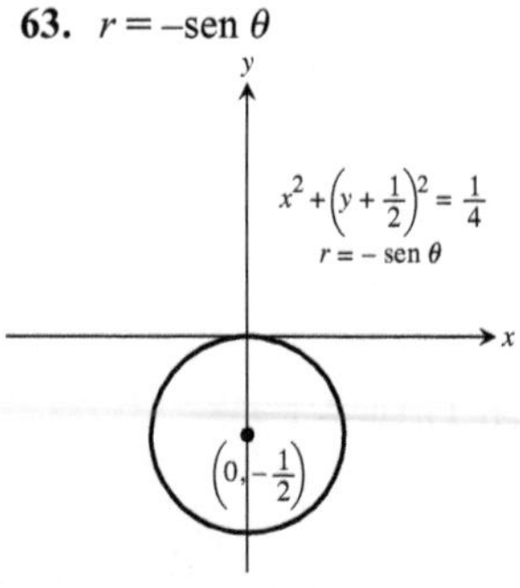

75. b.

Planeta	Periélio	Afélio
Mercúrio	0,3075 UA	0,4667 UA
Vênus	0,7184 UA	0,7282 UA
Terra	0,9833 UA	1,0167 UA
Marte	1,3817 UA	1,6663 UA
Júpiter	4,9512 UA	5,4548 UA
Saturno	9,0210 UA	10,0570 UA
Urano	18,2977 UA	20,0623 UA
Netuno	29,8135 UA	30,3065 UA

Exercícios práticos

1.

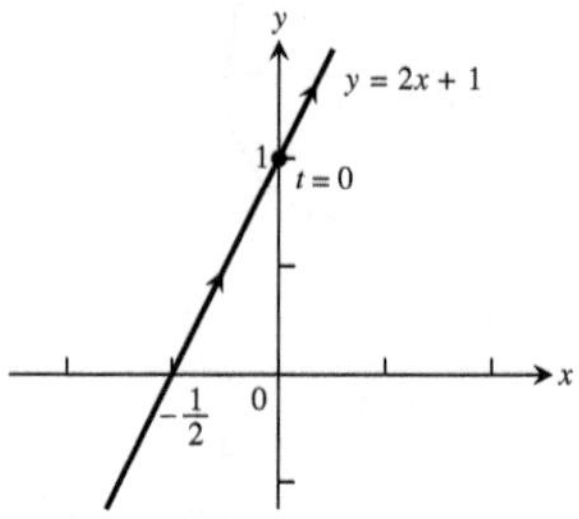

5.

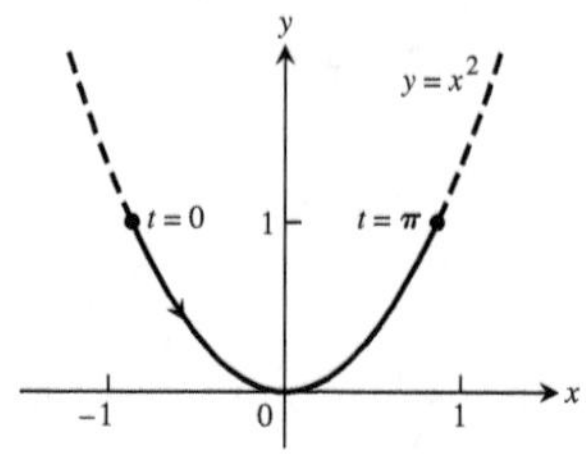

3.

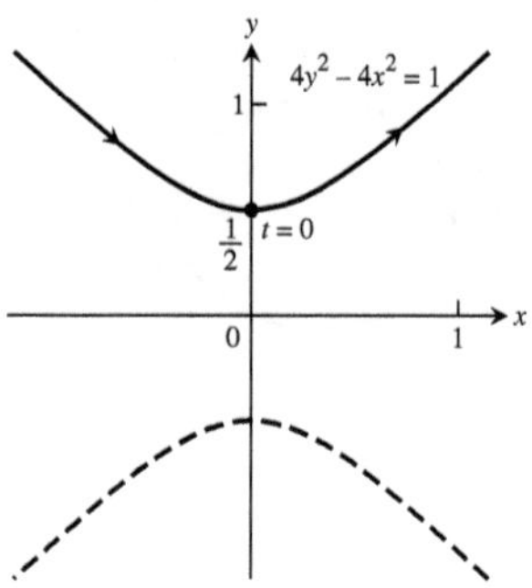

7. $x = 3\cos t,\ y = 4 \text{ sen } t,\ 0 \le t \le 2\pi$

9. $y = \dfrac{\sqrt{3}}{2}x + \dfrac{1}{4}, \dfrac{1}{4}$

11. a. $y = \dfrac{\pm|x|^{3/2}}{8} - 1$

b. $y = \dfrac{\pm\sqrt{1 - x^2}}{x}$

13. $\dfrac{10}{3}$ **15.** $\dfrac{285}{8}$ **17.** 10

19. $\dfrac{9\pi}{2}$ **21.** $\dfrac{76\pi}{3}$

23. $y = \dfrac{\sqrt{3}}{3}x - 4$

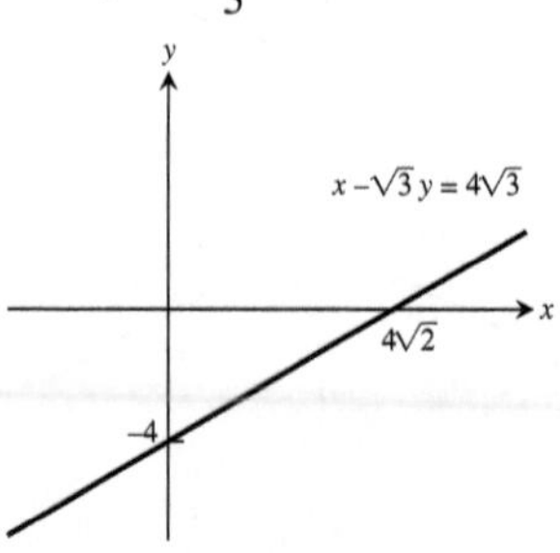

25. $x = 2$

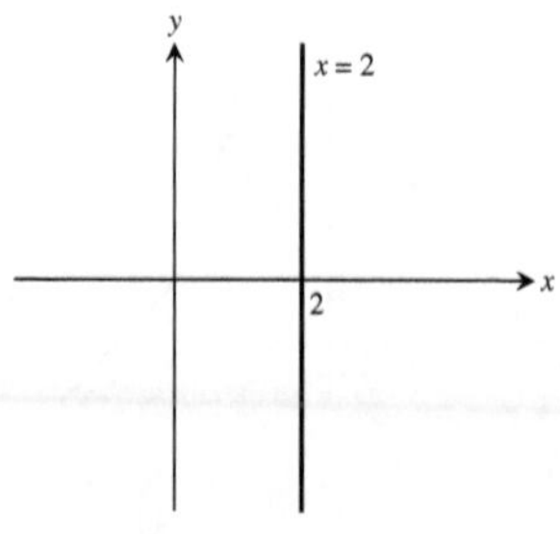

27. $y = -\dfrac{3}{2}$

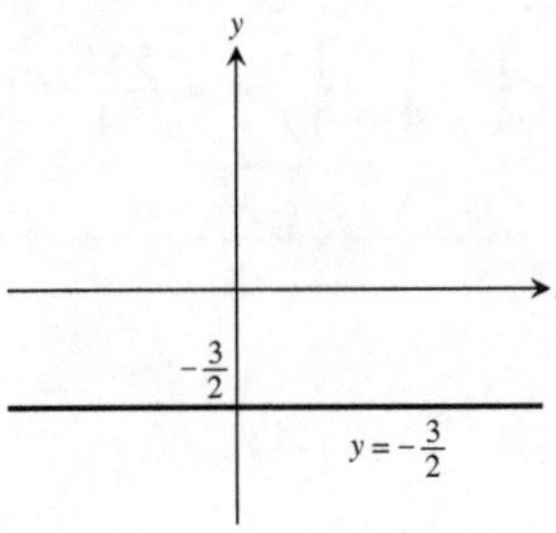

33. $r = -5 \text{ sen } \theta$

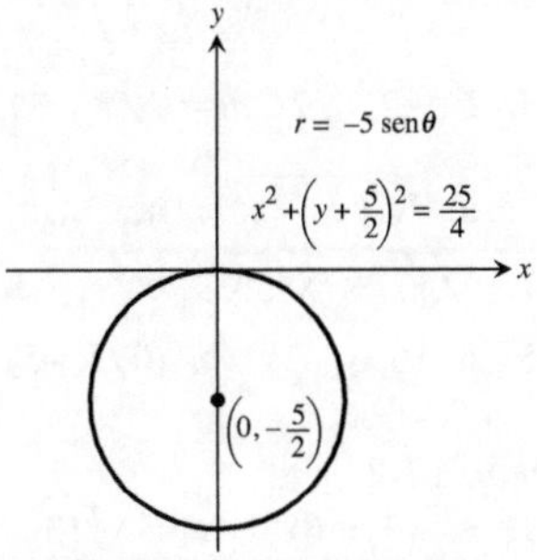

29. $x^2 + (y+2)^2 = 4$

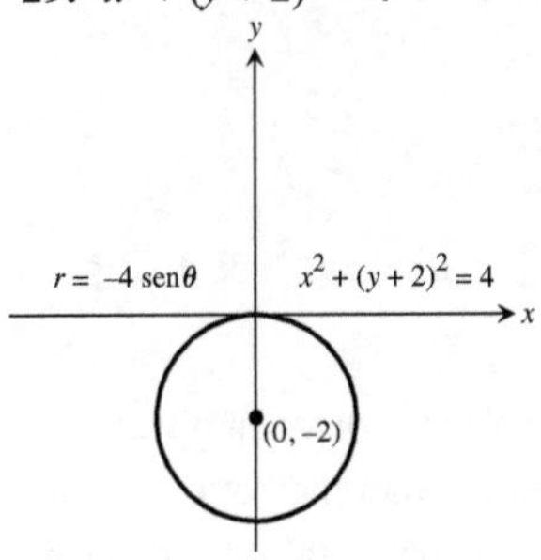

35. $r = 3 \cos \theta$

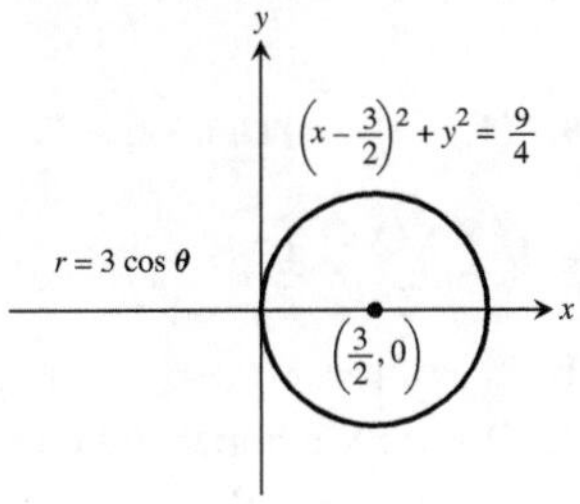

31. $\left(x - \sqrt{2}\right)^2 + y^2 = 2$

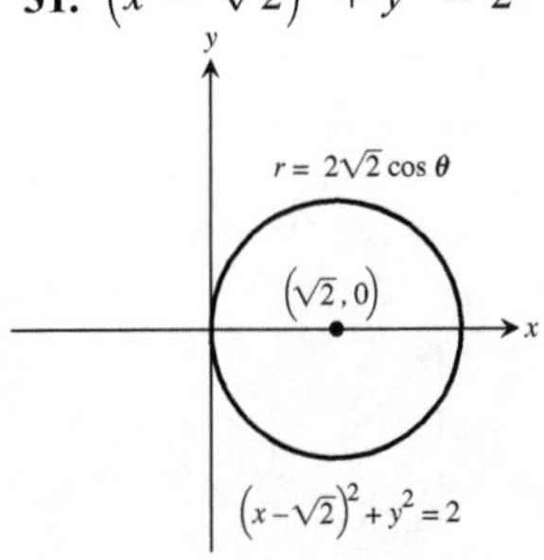

37.

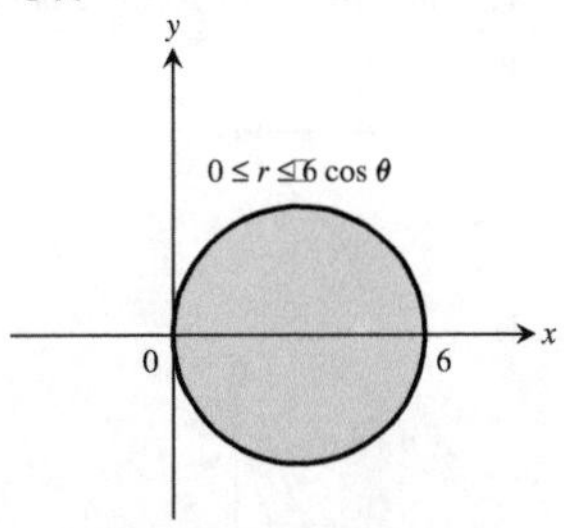

39. d **41.** l **43.** k **45.** i **47.** $\dfrac{9}{2}\pi$ **49.** $2 + \dfrac{\pi}{4}$

51. 8 **53.** $\pi - 3$

55. O foco é $(0, -1)$, a diretriz é $y = 1$.

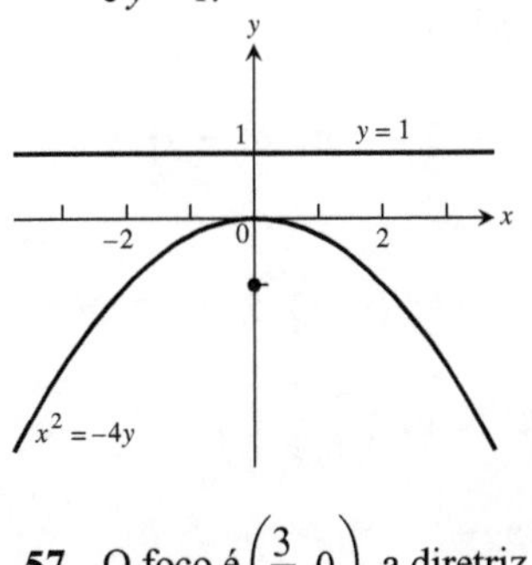

59. $e = \dfrac{3}{4}$

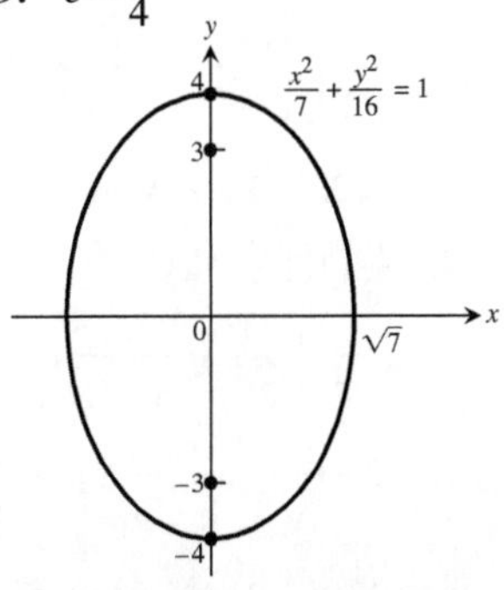

57. O foco é $\left(\dfrac{3}{4}, 0\right)$, a diretriz é $x = -\dfrac{3}{4}$.

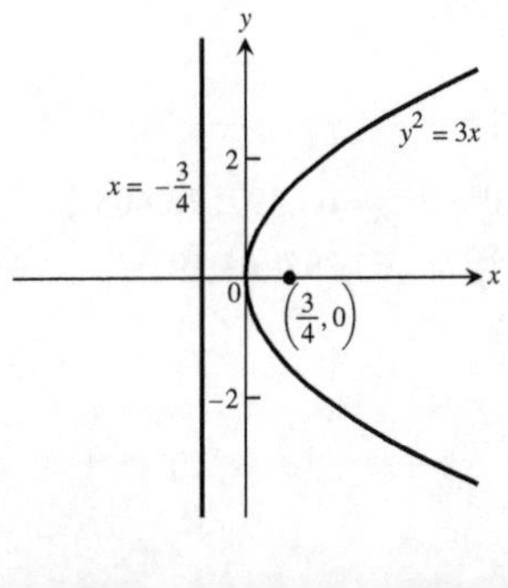

61. $e = 2$; as assíntotas são $y = \pm\sqrt{3}\,x$.

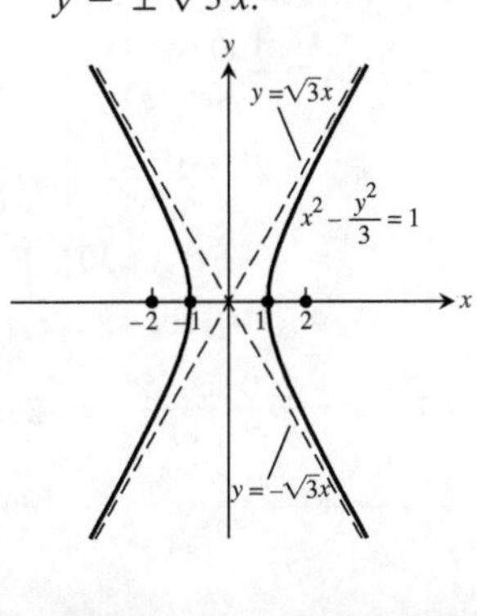

63. $(x-2)^2 = -12(y-3)$, $V(2, 3)$, $F(2, 0)$, a diretriz é $y = 6$.

65. $\dfrac{(x+3)^2}{9} + \dfrac{(y+5)^2}{25} = 1$, $C(-3, -5)$, $F(-3, -1)$ e $F(-3, -9)$, $V(-3, -10)$ e $V(-3, 0)$.

67. $\dfrac{\left(y - 2\sqrt{2}\right)^2}{8} - \dfrac{(x-2)^2}{2} = 1$, $C\left(2, 2\sqrt{2}\right)$, $F\left(2, 2\sqrt{2} \pm \sqrt{10}\right)$, $V\left(2, 4\sqrt{2}\right)$ e $V(2, 0)$, as assíntotas são $y = 2x - 4 + 2\sqrt{2}$ e $y = -2x + 4 + 2\sqrt{2}$.

69. Hipérbole: $C(2, 0)$, $V(0, 0)$ e $V(4, 0)$, os focos são $F\left(2 \pm \sqrt{5}, 0\right)$ e as assíntotas são $y = \pm\dfrac{x-2}{2}$.

71. Parábola: $V(-3, 1)$, $F(-7, 1)$ e a diretriz é $x = 1$.

73. Elipse: $C(-3, 2)$, $F\left(-3 \pm \sqrt{7}, 2\right)$, $V(1, 2)$ e $V(-7, 2)$

75. Circunferência: $C(1, 1)$ e raio $= \sqrt{2}$

77. $V(1, 0)$

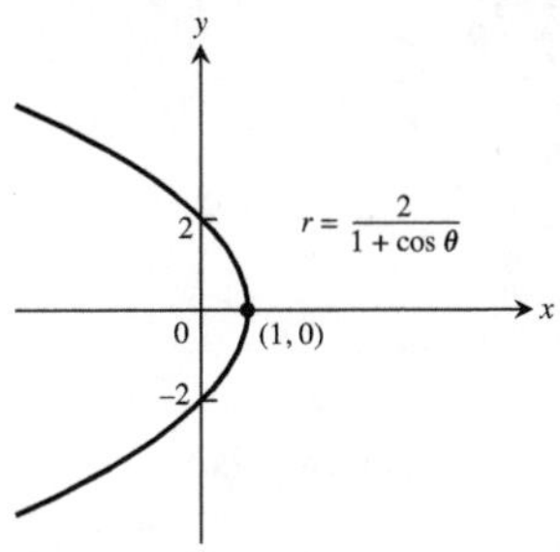

79. $V(2, \pi)$ e $V(6, \pi)$

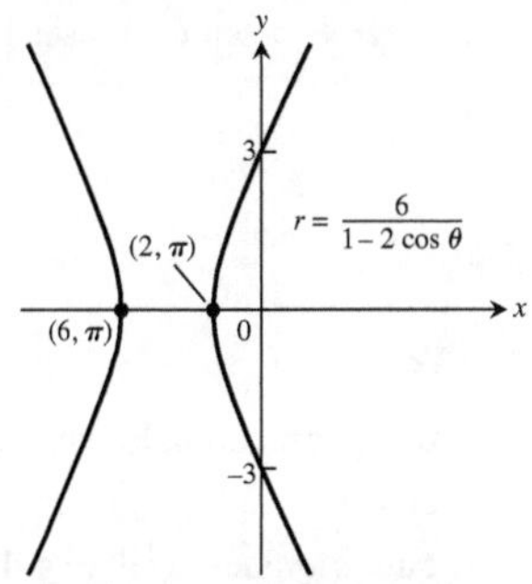

81. $r = \dfrac{4}{1 + 2\cos\theta}$ **83.** $r = \dfrac{2}{2 + \text{sen } \theta}$ **85.** **a.** 24π **b.** 16π

Exercícios adicionais e avançados

1. $x - \dfrac{7}{2} = \dfrac{y^2}{2}$

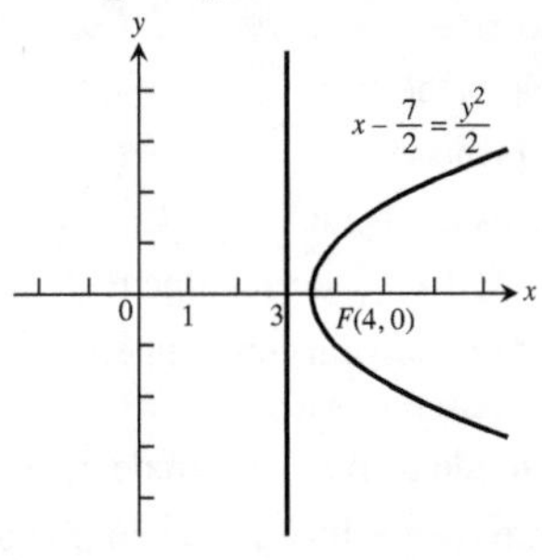

3. $3x^2 + 3y^2 - 8y + 4 = 0$ **5.** $F(0, \pm 1)$

7. **a.** $\dfrac{(y-1)^2}{16} - \dfrac{x^2}{48} = 1$ **b.** $\dfrac{\left(y + \frac{3}{4}\right)^2}{\left(\frac{25}{16}\right)} - \dfrac{x^2}{\left(\frac{75}{2}\right)} = 1$

11.

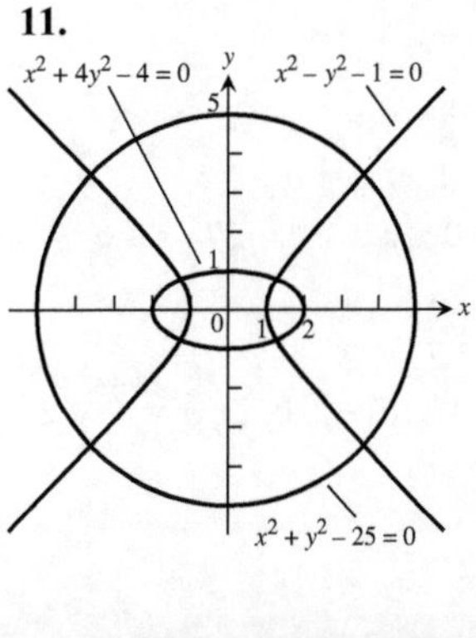

13.

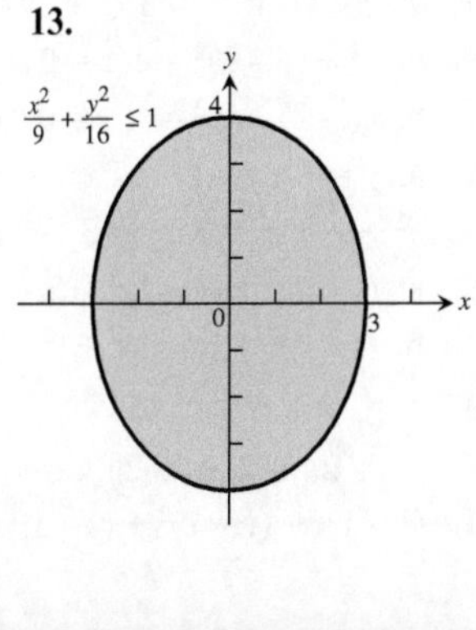

15.

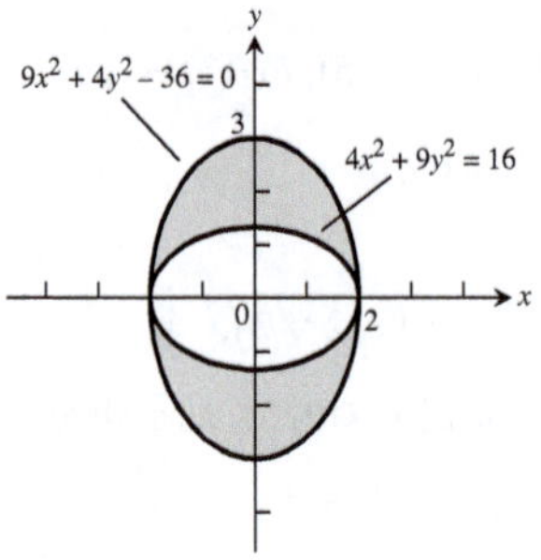

17 **a.** $r = e^{2\theta}$ **b.** $\frac{\sqrt{5}}{2}(e^{4\pi} - 1)$

19. $r = \dfrac{4}{1 + 2\cos\theta}$ **21.** $r = \dfrac{2}{2 + \operatorname{sen}\theta}$

23. $x = (a + b)\cos\theta - b\cos\left(\frac{a + b}{b}\theta\right)$,

$y = (a + b)\operatorname{sen}\theta - b\operatorname{sen}\left(\frac{a + b}{b}\theta\right)$

27. $\frac{\pi}{2}$

CAPÍTULO 12

Seção 12.1

1. A reta passando pelo ponto (2, 3, 0) paralela ao eixo z.

3. O eixo x.

5. A circunferência $x^2 + y^2 = 4$ no plano xy.

7. A circunferência $x^2 + z^2 = 4$ no plano xz.

9. A circunferência $y^2 + z^2 = 1$ no plano yz.

11. A circunferência $x^2 + y^2 = 16$ no plano xy.

13. A elipse formada pela intersecção do cilindro $x^2 + y^2 = 4$ e pelo plano $z = y$.

15. A parábola $y = x^2$ no plano xy.

17. a. O primeiro quadrante do plano xy.
b. O quarto quadrante do plano xy.

19. a. A bola de raio 1 centrada na origem.
b. Todos os pontos a mais de 1 unidade da origem.

21. a. A bola de raio 2 centrada na origem com o interior da bola de raio 1 centrada na origem removida.
b. O hemisfério superior sólido de raio 1 centrado na origem.

23. a. A região sobre ou dentro da parábola $y = x^2$ no plano xy e todos os pontos acima dessa região.
b. A região sobre ou à esquerda da parábola $x = y^2$ no plano xy e todos os pontos acima desde que estão a 2 unidades ou menos distantes do plano xy.

25. a. $x = 3$ **b.** $y = -1$ **c.** $z = -2$

27. a. $z = 1$ **b.** $x = 3$ **c.** $y = -1$

29. a. $x^2 + (y - 2)^2 = 4, z = 0$
b. $(y - 2)^2 + z^2 = 4, x = 0$ **c.** $x^2 + z^2 = 4, y = 2$

31. a. $y = 3, z = -1$ **b.** $x = 1, z = -1$ **c.** $x = 1, y = 3$

33. $x^2 + y^2 + z^2 = 25, z = 3$ **35.** $0 \le z \le 1$ **37.** $z \le 0$

39. a. $(x - 1)^2 + (y - 1)^2 + (z - 1)^2 < 1$
b. $(x - 1)^2 + (y - 1)^2 + (z - 1)^2 > 1$

41. 3 **43.** 7 **45.** $2\sqrt{3}$ **47.** $C(-2, 0, 2), a = 2\sqrt{2}$

49. $C(\sqrt{2}, \sqrt{2}, -\sqrt{2}), a = \sqrt{2}$

51. $(x - 1)^2 + (y - 2)^2 + (z - 3)^2 = 14$

53. $(x + 1)^2 + \left(y - \frac{1}{2}\right)^2 + \left(z + \frac{2}{3}\right)^2 = \frac{16}{81}$

55. $C(-2, 0, 2), a = \sqrt{8}$ **57.** $C\left(-\frac{1}{4}, -\frac{1}{4}, -\frac{1}{4}\right), a = \frac{5\sqrt{3}}{4}$

59. a. $\sqrt{y^2 + z^2}$ **b.** $\sqrt{x^2 + z^2}$ **c.** $\sqrt{x^2 + y^2}$

61. $\sqrt{17} + \sqrt{33} + 6$ **63.** $y = 1$

65. a. (0, 3, –3) **b.** (0, 5, –5)

Seção 12.2

1. a. $\langle 9, -6\rangle$ **b.** $3\sqrt{13}$ **3. a.** $\langle 1, 3\rangle$ **b.** $\sqrt{10}$

5. a. $\langle 12, -19\rangle$ **b.** $\sqrt{505}$ **7. a.** $\left\langle \frac{1}{5}, \frac{14}{5}\right\rangle$ **b.** $\frac{\sqrt{197}}{5}$

9. $\langle 1, -4\rangle$ **11.** $\langle -2, -3\rangle$ **13.** $\left\langle -\frac{1}{2}, \frac{\sqrt{3}}{2}\right\rangle$

15. $\left\langle -\frac{\sqrt{3}}{2}, -\frac{1}{2}\right\rangle$ **17.** $-3\mathbf{i} + 2\mathbf{j} - \mathbf{k}$ **19.** $-3\mathbf{i} + 16\mathbf{j}$

21. $3\mathbf{i} + 5\mathbf{j} - 8\mathbf{k}$

23. O vetor **v** é horizontal e tem 1 polegada de comprimento. Os vetores **u** e **w** têm $\frac{11}{16}$ polegadas de comprimento; **w** é vertical e **u** forma um ângulo de 45° com a horizontal. Todos os vetores devem ser desenhados em escala.

a.

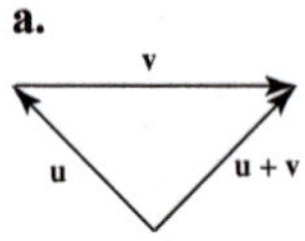

c.

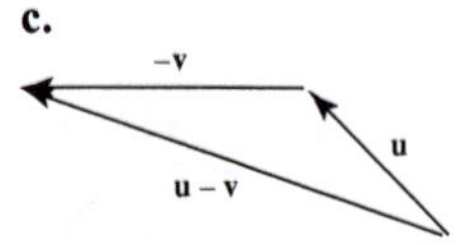

b.

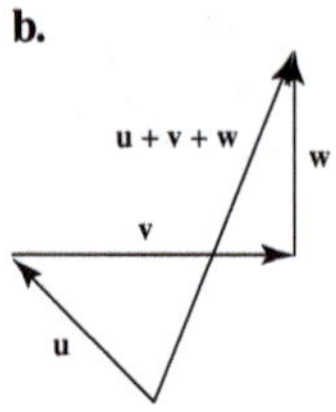

d.

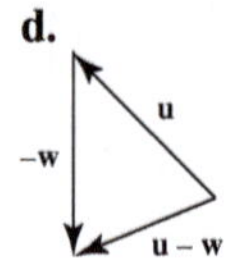

25. $3\left(\frac{2}{3}\mathbf{i} + \frac{1}{3}\mathbf{j} - \frac{2}{3}\mathbf{k}\right)$ **27.** $5(\mathbf{k})$

29. $\sqrt{\frac{1}{2}}\left(\frac{1}{\sqrt{3}}\mathbf{i} - \frac{1}{\sqrt{3}}\mathbf{j} - \frac{1}{\sqrt{3}}\mathbf{k}\right)$

31. a. $2\mathbf{i}$ **b.** $-\sqrt{3}\mathbf{k}$ **c.** $\frac{3}{10}\mathbf{j} + \frac{2}{5}\mathbf{k}$ **d.** $6\mathbf{i} - 2\mathbf{j} + 3\mathbf{k}$

33. $\frac{7}{13}(12\mathbf{i} - 5\mathbf{k})$

35. a. $\frac{3}{5\sqrt{2}}\mathbf{i} + \frac{4}{5\sqrt{2}}\mathbf{j} - \frac{1}{\sqrt{2}}\mathbf{k}$ **b.** (1/2, 3, 5/2)

37. a. $-\frac{1}{\sqrt{3}}\mathbf{i} - \frac{1}{\sqrt{3}}\mathbf{j} - \frac{1}{\sqrt{3}}\mathbf{k}$ **b.** $\left(\frac{5}{2}, \frac{7}{2}, \frac{9}{2}\right)$

39. $A(4, -3, 5)$ **41.** $a = \frac{3}{2}, b = \frac{1}{2}$

43. $\approx\langle -338{,}095; 725{,}046\rangle$

45. $|\mathbf{F}_1| = \dfrac{100\cos 45°}{\operatorname{sen}75°} \approx 73{,}205$ N,

$|\mathbf{F}_2| = \dfrac{100\cos 30°}{\operatorname{sen}75°} \approx 89{,}658$ N,

$\mathbf{F}_1 = \langle -|\mathbf{F}_1|\cos 30°, |\mathbf{F}_1|\operatorname{sen} 30°\rangle \approx \langle -63{,}397; 36{,}603\rangle$,

$\mathbf{F}_2 = \langle |\mathbf{F}_2|\cos 45°, |\mathbf{F}_2|\operatorname{sen} 45°\rangle \approx \langle 63{,}397; 63{,}397\rangle$

47. $w = \dfrac{100\operatorname{sen}75°}{\cos 40°} \approx 126{,}093$ N,

$|\mathbf{F}_1| = \dfrac{w\cos 35°}{\operatorname{sen}75°} \approx 106{,}933$ N

49. a. $(5\cos 60°, 5\,\text{sen}\,60°) = \left(\frac{5}{2}, \frac{5\sqrt{3}}{2}\right)$

b. $(5\cos 60° + 10\cos 315°, 5\,\text{sen}\,60° + 10\,\text{sen}\,315°) = \left(\frac{5 + 10\sqrt{2}}{2}, \frac{5\sqrt{3} - 10\sqrt{2}}{2}\right)$

51. a. $\frac{3}{2}\mathbf{i} + \frac{3}{2}\mathbf{j} - 3\mathbf{k}$ **b.** $\mathbf{i} + \mathbf{j} - 2\mathbf{k}$ **c.** $(2, 2, 1)$

Seção 12.3

1. a. $-25, 5, 5$ **b.** -1 **c.** -5 **d.** $-2\mathbf{i} + 4\mathbf{j} - \sqrt{5}\mathbf{k}$

3. a. $25, 15, 5$ **b.** $\frac{1}{3}$ **c.** $\frac{5}{3}$ **d.** $\frac{1}{9}(10\mathbf{i} + 11\mathbf{j} - 2\mathbf{k})$

5. a. $2, \sqrt{34}, \sqrt{3}$ **b.** $\frac{2}{\sqrt{3}\sqrt{34}}$ **c.** $\frac{2}{\sqrt{34}}$

d. $\frac{1}{17}(5\mathbf{j} - 3\mathbf{k})$

7. a. $10 + \sqrt{17}, \sqrt{26}, \sqrt{21}$ **c.** $\frac{10 + \sqrt{17}}{\sqrt{26}}$

b. $\frac{10 + \sqrt{17}}{\sqrt{546}}$ **d.** $\frac{10 + \sqrt{17}}{26}(5\mathbf{i} + \mathbf{j})$

9. 0,75 rad.

11. 1,77 rad.

13. Ângulo em $A = \cos^{-1}\left(\frac{1}{\sqrt{5}}\right) \approx 63{,}435$ graus, ângulo em $B = \cos^{-1}\left(\frac{3}{5}\right) \approx 53{,}130$ graus, ângulo em $C = \cos^{-1}\left(\frac{1}{\sqrt{5}}\right) \approx 63{,}435$ graus.

23. Componente horizontal: ≈ 1188 pés/s, componente vertical: ≈ 167 pés/s

25. a. Uma vez que $|\cos\theta| \leq 1$, temos $|\mathbf{u}\cdot\mathbf{v}| = |\mathbf{u}||\mathbf{v}||\cos\theta| \leq |\mathbf{u}||\mathbf{v}|(1) = |\mathbf{u}||\mathbf{v}|$.

b. Teremos igualdade precisamente quando $|\cos\theta| = 1$ ou quando $\mathbf{u}$ ou $\mathbf{v}$ ou ambos forem 0. No caso de vetores não nulos, teremos igualdade quando $\theta = 0$ ou π, ou seja, quando os vetores forem paralelos.

27. *a*

33. $x + 2y = 4$

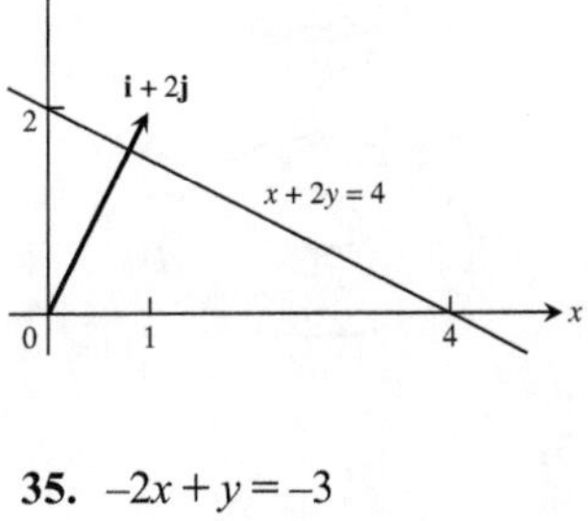

37. $x + y = -1$

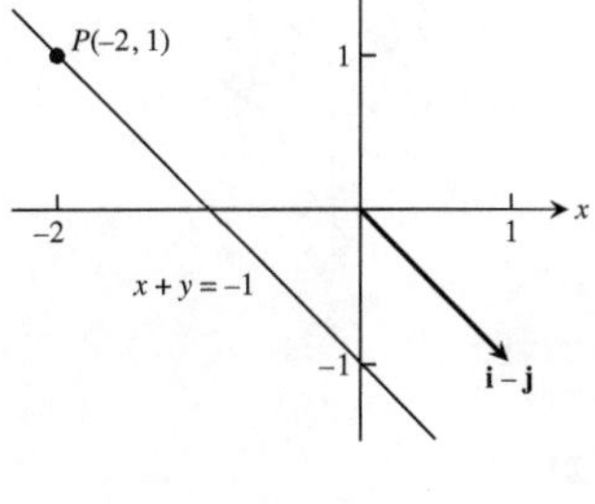

35. $-2x + y = -3$

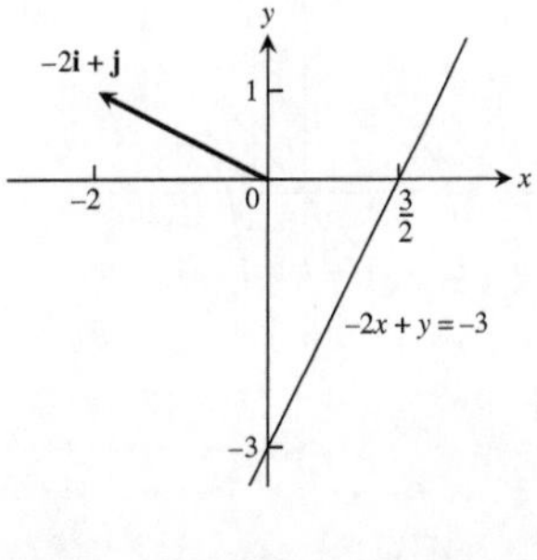

39. $2x - y = 0$

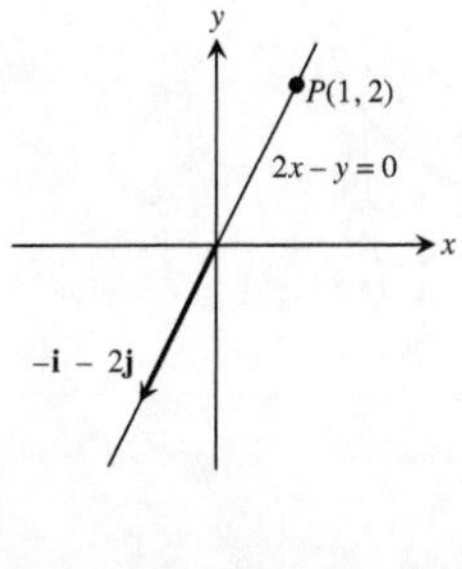

41. 5 J **43.** 3464 J **45.** $\frac{\pi}{4}$ **47.** $\frac{\pi}{6}$ **49.** 0,14

Seção 12.4

1. $|\mathbf{u}\times\mathbf{v}| = 3$, a direção é $\frac{2}{3}\mathbf{i} + \frac{1}{3}\mathbf{j} + \frac{2}{3}\mathbf{k}$; $|\mathbf{v}\times\mathbf{u}| = 3$, a direção é $-\frac{2}{3}\mathbf{i} - \frac{1}{3}\mathbf{j} - \frac{2}{3}\mathbf{k}$

3. $|\mathbf{u}\times\mathbf{v}| = 0$, sem direção; $|\mathbf{v}\times\mathbf{u}| = 0$, sem direção

5. $|\mathbf{u}\times\mathbf{v}| = 6$, a direção é $-\mathbf{k}$; $|\mathbf{v}\times\mathbf{u}| = 6$, a direção é $\mathbf{k}$

7. $|\mathbf{u}\times\mathbf{v}| = 6\sqrt{5}$, a direção é $\frac{1}{\sqrt{5}}\mathbf{i} - \frac{2}{\sqrt{5}}\mathbf{k}$; $|\mathbf{v}\times\mathbf{u}| = 6\sqrt{5}$, a direção é $-\frac{1}{\sqrt{5}}\mathbf{i} + \frac{2}{\sqrt{5}}\mathbf{k}$

9.

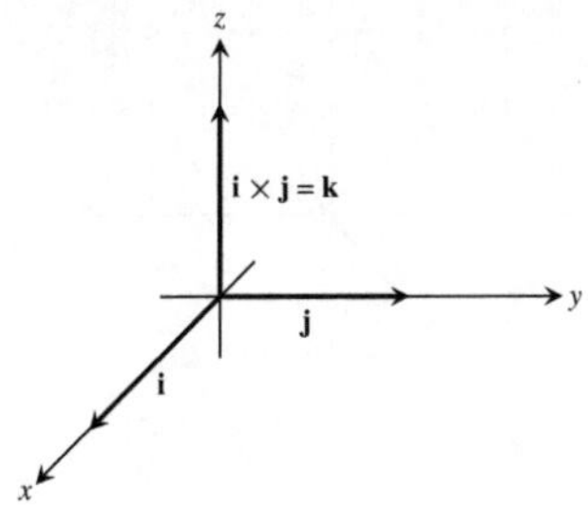

13.

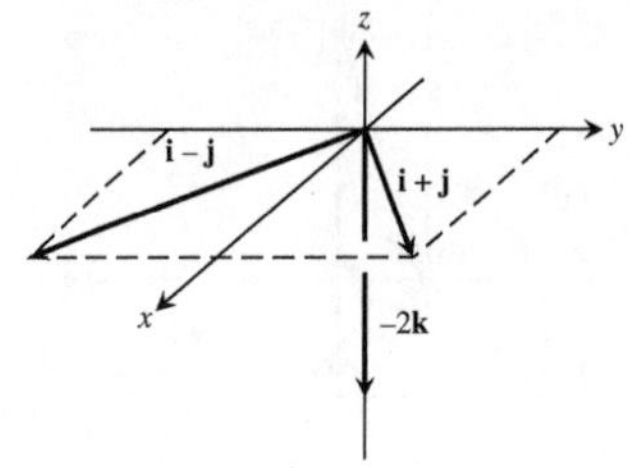

11.

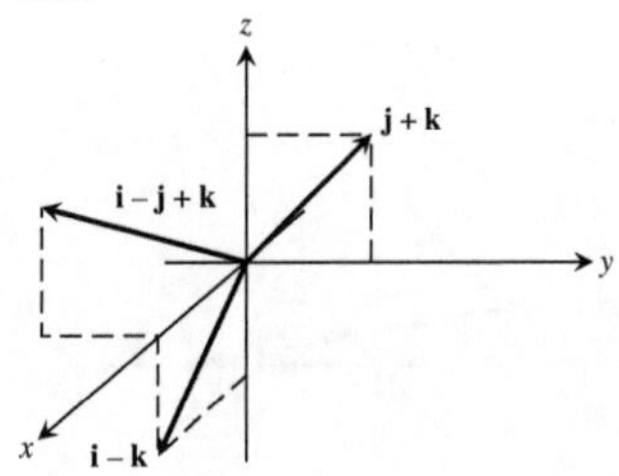

15. a. $2\sqrt{6}$ **b.** $\pm\frac{1}{\sqrt{6}}(2\mathbf{i} + \mathbf{j} + \mathbf{k})$

17. a. $\frac{\sqrt{2}}{2}$ **b.** $\pm\frac{1}{\sqrt{2}}(\mathbf{i} - \mathbf{j})$

19. 8 **21.** 7 **23. a.** Nenhum **b.** $\mathbf{u}$ e $\mathbf{w}$ **25.** $10\sqrt{3}$ pés-lb

27. a. Verdadeira **b.** Nem sempre verdadeira **c.** Verdadeira **d.** Verdadeira **e.** Nem sempre verdadeira **f.** Verdadeira **g.** Verdadeira **h.** Verdadeira

29. a. $\text{proj}_{\mathbf{v}}\,\mathbf{u} = \frac{\mathbf{u}\cdot\mathbf{v}}{\mathbf{v}\cdot\mathbf{v}}\mathbf{v}$ **b.** $\pm\,\mathbf{u}\times\mathbf{v}$ **c.** $\pm(\mathbf{u}\times\mathbf{v})\times\mathbf{w}$ **d.** $|(\mathbf{u}\times\mathbf{v})\cdot\mathbf{w}|$ **e.** $(\mathbf{u}\times\mathbf{v})\times(\mathbf{u}\times\mathbf{w})$ **f.** $|\mathbf{u}|\frac{\mathbf{v}}{|\mathbf{v}|}$

31. a. Sim **b.** Não **c.** Sim **d.** Não

33. Não, $\mathbf{v}$ não precisa ser igual a $\mathbf{w}$. Por exemplo, $\mathbf{i} + \mathbf{j} \neq -\mathbf{i} + \mathbf{j}$, mas $\mathbf{i}\times(\mathbf{i} + \mathbf{j}) = \mathbf{i}\times\mathbf{i} + \mathbf{i}\times\mathbf{j} = \mathbf{0} + \mathbf{k} = \mathbf{k}$ e $\mathbf{i}\times(-\mathbf{i} + \mathbf{j}) = -\mathbf{i}\times\mathbf{i} + \mathbf{i}\times\mathbf{j} = \mathbf{0} + \mathbf{k} = \mathbf{k}$.

35. 2 **37.** 13 **39.** $\sqrt{129}$ **41.** $\frac{11}{2}$ **43.** $\frac{25}{2}$

45. $\frac{3}{2}$ **47.** $\frac{\sqrt{21}}{2}$

49. Se $\mathbf{A} = a_1\mathbf{i} + a_2\mathbf{j}$ e $\mathbf{B} = b_1\mathbf{i} + b_2\mathbf{j}$, então

$$\mathbf{A}\times\mathbf{B} = \begin{vmatrix} \mathbf{i} & \mathbf{j} & \mathbf{k} \\ a_1 & a_2 & 0 \\ b_1 & b_2 & 0 \end{vmatrix} = \begin{vmatrix} a_1 & a_2 \\ b_1 & b_2 \end{vmatrix}\mathbf{k}$$

e a área do triangulo é

$$\frac{1}{2}\left|\mathbf{A}\times\mathbf{B}\right| = \pm\frac{1}{2}\begin{vmatrix} a_1 & a_2 \\ b_1 & b_2 \end{vmatrix}.$$

O sinal aplicável é (+) se o ângulo agudo de **A** até **B** vai em sentido anti-horário no plano xy, e (–) se ele vai no sentido horário.

Seção 12.5

1. $x = 3 + t, y = -4 + t, z = -1 + t$ **7.** $x = 1, y = 1, z = 1 + t$

3. $x = -2 + 5t, y = 5t, z = 3 - 5t$ **9.** $x = t, y = -7 + 2t, z = 2t$

5. $x = 0, y = 2t, z = t$ **11.** $x = t, y = 0, z = 0$

13. $x = t, y = t, z = \frac{3}{2}t$, $0 \le t \le 1$ **17.** $x = 0, y = 1 - 2t, z = 1$, $0 \le t \le 1$

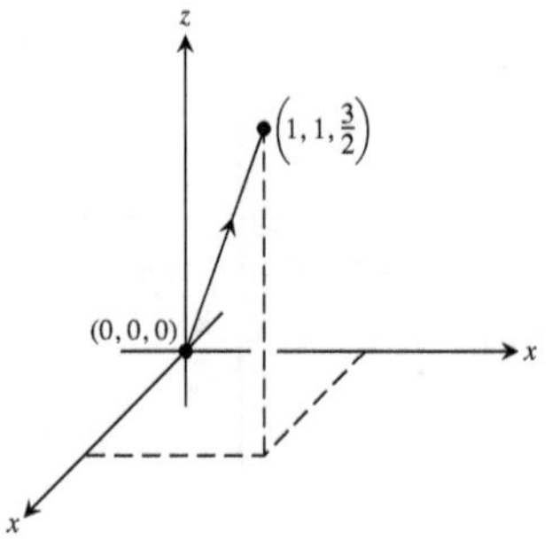

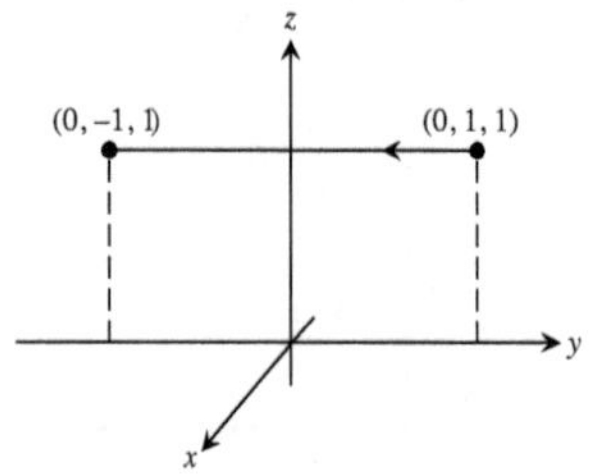

15. $x = 1, y = 1 + t, z = 0$, $-1 \le t \le 0$ **19.** $x = 2 - 2t, y = 2t, z = 2 - 2t$, $0 \le t \le 1$

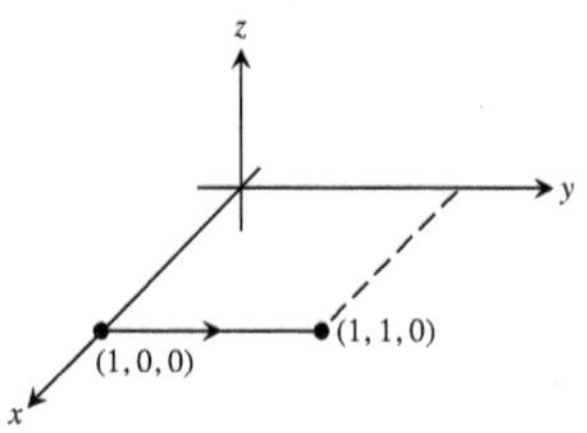

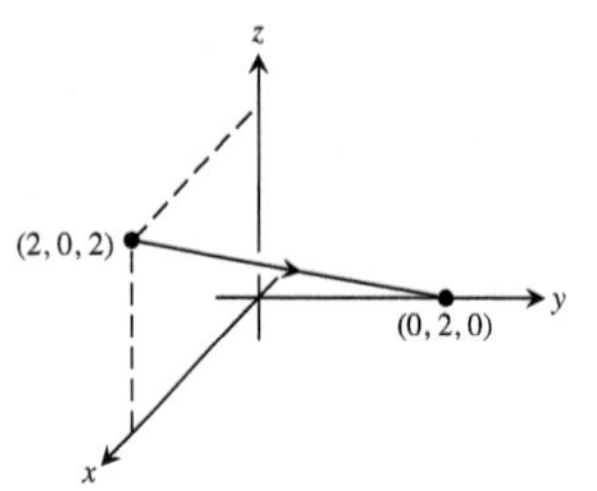

21. $3x - 2y - z = -3$ **25.** $x + 3y + 4z = 34$

23. $7x - 5y - 4z = 6$ **27.** $(1, 2, 3), -20x + 12y + z = 7$

29. $y + z = 3$ **31.** $x - y + z = 0$ **33.** $2\sqrt{30}$ **35.** 0

37. $\frac{9\sqrt{42}}{7}$ **39.** 3 **41.** 19/5 **43.** 5/3 **45.** $9/\sqrt{41}$

47. $\pi/4$ **49.** 1,38 rad. **51.** 0,82 rad. **53.** $\left(\frac{3}{2}, -\frac{3}{2}, \frac{1}{2}\right)$

55. (1, 1, 0) **57.** $x = 1 - t, y = 1 + t, z = -1$

59. $x = 4, y = 3 + 6t, z = 1 + 3t$

61. $L1$ intersecta $L2$; $L2$ é paralela a $L3$; $L1$ e $L3$ são inclinadas.

63. $x = 2 + 2t, y = -4 - t, z = 7 + 3t$; $x = -2 - t, y = -2 + (1/2)t$, $z = 1 - (3/2)t$

65. $\left(0, -\frac{1}{2}, -\frac{3}{2}\right), (-1, 0, -3), (1, -1, 0)$

69. Muitas respostas possíveis. Uma possibilidade: $x + y = 3$ e $2y + z = 7$.

71. $(x/a) + (y/b) + (z/c) = 1$ descreve todos os planos *exceto* aquele passando pela origem ou paralelo a um eixo coordenado.

Seção 12.6

1. (d), elipsoide **3.** (a), cilindro **5.** (l), paraboloide hiperbólico

7. (b), cilindro **9.** (k), paraboloide hiperbólico **11.** (h), cone

13.

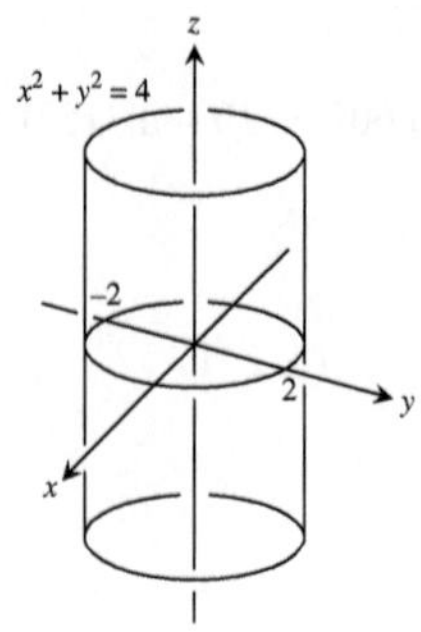

15.

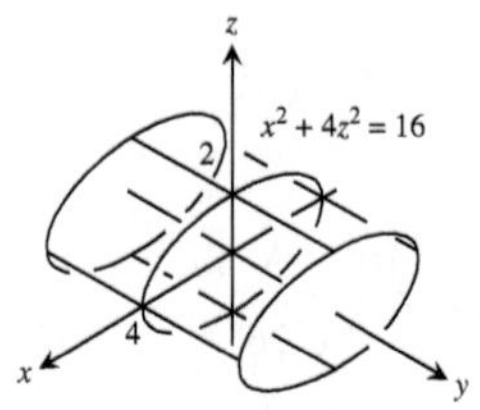

17.

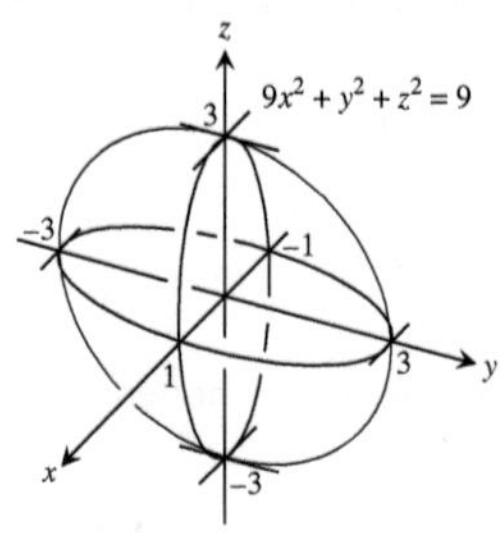

19.

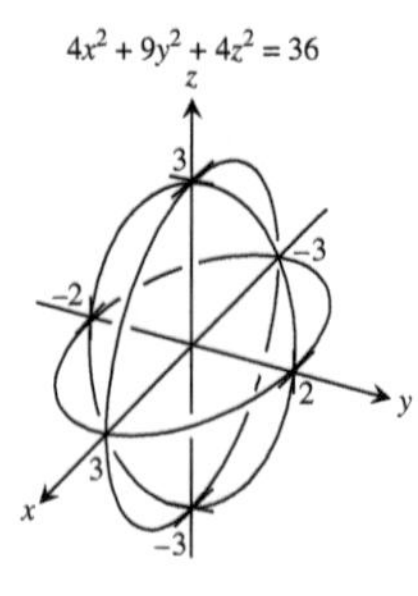

21.

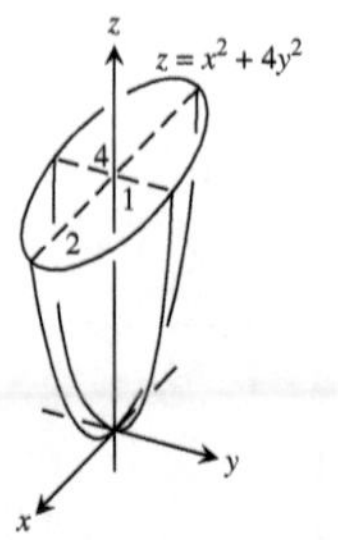

23.

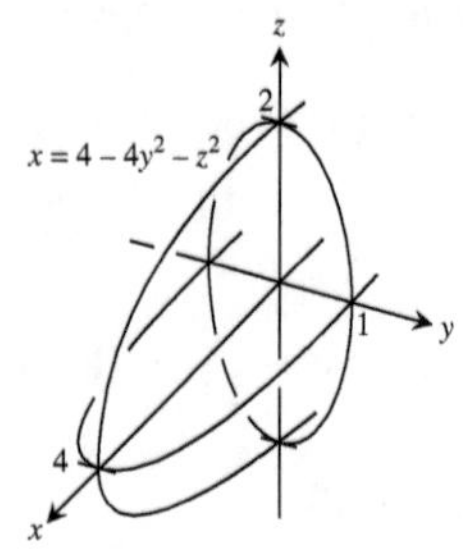

25.

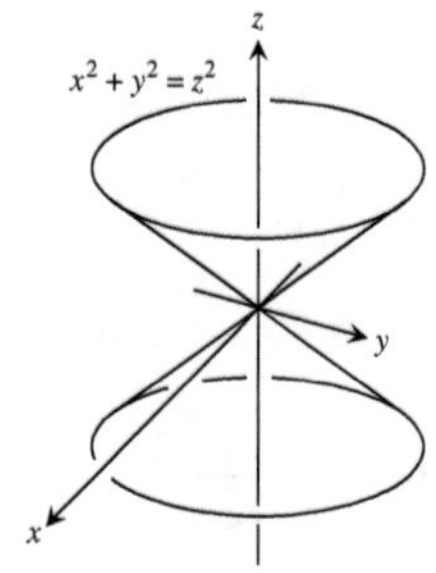

27.

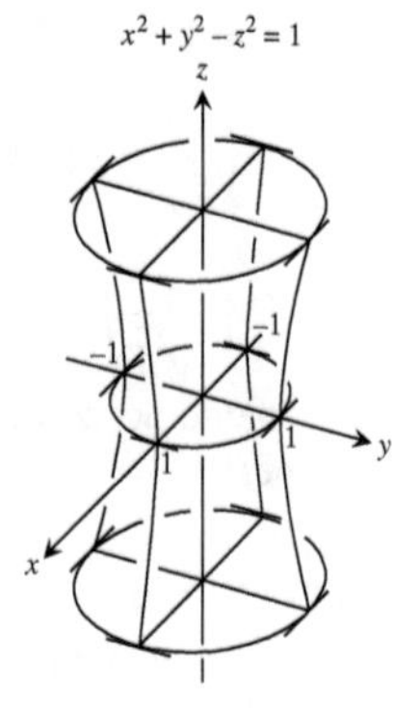

29.

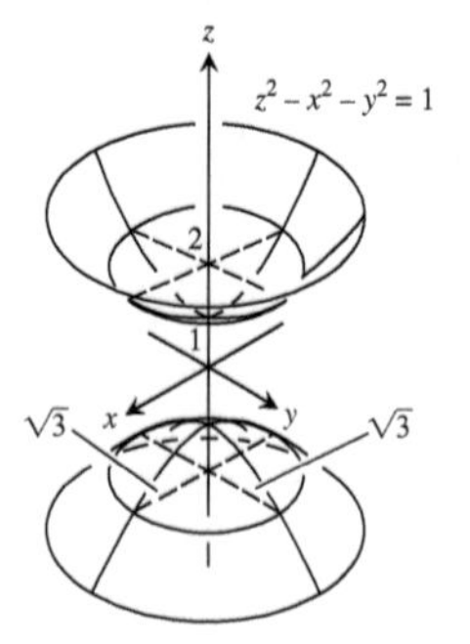

31.

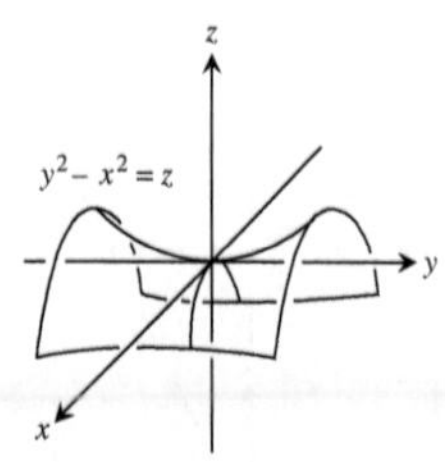

33.

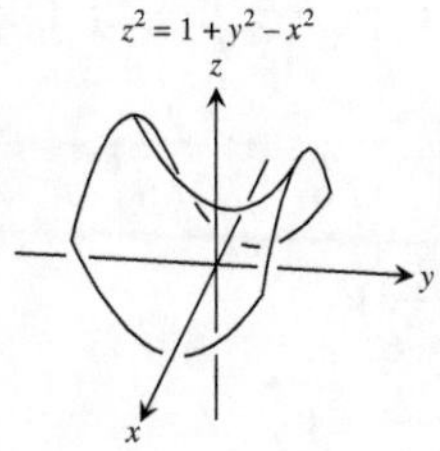

35.

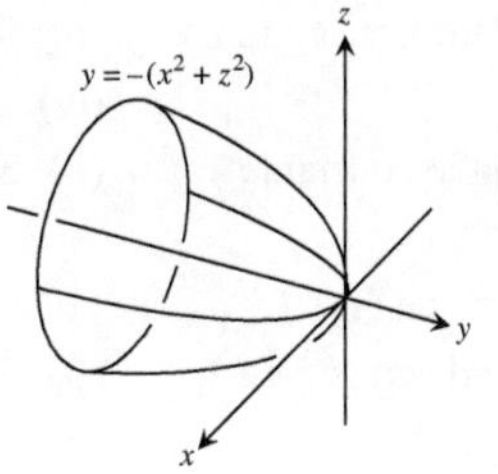

37.

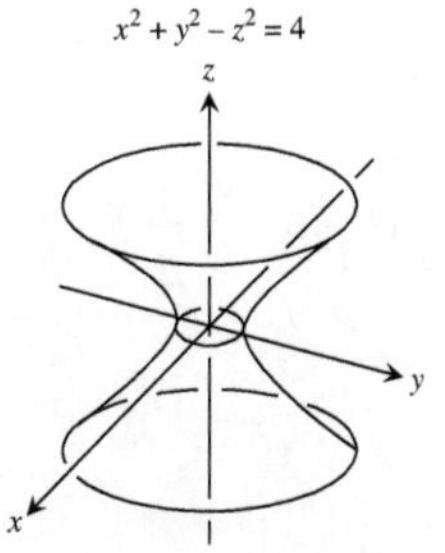

39.

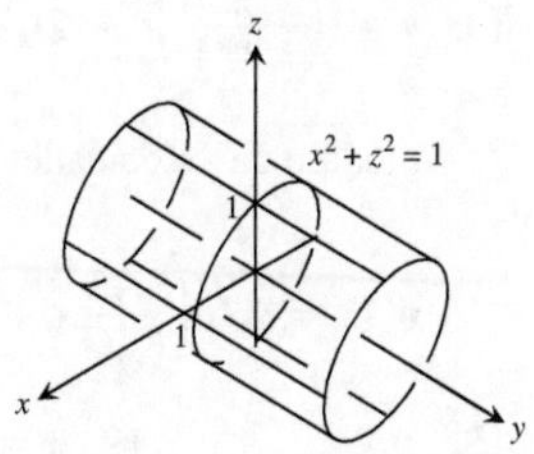

41.

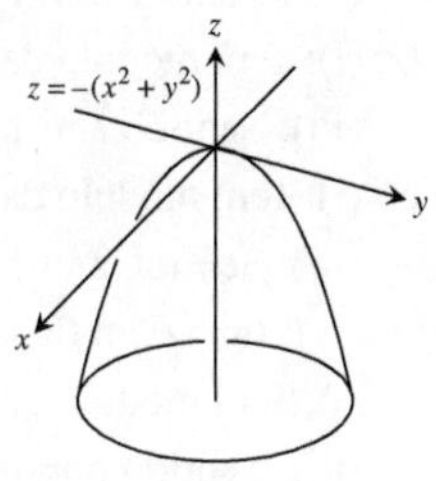

43.

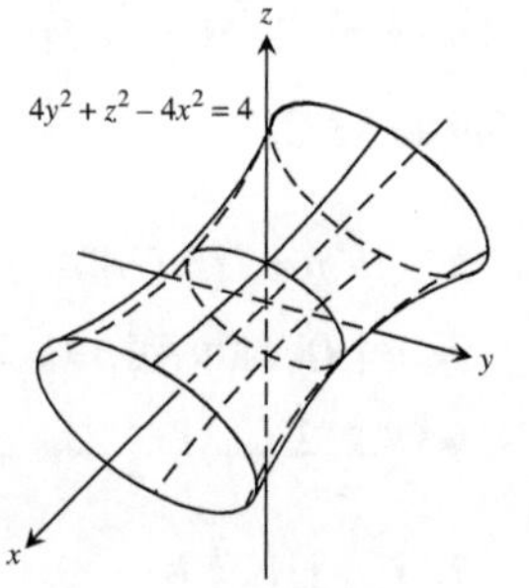

45. a. $\dfrac{2\pi(9 - c^2)}{9}$ **b.** 8π **c.** $\dfrac{4\pi abc}{3}$

Exercícios práticos

1. a. $\langle -17, 32 \rangle$ **b.** $\sqrt{1313}$

3. a. $\langle 6, -8 \rangle$ **b.** 10

5. $\left\langle -\dfrac{\sqrt{3}}{2}, -\dfrac{1}{2} \right\rangle$ [assumindo sentido anti-horário]

7. $\left\langle \dfrac{8}{\sqrt{17}}, -\dfrac{2}{\sqrt{17}} \right\rangle$

9. Comprimento = 2, a direção é $\dfrac{1}{\sqrt{2}}\mathbf{i} + \dfrac{1}{\sqrt{2}}\mathbf{j}$.

11. $\mathbf{v}(\pi/2) = 2(-\mathbf{i})$

13. Comprimento = 7, a direção é $\dfrac{2}{7}\mathbf{i} - \dfrac{3}{7}\mathbf{j} + \dfrac{6}{7}\mathbf{k}$.

15. $\dfrac{8}{\sqrt{33}}\mathbf{i} - \dfrac{2}{\sqrt{33}}\mathbf{j} + \dfrac{8}{\sqrt{33}}\mathbf{k}$

17. $|\mathbf{v}| = \sqrt{2}, |\mathbf{u}| = 3, \mathbf{v}\cdot\mathbf{u} = \mathbf{u}\cdot\mathbf{v} = 3, \mathbf{v}\times\mathbf{u} = -2\mathbf{i} + 2\mathbf{j} - \mathbf{k}$, $\mathbf{u}\times\mathbf{v} = 2\mathbf{i} - 2\mathbf{j} + \mathbf{k}, |\mathbf{v}\times\mathbf{u}| = 3, \theta = \cos^{-1}\left(\dfrac{1}{\sqrt{2}}\right) = \dfrac{\pi}{4}$, $|\mathbf{u}|\cos\theta = \dfrac{3}{\sqrt{2}}, \text{proj}_{\mathbf{v}}\,\mathbf{u} = \dfrac{3}{2}(\mathbf{i} + \mathbf{j})$

19. $\dfrac{4}{3}(2\mathbf{i} + \mathbf{j} - \mathbf{k})$

21. $\mathbf{u}\times\mathbf{v} = \mathbf{k}$

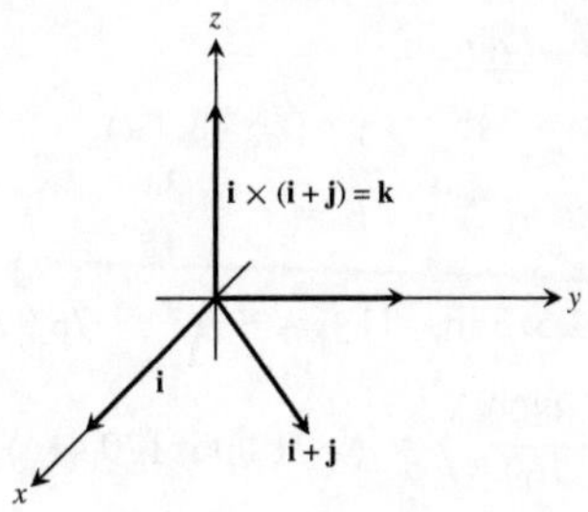

23. $2\sqrt{7}$ **25. a.** $\sqrt{14}$ **b.** 1 **29.** $\sqrt{78}/3$

31. $x = 1 - 3t, \quad y = 2, \quad z = 3 + 7t$ **33.** $\sqrt{2}$

35. $2x + y + z = 5$ **37.** $-9x + y + 7z = 4$

39. $\left(0, -\dfrac{1}{2}, -\dfrac{3}{2}\right), (-1, 0, -3), (1, -1, 0)$ **41.** $\pi/3$

43. $x = -5 + 5t, y = 3 - t, z = -3t$

45. b. $x = -12t, y = 19/12 + 15t, z = 1/6 + 6t$

47. Sim; **v** é paralelo ao plano.

49. 3 **51.** $-3\mathbf{j} + 3\mathbf{k}$

53. $\dfrac{2}{\sqrt{35}}\left(5\mathbf{i} - \mathbf{j} - 3\mathbf{k}\right)$ **55.** $\left(\dfrac{11}{9}, \dfrac{26}{9}, -\dfrac{7}{9}\right)$

57. $(1, -2, -1); x = 1 - 5t, y = -2 + 3t, z = -1 + 4t$

59. $2x + 7y + 2z + 10 = 0$

61. a. Não **b.** Não **c.** Não **d.** Não **e.** Sim

63. $11/\sqrt{107}$

65.

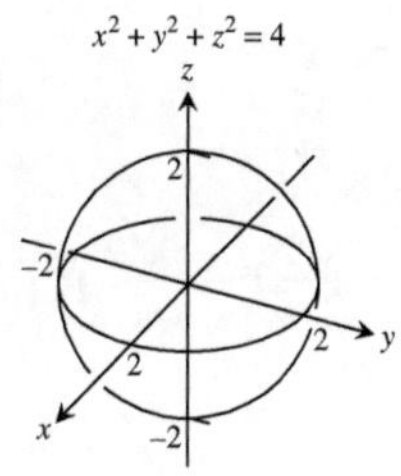

67.

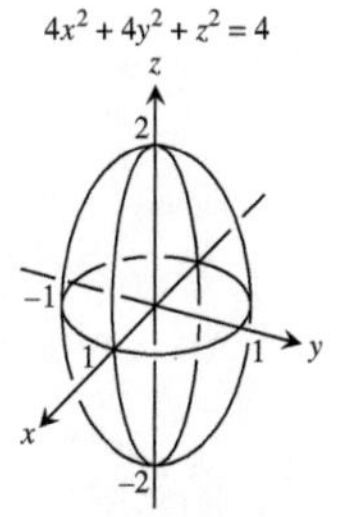

69.

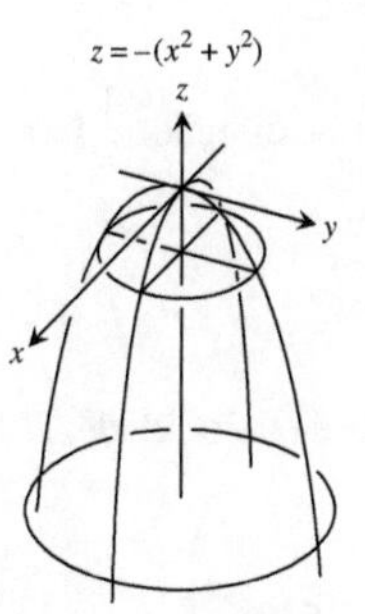

71.

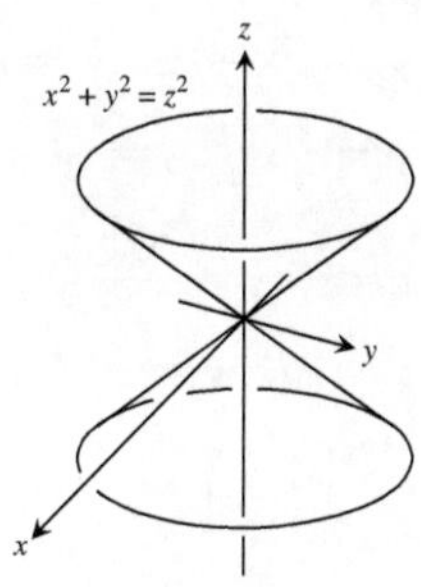

73.

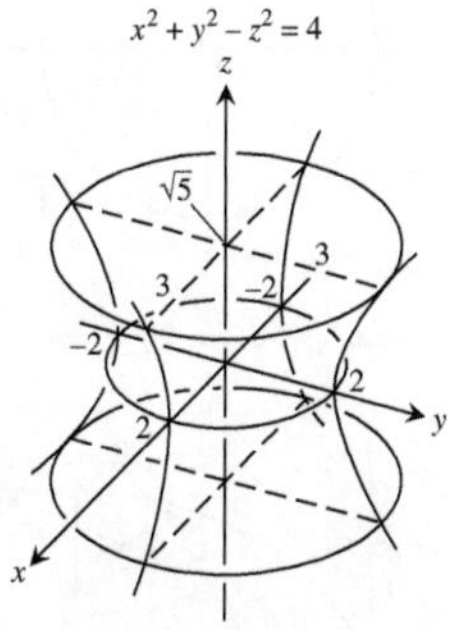

75.

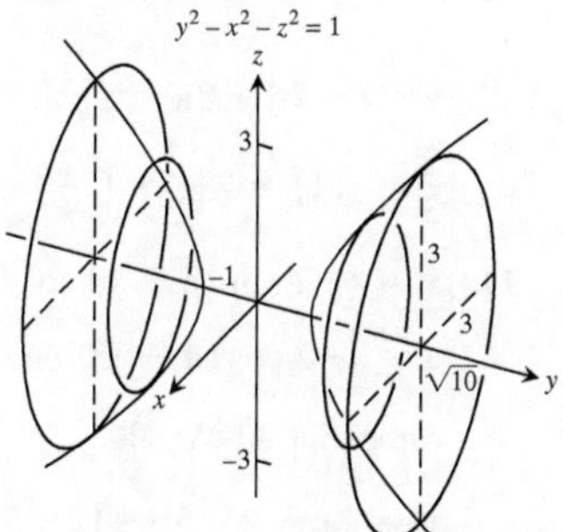

Exercícios adicionais e avançados

1. (26, 23, –1/3) **3.** $|\mathbf{F}| = 20$ lb

5. a. $|\mathbf{F}_1| = 80$ lb, $|\mathbf{F}_2| = 60$ lb, $\mathbf{F}_1 = \langle -48, 64 \rangle$,

$\mathbf{F}_2 = \langle 48, 36 \rangle$, $\alpha = \text{tg}^{-1}\frac{4}{3}$, $\beta = \text{tg}^{-1}\frac{3}{4}$

b. $|\mathbf{F}_1| = \frac{2400}{13} \approx 184{,}615$ lb, $|\mathbf{F}_2| = \frac{1000}{13} \approx 76{,}923$ lb,

$\mathbf{F}_1 = \left\langle \frac{-12000}{169}, \frac{28800}{169} \right\rangle \approx \langle -71{,}006; 170{,}414 \rangle$,

$\mathbf{F}_2 = \left\langle \frac{12000}{169}, \frac{5000}{169} \right\rangle \approx \langle 71{,}006; 29{,}586 \rangle$,

$\alpha = \text{tg}^{-1}\frac{12}{5}$, $\beta = \text{tg}^{-1}\frac{5}{12}$

9. a. $\theta = \text{tg}^{-1}\sqrt{2} \approx 54{,}74°$ **b.** $\theta = \text{tg}^{-1} 2\sqrt{2} \approx 70{,}53°$

13. b. $\frac{6}{\sqrt{14}}$ **c.** $2x - y + 2x = 8$

d. $x - 2y + z = 3 + 5\sqrt{6}$ e $x - 2y + z = 3 - 5\sqrt{6}$

15. $\frac{32}{41}\mathbf{i} + \frac{23}{41}\mathbf{j} - \frac{13}{41}\mathbf{k}$

17. a. 0, 0 **c.** $-4\mathbf{i} - 6\mathbf{j} + 2\mathbf{k}, \mathbf{i} - 2\mathbf{j} - 4\mathbf{k}$

b. $-10\mathbf{i} - 2\mathbf{j} + 6\mathbf{k}, -9\mathbf{i} - 2\mathbf{j} + 7\mathbf{k}$ **d.** $-10\mathbf{i} - 10\mathbf{k}, -12\mathbf{i} - 4\mathbf{j} - 8\mathbf{k}$

19. A fórmula é sempre verdadeira.

CAPÍTULO 13

Seção 13.1

1. $y = x^2 - 2x$, $\mathbf{v} = \mathbf{i} + 2\mathbf{j}$, $\mathbf{a} = 2\mathbf{j}$

3. $y = \frac{2}{9}x^2$, $\mathbf{v} = 3\mathbf{i} + 4\mathbf{j}$, $\mathbf{a} = 3\mathbf{i} + 8\mathbf{j}$

5. $t = \frac{\pi}{4}$: $\mathbf{v} = \frac{\sqrt{2}}{2}\mathbf{i} - \frac{\sqrt{2}}{2}\mathbf{j}$, $\mathbf{a} = \frac{-\sqrt{2}}{2}\mathbf{i} - \frac{\sqrt{2}}{2}\mathbf{j}$;

$t = \pi/2$: $\mathbf{v} = -\mathbf{j}$, $\mathbf{a} = -\mathbf{i}$

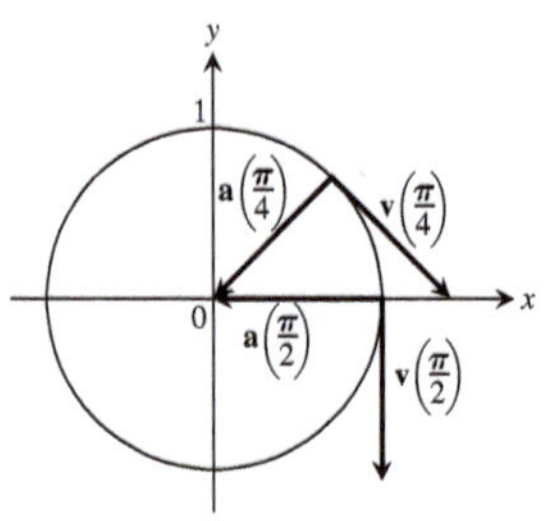

7. $t = \pi$: $\mathbf{v} = 2\mathbf{i}$, $\mathbf{a} = -\mathbf{j}$; $t = \frac{3\pi}{2}$: $\mathbf{v} = \mathbf{i} - \mathbf{j}$, $\mathbf{a} = -\mathbf{i}$

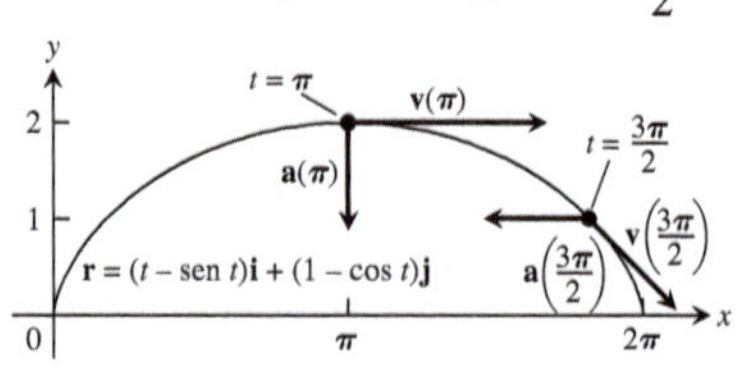

9. $\mathbf{v} = \mathbf{i} + 2t\mathbf{j} + 2\mathbf{k}$; $\mathbf{a} = 2\mathbf{j}$; velocidade: 3; direção: $\frac{1}{3}\mathbf{i} + \frac{2}{3}\mathbf{j} + \frac{2}{3}\mathbf{k}$; $\mathbf{v}(1) = 3\left(\frac{1}{3}\mathbf{i} + \frac{2}{3}\mathbf{j} + \frac{2}{3}\mathbf{k}\right)$

11. $\mathbf{v} = (-2 \operatorname{sen} t)\mathbf{i} + (3 \cos t)\mathbf{j} + 4\mathbf{k}$;

$\mathbf{a} = (-2 \cos t)\mathbf{i} - (3 \operatorname{sen} t)\mathbf{j}$; módulo da velocidade: $2\sqrt{5}$;

direção: $\left(-1/\sqrt{5}\right)\mathbf{i} + \left(2/\sqrt{5}\right)\mathbf{k}$;

$\mathbf{v}(\pi/2) = 2\sqrt{5}\left[\left(-1/\sqrt{5}\right)\mathbf{i} + \left(2/\sqrt{5}\right)\mathbf{k}\right]$

13. $\mathbf{v} = \left(\frac{2}{t+1}\right)\mathbf{i} + 2t\mathbf{j} + t\mathbf{k}$; $\mathbf{a} = \left(\frac{-2}{(t+1)^2}\right)\mathbf{i} + 2\mathbf{j} + \mathbf{k}$;

módulo da velocidade: $\sqrt{6}$; direção: $\frac{1}{\sqrt{6}}\mathbf{i} + \frac{2}{\sqrt{6}}\mathbf{j} + \frac{1}{\sqrt{6}}\mathbf{k}$;

$\mathbf{v}(1) = \sqrt{6}\left(\frac{1}{\sqrt{6}}\mathbf{i} + \frac{2}{\sqrt{6}}\mathbf{j} + \frac{1}{\sqrt{6}}\mathbf{k}\right)$

15. $\pi/2$ **19.** $x = t$, $y = -1$, $z = 1 + t$

17. $\pi/2$ **21.** $x = t$, $y = \frac{1}{3}t$, $z = t$

23. a. (i): Tem módulo da velocidade constante 1 (ii): Sim
(iii): Sentido anti-horário (iv): Sim

b. (i): Tem módulo da velocidade constante 2 (ii): Sim
(iii): Sentido anti-horário (iv): Sim

c. (i): Tem módulo da velocidade constante 1 (ii): Sim
(iii): Sentido anti-horário
(iv): Inicia em (0, –1) em vez de (1, 0)

d. (i): Tem módulo da velocidade constante 1 (ii): Sim
(iii): Sentido horário (iv): Sim

e. (i): Tem módulo da velocidade variável (ii): Não
(iii): Sentido anti-horário (iv): Sim

25. $\mathbf{v} = 2\sqrt{5}\mathbf{i} + \sqrt{5}\mathbf{j}$

Seção 13.2

1. $(1/4)\mathbf{i} + 7\mathbf{j} + (3/2)\mathbf{k}$ **3.** $\left(\frac{\pi + 2\sqrt{2}}{2}\right)\mathbf{j} + 2\mathbf{k}$

5. $(\ln 4)\mathbf{i} + (\ln 4)\mathbf{j} + (\ln 2)\mathbf{k}$

7. $\frac{e-1}{2}\mathbf{i} + \frac{e-1}{e}\mathbf{j} + \mathbf{k}$

9. $\mathbf{i} - \mathbf{j} + \frac{\pi}{4}\mathbf{k}$

11. $\mathbf{r}(t) = \left(\frac{-t^2}{2} + 1\right)\mathbf{i} + \left(\frac{-t^2}{2} + 2\right)\mathbf{j} + \left(\frac{-t^2}{2} + 3\right)\mathbf{k}$

13. $\mathbf{r}(t) = ((t+1)^{3/2} - 1)\mathbf{i} + (-e^{-t} + 1)\mathbf{j} + (\ln(t+1) + 1)\mathbf{k}$

15. $\mathbf{r}(t) = 8t\mathbf{i} + 8t\mathbf{j} + (-16t^2 + 100)\mathbf{k}$

17. $\mathbf{r}(t) = \left(\frac{3}{2}t^2 + \frac{6}{\sqrt{11}}t + 1\right)\mathbf{i} - \left(\frac{1}{2}t^2 + \frac{2}{\sqrt{11}}t - 2\right)\mathbf{j}$

$+\left(\frac{1}{2}t^2 + \frac{2}{\sqrt{11}}t + 3\right)\mathbf{k} = \left(\frac{1}{2}t^2 + \frac{2t}{\sqrt{11}}\right)(3\mathbf{i} - \mathbf{j} + \mathbf{k})$

$+(\mathbf{i} + 2\mathbf{j} + 3\mathbf{k})$

19. 50 segundos

21. a. 72,2 s; 25.510 m **b.** 4020 m **c.** 6378 m

23. a. $v_0 \approx 9{,}9$ m/s **b.** $v \approx 18{,}4°$ ou $71{,}6°$

25. 39,3° ou 50,7°

31. b. $\mathbf{v}_0$ bissectaria de $\angle AOR$.

33. a. (Assumindo que "x" seja zero no ponto de impacto)
$\mathbf{r}(t) = (x(t)\mathbf{i} + (y(t)\mathbf{j}$, onde $x(t) = (35 \cos 27°)t$ e
$y(t) = 4 + (35 \operatorname{sen} 27°)t - 16t^2$.

b. Em $t \approx 0{,}497$ s, atinge sua altura máxima de cerca de 7,945 pés.

c. Alcance $\approx 37{,}45$ pés; tempo de voo $\approx 1{,}201$ s

d Em $t \approx 0{,}254$ e $t \approx 0{,}740$ s, quando é $\approx 29{,}554$ e $\approx 14{,}396$ pés a partir de onde ela atingirá o solo.

e Sim. Isso muda as coisas porque a bola não passará da rede.

35. 4,00 pés, 7,80 pés/s

43. **a.** $\mathbf{r}(t) = (x(t)\mathbf{i} + (y(t))\mathbf{j}$; onde

$$x(t) = \left(\frac{1}{0{,}08}\right)(1 - e^{-0{,}08t})(152\cos 20° - 17{,}6) \text{ e}$$

$$y(t) = 3 + \left(\frac{152}{0{,}08}\right)(1 - e^{-0{,}08t})(\operatorname{sen} 20°)$$

$$+ \left(\frac{32}{0{,}08^2}\right)(1 - 0{,}08t - e^{-0{,}08t})$$

b. Em $t \approx 1{,}527$ s ela atinge a altura máxima de cerca de 41,893 pés.

c. Alcance ≈ 351,734; tempo de voo ≈ 3,181 s

d. Em $t \approx 0{,}877$ e 2,190 s, quando ela está a cerca de 106,028 e 251,530 pés do rebatedor.

e. Não

Seção 13.3

1. $\mathbf{T} = \left(-\frac{2}{3}\operatorname{sen} t\right)\mathbf{i} + \left(\frac{2}{3}\cos t\right)\mathbf{j} + \frac{\sqrt{5}}{3}\mathbf{k},\ 3\pi$

3. $\mathbf{T} = \frac{1}{\sqrt{1+t}}\mathbf{i} + \frac{\sqrt{t}}{\sqrt{1+t}}\mathbf{k},\ \frac{52}{3}$

5. $\mathbf{T} = -\cos t\mathbf{j} + \operatorname{sen} t\mathbf{k},\ \frac{3}{2}$

7. $\mathbf{T} = \left(\frac{\cos t - t\operatorname{sen} t}{t+1}\right)\mathbf{i} + \left(\frac{\operatorname{sen} t + t\cos t}{t+1}\right)\mathbf{j} + \left(\frac{\sqrt{2}t^{1/2}}{t+1}\right)\mathbf{k},\ \frac{\pi^2}{2} + \pi$

9. $(0, 5, 24\pi)$ **11.** $s(t) = 5t,\ L = \frac{5\pi}{2}$

13. $s(t) = \sqrt{3}e^t - \sqrt{3},\quad L = \frac{3\sqrt{3}}{4}$

15. $\sqrt{2} + \ln\left(1 + \sqrt{2}\right)$

17. **a.** O cilindro é $x^2 + y^2 = 1$, o plano é $x + z = 1$.

b. e **c.**

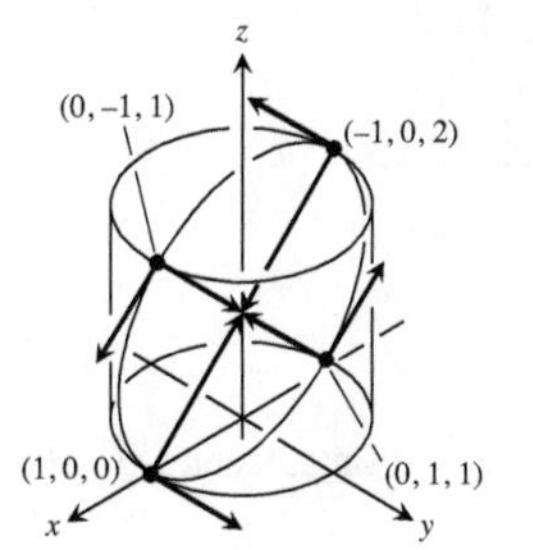

d. $L = \int_0^{2\pi} \sqrt{1 + \operatorname{sen}^2 t}\, dt$ **e.** $L \approx 7{,}64$

Seção 13.4

1. $\mathbf{T} = (\cos t)\mathbf{i} - (\operatorname{sen} t)\mathbf{j},\quad \mathbf{N} = (-\operatorname{sen} t)\mathbf{i} - (\cos t)\mathbf{j},\ \kappa = \cos t$

3. $\mathbf{T} = \frac{1}{\sqrt{1+t^2}}\mathbf{i} - \frac{t}{\sqrt{1+t^2}}\mathbf{j},\quad \mathbf{N} = \frac{-t}{\sqrt{1+t^2}}\mathbf{i} - \frac{1}{\sqrt{1+t^2}}\mathbf{j},\quad \kappa = \frac{1}{2\left(\sqrt{1+t^2}\right)^3}$

5. **b.** $\cos x$

7. **b.** $\mathbf{N} = \frac{-2e^{2t}}{\sqrt{1+4e^{4t}}}\mathbf{i} + \frac{1}{\sqrt{1+4e^{4t}}}\mathbf{j}$

c. $\mathbf{N} = -\frac{1}{2}\left(\sqrt{4-t^2}\,\mathbf{i} + t\mathbf{j}\right)$

9. $\mathbf{T} = \frac{3\cos t}{5}\mathbf{i} - \frac{3\operatorname{sen} t}{5}\mathbf{j} + \frac{4}{5}\mathbf{k},\quad \mathbf{N} = (-\operatorname{sen} t)\mathbf{i} - (\cos t)\mathbf{j},\quad \kappa = \frac{3}{25}$

11. $\mathbf{T} = \left(\frac{\cos t - \operatorname{sen} t}{\sqrt{2}}\right)\mathbf{i} + \left(\frac{\cos t + \operatorname{sen} t}{\sqrt{2}}\right)\mathbf{j},$

$\mathbf{N} = \left(\frac{-\cos t - \operatorname{sen} t}{\sqrt{2}}\right)\mathbf{i} + \left(\frac{-\operatorname{sen} t + \cos t}{\sqrt{2}}\right)\mathbf{j},$

$\kappa = \frac{1}{e^t\sqrt{2}}$

13. $\mathbf{T} = \frac{t}{\sqrt{t^2+1}}\mathbf{i} + \frac{1}{\sqrt{t^2+1}}\mathbf{j},\ \mathbf{N} = \frac{\mathbf{i}}{\sqrt{t^2+1}} - \frac{t\mathbf{j}}{\sqrt{t^2+1}},\quad \kappa = \frac{1}{t(t^2+1)^{3/2}}$

15. $\mathbf{T} = \left(\operatorname{sech}\frac{t}{a}\right)\mathbf{i} + \left(\operatorname{tg}\frac{t}{a}\right)\mathbf{j},$

$\mathbf{N} = \left(-\operatorname{tg}\frac{t}{a}\right)\mathbf{i} + \left(\operatorname{sech}\frac{t}{a}\right)\mathbf{j},$

$\kappa = \frac{1}{a}\operatorname{sech}^2\frac{t}{a}$

19. $1/(2b)$ **23.** $\kappa(x) = 2/(1 + 4x^2)^{3/2}$

21. $\left(x - \frac{\pi}{2}\right)^2 + y^2 = 1$ **25.** $\kappa(x) = |\operatorname{sen} x|/(1 + \cos^2 x)^{3/2}$

Seção 13.5

1. $\mathbf{a} = |a|\mathbf{N}$ **3.** $\mathbf{a}(1) = \frac{4}{3}\mathbf{T} + \frac{2\sqrt{5}}{3}\mathbf{N}$ **5.** $\mathbf{a}(0) = 2\mathbf{N}$

7. $\mathbf{r}\left(\frac{\pi}{4}\right) = \frac{\sqrt{2}}{2}\mathbf{i} + \frac{\sqrt{2}}{2}\mathbf{j} - \mathbf{k},\ \mathbf{T}\left(\frac{\pi}{4}\right) = -\frac{\sqrt{2}}{2}\mathbf{i} + \frac{\sqrt{2}}{2}\mathbf{j},$

$\mathbf{N}\left(\frac{\pi}{4}\right) = -\frac{\sqrt{2}}{2}\mathbf{i} - \frac{\sqrt{2}}{2}\mathbf{j},\ \mathbf{B}\left(\frac{\pi}{4}\right) = \mathbf{k}$; plano osculador: $z = -1$; plano normal: $-x + y = 0$; plano retificador: $x + y = \sqrt{2}$

9. $\mathbf{B} = \left(\frac{4}{5}\cos t\right)\mathbf{i} - \left(\frac{4}{5}\operatorname{sen} t\right)\mathbf{j} - \frac{3}{5}\mathbf{k},\ \tau = -\frac{4}{25}$

11. $\mathbf{B} = \mathbf{k},\ \tau = 0$ **13.** $\mathbf{B} = -\mathbf{k},\ \tau = 0$ **15.** $\mathbf{B} = \mathbf{k},\ \tau = 0$

17. Sim. Se o carro estiver se movendo sobre uma trajetória curva ($\kappa \neq 0$), então $a_N = \kappa|\mathbf{v}|^2 \neq 0$ e $\mathbf{a} \neq \mathbf{0}$.

23. $\kappa = \frac{1}{t},\ \rho = t$

29. Componentes de **v**: –1,8701; 0,7089; 1,0000
Componentes de **a**: –1,6960; –2,0307; 0
Velocidade: 2,2361; componentes de **T**: – 0,8364; 0,3170; 0,4472
Componentes de **N**: – 0,4143; – 0,8998; – 0,1369
Componentes de **B**: 0,3590; – 0,2998; 0,8839; curvatura: 0,5060
Torção: 0,2813; componente tangencial de aceleração: 0,7746
Componente normal de aceleração: 2,5298

31. Componentes de **v**: 2,0000; 0; – 0,1629
Componentes de **a**: 0, –1,0000; – 0,0086; velocidade: 2,0066
Componentes de **T**: 0,9967; 0; – 0,0812
Componentes de **N**: – 0,0007; –1,0000; – 0,0086
Componentes de **B**: – 0,0812; 0,0086; 0,9967;
Curvatura: 0,2484
Torção: 0,0411; componente tangencial de aceleração: 0,0007
Componente normal de aceleração: 1,0000

Seção 13.6

1. $\mathbf{v} = (3a \text{ sen } \theta)\mathbf{u}_r + 3a(1 - \cos\theta)\mathbf{u}_\theta$

$\mathbf{a} = 9a(2\cos\theta - 1)\mathbf{u}_r + (18a \text{ sen } \theta)\mathbf{u}_\theta$

3. $\mathbf{v} = 2ae^{a\theta}\mathbf{u}_r + 2e^{a\theta}\mathbf{u}_\theta$

$\mathbf{a} = 4e^{a\theta}(a^2 - 1)\mathbf{u}_r + 8ae^{a\theta}\mathbf{u}_\theta$

5. $\mathbf{v} = (-8 \text{ sen } 4t)\mathbf{u}_r + (4\cos 4t)\mathbf{u}_\theta$

$\mathbf{a} = (-40\cos 4t)\mathbf{u}_r - (32 \text{ sen } 4t)\mathbf{u}_\theta$

Exercícios práticos

1. $\dfrac{x^2}{16} + \dfrac{y^2}{2} = 1$

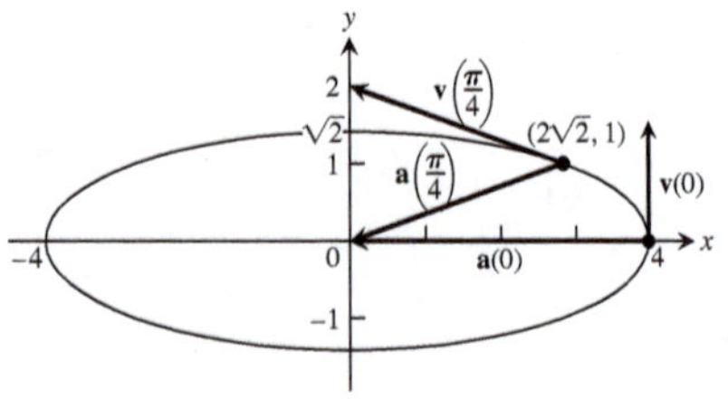

Em $t = 0$: $a_T = 0$, $a_N = 4$, $\kappa = 2$;

Em $t = \dfrac{\pi}{4}$: $a_T = \dfrac{7}{3}$, $a_N = \dfrac{4\sqrt{2}}{3}$, $\kappa = \dfrac{4\sqrt{2}}{27}$

3. $|\mathbf{v}|_{max} = 1$ **5.** $\kappa = 1/5$

7. $dy/dt = -x$; sentido horário

11. O peso estará no chão, cerca de 66 pés e a 3 pol. da marca.

15. Comprimento $= \dfrac{\pi}{4}\sqrt{1 + \dfrac{\pi^2}{16}} + \ln\left(\dfrac{\pi}{4} + \sqrt{1 + \dfrac{\pi^2}{16}}\right)$

17. $\mathbf{T}(0) = \frac{2}{3}\mathbf{i} - \frac{2}{3}\mathbf{j} + \frac{1}{3}\mathbf{k}$; $\mathbf{N}(0) = \dfrac{1}{\sqrt{2}}\mathbf{i} + \dfrac{1}{\sqrt{2}}\mathbf{j}$;

$\mathbf{B}(0) = -\dfrac{1}{3\sqrt{2}}\mathbf{i} + \dfrac{1}{3\sqrt{2}}\mathbf{j} + \dfrac{4}{3\sqrt{2}}\mathbf{k}$; $\kappa = \dfrac{\sqrt{2}}{3}$; $\tau = \dfrac{1}{6}$

19. $\mathbf{T}(\ln 2) = \dfrac{1}{\sqrt{17}}\mathbf{i} + \dfrac{4}{\sqrt{17}}\mathbf{j}$; $\mathbf{N}(\ln 2) = -\dfrac{4}{\sqrt{17}}\mathbf{i} + \dfrac{1}{\sqrt{17}}\mathbf{j}$;

$\mathbf{B}(\ln 2) = \mathbf{k}$; $\kappa = \dfrac{8}{17\sqrt{17}}$; $\tau = 0$

21. $\mathbf{a}(0) = 10\mathbf{T} + 6\mathbf{N}$

23. $\mathbf{T} = \left(\dfrac{1}{\sqrt{2}}\cos t\right)\mathbf{i} - (\text{sen } t)\mathbf{j} + \left(\dfrac{1}{\sqrt{2}}\cos t\right)\mathbf{k}$;

$\mathbf{N} = \left(-\dfrac{1}{\sqrt{2}}\text{sen } t\right)\mathbf{i} - (\cos t)\mathbf{j} - \left(\dfrac{1}{\sqrt{2}}\text{sen } t\right)\mathbf{k}$;

$\mathbf{B} = \dfrac{1}{\sqrt{2}}\mathbf{i} - \dfrac{1}{\sqrt{2}}\mathbf{k}$; $\kappa = \dfrac{1}{\sqrt{2}}$; $\tau = 0$

25. $\pi/3$ **27.** $x = 1 + t, y = t, z = -t$ **31.** $\kappa = 1/a$

Exercícios adicionais e avançados

1. a. $\left.\dfrac{d\theta}{dt}\right|_{\theta=2\pi} = 2\sqrt{\dfrac{\pi g b}{a^2 + b^2}}$

b. $\theta = \dfrac{gbt^2}{2(a^2 + b^2)}$, $z = \dfrac{gb^2t^2}{2(a^2 + b^2)}$

c. $\mathbf{v}(t) = \dfrac{gbt}{\sqrt{a^2 + b^2}}\mathbf{T}$;

$\dfrac{d^2\mathbf{r}}{dt^2} = \dfrac{bg}{\sqrt{a^2 + b^2}}\mathbf{T} + a\left(\dfrac{bgt}{a^2 + b^2}\right)^2\mathbf{N}$

Não existe componente na direção de **B**.

5. a. $\dfrac{dx}{dt} = \dot{r}\cos\theta - r\dot{\theta}\,\text{sen}\,\theta$, $\dfrac{dy}{dt} = \dot{r}\,\text{sen}\,\theta + r\dot{\theta}\cos\theta$

b. $\dfrac{dr}{dt} = \dot{x}\cos\theta + \dot{y}\,\text{sen}\,\theta$, $r\dfrac{d\theta}{dt} = -\dot{x}\,\text{sen}\,\theta + \dot{y}\cos\theta$

7. a. $\mathbf{a}(1) = -9\mathbf{u}_r - 6\mathbf{u}_\theta$, $\mathbf{v}(1) = -\mathbf{u}_r + 3\mathbf{u}_\theta$ **b.** 6,5 pol.

9. c. $\mathbf{v} = \dot{r}\mathbf{u}_r + r\dot{\theta}\mathbf{u}_\theta + \dot{z}\mathbf{k}$, $\mathbf{a} = (\ddot{r} - r\dot{\theta}^2)\mathbf{u}_r + (r\ddot{\theta} + 2\dot{r}\dot{\theta})\mathbf{u}_\theta + \ddot{z}\mathbf{k}$

CAPÍTULO 14

Seção 14.1

1. a. 0 **b.** 0 **c.** 58 **d.** 33

3. a. 4/5 **b.** 8/5 **c.** 3 **d.** 0

5. Domínio: todos os pontos (x, y) sobre ou acima da reta $y = x + 2$

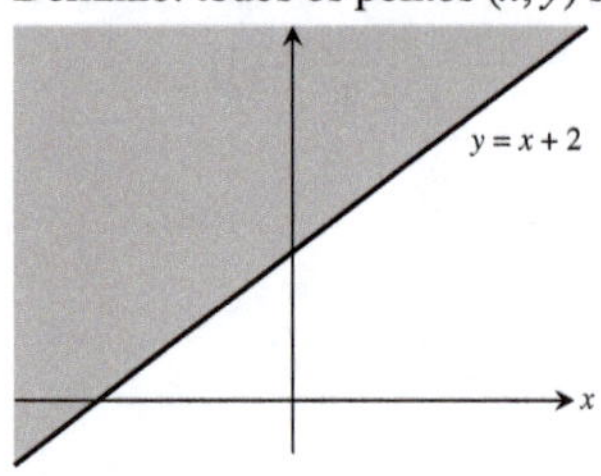

7. Domínio: todos os pontos (x, y) fora do gráfico de $y = x$ ou $y = x^3$

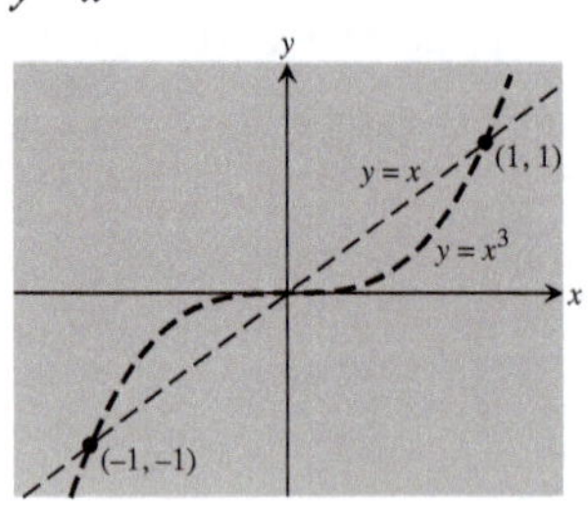

9. Domínio: todos os pontos (x, y) satisfazendo $x^2 - 1 \le y \le x^2 + 1$

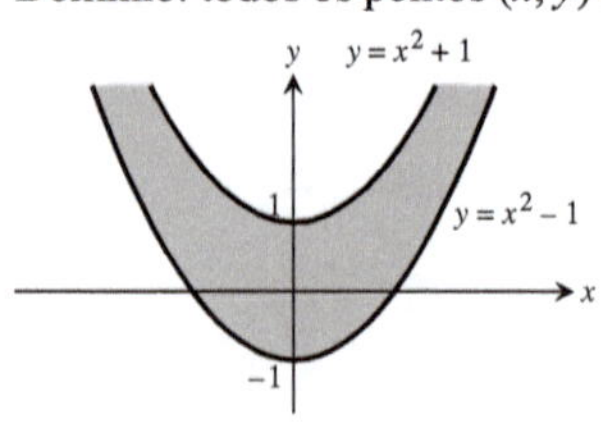

11. Domínio: todos os pontos (x, y) para os quais $(x - 2)(x + 2)(y - 3)(y + 3) \ge 0$

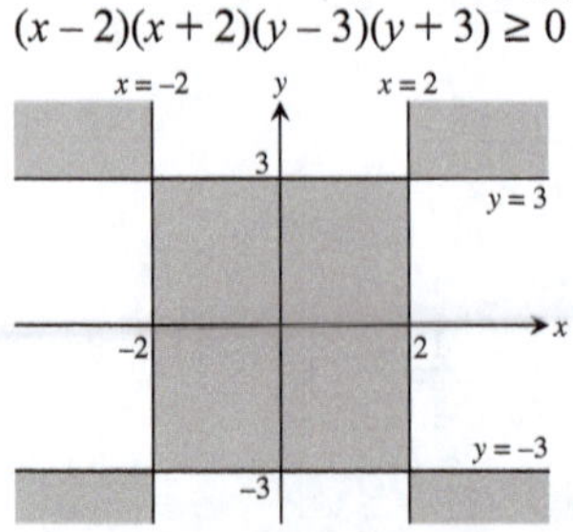

13.

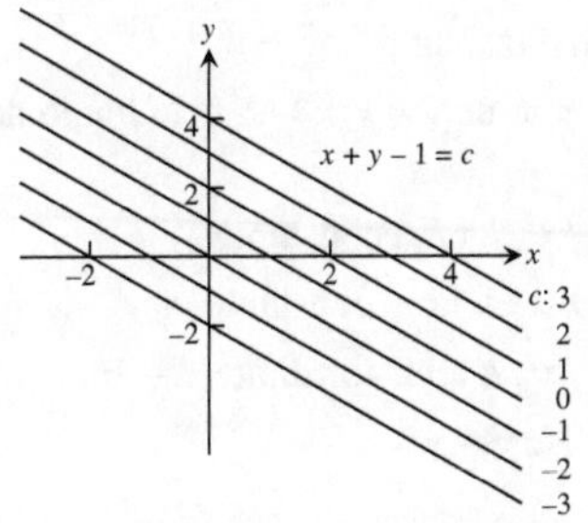

15.

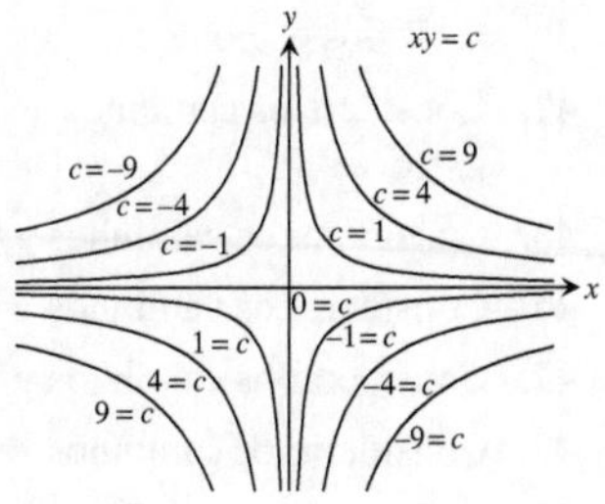

17. **a.** Todos os pontos no plano xy **d.** Sem pontos de fronteira

b. Todos os reais **e.** Tanto aberto quanto fechado

c. A reta $y - x = c$ **f.** Não limitada

19. **a.** Todos os pontos no plano xy **b.** $z \geq 0$

c. Para $f(x, y) = 0$, a origem; para $f(x, y) \neq 0$, elipses com o centro $(0, 0)$, e eixos maior e menor ao longo dos eixos x e y, respectivamente

d. Sem pontos de fronteira

e. Tanto aberto quanto fechado

f. Não limitada

21. **a.** Todos os pontos no plano xy **b.** Todos os reais

c. Para $f(x, y) = 0$, os eixos x e y; para $f(x, y) \neq 0$, hipérboles com os eixos x e y como assíntotas.

d. Sem pontos de fronteira **e.** Tanto aberto quanto fechado

f. Não limitada

23. **a.** Todos (x, y) satisfazendo $x^2 + y^2 < 16$ **b.** $z \geq 1/4$

c. Circunferências centradas na origem com raios $r < 4$

d. A fronteira é a circunferência $x^2 + y^2 = 16$

e. Aberto **f.** Limitada

25. **a.** $(x, y) \neq (0, 0)$ **b.** Todos os reais

c. As circunferências com centro $(0, 0)$ e raios $r > 0$

d. A fronteira é o ponto único $(0, 0)$

e. Aberto **f.** Não limitada

27. **a.** Todos (x, y) satisfazendo $-1 \leq y - x \leq 1$

b. $-\pi/2 \leq z \leq \pi/2$

c. Linhas retas da forma $y - x = c$, onde $-1 \leq c \leq 1$

d. A fronteira é duas linhas retas $y = 1 + x$ e $y = -1 + x$

e. Fechado **f.** Não limitada

29. **a.** Domínio: todos os pontos (x, y) fora da circunferência $x^2 + y^2 = 1$

b. Imagem: todos os reais

c. Circunferências centradas na origem com raios $r > 1$

d. Fronteira: $x^2 + y^2 = 1$

e. Aberto **f.** Não limitada

31. (f) **33.** (a) **35.** (d)

37. **a.**

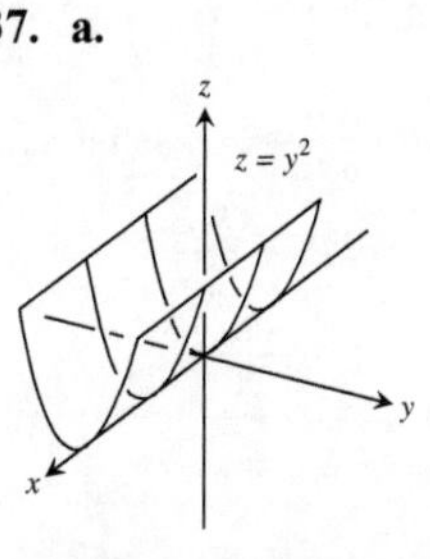

b.

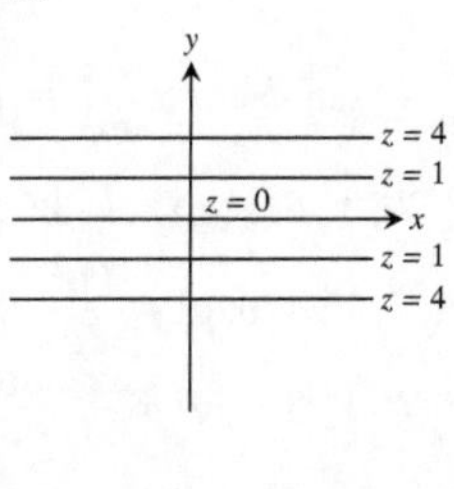

39. **a.**

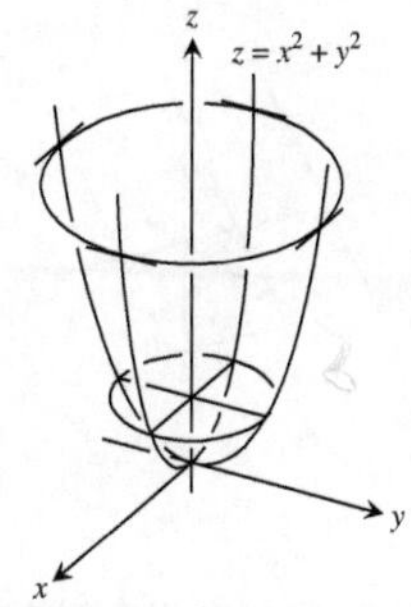

b.

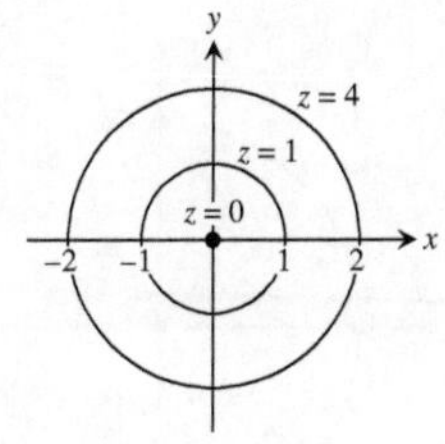

41. **a.**

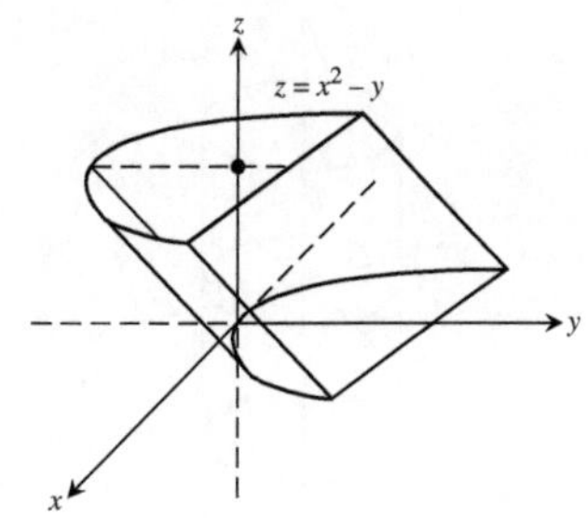

b.

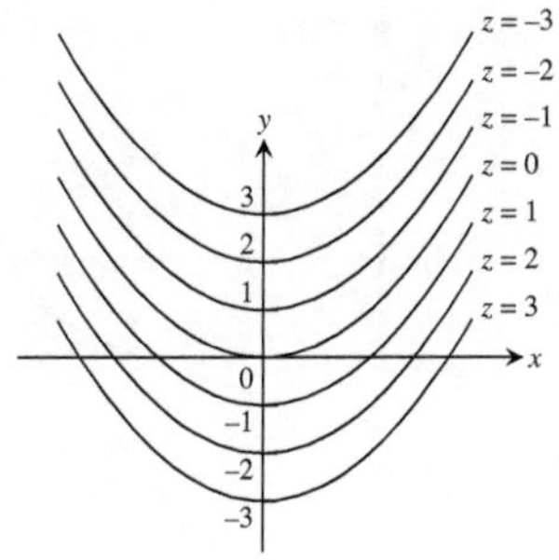

43. **a.**

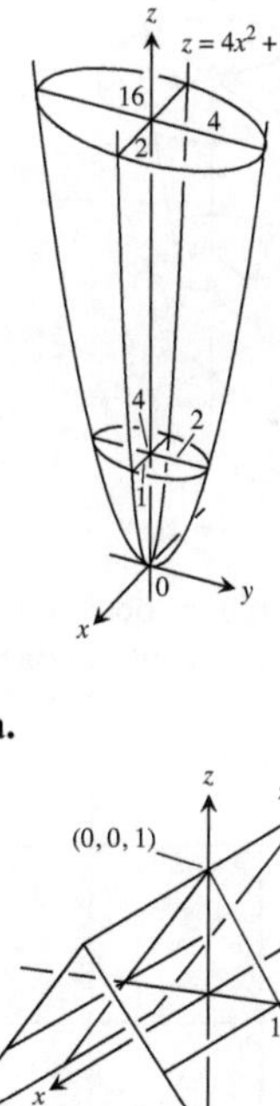

b.

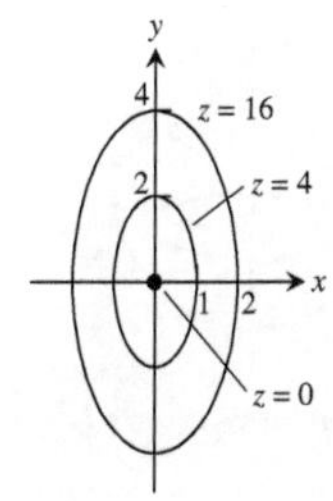

45. **a.**

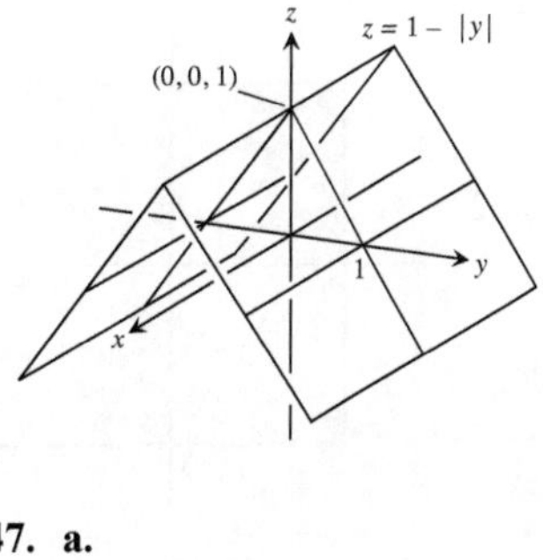

b.

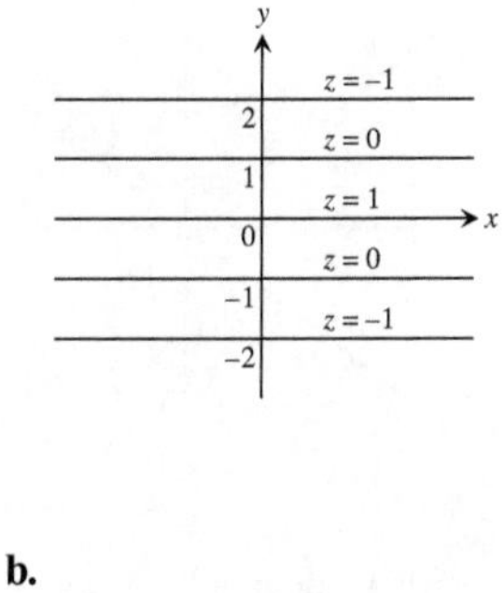

47. **a.**

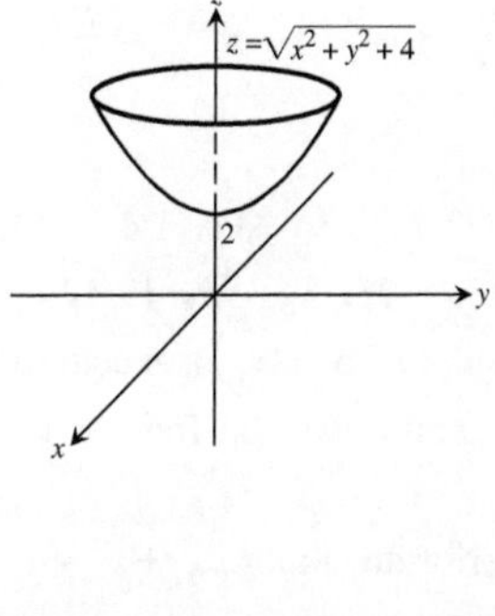

b.

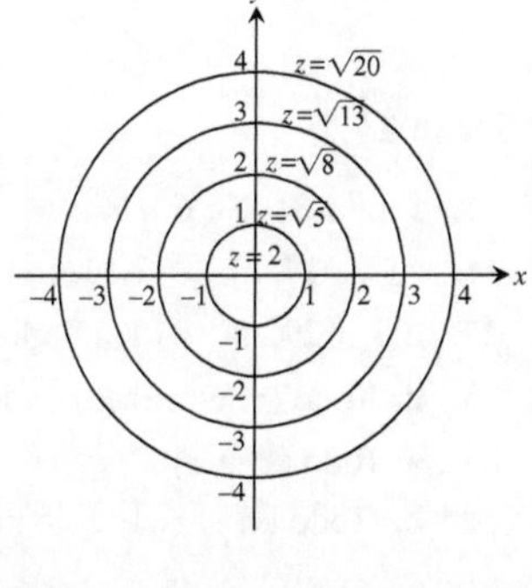

49. $x^2 + y^2 = 10$

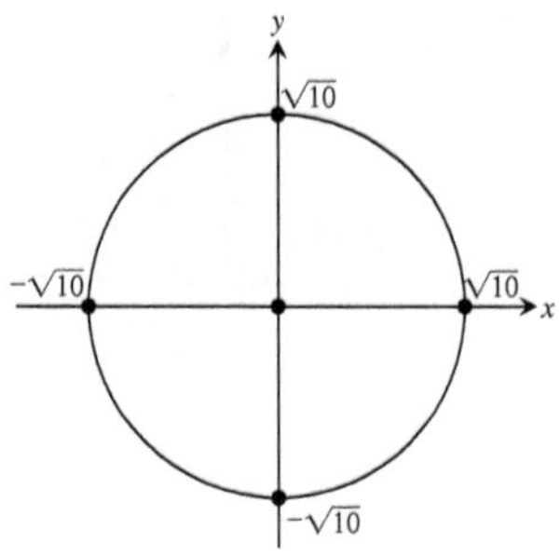

55.

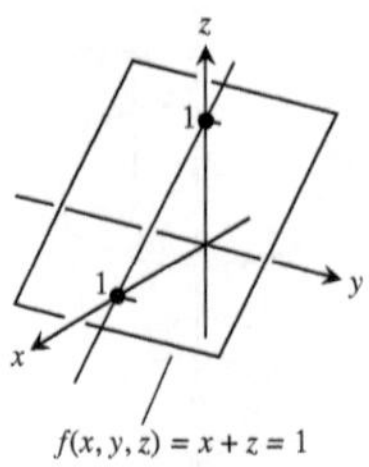

51. $x + y^2 = 4$

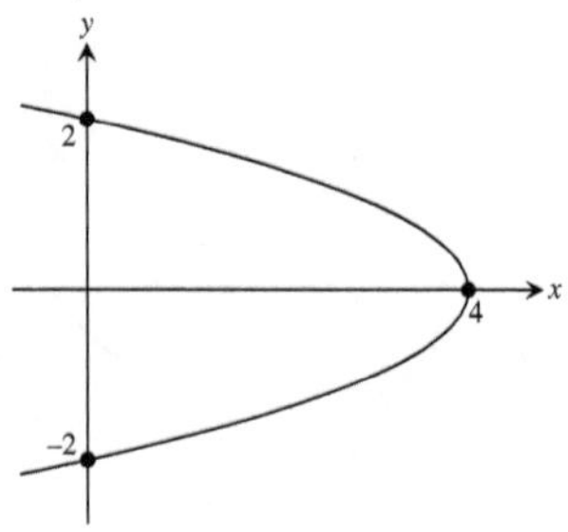

57.

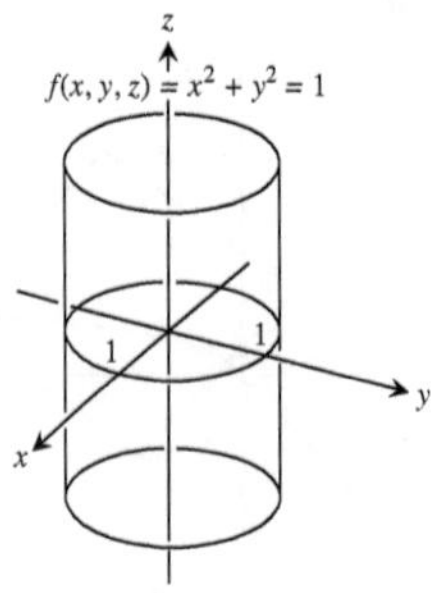

53.

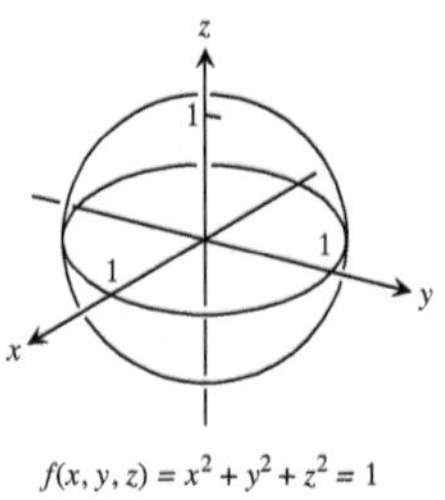

59.

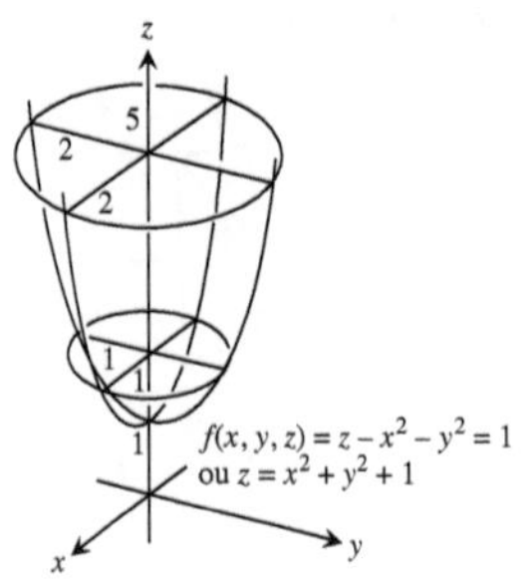

61. $\sqrt{x - y} - \ln z = 2$ **63.** $x^2 + y^2 + z^2 = 4$

65. Domínio: todos os pontos (x, y) satisfazendo $|x| < |y|$

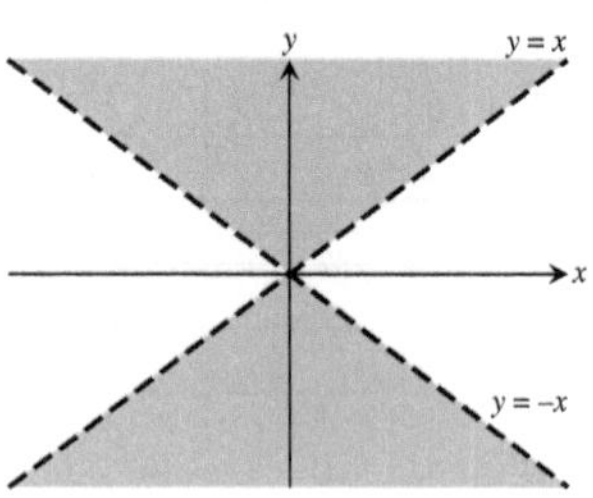

Curva de nível: $y = 2x$

67. Domínio: todos os pontos (x, y) satisfazendo $-1 \le x \le 1$ e $-1 \le y \le 1$

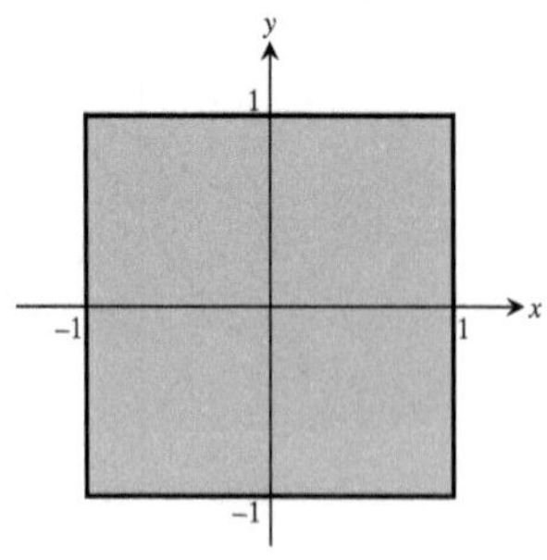

Curva de nível: $\text{sen}^{-1} y - \text{sen}^{-1} x = \dfrac{\pi}{2}$

Seção 14.2

1. 5/2 **3.** $2\sqrt{6}$ **5.** 1 **7.** 1/2 **9.** 1 **11.** 1/4 **13.** 0 **15.** –1 **17.** 2 **19.** 1/4 **21.** 1 **23.** 3 **25.** 19/12 **27.** 2 **29.** 3 **31.** **a.** Todo (x, y) **b.** Todo (x, y), exceto $(0, 0)$

33. **a.** Todo (x, y), exceto onde $x = 0$ ou $y = 0$ **b.** Todo (x, y)

35. **a.** Todo (x, y, z)
b. Todo (x, y, z), exceto no interior do cilindro $x^2 + y^2 = 1$

37. **a.** Todo (x, y, z) com $z \neq 0$ **b.** Todo (x, y, z) com $x^2 + z^2 \neq 1$

39. **a.** Todos os pontos (x, y) satisfazendo $z > x^2 + y^2 + 1$

41. Considere os caminhos ao longo de $y = x$, $x > 0$, e ao longo de $y = x$, $x < 0$.

43. Considerar os caminhos $y = kx^2$, k uma constante.

45. Considerar os caminhos $y = mx$, m uma constante, $m \neq -1$.

47. Considerar os caminhos $y = kx^2$, k uma constante, $k \neq 0$.

49. Considerar os caminhos $x = 1$ e $y = x$.

51. **a.** 1 **b.** 0 **c.** Não existe

55. O limite é 1. **57.** O limite é 0.

59. **a.** $f(x, y)\,|_{y=mx} = \text{sen}\, 2\theta$, onde $\text{tg}\,\theta = m$ **61.** 0

63. Não existe **65.** $\pi/2$ **67.** $f(0, 0) = \ln 3$

69. $\delta = 0{,}1$ **71.** $\delta = 0{,}005$ **73.** $\delta = 0{,}04$

75. $\delta = \sqrt{0{,}015}$ **77.** $\delta = 0{,}005$

Seção 14.3

1. $\dfrac{\partial f}{\partial x} = 4x,\ \dfrac{\partial f}{\partial y} = -3$ **3.** $\dfrac{\partial f}{\partial x} = 2x(y + 2),\ \dfrac{\partial f}{\partial y} = x^2 - 1$

5. $\dfrac{\partial f}{\partial x} = 2y(xy - 1),\ \dfrac{\partial f}{\partial y} = 2x(xy - 1)$

7. $\dfrac{\partial f}{\partial x} = \dfrac{x}{\sqrt{x^2 + y^2}},\ \dfrac{\partial f}{\partial y} = \dfrac{y}{\sqrt{x^2 + y^2}}$

9. $\dfrac{\partial f}{\partial x} = \dfrac{-1}{(x + y)^2},\ \dfrac{\partial f}{\partial y} = \dfrac{-1}{(x + y)^2}$

11. $\dfrac{\partial f}{\partial x} = \dfrac{-y^2 - 1}{(xy - 1)^2},\ \dfrac{\partial f}{\partial y} = \dfrac{-x^2 - 1}{(xy - 1)^2}$

13. $\dfrac{\partial f}{\partial x} = e^{x+y+1},\ \dfrac{\partial f}{\partial y} = e^{x+y+1}$ **15.** $\dfrac{\partial f}{\partial x} = \dfrac{1}{x + y},\ \dfrac{\partial f}{\partial y} = \dfrac{1}{x + y}$

17. $\dfrac{\partial f}{\partial x} = 2\,\text{sen}\,(x - 3y)\cos(x - 3y)$,
$\dfrac{\partial f}{\partial y} = -6\,\text{sen}\,(x - 3y)\cos(x - 3y)$

19. $\dfrac{\partial f}{\partial x} = yx^{y-1},\ \dfrac{\partial f}{\partial y} = x^y \ln x$

21. $\dfrac{\partial f}{\partial x} = -g(x),\ \dfrac{\partial f}{\partial y} = g(y)$

23. $f_x = y^2,\ f_y = 2xy,\ f_z = -4z$

25. $f_x = 1,\ f_y = -y(y^2 + z^2)^{-1/2},\ f_z = -z(y^2 + z^2)^{-1/2}$

27. $f_x = \dfrac{yz}{\sqrt{1 - x^2y^2z^2}},\ f_y = \dfrac{xz}{\sqrt{1 - x^2y^2z^2}},\ f_z = \dfrac{xy}{\sqrt{1 - x^2y^2z^2}}$

29. $f_x = \dfrac{1}{x + 2y + 3z},\ f_y = \dfrac{2}{x + 2y + 3z},\ f_z = \dfrac{3}{x + 2y + 3z}$

31. $f_x = -2xe^{-(x^2+y^2+z^2)},\ f_y = -2ye^{-(x^2+y^2+z^2)},\ f_z = -2ze^{-(x^2+y^2+z^2)}$

33. $f_x = \text{sech}^2\,(x + 2y + 3z),\ f_y = 2\,\text{sech}^2\,(x + 2y + 3z)$,
$f_z = 3\,\text{sech}^2\,(x + 2y + 3z)$

35. $\dfrac{\partial f}{\partial t} = -2\pi\,\text{sen}\,(2\pi t - \alpha),\ \dfrac{\partial f}{\partial \alpha} = \text{sen}\,(2\pi t - \alpha)$

37. $\dfrac{\partial h}{\partial \rho} = \text{sen}\,\phi\cos\theta,\ \dfrac{\partial h}{\partial \phi} = \rho\cos\phi\cos\theta,\ \dfrac{\partial h}{\partial \theta} = -\rho\,\text{sen}\,\phi\,\text{sen}\,\theta$

39. $W_P(P, V, \delta, v, g) = V,\ W_V(P, V, \delta, v, g) = P + \dfrac{\delta v^2}{2g}$,
$W_\delta(P, V, \delta, v, g) = \dfrac{Vv^2}{2g},\ W_v(P, V, \delta, v, g) = \dfrac{V\delta v}{g}$,
$W_g(P, V, \delta, v, g) = -\dfrac{V\delta v^2}{2g^2}$

41. $\frac{\partial f}{\partial x} = 1 + y, \frac{\partial f}{\partial y} = 1 + x, \frac{\partial^2 f}{\partial x^2} = 0, \frac{\partial^2 f}{\partial y^2} = 0,$

$\frac{\partial^2 f}{\partial y\,\partial x} = \frac{\partial^2 f}{\partial x\,\partial y} = 1$

43. $\frac{\partial g}{\partial x} = 2xy + y\cos x, \frac{\partial g}{\partial y} = x^2 - \operatorname{sen} y + \operatorname{sen} x,$

$\frac{\partial^2 g}{\partial x^2} = 2y - y\operatorname{sen} x, \quad \frac{\partial^2 g}{\partial y^2} = -\cos y,$

$\frac{\partial^2 g}{\partial y\,\partial x} = \frac{\partial^2 g}{\partial x\,\partial y} = 2x + \cos x$

45. $\frac{\partial r}{\partial x} = \frac{1}{x+y}, \frac{\partial r}{\partial y} = \frac{1}{x+y}, \frac{\partial^2 r}{\partial x^2} = \frac{-1}{(x+y)^2}, \frac{\partial^2 r}{\partial y^2} = \frac{-1}{(x+y)^2},$

$\frac{\partial^2 r}{\partial y\,\partial x} = \frac{\partial^2 r}{\partial x\,\partial y} = \frac{-1}{(x+y)^2}$

47. $\frac{\partial w}{\partial x} = x^2 y \sec^2(xy) + 2x\operatorname{tg}(xy), \frac{\partial w}{\partial y} = x^3\sec^2(xy),$

$\frac{\partial^2 w}{\partial y\,\partial x} = \frac{\partial^2 w}{\partial x\,\partial y} = 2x^3 y\sec^2(xy)\operatorname{tg}(xy) + 3x^2\sec^2(xy)$

$\frac{\partial^2 w}{\partial x^2} = 4xy\sec^2(xy) + 2x^2y^2\sec^2(xy)\operatorname{tg}(xy) + 2\operatorname{tg}(xy)$

$\frac{\partial^2 w}{\partial y^2} = 2x^4\sec^2(xy)\operatorname{tg}(xy)$

49. $\frac{\partial w}{\partial x} = \operatorname{sen}(x^2y) + 2x^2y\cos(x^2y), \frac{\partial w}{\partial y} = x^3\cos(x^2y),$

$\frac{\partial^2 w}{\partial y\,\partial x} = \frac{\partial^2 w}{\partial x\,\partial y} = 3x^2\cos(x^2y) - 2x^4y\operatorname{sen}(x^2y)$

$\frac{\partial^2 w}{\partial x^2} = 6xy\cos(x^2y) - 4x^3y^2\operatorname{sen}(x^2y)$

$\frac{\partial^2 w}{\partial y^2} = -x^5\operatorname{sen}(x^2y)$

51. $\frac{\partial w}{\partial x} = \frac{2}{2x+3y}, \frac{\partial w}{\partial y} = \frac{3}{2x+3y}, \frac{\partial^2 w}{\partial y\,\partial x} = \frac{\partial^2 w}{\partial x\,\partial y} = \frac{-6}{(2x+3y)^2}$

53. $\frac{\partial w}{\partial x} = y^2 + 2xy^3 + 3x^2y^4, \frac{\partial w}{\partial y} = 2xy + 3x^2y^2 + 4x^3y^3,$

$\frac{\partial^2 w}{\partial y\,\partial x} = \frac{\partial^2 w}{\partial x\,\partial y} = 2y + 6xy^2 + 12x^2y^3$

55. **a.** x primeiro **b.** y primeiro **c.** x primeiro **d.** x primeiro **e.** y primeiro **f.** y primeiro

57. $f_x(1, 2) = -13, f_y(1, 2) = -2$

59. $f_x(-2, 3) = 1/2, f_y(-2, 3) = 3/4$

61. **a.** 3 **b.** 2

63. 12 **65.** –2 **67.** $\frac{\partial A}{\partial a} = \frac{a}{bc\operatorname{sen} A}, \frac{\partial A}{\partial b} = \frac{c\cos A - b}{bc\operatorname{sen} A}$

69. $v_x = \frac{\ln v}{(\ln u)(\ln v) - 1}$

71. $f_x(x, y) = 0$ para todos os pontos (x, y),

$f_y(x, y) = \begin{cases} 3y^2, & y \geq 0 \\ -2y, & y < 0 \end{cases},$

$f_{xy}(x, y) = f_{yx}(x, y) = 0$ para todos os pontos (x, y)

89. Sim

Seção 14.4

1. **a.** $\frac{dw}{dt} = 0$, **b.** $\frac{dw}{dt}(\pi) = 0$

3. **a.** $\frac{dw}{dt} = 1$, **b.** $\frac{dw}{dt}(3) = 1$

5. **a.** $\frac{dw}{dt} = 4t\operatorname{tg}^{-1} t + 1$, **b.** $\frac{dw}{dt}(1) = \pi + 1$

7. **a.** $\frac{\partial z}{\partial u} = 4\cos v\ln(u\operatorname{sen} v) + 4\cos v,$

$\frac{\partial z}{\partial v} = -4u\operatorname{sen} v\ln(u\operatorname{sen} v) + \frac{4u\cos^2 v}{\operatorname{sen} v}$

b. $\frac{\partial z}{\partial u} = \sqrt{2}(\ln 2 + 2), \frac{\partial z}{\partial v} = -2\sqrt{2}(\ln 2 - 2)$

9. **a.** $\frac{\partial w}{\partial u} = 2u + 4uv, \frac{\partial w}{\partial v} = -2v + 2u^2$

b. $\frac{\partial w}{\partial u} = 3, \frac{\partial w}{\partial v} = -\frac{3}{2}$

11. **a.** $\frac{\partial u}{\partial x} = 0, \frac{\partial u}{\partial y} = \frac{z}{(z-y)^2}, \frac{\partial u}{\partial z} = \frac{-y}{(z-y)^2}$

b. $\frac{\partial u}{\partial x} = 0, \frac{\partial u}{\partial y} = 1, \frac{\partial u}{\partial z} = -2$

13. $\frac{dz}{dt} = \frac{\partial z}{\partial x}\frac{dx}{dt} + \frac{\partial z}{\partial y}\frac{dy}{dt}$

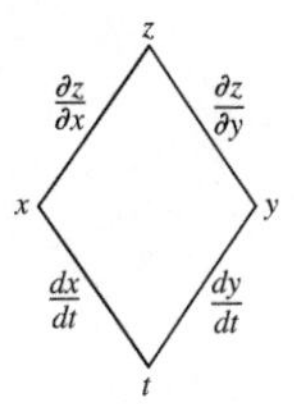

15. $\frac{\partial w}{\partial u} = \frac{\partial w}{\partial x}\frac{\partial x}{\partial u} + \frac{\partial w}{\partial y}\frac{\partial y}{\partial u} + \frac{\partial w}{\partial z}\frac{\partial z}{\partial u},$

$\frac{\partial w}{\partial v} = \frac{\partial w}{\partial x}\frac{\partial x}{\partial v} + \frac{\partial w}{\partial y}\frac{\partial y}{\partial v} + \frac{\partial w}{\partial z}\frac{\partial z}{\partial v}$

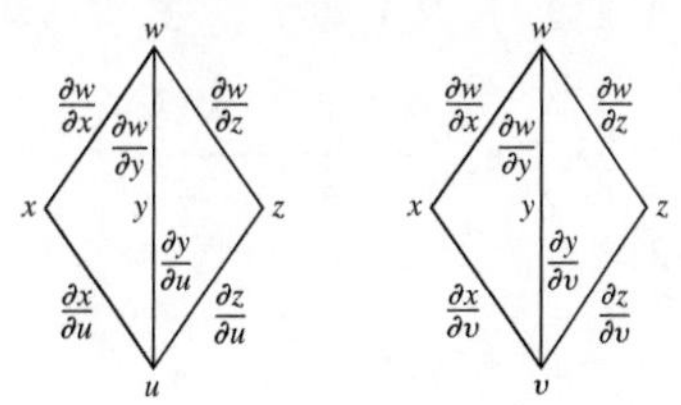

17. $\frac{\partial w}{\partial u} = \frac{\partial w}{\partial x}\frac{\partial x}{\partial u} + \frac{\partial w}{\partial y}\frac{\partial y}{\partial u}, \frac{\partial w}{\partial v} = \frac{\partial w}{\partial x}\frac{\partial x}{\partial v} + \frac{\partial w}{\partial y}\frac{\partial y}{\partial v}.$

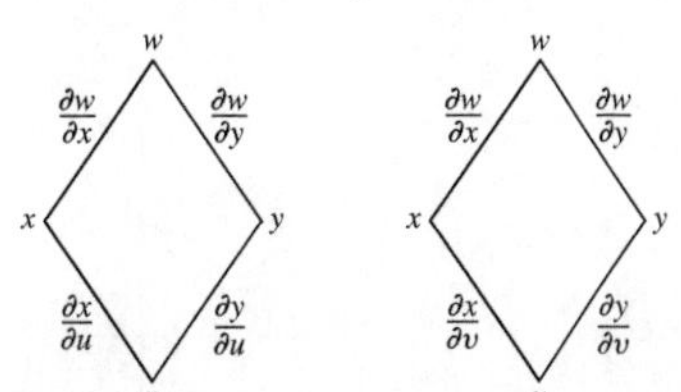

19. $\frac{\partial z}{\partial t} = \frac{\partial z}{\partial x}\frac{\partial x}{\partial t} + \frac{\partial z}{\partial y}\frac{\partial y}{\partial t}, \frac{\partial z}{\partial s} = \frac{\partial z}{\partial x}\frac{\partial x}{\partial s} + \frac{\partial z}{\partial y}\frac{\partial y}{\partial s}$

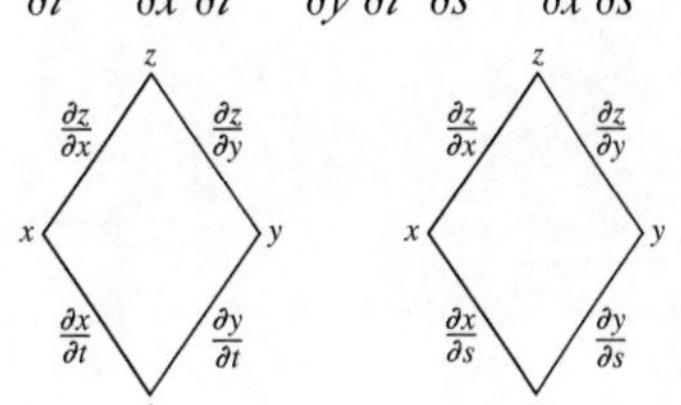

21. $\dfrac{\partial w}{\partial s} = \dfrac{dw}{du}\dfrac{\partial u}{\partial s}, \dfrac{\partial w}{\partial t} = \dfrac{dw}{du}\dfrac{\partial u}{\partial t}$

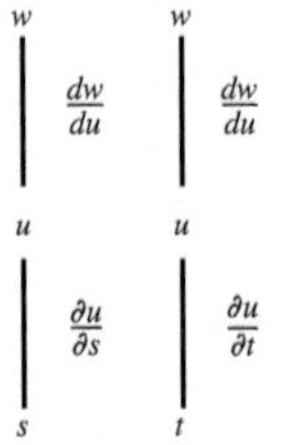

23. $\dfrac{\partial w}{\partial r} = \dfrac{\partial w}{\partial x}\dfrac{dx}{dr} + \dfrac{\partial w}{\partial y}\dfrac{dy}{dr} = \dfrac{\partial w}{\partial x}\dfrac{dx}{dr}$ desde que $\dfrac{dy}{dr} = 0$,

$\dfrac{\partial w}{\partial s} = \dfrac{\partial w}{\partial x}\dfrac{dx}{ds} + \dfrac{\partial w}{\partial y}\dfrac{dy}{ds} = \dfrac{\partial w}{\partial y}\dfrac{dy}{ds}$ desde que $\dfrac{dx}{ds} = 0$

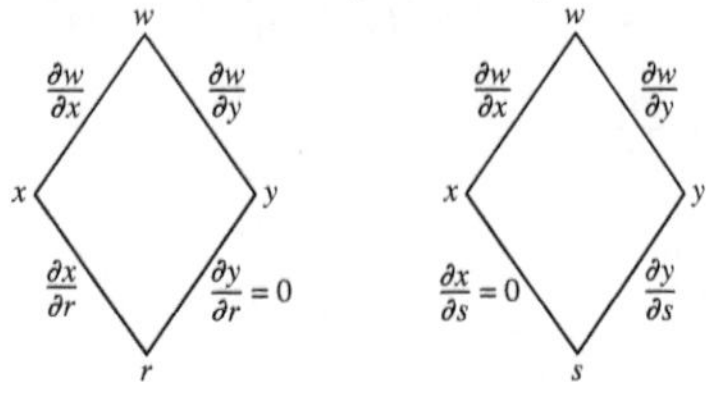

25. 4/3 **27.** $-4/5$ **29.** $\dfrac{\partial z}{\partial x} = \dfrac{1}{4}, \dfrac{\partial z}{\partial y} = -\dfrac{3}{4}$

31. $\dfrac{\partial z}{\partial x} = -1, \dfrac{\partial z}{\partial y} = -1$ **33.** 12 **35.** -7

37. $\dfrac{\partial z}{\partial u} = 2, \dfrac{\partial z}{\partial v} = 1$

39. $\dfrac{\partial w}{\partial t} = 2t\, e^{s^3+t^2}, \dfrac{\partial w}{\partial s} = 3s^2\, e^{s^3+t^2}$

41. $-0{,}00005$ ampères/s

47. (cos 1, sen 1, 1) e (cos (–2), sen (–2), –2)

49. a. Máximo em $\left(-\dfrac{\sqrt{2}}{2}, \dfrac{\sqrt{2}}{2}\right)$ e $\left(\dfrac{\sqrt{2}}{2}, -\dfrac{\sqrt{2}}{2}\right)$;

mínimo em $\left(\dfrac{\sqrt{2}}{2}, \dfrac{\sqrt{2}}{2}\right)$ e $\left(-\dfrac{\sqrt{2}}{2}, -\dfrac{\sqrt{2}}{2}\right)$

b. Máx. = 6, mín. = 2

51. $2x\sqrt{x^8 + x^3} + \displaystyle\int_0^{x^2} \frac{3x^2}{2\sqrt{t^4 + x^3}}\, dt$

Seção 14.5

1.

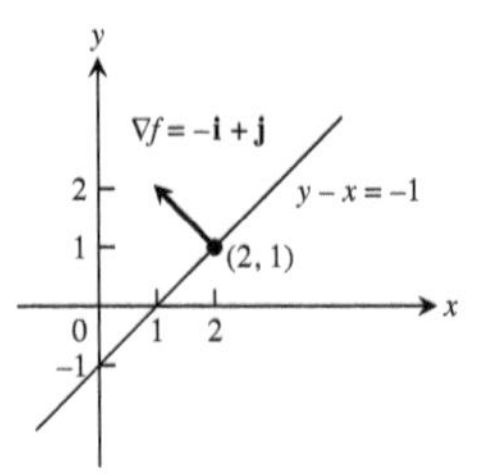

5.

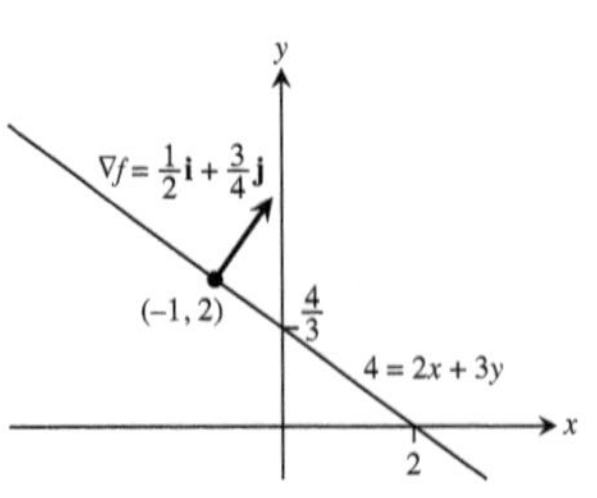

3.

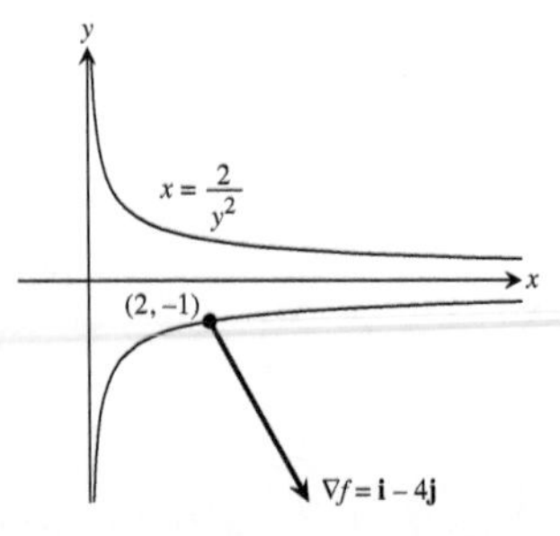

7. $\nabla f = 3\mathbf{i} + 2\mathbf{j} - 4\mathbf{k}$ **9.** $\nabla f = -\dfrac{26}{27}\mathbf{i} + \dfrac{23}{54}\mathbf{j} - \dfrac{23}{54}\mathbf{k}$

11. -4 **13.** 21/13 **15.** 3 **17.** 2

19. $\mathbf{u} = -\dfrac{1}{\sqrt{2}}\mathbf{i} + \dfrac{1}{\sqrt{2}}\mathbf{j}, (D_{\mathbf{u}}f)_{P_0} = \sqrt{2}; -\mathbf{u} = \dfrac{1}{\sqrt{2}}\mathbf{i} - \dfrac{1}{\sqrt{2}}\mathbf{j},$

$(D_{-\mathbf{u}}f)_{P_0} = -\sqrt{2}$

21. $\mathbf{u} = \dfrac{1}{3\sqrt{3}}\mathbf{i} - \dfrac{5}{3\sqrt{3}}\mathbf{j} - \dfrac{1}{3\sqrt{3}}\mathbf{k}, (D_{\mathbf{u}}f)_{P_0} = 3\sqrt{3};$

$-\mathbf{u} = -\dfrac{1}{3\sqrt{3}}\mathbf{i} + \dfrac{5}{3\sqrt{3}}\mathbf{j} + \dfrac{1}{3\sqrt{3}}\mathbf{k}, (D_{-\mathbf{u}}f)_{P_0} = -3\sqrt{3}$

23. $\mathbf{u} = \dfrac{1}{\sqrt{3}}(\mathbf{i} + \mathbf{j} + \mathbf{k}), (D_{\mathbf{u}}f)_{P_0} = 2\sqrt{3};$

$-\mathbf{u} = -\dfrac{1}{\sqrt{3}}(\mathbf{i} + \mathbf{j} + \mathbf{k}), (D_{-\mathbf{u}}f)_{P_0} = -2\sqrt{3}$

25.

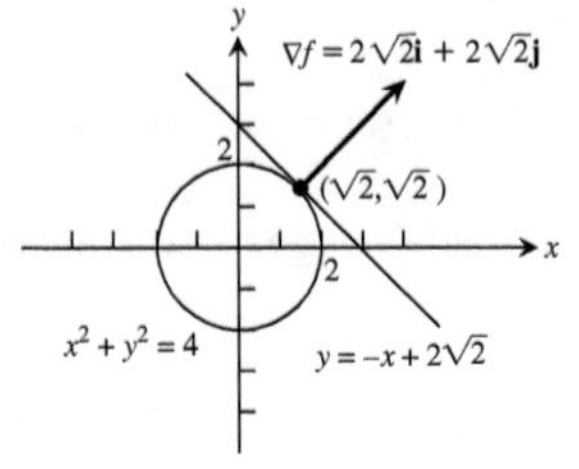

27.

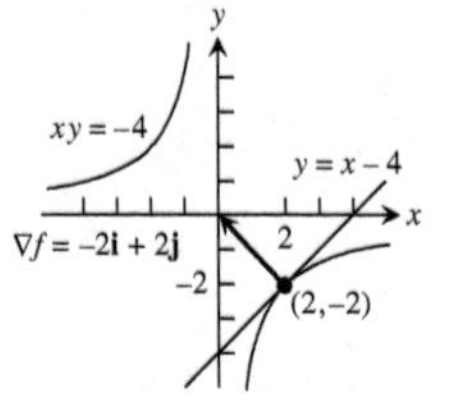

29. a. $\mathbf{u} = \dfrac{3}{5}\mathbf{i} - \dfrac{4}{5}\mathbf{j}, D_{\mathbf{u}}\, f(1, -1) = 5$

b. $\mathbf{u} = -\dfrac{3}{5}\mathbf{i} + \dfrac{4}{5}\mathbf{j}, D_{\mathbf{u}}\, f(1, -1) = -5$

c. $\mathbf{u} = \dfrac{4}{5}\mathbf{i} + \dfrac{3}{5}\mathbf{j}, \mathbf{u} = -\dfrac{4}{5}\mathbf{i} - \dfrac{3}{5}\mathbf{j}$

d. $\mathbf{u} = -\mathbf{j}, \mathbf{u} = \dfrac{24}{25}\mathbf{i} - \dfrac{7}{25}\mathbf{j}$

e. $\mathbf{u} = -\mathbf{i}, \mathbf{u} = \dfrac{7}{25}\mathbf{i} + \dfrac{24}{25}\mathbf{j}$

31. $\mathbf{u} = \dfrac{7}{\sqrt{53}}\mathbf{i} - \dfrac{2}{\sqrt{53}}\mathbf{j}, -\mathbf{u} = -\dfrac{7}{\sqrt{53}}\mathbf{i} + \dfrac{2}{\sqrt{53}}\mathbf{j}$

33. Não, a taxa máxima de variação é $\sqrt{185} < 14$.

35. $-7/\sqrt{5}$

Seção 14.6

1. a. $x + y + z = 3$ **b.** $x = 1 + 2t, y = 1 + 2t, z = 1 + 2t$

3. a. $2x - z - 2 = 0$ **b.** $x = 2 - 4t, y = 0, z = 2 + 2t$

5. a. $2x + 2y + z - 4 = 0$ **b.** $x = 2t, y = 1 + 2t, z = 2 + t$

7. a. $x + y + z - 1 = 0$ **b.** $x = t, y = 1 + t, z = t$

9. $2x - z - 2 = 0$ **11.** $x - y + 2z - 1 = 0$

13. $x = 1, y = 1 + 2t, z = 1 - 2t$

15. $x = 1 - 2t, y = 1, z = \dfrac{1}{2} + 2t$

17. $x = 1 + 90t, y = 1 - 90t, z = 3$

19. $df = \dfrac{9}{11.830} \approx 0{,}0008$ **21.** $dg = 0$

23. a. $\dfrac{\sqrt{3}}{2}\operatorname{sen}\sqrt{3} - \dfrac{1}{2}\cos\sqrt{3} \approx 0{,}935$°C/pé

b. $\sqrt{3}\operatorname{sen}\sqrt{3} - \cos\sqrt{3} \approx 1{,}87$°C/s

25. a. $L(x, y) = 1$

b. $L(x, y) = 2x + 2y - 1$

27. a. $L(x, y) = 3x - 4y + 5$

b. $L(x, y) = 3x - 4y + 5$

29. **a.** $L(x, y) = 1 + x$ **b.** $L(x, y) = -y + \frac{\pi}{2}$

31. **a.** $W(20, 25) = 11°F$, $W(30, -10) = -39°F$, $W(15, 15) = 0°F$
b. $W(10, -40) \approx -65{,}5°F$, $W(50, -40) \approx -88°F$, $W(60, 30) \approx 10{,}2°F$
c. $L(v, T) \approx -0{,}36(v - 25) + 1{,}337(T - 5) - 17{,}4088$
d. **i.** $L(24, 6) \approx -15{,}7°F$
ii. $L(27, 2) \approx -22{,}1°F$
iii. $L(5, -10) \approx -30{,}2°F$

33. $L(x, y) = 7 + x - 6y$; 0,06 **35.** $L(x, y) = x + y + 1$; 0,08

37. $L(x, y) = 1 + x$; 0,0222

39. **a.** $L(x, y, z) = 2x + 2y + 2z - 3$ **c.** $L(x, y, z) = 0$
b. $L(x, y, z) = y + z$

41. **a.** $L(x, y, z) = x$ **c.** $L(x, y, z) = \frac{1}{3}x + \frac{2}{3}y + \frac{2}{3}z$
b. $L(x, y, z) = \frac{1}{\sqrt{2}}x + \frac{1}{\sqrt{2}}y$

43. **a.** $L(x, y, z) = 2 + x$
b. $L(x, y, z) = x - y - z + \frac{\pi}{2} + 1$
c. $L(x, y, z) = x - y - z + \frac{\pi}{2} + 1$

45. $L(x, y, z) = 2x - 6y - 2z + 6$, 0,0024

47. $L(x, y, z) = x + y - z - 1$, 0,00135

49. Erro máximo (estimativa) $\leq 0{,}31$ em magnitude

51. **a.** ±5% **b.** ±7%

53. $\approx \pm 4{,}83\%$

55. Preste mais atenção na menor das duas dimensões. Isso irá gerar a maior derivada parcial.

57. **a.** 0,3%

59. f é mais sensível a uma mudança em d.

61. Q é mais sensível a uma mudança em h.

65. Em $-\frac{\pi}{4}, -\frac{\pi}{2\sqrt{2}}$; em 0, 0; em $\frac{\pi}{4}, \frac{\pi}{2\sqrt{2}}$

Seção 14.7

1. $f(-3, 3) = -5$, mínimo local

3. $f(-2, 1)$, ponto de sela

5. $f\left(3, \frac{3}{2}\right) = \frac{17}{2}$, máximo local

7. $f(2, -1) = -6$, mínimo local **9.** $f(1, 2)$, ponto de sela

11. $f\left(\frac{16}{7}, 0\right) = -\frac{16}{7}$, máximo local

13. $f(0, 0)$, ponto de sela; $f\left(-\frac{2}{3}, \frac{2}{3}\right) = \frac{170}{27}$, máximo local

15. $f(0, 0) = 0$, mínimo local; $f(1, -1)$, ponto de sela

17. $f(0, \pm\sqrt{5})$, pontos de sela; $f(-2, -1) = 30$, máximo local; $f(2, 1) = -30$, mínimo local

19. $f(0, 0)$, ponto de sela; $f(1, 1) = 2$, $f(-1, -1) = 2$, máximos locais

21. $f(0, 0) = -1$, máximo local

23. $f(n\pi, 0)$, pontos de sela, para cada inteiro n

25. $f(2, 0) = e^{-4}$, mínimo local

27. $f(0, 0) = 0$, mínimo local; $f(0, 2)$, ponto de sela

29. $f\left(\frac{1}{2}, 1\right) = \ln\left(\frac{1}{4}\right) - 3$, máximo local

31. Máximo absoluto: 1 em (0, 0); mínimo absoluto: –5 em (1, 2)

33. Máximo absoluto: 4 em (0, 2); mínimo absoluto: 0 em (0, 0)

35. Máximo absoluto: 11 em (0, –3); mínimo absoluto: –10 em (4, –2)

37. Máximo absoluto: 4 em (2, 0); mínimo absoluto: $\frac{3\sqrt{2}}{2}$ em $\left(3, -\frac{\pi}{4}\right)$, $\left(3, \frac{\pi}{4}\right)$, $\left(1, -\frac{\pi}{4}\right)$ e $\left(1, \frac{\pi}{4}\right)$

39. $a = -3$, $b = 2$

41. O mais quente é $2\frac{1}{4}°$ em $\left(-\frac{1}{2}, \frac{\sqrt{3}}{2}\right)$ e $\left(-\frac{1}{2}, -\frac{\sqrt{3}}{2}\right)$; o mais frio é $-\frac{1}{4}°$ em $\left(\frac{1}{2}, 0\right)$.

43. **a.** $f(0, 0)$, ponto de sela **b.** $f(1, 2)$, mínimo local
c. $f(1, -2)$, mínimo local; $f(-1, -2)$, ponto de sela

49. $\left(\frac{1}{6}, \frac{1}{3}, \frac{355}{36}\right)$ **51.** $\left(\frac{9}{7}, \frac{6}{7}, \frac{3}{7}\right)$ **53.** 3, 3, 3 **55.** 12

57. $\frac{4}{\sqrt{3}} \times \frac{4}{\sqrt{3}} \times \frac{4}{\sqrt{3}}$ **59.** 2 pés × 2 pés × 1 pé

61. **a.** No semicírculo, max $f = 2\sqrt{2}$ em $t = \pi/4$, min $f = -2$ em $t = \pi$. No quarto de círculo, max $f = 2\sqrt{2}$ em $t = \pi/4$, min $f = 2$ em $t = 0, \pi/2$.
b. No semicírculo, max $g = 2$ em $t = \pi/4$, min $g = -2$ em $t = 3\pi/4$. No quarto de círculo, max $g = 2$ em $t = \pi/4$, min $g = 0$ em $t = 0, \pi/2$.
c. No semicírculo, max $h = 8$ em $t = 0, \pi$; min $h = 4$ em $t = \pi/2$. No quarto de círculo, max $h = 8$ em $t = 0$, min h = 4 em $t = \pi/2$.

63. **i.** min $f = -1/2$ em $t = -1/2$; sem max
ii. max $f = 0$ em $t = -1, 0$; min $f = -1/2$ em $t = -1/2$
iii. max $f = 4$ em $t = 1$; min $f = 0$ em $t = 0$

67. $y = -\frac{20}{13}x + \frac{9}{13}$, $y|_{x=4} = -\frac{71}{13}$

Seção 14.8

1. $\left(\pm\frac{1}{\sqrt{2}}, \frac{1}{2}\right)$, $\left(\pm\frac{1}{\sqrt{2}}, -\frac{1}{2}\right)$ **3.** 39 **5.** $(3, \pm 3\sqrt{2})$

7. **a.** 8 **b.** 64

9. $r = 2$ cm, $h = 4$ cm

11. Comprimento $= 4\sqrt{2}$, largura $= 3\sqrt{2}$

13. $f(0, 0) = 0$ é o mínimo, $f(2, 4) = 20$ é o máximo

15. Mais baixo = 0°, mais alto = 125°

17. $\left(\frac{3}{2}, 2, \frac{5}{2}\right)$ **19.** 1

21. (0, 0, 2), (0, 0, –2)

23. $f(1, -2, 5) = 30$ é o máximo, $f(-1, 2, -5) = -30$ é o mínimo.

25. 3, 3, 3 **31.** $U(8, 14) = \$128$

27. $\frac{2}{\sqrt{3}}$ por $\frac{2}{\sqrt{3}}$ por $\frac{2}{\sqrt{3}}$ unidades **33.** $f(2/3, 4/3, -4/3) = \frac{4}{3}$

29. $(\pm 4/3, -4/3, -4/3)$ **35.** (2, 4, 4)

37. O máximo é $1 + 6\sqrt{3}$ em $(\pm\sqrt{6}, \sqrt{3}, 1)$, o mínimo é $1 - 6\sqrt{3}$ em $(\pm\sqrt{6}, -\sqrt{3}, 1)$.

39. O máximo é 4 em $(0, 0, \pm 2)$, o mínimo é 2 em $(\pm\sqrt{2}, \pm\sqrt{2}, 0)$.

Seção 14.9

1. Quadrático: $x + xy$; cúbico: $x + xy + \frac{1}{2}xy^2$

3. Quadrático: xy; cúbico: xy

5. Quadrático: $y + \frac{1}{2}(2xy - y^2)$;
cúbico: $y + \frac{1}{2}(2xy - y^2) + \frac{1}{6}(3x^2y - 3xy^2 + 2y^3)$

7. Quadrático: $\frac{1}{2}(2x^2 + 2y^2) = x^2 + y^2$; cúbico: $x^2 + y^2$

9. Quadrático: $1 + (x + y) + (y + y)^2$;
cúbico: $1 + (x + y) + (x + y)^2 + (x + y)^3$

11. Quadrático: $1 - \frac{1}{2}x^2 - \frac{1}{2}y^2$; $E(x, y) \leq 0{,}00134$

Seção 14.10

1. **a.** 0 **b.** $1 + 2z$ **c.** $1 + 2z$

3. **a.** $\frac{\partial U}{\partial P} + \frac{\partial U}{\partial T}\left(\frac{V}{nR}\right)$ **b.** $\frac{\partial U}{\partial P}\left(\frac{nR}{V}\right) + \frac{\partial U}{\partial T}$

5. **a.** 5 **b.** 5

7. $\left(\frac{\partial x}{\partial r}\right)_\theta = \cos\theta$

$\left(\frac{\partial r}{\partial x}\right)_y = \frac{x}{\sqrt{x^2 + y^2}}$

Exercícios práticos

1. Domínio: todos os pontos no plano xy; imagem: $z \geq 0$. Curvas de nível são elipses com eixo maior ao longo do eixo y e eixo menor ao longo do eixo x.

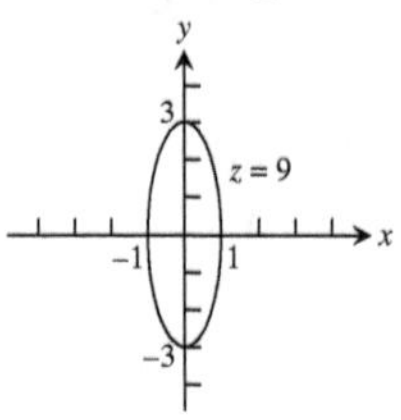

3. Domínio: todo (x, y) de modo que $x \neq 0$ e $y \neq 0$; imagem: $z \neq 0$. Curvas de nível são hipérboles com os eixos x e y como assíntotas.

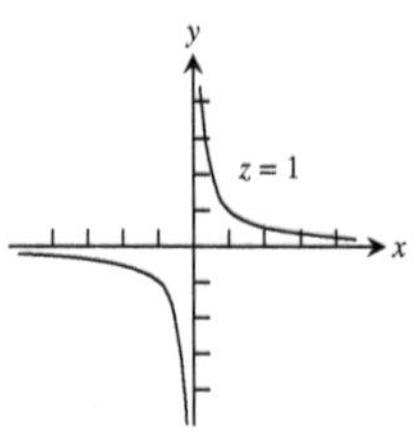

5. Domínio: todos os pontos no espaço xyz; imagem: todos os números reais. Curvas de superfície são paraboloides de revolução com o eixo z como eixo.

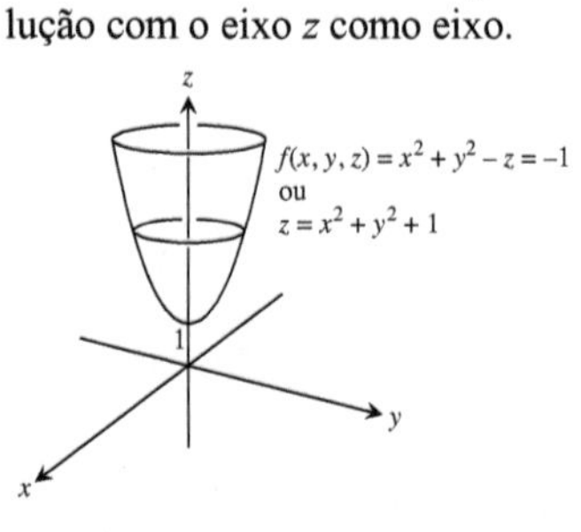

7. Domínio: todo (x, y, z) de modo que $(x, y, z) \neq (0, 0, 0)$; imagem: números reais positivos. Curvas de superfície são esferas com centro $(0, 0, 0)$ e raio $r > 0$.

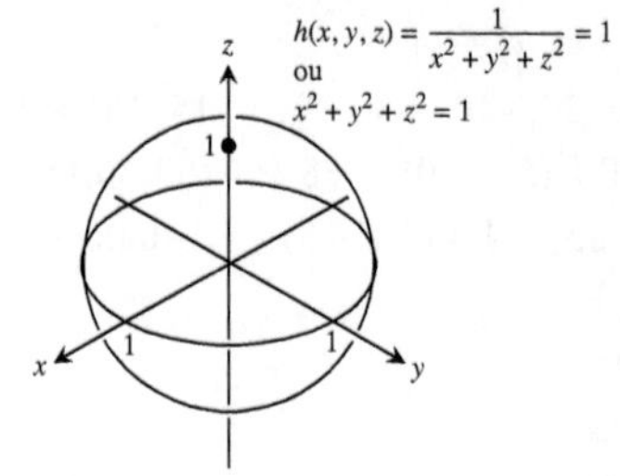

9. −2 **11.** 1/2 **13.** 1 **15.** Deixe $y = kx^2$, $k \neq 1$

17. Não; $\lim_{(x, y)\to(0, 0)} f(x, y)$ não existe.

19. $\frac{\partial g}{\partial r} = \cos\theta + \operatorname{sen}\theta$, $\frac{\partial g}{\partial \theta} = -r\operatorname{sen}\theta + r\cos\theta$

21. $\frac{\partial f}{\partial R_1} = -\frac{1}{R_1^2}$, $\frac{\partial f}{\partial R_2} = -\frac{1}{R_2^2}$, $\frac{\partial f}{\partial R_3} = -\frac{1}{R_3^2}$

23. $\frac{\partial P}{\partial n} = \frac{RT}{V}$, $\frac{\partial P}{\partial R} = \frac{nT}{V}$, $\frac{\partial P}{\partial T} = \frac{nR}{V}$, $\frac{\partial P}{\partial V} = -\frac{nRT}{V^2}$

25. $\frac{\partial^2 g}{\partial x^2} = 0$, $\frac{\partial^2 g}{\partial y^2} = \frac{2x}{y^3}$, $\frac{\partial^2 g}{\partial y\,\partial x} = \frac{\partial^2 g}{\partial x\,\partial y} = -\frac{1}{y^2}$

27. $\frac{\partial^2 f}{\partial x^2} = -30x + \frac{2 - 2x^2}{(x^2 + 1)^2}$, $\frac{\partial^2 f}{\partial y^2} = 0$, $\frac{\partial^2 f}{\partial y\,\partial x} = \frac{\partial^2 f}{\partial x\,\partial y} = 1$

29. $\left.\frac{dw}{dt}\right|_{t=0} = -1$

31. $\left.\frac{\partial w}{\partial r}\right|_{(r, s)=(\pi, 0)} = 2$, $\left.\frac{\partial w}{\partial s}\right|_{(r, s)=(\pi, 0)} = 2 - \pi$

33. $\left.\frac{df}{dt}\right|_{t=1} = -(\operatorname{sen} 1 + \cos 2)(\operatorname{sen} 1) + (\cos 1 + \cos 2)(\cos 1) - 2(\operatorname{sen} 1 + \cos 1)(\operatorname{sen} 2)$

35. $\left.\frac{dy}{dx}\right|_{(x, y)=(0, 1)} = -1$

37. Aumenta mais rapidamente na direção $\mathbf{u} = -\frac{\sqrt{2}}{2}\mathbf{i} - \frac{\sqrt{2}}{2}\mathbf{j}$;
diminui mais rapidamente na direção $-\mathbf{u} = \frac{\sqrt{2}}{2}\mathbf{i} + \frac{\sqrt{2}}{2}\mathbf{j}$;
$D_{\mathbf{u}}f = \frac{\sqrt{2}}{2}$; $D_{-\mathbf{u}}f = -\frac{\sqrt{2}}{2}$; $D_{\mathbf{u}_1}f = -\frac{7}{10}$, onde $\mathbf{u}_1 = \frac{\mathbf{v}}{|\mathbf{v}|}$

39. Aumenta mais rapidamente na direção $\mathbf{u} = \frac{2}{7}\mathbf{i} + \frac{3}{7}\mathbf{j} + \frac{6}{7}\mathbf{k}$;
diminui mais rapidamente na direção $-\mathbf{u} = -\frac{2}{7}\mathbf{i} - \frac{3}{7}\mathbf{j} - \frac{6}{7}\mathbf{k}$;
$D_{\mathbf{u}}f = 7$; $D_{-\mathbf{u}}f = -7$; $D_{\mathbf{u}_1}f = 7$, onde $\mathbf{u}_1 = \frac{\mathbf{v}}{|\mathbf{v}|}$

41. $\pi/\sqrt{2}$

43. **a.** $f_x(1, 2) = f_y(1, 2) = 2$ **b.** 14/5

45.

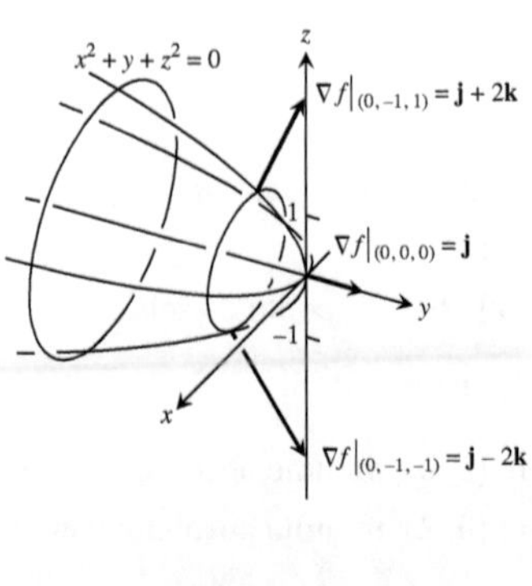

47. Tangente: $4x - y - 5z = 4$; reta normal: $x = 2 + 4t, y = -1 - t, z = 1 - 5t$

49. $2y - z - 2 = 0$

51. Tangente: $x + y = \pi + 1$; reta normal: $y = x - \pi + 1$

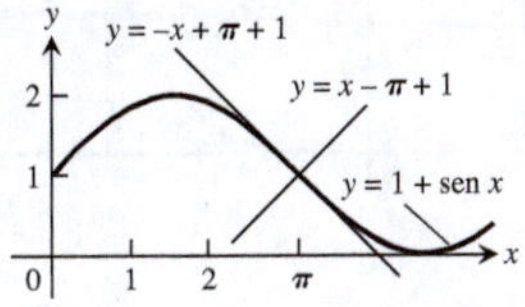

53. $x = 1 - 2t, y = 1, z = 1/2 + 2t$

55. As respostas irão depender do limite superior utilizado para $|f_{xx}|, |f_{xy}|$ e $|f_{yy}|$. Com $M = \sqrt{2}/2$, $|E| \le 0{,}0142$. Com $M = 1$, $|E| \le 0{,}02$.

57. $L(x, y, z) = y - 3z, L(x, y, z) = x + y - z - 1$

59. Seja mais cauteloso com o diâmetro.

61. $dI = 0{,}038$, variação percentual em $I = 15{,}83\%$, mais sensível a variação na voltagem

63. **a.** 5% **65.** Mínimo local de -8 em $(-2, -2)$

67. Ponto de sela em $(0, 0)$, $f(0, 0) = 0$; máximo local de $1/4$ em $(-1/2, -1/2)$

69. Ponto de sela em $(0, 0)$, $f(0, 0) = 0$; mínimo local de -4 em $(0, 2)$; máximo local de 4 em $(-2, 0)$; ponto de sela em $(-2, 2)$, $f(-2, 2) = 0$

71. Máximo absoluto: 28 em $(0, 4)$; mínimo absoluto: $-9/4$ em $(3/2, 0)$

73. Máximo absoluto: 18 em $(2, -2)$; mínimo absoluto: $-17/4$ em $(-2, 1/2)$

75. Máximo absoluto: 8 em $(-2, 0)$; mínimo absoluto: -1 em $(1, 0)$

77. Máximo absoluto: 4 em $(1, 0)$; mínimo absoluto: -4 em $(0, -1)$

79. Máximo absoluto: 1 em $(0, \pm 1)$ e $(1, 0)$; mínimo absoluto: -1 em $(-1, 0)$

81. Máximo: 5 em $(0, 1)$; mínimo: $-1/3$ em $(0, -1/3)$

83. Máximo: $\sqrt{3}$ em $\left(\frac{1}{\sqrt{3}}, -\frac{1}{\sqrt{3}}, \frac{1}{\sqrt{3}}\right)$; mínimo: $-\sqrt{3}$ em $\left(-\frac{1}{\sqrt{3}}, \frac{1}{\sqrt{3}}, -\frac{1}{\sqrt{3}}\right)$

85. Largura $= \left(\frac{c^2V}{ab}\right)^{1/3}$, profundidade $= \left(\frac{b^2V}{ac}\right)^{1/3}$, altura $= \left(\frac{a^2V}{bc}\right)^{1/3}$

87. Máximo: $\frac{3}{2}$ em $\left(\frac{1}{\sqrt{2}}, \frac{1}{\sqrt{2}}, \sqrt{2}\right)$ e $\left(-\frac{1}{\sqrt{2}}, -\frac{1}{\sqrt{2}}, -\sqrt{2}\right)$; mínimo: $\frac{1}{2}$ em $\left(-\frac{1}{\sqrt{2}}, \frac{1}{\sqrt{2}}, -\sqrt{2}\right)$ e $\left(\frac{1}{\sqrt{2}}, -\frac{1}{\sqrt{2}}, \sqrt{2}\right)$

89. **a.** $(2y + x^2z)e^{yz}$ **b.** $x^2e^{yz}\left(y - \frac{z}{2y}\right)$
c. $(1 + x^2y)\, e^{yz}$

91. $\frac{\partial w}{\partial x} = \cos\theta \frac{\partial w}{\partial r} - \frac{\operatorname{sen}\theta}{r}\frac{\partial w}{\partial \theta}, \frac{\partial w}{\partial y} = \operatorname{sen}\theta \frac{\partial w}{\partial r} + \frac{\cos\theta}{r}\frac{\partial w}{\partial \theta}$

97. $(t, -t \pm 4, t)$, t um número real

Exercícios adicionais e avançados

1. $f_{xy}(0, 0) = -1, f_{yx}(0, 0) = 1$

7. **c.** $\frac{r^2}{2} = \frac{1}{2}(x^2 + y^2 + z^2)$ **13.** $V = \frac{\sqrt{3}abc}{2}$

17. $f(x, y) = \frac{y}{2} + 4, g(x, y) = \frac{x}{2} + \frac{9}{2}$

19. $y = 2 \ln |\operatorname{sen} x| + \ln 2$

21. **a.** $\frac{1}{\sqrt{53}}(2\mathbf{i} + 7\mathbf{j})$ **b.** $\frac{-1}{\sqrt{29{,}097}}(98\mathbf{i} - 127\mathbf{j} + 58\mathbf{k})$

23. $w = e^{-c^2\pi^2 t} \operatorname{sen} \pi x$

CAPÍTULO 15

Seção 15.1

1. 24 **3.** 1 **5.** 16 **7.** $2 \ln 2 - 1$ **9.** $(3/2)(5 - e)$ **11.** $3/2$ **13.** 14 **15.** 0 **17.** $1/2$ **19.** $2 \ln 2$ **21.** $(\ln 2)^2$ **23.** $8/3$ **25.** 1 **27.** $\sqrt{2}$

Seção 15.2

1.

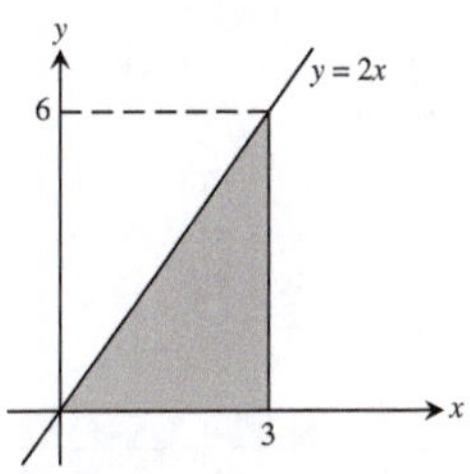

3.

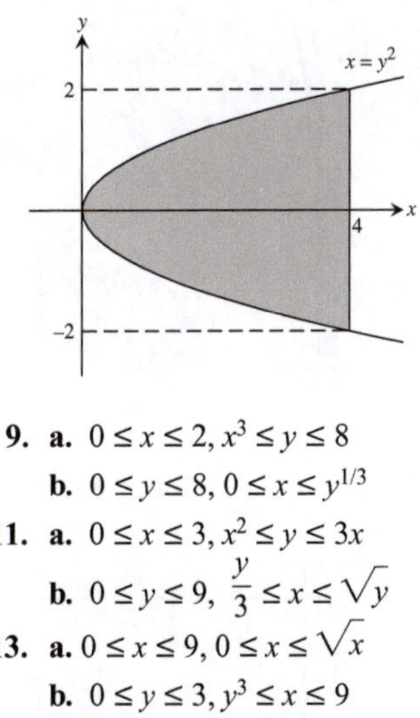

5.

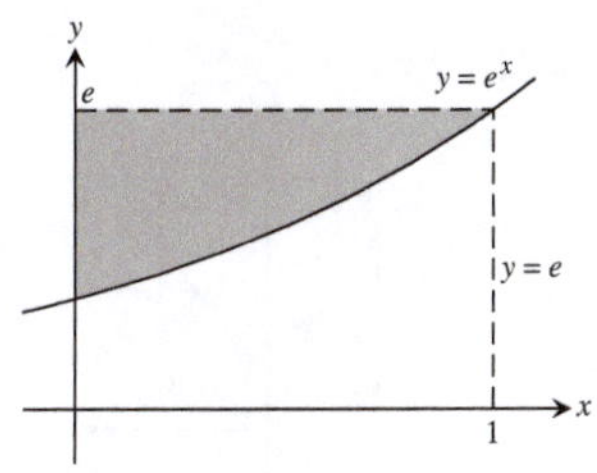

7.

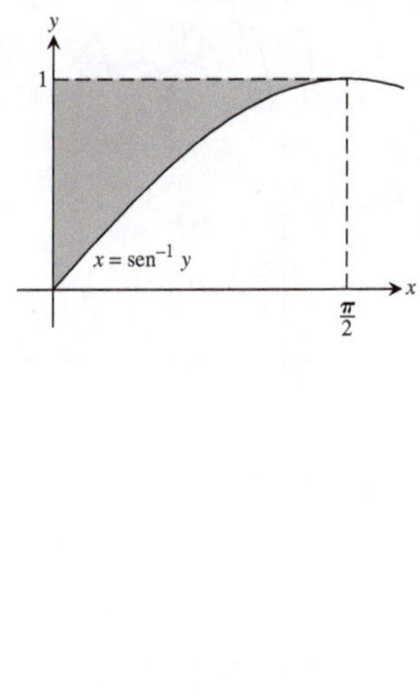

9. **a.** $0 \le x \le 2, x^3 \le y \le 8$
b. $0 \le y \le 8, 0 \le x \le y^{1/3}$

11. **a.** $0 \le x \le 3, x^2 \le y \le 3x$
b. $0 \le y \le 9, \frac{y}{3} \le x \le \sqrt{y}$

13. **a.** $0 \le x \le 9, 0 \le x \le \sqrt{x}$
b. $0 \le y \le 3, y^3 \le x \le 9$

15. **a.** $0 \le x \le \ln 3, e^{-x} \le y \le 1$
b. $\frac{1}{3} \le y \le 1, -\ln y \le x \le \ln 3$

17. **a.** $0 \le x \le 1, x \le y \le 3 - 2x$
b. $0 \le y \le 1, 0 \le x \le y \cup 1 \le y \le 3, 0 \le x \le \frac{3 - y}{2}$

19. $\frac{\pi^2}{2} + 2$

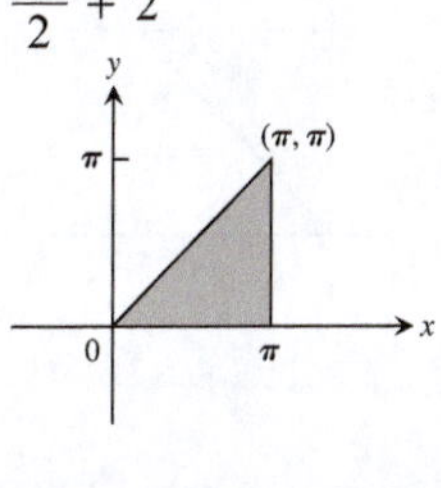

21. $8 \ln 8 - 16 + e$

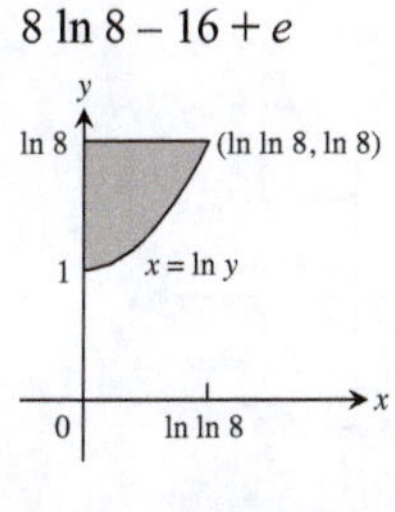

23. $e - 2$

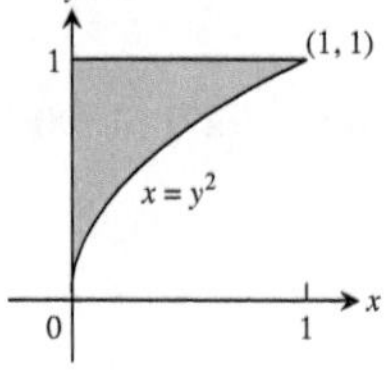

25. $\frac{3}{2}\ln 2$ **27.** $-1/10$

29. 8

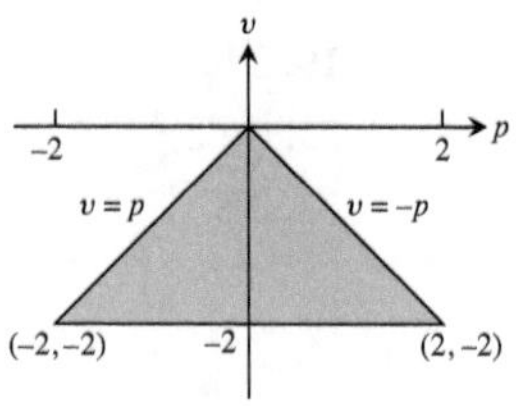

31. 2π

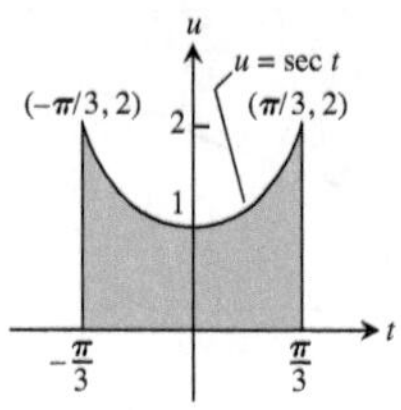

33. $\int_2^4 \int_0^{(4-y)/2} dx\,dy$

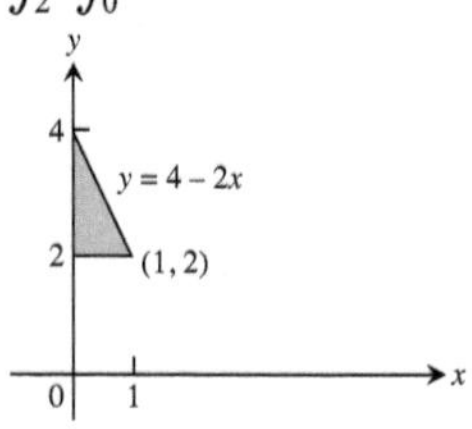

35. $\int_0^1 \int_{x^2}^{x} dy\,dx$

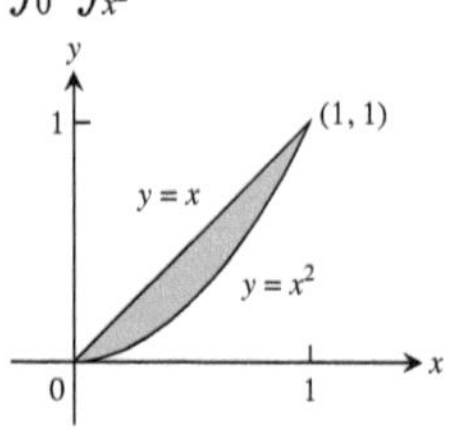

37. $\int_1^e \int_{\ln y}^{1} dx\,dy$

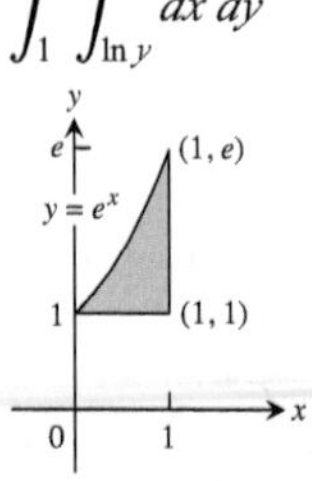

39. $\int_0^9 \int_0^{(\sqrt{9-y})/2} 16x\,dx\,dy$

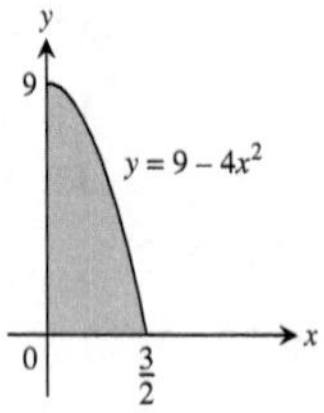

41. $\int_{-1}^1 \int_0^{\sqrt{1-x^2}} 3y\,dy\,dx$

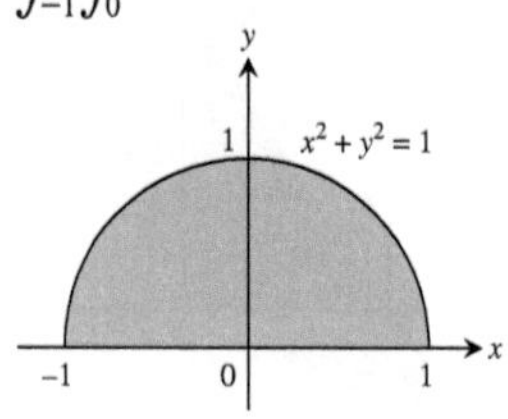

43. $\int_0^1 \int_{e^y}^{e} xy\,dx\,dy$

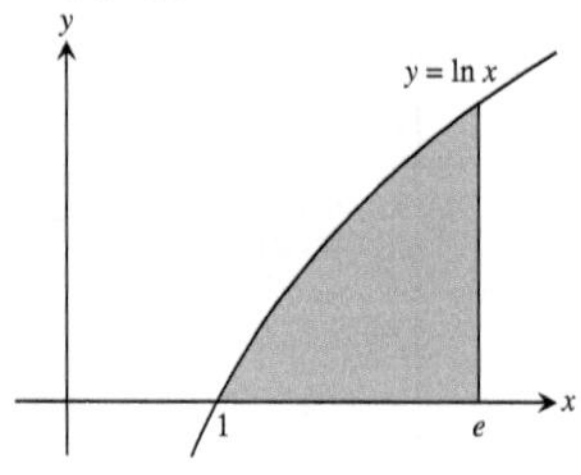

45. $\int_1^{e^3} \int_{\ln x}^{3} (x + y)\,dy\,dx$

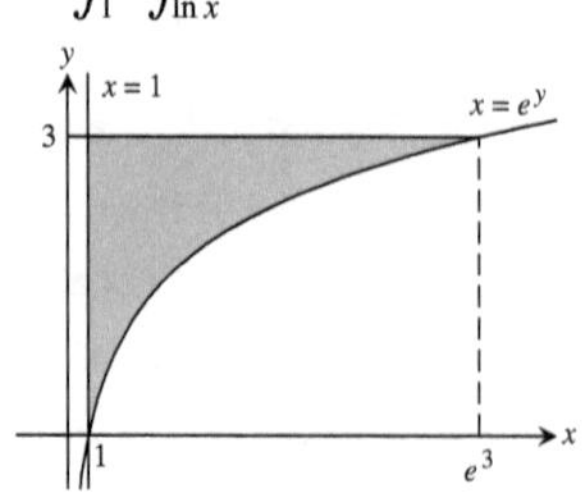

47. 2

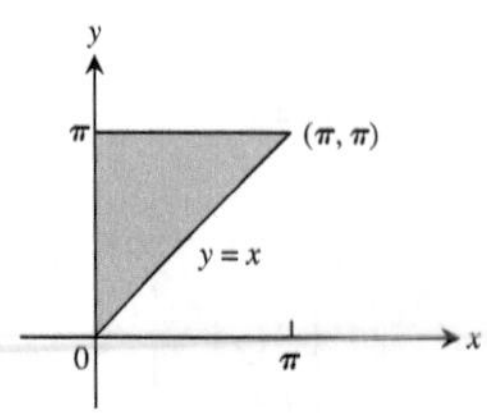

49. $\frac{e-2}{2}$

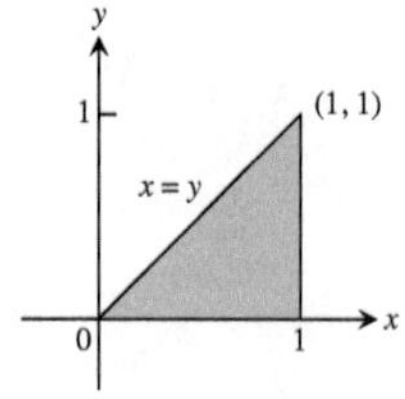

51. 2

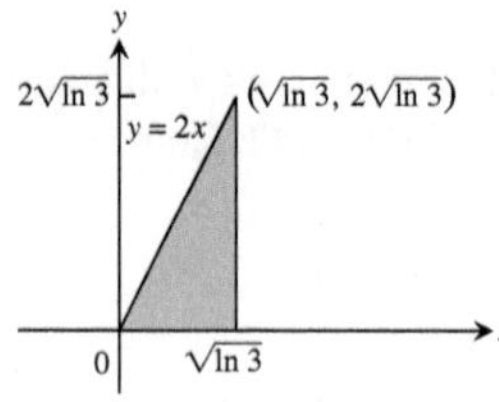

53. $1/(80\pi)$

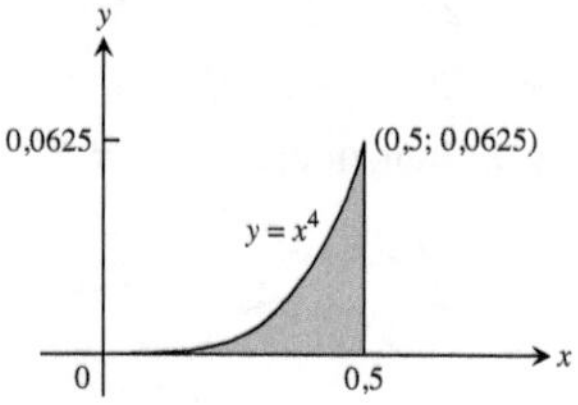

55. $-2/3$

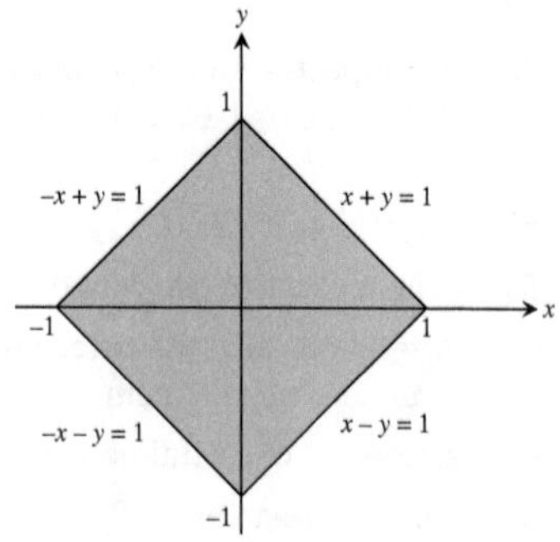

57. $4/3$

59. $625/12$

61. 16

63. 20

65. $2(1 + \ln 2)$

67.

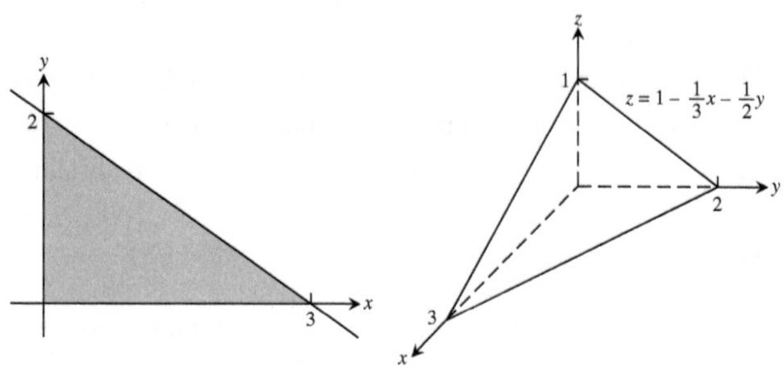

69. 1

71. π^2

73. $-\frac{3}{32}$

75. $\frac{20\sqrt{3}}{9}$

77. $\int_0^1 \int_x^{2-x} (x^2 + y^2)\,dy\,dx = \frac{4}{3}$

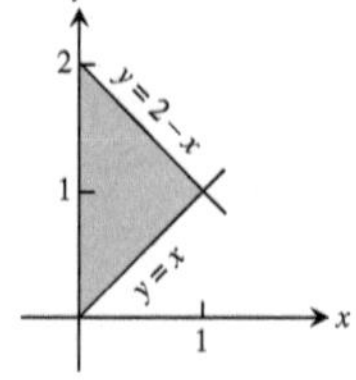

79. R é o conjunto de pontos (x, y), tais que $x^2 + 2y^2 < 4$.

81. Não, pelo teorema de Fubini, as duas ordens de integração devem fornecer o mesmo resultado.

85. 0,603

87. 0,233

Seção 15.3

1. $\int_0^2 \int_0^{2-x} dy\, dx = 2$ ou $\int_0^2 \int_0^{2-y} dx\, dy = 2$

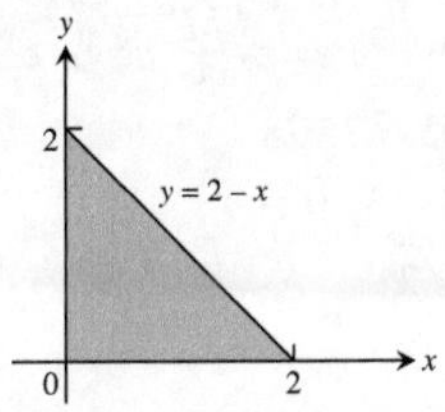

5. $\int_0^{\ln 2} \int_0^{e^x} dy\, dx = 1$

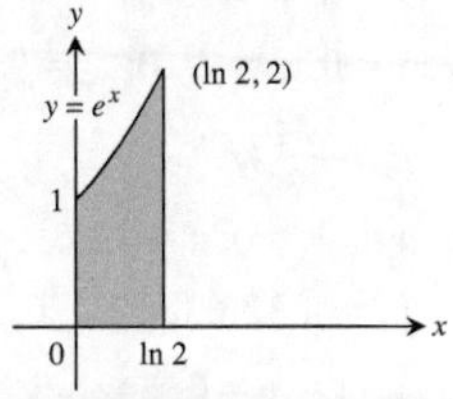

3. $\int_{-2}^{1} \int_{y-2}^{-y^2} dx\, dy = \dfrac{9}{2}$

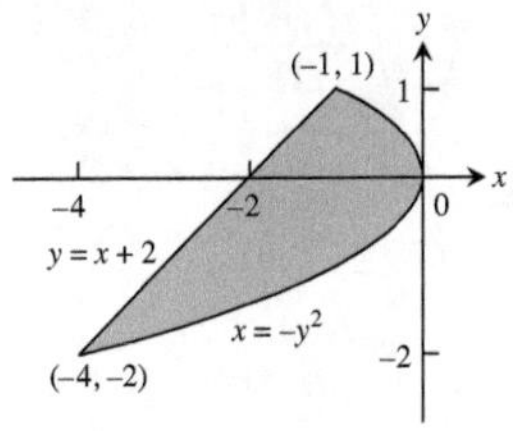

7. $\int_0^1 \int_{y^2}^{2y-y^2} dx\, dy = \dfrac{1}{3}$

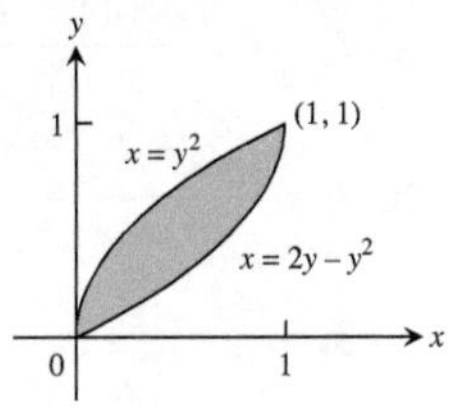

9. $\int_0^2 \int_y^{3y} 1\, dx\, dy = 4$ ou $\int_0^2 \int_{x/3}^{x} 1\, dy\, dx + \int_2^6 \int_{x/3}^{2} 1\, dy\, dx = 4$

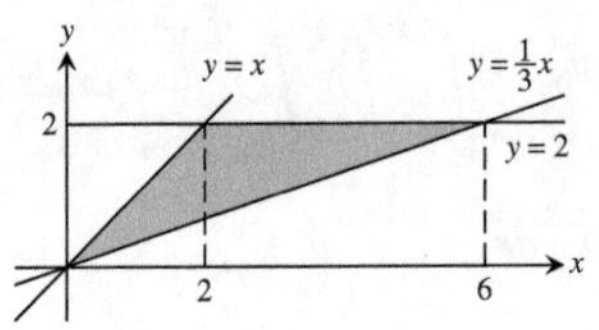

11. $\int_0^1 \int_{x/2}^{2x} 1\, dy\, dx + \int_1^2 \int_{x/2}^{3-x} 1\, dy\, dx = \dfrac{3}{2}$ ou $\int_0^1 \int_{y/2}^{2y} 1\, dx\, dy + \int_1^2 \int_{y/2}^{3-y} 1\, dx\, dy = \dfrac{3}{2}$

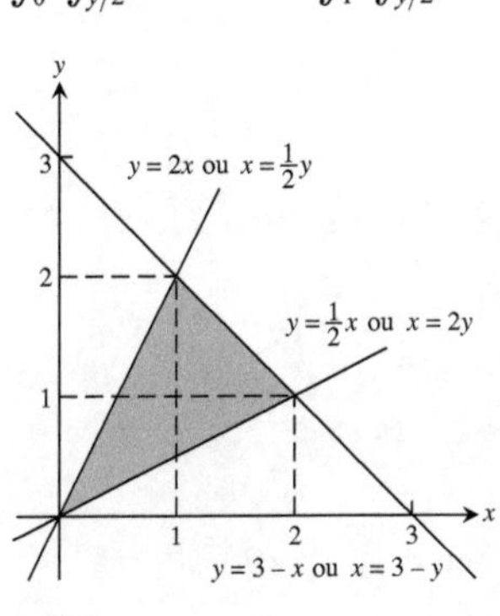

13. 12

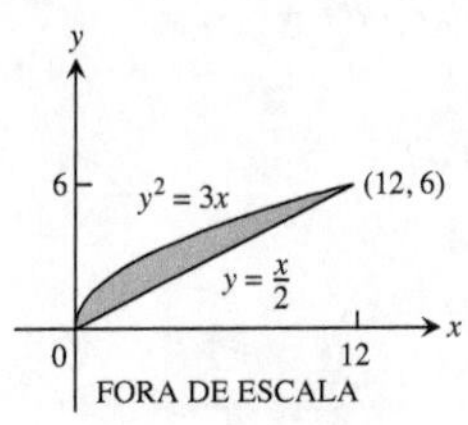

15. $\sqrt{2} - 1$

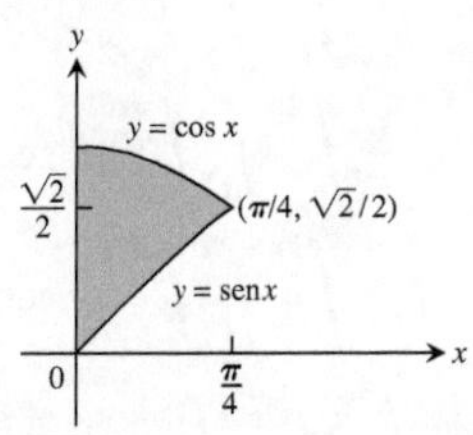

17. $\dfrac{3}{2}$

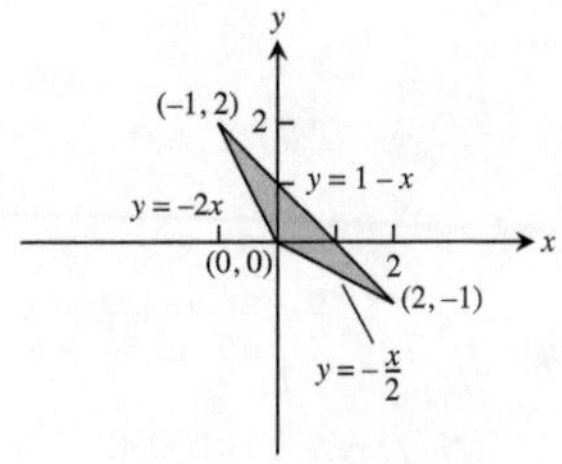

19. a. 0 **b.** $4/\pi^2$ **21.** 8/3

23. $40.000(1 - e^{-2})\ln(7/2) \approx 43.329$

Seção 15.4

1. $\dfrac{\pi}{2} \le \theta \le 2\pi,\ 0 \le r \le 9$

3. $\dfrac{\pi}{4} \le \theta \le \dfrac{3\pi}{4},\ 0 \le r \le \operatorname{cossec}\theta$

5. $0 \le \theta \le \dfrac{\pi}{6},\ 1 \le r \le 2\sqrt{3}\sec\theta$;

$\dfrac{\pi}{6} \le \theta \le \dfrac{\pi}{2},\ 1 \le r \le 2\operatorname{cossec}\theta$

7. $-\dfrac{\pi}{2} \le \theta \le \dfrac{\pi}{2},\ 0 \le r \le 2\cos\theta$ **9.** $\dfrac{\pi}{2}$

11. 2π

13. 36

15. $2 - \sqrt{3}$

17. $(1 - \ln 2)\,\pi$

19. $(2\ln 2 - 1)(\pi/2)$

21. $\dfrac{2(1 + \sqrt{2})}{3}$

23.

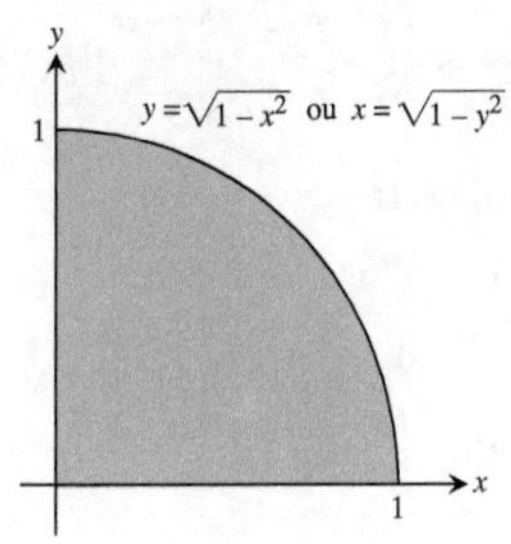

$\int_0^1 \int_0^{\sqrt{1-x^2}} xy\, dy\, dx$ ou $\int_0^1 \int_0^{\sqrt{1-y^2}} xy\, dx\, dy$

25.

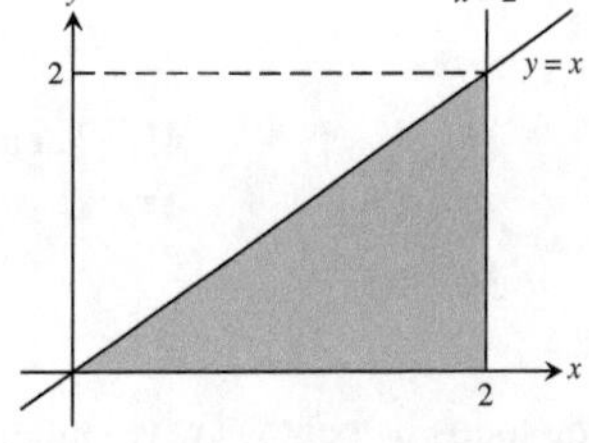

$\int_0^2 \int_0^x y^2(x^2 + y^2)\, dy\, dx$ ou $\int_0^2 \int_y^2 y^2(x^2 + y^2)\, dx\, dy$

27. $2(\pi - 1)$

29. 12π

31. $(3\pi/8) + 1$

33. $\dfrac{2a}{3}$

35. $\dfrac{2a}{3}$

37. $2\pi\left(2-\sqrt{e}\right)$ **39.** $\frac{4}{3}+\frac{5\pi}{8}$ **41. a.** $\frac{\sqrt{\pi}}{2}$ **b.** 1

43. $\pi \ln 4$, não **45.** $\frac{1}{2}(a^2+2h^2)$

Seção 15.5

1. 1/6

3. $\int_0^1\int_0^{2-2x}\int_0^{3-3x-3y/2} dz\,dy\,dx$, $\int_0^2\int_0^{1-y/2}\int_0^{3-3x-3y/2} dz\,dx\,dy$,

$\int_0^1\int_0^{3-3x}\int_0^{2-2x-2z/3} dy\,dz\,dx$, $\int_0^3\int_0^{1-z/3}\int_0^{2-2x-2z/3} dy\,dx\,dz$,

$\int_0^2\int_0^{3-3y/2}\int_0^{1-y/2-z/3} dx\,dz\,dy$,

$\int_0^3\int_0^{2-2z/3}\int_0^{1-y/2-z/3} dx\,dy\,dz$.

O valor de todas as seis integrais é 1.

5. $\int_{-2}^{2}\int_{-\sqrt{4-x^2}}^{\sqrt{4-x^2}}\int_{x^2+y^2}^{8-x^2-y^2} 1\,dz\,dx\,dy$, $\int_{-2}^{2}\int_{-\sqrt{4-y^2}}^{\sqrt{4-y^2}}\int_{x^2+y^2}^{8-x^2-y^2} 1\,dz\,dx\,dy$,

$\int_{-2}^{2}\int_{4}^{8-y^2}\int_{-\sqrt{8-z-y^2}}^{\sqrt{8-z-y^2}} 1\,dx\,dz\,dy + \int_{-2}^{2}\int_{y^2}^{4}\int_{-\sqrt{z-y^2}}^{\sqrt{z-y^2}} 1\,dx\,dz\,dy$,

$\int_{4}^{8}\int_{-\sqrt{8-z}}^{\sqrt{8-z}}\int_{-\sqrt{8-z-y^2}}^{\sqrt{8-z-y^2}} 1\,dx\,dy\,dz + \int_{0}^{4}\int_{-\sqrt{z}}^{\sqrt{z}}\int_{-\sqrt{z-y^2}}^{\sqrt{z-y^2}} 1\,dx\,dy\,dz$,

$\int_{-2}^{2}\int_{4}^{8-x^2}\int_{-\sqrt{8-z-x^2}}^{\sqrt{8-z-x^2}} 1\,dy\,dz\,dx + \int_{-2}^{2}\int_{x^2}^{4}\int_{-\sqrt{z-x^2}}^{\sqrt{z-x^2}} 1\,dy\,dz\,dx$,

$\int_{4}^{8}\int_{-\sqrt{8-z}}^{\sqrt{8-z}}\int_{-\sqrt{8-z-x^2}}^{\sqrt{8-z-x^2}} 1\,dy\,dx\,dz + \int_{0}^{4}\int_{-\sqrt{z}}^{\sqrt{z}}\int_{-\sqrt{z-x^2}}^{\sqrt{z-x^2}} 1\,dy\,dx\,dz$.

O valor de todas as seis integrais é 16π.

7. 1

9. 6

11. $\frac{5(2-\sqrt{3})}{4}$

13. 18

15. 7/6

17. 0

19. $\frac{1}{2}-\frac{\pi}{8}$

21. a. $\int_{-1}^{1}\int_0^{1-x^2}\int_{x^2}^{1-z} dy\,dz\,dx$ **d.** $\int_0^1\int_0^{1-y}\int_{-\sqrt{y}}^{\sqrt{y}} dx\,dz\,dy$

b. $\int_0^1\int_{-\sqrt{1-z}}^{\sqrt{1-z}}\int_{x^2}^{1-z} dy\,dx\,dz$ **e.** $\int_0^1\int_{-\sqrt{y}}^{\sqrt{y}}\int_0^{1-y} dz\,dx\,dy$

c. $\int_0^1\int_0^{1-z}\int_{-\sqrt{y}}^{\sqrt{y}} dx\,dy\,dz$

23. 2/3 **25.** 20/3 **27.** 1 **29.** 16/3 **31.** $8\pi-\frac{32}{3}$ **33.** 2 **35.** 4π **37.** 31/3 **39.** 1 **41.** 2 sen 4 **43.** 4

45. $a=3$ ou $a=13/3$

47. O domínio é o conjunto de todos os pontos (x, y, z), tais que $4x^2+4y^2+z^2 \le 4$.

Seção 15.6

1. $\bar{x}=5/14$, $\bar{y}=38/35$

3. $\bar{x}=64/35$, $\bar{y}=5/7$

5. $\bar{x}=\bar{y}=4a/(3\pi)$

7. $I_x=I_y=4\pi$, $I_0=8\pi$

9. $\bar{x}=-1$, $\bar{y}=1/4$

11. $I_x=64/105$

13. $\bar{x}=3/8$, $\bar{y}=17/16$

15. $\bar{x}=11/3$, $\bar{y}=14/27$, $I_y=432$

17. $\bar{x}=0$, $\bar{y}=13/31$, $I_y=7/5$

19. $\bar{x}=0$, $\bar{y}=7/10$; $I_x=9/10$, $I_y=3/10$, $I_0=6/5$

21. $I_x=\frac{M}{3}(b^2+c^2)$, $I_y=\frac{M}{3}(a^2+c^2)$, $I_z=\frac{M}{3}(a^2+b^2)$

23. $\bar{x}=\bar{y}=0$, $\bar{z}=12/5$, $I_x=7904/105\approx 75{,}28$, $I_y=4832/63\approx 76{,}70$, $I_z=256/45\approx 5{,}69$

25. a. $\bar{x}=\bar{y}=0$, $\bar{z}=8/3$ **b.** $c=2\sqrt{2}$

27. $I_L=1386$

29. a. 4/3 **b.** $\bar{x}=4/5$, $\bar{y}=\bar{z}=2/5$

31. a. 5/2 **b.** $\bar{x}=\bar{y}=\bar{z}=8/15$ **c.** $I_x=I_y=I_z=11/6$

33. 3

37. a. $I_{\text{c.m.}}=\frac{abc(a^2+b^2)}{12}$, $R_{\text{c.m.}}=\sqrt{\frac{a^2+b^2}{12}}$

b. $I_L=\frac{abc(a^2+7b^2)}{3}$, $R_L=\sqrt{\frac{a^2+7b^2}{3}}$

Seção 15.7

1. $\frac{4\pi\left(\sqrt{2}-1\right)}{3}$ **3.** $\frac{17\pi}{5}$ **5.** $\pi\left(6\sqrt{2}-8\right)$ **7.** $\frac{3\pi}{10}$ **9.** $\pi/3$

11. a. $\int_0^{2\pi}\int_0^1\int_0^{\sqrt{4-r^2}} r\,dz\,dr\,d\theta$

b. $\int_0^{2\pi}\int_0^{\sqrt{3}}\int_0^1 r\,dr\,dz\,d\theta + \int_0^{2\pi}\int_{\sqrt{3}}^{2}\int_0^{\sqrt{4-z^2}} r\,dr\,dz\,d\theta$

c. $\int_0^1\int_0^{\sqrt{4-r^2}}\int_0^{2\pi} r\,d\theta\,dz\,dr$

13. $\int_{-\pi/2}^{\pi/2}\int_0^{\cos\theta}\int_0^{3r^2} f(r,\theta,z)\,dz\,r\,dr\,d\theta$

15. $\int_0^{\pi}\int_0^{2\,\text{sen}\,\theta}\int_0^{4-r\,\text{sen}\,\theta} f(r,\theta,z)\,dz\,r\,dr\,d\theta$

17. $\int_{-\pi/2}^{\pi/2}\int_1^{1+\cos\theta}\int_0^{4} f(r,\theta,z)\,dz\,r\,dr\,d\theta$

19. $\int_0^{\pi/4}\int_0^{\sec\theta}\int_0^{2-r\,\text{sen}\theta} f(r,\theta,z)\,dz\,r\,dr\,d\theta$ **21.** π^2 **23.** $\pi/3$

25. 5π **27.** 2π **29.** $\left(\frac{8-5\sqrt{2}}{2}\right)\pi$

31. a. $\int_0^{2\pi}\int_0^{\pi/6}\int_0^{2} \rho^2\,\text{sen}\,\phi\,d\rho\,d\phi\,d\theta + \int_0^{2\pi}\int_{\pi/6}^{\pi/2}\int_0^{\text{cossec}\,\phi} \rho^2\,\text{sen}\,\phi\,d\rho\,d\phi\,d\theta$

b. $\int_0^{2\pi}\int_1^{2}\int_{\pi/6}^{\text{sen}^{-1}(1/\rho)} \rho^2\,\text{sen}\,\phi\,d\phi\,d\rho\,d\theta + \int_0^{2\pi}\int_0^{2}\int_0^{\pi/6} \rho^2\,\text{sen}\,\phi\,d\phi\,d\rho\,d\theta + \int_0^{2\pi}\int_0^{1}\int_{\pi/6}^{\pi/2} \rho^2\,\text{sen}\,\phi\,d\phi\,d\rho\,d\theta$

33. $\int_0^{2\pi}\int_0^{\pi/2}\int_{\cos\phi}^{2} \rho^2\,\text{sen}\,\phi\,d\rho\,d\phi\,d\theta = \frac{31\pi}{6}$

35. $\int_0^{2\pi}\int_0^{\pi}\int_0^{1-\cos\phi} \rho^2 \operatorname{sen}\phi\, d\rho\, d\phi\, d\theta = \frac{8\pi}{3}$

37. $\int_0^{2\pi}\int_{\pi/4}^{\pi/2}\int_0^{2\cos\phi} \rho^2 \operatorname{sen}\phi\, d\rho\, d\phi\, d\theta = \frac{\pi}{3}$

39. **a.** $8\int_0^{\pi/2}\int_0^{\pi/2}\int_0^{2} \rho^2 \operatorname{sen}\phi\, d\rho\, d\phi\, d\theta$

b. $8\int_0^{\pi/2}\int_0^{2}\int_0^{\sqrt{4-r^2}} r\, dz\, dr\, d\theta$

c. $8\int_0^{2}\int_0^{\sqrt{4-x^2}}\int_0^{\sqrt{4-x^2-y^2}} dz\, dy\, dx$

41. **a.** $\int_0^{2\pi}\int_0^{\pi/3}\int_{\sec\phi}^{2} \rho^2 \operatorname{sen}\phi\, d\rho\, d\phi\, d\theta$

b. $\int_0^{2\pi}\int_0^{\sqrt{3}}\int_1^{\sqrt{4-r^2}} r\, dz\, dr\, d\theta$

c. $\int_{-\sqrt{3}}^{\sqrt{3}}\int_{-\sqrt{3-x^2}}^{\sqrt{3-x^2}}\int_1^{\sqrt{4-x^2-y^2}} dz\, dy\, dx$ **d.** $5\pi/3$

43. $8\pi/3$ **45.** $9/4$ **47.** $\frac{3\pi-4}{18}$ **49.** $\frac{2\pi a^3}{3}$ **51.** $5\pi/3$ **53.** $\pi/2$

55. $\frac{4(2\sqrt{2}-1)\pi}{3}$ **57.** 16π **59.** $5\pi/2$ **61.** $\frac{4\pi(8-3\sqrt{3})}{3}$ **63.** $2/3$ **65.** $3/4$

67. $\bar{x}=\bar{y}=0, \bar{z}=3/8$ **69.** $(\bar{x},\bar{y},\bar{z})=(0, 0, 3/8)$ **71.** $\bar{x}=\bar{y}=0, \bar{z}=5/6$ **73.** $I_x=\pi/4$ **75.** $\frac{a^4 h\pi}{10}$

77. **a.** $(\bar{x},\bar{y},\bar{z}) = \left(0, 0, \frac{4}{5}\right), I_z = \frac{\pi}{12}$

b. $(\bar{x},\bar{y},\bar{z}) = \left(0, 0, \frac{5}{6}\right), I_z = \frac{\pi}{14}$

81. $\frac{3M}{\pi R^3}$

85. A equação $r = f(z)$ da superfície nos diz que o ponto $(r, \theta, z) = (f(z), \theta, z)$ estará na superfície para todo θ. Em particular, $(f(z), \theta + \pi, z)$ estará na superfície sempre que $(f(z), \theta, z)$ estiver na superfície, de modo que a superfície é simétrica com relação ao eixo z.

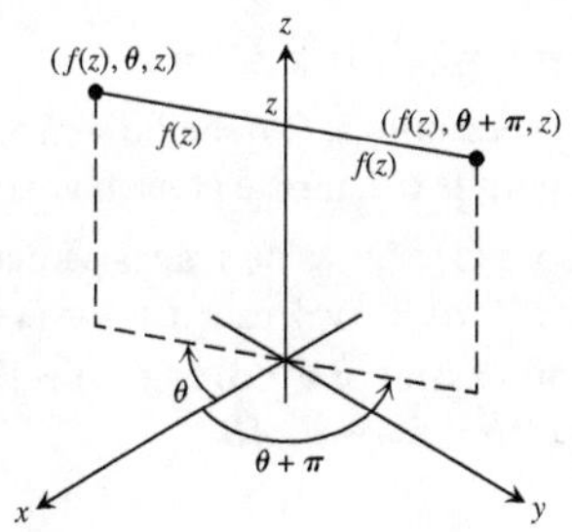

Seção 15.8

1. **a.** $x = \frac{u+v}{3}, y = \frac{v-2u}{3}; \frac{1}{3}$

b. Região triangular com fronteiras **u** = 0, **v** = 0 e **u** + **v** = 3

3. **a.** $x = \frac{1}{5}(2u - v), y = \frac{1}{10}(3v - u); \frac{1}{10}$

b. Região triangular com fronteiras $3v = u$, $v = 2u$ e $3u + v = 10$

7. 64/5

9. $\int_1^2\int_1^3 (u + v)\frac{2u}{v}\, du\, dv = 8 + \frac{52}{3}\ln 2$

11. $\frac{\pi ab(a^2+b^2)}{4}$

13. $\frac{1}{3}\left(1 + \frac{3}{e^2}\right) \approx 0{,}4687$ **15.** $\frac{225}{16}$

17. **a.** $\begin{vmatrix} \cos v & -u\operatorname{sen} v \\ \operatorname{sen} v & u\cos v \end{vmatrix} = u\cos^2 v + u\operatorname{sen}^2 v = u$

b. $\begin{vmatrix} \operatorname{sen} v & u\cos v \\ \cos v & -u\operatorname{sen} v \end{vmatrix} = -u\operatorname{sen}^2 v - u\cos^2 v = -u$

21. 12 **23.** $\frac{a^2b^2c^2}{6}$

Exercícios práticos

1. $9e - 9$

3. 9/2

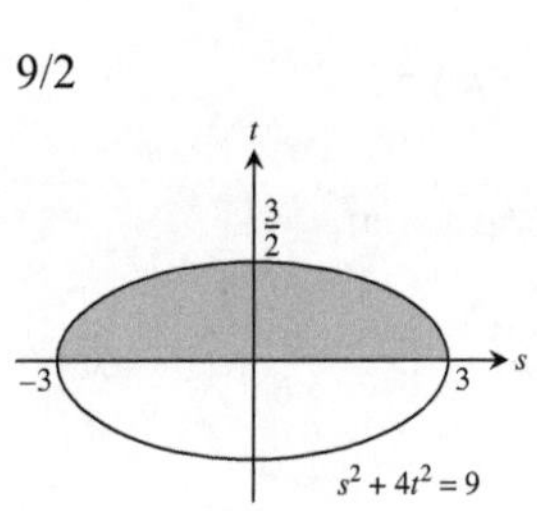

5. $\int_{-2}^{0}\int_{2x+4}^{4-x^2} dy\, dx = \frac{4}{3}$

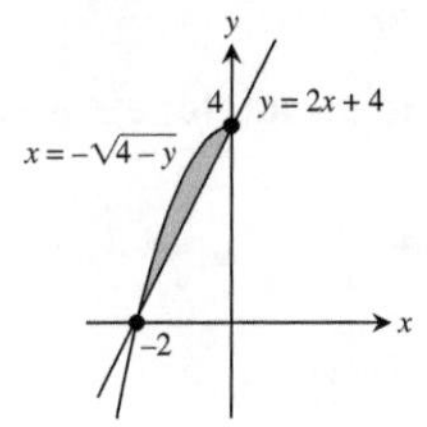

7. $\int_{-3}^{3}\int_0^{(1/2)\sqrt{9-x^2}} y\, dy\, dx = \frac{9}{2}$

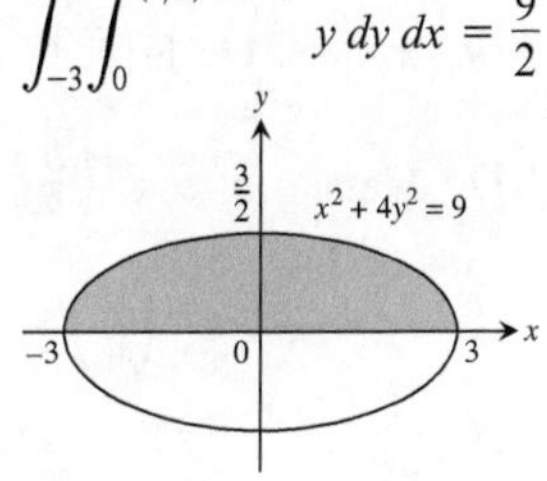

9. sen 4 **11.** $\frac{\ln 17}{4}$ **13.** 4/3 **15.** 4/3 **17.** 1/4 **19.** π

21. $\frac{\pi-2}{4}$ **23.** 0 **25.** 8/35 **27.** $\pi/2$ **29.** $\frac{2(31-3^{5/2})}{3}$

31. **a.** $\int_{-\sqrt{2}}^{\sqrt{2}}\int_{-\sqrt{2-y^2}}^{\sqrt{2-y^2}}\int_{\sqrt{x^2+y^2}}^{\sqrt{4-x^2-y^2}} 3\, dz\, dx\, dy$

b. $\int_0^{2\pi}\int_0^{\pi/4}\int_0^{2} 3\,\rho^2 \operatorname{sen}\phi\, d\rho\, d\phi\, d\theta$ **c.** $2\pi(8 - 4\sqrt{2})$

33. $\int_0^{2\pi}\int_0^{\pi/4}\int_0^{\sec\phi} \rho^2 \operatorname{sen}\phi\, d\rho\, d\phi\, d\theta = \frac{\pi}{3}$

35. $\int_0^{1}\int_{\sqrt{1-x^2}}^{\sqrt{3-x^2}}\int_1^{\sqrt{4-x^2-y^2}} z^2 xy\, dz\, dy\, dx$

$+ \int_1^{\sqrt{3}}\int_0^{\sqrt{3-x^2}}\int_1^{\sqrt{4-x^2-y^2}} z^2 xy\, dz\, dy\, dx$

37. **a.** $\frac{8\pi(4\sqrt{2}-5)}{3}$ **b.** $\frac{8\pi(4\sqrt{2}-5)}{3}$

39. $I_z = \dfrac{8\pi\delta(b^5 - a^5)}{15}$

41. $\bar{x} = \bar{y} = \dfrac{1}{2 - \ln 4}$ **43.** $I_0 = 104$ **45.** $I_x = 2\delta$

47. $M = 4, M_x = 0, M_y = 0$ **49.** $\bar{x} = \dfrac{3\sqrt{3}}{\pi}, \bar{y} = 0$

51. **a.** $\bar{x} = \dfrac{15\pi + 32}{6\pi + 48}, \bar{y} = 0$

b.

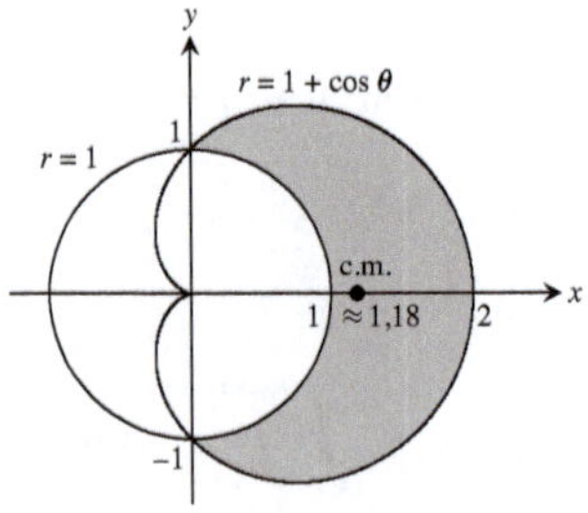

Exercícios adicionais e avançados

1. **a.** $\displaystyle\int_{-3}^{2}\int_{x}^{6-x^2} x^2\,dy\,dx$ **b.** $\displaystyle\int_{-3}^{2}\int_{x}^{6-x^2}\int_{0}^{x^2} dz\,dy\,dx$

c. 125/4

3. 2π **5.** $3\pi/2$

7. **a.** Raio do buraco = 1, raio da esfera = 2

b. $4\sqrt{3}\pi$

9. $\pi/4$ **11.** $\ln\left(\dfrac{b}{a}\right)$ **15.** $1/\sqrt[4]{3}$

17. Massa= $a^2\cos^{-1}\left(\dfrac{b}{a}\right) - b\sqrt{a^2 - b^2}$,

$I_0 = \dfrac{a^4}{2}\cos^{-1}\left(\dfrac{b}{a}\right) - \dfrac{b^3}{2}\sqrt{a^2 - b^2} - \dfrac{b^3}{6}(a^2 - b^2)^{3/2}$

19. $\dfrac{1}{ab}(e^{a^2b^2} - 1)$ **21.** **b.** 1 **c.** 0

25. $h = \sqrt{20}$ pol., $h = \sqrt{60}$ pol. **27.** $2\pi\left[\dfrac{1}{3} - \left(\dfrac{1}{3}\right)\dfrac{\sqrt{2}}{2}\right]$

CAPÍTULO 16

Seção 16.1

1. Gráfico (c) **3.** Gráfico (g) **5.** Gráfico (d) **7.** Gráfico (f)

9. $\sqrt{2}$ **11.** $\dfrac{13}{2}$ **13.** $3\sqrt{14}$ **15.** $\dfrac{1}{6}\left(5\sqrt{5} + 9\right)$

17. $\sqrt{3}\ln\left(\dfrac{b}{a}\right)$ **19.** **a.** $4\sqrt{5}$ **b.** $\dfrac{1}{12}(17^{3/2} - 1)$

21. $\dfrac{15}{32}(e^{16} - e^{64})$ **23.** $\dfrac{1}{27}(40^{3/2} - 13^{3/2})$

25. $\dfrac{1}{6}(5^{3/2} + 7\sqrt{2} - 1)$ **27.** $\dfrac{10\sqrt{5} - 2}{3}$ **29.** 8

31. $\dfrac{1}{6}(17^{3/2} - 1)$ **33.** $2\sqrt{2} - 1$

35. **a.** $4\sqrt{2} - 2$ **b.** $\sqrt{2} + \ln\left(1 + \sqrt{2}\right)$

37. $I_z = 2\pi\delta a^3$

39. **a.** $I_z = 2\pi\sqrt{2}\delta$ **b.** $I_z = 4\pi\sqrt{2}\delta$

41. $I_x = 2\pi - 2$

Seção 16.2

1. $\nabla f = -(x\mathbf{i} + y\mathbf{j} + z\mathbf{k})(x^2 + y^2 + z^2)^{-3/2}$

3. $\nabla g = -\left(\dfrac{2x}{x^2 + y^2}\right)\mathbf{i} - \left(\dfrac{2y}{x^2 + y^2}\right)\mathbf{j} + e^z\mathbf{k}$

5. $\mathbf{F} = -\dfrac{kx}{(x^2 + y^2)^{3/2}}\mathbf{i} - \dfrac{ky}{(x^2 + y^2)^{3/2}}\mathbf{j}$, qualquer $k > 0$

7. **a.** 9/2 **b.** 13/3 **c.** 9/2

9. **a.** 1/3 **b.** –1/5 **c.** 0

11. **a.** 2 **b.** 3/2 **c.** 1/2

13. –15/2 **15.** 36 **17.** **a.** –5/6 **b.** 0 **c.** –7/12

19. 1/2 **21.** $-\pi$ **23.** 69/4 **25.** –39/2 **27.** 25/6

29. **a.** $\text{Circ}_1 = 0$, $\text{circ}_2 = 2\pi$, $\text{fluxo}_1 = 2\pi$, $\text{fluxo}_2 = 0$

b. $\text{Circ}_1 = 0$, $\text{circ}_2 = 8\pi$, $\text{fluxo}_1 = 8\pi$, $\text{fluxo}_2 = 0$

31. Circ = 0, fluxo = $a^2\pi$ **33.** Circ = $a^2\pi$, fluxo = 0

35. **a.** $-\dfrac{\pi}{2}$ **b.** 0 **c.** 1 **37.** **a.** 32 **b.** 32 **c.** 32

39.

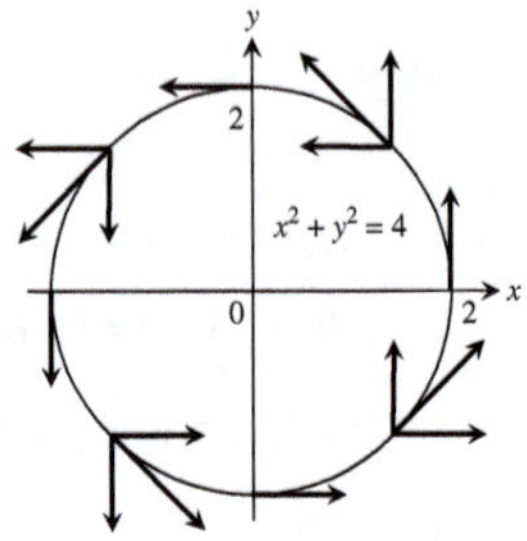

41. **a.** $\mathbf{G} = -y\mathbf{i} + x\mathbf{j}$ **b.** $\mathbf{G} = \sqrt{x^2 + y^2}\,\mathbf{F}$

43. $\mathbf{F} = -\dfrac{x\mathbf{i} + y\mathbf{j}}{\sqrt{x^2 + y^2}}$ **47.** 48 **49.** π **51.** 0 **53.** $\dfrac{1}{2}$

Seção 16.3

1. Conservativo **3.** Não conservativo **5.** Não conservativo

7. $f(x, y, z) = x^2 + \dfrac{3y^2}{2} + 2z^2 + C$

9. $f(x, y, z) = xe^{y+2z} + C$

11. $f(x, y, z) = x\ln x - x + \operatorname{tg}(x + y) + \dfrac{1}{2}\ln(y^2 + z^2) + C$

13. 49 **15.** –16 **17.** 1 **19.** 9 ln 2 **21.** 0 **23.** –3

27. $\mathbf{F} = \nabla\left(\dfrac{x^2 - 1}{y}\right)$ **29.** **a.** 1 **b.** 1 **c.** 1

31. **a.** 2 **b.** 2 **33.** **a.** $c = b = 2a$ **b.** $c = b = 2$

35. Não importa qual caminho você utiliza. O trabalho será o mesmo em qualquer caminho porque o campo é conservativo.

37. A força **F** é conservativa porque todas as derivadas parciais de M, N e P são zero. $f(x, y, z) = ax + by + cz + C$; $A = (xa, ya, za)$ e $B = (xb, yb, zb)$. Sendo assim, $\int \mathbf{F}\cdot d\mathbf{r} = f(B) - f(A) = a(xb - xa) + b(yb - ya) + c(zb - za) = \mathbf{F}\cdot AB$

Seção 16.4

1. Fluxo = 0, circ = $2\pi a^2$ **9.** Fluxo = –11/60, circ = –7/60

3. Fluxo = $-\pi a^2$, circ = 0 **11.** Fluxo = 64/9, circ = 0

5. Fluxo = 2, circ = 0 **13.** Fluxo = 1/2, circ = 1/2

7. Fluxo = –9, circ = 9 **15.** Fluxo = 1/5, circ = –1/12

17. 0 **19.** 2/33 **21.** 0 **23.** -16π **25.** πa^2 **27.** $3\pi/8$

29. **a.** 0 se C for percorrido em sentido anti-horário

b. $(h - k)$(área da região) **39.** **a.** 0

Seção 16.5

1. $\mathbf{r}(r, \theta) = (r\cos\theta)\mathbf{i} + (r \operatorname{sen}\theta)\mathbf{j} + r^2\mathbf{k},\ 0 \le r \le 2,\ 0 \le \theta \le 2\pi$

3. $\mathbf{r}(r, \theta) = (r\cos\theta)\mathbf{i} + (r \operatorname{sen}\theta)\mathbf{j} + (r/2)\mathbf{k},\ 0 \le r \le 6,\ 0 \le \theta \le \pi/2$

5. $\mathbf{r}(r, \theta) = (r\cos\theta)\mathbf{i} + (r \operatorname{sen}\theta)\mathbf{j} + \sqrt{9 - r^2}\,\mathbf{k},\ 0 \le r \le 3\sqrt{2}/2,\ 0 \le \theta \le 2\pi$; Ainda: $\mathbf{r}(\phi, \theta) = (3\operatorname{sen}\phi\cos\theta)\mathbf{i} + (3\operatorname{sen}\phi\operatorname{sen}\theta)\mathbf{j} + (3\cos\phi)\mathbf{k},\ 0 \le \phi \le \pi/4,\ 0 \le \theta \le 2\pi$

7. $\mathbf{r}(\phi, \theta) = \left(\sqrt{3}\operatorname{sen}\phi\cos\theta\right)\mathbf{i} + \left(\sqrt{3}\operatorname{sen}\phi\operatorname{sen}\theta\right)\mathbf{j} + \left(\sqrt{3}\cos\phi\right)\mathbf{k},\ \pi/3 \le \phi \le 2\pi/3,\ 0 \le \theta \le 2\pi$

9. $\mathbf{r}(x, y) = x\mathbf{i} + y\mathbf{j} + (4 - y^2)\mathbf{k},\ 0 \le x \le 2,\ -2 \le y \le 2$

11. $\mathbf{r}(u, v) = u\mathbf{i} + (3\cos v)\mathbf{j} + (3\operatorname{sen} v)\mathbf{k},\ 0 \le u \le 3,\ 0 \le v \le 2\pi$

13. **a.** $\mathbf{r}(r, \theta) = (r\cos\theta)\mathbf{i} + (r\operatorname{sen}\theta)\mathbf{j} + (1 - r\cos\theta - r\operatorname{sen}\theta)\mathbf{k},\ 0 \le r \le 3,\ 0 \le \theta \le 2\pi$

b. $\mathbf{r}(u, v) = (1 - u\cos v - u\operatorname{sen} v)\mathbf{i} + (u\cos v)\mathbf{j} + (u\operatorname{sen} v)\mathbf{k},\ 0 \le u \le 3,\ 0 \le v \le 2\pi$

15. $\mathbf{r}(u, v) = (4\cos^2 v)\mathbf{i} + u\mathbf{j} + (4\cos v\operatorname{sen} v)\mathbf{k},\ 0 \le u \le 3,\ -(\pi/2) \le v \le (\pi/2)$; outra forma: $\mathbf{r}(u, v) = (2 + 2\cos v)\mathbf{i} + u\mathbf{j} + (2\operatorname{sen} v)\mathbf{k},\ 0 \le u \le 3,\ 0 \le v \le 2\pi$

17. $\displaystyle\int_0^{2\pi}\int_0^1 \frac{\sqrt{5}}{2}\, r\,dr\,d\theta = \frac{\pi\sqrt{5}}{2}$

19. $\displaystyle\int_0^{2\pi}\int_1^3 r\sqrt{5}\,dr\,d\theta = 8\pi\sqrt{5}$

21. $\displaystyle\int_0^{2\pi}\int_1^4 1\,du\,dv = 6\pi$

23. $\displaystyle\int_0^{2\pi}\int_0^1 u\sqrt{4u^2 + 1}\,du\,dv = \frac{\left(5\sqrt{5} - 1\right)}{6}\pi$

25. $\displaystyle\int_0^{2\pi}\int_{\pi/4}^{\pi} 2\operatorname{sen}\phi\,d\phi\,d\theta = \left(4 + 2\sqrt{2}\right)\pi$

27.

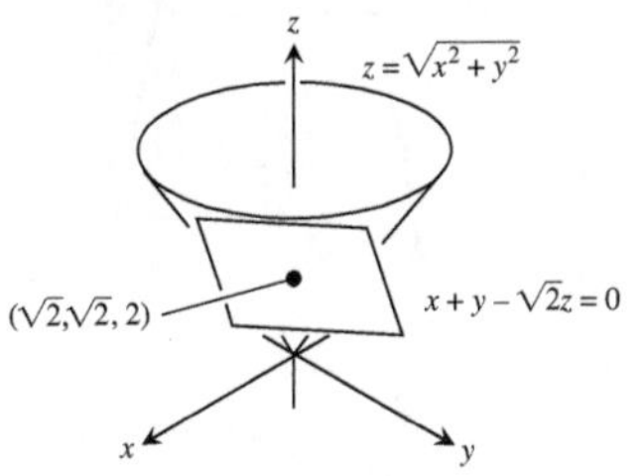

29.

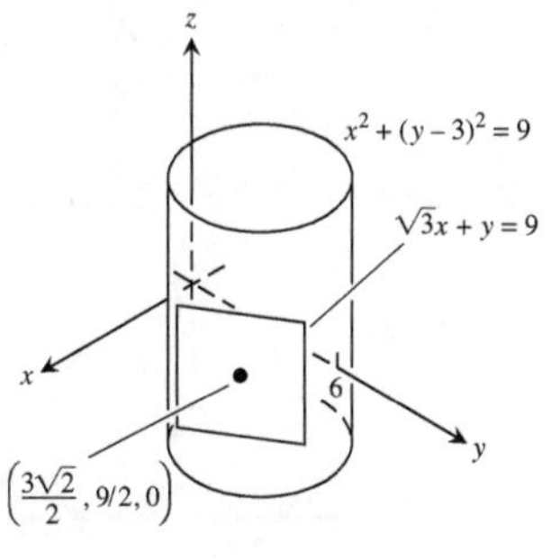

33. **b.** $\displaystyle A = \int_0^{2\pi}\int_0^{\pi} [a^2b^2\operatorname{sen}^2\phi\cos^2\phi + b^2c^2\cos^4\phi\cos^2\theta + a^2c^2\cos^4\phi\operatorname{sen}^2\theta]^{1/2}\,d\phi\,d\theta$

35. $x_0x + y_0y = 25$ **37.** $13\pi/3$ **39.** 4 **41.** $6\sqrt{6} - 2\sqrt{2}$

43. $\pi\sqrt{c^2 + 1}$ **45.** $\frac{\pi}{6}\left(17\sqrt{17} - 5\sqrt{5}\right)$ **47.** $3 + 2\ln 2$

49. $\frac{\pi}{6}\left(13\sqrt{13} - 1\right)$ **51.** $5\pi\sqrt{2}$ **53.** $\frac{2}{3}\left(5\sqrt{5} - 1\right)$

Seção 16.6

1. $\displaystyle\iint_S x\,d\sigma = \int_0^3\int_0^2 u\sqrt{4u^2 + 1}\,du\,dv = \frac{17\sqrt{17} - 1}{4}$

3. $\displaystyle\iint_S x^2\,d\sigma = \int_0^{2\pi}\int_0^{\pi} \operatorname{sen}^3\phi\cos^2\theta\,d\phi\,d\theta = \frac{4\pi}{3}$

5. $\displaystyle\iint_S z\,d\sigma = \int_0^1\int_0^1 (4 - u - v)\sqrt{3}\,dv\,du = 3\sqrt{3}$ (para $x = u, y = v$)

7. $\displaystyle\iint_S x^2\sqrt{5 - 4z}\,d\sigma = \int_0^1\int_0^{2\pi} u^2\cos^2 v \cdot \sqrt{4u^2 + 1} \cdot u\sqrt{4u^2 + 1}\,dv\,du = \int_0^1\int_0^{2\pi} u^3(4u^2 + 1)\cos^2 v\,dv\,du = \frac{11\pi}{12}$

9. $9a^3$ **11.** $\frac{abc}{4}(ab + ac + bc)$ **13.** 2

15. $\frac{1}{30}\left(\sqrt{2} + 6\sqrt{6}\right)$ **17.** $\sqrt{6}/30$

19. -32 **21.** $\frac{\pi a^3}{6}$ **23.** $13a^4/6$ **25.** $2\pi/3$ **27.** $-73\pi/6$ **29.** 18 **31.** $\frac{\pi a^3}{6}$ **33.** $\frac{\pi a^2}{4}$ **35.** $\frac{\pi a^3}{2}$ **37.** -32 **39.** -4 **41.** $3a^4$

43. $\left(\frac{a}{2}, \frac{a}{2}, \frac{a}{2}\right)$ **45.** $(\bar{x}, \bar{y}, \bar{z}) = \left(0, 0, \frac{14}{9}\right), I_z = \frac{15\pi\sqrt{2}}{2}\delta$

47. **a.** $\frac{8\pi}{3}a^4\delta$ **b.** $\frac{20\pi}{3}a^4\delta$

Seção 16.7

1. 4π **3.** $-5/6$ **5.** 0 **7.** -6π **9.** $2\pi a^2$ **13.** 12π **15.** $-\pi/4$ **17.** -15π **25.** $16I_y + 16I_x$

Seção 16.8

1. 0 **3.** 0 **5.** -16 **7.** -8π **9.** 3π **11.** $-40/3$ **13.** 45π **15.** $12\pi\left(4\sqrt{2} - 1\right)$

21. O valor da integral nunca excede a área da superfície de S.

Exercícios práticos

1. Caminho 1: $2\sqrt{3}$; caminho 2: $1 + 3\sqrt{2}$

3. $4a^2$

5. 0

7. $8\pi\operatorname{sen}(1)$

9. 0

11. $\pi\sqrt{3}$

13. $2\pi\left(1 - \frac{1}{\sqrt{2}}\right)$

15. $\frac{abc}{2}\sqrt{\frac{1}{a^2} + \frac{1}{b^2} + \frac{1}{c^2}}$

17. 50

19. $\mathbf{r}(\phi, \theta) = (6\operatorname{sen}\phi\cos\theta)\mathbf{i} + (6\operatorname{sen}\phi\operatorname{sen}\theta)\mathbf{j} + (6\cos\phi)\mathbf{k},\ \frac{\pi}{6} \le \phi \le \frac{2\pi}{3},\ 0 \le \theta \le 2\pi$

21. $\mathbf{r}(r, \theta) = (r\cos\theta)\mathbf{i} + (r\operatorname{sen}\theta)\mathbf{j} + (1 + r)\mathbf{k},\ 0 \le r \le 2,\ 0 \le \theta \le 2\pi$

23. $\mathbf{r}(u, v) = (u\cos v)\mathbf{i} + 2u^2\mathbf{j} + (u\operatorname{sen} v)\mathbf{k},\ 0 \le u \le 1,\ 0 \le v \le \pi$

25. $\sqrt{6}$ **27.** $\pi\left[\sqrt{2} + \ln\left(1 + \sqrt{2}\right)\right]$

29 Conservativo

31. Não conservativo

33. $f(x, y, z) = y^2 + yz + 2x + z$

35. Caminho 1: 2; caminho 2: 8/3

37. **a.** $1 - e^{-2\pi}$ **b.** $1 - e^{-2\pi}$

39. 0 **41.** **a.** $4\sqrt{2} - 2$ **b.** $\sqrt{2} + \ln\left(1 + \sqrt{2}\right)$

43. $(\bar{x}, \bar{y}, \bar{z}) = \left(1, \frac{16}{15}, \frac{2}{3}\right)$; $I_x = \frac{232}{45}, I_y = \frac{64}{15}, I_z = \frac{56}{9}$

45. $\bar{z} = \frac{3}{2}, I_z = \frac{7\sqrt{3}}{3}$

47. $(\bar{x}, \bar{y}, \bar{z}) = (0, 0, 49/12), I_z = 640\pi$

49. Fluxo 3/2; circ = –1/2 **53.** 3

55. $\frac{2\pi}{3}\left(7 - 8\sqrt{2}\right)$

57. 0 **59.** π

Exercícios adicionais e avançados

1. 6π **3.** 2/3

5. a. $\mathbf{F}(x, y, z) = z\mathbf{i} + x\mathbf{j} + y\mathbf{k}$

b. $\mathbf{F}(x, y, z) = z\mathbf{i} + y\mathbf{k}$

c. $\mathbf{F}(x, y, z) = z\mathbf{i}$

7. $\frac{16\pi R^3}{3}$

9. $a = 2$, $b = 1$. O fluxo mínimo é –4.

11. b. $\frac{16}{3}g$

c. $\text{Trabalho} = \left(\int_C gxy\,ds\right)\bar{y} = g\int_C xy^2\,ds = \frac{16}{3}g$

13. c. $\frac{4}{3}\pi w$

19. Falso se $\mathbf{F} = y\mathbf{i} + x\mathbf{j}$

APÊNDICES

Apêndice 1

1. $0,\overline{1}$; $0,\overline{2}$; $0,\overline{3}$; $0,\overline{8}$; $0,\overline{9}$ ou 1

3. $x < -2$

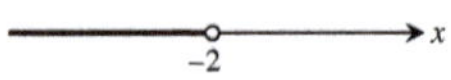

5. $x \leq -\frac{1}{3}$

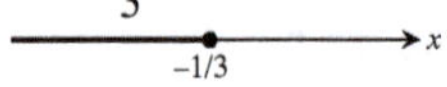

7. 3, –3 **9.** 7/6, 25/6

11. $-2 \leq t \leq 4$

13. $0 \leq z \leq 10$

15. $(-\infty, -2] \cup [2, \infty)$

17. $(-\infty, -3] \cup [1, \infty)$

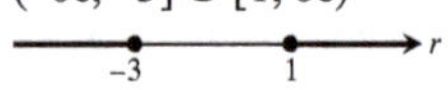

19. $(-3, -2) \cup (2, 3)$ **21.** $(0, 1)$ **23.** $(-\infty, 1]$

27. O gráfico de $|x| + |y| \leq 1$ é o interior e a fronteira da região em "formato de diamante".

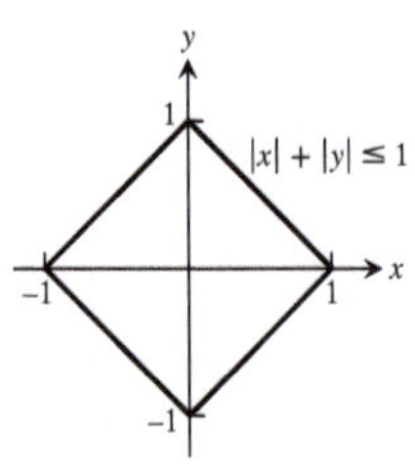

Apêndice 3

1. 2, –4; $2\sqrt{5}$

3. Circunferência unitária

5. $m_\perp = -\frac{1}{3}$

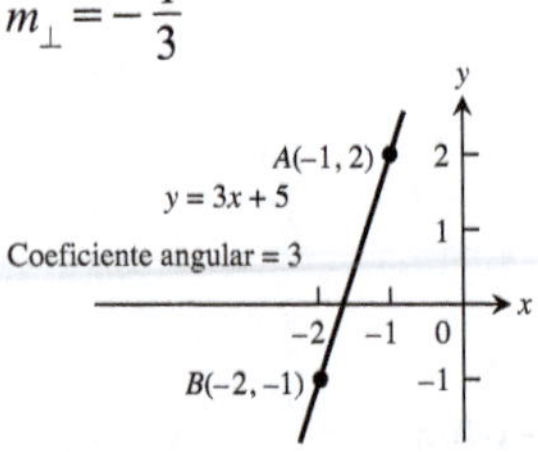

7. a. $x = -1$ **b.** $y = 4/3$

9. $y = -x$

11. $y = -\frac{5}{4}x + 6$

13. $y = 4x + 4$

15. $y = -\frac{x}{2} + 12$

17. intercepto $x = \sqrt{2}$, intercepto $y = -\sqrt{3}$

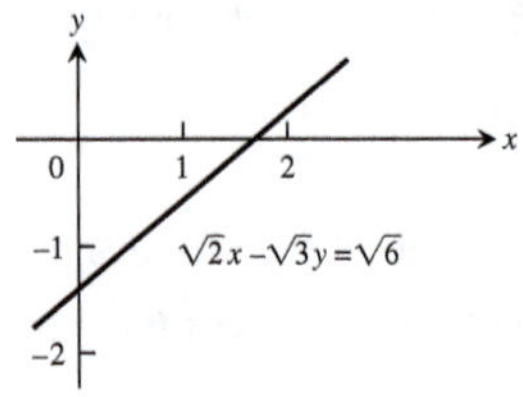

19. $(3, -3)$

21. $x^2 + (y - 2)^2 = 4$

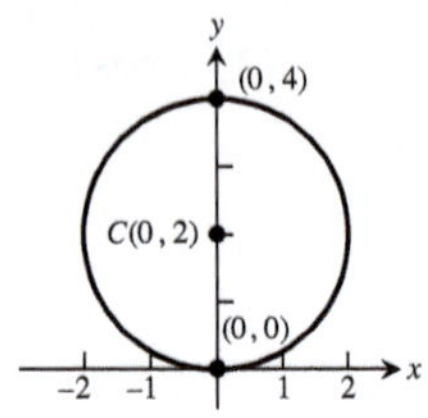

23. $(x + \sqrt{3})^2 + (y + 2)^2 = 4$

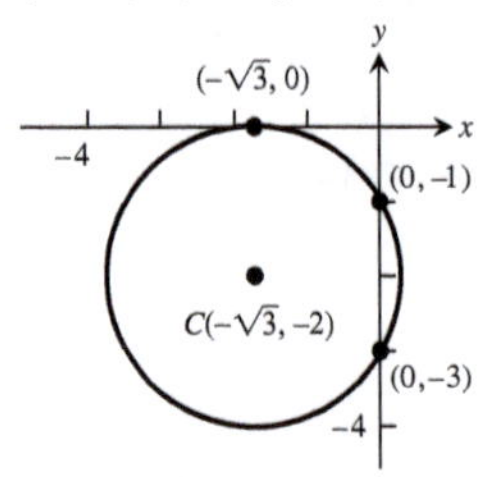

25. $x^2 + (y - 3/2)^2 = 25/4$

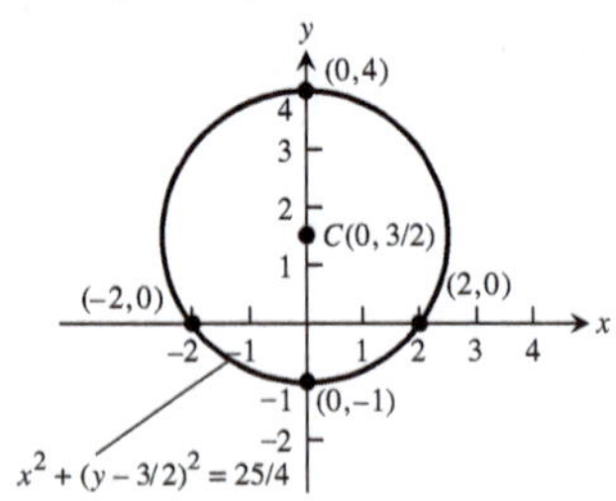

27.

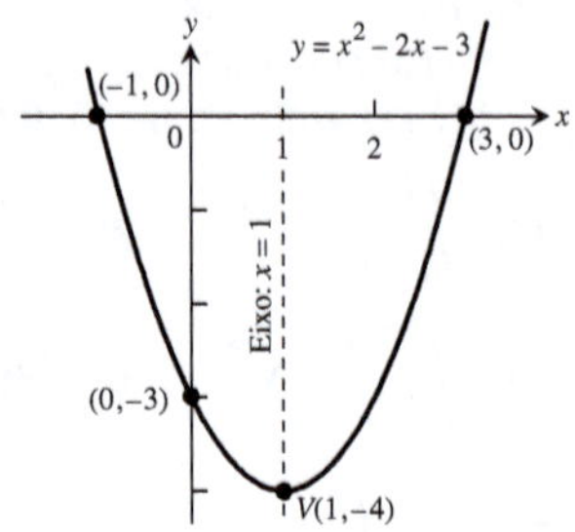

29.

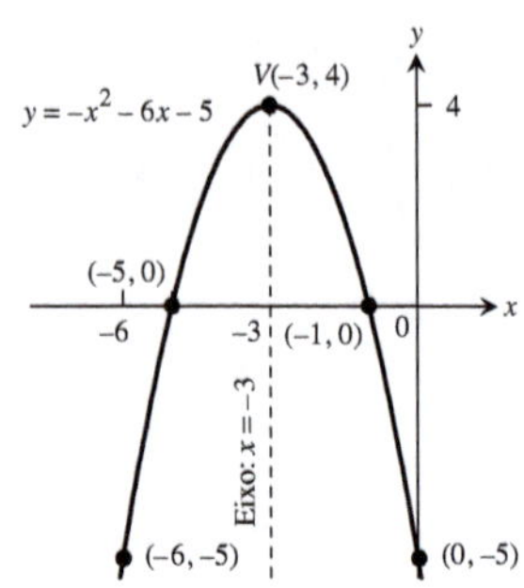

31. Pontos exteriores de uma circunferência de raio $\sqrt{7}$, centrada na origem

33. O anel entre as circunferências $x^2 + y^2 = 1$ e $x^2 + y^2 = 4$ (pontos com distância da origem entre 1 e 2)

35. $(x + 2)^2 + (y - 1)^2 < 6$

37. $\left(\frac{1}{\sqrt{5}}, \frac{2}{\sqrt{5}}\right)$, $\left(-\frac{1}{\sqrt{5}}, -\frac{2}{\sqrt{5}}\right)$

39. $\left(-\frac{1}{\sqrt{3}}, -\frac{1}{3}\right)$, $\left(\frac{1}{\sqrt{3}}, -\frac{1}{3}\right)$

41. a. ≈ –2,5 graus/polegadas

b. ≈ –16,1 graus/polegadas

c. ≈ –8,3 graus/polegadas

43. 5,97 atm

45. Sim: $C = F = -40°$

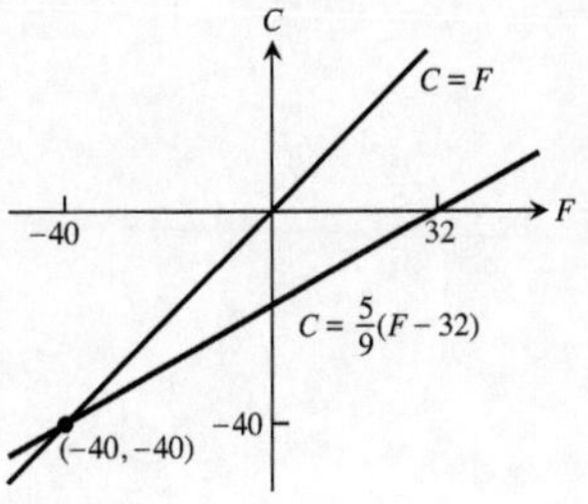

51. $k = -8, k = 1/2$

Apêndice 7

1. **a.** (14, 8) **b.** (–1, 8) **c.** (0, –5)

3. **a.** Refletindo z em torno do eixo real

b. Refletindo z em torno do eixo imaginário

c. Refletindo z no eixo real e, em seguida, multiplicando o comprimento do vetor por $1/|z|^2$

5. **a.** Pontos sobre a circunferência $x^2 + y^2 = 4$

b. Pontos dentro da circunferência $x^2 + y^2 = 4$

c. Pontos fora da circunferência $x^2 + y^2 = 4$

7. Pontos sobre uma circunferência de raio 1, centro (–1, 0)

9. Pontos sobre a reta $y = -x$

11. $4e^{2\pi i/3}$ **13.** $1e^{2\pi i/3}$

15. $\cos^4\theta - 6\cos^2\theta \operatorname{sen}^2\theta + \operatorname{sen}^4\theta$

17. $1, -\frac{1}{2} \pm \frac{\sqrt{3}}{2}i$

19. $2i, -\sqrt{3} - i, \sqrt{3} - i$

21. $\frac{\sqrt{6}}{2} \pm \frac{\sqrt{2}}{2}i, -\frac{\sqrt{6}}{2} \pm \frac{\sqrt{2}}{2}i$

23. $1 \pm \sqrt{3}i, -1 \pm \sqrt{3}i$

Índice remissivo

D

E

F

G

H

I

J

K

L

M

BREVE TABELA DE INTEGRAIS

Formas básicas

1. $\int k\,dx = kx + C$ (qualquer número k)

2. $\int x^n\,dx = \frac{x^{n+1}}{n+1} + C \quad (n \neq -1)$

3. $\int \frac{dx}{x} = \ln|x| + C$

4. $\int e^x\,dx = e^x + C$

5. $\int a^x\,dx = \frac{a^x}{\ln a} + C \quad (a > 0, a \neq 1)$

6. $\int \operatorname{sen} x\,dx = -\cos x + C$

7. $\int \cos x\,dx = \operatorname{sen} x + C$

8. $\int \sec^2 x\,dx = \operatorname{tg} x + C$

9. $\int \operatorname{cossec}^2 x\,dx = -\operatorname{cotg} x + C$

10. $\int \sec x \operatorname{tg} x\,dx = \sec x + C$

11. $\int \operatorname{cossec} x \operatorname{cotg} x\,dx = -\operatorname{cossec} x + C$

12. $\int \operatorname{tg} x\,dx = \ln|\sec x| + C$

13. $\int \operatorname{cotg} x\,dx = \ln|\operatorname{sen} x| + C$

14. $\int \operatorname{senh} x\,dx = \cosh x + C$

15. $\int \cosh x\,dx = \operatorname{senh} x + C$

16. $\int \frac{dx}{\sqrt{a^2 - x^2}} = \operatorname{sen}^{-1}\frac{x}{a} + C$

17. $\int \frac{dx}{a^2 + x^2} = \frac{1}{a}\operatorname{tg}^{-1}\frac{x}{a} + C$

18. $\int \frac{dx}{x\sqrt{x^2 - a^2}} = \frac{1}{a}\sec^{-1}\left|\frac{x}{a}\right| + C$

19. $\int \frac{dx}{\sqrt{a^2 + x^2}} = \operatorname{senh}^{-1}\frac{x}{a} + C \quad (a > 0)$

20. $\int \frac{dx}{\sqrt{x^2 - a^2}} = \cosh^{-1}\frac{x}{a} + C \quad (x > a > 0)$

Formas envolvendo $ax + b$

21. $\int (ax+b)^n\,dx = \frac{(ax+b)^{n+1}}{a(n+1)} + C, \quad n \neq -1$

22. $\int x(ax+b)^n\,dx = \frac{(ax+b)^{n+1}}{a^2}\left[\frac{ax+b}{n+2} - \frac{b}{n+1}\right] + C, \quad n \neq -1, -2$

23. $\int (ax+b)^{-1}\,dx = \frac{1}{a}\ln|ax+b| + C$

24. $\int x(ax+b)^{-1}\,dx = \frac{x}{a} - \frac{b}{a^2}\ln|ax+b| + C$

25. $\int x(ax+b)^{-2}\,dx = \frac{1}{a^2}\left[\ln|ax+b| + \frac{b}{ax+b}\right] + C$

26. $\int \frac{dx}{x(ax+b)} = \frac{1}{b}\ln\left|\frac{x}{ax+b}\right| + C$

27. $\int \left(\sqrt{ax+b}\right)^n dx = \frac{2}{a}\frac{\left(\sqrt{ax+b}\right)^{n+2}}{n+2} + C, \quad n \neq -2$

28. $\int \frac{\sqrt{ax+b}}{x}\,dx = 2\sqrt{ax+b} + b\int \frac{dx}{x\sqrt{ax+b}}$

29. **a.** $\displaystyle\int \frac{dx}{x\sqrt{ax+b}} = \frac{1}{\sqrt{b}} \ln \left| \frac{\sqrt{ax+b}-\sqrt{b}}{\sqrt{ax+b}+\sqrt{b}} \right| + C$ **b.** $\displaystyle\int \frac{dx}{x\sqrt{ax-b}} = \frac{2}{\sqrt{b}} \operatorname{tg}^{-1} \sqrt{\frac{ax-b}{b}} + C$

30. $\displaystyle\int \frac{\sqrt{ax+b}}{x^2}\,dx = -\frac{\sqrt{ax+b}}{x} + \frac{a}{2}\int \frac{dx}{x\sqrt{ax+b}} + C$ **31.** $\displaystyle\int \frac{dx}{x^2\sqrt{ax+b}} = -\frac{\sqrt{ax+b}}{bx} - \frac{a}{2b}\int \frac{dx}{x\sqrt{ax+b}} + C$

Formas envolvendo $a^2 + x^2$

32. $\displaystyle\int \frac{dx}{a^2+x^2} = \frac{1}{a}\operatorname{tg}^{-1}\frac{x}{a} + C$ **33.** $\displaystyle\int \frac{dx}{(a^2+x^2)^2} = \frac{x}{2a^2(a^2+x^2)} + \frac{1}{2a^3}\operatorname{tg}^{-1}\frac{x}{a} + C$

34. $\displaystyle\int \frac{dx}{\sqrt{a^2+x^2}} = \operatorname{senh}^{-1}\frac{x}{a} + C = \ln\left(x+\sqrt{a^2+x^2}\right) + C$

35. $\displaystyle\int \sqrt{a^2+x^2}\,dx = \frac{x}{2}\sqrt{a^2+x^2} + \frac{a^2}{2}\ln\left(x+\sqrt{a^2+x^2}\right) + C$

36. $\displaystyle\int x^2\sqrt{a^2+x^2}\,dx = \frac{x}{8}(a^2+2x^2)\sqrt{a^2+x^2} - \frac{a^4}{8}\ln\left(x+\sqrt{a^2+x^2}\right) + C$

37. $\displaystyle\int \frac{\sqrt{a^2+x^2}}{x}\,dx = \sqrt{a^2+x^2} - a\ln\left|\frac{a+\sqrt{a^2+x^2}}{x}\right| + C$

38. $\displaystyle\int \frac{\sqrt{a^2+x^2}}{x^2}\,dx = \ln\left(x+\sqrt{a^2+x^2}\right) - \frac{\sqrt{a^2+x^2}}{x} + C$

39. $\displaystyle\int \frac{x^2}{\sqrt{a^2+x^2}}\,dx = -\frac{a^2}{2}\ln\left(x+\sqrt{a^2+x^2}\right) + \frac{x\sqrt{a^2+x^2}}{2} + C$

40. $\displaystyle\int \frac{dx}{x\sqrt{a^2+x^2}} = -\frac{1}{a}\ln\left|\frac{a+\sqrt{a^2+x^2}}{x}\right| + C$ **41.** $\displaystyle\int \frac{dx}{x^2\sqrt{a^2+x^2}} = -\frac{\sqrt{a^2+x^2}}{a^2x} + C$

Formas envolvendo $a^2 - x^2$

42. $\displaystyle\int \frac{dx}{a^2-x^2} = \frac{1}{2a}\ln\left|\frac{x+a}{x-a}\right| + C$ **44.** $\displaystyle\int \frac{dx}{\sqrt{a^2-x^2}} = \operatorname{sen}^{-1}\frac{x}{a} + C$

43. $\displaystyle\int \frac{dx}{(a^2-x^2)^2} = \frac{x}{2a^2(a^2-x^2)} + \frac{1}{4a^3}\ln\left|\frac{x+a}{x-a}\right| + C$ **45.** $\displaystyle\int \sqrt{a^2-x^2}\,dx = \frac{x}{2}\sqrt{a^2-x^2} + \frac{a^2}{2}\operatorname{sen}^{-1}\frac{x}{a} + C$

46. $\displaystyle\int x^2\sqrt{a^2-x^2}\,dx = \frac{a^4}{8}\operatorname{sen}^{-1}\frac{x}{a} - \frac{1}{8}x\sqrt{a^2-x^2}\,(a^2-2x^2) + C$

47. $\displaystyle\int \frac{\sqrt{a^2-x^2}}{x}\,dx = \sqrt{a^2-x^2} - a\ln\left|\frac{a+\sqrt{a^2-x^2}}{x}\right| + C$

48. $\displaystyle\int \frac{\sqrt{a^2-x^2}}{x^2}\,dx = -\operatorname{sen}^{-1}\frac{x}{a} - \frac{\sqrt{a^2-x^2}}{x} + C$

49. $\displaystyle\int \frac{x^2}{\sqrt{a^2-x^2}}\,dx = \frac{a^2}{2}\operatorname{sen}^{-1}\frac{x}{a} - \frac{1}{2}x\sqrt{a^2-x^2} + C$

50. $\displaystyle\int \frac{dx}{x\sqrt{a^2-x^2}} = -\frac{1}{a}\ln\left|\frac{a+\sqrt{a^2-x^2}}{x}\right| + C$

51. $\displaystyle\int \frac{dx}{x^2\sqrt{a^2-x^2}} = -\frac{\sqrt{a^2-x^2}}{a^2x} + C$

Formas envolvendo $x^2 - a^2$

52. $\displaystyle\int \frac{dx}{\sqrt{x^2-a^2}} = \ln\left|x+\sqrt{x^2-a^2}\right| + C$

53. $\displaystyle\int \sqrt{x^2-a^2}\,dx = \frac{x}{2}\sqrt{x^2-a^2} - \frac{a^2}{2}\ln\left|x+\sqrt{x^2-a^2}\right| + C$

54. $\int \left(\sqrt{x^2 - a^2}\right)^n dx = \dfrac{x\left(\sqrt{x^2 - a^2}\right)^n}{n + 1} - \dfrac{na^2}{n + 1}\int \left(\sqrt{x^2 - a^2}\right)^{n-2} dx, \quad n \neq -1$

55. $\int \dfrac{dx}{\left(\sqrt{x^2 - a^2}\right)^n} = \dfrac{x\left(\sqrt{x^2 - a^2}\right)^{2-n}}{(2 - n)a^2} - \dfrac{n - 3}{(n - 2)a^2}\int \dfrac{dx}{\left(\sqrt{x^2 - a^2}\right)^{n-2}}, \quad n \neq 2$

56. $\int x\left(\sqrt{x^2 - a^2}\right)^n dx = \dfrac{\left(\sqrt{x^2 - a^2}\right)^{n+2}}{n + 2} + C, \quad n \neq -2$

57. $\int x^2\sqrt{x^2 - a^2}\, dx = \dfrac{x}{8}(2x^2 - a^2)\sqrt{x^2 - a^2} - \dfrac{a^4}{8}\ln\left|x + \sqrt{x^2 - a^2}\right| + C$

58. $\int \dfrac{\sqrt{x^2 - a^2}}{x}\, dx = \sqrt{x^2 - a^2} - a \sec^{-1}\left|\dfrac{x}{a}\right| + C$

59. $\int \dfrac{\sqrt{x^2 - a^2}}{x^2}\, dx = \ln\left|x + \sqrt{x^2 - a^2}\right| - \dfrac{\sqrt{x^2 - a^2}}{x} + C$

60. $\int \dfrac{x^2}{\sqrt{x^2 - a^2}}\, dx = \dfrac{a^2}{2}\ln\left|x + \sqrt{x^2 - a^2}\right| + \dfrac{x}{2}\sqrt{x^2 - a^2} + C$

61. $\int \dfrac{dx}{x\sqrt{x^2 - a^2}} = \dfrac{1}{a}\sec^{-1}\left|\dfrac{x}{a}\right| + C = \dfrac{1}{a}\cos^{-1}\left|\dfrac{a}{x}\right| + C$

62. $\int \dfrac{dx}{x^2\sqrt{x^2 - a^2}} = \dfrac{\sqrt{x^2 - a^2}}{a^2x} + C$

Formas trigonométricas

63. $\int \operatorname{sen} ax\, dx = -\dfrac{1}{a}\cos ax + C$

64. $\int \cos ax\, dx = \dfrac{1}{a}\operatorname{sen} ax + C$

65. $\int \operatorname{sen}^2 ax\, dx = \dfrac{x}{2} - \dfrac{\operatorname{sen} 2ax}{4a} + C$

66. $\int \cos^2 ax\, dx = \dfrac{x}{2} + \dfrac{\operatorname{sen} 2ax}{4a} + C$

67. $\int \operatorname{sen}^n ax\, dx = -\dfrac{\operatorname{sen}^{n-1} ax \cos ax}{na} + \dfrac{n - 1}{n}\int \operatorname{sen}^{n-2} ax\, dx$

68. $\int \cos^n ax\, dx = \dfrac{\cos^{n-1} ax \operatorname{sen} ax}{na} + \dfrac{n - 1}{n}\int \cos^{n-2} ax\, dx$

69. a. $\int \operatorname{sen} ax \cos bx\, dx = -\dfrac{\cos(a + b)x}{2(a + b)} - \dfrac{\cos(a - b)x}{2(a - b)} + C, \quad a^2 \neq b^2$

b. $\int \operatorname{sen} ax \operatorname{sen} bx\, dx = \dfrac{\operatorname{sen}(a - b)x}{2(a - b)} - \dfrac{\operatorname{sen}(a + b)x}{2(a + b)} + C, \quad a^2 \neq b^2$

c. $\int \cos ax \cos bx\, dx = \dfrac{\operatorname{sen}(a - b)x}{2(a - b)} + \dfrac{\operatorname{sen}(a + b)x}{2(a + b)} + C, \quad a^2 \neq b^2$

70. $\int \operatorname{sen} ax \cos ax\, dx = -\dfrac{\cos 2ax}{4a} + C$

71. $\int \operatorname{sen}^n ax \cos ax\, dx = \dfrac{\operatorname{sen}^{n+1} ax}{(n + 1)a} + C, \quad n \neq -1$

72. $\int \dfrac{\cos ax}{\operatorname{sen} ax}\, dx = \dfrac{1}{a}\ln\left|\operatorname{sen} ax\right| + C$

73. $\int \cos^n ax \operatorname{sen} ax\, dx = -\dfrac{\cos^{n+1} ax}{(n + 1)a} + C, \quad n \neq -1$

74. $\int \dfrac{\operatorname{sen} ax}{\cos ax}\, dx = -\dfrac{1}{a}\ln\left|\cos ax\right| + C$

75. $\int \operatorname{sen}^n ax \cos^m ax\, dx = -\dfrac{\operatorname{sen}^{n-1} ax \cos^{m+1} ax}{a(m + n)} + \dfrac{n - 1}{m + n}\int \operatorname{sen}^{n-2} ax \cos^m ax\, dx, \quad n \neq -m \quad (\text{reduz } \operatorname{sen}^n ax)$

76. $\int \operatorname{sen}^n ax \cos^m ax\, dx = \dfrac{\operatorname{sen}^{n+1} ax \cos^{m-1} ax}{a(m + n)} + \dfrac{m - 1}{m + n}\int \operatorname{sen}^n ax \cos^{m-2} ax\, dx, \quad m \neq -n \quad (\text{reduz } \cos^m ax)$

77. $\displaystyle\int \frac{dx}{b + c \operatorname{sen} ax} = \frac{-2}{a\sqrt{b^2 - c^2}} \operatorname{tg}^{-1}\left[\sqrt{\frac{b-c}{b+c}} \operatorname{tg}\left(\frac{\pi}{4} - \frac{ax}{2}\right)\right] + C, \quad b^2 > c^2$

78. $\displaystyle\int \frac{dx}{b + c \operatorname{sen} ax} = \frac{-1}{a\sqrt{c^2 - b^2}} \ln\left|\frac{c + b \operatorname{sen} ax + \sqrt{c^2 - b^2}\cos ax}{b + c \operatorname{sen} ax}\right| + C, \quad b^2 < c^2$

79. $\displaystyle\int \frac{dx}{1 + \operatorname{sen} ax} = -\frac{1}{a}\operatorname{tg}\left(\frac{\pi}{4} - \frac{ax}{2}\right) + C$

80. $\displaystyle\int \frac{dx}{1 - \operatorname{sen} ax} = \frac{1}{a}\operatorname{tg}\left(\frac{\pi}{4} + \frac{ax}{2}\right) + C$

81. $\displaystyle\int \frac{dx}{b + c\cos ax} = \frac{2}{a\sqrt{b^2 - c^2}} \operatorname{tg}^{-1}\left[\sqrt{\frac{b-c}{b+c}} \operatorname{tg}\frac{ax}{2}\right] + C, \quad b^2 > c^2$

82. $\displaystyle\int \frac{dx}{b + c\cos ax} = \frac{1}{a\sqrt{c^2 - b^2}} \ln\left|\frac{c + b\cos ax + \sqrt{c^2 - b^2}\operatorname{sen} ax}{b + c\cos ax}\right| + C, \quad b^2 < c^2$

83. $\displaystyle\int \frac{dx}{1 + \cos ax} = \frac{1}{a}\operatorname{tg}\frac{ax}{2} + C$

84. $\displaystyle\int \frac{dx}{1 - \cos ax} = -\frac{1}{a}\operatorname{cotg}\frac{ax}{2} + C$

85. $\displaystyle\int x \operatorname{sen} ax\, dx = \frac{1}{a^2}\operatorname{sen} ax - \frac{x}{a}\cos ax + C$

86. $\displaystyle\int x\cos ax\, dx = \frac{1}{a^2}\cos ax + \frac{x}{a}\operatorname{sen} ax + C$

87. $\displaystyle\int x^n \operatorname{sen} ax\, dx = -\frac{x^n}{a}\cos ax + \frac{n}{a}\int x^{n-1}\cos ax\, dx$

88. $\displaystyle\int x^n \cos ax\, dx = \frac{x^n}{a}\operatorname{sen} ax - \frac{n}{a}\int x^{n-1}\operatorname{sen} ax\, dx$

89. $\displaystyle\int \operatorname{tg} ax\, dx = \frac{1}{a}\ln|\sec ax| + C$

90. $\displaystyle\int \operatorname{cotg} ax\, dx = \frac{1}{a}\ln|\operatorname{sen} ax| + C$

91. $\displaystyle\int \operatorname{tg}^2 ax\, dx = \frac{1}{a}\operatorname{tg} ax - x + C$

92. $\displaystyle\int \operatorname{cotg}^2 ax\, dx = -\frac{1}{a}\operatorname{cotg} ax - x + C$

93. $\displaystyle\int \operatorname{tg}^n ax\, dx = \frac{\operatorname{tg}^{n-1} ax}{a(n-1)} - \int \operatorname{tg}^{n-2} ax\, dx, \quad n \neq 1$

94. $\displaystyle\int \operatorname{cotg}^n ax\, dx = -\frac{\operatorname{cotg}^{n-1} ax}{a(n-1)} - \int \operatorname{cotg}^{n-2} ax\, dx, \quad n \neq 1$

95. $\displaystyle\int \sec ax\, dx = \frac{1}{a}\ln|\sec ax + \operatorname{tg} ax| + C$

96. $\displaystyle\int \operatorname{cossec} ax\, dx = -\frac{1}{a}\ln|\operatorname{cossec} ax + \operatorname{cotg} ax| + C$

97. $\displaystyle\int \sec^2 ax\, dx = \frac{1}{a}\operatorname{tg} ax + C$

98. $\displaystyle\int \operatorname{cossec}^2 ax\, dx = -\frac{1}{a}\operatorname{cotg} ax + C$

99. $\displaystyle\int \sec^n ax\, dx = \frac{\sec^{n-2} ax \operatorname{tg} ax}{a(n-1)} + \frac{n-2}{n-1}\int \sec^{n-2} ax\, dx, \quad n \neq 1$

100. $\displaystyle\int \operatorname{cossec}^n ax\, dx = -\frac{\operatorname{cossec}^{n-2} ax \operatorname{cotg} ax}{a(n-1)} + \frac{n-2}{n-1}\int \operatorname{cossec}^{n-2} ax\, dx, \quad n \neq 1$

101. $\displaystyle\int \sec^n ax \operatorname{tg} ax\, dx = \frac{\sec^n ax}{na} + C, \quad n \neq 0$

102. $\displaystyle\int \operatorname{cossec}^n ax \operatorname{cotg} ax\, dx = -\frac{\operatorname{cossec}^n ax}{na} + C, \quad n \neq 0$

Formas trigonométricas inversas

103. $\displaystyle\int \operatorname{sen}^{-1} ax\, dx = x\operatorname{sen}^{-1} ax + \frac{1}{a}\sqrt{1 - a^2x^2} + C$

104. $\displaystyle\int \cos^{-1} ax\, dx = x\cos^{-1} ax - \frac{1}{a}\sqrt{1 - a^2x^2} + C$

105. $\displaystyle\int \operatorname{tg}^{-1} ax\, dx = x\operatorname{tg}^{-1} ax - \frac{1}{2a}\ln(1 + a^2x^2) + C$

106. $\displaystyle\int x^n \operatorname{sen}^{-1} ax\, dx = \frac{x^{n+1}}{n+1}\operatorname{sen}^{-1} ax - \frac{a}{n+1}\int \frac{x^{n+1}\, dx}{\sqrt{1 - a^2x^2}}, \quad n \neq -1$

107. $\displaystyle\int x^n \cos^{-1} ax\, dx = \frac{x^{n+1}}{n+1}\cos^{-1} ax + \frac{a}{n+1}\int \frac{x^{n+1}\, dx}{\sqrt{1 - a^2x^2}}, \quad n \neq -1$

108. $\displaystyle\int x^n \operatorname{tg}^{-1} ax\, dx = \frac{x^{n+1}}{n+1}\operatorname{tg}^{-1} ax - \frac{a}{n+1}\int \frac{x^{n+1}\, dx}{1 + a^2x^2}, \quad n \neq -1$

Formas exponenciais e logarítmicas

109. $\int e^{ax}\,dx = \frac{1}{a}e^{ax} + C$

110. $\int b^{ax}\,dx = \frac{1}{a}\frac{b^{ax}}{\ln b} + C, \quad b > 0, b \neq 1$

111. $\int xe^{ax}\,dx = \frac{e^{ax}}{a^2}(ax - 1) + C$

112. $\int x^n e^{ax}\,dx = \frac{1}{a}x^n e^{ax} - \frac{n}{a}\int x^{n-1}e^{ax}\,dx$

113. $\int x^n b^{ax}\,dx = \frac{x^n b^{ax}}{a\ln b} - \frac{n}{a\ln b}\int x^{n-1}b^{ax}\,dx, \quad b > 0, b \neq 1$

114. $\int e^{ax}\operatorname{sen} bx\,dx = \frac{e^{ax}}{a^2 + b^2}(a\operatorname{sen} bx - b\cos bx) + C$

115. $\int e^{ax}\cos bx\,dx = \frac{e^{ax}}{a^2 + b^2}(a\cos bx + b\operatorname{sen} bx) + C$

116. $\int \ln ax\,dx = x\ln ax - x + C$

117. $\int x^n(\ln ax)^m\,dx = \frac{x^{n+1}(\ln ax)^m}{n + 1} - \frac{m}{n + 1}\int x^n(\ln ax)^{m-1}\,dx, \quad n \neq -1$

118. $\int x^{-1}(\ln ax)^m\,dx = \frac{(\ln ax)^{m+1}}{m + 1} + C, \quad m \neq -1$

119. $\int \frac{dx}{x\ln ax} = \ln|\ln ax| + C$

Formas envolvendo $\sqrt{2ax - x^2}$, $a > 0$

120. $\int \frac{dx}{\sqrt{2ax - x^2}} = \operatorname{sen}^{-1}\left(\frac{x - a}{a}\right) + C$

121. $\int \sqrt{2ax - x^2}\,dx = \frac{x - a}{2}\sqrt{2ax - x^2} + \frac{a^2}{2}\operatorname{sen}^{-1}\left(\frac{x - a}{a}\right) + C$

122. $\int \left(\sqrt{2ax - x^2}\right)^n dx = \frac{(x - a)\left(\sqrt{2ax - x^2}\right)^n}{n + 1} + \frac{na^2}{n + 1}\int \left(\sqrt{2ax - x^2}\right)^{n-2} dx$

123. $\int \frac{dx}{\left(\sqrt{2ax - x^2}\right)^n} = \frac{(x - a)\left(\sqrt{2ax - x^2}\right)^{2-n}}{(n - 2)a^2} + \frac{n - 3}{(n - 2)a^2}\int \frac{dx}{\left(\sqrt{2ax - x^2}\right)^{n-2}}$

124. $\int x\sqrt{2ax - x^2}\,dx = \frac{(x + a)(2x - 3a)\sqrt{2ax - x^2}}{6} + \frac{a^3}{2}\operatorname{sen}^{-1}\left(\frac{x - a}{a}\right) + C$

125. $\int \frac{\sqrt{2ax - x^2}}{x}\,dx = \sqrt{2ax - x^2} + a\operatorname{sen}^{-1}\left(\frac{x - a}{a}\right) + C$

126. $\int \frac{\sqrt{2ax - x^2}}{x^2}\,dx = -2\sqrt{\frac{2a - x}{x}} - \operatorname{sen}^{-1}\left(\frac{x - a}{a}\right) + C$

127. $\int \frac{x\,dx}{\sqrt{2ax - x^2}} = a\operatorname{sen}^{-1}\left(\frac{x - a}{a}\right) - \sqrt{2ax - x^2} + C$

128. $\int \frac{dx}{x\sqrt{2ax - x^2}} = -\frac{1}{a}\sqrt{\frac{2a - x}{x}} + C$

Formas hiperbólicas

129. $\int \operatorname{senh} ax\,dx = \frac{1}{a}\cosh ax + C$

130. $\int \cosh ax\,dx = \frac{1}{a}\operatorname{senh} ax + C$

131. $\int \operatorname{senh}^2 ax\,dx = \frac{\operatorname{senh} 2ax}{4a} - \frac{x}{2} + C$

132. $\int \cosh^2 ax\,dx = \frac{\operatorname{senh} 2ax}{4a} + \frac{x}{2} + C$

133. $\int \operatorname{senh}^n ax\,dx = \frac{\operatorname{senh}^{n-1} ax\cosh ax}{na} - \frac{n - 1}{n}\int \operatorname{senh}^{n-2} ax\,dx, \quad n \neq 0$

134. $\displaystyle\int \cosh^n ax\,dx = \frac{\cosh^{n-1}ax\,\text{senh}\,ax}{na} + \frac{n-1}{n}\int \cosh^{n-2} ax\,dx, \quad n \neq 0$

135. $\displaystyle\int x\,\text{senh}\,ax\,dx = \frac{x}{a}\cosh ax - \frac{1}{a^2}\text{senh}\,ax + C$

136. $\displaystyle\int x\cosh ax\,dx = \frac{x}{a}\text{senh}\,ax - \frac{1}{a^2}\cosh ax + C$

137. $\displaystyle\int x^n\,\text{senh}\,ax\,dx = \frac{x^n}{a}\cosh ax - \frac{n}{a}\int x^{n-1}\cosh ax\,dx$

138. $\displaystyle\int x^n\cosh ax\,dx = \frac{x^n}{a}\text{senh}\,ax - \frac{n}{a}\int x^{n-1}\text{senh}\,ax\,dx$

139. $\displaystyle\int \text{tgh}\,ax\,dx = \frac{1}{a}\ln(\cosh ax) + C$

140. $\displaystyle\int \text{cotgh}\,ax\,dx = \frac{1}{a}\ln|\text{senh}\,ax| + C$

141. $\displaystyle\int \text{tgh}^2\,ax\,dx = x - \frac{1}{a}\text{tgh}\,ax + C$

142. $\displaystyle\int \text{cotgh}^2\,ax\,dx = x - \frac{1}{a}\text{cotgh}\,ax + C$

143. $\displaystyle\int \text{tgh}^n\,ax\,dx = -\frac{\text{tgh}^{n-1}\,ax}{(n-1)a} + \int \text{tgh}^{n-2}\,ax\,dx, \quad n \neq 1$

144. $\displaystyle\int \text{cotgh}^n\,ax\,dx = -\frac{\text{cotgh}^{n-1}\,ax}{(n-1)a} + \int \text{cotgh}^{n-2}\,ax\,dx, \quad n \neq 1$

145. $\displaystyle\int \text{sech}\,ax\,dx = \frac{1}{a}\text{sen}^{-1}(\text{tgh}\,ax) + C$

146. $\displaystyle\int \text{cossech}\,ax\,dx = \frac{1}{a}\ln\left|\text{tgh}\,\frac{ax}{2}\right| + C$

147. $\displaystyle\int \text{sech}^2\,ax\,dx = \frac{1}{a}\text{tgh}\,ax + C$

148. $\displaystyle\int \text{cossech}^2\,ax\,dx = -\frac{1}{a}\text{cotgh}\,ax + C$

149. $\displaystyle\int \text{sech}^n\,ax\,dx = \frac{\text{sech}^{n-2}\,ax\,\text{tgh}\,ax}{(n-1)a} + \frac{n-2}{n-1}\int \text{sech}^{n-2}\,ax\,dx, \quad n \neq 1$

150. $\displaystyle\int \text{cossech}^n\,ax\,dx = -\frac{\text{cossech}^{n-2}\,ax\,\text{cotgh}\,ax}{(n-1)a} - \frac{n-2}{n-1}\int \text{cossech}^{n-2}\,ax\,dx, \quad n \neq 1$

151. $\displaystyle\int \text{sech}^n\,ax\,\text{tgh}\,ax\,dx = -\frac{\text{sech}^n\,ax}{na} + C, \quad n \neq 0$

152. $\displaystyle\int \text{cossech}^n\,ax\,\text{cotgh}\,ax\,dx = -\frac{\text{cossech}^n\,ax}{na} + C, \quad n \neq 0$

153. $\displaystyle\int e^{ax}\,\text{senh}\,bx\,dx = \frac{e^{ax}}{2}\left[\frac{e^{bx}}{a+b} - \frac{e^{-bx}}{a-b}\right] + C, \quad a^2 \neq b^2$

154. $\displaystyle\int e^{ax}\cosh bx\,dx = \frac{e^{ax}}{2}\left[\frac{e^{bx}}{a+b} + \frac{e^{-bx}}{a-b}\right] + C, \quad a^2 \neq b^2$

Algumas integrais definidas

155. $\displaystyle\int_0^\infty x^{n-1}e^{-x}\,dx = \Gamma(n) = (n-1)!, \quad n > 0$

156. $\displaystyle\int_0^\infty e^{-ax^2}\,dx = \frac{1}{2}\sqrt{\frac{\pi}{a}}, \quad a > 0$

157. $$\int_0^{\pi/2} \text{sen}^n x\,dx = \int_0^{\pi/2} \cos^n x\,dx = \begin{cases} \dfrac{1\cdot 3\cdot 5\cdot \cdots \cdot (n-1)}{2\cdot 4\cdot 6\cdot \cdots \cdot n}\cdot\dfrac{\pi}{2}, & \text{se } n \text{ for um inteiro par} \geq 2 \\[2ex] \dfrac{2\cdot 4\cdot 6\cdot \cdots \cdot (n-1)}{3\cdot 5\cdot 7\cdot \cdots \cdot n}, & \text{se } n \text{ for um inteiro ímpar} \geq 3 \end{cases}$$

FÓRMULAS ALGÉBRICAS BÁSICAS

Operações aritméticas

$$a(b + c) = ab + ac, \qquad \frac{a}{b} \cdot \frac{c}{d} = \frac{ac}{bd}$$

$$\frac{a}{b} + \frac{c}{d} = \frac{ad + bc}{bd}, \qquad \frac{a/b}{c/d} = \frac{a}{b} \cdot \frac{d}{c}$$

Lei dos sinais

$$-(-a) = a, \qquad \frac{-a}{b} = -\frac{a}{b} = \frac{a}{-b}$$

Zero A divisão por zero não é definida.

$$\text{Se } a \neq 0\text{: } \frac{0}{a} = 0, \quad a^0 = 1, \quad 0^a = 0$$

Para qualquer número a: $a \cdot 0 = 0 \cdot a = 0$

Lei dos expoentes

$$a^m a^n = a^{m+n}, \qquad (ab)^m = a^m b^m, \qquad (a^m)^n = a^{mn}, \qquad a^{m/n} = \sqrt[n]{a^m} = \left(\sqrt[n]{a}\right)^m$$

Se $a \neq 0$,

$$\frac{a^m}{a^n} = a^{m-n}, \qquad a^0 = 1, \qquad a^{-m} = \frac{1}{a^m}.$$

Teorema binomial Para qualquer inteiro positivo n,

$$(a + b)^n = a^n + na^{n-1}b + \frac{n(n-1)}{1 \cdot 2} a^{n-2}b^2 + \frac{n(n-1)(n-2)}{1 \cdot 2 \cdot 3} a^{n-3}b^3 + \cdots + nab^{n-1} + b^n.$$

Por exemplo,

$$(a + b)^2 = a^2 + 2ab + b^2, \qquad (a - b)^2 = a^2 - 2ab + b^2$$

$$(a + b)^3 = a^3 + 3a^2b + 3ab^2 + b^3, \qquad (a - b)^3 = a^3 - 3a^2b + 3ab^2 - b^3.$$

Fatorando a diferença de potências semelhantes a inteiros, $n > 1$

$$a^n - b^n = (a - b)(a^{n-1} + a^{n-2}b + a^{n-3}b^2 + \cdots + ab^{n-2} + b^{n-1})$$

Por exemplo,

$$a^2 - b^2 = (a - b)(a + b),$$

$$a^3 - b^3 = (a - b)(a^2 + ab + b^2),$$

$$a^4 - b^4 = (a - b)(a^3 + a^2b + ab^2 + b^3).$$

Completando o quadrado Se $a \neq 0$,

$$ax^2 + bx + c = au^2 + C \qquad \left(u = x + (b/2a), C = c - \frac{b^2}{4a}\right)$$

Fórmula quadrática Se $a \neq 0$ e $ax^2 + bx + c = 0$, então

$$x = \frac{-b \pm \sqrt{b^2 - 4ac}}{2a}.$$

FÓRMULAS GEOMÉTRICAS

A = área, B = área da base, C = circunferência, S = área lateral ou área da superfície, V = volume

Triângulo

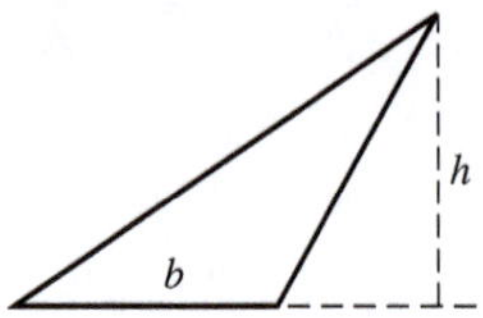

$$A = \frac{1}{2}bh$$

Triângulos similares

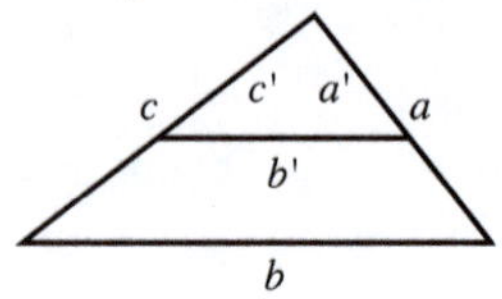

$$\frac{a'}{a} = \frac{b'}{b} = \frac{c'}{c}$$

Teorema de Pitágoras

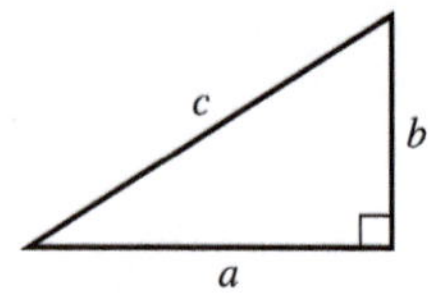

$$a^2 + b^2 = c^2$$

Paralelogramo

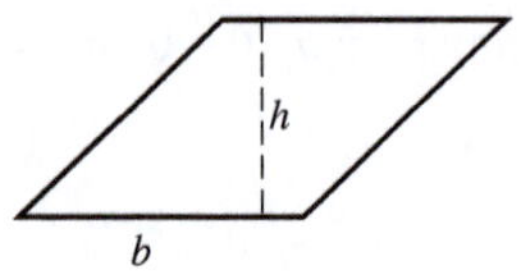

$$A = bh$$

Trapezoide

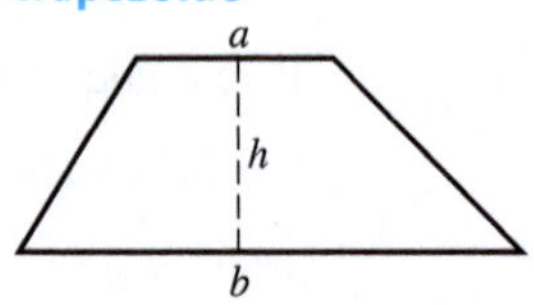

$$A = \frac{1}{2}(a + b)h$$

Círculo

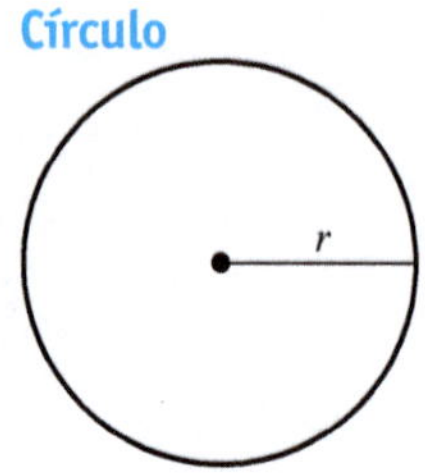

$$A = \pi r^2,\quad C = 2\pi r$$

Qualquer cilindro ou prisma com bases paralelas

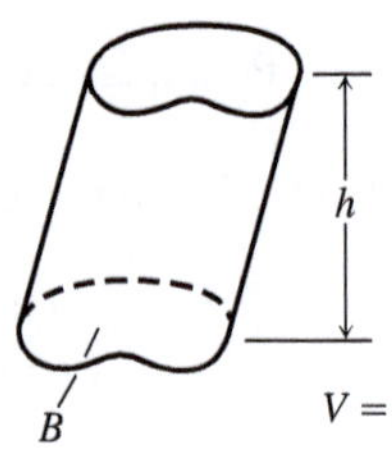

$$V = Bh$$

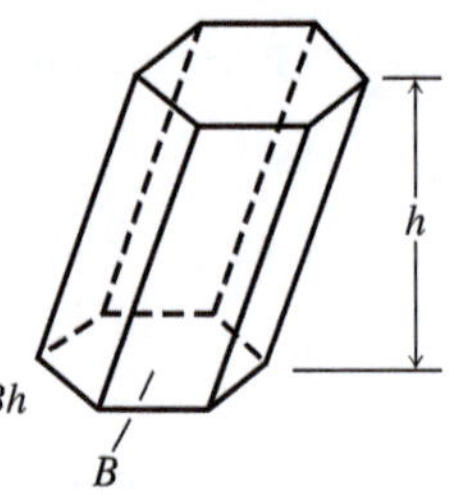

Cilindro circular reto

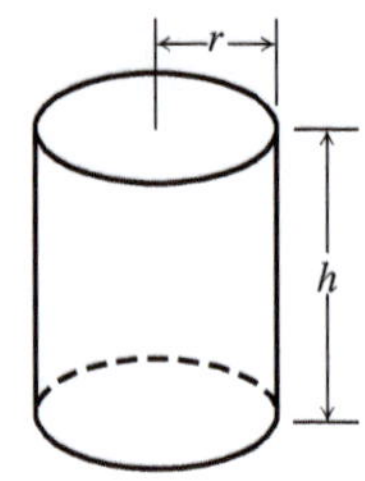

$$V = \pi r^2 h$$

$S = 2\pi rh$ = Área da lateral

Qualquer cone ou pirâmide

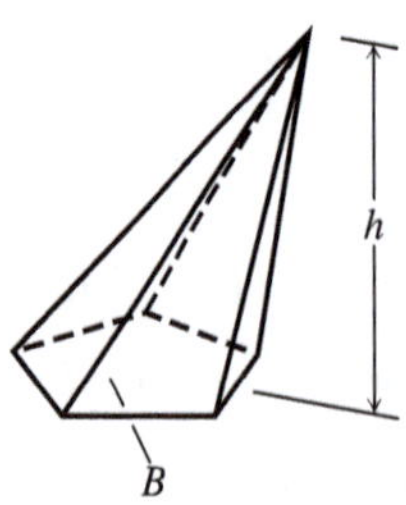

$$V = \frac{1}{3}Bh$$

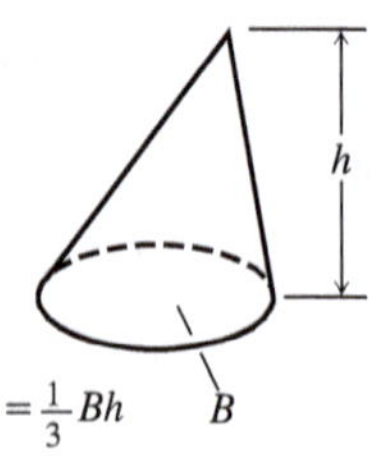

Cone circular reto

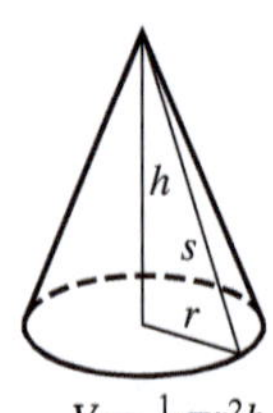

$$V = \frac{1}{3}\pi r^2 h$$

$S = \pi rs$ = Área da lateral

Esfera

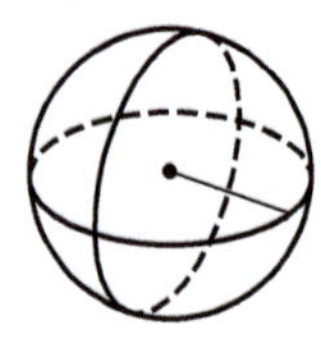

$$V = \frac{4}{3}\pi r^3,\ S = 4\pi r^2$$

LIMITES

Leis gerais

Se L, M, c e k forem números reais e

$$\lim_{x\to c} f(x) = L \qquad \text{e} \qquad \lim_{x\to c} g(x) = M, \quad \text{então}$$

Regra da soma: $\lim_{x\to c}(f(x) + g(x)) = L + M$

Regra da diferença: $\lim_{x\to c}(f(x) - g(x)) = L - M$

Regra do produto: $\lim_{x\to c}(f(x)\cdot g(x)) = L\cdot M$

Regra do múltiplo constante: $\lim_{x\to c}(k\cdot f(x)) = k\cdot L$

Regra do quociente: $\lim_{x\to c}\dfrac{f(x)}{g(x)} = \dfrac{L}{M}, \quad M \neq 0$

Teorema do confronto

Se $g(x) \leq f(x) \leq h(x)$ em um intervalo aberto contendo c, exceto possivelmente em $x = c$, e se

$$\lim_{x\to c} g(x) = \lim_{x\to c} h(x) = L,$$

então $\lim_{x\to c} f(x) = L$.

Desigualdades

Se $f(x) \leq g(x)$ em um intervalo aberto contendo c, exceto possivelmente em $x = c$, e ambos os limites existem, então

$$\lim_{x\to c} f(x) \leq \lim_{x\to c} g(x).$$

Continuidade

Se g é contínuo em L e $\lim_{x\to c} f(x) = L$, então

$$\lim_{x\to c} g(f(x)) = g(L).$$

Fórmulas específicas

Se $P(x) = a_n x^n + a_{n-1}x^{n-1} + \cdots + a_0$, então

$$\lim_{x\to c} P(x) = P(c) = a_n c^n + a_{n-1}c^{n-1} + \cdots + a_0.$$

Se $P(x)$ e $Q(x)$ forem polinômios e $Q(c) \neq 0$, então

$$\lim_{x\to c}\frac{P(x)}{Q(x)} = \frac{P(c)}{Q(c)}.$$

Se $f(x)$ é contínuo em $x = c$, então

$$\lim_{x\to c} f(x) = f(c).$$

$$\lim_{x\to 0}\frac{\operatorname{sen} x}{x} = 1 \qquad \text{e} \qquad \lim_{x\to 0}\frac{1-\cos x}{x} = 0$$

Regra de l'Hôpital

Se $f(a) = g(a) = 0$, tanto f' quanto g' existem em um intervalo aberto I contendo a e $g'(x) \neq 0$ em I se $x \neq a$, então

$$\lim_{x\to a}\frac{f(x)}{g(x)} = \lim_{x\to a}\frac{f'(x)}{g'(x)},$$

assumindo que o limite do lado direito existe.

REGRAS DA DIFERENCIAÇÃO

Fórmulas gerais

Considere que u e v sejam funções diferenciáveis de x.

Constante: $\frac{d}{dx}(c) = 0$

Soma: $\frac{d}{dx}(u + v) = \frac{du}{dx} + \frac{dv}{dx}$

Diferença: $\frac{d}{dx}(u - v) = \frac{du}{dx} - \frac{dv}{dx}$

Múltiplo constante: $\frac{d}{dx}(cu) = c\frac{du}{dx}$

Produto: $\frac{d}{dx}(uv) = u\frac{dv}{dx} + v\frac{du}{dx}$

Quociente: $\frac{d}{dx}\left(\frac{u}{v}\right) = \frac{v\frac{du}{dx} - u\frac{dv}{dx}}{v^2}$

Potência: $\frac{d}{dx}x^n = nx^{n-1}$

Regra da cadeia: $\frac{d}{dx}(f(g(x)) = f'(g(x)) \cdot g'(x)$

Funções trigonométricas

$\frac{d}{dx}(\operatorname{sen} x) = \cos x$ $\quad$ $\frac{d}{dx}(\cos x) = -\operatorname{sen} x$

$\frac{d}{dx}(\operatorname{tg} x) = \sec^2 x$ $\quad$ $\frac{d}{dx}(\sec x) = \sec x \operatorname{tg} x$

$\frac{d}{dx}(\operatorname{cotg} x) = -\operatorname{cossec}^2 x$ $\quad$ $\frac{d}{dx}(\operatorname{cossec} x) = -\operatorname{cossec} x \operatorname{cotg} x$

Funções exponenciais e logarítmicas

$\frac{d}{dx}e^x = e^x$ $\quad$ $\frac{d}{dx}\ln x = \frac{1}{x}$

$\frac{d}{dx}a^x = a^x \ln a$ $\quad$ $\frac{d}{dx}(\log_a x) = \frac{1}{x \ln a}$

Funções trigonométricas inversas

$\frac{d}{dx}(\operatorname{sen}^{-1} x) = \frac{1}{\sqrt{1 - x^2}}$ $\quad$ $\frac{d}{dx}(\cos^{-1} x) = -\frac{1}{\sqrt{1 - x^2}}$

$\frac{d}{dx}(\operatorname{tg}^{-1} x) = \frac{1}{1 + x^2}$ $\quad$ $\frac{d}{dx}(\sec^{-1} x) = \frac{1}{|x|\sqrt{x^2 - 1}}$

$\frac{d}{dx}(\operatorname{cotg}^{-1} x) = -\frac{1}{1 + x^2}$ $\quad$ $\frac{d}{dx}(\operatorname{cossec}^{-1} x) = -\frac{1}{|x|\sqrt{x^2 - 1}}$

Funções hiperbólicas

$\frac{d}{dx}(\operatorname{senh} x) = \cosh x$ $\quad$ $\frac{d}{dx}(\cosh x) = \operatorname{senh} x$

$\frac{d}{dx}(\operatorname{tgh} x) = \operatorname{sech}^2 x$ $\quad$ $\frac{d}{dx}(\operatorname{sech} x) = -\operatorname{sech} x \operatorname{tgh} x$

$\frac{d}{dx}(\operatorname{cotgh} x) = -\operatorname{cossech}^2 x$ $\quad$ $\frac{d}{dx}(\operatorname{cossech} x) = -\operatorname{cossech} x \operatorname{cotgh} x$

Funções hiperbólicas inversas

$\frac{d}{dx}(\operatorname{senh}^{-1} x) = \frac{1}{\sqrt{1 + x^2}}$ $\quad$ $\frac{d}{dx}(\cosh^{-1} x) = \frac{1}{\sqrt{x^2 - 1}}$

$\frac{d}{dx}(\operatorname{tgh}^{-1} x) = \frac{1}{1 - x^2}$ $\quad$ $\frac{d}{dx}(\operatorname{sech}^{-1} x) = -\frac{1}{x\sqrt{1 - x^2}}$

$\frac{d}{dx}(\operatorname{cotgh}^{-1} x) = \frac{1}{1 - x^2}$ $\quad$ $\frac{d}{dx}(\operatorname{cossech}^{-1} x) = -\frac{1}{|x|\sqrt{1 + x^2}}$

Equações paramétricas

Se $x = f(t)$ e $y = g(t)$ forem diferenciáveis, então

$$y' = \frac{dy}{dx} = \frac{dy/dt}{dx/dt} \quad \text{e} \quad \frac{d^2y}{dx^2} = \frac{dy'/dt}{dx/dt}.$$

REGRAS DE INTEGRAÇÃO

Fórmulas gerais

Zero: $$\int_a^a f(x)\,dx = 0$$

Ordem de integração: $$\int_b^a f(x)\,dx = -\int_a^b f(x)\,dx$$

Múltiplos constantes: $$\int_a^b kf(x)\,dx = k\int_a^b f(x)\,dx \qquad \text{(qualquer número } k\text{)}$$

$$\int_a^b -f(x)\,dx = -\int_a^b f(x)\,dx \qquad (k = -1)$$

Somas e diferenças: $$\int_a^b (f(x) \pm g(x))\,dx = \int_a^b f(x)\,dx \pm \int_a^b g(x)\,dx$$

Aditividade: $$\int_a^b f(x)\,dx + \int_b^c f(x)\,dx = \int_a^c f(x)\,dx$$

Desigualdade max.-min.: Se max. f e min. f são os valores máximo e mínimo de f em $[a, b]$, então

$$\min f \cdot (b - a) \leq \int_a^b f(x)\,dx \leq \max f \cdot (b - a).$$

Dominação: $f(x) \geq g(x)$ em $[a, b]$ implica em $\int_a^b f(x)\,dx \geq \int_a^b g(x)\,dx$

$f(x) \geq 0$ em $[a, b]$ implica em $\int_a^b f(x)\,dx \geq 0$

Teorema fundamental do cálculo

Parte 1 Se f for contínua em $[a, b]$, então $F(x) = \int_a^x f(t)$ é contínua em [a, b] e diferenciável em (a, b), e sua derivada é $f(x)$;

$$F'(x) = \frac{d}{dx}\int_a^x f(t)\,dt = f(x).$$

Parte 2 Se f for contínua em todos os pontos de $[a, b]$ e F for qualquer antiderivada de f em $[a, b]$, então

$$\int_a^b f(x)\,dx = F(b) - F(a).$$

Substituição em integrais definidas

$$\int_a^b f(g(x)) \cdot g'(x)\,dx = \int_{g(a)}^{g(b)} f(u)\,du$$

Integração por partes

$$\int_a^b f(x)g'(x)\,dx = f(x)g(x)\Big]_a^b - \int_a^b f'(x)g(x)\,dx$$

FÓRMULAS TRIGONOMÉTRICAS

1. Definições e identidades fundamentais

Seno: $\operatorname{sen}\theta = \dfrac{y}{r} = \dfrac{1}{\operatorname{cossec}\theta}$

Cosseno: $\cos\theta = \dfrac{x}{r} = \dfrac{1}{\sec\theta}$

Tangente: $\operatorname{tg}\theta = \dfrac{y}{x} = \dfrac{1}{\operatorname{cotg}\theta}$

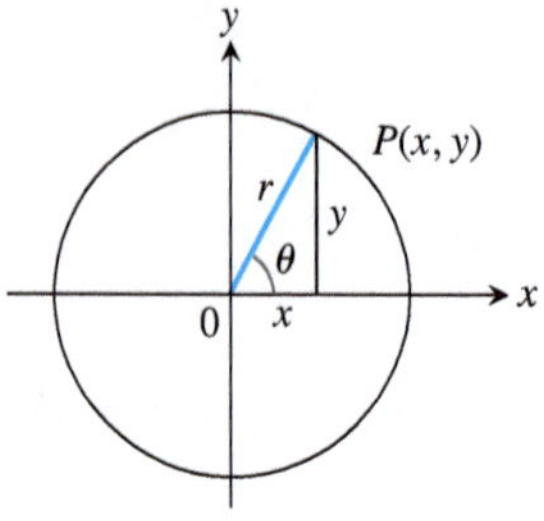

2. Identidades

$\operatorname{sen}(-\theta) = -\operatorname{sen}\theta, \quad \cos(-\theta) = \cos\theta$

$\operatorname{sen}^2\theta + \cos^2\theta = 1, \sec^2\theta = 1 + \operatorname{tg}^2\theta, \operatorname{cossec}^2\theta = 1 + \operatorname{cotg}^2\theta$

$\operatorname{sen} 2\theta = 2\operatorname{sen}\theta\cos\theta, \cos 2\theta = \cos^2\theta - \operatorname{sen}^2\theta$

$\cos^2\theta = \dfrac{1 + \cos 2\theta}{2}, \quad \operatorname{sen}^2\theta = \dfrac{1 - \cos 2\theta}{2}$

$\operatorname{sen}(A + B) = \operatorname{sen} A\cos B + \cos A\operatorname{sen} B$

$\operatorname{sen}(A - B) = \operatorname{sen} A\cos B - \cos A\operatorname{sen} B$

$\cos(A + B) = \cos A\cos B - \operatorname{sen} A\operatorname{sen} B$

$\cos(A - B) = \cos A\cos B + \operatorname{sen} A\operatorname{sen} B$

$\operatorname{tg}(A + B) = \dfrac{\operatorname{tg} A + \operatorname{tg} B}{1 - \operatorname{tg} A\operatorname{tg} B}$

$\operatorname{tg}(A - B) = \dfrac{\operatorname{tg} A - \operatorname{tg} B}{1 + \operatorname{tg} A\operatorname{tg} B}$

$\operatorname{sen}\left(A - \dfrac{\pi}{2}\right) = -\cos A, \qquad \cos\left(A - \dfrac{\pi}{2}\right) = \operatorname{sen} A$

$\operatorname{sen}\left(A + \dfrac{\pi}{2}\right) = \cos A, \qquad \cos\left(A + \dfrac{\pi}{2}\right) = -\operatorname{sen} A$

$\operatorname{sen} A\operatorname{sen} B = \dfrac{1}{2}\cos(A - B) - \dfrac{1}{2}\cos(A + B)$

$\cos A\cos B = \dfrac{1}{2}\cos(A - B) + \dfrac{1}{2}\cos(A + B)$

$\operatorname{sen} A\cos B = \dfrac{1}{2}\operatorname{sen}(A - B) + \dfrac{1}{2}\operatorname{sen}(A + B)$

$\operatorname{sen} A + \operatorname{sen} B = 2\operatorname{sen}\dfrac{1}{2}(A + B)\cos\dfrac{1}{2}(A - B)$

$\operatorname{sen} A - \operatorname{sen} B = 2\cos\dfrac{1}{2}(A + B)\operatorname{sen}\dfrac{1}{2}(A - B)$

$\cos A + \cos B = 2\cos\dfrac{1}{2}(A + B)\cos\dfrac{1}{2}(A - B)$

$\cos A - \cos B = -2\operatorname{sen}\dfrac{1}{2}(A + B)\operatorname{sen}\dfrac{1}{2}(A - B)$

FUNÇÕES TRIGONOMÉTRICAS

Medida do radiano

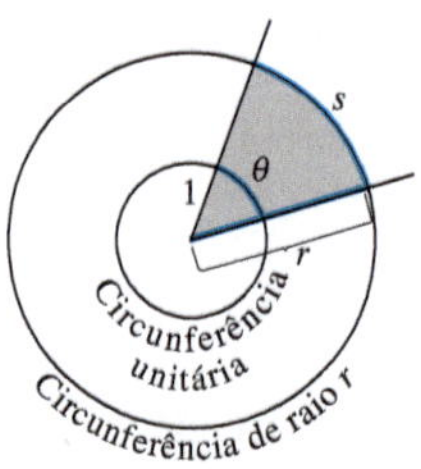

$\dfrac{s}{r} = \dfrac{\theta}{1} = \theta \quad \text{ou} \quad \theta = \dfrac{s}{r},$

$180° = \pi$ radianos.

Graus	Radianos

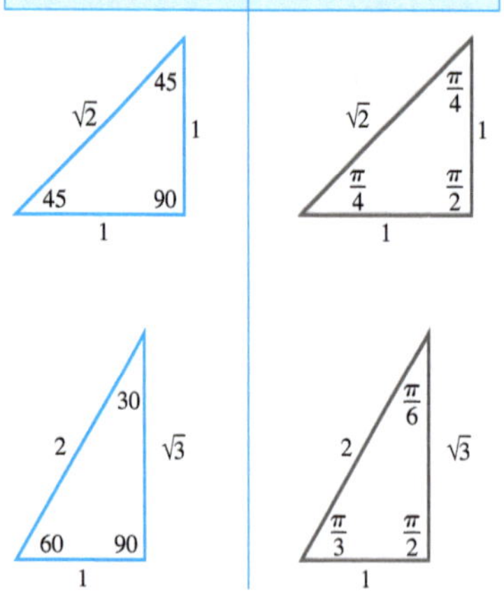

Os ângulos de dois triângulos comuns, em graus e radianos.

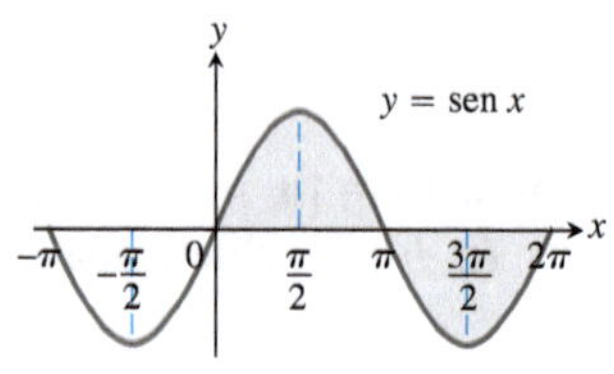

Domínio: $(-\infty, \infty)$
Variação: $[-1, 1]$

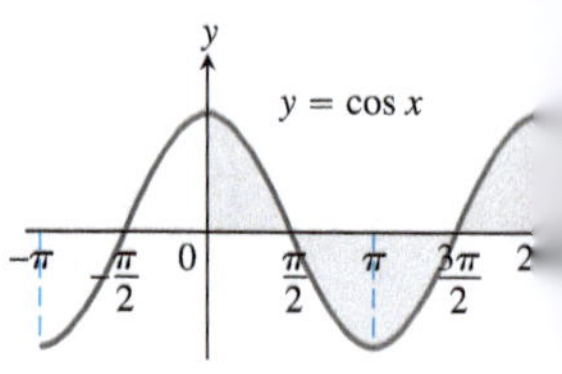

Domínio: $(-\infty, \infty)$
Variação: $[-1, 1]$

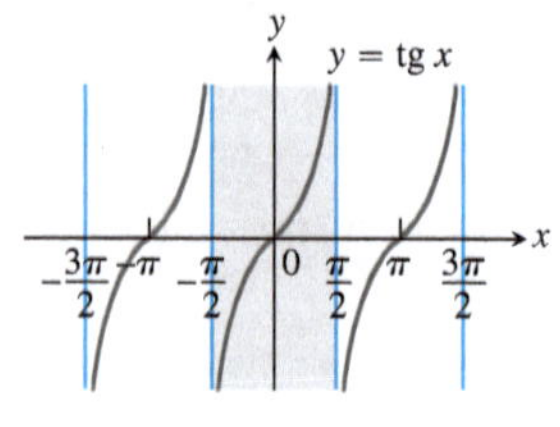

Domínio: todos os números reais, exceto múltiplos inteiros ímpares de $\pi/2$
Variação: $(-\infty, \infty)$

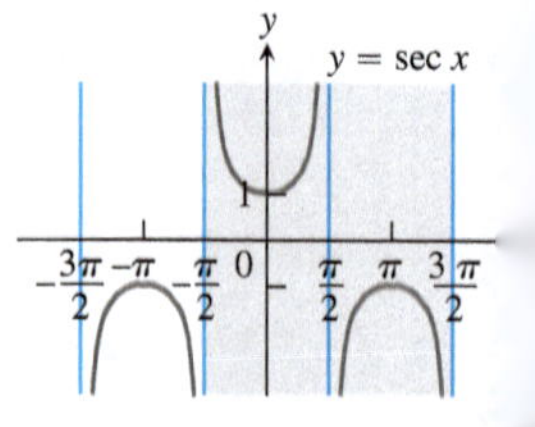

Domínio: todos os números reais, exceto múltiplos inteiros ímpares de $\pi/2$
Variação: $(-\infty, -1] \cup [1, \infty)$

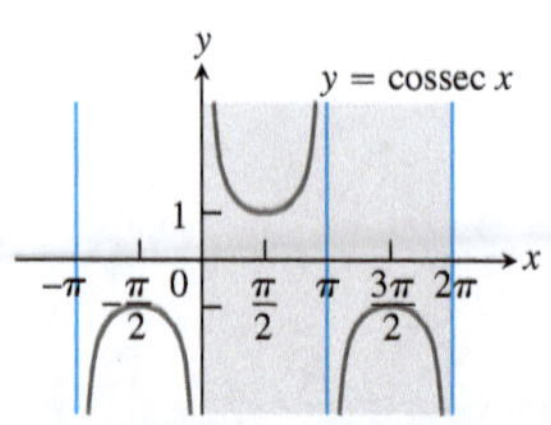

Domínio: $x \neq 0, \pm\pi, \pm 2\pi, \ldots$
Variação: $(-\infty, -1] \cup [1, \infty)$

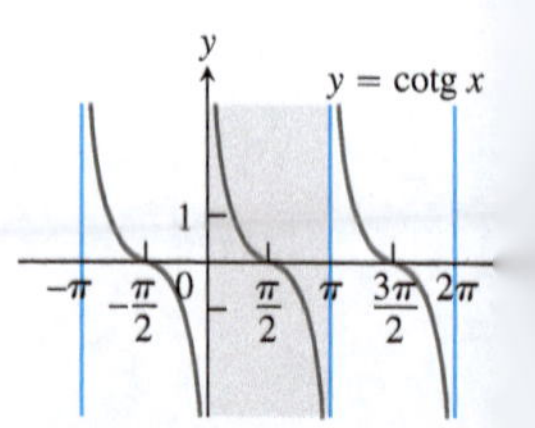

Domínio: $x \neq 0, \pm\pi, \pm 2\pi, \ldots$
Variação: $(-\infty, \infty)$

SÉRIES

Testes para convergência de séries infinitas

1. **Teste do *n*-ésimo termo:** A menos que $a_n \to 0$, a série diverge.
2. **Série geométrica:** Σar^n converge se $|r| < 1$; caso contrário, ela diverge.
3. ***p*-série:** $\Sigma 1/n^p$ converge se $p > 1$; caso contrário, ela diverge.
4. **Série com termos não negativos:** tente o teste da integral, teste da razão ou teste da raiz. Tente compará-los a uma série conhecida com o teste da comparação ou o teste da comparação do limite.
5. **Série com alguns termos negativos:** $\Sigma|a_n|$ converge? Em caso positivo, também ocorre com Σa_n, uma vez que a convergência absoluta implica convergência.
6. **Série alternada:** Σa_n converge se a série satisfaz as condições do teste da série alternada.

Séries de Taylor

$$\frac{1}{1-x} = 1 + x + x^2 + \cdots + x^n + \cdots = \sum_{n=0}^{\infty} x^n, \qquad |x| < 1$$

$$\frac{1}{1+x} = 1 - x + x^2 - \cdots + (-x)^n + \cdots = \sum_{n=0}^{\infty} (-1)^n x^n, \qquad |x| < 1$$

$$e^x = 1 + x + \frac{x^2}{2!} + \cdots + \frac{x^n}{n!} + \cdots = \sum_{n=0}^{\infty} \frac{x^n}{n!}, \qquad |x| < \infty$$

$$\operatorname{sen} x = x - \frac{x^3}{3!} + \frac{x^5}{5!} - \cdots + (-1)^n \frac{x^{2n+1}}{(2n+1)!} + \cdots = \sum_{n=0}^{\infty} \frac{(-1)^n x^{2n+1}}{(2n+1)!}, \qquad |x| < \infty$$

$$\cos x = 1 - \frac{x^2}{2!} + \frac{x^4}{4!} - \cdots + (-1)^n \frac{x^{2n}}{(2n)!} + \cdots = \sum_{n=0}^{\infty} \frac{(-1)^n x^{2n}}{(2n)!}, \qquad |x| < \infty$$

$$\ln(1+x) = x - \frac{x^2}{2} + \frac{x^3}{3} - \cdots + (-1)^{n-1} \frac{x^n}{n} + \cdots = \sum_{n=1}^{\infty} \frac{(-1)^{n-1} x^n}{n}, \qquad -1 < x \le 1$$

$$\ln \frac{1+x}{1-x} = 2 \operatorname{tgh}^{-1} x = 2\left(x + \frac{x^3}{3} + \frac{x^5}{5} + \cdots + \frac{x^{2n+1}}{2n+1} + \cdots\right) = 2\sum_{n=0}^{\infty} \frac{x^{2n+1}}{2n+1}, \qquad |x| < 1$$

$$\operatorname{tg}^{-1} x = x - \frac{x^3}{3} + \frac{x^5}{5} - \cdots + (-1)^n \frac{x^{2n+1}}{2n+1} + \cdots = \sum_{n=0}^{\infty} \frac{(-1)^n x^{2n+1}}{2n+1}, \qquad |x| \le 1$$

Séries binomiais

$$(1+x)^m = 1 + mx + \frac{m(m-1)x^2}{2!} + \frac{m(m-1)(m-2)x^3}{3!} + \cdots + \frac{m(m-1)(m-2)\cdots(m-k+1)x^k}{k!} + \cdots$$

$$= 1 + \sum_{k=1}^{\infty} \binom{m}{k} x^k, \qquad |x| < 1,$$

onde

$$\binom{m}{1} = m, \qquad \binom{m}{2} = \frac{m(m-1)}{2!}, \qquad \binom{m}{k} = \frac{m(m-1)\cdots(m-k+1)}{k!} \qquad \text{for } k \ge 3.$$

FÓRMULAS DO OPERADOR VETORIAL (FORMA CARTESIANA)

Fórmulas para gradiente, divergência, rotacional e laplaciano

	Cartesiano (x, y, z) **i, j** e **k** são vetores unitários nas direções de x, y e z crescentes. M, N e P são os componentes escalares de $\mathbf{F}(x, y, z)$ nessas direções.
Gradiente	$\nabla f = \dfrac{\partial f}{\partial x}\mathbf{i} + \dfrac{\partial f}{\partial y}\mathbf{j} + \dfrac{\partial f}{\partial z}\mathbf{k}$
Divergência	$\nabla \cdot \mathbf{F} = \dfrac{\partial M}{\partial x} + \dfrac{\partial N}{\partial y} + \dfrac{\partial P}{\partial z}$
Rotacional	$\nabla \times \mathbf{F} = \begin{vmatrix} \mathbf{i} & \mathbf{j} & \mathbf{k} \\ \dfrac{\partial}{\partial x} & \dfrac{\partial}{\partial y} & \dfrac{\partial}{\partial z} \\ M & N & P \end{vmatrix}$
Laplaciano	$\nabla^2 f = \dfrac{\partial^2 f}{\partial x^2} + \dfrac{\partial^2 f}{\partial y^2} + \dfrac{\partial^2 f}{\partial z^2}$

Produtos triplos vetoriais

$(\mathbf{u} \times \mathbf{v}) \cdot \mathbf{w} = (\mathbf{v} \times \mathbf{w}) \cdot \mathbf{u} = (\mathbf{w} \times \mathbf{u}) \cdot \mathbf{v}$

$\mathbf{u} \times (\mathbf{v} \times \mathbf{w}) = (\mathbf{u} \cdot \mathbf{w})\,\mathbf{v} - (\mathbf{u} \cdot \mathbf{v})\mathbf{w}$

Teorema fundamental das integrais de linha

1. Seja $\mathbf{F} = M\mathbf{i} + N\mathbf{j} + P\mathbf{k}$ um vetor cujas componentes são contínuas passando por uma região D conectada aberta no espaço. Então, existe uma função diferenciável f de modo que

$$\mathbf{F} = \nabla f = \frac{\partial f}{\partial x}\mathbf{i} + \frac{\partial f}{\partial y}\mathbf{j} + \frac{\partial f}{\partial z}\mathbf{k}$$

se, e somente se, para todos os pontos A e B em D, o valor de $\int_A^B \mathbf{F} \cdot d\mathbf{r}$ for independente da trajetória unindo A e B em D.

2. Se a integral for independente da trajetória entre A e B, seu valor é

$$\int_A^B \mathbf{F} \cdot d\mathbf{r} = f(B) - f(A).$$

Teorema de Green e sua generalização para três dimensões

Forma normal do teorema de Green: $\displaystyle\oint_C \mathbf{F} \cdot \mathbf{n}\, ds = \iint_R \nabla \cdot \mathbf{F}\, dA$

Teorema da divergência: $\displaystyle\iint_S \mathbf{F} \cdot \mathbf{n}\, d\sigma = \iiint_D \nabla \cdot \mathbf{F}\, dV$

Forma tangencial do teorema de Green: $\displaystyle\oint_C \mathbf{F} \cdot d\mathbf{r} = \iint_R \nabla \times \mathbf{F} \cdot \mathbf{k}\, dA$

Teorema de Stokes: $\displaystyle\oint_C \mathbf{F} \cdot d\mathbf{r} = \iint_S \nabla \times \mathbf{F} \cdot \mathbf{n}\, d\sigma$

Identidades vetoriais

Nas identidades aqui, f e g são funções escalares diferenciáveis, $\mathbf{F}$, $\mathbf{F}_1$ e $\mathbf{F}_2$ são campos vetoriais diferenciáveis, e a e b sã[o] constantes reais.

$\nabla \times (\nabla f) = \mathbf{0}$

$\nabla(fg) = f\nabla g + g\nabla f$

$\nabla \cdot (g\mathbf{F}) = g\nabla \cdot \mathbf{F} + \nabla g \cdot \mathbf{F}$

$\nabla \times (g\mathbf{F}) = g\nabla \times \mathbf{F} + \nabla g \times \mathbf{F}$

$\nabla \cdot (a\mathbf{F}_1 + b\mathbf{F}_2) = a\nabla \cdot \mathbf{F}_1 + b\nabla \cdot \mathbf{F}_2$

$\nabla \times (a\mathbf{F}_1 + b\mathbf{F}_2) = a\nabla \times \mathbf{F}_1 + b\nabla \times \mathbf{F}_2$

$\nabla(\mathbf{F}_1 \cdot \mathbf{F}_2) = (\mathbf{F}_1 \cdot \nabla)\mathbf{F}_2 + (\mathbf{F}_2 \cdot \nabla)\mathbf{F}_1 + \mathbf{F}_1 \times (\nabla \times \mathbf{F}_2) + \mathbf{F}_2 \times (\nabla \times \mathbf{F}_1)$

$\nabla \cdot (\mathbf{F}_1 \times \mathbf{F}_2) = \mathbf{F}_2 \cdot \nabla \times \mathbf{F}_1 - \mathbf{F}_1 \cdot \nabla \times \mathbf{F}_2$

$\nabla \times (\mathbf{F}_1 \times \mathbf{F}_2) = (\mathbf{F}_2 \cdot \nabla)\mathbf{F}_1 - (\mathbf{F}_1 \cdot \nabla)\mathbf{F}_2 + (\nabla \cdot \mathbf{F}_2)\mathbf{F}_1 - (\nabla \cdot \mathbf{F}_1)\mathbf{F}_2$

$\nabla \times (\nabla \times \mathbf{F}) = \nabla(\nabla \cdot \mathbf{F}) - (\nabla \cdot \nabla)\mathbf{F} = \nabla(\nabla \cdot \mathbf{F}) - \nabla$

$(\nabla \times \mathbf{F}) \times \mathbf{F} = (\mathbf{F} \cdot \nabla)\mathbf{F} - \frac{1}{2}\nabla(\mathbf{F} \cdot \mathbf{F})$